Lineare Algebra

Ihr Bonus als Käufer dieses Buches

Als Käufer dieses Buches können Sie kostenlos unsere Flashcard-App „SN Flashcards" mit Fragen zur Wissensüberprüfung und zum Lernen von Buchinhalten nutzen. Für die Nutzung folgen Sie bitte den folgenden Anweisungen:

1. Gehen Sie auf **https://flashcards.springernature.com/login**
2. Erstellen Sie ein Benutzerkonto, indem Sie Ihre Mailadresse angeben und ein Passwort vergeben.
3. Verwenden Sie den Link aus einem der ersten Kapitel um Zugang zu Ihrem SN Flashcards Set zu erhalten.

Ihr persönlicher SN Flashards Link befindet sich innerhalb der ersten Kapitel.

Sollte der Link fehlen oder nicht funktionieren, senden Sie uns bitte eine E-Mail mit dem Betreff **„SN Flashcards"** und dem Buchtitel an **customerservice@springernature.com.**

Laurenz Göllmann

Lineare Algebra

im algebraischen Kontext

3., überarbeitete und erweiterte Auflage

 Springer Spektrum

Laurenz Göllmann
Fachbereich Maschinenbau
Fachhochschule Münster
Steinfurt, Deutschland

ISBN 978-3-662-67173-3   ISBN 978-3-662-67174-0   (eBook)
https://doi.org/10.1007/978-3-662-67174-0

Die Deutsche Nationalbibliothek verzeichnet diese Publikation in der Deutschen Nationalbibliografie; detaillierte bibliografische Daten sind im Internet über http://dnb.d-nb.de abrufbar.

Planung/Lektorat: Iris Ruhmann
Springer Spektrum ist ein Imprint der eingetragenen Gesellschaft Springer-Verlag GmbH, DE und ist ein Teil von Springer Nature.
Die Anschrift der Gesellschaft ist: Heidelberger Platz 3, 14197 Berlin, Germany

Vorwort

Die lineare Algebra ist eine Grunddisziplin der Mathematik. Üblicherweise ist sie Bestandteil der ersten Semester in natur- und ingenieurwissenschaftlichen Studiengängen, sie wird aber im Rahmen der Vektorrechnung auch schon in der Oberstufe behandelt. Es stellt sich daher bereits frühzeitig der Eindruck ein, dass Matrizen- und Vektoren ein Kerngegenstand dieser Disziplin sind. Die lineare Algebra geht aber weit darüber hinaus. Sie behandelt neben Vektorräumen sowie deren Erzeugung und Eigenschaften insbesondere auch lineare Abbildungen, Skalarprodukte und quadratische Formen.

Da die lineare Algebra sehr intensiv von algebraischen Strukturen, formalen Herleitungen und logischen Schlüssen Gebrauch macht, erschien es mir sinnvoll, im Rahmen des einführenden ersten Kapitels einen Kompaktkurs von der elementaren Aussagenlogik über Mengen und Abbildungen bis zu Gruppen, Ringen, Körpern und Vektorräumen zu bieten. Auf dieses vorbereitende Kapitel folgt der eigentliche Einstieg in die lineare Algebra mit dem zweiten Kapitel. Ausgehend von linearen Gleichungssystemen werden Matrizen, Vektoren, Faktorisierungen und Determinanten behandelt. Diese Begriffe bilden eine wichtige Grundlage für das Verständnis und den Umgang mit abstrakteren Problemstellungen der linearen Algebra, wie sie in den nachfolgenden Kapiteln vorgestellt und vertieft werden. Es zeigt sich dann nach und nach, dass die lineare Algebra eben nicht nur aus Matrizen und Spaltenvektoren besteht. Allerdings werden bei endlich-dimensionalen Vektorräumen sehr viele Sachverhalte wieder auf Matrizen und deren Eigenschaften zurückgeführt. Dabei spielen Normalformen, Faktorisierungen und vor allem elementare Umformungen eine wichtige Rolle.

Das dritte Kapitel behandelt den Aufbau von Vektorräumen. Zentraler Gegenstand ist der Basisbegriff. Wir entwickeln Vektoren nach einer Basis, behandeln prägende Eigenschaften einer Basis und beschäftigen uns mit Koordinatenvektoren bei endlich-dimensionalen Vektorräumen. Wir werden insbesondere untersuchen, nach welchen Regeln bei einem Wechsel des Koordinatensystems, und damit der Basis, sich die Koordinatenvektoren verändern.

Im vierten Kapitel begegnen uns lineare Abbildungen und Bilinearformen, die wir bei endlich-dimensionalen Vektorräumen mithilfe von Matrizen darstellen können. Für die Vektorräume $\mathbb{R}^2$ und $\mathbb{R}^3$ ergeben sich geometrische Interpretationen linearer Abbildungen. Bei endlich-dimensionalen Funktionsvektorräumen betrachten wir lineare Operatoren.

Das fünfte Kapitel ist Produkten in Vektorräumen gewidmet. Wir behandeln insbesondere das Konzept des Skalarprodukts und untersuchen Vektorräume, auf denen ein Skalarprodukt definiert ist. Eine wichtige Erkenntnis wird dabei die Feststellung sein, dass im endlich-dimensionalen Fall Orthogonalbasen existieren, mit denen Koordinatenvektoren sehr einfach bestimmbar sind.

Neben linearen Gleichungssystemen stellt die Eigenwerttheorie ein zweites Fundamentalproblem der linearen Algebra dar. Im sechsten Kapitel werden wir uns intensiv mit diesem Themenkreis auseinandersetzen. Die Eigenwerte und Eigenräume einer linearen Abbildung oder einer Matrix ermöglichen wichtige Aussagen über markante Eigenschaften der jeweiligen Abbildung.

Das siebte Kapitel widmet sich dem Umgang mit nicht-diagonalisierbaren Endomorphismen bzw. Matrizen. Wir werden das Konzept der Eigenräume auf das der Haupträume erweitern und schließlich feststellen, dass sich jede quadratische Matrix in eine spezielle Gestalt, die Jordan'sche Normalform, überführen lässt.

Viele Probleme, die wir in diesen Kapiteln behandeln, entstammen Fragestellungen aus der Praxis. Es ist daher naheliegend, die gewonnenen Erkenntisse zur Lösung praktischer Probleme heranzuziehen. Das achte Kapitel stellt daher einige Anwendungen vor, in denen wir von der orthogonalen Zerlegung bis zur Matrixtrigonalisierung Gebrauch machen werden.

Den Abschluss bildet ein zusammenfassendes Kapitel, in dem die wichtigsten Definitionen, Sätze und Zusammenhänge in kurzer Form oder in Diagrammgestalt erneut aufgeführt werden.

Gelegentlich wiederholen sich im Text bereits bekannte Sachverhalte. Dies dient einerseits dazu, sich schnell wieder an bestimmte, für den Kontext wichtige Zusammenhänge zu erinnern, andererseits ist der Text dann auch zum schnellen Nachschlagen geeigneter, da nicht zu intensiv in den Kapiteln nach weiteren, zum Verständnis wichtigen Hintergrundinformationen gesucht werden muss. Ich habe mich bemüht, möglichst jede Definition und jeden Sachverhalt mit prägnanten Beispielen zu illustrieren. Eine Definition kann, wenn sie präzise formuliert wird, sehr abstrakt und daher abschreckend wirken. Was mit hinreichendem Erfahrungshintergrund leicht lesbar ist und damit schnell eingeordnet werden kann, wirkt oftmals für Ungeübte sperrig und schwer nachvollziehbar. Diesem Manko kann mit einführenden bzw. illustrierenden Beispielen effektiv begegnet werden. Ein Leitmotiv innerhalb vieler Kapitel dieses Buches bildet das Gauß-Verfahren. Elementare Umformungen erweisen sich bei vielen Berechnungen und Argumentationen als mächtiges Instrument und werden daher bereits im zweiten Kapitel intensiv behandelt. An Stellen, in denen elementare Umformungen verwendet werden, sind sie in der Regel dokumentiert oder entsprechend kenntlich gemacht, sodass einzelne Rechenschritte leicht nachvollziehbar sind.

Herzlich bedanken möchte ich mich bei Herrn Dr. Harald Schäfer für die sorgfältige Durchsicht des Manuskriptes und für viele Verbesserungsvorschläge, bei meiner Frau Eva sowie bei Jan-Philipp und Christina für die Unterstützung und die Geduld. Des Weiteren gilt Frau Agnes Herrmann und Frau Iris Ruhmann vom Springer-Verlag mein Dank für die gute Zusammenarbeit.

Steinfurt, im Januar 2017   *Laurenz Göllmann*

Vorwort zur zweiten Auflage

Die zweite Auflage enthält neben Fehlerkorrekturen und verbesserten Formulierungen mit den Abschnitten zu Homomorphismenräumen sowie zum Tensorprodukt und multilinearen Abbildungen zwei wichtige inhaltliche Ergänzungen. Da einerseits eine grundlegende mathematische Einführung in die Thematik um das Tensorprodukt als sehr abstrakt empfunden werden kann und andererseits Tensoren in vielen technisch-naturwissenschaftlichen Disziplinen ihre Anwendung finden, habe ich versucht, aus der abstrakten mathematischen Definition des Tensorprodukts anhand vieler Beispiele einen Übergang zum Tensorbegriff, wie er in den Ingenieurwissenschaften und der Physik verwendet wird, herzustellen. Die zweite Auflage wurde zudem um zahlreiche Aufgaben ergänzt, die dem als Begleitliteratur erschienenen Arbeitsbuch zur linearen Algebra [5] entnommen wurden. An dieser Stelle möchte ich mich bei Herrn Dr. Steffen Tillmann für viele wertvolle Hinweise zu Verbesserungs- und Ergänzungsmöglichkeiten und insbesondere für die Durchsicht der neuen Abschnitte bedanken. Frau Bianca Alton, Frau Agnes Herrmann und Frau Iris Ruhmann vom Springer-Verlag gilt mein herzlicher Dank für die gute und angenehme Zusammenarbeit.

Steinfurt, im Januar 2020

Laurenz Göllmann

Vorwort zur dritten Auflage

Bei der Erstellung der vorliegenden Neuauflage standen neben Fehlerkorrekturen vor allem sprachliche Überarbeitungen und die Präzisierung von Formulierungen im Fokus. Nach einer gründlichen Durchsicht wurde der Text an einigen Stellen zur Vermeidung möglicher Missverständnisse angepasst und optimiert. Des Weiteren wurden Beweise und Herleitungen vereinfacht. Ein besonderer Augenmerk wurde auf physikalische Gepflogenheiten im Hinblick auf Notationen gelegt. So wird bei der in der Quantenmechanik üblichen Definition des Skalarprodukts in der Regel von der Semilinearität im linken Argument ausgegangen. Bei der orthogonalen Entwicklung und der orthogonalen Projektion wird nun in allen relevanten Sätzen und Definitionen auf diesen Umstand hingewiesen und dabei konsequent von der Dirac'schen bra-ket-Notation Gebrauch gemacht.

Diese Auflage wird erstmals mit Springer Nature Flashcards begleitet, die online zugänglich sind. Flashcards bieten als digitales Lernformat eine besonders niederschwellige Möglichkeit, das Verständnis des Lehrstoffs zu überprüfen und eigene Lücken zu identifizieren, um sie gezielt anzugehen und aufzuarbeiten.

Für die angenehme und konstruktive Zusammenarbeit mit dem Springer-Verlag möchte ich mich erneut herzlich bei Frau Agnes Herrmann und bei Frau Iris Ruhmann bedanken. Mein besonderer Dank gilt zudem Herrn Tobias Kompatscher für die wertvolle Unterstützung bei der Erstellung der Flashcards.

Steinfurt, im Januar 2023

Laurenz Göllmann

Inhaltsverzeichnis

Symbolverzeichnis

Innerhalb dieses Buches werden die folgenden Symbole und Bezeichnungen verwendet. Zu beachten ist, dass die spitzen Klammern $\langle\,\rangle$ sowohl für lineare Erzeugnisse als auch für Skalarprodukte Verwendung finden. Aus dem Kontext erschließt sich aber stets die jeweilige Bedeutung.

$\langle B \rangle$	lineares Erzeugnis der Vektormenge B
$\langle \mathbf{v}, \mathbf{w} \rangle$	Skalarprodukt der Vektoren $\mathbf{v}$ und $\mathbf{w}$
$\langle \cdot \vert \cdot \rangle$	Skalarprodukt auf einem $\mathbb{C}$-Vektorraum mit Semilinearität im linken Argument
$\langle \vert$	bra-Vektor eines Hilbert-Raums
$\vert \rangle$	ket-Vektor eines Hilbert-Raums
$0_{m \times n}$	$m \times n$-Matrix aus lauter Nullen (Nullmatrix)
A^{-1}	Inverse der regulären Matrix A
A^T	Transponierte der Matrix A
A^*	Adjungierte der Matrix A
$A \sim B$	A ist äquivalent zu B
$A \approx B$	A ist ähnlich zu B
$A \simeq B$	A ist kongruent zu B
$V \cong W$	Vektorraum V ist isomorph zu Vektorraum W
$\tilde{A}_{ij}$	Streichungsmatrix, die aus A durch Streichen von Zeile i und Spalte j entsteht
$\mathrm{alg}_A(\lambda)$	algebraische Ordnung des Eigenwertes λ der Matrix A
Bild A bzw. Bild f	Bild der Matrix A bzw. Bild des Homomorphismus f
$c_B(\mathbf{v})$	Koordinatenvektor zur Basis B des Vektors $\mathbf{v}$
$c_B^{-1}(\mathbf{x})$	Basisisomorphismus zur Basis B vom Koordinatenvektor $\mathbf{x} \in \mathbb{K}^n$
$\deg p$	Grad des Polynoms p
$\det A$ bzw. $\det f$	Determinante der quadratischen Matrix A bzw. Determinante des Endomorphismus f
$\dim V$	Dimension des Vektorraums V
E_n	$n \times n$-Einheitsmatrix
$\mathrm{End}(V)$	Menge der Endomorphismen $f : V \to V$ auf dem Vektorraum V
$\mathrm{FNF}(A)$	Frobenius-Normalform von A

$\mathrm{geo}_A(\lambda)$	geometrische Ordnung des Eigenwertes λ der Matrix A
$\mathrm{GL}(n,\mathbb{K})$	allgemeine lineare Gruppe über $\mathbb{K}$
$\mathrm{Hom}(V \to W)$	Menge der Homomorphismen $f : V \to W$ vom Vektorraum V in den Vektorraum W
$\mathbb{K}$	Körper
$\mathrm{Kern}\,A$ bzw. $\mathrm{Kern}\,f$	Kern der Matrix A bzw. Kern des Homomorphismus f
$\mathrm{M}(m \times n, R)$	Menge der $m \times n$-Matrizen über dem Ring R (in der Regel ist R ein Körper)
$\mathrm{M}(n,R)$	Menge (Matrizenring) der quadratischen Matrizen mit n Zeilen und Spalten über dem Ring R (in der Regel ist R ein Körper)
$M_C^B(f)$	Koordinatenmatrix bezüglich der Basen B von V und C von W des Homomorphismus $f : V \to W$
$M_B(f) = M_B^B(f)$	Koordinatenmatrix bezüglich der Basis B von V des Endomorphismus $f : V \to V$
$\mathrm{O}(n)$	orthogonale Gruppe vom Grad n
R^*	Einheitengruppe des Rings R
$R[x]$	Menge der Polynome in der Variablen x über dem Ring R
$R[x]_{\leq p}$	Menge der Polynome in der Variablen x über dem Ring R maximal p-ten Grades
$\mathrm{Rang}\,A$ bzw. $\mathrm{Rang}\,f$	Rang der Matrix A bzw. Rang des Homomorphismus f
$\mathrm{SL}(n,\mathbb{K})$	spezielle lineare Gruppe über $\mathbb{K}$
$\mathrm{SNF}(A)$	Smith-Normalform von A
$\mathrm{SO}(n)$	spezielle orthogonale Gruppe vom Grad n
$\mathrm{SU}(n)$	spezielle unitäre Gruppe vom Grad n
$\mathrm{U}(n)$	unitäre Gruppe vom Grad n
$V_{A,\lambda}$	Eigenraum zum Eigenwert λ der Matrix A
$V_1 \oplus V_2$	direkte Summe der Teilräume V_1 und V_2
$V_1 \otimes V_2$	Tensorprodukt der Vektorräume V_1 und V_2
$\mathrm{WNF}_{\mathbb{K}}(A)$	Weierstraß-Normalform von A bezüglich $\mathbb{K}$

Kapitel 1
Algebraische Strukturen

In diesem einführenden Kapitel widmen wir uns zunächst der Aussagenlogik und der elementaren Mengenlehre. Wir benötigen diese Vorbereitungen, um wichtige algebraische Strukturen wie Gruppe, Ring, Körper und schließlich den Vektorraum zu definieren. Innerhalb einer algebraischen Struktur werden die Elemente einer Menge so miteinander verknüpft, dass wieder Elemente dieser Menge entstehen. Gelten dabei bestimmte Rechengesetze, so definieren diese Eigenschaften eine bestimmte algebraische Struktur. Wir beschränken uns dabei auf die für die weiteren Kapitel wichtigsten Strukturen, wobei dem Vektorraum für die lineare Algebra eine grundlegende Bedeutung zukommt.

1.1 Aussagenlogik

Definition 1.1 (Aussage) *Unter einer Aussage verstehen wir die Beschreibung eines Sachverhaltes mit eindeutigem Wahrheitswert (wahr oder falsch).*

Jede Aussage ist damit eindeutig wahr oder falsch. Dies bedeutet aber nicht notwendig, dass sich uns der Wahrheitsgehalt einer Aussage immer unmittelbar erschließt. Dies gilt insbesondere für mathematische Aussagen. Es ist daher ein zentrales Anliegen der Mathematik, in derartigen Fällen eine Klärung über den Wahrheitsgehalt herbeizuführen.

Beispiele:

$4 + 5 = 9$	(wahr)
$2 + 3 < 6$	(wahr)
21 ist eine Primzahl.	(falsch)
Ich lüge immer.	(keine Aussage, da der Wahrheitsgehalt nicht zuzuordnen ist)

Definition 1.2 (Negation) *Es sei A eine Aussage, dann bezeichnet $\bar{A}$ bzw. $\neg A$ (sprich: „nicht A") ihre logische Verneinung (Negation).*

Wir betrachten nun einige Beispiele zur logischen Verneinung. Dabei müssen wir sehr sorgfältig vorgehen.

A	$\neg A$
$1 > 0$ (wahr)	$1 \leq 0$ (falsch)
$x + 1 = x$ (falsch)	$x + 1 \neq x$ (wahr), hierbei sei x eine reelle Zahl.
In München gibt es eine Ampel. (wahr)	In München gibt es keine Ampel. (falsch)
Alle Pilze sind giftig. (falsch)	*Es gibt* einen Pilz, der *nicht* giftig ist. (wahr)

Es könnte jetzt der Einwand aufkommen, dass es sicher mehr als eine Ampel in München gibt und daher die Aussage „In München gibt es eine Ampel" falsch sein müsste. Hierzu sollten wir aber beachten, dass in der Mathematik mit der Existenz eines Objektes immer die Existenz *mindestens* eines Objektes gemeint ist. Wenn wir zum Ausdruck bringen möchten, dass es nur eine einzige Ampel in München gibt, so müssten wir dies auch genauso formulieren.

Definition 1.3 (Disjunktion/Oder-Verknüpfung) *Es seien A und B Aussagen, dann bezeichnet $A \vee B$ („A oder B") ihre Verknüpfung durch das nicht ausschließende Oder. Die Aussage $A \vee B$ ist nur dann falsch, wenn sowohl die Aussage A als auch die Aussage B falsch ist.*

A	B	$A \vee B$
falsch	*falsch*	*falsch*
falsch	*wahr*	*wahr*
wahr	*falsch*	*wahr*
wahr	*wahr*	*wahr*

Beispiel: $(4 + 5 = 9) \vee (12$ ist Primzahl$)$ ist eine wahre Aussage, da zumindest $4 + 5 = 9$ wahr ist.

Definition 1.4 (Konjunktion/Und-Verknüpfung) *Es seien A und B Aussagen, dann bezeichnet $A \wedge B$ („A und B") ihre Verknüpfung durch das nicht ausschließende Und. Die Aussage $A \wedge B$ ist nur dann wahr, wenn sowohl die Aussage A als auch die Aussage B wahr ist.*

A	B	$A \wedge B$
falsch	*falsch*	*falsch*
falsch	*wahr*	*falsch*
wahr	*falsch*	*falsch*
wahr	*wahr*	*wahr*

Beispiel: $(2$ ist ungerade$) \wedge (2$ ist Primzahl$)$ ist eine falsche Aussage, da bereits die erste Teilaussage falsch ist.

Definition 1.5 (Implikation/Folgerung) *Es seien A und B Aussagen, dann bezeichnet $A \Rightarrow B$ („aus A folgt B") die Folgerung von B aus A.*

Weitere Sprechweisen: „A ist hinreichend für B"oder „B ist notwendig für A". Die Aussage $A \Rightarrow B$ ist nur dann falsch, wenn die Aussage A wahr und die Aussage B falsch ist. Aus dem Erfülltsein von A folgt auch das Erfülltsein von B. Dagegen kann aber B auch dann gelten, wenn A falsch ist. Sollte allerdings B nicht wahr sein, also nicht gelten, so kann A nicht gelten, ist also notgedrungen falsch. Eine falsche Aussage kann nicht aus einer wahren Aussage folgen.

A	B	$A \Rightarrow B$
falsch	falsch	wahr
falsch	wahr	wahr
wahr	falsch	falsch
wahr	wahr	wahr

Ein nicht-mathematisches Beispiel macht den Sachverhalt besonders anschaulich: Es bezeichne A die Aussage „Ich bin Belgier" und B die Aussage „Ich bin Europäer". Dann gilt die Implikation $A \Rightarrow B$, d. h., wenn ich Belgier bin, dann bin ich Europäer oder anders ausgedrückt: Belgier zu sein, ist hinreichend dafür, um Europäer zu sein, bzw. die Eigenschaft Europäer zu sein, ist notwendig, um Belgier zu sein. Die Umkehrung gilt aber nicht. Aus der Eigenschaft B folgt nicht die Eigenschaft A. Wenn ich Europäer bin, dann brauche ich nicht unbedingt Belgier zu sein, sondern kann auch eine andere europäische Staatsbürgerschaft besitzen. Europäer zu sein, ist also nicht hinreichend dafür, um Belgier zu sein, bzw. die Eigenschaft Belgier zu sein, ist nicht notwendig, um Europäer zu sein.

Dieses Beispiel zeigt, dass Situationen mit nicht-mathematischem Hintergrund oft besser geeignet sind, formal abstrakte Sachverhalte zu illustrieren. Sie decken insbesondere auf, dass hinter vielen streng formalisierten Aussagen aus der Mathematik im Grunde nur Binsenweisheiten stecken. Wichtig ist nur, dass mit strikter Konsequenz Definitionen und Aussagen dieser Art in mathematischen Denkprozessen verfolgt werden müssen.

Wie könnte nun ein mathematisches Beispiel einer Implikation aussehen? Bezeichnen wir mit A die Aussage „Eine ganze Zahl ist durch 4 teilbar" und mit B die Aussage „Eine ganze Zahl ist durch 2 teilbar", so könnte uns die Frage interessieren, ob aus einer dieser Aussagen die jeweils andere folgt bzw. welche Aussage welche impliziert. Nun ist eine durch 4 teilbare Zahl sicherlich gerade, also auch durch 2 teilbar. Daher gilt die Implikation $A \Rightarrow B$. Die Umkehrung gilt auch hier nicht, wie an dem Beispiel der geraden Zahl 6 zu erkennen ist, da 6 zwar durch 2, aber nicht durch 4 teilbar ist. Mit anderen Worten: „Die Teilbarkeit durch 4 ist hinreichend, aber nicht notwendig für die Teilbarkeit durch 2".

Definition 1.6 **(Umkehrung)** *Es seien A und B Aussagen. Als Umkehrung der Implikation* $A \Rightarrow B$ *bezeichnet man die Implikation* $B \Rightarrow A$, *die auch, von rechts nach links lesend, mit einem rückwärtsgerichteten Doppelpfeil* $A \Leftarrow B$ *geschrieben werden kann, was als „A, falls B" zu lesen ist.*

In den beiden vorausgegangenen Beispielen gilt zwar die Umkehrung nicht, die Implikation ist also nur in einer Richtung möglich. Dennoch kann in beiden Fällen aus der Ungültigkeit der rechts vom Implikationspfeil stehenden Aussage die Ungültigkeit der jeweils links stehenden Aussage gefolgert werden. Wenn ich kein Europäer bin, kann ich auch kein Belgier sein, bzw. wenn eine Zahl nicht durch 2 teilbar, also ungerade ist, dann kann sie auch nicht durch 4 teilbar sein. Dieser Schluss wird als Kontraposition bezeichnet.

Definition 1.7 **(Kontraposition)** *Wenn aus der Aussage A die Aussage B folgt, also* $A \Rightarrow B$, *dann folgt aus der Negation der Aussage B die Negation der Aussage A, d. h., es gilt* $\neg B \Rightarrow \neg A$.

Es sind auch Aussagen denkbar, zwischen denen keine Implikation gilt. Solche Aussagen beschreiben damit Sachverhalte, die unabhängig voneinander gelten können. Die Aussage „Ich bin Nichtraucher" kann völlig unabhängig von der Aussage „Ich bin Europäer" erfüllt sein. Ebenso hat die Aussage, dass eine ganze Zahl größer als 100 ist, nichts damit zu tun, ob sie gerade ist oder nicht.

Sollte sowohl die Implikation $A \Rightarrow B$ als auch ihre Umkehrung $B \Rightarrow A$ gelten, dann besteht Äquivalenz zwischen beiden Aussagen. Die Aussage B ist genau dann erfüllt, also wahr, wenn die Aussage A wahr ist.

Definition 1.8 (Äquivalenz) *Wenn aus der Aussage A die Aussage B folgt und auch die Umkehrung gilt, d. h., aus der Aussage B folgt die Aussage A, dann sind A und B äquivalent: $A \Longleftrightarrow B$. Man spricht dies als „ A äquivalent B" oder „A genau dann, wenn B" bzw. „A ist notwendig und hinreichend für B".*

A	B	$A \Leftrightarrow B$
falsch	*falsch*	*wahr*
falsch	*wahr*	*falsch*
wahr	*falsch*	*falsch*
wahr	*wahr*	*wahr*

In diesen Schreib- und Sprechweisen können A und B auch miteinander vertauscht werden, wenn also A notwendig und hinreichend für B ist, dann ist auch B notwendig und hinreichend für A. So ist beispielsweise die Aussage „n ist eine ungerade Zahl" damit äquivalent, dass es eine ganze Zahl k gibt, mit der Eigenschaft $n = 2k + 1$.

Durch Negation, Disjunktion, Konjunktion etc. können Aussagen zu logischen Ausdrücken miteinander verknüpft werden. Es bezeichnet etwa

$$(0 \leq x \wedge x \leq 10) \vee (30 \geq x \wedge x \geq 20)$$

eine Aussage, die nur dann wahr ist, wenn die Zahl x zwischen 0 und 10 oder zwischen 20 und 30, Grenzen jeweils eingeschlossen, liegt. Die Klammerung der Einzelausdrücke ist hierbei entscheidend. Klammert man anders, beispielsweise

$$0 \leq x \wedge (x \leq 10 \vee 30 \geq x) \wedge x \geq 20,$$

so ergibt sich ein logischer Ausdruck, der nur für x zwischen 20 und 30 wahr ist.

Die Boole'sche[1] Algebra formuliert Gesetzmäßigkeiten, mit denen logische Ausdrücke vereinfacht werden können. Eine praktische Anwendung findet die Boole'sche Algebra in der Informatik. Programmiersprachen beinhalten syntaktische Elemente, die es ermöglichen, situationsbedingt in bestimmte Programmteile zu verzweigen. Hierbei werden logische Ausdrücke in Abfragen ausgewertet. Gerade bei komplizierter aufgebauten logischen Ausdrücken ist es nützlich, von den Gesetzen der Boole'schen Algebra Gebrauch zu machen, um einen Quelltext in dieser Hinsicht zu vereinfachen.

Satz 1.9 (Gesetze von de Morgan[2]) *Es seien A und B Aussagen. Es gelten die Äquivalenzen:*

(i) $\neg(A \wedge B) \Longleftrightarrow \neg A \vee \neg B,$
(ii) $\neg(A \vee B) \Longleftrightarrow \neg A \wedge \neg B.$

---

[1] George Boole (1815-1864), englischer Mathematiker

[2] Augustus De Morgan (1806-1871), englischer Mathematiker

Von der Gültigkeit dieser Gesetze können wir uns einfach durch das Aufstellen der Wahrheitstabellen überzeugen:

A	B	$\neg(A \wedge B)$	$\neg A \vee \neg B$
falsch	falsch	wahr	wahr
falsch	wahr	wahr	wahr
wahr	falsch	wahr	wahr
wahr	wahr	falsch	falsch

Die Wahrheitswerte von $\neg(A \wedge B)$ und $\neg A \vee \neg B$ stimmen also in allen vier möglichen Situationen überein. Mit einer ähnlichen Tabelle ist die zweite Äquivalenz nachzuweisen.
Beispiel:

Mit A werde die Aussage „x ist durch 5 teilbar" bezeichnet, während B für die Aussage „$x < 100$" steht. Die Verknüpfung $A \wedge B$ ist gültig für alle durch 5 teilbaren Zahlen unter 100. Daher ist die Aussage $\neg(A \wedge B) = \neg A \vee \neg B$ für alle Zahlen, die nicht durch 5 teilbar *oder* größer bzw. gleich 100 sind, erfüllt. Ebenfalls unter Verwendung von Wahrheitstabellen lassen sich die folgenden Eigenschaften für die logische Verknüpfung von Aussagen zeigen:

Satz 1.10 *Es seien A, B und C Aussagen. Dann gelten die folgenden Gesetzmäßigkeiten:*

(i) *Kommutativität:* $A \wedge B = B \wedge A$ *sowie* $A \vee B = B \vee A$,
(ii) *Assoziativität:* $A \vee (B \vee C) = (A \vee B) \vee C$ *sowie* $A \wedge (B \wedge C) = (A \wedge B) \wedge C$,
(iii) *Distributivität:* $A \vee (B \wedge C) = (A \vee B) \wedge (A \vee C)$ *sowie* $A \wedge (B \vee C) = (A \wedge B) \vee (A \wedge C)$,
(iv) *Absorptionsgesetze:* $A \wedge (A \vee B) = A$ *sowie* $A \vee (A \wedge B) = A$,
(v) *Idempotenzgesetze:* $A \wedge A = A$ *sowie* $A \vee A = A$.

Definition 1.11 (Tautologie und Kontradiktion) *Eine (stets) wahre Aussage nennt man Tautologie, während eine (stets) falsche Aussage mit Kontradiktion bezeichnet wird.*

Es gibt nur wahre oder falsche Aussagen. Eine Oder-Verknüpfung einer Aussage mit ihrer logischen Negation ist immer wahr, während eine Und-Verknüpfung einer Aussage mit ihrer logischen Negation immer falsch ist. Dieser einleuchtende Sachverhalt trägt einen Namen:

Satz 1.12 (Gesetze ausgeschlossener Dritter) *Es gilt*

$$A \vee \neg A \text{ ist eine Tautologie bzw. } A \wedge \neg A \text{ ist eine Kontradiktion.}$$

1.2 Mengen und Quantoren

Definition 1.13 (Menge und Element) *Eine Menge[3] ist eine Zusammenfassung von bestimmten, wohlunterscheidbaren Objekten, die als Elemente bezeichnet werden. Eine Menge, die kein Element enthält, heißt leere Menge und wird mit dem Symbol $\emptyset$ oder mit $\{\}$ bezeichnet.*

---

[3] engl.: set

Beispiele: Die Menge der ganzen Zahlen von 1 bis 5 einschließlich wird mit der aufzählenden Schreibweise $\{1,2,3,4,5\}$ bezeichnet. Die Menge der ganzen positiven Zahlen einschließlich der Null bezeichnen wir mit $\mathbb{N}$ oder mit der aufzählenden Schreibweise $\{0,1,2,3,\ldots\}$. Der Mengenbegriff geht aber über bloße Zahlenzusammenstellungen hinaus. Beispielsweise kann auch eine Zusammenstellung bestimmter Funktionen als Menge aufgefasst werden. Es gibt auch Mengen, deren Elemente wiederum Mengen sind. In der Regel werden Mengen mit Großbuchstaben bezeichnet, wobei allerdings die speziellen Bezeichnungen $\mathbb{N}$, $\mathbb{Z}$, $\mathbb{Q}$, $\mathbb{R}$, $\mathbb{C}$ für bestimmte Zahlenmengen reserviert sind. Ist ein Objekt x Element einer Menge A, so wird dies durch $x \in A$ „x Element A" ausgedrückt. Die Negation dieser Aussage wird mit $x \notin A$ „x nicht Element A" ausgedrückt. Besteht eine Menge aus endlich vielen Elementen, so kann die Menge durch Verwendung der Mengenklammern unter Aufzählung ihrer Elemente beschrieben werden. Wenn die Auflistung bedingt durch eine zu hohe oder eine nicht festgelegte Anzahl von Elementen nicht möglich ist, können wir auch die Schreibweise mit Punkten verwenden. So ist beispielsweise $\{1,2,\ldots,100\}$ die Menge der ganzen Zahlen von 1 bis 100 und $\{1,2,\ldots,n\}$ die Menge der ganzen Zahlen von 1 bis n mit einer ganzen Zahl $n \geq 1$. Besteht eine Menge aus einer endlichen Anzahl von Elementen, so bezeichnen wir sie als *endliche* Menge.

Die Verwendung der Aufzählschreibweise ist auch möglich bei Mengen mit unendlich vielen Elementen, wie das Beispiel der natürlichen Zahlen $\mathbb{N} = \{0,1,2,3,\ldots\}$ zeigt. Eine Voraussetzung für die Schreibweise mit Aufzählform ist jedoch, dass die Elemente *abzählbar*, d. h. durchnummerierbar sind. Bei nicht abzählbaren Mengen, wie beispielsweise die Menge $\mathbb{R}$ der reellen Zahlen, ist keine aufzählende Schreibweise möglich. Zwei Mengen sind gleich, wenn sie in ihren Elementen ohne Beachtung einer Reihenfolge übereinstimmen.

Neben der aufzählenden Schreibweise kann auch eine beschreibende Schreibweise verwendet werden, um Mengen eindeutig zu identifizieren. So repräsentiert beispielsweise die Menge $\{x \in \mathbb{R} : x < -1\}$ die Menge aller reellen Zahlen, die kleiner als -1 sind. Die beschreibende Mengennotation hat die generelle Form

$$\{\text{Elementform} : \text{Aussage}\} \quad \text{oder} \quad \{\text{Elementform} \,|\, \text{Aussage}\}.$$

Beispiele:
$$\{k^2 : k \in \mathbb{N} \wedge k \leq 6\} = \{0,1,4,9,16,25,36\},$$

$$\{2k : k \in \mathbb{N} \wedge k \text{ ist durch 5 teilbar}\} = \{0,10,20,30,\ldots\}.$$

$$\{k \in \mathbb{N} : k \text{ ist durch 2 teilbar} \vee k \text{ ist durch 5 teilbar}\} = \{0,2,4,5,6,8,10,12,14,15,\ldots\}.$$

Die Mengenbeschreibung des letzten Beispiels wird wie folgt gelesen: *Menge aller $k \in \mathbb{N}$, für die gilt, dass k durch 2 oder durch 5 teilbar ist.*

Elemente werden in der Aufzählform einer Menge nur einmal genannt. Wiederholungen erhöhen die Anzahl der Elemente einer Menge nicht. Ebenso ist die Reihenfolge der Elemente dabei unerheblich. So stimmt beispielsweise die Menge $\{3,2,1,2\}$ überein mit $\{1,2,3\}$. Eine Menge kann die Elemente einer weiteren Menge umfassen.

Definition 1.14 (Teilmenge und Obermenge) *Eine Menge A heißt Teilmenge[4] einer Menge B, wenn jedes Element von A auch Element von B ist. Schreibweise: $A \subset B$ „A Teilmenge von B". In dieser Situation heißt B Obermenge von A, symbolisch: $B \supset A$ „B umfasst A ".*

Diese Definition lässt die Gleichheit der Mengen A und B bei einer Teilmengenbeziehung $A \subset B$ zu. So ist jede Menge auch Teilmenge von sich selbst: $A \subset A$. Damit ist A die größte Teilmenge von A. Die leere Menge ist dagegen die kleinste Teilmenge von A. Möchte man ausdrücken, dass eine Menge $A \subset B$ eine Teilmenge ist, die nicht gerade mit B übereinstimmt, also eine *echte* Teilmenge von B ist, so kann dies symbolisch mit $A \subsetneq B$ dargestellt werden.[5]

Satz 1.15 *Für zwei Mengen A und B gilt:*

$$A = B \iff A \subset B \wedge B \subset A.$$

Dies macht deutlich, nach welchem Prinzip die Übereinstimmung zweier Mengen gezeigt werden kann. Man zeigt beide Inklusionen, d. h., für alle $a \in A$ gilt $a \in B$, also $A \subset B$. Zudem wird umgekehrt gezeigt: Für alle $b \in B$ gilt $b \in A$, also $B \subset A$.

Mengen können miteinander verknüpft werden. Die folgenden Definitionen spielen dabei eine bedeutende Rolle.

Definition 1.16 (Durchschnitt) *Als Durchschnitt, Schnitt oder Schnittmenge $A \cap B$ zweier Mengen A und B wird die Menge der Elemente bezeichnet, die sowohl zu A als auch zu B gehören:*
$$A \cap B := \{x : x \in A \wedge x \in B\}.$$

Haben A und B keine gemeinsamen Elemente, so ist der Durchschnitt zweier Mengen leer, d. h. $A \cap B = \emptyset$. Man sagt dann, A und B sind disjunkt.

Definition 1.17 (Vereinigung) *Als Vereinigung $A \cup B$ zweier Mengen A und B wird die Menge der Elemente bezeichnet, die zu A oder zu B gehören:*

$$A \cup B := \{x : x \in A \vee x \in B\}.$$

Definition 1.18 (Differenzmenge) *Es seien A und B zwei Mengen. Die Differenzmenge $A \setminus B$ „A minus B" oder „A ohne B" ist die Menge der Elemente von A, die nicht zu B gehören:*
$$A \setminus B := \{x \in A : x \notin B\}.$$

Beispiele:

$$A := \{1,2,3,4,5\}, \quad B := \{2k : k \in \mathbb{N}\}, \quad C := \{0,-1,-2,-3,\dots\}.$$

Es ist dann

---

[4] engl.: subset

[5] Manche Autoren verwenden für eine Teilmengenbeziehung die Schreibweise $A \subseteq B$, um den Fall einer Übereinstimmung beider Mengen mit einzuschließen. Diese Schreibweise ist angelehnt an das $\leq$-Zeichen.

$$A \cap B = \{2,4\}, \quad A \cup B = \{1,2,3,4,5,6,8,10,12,14,\ldots\},$$
$$A \setminus B = \{1,3,5\}, \quad A \cap C = \emptyset.$$

Liegt mit einer Menge Ω eine Grundgesamtheit vor, so kann für jede Teilmenge M dieser Grundgesamtheit eine Gegenmenge definiert werden, die genau alle nicht in M liegenden Elemente von Ω beinhaltet.

Definition 1.19 (Komplement) *Es bezeichne Ω die Grundgesamtheit aller Elemente, die im Zusammenhang mit einer bestimmten Situation betrachtet werden. Zudem sei $M \subset \Omega$ eine Teilmenge. Dann wird mit*

$$\overline{M} := \{x \in \Omega : x \notin M\} = \Omega \setminus M$$

das Komplement der Menge M (bezüglich Ω) bezeichnet.

Es sei beispielsweise $\Omega := \mathbb{Z}$ die Menge der ganzen Zahlen und $M := 2\mathbb{Z} = \{2z : z \in \mathbb{Z}\}$ die Menge der geraden Zahlen. Dann ist das Komplement $\overline{M}$ die Menge der ungeraden Zahlen. Das doppelte Komplement $\overline{\overline{M}} = M$ ist wieder die Menge der geraden Zahlen.

Wie diese Definitionen zeigen, haben Aussagenlogik und Mengenlehre formale Gemeinsamkeiten. Die Definition der Vereinigung und des Durchschnitts zweier Mengen basieren auf der logischen Oder- bzw. Und-Verküpfung und entsprechen somit diesen logischen Verknüpfungen in der Aussagenlogik. Die Komplementbildung einer Menge entspricht in der Aussagenlogik der Negation einer Aussage. Die Grundgesamtheit Ω repräsentiert eine Tautologie, während die leere Menge eine Kontradiktion darstellt. Für Mengen gelten mit den oben eingeführten Operationen ähnliche Gesetze wie in der Aussagenlogik:

Satz 1.20 *Es seien A, B und C Mengen. Es gelten*

   (i) Kommutativität: $A \cap B = B \cap A$ sowie $A \cup B = B \cup A$,
  (ii) Assoziativität: $A \cup (B \cup C) = (A \cup B) \cup C$ sowie $A \cap (B \cap C) = (A \cap B) \cap C$,
 (iii) Distributivität: $A \cup (B \cap C) = (A \cup B) \cap (A \cup C)$ sowie $A \cap (B \cup C) = (A \cap B) \cup (A \cap C)$,
 (iv) Absorptionsgesetz: $A \cap (A \cup B) = A$ sowie $A \cup (A \cap B) = A$,
  (v) Idempotenzgesetz: $A \cap A = A$,
 (vi) Gesetz von de Morgan: $\overline{A \cap B} = \overline{A} \cup \overline{B}$ sowie $\overline{A \cup B} = \overline{A} \cap \overline{B}$,
(vii) Gesetze ausgeschlossener Dritter: $A \cup \overline{A} = \Omega$ sowie $A \cap \overline{A} = \emptyset$.

Definition 1.21 (Kreuzprodukt, kartesisches Produkt von Mengen) *Es seien A und B Mengen. Als Kreuzprodukt oder kartesisches[6] Produkt $A \times B$ („A kreuz B") wird die Menge aller geordneten Paare (a,b) bezeichnet, wobei $a \in A$ und $b \in B$ gilt:*

$$A \times B := \{(a,b) : a \in A \wedge b \in B\}.$$

Die beiden Positionen (a an erster Stelle, b an zweiter Stelle) heißen Komponenten. Ein Paar $(a,b) \in A \times B$ wird auch 2-Tupel genannt.

In Verallgemeinerung bezeichnet man bei einem n-fachen Kreuzprodukt der Mengen $M_1, M_2, \ldots, M_n$, das Element

---

[6] nach René Descartes (1596-1650), französischer Mathematiker und Philosoph

$$(m_1, m_2, \ldots, m_n) \in M_1 \times M_2 \times \cdots \times M_n = \bigtimes_{k=1}^{n} M_k$$

als n-Tupel.

Beispiel: Es seien $A = \{1, 2, 3\}$, $B = \{10, 20\}$. Dann ist das Kreuzprodukt dieser beiden Mengen

$$A \times B = \{(a, b) : a \in A, b \in B\}$$
$$= \{(1, 10), (2, 10), (3, 10), (1, 20), (2, 20), (3, 20)\}.$$

Definition 1.22 (Mächtigkeit einer Menge) *Als Mächtigkeit $|M|$ oder #M einer endlichen Menge M wird die Anzahl ihrer Elemente bezeichnet.*

Beispiele:

   (i) $|\{14, 15, 16, 2032\}| = 4$.
  (ii) $|\{2k + 1 : k \in \mathbb{N}, k \leq 4\}| = 5$.
 (iii) $|\{n^2 : n \in \mathbb{Z} \wedge -1 \leq n \leq 1\}| = 2$.
 (iv) $|\emptyset| = 0$.
  (v) Für zwei endliche Mengen A, B gilt $|A \times B| = |A||B|$.

Zum Abschluss dieses Abschnitts führen wir die Quantorenschreibweise ein, die es ermöglicht, mathematische Aussagen in einer sehr kompakten (dafür aber gewöhnungsbedürftigen) Schreibweise zu notieren.

Definition 1.23 (Quantoren) *Es bezeichnet das Symbol*

  (i) *$\forall$ bzw. $\wedge$ (generalisiertes Und-Symbol): Für alle ...*
 (ii) *$\exists$ bzw. $\vee$ (generalisiertes Oder-Symbol): Es gibt ein ...*
(iii) *$\exists!$ bzw. $\dot{\vee}$: Es gibt genau ein ...*
 (iv) *$\exists^{=n}$, $(\exists^{\leq n})$ bzw. $\overset{n}{\vee}$, $(\overset{\leq n}{\vee})$: Es gibt genau n, (Es gibt höchstens n) ...*

Der Quantor $\forall$ bzw. $\wedge$ wird als Allquantor[7], während der Quantor $\exists$ bzw. $\vee$ als Existenzquantor[8] bezeichnet wird.

Als Beispiel für die Verwendung von Quantoren betrachten wir die Negation einer Quantorenaussage:

$$\neg \left(\bigwedge_{x \in \mathbb{N}} : x^2 = y \right) \overset{\text{De Morgan}}{=} \bigvee_{x \in \mathbb{N}} : x^2 \neq y.$$

Wir lesen den eingeklammerten Teil der linken Seite als „für alle $x \in \mathbb{N}$ gilt $x^2 = y$". Die Verneinung dieser Aussage ergibt die rechte Seite, die als „Es gibt ein $x \in \mathbb{N}$ mit $x^2 \neq y$" gelesen wird.

---

[7] engl.: universal quantifier
[8] engl.: existential quantifier

1.3 Abbildungen

Definition 1.24 (Abbildung) *Eine Abbildung[9] f von einer Menge X auf eine Menge Y ist eine eindeutige Zuordnung, die jedem Element $x \in X$ ein Element $y \in Y$ zuweist. Wir nutzen die folgende Schreibweise, um diesen Sachverhalt formal auszudrücken:*

$$f : X \to Y$$
$$x \mapsto y = f(x).$$

Die links stehende Menge X heißt Definitionsmenge der Abbildung f. Man spricht bei einer Abbildung auch von einer rechtseindeutigen Relation.

Man beachte, dass zwar jedem Element x der Menge X ein korrespondierendes Element $y = f(x)$ aus der Menge Y zugeordet, dabei aber nicht verlangt wird, dass es für jedes Element $y \in Y$ auch ein korrespondierendes $x \in X$ gibt mit $y = f(x)$. Es muss also nicht jedes Element der rechts stehenden Menge Y durch f wertemäßig getroffen werden. Wir betrachten drei Beispiele:

 (i) $X = \{\text{Tage des Jahres 2017}\}, Y = \{\text{Mo}, \text{Di}, \text{Mi}, \text{Do}, \text{Fr}, \text{Sa}, \text{So}\}$,

$$w : X \to Y$$
$$x \mapsto y = w(x), \quad \text{(Zuordnung Datum zu Wochentag)}.$$

So gilt beispielsweise für $x = 24$. Januar die Zuordnung $x \mapsto w(x) = \text{Di}$ oder kürzer ausgedrückt: $w(24.\ \text{Januar}) = \text{Di}$.

 (ii) $X = \{0, 1, 2, 3, \ldots\}, Y = X$

$$f : X \to Y$$
$$x \mapsto y = x^2, \quad \text{(Zuordnung Zahl zu ihrer Quadratzahl)}.$$

 (iii) $X = \{0, 1, 2, 3, \ldots\}, Y = \{0, 1, 4, 9, 16, 25, \ldots\}$

$$g : X \to Y$$
$$x \mapsto y = x^2, \quad \text{(Zuordnung Zahl zu ihrer Quadratzahl)}.$$

Es scheint so, als handele es sich bei der letzten Abbildung um dieselbe Abbildung wie im Beispiel zuvor, da $f(x) = x^2 = g(x)$ für alle $x \in X$ gilt. Trotzdem liegt beim letzten Beispiel ein anderer Sachverhalt und damit formal eine andere Abbildung vor, da hier *jedes* Element y der rechts stehenden Menge Y ein korrespondierendes Element x der links stehenden Menge X besitzt mit $g(x) = y$. Um diesen Sachverhalt zu präzisieren, definieren wir den Begriff der Wertemenge.

Definition 1.25 (Wertemenge, Wertevorrat) *Es seien X und Y Mengen, $f : X \to Y$ eine Abbildung. Dann heißt*

$$W_f := \{f(x) : x \in X\} \subset Y$$

---

[9] engl.: map

Wertemenge oder Wertevorrat der Abbildung f. Die Wertemenge wird auch mit $f(X)$ bezeichnet. Die Definitionsmenge X wird dabei in die Abbildung f formal eingesetzt.

Beispiele:

(i)

$$f : \mathbb{N} \to Y = \{0, 1, 4, 9, 16, 25, \ldots\}$$
$$x \mapsto y = x^2.$$

Hier ist die Wertemenge die gesamte Menge Y. Es gilt also $W_f = f(\mathbb{N}) = Y$.

(ii)

$$g : \mathbb{N} \to \mathbb{Q}$$
$$x \mapsto y = x^2.$$

Hier gilt hingegen nicht $W_g = \mathbb{Q}$, sondern lediglich $W_g \subset \mathbb{Q}$. Es ist beispielsweise $7 \in \mathbb{Q}$ ein Element, für das kein $x \in \mathbb{N}$ existiert mit $g(x) = 7$. Die Wertemenge ist daher sogar eine echte Teilmenge von $\mathbb{Q}$, d. h., es gilt $W_g \subsetneq \mathbb{Q}$.

(iii)

$$h : \mathbb{N} \to \mathbb{N}$$
$$x \mapsto 1.$$

Hier gilt $W_h = h(\mathbb{N}) = \{1\}$.

(iv)

$$i : \mathbb{N} \setminus \{0\} \to \mathbb{R}$$
$$n \mapsto \frac{2n+1}{n}.$$

Es gilt $W_i = i(\mathbb{N} \setminus \{0\}) = \{3, \frac{5}{2}, \frac{7}{3}, \frac{9}{4}, \ldots\}$.

(v) Gauß-Klammer oder Floor-Abbildung

$$\lfloor \cdot \rfloor : \mathbb{R} \to \mathbb{R}$$
$$t \mapsto \lfloor t \rfloor := \max\{k \in \mathbb{Z} : k \leq t\}$$

Es gilt $W_{\lfloor \cdot \rfloor} = \lfloor \mathbb{R} \rfloor = \mathbb{Z} := \{\ldots, -3, -2, -1, 0, 1, 2, 3, \ldots\}$.

(vi) Es seien a, b, c verschieden voneinander.

$$\lambda : \{1, 2, 3\} \to \{a, b, c\}$$
$$x \mapsto y.$$

Eine Zuordnungstabelle gibt Auskunft über die Einzelheiten dieser Abbildung:

	1	2	3
a	x		
b		x	x
c			

Die Wertemenge lautet $W_\lambda = \lambda(\{1,2,3\}) = \{a,b\}$.

Die Funktionsweise der Abbildung kann auch durch eine Wertetabelle dargestellt werden:

x	1	2	3
y	a	b	b

Eine sehr einfache Abbildung von einer Menge X in dieselbe Menge $Y = X$ zurück ist die Zuordnung eines Elementes $x \in X$ auf denselben Wert $y = x$. Obwohl diese Abbildung „nichts bewirkt", ist sie aus formalen Gründen gelegentlich sehr nützlich. Daher geben wir dieser Abbildung einen Namen.

Definition 1.26 (Identität) *Es sei X eine Menge. Die Abbildung*

$$\mathrm{id}_X : X \to X$$
$$x \mapsto \mathrm{id}_X(x) = x \tag{1.1}$$

heißt Identität auf der Menge X.

In vielen Fällen ist es hilfreich, die Mitgliedschaft eines Elementes zu einer Menge mithilfe einer speziellen Abbildung zum Ausdruck zu bringen.

Definition 1.27 (Charakteristische Funktion) *Es sei M eine Menge und $T \subset M$ eine Teilmenge von M. Die Abbildung*

$$\chi_T : M \to \{0,1\}$$
$$x \mapsto \chi_T(x) = \begin{cases} 1, & x \in T \\ 0, & x \notin T \end{cases} \tag{1.2}$$

heißt charakteristische Funktion von T. Es gilt damit $\chi_T(x) = 1 \iff x \in T$ für alle $x \in M$.

Die in der folgenden Definition erklärten Eigenschaften von Abbildungen sind zentrale Begriffe für die in Kap. 4 behandelten linearen Abbildungen auf Vektorräumen.

Definition 1.28 (Injektivität, Surjektivität, Bijektivität) *Es seien X und Y Mengen und $f : X \to Y$ eine Abbildung.*

   (i) *f heißt surjektiv, falls ihre Wertemenge W_f mit Y übereinstimmt, falls also $f(X) = Y$ gilt. In diesem Fall wird jedes Element $y \in Y$ durch f getroffen.*

   (ii) *f heißt injektiv, falls es zu jedem Wert $y \in f(X)$ der Wertemenge genau ein Element $x \in X$ gibt, das von f auf y abgebildet wird, für das also $f(x) = y$ gilt. Dies ist für $x_1, x_2 \in X$ gleichbedeutend mit der Implikation*

$$f(x_1) = f(x_2) \Rightarrow x_1 = x_2$$

bzw. alternativ als Kontraposition ausgedrückt

$$x_1 \neq x_2 \Rightarrow f(x_1) \neq f(x_2).$$

(iii) f heißt bijektiv, falls f surjektiv und injektiv ist.

Beispiele:

(i) Es sei λ die Abbildung des letzten Beispiels. Diese Abbildung ist weder surjektiv, denn es wird das Element c nicht getroffen, noch injektiv, da sowohl die Elemente 2 und 3 auf denselben Wert b abgebildet werden: $\lambda(2) = \lambda(3) = b$.

(ii)

$$f : \mathbb{Z} \to \{n^2 : n \in \mathbb{Z}\} = \{0, 1, 4, 9, 16, \ldots\}$$
$$n \mapsto n^2$$

ist surjektiv, jedoch nicht injektiv, da beispielsweise $f(-5) = 25 = f(5)$.

(iii)

$$g : \mathbb{R} \to \mathbb{R}$$
$$x \mapsto 2x$$

ist sowohl injektiv als auch surjektiv.

Die folgende Erkenntnis ist nun leicht nachvollziehbar.

Satz 1.29 *Es seien X und Y endliche Mengen gleicher Mächtigkeit, also mit identischer Anzahl von Elementen $|X| = |Y|$, und $f : X \to Y$ eine Abbildung. Dann sind folgende Aussagen äquivalent:*

(i) f ist surjektiv.
(ii) f ist injektiv.
(iii) f ist bijektiv.

Ein weiteres Beispiel für eine surjektive, aber nicht injektive Abbildung ist durch die Division mit Rest gegeben.

Definition 1.30 (Modulo-Abbildung) *Es sei $n \in \mathbb{N} \setminus \{0\}$ eine von 0 verschiedene natürliche Zahl. Die Abbildung*

$$\cdot \bmod n : \mathbb{Z} \to \pm\{0, 1, \ldots n - 1\}$$
$$k \mapsto k \bmod n := k - \left\lfloor \frac{k}{n} \right\rfloor \cdot n \tag{1.3}$$

liefert den Rest bei ganzzahliger Division von k durch n und heißt Modulo-Abbildung (sprich: „k modulo n"). Hierbei ist für $t \in \mathbb{R}$

$$\lfloor t \rfloor := \max\{k \in \mathbb{Z} : k \leq t\}$$

die bereits erwähnte Gauß-Klammer[10] von t, die den größten ganzzahligen Anteil der reellen Zahl t angibt. Somit stellt der Term

---

[10] engl. Bezeichnung: *floor*

$$\left\lfloor \frac{k}{n} \right\rfloor$$

die ganzzahlige Division von k durch n dar, und gibt für $k \geq 0$ an, wie oft n in k ganzzahlig hineinpasst.

Einige Beispiele sollen diese Definitionen verdeutlichen:

   (i) $18 \bmod 5 = 3$, denn $18 \bmod 5 = 18 - \lfloor \frac{18}{5} \rfloor \cdot 5 = 18 - \lfloor 3.6 \rfloor \cdot 5 = 18 - 3 \cdot 5 = 18 - 15 = 3$,

   (ii) $-18 \bmod 5 = 2$, denn $-18 \bmod 5 = -18 - \lfloor \frac{-18}{5} \rfloor \cdot 5 = -18 - \lfloor -3.6 \rfloor \cdot 5 = -18 - (-4) \cdot 5 = -18 + 20 = 2$, (Wir werden später sehen, dass in dem sog. Restklassenring $\mathbb{Z}_5$ die Elemente 2 und -3 identisch sind.)

   (iii) $27 \bmod 2 = 1$,

   (iv) $29 \bmod 6 = 5$,

   (v) $150 \bmod 75 = 0$, denn 150 ist durch 75 teilbar.

Offenbar gilt

Satz 1.31

$$k \text{ ist durch } n \text{ teilbar} \iff k \bmod n = 0.$$

Insbesondere gilt $n \bmod 2 = 0$ genau dann, wenn n eine gerade Zahl ist, während $n \bmod 2 = 1$ genau dann gilt, wenn n ungerade ist. Es sei $n \in \mathbb{N} \setminus \{0\}$. Die Werte, die durch die Modulo-Abbildung $k \bmod n$ für $k \in \mathbb{N}$ eingenommen werden, sind ausschließlich die ganzen Zahlen von 0 bis $n-1$. Die Menge dieser Divisionsreste

$$\mathbb{Z}_n := \{r = k \bmod n : k \in \mathbb{N}\} = \{0, 1, \ldots n-1\}$$

werden wir später als *Menge der Restklassen modulo n* bezeichnen. Für die Anzahl ihrer Elemente gilt $|\mathbb{Z}_n| = n$.

Satz 1.32 (Rechenregeln der Modulo-Abbildung) *Es sei $n \in \mathbb{N} \setminus \{0\}$ und $a, b \in \mathbb{Z}$. Es gilt*

$$\begin{aligned}(a+b) \bmod n &= (a \bmod n + b \bmod n) \bmod n, \\ (ab) \bmod n &= (a \bmod n)(b \bmod n) \bmod n.\end{aligned} \tag{1.4}$$

1.4 Gruppen, Ringe, Körper und Vektorräume

Ausgangspunkt für die in diesem Abschnitt definierten algebraischen Strukturen ist der Gruppenbegriff, den wir nun definieren.

Definition 1.33 (Gruppe) *Unter einer Gruppe $(G, *)$ verstehen wir eine nichtleere Menge G, für die eine innere Verknüpfung*

$$\begin{aligned}* : G \times G &\to G \\ (a, b) &\mapsto a * b\end{aligned}$$

definiert ist, die folgenden Eigenschaften, den Gruppenaxiomen, genügt:

  (i) Assoziativität: $a*(b*c) = (a*b)*c$ für alle $a,b,c \in G$,

  (ii) Existenz eines neutralen Elementes e mit der Eigenschaft $e*a = a$ für alle $a \in G$,

  (iii) Existenz inverser Elemente: Zu jedem Element $a \in G$ gibt es ein Element $a^{-1} \in G$
     mit $a^{-1}*a = e$.

Ist es aus dem Zusammenhang klar, was mit der Verknüpfung $*$ gemeint ist, so wird die Gruppe $(G,*)$ auch einfach nur mit der Menge G bezeichnet.

Die Assoziativität rechtfertigt die klammerlose Schreibweise bei Mehrfachverknüpfungen wie etwa $a*b*c$. Für Gruppen gilt zunächst nicht die Kommutativität, d. h., man kann nicht davon ausgehen, dass $a*b = b*a$ gilt. Fordert man diese Kommutativität, also $a*b = b*a$ für alle $a,b \in G$, so sprechen wir von einer *kommutativen* oder *abelschen*[11] Gruppe.

Obwohl die Kommutativität einer Gruppe zunächst nicht vorausgesetzt wird, kann es spezielle Fälle geben, in denen ein Vertauschen der Elemente möglich ist. So gilt beispielsweise $a^{-1}*a = e = a*a^{-1}$ für jedes $a \in G$, denn wie für jedes Element der Gruppe G gibt es auch für das Element a^{-1} ein Inverses $\alpha \in G$ mit $\alpha * a^{-1} = e$. Durch Ausnutzen der Assoziativität (d. h. Klammern umsetzen) erhalten wir

$$a*a^{-1} = e*(a*a^{-1}) = (e*a)*a^{-1}$$
$$= ((\underbrace{\alpha * a^{-1}}_{=e})*a)*a^{-1} = \alpha * ((\underbrace{a^{-1}*a}_{=e})*a^{-1}) = \alpha * a^{-1} = e.$$

Es ist somit auch $a*a^{-1} = e$. Bei der Verknüpfung mit dem Inversen ist also die Reihenfolge unerheblich. In beiden Fällen ergibt sich das neutrale Element. Wir können dies auch so ausdrücken: a^{-1} ist *links-* und *rechtsinvers* zu a. Auch bei der Verknüpfung mit dem neutralen Element e ist die Reihenfolge unwesentlich, d. h., es gilt $e*a = a = a*e$, denn es gibt für $a \in G$ ein Element $a^{-1} \in G$ mit

$$a*e = a*(a^{-1}*a) = (a*a^{-1})*a = (a^{-1}*a)*a = e*a = a.$$

Ein neutrales Element ist also nicht nur *links-* sondern auch *rechtsneutral*. Wenn für eine derartige Menge ein neutrales Element existiert, dann ist es eindeutig, denn nimmt man an, es gebe neben e ein zweites neutrales Element e', so gilt

$$e' \overset{e\text{ neutral}}{=} e'*e \overset{e'\text{ neutral}}{=} e.$$

Also gilt $e' = e$. Ebenso ist für jedes $a \in G$ das Element a^{-1} eindeutig bestimmt, denn ist $b \in G$ ein weiteres Element mit

$$e = b*a,$$

so folgt nach Rechtsverknüpfung beider Seiten mit a^{-1}

$$\underbrace{e*a^{-1}}_{=a^{-1}} = \underbrace{(b*a)*a^{-1}}_{=b*(a*a^{-1})=b*e=b} ,$$

---

[11] Niels Henrik Abel (1802-1829), norwegischer Mathematiker

also insgesamt

$$a^{-1} = b.$$

Wegen der Eindeutigkeit des inversen Elementes, kann von „*dem* zu a inversen Element"
gesprochen werden, hierdurch wird auch die Schreibweise des inversen Elementes von a
als a^{-1} gerechtfertigt. Gleichzeitig wird klar, dass a das inverse Element von a^{-1} ist, denn
wegen $a * a^{-1} = e$ kann aufgrund der Eindeutigkeit nur $(a^{-1})^{-1} = a$ sein. Bildet man das
inverse Element von $a * b$, so gilt

$$(a * b)^{-1} = b^{-1} * a^{-1},$$

denn da das inverse Element eindeutig bestimmt ist, kann wegen

$$(b^{-1} * a^{-1}) * (a * b) = b^{-1} * (a^{-1} * a) * b = b^{-1} * e * b = b^{-1} * b = e$$

das inverse Element von $a * b$ nur $b^{-1} * a^{-1}$ sein.

Definition 1.34 (Untergruppe) *Ist eine nichtleere Teilmenge $U \subset G$ einer Gruppe $(G, *)$
bezüglich der in G definierten Verknüpfung $*$ selbst wieder eine Gruppe, so wird die Gruppe $(U, *)$ als Untergruppe von $(G, *)$ bezeichnet. In diesem Fall ist U einerseits multiplikativ abgeschlossen, d. h., für alle $a, b \in U$ ist $a * b \in U$, und andererseits ist für jedes
$a \in U$ auch $a^{-1} \in U$. Die kleinste Untergruppe von G ist die Menge $\{e\}$, die nur aus dem
neutralen Element besteht.*

Die Menge $(\mathbb{Z}, +)$ der ganzen Zahlen zusammen mit der Addition bildet eine Gruppe. Das
neutrale Element ist die Zahl 0. Die Menge $(\mathbb{Q}^*, \cdot)$ mit $\mathbb{Q}^* := \mathbb{Q} \setminus \{0\}$ der von 0 verschiedenen rationalen Zahlen bildet zusammen mit der Multiplikation ein weiteres Beispiel
für eine Gruppe. In diesem Fall ist das neutrale Element die Zahl 1. Beide Mengen sind
Beispiele für abelsche, also kommutative Gruppen. Die Teilmenge $\{-1, 1\} \subset \mathbb{Q}$ ist eine
Untergruppe von $\mathbb{Q}^*$.

Ein Beispiel für eine in der Regel nicht-kommutative Gruppe ist die Menge der Permutationen von n Objekten.

Definition 1.35 (Permutation und Transposition) *Für eine natürliche Zahl $n \geq 1$ wird
die Menge aller bijektiven Abbildungen von der Menge $X = \{1, 2, \ldots, n\}$ in die Menge
X zurück als Menge S_n der Permutationen auf X bezeichnet. Ein $\pi \in S_n$ ist damit eine
bijektive Abbildung*

$$\pi : \{1, 2, \ldots, n\} \to \{1, 2, \ldots, n\} \qquad (1.5)$$
$$k \mapsto \pi(k).$$

Zweckmäßig ist die Darstellung von $\pi \in S_n$ als Wertetabelle in der Form

$$\pi = \begin{pmatrix} 1 & 2 & \ldots & n \\ \pi(1) & \pi(2) & \ldots & \pi(n) \end{pmatrix}.$$

*Da es insgesamt $n!$ Möglichkeiten gibt, n verschiedene Objekte anzuordnen, gilt $|S_n| = n!$.
(Bemerkung: Weil jedes $\pi \in S_n$ insbesondere eine surjektive Abbildung von einer endli-*

chen Menge in die Menge zurück ist, folgt hieraus bereits die Injektivität und damit die Bijektivität von π.)

Die Identität id_X auf X ist dabei die Permutation, die keine Änderung der Werte bewirkt, für die also $\mathrm{id}_X(k) = k$ gilt für alle $k \in X$. Eine Permutation, die ausschließlich zwei Elemente von X miteinander vertauscht, während alle anderen Elemente auf derselben Position verbleiben, heißt Transposition.

Die Menge S_1 besteht nur aus der Identität, während die Menge S_2 neben der Identität nur noch eine Transposition beinhaltet. Die Menge S_3 besitzt die $3! = 6$ Abbildungen

$$\begin{pmatrix} 1\,2\,3 \\ 1\,2\,3 \end{pmatrix}, \quad \begin{pmatrix} 1\,2\,3 \\ 2\,3\,1 \end{pmatrix}, \quad \begin{pmatrix} 1\,2\,3 \\ 3\,1\,2 \end{pmatrix},$$

$$\begin{pmatrix} 1\,2\,3 \\ 3\,2\,1 \end{pmatrix}, \quad \begin{pmatrix} 1\,2\,3 \\ 2\,1\,3 \end{pmatrix}, \quad \begin{pmatrix} 1\,2\,3 \\ 1\,3\,2 \end{pmatrix}.$$

Was aber macht nun S_n zu einer Gruppe? Wir können zwei oder mehrere Permutationen nacheinander durchführen. Für zwei Permutationen $\pi_1, \pi_2 \in S_n$ ergibt dies eine weitere Permutation $\pi := \pi_2 \circ \pi_1$ (sprich: „π_2 nach π_1"), die wir als Verkettung von π_2 und π_1 erklären:

$$\pi : \{1, 2, \ldots, n\} \to \{1, 2, \ldots, n\}$$
$$k \mapsto \pi(k) := \pi_2(\pi_1(k)).$$

Wir sehen uns ein Beispiel an. Die beiden Permutationen $\pi_2, \pi_1 \in S_4$ definiert durch

$$\pi_1 = \begin{pmatrix} 1\,2\,3\,4 \\ 1\,3\,2\,4 \end{pmatrix}, \quad \pi_2 = \begin{pmatrix} 1\,2\,3\,4 \\ 2\,3\,4\,1 \end{pmatrix}$$

ergeben in der Verkettung $\pi_2 \circ \pi_1$ die Permutation

$$\pi_2 \circ \pi_1 = \begin{pmatrix} 1\,2\,3\,4 \\ 2\,4\,3\,1 \end{pmatrix},$$

da

$$\pi_2(\pi_1(1)) = \pi_2(1) = 2, \quad \pi_2(\pi_1(2)) = \pi_2(3) = 4,$$
$$\pi_2(\pi_1(3)) = \pi_2(2) = 3, \quad \pi_2(\pi_1(4)) = \pi_2(4) = 1.$$

Vertauschen wir nun π_1 und π_2 in der Verkettung, so ergibt sich für $\pi_1 \circ \pi_2$ eine andere Permutation:

$$\pi_1 \circ \pi_2 = \begin{pmatrix} 1\,2\,3\,4 \\ 3\,2\,4\,1 \end{pmatrix}.$$

Die Verkettung zweier (und damit auch mehrerer) Permutationen ist also eine innere Verknüpfung auf der Menge S_n. Diese Verknüpfung ist in der Regel nicht kommutativ, wie das letzte Beispiel gezeigt hat. Die Identität $\mathrm{id}_X \in S_n$ wirkt sich dabei von links oder rechts verknüpft überhaupt nicht aus. Es gilt also für jedes $\pi \in S_n$ die Beziehung $\pi \circ \mathrm{id}_X = \pi = \mathrm{id}_X \circ \pi$. Man überzeugt sich leicht, dass für drei Permutationen $\pi_1, \pi_2, \pi_3 \in S_n$

die Assoziativität

$$\pi_1 \circ (\pi_2 \circ \pi_3) = (\pi_1 \circ \pi_2) \circ \pi_3$$

gilt. Da jedes $\pi \in S_n$ injektiv ist, können wir jede Permutation wieder rückgängig machen. Es existiert also zu jedem $\pi \in S_n$ eine inverse Permutation $\pi^{-1} \in S_n$ mit $\pi^{-1} \circ \pi = \mathrm{id}_x$. Wir halten also fest:

Satz/Definition 1.36 (Permutationsgruppe) *Die Menge S_n aller Permutationen auf $X = \{1, 2, \ldots, n\}$ bildet zusammen mit der Verkettung $\circ$ eine Gruppe $(S_n, \circ)$, deren neutrales Element die Identität $\mathrm{id}_X \in S_n$ darstellt. Eine Verkettung von Permutationen wird auch als Produkt dieser Permutationen bezeichnet.*

Innerhalb einer Permutationsgruppe haben die Transpositionen die Eigenschaft selbstinvers zu sein, da eine zweimalig direkt hintereinander ausgeführte Vertauschung von zwei Elementen letztlich keine Vertauschung bewirkt. Es gilt also für jede Transposition $\tau \in S_n$ $\tau^2 := \tau \circ \tau = \mathrm{id}_X$ und somit $\tau^{-1} = \tau$. Die einzigen abelschen Permutationsgruppen sind S_1 und S_2. Wir betrachten ein weiteres Beispiel. Die Permutation

$$\pi = \begin{pmatrix} 1\ 2\ 3\ 4\ 5 \\ 5\ 2\ 4\ 3\ 1 \end{pmatrix}$$

können wir durch zwei nacheinander ausgeführte Transpositionen τ_1 und τ_2 darstellen. Hierzu gehen wir zunächst von der Identität auf $X = \{1, 2, 3, 4, 5\}$ aus und beginnen mit dem ersten Element, das wir zuerst austauschen. Für die folgenden Positionen gehen wir dann weiter nach rechts und vertauschen gegebenenfalls weiter. Dies führt dann zu folgenden Vertauschungen:

$$\begin{array}{l|l} 1\ 2\ 3\ 4\ 5 & \text{tausche 1 gegen 5 } (\tau_1), \\ 5\ 2\ 3\ 4\ 1 & \text{tausche 3 gegen 4 } (\tau_2), \\ 5\ 2\ 4\ 3\ 1 & \text{Zielpermutation } \pi \text{ erreicht.} \end{array}$$

Es gilt also

$$\pi = \tau_2 \circ \tau_1 \tag{1.6}$$

mit den beiden Transpositionen

$$\tau_1 = \begin{pmatrix} 1\ 2\ 3\ 4\ 5 \\ 5\ 2\ 3\ 4\ 1 \end{pmatrix}, \quad \tau_2 = \begin{pmatrix} 1\ 2\ 3\ 4\ 5 \\ 1\ 2\ 4\ 3\ 5 \end{pmatrix}.$$

Dieses Zerlegungsprinzip können wir als Algorithmus zur Faktorisierung einer Permutation $\pi \in S_n$ in Transpositionen beschreiben:

(1) Ausgangspunkt ist die Identität $\tau_0 := \mathrm{id}_X$ auf $X = \{1, 2, \ldots, n\}$.
(2) Setze Transpositionszähler $i := 0$.
(3) Starte mit erster Position $k := 1$.
(4) Solange $k < n$ führe folgende Schritte durch:

    (4.a) Wenn $\pi(k) = \tau_i \circ \cdots \circ \tau_0(k) =: \tau(k)$, dann gehe zu (4.c).
    (4.b) Erhöhe Transpositionszähler $i \mapsto i + 1$ und tausche $\pi(k)$ mit $\tau(k)$, dies ergibt τ_i.
    (4.c) Gehe zum Folgeindex $k \mapsto k + 1$.

(5) Ende. Es gilt $\pi = \tau_i \circ \tau_{i-1} \circ \cdots \circ \tau_1$.

Es sind auch andere Zerlegungsverfahren durchführbar. So könnten wir auch ein Zerlegungsverfahren finden, das sich auf sukzessive Transpositionen zweier benachbarter Elemente beschränkt. Dieses Verfahren zieht aber in der Regel einen wesentlich höheren Aufwand nach sich, da eine Transposition über nicht-benachbarte Elemente mehrere Nachbartranspositionen benötigt. Beispielsweise ist die Transposition

$$\pi = \begin{pmatrix} 1 & 2 & 3 \\ 3 & 2 & 1 \end{pmatrix}$$

das Produkt $\pi = \tau_3 \circ \tau_2 \circ \tau_1$ der drei Transpositionen

$$\tau_1 = \begin{pmatrix} 1 & 2 & 3 \\ 1 & 3 & 2 \end{pmatrix}, \quad \tau_2 = \begin{pmatrix} 1 & 2 & 3 \\ 3 & 2 & 1 \end{pmatrix}, \quad \tau_3 = \begin{pmatrix} 1 & 2 & 3 \\ 2 & 1 & 3 \end{pmatrix}.$$

Durch diese drei nacheinander ausgeführten Transpositionen werden letztlich stets zwei benachbarte Elemente miteinander vertauscht. Sehen wir uns die Lage der Elemente nach den einzelnen Transpositionen an:

Start   1 2 3 |vertausche die <u>Positionen</u> 2 und 3, also die <u>Elemente</u> 2 und 3: Dies ergibt τ_1.
nach τ_1 1 3 2 |vertausche die <u>Positionen</u> 1 und 2, also die <u>Elemente</u> 1 und 3: Dies ergibt τ_2.
nach τ_2 3 1 2 |vertausche die <u>Positionen</u> 2 und 3, also die <u>Elemente</u> 1 und 2: Dies ergibt τ_3.
nach τ_3 3 2 1 |

Zu beachten ist der Unterschied zwischen Positionstausch und Elementetausch. Es gilt $\pi = \tau_3 \circ \tau_2 \circ \tau_1$. Der zuvor skizzierte Algorithmus liefert uns dagegen direkt $\pi = \tau_2$ nach einem Schritt. Dennoch ist uns nach diesen Überlegungen die folgende Feststellung einleuchtend.

Satz 1.37 *Jede Permutation kann als Produkt von Transpositionen dargestellt werden.*

Weder die benötigten Transpositionen noch ihre Anzahl sind also eindeutig bestimmt. Wir werden später feststellen, dass dagegen die Anzahl der verwendeten Transpositionen zur Faktorisierung einer Permutation stets von identischer Parität, d. h. immer jeweils gerade oder jeweils ungerade, sind. Hat also eine Permutation $\pi \in S_n$ die beiden Zerlegungen

$$\pi = \tau_k \circ \cdots \circ \tau_1, \quad \pi = \tau_l' \circ \cdots \circ \tau_1',$$

so sind entweder k und l jeweils gerade oder jeweils ungerade. Über die Anzahl der Transpositionen können wir nun das Vorzeichen einer Permutation definieren. Da wir erst später feststellen werden, dass die Parität der Transpositionsanzahl immer gleich bleibt, verständigen wir uns zunächst auf die Zerlegung nach dem o. g. Algorithmus.

Definition 1.38 (Signum einer Permutation) *Es sei $\pi \in S_n$ eine Permutation auf der Menge $X = \{1, 2, \ldots, n\}$, die über das zuvor beschriebene Verfahren in das Produkt $\tau_i \circ \cdots \circ \tau_1$ von Transpositionen $\tau_1, \ldots, \tau_i \in S_n$ faktorisiert werde. Dann ist das Vorzeichen (Signum) von π definiert durch*

$$\operatorname{sign} \pi := (-1)^i. \tag{1.7}$$

Im Speziellen ist das Vorzeichen der Identität also $\operatorname{sign} \operatorname{id}_X = (-1)^0 = 1$*. Jede Transposition* $\tau \in S_n$ *besitzt das Vorzeichen* $\operatorname{sign} \tau = (-1)^1 = -1$*. Eine Permutation* π *heißt gerade, wenn* $\operatorname{sign} \pi = 1$ *gilt, ansonsten wird sie als ungerade bezeichnet.*

Die zuvor betrachtete Permutation

$$\pi = \begin{pmatrix} 1 & 2 & 3 & 4 & 5 \\ 5 & 2 & 4 & 3 & 1 \end{pmatrix}$$

wurde nach dem Algorithmus in zwei Permutationen, vgl. (1.6), zerlegt. Daher gilt für ihr Vorzeichen

$$\operatorname{sign} \pi = (-1)^2 = 1.$$

Es handelt sich also um eine gerade Permutation.

In vielen Fällen stehen für eine Menge R zwei innere Verknüpfungen zur Verfügung. Wir kennen beispielsweise Addition und Multiplikation als zwei innere Verknüpfungen auf der Menge der ganzen Zahlen. Die folgende Definition des Rings berücksichtigt zwei Verknüpfungen.

Definition 1.39 (Ring) *Eine nichtleere Menge* R*, für die zwei innere Verknüpfungen*

$$+ : R \times R \to R, \quad * : R \times R \to R$$

definiert sind, heißt Ring, wenn die Kombination $(R,+)$ *eine kommutative Gruppe mit neutralem Element* 0 *ist, die Kombination* $(R,*)$ *das Assoziativgesetz*

$$a * (b * c) = (a * b) * c \tag{1.8}$$

für alle $a,b,c \in R$ *erfüllt und zudem die folgenden beiden Distributivgesetze, die beide Verknüpfungen kombinieren, für alle* $a,b,c \in R$ *gelten:*

$$a * (b + c) = a * b + a * c, \quad (b + c) * a = b * a + c * a. \tag{1.9}$$

Ein Ring $(R,+,*)$ *heißt kommutativ, wenn* $a * b = b * a$ *für alle* $a,b \in R$ *gilt. Gibt es ein Element* $1 \in R$*, für das* $1 * a = a = a * 1$ *für alle* $a \in R$ *gilt, also ein links- und rechtsneutrales Element bezüglich der Verknüpfung* $*$*, so wird dies als Einselement von* R *bezeichnet. Häufig werden die Symbole „+" und „*" mit der Bezeichnung des Rings zusammen in einem Tripel* $(R,+,*)$ *genannt.*

Die beiden Verknüpfungen werden auch als *Addition* und *Multiplikation* im Ring R bezeichnet. Zu beachten ist aber, dass dies rein abstrakte Bezeichnungen sind. Beide Verknüpfungen sind in dieser Definition zunächst nicht weiter explizit erklärt. Es werden lediglich die in Definition 1.39 axiomatisch geforderten Eigenschaften für sie vorausgesetzt. Wird die Multiplikation mit dem üblichen Punkt „$\cdot$" bezeichnet, so lässt man ihn oft weg. Die Assoziativität rechtfertigt wiederum die klammerlose Schreibweise bei Mehrfachverknüpfungen wie etwa $a + b + c$ oder $a * b * c$. Ein Ring kann höchstens ein Einselement besitzen, denn wenn mit 1 und $1'$ zwei Einselemente existierten, so gilt $1 = 1' \cdot 1 = 1'$ und damit $1' = 1$.

Die Menge $\mathbb{Z}$ der ganzen Zahlen ist mit der üblichen Zahlenaddition und Zahlenmultiplikation ein kommutativer Ring mit der Zahl 1 als Einselement. Bezüglich der Zahlenaddition verfügt jedes Element $x \in \mathbb{Z}$ über ein inverses Element $-x \in \mathbb{Z}$ in dem Sinne, dass $x + (-x) = 0$, also das neutrale Element der Addition ergibt. Für die Zahlenmultiplikation existiert nur für $x \in \{-1, 1\}$ jeweils ein inverses Element $x^{-1} \in \mathbb{Z}$ in dem Sinne, dass $x * x^{-1} = 1 = x^{-1}x$ ist. Für den Ring $\mathbb{Q}$ der rationalen Zahlen besitzt dagegen mit Ausnahme der Zahl 0 jedes Element $r \in \mathbb{Q}$ ein multiplikativ inverses Element $r^{-1} \in \mathbb{Q}$. Viele Eigenschaften, die uns durch die übliche Multiplikation von Zahlen vertraut sind, gelten in Ringen.

Bemerkung 1.40 *Es sei R ein Ring. Für alle $a, b \in R$ gelten*

(i) $a * 0 = 0 = 0 * a$,
(ii) $-(-a) = a$,
(iii) $-(a * b) = (-a) * b = a * (-b)$,
(iv) $(-a) * (-b) = -(a * (-b)) = -(-(a * b)) = a * b$.

Beweis. Übungsaufgabe 1.1. Weitere Beispiele für Ringe bilden die Polynomringe, die auf einem vorgegebenen Ring basieren.

Definition 1.41 (Polynom n-ten Grades und Polynomring) *Es sei R ein kommutativer Ring mit Einselement $1 \neq 0$. Unabhängig von der Summandenreihenfolge heißt für $n \in \mathbb{N}$ ein Ausdruck der Form*

$$a_n x^n + a_{n-1} x^{n-1} + \cdots + a_1 x + a_0 \tag{1.10}$$

mit Koeffizienten $a_k \in R$, $0 \leq k \leq n$ Polynom über R in der Variablen x. Summanden mit $a_k = 0$ dürfen dabei weggelassen werden. Es vermittelt eine Abbildung

$$p : R \to R$$

$$x \mapsto p(x) = \sum_{k=0}^{n} a_k x^k := a_n \underbrace{x \cdots x}_{n \, mal} + \cdots + a_1 x + a_0. \tag{1.11}$$

Für x kann aber unter bestimmten Voraussetzungen auch ein anderes Objekt eingesetzt werden. Es sind dies Elemente einer sogenannten R-Algebra. Ist $a_n \neq 0$, so ist von einem Polynom n-ten Grades die Rede. Der Grad n eines Polynoms p, also der höchste Exponent, der in dem Polynom auftaucht, wird mit $\deg p$ bezeichnet,[12] sofern $p \neq 0$ ist. Für das spezielle Polynom $p = 0$ setzt man $\deg p := -\infty$. Polynome nullten oder kleineren $(-\infty)$ Grades heißen auch konstant und entsprechen den Elementen aus R. Der als Vorfaktor vor der höchsten Potenz auftauchende Koeffizient a_n wird als Leitkoeffizient bezeichnet. Die Menge aller Polynome über R in der Variablen x wird mit dem Symbol R[x] bezeichnet und bildet einen kommutativen Ring mit Einselement, den Polynomring über dem Ring R in der Variablen x. Hierbei ist durch die Addition und Multiplikation in R die Addition in R[x] auf folgende Weise erklärt. Es seien $p, q \in R[x]$ mit den Darstellungen

$$p = a_n x^n + \cdots + a_1 x + a_0, \quad q = b_n x^n + \cdots + b_1 x + b_0$$

---

[12] deg steht für „degree"– engl. für Grad.

mit $n = \max\{\deg p, \deg q\}$. Wir lassen in diesen Darstellungen bei beiden Polynomen zu, dass führende Koeffizienten, insbesondere a_n und b_n, das Nullelement von R sein dürfen, sodass wir eine formell gleiche Summandenzahl vorliegen haben, selbst wenn die Grade von p und q unterschiedlich sind. Die Addition in $R[x]$ lautet dann

$$p + q = (a_n x^n + \cdots + a_1 x + a_0) + (b_n x^n + \cdots + b_1 x + b_0)$$
$$:= (a_n + b_n)x^n + \cdots + (a_1 + b_1)x + (a_0 + b_0),$$

während die Multiplikation in $R[x]$ über

$$p \cdot q = (a_n x^n + \cdots + a_1 x + a_0) \cdot (b_n x^n + \cdots + b_1 x + b_0) := c_{2n} x^{2n} + \cdots + c_1 x + c_0,$$

mit

$$c_k := \sum_{\substack{0 \le i,j \le n \\ i+j=k}} a_i b_j,$$

erklärt ist, was einem Ausmultiplizieren entspricht. Das Null- sowie das Einselement in $R[x]$ stimmt jeweils mit dem Null- bzw. dem Einselement von R überein.

Die Menge $\mathbb{Z}[x]$ der Polynome mit ganzzahligen Koeffizienten in der Variablen x (aber auch $\mathbb{Q}[x]$ und $\mathbb{R}[x]$) bildet daher bezüglich der üblichen Addition und Multiplikation einen Ring. Ein weiteres wichtiges Beispiel für einen Ring sind die *Restklassen modulo n*.

Definition 1.42 (Restklassen modulo n) *Es sei $n > 0$ eine natürliche Zahl. Die Menge*

$$\mathbb{Z}_n := \{a \bmod n : a \in \mathbb{Z}\} =: \{\bar{0}, \bar{1}, \ldots, \overline{n-1}\} \tag{1.12}$$

stellt die Menge aller Divisionsreste dar, die entstehen, wenn eine ganze Zahl a durch n dividiert wird. Es kann gezeigt werden, dass bezüglich der Addition

$$+_n : \mathbb{Z}_n \times \mathbb{Z}_n \to \mathbb{Z}_n$$
$$(\bar{a}, \bar{b}) \mapsto \bar{a} +_n \bar{b} := \overline{(a+b) \bmod n} \tag{1.13}$$

und der Multiplikation

$$*_n : \mathbb{Z}_n \times \mathbb{Z}_n \to \mathbb{Z}_n$$
$$(\bar{a}, \bar{b}) \mapsto \bar{a} *_n \bar{b} := \overline{(ab) \bmod n} \tag{1.14}$$

die Menge $\mathbb{Z}_n$ ein Ring ist. Wir bezeichnen diesen Ring als Restklassenring modulo n. In dieser Menge ist $-\bar{a} = \overline{n-a}$ für alle $a \in \{0, 1, \ldots, n-1\}$, da $(a + (n-a)) \bmod n = 0$ gilt. Es reicht daher aus, die Divisionsreste mit den nicht-negativen Zahlen $0, 1, \ldots, n-1$ darzustellen. Gelegentlich ist es erforderlich, sie von natürlichen Zahlen zu unterscheiden. Hierzu werden die Elemente der Restklasse mit einem Querbalken versehen.

Für die Menge $\mathbb{Z}_6 = \{0, 1, 2, 3, 4, 5\}$ beispielsweise ergeben sich mit der so erklärten Addition und Multiplikation die folgenden Werte:

$+_6$	0	1	2	3	4	5
0	0	1	2	3	4	5
1	1	2	3	4	5	0
2	2	3	4	5	0	1
3	3	4	5	0	1	2
4	4	5	0	1	2	3
5	5	0	1	2	3	4

$*_6$	0	1	2	3	4	5
0	0	0	0	0	0	0
1	0	1	2	3	4	5
2	0	2	4	0	2	4
3	0	3	0	3	0	3
4	0	4	2	0	4	2
5	0	5	4	3	2	1

Offenbar ist für jedes $\bar{a} \in \mathbb{Z}_6$ das Element $-\bar{a} := \overline{6-a}$ ein additiv-inverses Element mit $\bar{a} +_6 (-\bar{a}) = \overline{(a+6-a) \bmod 6} = \bar{0}$. Zudem ist für alle $\bar{a}, \bar{b} \in \mathbb{Z}_6$ die Reihenfolge bei der Addition und der Multiplikation unerheblich. Diese Beobachtungen lassen sich generalisieren, denn die folgenden Rechenregeln sind leicht überprüfbar.

Satz 1.43 (Rechenregeln in $\mathbb{Z}_n$) *Es sei $p \neq 0$ eine natürliche Zahl. Die Menge $\mathbb{Z}_n$ der Restklassen modulo p bildet bezüglich der Restklassenaddition eine abelsche Gruppe, d. h., es gelten für alle $\bar{a}, \bar{b}, \bar{c} \in \mathbb{Z}_n$ folgende Eigenschaften:*

(i) Assoziativität: $\bar{a} +_n (\bar{b} +_n \bar{c}) = (\bar{a} +_n \bar{b}) +_n \bar{c}$ und $\bar{a} *_n (\bar{b} *_n \bar{c}) = (\bar{a} *_n \bar{b}) *_n \bar{c}$

(ii) Kommutativität: $\bar{a} +_n \bar{b} = \bar{b} +_n \bar{a}$ und $\bar{a} *_n \bar{b} = \bar{b} *_n \bar{a}$

(iii) Existenz eines neutraler Elemente: $\bar{a} +_n \bar{0} = \bar{a}$ und $\bar{a} *_n \bar{1} = \bar{a}$

(iv) Existenz additiv inverser Elemente: Für $\bar{a} \neq \bar{0}$ ist das Element $\overline{n-a} \in \mathbb{Z}_n$. Es gilt

$$\bar{a} +_n \overline{n-a} = \overline{(a+n-a) \bmod n} = \overline{n \bmod n} = \bar{0}$$

Für $\bar{a} = \bar{0}$ gilt $\bar{a} +_n \bar{a} = \bar{0} +_n \bar{0} = \bar{0}$.

(v) Es gilt das Distributivgesetz: $\bar{a} *_n (\bar{b} +_n \bar{c}) = \bar{a} *_n \bar{b} +_n \bar{a} *_n \bar{c}$.

(vi) Es gilt $\bar{1} *_n \bar{a} = \bar{a}$.

Kurz: Die Restklassen modulo n stellen einen bezüglich der Restklassenaddition und Restklassenmultiplikation kommutativen Ring mit Einselement $\bar{1} \neq \bar{0}$ dar.

Auf die speziellen Symbole „$+_n$" und „$*_n$" bei dieser Restklassenaddition und Restklassenmultiplikation wird in der Regel verzichtet. Hier werden oft die üblichen Symbole „$+$" und „$\cdot$" verwendet. Bei symbolischen Faktoren wird der Multiplikationspunkt ebenfalls häufig weggelassen. Statt $\bar{a} + (-\bar{b})$ wollen wir künftig, wie bei Zahlen, kürzer $\bar{a} - \bar{b}$ schreiben.

Ein Ring R mit einem Einselement 1, das mit dem additiv-neutralen Element 0 übereinstimmt, besitzt nur ein einziges Element, denn es gilt dann für $a \in R$ die Gleichung $a = a * 1 = a * 0 = 0 = 1$. Ebenso ist $R = \{0\} = \{1\}$, falls 0 ein multiplikativ inverses Element $0^{-1} \in R$ besitzen sollte, da dann $1 = 0 \cdot 0^{-1} = 0$ gilt. Sollte also ein Ring ein Einselement 1 besitzen, so ist es sinnvoll, sich auf Fälle mit $1 \neq 0$ zu beschränken.

Definition 1.44 (Einheit und Einheitengruppe eines Rings) *Es sei R ein Ring mit Einselement $1 \neq 0$. Ein Element $a \in R$, zu dem es ein Element $x \in R$ gibt, mit $ax = 1 = xa$ wird als Einheit von R bezeichnet. Das Element x ist in diesem Fall eindeutig bestimmt und heißt das Inverse von a. Es wird mit a^{-1} bezeichnet. Die Menge aller Einheiten von R wird als R^* („R-stern") oder $R^\times$ („R-mal") bezeichnet. Sie bildet bezüglich der Multiplikation in R eine Gruppe (Einheitengruppe).*

Dass die Menge der Einheiten eine Gruppe bezüglich der in R gegebenen Multiplikation bildet, liegt wesentlich an der Tatsache, dass für zwei Einheiten $a, b \in R^*$ auch das Element

$a * b \in R^*$ liegt, also ebenfalls eine Einheit ist (vgl. Übungsaufgabe 1.2). Einheitengruppen können auch bei unendlichen Ringen sehr klein, aber auch sehr groß sein sein. Zumindest ist jedoch das Einselement eine Einheit. So ist beispielsweise $\mathbb{Z}^* = \{-1,1\}$ die Einheitengruppe des Rings der ganzen Zahlen und $\mathbb{Q}^* = \mathbb{Q} \setminus \{0\}$ die Einheitengruppe der rationalen Zahlen. Wie bei Gruppen üblich, verwenden wir zur Bezeichnung des inversen Elementes einer Einheit $a \in R^*$ die Schreibweise a^{-1}. In diesem Zusammenhang sollte erwähnt werden, dass die Bezeichnung $\frac{a}{b}$ im Fall einer Einheit $b \in R^*$ bei bestimmten kommutativen Ringen für $a * b^{-1} = b^{-1} * a$ steht. Die Schreibweise $\frac{a}{b}$ soll aber nicht suggerieren, dass hierzu notwendig b eine Einheit in R sein muss. Wir kennen diese Situation beispielsweise beim Ring $\mathbb{Z}$. Wenn $\frac{a}{b} \in \mathbb{Z}$ gilt, ist hierzu lediglich erforderlich, dass a durch b teilbar ist, was nicht die Notwendigkeit der Invertierbarkeit von b in $\mathbb{Z}$ bedeutet.

Definition 1.45 (Nullteiler) *Es sei R ein Ring. Ein Element $a \in R$ heißt Linksnullteiler, wenn es ein $x \in R$, $x \neq 0$ gibt mit $a * x = 0$. Gibt es ein $y \in R$, $y \neq 0$ mit $y * a = 0$, so wird a als Rechtsnullteiler bezeichnet. Ist a sowohl Links- als auch Rechtsnullteiler, so heißt a beidseitiger Nullteiler von R. Ist a Links- oder Rechtsnullteiler, so kann a einfach nur als Nullteiler[13] bezeichnet werden. Ist a weder Links- noch Rechtsnullteiler, so wird a als Nichtnullteiler bezeichnet. Besitzt R außer der Null keine weiteren Nullteiler, so wird R als nullteilerfrei bezeichnet.*

Einen Nichtnullteiler können wir aus einer Gleichung „herauskürzen": Sind x, y Elemente eines Rings R und $a \in R$ ein Nichtnullteiler von R so folgt aus der Gleichung $a * x = a * y$ bzw. aus $x * a = y * a$ bereits $x = y$. Der Restklassenring $\mathbb{Z}_6$ besitzt neben der 0 die Nullteiler 2 und 3 (da $2 * 3 = (2 \cdot 3) \bmod 6 = 0$) sowie 4 (da $4 * 3 = (4 \cdot 3) \bmod 6 = 0$). Die Elemente 1 und 5 sind dagegen Nichtnullteiler von $\mathbb{Z}_6$. Der Restklassenring $\mathbb{Z}_p$ ist für jede Primzahl p nullteilerfrei. Darüber hinaus ist er kommutativ und enthält mehr als nur das Nullelement. In nullteilerfreien Ringen ist für ein Produkt $a * b = 0$ nur möglich, falls $a = 0$ oder $b = 0$ gilt. Für derartige Ringe gibt es eine spezielle Bezeichnung.

Definition 1.46 (Integritätsring) *Ein kommutativer nullteilerfreier Ring mit Einselement $1 \neq 0$ heißt Integritätsring.*

Neben Restklassenringen $\mathbb{Z}_p$ mit einer Primzahl p sind auch $\mathbb{Z}$, $\mathbb{Q}$, $\mathbb{R}$ und deren Polynomringe $\mathbb{Z}[x]$, $\mathbb{Q}[x]$ und $\mathbb{R}[x]$ Integritätsringe. Auch der Polynomring $\mathbb{Z}_p[x]$ ist für jede Primzahl p ein Integritätsring.

Bemerkung 1.47 *Einheiten können keine Nullteiler sein. Sie gehören also zur Menge der Nichtnullteiler.*

Beweis. Übungsaufgabe 1.3. Die Kontraposition dieser Bemerkung besagt, dass ein Nullteiler keine Einheit sein kann. Die Umkehrung gilt aber nicht. Es gibt durchaus Ringe, in denen es Nichtnullteiler gibt, die keine Einheiten sind. Beispielsweise stimmt die Einheitengruppe des Polynomrings $\mathbb{R}[x]$ mit der Einheitengruppe $\mathbb{R}^*$ von $\mathbb{R}$ überein. Ein nichtkonstantes Polynom $p \in \mathbb{R}[x]$ ist ein Nichtnullteiler von $\mathbb{R}[x]$, der keine Einheit ist.

Innerhalb der Theorie der Integritätsringe werden einige Eigenschaften behandelt, die unter Multiplikation mit einer Einheit erhalten bleiben. Nützlich ist in diesem Zusammenhang der Begriff der Assoziiertheit von Elementen.

---

[13] engl.: zero divisor

Definition 1.48 (Assoziiertheit) *Unterscheiden sich zwei Elemente a und b innerhalb eines Integritätsrings R nur um eine multiplikative Einheit, d. h. gibt es ein $x \in R^*$ mit $b = ax$, so heißen a und b zueinander assoziiert.*

Ähnlich wie in $\mathbb{Z}$ sind in Integritätsringen Teilbarkeitseigenschaften von Interesse. Dazu definieren wir zunächst den Begriff des Teilers.

Definition 1.49 (Teiler) *Es seien $a, b \in R$ Elemente eines Integritätsrings R. Falls es ein $c \in R$ gibt mit $b = ac$, so wird a als Teiler von b bezeichnet. Diese Situation wird symbolisch mit $a|b$ „a teilt b" zum Ausdruck gebracht. Ist a ein Teiler von b, so heißt b ein Vielfaches von a.*

Die folgenden Eigenschaften sind leicht nachzuweisen:

Bemerkung 1.50 *Es seien $a, b \in R$ Elemente eines Integritätsrings R. Dann gilt Folgendes:*

(i) Für jedes $a \in R$ sind das Einselement und a selbst ein Teiler von a.

(ii) Gilt $a|1$, so ist dies gleichbedeutend mit $a \in R^*$.

(iii) Transitivität: Gilt $a|b$ und $b|c$, so folgt $a|c$.

(iv) Für jede Einheit $x \in R^*$ ist mit einem Teiler a von b auch das Produkt ax ein Teiler von b. Die Umkehrung ist wegen der Transitivität trivial und gilt sogar für alle $x \in R$. Es gilt also $a|b \iff ax|b$ für alle $x \in R^*$.

(v) Gilt $a|b$ und $b|a$, so ist dies gleichbedeutend mit $ax = b$, mit einem $x \in R^*$. Zwei Elemente eines Integritätsrings teilen sich also genau dann gegenseitig, wenn sie zueinander assoziiert sind.

Beweis. Wir zeigen nur die letzte Äquivalenz. Aus $a|b$ und $b|a$ folgt $b = ar$ und $a = bs$ mit $s, r \in R$. Damit gilt $b = bsr$. Da die Null kein Teiler sein kann, ist $b \neq 0$ und somit, da R nullteilerfrei ist, auch kein Nullteiler. Wir können daher das Element b aus der letzten Gleichung $b \cdot 1 = bsr$ kürzen. Es folgt $1 = sr$. Damit sind r und s Einheiten. Mit $x = r$ folgt $ax = b$. Gibt es umgekehrt ein $x \in R^*$ mit $ax = b$, so folgt auch $a = bx^{-1}$ und damit $a|b$ und $b|a$. $\square$

Es ist möglich, die Definition des bei ganzen Zahlen bekannten größten gemeinsamen Teilers auf Integritätsringe zu verallgemeinern.

Definition 1.51 (Größter gemeinsamer Teiler) *Es seien $a_1, \ldots, a_n$ Elemente des Integritätsrings R. Ein Element $d \in R$ heißt größter gemeinsamer Teiler von $a_1, \ldots, a_n$, wenn $d|a_i$ für $i = 1, \ldots, n$, und für jedes $t \in R$ mit derselben Eigenschaft $t|a_i$ für $i = 1, \ldots, n$ gilt $t|d$.*

Bemerkung 1.52 *Es seien $a_1, \ldots, a_n$ Elemente des Integritätsrings R. Dann gelten:*

(i) Ein größter gemeinsamer Teiler d von $a_1, \ldots, a_n$ ist bis auf Multiplikation mit Einheiten eindeutig bestimmt.

(ii) Für $k \leq n - 1$ sei d_k ein größter gemeinsamer Teiler von $a_1, \ldots, a_k$ und d_{k+1} ein größter gemeinsamer Teiler von $a_1, \ldots, a_{k+1}$. Dann gilt $d_{k+1}|d_k$.

(iii) Es sei d ein größter gemeinsamer Teiler von a_1 und a_2. Dann ist für jedes $\lambda \in R$ dieses d ebenfalls ein größter gemeinsamer Teiler der Elemente $a_1 + \lambda a_2$ und a_2. Dies ist leicht verallgemeinerbar auf $n \geq 2$ Elemente: Die Addition eines Vielfachen eines der betrachteten Elemente auf ein anderes Element hat keinen Einfluss auf ihre größten gemeinsamen Teiler.

Beweis. Zu (i): Es sei $x \in R^*$. Mit $d|a_i$ für $i = 1, \dots, n$ gilt nach Bemerkung 1.50 auch $dx|a_i$ für $i = 1, \dots, n$. Es sei nun $t \in R$ mit $t|a_i$ für $i = 1, \dots, n$. Mit $t|d$ gilt erst recht $t|dx$. Also ist dx ein weiterer größter gemeinsamer Teiler $a_1, \dots, a_n$. Umgekehrt: Sei d' ein weiterer größter gemeinsamer Teiler $a_1, \dots, a_n$, so gilt sowohl $d'|d$ als auch $d|d'$. Nach Bemerkung 1.50 ist dies gleichbedeutend mit $d' = dx$ mit einem $x \in R^*$.

Zu (ii): Da d_k ein größter gemeinsamer Teiler von $a_1, \dots, a_k$ ist, gilt für jedes weitere $t \in R$ mit $t|a_k$ für $i = 1, \dots, k$, dass $t|d_k$ gilt. So ein t ist auch speziell d_{k+1}, denn da d_{k+1} ein größter gemeinsamer Teiler von $a_1, \dots, a_{k+1}$ ist, gilt insbesondere $d_{k+1}|a_k$ für $i = 1, \dots, k$. Daher folgt $d_{k+1}|d_k$.

Zu (iii): Es gilt $d|a_1$ und $d|a_2$, und für jedes $t \in R$ mit $t|a_1$ und $t|a_2$ gilt $t|d$. Zunächst gilt $d|a_1 + \lambda a_2$, da $a_1 + \lambda a_2 = p_1 d + \lambda p_2 d = (p_1 + \lambda p_2)d$ mit $p_1, p_2 \in R$ ist. Es sei nun $t \in R$ ein Element mit $t|a_1 + \lambda a_2$ und $t|a_2$. Wir zeigen nun $t|d$: Zunächst ist $a_1 + \lambda a_2 = lt$ mit $l \in R$ und somit $a_1 = lt - \lambda a_2 = lt - \lambda st$, mit einem $s \in R$, da t auch a_2 teilt. Es folgt $a_1 = (l - \lambda s)t$. Damit gilt neben $t|a_2$ auch $t|a_1$. Da d ein größter gemeinsamer Teiler von a_1 und a_2 ist, folgt $t|d$. Somit ist d auch ein größter gemeinsamer Teiler von $a_1 + \lambda a_2$ und a_2. $\square$

Definition 1.53 (Teilerfremdheit) *Ist der größte gemeinsame Teiler von $a_1, \dots, a_n$ eine Einheit in R, so werden die Elemente $a_1, \dots, a_n$ als teilerfremd bezeichnet. Teilerfremde Elemente haben außerhalb der Einheitengruppe keine gemeinsamen Teiler.*

So sind -2 und 2 größte gemeinsame Teiler der Zahlen 4 und 6 des Rings $\mathbb{Z}$, während die beiden Zahlen 8 und 9 innerhalb $\mathbb{Z}$ nur die gemeinsamen Teiler -1 und 1 besitzen und daher teilerfremd sind.

Ähnlich wie bei Ringen basiert auch der Begriff des Körpers auf dem Gruppenbegriff. Hierzu erweitern wir die Definition eines kommutativen Rings K mit Einselement $1 \neq 0$ um die Forderung, dass für seine Einheitengruppe $K^* = K \setminus \{0\}$ gilt, dass also sein Nullelement seine einzige Nichteinheit ist. Insbesondere ist daher ein Körper nullteilerfrei, also ein Integritätsring.

Definition 1.54 (Körper) *Ein Körper ist eine Menge K, für die zwei innere Verknüpfungen*

$$+ : K \times K \to K, \quad * : K \times K \to K$$

definiert sind, sodass die Kombination $(K, +)$ eine kommutative Gruppe mit neutralem Element 0 und die Kombination $(K \setminus \{0\}, *)$ eine kommutative Gruppe mit neutralem Element 1 ist und für die das Distributivgesetz

$$(a + b) * c = a * c + b * c \quad \text{für alle} \quad a, b, c \in K$$

gilt.

Ein Körper ist also ein kommutativer Ring mit Einselement $1 \neq 0$ mit maximaler Einheitengruppe $K^* = K \setminus \{0\}$. Da Einheiten keine Nullteiler sind, ist ein Körper zudem nullteilerfrei. Beispiele für Körper sind der Zahlkörper der rationalen Zahlen $\mathbb{Q}$ und der Körper reellen Zahlen $\mathbb{R}$ mit der üblichen Addition und Multiplikation. Es gibt auch Körper mit einer endlichen Anzahl von Elementen. Ein Beispiel ist der für eine Primzahl p definierte Restklassenring $\mathbb{Z}_p$. Dieser Ring ist nullteilerfrei. Er besitzt außer der Null keine weiteren

Nullteiler, denn da p eine Primzahl ist, folgt aus $\bar{m} \cdot \bar{n} = \bar{p} = \bar{0}$, dass $\bar{m} = \bar{p}$ oder $\bar{n} = \bar{p}$ ist. In Abschn. 1.5 wird gezeigt, dass der Ring $\mathbb{Z}_p$ ein Körper ist. Da es nur eine endliche Anzahl an Divisionsresten gibt, liegt mit $\mathbb{Z}_p$ ein Körper mit einer endlichen Anzahl von Elementen vor. Jeder Körper enthält ein multiplikativ-neutrales Element 1. In den Körpern $\mathbb{Q}, \mathbb{R}, \mathbb{C}$ kann das Element 1 beliebig oft mit sich selbst addiert werden, niemals entsteht dabei das additiv-neutrale Element 0. Dies ist im Körper $\mathbb{Z}_p$ anders. Es gilt nämlich für das multiplikativ-neutrale Element $\bar{1}$ aus $\mathbb{Z}_p$:

$$\underbrace{\bar{1} + \bar{1} + \cdots + \bar{1}}_{p \text{ mal}} = \overline{p \bmod p} = \bar{0}.$$

Durch p-faches Aufsummieren des multiplikativ-neutralen Elementes entsteht in $\mathbb{Z}_p$ das additiv-neutrale Element. Wir definieren nun den Begriff der Charakteristik eines Körpers, um diesem Effekt einen Namen zu geben.

Definition 1.55 (Charakteristik eines Körpers) *Es sei K ein Körper mit multiplikativ-neutralem Element 1 und additiv-neutralem Element 0. Falls für jedes $n \in \mathbb{N} \setminus \{0\}$*

$$\sum_{k=1}^{n} 1 := \underbrace{1 + \cdots + 1}_{n \text{ mal}} \neq 0,$$

wird K als Körper der Charakteristik 0 bezeichnet, symbolisch $\operatorname{char} K = 0$. Ansonsten heißt die kleinste Zahl $p \in \mathbb{N} \setminus \{0\}$ mit

$$\sum_{k=1}^{p} 1 = \underbrace{1 + \cdots + 1}_{p \text{ mal}} = 0$$

Charakteristik des Körpers K, symbolisch $\operatorname{char} K = p$.

Für den Restklassenkörper $K = \mathbb{Z}_2$ gilt $\operatorname{char} K = 2$, denn

$$\bar{1} + \bar{1} = \overline{2 \bmod 2} = \bar{0}.$$

Wir können nun aus einem Integritätsring R einen Körper konstruieren, in dem R eingebettet werden kann. Dies erfolgt auf dieselbe formale Art, wie die rationalen Zahlen aus den ganzen Zahlen konstruiert werden.

Definition 1.56 (Quotientenkörper) *Es sei $(R, +, *)$ ein Integritätsring. Wir definieren zunächst die formalen Brüche*

$$q = \frac{a}{b} \quad \text{für} \quad a, b \in R, \quad b \neq 0 \tag{1.15}$$

mit der Forderung, dass

$$\frac{a}{b} = \frac{c}{d} \iff a * d = b * c.$$

Auf diese Weise erhalten wir Elemente $q_1 = \frac{a_1}{b_1}$, $q_2 = \frac{a_2}{b_2}$ einer Menge $Q(R) := \{\frac{a}{b} : a, b \in R, b \neq 0\}$, die zusammen mit der Addition und Multiplikation (gleiche Bez. wie in R)

$$q_1 + q_2 = \frac{a_1}{b_1} + \frac{a_2}{b_2} := \frac{a_1 * b_2 + a_2 * b_1}{b_1 * b_2}$$

$$q_1 * q_2 = \frac{a_1}{b_1} * \frac{a_2}{b_2} := \frac{a_1 * a_2}{b_1 * b_2} \tag{1.16}$$

einen Körper bilden. Das Einselement dieses Quotientenkörpers von R ist dabei $1 := \frac{1}{1} = \frac{c}{c}$ *mit beliebigem* $c \in R \setminus \{0\}$, *während das Nullelement durch* $0 := \frac{0}{1} = \frac{0}{c}$ *mit beliebigem* $c \in R \setminus \{0\}$ *gegeben ist. Für jedes* $q = \frac{a}{b} \in Q(R)$ *ist* $-q := \frac{-a}{b} \in Q(R)$ *sein additiv-inverses Element, während für* $q = \frac{a}{b} \in Q(R) \setminus \{0\}$, *also* $a \neq 0$, *das Element* $q^{-1} = \frac{b}{a}$ *sein multiplikativ-inverses Element ist.*

In $Q(R)$ gilt die Kürzungsregel

$$\frac{a}{b} = \frac{a * x}{b * x}, \quad \text{für} \quad a, b \in R, \quad b, x \neq 0,$$

da aufgrund der Nullteilerfreiheit und der Kommutativität in R

$$a * (b * x) = b * (a * x) \iff a * b = b * a$$

gilt. Wir können nun den Ring R in seinen Quotientenkörper $Q(R)$ einbetten. Jedem $b \in R$ ordnen wir dabei das Element $\frac{b}{1} = \frac{b*x}{x}$ mit $x \neq 0$ zu und setzen $b = \frac{b}{1} \in Q(R)$. Für $b \neq 0$ ist dann $b^{-1} = \frac{1}{b} = \frac{x}{b*x}$ sein multiplikativ inverses Element. Die Nullteilerfreiheit von R ist dafür entscheidend, dass die Definition des Quotientenkörpers ohne Widersprüche ist. Denn wäre beispielsweise $b_1 * b_2 = 0$ mit $b_1 \neq 0 \neq b_2$, so sind zwar $\frac{b_1}{1}$ und $\frac{b_2}{1}$ multiplikativ invertierbar, ihr Produkt $\frac{b_1 * b_2}{1*1} = \frac{0}{1} = 0$ allerdings nicht.

Der Körper $\mathbb{Q}$ der rationalen Zahlen ergibt sich als Quotientenkörper $\mathbb{Q} = Q(\mathbb{Z})$ des Rings der ganzen Zahlen. Aus dem Polynomring $\mathbb{R}[x]$ können wir in analoger Weise den Körper

$$\mathbb{R}(x) := Q(\mathbb{R}[x]) = \{q(x) := \tfrac{p(x)}{q(x)} : p, q \in \mathbb{R}[x], p \neq 0\}$$

der rationalen Funktionen als Quotientenkörper von $\mathbb{R}[x]$ konstruieren, denn die Nullteilerfreiheit eines Rings R wird auf den Polynomring $R[x]$ vererbt, was sehr leicht gezeigt werden kann. Es sei p eine Primzahl. Wir werden in Abschn. 1.5 sehen, dass $\mathbb{Z}_p$ ein Integritätsring ist. Sein Quotientenkörper

$$\mathbb{Z}_p(x) := Q(\mathbb{Z}_p[x]) = \{q(x) := \tfrac{p(x)}{q(x)} : p, q \in \mathbb{Z}_p[x], p \neq 0\}$$

ist ein Körper mit unendlich vielen Elementen der endlichen Charakteristik p.

Der Ring $\mathbb{Z}$ ist kein Körper. Jedes $z \in \mathbb{Z} \setminus \{-1, 1\}$ ist eine Nichteinheit und hat daher kein multiplikativ-inverses Element. Daher können wir innerhalb von $\mathbb{Z}$ nicht für jedes Elementepaar $(z, n) \in \mathbb{Z} \times \mathbb{Z} \setminus \{0\}$ erwarten, dass es ein $q \in \mathbb{Z}$ gibt mit $z = nq$. Stattdessen ist aber die Division von z durch n mit Rest möglich, d. h., es gibt neben $q \in \mathbb{Z}$ eine Zahl $r \in \mathbb{Z}$ mit $|r| < |n|$, sodass die Zerlegung $z = nq + r$ ermöglicht wird. Diese Eigenschaft definiert eine spezielle Art von Ringen.

Definition 1.57 (Euklidischer Ring) *Ein Integritätsring R heißt euklidisch, falls es eine Abbildung* $v : R \setminus \{0\} \to \mathbb{N}$ *gibt, sodass zu* $z, n \in R$, $n \neq 0$ *zwei Elemente* $q, r \in R$ *existieren* *mit der Zerlegung (Division mit Rest)*

$$z = nq + r, \quad mit \; r = 0 \; oder \; v(r) < v(n), \; falls \; r \neq 0. \tag{1.17}$$

Die Abbildung v heißt euklidische Normfunktion.

Der Ring $\mathbb{Z}$ der ganzen Zahlen ist also ein Ring dieser Art, hierbei kann der Absolutbetrag als euklidische Normfunktion verwendet werden. Daneben sind auch Polynomringe über Körpern euklidische Ringe. Die euklidische Normfunktion ist dabei der Grad des Polynoms ($v = \deg$). Es ist aber auch jeder Körper K ein euklidischer Ring. Hierzu ist $v(a) := 1$ für $a \in K \setminus \{0\}$ eine Normfunktion. Innerhalb eines euklidischen Rings R mit Normfunktion v können wir den euklidischen Algorithmus zur Bestimmung eines größten gemeinsamen Teilers zweier Elemente $a, b \in R$ mit $v(a) < v(b)$ anwenden:

(i) Wir starten mit $r_0 := b$ und $r_1 := a$ sowie $k := 0$.
(ii) Durch die in R vorhandene Division mit Rest erhalten wir rekursiv eine Zerlegung der Art

$$r_k = r_{k+1} \cdot q_{k+1} + r_{k+2}, \quad mit \; v(r_{k+2}) < v(r_{k+1}) \; oder \; r_{k+2} = 0.$$

(iii) Ist $r_{k+2} \neq 0$, so erhöhen wir k um den Wert 1 und führen den letzten Schritt nochmals durch. Dieses Verfahren muss bei einem Index $n + 2$ mit $r_{n+2} = 0$ zum Abbruch führen, da die v-Norm in R nicht beliebig klein werden kann. In diesem Fall ist das vorausgegangene Restelement $r_{n+1} \neq 0$ ein größter gemeinsamer Teiler von a und b.

Beweis.

Wir zeigen zunächst, dass r_{n+1} ein Teiler von a und b ist und führen hierzu eine Rückwärtsinduktion durch:

Induktionsanfang: Es gilt $r_n = r_{n+1} q_{n+1} + 0$, somit gilt $r_{n+1} | r_n$. Nun gilt ebenfalls

$$r_{n-1} = r_n \cdot q_n + r_{n+1} = r_{n+1} q_{n+1} \cdot q_n + r_{n+1} = (q_{n+1} q_n + 1) r_{n+1}$$

und damit auch $r_{n+1} | r_{n-1}$, also $r_{n+1} p_{n-1} = r_{n-1}$. Zudem gilt

$$r_{n-2} = r_{n-1} \cdot q_{n-1} + r_n = r_{n+1} p_{n-1} \cdot q_{n-1} + r_{n+1} q_{n+1} = (p_{n-1} q_{n-1} + q_{n+1}) r_{n+1}$$

und damit auch $r_{n+1} | r_{n-2}$ also $r_{n+1} p_{n-2} = r_{n-2}$. Dies zeigt die Methodik des Induktionsschritts.

Induktionsvoraussetzung: Es gilt für ein $i \in \{0, 1, \ldots, n\}$: $r_{n+1} | r_{n-i}$, also $r_{n+1} p_{n-i} = r_{n-i}$ sowie $r_{n+1} | r_{n-i+1}$, also $r_{n+1} p_{n-i+1} = r_{n-i+1}$.

Induktionsschritt: Es gilt für $i = 0, \ldots, n-1$:

$$r_{n-(i+1)} = r_{n-i} \cdot q_{n-i} + r_{n-i+1}$$

$$= r_{n+1} p_{n-i} \cdot q_{n-i} + r_{n+1} p_{n-i+1} = (p_{n-i} q_{n-i} + p_{n-i+1}) r_{n+1}$$

und damit $r_{n+1} | r_{n-(i+1)}$. Damit teilt r_{n+1} jedes Element aus $\{r_n, r_{n-1}, \ldots, r_1, r_0\}$ und somit auch $a = r_1$ und $b = r_0$. Ist nun $t \in R$ ein weiterer Teiler von $a = r_1$ und $b = r_0$, so gilt

$tc_1 = r_1$ und $tc_0 = r_0$. Es ist $r_0 = r_1 \cdot q_1 + r_2$ und daher

$$r_2 = r_0 - r_1 \cdot q_1 = tc_0 - tc_1 \cdot q_1 = t(c_0 - c_1 q_1),$$

und somit gilt auch $t|r_2$ also $tc_2 = r_2$. Mit der Induktionsvoraussetzung $t|r_{i-2}$ und $t|r_{i-1}$, also $tc_{i-2} = r_{i-2}$ und $tc_{i-1} = r_{i-1}$ für ein $i \in \{2,\ldots,n+1\}$, lautet der Induktionsschritt:

$$r_i = r_{i-2} - r_{i-1} \cdot q_{i-1} = tc_{i-2} - tc_{i-1} \cdot q_{i-1} = t(c_{i-2} - c_{i-1} q_{i-1})$$

und somit auch $t|r_{n+1}$. $\quad\square$

Wir betrachten ein Beispiel. Zu bestimmen sei ein größter gemeinsamer Teiler von $a = 28$ und $b = 77$. In $\mathbb{Z}$ ist der Absolutbetrag eine Normfunktion, d.h. $v = |\cdot|$. Es sei $r_0 := b = 77$ und $r_1 := a = 28$. Wir führen nun Division mit Rest durch und zerlegen iterativ:

$$77 = 28 \cdot 2 + 21$$
$$r_0 \quad\;\; r_1 \quad\; q_1 \quad\; r_2 \qquad v(r_2) < v(r_1)$$

$$28 = 21 \cdot 1 + 7$$
$$r_1 \quad\;\; r_2 \quad\; q_2 \quad\; r_3 \qquad v(r_3) < v(r_2)$$

$$21 = 7 \cdot 3 + 0$$
$$r_2 \quad\;\; r_3 \quad\; q_3 \quad\; r_4 \qquad r_4 = 0.$$

Damit ist $r_3 = 7$ (neben -7) ein größter gemeinsamer Teiler.

Wir können den euklidischen Algorithmus auch anwenden, um von $n \geq 2$ Elementen $a_1,\ldots,a_n \in R$ einen größten gemeinsamen Teiler zu bestimmen. Wenn wir davon ausgehen, dass für ein $i = 1,\ldots,n-1$ mit d_i als ein größter gemeinsamen Teiler von $a_1,\ldots,a_i$ vorliegt, dann ist ein größter gemeinsamer Teiler d_{i+1} der beiden Elemente d_i und a_{i+1} auch ein größter gemeinsamer Teiler von $a_1,\ldots,a_{i+1}$.

Wir kommen nun zur Definition eines für die lineare Algebra zentralen Begriffs.

Definition 1.58 (Vektorraum) *Es sei K ein Körper. Eine Menge V, für die eine Addition*

$$\begin{aligned} + : V \times V &\to V \\ (\mathbf{x},\mathbf{y}) &\mapsto \mathbf{x}+\mathbf{y} \end{aligned} \tag{1.18}$$

sowie eine skalare Multiplikation

$$\begin{aligned} \cdot : K \times V &\to V \\ (a,\mathbf{x}) &\mapsto a \cdot \mathbf{x} = a\mathbf{x} = \mathbf{x}a = \mathbf{x} \cdot a \quad \textit{(verschiedene Schreibweisen)} \end{aligned} \tag{1.19}$$

definiert sind, heißt Vektorraum über K oder kurz K-Vektorraum, wenn folgende Rechenregeln für alle Elemente (Vektoren) $\mathbf{x},\mathbf{y},\mathbf{z} \in V$ und alle Skalare $a,b \in K$ gelten:

(i) $\mathbf{x}+(\mathbf{y}+\mathbf{z}) = (\mathbf{x}+\mathbf{y})+\mathbf{z} =: \mathbf{x}+\mathbf{y}+\mathbf{z}$,
(ii) $\mathbf{x}+\mathbf{y} = \mathbf{y}+\mathbf{x}$,
(iii) Es gibt einen Nullvektor $\mathbf{0}$ in V mit $\mathbf{x}+\mathbf{0} = \mathbf{x}$.
(iv) Zu jedem Vektor $\mathbf{x} \in V$ gibt es einen inversen Vektor $-\mathbf{x} \in V$ mit $\mathbf{0} = \mathbf{x}+ -\mathbf{x} =: \mathbf{x}-\mathbf{x}$.

(v) $(ab) \cdot \mathbf{x} = a \cdot (b \cdot \mathbf{x})$,

(vi) $1 \cdot \mathbf{x} = \mathbf{x}$,

(vii) $a \cdot (\mathbf{x} + \mathbf{y}) = a \cdot \mathbf{x} + a \cdot \mathbf{y}$,

(viii) $(a + b) \cdot \mathbf{x} = a \cdot \mathbf{x} + b \cdot \mathbf{x}$.

Hierbei vereinbaren wir, dass die skalare Multiplikation Vorrang gegenüber der Vektoraddition besitzt, sodass eine Klammerung der Summanden bei den rechten Seiten der letzten beiden Gesetze nicht erforderlich ist. Wie von der Subtraktion reeller Zahlen bekannt, ist auch die Verwendung der Differenzschreibweise bei Vektoren üblich, d. h. $\mathbf{x} - \mathbf{y} := \mathbf{x} + (-\mathbf{y})$. In einem Vektorraum V stellt also $(V, +)$ eine abelsche Gruppe dar. Bei den letzten beiden Axiomen in dieser Definition ist zu beachten, dass die Addition $a + b$ die Addition im zugrunde gelegten Körper K darstellt, während mit $\mathbf{x} + \mathbf{y}$ die Addition im Vektorraum V gemeint ist. Diese Addition verknüpft im Allgemeinen ganz andere Objekte, nämlich die Vektoren. Die Vektoraddition kann dabei völlig anders definiert sein. Aus den Rechengesetzen, die einen Vektorraum definieren, lassen sich die folgenden Eigenschaften leicht herleiten.

Bemerkung 1.59 *Es sei V ein Vektorraum über dem Körper K. Für jeden Vektor $\mathbf{x} \in V$ und jeden Skalar $\lambda \in K$ gelten folgende Regeln:*

(i) $(-\lambda) \cdot \mathbf{x} = \lambda \cdot (-\mathbf{x}) = -(\lambda \mathbf{x})$.

(ii) *Gilt $\lambda \mathbf{x} = \mathbf{0}$, so ist $\lambda = 0$ oder $\mathbf{x} = \mathbf{0}$.*

(iii) $0 \cdot \mathbf{x} = \mathbf{0} = \lambda \cdot \mathbf{0}$.

Beweis. Übungsaufgabe 1.9. Wir betrachten nun ein wichtiges Beispiel für einen Vektorraum. Mit $V = \mathbb{R}^n$ liegt das n-fache kartesische Produkt der Menge der reellen Zahlen vor:

$$V = \mathbb{R}^n = \underbrace{\mathbb{R} \times \mathbb{R} \times \cdots \times \mathbb{R}}_{n \text{ mal}} = \{(x_1, x_2, \ldots, x_n) : x_i \in \mathbb{R}, i = 1, 2, \ldots n\}.$$

Es handelt sich also um die Menge aller n-Tupel $(x_1, \ldots, x_n)$ bestehend aus reellen Zahlen. Für diese Elemente erklären wir eine Addition sowie eine skalare Multiplikation komponentenweise, d. h., für $\mathbf{x} = (x_1, \ldots, x_n) \in \mathbb{R}^n$ und $\mathbf{y} = (y_1, \ldots, y_n) \in \mathbb{R}^n$ definieren wir

$$\mathbf{x} + \mathbf{y} = (x_1, \ldots, x_n) + (y_1, \ldots, y_n) := (x_1 + y_1, \ldots, x_n + y_n) \in \mathbb{R}^n = V$$

sowie mit $a \in K$

$$a\mathbf{x} = a(x_1, \ldots, x_n) := (ax_1, \ldots, ax_n) \in \mathbb{R}^n = V.$$

Hierbei stellt

$$\mathbf{0} = \underbrace{(0, \ldots, 0)}_{n \text{ mal}} \in \mathbb{R}^n = V$$

den Nullvektor dar, während für $\mathbf{x} \in \mathbb{R}$ der inverse Vektor durch

$$-\mathbf{x} = -(x_1, \ldots, x_n) = (-x_1, \ldots, -x_n)$$

gegeben ist.

Die Menge $V = \mathbb{R}^n$ ist mit diesen Definitionen ein $\mathbb{R}$-Vektorraum (Übung). Hier gilt also $K = \mathbb{R}$. In analoger Weise ist $\mathbb{Q}^n$ ein Vektorraum über $\mathbb{Q}$. Darüber hinaus ist $\mathbb{R}^n$ auch ein $\mathbb{Q}$-Vektorraum. Allerdings ist umgekehrt $\mathbb{Q}^n$ kein $\mathbb{R}$-Vektorraum, denn es ist beispielsweise $\pi \in \mathbb{R}$ eine reelle, aber keine rationale Zahl, damit ist für $\mathbf{x} = (1,\ldots,1) \in \mathbb{Q}^n$ der Vektor $\pi\mathbf{x} = (\pi,\ldots,\pi)$ kein Element von $\mathbb{Q}^n$. Die skalare Multiplikation kann also aus der Menge $\mathbb{Q}^n$ herausführen.

Zwei Vektoren $\mathbf{x}, \mathbf{y} \in K^n$ aus dem K-Vektorraum sind genau dann gleich, falls ihre Komponenten übereinstimmen, d. h. $x_i = y_i$ für alle $i = 1,\ldots,n$. Vektoren aus dem Vektorraum K^n der n-Tupel werden neben ihrer Darstellung als Zeilenvektoren $\mathbf{x} = (x_1, x_2, \ldots x_n)$ auch häufig als Spaltenvektoren notiert:

$$\mathbf{x} = \begin{pmatrix} x_1 \\ x_2 \\ \vdots \\ x_n \end{pmatrix} \in K^n.$$

Die Vektoren des Vektorraums $\mathbb{R}^2$ können als Punkte einer Ebene interpretiert werden. Wir betrachten daher ein Koordinatensystem, dessen horizontale Achse die erste Komponente x_1 und dessen vertikale Achse die zweite Komponente x_2 eines Vektors $\mathbf{x} \in \mathbb{R}^2$ repräsentiert. Abb. 1.1 zeigt dieses Koordinatensystem. Beide Achsen stehen im rechten Winkel zueinander und schneiden sich jeweils an der Stelle $x_1 = 0$ und $x_2 = 0$. Dieser Schnittpunkt repräsentiert damit den Nullvektor $\mathbf{0} \in \mathbb{R}^2$. Einen Vektor $\mathbf{x} \in \mathbb{R}^2$ können wir daher als Punkt mit den Lagekoordinaten x_1 und x_2 in dieser Ebene betrachten.

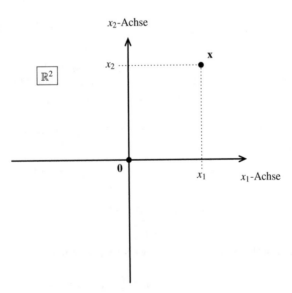

Abb. 1.1 Vektorraum $\mathbb{R}^2$ als ebenes Koordinatensystem

Wie aber können wir nun die Summe zweier Vektoren $\mathbf{x}, \mathbf{y} \in \mathbb{R}^2$ geometrisch interpretieren? Zunächst gilt

$$\mathbf{x} + \mathbf{y} = \begin{pmatrix} x_1 \\ x_2 \end{pmatrix} + \begin{pmatrix} y_1 \\ y_2 \end{pmatrix} = \begin{pmatrix} x_1 + y_1 \\ x_2 + y_2 \end{pmatrix}.$$

Abb. 1.2 zeigt eine geometrische Interpretation dieser Vektorsumme: Die komponentenweise Addition von $\mathbf{x}$ und $\mathbf{y}$ führt zu einem Summenvektor, der durch die Verkettung zweier Richtungspfeile interpretiert werden kann, indem der Richtungspfeil vom Nullpunkt zum Punkt $\mathbf{y}$ an die Spitze des ersten Richtungspfeiles, der vom Nullpunkt zum Punkt $\mathbf{x}$ zeigt, parallel verschoben wird. Die Addition zweier Vektoren erfolgt also durch die

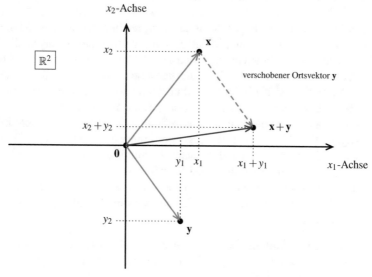

Abb. 1.2 Die komponentenweise Addition zweier Vektoren $\mathbf{x}, \mathbf{y} \in \mathbb{R}^2$ führt zu einer Verkettung von Richtungspfeilen

Parallelverschiebung des Richtungspfeils des zweiten Summanden an die Spitze des Richtungspfeils des ersten Summanden. Wir gelangen dann zu einer verschobenen Spitze, die auf den Punkt der Summe beider Vektoren zeigt. Der Richtungspfeil, der vom Nullpunkt auf den Punkt der Summe zeigt, wird als resultierender Vektor bezeichnet.

Wir haben daher die Möglichkeit, einen Vektor aus dem $\mathbb{R}^2 \setminus \{\mathbf{0}\}$ als Richtungspfeil mit einer bestimmten Richtung und einer bestimmten Länge zu interpretieren. Hierbei ist der Startpunkt des Richtungspfeils nicht festgelegt. Länge und Richtung eines Richtungspfeils sind dabei durch die beiden Koordinaten x_1 und x_2 festgelegt. Diese beiden Koordinaten geben die Lage der Pfeilspitze an, wenn der Nullpunkt als Startpunkt des Richtungspfeils gewählt wird. Sie werden auch als Ortskoordinaten bezeichnet. Ein Vektor im $\mathbf{x} \in \mathbb{R}^2$ repräsentiert daher die Klasse aller durch Parallelverschiebung in Deckung zu bringenden Richtungspfeile gleicher Länge und Richtung. Wir können dabei den speziellen Richtungspfeil, der vom Nullpunkt ausgehend auf die Pfeilspitze mit den beiden Ortskoordinaten zeigt, als Repräsentant dieser Klasse betrachten und bezeichnen ihn als

Ortsvektor. Durch Parallelverschiebung eines Ortsvektors **y** an die Spitze eines weiteren Ortsvektors **x** gelangen wir zum Ortsvektor des Summenvektors **x** + **y**.

Die skalare Multiplikation a**x** eines Vektors **x** $\in \mathbb{R}^2$ ist als Längenänderung von **x** unter Beibehaltung oder Umkehr seiner Richtung interpretierbar. Dabei führt die Multiplikation mit einem positiven Skalar $a > 0$ nur zu einer Längenänderung, ohne die Richtung zu beeinflussen, während die Multiplikation von **x** mit einem negativen Skalar die Richtung umkehrt. Die Länge des Ergebnisvektors a**x** ist dabei größer als die Länge von **x**, wenn $|a| > 1$ gilt. Für $|a| < 1$ ist dagegen der Vektor a**x** gegenüber **x** verkürzt. Für $a = -1$ ergibt sich eine reine Richtungsumkehr unter Beibehaltung der Länge von **x**.

Im Fall des Vektorraums $\mathbb{R}^3$ können wir die drei Komponenten eines Vektors **x** = (x_1, x_2, x_3) als räumliche Koordinaten interpretieren. Die Vektoraddition durch Verkettung parallel verschobener Richtungspfeile kann daher wie im $\mathbb{R}^2$ interpretiert werden. In ähnlicher Weise übertragen wir die geometrische Interpretation der skalaren Multiplikation vom $\mathbb{R}^2$ auf den $\mathbb{R}^3$. Der Vektorraum $\mathbb{R}^3$ bietet sich zur Beschreibung physikalischer Größen an, bei denen eine Ortsbetrachtung wichtig ist. So kann ein Vektor **x** $\in \mathbb{R}^3$ beispielsweise den Aufenthaltsort eines Massepunktes darstellen. Ebenso kann die auf den Punkt einwirkende Kraft **F** $\in \mathbb{R}^3$ als Vektor mit drei Kraftkomponenten in Richtung der drei Ortsachsen betrachtet werden. Neben Zeilen- und Spaltenvektorräumen wie dem $\mathbb{R}^n$ gibt es beispielsweise auch Funktionsräume. Die Definition des Vektorraums sieht keine konkrete Ausprägung der Vektoren vor. Es muss aber immer klar sein, welcher Grundkörper betrachtet wird, wie die Addition und die skalare Multiplikation definiert sind und dabei die acht Vektorraumaxiome aus Definition 1.58 erfüllen.

Wir kommen nun wieder zurück zu einem beliebigen, abstrakten K-Vektorraum V. Basierend auf der in V gegebenen Vektoraddition und skalaren Multiplikation definieren wir nun einen wichtigen Begriff.

Definition 1.60 (Linearkombination) *Es sei V ein Vektorraum über einem Körper K. Für einen Satz von Vektoren* $\mathbf{v}_1, \dots, \mathbf{v}_k \in V$ *und einer entsprechenden Anzahl von Skalaren* $\lambda_1, \dots, \lambda_k \in K$ *heißt die Vielfachensumme*

$$\lambda_1 \mathbf{v}_1 + \dots + \lambda_k \mathbf{v}_k \tag{1.20}$$

Linearkombination der Vektoren $\mathbf{v}_1, \dots, \mathbf{v}_k$. *Sie stellt dabei einen Vektor aus V dar.*

1.5 Restklassen

Wir haben bereits den Restklassenring $\mathbb{Z}_n$ der Restklassen modulo n kennengelernt. In diesem Abschnitt wollen wir die Restklassen etwas detaillierter untersuchen. Wir werden feststellen, dass für jedes $n \in \mathbb{N} \setminus \{0\}$ der Restklassenring $\mathbb{Z}_n$ auch als Menge, deren Elemente Mengen von der Gestalt

$$a + n\mathbb{Z} := \{a + nk : k \in \mathbb{Z}\}$$

sind, aufgefasst werden kann. Dabei ist mit

$$n\mathbb{Z} := \{nk : k \in \mathbb{Z}\} \subset \mathbb{Z}$$

die Menge aller ganzzahligen Vielfachen der Zahl n gemeint. Eine Menge dieser Art wird als *Ideal in* $\mathbb{Z}$ bezeichnet. Wir können uns ein Ideal $n\mathbb{Z}$ als äquidistantes Punkteraster innerhalb von $\mathbb{Z}$ vorstellen. Addiert man nun zu jedem Element aus $n\mathbb{Z}$ eine ganze Zahl $a \in \mathbb{Z}$, so wird das Punkteraster nur um diesen Wert verschoben. Wie viele unterschiedliche Mengen der Art $a + n\mathbb{Z}$ können für $a \in \mathbb{Z}$ entstehen? Falls a ein ganzzahliges Vielfaches von n ist, fällt das verschobene Punkteraster wieder auf $n\mathbb{Z}$ zurück, ansonsten entstehen $n - 1$ verschiedene Punkteraster:

$$\bar{0} := 0 + n\mathbb{Z} = \{0 + nk : k \in \mathbb{Z}\} = \{\dots, -2n, -n, 0, n, 2n, \dots\}$$
$$\bar{1} := 1 + n\mathbb{Z} = \{1 + nk : k \in \mathbb{Z}\} = \{\dots, 1 - 2n, 1 - n, 0, 1 + n, 1 + 2n, \dots\}$$
$$\vdots$$
$$\overline{n-1} := (n-1) + n\mathbb{Z} = \{n - 1 + nk : k \in \mathbb{Z}\} = \{\dots, -n - 1, -1, 0, n - 1, 2n - 1, \dots\}.$$

Es ist $a + n\mathbb{Z} = a + kn + n\mathbb{Z}$ für jedes $k \in \mathbb{Z}$. Der Summand kn wird als ganzzahliges Vielfaches von n also durch $n\mathbb{Z}$ absorbiert. Wir bezeichnen daher jedes $a + nk$ als Repräsentanten der Menge $a + n\mathbb{Z}$. Dabei beachten wir, dass für jedes $a \in \mathbb{Z}$ gilt $a + n\mathbb{Z} = a \bmod n + n\mathbb{Z}$. Repräsentativ für jede einzelne Menge $a + n\mathbb{Z}$ ist also lediglich der Divisionsrest $a \bmod n$. Die Mengen verhalten sich also genau wie die Restklassen modulo n. Wir können die Elemente $a + n\mathbb{Z}$ ebenfalls als Restklassen bezeichnen. In entsprechender Weise definieren wir für zwei Mengen dieser Art

$$a + n\mathbb{Z}, \qquad b + n\mathbb{Z}$$

mit $a, b \in \mathbb{Z}$ eine Addition

$$(a + n\mathbb{Z}) +_n (b + n\mathbb{Z}) := (a + b) + n\mathbb{Z} = (a + b) \bmod n + n\mathbb{Z}$$

und eine Multiplikation

$$(a + n\mathbb{Z}) *_n (b + n\mathbb{Z}) := (ab) + n\mathbb{Z} = (ab) \bmod n + n\mathbb{Z}.$$

Addition und Multiplikation sind in der Tat unabhängig von der Wahl der Repräsentanten a und b der beiden Restklassen $a + n\mathbb{Z}$ und $b + n\mathbb{Z}$. Werden statt a und b die Repräsentanten $a + kn$ und $b + ln$ verwendet, so ergeben sich

$$\begin{aligned}
(a + kn + n\mathbb{Z}) +_n (b + ln + n\mathbb{Z}) &= (a + kn + b + ln) + n\mathbb{Z} \\
&= (a + b + (k + l)n) + n\mathbb{Z} = (a + b) + n\mathbb{Z} \\
&= (a + n\mathbb{Z}) +_n (b + n\mathbb{Z}), \\
(a + kn + n\mathbb{Z}) *_n (b + ln + n\mathbb{Z}) &= ((a + kn)(b + ln)) + n\mathbb{Z} \\
&= (ab + (al + bk + kln)n) + n\mathbb{Z} = (ab) + n\mathbb{Z} \\
&= (a + n\mathbb{Z}) *_n (b + n\mathbb{Z}).
\end{aligned}$$

Wir halten also fest:

Satz 1.61 (Mengenauffassung der Restklassen modulo n**)** *Es sei* $n > 0$ *eine natürliche Zahl. Die Menge*

$$\mathbb{Z}/n\mathbb{Z} := \{a + n\mathbb{Z} : a \in \mathbb{Z}\} \tag{1.21}$$

kann identifiziert werden mit der Menge $\mathbb{Z}_n$ *der Restklassen modulo* n. *Wir betrachten daher diese Mengen als identisch* $\mathbb{Z}_n = \mathbb{Z}/n\mathbb{Z}$.

Der Restklassenring

$$\mathbb{Z}_7 = \{\bar{0}, \bar{1}, \dots, \bar{6}\} = \{7\mathbb{Z}, 1 + 7\mathbb{Z}, \dots, 6 + 7\mathbb{Z}\}$$

ist, wie wir noch feststellen werden, ein Körper. In $\mathbb{Z}_7$ ist beispielsweise das Element $-\bar{1} = \overline{7 - 1} = \bar{6}$. Werden beide Restklassen addiert, so ergibt sich wieder die Null:

$$\bar{1} +_7 (-\bar{1}) = \bar{1} +_7 \bar{6} = \overline{(1 + 6) \bmod 7} = \bar{0}$$

bzw. in der Mengenschreibweise

$$(1 + 7\mathbb{Z}) +_7 (6 + 7\mathbb{Z}) = 7 + 7\mathbb{Z} = 0 + 7\mathbb{Z}.$$

Bemerkung 1.62 *Bezüglich der Restklassenaddition verhält sich* $\mathbb{Z}_n$ *zyklisch. Denn wenn wir auf* $\bar{1} \in \mathbb{Z}_n$ *immer wieder das Element* $\bar{1}$ *im Sinne der Restklassenaddition fortlaufend addieren, so stellen wir fest:*

$$\bar{1} +_n \bar{1} \qquad\qquad\qquad\qquad = \bar{2}$$
$$\bar{1} +_n \bar{1} +_n \bar{1} = \bar{2} +_n \bar{1} \qquad\qquad = \bar{3}$$
$$\vdots \qquad\qquad\qquad\qquad \vdots$$
$$\underbrace{\bar{1} +_n \bar{1} +_n \cdots +_n \bar{1}}_{n\,mal} = \overline{n-1} +_n \bar{1} = \overline{(n-1+1) \bmod n} \qquad = \bar{0}$$
$$\underbrace{\bar{1} +_n \bar{1} +_n \cdots +_n \bar{1}}_{n\,mal} + \bar{1} = \bar{0} +_n \bar{1} \qquad\qquad = \bar{1}$$
$$\vdots \qquad\qquad\qquad\qquad \vdots$$

Dieser Zyklus kann rückwärts durchlaufen werden, wenn statt $\bar{1}$ das Inverse $-\bar{1} = \overline{n-1}$ addiert wird. Aus dieser Eigenschaft heraus lassen sich Anwendungen der Restklassenaddition ableiten. In Situationen mit Einzelzuständen, die einem endlichen Zyklus unterliegen, haben wir die Möglichkeit, diese Einzelzustände mit Restklassen mathematisch zu simulieren. Nehmen wir als Beispiel die Wochentagsarithmetik. Alle 7 Tage kehrt derselbe Wochentag wieder. Die Wochentage verhalten sich also zyklisch wie die Restklassen modulo 7. Wenn nun der Erste eines Monats ein Donnerstag ist, welchen Wochentag stellt dann beispielsweise der 28. dar? Wir müssen also insgesamt 27 Tage weiterrechnen. In der Restklasse modulo 7 ist dies sehr einfach. Hierzu überlegen wir

$$28 \bmod 7 = (1 + 27) \bmod 7 = (1 + 27 \bmod 7) \bmod 7 = (1 + 6) \bmod 7.$$

Statt also 27 Tage weiterzurechnen, reicht es aus, nur 6 Tage weiterzugehen. In $\mathbb{Z}_7$ entspricht $\bar{6}$ dem inversen Element von $\bar{1}$, also dem Element $-\bar{1}$. Hieraus wird deutlich, dass 6 Tage weiterzugehen effektiv bedeutet, einen Tag zurückzugehen. Der 28. ist demnach ein Mittwoch.

Viele Restklassenringe sind nicht nullteilerfrei. Beispielsweise gilt in $\mathbb{Z}_6$ für die Restklassen $\bar{3}$ und $\bar{4}$, dass $\bar{3} *_6 \bar{4} = \overline{12 \bmod 6} = \bar{0}$. Dies liegt daran, dass 3 und 4 Teiler eines Vielfachen von 6 sind und letztlich, dass 3 und 6 bzw. 4 und 6 nicht teilerfremd sind. Betrachtet man Restklassen $\mathbb{Z}_p$ mit einer Primzahl p, so ist dieser Effekt nicht möglich. In $\mathbb{Z}_p$ gibt es außer der Null keinen Nullteiler. Dieser Ring ist also nullteilerfrei und wegen $\bar{1} \neq \bar{0}$ und seiner Kommutativität ein Integritätsring. In Übungsaufgabe 1.16 soll gezeigt werden, dass endliche Integritätsringe Körper sind. Da es sich bei $\mathbb{Z}_p$ nun um einen solchen Ring handelt, ist $\mathbb{Z}_p$ sogar ein Körper. Für die Nullteilerfreiheit von $\mathbb{Z}_p$ ist eine Primzahl p nicht nur hinreichend, sondern sogar notwendig.

Satz 1.63 *Der Restklassenring $\mathbb{Z}_p$ ist genau dann ein Körper, wenn p eine Primzahl ist. Dieser Körper hat die Charakteristik p.*

1.6 Komplexe Zahlen

Die Mengen $\mathbb{Z}$, $\mathbb{Q}$ und $\mathbb{R}$ sind durch Erweiterung bestehender Mengen entstanden, um Rechnungen zu ermöglichen, die in den ursprünglichen Mengen nicht möglich waren. Beispielsweise hat die Gleichung $2x - 3 = 0$ in $\mathbb{Z}$ keine Lösung, jedoch in $\mathbb{Q}$. Die algebraische Gleichung $x^2 - 2 = 0$ hat in $\mathbb{Q}$ keine Lösung, ist aber in $\mathbb{R}$ lösbar. Es haben aber nicht alle algebraischen Gleichungen reelle Lösungen. So ist $x^2 + 1 = 0$ nicht reell lösbar. Wir erweitern nun schrittweise die reellen Zahlen, um auch Gleichungen dieser Art lösen zu können.

Definition 1.64 (**Imaginäre Einheit**) *Es bezeichne i eine Zahl, für die $i^2 = -1$ gelte. Sie löst damit die Gleichung $x^2 + 1 = 0$ und wird als imaginäre Einheit bezeichnet.*

Für jede reelle Zahl ist ihr Quadrat nicht-negativ. Die imaginäre Einheit ist daher keine reelle Zahl. Wir erweitern nun diese Definition um den Begriff der imaginären Zahl.

Definition 1.65 (**Imaginäre Zahl**) *Es sei $b \in \mathbb{R} \setminus \{0\}$ eine beliebige, von 0 verschiedene reelle Zahl. Das formale Produkt bi bzw. ib wird als imaginäre Zahl bezeichnet.*

Wir gehen nun zunächst davon aus, dass auch für imaginäre Zahlen die Arithmetik der reellen Zahlen gilt. Welche Konsequenzen ergeben sich daraus?

Die Zahl $0 = 0 \cdot i$ ist eine reelle und keine imaginäre Zahl. Die Summe $i + i = 2i$ ist eine imaginäre Zahl. Für das Quadrat einer imaginären Zahl gilt

$$(bi)^2 = bibi = b^2i^2 = -b^2 \in \mathbb{R}.$$

Zudem lassen sich mithilfe der imaginären Zahlen nun alle quadratischen Gleichungen des Typs $x^2 = r$ mit beliebiger rechter Seite $r \in \mathbb{R}$ lösen. Für $r \geq 0$ ist dies nichts Neues, denn dann sind $x = \pm\sqrt{r}$ die reellen Lösungen. Wenn nun $r < 0$ ist, so existiert keine reelle

Lösung. Mit den imaginären Zahlen lässt sich aber auch in diesen Fällen die Gleichung lösen:

$$x^2 = r \iff x = \pm\sqrt{|r|} \cdot i,$$

denn es gilt

$$x^2 = (\pm\sqrt{|r|} \cdot i)^2 = |r| \cdot i^2 = |r| \cdot (-1) = -|r| = r,$$

da $r < 0$ ist. So sind beispielsweise $x = -5i$ und $y = 5i$ die beiden Lösungen der Gleichung $x^2 = -25$. Die Kombination aus reellen Zahlen und imaginären Zahlen führt dann zu den komplexen Zahlen.

Definition 1.66 (Komplexe Zahl) *Es seien $a, b \in \mathbb{R}$ zwei reelle Zahlen. Die formale Summe $z = a + bi$ bzw. $z = a + ib$ (reelle Linearkombination der Zahlen 1 und i) wird als komplexe Zahl bezeichnet. Dabei heißt*

$\mathrm{Re}(z) := a$ *der Realteil,*
$\mathrm{Im}(z) := b$ *der Imaginärteil*

von $z = a + bi$. Sowohl Real- als auch Imaginärteil sind reelle Zahlen. Die Menge

$$\mathbb{C} := \{z = a + bi : a, b \in \mathbb{R}\} = \{z = a + bi : (a, b) \in \mathbb{R}^2\}$$

wird als Menge der komplexen Zahlen bezeichnet.

Wie können wir uns die Menge der komplexen Zahlen grafisch veranschaulichen? Auf dem Zahlenstrahl der reellen Zahlen ist diese Menge nicht komplett darstellbar. Die Menge der reellen Zahlen ist nur Teilmenge der komplexen Zahlen. Die imaginären Zahlen haben keinen Platz auf dem Zahlenstrahl der reellen Zahlen. Wir können uns die Menge $i\mathbb{R}$ der imaginären Zahlen auch als Zahlenstrahl vorstellen, der senkrecht zum Zahlenstrahl der reellen Zahlen steht und ihn im Nullpunkt schneidet. Hierbei muss allerdings betont werden, dass dieser Schnittpunkt, die Zahl Null, nicht zu den imaginären Zahlen gehört, daher kann nicht von einem echten Schnittpunkt die Rede sein. Da sich eine komplexe Zahl $z = a + ib$ mit $a \in \mathbb{R}$ und $ib \in i\mathbb{R}$ aus einer reellen Zahl a und einer imaginären Zahl ib zusammensetzt, können wir die Zahlen a und b als Koordinaten in der Ebene auffassen, die durch beide Achsen, der reellen Achse $\mathbb{R}$ und der imaginären Achse $i\mathbb{R}$, gebildet wird. In Abb. 1.3 wird dieser Sachverhalt verdeutlicht. Hierbei sind die beiden speziellen komplexen Zahlen 1 und i als Punkte eingezeichnet. Wir bezeichnen diese Ebene als Ebene der komplexen Zahlen oder Gauß'sche Zahlenebene.

Wir können daher die Ebene der komplexen Zahlen mit dem Vektorraum $\mathbb{R}^2 = \mathbb{R} \times \mathbb{R}$ identifizieren. Der Addition von Vektoren in $\mathbb{R}^2$ entspricht dann die Addition in $\mathbb{C}$. Da Vektoren auch als Pfeile mit eindeutigem Richtungs- und Längenwert beschreibbar sind, werden komplexe Zahlen in entsprechender Weise auch mit Pfeilen, den sogenannten Zeigern, gekennzeichnet. Die Betrachtung von $\mathbb{C}$ als $\mathbb{R}$-Vektorraum wird auch dadurch gerechtfertigt, dass eine komplexe Zahl $z = a + bi$ mit $a, b \in \mathbb{R}$ als Linearkombination der Vektoren 1 und i aufgefasst werden kann. Vektoren des $\mathbb{R}^2$ sind gleich, wenn sich ihre jeweiligen Komponenten einander entsprechen. Zwei komplexe Zahlen sind demnach gleich, wenn sie im Real- und Imaginärteil übereinstimmen.

Die reellen Zahlen sind die komplexen Zahlen, deren Imaginärteil 0 beträgt. Daher gilt $\mathbb{R} \subset \mathbb{C}$. Die reellen Zahlen sind demnach spezielle komplexe Zahlen. Diesen Sachverhalt

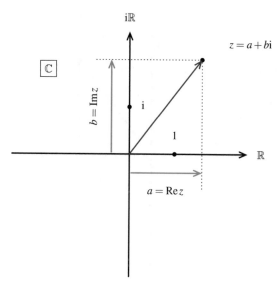

Abb. 1.3 Gauß'sche Zahlenebene $\mathbb{C}$

müssen wir im Sprachgebrauch berücksichtigen. Man ist häufig dazu geneigt, den Begriff „komplexe Zahl" nur für Zahlen zu verwenden, die einen nicht-verschwindenden Imaginärteil haben, bei denen also ein i auftaucht. Da aber die reellen Zahlen auch komplexe Zahlen sind, ist es besser, in solchen Situationen von „nicht-reellen" Zahlen zu sprechen.

In der Darstellung $z = a + bi$ mit $a, b \in \mathbb{R}$ ist das Pluszeichen zunächst ein rein formales Zeichen in dem Sinne, dass wir die Summe „$a + bi$" nicht weiter ausrechnen können. Da wir $\mathbb{C}$ als $\mathbb{R}$-Vektorraum auffassen, können wir die Linearkombination $a + bi$ auch in umgekehrter Reihenfolge notieren. Es gilt also $a + bi = bi + a$. Bevor wir uns allerdings die Arithmetik in $\mathbb{C}$ näher ansehen, betrachten wir zunächst eine Rechenoperation, die wir vom Reellen nicht kennen, da sie dort wirkungslos ist.

Definition 1.67 (Konjugiert komplexe Zahl) *Es sei $z = a + bi \in \mathbb{C}$ mit $a, b \in \mathbb{R}$. Dann heißt die Zahl $\bar{z} = a + (-b)i =: a - bi$ die zu z konjugiert komplexe Zahl.*

Diese Zahl entsteht also aus z durch Negieren des Imaginärteils. Geometrisch veranschaulicht bedeutet dies, dass die Lage von $\bar{z}$ aus der Lage von z in der Zahlenebene durch Spiegelung von z an der reellen Achse hervorgeht, vgl. Abb. 1.4. Ein doppeltes Konjugieren führt wieder auf die Ausgangszahl zurück: $\bar{\bar{z}} = z$.

Falls eine komplexe Zahl $z \in \mathbb{C}$ mit ihrem konjugiert komplexen Wert übereinstimmt, also $\bar{z} = z$ gilt, so ist dies nur für $\operatorname{Im} z = 0$ möglich. Komplexe Zahlen mit verschwindendem Imaginärteil sind gerade die reellen Zahlen. Es gilt also

$$\bar{z} = z \iff z \in \mathbb{R} \iff \operatorname{Im} z = 0.$$

Für die weiteren Betrachtungen benötigen wir noch den Begriff des Betrags einer komplexen Zahl.

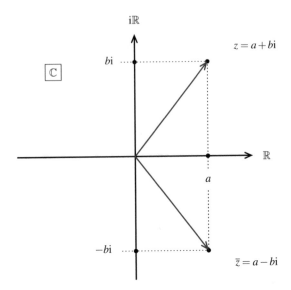

Abb. 1.4 z und $\bar{z}$

Definition 1.68 (Betrag einer komplexen Zahl) *Es sei $z \in \mathbb{C}$ eine komplexe Zahl der Darstellung $z = a + b\mathrm{i}$ mit $a, b \in \mathbb{R}$. Als Betrag von z wird die nicht-negative, reelle Zahl*

$$|z| := \sqrt{a^2 + b^2} \tag{1.22}$$

bezeichnet. Der Betrag einer komplexen Zahl ist also definiert als Quadratwurzel aus der Summe von Realteilquadrat und Imaginärteilquadrat. In der Zahlenebene geometrisch veranschaulicht, stellt $|z|$ die Entfernung des Punktes z zum Nullpunkt der Zahlenebene dar.

Wie Abb. 1.5 zeigt, kann die Verbindungsstrecke von z zum Nullpunkt der Zahlenebene als Hypothenuse eines rechtwinkligen Dreiecks betrachtet werden, dessen Katheten durch den Realteil a und den Imaginärteil b von z gebildet werden. Aufgrund des Satzes des Pythagoras gilt $|z|^2 = a^2 + b^2$. Dabei ist das Vorzeichen von a und b unerheblich. Insbesondere gilt für $z = a + b\mathrm{i}$ mit $a, b \in \mathbb{R}$

$$|z| = 0 \iff a = 0 \wedge b = 0 \iff z = 0.$$

Bei der Addition und Multiplikation zweier komplexer Zahlen haben wir nur zu beachten, dass diese beiden Rechenoperationen mit den bisherigen Rechenoperationen im Reellen verträglich sind und dabei $\mathrm{i}^2 = -1$ zu berücksichtigen ist. Wenn nun mit $z_1 = a_1 + \mathrm{i}b_1$ und $z_2 = a_2 + \mathrm{i}b_2$ mit $a_1, a_2, b_1, b_2 \in \mathbb{R}$ zwei komplexe Zahlen vorliegen, so bedeutet dies für die Summe

$$\begin{aligned} z_1 + z_2 &= a_1 + \mathrm{i}b_1 \ + \ a_2 + \mathrm{i}b_2 \\ &= a_1 + a_2 \ + \ \mathrm{i}b_1 + \mathrm{i}b_2 \end{aligned}$$

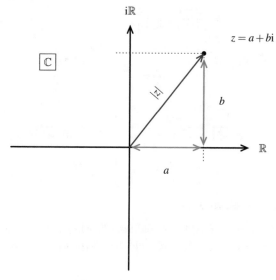

Abb. 1.5 Betrag $|z|$ einer komplexen Zahl $z \in \mathbb{C}$

$$= a_1 + a_2 + \mathrm{i}(b_1 + b_2).$$

Wir bestätigen hiermit die uns bereits aus der Vektoranschauung bekannte Regel, dass sich Real- ind Imaginärteil der Summe zweier komplexer Zahlen als Summe der Einzelreal- und Einzelimäginärteile ergeben:

$$\mathrm{Re}(z_1 + z_2) = \mathrm{Re}(z_1) + \mathrm{Re}(z_2), \quad \mathrm{Im}(z_1 + z_2) = \mathrm{Im}(z_1) + \mathrm{Im}(z_2).$$

Etwas komplizierter sieht es bei der Multiplikation aus:

$$\begin{aligned}
z_1 z_2 &= (a_1 + \mathrm{i}b_1) \cdot (a_2 + \mathrm{i}b_2) \\
&= a_1(a_2 + \mathrm{i}b_2) + \mathrm{i}b_1(a_2 + \mathrm{i}b_2) \\
&= a_1 a_2 + \mathrm{i}a_1 b_2 + \mathrm{i}b_1 a_2 + \mathrm{i}^2 b_1 b_2 = a_1 a_2 + \mathrm{i}a_1 b_2 + \mathrm{i}b_1 a_2 - b_1 b_2 \\
&= a_1 a_2 - b_1 b_2 + \mathrm{i}(a_1 b_2 + b_1 a_2).
\end{aligned}$$

Es gilt also

$$\mathrm{Re}(z_1 z_2) = \mathrm{Re}(z_1)\,\mathrm{Re}(z_2) - \mathrm{Im}(z_1)\,\mathrm{Im}(z_2), \quad \mathrm{Im}(z_1 z_2) = \mathrm{Re}(z_1)\,\mathrm{Im}(z_2) + \mathrm{Im}(z_1)\,\mathrm{Re}(z_2).$$

Es sei nun $z = a + b\mathrm{i} \in \mathbb{C} \setminus \{0\}$ mit $a, b \in \mathbb{R}$ eine von 0 verschiedene komplexe Zahl. Wir wollen nun durch einfache Überlegungen versuchen, den Kehrwert von z zu bestimmen. Genau genommen besteht die Aufgabe darin, den Real- und Imaginärteil von $1/z = z^{-1}$ zu ermitteln. Durch Erweiterung mit dem konjugiert Komplexen erhalten wir

$$c = \frac{1}{z} = \frac{1}{a + b\mathrm{i}} = \frac{a - b\mathrm{i}}{(a + b\mathrm{i})(a - b\mathrm{i})}$$

$$= \frac{a-b\mathrm{i}}{a^2+b^2} = \frac{\bar{z}}{|z|^2}.$$

Es gilt demnach

$$\frac{1}{z} = \frac{\bar{z}}{|z|^2}$$

bzw.

$$\frac{1}{a+b\mathrm{i}} = \frac{a-b\mathrm{i}}{a^2+b^2} = \frac{a}{a^2+b^2} + \mathrm{i} \cdot \frac{-b}{a^2+b^2}$$

und damit

$$\mathrm{Re}\,\frac{1}{z} = \frac{\mathrm{Re}\,z}{|z|^2}, \quad \mathrm{Im}\,\frac{1}{z} = \frac{-\,\mathrm{Im}\,z}{|z|^2}.$$

Wir fassen diese Ergebnisse zusammen:

Satz 1.69 (Arithmetik der komplexen Zahlen) *Es seien* $z, z_1, z_2 \in \mathbb{C}$ *komplexe Zahlen mit* $z = a+\mathrm{i}b$, $z_1 = a_1 + \mathrm{i}b_1$, $z_2 = a_2 + \mathrm{i}b_2$ *und* $a, a_1, a_2, b, b_1, b_2 \in \mathbb{R}$.

  (i) Addition

$$z_1 + z_2 = a_1 + a_2 + \mathrm{i}(b_1 + b_2). \tag{1.23}$$

  (ii) Multiplikation

$$z_1 z_2 = a_1 a_2 - b_1 b_2 + \mathrm{i}(a_1 b_2 + b_1 a_2). \tag{1.24}$$

  (iii) Kehrwert

$$\frac{1}{z} = \frac{\bar{z}}{|z|^2} = \frac{a-b\mathrm{i}}{a^2+b^2}. \tag{1.25}$$

Für die imaginäre Einheit i gilt, dass Inversion identisch ist mit Negation bzw. Konjugation, denn es gilt wegen $1 = (-\mathrm{i}) \cdot \mathrm{i}$ nach Division durch i

$$\frac{1}{\mathrm{i}} = -\mathrm{i}$$
$$\| \qquad \|$$
$$\mathrm{i}^{-1} = \bar{\mathrm{i}}.$$

Der Faktor i kann also „durch den Bruchstrich geschoben werden", indem ein Minuszeichen erzeugt wird. Dabei kommt es nicht darauf an, ob i ein Zähler- oder ein Nennerfaktor ist:

$$\frac{x \cdot \mathrm{i}}{y} = -\frac{x}{y \cdot \mathrm{i}}, \qquad \frac{x}{y \cdot \mathrm{i}} = -\frac{x \cdot \mathrm{i}}{y}.$$

Mithilfe der komplexen Konjugation kann der Real- und Imaginärteil einer komplexen Zahl berechnet werden. Es gilt nämlich für alle $z \in \mathbb{C}$

$$\mathrm{Re}\,z = \frac{1}{2}(z+\bar{z})$$

$$\mathrm{Im}\,z = \frac{1}{2\mathrm{i}}(z-\bar{z}) = \frac{\mathrm{i}}{2}(\bar{z}-z).$$

Dieser Sachverhalt ist leicht zu zeigen (Übung). Ebenso einfach ist die folgende Eigenschaft der komplexen Konjugation nachvollziehbar:

$$\overline{z_1 + z_2} = \overline{z_1} + \overline{z_2}, \quad \overline{z_1 z_2} = \overline{z_1} \cdot \overline{z_2}.$$

Während der Ausdruck $a^2 - b^2$ für alle $a, b \in \mathbb{R}$ nach dritter binomischer Formel reell zerlegbar ist in $a^2 - b^2 = (a+b)(a-b)$, kann $a^2 + b^2$ nicht reell zerlegt werden. Mithilfe der komplexen Zahlen gelingt uns aber die komplexe Zerlegung

$$a^2 + b^2 = (a + \mathrm{i}b)(a - \mathrm{i}b)$$

für alle $a, b \in \mathbb{R}$. Wir erkennen im obigen Produkt, dass beide Faktoren ein Paar zueinander konjugiert komplexer Zahlen bilden. Wir können daher die letzte Gleichung auch alternativ formulieren,

$$|z|^2 = z\overline{z},$$

für alle $z \in \mathbb{C}$. Die von reellen Zahlen bekannten Rechengesetze, genauer die Körperaxiome, gelten auch im Komplexen.

Satz 1.70 *Die Menge der komplexen Zahlen stellt bezüglich der Addition und Multiplikation einen Körper dar.*

In Analogie zur reellen Exponentialreihe definieren wir nun die Exponentialreihe im Komplexen.

Definition 1.71 (Imaginäre Exponentialreihe/komplexe Exponentialreihe) *Für alle reellen Zahlen $x \in \mathbb{R}$ konvergiert die imaginäre Exponentialreihe*

$$\exp(\mathrm{i}x) := \sum_{k=0}^{\infty} \frac{(\mathrm{i}x)^k}{k!} \tag{1.26}$$

absolut, d. h., es konvergieren sowohl

$$\exp(\mathrm{i}x) = \sum_{k=0}^{\infty} \frac{(\mathrm{i}x)^k}{k!} \quad \text{als auch} \quad \sum_{k=0}^{\infty} \left| \frac{(\mathrm{i}x)^k}{k!} \right|.$$

Allgemeiner gilt sogar, dass die komplexe Exponentialreihe

$$\exp z = \sum_{k=0}^{\infty} \frac{z^k}{k!} \tag{1.27}$$

für alle $z \in \mathbb{C}$ absolut konvergent ist.

Bei dieser Definition müssen wir allerdings beachten, dass wir den Konvergenzbegriff für Folgen und Reihen in $\mathbb{C}$ bislang nicht definiert haben. Er ist allerdings formal übertragbar aus dem Konvergenzbegriff für reelle Folgen und Reihen, indem der komplexe Betrag in den reellen Definitionen verwendet wird. Auch für die komplexe Exponentialfunktion gilt die Funktionalgleichung:

$$\exp(z_1 + z_2) = \exp(z_1) \cdot \exp(z_2), \quad \text{für alle } z_1, z_2 \in \mathbb{C}.$$

Für $z = a + ib \in \mathbb{C}$ mit $a, b \in \mathbb{R}$ gilt

$$
\begin{aligned}
\exp z = \exp(a + ib) &= \exp((a + 0 \cdot i) + (0 + ib)) \\
&= \exp(a + 0 \cdot i) \exp(0 + ib) \\
&= \exp(a) \exp(ib) = e^{\operatorname{Re} z} \exp(i \operatorname{Im} z).
\end{aligned}
$$

Darüber hinaus gilt für alle $x \in \mathbb{R}$

$$
\overline{\exp(ix)} = \exp(-ix).
$$

Wie kann nun für $x \in \mathbb{R}$ die Lage von $\exp(ix)$ in der Zahlenebene lokalisiert werden? Dazu berechnen wir zunächst den Betrag, also den Abstand von $\exp(ix)$ zum Nullpunkt. Es sei nun $x \in \mathbb{R}$. Unter Ausnutzung der oben gezeigten Beziehung $|z|^2 = z\bar{z}$ gilt:

$$
\begin{aligned}
|\exp(ix)|^2 &= \exp(ix) \cdot \overline{\exp(ix)} \\
&= \exp(ix) \exp(-ix) = \exp(ix - ix) = \exp 0 = 1.
\end{aligned}
$$

Der Betrag von $\exp(ix)$ ist also für alle $x \in \mathbb{R}$ identisch und konstant 1. Die komplexen Zahlen mit diesem Betrag haben den Abstand 1 zum Nullpunkt und bilden daher in der Zahlenebene einen Kreis, den sogenannten Einheitskreis $\mathbb{E}$

$$
\mathbb{E} := \{z \in \mathbb{C} : |z| = 1\}.
$$

Wir wissen nun, dass für alle $x \in \mathbb{R}$ gilt $|\exp(ix)| = 1$ bzw. $\exp(ix) \in \mathbb{E}$. Damit gilt

$$
|\exp(ix)|^2 = (\operatorname{Re} \exp(ix))^2 + (\operatorname{Im} \exp(ix))^2 = 1,
$$

Abb. 1.6 veranschaulicht diesen Sachverhalt geometrisch. Es kann gezeigt werden, dass der Wert x der orientierten Länge des Bogensegments auf dem Einheitskreis vom Punkt 1 bis zum Punkt $z = \exp(ix)$ entspricht, womit sich nun direkt einige Werte der imaginären Exponentialfunktion berechnen lassen. Da der Einheitskreis den Umfang $2\pi \cdot 1 = 2\pi$ besitzt, gilt $\exp(2\pi i) = 1$, was einem ganzen Umlauf um den Einheitskreis entgegen dem Uhrzeigersinn vom Punkt 1 bis zum Punkt 1 zurück entspricht. Legt man nur die Hälfte des Umfangs, also den Bogenlängenwert $x = \pi$ hierbei zurück, so landet man in der Ebene auf dem Punkt -1. Es gilt also $\exp(\pi i) = -1$. Der Bogenlänge $x = 2\pi$ entspricht ein Vollkreis, der wiederum einem Winkel von $360°$ entspricht. Der Halbkreis entspricht einer Bogenlänge von π, der ein Winkel von $180°$ zuzuordnen ist. Einem Winkel von $45°$ entgegen dem Uhrzeigersinn entspricht auf dem Einheitskreis eine Bogenlänge von $x = \pi/4$. Real- und Imaginärteil der Zahl $z = \exp(\pi/4 \cdot i)$ sind in dieser Situation identisch. Da der Radius des Einheitskreises den Wert 1 hat, können wir mithilfe des Satzes des Pythagoras Real- bzw. Imaginärteil von z berechnen:

$$
1^2 = (\operatorname{Re} z)^2 + (\operatorname{Im} z)^2 = 2(\operatorname{Re} z)^2.
$$

Hieraus ergibt sich

$$
\operatorname{Re} z = \frac{1}{\sqrt{2}} = \operatorname{Im} z, \quad \text{für } z = \exp(\pi/4 \cdot i)
$$

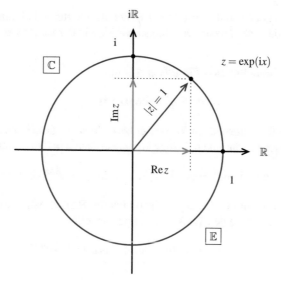

Abb. 1.6 Einheitskreis in $\mathbb{C}$

bzw.

$$z = \exp(\pi/4 \cdot \mathrm{i}) = \frac{1}{\sqrt{2}} + \mathrm{i}\frac{1}{\sqrt{2}}.$$

Ähnliche geometrische Überlegungen führen zu folgender Wertetabelle:

Bogenlänge x	0	$\pi/4$	$\pi/3$	$\pi/2$	π	$3\pi/2$	2π
Winkel	$0°$	$45°$	$60°$	$90°$	$180°$	$270°$	$360°$
$\exp(\mathrm{i}x)$	1	$\frac{1}{\sqrt{2}}+\mathrm{i}\frac{1}{\sqrt{2}}$	$\frac{1}{2}+\mathrm{i}\frac{\sqrt{3}}{2}$	i	-1	$-\mathrm{i}$	1

Mithilfe der imaginären Exponentialfunktion können wir den Sinus und den Kosinus definieren.

Definition 1.72 (Kosinus, Sinus) *Für alle $x \in \mathbb{R}$ definiert man*

$$\cos x := \mathrm{Re}\exp(\mathrm{i}x), \tag{1.28}$$

$$\sin x := \mathrm{Im}\exp(\mathrm{i}x). \tag{1.29}$$

Da der Real- und Imaginärteil einer beliebigen komplexen Zahl sich mithilfe des konjugiert komplexen Wertes berechnen lassen, gilt nun

$$\cos x = \mathrm{Re}\exp(\mathrm{i}x) = \frac{1}{2}\left(\exp(\mathrm{i}x) + \overline{\exp(\mathrm{i}x)}\right) = \frac{1}{2}\left(\exp(\mathrm{i}x) + \exp(-\mathrm{i}x)\right),$$

$$\sin x = \mathrm{Im}\exp(\mathrm{i}x) = \frac{1}{2\mathrm{i}}\left(\exp(\mathrm{i}x) - \overline{\exp(\mathrm{i}x)}\right) = \frac{1}{2\mathrm{i}}\left(\exp(\mathrm{i}x) - \exp(-\mathrm{i}x)\right).$$

Diese beiden Funktionen stellen also nichts weiter als den Real- und Imaginärteil der imaginären Exponentialfunktion dar. Dies fassen wir kurz in der folgenden wichtigen Formel zusammen.

Satz 1.73 (Euler'sche Formel) *Für alle* $\varphi \in \mathbb{R}$ *gilt*

$$\exp(i\varphi) = \cos\varphi + i\sin\varphi. \tag{1.30}$$

Den im Bogenmaß anzugebenden Winkel φ bezeichnet man auch als Argument. Etwas allgemeiner können wir für eine beliebige komplexe Zahl $z = \operatorname{Re}z + i\operatorname{Im}z \in \mathbb{C}$ festhalten:

$$\exp z = \exp(\operatorname{Re}z + i\operatorname{Im}z) = \exp(\operatorname{Re}z) \cdot \exp(i \cdot \operatorname{Im}z) = e^{\operatorname{Re}z}(\cos\operatorname{Im}z + i\sin\operatorname{Im}z).$$

Es folgt hieraus, dass für den Betrag von $\exp z$ nur der Realteil von z signifikant ist, während der Imaginärteil von z den Winkel von $\exp z$ darstellt:

$$|\exp z| = |e^{\operatorname{Re}z}\underbrace{(\cos\operatorname{Im}z + i\sin\operatorname{Im}z)}_{\in\mathbb{E}}| = e^{\operatorname{Re}z}.$$

Aus der Definition des Kosinus, des Sinus und der imaginären Exponentialreihe folgen die Reihendarstellungen für $\cos x$ und $\sin x$.

Satz 1.74 *Für alle* $x \in \mathbb{R}$ *gilt*

$$\cos x = \sum_{k=0}^{\infty} (-1)^k \frac{x^{2k}}{(2k)!} \tag{1.31}$$

$$\sin x = \sum_{k=0}^{\infty} (-1)^k \frac{x^{2k+1}}{(2k+1)!} \tag{1.32}$$

Es sei nun $z \in \mathbb{C}^*$ eine von 0 verschiedene komplexe Zahl. Die komplexe Zahl ξ, definiert durch

$$\xi = \frac{z}{|z|} = \frac{1}{|z|}(\operatorname{Re}z + i\operatorname{Im}z),$$

hat den Betrag 1, denn es gilt

$$|\xi|^2 = (\operatorname{Re}\xi)^2 + (\operatorname{Im}\xi)^2 = \left(\frac{\operatorname{Re}z}{|z|}\right)^2 + \left(\frac{\operatorname{Im}z}{|z|}\right)^2 = \frac{1}{|z|^2}((\operatorname{Re}z)^2 + (\operatorname{Im}z)^2) = \frac{|z|^2}{|z|^2} = 1.$$

Daher liegt ξ auf dem Einheitskreis. Es gibt demnach eine Bogenlänge $\varphi \in \mathbb{R}$, sodass wir ξ als Darstellung mit imaginärer Exponentialfunktion ausdrücken können:

$$\xi = \exp(i\varphi).$$

Multiplizieren wir diese Gleichung mit $|z|$ durch, so erhalten wir eine Alternativdarstellung für z:

$$z = |z|\xi = |z|\exp(i\varphi) = |z|(\cos\varphi + i\sin\varphi).$$

Wir können z somit auch durch den Betrag $|z|$ und den Winkel φ in der Ebene lokalisieren.

Satz 1.75 (Polardarstellung komplexer Zahlen) *Für alle $z \in \mathbb{C}^*$ gibt es einen Bogenwinkel $\varphi \in \mathbb{R}$ mit*

$$z = |z| \exp(i\varphi) = |z|(\cos\varphi + i\sin\varphi). \tag{1.33}$$

Hierbei gilt für das Argument φ

$$\cos\varphi = \frac{\mathrm{Re}\,z}{|z|}, \qquad \sin\varphi = \frac{\mathrm{Im}\,z}{|z|}.$$

Für die Zahl $z = 0$ ist jeder Winkel $\varphi \in \mathbb{R}$ verwendbar, da $|0| = 0$ ist. Diese Zahl hat also als einzige komplexe Zahl keine Richtung. Wichtig im Zusammenhang mit dem Umgang mit komplexen Zahlen ist die Tatsache, dass der Körper $\mathbb{C}$ nicht angeordnet ist. Für zwei verschiedene reelle Zahlen können wir stets sagen, dass eine von beiden größer als die andere Zahl ist. Dies gilt für komplexe Zahlen im Allgemeinen nicht. Die Anordnungseigenschaft reeller Zahlen geht in den komplexen Zahlen verloren. Als schreibtechnische Konvention wollen wir, ähnlich wie bei der reellen Exponentialfunktion, die Schreibweise

$$e^z := \exp z$$

auch für komplexe Zahlen $z \in \mathbb{C}$ künftig zulassen.

1.7 Zerlegung von Polynomen

Eine algebraische Gleichung kann auf die Nullstellensuche von Polynomen zurückgeführt werden. Im Körper der reellen Zahlen sind nicht alle algebraischen Gleichungen lösbar oder anders ausgedrückt: Polynome müssen nicht unbedingt reelle Nullstellen besitzen. Wie wir sehen werden, ändert sich dieser Sachverhalt im Körper der komplexen Zahlen. Dort sind alle algebraischen Gleichungen lösbar bzw. alle Polynome haben prinzipiell komplexe Nullstellen und lassen sich, wie wir sehen werden, vollständig in Linearfaktoren zerlegen.

Zuvor sollten wir uns einige Gedanken um Darstellungsformen von Polynomen machen. Es sei K ein Körper. Wir betrachten nun ein Polynom n-ten Grades über K in der Variablen x, also einen Ausdruck der Form

$$a_n x^n + a_{n-1} x^{n-1} + \cdots + a_1 x + a_0$$

mit Koeffizienten $a_k \in K$, $0 \leq k \leq n$ und $a_n \neq 0$. Es ist zunächst nicht festgelegt, für welche Objekte der Platzhalter x steht. Die Variable x kann Elemente des Körpers K repräsentieren. Sie kann aber auch für völlig andere Objekte stehen (vgl. Def 1.41). Ein Polynom ist daher zunächst nur ein formaler Ausdruck. Ein Polynom n-ten Grades definiert eine Gleichung n-ten Grades

$$a_n x^n + a_{n-1} x^{n-1} + \cdots a_1 x + a_0 = 0,$$

deren Lösungen als Nullstellen oder auch Wurzeln[14] von p bezeichnet werden. In diesem Zusammenhang ist es wichtig zu wissen, für welche Objekte x steht bzw. aus welcher Menge x stammt. Des Weiteren wollen wir die folgenden Sprechweisen vereinbaren.

Definition 1.76 *Es sei K ein Körper und $p \in K[x]$. Das Polynom p heißt*

- *normiert, falls für den Leitkoeffizienten $a_n = 1$ gilt,*
- *konstant, falls $\deg p = 0$ (also $p = a_0 \in K$) oder $\deg p = -\infty$ (also $p = 0$) gilt,*
- *linear (in x), falls $\deg p = 1$ (also $p = a_1 x + a_0$ mit $a_1 \neq 0$),*
- *quadratisch (in x), falls $\deg p = 2$ (also $p = a_2 x^2 + a_1 x + a_0$ mit $a_2 \neq 0$).*

Ein lineares und normiertes Polynom hat die Gestalt $x - a$ mit $a \in K$. Ein derartiges Polynom bezeichnen wir auch als Linearfaktor. Wir konzentrieren uns zunächst auf den Fall $K = \mathbb{R}$ und betrachten den Polynomring $\mathbb{R}[x]$ aller reellen Polynome, also aller Polynome mit reellen Koeffizienten in der Variablen x. Bereits das Beispiel $p(x) = x^2 + 1$ zeigt, dass reelle Polynome nicht unbedingt Nullstellen in $\mathbb{R}$ besitzen müssen. Wir können das spezielle Polynom $p(x) = x^2 + 1$ nicht faktorisieren in reelle Linearfaktoren, also nicht zerlegen in das Produkt zweier reeller Polynome ersten Grades. Eine kleine Veränderung würde dies jedoch möglich machen: $q(x) = x^2 - 1$ besitzt die reellen Nullstellen -1 und 1. Das Polynom q ist reell zerlegbar, es gilt nämlich

$$q(x) = x^2 - 1 = (x + 1)(x - 1).$$

Polynome aus dem Polynomring $K[x]$, die innerhalb von $K[x]$ nicht weiter faktorisierbar sind in Polynome vom Grad ≥ 1, heißen irreduzibel. Irreduzible Polynome sind für den Polynomring $K[x]$ damit so etwas wie die Primzahlen für die Menge der ganzen Zahlen. Hat ein Polynom $p \in \mathbb{R}[x]$ eine reelle Nullstelle $x_0 \in \mathbb{R}$, so kann es nicht irreduzibel sein, denn wir können den Linearfaktor $x - x_0$ abdividieren.

Satz 1.77 (Abdividieren eines Linearfaktors mit einer Nullstelle) *Es sei $p \in K[x]$ ein Polynom vom Grad $\deg p = n \geq 1$ über einem Körper K. Des Weiteren sei $x_0 \in K$ eine Nullstelle von p, d. h. $p(x_0) = 0$. Dann gibt es ein Polynom $q \in K[x]$ mit $\deg q = n - 1$, sodass*

$$q(x) \cdot (x - x_0) = p(x) \tag{1.34}$$

bzw. $p(x) : (x - x_0) = q(x)$. Wir sind also mit dem Vorliegen einer Nullstelle in K in der Lage, den Linearfaktor $x - x_0$ von p über K schriftlich abzudividieren.

Die Existenz einer Nullstelle in K ist damit hinreichend für die Zerlegbarkeit eines Polynoms in ein Produkt von geringergradigen Polynomen mit Grad ≥ 1. Die Umkehrung gilt jedoch nicht. Ein auf diese Weise zerlegbares Polynom $p \in K[x]$ braucht nicht unbedingt eine Nullstelle in K zu besitzen, wie das folgende Beispiel zeigt. Für das reelle Polynom $p(x) = x^4 + 3x^2 + 2$ existiert die folgende Zerlegung in irreduzible Faktoren

$$p(x) = x^4 + 3x^2 + 2 = (x^2 + 1)(x^2 + 2),$$

wie man durch Ausmultiplizieren leicht nachvollziehen kann. Das Polynom p hat aber keine reellen Nullstellen, dann dann müsste mindestens einer der beiden irreduziblen Fak-

---

[14] engl.: roots

toren $x^2 + 1$ oder $x^2 + 2$ eine reelle Nullstelle haben und wäre somit nicht irreduzibel in $\mathbb{R}[x]$. Wir betrachten zwei Beispiele für das Abdividieren eines Linearfaktors:

(i) $p(x) = x^2 - 3x + 2 \in \mathbb{R}[x]$. Dieses quadratische Polynom besitzt die reelle Nullstelle $x_0 = 1$, wie man leicht überprüft. Wir führen nun die Polynomdivision durch, indem wir den Linearfaktor $x - x_0 = x - 1$ von p abdividieren:

$$
\begin{array}{l}
(x^2 - 3x + 2) : (x - 1) = x - 2 = q(x) \\
\underline{-(x^2 - x)} \\
 -2x + 2 \\
 \underline{-(-2x + 2)} \\
 0
\end{array}
$$

Damit gilt $q(x) \cdot (x - x_0) = (x - 2)(x - 1) = x^2 - 3x + 2 = p(x)$.

(ii) $p(x) = x^3 - 5x^2 + 3x + 9 \in \mathbb{R}[x]$ besitzt die reelle Nullstelle $x_0 = 3$. Wir dividieren den Linearfaktor $x - 3$ ab:

$$
\begin{array}{l}
(x^3 - 5x^2 + 3x + 9) : (x - 3) = x^2 - 2x - 3 = q(x) \\
\underline{-(x^3 - 3x^2)} \\
 -2x^2 + 3x \\
 \underline{-(-2x^2 + 6x)} \\
 -3x + 9 \\
 \underline{-(-3x + 9)} \\
 0
\end{array}
$$

Es gilt damit $q(x) \cdot (x - 3) = (x^2 - 2x - 3)(x - 3) = x^3 - 5x^2 + 3x + 9 = p(x)$.

Wir können natürlich auch höhergradige Teilerpolynome als Linearfaktoren mit diesem Schema abdividieren. Beispielsweise ist (s. o.) das Polynom $x^2 + 1$ ein Teiler von $p(x) = x^4 + 3x^2 + 2$. Wir führen die Polynomdivision $p(x) : (x^2 + 1)$ durch:

$$
\begin{array}{l}
(x^4 + 0x^3 + 3x^2 + 0x + 2) : (x^2 + 1) = x^2 + 2 = q(x) \\
\underline{-(x^4 + 0x^3 + x^2)} \\
 2x^2 + 2 \\
 \underline{-(2x^2 + 2)} \\
 0
\end{array}
$$

Dieses Verfahren ist auch in Situationen nützlich, wenn kein Teiler eines Polynoms vorliegt. Wir können dann Ausdrücke der Art $T(x) = p_z(x)/p_n(x)$ bestehend aus einem Bruch zweier Polynome mit einem Zählerpolynom p_z und einem Nennerpolynom p_n durch dieses Divisionsschema zerlegen in

$$p_z(x) = p_n(x) \cdot q(x) + r(x),$$

was einer Division mit Rest entspricht. Hierbei ist der Grad des Restpolynoms r kleiner als der Grad des Nennerpolynoms p_n. Für $T(x)$ gilt dann

$$T(x) = q(x) + \frac{r(x)}{p_n(x)}.$$

Auch hier verdeutlicht ein einfaches Beispiel diesen Sachverhalt. Wir zerlegen den Ausdruck

$$T(x) = \frac{p_z(x)}{p_n(x)} = \frac{x^4 + 3x^2 + 2}{x^3 + 1},$$

indem wir das Polynomdivisionsschema verwenden:

$$\begin{aligned}
(x^4 + 0x^3 + 3x^2 + 0x + 2) : (x^3 + 1) &= x = q(x) \\
\underline{-(x^4 + 0x^3 + 0x^2 + x)} & \\
3x^2 - x + 2 &= r(x).
\end{aligned}$$

Es gilt daher die Zerlegung des Zählerpolynoms

$$x^4 + 3x^2 + 2 = (x^3 + 1)q(x) + r(x) = (x^3 + 1)x + 3x^2 - x + 2,$$

woraus die Zerlegung des Ausdrucks

$$T(x) = q(x) + \frac{r(x)}{x^3 + 1} = x + \frac{3x^2 - x + 2}{x^3 + 1}$$

folgt. Eine Polynomdivision ist auch über endlichen Körpern möglich. Betrachten wir hierzu beispielsweise den Körper $\mathbb{Z}_3 = \{0, 1, 2\}$ der Restklassen modulo 3, über dem der Polynomring $\mathbb{Z}_3[x]$ definiert ist. Obwohl $\mathbb{Z}_3$ nur aus drei Elementen besteht, gibt es unendlich viele Polynome aus $\mathbb{Z}_3[x]$. Wir betrachten nun

$$p_z(x) = x^3 + 2x^2 + x + 1, \ p_n(x) = x^2 + x + 2 \in \mathbb{Z}_3[x].$$

Auch hier bestimmen wir eine Zerlegung der Art

$$p_z(x) = p_n(x) \cdot q(x) + r(x),$$

mit $q, r \in \mathbb{Z}_3[x]$ und $\deg r < \deg p_n$. Hierzu führen wir nun eine Polynomdivision über $\mathbb{Z}_3$ durch und beachten dabei die additiv- und multiplikativ-inversen Elemente in $\mathbb{Z}_3$:

$$\begin{array}{c||ccc}
a & 0 & 1 & 2 \\
\hline
-a & 0 & 2 & 1
\end{array}, \qquad
\begin{array}{c||cc}
a & 1 & 2 \\
\hline
a^{-1} & 1 & 2
\end{array}.$$

Nun führen wir die Polynomdivision $p_z : p_n$ im Detail durch:

$$(x^3 + 2x^2 + x + 1) : (x^2 + x + 2) = x + 1 = q(x)$$
$$\underline{-(x^3 + x^2 + 2x)}$$

$$x^2 - x + 1 = x^2 + 2x + 1$$
$$\underline{-(x^2 + x + 2)}$$

$$x + 1 - 2 = x + 2 = r(x).$$

Damit gilt

$$p_z(x) = p_n(x) \cdot q(x) + r(x) = (x^2 + x + 2)(x + 1) + x + 2$$
$$= x^3 + x^2 + 2x + x^2 + x + 2 + x + 2$$
$$= x^3 + 2x^2 + x + 1.$$

Die Polynomdivision über endlichen Körpern spielt eine tragende Rolle innerhalb der digitalen Signalverarbeitung bei Fehlerkorrekturverfahren für digitale Datenströme.

Definition 1.78 (Vielfachheit einer Nullstelle) *Es sei K ein Körper und $p \in K[x]$ ein Polynom. Zudem sei $x_0 \in K$ eine Nullstelle von p. Damit ist der Linearfaktor $x - x_0$ vom Polynom p mindestens einmal abdividierbar. Die Zahl $v \in \mathbb{N}$, mit welcher die Zerlegung von p in*

$$p(x) = q(x) \cdot (x - x_0)^v, \qquad q(x_0) \neq 0, \qquad (1.35)$$

mit einem Polynom $q \in K[x]$ ermöglicht wird, heißt (algebraische) Vielfachheit oder algebraische Ordnung der Nullstelle x_0. Sie gibt an, wie oft der Linearfaktor $x - x_0$ vom Polynom p maximal abdividierbar ist.

Das Polynom

$$p(x) = (x - 2)^3(x + 1) = x^4 - 5x^3 + 6x^2 + 4x - 8 \in \mathbb{R}[x]$$

besitzt die Nullstelle 2 mit der Vielfachheit 3 (dreifache Nullstelle) sowie die einfache Nullstelle -1.

Wir wissen bereits, dass ein nicht-konstantes Polynom p mit Koeffizienten aus einem Körper K nicht immer vollständig über K in Linearfaktoren zerfallen muss. Ein wichtiges Resultat der Algebra ist jedoch die Tatsache, dass in einer derartigen Situation der zugrunde gelegte Körper K minimal erweitert werden kann, sodass p über dem erweiterten Körper schließlich vollständig in Linearfaktoren zerfällt. Dieser Erweiterungskörper L enthält somit weitere Nullstellen von p, die nicht in K liegen. Hierbei können wir aber nicht davon ausgehen, dass L nur durch schlichte Vereinigung von K mit den neuen Nullstellen von p entsteht. Schließlich soll L als Körper additiv und multiplikativ abgeschlossen sein und dabei den Körperaxiomen genügen.

Satz/Definition 1.79 (Zerfällungskörper) *Es sei $p \in K[x]$ ein nicht-konstantes Polynom über dem Körper K. Dann gibt es einen minimalen Erweiterungskörper $L \supset K$, über dem p vollständig in Linearfaktoren zerfällt. Ein derartiger Körper L heißt Zerfällungskörper von p.*

Das Polynom $p(x) = (x^2 + 1)(x^2 - 1) \in \mathbb{Q}[x]$ besitzt als reelle Nullstellen nur -1 und 1. Seine irreduzible Zerlegung über $\mathbb{Q}$ lautet $p(x) = (x^2 + 1)(x + 1)(x - 1)$. Wir erweitern nun den Körper $\mathbb{Q}$ um die beiden verbleibenden nicht-reellen Nullstellen $-i$ und i und erhalten damit als Zerfällungskörper von p die Menge

$$\mathbb{Q}(i) := \{a + bi : a, b \in \mathbb{Q}\}, \quad \text{(sprich: „} \mathbb{Q} \text{ adjungiert i“)}.$$

Man sagt, dass dieser Erweiterungsköper aus $\mathbb{Q}$ durch *Adjunktion der imaginären Einheit* i entsteht. Es kann gezeigt werden, dass diese Menge bezüglich der komplexen Addition und Multiplikation einen Körper darstellt. Über $\mathbb{Q}(i)$ zerfällt p vollständig in Linearfaktoren: $p(x) = (x + i)(x - i)(x + 1)(x - 1)$. Zudem ist $\mathbb{Q}(i)$ minimal, d. h., es gibt keinen weiteren Körper L' mit $K \subset L' \subset L$, über welchem p vollständig in Linearfaktoren zerfällt. Des Weiteren ist $\mathbb{Q}(i) \subsetneq \mathbb{C}$, also eine echte Teilmenge von $\mathbb{C}$.

Ein Körper K heißt *algebraisch abgeschlossen*, wenn jedes nicht-konstante Polynom aus $K[x]$ eine Nullstelle in K besitzt und somit durch fortlaufendes Abdividieren vollständig in Linearfaktoren zerfällt. Der Körper $\mathbb{Q}(i)$ ist nicht algebraisch abgeschlossen. Es ist beispielsweise $x^2 - 2$ irreduzibel über $\mathbb{Q}(i)$. Die beiden Nullstellen $-\sqrt{2}$ und $\sqrt{2}$ sind nicht in $\mathbb{Q}(i)$ enthalten.

Polynome mit reellen Koeffizienten sind von besonderem Interesse. Die folgenden Eigenschaften sind dabei von Nutzen.

Satz 1.80 *Es sei $p \in \mathbb{R}[x]$, $p \neq 0$ ein Polynom n-ten Grades (deg $p = n$). Dann gilt:*

(i) p hat höchstens n Nullstellen.

(ii) Ist $n = \deg p$ ungerade, so hat p mindestens eine reelle Nullstelle.

(iii) Hat p insgesamt $m \leq n$ verschiedene Nullstellen $x_1, x_2, \ldots, x_m$ mit den zugehörigen Vielfachheiten $v_1, v_2, \ldots, v_m$, die in Summe den Grad von p ergeben, d. h.

$$\sum_{k=1}^{m} v_k = n = \deg p,$$

so kann p vollständig in Linearfaktoren zerlegt werden:

$$p(x) = \alpha \cdot \prod_{k=1}^{m} (x - x_k)^{v_k}, \tag{1.36}$$

wobei $\alpha \in \mathbb{R}$ der Leitkoeffizient von p ist.

Dass ein reelles Polynom p ungeraden Grades mindestens eine reelle Nullstelle besitzen muss, kann bereits rein analytisch begründet werden: Zunächst kann p als Polynom auch als stetige Funktion $p : \mathbb{R} \to \mathbb{R}$ aufgefasst werden. Da $\deg p$ ungerade ist, gilt zudem

$$\lim_{x \to \infty} p(x) = \pm\infty, \qquad \lim_{x \to \infty} p(x) = \mp\infty.$$

Der Graph von p muss daher die x-Achse schneiden. Es gibt also (mindestens) eine Nullstelle von p in $\mathbb{R}$. Wir werden diesen Sachverhalt später mit einer algebraischen Argumentation ein weiteres Mal zeigen.

Bekanntlich gibt es reelle, nicht-konstante Polynome, die nicht vollständig in reelle Linearfaktoren zerlegbar sind. Dies trifft genau dann zu, wenn die Summe der Vielfachheiten der reellen Nullstellen kleiner als der Grad des Polynoms ist. So hat beispielsweise das Polynom $p(x) = x^3 + x^2 + x + 1 \in \mathbb{R}[x]$ mindestens eine reelle Nullstelle, da $\deg p$ ungerade ist. Es ist -1 Nullstelle von p. Durch Abdivision des Linearfaktors $x + 1$ ergibt sich das Teilerpolynom $x^2 + 1$, was in $\mathbb{R}[x]$ irreduzibel ist und daher keine reelle Nullstelle besitzt. p hat also nur eine einzige reelle Nullstelle der Vielfachheit 1. Die Zerlegung von p in irreduzible Faktoren aus $\mathbb{R}[x]$ lautet daher

$$p(x) = x^3 + x^2 + x + 1 = (x^2 + 1) \cdot (x + 1).$$

Damit ist p in $\mathbb{R}[x]$ nicht vollständig in Linearfaktoren zerlegbar. Dieser Sachverhalt ändert sich im Komplexen! Wir wissen, dass $x^2 + 1$ die komplexen Nullstellen i und $-$i besitzt und daher in $\mathbb{C}[x]$ in Linearfaktoren zerlegbar ist:

$$x^2 + 1 = (x + \mathrm{i}) \cdot (x - \mathrm{i}).$$

Damit ist auch p in $\mathbb{C}[x]$ vollständig in Linearfaktoren zerlegbar:

$$p(x) = x^3 + x^2 + x + 1 = (x^2 + 1) \cdot (x + 1) = (x + \mathrm{i}) \cdot (x - \mathrm{i}) \cdot (x + 1).$$

1.8 Fundamentalsatz der Algebra

Es sei nun $p \in \mathbb{C}[z]$ ein Polynom n-ten Grades mit komplexen Koeffizienten in der Variablen z, d. h., p hat die Gestalt

$$p(z) = \sum_{k=0}^{n} a_k z^k,$$

mit $a_k \in \mathbb{C}$ für $0 \leq k \leq n$. Für eine beliebige komplexe Zahl $c \in \mathbb{C}$ gilt dann:

$$p(\bar{c}) = \sum_{k=0}^{n} a_k \bar{c}^k = \sum_{k=0}^{n} a_k \overline{c^k} = \sum_{k=0}^{n} \overline{\bar{a_k}} \overline{c^k} = \sum_{k=0}^{n} \overline{\bar{a_k} c^k} = \overline{\sum_{k=0}^{n} \bar{a_k} c^k}.$$

Damit folgt speziell:

Satz 1.81 *Es sei $p \in \mathbb{R}[x]$ ein reelles Polynom. Wenn $z \in \mathbb{C}$ eine Nullstelle von p in $\mathbb{C}$ ist, so ist auch die konjugiert komplexe Zahl $\bar{z} \in \mathbb{C}$ eine Nullstelle von p.*

Dieser Sachverhalt lässt sich mit der vorausgegangenen Überlegung sehr leicht nachweisen. Denn wenn

$$p(x) = \sum_{k=0}^{n} a_k x^k$$

ist mit reellen Koeffizienten $a_k \in \mathbb{R}$ für $0 \leq k \leq n$, so gilt für das konjugiert Komplexe $\bar{z}$ der Nullstelle z

$$p(\bar{z}) = \overline{\sum_{k=0}^{n} \overline{a_k} z^k} \overset{a_k \in \mathbb{R}}{=} \overline{\sum_{k=0}^{n} a_k z^k} = \overline{p(z)} = 0.$$

Hierbei beachten wir, dass für die reellen Koeffizienten a_k gilt $\overline{a_k} = a_k$. Im Prinzip brauchen wir also nur grob gesprochen die Hälfte der komplexen Nullstellen eines Polynoms zu ermitteln. Die übrigen Nullstellen ergeben sich dann als deren konjugiert Komplexe. Kommen wir nun zum zentralen Satz dieses Abschnitts.

Satz 1.82 (Fundamentalsatz der Algebra) *Jedes nicht-konstante Polynom aus $\mathbb{C}[z]$ (und damit auch jedes reelle, nicht-konstante Polynom) besitzt eine Nullstelle in $\mathbb{C}$.*

Der Körper $\mathbb{C}$ ist also algebraisch abgeschlossen. Er entsteht aus dem Körper $\mathbb{R}$ durch Adjunktion der imaginären Einheit i. Es gilt $\mathbb{C} = \mathbb{R}(i) = \{a+bi : a,b \in \mathbb{R}\}$. Der Fundamentalsatz der Algebra hat weitreichende Konsequenzen. Wir betrachten nur einige sich direkt hieraus ergebende Folgerungen.

Satz 1.83

(i) *Jedes nicht-konstante Polynom $p \in \mathbb{C}[z]$ n-ten Grades kann vollständig in Linearfaktoren aus $\mathbb{C}[z]$ zerlegt werden. Für p existieren also Nullstellen $z_1, z_2, \ldots, z_m \in \mathbb{C}$ (wobei $m \leq n$) mit zugehörigen Vielfachheiten $v_1, v_2, \ldots, v_m$, sodass*

$$p(z) = \alpha \prod_{k=1}^{m} (z - z_k)^{v_k}, \qquad \sum_{k=1}^{m} v_k = n = \deg p, \qquad (1.37)$$

wobei $\alpha \in \mathbb{C}$ der Leitkoeffizient von p ist.

(ii) *Jedes Polynom $p \in \mathbb{R}[x]$ ungeraden Grades hat eine reelle Nullstelle.*

Der erste Teil dieses Satzes ergibt sich durch sukzessives Abdividieren von Linearfaktoren. Den bereits an früherer Stelle angesprochenen zweiten Teil dieses Satzes können wir uns dadurch klarmachen, dass für $p \in \mathbb{R}[x]$ zunächst eine Nullstelle $z \in \mathbb{C}$ existiert. Da p ein reelles Polynom ist, muss auch das konjugiert Komplexe von z, nämlich $\bar{z}$, eine Nullstelle von p sein. Man kann also sagen, dass für reelle Polynome die Nullstellen in $\mathbb{C}$ Paare konjugiert komplexer Zahlen bilden. Für den Fall, dass p nur einfache Nullstellen besitzt, ist der Beweis trivial, denn dann hat p nach dem ersten Teil des Satzes genau $n = \deg p$ Nullstellen. Da diese Nullstellen Paare konjugiert komplexer Zahlen bilden und n ungerade ist, gibt es eine Nullstelle, die mit ihrem konjugiert Komplexen übereinstimmen muss, um ein konjugiertes Paar mit sich selbst zu bilden. Diese Nullstelle muss also reell sein.

Ein kleiner Induktionsbeweis über den Grad von p liefert uns nun die zu zeigende Aussage für den allgemeinen Fall: Den Induktionsanfang bildet der kleinste ungerade Grad, nämlich $\deg p = 1$. Das Polynom lautet dann

$$p(z) = a_1 x + a_0, \quad a_1, a_2 \in \mathbb{R}, \quad a_1 \neq 0.$$

Dieses Polynom besitzt die reelle Nullstelle $x = -a_0/a_1$. Die Induktionsvoraussetzung besagt, dass es eine ungerade Zahl n gibt, sodass jedes Polynom des Grades n eine reelle Nullstelle hat. Der Induktionsschritt zeigt, dass dann die Behauptung auch für $n+2$, der nächsten ungeraden Zahl nach n, gilt. Zu zeigen ist also, dass jedes reelle Polynom ungeraden Grades $n+2$ eine Nullstelle in $\mathbb{R}$ besitzt. Es sei also $p \in \mathbb{R}$ ein Polynom vom

Grad $n+2$. Aufgrund des Fundamentalsatzes der Algebra besitzt p eine Nullstelle $z \in \mathbb{C}$. Damit ist auch die konjugiert komplexe Zahl $\bar{z}$ eine Nullstelle von p. Wir können also die Linearfaktoren $x-z$ und $x-\bar{z}$ von p abdividieren, also auch das Produkt aus beiden Linearfaktoren

$$l(x) = (x-z)(x-\bar{z}) = x^2 - zx - x\bar{z} + z\bar{z} = x^2 - (z+\bar{z})x + z\bar{z} = x^2 - (2\operatorname{Re}z)x + |z|^2,$$

das ein Polynom mit reellen Koeffizienten darstellt. Das resultierende Teilerpolynom $q(x) = p(x)/l(x)$ ist daher ein reelles Polynom ungeraden Grades n, das nach Induktionsvoraussetzung eine reelle Nullstelle besitzt. □

1.9 Übungsaufgaben

Aufgabe 1.1 Es sei R ein Ring. Zeigen Sie für alle $a,b \in R$

(i) $a * 0 = 0 = 0 * a$,

(ii) $-(-a) = a$,

(iii) $-(a*b) = (-a)*b = a*(-b)$,

(iv) $(-a)*(-b) = -(a*(-b)) = -(-(a*b)) = a*b$.

Aufgabe 1.2 Es sei R ein Ring mit Einselement $1 \neq 0$. Zeigen Sie: Die Einheitengruppe R^* bildet zusammen mit der in R gegebenen Multiplikation eine Gruppe. Wodurch ist es gerechtfertigt, von *dem* inversen Element zu sprechen?

Aufgabe 1.3 Zeigen Sie, dass die Einheitengruppe eines Rings mit Einselement $1 \neq 0$ eine Teilmenge seiner Nichtnullteiler ist.

Aufgabe 1.4 Berechnen Sie alle Werte von $a+b$ und ab für $a,b \in \mathbb{Z}_4$. Bestimmen Sie zudem die Einheitengruppe $\mathbb{Z}_4^*$ dieser Restklassen. Wie lauten jeweils die multiplikativinversen Elemente der Einheiten?

Aufgabe 1.5 Multiplizieren Sie das Polynom

$$(x-1)(x-2)(x-3) \in \mathbb{Z}_5[x]$$

über $\mathbb{Z}_5$ vollständig aus. Lösen Sie die Gleichung

$$x(x+4) = 4x+1$$

innerhalb des Körpers $\mathbb{Z}_5$.

Aufgabe 1.6

a) Zeigen Sie: $|\{i^k : k \in \mathbb{N}\}| = 4$.

b) Wie viele verschiedene komplexe Zahlen ergibt der Term $\exp(\frac{\pi \cdot i}{3} \cdot k)$, für $k \in \mathbb{Z}$?

c) Bringen Sie $z_0 = 1$, $z_1 = 1 + i$, $z_2 = i$, $z_3 = -1 + i$, $z_4 = -1$, $z_5 = -1 - i$, $z_6 = -i$ und $z_7 = \bar{z}_1$ in die Darstellung $z_k = r_k \exp(i \cdot \varphi_k)$ mit $r_k \geq 0$, skizzieren Sie die Lage der z_k in der Gauß'schen Zahlenebene.

d) Zeigen Sie, dass für alle $z = r \exp(i \cdot \varphi)$ mit $r, \varphi \in \mathbb{R}$ gilt: $\bar{z} = r \exp(-i \cdot \varphi)$.

e) Berechnen Sie die 19-te Potenz der komplexen Zahl $z = -i(2 + 2i)$.

Aufgabe 1.7 Ein Zahnrad mit 120 Zähnen werde durch einen Schrittmotor in der Weise angesteuert, dass pro Impuls des Steuersystems das Zahnrad um einen Zahn entgegen dem Uhrzeigersinn gedreht wird (entspricht einem Drehwinkel um $360°/120 = 3°$). Leider funktioniert der Schrittmotor nur in dieser Drehrichtung.

a) Um welchen Winkel ist das Zahnrad in seiner Endstellung im Vergleich zur Ausgangsstellung nach

   (i) 12345 Impulsen,
   (ii) 990 Impulsen,
   (iii) 540 Impulsen,
   (iv) 720000 Impulsen

verdreht?

b) Wie viele Impulse sind mindestens notwendig, um das Zahnrad so zu drehen,

   (i) dass es in der Endstellung um einen Zahn im Uhrzeigersinn weitergedreht ist?
   (ii) dass es in der Endstellung um 90° im Uhrzeigersinn weitergedreht ist?

c) Das Zahnrad soll direkt den Sekundenzeiger einer Uhr ansteuern. Wie viele Impulse sind mindestens in einer Sekunde von der Steuerung und der Mechanik zu verarbeiten?

Aufgabe 1.8 Zeigen Sie, dass die Menge aller Nullfolgen $M_0 := \{(a_n)_n : \lim a_n = 0\}$ bezüglich der gliedweisen Addition $(a_n)_n + (b_n)_n := (a_n + b_n)_n$ und der gliedweisen skalaren Multiplikation $\alpha(a_n)_n := (\alpha a_n)_n$, $\alpha \in \mathbb{R}$ einen Vektorraum über $\mathbb{R}$ bildet, die Menge $M_1 := \{(a_n)_n : \lim a_n = 1\}$ aller reellen Folgen, die gegen den Wert 1 konvergieren, aber keinen $\mathbb{R}$-Vektorraum darstellt. Stellt M_1 einen $\mathbb{R}$-Vektorraum dar, wenn man die gliedweise Addition in M_1 durch die gliedweise Multiplikation in M_1 ersetzt?

Aufgabe 1.9 Es sei V ein Vektorraum über dem Körper K. Zeigen Sie allein durch Verwendung der Vektorraumaxiome, dass für jeden Vektor $\mathbf{x} \in V$ und jeden Skalar $\lambda \in K$ die folgenden Regeln gelten:

   (i) $(-\lambda) \cdot \mathbf{x} = \lambda \cdot (-\mathbf{x}) = -(\lambda \mathbf{x})$.
   (ii) Gilt $\lambda \mathbf{x} = \mathbf{0}$, so ist $\lambda = 0$ oder $\mathbf{x} = \mathbf{0}$.
   (iii) $0 \cdot \mathbf{x} = \mathbf{0} = \lambda \cdot \mathbf{0}$.

Aufgabe 1.10 Zeigen Sie, dass die Menge $C^0(\mathbb{R})$ der stetigen Funktion $\mathbb{R} \to \mathbb{R}$ bezüglich der punktweisen Addition,

$$(f + g)(x) := f(x) + g(x),$$

und der punktweisen skalaren Multiplikation,

$$(\lambda \cdot f)(x) := \lambda \cdot f(x),$$

für alle $f, g \in C^0(\mathbb{R})$ und $\lambda \in \mathbb{R}$, einen $\mathbb{R}$-Vektorraum bildet.

Aufgabe 1.11 Inwiefern stellt die Menge aller Polynome $\mathbb{K}[x]$ in der Variablen x und Koeffizienten aus $\mathbb{K}$ einen $\mathbb{K}$-Vektorraum dar?

Aufgabe 1.12 Zeigen Sie: Ist R ein Integritätsring, dann ist der Polynomring $R[x]$ ebenfalls ein Integritätsring.

Aufgabe 1.13 Zeigen Sie, dass das Polynom $f = x^2 + x + 1 \in \mathbb{Z}_2[x]$ innerhalb $\mathbb{Z}_2[x]$ irreduzibel ist.

Aufgabe 1.14 Es seien $(R_1, +_1, *_1)$ und $(R_2, +_2, *_2)$ zwei Ringe. Das kartesische Produkt $R_1 \times R_2$ ist hinsichtlich der komponentenweisen Addition und Multiplikation

$$(a_1, a_2) + (b_1, b_2) := (a_1 +_1 b_1, a_2 +_2 b_2), \qquad (a_1, a_2) \cdot (b_1, b_2) := (a_1 *_1 b_1, a_2 *_2 b_2)$$

für $(a_1, a_2), (b_1, b_2) \in R_1 \times R_2$ ebenfalls ein Ring, dessen Nullelement $(0_1, 0_2)$ sich aus den Nullelementen 0_1 von R_1 und 0_2 von R_2 zusammensetzt. Wir bezeichnen diesen Ring als direktes Produkt aus R_1 und R_2. Warum kann $R_1 \times R_2$ kein Integritätsring sein, selbst wenn R_1 und R_2 Integritätsringe sind?

Aufgabe 1.15 (Direktes Produkt von Vektorräumen) Es seien V und W zwei $\mathbb{K}$-Vektorräume. Zeigen Sie, dass das kartesische Produkt $V \times W$ bezüglich der komponentenweisen Addition und skalaren Multiplikation

$$(\mathbf{v}_1, \mathbf{w}_1) + (\mathbf{v}_2, \mathbf{w}_2) := (\mathbf{v}_1 + \mathbf{v}_2, \mathbf{w}_1 + \mathbf{w}_2)$$
$$\lambda(\mathbf{v}, \mathbf{w}) := (\lambda \mathbf{v}, \lambda \mathbf{w})$$

für $(\mathbf{v}, \mathbf{w}), (\mathbf{v}_1, \mathbf{w}_1), (\mathbf{v}_2, \mathbf{w}_2) \in V \times W$ und $\lambda \in \mathbb{K}$ einen $\mathbb{K}$-Vektorraum bildet. Dieser Vektorraum wird als direktes Produkt von V und W oder auch als äußere direkte Summe $V \oplus W$ von V und W bezeichnet.

Aufgabe 1.16 Zeigen Sie, dass jeder endliche Integritätsring R ein Körper ist. Zeigen Sie dabei, dass jedes Element $a \neq 0$ ein multiplikativ inverses Element $b \in R$ besitzt, für das also $a * b = 1$ gilt. Betrachten Sie hierzu die Abbildung $f_a : R \to R$ definiert durch $f_a(x) = a * x$ und zeigen Sie deren Injektivität anhand der Nullteilerfreiheit und deren Surjektivität anhand von Satz 1.29.

Mit dem Erwerb dieses Buches können Sie kostenlos unsere Flashcard-App „SN Flash-cards" mit Fragen zur Wissensüberprüfung und zum Lernen von Buchinhalten nutzen. Für die Nutzung folgen Sie bitte den folgenden Anweisungen:

1. Gehen Sie auf https://flashcards.springernature.com/login
2. Erstellen Sie ein Benutzerkonto, indem Sie Ihre Mailadresse angeben und ein Passwort vergeben.
3. Verwenden Sie den folgenden Link, um Zugang zu Ihrem SN Flashcards Set zu erhalten: https://sn.pub/z2ASVh

Sollte der Link fehlen oder nicht funktionieren, senden Sie uns bitte eine E-Mail mit dem Betreff „SN Flashcards" und dem Buchtitel an customerservice@springernature.com.

Kapitel 2
Lineare Gleichungssysteme, Matrizen und Determinanten

Einen klassischen Einstieg in die lineare Algebra bietet die Behandlung linearer Gleichungssysteme. Wir beschäftigen uns dabei zunächst mit einer Lösungsmethode, dem Gauß'schen Verfahren, und der Lösbarkeitstheorie. Mit der Einführung des Matrixbegriffs gelingt uns eine effiziente Formalisierung der behandelten Sachverhalte.

2.1 Lösung linearer Gleichungssysteme

Zur Einführung in die Lösungstheorie linearer Gleichungssysteme betrachten wir einige Beispiele, die für typische Situationen hinsichtlich der Ausprägung der Lösungsmengen stehen.

Beispiel 1: Wir untersuchen zunächst ein lineares Gleichungssystem bestehend aus zwei Unbekannten x_1, x_2 und zwei Gleichungen:

$$2x_1 + x_2 = 4 \quad \wedge \quad 4x_1 + 3x_2 = 2.$$

Gesucht sind $x_1, x_2 \in \mathbb{R}$, mit denen beide Gleichungen gelten. In einer alternativen Notation werden nun diese beiden Gleichungen übereinander geschrieben. Dabei deutet ein Paar aus geschweiften Klammern an, dass beide Gleichungen erfüllt werden müssen:

$$\left\{ \begin{array}{l} 2x_1 + x_2 = 4 \\ 4x_1 + 3x_2 = 2 \end{array} \right\}.$$

Es gibt nun mehrere Möglichkeiten, dieses Gleichungssystem zu lösen. So könnten wir beispielsweise die zweite Gleichung nach x_2 auflösen und diese, von x_1 abhängige Lösung für die Variable x_2 in die erste Gleichung einsetzen. Alternativ bietet sich das Additionsverfahren an, indem wir versuchen, Variablen in den einzelnen Gleichungen durch geschicktes Addieren der jeweils anderen Gleichung zu eliminieren. So führt die Addition des -2-Fachen der ersten Gleichung zur zweiten Gleichung, also das zweifache Subtrahieren der ersten Gleichung von der zweiten Gleichung, mit anschließender Subtraktion der zweiten Gleichung von der ersten zu folgenden äquivalenten Umformungen:

$$\begin{cases} 2x_1 + x_2 = 4 \\ 4x_1 + 3x_2 = 2 \end{cases} \cdot(-2) \iff \begin{cases} 2x_1 + x_2 = 4 \\ x_2 = -6 \end{cases} \cdot(-1) \iff \begin{cases} 2x_1 = 10 \\ x_2 = -6 \end{cases}.$$

Wenn wir nun die erste Gleichung noch durch 2 dividieren, erhalten wir direkt die Lösung:

$$\begin{cases} x_1 = 5 \\ x_2 = -6 \end{cases}.$$

Beispiel 2: Wir betrachten nun ein weiteres lineares Gleichungssystem bestehend aus zwei Unbekannten x_1, x_2 und zwei Gleichungen:

$$\begin{cases} 2x_1 + x_2 = 4 \\ 4x_1 + 2x_2 = 8 \end{cases}.$$

In ähnlicher Weise wie im Beispiel zuvor machen wir uns das Additionsverfahren zunutze, um das Gleichungssystem zu vereinfachen. Auch hier führt die Addition des -2-Fachen der ersten Zeile zur zweiten Zeile dazu, dass die Variable x_1 aus der zweiten Gleichung eliminiert wird. Allerdings wird im Gegensatz zum ersten Beispiel hiermit auch die Variable x_2 aus der zweiten Zeile entfernt:

$$\begin{cases} 2x_1 + x_2 = 4 \\ 4x_1 + 2x_2 = 8 \end{cases} \cdot(-2) \iff \begin{cases} 2x_1 + x_2 = 4 \\ 0 = 0 \end{cases}.$$

Damit liegt im Endeffekt nur noch eine Bestimmungsgleichung mit zwei Variablen vor:

$$2x_1 + x_2 = 4 \iff x_1 = 2 - \frac{1}{2}x_2.$$

Die Variable x_2 kann hier also frei vorgegeben werden, da es keine zweite Bestimmungsgleichung gibt. Es ergibt sich dann über die letzte Gleichung der entsprechende Wert für die Variable x_1, wenn zuvor $x_2 \in \mathbb{R}$ frei gewählt wurde. Wir erhalten damit unendlich viele Lösungskombinationen für die Variablen x_1 und x_2, also eine Lösungsmenge mit unendlich vielen Elementen. Wie sehen diese Elemente aus? Da es sich bei x_1 und x_2 um zwei gesuchte Variablen handelt, können wir die Kombination aus ihnen als Element aus dem Vektorraum $\mathbb{R}^2 = \mathbb{R} \times \mathbb{R}$ auffassen. Dieser Vektorraum stellt die Menge aller Paare (x_1, x_2) reeller Zahlen dar. Die Lösungsmenge ist damit eine Teilmenge dieses Vektorraums. Es handelt sich dabei um die Menge

$$\left\{ \mathbf{x} = \begin{pmatrix} x_1 \\ x_2 \end{pmatrix} : x_1 = 2 - \frac{1}{2}x_2, x_2 \in \mathbb{R} \right\} = \left\{ \begin{pmatrix} 2 - \frac{1}{2}x_2 \\ x_2 \end{pmatrix} : x_2 \in \mathbb{R} \right\} \subset \mathbb{R}^2.$$

Wird beispielsweise $x_2 = 0$ vorgegeben, dann ergibt sich für die erste Variable $x_1 = 2 - 1/2 \cdot 0 = 2$ bzw. der Lösungsvektor $\begin{pmatrix} 2 \\ 0 \end{pmatrix}$. Wählen wir dagegen $x_2 = 6$, so ergibt sich mit $\begin{pmatrix} -1 \\ 6 \end{pmatrix}$ ein anderer Lösungsvektor. Mit $x_2 \in \mathbb{R}$ können wir auf diese Weise unendlich viele Lösungsvektoren generieren.

Beispiel 3: Wir betrachten schließlich ein weiteres lineares Gleichungssystem bestehend aus zwei Unbekannten x_1, x_2 und zwei Gleichungen, bei dem im Vergleich zum vorausgegangenen Beispiel die rechte Seite der zweiten Gleichung modifiziert ist:

$$\left\{ \begin{array}{l} 2x_1 + x_2 = 4 \\ 4x_1 + 2x_2 = 2 \end{array} \right\}.$$

Die Addition des -2-Fachen der ersten Zeile zur zweiten Zeile führt hier, wie im Beispiel zuvor, zur völligen Elimination der beiden Variablen aus der zweiten Gleichung. Die rechte Seite verschwindet hier allerdings nicht:

$$\left. \begin{array}{l} 2x_1 + x_2 = 4 \\ 4x_1 + 2x_2 = 2 \end{array} \right\} \begin{array}{l} \cdot(-2) \\ \hookleftarrow \end{array} \iff \left\{ \begin{array}{l} 2x_1 + x_2 = 4 \\ 0 = -6 \end{array} \right\}.$$

Für keine Wertekombination von x_1 und x_2 kann die zweite Gleichung $0 = -6$ erfüllt werden. Die resultierende Gleichung stellt also eine Kontradiktion dar, also eine Aussage-form, die stets falsch ist. Die Lösungsmenge ist in diesem Fall leer – es gibt keinen Vektor $\mathbf{x} \in \mathbb{R}^2$, der dieses lineare Gleichungssystem löst. Eine ähnliche Situation kann auftreten, wenn mehr Gleichungen als Unbekannte vorhanden sind.

Beispiel 4: Wir betrachten ein lineares Gleichungssystem mit zwei Unbekannten x_1, x_2 und drei Gleichungen.

$$\left. \begin{array}{l} 2x_1 + x_2 = 4 \\ 4x_1 + 3x_2 = 2 \\ 6x_1 + 4x_2 = -7 \end{array} \right\} \begin{array}{l} \cdot(-2) \cdot(-3) \\ \hookleftarrow \downarrow \\ \hookleftarrow \end{array} \iff \left\{ \begin{array}{l} 2x_1 + x_2 = 4 \\ x_2 = -6 \\ x_2 = -19 \end{array} \right\}.$$

Es ergibt sich ein Widerspruch: $x_2 = -6$ und $x_2 = -19$. Auch hier existiert kein Lösungs-vektor.

Wir können also festhalten, dass es für ein lineares Gleichungssystem offenbar

  (i) keine Lösung,
 (ii) genau eine Lösung, d. h. einen Lösungsvektor $\mathbf{x}$,
(iii) mehrere Lösungen, d. h. mehrere unterschiedliche Lösungsvektoren

geben kann. Wir werden später feststellen, dass es im Fall unendlicher Körper, wie $\mathbb{Q}$, $\mathbb{R}$ oder $\mathbb{C}$, in der Situation mehrdeutiger Lösungen stets bereits unendlich viele Lösungen gibt und es niemals eine Lösungsmenge geben kann, die sich auf eine endliche Anzahl von Vektoren beschränkt mit mehr als einem Lösungsvektor. Bei linearen Gleichungssys-temen über endlichen Körpern führt dagegen eine mehrdeutige Lösungssituation zu einer endlichen Anzahl von Lösungsvektoren.

Beispiel 5: Um das in den vorangegangenen Beispielen skizzierte Verfahren etwas de-taillierter zu studieren, betrachten wir abschließend ein lineares Gleichungssystem beste-hend aus drei Unbekannten x_1, x_2, x_3 und drei Gleichungen:

$$\left\{ \begin{array}{l} 2x_1 + 3x_2 + x_3 = 13 \\ 2x_1 + 4x_2 = 14 \\ x_1 + 2x_2 + x_3 = 9 \end{array} \right\}.$$

Wir vertauschen nun die Zeilen, indem wir die letzte Gleichung nach ganz oben setzen, was keinen Einfluss auf die Lösung des Gleichungssystems hat. Mit dieser Gleichung können wir dann die Variablen x_1 und x_2 in den anderen Gleichungen eliminieren. Der eigentliche Sinn dieser Vertauschung liegt darin, zu versuchen, das Eliminationsverfahren so weit wie möglich zu standardisieren. Nach der Vertauschung erhalten wir zunächst

$$\left\{\begin{array}{rl} x_1 + 2x_2 + x_3 &= 9 \\ 2x_1 + 3x_2 + x_3 &= 13 \\ 2x_1 + 4x_2 &= 14 \end{array}\right\}.$$

Subtrahiert man das Doppelte der ersten Zeile von der zweiten und dritten Zeile, so führt dies zur Elimination der Variablen x_1 aus beiden Gleichungen. Es ergeben sich dann die folgenden Umformungen:

$$\left\{\begin{array}{rl} x_1 + 2x_2 + x_3 &= 9 \\ 2x_1 + 3x_2 + x_3 &= 13 \\ 2x_1 + 4x_2 &= 14 \end{array}\right\} \begin{array}{l}\cdot(-2)\ \cdot(-2)\end{array} \iff \left\{\begin{array}{rl} x_1 + 2x_2 + x_3 &= 9 \\ - x_2 - x_3 &= -5 \\ - 2x_3 &= -4 \end{array}\right\} \cdot(-\tfrac{1}{2})$$

$$\iff \left\{\begin{array}{rl} x_1 + 2x_2 + x_3 &= 9 \\ - x_2 - x_3 &= -5 \\ x_3 &= 2 \end{array}\right\} \begin{array}{l}\cdot 1\ \cdot(-1)\end{array}$$

$$\iff \left\{\begin{array}{rl} x_1 + 2x_2 &= 7 \\ - x_2 &= -3 \\ x_3 &= 2 \end{array}\right\} \cdot 2$$

$$\iff \left\{\begin{array}{rl} x_1 &= 1 \\ - x_2 &= -3 \\ x_3 &= 2 \end{array}\right\} \cdot(-1)$$

$$\iff \left\{\begin{array}{rl} x_1 &= 1 \\ x_2 &= 3 \\ x_3 &= 2 \end{array}\right\}.$$

Die eindeutige Lösung lautet also $x_1 = 1$, $x_2 = 3$ sowie $x_3 = 2$ oder in der von nun an konsequent verwendeten vektoriellen Darstellung:

$$\mathbf{x} = \begin{pmatrix} 1 \\ 3 \\ 2 \end{pmatrix} \in \mathbb{R}^3.$$

Wir formalisieren nun unsere bisherigen Überlegungen. Dazu ist es zweckmäßig, zunächst nicht nur von Gleichungen mit reellen Zahlen und reellen Lösungen auszugehen, sondern Gleichungen mit Elementen eines Körpers. Damit wir dies nicht bei jeder Definition und jedem Satz explizit betonen müssen, legen wir nun fest, dass mit dem Symbol $\mathbb{K}$ künftig ein Körper (beispielsweise $\mathbb{K} = \mathbb{Q}, \mathbb{R}, \mathbb{C}, \mathbb{Z}_7$ etc.) bezeichnet werde.

Definition 2.1 (Lineares Gleichungssystem) *Es seien $m,n \in \mathbb{N}$ und $m,n \neq 0$ sowie $\mathbb{K}$ ein Körper. Ein System aus m Gleichungen und n Unbekannten $x_1, x_2, \ldots, x_n$ der Gestalt*

$$\left\{\begin{array}{l} a_{11}x_1 + a_{12}x_2 + \cdots + a_{1n}x_n = b_1 \\ a_{21}x_1 + a_{22}x_2 + \cdots + a_{2n}x_n = b_2 \\ \vdots \qquad\qquad \vdots \qquad\qquad \vdots \quad\; \vdots \\ a_{m1}x_1 + a_{m2}x_2 + \cdots + a_{mn}x_n = b_m \end{array}\right\} \tag{2.1}$$

mit Koeffizienten $a_{ij} \in \mathbb{K}$ für $1 \le i \le m$ (Zeilenindex) und $1 \le j \le n$ (Spaltenindex) sowie $b_1, b_2, \ldots b_m \in \mathbb{K}$ heißt (inhomogenes) lineares Gleichungssystem (LGS). Falls die rechte Seite nur aus Nullen besteht, also $b_1, b_2, \ldots, b_m = 0$ gilt, spricht man von einem homogenen[1] linearen Gleichungssystem. Ein Vektor

$$\mathbf{x} = \begin{pmatrix} x_1 \\ x_2 \\ \vdots \\ x_n \end{pmatrix} \in \mathbb{K}^n \tag{2.2}$$

mit Lösungen $x_j \in \mathbb{K}$ heißt Lösungsvektor oder einfach Lösung von (2.1).

Wir haben bereits exemplarisch gesehen, dass ein lineares Gleichungssystem keine, genau eine oder unendlich viele Lösungen besitzen kann. Noch nicht beantwortet ist aber die Frage, ob es auch eine endliche Anzahl von Lösungen mit mehr als einem Lösungsvektor geben kann. Für einen endlichen Körper ist dies in der Tat der Fall, da die Anzahl der Vektoren des Vektorraums $\mathbb{K}^n$ bei einem endlichen Körper ebenfalls endlich ist, denn es gilt $|\mathbb{K}^n| = |\mathbb{K}|^n$. Wir betrachten als Beispiel ein lineares Gleichungssystem mit vier Variablen und drei Gleichungen über dem Körper $\mathbb{K} = \mathbb{Z}_2$:

$$\left\{\begin{array}{l} x_1 + x_2 + x_3 + x_4 = 1 \\ x_1 + x_3 = 0 \\ x_2 + x_4 = 1 \end{array}\right\}.$$

Um dieses System zu vereinfachen, eliminieren wir ebenfalls, wie in den Beispielen zuvor, gezielt Variablen in den einzelnen Gleichungen. Dabei ist zu beachten, dass wir im Körper $\mathbb{Z}_2$ rechnen. Hier gilt also $1 + 1 = 0$, was die Rechnung sehr leicht macht:

$$\left\{\begin{array}{l} x_1 + x_2 + x_3 + x_4 = 1 \\ x_1 + x_3 = 0 \\ x_2 + x_4 = 1 \end{array}\right\} \begin{array}{l} + \\ \hookleftarrow \end{array}$$

$$\iff \left\{\begin{array}{l} x_1 + x_2 + x_3 + x_4 = 1 \\ x_2 + x_4 = 1 \\ x_2 + x_4 = 1 \end{array}\right\} \begin{array}{l} \\ + \\ \hookleftarrow \end{array}$$

$$\iff \left\{\begin{array}{l} x_1 + x_2 + x_3 + x_4 = 1 \\ x_2 + x_4 = 1 \\ 0 = 0 \end{array}\right\} \begin{array}{l} \\ \hookleftarrow \\ + \end{array}$$

---

[1] Das Adjektiv „inhomogen" wird in der Regel weggelassen. In diesem Sinne ist ein inhomogenes lineares Gleichungssystem kein nicht-homogenes lineares Gleichungssystem, sondern einfach nur ein beliebiges lineares Gleichungssystem.

$$\Longleftrightarrow \left\{ \begin{array}{rcl} x_1 + & x_3 & = 0 \\ x_2 + & x_4 & = 1 \\ & 0 & = 0 \end{array} \right\} \begin{array}{l} +x_3 \\ +x_4 \\ \end{array}$$

$$\Longleftrightarrow \left\{ \begin{array}{rcl} x_1 & = & x_3 \\ x_2 & = & 1+x_4 \\ x_3, x_4 & \in & \mathbb{Z}_2 \end{array} \right\}.$$

Die Lösungsmenge lautet daher

$$L = \left\{ \mathbf{x} = \begin{pmatrix} x_3 \\ 1+x_4 \\ x_3 \\ x_4 \end{pmatrix} : x_3, x_4 \in \mathbb{Z}_2 \right\} \subset \mathbb{Z}_2^4$$

und besteht aus genau vier Vektoren:

$$L = \left\{ \begin{pmatrix} 0 \\ 1 \\ 0 \\ 0 \end{pmatrix}, \begin{pmatrix} 0 \\ 0 \\ 0 \\ 1 \end{pmatrix}, \begin{pmatrix} 1 \\ 1 \\ 1 \\ 0 \end{pmatrix}, \begin{pmatrix} 1 \\ 0 \\ 1 \\ 1 \end{pmatrix} \right\}.$$

Wie sieht aber dagegen dieser Sachverhalt bei Körpern mit unendlicher Anzahl von Elementen wie $\mathbb{K} = \mathbb{Q}, \mathbb{R}, \mathbb{C}$ aus? Es sei also $\mathbb{K}$ ein derartiger Körper. Gehen wir einmal davon aus, uns liege ein lineares Gleichungssystem der Art (2.1) mit $a_{ij} \in \mathbb{K}$ vor. Es seien $\mathbf{x}, \mathbf{y} \in \mathbb{K}^n$ zwei verschiedene Lösungen. Wir betrachten nun für ein beliebiges $\lambda \in \mathbb{K}$ den Vektor

$$\mathbf{z} := \mathbf{x} + \lambda(\mathbf{x} - \mathbf{y}) = (1+\lambda)\mathbf{x} - \lambda\mathbf{y} \in \mathbb{K}^n.$$

Da $\mathbf{x}, \mathbf{y}$ verschieden sind, gibt es eine Komponente $j \in \{1, \dots, n\}$ mit $x_j \neq y_j$, sodass $x_j - y_j \neq 0$ gilt. Wir können nun für jedes einzelne von unendlich vielen $q \in \mathbb{K}$ einen Vektor der Form von $\mathbf{z}$ erzeugen mit $z_j = q$. Dazu wählen wir $\lambda = \frac{q-x_j}{x_j-y_j}$. Auf diese Weise können wir unendlich viele Vektoren der Form von $\mathbf{z}$ generieren.

Wir setzen nun die Komponenten von $\mathbf{z}$, also $z_k = (1+\lambda)x_k - \lambda y_k$, $k = 1, \dots, n$, in das lineare Gleichungssystem (2.1) ein und erhalten

$$\left\{ \begin{array}{l} a_{11}z_1 + \cdots + a_{1n}z_n = (1+\lambda)(a_{11}x_1 + \cdots + a_{1n}x_n) - \lambda(a_{11}y_1 + \cdots + a_{1n}y_n) = (1+\lambda)b_1 - \lambda b_1 \quad = b_1 \\ a_{21}z_1 + \cdots + a_{2n}z_n = (1+\lambda)(a_{21}x_1 + \cdots + a_{2n}x_n) - \lambda(a_{21}y_1 + \cdots + a_{2n}y_n) = (1+\lambda)b_2 - \lambda b_2 \quad = b_2 \\ \hspace{11cm} \vdots \\ a_{m1}z_1 + \cdots + a_{mn}z_n = (1+\lambda)(a_{m1}x_1 + \cdots + a_{mn}x_n) - \lambda(a_{m1}y_1 + \cdots + a_{mn}y_n) = (1+\lambda)b_m - \lambda b_m = b_m \end{array} \right\}.$$

Somit ist auch der Vektor $\mathbf{z}$ Lösung dieses linearen Gleichungssystems. Falls es zwei verschiedene Lösungen gibt, so gibt es bereits unendlich viele Lösungen. Fassen wir also zusammen:

Satz 2.2 (Charakterisierung der Lösungsmengen linearer Gleichungssysteme über $\mathbb{Q}, \mathbb{R}$ **oder** $\mathbb{C}$**)** *Ein lineares Gleichungssystem der Art (2.1) über* $\mathbb{Q}, \mathbb{R}$ *oder* $\mathbb{C}$ *besitzt entweder*

(i) keine Lösung,
(ii) genau eine Lösung oder
(iii) unendlich viele Lösungen.

Das bereits exemplarisch skizzierte Lösungsverfahren der Variablenelimination werden wir in Abschn. 2.2 weiter schematisieren. Zunächst stellen wir fest:

Satz 2.3 *Ein homogenes lineares Gleichungssystem*

$$\left.\begin{cases} a_{11}x_1 + a_{12}x_2 + \cdots + a_{1n}x_n = 0 \\ a_{21}x_1 + a_{22}x_2 + \cdots + a_{2n}x_n = 0 \\ \vdots \qquad \vdots \qquad\qquad \vdots \quad \vdots \\ a_{m1}x_1 + a_{m2}x_2 + \cdots + a_{mn}x_n = 0 \end{cases}\right\} \tag{2.3}$$

besitzt mindestens eine Lösung:

$$\mathbf{x} = \begin{pmatrix} x_1 \\ x_2 \\ \vdots \\ x_n \end{pmatrix} = \begin{pmatrix} 0 \\ 0 \\ \vdots \\ 0 \end{pmatrix} = \mathbf{0}.$$

Der Nullvektor $\mathbf{0} \in \mathbb{K}^n$ löst also jedes homogene lineare Gleichungssystem mit n Unbekannten. Man spricht in diesem Fall von der sogenannten „trivialen" Lösung.

Hat also ein lineares Gleichungssystem der Art (2.1) keine Lösung, so kann es nicht homogen sein. In diesem Fall gibt es also ein $k \in \{1, 2, \ldots, m\}$ mit $b_k \neq 0$.

2.2 Matrix-Vektor-Notation

Definition 2.4 (Matrixschreibweise) *Ein lineares Gleichungssystem der Gestalt (2.1) lautet in der Matrix-Vektor-Notation*

$$\begin{pmatrix} a_{11} & a_{12} & \cdots & a_{1n} \\ a_{21} & a_{22} & \cdots & a_{2n} \\ \vdots & & & \vdots \\ a_{m1} & a_{m2} & \cdots & a_{mn} \end{pmatrix} \begin{pmatrix} x_1 \\ x_2 \\ \vdots \\ x_n \end{pmatrix} = \begin{pmatrix} b_1 \\ b_2 \\ \vdots \\ b_m \end{pmatrix}. \tag{2.4}$$

Dabei heißt das Objekt

$$A = \begin{pmatrix} a_{11} & a_{12} & \cdots & a_{1n} \\ a_{21} & a_{22} & \cdots & a_{2n} \\ \vdots & & & \vdots \\ a_{m1} & a_{m2} & \cdots & a_{mn} \end{pmatrix} =: (a_{ij})_{\substack{1 \leq i \leq m \\ 1 \leq j \leq n}}, \quad mit \quad a_{ij} \in \mathbb{K} \tag{2.5}$$

(Koeffizienten-)Matrix oder $m \times n$-Matrix (sprich: „m kreuz n Matrix"). Zudem bilden die n Unbekannten $x_1, \ldots, x_n$ und die m Skalare $b_1, \ldots, b_m$ auf der rechten Seite als Spalte geschriebene Vektoren

$$\mathbf{x} = \begin{pmatrix} x_1 \\ \vdots \\ x_n \end{pmatrix} \in \mathbb{K}^n, \qquad \mathbf{b} = \begin{pmatrix} b_1 \\ \vdots \\ b_m \end{pmatrix} \in \mathbb{K}^m. \tag{2.6}$$

Die Menge aller $m \times n$-Matrizen[2] mit Koeffizienten aus $\mathbb{K}$ wird in der Literatur unterschiedlich bezeichnet, beispielsweise mit $\mathrm{M}(m \times n, \mathbb{K})$ oder $\mathbb{K}^{m \times n}$. Hat eine Matrix $A \in \mathrm{M}(m \times n, \mathbb{K})$ genauso viele Zeilen wie Spalten, gilt also $m = n$, wird A als quadratische Matrix bezeichnet. Die Menge aller quadratischen Matrizen bestehend aus n Zeilen und Spalten und Koeffizienten aus $\mathbb{K}$ wird speziell mit $\mathrm{M}(n, \mathbb{K})$ bezeichnet. Das lineare Gleichungssystem (2.1) lautet mit diesen Bezeichnungen in Kurzform

$$A\mathbf{x} = \mathbf{b}. \tag{2.7}$$

Wir werden später sehen, dass der Term $A\mathbf{x}$ als Produkt aus der Matrix A und dem Vektor $\mathbf{x}$ interpretiert werden kann. Das Ergebnis dieses sogenannten Matrix-Vektor-Produkts ist dann der Vektor $\mathbf{b}$. Ist von einer $m \times n$-Matrix die Rede, so bezeichnet die links vor dem $\times$ stehende Zahl immer die Zeilenzahl und die rechts davon stehende Zahl die Spaltenzahl. Die Koeffizienten a_{ij} werden in der Regel ohne trennendes Komma mit einem Indexpaar ij so durchnummeriert, dass der erste Index (i) die Zeilennummer und der Folgeindex (j) die Spaltennummer des Eintrags a_{ij} trägt. Es gilt also sowohl bei der Formatangabe ($m \times n$) also auch bei der Indizierung die Merkregel „<u>Z</u>eilen <u>z</u>uerst, <u>S</u>palten <u>s</u>päter".

Zur Lösung des linearen Gleichungssystems bieten sich nun elementare Zeilenumformungen an, die die Lösungsmenge nicht ändern, jedoch die Matrix mit dem Ziel modifizieren, Einträge durch Nullen zu ersetzen. Hierzu definieren wir:

Definition 2.5 (Elementare Zeilenumformungen) *Gegeben sei ein lineares Gleichungssystem der Gestalt (2.1) bzw. in Matrix-Vektor-Notation $A\mathbf{x} = \mathbf{b}$, mit $A \in \mathrm{M}(m \times n, \mathbb{K})$ und $\mathbf{b} \in \mathbb{K}^m$, im Detail*

$$\begin{pmatrix} a_{11} & a_{12} & \cdots & a_{1n} \\ a_{21} & a_{22} & \cdots & a_{2n} \\ \vdots & & & \vdots \\ a_{m1} & a_{m2} & \cdots & a_{mn} \end{pmatrix} \begin{pmatrix} x_1 \\ x_2 \\ \vdots \\ x_n \end{pmatrix} = \begin{pmatrix} b_1 \\ b_2 \\ \vdots \\ b_m \end{pmatrix}. \tag{2.8}$$

Die Nettodaten des linearen Gleichungssystems können noch kürzer in einem Tableau (Tableau-Matrix) notiert werden:

$$\left[\begin{array}{cccc|c} a_{11} & a_{12} & \cdots & a_{1n} & b_1 \\ a_{21} & a_{22} & \cdots & a_{2n} & b_2 \\ \vdots & & & \vdots & \vdots \\ a_{m1} & a_{m2} & \cdots & a_{mn} & b_m \end{array} \right]. \tag{2.9}$$

---

[2] „Matrizen" (engl. matrices) ist der Plural von „Matrix".

Oftmals wird bei Matrizen auch die Schreibweise mit eckigen statt mit runden Klammern verwendet. Eckige Klammern sind etwas platzsparender und bieten sich insbesondere bei größeren Matrizen an. Innerhalb dieses Buches werden für Tableau-Matrizen eckige Klammern verwendet, Matrizen ansonsten aber mit runden Klammern notiert. Die Tableau-Schreibweise erleichtert das in den Beispielen zuvor skizzierte Verfahren der äquivalenten Gleichungsumformungen. Diese Umformungen dienen zur Vereinfachung des zugrunde gelegten linearen Gleichungssystems möglichst so weit, dass die Lösungsmenge aus dem Tableau ablesbar ist. Diesen Gleichungsumformungen entsprechen dann Zeilenumformungen im Tableau der folgenden drei Typen:

Typ I: *Addition des Vielfachen einer Zeile (bzw. Gleichung) zu einer anderen Zeile (bzw. Gleichung),*

Typ II: *Vertauschung zweier Zeilen (bzw. Gleichungen),*

Typ III: *Multiplikation einer Zeile (bzw. Gleichung) mit einem Skalar $\neq 0$.*

Mithilfe dieser Umformungen ist es möglich, aus dem linearen Gleichungssystem Variablen zu eliminieren, was dann einem Erzeugen von Nullen im jeweiligen Tableau entspricht. Wir bezeichnen diese Umformungstypen als *elementare Zeilenumformungen* und das entsprechende Verfahren zur Elimination der Variablen als Gauß'sches Eliminationsverfahren oder kurz Gauß-Algorithmus. Zur Illustration des Gauß-Algorithmus betrachten wir ein weiteres Mal das bereits zuvor diskutierte Beispiel 5 eines linearen Gleichungssystems mit drei Gleichungen und drei Unbekannten:

$$\left\{ \begin{array}{rcr} 2x_1 + 3x_2 + x_3 &=& 13 \\ 2x_1 + 4x_2 &=& 14 \\ x_1 + 2x_2 + x_3 &=& 9 \end{array} \right\}.$$

Dieses lineare Gleichungssystem lautet in der Matrix-Vektor-Schreibweise

$$\begin{pmatrix} 2 & 3 & 1 \\ 2 & 4 & 0 \\ 1 & 2 & 1 \end{pmatrix} \begin{pmatrix} x_1 \\ x_2 \\ x_3 \end{pmatrix} = \begin{pmatrix} 13 \\ 14 \\ 9 \end{pmatrix}$$

bzw. in der Tableau-Schreibweise

$$\left[\begin{array}{ccc|c} 2 & 3 & 1 & 13 \\ 2 & 4 & 0 & 14 \\ 1 & 2 & 1 & 9 \end{array} \right].$$

Wir lösen nun dieses lineare Gleichungssystem mithilfe des Gauß'schen Eliminationsverfahrens. Ziel ist ein Tableau, das uns ein einfaches Ablesen der Lösung ermöglicht. Dabei eliminieren wir in jeder Zeile genau zwei Zahlen. Die übrigbleibende Zahl entspricht dann dem Vorfaktor einer Variablen. Es verbleibt dann schließlich in jeder Zeile (bzw. Gleichung) genau eine Zahl (bzw. Variable). Hierzu verwenden wir exakt die Umformungen, die wir zuvor in Beispiel 5 verwendet hatten. Wir beginnen dabei mit Zeilenvertauschungen, indem wir die dritte Zeile nach oben schieben. Diese Umformung entspricht dabei zwei Zeilenumformungen des Typs II (Vertauschung der Zeilen 1 und 3 mit anschließender Vertauschung der letzten beiden Zeilen). Wir erhalten

$$\begin{bmatrix} 1\ 2\ 1 & 9 \\ 2\ 3\ 1 & 13 \\ 2\ 4\ 0 & 14 \end{bmatrix}.$$

Das Eliminieren der Variablen x_1 in der zweiten und dritten Gleichung entspricht in diesem Tableau dem Eliminieren der beiden Zweien in der ersten Spalte. Wir verwenden hierzu zwei Umformungen des Typs I, wie rechts vom Tableau angedeutet, und erhalten

$$\begin{bmatrix} 1\ 2\ 1 & 9 \\ 2\ 3\ 1 & 13 \\ 2\ 4\ 0 & 14 \end{bmatrix} \begin{matrix} \cdot(-2)\ \cdot(-2) \end{matrix} \rightarrow \begin{bmatrix} 1 & 2 & 1 & 9 \\ 0 & -1 & -1 & -5 \\ 0 & 0 & -2 & -4 \end{bmatrix}.$$

Es folgt eine Umformung des Typs III. Wir erzeugen eine Eins in der letzten Zeile, indem wir sie mit $-\frac{1}{2}$ multiplizieren:

$$\begin{bmatrix} 1 & 2 & 1 & 9 \\ 0 & -1 & -1 & -5 \\ 0 & 0 & -2 & -4 \end{bmatrix} {}_{\cdot(-\frac{1}{2})} \rightarrow \begin{bmatrix} 1 & 2 & 1 & 9 \\ 0 & -1 & -1 & -5 \\ 0 & 0 & 1 & 2 \end{bmatrix}.$$

Wir können dann in der letzten Zeile bereits die Lösungskomponente $x_3 = 2$ für die dritte Variable ablesen. Als erstes Etappenziel haben wir ein Tableau erzeugt, das unterhalb der diagonalen Zahlenlinie, die von links oben nach rechts unten verläuft, nur noch aus Nullen besteht. Wenn wir nun oberhalb dieser Diagonalen ebenfalls Nullen erzeugen und die verbleibenden Zahlen auf der Diagonallinie durch Zeilenmultiplikation (Typ III-Umformung) auf den Wert 1 bringen, so entsteht ein Tableau, das einem linearen Gleichungssystem entspricht, in dessen Gleichungen von oben nach unten die Variablen abzulesen sind. Zunächst eliminieren wir in der dritten Spalte die Zahlen 1 und -1 der ersten beiden Zeilen. Hierzu wird die letzte Zeile zur zweiten Zeile addiert und von der ersten Zeile subtrahiert:

$$\begin{bmatrix} 1 & 2 & 1 & 9 \\ 0 & -1 & -1 & -5 \\ 0 & 0 & 1 & 2 \end{bmatrix} \begin{matrix} \cdot 1\ \cdot(-1) \end{matrix} \rightarrow \begin{bmatrix} 1 & 2 & 0 & 7 \\ 0 & -1 & 0 & -3 \\ 0 & 0 & 1 & 2 \end{bmatrix}.$$

Der letzte Eliminationsschritt besteht nun darin, die Zahl 2 in der ersten Zeile mithilfe der zweiten Zeile zu eliminieren. Wegen der bereits erzeugten Null an der zweiten Position der letzten Zeile kann hierzu die dritte Zeile nicht verwendet werden. Das Resultat ist ein Tableau, bei dem nur noch die Diagonallinie besetzt ist:

$$\begin{bmatrix} 1 & 2 & 0 & 7 \\ 0 & -1 & 0 & -3 \\ 0 & 0 & 1 & 2 \end{bmatrix} {}_{\cdot 2} \rightarrow \begin{bmatrix} 1 & 0 & 0 & 1 \\ 0 & -1 & 0 & -3 \\ 0 & 0 & 1 & 2 \end{bmatrix}.$$

Nach Multiplikation der zweiten Zeile mit -1 erhalten wir ein Tableau, bei welchem links von der Trennlinie nur noch Einsen auf der Diagonalen auftreten:

$$\begin{bmatrix} 1 & 0 & 0 & 1 \\ 0 & -1 & 0 & -3 \\ 0 & 0 & 1 & 2 \end{bmatrix} {}_{\cdot(-1)} \rightarrow \begin{bmatrix} 1\ 0\ 0 & 1 \\ 0\ 1\ 0 & 3 \\ 0\ 0\ 1 & 2 \end{bmatrix}.$$

Rechts von der Trennlinie steht dann die Lösung, denn dem letzten Tableau entspricht das
lineare Gleichungssystem

$$\left\{ \begin{array}{l} x_1 = 1 \\ x_2 = 3 \\ x_3 = 2 \end{array} \right\}.$$

Die links von der Trennlinie stehende Matrix des letzten Tableaus wird als 3×3-Einheits-
matrix bezeichnet. Wir definieren nun allgemein:

Definition 2.6 ($n \times n$-**Einheitsmatrix**) *Es sei $n \in \mathbb{N}$, $n \neq 0$. Die quadratische Matrix*

$$E_n = \begin{pmatrix} 1 & 0 & \cdots & 0 \\ 0 & 1 & \cdots & 0 \\ \vdots & & \ddots & \vdots \\ 0 & \cdots & 0 & 1 \end{pmatrix} \tag{2.10}$$

heißt $n \times n$-Einheitsmatrix.

Für

$$A = (a_{ij})_{1 \leq i,j \leq n} = E_n$$

gilt

$$a_{ij} = 0, \quad \text{für } i \neq j \text{ sowie,} \quad a_{ij} = 1, \quad \text{für } i = j, \quad (\text{bzw. } a_{ii} = 1),$$

wobei $1 \leq i, j \leq n$. Wie lässt sich nun das Gauß'sche Eliminationsverfahren in Fällen anwenden, in denen keine eindeutige Lösung existiert? Wie wir bereits wissen, bedeutet dies,
dass entweder keine Lösung existiert oder dass es mehrere Lösungsvektoren gibt, wie es
beispielsweise in Situationen mit mehr Variablen als Gleichungen der Fall sein kann. Betrachten wir hierzu ein Beispiel mit zwei Gleichungen und drei Unbekannten:

$$\left\{ \begin{array}{rl} x_1 + x_2 - x_3 = 3 \\ x_1 + 2x_2 = 2 \end{array} \right\}.$$

In Matrix-Vektor-Schreibweise lautet dieses lineare Gleichungssystem

$$\begin{pmatrix} 1 & 1 & -1 \\ 1 & 2 & 0 \end{pmatrix} \begin{pmatrix} x_1 \\ x_2 \\ x_3 \end{pmatrix} = \begin{pmatrix} 3 \\ 2 \end{pmatrix}.$$

Wir nutzen die Tableau-Schreibweise, um es zu vereinfachen:

$$\begin{bmatrix} 1 & 1 & -1 & 3 \\ 1 & 2 & 0 & 2 \end{bmatrix} \begin{array}{l} \cdot(-1) \\ \hookleftarrow \end{array} \rightarrow \begin{bmatrix} 1 & 1 & -1 & 3 \\ 0 & 1 & 1 & -1 \end{bmatrix} \begin{array}{l} \hookleftarrow \\ \cdot(-1) \end{array} \rightarrow \begin{bmatrix} 1 & 0 & -2 & 4 \\ 0 & 1 & 1 & -1 \end{bmatrix}.$$

Wir haben nun die 2×2-Einheitsmatrix im linken Teil dieses Endtableaus erzeugt. Wenn
wir nun dieses Tableau zurückübersetzen, erhalten wir als entsprechendes lineares Gleichungssystem

$$\left\{ \begin{array}{rl} x_1 - 2x_3 = 4 \\ x_2 + x_3 = -1 \end{array} \right\}.$$

Aufgelöst nach x_1 und x_2 ergibt sich

$$\left\{ \begin{array}{l} x_1 = 4 + 2x_3 \\ x_2 = -1 - x_3 \end{array} \right\}.$$

Da für x_3 nun keine Bestimmungsgleichung vorliegt, können wir dessen Wert beliebig vorgeben. Über die letzten beiden Gleichungen ergeben sich dann die Variablen x_1 und x_2 in Abhängigkeit der frei gewählten Variablen x_3. Auf diese Weise erhalten wir unendlich viele Lösungsvektoren

$$\mathbf{x} \in \left\{ \begin{pmatrix} 4+2x_3 \\ -1-x_3 \\ x_3 \end{pmatrix} : x_3 \in \mathbb{R} \right\} = \left\{ \begin{pmatrix} 4 \\ -1 \\ 0 \end{pmatrix} + \begin{pmatrix} 2 \\ -1 \\ 1 \end{pmatrix} \cdot x_3 : x_3 \in \mathbb{R} \right\}.$$

Zu dieser aus unendlich vielen Lösungsvektoren bestehenden Menge gehören beispielsweise die Vektoren

$$\begin{pmatrix} 4 \\ -1 \\ 0 \end{pmatrix} \quad \text{(wähle } x_3 = 0\text{)}, \qquad \begin{pmatrix} 6 \\ -2 \\ 1 \end{pmatrix} \quad \text{(wähle } x_3 = 1\text{)}.$$

Hätte es sich bei diesem Beispiel um ein homogenes lineares Gleichungssystem gehandelt, so stünden rechts der Trennungslinie im Tableau nur Nullen, die sich durch die Zeilenumformungen im Laufe des Verfahrens nicht geändert hätten. Die Lösungsmenge des zugehörigen homogenen linearen Gleichungssystems lautet daher

$$\left\{ \begin{pmatrix} 0 \\ 0 \\ 0 \end{pmatrix} + \begin{pmatrix} 2 \\ -1 \\ 1 \end{pmatrix} \cdot x_3 : x_3 \in \mathbb{R} \right\} = \left\{ \begin{pmatrix} 2 \\ -1 \\ 1 \end{pmatrix} \cdot x_3 : x_3 \in \mathbb{R} \right\}.$$

Wir erkennen also, dass sich die Lösungsmenge des betrachteten inhomogenen linearen Gleichungssystems vom homogenen System nur um den additiven konstanten Vektor

$$\begin{pmatrix} 4 \\ -1 \\ 0 \end{pmatrix}$$

unterscheidet, der die spezielle Lösung des inhomogenen Systems mit $x_3 = 0$ darstellt.

Während Zeilenvertauschungen die Lösungsmenge eines linearen Gleichungssystems nicht verändern und somit äquivalente Umformungen darstellen, entsprechen Spaltenvertauschungen einem Tausch bzw. einer Umnummerierung der Variablen. Macht man Gebrauch von Spaltenvertauschungen, so ist dies beim Ablesen der Lösungsmenge aus dem Endtableau zu berücksichtigen. Die den Spaltenvertauschungen entsprechende Umsortierung der Variablen ist für das Ablesen der Lösungsmenge wieder rückgängig zu machen. Spaltenvertauschungen sind daher keine äquivalenten Umformungen. Gelegentlich ist es jedoch nützlich, auch Spaltenvertauschungen durchzuführen. Dies kann insbesondere dann nötig sein, wenn wir in Situationen mit weniger Gleichungen als Unbekannten eine größt-

mögliche Einheitsmatrix links oben im Tableau erzeugen wollen, wie das folgende Beispiel zeigt. Wir betrachten ein homogenes lineares Gleichungssystem mit vier Gleichungen und vier Unbekannten:

$$\left\{ \begin{array}{l} x_1 + x_2 + x_3 + 2x_4 = 0 \\ x_1 + x_2 + 2x_3 + 5x_4 = 0 \\ x_1 + x_2 + 3x_3 + 4x_4 = 0 \\ x_1 + x_2 + x_3 + 4x_4 = 0 \end{array} \right\}.$$

In Matrix-Vektor-Notation lautet das Gleichungssystem:

$$\begin{pmatrix} 1\ 1\ 1\ 2 \\ 1\ 1\ 2\ 5 \\ 1\ 1\ 3\ 4 \\ 1\ 1\ 1\ 4 \end{pmatrix} \begin{pmatrix} x_1 \\ x_2 \\ x_3 \\ x_4 \end{pmatrix} = \begin{pmatrix} 0 \\ 0 \\ 0 \\ 0 \end{pmatrix}.$$

Da es sich um ein homogenes lineares Gleichungssystem handelt, können wir den rechten Nullvektor, der ja ohnehin nicht durch das Lösungsverfahren verändert wird, im Tableau auch weglassen. Das Tableau besteht somit nur aus der Koeffizientenmatrix und ist
leicht zu vereinfachen:

$$\begin{bmatrix} 1\ 1\ 1\ 2 \\ 1\ 1\ 2\ 5 \\ 1\ 1\ 3\ 4 \\ 1\ 1\ 1\ 4 \end{bmatrix} \begin{matrix} \cdot(-1) \\ \hookleftarrow \\ \hookleftarrow \\ \hookleftarrow \end{matrix} \rightarrow \begin{bmatrix} 1\ 1\ 1\ 2 \\ 0\ 0\ 1\ 3 \\ 0\ 0\ 2\ 2 \\ 0\ 0\ 0\ 2 \end{bmatrix}.$$

Wir erkennen, dass nun keine Diagonalstruktur in diesem Tableau erzeugbar ist, da die
Zahl in der zweiten Zeile und der zweiten Spalte ebenfalls eliminiert wurde. Keine der
drei Zeilenumformungstypen ist nun imstande, hier Abhilfe zu schaffen. Wir könnten das
Eliminationsverfahren nun fortsetzen, wenn wir auf das Ziel, eine größtmögliche Einheitsmatrix im linken, oberen Bereich des Tableaus zu erzeugen, verzichteten. Andererseits
kann der Tausch der mittleren beiden Spalten hier Abhilfe schaffen. Wir führen also den
Spaltentausch 2 ↔ 3 durch und schließen zwei weitere Zeileneliminationen an:

$$\begin{bmatrix} 1\ 1\ 1\ 2 \\ 0\ 1\ 0\ 3 \\ 0\ 2\ 0\ 2 \\ 0\ 0\ 0\ 2 \end{bmatrix} \begin{matrix} \\ \cdot(-2) \\ \hookleftarrow \\ \end{matrix} \rightarrow \begin{bmatrix} 1\ 1\ 1\ 2 \\ 0\ 1\ 0\ 3 \\ 0\ 0\ 0\ -4 \\ 0\ 0\ 0\ 2 \end{bmatrix} \begin{matrix} \\ \\ \cdot\frac{1}{2} \\ \hookleftarrow \end{matrix} \rightarrow \begin{bmatrix} 1\ 1\ 1\ 2 \\ 0\ 1\ 0\ 3 \\ 0\ 0\ 0\ -4 \\ 0\ 0\ 0\ 0 \end{bmatrix}.$$

Im letzten Tableau „stört" nun die Null in der dritten Spalte der dritten Zeile. Es ergibt
sich an dieser Stelle ebenfalls eine Stufe, die das Erzeugen einer Diagonalstruktur verhin-
dert. Abhilfe schafft hier das Vertauschen der letzten beiden Spalten. Der Spaltentausch
3 ↔ 4 führt auf ein Tableau, das uns nun Zeileneliminationen oberhalb der Diagonalen
ermöglicht:

$$\begin{bmatrix} 1\ 1\ 2\ 1 \\ 0\ 1\ 3\ 0 \\ 0\ 0\ -4\ 0 \\ 0\ 0\ 0\ 0 \end{bmatrix} \begin{matrix} \\ \\ \cdot(-\frac{1}{4}) \\ \end{matrix} \rightarrow \begin{bmatrix} 1\ 1\ 2\ 1 \\ 0\ 1\ 3\ 0 \\ 0\ 0\ 1\ 0 \\ 0\ 0\ 0\ 0 \end{bmatrix} \begin{matrix} \\ \hookleftarrow \\ \cdot(-3)\ \cdot(-2) \\ \end{matrix} \rightarrow \begin{bmatrix} 1\ 1\ 0\ 1 \\ 0\ 1\ 0\ 0 \\ 0\ 0\ 1\ 0 \\ 0\ 0\ 0\ 0 \end{bmatrix} \begin{matrix} \hookleftarrow \\ \cdot(-1) \\ \\ \end{matrix}.$$

Es ergibt sich das Endtableau

$$\begin{bmatrix} 1 & 0 & 0 & 1 \\ 0 & 1 & 0 & 0 \\ 0 & 0 & 1 & 0 \\ 0 & 0 & 0 & 0 \end{bmatrix}.$$

Dieses Tableau repräsentiert folgende Gleichungen

$$x_1 = -x_4, \quad x_2 = 0, \quad x_3 = 0, \quad x_4 \in \mathbb{R} \quad \text{unbestimmt, also frei wählbar.}$$

Hieraus lesen wir zunächst die Lösungsmenge für das variablenvertauschte Gleichungssystem ab:

$$\left\{ \begin{pmatrix} -1 \\ 0 \\ 0 \\ 1 \end{pmatrix} x_4 : x_4 \in \mathbb{R} \right\}.$$

Nun müssen wir die mit den beiden Spaltenvertauschungen verbundenen Variablenvertauschungen in umgekehrter Reihenfolge wieder rückgängig machen. Zunächst vertauschen wir also x_4 und x_3 aus: $x_4 \leftrightarrow x_3$:

$$x_1 = -x_3, \quad x_2 = 0, \quad x_4 = 0, \quad x_3 \in \mathbb{R} \quad \text{unbestimmt, also frei wählbar.}$$

Für die Lösungmenge bedeutet dies, dass die letzten beiden Komponenten in den Lösungsvektoren vertauscht werden:

$$\left\{ \begin{pmatrix} -1 \\ 0 \\ 1 \\ 0 \end{pmatrix} x_3 : x_3 \in \mathbb{R} \right\}.$$

Es bleibt das Rückgängigmachen der Vertauschung der mittleren beiden Variablen $x_3 \leftrightarrow x_2$:

$$x_1 = -x_2, \quad x_3 = 0, \quad x_4 = 0, \quad x_2 \in \mathbb{R} \quad \text{unbestimmt, also frei wählbar.}$$

Hieraus ergibt sich schließlich die Lösungmenge für das Ausgangsproblem:

$$\left\{ \begin{pmatrix} -1 \\ 1 \\ 0 \\ 0 \end{pmatrix} x_2 : x_2 \in \mathbb{R} \right\}.$$

Unser Fazit lautet also:

Satz 2.7 (Umgang mit Spaltenvertauschungen) *Werden im Lösungstableau eines linearen Gleichungssystems paarweise Spaltenvertauschungen durchgeführt, so müssen diese bei der Formulierung der Lösungsmenge berücksichtigt, also in umgekehrter Reihenfolge wieder rückgängig gemacht werden.*

Wir müssen also die Spaltenvertauschungen im Laufe des Lösungsverfahrens genau dokumentieren. Der folgende Satz fasst nun die einzelnen Beobachtungen dieses Abschnitts zusammen und stellt damit ein erstes zentrales Ergebnis dar.

Satz/Definition 2.8 (Normalform eines linearen Gleichungssystems/Rang einer Matrix) *Gegeben sei ein lineares Gleichungssystem der Gestalt*

$$\left\{ \begin{array}{l} a_{11}x_1 + a_{12}x_2 + \cdots + a_{1n}x_n = b_1 \\ a_{21}x_1 + a_{22}x_2 + \cdots + a_{2n}x_n = b_2 \\ \vdots \qquad \vdots \qquad\qquad \vdots \qquad \vdots \\ a_{m1}x_1 + a_{m2}x_2 + \cdots + a_{mn}x_n = b_m \end{array} \right\} \tag{2.11}$$

bzw. in der Matrix-Vektor-Notation

$$A\mathbf{x} = \mathbf{b} \tag{2.12}$$

mit

$$A = \begin{pmatrix} a_{11} & a_{12} & \cdots & a_{1n} \\ a_{21} & a_{22} & \cdots & a_{2n} \\ \vdots & & & \vdots \\ a_{m1} & a_{m2} & \cdots & a_{mn} \end{pmatrix} \in \mathrm{M}(m \times n, \mathbb{K}), \quad \mathbf{x} = \begin{pmatrix} x_1 \\ x_2 \\ \vdots \\ x_n \end{pmatrix}, \quad \mathbf{b} = \begin{pmatrix} b_1 \\ b_2 \\ \vdots \\ b_m \end{pmatrix} \in \mathbb{K}^m.$$

Durch elementare Zeilenumformungen des Typs I, II und III sowie eventueller Spaltenvertauschungen kann das Tableau

$$\begin{bmatrix} a_{11} & a_{12} & \cdots & a_{1n} & b_1 \\ a_{21} & a_{22} & \cdots & a_{2n} & b_2 \\ \vdots & & & & \vdots \\ a_{m1} & a_{m2} & \cdots & a_{mn} & b_m \end{bmatrix}$$

in die Normalform

$$\begin{bmatrix} 1 & 0 & \cdots & 0 & \alpha_{1,r+1} & \cdots & \alpha_{1,n} & \beta_1 \\ 0 & 1 & & 0 & \alpha_{2,r+1} & \cdots & \alpha_{2,n} & \beta_2 \\ \vdots & & \vdots & \vdots & & & \vdots & \vdots \\ 0 & 0 & \cdots & 1 & \alpha_{r,r+1} & \cdots & \alpha_{r,n} & \beta_r \\ 0 & 0 & \cdots & 0 & 0 & \cdots & 0 & \beta_{r+1} \\ \vdots & & & \vdots & & & \vdots & \vdots \\ 0 & 0 & \cdots & 0 & 0 & \cdots & 0 & \beta_m \end{bmatrix} = \begin{bmatrix} E_r & M & \mathbf{c} \\ 0_{(m-r)\times n} & & \mathbf{d} \end{bmatrix} \tag{2.13}$$

überführt werden. Hierbei steht $0_{(m-r)\times n}$ für einen Block mit $m-r$ Zeilen und n Spalten aus lauter Nullen, den wir als $(m-r) \times n$-Nullmatrix bezeichnen. Das Format r der links oben im Tableau erzeugten Einheitsmatrix E_r ist dabei eindeutig bestimmt. Ebenso sind die $r \times (n-r)$-Matrix

$$
M = \begin{pmatrix} \alpha_{1,r+1} & \cdots & \alpha_{1,n} \\ \alpha_{2,r+1} & \cdots & \alpha_{2,n} \\ \vdots & & \vdots \\ \alpha_{r,r+1} & \cdots & \alpha_{r,n} \end{pmatrix}
$$

sowie die Vektoren

$$
\mathbf{c} = \begin{pmatrix} \beta_1 \\ \vdots \\ \beta_r \end{pmatrix}, \qquad \mathbf{d} = \begin{pmatrix} \beta_{r+1} \\ \vdots \\ \beta_m \end{pmatrix}
$$

*eindeutig bestimmt, sofern keine Spaltenvertauschungen verwendet wurden. Die Zahl r ist nur abhängig von A, nicht jedoch von der rechten Seite **b**. Sie heißt Rang der Matrix A, Schreibweise: r = RangA. Es gilt dabei $\mathrm{Rang}A \leq \min(m,n)$. Das lineare Gleichungssystem ist für quadratische Matrizen (m = n) genau dann eindeutig lösbar, wenn r = RangA = n („voller Rang") gilt. In diesem Fall sind keine Spaltenvertauschungen notwendig. Die Zeilenumformungen im Tableau*

$$
[A \mid \mathbf{b}] \to \cdots \to [E_n \mid \boldsymbol{\beta}]
$$

resultieren dann in einem Zieltableau, das im linken Teil nur aus der $n \times n$-Einheitsmatrix besteht. Hieraus können wir die eindeutige Lösung $\mathbf{x} = \boldsymbol{\beta}$ direkt ablesen.

In der Situation m < n bzw. RangA < n kann es eine eindeutige Lösung nicht mehr geben. Hier müssen wir zwei Fälle unterscheiden: Im Fall $\mathbf{d} \neq \mathbf{0}$, also dann, wenn mindestens eine der Komponenten $\beta_{r+1}, \ldots, \beta_m$ von 0 verschieden ist, gibt es keine Lösung, während im Fall $\mathbf{d} = \mathbf{0}$, d. h. $\beta_{r+1}, \ldots, \beta_m = 0$, mehrere Lösungen existieren, für $\mathbb{K} = \mathbb{Q}, \mathbb{R}, \mathbb{C}$ sogar unendlich viele.

Es ist hierbei zunächst noch nicht unmittelbar klar, dass unabhängig von der Art der durchgeführten Zeilenumformungen immer dieselbe Anzahl r übrigbleibender Zeilen in dem Zieltableau (2.13) entsteht. Mit anderen Worten: Es muss noch gezeigt werden, dass der Rang einer Matrix durch das im letzten Satz skizzierte Verfahren wohldefiniert ist. Bevor wir dies zeigen, werfen wir zunächst einen Blick auf das Zieltableau. Wir nehmen nun an, dass es mehr als nur einen Lösungsvektor gibt, d. h., es gelte r < n und $\mathbf{d} = \mathbf{0}$ bzw. $\beta_{r+1}, \ldots, \beta_m = 0$. Dann hat das Zieltableau die folgende Gestalt:

$$
\begin{bmatrix}
1 & 0 & \cdots & 0 & \alpha_{1,r+1} & \cdots & \alpha_{1,n} & \beta_1 \\
0 & 1 & & 0 & \alpha_{2,r+1} & \cdots & \alpha_{2,n} & \beta_2 \\
\vdots & & \vdots & \vdots & & \vdots & & \vdots \\
0 & 0 & \cdots & 1 & \alpha_{r,r+1} & \cdots & \alpha_{r,n} & \beta_r \\
0 & 0 & \cdots & 0 & 0 & \cdots & 0 & 0 \\
\vdots & & & & & \vdots & & \vdots \\
0 & 0 & \cdots & 0 & 0 & \cdots & 0 & 0
\end{bmatrix} . \tag{2.14}
$$

Insbesondere entsteht ein derartiges Tableau für den Fall $m < n$, wenn also ein lineares Gleichungssystem mit weniger Gleichungen als Unbekannten vorliegt.[3] Die Lösungsmenge kann aus diesem Zieltableau direkt abgelesen werden. Bevor wir dies im Detail begründen, werfen wir einen Blick auf die Lösungsmenge, um ihre Struktur näher zu untersuchen:

$$\left\{ \begin{pmatrix} \beta_1 \\ \vdots \\ \beta_r \\ 0 \\ \vdots \\ 0 \end{pmatrix} + \begin{pmatrix} -\alpha_{1,r+1} \\ \vdots \\ -\alpha_{r,r+1} \\ 1 \\ 0 \\ \vdots \\ 0 \end{pmatrix} x_{r+1} + \begin{pmatrix} -\alpha_{1,r+2} \\ \vdots \\ -\alpha_{r,r+2} \\ 0 \\ 1 \\ \vdots \\ 0 \end{pmatrix} x_{r+2} + \cdots + \begin{pmatrix} -\alpha_{1,n} \\ \vdots \\ -\alpha_{r,n} \\ 0 \\ \vdots \\ 0 \\ 1 \end{pmatrix} x_n, \quad \text{mit} \quad x_{r+1}, \ldots x_n \in \mathbb{K} \right\}.$$

$$\underbrace{\hspace{5cm}}_{\text{Linearkombination aus } n - r \text{ Vektoren}}$$

Für die Lösungsmenge verwenden wir nun die folgende Kurzschreibweise, die sich auf die reinen Nettodaten reduziert:

$$\begin{pmatrix} \beta_1 \\ \vdots \\ \beta_r \\ 0 \\ \vdots \\ 0 \end{pmatrix} + \left\langle \begin{pmatrix} -\alpha_{1,r+1} \\ \vdots \\ -\alpha_{r,r+1} \\ 1 \\ 0 \\ \vdots \\ 0 \end{pmatrix}, \begin{pmatrix} -\alpha_{1,r+2} \\ \vdots \\ -\alpha_{r,r+2} \\ 0 \\ 1 \\ \vdots \\ 0 \end{pmatrix}, \ldots, \begin{pmatrix} -\alpha_{1,n} \\ \vdots \\ -\alpha_{r,n} \\ 0 \\ \vdots \\ 0 \\ 1 \end{pmatrix} \right\rangle.$$

Die spitzen Klammern $\langle \cdots \rangle$ beschreiben die Menge aller Linearkombinationen der in diesen Klammern aufgeführten Vektoren. Wenn Spaltenvertauschungen notwendig waren, um das Endtableau zu erreichen, so müssen diese gemäß Satz 2.7 bei der Formulierung der Lösungsmenge berücksichtigt werden. Die durch Spaltenvertauschungen verursachte Umnummerierung der Variablen bewirkt dann eine entsprechende Umsortierung der Komponenten in der Lösungsmenge. Der linke (konstante) Vektor wird *Stützvektor* genannt, während die in dem spitzen Klammerpaar $\langle \cdots \rangle$ aufgeführten Vektoren als *Richtungsvektoren* bezeichnet werden. Für ein homogenes lineares Gleichungssystem ist der Stützvektor trivial, also gleich dem Nullvektor. Insbesondere folgt hier $\mathbf{d} = \mathbf{0}$ im Tableau (2.13), wodurch nochmals deutlich wird, dass homogene lineare Gleichungssysteme stets lösbar sind. Der Stützvektor tritt bei der Lösungsmenge homogener Systeme in dieser Notation nicht mehr auf, da er dem Nullvektor des $\mathbb{K}^n$ entspricht und somit nicht addiert werden muss. Die Daten, die zur Formulierung der Richtungsvektoren herangezogen werden, stammen nur aus dem linken Teil des Tableaus und hängen somit nur von der Koeffizientenmatrix A ab und nicht von der durch den Vektor $\mathbf{b}$ repräsentierten rechten Seite des linearen Gleichungs-

---

[3] Sollten im Fall $m < n$ keine Nullzeilen im Zieltableau entstehen, so kann das Tableau formal mit Nullzeilen aufgefüllt werden, da Nullzeilen keine zusätzliche Information enthalten.

systems $A\mathbf{x} = \mathbf{b}$. Wir erkennen damit, dass sich die Lösungsmenge eines inhomogenen linearen Gleichungssystems stets additiv aus dem Stützvektor und der Lösungsmenge des zugeordneten homogenen Systems zusammensetzt. Wie kommt diese Ableseregel nun zustande? Wenn wir das Zieltableau (2.14) „zurückübersetzen" in ein lineares Gleichungssystem, so folgt

$$\left\{\begin{array}{l} x_1 \qquad\quad + \alpha_{1,r+1}x_{r+1} + \alpha_{1,r+2}x_{r+2} + \cdots + \alpha_{1,n}x_n = \beta_1 \\ \qquad x_2 \qquad + \alpha_{2,r+1}x_{r+1} + \alpha_{2,r+2}x_{r+2} + \cdots + \alpha_{2,n}x_n = \beta_2 \\ \qquad\quad\ddots \qquad\ \vdots \qquad\qquad \vdots \qquad\qquad\quad \vdots \\ \qquad\qquad x_r + \alpha_{r,r+1}x_{r+1} + \alpha_{r,r+2}x_{r+2} + \cdots + \alpha_{r,n}x_n = \beta_r \end{array}\right\}.$$

Für die restlichen $n - r$ Variablen $x_{r+1}, x_{r+2}, \ldots, x_n$ liegen keine weiteren Informationen vor, sodass wir diese Variablen frei aus $\mathbb{K}$ auswählen können. Durch Auflösen der letzten r Gleichungen nach den Unbekannten $x_1, x_2, \ldots, x_r$ erhalten wir

$$\left\{\begin{array}{l} x_1 = \beta_1 - \alpha_{1,r+1}x_{r+1} - \alpha_{1,r+2}x_{r+2} - \cdots - \alpha_{1,n}x_n \\ x_2 = \beta_2 - \alpha_{2,r+1}x_{r+1} - \alpha_{2,r+2}x_{r+2} - \cdots - \alpha_{2,n}x_n \\ \vdots \ \vdots \qquad\quad \vdots \qquad\qquad \vdots \qquad\qquad\quad \vdots \\ x_r = \beta_r - \alpha_{r,r+1}x_{r+1} - \alpha_{r,r+2}x_{r+2} - \cdots - \alpha_{r,n}x_n \end{array}\right\}.$$

Hierbei handelt es sich also um die ersten r Komponenten eines allgemeinen Lösungsvektors. Die Werte für die restlichen $n - 1$ Komponenten sind dann als Variablen

$$x_{r+1}, x_{r+2}, \ldots, x_n \in \mathbb{K}$$

frei wählbar. Für einen Lösungsvektor $\mathbf{x}$ ergibt sich daher der folgende Aufbau:

$$\mathbf{x} = \begin{pmatrix} x_1 \\ x_2 \\ \vdots \\ x_r \\ x_{r+1} \\ \vdots \\ x_n \end{pmatrix} = \begin{pmatrix} \beta_1 - \alpha_{1,r+1}x_{r+1} - \alpha_{1,r+1}x_{r+2} - \ldots - \alpha_{1,n}x_n \\ \beta_2 - \alpha_{2,r+1}x_{r+1} - \alpha_{2,r+1}x_{r+2} - \ldots - \alpha_{2,n}x_n \\ \vdots \\ \beta_r - \alpha_{r,r+1}x_{r+1} - \alpha_{r,r+1}x_{r+2} - \ldots - \alpha_{r,n}x_n \\ x_{r+1} \\ \vdots \\ x_n \end{pmatrix}.$$

Wir können diesen Vektor nun additiv zerlegen in einen konstanten Bestandteil, den Stützvektor, und eine Summe aus Vielfachen der Richtungsvektoren:

$$
\mathbf{x} =
\begin{pmatrix} \beta_1 \\ \beta_2 \\ \vdots \\ \beta_r \\ 0 \\ \vdots \\ 0 \end{pmatrix}
+
\begin{pmatrix} -\alpha_{1,r+1} \\ -\alpha_{2,r+1} \\ \vdots \\ -\alpha_{r,r+1} \\ 1 \\ 0 \\ \vdots \\ 0 \end{pmatrix} x_{r+1}
+
\begin{pmatrix} -\alpha_{1,r+2} \\ -\alpha_{2,r+2} \\ \vdots \\ -\alpha_{r,r+2} \\ 0 \\ 1 \\ \vdots \\ 0 \end{pmatrix} x_{r+2}
+ \cdots +
\begin{pmatrix} -\alpha_{1,n} \\ -\alpha_{2,n} \\ \vdots \\ -\alpha_{r,n} \\ 0 \\ \vdots \\ 0 \\ 1 \end{pmatrix} x_n .
$$

Eine endliche Summe aus Vielfachen von Vektoren wird nach Definition 1.60 als *Linearkombination* bezeichnet. Die Durchführung des Eliminationsverfahrens mit dem Ziel der Normalform des letzten Satzes bewirkt letztlich nichts anderes als eine maximale Entkopplung der einzelnen Gleichungen des zugrunde gelegten linearen Gleichungssystems voneinander. Dies heißt, dass wir in den verbleibenen Gleichungen die Anzahl der auftretenden Variablen so weit wie möglich reduzieren. Dabei nimmt jede einzelne Gleichung eine andere Variable in den Fokus. Im Idealfall beinhaltet jede Gleichung nur eine einzige Variable. Dies ist dann möglich, wenn die Anzahl der Gleichungen m mit der Anzahl der Variablen n übereinstimmt, wenn also $n = m$ gilt, und dabei zusätzlich für den Rang der Koeffizientenmatrix gilt: $\text{Rang}\, A = n$. Solche Entkopplungsstrategien werden wir auch bei anderen Problemstellungen in der Mathematik anstreben, beispielsweise bei Systemen gewöhnlicher Differenzialgleichungen.

Wir kommen nun auf die Frage der Wohldefiniertheit des Rangs zurück. Nach dem letzten Satz wissen wir, dass eine $m \times n$-Matrix A durch Zeilenumformungen und eventuelle Spaltenvertauschungen in die Normalform (2.13) überführbar ist:

$$
A \to \cdots \to
\left[\begin{array}{c|ccc} E_r & \boldsymbol{\alpha}_{r+1} & \cdots & \boldsymbol{\alpha}_n \\ \hline 0 & 0 & \cdots & 0 \end{array} \right]
$$

mit $\boldsymbol{\alpha}_{r+1}, \ldots, \boldsymbol{\alpha}_n \in \mathbb{K}^{m-r}$.

Die Lösungsmenge des homogenen linearen Gleichungssystems $A\mathbf{x} = \mathbf{0}$ ist unmittelbar ablesbar und zeichnet sich durch den Stützvektor $\mathbf{0} \in \mathbb{K}^n$ aus. Sie lautet daher

$$
L = \left\langle
\begin{pmatrix} -\boldsymbol{\alpha}_{r+1} \\ 1 \\ 0 \\ \vdots \\ 0 \end{pmatrix}, \ldots,
\begin{pmatrix} -\boldsymbol{\alpha}_n \\ 0 \\ \vdots \\ 0 \\ 1 \end{pmatrix}
\right\rangle .
$$

Nehmen wir nun einmal an, wir würden mit anderen Zeilenumformungen und eventuellen Spaltenvertauschungen zu einem Zieltableau gelangen mit einer anderen Anzahl $r' \neq r$ übrigbleibender Zeilen

$$
A \to \cdots \to
\left[\begin{array}{c|ccc} E_{r'} & \boldsymbol{\alpha}'_{r'+1} & \cdots & \boldsymbol{\alpha}'_n \\ \hline 0 & 0 & \cdots & 0 \end{array} \right]
$$

mit $\boldsymbol{\alpha}'_{r'+1}, \ldots, \boldsymbol{\alpha}'_n \in \mathbb{K}^{m-r'}$, dann würden wir durch Ablesen aus dem Zieltableau eine weitere Darstellung der Lösungsmenge L erhalten:

$$L' = \left\langle \begin{pmatrix} -\boldsymbol{\alpha}'_{r'+1} \\ 1 \\ 0 \\ \vdots \\ 0 \end{pmatrix}, \ldots, \begin{pmatrix} -\boldsymbol{\alpha}'_n \\ 0 \\ \vdots \\ 0 \\ 1 \end{pmatrix} \right\rangle.$$

Da $r' \neq r$ ist, betrachten wir zunächst den Fall, dass $r' > r$ ist. Der Vektor

$$\mathbf{v} = \begin{pmatrix} -\boldsymbol{\alpha}_{r+1} \\ 1 \\ 0 \\ \vdots \\ 0 \end{pmatrix} \quad \substack{\uparrow \\ n-r-1 \\ \downarrow} \quad \in L$$

besteht in seinen unteren $n - r - 1$ Komponenten nur aus Nullen, ist aber nicht der Nullvektor. Da $r' > r$ ist, folgt aus dem Versuch, $\mathbf{v}$ aus den Richtungsvektoren von L' linear zu kombinieren, also aus

$$\mathbf{v} = \begin{pmatrix} -\boldsymbol{\alpha}'_{r'+1} \\ 1 \\ 0 \\ \vdots \\ 0 \end{pmatrix} \lambda_{r'+1} + \cdots + \begin{pmatrix} -\boldsymbol{\alpha}'_n \\ 0 \\ \vdots \\ 0 \\ 1 \end{pmatrix} \lambda_n, \quad \substack{\uparrow \\ n-r' \leq n-r-1, \\ \downarrow}$$

dass $\lambda_{r'+1}, \ldots, \lambda_n = 0$ gilt. Andernfalls ergäben sich nicht die $n - r - 1$ unteren Nullen in $\mathbf{v}$. Diese Linearkombination ergibt aber den Nullvektor im Widerspruch zur Definition von $\mathbf{v}$. Wir können $\mathbf{v}$ also nicht aus den Richtungsvektoren von L' linear kombinieren. Es gibt also einen Vektor aus L, der nicht in L' liegt. Beide Mengen müssen aber als Lösungsmenge des homogenen linearen Gleichungssystems $A\mathbf{x} = \mathbf{0}$ identisch sein. Es ergibt sich also ein Widerspruch. Für den Fall $r' < r$ können wir umgekehrt argumentieren und zeigen, dass

$$\mathbf{v}' = \begin{pmatrix} -\boldsymbol{\alpha}'_{r+1} \\ 1 \\ 0 \\ \vdots \\ 0 \end{pmatrix} \quad \substack{\uparrow \\ n-r'-1 \\ \downarrow} \quad \in L$$

nicht in L liegt. Damit bleibt nur $r' = r$. $\quad\square$

Innerhalb eines linearen Gleichungssystems $A\mathbf{x} = \mathbf{b}$ können wir, wie im skalaren Fall $ax = b$, den Term $A\mathbf{x}$ als Produkt auffassen. Dieses Matrix-Vektor-Produkt ist dabei auf folgende Weise definiert.

Definition 2.9 (Matrix-Vektor-Produkt) *Gegeben sei eine $m \times n$-Matrix über $\mathbb{K}$*

$$A = (a_{ij})_{\substack{1 \le i \le m \\ 1 \le j \le n}} = \begin{pmatrix} a_{11} & a_{12} & \cdots & a_{1n} \\ a_{21} & a_{22} & \cdots & a_{2n} \\ \vdots & \vdots & \vdots & \vdots \\ a_{m1} & a_{m2} & \cdots & a_{mn} \end{pmatrix} \in \mathrm{M}(m \times n, \mathbb{K})$$

sowie ein Spaltenvektor

$$\mathbf{v} = \begin{pmatrix} v_1 \\ v_2 \\ \vdots \\ v_n \end{pmatrix} \in \mathbb{K}^n.$$

Das Matrix-Vektor-Produkt $A \cdot \mathbf{v}$ ist definiert durch

$$A \cdot \mathbf{v} = \begin{pmatrix} a_{11} & a_{12} & \cdots & a_{1n} \\ a_{21} & a_{22} & \cdots & a_{2n} \\ \vdots & \vdots & \vdots & \vdots \\ a_{m1} & a_{m2} & \cdots & a_{mn} \end{pmatrix} \cdot \begin{pmatrix} v_1 \\ v_2 \\ \vdots \\ v_n \end{pmatrix} := \begin{pmatrix} a_{11}v_1 + a_{12}v_2 + \cdots + a_{1n}v_n \\ a_{21}v_1 + a_{22}v_2 + \cdots + a_{2n}v_n \\ \vdots \\ a_{m1}v_1 + a_{m2}v_2 + \cdots + a_{mn}v_n \end{pmatrix} \in \mathbb{K}^m. \quad (2.15)$$

Wir erhalten als Ergebnis einen Vektor aus dem $\mathbb{K}^m$

$$A \cdot \mathbf{v} = \mathbf{b} = \begin{pmatrix} b_1 \\ b_2 \\ \vdots \\ b_m \end{pmatrix}$$

mit den m Komponenten

$$b_i = \sum_{j=1}^{n} a_{ij}v_j, \qquad i = 1, 2, \ldots, m.$$

Damit das Matrix-Vektor-Produkt also definiert ist, muss die Komponentenzahl des Spaltenvektors $\mathbf{v}$ übereinstimmen mit der Spaltenzahl der Matrix A. Das Ergebnis ist ein Spaltenvektor, dessen Komponentenzahl durch die Zeilenzahl von A gegeben ist. Wichtig ist, dass in dieser Definition die Matrix links und der Spaltenvektor rechts steht. Wir dürfen beide Faktoren nicht vertauschen. Das Matrix-Vektor-Produkt ist distributiv, wie leicht nachzuweisen ist, d. h., es gilt für A und beliebige Vektoren $\mathbf{v}_1, \mathbf{v}_2 \in \mathbb{K}^n$

$$A \cdot (\mathbf{v}_1 + \mathbf{v}_2) = A \cdot \mathbf{v}_1 + A \cdot \mathbf{v}_2.$$

Zudem „vererbt" sich ein Faktor vor einem Vektor auf das Ergebnis: Für alle $\lambda \in \mathbb{K}$ und $\mathbf{v} \in \mathbb{K}^n$ gilt

$$A \cdot (\lambda \mathbf{v}) = \lambda (A \cdot \mathbf{v}).$$

Für $m = n = 1$ sind sowohl $A = a$ also auch $\mathbf{v} = v$ Skalare aus $\mathbb{K}$. Das Matrix-Vektor-Produkt $A \cdot \mathbf{v} = av$ ist dann das Produkt in $\mathbb{K}$. Wir sehen uns nun einige Beispiele für das Matrix-Vektor-Produkt an.

(i)
$$A = \begin{pmatrix} 1 & 0 \\ 2 & 3 \end{pmatrix} \in M(2, \mathbb{R}), \qquad \mathbf{v} = \begin{pmatrix} 7 \\ 4 \end{pmatrix} \in \mathbb{R}^2.$$

Es gilt für das Matrix-Vektor-Produkt
$$A \cdot \mathbf{v} = \begin{pmatrix} 1 & 0 \\ 2 & 3 \end{pmatrix} \cdot \begin{pmatrix} 7 \\ 4 \end{pmatrix} = \begin{pmatrix} 1 \cdot 7 + 0 \cdot 4 \\ 2 \cdot 7 + 3 \cdot 4 \end{pmatrix} = \begin{pmatrix} 7 \\ 26 \end{pmatrix} \in \mathbb{R}^2.$$

(ii)
$$A = \begin{pmatrix} 1 & -1 & 2 \\ 3 & 1 & -2 \end{pmatrix} \in M(2 \times 3, \mathbb{R}), \qquad \mathbf{v} = \begin{pmatrix} 1 \\ 2 \\ 3 \end{pmatrix} \in \mathbb{R}^3.$$

Es gilt für das Matrix-Vektor-Produkt
$$A \cdot \mathbf{v} = \begin{pmatrix} 1 & -1 & 2 \\ 3 & 1 & -2 \end{pmatrix} \cdot \begin{pmatrix} 1 \\ 2 \\ 3 \end{pmatrix} = \begin{pmatrix} 1 \cdot 1 - 1 \cdot 2 + 2 \cdot 3 \\ 3 \cdot 1 + 1 \cdot 2 - 2 \cdot 3 \end{pmatrix} = \begin{pmatrix} 5 \\ -1 \end{pmatrix} \in \mathbb{R}^2.$$

(iii)
$$A = \begin{pmatrix} 1 & 2 & 0 & 4 \end{pmatrix} \in M(1 \times 4, \mathbb{R}), \qquad \mathbf{v} = \begin{pmatrix} 0 \\ 1 \\ 2 \\ -1 \end{pmatrix} \in \mathbb{R}^4.$$

Es gilt für das Matrix-Vektor-Produkt
$$A \cdot \mathbf{v} = \begin{pmatrix} 1 & 2 & 0 & 4 \end{pmatrix} \cdot \begin{pmatrix} 0 \\ 1 \\ 2 \\ -1 \end{pmatrix} = 1 \cdot 0 + 2 \cdot 1 + 0 \cdot 2 + 4 \cdot (-1) = -2.$$

Dieses Beispiel stellt einen erwähnenswerten Spezialfall eines Matrix-Vektor-Produkts dar, bei dem ein Zeilenvektor, repräsentiert durch eine $1 \times n$-Matrix, mit einem Spaltenvektor identischer Komponentenzahl multipliziert wird. Das Ergebnis ist stets ein Skalar. Ein derartiges Produkt wird daher auch *Skalarprodukt* genannt. Diese wichtige Multiplikationsform werden wir in Kap. 4 und insbesondere in Kap. 5 noch detailliert behandeln.

(iv) Die bereits eingeführte Matrix-Vektor-Notation eines linearen Gleichungssystems der Gestalt $A \cdot \mathbf{x} = \mathbf{b}$ stellt ebenfalls ein Matrix-Vektor-Produkt dar, bei dem die Koeffizientenmatrix $A \in M(m \times n, \mathbb{K})$ mit dem Vektor $\mathbf{x} \in \mathbb{K}^n$ der Unbekannten $x_1, x_2, \ldots, x_n$ multipliziert wird, sodass sich als Resultat der Vektor $\mathbf{b} \in \mathbb{K}^m$ der rechten Seite ergibt.

2.3 Reguläre und singuläre Matrizen, inverse Matrix

Auf dem Matrix-Vektor-Produkt basiert das Matrixprodukt, bei dem, unter gewissen Voraussetzungen hinsichtlich ihrer Formate, Matrizen miteinander multipliziert werden.

Definition 2.10 (Matrixprodukt) *Es seien $A \in M(m \times n, \mathbb{K})$ und $B \in M(n \times p, \mathbb{K})$ zwei Matrizen beliebigen Formats mit der Eigenschaft, dass die Spaltenzahl von A mit der Zeilenzahl von B übereinstimmt. Ferner sei (wie üblich)*

$$A = (a_{ij})_{\substack{1 \le i \le m \\ 1 \le j \le n}}, \qquad B = (b_{ij})_{\substack{1 \le i \le n \\ 1 \le j \le p}}.$$

Das Matrixprodukt $A \cdot B$ ist definiert als

$$A \cdot B = \left(\sum_{k=1}^{n} a_{ik}b_{kj} \right)_{\substack{1 \le i \le m \\ 1 \le j \le p}} = \left(A \begin{pmatrix} b_{11} \\ b_{21} \\ \vdots \\ b_{n1} \end{pmatrix} \middle| A \begin{pmatrix} b_{12} \\ b_{22} \\ \vdots \\ b_{n2} \end{pmatrix} \middle| \cdots \middle| A \begin{pmatrix} b_{1p} \\ b_{2p} \\ \vdots \\ b_{np} \end{pmatrix} \right) \tag{2.16}$$

$$= (A\mathbf{b}_1 | A\mathbf{b}_2 | \cdots | A\mathbf{b}_p) \in M(m \times p, \mathbb{K}).$$

Hierbei bezeichnet $\mathbf{b}_j$ die j-te Spalte der Matrix B für $j = 1, \ldots, p$.

Zwei passende Matrizen werden also miteinander multipliziert, indem die linke Matrix mit jedem Spaltenvektor der rechten Matrix multipliziert wird und die so entstehenden Ergebnisvektoren nacheinander zu einer Matrix zusammengesetzt werden. Hierbei sind die folgenden Punkte zu beachten.

(i) Bei einem Matrixprodukt $A \cdot B$ muss die Anzahl der Spalten des linken Faktors A mit der Anzahl der Zeilen des rechten Faktors B übereinstimmen, sonst sind die Matrizen nicht miteinander multiplizierbar.

(ii) Die Ergebnismatrix besitzt die Zeilenzahl des linken Faktors A und die Spaltenzahl des rechten Faktors B.

(iii) Bei quadratischen Matrizen mit identischem Format $A, B \in M(n, \mathbb{K})$ sind sowohl $A \cdot B$ als auch $B \cdot A$ definiert. In der Regel ergeben beide Produkte allerdings unterschiedliche Ergebnismatrizen. Das Matrixprodukt ist also nicht kommutativ.

(iv) Das Matrixprodukt ist assoziativ: Für $A \in M(m \times n, \mathbb{K})$, $B \in M(n \times p, \mathbb{K})$ und $C \in M(p \times q, \mathbb{K})$ gilt

$$(A \cdot B) \cdot C = A \cdot (B \cdot C) \in M(m \times q, \mathbb{K}). \tag{2.17}$$

(v) Ist $A \in M(m \times n, \mathbb{K})$ und $B \in M(n \times m, \mathbb{K})$, so sind ebenfalls beide Matrixprodukte $A \cdot B$ und $B \cdot A$ definiert. Die Ergebnismatrizen sind in beiden Fällen quadratisch, aber für $n \ne m$ von unterschiedlichem Format, genauer gilt $A \cdot B \in M(m \times m, \mathbb{K})$ und $B \cdot A \in M(n \times n, \mathbb{K})$.

(vi) Ein Matrix-Vektor-Produkt $A\mathbf{x}$ kann als Matrixprodukt aufgefasst werden, indem der Spaltenvektor $\mathbf{x}$ als $n \times 1$-Matrix betrachtet wird.

(vii) Das Matrixprodukt ist aufgrund der Distributivität des Matrix-Vektor-Produkts ebenfalls distributiv: Es gilt für die Matrizen $A \in M(m \times n, \mathbb{K})$, $B, C \in M(n \times p, \mathbb{K})$ sowie

$D \in \mathrm{M}(p \times q, \mathbb{K})$

$$A(B+C) = AB+AC, \qquad (B+C)D = BD+CD. \tag{2.18}$$

Hierbei werden die formatgleichen Matrizen B und C komponentenweise addiert.

Wir betrachten nun einige Beispiele für Matrixprodukte.

(i)

$$A = \begin{pmatrix} 2 & 3 & 0 \\ 1 & 0 & -1 \\ 0 & 1 & 0 \end{pmatrix}, \qquad B = \begin{pmatrix} 3 & 2 & 2 \\ 4 & -2 & 3 \\ 1 & -1 & 1 \end{pmatrix}.$$

Hier ist sowohl AB als auch BA definiert. Wir berechnen nun beide Produktvarianten.

$$AB = \begin{pmatrix} 2 & 3 & 0 \\ 1 & 0 & -1 \\ 0 & 1 & 0 \end{pmatrix} \begin{pmatrix} 3 & 2 & 2 \\ 4 & -2 & 3 \\ 1 & -1 & 1 \end{pmatrix}$$

$$= \left(\begin{pmatrix} 2 & 3 & 0 \\ 1 & 0 & -1 \\ 0 & 1 & 0 \end{pmatrix} \begin{pmatrix} 3 \\ 4 \\ 1 \end{pmatrix} \quad \begin{pmatrix} 2 & 3 & 0 \\ 1 & 0 & -1 \\ 0 & 1 & 0 \end{pmatrix} \begin{pmatrix} 2 \\ -2 \\ -1 \end{pmatrix} \quad \begin{pmatrix} 2 & 3 & 0 \\ 1 & 0 & -1 \\ 0 & 1 & 0 \end{pmatrix} \begin{pmatrix} 2 \\ 3 \\ 1 \end{pmatrix} \right)$$

$$= \begin{pmatrix} 18 & -2 & 13 \\ 2 & 3 & 1 \\ 4 & -2 & 3 \end{pmatrix},$$

$$BA = \begin{pmatrix} 3 & 2 & 2 \\ 4 & -2 & 3 \\ 1 & -1 & 1 \end{pmatrix} \begin{pmatrix} 2 & 3 & 0 \\ 1 & 0 & -1 \\ 0 & 1 & 0 \end{pmatrix}$$

$$= \left(\begin{pmatrix} 3 & 2 & 2 \\ 4 & -2 & 3 \\ 1 & -1 & 1 \end{pmatrix} \begin{pmatrix} 2 \\ 1 \\ 0 \end{pmatrix} \quad \begin{pmatrix} 3 & 2 & 2 \\ 4 & -2 & 3 \\ 1 & -1 & 1 \end{pmatrix} \begin{pmatrix} 3 \\ 0 \\ 1 \end{pmatrix} \quad \begin{pmatrix} 3 & 2 & 2 \\ 4 & -2 & 3 \\ 1 & -1 & 1 \end{pmatrix} \begin{pmatrix} 0 \\ -1 \\ 0 \end{pmatrix} \right)$$

$$= \begin{pmatrix} 8 & 11 & -2 \\ 6 & 15 & 2 \\ 1 & 4 & 1 \end{pmatrix}.$$

Hier gilt also $AB \neq BA$.

(ii)

$$A = \underbrace{\begin{pmatrix} 2 & 1 & 0 \\ 0 & 0 & 1 \end{pmatrix}}_{2 \times 3}, \qquad B = \underbrace{\begin{pmatrix} 0 & 0 & 1 & 0 & 8 \\ 2 & 2 & 0 & 1 & 0 \\ 1 & 3 & -1 & 0 & 2 \end{pmatrix}}_{3 \times 5}.$$

Hier gilt

$$AB = \begin{pmatrix} 2 & 1 & 0 \\ 0 & 0 & 1 \end{pmatrix} \begin{pmatrix} 0 & 0 & 1 & 0 & 8 \\ 2 & 2 & 0 & 1 & 0 \\ 1 & 3 & -1 & 0 & 2 \end{pmatrix} = \underbrace{\begin{pmatrix} 2 & 2 & 2 & 1 & 16 \\ 1 & 3 & -1 & 0 & 2 \end{pmatrix}}_{2 \times 5}.$$

Wir erkennen, dass das Ergebnis eine Matrix ist, deren Zeilenzahl mit der Zeilenzahl des linken Faktors und deren Spaltenzahl mit der Spaltenzahl des rechten Faktors übereinstimmt. Das Matrixprodukt BA ist in diesem Fall nicht definiert, denn in dieser Konstellation gilt: Spaltenzahl links $= 5 \neq 2 = $ Zeilenzahl rechts.

(iii)

$$A = \underbrace{\begin{pmatrix} 1 & 0 & 3 \\ 0 & 2 & 0 \end{pmatrix}}_{2 \times 3}, \qquad B = \underbrace{\begin{pmatrix} 0 & 7 \\ 4 & 1 \\ 2 & 2 \end{pmatrix}}_{3 \times 2}.$$

Hier sind wieder sowohl AB als auch BA definiert. Die Ergebnismatrizen haben unterschiedliches Format:

$$AB = \begin{pmatrix} 1 & 0 & 3 \\ 0 & 2 & 0 \end{pmatrix} \begin{pmatrix} 0 & 7 \\ 4 & 1 \\ 2 & 2 \end{pmatrix} = \underbrace{\begin{pmatrix} 6 & 13 \\ 8 & 2 \end{pmatrix}}_{2 \times 2}$$

$$BA = \begin{pmatrix} 0 & 7 \\ 4 & 1 \\ 2 & 2 \end{pmatrix} \begin{pmatrix} 1 & 0 & 3 \\ 0 & 2 & 0 \end{pmatrix} = \underbrace{\begin{pmatrix} 0 & 14 & 0 \\ 4 & 2 & 12 \\ 2 & 4 & 6 \end{pmatrix}}_{3 \times 3}$$

Mithilfe der Einstein'schen Summationskonvention ist das Matrixprodukt, aber auch das Matrix-Vektor-Produkt besonders elegant darstellbar. Hierbei nutzen wir die Komponentenschreibweise für Matrizen und Vektoren. Eine $m \times n$-Matrix A, eine $n \times p$-Matrix B bzw. ein Spaltenvektor $\mathbf{v}$ mit n Komponenten seien also über

$$A = (a_{ij}), \quad B = (b_{jk}), \quad \mathbf{v} = (v_j)$$

definiert. Das Produkt einer $m \times n$-Matrix A mit einer $n \times p$-Matrix B basiert nun auf der Summierung von Produkten über den *gemeinsamen* Index j. Das Summenzeichen lassen wir dabei weg:

$$AB = (a_{ij})(b_{jk}) = (a_{ij}b_{jk}) := \left(\sum_{j=1}^{n} a_{ij}b_{jk} \right).$$

Für das Matrix-Vektor-Produkt gehen wir ähnlich vor:

$$A\mathbf{v} = (a_{ij})(v_j) = (a_{ij}v_j) := \left(\sum_{j=1}^{n} a_{ij}v_j \right).$$

Oftmals werden in dieser Notation auch noch die Klammern weggelassen. Mithilfe dieser Schreibweise können wir nun sehr bequem das Assoziativgesetz (2.17) für das Matrixprodukt zeigen. Es sei also A eine $m \times n$-Matrix, B eine $n \times p$-Matrix und C eine $p \times q$-Matrix über $\mathbb{K}$. Dann gilt:

$$(AB)C = (a_{ij}b_{jk})(c_{kl}) = (a_{ij}b_{jk}c_{kl}) = (a_{ij})(b_{jk}c_{kl}) = A(BC),$$

denn es treten in diesen Termen die identischen Summanden mit lediglich unterschiedlicher Summationsreihenfolge auf.

Gelegentlich ist es nützlich, innerhalb größerer Matrizen Einträge zu Untermatrizen (Blöcken) zusammenzufassen. Es ist leicht einzusehen, dass dann das Matrixprodukt auch blockweise berechnet werden kann.

Satz 2.11 (Blockmultiplikationsregel) *Für zwei Matrizen*

$$
A = \begin{pmatrix} A_{11} & A_{12} & \cdots & A_{1n} \\ A_{21} & A_{22} & \cdots & A_{2n} \\ \vdots & \vdots & \cdots & \vdots \\ A_{m1} & A_{m2} & \cdots & A_{mn} \end{pmatrix}, \qquad B = \begin{pmatrix} B_{11} & B_{12} & \cdots & B_{1p} \\ B_{21} & B_{22} & \cdots & B_{2p} \\ \vdots & \vdots & \cdots & \vdots \\ B_{n1} & B_{m2} & \cdots & B_{np} \end{pmatrix},
$$

die sich aus Blockmatrizen $A_{ik} \in M(\mu_i \times \nu_k, \mathbb{K})$ und $B_{kj} \in M(\nu_k \times \pi_j, \mathbb{K})$ aufbauen, gilt:

$$
A \cdot B = \left(\sum_{k=1}^{n} A_{ik} B_{kj} \right)_{\substack{1 \le i \le m \\ 1 \le j \le p}}
$$

$$
= \begin{pmatrix} A_{11}B_{11} + \cdots + A_{1n}B_{n1} & \cdots & A_{11}B_{1p} + A_{12}B_{2p} + \cdots + A_{1n}B_{np} \\ A_{21}B_{11} + \cdots + A_{2n}B_{n1} & \cdots & A_{21}B_{1p} + A_{22}B_{2p} + \cdots + A_{2n}B_{np} \\ \vdots & \cdots & \vdots \\ A_{m1}B_{11} + \cdots + A_{mn}B_{n1} & \cdots & A_{m1}B_{1p} + A_{m2}B_{2p} + \cdots + A_{mn}B_{np} \end{pmatrix}
$$

$$
\in M\left(\sum_{i=1}^{m} \mu_i \times \sum_{j=1}^{p} \pi_j, \mathbb{K} \right).
$$

Ähnlich wie sich die Zahl 1 bei der Multiplikation von Zahlen neutral auswirkt, wirkt sich die Einheitsmatrix neutral bezüglich der Multiplikation mit Matrizen aus, was sehr leicht zu erkennen ist.

Satz 2.12 *Für jede $m \times n$-Matrix A gilt*

$$
E_m A = A = A E_n. \tag{2.19}
$$

Die folgenden, für quadratische Matrizen definierten Begriffe haben eine zentrale Bedeutung in der Matrizentheorie.

Definition 2.13 (Reguläre und singuläre Matrix) *Es sei $A \in M(n, \mathbb{K})$ eine $n \times n$-Matrix über einem Körper $\mathbb{K}$. Falls das homogene lineare Gleichungssystem*

$$
A\mathbf{x} = \mathbf{0}
$$

nur trivial, also eindeutig und damit ausschließlich durch den Nullvektor $\mathbf{x} = \mathbf{0}$ lösbar ist, so heißt die Matrix A regulär. Umgekehrt gilt: Falls das obige homogene lineare Gleichungssystem mehrdeutig lösbar ist und damit nicht-triviale Lösungen besitzt, wird A als singuläre Matrix bezeichnet. Eine quadratische $n \times n$-Matrix über $\mathbb{K}$ ist also entweder regulär oder singulär.

Beispiele:

(i)

$$A = \begin{pmatrix} 1 & 2 \\ 2 & 4 \end{pmatrix}$$

Hier gilt

$$A\mathbf{x} = \mathbf{0} \iff \begin{pmatrix} 1 & 2 \\ 2 & 4 \end{pmatrix} \mathbf{x} = \mathbf{0} \iff \begin{pmatrix} 1 & 2 \\ 0 & 0 \end{pmatrix} \mathbf{x} = \mathbf{0} \iff \mathbf{x} \in \left\langle \begin{pmatrix} -2 \\ 1 \end{pmatrix} \right\rangle.$$

Es gibt unendlich viele Lösungen bzw. es gilt Rang $A < 2$, also ist A singulär.

(ii)

$$A = \begin{pmatrix} 1 & 2 \\ 0 & 1 \end{pmatrix}$$

Hier gilt

$$A\mathbf{x} = \mathbf{0} \iff \begin{pmatrix} 1 & 2 \\ 0 & 1 \end{pmatrix} \mathbf{x} = \mathbf{0} \iff \begin{pmatrix} 1 & 0 \\ 0 & 1 \end{pmatrix} \mathbf{x} = \mathbf{0} \iff \mathbf{x} = \mathbf{0}.$$

Es gibt nur die triviale Lösung bzw. es gilt Rang $A = 2$, also ist A regulär.

Die Regularität bzw. die Singularität einer quadratischen Matrix hat offenbar etwas mit ihrem Rang zu tun. Wir stellen fest:

Satz 2.14 (Regularität/Singularität und Rang) *Es sei $A \in \mathrm{M}(n, \mathbb{K})$ eine $n \times n$-Matrix über einem Körper $\mathbb{K}$. Dann gelten*

(i) Rang $A = n \iff A$ *regulär,*

(ii) Rang $A < n \iff A$ *singulär.*

Wie unterscheidet sich eigentlich prinzipiell die Lösungsmenge eines lösbaren inhomogenen linearen Gleichungssystems $A\mathbf{x} = \mathbf{b}$ von der des entsprechenden homogenen Systems $A\mathbf{x} = \mathbf{0}$? Gehen wir der Einfachheit halber einmal davon aus, dass zum Erreichen der Lösungsnormalform keine Spaltenvertauschungen im Tableau nötig sind. Dann besteht im Lösungstableau des Gauß-Verfahrens der Unterschied nur rechts von der Trennlinie zwischen Matrix und rechter Seite:

$$A\mathbf{x} = \mathbf{b}: \quad [A|\mathbf{b}] \to \cdots \to \left[\begin{array}{c|c} E_r|\boldsymbol{\alpha}_1|\cdots|\boldsymbol{\alpha}_{n-r} & \boldsymbol{\beta} \\ \hline 0_{m-r \times n} & 0_{m-r} \end{array} \right]$$

$$A\mathbf{x} = \mathbf{0}: \quad [A|\mathbf{0}] \to \cdots \to \left[\begin{array}{c|c} E_r|\boldsymbol{\alpha}_1|\cdots|\boldsymbol{\alpha}_{n-r} & \mathbf{0}_r \\ \hline 0_{m-r \times n} & 0_{m-r} \end{array} \right]$$

mit $r = \mathrm{Rang}\, A$ und $\boldsymbol{\alpha}_1, \dots, \boldsymbol{\alpha}_{n-r}, \boldsymbol{\beta} \in \mathbb{K}^r$. Die Nullvektoren des $\mathbb{K}^r$ bzw. des $\mathbb{K}^{m-r}$ werden hierbei mit $\mathbf{0}_r$ bzw. $\mathbf{0}_{m-r}$ bezeichnet. Im ersten Fall des inhomogenen Systems lautet die Lösungsmenge nach der Ableseregel

$$\{\mathbf{x} \in \mathbb{K}^n : A\mathbf{x} = \mathbf{b}\} = \begin{pmatrix} \boldsymbol{\beta} \\ 0 \\ 0 \\ \vdots \\ 0 \end{pmatrix} + \left\langle \begin{pmatrix} -\boldsymbol{\alpha}_1 \\ 1 \\ 0 \\ \vdots \\ 0 \end{pmatrix}, \ldots, \begin{pmatrix} -\boldsymbol{\alpha}_{n-r} \\ 0 \\ \vdots \\ 0 \\ 1 \end{pmatrix} \right\rangle.$$

Im zweiten Fall des homogenen Systems wird lediglich der additive Stützvektor durch den Nullvektor ersetzt bzw. einfach weggelassen:

$$\{\mathbf{x} \in \mathbb{K}^n : A\mathbf{x} = \mathbf{0}\} = \left\langle \begin{pmatrix} -\boldsymbol{\alpha}_1 \\ 1 \\ 0 \\ \vdots \\ 0 \end{pmatrix}, \ldots, \begin{pmatrix} -\boldsymbol{\alpha}_{n-r} \\ 0 \\ \vdots \\ 0 \\ 1 \end{pmatrix} \right\rangle.$$

Die letzte Menge würde sich nicht verändern, wenn wir einen Stützvektor aus dieser Menge hinzuaddieren. Wir können dies verallgemeinern:

Bemerkung 2.15 *Es seien* $\mathbf{b}_1, \ldots, \mathbf{b}_p$ *Vektoren eines K-Vektorraums V. Für jedes* $\mathbf{x} \in \langle \mathbf{b}_1, \ldots, \mathbf{b}_p \rangle$ *gilt dann*

$$\mathbf{x} + \langle \mathbf{b}_1, \ldots, \mathbf{b}_p \rangle = \langle \mathbf{b}_1, \ldots, \mathbf{b}_p \rangle.$$

Der Nachweis sei als Übung empfohlen. Hieraus wird die folgende Regel ersichtlich.

Satz 2.16 (Zusammenhang zwischen homogenem und inhomogenem linearem Gleichungssystem) *Es sei* $A \in \mathrm{M}(m \times n, \mathbb{K})$ *eine* $m \times n$-*Matrix über einem Körper* $\mathbb{K}$ *sowie* $\mathbf{b} \in \mathbb{K}^m$ *ein Spaltenvektor. Das inhomogene lineare Gleichungssystem* $A\mathbf{x} = \mathbf{b}$ *habe (mindestens) eine Lösung* $\mathbf{x}_s \in \mathbb{K}^n$. *Dann gilt: Die Menge L aller Lösungen des inhomogenen linearen Gleichungssystems* $A\mathbf{x} = \mathbf{b}$ *ist die Summe aus einer speziellen Lösung* $\mathbf{x}_s$ *des inhomogenen linearen Gleichungssystems und der Menge* L_0 *aller Lösungen des homogenen linearen Gleichungssystems* $A\mathbf{x} = \mathbf{0}$:

$$L = \mathbf{x}_s + L_0. \tag{2.20}$$

Dabei kommt es nicht auf die Wahl der speziellen Lösung $\mathbf{x}_s$ *des inhomogenen linearen Gleichungssystems an.*

In der Tat ändert sich die Lösungsmenge des inhomogenen Systems nicht, wenn eine andere spezielle Lösung verwendet wird. Für zwei spezielle Lösungen $\mathbf{x}_s, \mathbf{x}_p \in L$ ist ihre Differenz $\mathbf{x}_s - \mathbf{x}_p$ eine Lösung des homogenen Systems $A\mathbf{x} = \mathbf{0}$, denn es gilt

$$A(\mathbf{x}_s - \mathbf{x}_p) = A\mathbf{x}_s - A\mathbf{x}_p = \mathbf{b} - \mathbf{b} = \mathbf{0}.$$

Damit gilt aufgrund von Bemerkung 2.15

$$L = \mathbf{x}_s + L_0 = \mathbf{x}_p + \underbrace{\mathbf{x}_s - \mathbf{x}_p}_{\in L_0} + L_0 = \mathbf{x}_p + L_0.$$

Die Lösungsmenge L_0 des homogenen Systems ist bezüglich der skalaren Multiplikation und der Vektoraddition abgeschlossen, d. h., es gilt für zwei Vektoren $\mathbf{v}_1, \mathbf{v}_2 \in L_0$ und $\lambda \in \mathbb{K}$, dass auch $\mathbf{v}_1 + \mathbf{v}_2$ und $\lambda \mathbf{v}_1$ Elemente von L_0 sind. Da die Rechenregeln für Vektorräume auch für $\mathbf{v}_1$ und $\mathbf{v}_2$ gelten, hat die Lösungsmenge L_0 des homogenen Systems $A\mathbf{x} = \mathbf{0}$ ihrerseits Vektorraumstruktur. Da sie eine Teilmenge des $\mathbb{K}^n$ ist, spricht man auch von einem Teilraum oder Untervektorraum des $\mathbb{K}^n$. Für die Lösungsmenge L des inhomogenen Systems $A\mathbf{x} = \mathbf{b}$ mit $\mathbf{b} \neq \mathbf{0}$ gilt dies jedoch nicht, da diese Menge nicht die Abgeschlossenheitseigenschaft besitzt. Denn für $\mathbf{x}_s, \mathbf{x}_p \in L$ gilt

$$A(\mathbf{x}_s + \mathbf{x}_p) = A\mathbf{x}_s + A\mathbf{x}_p = \mathbf{b} + \mathbf{b} \neq \mathbf{b}, \quad \text{da} \quad \mathbf{b} \neq \mathbf{0}.$$

Damit ist die Summe beider Lösungsvektoren kein Lösungsvektor des inhomogenen Systems, also kein Element der Menge L. Insofern kann bei L nicht von einem Teilraum die Rede sein. Für $\mathbf{b} \neq \mathbf{0}$ enthält L nicht einmal den Nullvektor, was in jedem Vektorraum gefordert wird. Da den Unterschied zwischen L und L_0 nur ein additiver Stützvektor darstellt, der durch eine beliebige spezielle Lösung des inhomogenen Systems gegeben ist, spricht man bei L von einem verschobenen oder affinen Teilraum des $\mathbb{K}^n$. Die Betrachtung der Menge aller möglichen affinen Teilräume $\mathbf{v} + U$ bei einem zuvor festgelegten Teilraum U und variierendem Stützvektor $\mathbf{v}$ führt auf den Begriff des Quotientenvektorraums, den wir an dieser Stelle aber noch nicht näher definieren wollen.

Die Spalten der Einheitsmatrix sind in ihren Komponenten aus Nullen und der Eins sehr einfach aufgebaut. Wir widmen ihnen eine eigene Bezeichnung.

Definition 2.17 (Kanonische Einheitsvektoren) *Gegeben sei der Vektorraum $\mathbb{K}^n$. Die n Vektoren*

$$\hat{\mathbf{e}}_1 = \begin{pmatrix} 1 \\ 0 \\ 0 \\ \vdots \\ 0 \end{pmatrix}, \quad \hat{\mathbf{e}}_2 = \begin{pmatrix} 0 \\ 1 \\ 0 \\ \vdots \\ 0 \end{pmatrix}, \quad \dots, \quad \hat{\mathbf{e}}_n = \begin{pmatrix} 0 \\ 0 \\ 0 \\ \vdots \\ 1 \end{pmatrix} \in \mathbb{K}^n \qquad (2.21)$$

heißen die n kanonischen Einheitsvektoren des $\mathbb{K}^n$.

Diese Vektoren bilden in dieser Reihenfolge die Spalten der $n \times n$-Einheitsmatrix: $E_n = (\hat{\mathbf{e}}_1 | \cdots | \hat{\mathbf{e}}_n)$.

Satz 2.18 (Existenz und Eindeutigkeitssatz für lineare Gleichungssysteme mit regulärer Matrix) *Es sei $A \in \mathrm{M}(n, \mathbb{K})$ eine reguläre Matrix, $\mathbf{b} \in \mathbb{K}^n$ ein beliebiger Spaltenvektor. Dann ist das lineare Gleichungssystem $A\mathbf{x} = \mathbf{b}$ eindeutig lösbar.*

Begründung. Da A regulär ist, hat das homogene lineare Gleichungssystem $A\mathbf{x} = \mathbf{0}$ nur die triviale Lösung. Der Lösungsraum besteht also nur aus dem Nullvektor $L_0 = \{\mathbf{0}\}$. Wenn $\mathbf{x}_s$ nun eine spezielle Lösung des inhomogenen Systems $A\mathbf{x} = \mathbf{b}$ ist, so lautet die Lösungsmenge des inhomogenen Systems aufgrund des vorherigen Satzes: $L = \mathbf{x}_s + L_0 = \{\mathbf{x}_s\}$. Hieraus folgt zunächst die Eindeutigkeit der Lösung $\mathbf{x}_s$ für das inhomogene System. Ihre Existenz ergibt sich durch das Gauß-Verfahren. Da A regulär ist, folgt nach Satz 2.14, dass $\mathrm{Rang}\, A = n$ gilt. Das Tableau $[A|\mathbf{b}]$ führt somit zum Endtableau $[E_n|\boldsymbol{\beta}]$, woraus die (eindeutige) Lösung $\mathbf{x}_s = \boldsymbol{\beta}$ ablesbar ist. $\square$

Im skalaren Fall erhalten wir die Lösung einer linearen Gleichung $ax = b$ für zwei Konstanten $a, b \in \mathbb{R}$ mit $a \neq 0$, indem wir diese Gleichung durch den Wert a teilen. Wie überträgt sich dieses „Auflösungsverfahren" auf die Matrizenwelt? Welcher Eigenschaft von Matrizen entspricht die hierfür im Skalaren notwendige Bedingung $a \neq 0$? Diese Überlegungen führen auf den Begriff der inversen Matrix.

Satz/Definition 2.19 (Inverse Matrix) *Es sei $A \in \mathrm{M}(n, \mathbb{K})$ eine reguläre Matrix. Die n inhomogenen linearen Gleichungssysteme*

$$A\mathbf{x}_1 = \hat{\mathbf{e}}_1, \ldots, A\mathbf{x}_n = \hat{\mathbf{e}}_n \tag{2.22}$$

haben aufgrund des vorausgegangenen Satzes jeweils eine eindeutige Lösung $\boldsymbol{\beta}_1, \ldots, \boldsymbol{\beta}_n \in \mathbb{K}^n$. Sie können simultan in einem gemeinsamen Tableau berechnet werden:

$$\left[A \big| \hat{\mathbf{e}}_1 \big| \cdots \big| \hat{\mathbf{e}}_n\right] \to \cdots \to \left[E_n \big| \boldsymbol{\beta}_1 \big| \cdots \big| \boldsymbol{\beta}_n\right]. \tag{2.23}$$

Damit gilt

$$A\boldsymbol{\beta}_1 = \hat{\mathbf{e}}_1, A\boldsymbol{\beta}_2 = \hat{\mathbf{e}}_2, \ldots, A\boldsymbol{\beta}_n = \hat{\mathbf{e}}_n. \tag{2.24}$$

Werden diese Lösungen in dieser Reihenfolge als Spalten einer Matrix aufgefasst, so gilt

$$A\left(\boldsymbol{\beta}_1 \big| \cdots \big| \boldsymbol{\beta}_n\right) = E_n. \tag{2.25}$$

Die Matrix $\left(\boldsymbol{\beta}_1 \big| \cdots \big| \boldsymbol{\beta}_n\right)$ heißt die zu A inverse Matrix (oder die Inverse von A) und wird mit A^{-1} bezeichnet. Es gilt also $A \cdot A^{-1} = E_n$.

Wir betrachten beispielsweise die reelle 2×2-Matrix

$$A = \begin{pmatrix} 1 & 4 \\ 3 & 6 \end{pmatrix}.$$

Der Versuch, die inverse Matrix A^{-1} per Tableau zu berechnen, beantwortet auch die Frage, ob A regulär oder singulär ist. Denn gelingt die Berechnung mit eindeutigen Lösungen $\boldsymbol{\beta}_1, \boldsymbol{\beta}_2 \in \mathbb{R}^2$, so geht dies mit dem vollen Rang für A einher, was wiederum zur Regularität von A äquivalent ist. Es gilt nun

$$[A|E_2] = \begin{bmatrix} 1 & 4 & 1 & 0 \\ 3 & 6 & 0 & 1 \end{bmatrix} \to \begin{bmatrix} 1 & 4 & 1 & 0 \\ 0 & -6 & -3 & 1 \end{bmatrix} \to \begin{bmatrix} 1 & 0 & -1 & \frac{2}{3} \\ 0 & 1 & \frac{1}{2} & -\frac{1}{6} \end{bmatrix} = [E_2|A^{-1}].$$

Hieraus ergibt sich zunächst die Regularität von A, da $\mathrm{Rang}\, A = 2$ ist. Außerdem lesen wir die inverse Matrix aus dem Endtableau ab:

$$A^{-1} = \begin{pmatrix} -1 & 2/3 \\ 1/2 & -1/6 \end{pmatrix}.$$

Damit gilt

$$AA^{-1} = \begin{pmatrix} 1 & 4 \\ 3 & 6 \end{pmatrix} \begin{pmatrix} -1 & 2/3 \\ 1/2 & -1/6 \end{pmatrix} = \begin{pmatrix} 1 & 0 \\ 0 & 1 \end{pmatrix} = E_2.$$

Einige zentrale Eigenschaften der inversen Matrix sind sehr nützlich.

Satz 2.20 (Eigenschaften der inversen Matrix) *Es sei $A \in M(n, \mathbb{K})$ eine reguläre Matrix. Dann gelten für die inverse Matrix A^{-1} folgende Eigenschaften:*

(i) *Doppelte Inversion: A^{-1} ist ebenfalls regulär, und es gilt für die Inverse der inversen Matrix $(A^{-1})^{-1} = A$ oder anders ausgedrückt:*

$$A^{-1}A = E_n.$$

Die Matrix A^{-1} hat also sowohl links- als auch rechtsinverse Eigenschaft $A^{-1}A = E_n = AA^{-1}$.

(ii) *Eindeutigkeit der inversen Matrix: Gilt für eine weitere Matrix $C \in M(n, \mathbb{K})$ die Gleichung $AC = E_n$, so muss bereits $C = A^{-1}$ folgen. Es gibt also keine andere Matrix als A^{-1} mit dieser Eigenschaft.*

Begründung. Zunächst zur Eindeutigkeit: Es seien $c_1, \ldots c_n$ die Spalten der Matrix C mit $AC = E_n$. Aus $AC = E_n$ folgt nun aufgrund der Definition des Matrixprodukts

$$A c_i = \hat{e}_i, \qquad i = 1, \ldots, n.$$

Damit ist c_i Lösungsvektor des inhomogenen linearen Gleichungssystems $Ax = \hat{e}_i$. Da A regulär ist, kann es nur einen Lösungsvektor geben, der bereits durch die i-te Spalte der inversen Matrix A^{-1} gegeben ist. Damit sind die Spalten von C die Spalten von A^{-1}.

Zur Regularität von A^{-1}: Wenn wir das homogene lineare Gleichungssystem $A^{-1}x = 0$ betrachten, so können wir dieses auf beiden Seiten von links mit der Matrix A durchmultiplizieren (angedeutet durch den Multiplikationspunkt *rechts* von A in der ersten Zeile):

$$
\begin{aligned}
& A^{-1}x = 0 \quad | \quad A \cdot \\
\Longleftrightarrow \quad & \underbrace{AA^{-1}}x = A \cdot 0 \\
& {\scriptstyle =E_n x = x} \\
\Longleftrightarrow \quad & \qquad x = 0.
\end{aligned}
$$

Das homogene lineare Gleichungssystem $A^{-1}x = 0$ ist demnach ebenfalls nur eindeutig lösbar durch $x = 0$. Per definitionem ist daher A^{-1} regulär. Zur Bestimmung der inversen Matrix von A^{-1} betrachten wir den Ansatz

$$(A^{-1}) \cdot (A^{-1})^{-1} = E_n.$$

Die Multiplikation dieser Gleichung von links mit A liefert wegen $A \cdot A^{-1} = E_n$

$$(A^{-1})^{-1} = A.$$

Die Inverse der Inversen von A ist also wieder A. □

Ist $A \in M(n, \mathbb{K})$ regulär, so existiert ihre inverse Matrix $A^{-1} \in M(n, \mathbb{K})$ mit $A^{-1}A = E_n = AA^{-1}$. Wir bezeichnen dann A in dieser Situation als invertierbare Matrix. Gilt für zwei Matrizen $A, C \in M(n, \mathbb{K})$ die Eigenschaft $AC = E_n$, so müssen beide Faktoren A und C regulär sein. Denn aus dem Ansatz $Cx = 0$ folgt nach Linksmultiplikation mit A die Gleichung $(AC)x = 0$. Da $AC = E_n$ ist, folgt $x = 0$, was die Regularität und damit die Invertierbarkeit von C nach sich zieht. Aus dem Ansatz $Ax = 0$ folgt wegen der Invertierbarkeit von C die Gleichung $(AC)C^{-1}\mathbf{x} = \mathbf{0}$. Wegen $AC = E_n$ ergibt sich $C^{-1}\mathbf{x} = 0$. Nach Linksmultiplikation mit C folgt auch hier $\mathbf{x} = 0$. Somit ist auch der Faktor A regulär und damit invertierbar. Die Regularität zweier Matrizen $A, C \in M(n, \mathbb{K})$ ist also auch notwendig für die Zerlegung $AC = E_n$. Invertierbarkeit und Regularität sind äquivalente Eigenschaften.

Auch für die prägende Eigenschaft der Einheitsmatrix, nämlich ihre multiplikative Neutralität, gibt es eine Eindeutigkeitsaussage.

Wir wissen bereits, dass

$$E_n A = A = A E_n \qquad \text{für alle} \qquad A \in M(n, \mathbb{K}).$$

Es sei nun $B \in M(n, \mathbb{K})$ eine weitere Matrix mit der Eigenschaft $AB = A$ für alle $A \in M(n, \mathbb{K})$. Dann gilt

$$B = E_n B = E_n,$$

also $B = E_n$. Beide Matrizen müssen dann bereits übereinstimmen. Vorsicht ist allerdings in einigen speziellen Situationen geboten, wie die folgende Feststellung zeigt.

Bemerkung 2.21 *Es sei $A \in M(n, \mathbb{K})$. Gilt für $B \in M(n, \mathbb{K})$ die Gleichung*

$$AB = A,$$

so braucht nicht notwendig $B = E_n$ zu sein.

Ein Beispiel soll diesen Sachverhalt illustrieren. Es gilt

$$\underbrace{\begin{pmatrix} 0 & 0 \\ 0 & 2 \end{pmatrix}}_{A} \cdot \underbrace{\begin{pmatrix} 2 & 0 \\ 0 & 1 \end{pmatrix}}_{B} = \underbrace{\begin{pmatrix} 0 & 0 \\ 0 & 2 \end{pmatrix}}_{A}.$$

Dies ist aber kein Widerspruch zur Eindeutigkeit der Einheitsmatrix. Entscheidend ist, dass die Neutralitätseigenschaft der Einheitsmatrix allgemein, also für alle Matrizen gilt. Dieses Beispiel zeigt die Rechtsneutralität von B nur in einer speziellen Situation.

Falls jedoch A und B zwei reguläre $n \times n$-Matrizen sind, so gilt sogar in dieser speziellen Situation die Übereinstimmung von B mit der Einheitsmatrix:

$$AB = A \iff \underbrace{A^{-1}AB}_{=B} = \underbrace{A^{-1}A}_{=E_n} \iff B = E_n.$$

Bei der gewöhnlichen Multiplikation von Zahlen kann vom Verschwinden eines Produkts zweier Zahlen $ab = 0$ bereits auf das Verschwinden (mindestens) einer der beiden Faktoren geschlossen werden, es ist dann $a = 0$ oder $b = 0$. Dies kann so auf Matrizen nicht übertragen werden, wie das folgende Beispiel zeigt:

$$\underbrace{\begin{pmatrix} 1 & 1 \\ 1 & 1 \end{pmatrix}}_{A} \cdot \underbrace{\begin{pmatrix} 1 & -1 \\ -1 & 1 \end{pmatrix}}_{B} = \begin{pmatrix} 0 & 0 \\ 0 & 0 \end{pmatrix}.$$

Obwohl das Produkt von A und B die Nullmatrix ergibt, sind beide Faktoren von der Nullmatrix verschieden.

Wir können aber eine alternative Regel aufstellen. Hierzu überlegen wir, welche Eigenschaft quadratischer Matrizen im Hinblick auf ihre Multiplikation mit der Eigenschaft des Skalars 0 bei der Multiplikation in $\mathbb{K}$ korrespondiert. Es ist nicht die Nullmatrix, sondern die *Singularität* einer Matrix. So lautet die Verallgemeinerung der skalaren Regel $ab = 0 \iff a = 0 \lor b = 0$ für Matrizen $A, B \in \mathrm{M}(n, \mathbb{K})$:

$$AB \quad \text{singulär} \quad \iff \quad A \quad \text{singulär} \quad \lor \quad B \quad \text{singulär}.$$

Anders ausgedrückt: Das Produkt zweier regulärer $n \times n$-Matrizen ist wieder eine reguläre $n \times n$-Matrix. Diese Aussage kann sehr leicht mit dem Multiplikationssatz für Determinanten von Abschn. 2.6 gezeigt werden. Wir können diesen Sachverhalt aber auch mit unseren bisherigen Mitteln nachweisen. Dabei ergibt sich eine Aussage, wie die Inverse der Produktmatrix sich aus den Inversen der beiden Faktoren berechnen lässt.

Satz 2.22 (Inversionsregel für das Produkt regulärer Matrizen) *Es seien $A, B \in \mathrm{M}(n, \mathbb{K})$ zwei reguläre $n \times n$-Matrizen über $\mathbb{K}$. Dann ist die $n \times n$-Matrix AB ebenfalls regulär, und es gilt für die Inverse des Produkts*

$$(A \cdot B)^{-1} = B^{-1} \cdot A^{-1}. \tag{2.26}$$

Beweis. Sind A und B regulär, so existieren die jeweiligen inversen Matrizen A^{-1} und B^{-1} mit

$$AA^{-1} = E_n = BB^{-1}.$$

Dann gilt

$$(AB)(B^{-1}A^{-1}) = A(BB^{-1})A^{-1} = AE_nA^{-1} = AA^{-1} = E_n.$$

Also gilt

$$(AB)(B^{-1}A^{-1}) = E_n.$$

Die Produktmatrix AB ist also invertierbar, und es gilt für ihre Inverse aufgrund ihrer Eindeutigkeit:

$$(AB)^{-1} = B^{-1}A^{-1}.$$

Hierbei ist auf das Vertauschen der Faktoren beim Auflösen der Klammern zu achten. $\quad\square$

Diese Regel lässt sich auf $k \geq 2$ reguläre Faktoren leicht erweitern: Sind $A_1, A_2, \ldots, A_k$ reguläre Matrizen gleichen Formats, so ist auch ihr Produkt invertierbar, und es gilt

$$(A_1 \cdot A_2 \cdots A_{k-1} \cdot A_k)^{-1} = A_k^{-1} \cdot A_{k-1}^{-1} \cdots A_2^{-1} \cdot A_1^{-1}.$$

Produkte regulärer Matrizen sind also regulär. Die Inverse eines Produkts kann also mithilfe der einzelnen Inversen der Faktoren berechnet werden, indem die Reihenfolge der Multiplikation dabei umgekehrt wird.

Da nun die Menge aller regulären $n \times n$-Matrizen über $\mathbb{K}$ multiplikativ abgeschlossen und die $n \times n$-Einheitsmatrix ebenfalls regulär ist, erhalten wir aufgrund der Assoziativität des Matrixprodukts eine Menge, die bezüglich der Matrixmultiplikation Gruppeneigenschaft besitzt.

Satz/Definition 2.23 (**Allgemeine lineare Gruppe**) *Die regulären $n \times n$-Matrizen über einem Körper $\mathbb{K}$ bilden bezüglich der Matrixmultiplikation eine Gruppe*

$$\mathrm{GL}(n,\mathbb{K}) := \{A \in \mathrm{M}(n,\mathbb{K}) : A \text{ regulär}\}. \tag{2.27}$$

Diese Menge heißt allgemeine lineare Gruppe[4] des Grades n über $\mathbb{K}$. Das neutrale Element dieser Gruppe ist die $n \times n$-Einheitsmatrix E_n. Für $A \in \mathrm{GL}(n,\mathbb{K})$ ist A^{-1} (links-)inverses Element.

Allein aus der Gruppeneigenschaft folgt bereits die Eindeutigkeit des neutralen Elementes E_n sowie die Eindeutigkeit des zu $A \in \mathrm{GL}(n,\mathbb{K})$ inversen Elementes A^{-1}. Ebenso ist durch die Gruppeneigenschaft von $\mathrm{GL}(n,\mathbb{K})$ schon klar, dass E_n links- und rechtsneutral sowie A^{-1} links- und rechtsinvers ist. Ist nun $A \in \mathrm{GL}(n,\mathbb{K})$ eine reguläre Matrix, so ist für jeden Vektor $\mathbf{b} \in \mathbb{K}^n$ das lineare Gleichungssystem $A\mathbf{x} = \mathbf{b}$ eindeutig lösbar. Wir können nun die Lösung durch Auflösen nach $\mathbf{x}$ bestimmen, indem wir $A\mathbf{x} = \mathbf{b}$ mit der inversen Matrix A^{-1} von links durchmultiplizieren (daher der Multiplikationspunkt rechts von A^{-1} in der ersten Zeile):

$$A\mathbf{x} = \mathbf{b} \qquad | \quad A^{-1}\cdot$$
$$\Longleftrightarrow \underbrace{A^{-1}A\mathbf{x}}_{=E_n\mathbf{x}=\mathbf{x}} = A^{-1} \cdot \mathbf{b}$$
$$\Longleftrightarrow \qquad \mathbf{x} = A^{-1}\mathbf{b}.$$

Die eindeutige Lösung lautet also $\mathbf{x} = A^{-1}\mathbf{b}$.

Die Menge $\mathrm{M}(m \times n,\mathbb{K})$ aller $m \times n$-Matrizen kann auch als Vektorraum $\mathbb{K}^{mn}$ aufgefasst werden, indem wir die $m \cdot n$ Komponenten a_{ij} einer Matrix A für $i = 1,\dots,m$ und $j = 1,\dots,n$ untereinander zu einem Spaltenvektor aufreihen. Die im Vektorraum $\mathbb{K}^{mn}$ definierte komponentenweise Addition und skalare Multiplikation definiert dann die Summe zweier gleichformatiger Matrizen als Summe ihrer korrespondierenden Komponenten und das Produkt einer Matrix mit einem Skalar, indem jede Komponente a_{ij} mit dem Skalar multipliziert wird. Wir haben die Summe gleichformatiger Matrizen bereits bei der Behandlung des Distributivgesetzes (2.18) definiert.

Definition 2.24 (**Addition und skalare Multiplikation bei Matrizen**) *Es seien $A, B \in \mathrm{M}(m \times n,\mathbb{K})$ zwei Matrizen gleichen Formats mit den Komponentendarstellungen*

$$A = (a_{ij})_{\substack{1 \leq i \leq m \\ 1 \leq j \leq n}}, \qquad B = (b_{ij})_{\substack{1 \leq i \leq m \\ 1 \leq j \leq n}}$$

sowie $\lambda \in \mathbb{K}$ ein Skalar. Wir definieren die

(i) *Addition: $A + B := (a_{ij} + b_{ij})_{\substack{1 \leq i \leq m \\ 1 \leq j \leq n}}$,*

(ii) *skalare Multiplikation: $\lambda A := A\lambda := (\lambda a_{ij})_{\substack{1 \leq i \leq m \\ 1 \leq j \leq n}}$*

jeweils komponentenweise.

Beispiel: Es seien

$$A = \begin{pmatrix} 1 & 2 & 5 \\ 3 & 0 & -4 \end{pmatrix}, \qquad B = \begin{pmatrix} 1 & -2 & -6 \\ 2 & 1 & 4 \end{pmatrix}.$$

---

[4] engl.: general linear group – daher die Abkürzung $\mathrm{GL}(n,\mathbb{K})$

Dann ist

$$A + B = \begin{pmatrix} 2 & 0 & -1 \\ 5 & 1 & 0 \end{pmatrix}$$

und beispielsweise

$$3A = \begin{pmatrix} 3 & 6 & 15 \\ 9 & 0 & -12 \end{pmatrix}.$$

Satz 2.25 (Vektorraumeigenschaft der gleichformatigen Matrizen) *Die Menge aller* $m \times n$*-Matrizen* $M(m \times n, \mathbb{K})$ *über einem Körper* $\mathbb{K}$ *bildet bezüglich der Matrixaddition und der skalaren Multiplikation einen* $\mathbb{K}$*-Vektorraum.*

Damit gelten sämtliche Rechenregeln, wie sie in Vektorräumen axiomatisch gefordert werden, auch in entsprechender Weise für Matrizen. Quadratische Matrizen gleichen Formats sind miteinander multiplizierbar. Die Produktmatrizen haben dabei das gleiche Format wie die Faktoren. Zusammen mit der Addition von Matrizen bildet die Menge der $n \times n$-Matrizen eine uns bereits bekannte algebraische Struktur. Wir können dabei das Matrixprodukt auch für Matrizen definieren, deren Komponenten aus einem Ring R stammen. Das Matrixprodukt ist dabei formal genauso definiert wie im Fall $R = \mathbb{K}$.

Satz/Definition 2.26 (Matrizenring) *Es sei* R *ein Ring mit Einselement* 1. *Die Menge* $M(n, R)$ *der* $n \times n$*-Matrizen über* R *bildet bezüglich der Matrixaddition und der Matrixmultiplikation einen Ring, dessen Nullelement die* $n \times n$*-Nullmatrix* $0_{n \times n}$ *und dessen Einselement die* $n \times n$*-Einheitsmatrix* E_n *darstellt.*

In vielen Fällen ist $R = \mathbb{K}$ ein Körper. Dennoch ist der Matrizenring $M(n, \mathbb{K})$ weder kommutativ noch nullteilerfrei, wie wir bereits exemplarisch gesehen haben.

Werden die Zeilen einer Matrix als Spalten angeordnet, so entsteht hierbei dieselbe Matrix wie bei der Anordnung ihrer Spalten als Zeilen.

Definition 2.27 (Transponierte Matrix) *Es sei* $A \in M(m \times n, \mathbb{K})$ *eine* $m \times n$*-Matrix über* $\mathbb{K}$, *mit der Komponentendarstellung*

$$A = \left(a_{ij} \right)_{\substack{1 \le i \le m \\ 1 \le j \le n}} = \begin{pmatrix} a_{11} & a_{12} & \cdots & a_{1n} \\ a_{21} & a_{22} & \cdots & a_{2n} \\ \vdots & \vdots & & \vdots \\ a_{m1} & a_{m2} & \cdots & a_{mn} \end{pmatrix}.$$

Werden die Zeilen von A *als Spalten angeordnet (und damit automatisch auch die Spalten von* A *als Zeilen), so entsteht die* $n \times m$*-Matrix*

$$A^T := \left(a_{ji} \right)_{\substack{1 \le i \le n \\ 1 \le j \le m}} = \left(a_{ij} \right)_{\substack{1 \le j \le n \\ 1 \le i \le m}} = \begin{pmatrix} a_{11} & a_{21} & \cdots & a_{m1} \\ a_{12} & a_{22} & \cdots & a_{m2} \\ \vdots & \vdots & & \vdots \\ a_{1n} & a_{2n} & \cdots & a_{mn} \end{pmatrix}. \tag{2.28}$$

Diese Matrix heißt „die zu A *transponierte Matrix", für die auch die alternativen Schreibweisen* A^t, $^t A$ *oder* A' *existieren.*

Werfen wir nun einen kurzen Blick auf einige Beispiele.

(i)

$$A = \begin{pmatrix} 1 & 0 & 2 & 9 \\ 3 & 4 & 7 & 1 \\ 1 & 6 & 8 & 4 \end{pmatrix} \quad \Rightarrow \quad A^T = \begin{pmatrix} 1 & 3 & 1 \\ 0 & 4 & 6 \\ 2 & 7 & 8 \\ 9 & 1 & 4 \end{pmatrix}$$

$\in M(3 \times 4, \mathbb{R})$ $\qquad\qquad\qquad$ $\in M(4 \times 3, \mathbb{R})$

(ii) Bei quadratischen Matrizen bewirkt das Transponieren nichts weiter als eine Spiegelung ihrer Komponenten an der Hauptdiagonalen, so als würden wir die Matrix links
oben und rechts unten „anfassen", um sie danach um die so fixierte Hauptdiagonale
um „180° zu drehen":

$$A = \begin{pmatrix} 1 & 2 & 3 \\ 4 & 5 & 6 \\ 7 & 8 & 9 \end{pmatrix} \quad \Rightarrow \quad A^T = \begin{pmatrix} 1 & 4 & 7 \\ 2 & 5 & 8 \\ 3 & 6 & 9 \end{pmatrix}.$$

(iii) Da Vektoren des $\mathbb{K}^n$ als $n \times 1$- bzw. $1 \times n$-Matrizen aufgefasst werden können, besteht auch die Möglichkeit, derartige Vektoren zu transponieren. So wird beispiels-
weise aus einem Spaltenvektor ein Zeilenvektor:

$$\mathbf{x} = \begin{pmatrix} x_1 \\ x_2 \\ \vdots \\ x_n \end{pmatrix} \quad \Rightarrow \quad \mathbf{x}^T = (x_1, x_2, \ldots, x_n).$$

(iv) Ein zweimaliges Transponieren führt wieder auf die Ausgangsmatrix zurück, d. h.,
es gilt: $(A^T)^T = A$.

Eine wichtige Klasse von Matrizen sind diejenigen, bei welchen die Zeilen mit den entsprechenden Spalten übereinstimmen:

Definition 2.28 (Symmetrische Matrix) *Eine Matrix A heißt symmetrisch, wenn sie mit
ihrer Transponierten übereinstimmt, d. h. falls $A = A^T$.*

Ähnlich wie bei der Matrixinversion gilt die folgende Regel für das Transponieren eines
Matrix-Produkts.

Satz 2.29 *Es seien $A \in M(m \times n, \mathbb{K})$ und $B \in M(n \times p, \mathbb{K})$ zwei Matrizen. Dann gilt für
die Transponierte des Produkts*

$$(A \cdot B)^T = B^T \cdot A^T \in M(p \times m, \mathbb{R}). \tag{2.29}$$

Beweis. Übungsaufgabe 2.8. Diese Regel ist auch auf $k \geq 2$ Faktoren verallgemeinerbar,
wie induktiv leicht nachweisbar ist.

In Kap. 3 werden wir feststellen, dass der Rang einer Matrix invariant gegenüber Transponieren ist, d. h., dass Rang $A = $ Rang(A^T) gilt. Auch die Vertauschbarkeit von Transponieren und Invertieren bei regulären Matrizen ist von praktischer Bedeutung.

Satz 2.30 (Vertauschbarkeit von Invertieren und Transponieren) *Es sei $A \in \mathrm{GL}(n, \mathbb{K})$ eine reguläre $n \times n$-Matrix über $\mathbb{K}$. Dann ist die transponierte Matrix A^T ebenfalls regulär, und es gilt für ihre Inverse*

$$(A^T)^{-1} = (A^{-1})^T. \tag{2.30}$$

Beweis. Übungsaufgabe 2.10.

Die Inverse der Transponierten ist also die Transponierte der Inversen. Diese Eigenschaft ist gelegentlich sehr nützlich. Eine reguläre Matrix A, deren Inverse sich einfach durch Transponieren ergibt, hat aus naheliegenden Gründen rechentechnische Vorteile. In allen Situationen, in denen A^{-1} erforderlich ist, reicht es dann aus, mit A^T zu arbeiten. In solchen Fällen ist beispielsweise die eindeutige Lösung des linearen Gleichungssystems $A\mathbf{x} = \mathbf{b}$ schlichtweg das Produkt $\mathbf{x} = A^T\mathbf{b}$. Derartige Matrizen haben eine eigene Bezeichnung verdient.

Definition 2.31 (Orthogonale Matrix) *Eine reguläre $n \times n$-Matrix A heißt orthogonal, wenn*

$$A^{-1} = A^T. \tag{2.31}$$

Äquivalent dazu ist $AA^T = E_n$ aber auch $A^T A = E_n$.

Das Produkt zweier formatgleicher orthogonaler Matrizen $A, B \in \mathrm{GL}(n, \mathbb{K})$ ist wieder orthogonal, denn es gilt $(AB)^T (AB) = B^T A^T AB = B^T B = E_n$. Diese multiplikative Abgeschlossenheit der Menge formatgleicher orthogonaler Matrizen bedeutet also, dass die Menge der orthogonalen $n \times n$-Matrizen eine Untergruppe der regulären $n \times n$-Matrizen bildet. Es liegt nahe, diese Untergruppe ebenfalls mit einer eigenen Bezeichnung zu versehen.

Definition 2.32 (Orthogonale Gruppe) *Die Menge der orthogonalen $n \times n$-Matrizen über einem Körper $\mathbb{K}$ ist eine Untergruppe von $\mathrm{GL}(n, \mathbb{K})$. Sie wird als orthogonale Gruppe des Grades n über $\mathbb{K}$*

$$\mathrm{O}(n, \mathbb{K}) := \{A \in \mathrm{GL}(n, \mathbb{K}) : A^{-1} = A^T\}$$

bezeichnet.

2.4 Darstellung elementarer Umformungen als Matrixprodukt

Zu Beginn des Kapitels haben wir drei Typen elementarer Zeilenumformungen kennengelernt. Für künftige Anwendungen ist es sinnvoll, diese auch auf Spaltenumformungen zu übertragen. Wir betrachten daher folgende drei Typen elementarer Umformungen:

Typ I: Addition des Vielfachen einer Zeile bzw. Spalte zu einer
         anderen Zeile bzw. Spalte,
Typ II: Vertauschung zweier Zeilen bzw. Spalten,
Typ III: Multiplikation einer Zeile bzw. Spalte mit einem Skalar $\neq 0$.

Im Zusammenhang mit dem Gauß-Verfahren zur Lösung linearer Gleichungssysteme sind dabei ausschließlich Zeilenumformungen dieser drei Typen erlaubt, da Zeilenumformungen im Gegensatz zu Spaltenumformungen die Lösungsmenge nicht verändern. Gelegentlich haben sich allerdings auch Spaltenvertauschungen als nützlich erwiesen. Paarweise Spaltenvertauschungen müssen aber in den Komponenten der Lösungsvektoren in umgekehrter Reihenfolge wieder rückgängig gemacht werden, sonst ergibt sich in der Regel nicht die korrekte Lösungsmenge. Auf den Rang einer Matrix wirken sich Zeilen- aber auch Spaltenumformungen dieser drei Typen nicht aus, wie wir noch sehen werden. Man sagt daher, dass der Rang einer Matrix *invariant* unter elementaren Umformungen ist. Wir werden später weitere Invarianten kennenlernen.

Ziel dieses Abschnitts ist es, diese drei Umformungen mithilfe von Matrixprodukten darzustellen. Zunächst kümmern wir uns dabei um den Umformungstyp I, d. h. mit der Addition des Vielfachen einer Zeile zu einer anderen Zeile bzw. der Addition des Vielfachen einer Spalte zu einer anderen Spalte.

Der Umformungstyp I wird in der Regel zur Elimination von Matrixkomponenten verwendet. Hierzu definieren wir einen entsprechenden Begriff.

Definition 2.33 (Typ-I-Umformungsmatrix) *Die reguläre $n \times n$-Matrix*

$$
E_{ij}(\lambda) = E_n + \begin{pmatrix} 0 & \cdots & \cdots & \cdots & 0 \\ \vdots & \ddots & & & \vdots \\ \vdots & & \ddots & & \vdots \\ \vdots & & \lambda & \ddots & \vdots \\ 0 & \cdots & \cdots & \cdots & 0 \end{pmatrix} = \begin{pmatrix} 1 & 0 & \cdots & \cdots & 0 \\ 0 & 1 & \ddots & & \vdots \\ \vdots & & \ddots & & \vdots \\ \vdots & & \lambda & \ddots & 0 \\ 0 & \cdots & \cdots & 0 & 1 \end{pmatrix} \quad\leftarrow i\text{-}te\ Zeile \tag{2.32}
$$

$$\uparrow \qquad j\text{-}te\ Spalte \qquad \uparrow$$

mit $1 \leq i, j \leq n,\ i \neq j$ heißt Typ-I-Umformungsmatrix. Diese Matrix unterscheidet sich von der Einheitsmatrix nur um einen Skalar $\lambda \in \mathbb{K}$ im unteren Dreieck ($i > j$) oder im oberen Dreieck ($j > i$), der also in Zeile i und Spalte j positioniert ist. In (2.32) ist die Situation $i > j$ dargestellt.

Es gilt $E_{ij}(0) = E_n$ und $(E_{ij}(\lambda))^T = E_{ji}(\lambda)$. Es sei nun A eine beliebige $m \times n$-Matrix über einem Körper $\mathbb{K}$. Was bewirkt nun die Multiplikation von A mit einer Typ-I-Umformungsmatrix geeigneten Formats von links bzw. von rechts? Betrachten wir zunächst das Produkt

$$E_{ij}(\lambda) \cdot A$$

mit einer Typ-I-Umformungsmatrix $E_{ij}(\lambda)$ des Formats $m \times m$. Um uns klarzumachen, wie das Ergebnis beispielsweise für $i > j$ aussieht, nutzen wir die Komponentendarstellung von A:

$$A = (a_{ij})_{\substack{1 \le i \le m \\ 1 \le j \le n}} = \begin{pmatrix} a_{11} & a_{12} & \cdots & a_{1n} \\ a_{21} & a_{22} & \cdots & a_{2n} \\ \vdots & \vdots & & \vdots \\ a_{j1} & a_{j2} & \cdots & a_{jn} \\ \vdots & \vdots & & \vdots \\ a_{i1} & a_{i2} & \cdots & a_{in} \\ \vdots & \vdots & & \vdots \\ a_{m1} & a_{m2} & \cdots & a_{mn} \end{pmatrix}$$

Damit gilt

$$E_{ij}(\lambda)A = \begin{pmatrix} a_{11} & a_{12} & \cdots & a_{1n} \\ a_{21} & a_{22} & \cdots & a_{2n} \\ \vdots & \vdots & & \vdots \\ a_{j1} & a_{j2} & \cdots & a_{jn} \\ \vdots & \vdots & & \vdots \\ a_{i1} + \lambda a_{j1} & a_{i2} + \lambda a_{j2} & \cdots & a_{in} + \lambda a_{jn} \\ \vdots & \vdots & & \vdots \\ a_{m1} & a_{m2} & \cdots & a_{mn} \end{pmatrix}$$

Zur i-ten Zeile von A wurde also das λ-Fache der j-ten Zeile von A addiert. Es handelt sich also um eine Typ-I-Zeilenumformung nach unten. Ist dagegen $j > i$, wirkt die entsprechende Umformung nach oben, indem das λ-Fache der j-ten Zeile zur i-ten Zeile addiert wird. Die Multiplikation der Matrix A mit einer Typ-I-Umformungsmatrix $E_{ij}(\lambda)$ des Formats $n \times n$ von rechts bewirkt dagegen eine Spaltenaddition:

$$\begin{aligned} AE_{ij}(\lambda) &= \begin{pmatrix} a_{11} & a_{12} & \cdots & a_{1j} & \cdots & a_{1i} & \cdots & a_{1n} \\ a_{21} & a_{22} & \cdots & a_{2j} & \cdots & a_{2i} & \cdots & a_{2n} \\ \vdots & \vdots & & \vdots & & \vdots & & \vdots \\ a_{m1} & a_{m2} & \cdots & a_{mj} & \cdots & a_{mi} & \cdots & a_{mn} \end{pmatrix} E_{ij}(\lambda) \\ &= \begin{pmatrix} a_{11} & a_{12} & \cdots & a_{1j} + \lambda a_{1i} & \cdots & a_{1i} & \cdots & a_{1n} \\ a_{21} & a_{22} & \cdots & a_{2j} + \lambda a_{2i} & \cdots & a_{2i} & \cdots & a_{2n} \\ \vdots & \vdots & & \vdots & & \vdots & & \vdots \\ a_{m1} & a_{m2} & \cdots & a_{mj} + \lambda a_{mi} & \cdots & a_{mi} & \cdots & a_{mn} \end{pmatrix} \end{aligned}$$

Hier wird also das λ-Fache der Spalte i zur Spalte j addiert. Die Umformung wirkt für $i > j$ nach links. Für $j > i$ erhalten wir eine entsprechende Spaltenumformung nach rechts.

Jede elementare Zeilen- oder Spaltenumformung des Typs I kann wieder rückgängig gemacht werden. Dies schlägt sich wiederum in der Tatsache nieder, dass Typ-I-Umformungsmatrizen $E_{ij}(\lambda)$ für alle $\lambda \in \mathbb{K}$ regulär, also invertierbar sind. Für die Inverse von $E_{ij}(\lambda)$ gilt:

$$(E_{ij}(\lambda))^{-1} = E_{ij}(-\lambda).$$

Mithilfe von Typ-I-Umformungsmatrizen können nun auch gezielt Zeilen- und Spalteneliminationen durchgeführt werden. Angenommen, wir wollen das Matrixelement a_{ij} in der i-ten Zeile und der j-ten Spalte mithilfe der j-ten Zeile eliminieren, so bewirkt die Typ-I-Umformungsmatrix

$$E_{ij}\left(-\frac{a_{ij}}{a_{jj}}\right), \quad \text{sofern } a_{jj} \neq 0,$$

bei Multiplikation von links an A genau die gewünschte Elimination. Mit Ausnahme von Spaltenvertauschungen haben wir bislang noch keine Spaltenumformungen in der Praxis verwendet. Für lineare Gleichungssysteme sind sie zunächst nicht zulässig, da sie die Lösungsmenge beeinflussen. Dennoch werden sich Spalteneliminationen später für gewisse Zwecke als nützlich erweisen. Wenn das Ziel besteht, das Matrixelement a_{ij} in der i-ten Zeile und der j-ten Spalte mithilfe der i-ten Spalte zu eliminieren, so bewirkt die Typ-I-Umformungsmatrix

$$E_{ij}\left(-\frac{a_{ij}}{a_{ii}}\right), \quad \text{sofern } a_{ii} \neq 0,$$

bei Multiplikation von rechts an A die entsprechende Elimination. Wenn Typ-I-Umformungsmatrizen zur Zeilen- oder Spaltenelimination verwendet werden, so sprechen wir in diesem Zusammenhang auch von Eliminationsmatrizen.

Einen Tausch zweier Zeilen oder zweier Spalten, also eine elementare Einzelumformung des Typs II, kann ebenfalls durch Multiplikation mit geeigneten regulären Matrizen erfolgen. Hierzu definieren wir den Begriff der Transpositionsmatrix.

Definition 2.34 (Typ-II-Umformungsmatrix/Transpositionsmatrix) *Tauscht man bei der n × n-Einheitsmatrix die i-te Zeile mit der j-ten Zeile aus (was bei der Einheitsmatrix das Gleiche ergibt wie der Tausch von Spalte i mit der Spalte j), so erhalten wir eine Typ-II-Umformungsmatrix oder auch Transpositionsmatrix:*

$$ \tag{2.33} $$

Führt man dieselbe Zeilenvertauschung unmittelbar ein weiteres Mal durch, so ändert sich insgesamt nichts, da durch die zweimalige Anwendung die Vertauschung wieder rückgängig gemacht wird. Entsprechendes gilt für Spaltenvertauschungen. Für die Transpositionsmatrix P_{ij} bedeutet dies, dass sie ihr eigenes Inverses ist:

$$(P_{ij})^{-1} = P_{ij}.$$

Wir dürfen den Begriff der „Transpositionsmatrix" nicht mit dem Begriff der „transponierten Matrix" verwechseln. Aus diesem Grund verwenden wir in Zukunft einfach den Obergriff der Permutationsmatrix. Eine Transposition $\tau \in S_n$, die zwei Elemente i und j vertauscht, entspricht der Transpositionsmatrix $T = P_{ij} \in \mathrm{GL}(n, \mathbb{K})$. Wir wissen bereits, dass jede Permutation $\pi \in S_n$ als Produkt, also Hintereinanderausführung, von Transpositionen darstellbar ist. Auf Matrizen übertragen, legt dies einen weiteren Begriff nahe.

Definition 2.35 (Permutationsmatrix) *Für eine Permutation $\pi \in S_n$ vertauscht die reguläre $n \times n$-Permutationsmatrix*

$$P_\pi := (\hat{\mathbf{e}}_{\pi(1)} \,|\, \hat{\mathbf{e}}_{\pi(2)} \,|\, \ldots \,|\, \hat{\mathbf{e}}_{\pi(n)}) \tag{2.34}$$

bei Rechtsmultiplikation die Spalten einer Matrix gemäß π, während ihre Transponierte

$$P^\pi := P_\pi^T = \begin{pmatrix} \hat{\mathbf{e}}_{\pi(1)}^T \\ \vdots \\ \hat{\mathbf{e}}_{\pi(n)}^T \end{pmatrix} \tag{2.35}$$

bei Linksmultiplikation die Zeilen einer Matrix gemäß π vertauscht. Jede Permutationsmatrix ist dabei als Produkt von Transpositionsmatrizen $T_k, \ldots, T_1 \in \mathrm{GL}(n, \mathbb{K})$ darstellbar.

Die Verkettung von k Transpositionen $\tau_k, \ldots, \tau_1 \in S_n$ entspricht dann einer Zeilen- oder Spaltenpermutationsmatrix P^π bzw. P_π. Es drängt sich die Frage auf, in welchem Zusammenhang die Transpositionsmatrizen, in die P^π bzw. P_π faktorisiert werden kann, mit den Transpositionen τ_j, $(j = 1, \ldots, k)$ stehen. Wir könnten auf den ersten Blick vermuten, dass wir hierzu einfach nur die einzelnen Transpositionen τ_j in Transpositionsmatrizen P^{τ_j} bzw. P_{τ_j} entsprechend (2.34) umwandeln müssten. Dies ist zwar für die erste Transpositionsmatrix (d. h. für $j = 1$) noch richtig. Bei den weiteren Transpositionsmatrizen müssen wir jedoch beachten, dass die Transpositionen ganz bestimmte Elemente der Indexmenge $\{1, \ldots, n\}$ vertauschen, während Transpositionsmatrizen dagegen Zeilen bzw. Spalten, also Positionen miteinander vertauschen. Das folgende Beispiel verdeutlicht diesen Unterschied. Gegeben seien die vier Transpositionen

$$\tau_1 = \begin{pmatrix} 1\,2\,3\,4 \\ 4\,2\,3\,1 \end{pmatrix}, \qquad \tau_2 = \begin{pmatrix} 1\,2\,3\,4 \\ 1\,4\,3\,2 \end{pmatrix},$$

$$\tau_3 = \begin{pmatrix} 1\,2\,3\,4 \\ 4\,2\,3\,1 \end{pmatrix}, \qquad \tau_4 = \begin{pmatrix} 1\,2\,3\,4 \\ 3\,2\,1\,4 \end{pmatrix}.$$

Die Verkettung $\pi = \tau_4 \circ \tau_3 \circ \tau_2 \circ \tau_1$ können wir durch Nacheinanderausführung der τ_j als unterste Zeile einer Fortsetzungstabelle darstellen:

	tausche Position	bewirkt Elementetausch
Start 1 2 3 4	$1 \leftrightarrow 4$	$1 \leftrightarrow 4$
nach τ_1 4 2 3 1	$1 \leftrightarrow 2$	$\tau_1(1) = 4 \leftrightarrow 2 = \tau_1(2)$
nach τ_2 2 4 3 1	$2 \leftrightarrow 4$	$\tau_2 \circ \tau_1(2) = 4 \leftrightarrow 1 = \tau_2 \circ \tau_1(4)$
nach τ_3 2 1 3 4	$2 \leftrightarrow 3$	$\tau_3 \circ \tau_2 \circ \tau_1(2) = 1 \leftrightarrow 3 = \tau_3 \circ \tau_2 \circ \tau_1(3)$
nach τ_4 2 3 1 4		

Anhand dieser Tabelle erkennen wir, dass die Faktorisierung der der Permutation $\pi = \tau_4 \circ \tau_3 \circ \tau_2 \circ \tau_1$ entsprechenden Zeilenpermutationsmatrix

$$P^\pi = \begin{pmatrix} 0 & 1 & 0 & 0 \\ 0 & 0 & 1 & 0 \\ 1 & 0 & 0 & 0 \\ 0 & 0 & 0 & 1 \end{pmatrix}$$

mit den Transpositionsmatrizen

$$T_1 = P_{14}, \quad T_2 = P_{12}, \quad T_3 = P_{24}, \quad T_4 = P_{23}$$

erfolgen kann. Es ergibt sich daher die Faktorisierung

$$P^\pi = T_4 T_3 T_2 T_1, \quad \text{bzw.} \quad P_\pi = (P^\pi)^T = T_1^T T_2^T T_3^T T_4^T = T_1 T_2 T_3 T_4.$$

Linksmultiplikation $P^\pi \cdot A$ bewirkt nacheinander Zeilenvertauschungen an A beginnend mit T_1, während Rechtsmultiplikation $B \cdot P_\pi$ nacheinander die entsprechenden Spaltenvertauschungen an B beginnend mit T_1 durchführt. Der Zusammenhang zwischen Transposition und Transpostitionsmatrix wird dabei durch den folgenden Satz deutlich.

Satz 2.36 *Es sei* $P = T_k \cdots T_1$ *das Produkt von* $n \times n$-*Transpositionsmatrizen der Form* $T_j = P_{p_j q_j}$ *für* $j = 1, \ldots, k$. *Für die Permutation* $\pi \in S_n$ *mit* $P^\pi = P$ *existiert eine entsprechende Zerlegung* $\pi = \tau_k \circ \cdots \circ \tau_1$ *mit* k *Transpositionen* $\tau_j \in S_n$, $j = 1, \ldots, k$. *Mit* $(a_j, b_j) \in \{1, \ldots, n\} \times \{1, \ldots, n\}$ *als Paar der beiden von* τ_j *zu vertauschenden Elemente gilt folgender Zusammenhang zu den Positionen* p_j, q_j, *die von* T_j *vertauscht werden:*

$$\begin{aligned} a_1 &= p_1, \quad b_1 = q_1 \\ a_j &= \tau_{j-1} \circ \cdots \circ \tau_1(p_j), \quad b_j = \tau_{j-1} \circ \cdots \circ \tau_1(q_j), \qquad j = 2, \ldots, k. \end{aligned} \quad (2.36)$$

Wegen $\tau_j^{-1} = \tau_j$ *gilt umgekehrt*

$$\begin{aligned} p_1 &= a_1, \quad q_1 = b_1 \\ p_j &= \tau_1 \circ \cdots \circ \tau_{j-1}(a_j), \quad q_j = \tau_1 \circ \cdots \circ \tau_{j-1}(b_j) \qquad j = 2, \ldots, k. \end{aligned} \quad (2.37)$$

Schließlich bleiben noch elementare Umformungen des Typs III. Hier multiplizieren wir eine Zeile oder eine Spalte mit einem Skalar $\lambda \in \mathbb{K}$. Wenn dabei der Rang der Matrix A nicht geändert werden soll, muss $\lambda \neq 0$ sein.

Definition 2.37 (Typ-III-Umformungsmatrix) *Wird bei der* $n \times n$-*Einheitsmatrix die* i-*te Zeile durch das* λ-*Fache der* i-*ten Zeile ersetzt, mit* $\lambda \in \mathbb{K}$, *so erhält man eine Typ-III-Um-*

formungsmatrix:

$$M_i(\lambda) = \begin{pmatrix} 1 & 0 & \cdots & 0 & \cdots & \cdots & 0 \\ 0 & \ddots & & \vdots & & & \vdots \\ \vdots & & 1 & 0 & & & \vdots \\ 0 & \cdots & 0 & \lambda & 0 & \cdots & 0 \\ \vdots & & & 0 & 1 & & \vdots \\ \vdots & & & \vdots & & \ddots & 0 \\ 0 & \cdots & \cdots & 0 & \cdots & 0 & 1 \end{pmatrix} \quad \leftarrow i\text{-te Zeile} \tag{2.38}$$

Eine Typ-III-Umformungsmatrix $M_i(\lambda)$ ist regulär, wenn $\lambda \neq 0$ ist. Für ihre Inverse gilt

$$(M_i(\lambda))^{-1} = M_i(\lambda^{-1}).$$

Nun können wir elementare Umformungen durch die Multiplikation mit Umformungsmatrizen ausdrücken. Wir fassen unsere Beobachtungen in einem Satz zusammen.

Satz 2.38 *Es sei $A \in \mathrm{M}(m \times n, \mathbb{K})$ eine $m \times n$-Matrix über dem Körper $\mathbb{K}$. Dann gilt:*

(i) Eine elementare Zeilenumformung des Typs I kann durch Multiplikation der Matrix A mit der Typ-I-Umformungsmatrix $E_{ij}(\lambda) \in \mathrm{GL}(m, \mathbb{K})$ von links dargestellt werden:

$E_{ij}(\lambda) \cdot A$ *bewirkt in A, dass zur Zeile i das λ-Fache der Zeile j addiert wird.*

Eine elementare Spaltenumformung des Typs I kann durch Multiplikation der Matrix A mit der Typ-I-Umformungsmatrix $E_{ij}(\lambda) \in \mathrm{GL}(n, \mathbb{K})$ von rechts dargestellt werden:

$A \cdot E_{ij}(\lambda)$ *bewirkt in A, dass zur Spalte j das λ-Fache der Spalte i addiert wird.*

(ii) Eine elementare Zeilenumformung des Typs II kann durch Multiplikation der Matrix A mit der Typ-II-Umformungsmatrix $P_{ij} \in \mathrm{GL}(m, \mathbb{K})$ von links dargestellt werden:

$P_{ij} \cdot A$ *bewirkt in A die Vertauschung von Zeile i mit Zeile j.*

Eine elementare Spaltenumformung des Typs II kann durch Multiplikation der Matrix A mit der Typ-II-Umformungsmatrix $P_{ij}(\lambda) \in \mathrm{GL}(n, \mathbb{K})$ von rechts dargestellt werden:

$A \cdot P_{ij}$ *bewirkt in A die Vertauschung von Spalte j mit Spalte i.*

(iii) Eine elementare Zeilenumformung des Typs III kann durch Multiplikation der Matrix A mit der Typ-III-Umformungsmatrix $M_i(\lambda) \in \mathrm{M}(m, \mathbb{K})$ von links dargestellt werden:

$M_i(\lambda) \cdot A$ *bewirkt in A die Multiplikation von Zeile i mit λ.*

Eine elementare Spaltenumformung des Typs III kann durch Multiplikation der Matrix A mit der Typ-III-Umformungsmatrix $M_i(\lambda) \in M(n,\mathbb{K})$ von rechts dargestellt werden:

$A \cdot M_i(\lambda)$ *bewirkt in A die Multiplikation von Spalte i mit λ.*

Hierbei ist $M_i(\lambda)$ genau dann regulär, wenn $\lambda \neq 0$ ist.

Umformungen des Typs I und des Typs II sind stets rückgängig machbar. Umformungen des Typs III sind ebenfalls reversibel, da für Umformungen dieses Typs ein nicht-verschwindender Multiplikator $\lambda \neq 0$ gefordert wird. Würden wir $\lambda = 0$ zulassen, so müssen wir bedenken, dass die Matrix $M_i(0)$ die Matrix A sowohl bei Links- als auch bei Rechtsmultiplikation in eine Matrix mit einer Nullzeile i bzw. Nullspalte i überführen würde.

Führt man nun mehrere Zeilen- und Spaltenumformungen nacheinander durch und nutzt bei Umformungen des Typs III nur reguläre Matrizen, so wird die Matrix A überführt in eine Matrix B, die aus A hervorgeht durch

$$B = ZAS,$$

wobei $Z \in GL(m,\mathbb{K})$ eine reguläre Zeilenumformungsmatrix darstellt, die ein Produkt von $m \times m$-Umformungsmatrizen der Typen I, II und III ist, und $S \in GL(m,\mathbb{K})$ eine reguläre Spaltenumformungsmatrix darstellt, die aus einem Produkt von $n \times n$-Umformungsmatrizen der Typen I, II und III besteht.

Betrachten wir den Gauß-Algorithmus und lassen dabei Spaltenvertauschungen zu, so können wir ähnlich wie in Satz/Definition 2.8 zur Normalform eines linearen Gleichungssystems nun folgende Aussage formulieren.

Satz 2.39 *Es sei $A \in M(m \times n, \mathbb{K})$ eine $m \times n$-Matrix über einem Körper $\mathbb{K}$. Dann gibt es zwei reguläre Matrizen $Z \in GL(m,\mathbb{K})$, $P \in GL(n,\mathbb{K})$ mit der Eigenschaft*

$$ZAP = \left(\frac{E_r \mid *}{0_{m-r \times n}} \right) =: N_{r,*}, \tag{2.39}$$

mit $r = \text{Rang}A$. Hierbei ist Z ein Produkt von regulären Umformungsmatrizen der Typen I, II und III und P ein Produkt von Transpositionsmatrizen

$$P = P_1 \cdot P_2 \cdots P_k,$$

die jeweils eine Transposition und damit eine Vertauschung zweier Spalten darstellen.

Die Normalform aus Gleichung (2.39) kann dann dazu verwendet werden, den Lösungsraum des homogenen linearen Gleichungssystems $Ax = 0$ abzulesen. Dabei müssen wir eventuelle paarweise Spaltenvertauschungen in umgekehrter Reihenfolge wieder rückgängig machen. Wenn wir aus der Normalform $ZAP = N_{r,*}$ nun den vorläufigen Lösungsraum ablesen als

$$L' = \left\langle \begin{pmatrix} v_{11} \\ \vdots \\ v_{r1} \\ 1 \\ 0 \\ \vdots \\ 0 \end{pmatrix}, \begin{pmatrix} v_{12} \\ \vdots \\ v_{r2} \\ 0 \\ 1 \\ \vdots \\ 0 \end{pmatrix}, \ldots, \begin{pmatrix} v_{1,(n-r)} \\ \vdots \\ v_{r,(n-r)} \\ 0 \\ \vdots \\ 0 \\ 1 \end{pmatrix} \right\rangle \subset \mathbb{K}^n,$$

$$\underbrace{}_{=:\mathbf{v}_1} \quad \underbrace{}_{=:\mathbf{v}_2} \quad \underbrace{}_{=:\mathbf{v}_{n-r}}$$

so bedeutet das Rückgängigmachen der Spaltenvertauschungen in umgekehrter Reihenfolge nichts anderes, als dass wir die Komponenten der Vektoren $\mathbf{v}_1, \ldots, \mathbf{v}_{n-r}$, also deren Zeilen, in umgekehrter Reihenfolge vertauschen müssen. Dazu können wir nun die obigen Permutationsmatrizen $P_1, \ldots, P_k$ verwenden. Für die Vektoren $\mathbf{v}_1, \ldots, \mathbf{v}_{n-r}$ berechnen wir also beginnend mit P_k durch fortlaufende Linksmultiplikation mit $P_k, \ldots, P_1$

$$P_1 \cdots P_{k-1} \cdot P_k \mathbf{v}_i = (P_1 \cdots P_k) \mathbf{v}_i = P\mathbf{v}_i, \quad \text{für } i = 1, \ldots, n-r.$$

Wir müssen also nur die Matrix P mit jedem der Vektoren $\mathbf{v}_1, \ldots, \mathbf{v}_{n-r}$ multiplizieren und erhalten dann die Lösungsmenge von $A\mathbf{x} = \mathbf{0}$:

$$L = \langle P\mathbf{v}_1, \ldots, P\mathbf{v}_{n-r} \rangle =: P \cdot L'.$$

Beispiel: Wir betrachten das homogene lineare Gleichungssystem

$$\underbrace{\begin{pmatrix} 1 & 1 & 0 & 3 \\ 4 & 0 & 1 & 2 \end{pmatrix}}_{=A} \mathbf{x} = \mathbf{0}.$$

In diesem Fall sind keine Zeilenumformungen nötig. Stattdessen lässt sich die Matrix A auch allein durch zwei Spaltenvertauschungen in eine Normalform des vorausgegangenen Satzes bringen. Mit

$$P_1 = P_{12} = \begin{pmatrix} 0 & 1 & 0 & 0 \\ 1 & 0 & 0 & 0 \\ 0 & 0 & 1 & 0 \\ 0 & 0 & 0 & 1 \end{pmatrix}, \qquad P_2 = P_{23} = \begin{pmatrix} 1 & 0 & 0 & 0 \\ 0 & 0 & 1 & 0 \\ 0 & 1 & 0 & 0 \\ 0 & 0 & 0 & 1 \end{pmatrix}$$

folgt für die Tableaumatrix

$$AP_1P_2 = \begin{bmatrix} 1 & 1 & 0 & 3 \\ 0 & 4 & 1 & 2 \end{bmatrix} \cdot P_2 = \begin{bmatrix} 1 & 0 & 1 & 3 \\ 0 & 1 & 4 & 2 \end{bmatrix}.$$

Hieraus lesen wir zunächst die Lösungsmenge des spaltenvertauschten Systems $AP_1P_2\mathbf{x} = \mathbf{0}$ ab:

$$L' = \left\langle \begin{pmatrix} -1 \\ -4 \\ 1 \\ 0 \end{pmatrix}, \begin{pmatrix} -3 \\ -2 \\ 0 \\ 1 \end{pmatrix} \right\rangle.$$

Um die Lösungsmenge des ursprünglichen Systems $A\mathbf{x} = \mathbf{0}$ zu erhalten, müssen wir die beiden Spaltenvertauschungen wieder rückgängig machen. Hierzu tauschen wir in umgekehrter Reihenfolge die Komponenten der Lösungsvektoren. Da dies Zeilenvertauschungen sind, multiplizieren wir nun die abgelesenen Vektoren von links mit $P = P_1 P_2$:

$$L = P \cdot L' = \left\langle P \begin{pmatrix} -1 \\ -4 \\ 1 \\ 0 \end{pmatrix}, P \begin{pmatrix} -3 \\ -2 \\ 0 \\ 1 \end{pmatrix} \right\rangle = \left\langle \begin{pmatrix} 1 \\ -1 \\ -4 \\ 0 \end{pmatrix}, \begin{pmatrix} 0 \\ -3 \\ -2 \\ 1 \end{pmatrix} \right\rangle.$$

Hierbei ist

$$P = P_1 P_2 = \begin{pmatrix} 0 & 0 & 1 & 0 \\ 1 & 0 & 0 & 0 \\ 0 & 1 & 0 & 0 \\ 0 & 0 & 0 & 1 \end{pmatrix}.$$

In Kap. 3 werden wir diese Technik verallgemeinern, um zu einer Standardisierung der Lösung inhomogener linearer Gleichungssysteme zu gelangen, indem wir neben Spaltenvertauschungen auch Spaltenumformungen der Typen I sowie III mit berücksichtigen.

Für Produkte von Transpositionsmatrizen $P_1, \ldots, P_k$ gilt:

$$P = P_1 \cdots P_k \quad \Rightarrow \quad P^{-1} = (P_1 \cdots P_k)^{-1} = P_k^{-1} \cdots P_1^{-1} = P_k \cdots P_1.$$

Produkte von Transpositionsmatrizen werden also invertiert, indem die Reihenfolge der Faktoren, also die der einzelnen Transpositionsmatrizen, umgekehrt wird. Transpositionsmatrizen sind symmetrisch, $P_{ij}^T = P_{ij}$, und selbstinvers (involutorisch), d. h. $P_{ij}^{-1} = P_{ij}$. Sie zeichnen sich also insbesondere dadurch aus, dass

$$P_{ij}^{-1} = P_{ij}^T$$

gilt. Reguläre Matrizen, deren Inverse durch Transponieren hervorgehen, heißen nach Definition 2.31 orthogonal. Transpositionsmatrizen gehören also zu den orthogonalen Matrizen. Aber auch Permutationsmatrizen sind als Produkte von Transpositionsmatrizen und somit als Produkte orthogonaler Matrizen wieder orthogonal (vgl. Def. 2.32). Wir können dies auch direkt zeigen:

$$P = P_1 \cdots P_k \quad \Rightarrow \quad P^{-1} = P_k \cdots P_1 = P_k^T \cdots P_1^T = (P_1 \cdots P_k)^T = P^T.$$

Man erhält die Inverse einer orthogonalen Matrix einfach durch Transponieren. Diesen rechentechnischen Vorteil orthogonaler Matrizen macht man sich in vielen Anwendungen zunutze.

Bei der Bestimmung der für eine Zeilen- oder Spaltenumformung erforderlichen Umformungsmatrix ist kein langes Nachdenken nötig, wie der folgende Satz besagt.

Satz 2.40 (Korrespondenzprinzip) *Man erhält die jeweilige Umformungsmatrix des Typs I, II, oder III, indem die entsprechende Umformung in gleicher Weise an der Einheitsmatrix vollzogen wird.*

Werden mehrere Einzelumformungen an den Zeilen (bzw. an den Spalten) der Einheitsmatrix durchgeführt, so entsteht hieraus das Produkt der hieran beteiligten Zeilenumformungsmatrizen (bzw. Spaltenumformungsmatrizen).

Beweis. Gesucht sei die Umformungsmatrix U, die eine elementare Zeilenumformung des Typs I, II oder III an einer $m \times n$-Matrix A bewirkt. Die Zeilenumformung wird durch das Produkt UA dargestellt, und es gilt

$$UA = UE_mA = (UE_m)A.$$

Die Matrix $U = UE_m$ bewirkt die entsprechende Zeilenumformung an der Einheitsmatrix, wie man sieht. In analoger Weise kann dieser Sachverhalt für Spaltenumformungen gezeigt werden, indem U bzw. E_nU von rechts an A multipliziert wird. $\square$

Für eine $m \times n$-Matrix A gibt es nach Satz 2.39 zwei reguläre Matrizen Z und P, sodass A in die Normalform (2.39) zerlegt werden kann:

$$ZAP = \left(\frac{E_r \mid *}{0_{m-r \times n}} \right).$$

Diese bereits sehr einfach aufgebaute Normalform können wir weiter reduzieren, indem wir mithilfe elementarer Spaltenumformungen des Typs I den mit $*$ bezeichneten rechten oberen $r \times (n-r)$-Block eliminieren. Dazu benötigen wir maximal $l = r(n-r)$ Eliminationsmatrizen $R_1, \dots, R_l \in \mathrm{GL}(n, \mathbb{K})$, sodass folgt:

$$ZA\underbrace{PR_1 \cdots R_l}_{=:S} = ZAS = \left(\frac{E_r \mid 0_{r \times n-r}}{0_{m-r \times n}} \right).$$

Wir formulieren dieses Resultat als Satz.

Satz 2.41 (ZAS-Zerlegung) *Es sei $A \in \mathrm{M}(m \times n, \mathbb{K})$ eine $m \times n$-Matrix über einem Körper $\mathbb{K}$. Dann gibt es eine reguläre $m \times m$-Matrix $Z \in \mathrm{GL}(m, \mathbb{K})$ sowie eine reguläre $n \times n$-Matrix $S \in \mathrm{GL}(n, \mathbb{K})$ mit*

$$ZAS = \left(\frac{E_r \mid 0_{r \times n-r}}{0_{m-r \times n}} \right). \tag{2.40}$$

Hierbei ist $r = \mathrm{Rang}\,A$.

Das Korrespondenzprinzip liefert nun eine komfortable Rechenmethode, um Z und S zu berechnen. Zur Bestimmung von Z führen wir simultan alle an A bewerkstelligten Zeilenumformungen an E_m durch. Wir erhalten hieraus Z als das Produkt der beteiligten Zeilenumformungsmatrizen. Entsprechend führen wir alle an A vollzogenen Spaltenumformungen an der Matrix E_n durch, um hieraus S als Produkt aller beteiligten Spaltenumformungsmatrizen zu erhalten. Als Beispiel betrachten wir die 3×4-Matrix

$$A = \begin{pmatrix} 3 & 1 & 1 & 5 \\ 2 & 1 & 0 & 1 \\ 1 & 0 & 1 & 4 \end{pmatrix}.$$

Wenn wir mit Zeilenelimination starten, ist es sinnvoll, die erste Zeile mit der letzten Zeile zu tauschen. Dies wird durch Linksmultiplikation mit einer entsprechenden Permutationsmatrix P_{13} erreicht. Wir erhalten diese Umformungsmatrix nach dem Korrespondenzprinzip durch den entsprechenden Zeilentausch innerhalb der 3×3-Einheitsmatrix:

$$A \to P_{13}A = P_{13}E_3A = \begin{pmatrix} 0 & 0 & 1 \\ 0 & 1 & 0 \\ 1 & 0 & 0 \end{pmatrix} \begin{pmatrix} 3 & 1 & 1 & 5 \\ 2 & 1 & 0 & 1 \\ 1 & 0 & 1 & 4 \end{pmatrix} = \begin{pmatrix} 1 & 0 & 1 & 4 \\ 2 & 1 & 0 & 1 \\ 3 & 1 & 1 & 5 \end{pmatrix}$$

Wir fahren nun beispielsweise mit einer Zeilenelimination fort: Das erste Element in der zweiten Zeile ist die Zahl 2. Wir können dieses Element eliminieren, indem wir das -2-Fache der ersten Zeile zur zweiten Zeile addieren. Die entsprechende Typ-I-Zeilenumformungsmatrix $E_{21}(-2)$ erhalten wir, indem wir dem Korrespondenzprinzip folgend diese Umformung auch an E_3 vollziehen:

$$P_{13}A = \begin{pmatrix} 1 & 0 & 1 & 4 \\ 2 & 1 & 0 & 1 \\ 3 & 1 & 1 & 5 \end{pmatrix} \to E_{21}(-2)P_{13}A = \begin{pmatrix} 1 & 0 & 1 & 4 \\ 0 & 1 & -2 & -7 \\ 3 & 1 & 1 & 5 \end{pmatrix}$$

sowie in entsprechender Weise an E_3:

$$E_{21}(-2)E_3 = \begin{pmatrix} 1 & 0 & 0 \\ -2 & 1 & 0 \\ 0 & 0 & 1 \end{pmatrix}.$$

Die erste Umformung, also der Zeilentausch, sowie die letzte Zeilenelimination wird durch das Produkt beider Umformungsmatrizen bewirkt. Da Zeilenumformungen von links auf A wirken, handelt es sich dabei um das Produkt $E_{21}(-2) \cdot P_{13}$. Dieses Produkt könnten wir nun explizit berechnen. Einfacher geht es, wenn wir die letzte Zeilenelimination einfach an $P_{13}E_3$ durchführen:

$$E_{21}(-2)P_{13}E_3 = \begin{pmatrix} 0 & 0 & 1 \\ 0 & 1 & -2 \\ 1 & 0 & 0 \end{pmatrix}.$$

Multipliziert man diese Matrix nun von links an A, so erhalten wir das letzte Ergebnis

$$\begin{pmatrix} 0 & 0 & 1 \\ 0 & 1 & -2 \\ 1 & 0 & 0 \end{pmatrix} \underbrace{\begin{pmatrix} 3 & 1 & 1 & 5 \\ 2 & 1 & 0 & 1 \\ 1 & 0 & 1 & 4 \end{pmatrix}}_{=A} = \begin{pmatrix} 1 & 0 & 1 & 4 \\ 0 & 1 & -2 & -7 \\ 3 & 1 & 1 & 5 \end{pmatrix}.$$

Es ist nun unerheblich, ob wir mit Zeilen- oder Spaltenumformungen weitere Eliminationsschritte durchführen. Die *ZAS*-Zerlegung ist nicht eindeutig. Entscheiden wir uns beispielsweise dazu, nun das erste Element 3 der letzten Zeile mithilfe der ersten Zeile zu eliminieren, so führt dies zur Zeilenumformungsmatrix $E_{31}(-3)$, die wir durch eine entsprechende Umformung aus E_3 erhalten könnten. Da wir allerdings mit Z am *Produkt* aller Zeilenumformungsmatrizen interessiert sind und nicht an den einzelnen Umformungsmatrizen selbst, führen wir die Umformung zusätzlich an der Matrix $E_{21}(-2)P_{13}E_3$, dem Produkt der bisherigen Umformungsmatrizen, durch. Es folgt zunächst

$$
E_{21}(-2)P_{13}A = \begin{pmatrix} 1 & 0 & 1 & 4 \\ 0 & 1 & -2 & -7 \\ 3 & 1 & 1 & 5 \end{pmatrix} \begin{matrix} \cdot(-3) \\ \\ \end{matrix}
$$

$$
\rightarrow \begin{pmatrix} 1 & 2 & 1 & 4 \\ 0 & 1 & -2 & -7 \\ 0 & 1 & -2 & -7 \end{pmatrix} = E_{31}(-3)E_{21}(-2)P_{13}A
$$

sowie in entsprechender Weise an $E_{21}(-2)P_{13}E_3$:

$$
E_{21}(-2)P_{13}E_3 = \begin{pmatrix} 0 & 0 & 1 \\ 0 & 1 & -2 \\ 1 & 0 & 0 \end{pmatrix} \begin{matrix} \cdot(-3) \\ \\ \end{matrix} \rightarrow \begin{pmatrix} 0 & 0 & 1 \\ 0 & 1 & -2 \\ 1 & 0 & -3 \end{pmatrix} = E_{31}(-3)E_{21}(-2)P_{13}E_3.
$$

Es bietet sich an, die fortlaufenden Umformungen an A und E_3 in einem gemeinsamen Tableau zu speichern. Für diese ersten drei Zeilenumformungen lautet dies im Detail

$$
[A|E_3] = \begin{bmatrix} 3 & 1 & 1 & 5 & 1 & 0 & 0 \\ 2 & 1 & 0 & 1 & 0 & 1 & 0 \\ 1 & 0 & 1 & 4 & 0 & 0 & 1 \end{bmatrix} \quad \overset{P_{13}}{\rightarrow} \quad \begin{bmatrix} 1 & 0 & 1 & 4 & 0 & 0 & 1 \\ 2 & 1 & 0 & 1 & 0 & 1 & 0 \\ 3 & 1 & 1 & 5 & 1 & 0 & 0 \end{bmatrix} \begin{matrix} \cdot(-2) \\ \\ \end{matrix}
$$

$$
\overset{E_{21}(-2)}{\rightarrow} \begin{bmatrix} 1 & 0 & 1 & 4 & 0 & 0 & 1 \\ 0 & 1 & -2 & -7 & 0 & 1 & -2 \\ 3 & 1 & 1 & 5 & 1 & 0 & 0 \end{bmatrix} \begin{matrix} \cdot(-3) \\ \\ \end{matrix}
$$

$$
\overset{E_{31}(-3)}{\rightarrow} \begin{bmatrix} 1 & 0 & 1 & 4 & 0 & 0 & 1 \\ 0 & 1 & -2 & -7 & 0 & 1 & -2 \\ 0 & 1 & -2 & -7 & 1 & 0 & -3 \end{bmatrix}
$$

Wir können nun im linken Teil dieses Tableaus die dritte Zeile eliminieren, indem die zweite Zeile von der dritten Zeile subtrahiert wird. Bewerkstelligt wird dies durch die Eliminationsmatrix $E_{32}(-1)$. Allerdings benötigen wir diese Matrix für die Berechnung von Z nicht explizit. Wir führen auch diese Umformung entsprechend im rechten Teil des Tableaus simultan mit durch:

$$
\begin{bmatrix} 1 & 0 & 1 & 4 & 0 & 0 & 1 \\ 0 & 1 & -2 & -7 & 0 & 1 & -2 \\ 0 & 1 & -2 & -7 & 1 & 0 & -3 \end{bmatrix} \begin{matrix} \\ \\ \cdot(-1) \end{matrix} \overset{E_{32}(-1)}{\rightarrow} \begin{bmatrix} 1 & 0 & 1 & 4 & 0 & 0 & 1 \\ 0 & 1 & -2 & -7 & 0 & 1 & -2 \\ 0 & 0 & 0 & 0 & 1 & -1 & -1 \end{bmatrix}.
$$

Im rechten Teil dieses Tableaus lesen wir nun die Matrix Z als Produkt der einzelnen, von links an A heranmultiplizierten Zeilenumformungsmatrizen ab:

$$Z = \begin{pmatrix} 0 & 0 & 1 \\ 0 & 1 & -2 \\ 1 & -1 & -1 \end{pmatrix} = E_{32}(-1) \cdot E_{31}(-3) \cdot E_{21}(-2) \cdot P_{13}.$$

Mit dieser Matrix Z können wir A in die Normalform $N_{2,*}$ überführen:

$$ZA = \begin{pmatrix} 0 & 0 & 1 \\ 0 & 1 & -2 \\ 1 & -1 & -1 \end{pmatrix} \begin{pmatrix} 3 & 1 & 1 & 5 \\ 2 & 1 & 0 & 1 \\ 1 & 0 & 1 & 4 \end{pmatrix} = \begin{pmatrix} 1 & 0 & 1 & 4 \\ 0 & 1 & -2 & -7 \\ 0 & 0 & 0 & 0 \end{pmatrix} = N_{2,*}.$$

Um den verbleibenden rechten oberen Block

$$\begin{matrix} 1 & 4 \\ -2 & -7 \end{matrix}$$

zu eliminieren, sind nun Spaltenumformungen durchzuführen. Hierzu können wir analog vorgehen und speichern alle Spaltenumformungen in fortlaufender Weise, indem wir mit der 4×4-Einheitsmatrix starten. Der erste Schritt könnte darin bestehen, die erste Spalte in $N_{2,*}$ von der dritten Spalte zu subtrahieren. Anschließend addieren wir das -4-Fache der ersten Spalte zur letzten Spalte. Die beiden entsprechenden Eliminationsmatrizen $E_{13}(-1)$ und $E_{14}(-4)$ wirken als Spaltenumformungen von rechts auf $N_{2,*}$. Nachfolgende Umformungsmatrizen werden fortlaufend von rechts heranmultipliziert, um schließlich S zu erhalten. Die Matrix, mit der die ersten beiden Eliminationen durchgeführt werden, lautet daher $E_{13}(-1) \cdot E_{14}(-4)$. Zweckmäßig ist auch hier wieder ein erweitertes Tableau. Da es um Spaltenumformungen geht, schreiben wir die 4×4-Einheitsmatrix unterhalb der Matrix A:

$$\left[\frac{N_{2,*}}{E_4} \right] = \begin{bmatrix} 1 & 0 & 1 & 4 \\ 0 & 1 & -2 & -7 \\ 0 & 0 & 0 & 0 \\ \hline 1 & 0 & 0 & 0 \\ 0 & 1 & 0 & 0 \\ 0 & 0 & 1 & 0 \\ 0 & 0 & 0 & 1 \end{bmatrix} \xrightarrow{E_{13}(-1)E_{14}(-4)} \begin{bmatrix} 1 & 0 & 0 & 0 \\ 0 & 1 & -2 & -7 \\ 0 & 0 & 0 & 0 \\ \hline 1 & 0 & -1 & -4 \\ 0 & 1 & 0 & 0 \\ 0 & 0 & 1 & 0 \\ 0 & 0 & 0 & 1 \end{bmatrix}.$$

Mit zwei weiteren Spaltenumformungen haben wir das Ziel erreicht. Wir addieren das 2-Fache der zweiten Spalte zur dritten Spalte und das 7-Fache der zweiten Spalte zur letzten Spalte:

$$\begin{bmatrix} 1 & 0 & 0 & 0 \\ 0 & 1 & -2 & -7 \\ 0 & 0 & 0 & 0 \\ \hline 1 & 0 & -1 & -4 \\ 0 & 1 & 0 & 0 \\ 0 & 0 & 1 & 0 \\ 0 & 0 & 0 & 1 \end{bmatrix} \xrightarrow{E_{23}(2)E_{24}(7)} \begin{bmatrix} 1 & 0 & 0 & 0 \\ 0 & 1 & 0 & 0 \\ 0 & 0 & 0 & 0 \\ \hline 1 & 0 & -1 & -4 \\ 0 & 1 & 2 & 7 \\ 0 & 0 & 1 & 0 \\ 0 & 0 & 0 & 1 \end{bmatrix}.$$

Damit haben wir auch eine Matrix S bestimmt, die alle Spalteneliminationen zusammenfasst. Es handelt sich bei S um das Produkt der von rechts an A bzw. $ZA = N_{2,*}$ heranmultiplizierten Spaltenumformungsmatrizen:

$$S = \begin{pmatrix} 1 & 0 & -1 & -4 \\ 0 & 1 & 2 & 7 \\ 0 & 0 & 1 & 0 \\ 0 & 0 & 0 & 1 \end{pmatrix} = E_{13}(-1) \cdot E_{14}(-4) \cdot E_{23}(2) \cdot E_{24}(7).$$

Die Zerlegung von A ist nun mithilfe von Z und S in die Normalform gemäß Satz 2.41 möglich:

$$ZAS = \begin{pmatrix} 0 & 0 & 1 \\ 0 & 1 & -2 \\ 1 & -1 & -1 \end{pmatrix} \begin{pmatrix} 3 & 1 & 1 & 5 \\ 2 & 1 & 0 & 1 \\ 1 & 0 & 1 & 4 \end{pmatrix} \begin{pmatrix} 1 & 0 & -1 & -4 \\ 0 & 1 & 2 & 7 \\ 0 & 0 & 1 & 0 \\ 0 & 0 & 0 & 1 \end{pmatrix} = \begin{pmatrix} 1 & 0 & 0 & 0 \\ 0 & 1 & 0 & 0 \\ 0 & 0 & 0 & 0 \end{pmatrix}.$$

Wegen der Assoziativität der Matrixmultiplikation können wir auch die Spaltenumformungen zuerst durchführen und danach die Zeilenumformungen, um dasselbe Ergebnis zu erhalten, denn es gilt

$$Z(AS) = (ZA)S = \begin{pmatrix} 1 & 0 & 0 & 0 \\ 0 & 1 & 0 & 0 \\ 0 & 0 & 0 & 0 \end{pmatrix}.$$

Wir können sogar beliebig zwischen einzelner Zeilen- und Spaltenumformung wechseln und müssen nicht eine Umformungsart zuerst vollständig alleine durchführen. Hierzu nutzen wir für eine $m \times n$-Matrix A das zweifach erweiterte Tableau:

$$\left[\begin{array}{c|c} A & E_m \\ \hline E_n & \end{array} \right] \rightarrow \cdots \rightarrow \left[\begin{array}{c|c} \begin{array}{c|c} E_r & 0_{r \times n-r} \\ \hline 0_{m-r \times n} \end{array} & Z \\ \hline S & \end{array} \right].$$

Jede Zeilenumformung an A führen wir ebenfalls im rechten oberen Teil durch, während jede Spaltenumformung im linken unteren Teil registriert wird.

Wir können also eine beliebige $m \times n$-Matrix A mithilfe von zwei regulären Matrizen $Z \in \mathrm{GL}(m, \mathbb{K})$ und $S \in \mathrm{GL}(n, \mathbb{K})$ in eine sehr einfache Normalform der Gestalt

$$ZAS = \begin{pmatrix} E_r & 0_{r \times n-r} \\ 0_{m-r \times n} \end{pmatrix}$$

zerlegen. Die beiden Matrizen Z und S sind dabei jedoch nicht eindeutig bestimmt und hängen von den einzelnen Umformungsschritten ab. Wenn wir mit reinen Zeilenumformungen beginnen, dann ergibt sich zunächst die Normalform $N_{r,*}$, wobei $r = \mathrm{Rang}\,A$ gilt. Die sich anschließenden Spaltenumformungen würden das Format der erzeugten Einheitsmatrix E_r nicht mehr ändern. Der Rang bleibt bei dieser Vorgehensweise erhalten. Es gilt dann also $r = \mathrm{Rang}\,A = \mathrm{Rang}(ZAS)$. Wir könnten aber auch mit Spaltenumformungen beginnen oder zwischen Zeilen- und Spaltenumformungen beliebig wechseln. Wir wissen jedoch an dieser Stelle noch nicht, ob sich bei jeder Zerlegung der Matrix A in die Form

$$ZAS = \begin{pmatrix} E_r & 0 \\ 0 & 0 \end{pmatrix}$$

mit regulären Matrizen Z und S stets dieselbe Zahl r ergibt, ob also stets $r = \text{Rang}\,A$ gilt. Mit anderen Worten: Gibt es eine Zerlegung der Form

$$Z_2 A S_2 = \begin{pmatrix} E_s & 0 \\ 0 & 0 \end{pmatrix}$$

mit $s \neq r = \text{Rang}\,A$? Wir könnten die Frage auch folgendermaßen formulieren: Kann sich der Rang einer Matrix unter Multiplikation mit regulären Matrizen ändern? Unter Multiplikation mit singulären Matrizen könnte er sich ändern (einfachstes Beispiel ist die Multiplikation mit einer formatkompatiblen Nullmatrix). Für elementare Zeilenumformungen haben wir dies bereits im Nachklang zu Satz/Definition 2.8 gezeigt. Wir werden diese Frage in Kap. 3 klären.

2.5 LU-Faktorisierung

Für die im Folgenden betrachteten weiteren Matrixfaktorisierungen benötigen wir den Begriff der unteren und oberen Dreiecksmatrix.

Definition 2.42 (Untere und obere Dreiecksmatrix) *Eine quadratische Matrix $A \in$* M$(n, \mathbb{K})$ *heißt untere (bzw. obere) Dreiecksmatrix, wenn oberhalb (bzw. unterhalb) ihrer Hauptdiagonalen alle Komponenten verschwinden:*

$$A \text{ untere Dreiecksmatrix} \iff a_{ij} = 0 \text{ für } 1 \leq i < j \leq n$$

$$\iff A = \begin{pmatrix} * & 0 & \cdots & 0 \\ \vdots & \ddots & & \vdots \\ \vdots & & \ddots & 0 \\ * & \cdots & \cdots & * \end{pmatrix}$$

$$A \text{ obere Dreiecksmatrix} \iff a_{ij} = 0 \text{ für } 1 \leq j < i \leq n \tag{2.41}$$

$$\iff A = \begin{pmatrix} * & \cdots & \cdots & * \\ 0 & \ddots & & \vdots \\ \vdots & & \ddots & \vdots \\ 0 & \cdots & 0 & * \end{pmatrix}.$$

Eine untere oder obere Dreiecksmatrix wird auch als Trigonalmatrix bezeichnet.

Das Produkt zweier oberer (bzw. unterer) Dreiecksmatrizen ist wieder eine obere (bzw. untere) Dreiecksmatrix. Die Inverse einer regulären oberen (bzw. unteren) Dreiecksmatrix ist ebenfalls eine obere (bzw. untere) Dreiecksmatrix (vgl. Übungsaufgabe 2.5). Reguläre $n \times n$-Dreiecksmatrizen eines Typs bilden damit eine Untergruppe von GL$(n, \mathbb{K})$.

Wie sieht das Produkt von mehreren Typ-I-Umformungsmatrizen bzw. Eliminationsmatrizen aus, die für eine festgelegte Spalte k in einer $m \times n$-Matrix Zeilenumformungen unterhalb der k-ten Zeile bei Linksmultiplikation bewirken? Es seien hierzu

$$E_{k+1,k}(\lambda_{k+1,k}), \quad E_{k+2,k}(\lambda_{k+2,k}), \quad \ldots, \quad E_{nk}(\lambda_{nk})$$

insgesamt $n - k$ Typ-I-Umformungs- bzw. Eliminationsmatrizen. Für das Produkt dieser Matrizen gilt

$$E_{k+1,k}(\lambda_{k+1,k}) \cdot E_{k+2,k}(\lambda_{k+2,k}) \cdots E_{nk}(\lambda_{nk}) = \begin{pmatrix} 1 & 0 & \cdots & 0 & \cdots & & \cdots 0 \\ 0 & 1 & & & \vdots & & \vdots \\ \vdots & & \ddots & 0 & & & \\ & & & 1 & & & \\ & & & \lambda_{k+1,k} & \ddots & & \\ & & & \lambda_{k+2,k} & & & \vdots \\ \vdots & & & \vdots & & 1 & 0 \\ 0 & \cdots & & \lambda_{nk} & 0 & \cdots & 0 & 1 \end{pmatrix}.$$

Man erhält das Produkt einfach dadurch, dass die einzelnen Werte λ_{ik} auf ihre entsprechenden Positionen innerhalb einer Einheitsmatrix eingebracht werden. Darüber hinaus kommt es bei dem Produkt nicht auf die Reihenfolge der Faktoren an. Dies ist uns eine Definition wert.

Definition 2.43 (Frobenius-Matrix) *Eine reguläre $n \times n$-Matrix der Gestalt*

$$F(l_{k+1,k}, \ldots, l_{nk}) = \begin{pmatrix} 1 & 0 & \cdots & 0 & \cdots & & \cdots 0 \\ 0 & 1 & & & \vdots & & \vdots \\ \vdots & & \ddots & 0 & & & \\ & & & 1 & & & \\ & & & l_{k+1,k} & \ddots & & \\ & & & l_{k+2,k} & & & \vdots \\ \vdots & & & \vdots & & 1 & 0 \\ 0 & \cdots & & l_{nk} & 0 & \cdots & 0 & 1 \end{pmatrix} \qquad (2.42)$$

$$\uparrow$$
$$k\text{-te Spalte}$$

heißt Frobenius[5]-Matrix. Sie unterscheidet sich nur dadurch von der Einheitsmatrix, dass sie in einer einzigen Spalte k unterhalb der Hauptdiagonalen die $n - k$ Werte $l_{k+1,k}, \ldots, l_{nk}$ besitzt.

Trivialerweise ist die Einheitsmatrix ebenfalls eine spezielle Frobenius-Matrix, da

$$E_n = F(0, \ldots, 0) \qquad \text{(hierin können höchstens } n - 1 \text{ Nullen untergebracht werden).}$$

---

[5] Ferdinand Georg Frobenius (1849-1917), deutscher Mathematiker

Auch eine Typ-I-Umformungsmatrix ist eine spezielle Frobenius-Matrix. Eine Frobenius-Matrix $F(\cdots)$ der obigen Gestalt ist stets invertierbar, da sie vollen Rang besitzt. Ihre Inverse ist sehr leicht berechenbar. Es gilt

$$(F(l_{k+1,k},\ldots,l_{nk}))^{-1} = F(-l_{k+1,k},\ldots,-l_{nk})$$

$$= \begin{pmatrix} 1 & 0 & \cdots & & 0 & \cdots & & \cdots & 0 \\ 0 & 1 & & & & \vdots & & & \vdots \\ \vdots & & \ddots & & 0 & & & & \\ & & & & 1 & & & & \\ & & & -l_{k+1,k} & & \ddots & & & \\ & & & -l_{k+2,k} & & & & & \vdots \\ \vdots & & & \vdots & & & 1 & 0 \\ 0 & \cdots & & -l_{nk} & & 0 & \cdots & 0 & 1 \end{pmatrix}.$$

Betrachten wir nun den Spezialfall einer regulären $n \times n$-Matrix $A \in \mathrm{GL}(n,\mathbb{K})$. Da A regulär ist, also den vollen Rang n besitzt, können wir allein durch Zeilenumformungen des Typs I die Matrix A in eine obere Dreiecksmatrix überführen. Wir setzen voraus, dass hierzu keine Zeilenvertauschungen notwendig sind. Um nun das untere Dreieck in A zu eliminieren, das aus $l := \frac{(n-1)n}{2} = \frac{n^2-n}{2}$ Elementen besteht, benötigen wir maximal (einige Einträge können ja schon 0 sein) l Eliminationsmatrizen. Wir fassen die zu jeweils einem Spaltenindex gehörigen Eliminationsmatrizen zu Frobenius-Matrizen zusammen. Dies ergibt dann $n-1$ Frobenius-Matrizen:

$F_1 := F(\lambda_{21},\ldots,\lambda_{n1})$ zur Elimination der Elemente des unteren Dreiecks
                                    in der 1. Spalte von A,

$F_2 := F(\lambda_{32},\ldots,\lambda_{n2})$ zur Elimination der Elemente des unteren Dreiecks
                                    in der 2. Spalte von $F_1 A$,

$F_3 := F(\lambda_{43},\ldots,\lambda_{n3})$ zur Elimination der Elemente des unteren Dreiecks
                                    in der 3. Spalte von $F_2 F_1 A$,

$$\vdots$$

$F_{n-1} := F(\lambda_{n,n-1})$ zur Elimination des Elementes im unteren Dreieck
                                  in der vorletzten Spalte von $F_{n-2}\cdots F_1 A$.

Damit folgt

$$(F_{n-1}\cdots F_1)A = \begin{pmatrix} u_{11} & u_{12} & \cdots & u_{1n} \\ 0 & u_{22} & \cdots & u_{2n} \\ \vdots & \ddots & \ddots & \vdots \\ 0 & \cdots & 0 & u_{nn} \end{pmatrix} =: U \tag{2.43}$$

oder nach A aufgelöst durch Multiplikation von links mit den Inversen der einzelnen Frobenius-Matrizen

$$A = F_1^{-1} \cdots F_{n-1}^{-1} U =: LU$$

mit

$$
\begin{aligned}
L &= F_1^{-1} \cdots F_{n-1}^{-1} = (F(\lambda_{21}, \ldots, \lambda_{n1}))^{-1} \cdots (F(\lambda_{n,n-1}))^{-1} \\
&= F(-\lambda_{21}, \ldots, -\lambda_{n1}) \cdots F(-\lambda_{n,n-1}) \\
&= \begin{pmatrix}
1 & 0 & \cdots & 0 & 0 \\
-\lambda_{21} & 1 & \ddots & \vdots & 0 \\
-\lambda_{31} & -\lambda_{22} & \ddots & & \vdots \\
\vdots & \vdots & & 1 & 0 \\
-\lambda_{n1} & -\lambda_{n2} & \cdots & -\lambda_{n,n-1} & 1
\end{pmatrix}.
\end{aligned}
$$

Wir müssen uns somit lediglich die Elemente in den Eliminationsmatrizen merken und sie in dieser Form, also mit einem Minuszeichen davor, zu einer unteren Dreiecksmatrix der obigen Gestalt zusammenfassen und erhalten auf diese Weise die Matrix L, die zur Faktorisierung von A der Form $A = LU$ dient, wobei auf der Hauptdiagonalen von L nur Einsen stehen.

Die Zerlegung in der Form $A = LU$ hat gegenüber der äquivalenten Zerlegung $L^{-1}A = U$ einen entscheidenden Vorteil. Das Produkt der Frobenius-Matrizen $L^{-1} = F_{n-1} \cdots F_1$ auf der *linken* Seite der Gleichung (2.43) ist leider nicht so einfach zu berechnen wie L. Der Grund besteht darin, dass Produkte von Frobenius-Matrizen nur dann per „Überlagerung" ihrer unteren Dreieckselemente berechenbar sind, wenn die Reihenfolge ihrer Besetzungsspalten innerhalb des Produkts ansteigt. Mit anderen Worten: Für zwei Frobenius-Matrizen $F(a_{k+1,k}, \ldots, a_{nk})$ und $F(a_{l+1,l}, \ldots, a_{lk})$ mit den Besetzungsspalten k und l gilt im Fall $k < l$ beim Produkt

$$
F(a_{k+1,k}, \ldots, a_{nk}) \cdot F(a_{l+1,l}, \ldots, a_{lk})
$$

$$
= \begin{pmatrix}
1 & \cdots & 0 & \cdots & & \cdots 0 \\
0 & \ddots & \vdots & & & \vdots \\
\vdots & & 1 & & & \\
& & a_{k+1,k} & & & \\
& & a_{k+2,k} & \ddots & & \\
& & \vdots & & & \vdots \\
\vdots & & \vdots & & 1 & 0 \\
0 & \cdots & a_{nk} & & \cdots & 0 \ 1
\end{pmatrix}
\cdot
\begin{pmatrix}
1 & 0 & \cdots & 0 & \cdots & & 0 \\
0 & 1 & & \vdots & & & \vdots \\
\vdots & & \ddots & 0 & & & \\
& & & 1 & & & \\
& & & a_{l+1,l} & \ddots & & \\
& & & a_{l+2,l} & & & \vdots \\
\vdots & & & \vdots & & \ddots & 0 \\
0 & \cdots & & a_{nl} & & \cdots & 0 \ 1
\end{pmatrix}
$$

$$
= \begin{pmatrix}
1 & 0 & \cdots & 0 & \cdots & & 0 & & \cdots & & \cdots & 0 \\
0 & 1 & & \vdots & & & \vdots & & & & & \vdots \\
\vdots & & \ddots & 0 & & & & & & & & \\
& & & 1 & & & & & & & & \\
& & & a_{k+1,k} & \ddots & & & & & & & \\
& & & a_{k+2,k} & & & & & & & & \vdots \\
\vdots & & \vdots & & & 1 & & & & & & \\
& & & & & a_{l+1,l} & & \ddots & & & & \\
& & & & & a_{l+2,l} & & & & & & \vdots \\
\vdots & & \vdots & & & \vdots & & & 1 & 0 \\
0 & \cdots & & a_{nk} & & a_{lk} & & & 0 & 1
\end{pmatrix}.
$$

Im Fall $k \geq l$ gilt dies in der Regel nicht, dies macht bereits das folgende Beispiel deutlich. Für die beiden 4×4-Frobenius-Matrizen

$$
F_1 := F(a,b,c) = \begin{pmatrix} 1 & 0 & 0 & 0 \\ a & 1 & 0 & 0 \\ b & 0 & 1 & 0 \\ c & 0 & 0 & 1 \end{pmatrix}, \quad F_2 := F(d) = \begin{pmatrix} 1 & 0 & 0 & 0 \\ 0 & 1 & 0 & 0 \\ 0 & 0 & 1 & 0 \\ 0 & 0 & d & 1 \end{pmatrix}
$$

gilt

$$
F_1 \cdot F_2 = \begin{pmatrix} 1 & 0 & 0 & 0 \\ a & 1 & 0 & 0 \\ b & 0 & 1 & 0 \\ c & 0 & 0 & 1 \end{pmatrix} \cdot \begin{pmatrix} 1 & 0 & 0 & 0 \\ 0 & 1 & 0 & 0 \\ 0 & 0 & 1 & 0 \\ 0 & 0 & d & 1 \end{pmatrix} = \begin{pmatrix} 1 & 0 & 0 & 0 \\ a & 1 & 0 & 0 \\ b & 0 & 1 & 0 \\ c & 0 & d & 1 \end{pmatrix}.
$$

Das Produkt entsteht also einfach durch Überlagerung der beiden unteren Dreiecke. Wenn wir jedoch die Faktoren vertauschen, so sieht das Produkt komplizierter aus:

$$
F_2 \cdot F_1 = \begin{pmatrix} 1 & 0 & 0 & 0 \\ 0 & 1 & 0 & 0 \\ 0 & 0 & 1 & 0 \\ 0 & 0 & d & 1 \end{pmatrix} \cdot \begin{pmatrix} 1 & 0 & 0 & 0 \\ a & 1 & 0 & 0 \\ b & 0 & 1 & 0 \\ c & 0 & 0 & 1 \end{pmatrix} = \begin{pmatrix} 1 & 0 & 0 & 0 \\ a & 1 & 0 & 0 \\ b & 0 & 1 & 0 \\ bd+c & 0 & d & 1 \end{pmatrix}.
$$

Bei der Durchführung des Gauß-Verfahrens zur Elimination des unteren Dreiecks werden genau dann Zeilenvertauschungen unumgänglich, wenn zur Elimination der k-ten Spalte des unteren Dreiecks das Diagonalelement $\alpha_{kk} = 0$ ist. Mit diesem Element können wir keine weiteren Elemente unterhalb der k-ten Zeile eliminieren. Ein Beispiel hierzu verdeutlicht dies:

$$
A = \begin{pmatrix} 1 & 2 & 0 & 1 \\ 2 & 4 & 1 & 0 \\ 0 & 1 & 0 & 0 \\ -1 & 1 & 0 & 1 \end{pmatrix}.
$$

Die Frobenius-Matrix zur Elimination der ersten Spalte des unteren Dreiecks lautet

$$F(-2,0,1) = \begin{pmatrix} 1 & 0 & 0 & 0 \\ -2 & 1 & 0 & 0 \\ 0 & 0 & 1 & 0 \\ 1 & 0 & 0 & 1 \end{pmatrix}.$$

Damit wird die Elimination der ersten Spalte des unteren Dreiecks bewirkt:

$$F(-2,0,1)A = \begin{pmatrix} 1 & 0 & 0 & 0 \\ -2 & 1 & 0 & 0 \\ 0 & 0 & 1 & 0 \\ 1 & 0 & 0 & 1 \end{pmatrix} \begin{pmatrix} 1 & 2 & 0 & 1 \\ 2 & 4 & 1 & 0 \\ 0 & 1 & 0 & 0 \\ -1 & 1 & 0 & 1 \end{pmatrix} = \begin{pmatrix} 1 & 2 & 0 & 1 \\ 0 & \boxed{0} & 1 & -2 \\ 0 & 1 & 0 & 0 \\ 0 & 3 & 0 & 2 \end{pmatrix}.$$

In dieser neuen Matrix ist das Element der zweiten Zeile und zweiten Spalte $\alpha_{22} = 0$. Es kann daher nicht zur Elimination der zweiten Spalte des unteren Dreiecks verwendet werden. Ein Zeilentausch (beispielsweise Zeile 3 gegen Zeile 2) ist für die Fortsetzung des Eliminationsverfahrens erforderlich. Wir erkennen hierbei, dass diese Situation dadurch zustande gekommen ist, dass der linke obere 2×2-Block von *A*,

$$A_{22} := \begin{pmatrix} 1 & 2 \\ 2 & 4 \end{pmatrix},$$

singulär ist, also nicht den vollen Rang 2 besitzt. Prinzipiell kann jedoch dieser Effekt nicht auftreten, wenn die sogenannten führenden Hauptabschnittsmatrizen regulär sind. Wir halten zunächst das folgende Zwischenergebnis fest.

Satz 2.44 *Das Gauß'sche Eliminationsverfahren zur Erzeugung einer oberen Dreiecksmatrix aus einer beliebigen quadratischen Matrix A mithilfe von Frobenius-Matrizen kommt ohne Zeilenvertauschungen aus, wenn alle $r = \text{Rang}\,A$ führenden Hauptabschnittsmatrizen*

$$A_{kk} = \begin{pmatrix} a_{11} & \cdots & a_{1k} \\ \vdots & \ddots & \vdots \\ a_{k1} & \cdots & a_{kk} \end{pmatrix} \tag{2.44}$$

für $k = 1, \ldots, r$ regulär sind,[6] also vollen Rang haben, d. h. $\text{Rang}\,A_{kk} = k$. Die letzten $n - r$ Zeilen von A lassen sich dann mit den ersten r Zeilen eliminieren, sodass die resultierende obere Dreiecksmatrix am Ende $n - r$ Nullzeilen besitzt.

Diese Bedingung ist hinreichend, aber nicht notwendig. Beispielsweise besitzt die Matrix

$$B = \begin{pmatrix} 1 & 0 & 0 & 0 \\ 0 & 0 & 0 & 0 \\ 1 & 0 & 1 & 0 \\ 2 & 0 & 2 & 0 \end{pmatrix}$$

---

[6] Wenn $r = 0$ gilt, so ist *A* die Nullmatrix und damit bereits in „oberer Dreiecksform".

die *LU*-Zerlegung

$$B = \begin{pmatrix} 1 & 0 & 0 & 0 \\ 0 & 1 & 0 & 0 \\ 1 & 0 & 1 & 0 \\ 2 & 0 & 2 & 1 \end{pmatrix} \cdot \begin{pmatrix} 1 & 0 & 0 & 0 \\ 0 & 0 & 0 & 0 \\ 0 & 0 & 1 & 0 \\ 0 & 0 & 0 & 0 \end{pmatrix}.$$
$$\underbrace{\phantom{\begin{pmatrix} 1 \\ 0 \end{pmatrix}}}_{L} \underbrace{\phantom{\begin{pmatrix} 1 \\ 0 \end{pmatrix}}}_{U}$$

Es ist aber die zweite Hauptabschnittsmatrix von B bereits singulär, obwohl $r = \text{Rang}\,B = 2$ gilt.

Reguläre führende Hauptabschnittsmatrizen sind zudem nicht notwendig für die Regularität von A. Die 4×4-Matrix A des dem letzten Satz vorausgegangenen Beispiels ist regulär, wie man schnell überprüft. Ihre zweite Hauptabschnittsmatrix hat sich jedoch als singulär erwiesen. Sind hingegen umgekehrt alle führenden Hauptabschnittsmatrizen einer $n \times n$-Matrix A regulär, dann ist trivialerweise auch $A = A_{nn}$ regulär.

Falls nun keine Zeilenvertauschungen für die Elimination des unteren Dreiecks einer regulären Matrix nötig sind, dadurch dass alle führenden Hauptabschnittsmatrizen regulär sind, so können wir zunächst das folgende Resultat festhalten.

Satz 2.45 (*LU*-**Zerlegung einer regulären Matrix**) *Es sei $A \in GL(n, \mathbb{K})$ eine reguläre $n \times n$-Matrix über dem Körper $\mathbb{K}$. Sind die $n - 1$ (führenden) Hauptabschnittsmatrizen*

$$A_{kk} = \begin{pmatrix} a_{11} & \cdots & a_{1k} \\ \vdots & \ddots & \vdots \\ a_{k1} & \cdots & a_{kk} \end{pmatrix}$$

für $k = 1, \ldots, n - 1$ regulär[7], so sind zur Zeilenelimination keine Zeilenvertauschungen erforderlich. Dann gibt es eine eindeutig bestimmte untere Dreiecksmatrix L, deren Hauptdiagonale nur aus Einsen besteht, sowie eine eindeutig bestimmte obere Dreiecksmatrix U der Gestalt (2.43) mit

$$A = LU = \underbrace{\begin{pmatrix} 1 & 0 & \cdots & 0 \\ -\lambda_{21} & 1 & \cdots & 0 \\ \vdots & \ddots & \ddots & \vdots \\ -\lambda_{n1} & \cdots & -\lambda_{n,n-1} & 1 \end{pmatrix}}_{L} \cdot \underbrace{\begin{pmatrix} u_{11} & u_{12} & \cdots & u_{1n} \\ 0 & u_{22} & \cdots & u_{2n} \\ \vdots & \ddots & \ddots & \vdots \\ 0 & \cdots & 0 & u_{nn} \end{pmatrix}}_{U}. \qquad (2.45)$$

Die Elemente λ_{ij} sind die Faktoren für die Zeileneliminationen. Diese Matrixfaktorisierung wird als LU-Zerlegung[8] von A bezeichnet. Die Diagonalelemente $u_{11}, \ldots, u_{nn}$ heißen Pivotelemente.

Die Eindeutigkeit kann leicht über den Ansatz $L_1 U_1 = A = L_2 U_2$, woraus sich $L_2^{-1} L_1 = U_2 U_1^{-1}$ ergibt, nachgewiesen werden (vgl. Übungsaufgabe 2.24).

---

[7] Da A regulär ist, ist auch die n-te Hauptabschnittsmatrix $A_{nn} = A$ bereits regulär. Daher reicht diese Forderung für die ersten $n - 1$ Hauptabschnittsmatrizen.

[8] engl.: *LU*-decomposition. Das L steht für lower, das U für upper triangular matrix (Dreiecksmatrix).

Das Produkt der Pivotelemente u_{kk} der Matrix U für $k = 1, \ldots, n$ wird dabei in Abschn. 2.6 für die Definition der Determinante der Matrix A von großer Bedeutung sein. Das Verfahren zur *LU*-Faktorisierung kann aber in ähnlicher Weise auch auf singuläre Matrizen erweitert werden, wenn wir es gestatten, dass die zu erzeugende obere Dreiecksmatrix Nullen auf der Hauptdiagonalen enthalten darf. Ein Beispiel ist die 5×5-Matrix

$$A = \begin{pmatrix} 1 & 1 & 1 & 0 & 0 \\ 1 & 1 & 0 & 1 & 0 \\ 2 & 2 & 1 & 1 & 1 \\ 3 & 3 & 1 & 2 & 1 \\ 0 & 0 & 0 & 0 & 1 \end{pmatrix}.$$

Es ist hier $r = \text{Rang} A = 3$. Die dritte und vierte Zeile von A lassen sich durch die übrigen drei Zeilen eliminieren, denn die dritte Zeile ist die Summe aus den ersten beiden und der letzten Zeile. Die vierte Zeile ergibt sich aus der Summe des Doppelten der zweiten Zeile sowie der ersten und der letzten Zeile. Mit der Frobenius-Matrix $F_1 := F(-1, -2, -3, 0)$ folgt

$$F_1 A = \begin{pmatrix} 1 & 1 & 1 & 0 & 0 \\ 0 & 0 & -1 & 1 & 0 \\ 0 & 0 & -1 & 1 & 1 \\ 0 & 0 & -2 & 2 & 1 \\ 0 & 0 & 0 & 0 & 1 \end{pmatrix}.$$

Wir eliminieren nun in der dritten Spalte weiter, da in der zweiten Spalte bereits im unteren Dreieck alle Einträge eliminiert sind. Mit $F_2 = F(-2, 0)$ ergibt sich

$$F_2 F_1 A = \begin{pmatrix} 1 & 1 & 1 & 0 & 0 \\ 0 & 0 & -1 & 1 & 0 \\ 0 & 0 & -1 & 1 & 1 \\ 0 & 0 & 0 & 0 & -1 \\ 0 & 0 & 0 & 0 & 1 \end{pmatrix} = U.$$

Es gilt nun die Zerlegung

$$A = F_2^{-1} F_1^{-1} U = LU$$

mit

$$L = F_2^{-1} F_1^{-1} = \begin{pmatrix} 1 & 0 & 0 & 0 & 0 \\ 1 & 1 & 0 & 0 & 0 \\ 2 & 0 & 1 & 0 & 0 \\ 3 & 0 & 2 & 1 & 0 \\ 0 & 0 & 0 & 0 & 1 \end{pmatrix}.$$

Die erzeugte obere Dreiecksmatrix U enthält jedoch Nullen auf der Hauptdiagonalen. Auch bei singulären Matrizen kann es dazu kommen, dass das Verfahren nicht ohne Zeilenvertauschung auskommt, wie folgende singuläre Matrix bereits zeigt:

$$A = \begin{pmatrix} 0 & 1 & 1 \\ 0 & \boxed{0} & 0 \\ 0 & 1 & 0 \end{pmatrix}.$$

Mit der 0 in der Mitte der zweiten Zeile ist die 1 in der letzten Zeile nicht eliminierbar.

Wir betrachten nun ein Beispiel zur LU-Zerlegung einer regulären Matrix, bei welchem Zeilenvertauschungen notwendig sind. Für

$$A = \begin{pmatrix} 0 & 1 & 1 & 2 \\ 0 & 1 & 1 & 1 \\ 1 & 1 & 0 & 0 \\ 2 & 1 & 2 & 3 \end{pmatrix}$$

ist die erste Hauptabschnittsmatrix, also die Zahl 0, singulär. Wir beginnen mit der Vertauschung der ersten und dritten Zeile, was durch die Permutationsmatrix P_{13} bewirkt wird:

$$P_{13}A = \begin{pmatrix} 0 & 0 & 1 & 0 \\ 0 & 1 & 0 & 0 \\ 1 & 0 & 0 & 0 \\ 0 & 0 & 0 & 1 \end{pmatrix} \begin{pmatrix} 0 & 1 & 1 & 2 \\ 0 & 1 & 1 & 1 \\ 1 & 1 & 0 & 0 \\ 2 & 1 & 2 & 3 \end{pmatrix} = \begin{pmatrix} \boxed{1} & 1 & 0 & 0 \\ 0 & 1 & 1 & 1 \\ 0 & 1 & 1 & 2 \\ 2 & 1 & 2 & 3 \end{pmatrix}.$$

Jetzt können wir mit dem linken oberen Pivotelement 1 die Zahl 2 links in der letzten Zeile eliminieren, dazu verwenden wir die Frobenius-Matrix $F(0,0,-2)$

$$\underbrace{\begin{pmatrix} 1 & 0 & 0 & 0 \\ 0 & 1 & 0 & 0 \\ 0 & 0 & 1 & 0 \\ -2 & 0 & 0 & 1 \end{pmatrix}}_{F(0,0,-2)} \cdot \begin{pmatrix} 1 & 1 & 0 & 0 \\ 0 & 1 & 1 & 1 \\ 0 & 1 & 1 & 2 \\ 2 & 1 & 2 & 3 \end{pmatrix} = \begin{pmatrix} 1 & 1 & 0 & 0 \\ 0 & 1 & 1 & 1 \\ 0 & 1 & 1 & 2 \\ 0 & -1 & 2 & 3 \end{pmatrix}.$$

Wir führen nun zwei Eliminationsschritte zur Annullierung der zweiten Spalte unterhalb der Hauptdiagonalen durch. Dazu verwenden wir die Frobenius-Matrix $F(-1,1)$

$$\underbrace{\begin{pmatrix} 1 & 0 & 0 & 0 \\ 0 & 1 & 0 & 0 \\ 0 & -1 & 1 & 0 \\ 0 & 1 & 0 & 1 \end{pmatrix}}_{F(-1,1)} \cdot \begin{pmatrix} 1 & 1 & 0 & 0 \\ 0 & 1 & 1 & 1 \\ 0 & 1 & 1 & 2 \\ 0 & -1 & 2 & 3 \end{pmatrix} = \begin{pmatrix} 1 & 1 & 0 & 0 \\ 0 & 1 & 1 & 1 \\ 0 & 0 & 0 & 1 \\ 0 & 0 & 3 & 4 \end{pmatrix}.$$

Um nun zur oberen Dreiecksgestalt zu gelangen, ist wieder ein Zeilentausch erforderlich, da in der dritten Zeile und dritten Spalte eine 0 auftritt, die nicht als Pivotelement geeignet ist. Mit der Null können wir nicht eliminieren. Wir vertauschen hierzu die letzten beiden Zeilen, was durch die Permutationsmatrix P_{34} bewirkt wird:

$$\begin{pmatrix} 1 & 0 & 0 & 0 \\ 0 & 1 & 0 & 0 \\ 0 & 0 & 0 & 1 \\ 0 & 0 & 1 & 0 \end{pmatrix} \begin{pmatrix} 1 & 1 & 0 & 0 \\ 0 & 1 & 1 & 1 \\ 0 & 0 & 0 & 1 \\ 0 & 0 & 3 & 4 \end{pmatrix} = \begin{pmatrix} 1 & 1 & 0 & 0 \\ 0 & 1 & 1 & 1 \\ 0 & 0 & 3 & 4 \\ 0 & 0 & 0 & 1 \end{pmatrix} = U.$$

Nun haben wir die obere Dreiecksgestalt erreicht. Insgesamt gilt damit

$$P_{34} \cdot F(-1,1) \cdot F(0,0,-2) \cdot P_{13} \cdot A = U.$$

Es war bereits an der Matrix A zu erkennen, dass Zeilenvertauschungen notwendig sind. Die erste Hauptabschnittsmatrix $A_{11} = (0)$ ist singulär, dies hat den Zeilentausch der ersten Zeile mit der dritten Zeile motiviert. Die dritte Hauptabschnittsmatrix

$$A_{33} = \begin{pmatrix} 0 & 1 & 1 \\ 0 & 1 & 1 \\ 1 & 1 & 0 \end{pmatrix}$$

ist ebenfalls singulär (zwei identische Zeilen).

Die Permutationsmatrizen und die Frobenius-Matrizen in der Faktorisierung

$$P_{34} \cdot F(-1,1) \cdot F(0,0,-2) \cdot P_{13} \cdot A = U$$

sind nicht miteinander vertauschbar. Die Vertauschung der Reihenfolge der Umformungsmatrizen führt zu einem anderen Ergebnis:

$$F(-1,1) \cdot F(0,0,-2) \cdot P_{34} \cdot P_{13} \cdot A = \begin{pmatrix} 1 & 1 & 0 & 0 \\ 0 & 1 & 1 & 1 \\ 2 & 0 & 1 & 2 \\ -2 & 0 & 2 & 3 \end{pmatrix} \neq U.$$

Diese Matrix hat nicht einmal eine obere Dreiecksstruktur! Wir können also zur Elimination nicht einfach zuerst alle Vertauschungen durchführen und dann mit den beiden Frobenius-Matrizen von links multiplizieren, das Ergebnis wäre nicht dieselbe Matrix. Dies ist nicht weiter verwunderlich, denn die beiden Frobenius-Matrizen wurden gezielt jeweils zur Elimination anderer Matrizen verwendet. Wenn wir also zuerst A durch Zeilenvertauschung modifizieren, so müssen für die anschließenden Eliminationsschritte auch andere Frobenius-Matrizen verwendet werden.

Wir haben damit aber eine Chance, eine Faktorisierung zu finden, bei der zuerst alle notwendigen Zeilenvertauschungen durchgeführt werden, und dann erst die Eliminationen. Dies hat gegenüber dem Verfahren mit gemischten Permutationen und Eliminationen den Effekt, dass wir eine Zerlegung der Art

$$PA = LU$$

bestimmen könnten. Rechentechnischer Vorteil wäre wieder die sehr einfach zu bestimmende Matrix L aus Satz 2.45. Wir probieren dies einfach am letzten Beispiel aus und führen zuerst die Zeilenvertauschungen durch. Es gilt

$$P_{34} \cdot P_{13} \cdot A = \begin{pmatrix} 1 & 1 & 0 & 0 \\ 0 & 1 & 1 & 1 \\ 2 & 1 & 2 & 3 \\ 0 & 1 & 1 & 2 \end{pmatrix}.$$

Die führenden Hauptabschnittsmatrizen dieser Matrix sind alle regulär. Daher sind keine weiteren Vertauschungen mehr notwendig. Der erste Eliminationsschritt besteht darin, die Zahl 2 links in der dritten Zeile zu eliminieren. Das -2-Fache der ersten Zeile muss also zur dritten Zeile addiert werden. Dies bewerkstelligt die Frobenius-Matrix $F(0,-2,0)$:

$$\underbrace{\begin{pmatrix} 1 & 0 & 0 & 0 \\ 0 & 1 & 0 & 0 \\ -2 & 0 & 1 & 0 \\ 0 & 0 & 0 & 1 \end{pmatrix}}_{F(0,-2,0)} \begin{pmatrix} 1 & 1 & 0 & 0 \\ 0 & 1 & 1 & 1 \\ 2 & 1 & 2 & 3 \\ 0 & 1 & 1 & 2 \end{pmatrix} = \begin{pmatrix} 1 & 1 & 0 & 0 \\ 0 & 1 & 1 & 1 \\ 0 & -1 & 2 & 3 \\ 0 & 1 & 1 & 2 \end{pmatrix}.$$

Wir eliminieren nun die zweite Spalte des unteren Dreiecks mithilfe der Frobenius-Matrix $F(1,-1)$:

$$\underbrace{\begin{pmatrix} 1 & 0 & 0 & 0 \\ 0 & 1 & 0 & 0 \\ 0 & 1 & 1 & 0 \\ 0 & -1 & 0 & 1 \end{pmatrix}}_{F(1,-1)} \begin{pmatrix} 1 & 1 & 0 & 0 \\ 0 & 1 & 1 & 1 \\ 0 & -1 & 2 & 3 \\ 0 & 1 & 1 & 2 \end{pmatrix} = \begin{pmatrix} 1 & 1 & 0 & 0 \\ 0 & 1 & 1 & 1 \\ 0 & 0 & 3 & 4 \\ 0 & 0 & 0 & 1 \end{pmatrix} =: U.$$

Es ergibt sich wieder die obere Dreiecksmatrix U. Mit

$$P := P_{34} \cdot P_{13} = \begin{pmatrix} 0 & 0 & 1 & 0 \\ 0 & 1 & 0 & 0 \\ 0 & 0 & 0 & 1 \\ 1 & 0 & 0 & 0 \end{pmatrix},$$

$$L := (F(1,-1) \cdot F(0,-2,0))^{-1} = F(0,2,0) \cdot F(-1,1) = \begin{pmatrix} 1 & 0 & 0 & 0 \\ 0 & 1 & 0 & 0 \\ 2 & -1 & 1 & 0 \\ 0 & 1 & 0 & 1 \end{pmatrix}$$

liegt uns eine Zerlegung der Art $PA = LU$ vor:

$$\underbrace{\begin{pmatrix} 0 & 0 & 1 & 0 \\ 0 & 1 & 0 & 0 \\ 0 & 0 & 0 & 1 \\ 1 & 0 & 0 & 0 \end{pmatrix}}_{P} \cdot \underbrace{\begin{pmatrix} 0 & 1 & 1 & 2 \\ 0 & 1 & 1 & 1 \\ 1 & 1 & 0 & 0 \\ 2 & 1 & 2 & 3 \end{pmatrix}}_{A} = \begin{pmatrix} 1 & 1 & 0 & 0 \\ 0 & 1 & 1 & 1 \\ 2 & 1 & 2 & 3 \\ 0 & 1 & 1 & 2 \end{pmatrix}.$$

$$
= \begin{pmatrix} 1 & 0 & 0 & 0 \\ 0 & 1 & 0 & 0 \\ 2 & -1 & 1 & 0 \\ 0 & 1 & 0 & 1 \end{pmatrix} \cdot \begin{pmatrix} 1 & 1 & 0 & 0 \\ 0 & 1 & 1 & 1 \\ 0 & 0 & 3 & 4 \\ 0 & 0 & 0 & 1 \end{pmatrix}.
$$

$$
\underbrace{\phantom{\begin{pmatrix} 1 \\ 0 \\ 2 \\ 0 \end{pmatrix}}}_{L} \quad \underbrace{\phantom{\begin{pmatrix} 1 \\ 0 \\ 0 \\ 0 \end{pmatrix}}}_{U}
$$

Dies lässt sich nun offenbar verallgemeinern:

Satz 2.46 (*PA = LU*-**Zerlegung einer quadratischen Matrix**) *Es sei* $A \in M(n, \mathbb{K})$ *eine* $n \times n$-*Matrix über dem Körper* $\mathbb{K}$. *Dann gibt es eine Permutationsmatrix P, eine untere Dreiecksmatrix L, deren Hauptdiagonale nur aus Einsen besteht, sowie eine obere Dreiecksmatrix U der Gestalt (2.43) mit*

$$
PA = LU = \begin{pmatrix} 1 & 0 & \cdots & 0 \\ -\lambda_{21} & 1 & \cdots & 0 \\ \vdots & \ddots & \ddots & \vdots \\ -\lambda_{n1} & \cdots & -\lambda_{n,(n-1)} & 1 \end{pmatrix} \cdot \begin{pmatrix} u_{11} & u_{12} & \cdots & u_{1n} \\ 0 & u_{22} & \cdots & u_{2n} \\ \vdots & \ddots & \ddots & \vdots \\ 0 & \cdots & 0 & u_{nn} \end{pmatrix}. \tag{2.46}
$$

$$
\underbrace{}_{L} \qquad \underbrace{}_{U}
$$

Ist A regulär, so ist $U = PAL^{-1}$ *als Produkt regulärer Matrizen ebenfalls regulär, hat also vollen Rang, was mit* $u_{kk} \neq 0$ *für* $1 \leq k \leq n$ *einhergeht. Ist A singulär, so verschwindet mindestens eine Diagonalkomponente in U und umgekehrt. Es gilt also*

$$
A \text{ regulär} \iff u_{kk} \neq 0 \text{ für alle } k = 1, \dots, n.
$$

Da elementare Zeilenumformungen den Rang nicht ändern, gilt $\text{Rang} A = \text{Rang}(PA) = \text{Rang}(LU) = \text{Rang} U$. *Die Elemente* λ_{ij} *sind die Faktoren für die Zeileneliminationen der permutierten Matrix PA.*

Sobald Zeilenpermutationen ins Spiel kommen, kann nicht mehr von der Eindeutigkeit dieser Zerlegung ausgegangen werden. Das folgende Beispiel zeigt für eine 2×2-Matrix zwei unterschiedliche Zerlegungen dieser Art. Für

$$
A = \begin{pmatrix} 1 & 1 & 0 \\ 2 & 1 & 0 \\ 1 & 1 & 1 \end{pmatrix}
$$

gilt

$$
P_{13}A = \begin{pmatrix} 1 & 1 & 1 \\ 2 & 1 & 0 \\ 1 & 1 & 0 \end{pmatrix} = \underbrace{\begin{pmatrix} 1 & 0 & 0 \\ 2 & 1 & 0 \\ 1 & 0 & 1 \end{pmatrix}}_{L} \cdot \underbrace{\begin{pmatrix} 1 & 1 & 1 \\ 0 & -1 & -2 \\ 0 & 0 & -1 \end{pmatrix}}_{U},
$$

aber auch

$$
P_{12}A = \begin{pmatrix} 2 & 1 & 0 \\ 1 & 1 & 0 \\ 1 & 1 & 1 \end{pmatrix} = \underbrace{\begin{pmatrix} 1 & 0 & 0 \\ 1/2 & 1 & 0 \\ 1/2 & 1 & 1 \end{pmatrix}}_{L'} \cdot \underbrace{\begin{pmatrix} 2 & 1 & 0 \\ 0 & 1/2 & 0 \\ 0 & 0 & 1 \end{pmatrix}}_{U'}.
$$

Das Faktorisieren, also das multiplikative Zerlegen von Matrizen, ist eine Kernaufgabe der linearen Algebra. Wir werden weitere Faktorisierungen, insbesondere für häufig auftretende Spezialfälle kennenlernen. In der numerischen linearen Algebra und in vielen Anwendungen spielen derartige Faktorisierungen eine wichtige Rolle, da mithilfe dieser Zerlegungen schwach besetzte Matrizen[9] erhalten werden können. Hierbei handelt es sich um Matrizen, die möglichst viele Nullen enthalten und deren nicht-verschwindende Elemente sich um die Hauptdiagonale, im Idealfall sogar nur auf der Hauptdiagonalen tummeln. Eine derartige Gestalt hat häufig massive rechentechnische Vorteile, wie wir noch sehen werden.

2.6 Determinanten

In diesem Abschnitt geht es um einen zentralen Begriff für quadratische Matrizen. Mithilfe der Determinanten lassen sich nicht nur quadratische Matrizen auf Regularität bzw. Singularität hin überprüfen, sondern auch reguläre Matrizen ohne Gauß-Verfahren invertieren. Sogar das Lösen linearer Gleichungssysteme bei regulären Koeffizientenmatrizen ist mithilfe von Determinanten möglich. Die Determinante ist auch die Grundlage zur Berechnung sogenannter Eigenwerte quadratischer Matrizen. Die Eigenwerttheorie ist zentraler Gegenstand eines späteren Kapitels. Wir betrachten zunächst das folgende Beispiel einer regulären Matrix:

$$A = \begin{pmatrix} 1 & 2 & 0 & 1 \\ 2 & 4 & 3 & 0 \\ 1 & 3 & 2 & 5 \\ 1 & 2 & 0 & 3 \end{pmatrix}.$$

Wir wollen nun versuchen, diese Matrix durch elementare Zeilenumformungen in eine obere Dreiecksmatrix zu überführen. Ziel ist also die komplette Elimination der Einträge unterhalb der Hauptdiagonalen. Aufgrund des letzten Satzes über die $PA = LU$-Zerlegung wissen wir, dass dies für die Matrix A möglich ist. Beginnen wir also mit dem Tableau zur Erzeugung der oberen Dreiecksmatrix U, indem wir Nullen in der ersten Spalte erzeugen:

$$A = \begin{pmatrix} 1 & 2 & 0 & 1 \\ 2 & 4 & 3 & 0 \\ 1 & 3 & 2 & 5 \\ 1 & 2 & 0 & 3 \end{pmatrix} \rightarrow \begin{pmatrix} 1 & 2 & 0 & 1 \\ 0 & 0 & 3 & -2 \\ 0 & 1 & 2 & 4 \\ 0 & 0 & 0 & 2 \end{pmatrix}.$$

An dieser Stelle erkennen wir, dass wir die zweite gegen die dritte Zeile vertauschen sollten, um das Verfahren fortzusetzen (man beachte die zweite Hauptabschnittsmatrix von A!). Wir setzen das Verfahren daher an dieser Stelle nicht fort und starten erneut, mit dem Unterschied, dass die zweite und dritte Zeile von A zuvor vertauscht werden. Hierzu verwenden wir die Permutationsmatrix

---

[9] engl.: sparse matrices

$$P_{23} = \begin{pmatrix} 1\ 0\ 0\ 0 \\ 0\ 0\ 1\ 0 \\ 0\ 1\ 0\ 0 \\ 0\ 0\ 0\ 1 \end{pmatrix}.$$

Damit vertauschen wir die zweite und dritte Zeile von A:

$$P_{23}A = \begin{pmatrix} 1\ 2\ 0\ 1 \\ 1\ 3\ 2\ 5 \\ 2\ 4\ 3\ 0 \\ 1\ 2\ 0\ 3 \end{pmatrix}.$$

Wieder starten wir die Zeilenelimination, indem wir Nullen in der ersten Spalte erzeugen:

$$P_{23}A = \begin{pmatrix} 1\ 2\ 0\ 1 \\ 1\ 3\ 2\ 5 \\ 2\ 4\ 3\ 0 \\ 1\ 2\ 0\ 3 \end{pmatrix} \rightarrow \begin{pmatrix} 1\ 2\ 0\ \ 1 \\ 0\ 1\ 2\ \ 4 \\ 0\ 0\ 3\ -2 \\ 0\ 0\ 0\ \ 2 \end{pmatrix} = FP_{23}A.$$

Die Frobenius-Matrix für diesen Schritt lautet dabei

$$F = \begin{pmatrix} 1\ \ \ 0\ 0\ 0 \\ -1\ 1\ 0\ 0 \\ -2\ 0\ 1\ 0 \\ -1\ 0\ 0\ 1 \end{pmatrix}.$$

Damit gilt

$$FP_{23}A = \begin{pmatrix} 1\ 2\ 0\ \ 1 \\ 0\ 1\ 2\ \ 4 \\ 0\ 0\ 3\ -2 \\ 0\ 0\ 0\ \ 2 \end{pmatrix} =: U.$$

Wenn wir diese Gleichung nach $P_{23}A$ auflösen, so erhalten wir die $PA = LU$-Zerlegung in der Gestalt

$$P_{23}A = F^{-1}U.$$

Hierbei sind

$$P_{23} = \begin{pmatrix} 1\ 0\ 0\ 0 \\ 0\ 0\ 1\ 0 \\ 0\ 1\ 0\ 0 \\ 0\ 0\ 0\ 1 \end{pmatrix}, \quad F^{-1} = \begin{pmatrix} 1\ 0\ 0\ 0 \\ 1\ 1\ 0\ 0 \\ 2\ 0\ 1\ 0 \\ 1\ 0\ 0\ 1 \end{pmatrix}.$$

Um die Ausgangsmatrix A in eine obere Dreiecksmatrix zu überführen, können wir jedoch auch ganz ohne Zeilenvertauschungen auskommen. Hierzu sehen wir uns den ersten Ansatz zur Elimination in der ersten Spalte von A noch einmal an:

$$A = \begin{pmatrix} 1\,2\,0\,1 \\ 2\,4\,3\,0 \\ 1\,3\,2\,5 \\ 1\,2\,0\,3 \end{pmatrix} \rightarrow \begin{pmatrix} 1\,2\,0\ \ 1 \\ 0\,0\,3\,-2 \\ 0\,1\,2\ \ 4 \\ 0\,0\,0\ \ 2 \end{pmatrix} = F_1 A$$

mit der Frobenius-Matrix

$$F_1 = \begin{pmatrix} 1\ \ 0\,0\,0 \\ -2\,1\,0\,0 \\ -1\,0\,1\,0 \\ -1\,0\,0\,1 \end{pmatrix}.$$

Den jetzt anstehenden Tausch der zweiten und dritten Zeile von $F_1 A$, also die Typ-II-Umformung können wir jedoch umgehen, indem wir die dritte Zeile zur zweiten Zeile addieren:

$$F_1 A = \begin{pmatrix} 1\,2\,0\ \ 1 \\ 0\,0\,3\,-2 \\ 0\,1\,2\ \ 4 \\ 0\,0\,0\ \ 2 \end{pmatrix} \rightarrow \begin{pmatrix} 1\,2\,0\,1 \\ 0\,1\,5\,2 \\ 0\,1\,2\,4 \\ 0\,0\,0\,2 \end{pmatrix} = G F_1 A.$$

Die Zeilenumformungsmatrix, die dies bewirkt, ist jedoch keine Frobenius-Matrix mehr:

$$G = \begin{pmatrix} 1\,0\,0\,0 \\ 0\,1\,1\,0 \\ 0\,0\,1\,0 \\ 0\,0\,0\,1 \end{pmatrix}.$$

Wir setzen nun das Verfahren fort, indem wir unterhalb des Diagonalelementes in der zweiten Spalte von $GF_1 A$ weiter eliminieren. Die zweite Zeile wird also von der dritten Zeile subtrahiert, und wir erhalten eine obere Dreiecksmatrix:

$$\begin{pmatrix} 1\,2\,0\,1 \\ 0\,1\,5\,2 \\ 0\,1\,2\,4 \\ 0\,0\,0\,1 \end{pmatrix} \rightarrow \begin{pmatrix} 1\,2\ \ 0\ \ 1 \\ 0\,1\ \ 5\ \ 2 \\ 0\,0\,-3\,2 \\ 0\,0\ \ 0\ \ 2 \end{pmatrix} = F_2 G F_1 A$$

mit der Frobenius-Matrix

$$F_2 = \begin{pmatrix} 1\ \ 0\ \ 0\,0 \\ 0\ \ 1\ \ 0\,0 \\ 0\,-1\,1\,0 \\ 0\ \ 0\ \ 0\,1 \end{pmatrix}.$$

Allein durch elementare Zeilenumformungen des Typs I haben wir die Matrix A in eine obere Dreiecksmatrix U überführt:

$$A = \begin{pmatrix} 1\,2\,0\,1 \\ 2\,4\,3\,0 \\ 1\,3\,2\,5 \\ 1\,2\,0\,3 \end{pmatrix} \rightarrow \begin{pmatrix} 1\,2\ \ 0\ \ 1 \\ 0\,1\ \ 5\ \ 2 \\ 0\,0\,-3\,2 \\ 0\,0\ \ 0\ \ 2 \end{pmatrix} = U' = F_2 G F_1 A.$$

Es gibt also neben der $PA = LU$-Zerlegung für A auch eine Zerlegung

$$A = F_1^{-1} G^{-1} F_2^{-1} U',$$

mit einer weiteren oberen Dreiecksmatrix U', die ohne Permutationsmatrizen auskommt. Allerdings haben wir es dann auch nicht mehr mit Frobenius-Matrizen zu tun. Das Produkt der Typ-I-Zeilenumformungsmatrizen

$$F_1^{-1} G^{-1} F_2^{-1} = \begin{pmatrix} 1 & 0 & 0 & 0 \\ 2 & 1 & 0 & 0 \\ 1 & 0 & 1 & 0 \\ 1 & 0 & 0 & 1 \end{pmatrix} \begin{pmatrix} 1 & 0 & 0 & 0 \\ 0 & 1 & -1 & 0 \\ 0 & 0 & 1 & 0 \\ 0 & 0 & 0 & 1 \end{pmatrix} \begin{pmatrix} 1 & 0 & 0 & 0 \\ 0 & 1 & 0 & 0 \\ 0 & 1 & 1 & 0 \\ 0 & 0 & 0 & 1 \end{pmatrix}$$

$$= \begin{pmatrix} 1 & 0 & 0 & 0 \\ 2 & 0 & -1 & 0 \\ 1 & 1 & 1 & 0 \\ 1 & 0 & 0 & 1 \end{pmatrix}$$

ist auch keine linke untere Dreiecksmatrix mehr. Mit diesem Verfahren können wir also ohne Zeilenvertauschungen, ausschließlich mit Zeilenumformungen des Typs I reguläre Matrizen in obere Dreiecksmatrizen überführen.

Im Fall singulärer Matrizen ist dieses Verfahren ebenfalls anwendbar, wenn wir in Kauf nehmen, dass die Diagonale der zu erzeugenden oberen Dreiecksmatrix Nullen enthalten kann. Die Zeileneliminationen führen wir dann mit Frobenius-Matrizen wie bei der LU-Zerlegung durch, indem wir zur Elimination des unteren Dreiecks konsequent mit der ersten Spalte beginnen und bis zur Spalte $n - 1$ voranschreiten. Diese Vorgehensweise bezeichnen wir ab jetzt als Dreieckselimination. Wir fassen unsere Überlegungen in folgendem Satz zusammen.

Satz 2.47 ($ZA = U$**-Zerlegung**) *Eine $n \times n$-Matrix A über $\mathbb{K}$ kann allein durch elementare Zeilenumformungen des Typs I (Addition eines Vielfachen einer Zeile zu einer anderen Zeile) und der Dreieckselimination in eine obere Dreiecksmatrix U überführt werden. Es gibt also Typ-I-Umformungsmatrizen $Z_1, Z_2, \ldots Z_m$ mit*

$$Z_m \cdots Z_2 Z_1 A = U. \tag{2.47}$$

Wenn alle führenden Hauptabschnittsmatrizen von A regulär sind, so kann dies die LU-Zerlegung von A sein, da keine Zeilenvertauschungen nötig sind. In diesem Fall ist $L = Z_1^{-1} Z_2^{-1} \cdots Z_m^{-1}$ eine linke untere Dreiecksmatrix.

In der Regel ist die ausschließlich durch elementare Zeilenumformungen des Typs I aus A hervorgehende obere Dreiecksmatrix nicht eindeutig bestimmt. Wenn keine Zeilenvertauschungen nötig sind, so führt die LU-Zerlegung einer regulären Matrix A zu einer eindeutig bestimmten oberen Dreiecksmatrix U. Wenn aber im Laufe des Eliminationsverfahrens in einer Zeile k das Diagonalelement $\alpha_{kk} = 0$ ist und somit zur weiteren Elimination nicht verwendet werden kann, wie in der hier dargestellten Situation

$$\begin{pmatrix} * & * & * & * & * & * \\ 0 & * & * & * & * & * \\ 0 & 0 & 0 & * & * & * \\ 0 & 0 & 0 & * & * & * \\ 0 & 0 & b & * & * & * \\ 0 & 0 & * & * & * & * \end{pmatrix} \begin{matrix} \\ \\ \leftarrow \text{Zeile } k \\ \\ \leftarrow \text{Zeile } l \\ \\ \end{matrix},$$

so suchen wir eine Zeile $l > k$ unterhalb von Zeile k, sodass in der betreffenden Spalte k ein Element $b \neq 0$ auftritt. Falls es eine derartige Zeile nicht geben sollte, ist bereits alles unterhalb von α_{kk} gleich 0, es gäbe nichts mehr zu eliminieren, und die Matrix hätte keinen vollen Rang, wäre also singulär. Die weiteren Zerlegungsschritte würden dann mit der nächsten Spalte $k+1$ fortgesetzt werden mit dem Ergebnis, dass in der gesuchten oberen Dreiecksmatrix U für das k-te Diagonalelement $u_{kk} = \alpha_{kk} = 0$ gilt.

Wenn wir dagegen eine Zeile l mit $b \neq 0$ gefunden haben, so läge es nun nahe, die Zeilen k und l zu tauschen, aber das wollen wir vermeiden, da wir nur Zeilenumformungen des Typs I zulassen. Es bietet sich daher an, die Zeile l auf Zeile k aufzuaddieren, um wieder ein Pivotelement zur weiteren Elimination in der Position von α_{kk} zu erhalten:

$$\begin{pmatrix} * & * & * & * & * & * \\ 0 & * & * & * & * & * \\ 0 & 0 & 0 & * & * & * \\ 0 & 0 & 0 & * & * & * \\ 0 & 0 & b & * & * & * \\ 0 & 0 & * & * & * & * \end{pmatrix} \begin{matrix} \\ \\ \rceil \\ \\ + \\ \end{matrix} \rightarrow \begin{pmatrix} * & * & * & * & * & * \\ 0 & * & * & * & * & * \\ 0 & 0 & b & * & * & * \\ 0 & 0 & 0 & * & * & * \\ 0 & 0 & b & * & * & * \\ 0 & 0 & * & * & * & * \end{pmatrix}.$$

Die im weiteren Verfahren entstehende obere Dreiecksmatrix wird dann im Allgemeinen von der Auswahl der Zeile l abhängen. Wenn wir das Ziel verfolgen, dass die entstehende obere Dreiecksmatrix eindeutig sein soll, so müssen wir uns nun auf einen Standard festlegen. Wir nehmen also einfach die erste Zeile l unterhalb von k, bei der ein Element $b \neq 0$ in der Spalte k auftritt, und bezeichnen diese Vorgehensweise als Pivotisierungsregel.

Definition 2.48 (Pivotisierungsregel) *Kommt es im Laufe der Dreieckselimination bei der $ZA = U$-Zerlegung einer Matrix zu einem Nullelement auf der Diagonalen in Zeile und Spalte k, so wird die erste Zeile l unterhalb von Zeile k, in der ein Element $b \neq 0$ auftritt, zur Zeile k addiert. Sollte es keine derartige Zeile geben, so wird das Verfahren in der nächsten Spalte $k+1$ fortgesetzt.*

Durch diese Zeilenauswahlregel wird die Zerlegung (2.47) aus Satz 2.47 eindeutig:

Satz 2.49 ($ZA = U$-Zerlegung mit Pivotisierungsregel) *Eine $n \times n$-Matrix A über $\mathbb{K}$ kann allein durch Dreieckselimination mit Pivotisierungsregel ausschließlich durch elementare Zeilenumformungen des Typs I in eine obere Dreiecksmatrix U überführt werden. Die hierbei entstehende Zerlegung $ZA = U$ ist eindeutig bestimmt.*

Den Diagonalkomponenten $u_{11}, \dots, u_{nn}$ der hieraus entstehenden oberen Dreiecksmatrix U kommt eine wichtige Bedeutung zu. Sollte beispielsweise die Matrix A singulär sein, so muss mindestens ein Diagonalelement $u_{kk} = 0$ sein. Wir kommen damit zu einer wichtigen Definition.

Definition 2.50 (Determinante einer $n \times n$-Matrix) *Es sei A eine $n \times n$-Matrix über $\mathbb{K}$. Mit $U = (u_{ij})_{1 \leq i,j \leq n}$ sei die durch Dreieckszerlegung mit Pivotisierungsregel aus A hervorgehende obere Dreiecksmatrix bezeichnet. Dann definiert das Produkt über die Diagonalkomponenten von U die Determinante von A:*

$$\det A := \prod_{k=1}^{n} u_{kk}. \tag{2.48}$$

Bei großen Matrizen ist die folgende Alternativschreibweise

$$|A| := \det A$$

gelegentlich etwas platzsparender.

Trivialerweise ist damit die Determinante einer oberen Dreiecksmatrix U das Produkt ihrer Diagonalkomponenten, da keine weitere Zerlegung nötig ist. Das Verfahren zur Berechnung der Determinante sieht nach dieser Definition eine eindeutige Vorgehensweise zur Umformung der betreffenden Matrix in eine obere Dreiecksmatrix vor. Dies ist die $ZA = U$-Zerlegung durch Dreieckselimination mit Pivotisierungsregel. Um aber eine Matrix durch elementare Zeilenumformungen in eine obere Dreiecksmatrix zu überführen, können prinzipiell auch alternative Zeilenumformungen des Typs I gemäß $Z'A = U'$ durchgeführt werden. Das Ergebnis wäre unter Umständen dann eine andere obere Dreiecksmatrix $U' \neq U$. Wir werden feststellen, dass aber das Produkt über die Diagonalkomponenten von U' mit dem von U übereinstimmt, sodass es auf die Art der Typ-I-Zeilenumformungen nicht ankommt, sodass auf die Pivotisierungregel bei der Determinantenbrechnung verzichtet werden kann. Um dies nachzuweisen, betrachten wir zunächst eine obere Dreiecksmatrix

$$U = \begin{pmatrix} u_{11} & u_{12} & \cdots & u_{1n} \\ 0 & u_{22} & \cdots & u_{2n} \\ \vdots & \ddots & \ddots & \vdots \\ 0 & \cdots & \cdots & u_{nn} \end{pmatrix}.$$

Wie ändert sich die Determinante $\det U = u_{11}u_{22}\cdots u_{nn}$ bei einer elementaren Zeilenumformung des Typs I? Falls diese Umformung „nach oben" wirkt, d. h., für $1 \leq i < j \leq n$ werde das λ-Fache der Zeile j zur Zeile i addiert, bleibt es bei einer oberen Dreiecksmatrix mit denselben Diagonalkomponenten wie U

$$E_{ij}(\lambda)U = U' = \begin{pmatrix} u_{11} & & & & & & \\ & \ddots & & & & & \\ & & u_{ii} & \cdots & u_{ij}+\lambda u_{jj} & \cdots & u_{in}+\lambda u_{jn} \\ & & & \ddots & & & \vdots \\ & & & & u_{jj} & \cdots & u_{jn} \\ & & & & & \ddots & \\ & & & & & & u_{nn} \end{pmatrix}.$$

Die Determinante ändert sich nicht, da sich die Veränderungen nur auf das obere Dreieck beschränken, während der Rest einschließlich der Diagonalen gleich bleibt. Die obere Dreiecksgestalt geht im Allgemeinen jedoch verloren, wenn wir umgekehrt eine „nach unten" wirkende Zeilenumformung des Typs I durchführen. Es sei also nun $1 \leq j < i \leq n$. Wir addieren wieder das λ-Fache der Zeile j zur Zeile i:

$$
E_{ij}(\lambda)U = \begin{pmatrix} u_{11} \\ & \ddots \\ & & u_{jj} & \cdots & & u_{ji} & \cdots & & u_{jn} \\ & & & \ddots & & & & \vdots \\ & & \lambda u_{jj} & \cdots & & u_{ii}{+}\lambda u_{ji} & \cdots & u_{in}{+}\lambda u_{jn} \\ & & & & & & \ddots \\ & & & & & & & & u_{nn} \end{pmatrix}.
$$

Wir berechnen die Determinante dieser Matrix gemäß des in der Definition beschriebenen Verfahrens. Hierzu starten wir mit dem Pivotelement u_{jj} in Zeile j, um in Zeile i das Element λu_{jj} zu eliminieren. Diese Elimination führt wieder zur Matrix

$$
\begin{pmatrix} \ddots \\ & u_{jj} & \cdots & & u_{ji} & \cdots \\ & & \ddots & & \vdots \\ & & & u_{ii}{+}\lambda u_{ji}{-}\lambda u_{ji} & \cdots \\ & & & & \ddots \end{pmatrix} = U.
$$

Auch hier ergibt sich wieder die Determinante von U. Wir halten fest:

Bemerkung 2.51 *Die Determinante einer oberen Dreiecksmatrix ist definitionsgemäß das Produkt über ihre Diagonalkomponenten. Sie ändert sich nicht bei einer und damit auch nicht bei mehreren elementaren Zeilenumformungen des Typs I.*

Gibt es nun für eine quadratische Matrix A neben der in der vorausgegangenen Definition vorgeschriebenen Zerlegung $ZA = U$ eine weitere Zerlegung $Z'A = U'$ mit Typ-I-Umformungen, so kann die Determinante von A auch anhand der alternativen oberen Dreiecksmatrix U' berechnet werden, obwohl U und U', ja nicht einmal deren Diagonalkomponenten, übereinstimmen müssen. Denn es gilt nach Definition

$$
\det A = \det U = u_{11} \cdots u_{nn}.
$$

Die alternative Zeilenumformungsmatrix Z' ist ebenfalls Produkt von Typ-I-Umformungsmatrizen und damit auch ihre Inverse Z'^{-1}. Da nun $Z'Z^{-1}$ auch Produkt von Typ-I-Umformungsmatrizen ist, ändert sich die Determinante von U nach Bemerkung 2.51 nicht, wenn diese Zeilenumformungen auf U angewendet werden. Somit gilt

$$
u'_{11} \cdots u'_{nn} = \det U' \overset{Z'A=U'}{=} \det(Z'A) \overset{ZA=U}{=} \det(Z'Z^{-1}U) = \det U = u_{11} \cdots u_{nn}.
$$

Zur Illustration dieses Sachverhaltes betrachten wir ein einfaches Beispiel. Wir überführen die Matrix

$$A = \begin{pmatrix} 0 & 2 & 1 \\ 1 & 4 & 0 \\ -1 & 2 & 1 \end{pmatrix}$$

zunächst strikt nach der $ZA = U$-Zerlegung mit Dreieckszerlegung und Pivotisierungsregel in eine obere Dreiecksmatrix U. Dabei betrachten wir ein erweitertes Tableau, um die hierzu notwendige Zeilenumformungsmatrix simultan mit zu bestimmen. Da wir nur Typ-I-Umformungen verwenden dürfen, können wir nun nicht die ersten beiden Zeilen einfach vertauschen, stattdessen addieren wir gemäß der Pivotisierungsregel die zweite Zeile zur ersten Zeile:

$$A = \left[\begin{array}{ccc|ccc} 0 & 2 & 1 & 1 & 0 & 0 \\ 1 & 4 & 0 & 0 & 1 & 0 \\ -1 & 2 & 1 & 0 & 0 & 1 \end{array}\right] \begin{array}{c} \text{\raisebox{0pt}{$\urcorner$}} \\ + \rightarrow \\ \end{array} \left[\begin{array}{ccc|ccc} 1 & 6 & 1 & 1 & 1 & 0 \\ 1 & 4 & 0 & 0 & 1 & 0 \\ -1 & 2 & 1 & 0 & 0 & 1 \end{array}\right].$$

Nun haben wir links oben ein Pivotelement erzeugt, um die weiteren Eliminationsschritte durchzuführen:

$$\left[\begin{array}{ccc|ccc} 1 & 6 & 1 & 1 & 1 & 0 \\ 1 & 4 & 0 & 0 & 1 & 0 \\ -1 & 2 & 1 & 0 & 0 & 1 \end{array}\right] \begin{array}{c} \cdot(-1) \; + \\ \hookleftarrow \quad \downarrow \\ \hookleftarrow \end{array} \rightarrow \left[\begin{array}{ccc|ccc} 1 & 6 & 1 & 1 & 1 & 0 \\ 0 & -2 & -1 & -1 & 0 & 0 \\ 0 & 8 & 2 & 1 & 1 & 1 \end{array}\right] \begin{array}{c} \\ \cdot 4 \\ \hookleftarrow \end{array}$$

$$\rightarrow \left[\begin{array}{ccc|ccc} 1 & 6 & 1 & 1 & 1 & 0 \\ 0 & -2 & -1 & -1 & 0 & 0 \\ 0 & 0 & -2 & -3 & 1 & 1 \end{array}\right].$$

Mit

$$Z = \begin{pmatrix} 1 & 1 & 0 \\ -1 & 0 & 0 \\ -3 & 1 & 1 \end{pmatrix}, \qquad U = \begin{pmatrix} 1 & 6 & 1 \\ 0 & -2 & -1 \\ 0 & 0 & -2 \end{pmatrix}$$

erhalten wir die Zerlegung $ZA = U$. Die Determinante von A ist definitionsgemäß das Produkt über die Diagonalkomponenten von U:

$$\det A = \det U = 4.$$

Nun bestimmen wir eine alternative Zerlegung $Z'A = U'$, indem wir beispielsweise im ersten Schritt statt der zweiten Zeile die dritte Zeile zur ersten Zeile addieren:

$$A = \left[\begin{array}{ccc|ccc} 0 & 2 & 1 & 1 & 0 & 0 \\ 1 & 4 & 0 & 0 & 1 & 0 \\ -1 & 2 & 1 & 0 & 0 & 1 \end{array}\right] \begin{array}{c} \text{\raisebox{0pt}{$\urcorner$}} \\ \;\vert \\ + \end{array} \rightarrow \left[\begin{array}{ccc|ccc} -1 & 4 & 2 & 1 & 0 & 1 \\ 1 & 4 & 0 & 0 & 1 & 0 \\ -1 & 2 & 1 & 0 & 0 & 1 \end{array}\right].$$

Wieder haben wir links oben ein Pivotelement erzeugt, um die weiteren Eliminationsschritte durchzuführen:

$$\begin{bmatrix} -1 & 4 & 2 & 1 & 0 & 1 \\ 1 & 4 & 0 & 0 & 1 & 0 \\ -1 & 2 & 1 & 0 & 0 & 1 \end{bmatrix} \begin{matrix} + \cdot(-1) \\ \\ \end{matrix} \rightarrow \begin{bmatrix} -1 & 4 & 2 & 1 & 0 & 1 \\ 0 & 8 & 2 & 1 & 1 & 1 \\ 0 & -2 & -1 & -1 & 0 & 0 \end{bmatrix} \cdot \tfrac{1}{4}$$

$$\rightarrow \begin{bmatrix} -1 & 4 & 2 & 1 & 0 & 1 \\ 0 & 8 & 2 & 1 & 1 & 1 \\ 0 & 0 & -\tfrac{1}{2} & -\tfrac{3}{4} & \tfrac{1}{4} & \tfrac{1}{4} \end{bmatrix}.$$

Mit

$$Z' = \begin{pmatrix} 1 & 0 & 1 \\ 1 & 1 & 1 \\ -\tfrac{3}{4} & \tfrac{1}{4} & \tfrac{1}{4} \end{pmatrix}, \qquad U' = \begin{pmatrix} -1 & 4 & 2 \\ 0 & 8 & 2 \\ 0 & 0 & -\tfrac{1}{2} \end{pmatrix}$$

erhalten wir eine andere Zerlegung $Z'A = U'$. Die obere Dreiecksmatrix U' stimmt nicht mit der ursprünglichen oberen Dreiecksmatrix U überein. Es sind sogar ihre Diagonalkomponenten völlig verschieden. Das Produkt über die Diagonalkomponenten ist aber identisch:

$$\det A = \det U = 4 = \det U'.$$

Solange wir uns also auf Zeilenumformungen des Typs I beschränken, kommt es zur Determinantenberechnung nicht auf die Art der Zerlegung an.

Wir können also die Determinante damit auch mittels beliebiger Zeilenumformungen des Typs I definieren:

Satz 2.52 (Determinante einer $n \times n$-Matrix) *Es sei A eine $n \times n$-Matrix über $\mathbb{K}$. Mit $U = (u_{ij})_{1 \le i,j \le n}$ sei eine ausschließlich durch elementare Zeilenumformungen des Typs I aus A hervorgehende obere Dreiecksmatrix bezeichnet. Dann ist das Produkt über die Diagonalkomponenten von U eindeutig bestimmt und ergibt die Determinante von U und von A:*

$$\det A = \det U = \prod_{k=1}^{n} u_{kk}. \tag{2.49}$$

Was besagt jetzt diese Zahl? Wenn die Matrix A regulär ist, so stimmt der Rang von A mit dem Matrixformat n überein. Daher ist auch der Rang der oberen Dreiecksmatrix U maximal, schließlich geht U durch elementare Zeilenumformungen aus A hervor. Aus diesem Grund müssen alle Diagonalkomponenten von U ungleich 0 sein, sonst wäre der Rang kleiner n. Damit ist auch die Determinante von A ungleich 0. Umgekehrt gilt: Wenn die Determinante, also das Produkt über die Diagonalkomponenten von U, nicht verschwindet, so geht das nur, wenn bereits alle Diagonalkomponenten von U ungleich 0 sind. Damit ist der Rang von U maximal und ebenso der von A, denn elementare Zeilenumformungen ändern den Rang nicht. Die Matrix A ist also regulär. Die Determinante bestimmt also, ob eine quadratische Matrix regulär ist oder nicht. So erklärt sich auch der Name Determinante vom lateinischen Wort *determinare = bestimmen*. Wir werden später sehen, dass die Determinante noch mehr leistet. Für Determinante der Einheitsmatrix gilt definitionsgemäß $\det E_n = 1$.

Satz 2.53 (Determinantenkriterium für die Regularität einer Matrix) *Eine quadratische Matrix A über $\mathbb{K}$ ist genau dann regulär, wenn ihre Determinante nicht verschwindet, wenn also $\det A \ne 0$ gilt.*

Durch elementare Zeilenumformungen des Typs I haben wir also einen Weg, die Determinante einer quadratischen Matrix zur berechnen. Wie sieht das im Fall spezieller Matrizen aus? Für 1×1-Matrizen (a) mit $a \in \mathbb{K}$ ist trivialerweise $\det(a) = a$. Die einzige skalare Matrix mit verschwindender Determinante ist (0), was der einzigen singulären Skalarmatrix entspricht. Betrachten wir nun 2×2-Matrizen.

Satz 2.54 (Determinante einer 2×2-Matrix) *Für die Determinante einer 2×2-Matrix über $\mathbb{K}$ der Form*

$$A = \begin{pmatrix} a & b \\ c & d \end{pmatrix}$$

gilt

$$\det A = \det \begin{pmatrix} a & b \\ c & d \end{pmatrix} = ad - bc. \tag{2.50}$$

Beweis. Übung.

Wir wollen uns nun mit einigen Eigenschaften der Determinante speziell für obere Dreiecksmatrizen beschäftigen. Wir haben bereits festgestellt, dass für jede Matrix $Z = Z_1 \cdots Z_m$, die das Produkt von elementaren Zeilenumformungsmatrizen Z_k des Typs I ist, gilt:

$$\det(ZU) = \det U. \tag{2.51}$$

Anstelle von U gilt diese Zeilenumformungsinvarianz sogar allgemeiner für jede $n \times n$-Matrix B, denn mit der Zerlegung $Z_B B = U_B$ mit einer Zeilenumformungsmatrix Z_B aus Typ-I-Umformungen und einer oberen Dreiecksmatrix U_B folgt für jede weitere Zeilenumformungsmatrix Z aus Typ-I-Umformungen:

$$\det(ZB) = \det(Z Z_B^{-1} U_B) = \det((Z Z_B^{-1}) U_B) = \det U_B = \det B,$$

da das Produkt $Z Z_B^{-1}$ wiederum eine Zeilenumformungsmatrix aus Typ-I-Umformungen ist. In Erweiterung von Bemerkung 2.51 gilt also:

Satz 2.55 (Invarianz der Determinante gegenüber Zeilenumformungen des Typs I) *Es sei $Z = Z_1 \cdots Z_m$ eine $n \times n$-Matrix über $\mathbb{K}$, die das Produkt von elementaren Zeilenumformungsmatrizen $Z_k \in \mathrm{M}(n, \mathbb{K})$ des Typs I darstellt. Dann gilt für jede quadratische Matrix $B \in \mathrm{M}(n, \mathbb{K})$*

$$\det(ZB) = \det B. \tag{2.52}$$

Die Determinante einer quadratischen Matrix ist also invariant unter elementaren Zeilenumformungen des Typs I.

Bislang haben wir uns im Zusammenhang mit dem Determinantenbegriff insbesondere mit oberen Dreiecksmatrizen beschäftigt. Wie lautet nun die Determinante einer linken unteren Dreiecksmatrix? Es sei nun $L = U^T$ eine linke untere Dreiecksmatrix, die wir als Transponierte einer oberen Dreiecksmatrix U darstellen können. Durch elementare Zeilenumformungen können wir auch diese Matrix in eine obere Dreiecksmatrix überführen, indem wir alles unterhalb der Hauptdiagonalen eliminieren. Wenn L regulär ist, dann erreichen wir dies sogar ohne Änderung der Diagonalkomponenten von L, sie dienen zur Elimination. Wir erhalten dann eine obere Dreiecksmatrix, die sogar eine Diagonalmatrix ist, da das obere Dreieck von L nur aus Nullen besteht. Die Diagonalkomponenten von L sind dann die Diagonalkomponenten dieser Diagonalmatrix und wegen $L = U^T$ auch die Diagonalkomponenten von U. Definitionsgemäß gilt dann

$$\det L = \det \begin{pmatrix} l_{11} & 0 & \cdots & 0 \\ 0 & l_{22} & \ddots & \vdots \\ \vdots & \ddots & \ddots & 0 \\ 0 & \cdots & 0 & l_{nn} \end{pmatrix} = \det \begin{pmatrix} u_{11} & 0 & \cdots & 0 \\ 0 & u_{22} & \ddots & \vdots \\ \vdots & \ddots & \ddots & 0 \\ 0 & \cdots & 0 & u_{nn} \end{pmatrix} = \prod_{k=1}^{n} u_{kk} = \det U.$$

Damit haben wir zwei Dinge gezeigt:

(i) Die Determinante einer regulären linken unteren Dreiecksmatrix ist, genau wie bei oberen Dreiecksmatrizen, ebenfalls das Produkt ihrer Diagonalkomponenten.

(ii) Die Determinante einer regulären oberen Dreiecksmatrix U ist invariant unter Transponieren, d. h. $\det U = \det U^T$. Damit gilt dies in entsprechender Weise auch für linke untere Dreiecksmatrizen (Gleichung einfach rückwärts lesen).

Diese beiden Regeln gelten aber auch im Fall der Singularität, da dann die Determinante einfach verschwindet.

Zeilenumformungen des Typs I ändern die Determinante nicht, wie wir bereits festgestellt haben. Wie sieht es aber mit elementaren Spaltenumformungen aus? Betrachten wir dazu eine obere Dreiecksmatrix U und nehmen dabei zwei Spalten $i < j$ in den Fokus:

$$U = \begin{pmatrix} \ddots & * & \cdots & \cdots & * & \cdots \\ & a & \cdots & \cdots & b & \cdots \\ & 0 & * & \cdots & c & \cdots \\ & \vdots & & \ddots & \vdots & \\ & 0 & \cdots & 0 & e & \cdots \\ & \vdots & & & \vdots & \ddots \end{pmatrix}.$$
$$\qquad\qquad \underset{i}{\uparrow} \qquad\quad \underset{j}{\uparrow}$$

Wenn nun eine rechtswirkende Spaltenumformung des Typs I durchgeführt wird, indem das λ-Fache der Spalte i zur Spalte j addiert wird, so ändert dies im Allgemeinen zwar die Matrix U, aber weder ihre Gestalt als obere Dreiecksmatrix noch ihre Diagonale. Die Determinante bleibt also gleich. Einen ähnlichen Effekt bei „nach oben" wirkenden Zeilenumformungen hatten wir bereits behandelt.

Betrachten wir also eine linkswirkende Spaltenumformung des Typs I, indem das λ-Fache der Spalte j zur Spalte i addiert wird. Da sich für $\lambda = 0$ nichts ändern würde, nehmen wir $\lambda \neq 0$ an. Dies wird durch die Typ-I-Umformungsmatrix $E_{ji}(\lambda)$ bewirkt:

$$
UE_{ji}(\lambda) =
\begin{pmatrix}
\ddots & * & \cdots & & * & \cdots & \\
 & a+\lambda b & \cdots & & b & \cdots & \\
 & \lambda c & * & & c & \cdots & \\
 & \vdots & & \ddots & \vdots & & \\
 & \lambda e & \cdots & 0 & e & \cdots & \\
 & \vdots & & & \vdots & \ddots &
\end{pmatrix}
\begin{matrix} \\ \leftarrow \text{Zeile } i \\ \\ \\ \leftarrow \text{Zeile } j \\ \end{matrix}
.
$$

Wir berechnen nun die Determinante dieser Matrix. Durch Satz 2.55 wissen wir bereits, dass elementare Zeilenumformungen des Typs I die Determinante unangetastet lassen. Wir nehmen ohne Beschränkung der Allgemeinheit an, dass $e \neq 0$ ist, und eliminieren damit alle Einträge oberhalb λe in der Spalte i bis zur Zeile i (sollte $e = 0$ sein, so wählen wir die unterste Zeile $j' < j$ in Spalte i mit einem Eintrag ungleich 0 und führen die folgenden Betrachtungen für den Zeilenindex j' statt j durch. Sollten alle Einträge von $UE_{ji}(\lambda)$ in Spalte i unterhalb des Diagonalelements in Zeile i gleich 0 sein, dann wäre auch $UE_{ji}(\lambda)$ eine obere Dreiecksmatrix mit $\det(UE_{ji}(\lambda)) = 0 = \det U$). Da sich also die Determinante nicht ändert, gilt nun nach diesen Zeileneliminationen

$$
\det(UE_{ji}(\lambda)) = \det
\begin{pmatrix}
\ddots & \cdots & & * & \cdots & \\
0 & \cdots & & b - \frac{a+\lambda b}{\lambda} & \cdots & \\
0 & * & & c & \cdots & \\
\vdots & & & \vdots & & \\
\lambda e & \cdots & 0 & e & & \cdots \\
\vdots & & & \vdots & & \ddots
\end{pmatrix}
\begin{matrix} \\ \leftarrow \text{Zeile } i \\ \\ \\ \leftarrow \text{Zeile } j \\ \end{matrix}
.
$$

Nun addieren wir Zeile j zur Zeile i, was ebenfalls die Determinante nicht ändert. Wir erhalten

$$
\det(UE_{ji}(\lambda)) = \det
\begin{pmatrix}
\ddots & \cdots & & * & \cdots & \\
\lambda e & \cdots & & b - \frac{a+\lambda b}{\lambda} + e & \cdots & \\
0 & * & & c & \cdots & \\
\vdots & & & \vdots & & \\
\lambda e & \cdots & 0 & e & & \cdots \\
\vdots & & & \vdots & & \ddots
\end{pmatrix}
\begin{matrix} \\ \leftarrow \text{Zeile } i \\ \\ \\ \leftarrow \text{Zeile } j \\ \end{matrix}
.
$$

Abschließend eliminieren wir das Element λe in Spalte i und Zeile j, indem wir Zeile i von Zeile j subtrahieren. Auch hierbei ändert sich nicht die Determinante. Wir erhalten eine obere Dreiecksmatrix, bei der gegenüber U zwei Diagonalkomponenten, nämlich an Position ii und jj modifiziert sind, während die übrigen Diagonalkomponenten nicht verändert wurden:

$$\det(U E_{ji}(\lambda)) = \det \begin{pmatrix} \ddots & & \cdots & & * & & \cdots \\ & \lambda e & \cdots & & b - \frac{a+\lambda b}{\lambda} + e & \cdots \\ & 0 & * & & c & & \cdots \\ & \vdots & & & \vdots & & \\ & 0 & \cdots & 0 & \frac{a+\lambda b}{\lambda} - b & \cdots \\ & \vdots & & & \vdots & & \ddots \end{pmatrix}.$$

Das Produkt der beiden neuen Diagonalkomponenten lautet

$$\lambda e \cdot \left(\frac{a+\lambda b}{\lambda} - b\right) = ea + \lambda eb - \lambda eb = ea = u_{jj}u_{ii}$$

und ist damit das Produkt der an diesen Positionen befindlichen Diagonalkomponenten der ursprünglichen Matrix U. Die Determinante dieser Matrix unterscheidet sich also nicht von der Determinante der Matrix U. Analog zur Bemerkung 2.51 formulieren wir daher:

Bemerkung 2.56 *Die Determinante einer oberen Dreiecksmatrix ändert sich nicht bei einer und damit auch nicht bei mehreren elementaren Spaltenumformungen des Typs I.*

Welchen Wert hat die Determinante des Produkts zweier oberer Dreiecksmatrizen? Wir betrachten hierzu zwei obere Dreiecksmatrizen

$$U = \begin{pmatrix} u_{11} & u_{12} & \cdots & u_{1n} \\ 0 & u_{22} & \ddots & \vdots \\ \vdots & \ddots & \ddots & u_{n-1,n} \\ 0 & \cdots & 0 & u_{nn} \end{pmatrix}, \quad V = \begin{pmatrix} v_{11} & v_{12} & \cdots & v_{1n} \\ 0 & v_{22} & \ddots & \vdots \\ \vdots & \ddots & \ddots & v_{n-1,n} \\ 0 & \cdots & 0 & v_{nn} \end{pmatrix}.$$

Für das Produkt dieser beiden Matrizen gilt

$$U \cdot V = \begin{pmatrix} u_{11} & u_{12} & \cdots & u_{1n} \\ 0 & u_{22} & \ddots & \vdots \\ \vdots & \ddots & \ddots & u_{n-1,n} \\ 0 & \cdots & 0 & u_{nn} \end{pmatrix} \cdot \begin{pmatrix} v_{11} & v_{12} & \cdots & v_{1n} \\ 0 & v_{22} & \ddots & \vdots \\ \vdots & \ddots & \ddots & v_{n-1,n} \\ 0 & \cdots & 0 & v_{nn} \end{pmatrix}$$

$$= \begin{pmatrix} u_{11}v_{11} & * & \cdots & * \\ 0 & u_{22}v_{22} & \ddots & \vdots \\ \vdots & \ddots & \ddots & * \\ 0 & \cdots & 0 & u_{nn}v_{nn} \end{pmatrix}.$$

Nach Definition der Determinante gilt daher für die beiden oberen Dreiecksmatrizen U und V

$$\det(U \cdot V) = \prod_{k=1}^{n} (u_{kk}v_{kk}) = \left(\prod_{k=1}^{n} u_{kk}\right)\left(\prod_{k=1}^{n} v_{kk}\right) = \det U \cdot \det V. \qquad (2.53)$$

Wir zeigen nun, dass eine Gleichung dieser Art für eine beliebige $n \times n$-Matrix A gilt, wenn sie von links an eine obere Dreiecksmatrix U heranmultipliziert wird. Es seien nun A eine $n \times n$-Matrix und U eine obere Dreiecksmatrix gleichen Formats. Mit einer Matrix Z_A als Produkt von Zeilenumformungsmatrizen des Typs I können wir die Matrix A in eine obere Dreiecksmatrix U_A überführen. Es gilt also

$$Z_A \cdot A = U_A, \quad \text{bzw.} \quad A = Z_A^{-1} U_A.$$

Wir berechnen nun die Determinante von AU. Mit der obigen Zerlegung gilt

$$\det(AU) = \det(Z_A^{-1} U_A U).$$

Da das Produkt $U_A U$ der beiden oberen Dreiecksmatrizen wieder eine obere Dreiecksmatrix U' ist, gilt

$$\det(AU) = \det(Z_A^{-1} U_A U) = \det(Z_A^{-1} U') = \det U',$$

denn die Matrix Z_A^{-1} ist ebenfalls Produkt von Typ-I-Zeilenumformungsmatrizen, die von links wirkt und somit die Determinante von U' nicht ändert. Da $U' = U_A U$ ist, ergänzen wir

$$\det(AU) = \det(Z_A^{-1} U_A U) = \det(Z_A^{-1} U') = \det U' = \det(U_A U).$$

Wegen der Multiplikativität der Determinante für obere Dreiecksmatrizen (2.53) gilt

$$\det(U_A U) = \det U_A \cdot \det U.$$

Es folgt

$$\det(AU) = \det U_A \cdot \det U.$$

Da definitionsgemäß $\det U_A = \det A$ ist, folgt schließlich

$$\det(AU) = \det A \cdot \det U.$$

Ist also A eine $n \times n$-Matrix und U eine obere Dreiecksmatrix gleichen Formats, so gilt

$$\det(AU) = \det A \cdot \det U. \tag{2.54}$$

Hieraus folgt sofort, dass für eine Matrix Z, die sich als Produkt von Typ-I-Umformungsmatrizen ergibt, gilt $\det Z = 1$, denn mit einer oberen Dreiecksmatrix U mit $\det U \neq 0$ ist einerseits aufgrund von Bemerkung 2.51

$$\det(ZU) = \det U,$$

während andererseits wegen (2.54)

$$\det(ZU) = \det Z \cdot \det U$$

gilt. Da $\det U \neq 0$ vorausgesetzt wurde, geht dies nur mit $\det Z = 1$. Für Typ-I-Umformungsmatrizen ist also die Determinante gleich 1.

Es seien nun A und B zwei $n \times n$-Matrizen über $\mathbb{K}$. Für beide Matrizen betrachten wir ihre Zerlegung in obere Dreiecksgestalt U_A und U_B mithilfe der Matrizen Z_A und Z_B, die jeweils Produkt von Typ-I-Zeilenumformungsmatrizen sind:

$$A = Z_A^{-1} U_A, \qquad B = Z_B^{-1} U_B.$$

Aufgrund der Definition der Determinante gilt $\det A = \det U_A$ und $\det B = \det U_B$. Damit gilt für die Determinante des Produkts beider Matrizen

$$\det(AB) = \det(\underbrace{Z_A^{-1} U_A Z_B^{-1}}_{=:R} U_B) = \det(R U_B) = \det R \underbrace{\det U_B}_{=\det B}, \quad \text{wg. (2.54)}$$

$$= \det R \cdot \det B$$

$$= \det(Z_A^{-1} U_A Z_B^{-1}) \cdot \det B$$

$$= \det(U_A Z_B^{-1}) \cdot \det B, \quad \text{wg. Satz 2.55}$$

$$= \det(U_A) \cdot \det B, \quad \text{wg. Bemerkung 2.56}$$

$$= \det A \cdot \det B.$$

Wir haben damit den folgenden, sehr wichtigen Satz bewiesen.

Satz 2.57 (Multiplikationssatz für Determinanten) *Für zwei gleichformatige, quadratische Matrizen A und B über $\mathbb{K}$ gilt*

$$\det(AB) = \det A \cdot \det B. \tag{2.55}$$

Als Beispiel für die Berechnung der Determinante einer 4×4-Matrix betrachten wir die Matrix A vom Beginn dieses Abschnitts. Wie wir gesehen haben, können wir die Matrix A unter ausschließlicher Verwendung von elementaren Zeilenumformungen des Typs I in eine obere Dreiecksmatrix überführen:

$$A = \begin{pmatrix} 1 & 2 & 0 & 1 \\ 2 & 4 & 3 & 0 \\ 1 & 3 & 2 & 5 \\ 1 & 2 & 0 & 3 \end{pmatrix} \overset{\text{nur Typ I}}{\to} \begin{pmatrix} 1 & 2 & 0 & 1 \\ 0 & 1 & 5 & 2 \\ 0 & 0 & -3 & 2 \\ 0 & 0 & 0 & 2 \end{pmatrix} = U' = F_2 G F_1 A.$$

Das Produkt über die Diagonalkomponenten dieser oberen Dreiecksmatrix ist nach Satz 2.52 die Determinante von A:

$$\det A = 1 \cdot 1 \cdot (-3) \cdot 2 = -6.$$

Als weitere Beispiele betrachten wir die Determinanten der elementaren Umformungsmatrizen.

Satz 2.58 *Es seien $E_{ij}(\mu) \in \mathrm{GL}(n, \mathbb{K})$ eine Typ-I-Umformungsmatrix mit $\mu \in \mathbb{K}$, $P_{ij} \in \mathrm{GL}(n, \mathbb{K})$ eine Typ-II-Umformungsmatrix (Transpositionsmatrix) und $M(\lambda) \in \mathrm{GL}(n, \mathbb{K})$ eine Typ-III-Umformungsmatrix, also mit $\lambda \neq 0$. Dann gelten*

$$\det P_{ij} = -1, \qquad \det E_{ij}(\mu) = 1, \qquad \det M(\lambda) = \lambda. \tag{2.56}$$

Beweis. Für eine Matrix Z, die das Produkt von Typ-I-Umformungsmatrizen darstellt, haben wir bereits gezeigt, dass $\det Z = 1$ gilt. Da $E_{ij}(\mu) \in GL(n, \mathbb{K})$ als elementare Typ-I-Umformungsmatrix eine Matrix dieses Typs ist, gilt auch für eine derartige Matrix $\det E_{ij}(\mu) = 1$. Betrachten wir nun die Transpositionsmatrix P_{ij}. Diese Matrix vertauscht die i-te Zeile mit der j-ten Zeile einer Matrix A, wenn sie von links an A heranmultipliziert wird, während sie die entsprechende Spaltenvertauschung in A bei Multiplikation von rechts bewirkt. Wir erhalten P_{ij} nach dem Korrespondenzprinzip, indem wir innerhalb der Einheitsmatrix die i-te Zeile mit der j-ten Zeile vertauschen:

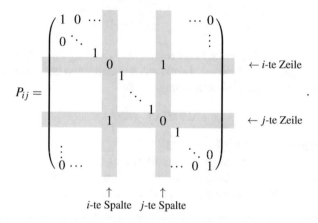

Um die Determinante zu berechnen, führen wir elementare Zeilenumformungen des Typs I durch. Zunächst addieren wir die j-te Zeile zur i-ten Zeile:

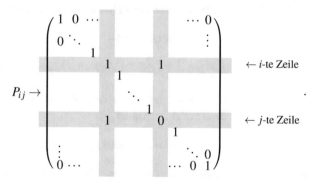

Dann eliminieren wir die 1 in der j-ten Zeile, indem wir die neue i-te Zeile von der j-ten Zeile subtrahieren:

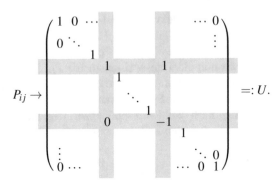

$$P_{ij} \rightarrow \quad =: U.$$

Dies ist eine obere Dreiecksmatrix. Das Produkt über die Diagonalkomponenten von U ist -1. Es gilt also $\det U = \det P_{ij} = -1$. Direkt aus der Definition der Determinante folgt für die Determinante einer Typ-III-Umformungsmatrix

$$\det M(\lambda) = \lambda.$$

Dies gilt trivialerweise auch für $\lambda = 0$. $\square$

Wie wirken sich die elementaren Zeilenumformungsmatrizen dieser drei Typen auf die Determinante einer beliebigen Matrix A aus? Diese Frage können wir nun mit dem letzten Satz und dem Multiplikationssatz auf einfache Weise beantworten.

Satz 2.59 (Einfluss der elementaren Zeilenumformungen auf die Determinante) *Es sei A eine $n \times n$-Matrix über $\mathbb{K}$. Dann gilt:*

(i) Geht eine Matrix B durch elementare Zeilenumformungen des Typs I (Addition eines Vielfachen einer Zeile zu einer anderen Zeile) aus A hervor, so gilt

$$\det B = \det A.$$

Elementare Zeilenumformungen des Typs I haben also keinen Einfluss auf die Determinante.

(ii) Geht eine Matrix B durch eine einzige elementare Zeilenumformung des Typs II (Vertauschung zweier Zeilen) aus A hervor, so gilt

$$\det B = -\det A.$$

Eine Vertauschung zweier Zeilen kehrt das Vorzeichen der Determinante um.

(iii) Geht eine Matrix B durch eine einzige elementare Zeilenumformung des Typs III (Multiplikation mit einem Skalar $\lambda \neq 0$) aus A hervor, so gilt

$$\det B = \lambda \det A.$$

Diese Gleichung gilt auch für $\lambda = 0$, und damit für alle $\lambda \in \mathbb{K}$. Ein Durchmultiplizieren einer Zeile mit einem Skalar ändert die Determinante um diesen Faktor.

Beweis. Die erste Aussage folgt direkt aus Satz 2.55. Die Aussage folgt aber auch aus dem Multiplikationssatz: Eine Typ-I-Zeilenumformung wird bewirkt durch eine Typ-I-Umformungsmatrix Z von links. Es gilt, da $\det Z = 1$, für $B = ZA$

$$\det B = \det(ZA) = \det Z \cdot \det A = \det A.$$

Das Vertauschen zweier Zeilen in A wird durch Linksmultiplikation mit der Permutationsmatrix P_{ij} bewirkt. Es gilt dann für $B = P_{ij}A$, da $\det P_{ij} = -1$,

$$\det B = \det(P_{ij}A) = \det P_{ij} \cdot \det A = -\det A.$$

Schließlich stellt das Produkt $B = M_i(\lambda)A$ das Multiplizieren der i-ten Zeile von A mit dem Skalar λ dar. Damit gilt

$$\det B = \det(M_i(\lambda)A) = \det M_i(\lambda) \cdot \det A = \lambda \det A.$$

Ist dabei $\lambda = 0$, so ist $B = M_i(\lambda)A$ stets singulär. □

Der Multiplikationssatz liefert auch eine Aussage über die Determinante der Inversen einer regulären Matrix.

Satz 2.60 (Vertauschbarkeit von Inversion und Determinantenberechnung) *Für jede reguläre $n \times n$-Matrix A gilt*

$$\det(A^{-1}) = (\det A)^{-1} = \frac{1}{\det A}. \tag{2.57}$$

Beweis. Es gilt

$$1 = \det(E) = \det(A^{-1}A) = \det(A^{-1}) \cdot \det A.$$

Hieraus folgt die Behauptung. □

Mithilfe der $PA = LU$-Zerlegung einer regulären Matrix A gemäß Satz 2.46 kann die folgende nützliche Eigenschaft gezeigt werden.

Satz 2.61 (Symmetrieeigenschaft der Determinante) *Für jede $n \times n$-Matrix A über $\mathbb{K}$ gilt*

$$\det(A^T) = \det A. \tag{2.58}$$

Beweis. Es sei P ein Produkt von Permutationsmatrizen, L eine linke Dreiecksmatrix und U eine obere Dreiecksmatrix zur Faktorisierung von A gemäß Satz 2.46, d. h.

$$A = P^{-1}LU.$$

In Abschn. 2.4 haben wir gezeigt, dass Produkte von Permutationsmatrizen orthogonal sind, d. h., ihre Inverse ergibt sich einfach durch Transponieren, also $P^{-1} = P^T$. Mit dieser Überlegung folgt nun

$$\det(A^T) = \det((P^{-1}LU)^T) = \det(U^T L^T (P^{-1})^T)$$
$$= \det(U^T) \cdot \det(L^T) \cdot \det P = \det U \cdot \det L \cdot \det P.$$

Die Determinante von P ist ± 1, denn P ist ein Produkt von Transpositionsmatrizen, die alle die Determinante -1 haben. Da P^{-1} das Produkt aus denselben Transpositionsmatrizen in umgekehrter Reihenfolge darstellt, ist auch $\det(P^{-1}) = \pm 1$ und hat dabei dasselbe

Vorzeichen wie $\det P$. Es gilt also $\det P = \det(P^{-1})$ und somit

$$\begin{aligned}
\det(A^T) = \cdots = \det U \cdot \det L \cdot \det P &= \det U \cdot \det L \cdot \det(P^{-1}) \\
&= \det(P^{-1}) \cdot \det L \cdot \det U \\
&= \det(P^{-1} L U) = \det A.
\end{aligned}$$

Transponieren hat also keine Auswirkung auf die Determinante. $\quad\square$

Eine Folge der Symmetrieeigenschaft ist, dass sich die Regularität einer Matrix A auf ihre Transponierte überträgt:

$$A \text{ regulär} \iff A^T \text{ regulär.} \tag{2.59}$$

Die Aussagen des Satzes zum Einfluss der elementaren Zeilenumformungen auf die Determinante gelten in entsprechender Weise auch für elementare Spaltenumformungen.

Satz 2.62 (Einfluss der elementaren Spaltenumformungen auf die Determinante) *Es sei A eine $n \times n$-Matrix über $\mathbb{K}$. Dann gilt:*

(i) *Geht eine Matrix B durch elementare Spaltenumformungen des Typs I (Addition eines Vielfachen einer Spalte zu einer anderen Spalte) aus A hervor, so gilt*

$$\det B = \det A.$$

Elementare Spaltenumformungen des Typs I haben also keinen Einfluss auf die Determinante.

(ii) *Geht eine Matrix B durch eine einzige elementare Spaltenumformung des Typs II (Vertauschung zweier Spalten) aus A hervor, so gilt*

$$\det B = - \det A.$$

Eine Vertauschung zweier Spalten kehrt das Vorzeichen der Determinante um.

(iii) *Geht eine Matrix B durch eine einzige elementare Spaltenumformung des Typs III (Multiplikation mit einem Skalar $\lambda \neq 0$) aus A hervor, so gilt*

$$\det B = \lambda \det A.$$

Diese Gleichung gilt auch für $\lambda = 0$, und damit für alle $\lambda \in \mathbb{K}$. Ein Durchmultiplizieren einer Spalte mit einem Skalar ändert die Determinante um diesen Faktor.

Beweis. Es sei $S \in \mathrm{GL}(n, \mathbb{K})$ eine Spaltenumformungsmatrix des Typs I, II oder III. Die Determinante der spaltenumgeformten Matrix AS

$$\det(AS) = \det(A)\det(S) = \det(S)\det(A) = \det(SA)$$

verhält sich also wie bei einer entsprechenden zeilenumgeformten Matrix SA. $\quad\square$

Der folgende Satz ist eine wichtige Grundlage für eine Rekursionsformel zur Bestimmung von Determinanten.

Satz 2.63 (Multilinearität der Determinante in den Spalten) *Für die Determinante einer $n \times n$-Matrix über $\mathbb{K}$ mit folgendem Aufbau*

$$(\mathbf{a}_1, \ldots, \mathbf{a}_{j-1}, \boldsymbol{\alpha} + \boldsymbol{\beta}, \mathbf{a}_{j+1}, \ldots \mathbf{a}_n),$$

$$\uparrow$$

$$\textit{j-te Spalte}$$

wobei $\mathbf{a}_1, \ldots, \mathbf{a}_{j-1}, \boldsymbol{\alpha}, \boldsymbol{\beta}, \mathbf{a}_{j+1}, \ldots \mathbf{a}_n \in \mathbb{K}^n$ *Spaltenvektoren sind, gilt*

$$
\begin{aligned}
&\det(\mathbf{a}_1, \ldots, \mathbf{a}_{j-1}, \boldsymbol{\alpha} + \boldsymbol{\beta}, \mathbf{a}_{j+1}, \ldots \mathbf{a}_n) \\
&= \det(\mathbf{a}_1, \ldots, \mathbf{a}_{j-1}, \boldsymbol{\alpha}, \mathbf{a}_{j+1}, \ldots \mathbf{a}_n) + \det(\mathbf{a}_1, \ldots, \mathbf{a}_{j-1}, \boldsymbol{\beta}, \mathbf{a}_{j+1}, \ldots \mathbf{a}_n),
\end{aligned}
\tag{2.60}
$$

für jede Spalte $j = 1, \ldots n$.

Beweis. Wir betrachten die $(n+1) \times n$-Matrix

$$
A = (\mathbf{a}_1, \ldots, \mathbf{a}_{j-1}, \mathbf{a}_{j+1}, \ldots \mathbf{a}_n, \boldsymbol{\alpha}, \boldsymbol{\beta})^T =
\begin{pmatrix}
\mathbf{a}_1^T \\
\vdots \\
\mathbf{a}_{j-1}^T \\
\mathbf{a}_{j+1}^T \\
\vdots \\
\mathbf{a}_n^T \\
\boldsymbol{\alpha}^T \\
\boldsymbol{\beta}^T
\end{pmatrix}.
$$

Die Zeilen von A sind die transponierten Spalten $\mathbf{a}_1^T, \ldots, \mathbf{a}_{j-1}^T, \mathbf{a}_{j+1}^T, \ldots \mathbf{a}_n^T, \boldsymbol{\alpha}^T, \boldsymbol{\beta}^T$. Für diese Matrix gilt aus Formatgründen Rang $A \leq n$. Daher kann mindestens eine Zeile von A^T durch elementare Zeilenumformungen vom Typ I eliminiert werden. In einem ersten Fall gehen wir davon aus, dass die zweitletzte Zeile $\boldsymbol{\alpha}^T$ durch alle übrigen Zeilen eliminiert werden kann. Diesen Zeilenumformungen entsprechen Spaltenumformungen zur Elimination von $\boldsymbol{\alpha}$. Es gibt dann Skalare $\mu_1, \ldots, \mu_n \in \mathbb{K}$ mit

$$\boldsymbol{\alpha} = \mu_1 \mathbf{a}_1 + \ldots + \mu_{j-1} \mathbf{a}_{j-1} + \mu_j \boldsymbol{\beta} + \mu_{j+1} \mathbf{a}_{j+1} + \mu_n \mathbf{a}_n = \mu_j \boldsymbol{\beta} + \sum_{\substack{i=1 \\ i \neq j}}^{n} \mu_i \mathbf{a}_i.$$

Wir berechnen nun die gesuchte Determinante unter Verwendung dieser Darstellung von $\boldsymbol{\alpha}$. Dabei beachten wir, dass Spaltenumformungen vom Typ I die Determinante nicht verändern. Es gilt also

$$\det(\mathbf{a}_1,\dots,\mathbf{a}_{j-1},\boldsymbol{\alpha}+\boldsymbol{\beta},\mathbf{a}_{j+1},\dots\mathbf{a}_n)$$

$$=\det(\mathbf{a}_1,\dots,\mathbf{a}_{j-1},\mu_j\boldsymbol{\beta}+\sum_{\substack{i=1\\i\neq j}}^{n}\mu_i\mathbf{a}_i+\boldsymbol{\beta},\mathbf{a}_{j+1},\dots\mathbf{a}_n)$$

$$=\det(\mathbf{a}_1,\dots,\mathbf{a}_{j-1},(\mu_j+1)\boldsymbol{\beta}+\sum_{\substack{i=1\\i\neq j}}^{n}\mu_i\mathbf{a}_i,\mathbf{a}_{j+1},\dots\mathbf{a}_n)$$

$$=\det(\mathbf{a}_1,\dots,\mathbf{a}_{j-1},(\mu_j+1)\boldsymbol{\beta},\mathbf{a}_{j+1},\dots\mathbf{a}_n),\quad\text{(nach Spaltenumf. des Typs I)}$$

$$=(\mu_j+1)\det(\mathbf{a}_1,\dots,\mathbf{a}_{j-1},\boldsymbol{\beta},\mathbf{a}_{j+1},\dots\mathbf{a}_n)$$

$$=\mu_j\det(\mathbf{a}_1,\dots,\mathbf{a}_{j-1},\boldsymbol{\beta},\mathbf{a}_{j+1},\dots\mathbf{a}_n)+\det(\mathbf{a}_1,\dots,\mathbf{a}_{j-1},\boldsymbol{\beta},\mathbf{a}_{j+1},\dots\mathbf{a}_n)$$

$$=\det(\mathbf{a}_1,\dots,\mathbf{a}_{j-1},\mu_j\boldsymbol{\beta},\mathbf{a}_{j+1},\dots\mathbf{a}_n)+\det(\mathbf{a}_1,\dots,\mathbf{a}_{j-1},\boldsymbol{\beta},\mathbf{a}_{j+1},\dots\mathbf{a}_n)$$

$$=\det(\mathbf{a}_1,\dots,\mathbf{a}_{j-1},\mu_j\boldsymbol{\beta}+\sum_{\substack{i=1\\i\neq j}}^{n}\mu_i\mathbf{a}_i,\mathbf{a}_{j+1},\dots\mathbf{a}_n)+\det(\mathbf{a}_1,\dots,\mathbf{a}_{j-1},\boldsymbol{\beta},\mathbf{a}_{j+1},\dots\mathbf{a}_n)$$

$$=\det(\mathbf{a}_1,\dots,\mathbf{a}_{j-1},\boldsymbol{\alpha},\mathbf{a}_{j+1},\dots\mathbf{a}_n)+\det(\mathbf{a}_1,\dots,\mathbf{a}_{j-1},\boldsymbol{\beta},\mathbf{a}_{j+1},\dots\mathbf{a}_n).$$

Analog kann argumentiert werden, wenn die Spalte $\boldsymbol{\beta}$ durch alle übrigen Spalten eliminiert werden kann. Es bleibt der Fall zu betrachten, dass $\boldsymbol{\alpha}$ nicht durch $\boldsymbol{\beta}$, $\mathbf{a}_i$, $(i=1,\dots,n,i\neq j)$, und $\boldsymbol{\beta}$ nicht durch $\boldsymbol{\alpha}$, $\mathbf{a}_i$, $(i=1,\dots,n,i\neq j)$, eliminiert werden können. In dieser Situation muss es aber unter den $n-1$ Spaltenvektoren

$$\mathbf{a}_1,\dots,\mathbf{a}_{j-1},\mathbf{a}_{j+1},\dots\mathbf{a}_n$$

einen Vektor $\mathbf{a}_k$ mit $k\in\{1,\dots,n\}$, $k\neq j$ geben, der durch die übrigen Vektoren $\mathbf{a}_i$, $i=1,\dots,n,k\neq i\neq j$ eliminiert werden kann, denn wenn dem nicht so wäre, dann hätte die $(n-1)\times n$ Matrix

$$(\mathbf{a}_1,\dots,\mathbf{a}_{j-1},\mathbf{a}_{j+1},\dots\mathbf{a}_n)^T$$

den Rang $n-1$. Wegen der in diesem Fall vorausgesetzten Situation für $\boldsymbol{\alpha}$ hätte die um die Zeile $\boldsymbol{\alpha}^T$ erweiterte Matrix

$$(\mathbf{a}_1,\dots,\mathbf{a}_{j-1},\mathbf{a}_{j+1},\dots\mathbf{a}_n,\boldsymbol{\alpha})^T$$

den Rang n. Wegen der vorausgesetzten Situation für $\boldsymbol{\beta}$ hätte bei zusätzlicher Erweiterung die Matrix

$$(\mathbf{a}_1,\dots,\mathbf{a}_{j-1},\mathbf{a}_{j+1},\dots\mathbf{a}_n,\boldsymbol{\alpha},\boldsymbol{\beta})^T$$

den Rang $n+1$, was aber aus Formatgründen nicht sein kann, da es sich bei der letzten Matrix um eine $(n+1)\times n$-Matrix handelt. Wenn sich also unter den Vektoren

$$\mathbf{a}_1,\dots,\mathbf{a}_{j-1},\mathbf{a}_{j+1},\dots\mathbf{a}_n$$

eine durch Spaltenumformungen des Typs I eliminierbare Spalte befindet, dann ist die $n\times n$-Matrix

$$B=(\mathbf{a}_1,\dots,\mathbf{a}_{j-1},\boldsymbol{\alpha}+\boldsymbol{\beta},\mathbf{a}_{j+1},\dots\mathbf{a}_n)^T$$

singulär. Für ihre Determinante gilt demnach $0=\det B=\det(B^T)$. Im Detail gilt also

$$\det(\mathbf{a}_1,\ldots,\mathbf{a}_{j-1},\boldsymbol{\alpha}+\boldsymbol{\beta},\mathbf{a}_{j+1},\ldots\mathbf{a}_n) = 0.$$

Andererseits gilt dies nach analoger Argumentation auch für die Determinanten

$$\det(\mathbf{a}_1,\ldots,\mathbf{a}_{j-1},\boldsymbol{\alpha},\mathbf{a}_{j+1},\ldots\mathbf{a}_n) = 0 = \det(\mathbf{a}_1,\ldots,\mathbf{a}_{j-1},\boldsymbol{\beta},\mathbf{a}_{j+1},\ldots\mathbf{a}_n).$$

In diesem Fall folgt die Multilinearität in den Spalten trivialerweise. □

Die Multilinearitätseigenschaft gilt aufgrund der Symmetrieeigenschaft der Determinante, $\det A = \det(A^T)$, auch in entsprechender Weise für die Zeilen.

Satz 2.64 (Multilinearität der Determinante in den Zeilen) *Für die Determinante einer $n \times n$-Matrix über $\mathbb{K}$ mit folgendem Aufbau*

$$\begin{pmatrix} \mathbf{z}_1 \\ \vdots \\ \mathbf{z}_{i-1} \\ \boldsymbol{\alpha}+\boldsymbol{\beta} \\ \mathbf{z}_{i+1} \\ \vdots \\ \mathbf{z}_n \end{pmatrix},$$

wobei $\mathbf{z}_1,\ldots,\mathbf{z}_{i-1},\boldsymbol{\alpha},\boldsymbol{\beta},\mathbf{z}_{i+1},\ldots\mathbf{z}_n \in \mathbb{K}^n$ Zeilenvektoren sind, gilt

$$\det \begin{pmatrix} \mathbf{z}_1 \\ \vdots \\ \mathbf{z}_{i-1} \\ \boldsymbol{\alpha}+\boldsymbol{\beta} \\ \mathbf{z}_{i+1} \\ \vdots \\ \mathbf{z}_n \end{pmatrix} = \det \begin{pmatrix} \mathbf{z}_1 \\ \vdots \\ \mathbf{z}_{i-1} \\ \boldsymbol{\alpha} \\ \mathbf{z}_{i+1} \\ \vdots \\ \mathbf{z}_n \end{pmatrix} + \det \begin{pmatrix} \mathbf{z}_1 \\ \vdots \\ \mathbf{z}_{i-1} \\ \boldsymbol{\beta} \\ \mathbf{z}_{i+1} \\ \vdots \\ \mathbf{z}_n \end{pmatrix} \tag{2.61}$$

in jeder Zeile $i = 1,\ldots n$.

Mit dem folgenden Resultat beweisen wir eine Methode zur Berechnung von Determinanten ohne Zeilen- und Spaltenumformungen. Das Ziel ist dabei eine Rekursionsformel, mit welcher die Determinantenberechnung einer $n \times n$-Matrix auf die Determinantenbestimmung von $(n-1) \times (n-1)$-Matrizen zurückgeführt werden kann.

Bemerkung 2.65 *Für jede Matrix der Gestalt*

$$
A = \begin{pmatrix}
a_{11} & \cdots & a_{1,j-1} & 0 & a_{1,j+1} & \cdots & a_{1n} \\
\vdots & & \vdots & \vdots & \vdots & & \vdots \\
a_{i-1,1} & \cdots & a_{i-1,j-1} & 0 & a_{i-1,j+1} & \cdots & a_{i-1,n} \\
a_{i,1} & \cdots & a_{i,j-1} & \lambda & a_{i,j+1} & \cdots & a_{in} \\
a_{i+1,1} & \cdots & a_{i+1,j-1} & 0 & a_{i+1,j+1} & \cdots & a_{i+1,n} \\
\vdots & & \vdots & \vdots & \vdots & & \vdots \\
a_{n1} & \cdots & a_{n,j-1} & 0 & a_{n,j+1} & \cdots & a_{nn}
\end{pmatrix} \begin{matrix} \\ \\ \\ \leftarrow i\text{-}te \ Zeile \\ \\ \\ \\ \end{matrix} \qquad (2.62)
$$

$$
\uparrow \\
j\text{-}te \ Spalte
$$

mit $\lambda \in \mathbb{K}$ *gilt*

$$
\det A = (-1)^{i+j} \lambda \det \begin{pmatrix}
a_{11} & \cdots & a_{1,j-1} & a_{1,j+1} & \cdots & a_{1n} \\
\vdots & & \vdots & \vdots & & \vdots \\
a_{i-1,1} & \cdots & a_{i-1,j-1} & a_{i-1,j+1} & \cdots & a_{i-1,n} \\
a_{i+1,1} & \cdots & a_{i+1,j-1} & a_{i+1,j+1} & \cdots & a_{i+1,n} \\
\vdots & & \vdots & \vdots & & \vdots \\
a_{n1} & \cdots & a_{n,j-1} & a_{n,j+1} & \cdots & a_{nn}
\end{pmatrix}. \qquad (2.63)
$$

Beweis. Durch $i-1$ Vertauschungen benachbarter Zeilen und $j-1$ Vertauschungen benachbarter Spalten können wir das Element λ in der i-ten Zeile und j-ten Spalte von A nach links oben überführen. Für die Determinante gilt dann

$$
\det A = \overbrace{(-1)^{i-1+j-1}}^{=(-1)^{i+j}} \det \begin{pmatrix}
\lambda & a_{i,1} & \cdots & a_{i,j-1} & a_{i,j+1} & \cdots & a_{in} \\
0 & a_{11} & \cdots & a_{1,j-1} & a_{1,j+1} & \cdots & a_{1n} \\
\vdots & \vdots & & \vdots & \vdots & & \vdots \\
0 & a_{i-1,1} & \cdots & a_{i-1,j-1} & a_{i-1,j+1} & \cdots & a_{i-1,n} \\
0 & a_{i+1,1} & \cdots & a_{i+1,j-1} & a_{i+1,j+1} & \cdots & a_{i+1,n} \\
\vdots & \vdots & & \vdots & \vdots & & \vdots \\
0 & a_{n1} & \cdots & a_{n,j-1} & a_{n,j+1} & \cdots & a_{nn}
\end{pmatrix}
$$

$$
= (-1)^{i+j} \det \begin{pmatrix}
\lambda & * & \cdots & * \\
0 & & & \\
\vdots & & \tilde{A}_{ij} & \\
0 & & &
\end{pmatrix}.
$$

Wir könnten nun den $(n-1) \times (n-1)$-Block $\tilde{A}_{ij}$ in obere Dreiecksgestalt bringen. Nach Definition der Determinante gilt dann $\det A = (-1)^{i+j} \lambda \det \tilde{A}_{ij}$, woraus sich die Behauptung ergibt. □

Ein rekursives Verfahren zur Berechnung der Determinante einer $n \times n$-Matrix stellt die Entwicklung der Determinante nach einer Zeile oder Spalte dar. Mit den bisherigen Erkenntnissen können wir den folgenden, sehr grundlegenden Satz auf einfache Art zeigen.

Satz 2.66 (Entwicklung der Determinante nach einer Zeile oder Spalte) *Es sei A eine $n \times n$-Matrix über $\mathbb{K}$ mit $n \geq 2$ und der Komponentendarstellung $A = (a_{ij})_{1 \leq i,j \leq n}$. Die Determinante von A kann nach der i-ten Zeile von A*

$$\det A := \sum_{j=1}^{n} (-1)^{i+j} a_{ij} \det \tilde{A}_{ij} \tag{2.64}$$

oder alternativ auch nach der j-ten Spalte von A

$$\det A := \sum_{i=1}^{n} (-1)^{i+j} a_{ij} \det \tilde{A}_{ij} \tag{2.65}$$

entwickelt werden, wobei es nicht auf die Wahl der Zeile i bzw. der Spalte j ankommt. Die in den beiden Formeln auftretende $(n-1) \times (n-1)$-Matrix $\tilde{A}_{ij}$ geht durch Streichen der i-ten Zeile und j-ten Spalte von A aus A hervor:

$$\tilde{A}_{ij} = \begin{pmatrix} a_{11} \cdots a_{1j} \cdots a_{1n} \\ \vdots \qquad \vdots \qquad \vdots \\ a_{i1} \cdots a_{ij} \cdots a_{in} \\ \vdots \qquad \vdots \qquad \vdots \\ a_{n1} \cdots a_{nj} \cdots a_{nn} \end{pmatrix} = \begin{pmatrix} a_{11} & \cdots & a_{1,j-1} & a_{1,j+1} & \cdots & a_{1n} \\ \vdots & & \vdots & \vdots & & \vdots \\ a_{i-1,1} & \cdots & a_{i-1,j-1} & a_{i-1,j+1} & \cdots & a_{i-1,n} \\ a_{i+1,1} & \cdots & a_{i+1,j-1} & a_{i+1,j+1} & \cdots & a_{i+1,n} \\ \vdots & & \vdots & \vdots & & \vdots \\ a_{n1} & \cdots & a_{n,j-1} & a_{n,j+1} & \cdots & a_{nn} \end{pmatrix} \tag{2.66}$$

Beweis. Wegen $\det A = \det(A^T)$ reicht es aus, die Formel für die Entwicklung der Determinante nach der j-ten Spalte zu zeigen. Mit den Spaltenvektoren

$$\mathbf{a}_k = \begin{pmatrix} a_{1k} \\ \vdots \\ a_{nk} \end{pmatrix}, \qquad k = 1, \ldots, n$$

bezeichnen wir die Spalten der Matrix A. Nun zerlegen wir die j-te Spalte von A mithilfe der kanonischen Einheitsvektoren in eine Summe:

$$\mathbf{a}_j = \begin{pmatrix} a_{1j} \\ a_{2j} \\ \vdots \\ a_{nj} \end{pmatrix} = a_{1j} \cdot \begin{pmatrix} 1 \\ 0 \\ \vdots \\ 0 \end{pmatrix} + \cdots + a_{nj} \cdot \begin{pmatrix} 0 \\ \vdots \\ 0 \\ 1 \end{pmatrix} = \sum_{i=1}^{n} a_{ij} \hat{\mathbf{e}}_i.$$

Die Multilinearität der Determinante in den Spalten ergibt nun mit dieser Darstellung

$$
\det A = \det(\mathbf{a}_1 | \cdots | \mathbf{a}_{j-1} | \mathbf{a}_j | \mathbf{a}_{j+1} | \cdots | \mathbf{a}_n)
$$

$$
= \det(\mathbf{a}_1 | \cdots | \mathbf{a}_{j-1} | \sum_{i=1}^{n} a_{ij} \hat{\mathbf{e}}_i | \mathbf{a}_{j+1} | \cdots | \mathbf{a}_n)
$$

$$
= \sum_{i=1}^{n} \det(\mathbf{a}_1 | \cdots | \mathbf{a}_{j-1} | a_{ij} \hat{\mathbf{e}}_i | \mathbf{a}_{j+1} | \cdots | \mathbf{a}_n)
$$

$$
= \sum_{i=1}^{n} \det
\begin{pmatrix}
a_{11} & \cdots & a_{1,j-1} & 0 & a_{1,j+1} & \cdots & a_{1n} \\
\vdots & & \vdots & \vdots & \vdots & & \vdots \\
a_{i-1,1} & \cdots & a_{i-1,j-1} & 0 & a_{i-1,j+1} & \cdots & a_{i-1,n} \\
a_{i,1} & \cdots & a_{i,j-1} & a_{ij} & a_{i,j+1} & \cdots & a_{in} \\
a_{i+1,1} & \cdots & a_{i+1,j-1} & 0 & a_{i+1,j+1} & \cdots & a_{i+1,n} \\
\vdots & & \vdots & \vdots & \vdots & & \vdots \\
a_{n1} & \cdots & a_{n,j-1} & 0 & a_{n,j+1} & \cdots & a_{nn}
\end{pmatrix}
$$

$$
= \sum_{i=1}^{n} (-1)^{i+j} a_{ij} \det \tilde{A}_{ij}, \quad \text{wg. Bemerkung 2.65.}
$$

Aufgrund der Symmetrie der Determinante, also wegen $\det A = \det(A^T)$, gilt diese Formel in entsprechender Weise auch für die Zeilen, denn die Entwicklung nach der i-ten Zeile von A ist die Entwicklung der Determinante nach der i-ten Spalte von A^T. Da sich die Determinante einer Matrix aber nicht durch Transponieren ändert, folgt die entsprechende Formel für die Zeilenentwicklung. $\square$

Um nun die Determinante einer $n \times n$-Matrix nach einer Zeile oder Spalte mithilfe dieser Formeln zu entwickeln, werden Determinanten von Streichungsmatrizen des Formats $(n-1) \times (n-1)$ benötigt. Diese Determinanten können wiederum entwickelt werden. Diese Rekursion kann nun so lange durchgeführt werden, bis ein Matrixformat erreicht wurde, bei dem die Determinante auch alternativ berechnet werden kann. Dies sind beispielsweise skalare „Matrizen", also Matrizen mit Format 1×1, oder 2×2-Matrizen, bei denen wir die Determinante gemäß Satz 2.54 berechnen können. Wir wollen nun die Determinante einer beliebigen 3×3-Matrix mithilfe der Zeilenentwicklung bestimmen. Hierzu betrachten wir die 3×3-Matrix

$$
A = \begin{pmatrix} a_{11} & a_{12} & a_{13} \\ a_{21} & a_{22} & a_{23} \\ a_{31} & a_{32} & a_{33} \end{pmatrix}.
$$

Wir entwickeln nun die Determinante nach der ersten Zeile. Es gilt

$$
\det A = \sum_{j=1}^{3} (-1)^{1+j} a_{1j} \det \tilde{A}_{1j}
$$

$$
= (-1)^2 a_{11} \det \tilde{A}_{11} + (-1)^3 a_{12} \det \tilde{A}_{12} + (-1)^4 a_{13} \det \tilde{A}_{13}
$$

$$
= a_{11} \det \begin{pmatrix} a_{22} & a_{23} \\ a_{32} & a_{33} \end{pmatrix} - a_{12} \det \begin{pmatrix} a_{21} & a_{23} \\ a_{31} & a_{33} \end{pmatrix} + a_{13} \det \begin{pmatrix} a_{21} & a_{22} \\ a_{31} & a_{32} \end{pmatrix}
$$

$$
= a_{11}(a_{22}a_{33} - a_{32}a_{23}) - a_{12}(a_{21}a_{33} - a_{31}a_{23}) + a_{13}(a_{21}a_{32} - a_{31}a_{22})
$$

$$
= a_{11}a_{22}a_{33} + a_{12}a_{23}a_{31} + a_{13}a_{21}a_{32} - a_{31}a_{22}a_{13} - a_{32}a_{23}a_{11} - a_{33}a_{21}a_{12}.
$$

Wir halten dieses Ergebnis als *Regel von* Sarrus[10] fest.

Satz 2.67 (Determinante einer 3×3**-Matrix nach Sarrus)** *Für die Determinante einer* 3×3*-Matrix über* $\mathbb{K}$

$$A = \begin{pmatrix} a & b & c \\ d & e & f \\ g & h & i \end{pmatrix}$$

gilt

$$\det A = aei + bfg + cdh - gec - hfa - idb. \tag{2.67}$$

Hierzu gibt es eine nützliche Merkregel. Wir ergänzen die Matrix A gedanklich nach rechts um die ersten beiden Spalten von A und berechnen Produkte entlang von Diagonalen

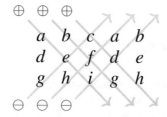

und addieren diese Produkte mit den eingezeichneten Vorzeichen auf. (Vorsicht: Diese Regel darf nur bei 3×3*-Matrizen verwendet werden!)*

Der Entwicklungssatz zur Determinantenberechnung ist dann besonders effektiv anzuwenden, wenn innerhalb einer Zeile oder Spalte einer Matrix möglichst viele Elemente verschwinden. Das folgende Beispiel möge dies verdeutlichen. Wir wollen die Determinante der 4×4-Matrix

$$A = \begin{pmatrix} 5 & 1 & 0 & 1 \\ 0 & 3 & 4 & 1 \\ 3 & 1 & 2 & 2 \\ 1 & 2 & 0 & 1 \end{pmatrix}$$

berechnen. Es fällt auf, dass in der dritten Spalte dieser Matrix zwei Nullen vorhanden sind, so viele wie in keiner anderen Spalte oder Zeile. Es bietet sich daher an, die Determinante nach der dritten Spalte von A zu entwickeln. Bei einer 4×4-Matrix lautet die Formel hierfür

$$\det A = \sum_{i=1}^{4} (-1)^{i+3} a_{i3} \det \tilde{A}_{i3}.$$

Da zwei Elemente der dritten Spalte verschwinden, nämlich $a_{13} = 0$ und $a_{43} = 0$, besteht die obige Summe eigentlich nur aus zwei Summanden. Wir können uns daher die Berechnung der Determinanten der Streichungsmatrizen $\tilde{A}_{13}$ und $\tilde{A}_{43}$ sparen, was den Aufwand erheblich reduziert. Für die Determinante von A gilt nun:

---

[10] Pierre Frédéric Sarrus (1798-1861), französischer Mathematiker

$$\det A = (-1)^{2+3} a_{23} \det \tilde{A}_{23} + (-1)^{3+3} a_{33} \det \tilde{A}_{33}$$

$$= -4 \cdot \det \begin{pmatrix} 5 & 1 & \cancel{0} & 1 \\ \cancel{0} & \cancel{3} & \cancel{4} & \cancel{1} \\ 3 & 1 & \cancel{2} & 2 \\ 1 & 2 & \cancel{0} & 1 \end{pmatrix} + 2 \cdot \det \begin{pmatrix} 5 & 1 & \cancel{0} & 1 \\ 0 & 3 & \cancel{4} & 1 \\ 3 & 1 & \cancel{2} & 2 \\ 1 & 2 & \cancel{0} & 1 \end{pmatrix}$$

$$= -4 \cdot \det \begin{pmatrix} 5 & 1 & 1 \\ 3 & 1 & 2 \\ 1 & 2 & 1 \end{pmatrix} + 2 \begin{pmatrix} 5 & 1 & 1 \\ 0 & 3 & 1 \\ 1 & 2 & 1 \end{pmatrix}$$

$$= -4 \cdot (-11) + 2 \cdot 3 = 50.$$

Diese Matrix ist also regulär.

2.7 Cramer'sche Regeln

Bisher wurde noch nicht die Frage beantwortet, welche Bedeutung nun der eigentliche Zahlenwert der Determinante besitzt, insbesondere in Fällen, in denen die Determinante ungleich 0 ist. Dass wir es in derartigen Fällen mit einer regulären Matrix tun haben, ist schon länger bekannt. Aber was besagt die Zahl zudem? Der Sinn der Determinante ergibt sich aus dem folgenden Satz, der im Fall regulärer Matrizen eine Alternative zum Gauß-Verfahren zur Matrixinversion aufzeigt.

Satz 2.68 (Cramer'sche Regel zur Matrixinversion) *Es sei $A \in \mathrm{GL}(n, \mathbb{K})$ eine reguläre Matrix. Für die Inverse von A gilt dann*

$$A^{-1} = \frac{1}{\det A} \left((-1)^{i+j} \det (\tilde{A}^T)_{ij} \right)_{1 \le i, j \le n}. \tag{2.68}$$

Hierbei bezeichnet $(\tilde{A}^T)_{ij}$ die Matrix, die aus A^T durch Streichen von Zeile i und Spalte j hervorgeht.

Beweis. Wir betrachten das Produkt aus A und der durch

$$B := \frac{1}{\det A} \left((-1)^{i+j} \det (\tilde{A}^T)_{ij} \right)_{1 \le i, j \le n}$$

definierten Matrix und zeigen, dass $AB = E_n$ gilt, woraus $B = A^{-1}$ folgt. Es gilt nun aufgrund der Definition des Matrixprodukts gemäß (2.16)

$$AB = \left(\sum_{k=1}^{n} a_{ik} b_{kj} \right)_{1 \le i, j \le n}$$

$$= \left(\sum_{k=1}^{n} a_{ik} \cdot \frac{1}{\det A} \cdot (-1)^{k+j} \det (\tilde{A}^T)_{kj} \right)_{1 \le i, j \le n} =: C.$$

Innerhalb dieser Matrix betrachten wir nun in Zeile i und Spalte j das Element

$$c_{ij} = \frac{1}{\det A} \sum_{k=1}^{n} (-1)^{k+j} \cdot a_{ik} \det (\tilde{A}^T)_{kj} \qquad (2.69)$$

etwas genauer. Für den Fall $i = j$ befinden wir uns auf der Hauptdiagonalen

$$c_{ii} = \frac{1}{\det A} \sum_{k=1}^{n} (-1)^{k+i} \cdot a_{ik} \det (\tilde{A}^T)_{ki}$$

$$= \frac{1}{\det A} \underbrace{\sum_{k=1}^{n} (-1)^{i+k} \cdot a_{ik} \det \tilde{A}_{ik}}_{=\det A}.$$

Die rechtsstehende Summe ist die Determinante von A, entwickelt nach der i-ten Zeile von A. Damit folgt für das Diagonalelement $c_{ii} = 1$ für $i = 1, \ldots, n$. Wenn nun andererseits $i \neq j$ gilt, so ist

$$c_{ij} = \frac{1}{\det A} \sum_{k=1}^{n} (-1)^{k+j} \cdot a_{ik} \det (\tilde{A}^T)_{kj}$$

$$= \frac{1}{\det A} \underbrace{\sum_{k=1}^{n} (-1)^{k+j} \cdot a_{ik} \det \tilde{A}_{jk}}_{=:\det D}.$$

Die hier rechtsstehende Summe ist die Determinante einer Matrix D, entwickelt nach j-ter Zeile, bei der die j-te Zeile die Einträge

$$a_{i1} \mid \ldots \mid a_{in}$$

besitzt. Da $i \neq j$ ist, stehen also in der j-ten Zeile dieselben Einträge, nämlich $a_{i1}, \ldots, a_{in}$ wie in einer *anderen*, der i-ten Zeile von D. Die so gebildete Matrix D ist singulär, da sie zwei identische Zeilen enthält. Es gilt also für $i \neq j$

$$c_{ij} = \frac{1}{\det A} \det D = 0.$$

Insgesamt folgt somit

$$AB = (c_{ij})_{1 \leq i,j \leq n} = E_n.$$

Damit ist $B = A^{-1}$ die Inverse von A. $\quad \square$

Bemerkung 2.69 *Die in der Cramer'schen Regel in Gleichung (2.68) auftretenden Elemente*

$$(-1)^{i+j} \det (\tilde{A}^T)_{ij}, \qquad 1 \leq i, j, \leq n$$

heißen Cofaktoren von A. Die sich aus den Cofaktoren zusammensetzende Matrix

$$\mathrm{adj}(A) := \left((-1)^{i+j} \det (\tilde{A}^T)_{ij} \right)_{1 \leq i,j \leq n}$$

wird gelegentlich als Adjunkte von A bezeichnet. Mithilfe dieser Bezeichnung kann die Cramer'sche Regel zur Matrixinversion sehr kurz notiert werden: Für eine invertierbare Matrix A gilt dann

$$A^{-1} = \frac{1}{\det A} \operatorname{adj}(A), \quad bzw. \quad A \operatorname{adj} A = E_n \det A.$$

Ein Beispiel soll nun die Anwendung der Cramer'schen Regel zur Matrixinversion illustrieren. Wir betrachten die 3×3-Matrix

$$A = \begin{pmatrix} 1 & 1 & 1 \\ 0 & 1 & 0 \\ 1 & 2 & 2 \end{pmatrix},$$

deren Determinante (entwickelt nach zweiter Zeile)

$$\det A = 1 \cdot \det \begin{pmatrix} 1 & 1 \\ 1 & 2 \end{pmatrix} = 1 \cdot 1 = 1$$

beträgt. Damit ist A also regulär. Die transponierte Matrix von A lautet

$$A^T = \begin{pmatrix} 1 & 0 & 1 \\ 1 & 1 & 2 \\ 1 & 0 & 2 \end{pmatrix}.$$

Aus dieser Matrix entnehmen wir die Streichungsmatrizen innerhalb der Cramer'schen Regel für die Matrixinversion. Es folgt für die Inverse von A

$$A^{-1} = \frac{1}{\det A} \begin{pmatrix} +\begin{vmatrix} 1 & 0 & 1 \\ 1 & 1 & 2 \\ 1 & 0 & 2 \end{vmatrix} & -\begin{vmatrix} 1 & 0 & 1 \\ 1 & 1 & 2 \\ 1 & 0 & 2 \end{vmatrix} & +\begin{vmatrix} 1 & 0 & 1 \\ 1 & 1 & 2 \\ 1 & 0 & 2 \end{vmatrix} \\ -\begin{vmatrix} 1 & 0 & 1 \\ 1 & 1 & 2 \\ 1 & 0 & 2 \end{vmatrix} & +\begin{vmatrix} 1 & 0 & 1 \\ 1 & 1 & 2 \\ 1 & 0 & 2 \end{vmatrix} & -\begin{vmatrix} 1 & 0 & 1 \\ 1 & 1 & 2 \\ 1 & 0 & 2 \end{vmatrix} \\ +\begin{vmatrix} 1 & 0 & 1 \\ 1 & 1 & 2 \\ 1 & 0 & 2 \end{vmatrix} & -\begin{vmatrix} 1 & 0 & 1 \\ 1 & 1 & 2 \\ 1 & 0 & 2 \end{vmatrix} & +\begin{vmatrix} 1 & 0 & 1 \\ 1 & 1 & 2 \\ 1 & 0 & 2 \end{vmatrix} \end{pmatrix}$$

$$= \frac{1}{\det A} \begin{pmatrix} +\begin{vmatrix} 1 & 2 \\ 0 & 2 \end{vmatrix} & -\begin{vmatrix} 1 & 2 \\ 1 & 2 \end{vmatrix} & +\begin{vmatrix} 1 & 1 \\ 1 & 0 \end{vmatrix} \\ -\begin{vmatrix} 0 & 1 \\ 0 & 2 \end{vmatrix} & +\begin{vmatrix} 1 & 1 \\ 1 & 2 \end{vmatrix} & -\begin{vmatrix} 1 & 0 \\ 1 & 0 \end{vmatrix} \\ +\begin{vmatrix} 0 & 1 \\ 1 & 2 \end{vmatrix} & -\begin{vmatrix} 1 & 1 \\ 1 & 2 \end{vmatrix} & +\begin{vmatrix} 1 & 0 \\ 1 & 1 \end{vmatrix} \end{pmatrix} = \begin{pmatrix} 2 & 0 & -1 \\ 0 & 1 & 0 \\ -1 & -1 & 1 \end{pmatrix}.$$

Haben zwei Matrizen $A, B \in M(n, \mathbb{K})$ die Determinante 1, so gilt dies nach dem Multiplikationssatz auch für ihr Produkt. Zudem sind beide Matrizen sowie ihr Produkt invertierbar. Matrizen dieser Art bilden somit eine Gruppe.

Definition 2.70 (Spezielle lineare Gruppe) *Die $n \times n$-Matrizen über $\mathbb{K}$ mit der Determinante 1 bilden eine Untergruppe der allgemeinen linearen Gruppe $GL(n, \mathbb{K})$ aller regulären $n \times n$-Matrizen über $\mathbb{K}$. Diese Untergruppe definiert die spezielle lineare Gruppe*

$$SL(n, \mathbb{K}) := \{A \in GL(n, \mathbb{K}) : \det A = 1\}. \tag{2.70}$$

Eine Folge aus der Cramer'schen Regel ist, dass Matrizen der speziellen linearen Gruppe, deren Komponenten aus ganzen Zahlen bestehen, inverse Matrizen haben, die wiederum aus ganzen Zahlen bestehen (Übung).

Mithilfe der Cramer'schen Regel lassen sich auch lineare Gleichungssysteme der Form $A\mathbf{x} = \mathbf{b}$ mit regulärer Koeffizientenmatrix $A \in GL(n, \mathbb{K})$ lösen, ohne zuvor die Inverse A^{-1} explizit berechnen zu müssen oder ein Gauß-Verfahren durchzuführen.

Satz 2.71 (Cramer'sche Regel für lineare Gleichungssysteme) *Es sei $A \in GL(n, \mathbb{K})$ eine reguläre $n \times n$-Matrix. Die Spalten von A seien mit $\mathbf{a}_1, \dots, \mathbf{a}_n$ bezeichnet, d. h. $A = (\mathbf{a}_1 \mid \cdots \mid \mathbf{a}_n)$. Für die Unbekannten $x_1, \dots, x_n \in \mathbb{K}$ des linearen Gleichungssystems $A\mathbf{x} = \mathbf{b}$ mit rechter Seite $\mathbf{b} \in \mathbb{K}^n$ gelten*

$$x_i = \frac{1}{\det A} \det(\mathbf{a}_1 \mid \cdots \mid \mathbf{a}_{i-1} \mid \underset{\underset{\text{i-te Spalte}}{\uparrow}}{\mathbf{b}} \mid \mathbf{a}_{i+1} \mid \cdots \mid \mathbf{a}_n). \tag{2.71}$$

Beweis. Übung. Wir betrachten als Beispiel das aus drei Unbekannten und drei Gleichungen bestehende lineare Gleichungssystem

$$\left\{ \begin{array}{l} x_1 + 2x_2 + 3x_3 = 1 \\ x_1 + 3x_2 + 3x_3 = 0 \\ x_1 + 2x_2 + 4x_3 = 1 \end{array} \right\},$$

das in Matrix-Vektor-Notation formuliert werden kann:

$$A\mathbf{x} = \mathbf{b}$$

mit

$$A = \begin{pmatrix} 1 & 2 & 3 \\ 1 & 3 & 3 \\ 1 & 2 & 4 \end{pmatrix}, \qquad \mathbf{b} = \begin{pmatrix} 1 \\ 0 \\ 1 \end{pmatrix}.$$

Für die Determinante von A gilt

$$\det A = 1.$$

Die Matrix A ist also regulär. Nach der Cramer'schen Regel für lineare Gleichungssysteme lauten die Unbekannten x_1, x_2, x_3 des Vektors $\mathbf{x}$

$$x_1 = \frac{1}{\det A} \det \begin{pmatrix} 1 & 2 & 3 \\ 0 & 3 & 3 \\ 1 & 2 & 4 \end{pmatrix} = \frac{1}{1} \cdot 3 = 3$$

$$x_2 = \frac{1}{\det A} \det \begin{pmatrix} 1 & 1 & 3 \\ 1 & 0 & 3 \\ 1 & 1 & 4 \end{pmatrix} = \frac{1}{1} \cdot (-1) = -1$$

$$x_3 = \frac{1}{\det A} \det \begin{pmatrix} 1 & 2 & 1 \\ 1 & 3 & 0 \\ 1 & 2 & 1 \end{pmatrix} = \frac{1}{1} \cdot 0 = 0.$$

Die Determinante einer oberen bzw. unteren Dreiecksmatrix ist das Produkt ihrer Diagonalkomponenten. Eine „Dreiecksmatrix", deren Diagonalelemente quadratische Matrixblöcke sind, wird als Blocktrigonalmatrix bezeichnet. Für derartige Matrizen besteht die Möglichkeit, die Regel zur Determinantenbestimmung anhand der Diagonalelemente in einer bestimmten Form zu verallgemeinern.

Satz 2.72 (Kästchenformel zur Berechnung der Determinante) *Es seien*

$$M_1 \in M(n_1, \mathbb{K}), \quad M_2 \in M(n_2, \mathbb{K}), \quad \ldots, \quad M_p \in M(n_p, \mathbb{K})$$

quadratische Matrizen. Dann gilt

$$\det \begin{pmatrix} \boxed{M_1} & * & \cdots & * \\ 0 & \boxed{M_2} & \ddots & \vdots \\ \vdots & \ddots & \ddots & * \\ 0 & \cdots & 0 & \boxed{M_p} \end{pmatrix} = \prod_{k=1}^{p} \det M_k.$$

Beweis. Übungsaufgabe 2.17. Wir betrachten ein Beispiel. Für die Determinante der 6×6-Matrix

$$A = \begin{pmatrix} 2 & 1 & 4 & 9 & 7 & 5 \\ 0 & 5 & 0 & 2 & 4 & 2 \\ 0 & 1 & 2 & 2 & 8 & 7 \\ 0 & 3 & 1 & 1 & 9 & 6 \\ 0 & 0 & 0 & 0 & 2 & 2 \\ 0 & 0 & 0 & 0 & 3 & 4 \end{pmatrix} = \begin{pmatrix} \boxed{2} & * & * & * & * & * \\ 0 & 5 & 0 & 2 & * & * \\ 0 & 1 & 2 & 2 & * & * \\ 0 & 3 & 1 & 1 & * & * \\ 0 & 0 & 0 & 0 & 2 & 2 \\ 0 & 0 & 0 & 0 & 3 & 4 \end{pmatrix}$$

berechnen wir mit der Kästchenformel den Wert

$$\det A = \det(2) \cdot \det \begin{pmatrix} 5 & 0 & 2 \\ 1 & 2 & 2 \\ 3 & 1 & 1 \end{pmatrix} \cdot \det \begin{pmatrix} 2 & 2 \\ 3 & 4 \end{pmatrix} = 2 \cdot (-10) \cdot 2 = -40.$$

Abschließend betrachten wir die Determinantenformel von Leibniz[11], mit welcher die Determinante einer quadratischen Matrix vollständig, d. h. ohne Rekursion, aus ihren Komponenten zu berechnen ist.

Satz 2.73 (Determinantenformel von Leibniz) *Es sei* $A = (a_{ij})_{1 \leq i,j \leq n} \in M(n, \mathbb{K})$. *Für die Determinante von A gilt*

$$\det A = \sum_{\pi \in S_n} \text{sign}(\pi) \prod_{i=1}^{n} a_{i,\pi(i)}. \tag{2.72}$$

Beweis. Diese Formel lässt sich induktiv mithilfe der Zeilenentwicklung nachweisen. Hierzu wird im Induktionsschritt $n \to n + 1$ die Determinante nach der letzten, also der $n + 1$-sten Zeile, entwickelt. Dadurch entstehen $n + 1$ Summanden, mit Streichungsmatrizen, deren Determinanten nach Induktionsvoraussetzung jeweils aus $n!$ Einzelsummanden bestehen. Die Details hierzu seien als Übung empfohlen. □

Wir illustrieren die Verwendung dieser Formel am Beispiel der 3×3-Matrix. Hierzu betrachten wir die Permutationsgruppe S_3, die aus den folgenden $3! = 6$ Permutationen besteht:

$$\pi_1 := \begin{pmatrix} 1\ 2\ 3 \\ 1\ 2\ 3 \end{pmatrix}, \quad \pi_2 := \begin{pmatrix} 1\ 2\ 3 \\ 2\ 3\ 1 \end{pmatrix}, \quad \pi_3 := \begin{pmatrix} 1\ 2\ 3 \\ 3\ 1\ 2 \end{pmatrix},$$

$$\pi_4 := \begin{pmatrix} 1\ 2\ 3 \\ 3\ 2\ 1 \end{pmatrix}, \quad \pi_5 := \begin{pmatrix} 1\ 2\ 3 \\ 1\ 3\ 2 \end{pmatrix}, \quad \pi_6 := \begin{pmatrix} 1\ 2\ 3 \\ 2\ 1\ 3 \end{pmatrix}.$$

Die Permutation $\pi_1 = \text{id}$ vertauscht nichts, während die Permutationen π_2 und π_3 aus zwei Transpositionen zusammengesetzt werden können. Daher gilt $\text{sign}\,\pi_k = 1$ für $k = 1, 2, 3$. Die übrigen Permutationen sind ungerade, da sie jeweils eine Transposition repräsentieren. Es gilt daher $\text{sign}\,\pi_k = -1$ für $k = 4, 5, 6$. Wir summieren nun gemäß (2.72) über diese Permutationen:

$$\begin{aligned} \det A = \quad & 1 \cdot a_{11}a_{22}a_{33} +1 \cdot a_{12}a_{23}a_{31} +1 \cdot a_{13}a_{21}a_{32} \\ -& 1 \cdot a_{13}a_{22}a_{31} -1 \cdot a_{11}a_{23}a_{32} -1 \cdot a_{12}a_{21}a_{33}, \end{aligned}$$

was der Formel von Sarrus entspricht.

Das Signum einer Permutation $\pi \in S_n$ ergibt sich aus der Anzahl k der Transpositionen $\tau_1, \ldots, \tau_k$, die nach dem Verfahren gemäß Definition 1.38 bestimmt werden, um π zu faktorisieren: $\pi = \tau_k \circ \cdots \circ \tau_1$. Es ist dabei $\text{sign}\,\pi := (-1)^k$. Der Permutation π entspricht gemäß Definition 2.35 eine Permutationsmatrix

$$P^\pi = (P_\pi)^T = (\hat{\mathbf{e}}_{\pi(1)} \,|\, \hat{\mathbf{e}}_{\pi(2)} \,|\, \ldots \,|\, \hat{\mathbf{e}}_{\pi(n)})^T, \tag{2.73}$$

mit der die Zeilen einer n-zeiligen Matrix bei Linksmultiplikation entsprechend π vertauscht werden. Die Permutationsmatrix P_π vertauscht bei Rechtsmultiplikation in entsprechender Weise die Spalten einer n-spaltigen Matrix.

Umgekehrt entspricht aber auch jeder Zeilenpermutationsmatrix P^π bzw. Spaltenpermutationmatrix P_π eine korrespondierende Permutation π. Wenn wir nun π in $k = \text{sign}(\pi)$

---

[11] Gottfried Wilhelm Leibniz (1646-1716), deutscher Mathematiker und Philosoph

Transpositionen faktorisieren, so ist es möglich, auch eine Zerlegung von P^{π} bzw. P_{π} in k Transpositionsmatrizen $T_1, \ldots, T_k$ zu finden. Wir haben bereits früher erkannt, dass wir hierzu nicht einfach jede Transposition τ_j gemäß (2.73) einer entsprechenden Transpositionsmatrix T_j zuordnen können, denn die einzelnen Transpositionsmatrizen T_j bewirken für $j \neq 1$ jeweils einen Positionstausch und keinen Elementetausch, während die Transpositionen τ_j Elemente tauschen, aber keinen Positionstausch durchführen. Nach Satz 2.36 gibt es jedoch die Möglichkeit, k Transpositionsmatrizen aus den k vorgegebenen Transpositionen zu bestimmen, mit denen P^{π} bzw. P_{π} faktorisiert werden kann. Wir können diese Transpositionsmatrizen allerdings auch alternativ bestimmen. Es gilt zunächst

$$T_1 = P^{\tau_1} = P_{\tau_1}^T = P_{\tau_1} = (\hat{\mathbf{e}}_{\tau_1(1)} \,|\, \hat{\mathbf{e}}_{\tau_1(2)} \,|\, \ldots \,|\, \hat{\mathbf{e}}_{\tau_1(n)}),$$

da Transpositionsmatrizen symmetrisch sind. Die zweite Transpositionsmatrix T_2 bewirkt in der Linksmultiplikation einen Zeilentausch, sodass das Produkt $T_2 T_1$ dieselbe Wirkung auf die Zeilen entfaltet wie die Hintereinanderausführung $\sigma = \tau_2 \circ \tau_1$ auf S_n. Damit ist für Zeilenvertauschungen

$$P^{\sigma} := (\hat{\mathbf{e}}_{\sigma(1)} \,|\, \hat{\mathbf{e}}_{\sigma(2)} \,|\, \ldots \,|\, \hat{\mathbf{e}}_{\sigma(n)})^T = T_2 T_1,$$

woraus wir T_2 ermitteln können: $T_2 = P^{\sigma} T_1$. Hierbei beachten wir, dass Transpositionen und Transpositionsmatrizen involutorisch, also selbstinvers sind. Dieses Verfahren können wir fortsetzen. Es gilt also für $j = 2, \ldots, k$ mit $\sigma_j = \tau_j \circ \tau_{j-1} \circ \cdots \circ \tau_1$, deren Werte aus einer Fortsetzungstabelle wie im Beispiel vor Satz 2.36 sehr einfach entnommen werden können, für die gesuchte Transpositionsmatrix:

$$T_j = P^{\sigma_j} T_1 \cdots T_{j-1}.$$

Schließlich folgt mit $\sigma_k = \tau_k \circ \tau_{k-1} \circ \cdots \circ \tau_1 = \pi$

$$P^{\sigma_k} = P^{\pi} = T_k \cdots T_1.$$

Nach dem Multiplikationssatz für Determinanten gilt nun

$$\det P^{\pi} = \det P_{\pi} = (\det T_1) \cdots (\det T_k) = (-1)^k,$$

da Transpositionsmatrizen stets die Determinante -1 besitzen. Zusammen mit der Definition des Signums ergibt sich das folgende Ergebnis.

Satz 2.74 *Es sei $\pi \in S_n$ eine Permutation und $P \in \mathrm{GL}(n, \mathbb{K})$ die entsprechende Zeilen- oder Spaltenpermutationsmatrix. Dann gilt* $\det P = \operatorname{sign} \pi$.

Hieraus erhalten wir eine wichtige Erkenntnis bezüglich der Faktorenzahl bei der Zerlegung von Permutationen in Transpositionen. Existieren für eine Permutation $\pi \in S_n$ die beiden Zerlegungen

$$\pi = \tau_k \circ \cdots \circ \tau_1, \quad \pi = \tau_l' \circ \cdots \circ \tau_1',$$

so sind entweder k und l jeweils gerade oder jeweils ungerade, denn für die korrespondierende Matrix P gibt es nun zwei entsprechende Zerlegungen

$$P = T_k \cdots T_1, \quad P = T_l' \cdots T_1'.$$

Für die Determinante von P gilt daher $(-1)^k = \det P = (-1)^l$. Insgesamt gilt also sign $\pi = \det P = (-1)^k = (-1)^l$. Die Anzahlen k und l der Transpositionen haben also identische Parität. Das Signum einer Permutation $\pi \in S_n$ ist daher die Parität der Transpositionsanzahl unabhängig von der konkreten Faktorisierung von π.

Ein Folge der Determinantenformel von Leibniz ist die Vertauschbarkeit von komplexer Konjugation mit der Determinantenbildung.

Satz 2.75 *Es sei* $A = (a_{ij}) \in M(n, \mathbb{C})$ *eine komplexe* $n \times n$-*Matrix. Mit* $\overline{A} := (\overline{a}_{ij}) \in M(n, \mathbb{C})$ *werde die Matrix bezeichnet, deren Komponenten durch komplexe Konjugation aus A hervorgehen. Dann gilt*

$$\det(\overline{A}) = \overline{\det A}. \tag{2.74}$$

Begründung. Übung.

Aus der Determinantenformel von Leibniz folgt, dass die Determinante einer Matrix, deren Komponenten aus ganzen Zahlen bestehen, ebenfalls ganzzahlig ist. Es wird sich als sinnvoll erweisen, Matrizen, deren Komponenten aus einem Integritätsring wie etwa $\mathbb{Z}$ oder dem Polynomring $\mathbb{K}[x]$ stammen, einer genaueren Betrachtung zu unterziehen. Wir beschränken uns dabei in späteren Anwendungen auf quadratische Matrizen über Polynomringen. Zunächst kann leicht festgestellt werden, dass für eine $m \times n$-Matrix A und eine $n \times p$-Matrix B über einem Integritätsring R das Matrixprodukt AB genauso definierbar ist wie im Fall, dass es sich bei R um einen Körper handelt. Diese Definition nutzt keine speziellen Eigenschaften eines Körpers, die über die eines Integritätsrings hinausgehen. Die Assoziativität des Matrixprodukts bleibt erhalten. Die Einheitsmatrix bildet, ebenfalls wie im Fall R *Körper*, ein links- und rechtsneutrales Element. Ebenso wird, wie im Körperfall, die Summe zweier gleichformatiger Matrizen sowie die Multiplikation der Matrix A mit einem Skalar $\mu \in R$ komponentenweise durchgeführt. Insbesondere gilt auch das Distributivgesetz (2.18) für Matrizen über R. So kann leicht die folgende Erkenntnis gezeigt werden.

Satz 2.76 *Es sei* R *ein Integritätsring und* $n \in \mathbb{N} \setminus \{0\}$. *Die Menge* $M(n, R)$ *der* $n \times n$-*Matrizen über* R *bildet einen Ring mit Einselement* E_n, *wobei auf der Einheitsmatrix* E_n *außerhalb der Diagonalen das Nullelement und auf der Diagonalen das Einselement von* R *steht.*

Dies ist zunächst keine neue Erkenntnis. Den Begriff des Matrizenrings über einem Ring mit Einselement haben wir bereits in Satz/Definition 2.26 behandelt. Wir betrachten nun speziell einen Matrizenring $M(n, R)$ über einem Integritätsring R. Die Nullteilerfreiheit und die Kommutativität von R übertragen sich dabei in der Regel nicht auf $M(n, R)$, wie wir in Beispielen bereits gesehen haben. Wir können nun den Determinantenbegriff auch auf Matrizen über Integritätsringen ausdehnen. Dazu erinnern wir uns, dass zu einem Integritätsring R ein Quotientenkörper K existiert, in dem R eingebettet werden kann. Eine $n \times n$-Matrix über R kann daher auch als quadratische Matrix über K aufgefasst werden. Für diese Matrix ist dann die Determinante definiert. Da der Entwicklungssatz 2.66 die Bestimmung der Determinante anhand einer Zeile oder Spalte ermöglicht, können wir ihn auch zur Definition der Determinante einer Matrix über einem Integritätsring heranziehen. Insbesondere ist die Determinante dann selbst ein Element von R.

Definition 2.77 (Determinante einer Matrix über einem Integritätsring) *Es sei R ein Integritätsring und $A = (a_{ij})_{1 \le i,j \le n} \in M(n,R)$ eine $n \times n$-Matrix über R. Für $n = 1$ ist die Determinante von A die Matrix selbst: $\det A := A = a_{11}$. Für $n \ge 2$ entwickeln wir die Determinante nach der i-ten Zeile von A:*

$$\det A := \sum_{j=1}^{n} (-1)^{i+j} a_{ij} \det \tilde{A}_{ij} \qquad (2.75)$$

oder alternativ auch nach der j-ten Spalte von A:

$$\det A := \sum_{i=1}^{n} (-1)^{i+j} a_{ij} \det \tilde{A}_{ij}, \qquad (2.76)$$

wobei es nicht auf die Wahl der Zeile i bzw. der Spalte j ankommt. Es gilt dabei $\det A \in R$.

Innerhalb der Entwicklungsformeln treten mit $\det \tilde{A}_{ij}$ Determinanten von Streichungsmatrizen des Formats $(n-1) \times (n-1)$ auf. Werden diese Determinanten dann wiederum nach dem Entwicklungssatz bestimmt, so benötigen sie ihrerseits die Determinanten weiterer Streichungsmatrizen des Formats $(n-2) \times (n-2)$. Sämtliche auf diese Weise rekursiv entstehenden Determinanten bezeichnen wir als *Unterdeterminanten* oder *Minoren der Ordnung k* für $k = 1, \ldots, n$. von A. Hierbei ist $k \times k$ das Format der Streichungsmatrix eines Minors der Ordnung k. Die Unterdeterminanten der Ordnung 1 sind daher die Matrixkomponenten a_{ij}, während die Unterdeterminanten der Ordnung $n-1$ die Determinanten der Streichungsmatrizen $\tilde{A}_{ij}$ darstellen. Die Determinante von A ist Minor der Ordnung n. Die Matrix eines Minors der Ordnung k entsteht aus A durch Streichen von $n-k$ Zeilen und Spalten. So gibt es für eine $n \times n$-Matrix $\binom{n}{n-k} \cdot \binom{n}{n-k} = \binom{n}{k} \cdot \binom{n}{k}$ Minoren der Ordnung k.

Nun stellt sich die Frage, welche Rechenregeln für die Determinante im Fall von Matrizen über Integritätsringen noch bleiben bzw. in welcher Art und Weise sich die bisher gefundenen Rechenregeln der Determinante über Körpern verallgemeinern lassen.

Satz 2.78 (Rechenregeln für die Determinante über Integritätsringen) *Es sei R ein Integritätsring und $A, B \in M(n,R)$ quadratische Matrizen über R. Dann gilt:*

(i) Invarianz der Determinante gegenüber elementaren Umformungen des Typs I: Für eine Matrix A', die aus A durch elementare Zeilen- oder Spaltenumformungen über R hervorgeht, gilt $\det A' = \det A$.

(ii) Änderung der Determinante bei Vertauschung zweier Zeilen bzw. zweier Spalten: Es sei A' eine Matrix, die aus A durch eine einzige Zeilen- bzw. Spaltenvertauschung hervorgeht. Dann gilt $\det A' = -\det A$. Die Determinante von A' ist also das additiv inverse Element der Determinante von A.

(iii) Änderung der Determinante bei Multiplikation einer Zeile bzw. Spalte mit einem $\mu \in R$: Geht eine Matrix A' aus A durch Multiplikation einer Zeile bzw. Spalte von A mit einem $\mu \in R$ hervor, so ändert sich die Determinante genau um diesen Faktor. Es gilt also $\det A' = \mu \det A$.

(iv) Multiplikationssatz: Es gilt $\det(AB) = (\det A)(\det B)$.

(v) Symmetrie: Es gilt $\det(A^T) = \det A$. Dabei ist die transponierte Matrix A^T wie bei Matrizen über Körpern definiert über den Rollentausch von Zeilen und Spalten, d. h.,

A^T *entsteht aus A dadurch, dass die Zeilen von A als Spalten angeordnet werden und damit umgekehrt die Spalten als Zeilen.*

(vi) Multilinearität: Die Determinante über R ist linear in jeder Zeile und in jeder Spalte einer Matrix aus $M(n,R)$.

(vii) Cramer'sche Regel für lineare Gleichungssysteme: Es sei $A = (\mathbf{a}_1 \mid \ldots \mid \mathbf{a}_n)$. *Wenn die Teilbarkeitsbeziehung*

$$0 \neq \det A \; \Big| \; \det(\mathbf{a}_1 \mid \cdots \mid \mathbf{a}_{i-1} \mid \mathbf{b} \mid \mathbf{a}_{i+1} \mid \cdots \mid \mathbf{a}_n),$$

$$\uparrow$$
$$i\text{-te Spalte}$$

für alle $i = 1, \ldots, n$ *erfüllt ist, so ist* $A\mathbf{x} = \mathbf{b}$ *eindeutig über R lösbar. Für die Unbekannten* $x_1, \ldots, x_n \in R$ *gelten*

$$x_i = \frac{\det(\mathbf{a}_1 \mid \cdots \mid \mathbf{a}_{i-1} \mid \mathbf{b} \mid \mathbf{a}_{i+1} \mid \cdots \mid \mathbf{a}_n)}{\det A}. \tag{2.77}$$

Hierbei braucht A nicht invertierbar über R zu sein, dagegen aber invertierbar über dem Quotientenkörper $Q(R)$.

(viii) Cramer'sche Regel zur Matrixinversion: Ist $\det A \in R^*$, *so ist A invertierbar, d. h.* $A \in (M(n,R))^*$, *und es ist*

$$A^{-1} = (\det A)^{-1} \left((-1)^{i+j} \det(\tilde{A}^T)_{ij} \right)_{1 \leq i,j \leq n}.$$

(ix) Invertierbarkeitskriterium: Es gilt $A \in (M(n,R))^* \iff \det A \in R^*$.

(x) Kästchenformel: Es seien $M_1 \in M(n_1, R)$, $M_2 \in M(n_2, R)$, $\ldots$, $M_p \in M(n_p, R)$ *quadratische Matrizen. Dann gilt*

$$\det \begin{pmatrix} \boxed{M_1} & * & \cdots & * \\ 0 & \boxed{M_2} & \ddots & \vdots \\ \vdots & \ddots & \ddots & * \\ 0 & \cdots & 0 & \boxed{M_p} \end{pmatrix} = (\det M_1)(\det M_2) \cdots (\det M_p).$$

Beweis. Durch Einbettung von R in seinen Quotientenkörper $Q(R)$ folgen diese Regeln bis auf die Cramer'sche Regel zur Matrixinversion und das Invertierbarkeitskriterium aus den entsprechenden Regeln für die Determinanten über Körpern. Die Cramer'sche Regel für lineare Gleichungssysteme setzt zwar keine über R invertierbare Matrix voraus, allerdings wird sich notwendigerweise A als invertierbar über den Quotientenkörper $Q(R)$ herausstellen. Aus der Cramer'schen Regel für lineare Gleichungssysteme über Körpern (Satz 2.71) folgt dann die Lösung, die aufgrund der Teilbarkeitsvoraussetzung in R^n liegt. Der Nachweis der Cramer'schen Regel zur Matrixinversion ergibt sich nun wie folgt. Ist $\det A \in R^*$, so besitzt $\det A$ ein multiplikativ-inverses Element $(\det A)^{-1}$ in R. Wie im früheren Beweis für die Cramer'sche Regel zur Matrixinversion, Satz 2.68, können wir zeigen, dass die

Matrix

$$B := (\det A)^{-1} \left((-1)^{i+j} \det (\tilde{A^T})_{ij} \right)_{1 \le i,j \le n} \in M(n,R)$$

eine Matrix mit $AB = E_n$ ist. Im Beweis von Satz 2.68 haben wir keine Eigenschaften verwendet, die über die eines Integritätsrings hinausgehen. Wir können die Schritte des früheren Beweises ohne Probleme übernehmen.

Insbesondere folgt nun aus $\det A \in R^*$ die Invertierbarkeit der Matrix A, also $A \in (M(n,R))^*$. Für den kompletten Nachweis des Invertierbarkeitskriteriums benötigen wir noch die umgekehrte Schlussrichtung. Es sei $A \in (M(n,R))^*$. Dann existiert $A^{-1} \in M(n,R)$ mit $AA^{-1} = E_n = A^{-1}A$. Da beide Matrizen aus $M(n,R)$ stammen, sind sowohl $\det A$ als auch $\det(A^{-1})$ Elemente aus R. Nun folgt

$$1 = \det(E_n) = \det(AA^{-1}) = \underbrace{(\det A)}_{\in R}\underbrace{(\det(A^{-1}))}_{\in R}.$$

Damit ist $\det A \in R^*$. □

Die Invertierbarkeit einer Matrix über R ist nicht äquivalent zur Invertierbarkeit (Regularität) über dem Quotientenkörper $Q(R)$. Für $R = \mathbb{Z}$ mit $Q(R) = \mathbb{Q}$ ist die Matrix

$$\begin{bmatrix} 2 & 0 \\ 0 & 2 \end{bmatrix}$$

invertierbar über $\mathbb{Q}$ und damit regulär. Diese Matrix ist jedoch nicht invertierbar über $\mathbb{Z}$. Das Invertierbarkeitskriterium des letzten Satzes besagt nun, dass ausschließlich diejenigen ganzzahligen quadratischen Matrizen über $\mathbb{Z}$ invertierbar sind, deren Determinanten in $\mathbb{Z}^*$ liegen, also die beiden Werte -1 oder 1 haben. Für jeden Integritätsring R sind Typ-I- und Typ-II-Umformungsmatrizen aus $M(n,R)$ invertierbar. Eine Typ-III-Umformungsmatrix $M_i(\lambda) \in M(n,R)$ ist nur dann innerhalb $M(n,R)$ invertierbar, wenn sie die Multiplikation einer Zeile i bzw. Spalte i mit einer Einheit $\lambda \in R^*$ repräsentiert.

Wenn wir nun mithilfe elementarer Zeilenumformungen für eine invertierbare Matrix $A \in (M(n,R))^*$ ihr inverses Element A^{-1} bestimmen möchten, so erfordert dies, dass wir das Einselement $1 \in R$ zunächst links oben im Inversionstableau $[A|E_n]$ erzeugen müssen. Ist also A invertierbar, so erwarten wir, dass dies mithilfe der drei elementaren Zeilenumformungstypen möglich ist. Dies hat dann zur Folge, dass die Komponenten der ersten Spalte von A keine Nichteinheit als gemeinsamen Teiler besitzen, da sonst die 1 nicht mit elementaren Zeilenumformungen erzeugbar wäre. Der größte gemeinsame Teiler der Komponenten der ersten Spalte von A ist damit das Einselement bzw. eine Einheit aus R. Wir betrachten hierzu ein Beispiel. Die Matrix

$$A = \begin{pmatrix} 5 & 3 & 4 \\ 7 & 4 & 5 \\ 9 & 5 & 7 \end{pmatrix} \in M(3,\mathbb{Z})$$

besitzt die Determinante $\det A = -1 \in \mathbb{Z}^*$. Daher ist A über $\mathbb{Z}$ invertierbar. Wir berechnen nun ihre Inverse mithilfe elementarer Zeilenumformungen über $\mathbb{Z}$ in Tableauform:

$$\begin{bmatrix} 5\ 3\ 4 & 1\ 0\ 0 \\ 7\ 4\ 5 & 0\ 1\ 0 \\ 9\ 5\ 7 & 0\ 0\ 1 \end{bmatrix} \rightarrow \begin{bmatrix} 5\ 3\ 4 & 1\ \ 0\ 0 \\ 2\ 1\ 1 & -1\ 1\ 0 \\ 4\ 2\ 3 & -1\ 0\ 1 \end{bmatrix} \begin{bmatrix} 1\ 1\ 1 & 2\ \ 0\ -1 \\ 2\ 1\ 1 & -1\ 1\ \ 0 \\ 4\ 2\ 3 & -1\ 0\ \ 1 \end{bmatrix}.$$

Ganz links oben haben wir nun die Eins erzeugen können. Dies wäre uns nicht gelungen, wenn der größte gemeinsame Teiler d aller Komponenten der ersten Spalte von A betragsmäßig größer als 1 gewesen wäre. Das betragskleinste, durch elementare Zeilenumformungen erzeugbare Element wäre dann $d \neq \pm 1$ gewesen, was das Invertieren der Matrix innerhalb des Rings $\mathbb{Z}$ nicht mehr ermöglicht hätte. Wir setzen nun unser Verfahren fort:

$$\begin{bmatrix} 1\ 1\ 1 & 2\ \ 0\ -1 \\ 2\ 1\ 1 & -1\ 1\ \ 0 \\ 4\ 2\ 3 & -1\ 0\ \ 1 \end{bmatrix} \overset{\cdot(-2)\ \cdot(-4)}{\rightarrow} \begin{bmatrix} 1\ \ 1\ \ 1 & 2\ \ 0\ -1 \\ 0\ -1\ -1 & -5\ 1\ \ 2 \\ 0\ -2\ -1 & -9\ 0\ \ 5 \end{bmatrix}.$$

Die beiden Komponenten der ersten Spalte des 2×2-Unterblocks

$$\begin{matrix} -1 & -1 \\ -2 & -1 \end{matrix}$$

sind (erwartungsgemäß, da A invertierbar) teilerfremd und lassen direkt den nächsten Eliminationsschritt zu:

$$\begin{bmatrix} 1\ \ 1\ \ 1 & 2\ \ 0\ -1 \\ 0\ -1\ -1 & -5\ 1\ \ 2 \\ 0\ -2\ -1 & -9\ 0\ \ 5 \end{bmatrix} \overset{\cdot(-2)}{\rightarrow} \begin{bmatrix} 1\ \ 1\ \ 1 & 2\ \ 0\ -1 \\ 0\ -1\ -1 & -5\ 1\ \ 2 \\ 0\ \ 0\ \ 1 & 1\ -2\ \ 1 \end{bmatrix}.$$

Der Rest ist nun Routine. Zunächst eliminieren wir innerhalb der dritten Spalte:

$$\begin{bmatrix} 1\ \ 1\ \ 1 & 2\ \ 0\ -1 \\ 0\ -1\ -1 & -5\ 1\ \ 2 \\ 0\ \ 0\ \ 1 & 1\ -2\ \ 1 \end{bmatrix} \rightarrow \begin{bmatrix} 1\ \ 1\ \ 0 & 1\ \ 2\ -2 \\ 0\ -1\ \ 0 & -4\ -1\ \ 3 \\ 0\ \ 0\ \ 1 & 1\ -2\ \ 1 \end{bmatrix}$$

und schließlich das verbleibende Element in der ersten Zeile der zweiten Spalte

$$\begin{bmatrix} 1\ \ 1\ \ 0 & 1\ \ 2\ -2 \\ 0\ -1\ \ 0 & -4\ -1\ \ 3 \\ 0\ \ 0\ \ 1 & 1\ -2\ \ 1 \end{bmatrix} \rightarrow \begin{bmatrix} 1\ \ 0\ \ 0 & -3\ \ 1\ \ 1 \\ 0\ -1\ \ 0 & -4\ -1\ \ 3 \\ 0\ \ 0\ \ 1 & 1\ -2\ \ 1 \end{bmatrix}.$$

Als letzte Umformung multiplizieren wir die zweite Zeile des Tableaus mit der Einheit $-1 \in \mathbb{Z}^*$ durch:

$$\begin{bmatrix} 1\ \ 0\ \ 0 & -3\ \ 1\ \ 1 \\ 0\ -1\ \ 0 & -4\ -1\ \ 3 \\ 0\ \ 0\ \ 1 & 1\ -2\ \ 1 \end{bmatrix} \overset{\cdot(-1)}{\rightarrow} \begin{bmatrix} 1\ 0\ 0 & -3\ \ 1\ \ 1 \\ 0\ 1\ 0 & 4\ \ 1\ -3 \\ 0\ 0\ 1 & 1\ -2\ \ 1 \end{bmatrix}.$$

Die zur A inverse Matrix lautet damit

$$A^{-1} = \begin{pmatrix} -3 & 1 & 1 \\ 4 & 1 & -3 \\ 1 & -2 & 1 \end{pmatrix} \in (\mathrm{M}(3,\mathbb{Z}))^*.$$

Alle hierbei verwendeten elementaren Zeilenumformungen lassen sich mithilfe von Umformungsmatrizen, die nacheinander von links an A heranmultipliziert werden, darstellen. Wenn wir, wie in diesem Beispiel gesehen, einen euklidischen Ring R voraussetzen, besteht die Möglichkeit, bei einer invertierbaren Matrix eine Einheit, insbesondere das Einselement aus R, als größten gemeinsamen Teiler mithilfe von elementaren Zeilenumformungen der Typen I, II und III innerhalb einer Spalte zu erzeugen, um Eliminationen durchzuführen. Diesen Zeilenumformungen entsprechen dann (über R invertierbare) Umformungsmatrizen. Dabei ist bei Typ-III-Umformungsmatrizen darauf zu achten, dass eine Zeilenmultiplikation stets mit einer Einheit aus R erfolgen muss. Durch den Multiplikationssatz für Determinanten über Integritätsringen wird deutlich, dass Produkte von Umformungsmatrizen über Integritätsringen ebenfalls invertierbar sind. Umgekehrt ist auch jede über einem euklidischen Ring invertierbare Matrix ihrerseits Produkt von Umformungsmatrizen, wie die folgende Feststellung besagt.

Satz 2.79 *Es sei R ein euklidischer Ring. Dann kann jede invertierbare Matrix $A \in (\mathrm{M}(n,R))^*$ in ein Produkt von Zeilenumformungsmatrizen (bzw. Spaltenumformungsmatrizen) faktorisiert werden.*

Beweis. Da A invertierbar ist, gilt

$$A^{-1}A = E_n, \qquad AA^{-1} = E_n.$$

Die inverse Matrix A^{-1} wird durch das Gauß-Verfahren über R mit dem erweiterten Tableau

$$[A|E_n] \to \cdots \to [E_n|A^{-1}]$$

ermittelt. Dies kann durch das Produkt $U_1 \cdots U_k$ von elementaren Umformungsmatrizen der Typen I, II oder III bewirkt werden:

$$U_k \cdots U_1[A|E_n] = [E_n|A^{-1}].$$

Es gilt also

$$A^{-1} = U_k \cdots U_1, \qquad A = U_1^{-1} \cdots U_k^{-1}.$$

Mit U_i ist auch U_i^{-1} eine elementare Umformungsmatrix.   □

Invertierbare Matrizen setzen sich also multiplikativ aus Umformungsmatrizen zusammen. Oftmals werden daher Umformungsmatrizen auch als *Elementarmatrizen* bezeichnet.

Da auch jeder Körper $\mathbb{K}$ ein euklidischer Ring ist, gilt dieser Sachverhalt insbesondere für jede reguläre Matrix $A \in \mathrm{GL}(n,\mathbb{K})$. Jede Typ-II-Umformungsmatrix P_{ij} (Vertauschung von Zeile bzw. i mit Zeile bzw. Spalte j) stimmt bis auf Multiplikation von Zeile i oder Zeile j mit -1 mit dem Produkt von drei Typ-I-Umformungsmatrizen überein, wie folgende Überlegung zeigt (die ausgewiesenen Zeilen und Spalten stimmen dabei jeweils bei allen dieser vier Matrizen überein):

$$
\begin{pmatrix} E_k & \vdots & \vdots \\ \cdots & 0 & 1 & \cdots \\ & \vdots & E_l & \vdots \\ \cdots & -1 & 0 & \cdots \\ & \vdots & \vdots & E_m \end{pmatrix} = \underbrace{\begin{pmatrix} E_k & \vdots & \vdots \\ \cdots & 1 & 1 & \cdots \\ & \vdots & E_l & \vdots \\ \cdots & 0 & 1 & \cdots \\ & \vdots & \vdots & E_m \end{pmatrix}}_{=E_{ij}(1)} \underbrace{\begin{pmatrix} E_k & \vdots & \vdots \\ \cdots & 1 & 0 & \cdots \\ & \vdots & E_l & \vdots \\ \cdots & -1 & 1 & \cdots \\ & \vdots & \vdots & E_m \end{pmatrix}}_{=E_{ji}(-1)} \underbrace{\begin{pmatrix} E_k & \vdots & \vdots \\ \cdots & 1 & 1 & \cdots \\ & \vdots & E_l & \vdots \\ \cdots & 0 & 1 & \cdots \\ & \vdots & \vdots & E_m \end{pmatrix}}_{=E_{ij}(1)}.
$$

Die linksstehende Matrix ist bis auf Multiplikation der j-ten Zeile mit -1 die Typ-II-Umformungsmatrix P_{ij}. Wenn wir nun keine Zeilenvertauschungen verwenden und zudem auf Typ-III-Umformungen verzichten, die ja nur Zeilen- bzw. Spaltenmultiplikationen mit Einheiten bewerkstelligen, dann können wir zumindest noch die folgende Aussage in Ergänzung des letzten Satzes treffen.

Satz 2.80 *Es sei R ein euklidischer Ring. Dann stimmt jede invertierbare Matrix $A \in (M(n,R))^*$ bis auf Assoziiertheit ihrer Komponenten mit einem Produkt von Typ-I-Umformungsmatrizen überein.*

2.8 Invariantenteilersatz

Wir haben bereits in Satz 2.41 festgehalten, dass jede $m \times n$-Matrix A mit Einträgen aus einem Körper $\mathbb{K}$ durch Anwendung elementarer Zeilen- und Spaltenumformungen, repräsentiert durch zwei reguläre Matrizen $Z \in \mathrm{GL}(m,\mathbb{K})$ und $S \in \mathrm{GL}(n,\mathbb{K})$, in eine Matrix der Art

$$
ZAS = \begin{pmatrix} E_r | 0_{r \times n-r} \\ 0_{m-r \times n} \end{pmatrix}
$$

überführbar ist.

Es stellt sich die Frage, in welchem Umfang eine möglichst einfache Form für eine Matrix $A \in M(n,R)$ erzielbar ist, wenn wir hier von einem euklidischen Ring R ausgehen. Wir beschränken uns vor dem Hintergrund späterer Anwendungen auf quadratische Matrizen. Anhand des folgenden Beispiels wollen wir uns diesen Sachverhalt nun verdeutlichen. Gegeben sei die 3×3-Matrix

$$
A = \begin{pmatrix} 15 & 48 & 60 \\ 0 & 42 & 36 \\ 6 & 24 & 30 \end{pmatrix} \in M(3,\mathbb{Z}).
$$

Da die Komponenten der ersten Spalte von A über $\mathbb{Z}$ nicht teilerfremd sind, kann A nicht invertierbar über $\mathbb{Z}$ sein, denn wie sollten wir andernfalls mit elementaren Zeilenumformungen über $\mathbb{Z}$ die Einheit 1 erzeugen? Über $\mathbb{Q}$ ist jedoch A invertierbar, denn es gilt $\det A = 1188 \in \mathbb{Q}^*$.

Wir wollen nun ausschließlich unter Verwendung elementarer Umformungen des Typs I, d. h. Addition des k-Fachen einer Zeile bzw. Spalte zu einer anderen Zeile bzw. Spalte mit $k \in \mathbb{Z}$, und des Typs II, also Vertauschen zweier Zeilen bzw. Spalten, die Matrix A in eine Diagonalform überführen. Umformungen des Typs III sind unter dem Ring $\mathbb{Z}$ die Multiplikation einer Zeile bzw. Spalte mit einer Einheit aus $\mathbb{Z}$, also nur die Multiplikation mit ± 1. Für alle anderen Elemente von $\mathbb{Z}$ wäre eine Zeilen- oder Spaltenmultiplikation nicht umkehrbar und damit eine Einbahnstraße. Bei der Division in $\mathbb{Z}$ müssen wir deutliche Abstriche hinnehmen. Wir machen uns stattdessen die Division mit Rest zunutze. Wie üblich, führen wir die Zeilen- und Spaltenumformungen in analoger Weise an der Einheitsmatrix durch, um nach und nach die entsprechenden Umformungsmatrizen zu erhalten.

Matrix	Zeilenumformungen	Spaltenumformungen

$$\begin{bmatrix} 15 & 48 & 60 \\ 0 & 42 & 36 \\ 6 & 24 & 30 \end{bmatrix} \qquad \begin{bmatrix} 1 & 0 & 0 \\ 0 & 1 & 0 \\ 0 & 0 & 1 \end{bmatrix} \qquad \begin{bmatrix} 1 & 0 & 0 \\ 0 & 1 & 0 \\ 0 & 0 & 1 \end{bmatrix}$$

$$\rightarrow \begin{bmatrix} 6 & 24 & 30 \\ 0 & 42 & 36 \\ 15 & 48 & 60 \end{bmatrix} {\cdot(-2)} \qquad \begin{bmatrix} 0 & 0 & 1 \\ 0 & 1 & 0 \\ 1 & 0 & 0 \end{bmatrix}$$

$$\rightarrow \begin{bmatrix} 6 & 24 & 30 \\ 0 & 42 & 36 \\ 3 & 0 & 0 \end{bmatrix} \qquad \begin{bmatrix} 0 & 0 & 1 \\ 0 & 1 & 0 \\ 1 & 0 & -2 \end{bmatrix}$$

$$\rightarrow \begin{bmatrix} 3 & 0 & 0 \\ 0 & 42 & 36 \\ 6 & 24 & 30 \end{bmatrix} {\cdot(-2)} \qquad \begin{bmatrix} 1 & 0 & -2 \\ 0 & 1 & 0 \\ 0 & 0 & 1 \end{bmatrix}$$

$$\rightarrow \begin{bmatrix} 3 & 0 & 0 \\ 0 & 42 & 36 \\ 0 & 24 & 30 \end{bmatrix} \qquad \begin{bmatrix} 1 & 0 & -2 \\ 0 & 1 & 0 \\ -2 & 0 & 5 \end{bmatrix}$$

$$\rightarrow \begin{bmatrix} 3 & 0 & 0 \\ 0 & 24 & 30 \\ 0 & 42 & 36 \end{bmatrix} {\cdot(-1)} \qquad \begin{bmatrix} 1 & 0 & -2 \\ -2 & 0 & 5 \\ 0 & 1 & 0 \end{bmatrix}$$

$$\rightarrow \begin{bmatrix} 3 & 0 & 0 \\ 0 & 24 & 30 \\ 0 & 18 & 6 \end{bmatrix} \qquad \begin{bmatrix} 1 & 0 & -2 \\ -2 & 0 & 5 \\ 2 & 1 & -5 \end{bmatrix}$$

Matrix	Zeilenumformungen	Spaltenumformungen

$$\rightarrow \begin{bmatrix} 3 & 0 & 0 \\ 0 & 6 & 18 \\ 0 & 30 & 24 \end{bmatrix} \begin{smallmatrix} \cdot(-5) \\ \hookleftarrow \end{smallmatrix} \qquad \begin{bmatrix} 1 & 0 & -2 \\ 2 & 1 & -5 \\ -2 & 0 & 5 \end{bmatrix} \qquad \begin{bmatrix} 1 & 0 & 0 \\ 0 & 0 & 1 \\ 0 & 1 & 0 \end{bmatrix}$$

$$\rightarrow \begin{bmatrix} 3 & 0 & 0 \\ 0 & 6 & 18 \\ 0 & 0 & -66 \end{bmatrix} \qquad \begin{bmatrix} 1 & 0 & -2 \\ 2 & 1 & -5 \\ -12 & -5 & 30 \end{bmatrix} =: Z$$

$$ \begin{smallmatrix} \cdot(-3) \end{smallmatrix} \nearrow$$

$$\rightarrow \begin{bmatrix} 3 & 0 & 0 \\ 0 & 6 & 0 \\ 0 & 0 & -66 \end{bmatrix} =: D \qquad\qquad\qquad \begin{bmatrix} 1 & 0 & 0 \\ 0 & 0 & 1 \\ 0 & 1 & -3 \end{bmatrix} =: S$$

Damit gilt die Zerlegung

$$ZAS = D, \quad \text{mit} \quad D = \begin{bmatrix} 3 & 0 & 0 \\ 0 & 6 & 0 \\ 0 & 0 & -66 \end{bmatrix}.$$

Für die Diagonalkomponenten von D gelten die Teilbarkeitsbedingungen $3|6$ und $6|-66$. Die beiden Matrizen Z und S sind invertierbar über $\mathbb{Z}$, da sämtliche elementare Umformungen in der vorausgegangenen Rechnung über $\mathbb{Z}$ rückgängig zu machen sind. Ihre inversen Matrizen besitzen also, wie Z und S selbst, ebenfalls ganzzahlige Komponenten:

$$Z^{-1} = \begin{bmatrix} 5 & 10 & 2 \\ 0 & 6 & 1 \\ 2 & 5 & 1 \end{bmatrix}, \qquad S^{-1} = \begin{bmatrix} 1 & 0 & 0 \\ 0 & 3 & 1 \\ 0 & 1 & 0 \end{bmatrix}.$$

Die Transformationsmatrizen Z und S stammen somit aus der Einheitengruppe $(\mathrm{M}(3,\mathbb{Z}))^*$ des Matrizenrings $\mathrm{M}(3,\mathbb{Z})$. Die Zahl 3 ist der größte gemeinsame Teiler aller Komponenten von A. Mit diesem Element können wir also die Eliminationen über $\mathbb{Z}$ problemlos durchführen. Diese Beobachtung können wir generalisieren.

Satz/Definition 2.81 (Invariantenteilersatz) *Es sei R ein euklidischer Ring und $A \in \mathrm{M}(n,R)$ eine quadratische Matrix über R. Dann gibt es invertierbare Matrizen $Z,S \in (\mathrm{M}(n,R))^*$ mit*

$$ZAS = \begin{pmatrix} d_1 & 0 & \cdots & 0 \\ 0 & d_2 & \ddots & \vdots \\ \vdots & \ddots & \ddots & 0 \\ 0 & \cdots & 0 & d_n \end{pmatrix} \in \mathrm{M}(n,R), \qquad (2.78)$$

sodass für die Diagonalkomponenten die Teilbarkeitsbeziehungen

$$d_i \,|\, d_{i+1}, \qquad i = 1,\ldots,n-1 \qquad (2.79)$$

erfüllt sind. Die Diagonalkomponenten $d_1, \ldots, d_n \in R$ heißen Invariantenteiler von A und sind bis auf Multiplikation mit Einheiten aus R, also bis auf Assoziiertheit, eindeutig bestimmt. Hierbei können die unteren Diagonalkomponenten d_k für $k = r + 1, \ldots, n$ durchaus identisch 0 sein. Das Produkt über die Invariantenteiler stimmt bis auf Assoziiertheit mit der Determinante von A überein:

$$\det A = s d_1 d_2 \ldots d_n \tag{2.80}$$

mit einer Einheit $s \in R^*$. Die Diagonalmatrix D wird auch als Smith[12]-Normalform der Matrix A bezeichnet. Hierzu können wir die Schreibweise $D = \mathrm{SNF}(A)$ verwenden.

Beweis. Im Gegensatz zum Gauß-Verfahren bei Matrizen über Körpern steht uns im Allgemeinen nicht für jedes $a \in R \setminus \{0\}$ ein multiplikativ-inverses Element für Eliminationszwecke zur Verfügung. Hier nutzen wir ersatzweise die Division mit Rest.

Wir zeigen den Invariantenteilersatz, indem wir einen Tableau-Algorithmus zur Bestimmung der Invariantenteiler einer $n \times n$-Matrix $A \neq 0_{n \times n}$ (für eine Nullmatrix ist nichts zu zeigen) über einem euklidischen Ring R mit Normfunktion ν konstruieren.

(i) Bestimmung des größten gemeinsamen Teilers d_1 aller Komponenten von A im Hinblick auf ν.

(ii) Erzeugung von d_1 mittels Zeilen- und Spaltenumformungen der Typen I und II in der linken oberen Ecke der Tableaumatrix. Dabei wird Division mit Rest durchgeführt. Dies gelingt deswegen, da wir den euklidischen Algorithmus zur Bestimmung des größten gemeinsamen Teilers d_1 allein durch elementare Umformungen der Typen I und II innerhalb des Tableaus durchführen können. Umformungen des Typs III über R sind Zeilen- bzw. Spaltenmultiplikationen mit Elementen von R^*, also den Einheiten von R. Für alle anderen Elemente von R wären sie nicht umkehrbar. Da die Teilbarkeit zweier Elemente von R unabhängig ist von der Multiplikation mit Einheiten, sind Typ-III-Umformungen hier nicht sinnvoll.

(iii) Durch Zeilen- und Spaltenelimination wird A überführt in

$$\begin{pmatrix} d_1 & 0 & \cdots & 0 \\ 0 & & & \\ \vdots & & A_2 & \\ 0 & & & \end{pmatrix}, \quad \text{mit} \quad A_2 \in \mathrm{M}(n-1, R). \tag{2.81}$$

Es ist sichergestellt, dass d_1 sämtliche Komponenten von A_2 teilt, da die Einträge von A_2 nur durch elementare Zeilen- und Spaltenumformungen der Typen I und II aus A hervorgegangen sind und d_1 jede Komponente von A teilt (vgl. hierzu auch die Eigenschaften des größten gemeinsamen Teilers nach Bemerkung 1.52).

(iv) Mit A_2 verfahren wir nun genauso, d. h., es werden die vorausgegangenen Schritte mit A_2 durchgeführt. Der größte gemeinsame Teiler d_2 der Komponenten von A_2 ist dabei d_1 selbst oder ein Vielfaches von d_1, d. h. von der Form $d_1 \cdot c$ mit $c \in R$.

(v) Das Verfahren endet schließlich mit der Diagonalisierung von A_2.

---

[12] Henry John Stephen Smith (1828-1883), englischer Mathematiker

Damit wir überhaupt von *den* Invariantenteilern von A sprechen können, bleibt noch zu zeigen, dass die Elemente $d_1, \ldots, d_n$ bis auf Multiplikation mit Einheiten eindeutig bestimmt sind. Hierzu greifen wir auf die Minoren einer Matrix $M \in (\mathrm{M}(n,R))$ zurück und definieren für $k = 1, \ldots, n$ mit $g_k(M)$ einen größten gemeinsamen Teiler aller Minoren der Ordnung k von A. Da sich größte gemeinsame Teiler höchstens um Assoziiertheit unterscheiden, sprechen wir der Einfachheit halber bei $g_k(M)$ von *dem* größten gemeinsamen Teiler aller Minoren der Ordnung k von A und interpretieren bei den folgenden Betrachtungen die Gleichheit von Elementen aus R als Gleichheit bis auf Assoziiertheit. Der Entwicklungssatz zur Berechnung von Determinanten macht nun deutlich, dass die Teilbarkeitsbeziehung

$$g_k(A) \mid g_{k+1}(A), \qquad k = 1, \ldots, n-1$$

gilt. Die Determinante von A ist der einzige Minor der Ordnung n, daher ist $g_n(A) = \det A$, während $g_1(A)$ der größte gemeinsame Teiler aller Minoren der Ordnung 1, also der Komponenten von A ist.

Es gilt nun für invertierbare Matrizen $Z, S \in (\mathrm{M}(n,R))^*$ zur Darstellung von Zeilen- und Spaltenumformungen über R

$$g_k(A) \mid g_k(ZAS), \qquad k = 1, \ldots, n, \tag{2.82}$$

denn eine Multiplikation der Matrix A von rechts mit S führt zu einer Matrix, deren Spalten Linearkombinationen der Spalten von A sind. Wegen der Multilinearität der Determinante in den Spalten sind dann auch die Minoren der Ordnung k von AS Linearkombinationen der Minoren k-ter Ordnung von A. Der größte gemeinsame Teiler der Minoren k-ter Ordnung von A ist damit ein gemeinsamer Teiler aller Minoren k-ter Ordnung von AS. Aus diesem Grund teilt $g_k(A)$ auch den größten gemeinsamen Teiler der Minoren k-ter Ordnung von AS. Dieser Sachverhalt gilt in analoger Weise für Zeilenumformungen, denn durch Linksmultiplikation einer Matrix mit Z ergibt sich eine Matrix, deren Zeilen Linearkombinationen der Zeilen der ursprünglichen Matrix sind. Zudem gilt die Multilinearität der Determinante auch im Hinblick auf die Zeilen einer Matrix.

Die letzte Teilbarkeitsbeziehung (2.82) gilt aber auch in umgekehrter Richtung:

$$g_k(ZAS) \mid g_k(Z^{-1}(ZAS)S^{-1}) = g_k(A), \qquad k = 1, \ldots, n.$$

Damit folgt

$$g_k(A) = g_k(ZAS), \qquad k = 1, \ldots, n.$$

Liegt nun eine Zerlegung der Art

$$ZAS = \begin{pmatrix} d_1 & 0 & \cdots & 0 \\ 0 & d_2 & \ddots & \vdots \\ \vdots & \ddots & \ddots & 0 \\ 0 & \cdots & 0 & d_n \end{pmatrix} =: D$$

mit $d_i \mid d_{i+1}$, $i = 1, \ldots, n-1$ vor, so gilt nun

$$g_k(A) = g_k(ZAS) = g_k(D) = d_1 \cdot d_2 \cdots d_k, \qquad k = 1, \ldots, n.$$

Im Detail gilt also (bis auf Assoziiertheit) $d_1 = g_1(A)$. Ist $g_1(A) = 0$, so ist A bereits die Nullmatrix und es sind alle $d_k = 0$. Ist A nicht die Nullmatrix, so folgt aus

$$g_{k-1}(A)d_k = g_k(A), \qquad k = 2, \ldots, n$$

für jedes $k = 2, \ldots, n$ eindeutig das Element d_k, denn wenn es ein $\delta_k \in R$ gäbe mit $g_{k-1}(A)\delta_k = g_k(A) = g_{k-1}(A)d_k$, so müsste bereits $\delta_k = d_k$ sein, da R als euklidischer Ring insbesondere nullteilerfrei ist und sich daher $g_{k-1}(A) \neq 0$ herauskürzt.

Das Verfahren zur Invariantenteilerdiagonalisierung liefert dann (bis auf Assoziiertheit) eindeutige $d_1, d_2, \ldots, d_n$. □

In Kap. 7 werden uns quadratische Matrizen über Polynomringen begegnen. Beispielsweise liegt mit

$$A = \begin{pmatrix} x^3 + 3x^2 - 4 & x^3 - x^2 \\ x^2 - 1 & -x^3 + x^2 \end{pmatrix} \in M(2, \mathbb{Q}[x])$$

eine 2×2-Matrix über dem euklidischen Polynomring $\mathbb{Q}[x]$ vor. Die euklidische Normfunktion ist dabei der Polynomgrad. Zur Bestimmung der Invariantenteiler versuchen wir nun durch elementare Zeilen- und Spaltenumformungen der Typen I und II diese Matrix in Smith-Normalform zu überführen. Hierzu benötigen wir zunächst den größten gemeinsamen Teiler der Komponenten von A. Es gilt mit der gradkleinsten Komponente $x^2 - 1$:

$$x^3 + 3x^2 - 4 = (x^2 - 1) \cdot (x + 3) + x - 1,$$
$$x^2 - 1 = (x + 1) \cdot (x - 1) + 0.$$

Es ist also zunächst $x - 1$ größter gemeinsamer Teiler der Komponenten der ersten Spalte von A. Zudem gilt

$$x^3 - x^2 = x^2 \cdot (x - 1) + 0,$$
$$-x^3 + x^2 = -x^2 \cdot (x - 1) + 0.$$

Damit ist $x - 1$ der größte gemeinsame Teiler aller Komponenten von A. Wir erzeugen nun $x - 1$ ausschließlich mithilfe elementarer Umformungen der Typen I und II. Dazu starten wir das Verfahren, indem wir das gradkleinste Element $x^2 - 1$ in die Position links oben bringen. Die erste Umformung ist demnach ein Zeilentausch. Alle Zeilen- und Spaltenumformungen des Typs I werden dabei über $\mathbb{Q}[x]$ durchgeführt. Bei diesem Verfahren erhalten wir zudem die entsprechenden Umformungsmatrizen Z und S, indem wir sämtliche Zeilen- und Spaltenumformungen ebenfalls an den jeweiligen Einheitsmatrizen durchführen:

Matrix	Zeilen- umformungen	Spalten- umformungen

$$\begin{bmatrix} x^3+3x^2-4 & x^3-x^2 \\ x^2-1 & -x^3+x^2 \end{bmatrix} \quad\quad \begin{bmatrix} 1 & 0 \\ 0 & 1 \end{bmatrix} \quad\quad \begin{bmatrix} 1 & 0 \\ 0 & 1 \end{bmatrix}$$

$$\rightarrow \begin{bmatrix} x^2-1 & -x^3+x^2 \\ x^3+3x^2-4 & x^3-x^2 \end{bmatrix} \cdots{-(x+3)} \quad \begin{bmatrix} 0 & 1 \\ 1 & 0 \end{bmatrix}$$

$$\rightarrow \begin{bmatrix} x^2-1 & -x^3+x^2 \\ x-1 & x^4+3x^3-4x^2 \end{bmatrix} \quad\quad \begin{bmatrix} 0 & 1 \\ 1 & -x-3 \end{bmatrix}$$

$$\rightarrow \begin{bmatrix} x-1 & x^4+3x^3-4x^2 \\ x^2-1 & -x^3+x^2 \end{bmatrix} \cdots{-(x+1)} \quad \begin{bmatrix} 1 & -x-3 \\ 0 & 1 \end{bmatrix}$$

$$\rightarrow \begin{bmatrix} x-1 & x^4+3x^3-4x^2 \\ 0 & -x^5-4x^4+5x^2 \end{bmatrix} \quad\quad \begin{bmatrix} 1 & -x-3 \\ -x-1 & x^2+4x+4 \end{bmatrix}$$

$$\cdots{-(x^3+4x^2)}$$

$$\rightarrow \begin{bmatrix} x-1 & 0 \\ 0 & -x^5-4x^4+5x^2 \end{bmatrix} =:D \quad\quad \begin{bmatrix} 1 & -x^3-4x^2 \\ 0 & 1 \end{bmatrix}$$

Die Invariantenteiler von A sind $x-1$ und $-x^5-4x^4+5x^2$. Anhand der gemeinsamen Nullstelle $x=1$ ist zu erkennen, dass die Teilbarkeitsbeziehung $x-1\,|\,-x^5-4x^4+5x^2$ erfüllt ist. Mit den über $\mathbb{Q}[x]$ invertierbaren Transformationsmatrizen

$$Z = \begin{bmatrix} 1 & -x-3 \\ -x-1 & x^2+4x+4 \end{bmatrix}, \quad S = \begin{bmatrix} 1 & -x^3-4x^2 \\ 0 & 1 \end{bmatrix}$$

folgt zudem

$$ZAS = D.$$

Wir testen das Verfahren zur Berechnung der Invariantenteiler nun anhand einer 3×3-Diagonalmatrix über $\mathbb{Z}$. Uns interessieren nur die Invariantenteiler und nicht die Transformationsmatrizen. Daher führen wir die Umformungen nur am Tableau für die Matrix A durch. Die größten gemeinsamen Teiler der Komponenten von

$$A = \begin{pmatrix} 36 & 0 & 0 \\ 0 & 8 & 0 \\ 0 & 0 & 20 \end{pmatrix}$$

sind 4 und -4. Wir erzeugen nun zunächst den größten gemeinsamen Teiler $d_1 = 4$ mit elementaren Umformungen der Typen I und II innerhalb des Tableaus. Zwar liegt A in Diagonalgestalt vor, nicht jedoch in Smith-Normalform. In jeder Zeile und Spalte tritt zunächst nur ein nicht-verschwindendes Element auf. Wir können nun beispielsweise durch Addition der ersten oder zweiten Zeile auf die dritte Zeile ein weiteres Element $\neq 0$ in die dritte Zeile bringen. Um d_1 mit möglichst wenigen Schritten zu erzeugen, wählen wir die

Zeile mit dem normkleinsten Element, also die zweite Zeile:

$$\begin{bmatrix} 36 & 0 & 0 \\ 0 & 8 & 0 \\ 0 & 0 & 20 \end{bmatrix} \rightarrow \begin{bmatrix} 36 & 0 & 0 \\ 0 & 8 & 0 \\ 0 & 8 & 20 \end{bmatrix} \rightarrow \begin{bmatrix} 36 & 0 & 0 \\ 0 & 8 & -16 \\ 0 & 8 & 4 \end{bmatrix}$$

$$\rightarrow \begin{bmatrix} 4 & 8 & 0 \\ -16 & 8 & 0 \\ 0 & 0 & 36 \end{bmatrix} \rightarrow \begin{bmatrix} 4 & 8 & 0 \\ 0 & 40 & 0 \\ 0 & 0 & 36 \end{bmatrix} \rightarrow \begin{bmatrix} 4 & 0 & 0 \\ 0 & 40 & 0 \\ 0 & 0 & 36 \end{bmatrix}$$

Nun kümmern wir uns um den 2×2-Block rechts unten im Tableau. Ein größter gemeinsamer Teiler d_2 seiner Einträge muss ein Vielfaches von d_1 sein. In diesem Fall stimmt er sogar mit d_1 überein: $d_2 = 4$. Auch hier erzeugen wir zunächst d_2. Alle nun folgenden Umformungen wirken sich nur auf den betrachteten 2×2-Block rechts unten aus. Daher bleiben die erste Zeile und erste Spalte bei den kommenden elementaren Umformungen unangetastet:

$$\begin{bmatrix} 4 & 0 & 0 \\ 0 & 40 & 0 \\ 0 & 0 & 36 \end{bmatrix} \rightarrow \begin{bmatrix} 4 & 0 & 0 \\ 0 & 40 & 36 \\ 0 & 0 & 36 \end{bmatrix} \rightarrow \begin{bmatrix} 4 & 0 & 0 \\ 0 & 4 & 36 \\ 0 & -36 & 36 \end{bmatrix}$$

$$\rightarrow \begin{bmatrix} 4 & 0 & 0 \\ 0 & 4 & 36 \\ 0 & 0 & 360 \end{bmatrix} \rightarrow \begin{bmatrix} 4 & 0 & 0 \\ 0 & 4 & 0 \\ 0 & 0 & 360 \end{bmatrix}$$

Die Invariantenteiler sind also $d_1 = 4$, $d_2 = 4$, $d_3 = 360$.

Dagegen sind die Invariantenteiler von

$$\begin{bmatrix} 12 & 0 & 0 \\ 0 & 2 & 0 \\ 0 & 0 & 6 \end{bmatrix}$$

bereits die Diagonalkomponenten 2, 6 und 12.

Der Beweis zur Eindeutigkeit der Invariantenteiler (bis auf Assoziiertheit) zeigt insbesondere, dass elementare Zeilen- oder Spaltenumformungen der Typen I und II über dem zugrunde gelegten Ring R keinen Einfluss auf die Invariantenteiler haben. Auch elementare Umformungen des Typs III ändern die Invariantenteiler einer Matrix nicht, denn sie bewirken lediglich eine Zeilen- oder Spaltenmultiplikation mit einer Einheit aus R. Da nun jede über einem euklidischen Ring invertierbare Matrix aufgrund von Satz 2.79 als Produkt von elementaren Umformungsmatrizen dargestellt werden kann, beeinflusst die Links- oder Rechtsmultiplikation mit einer derartigen Matrix nicht die Invariantenteiler. Da das Produkt über die Invariantenteiler bis auf Assoziiertheit mit der Determinante übereinstimmt, ist das Produkt über die Invariantenteiler einer über R invertierbaren Matrix eine Einheit und damit auch sämtliche Invariantenteiler dieser Matrix.

Satz 2.82 (Unabhängigkeit der Invariantenteiler) *Es sei R ein euklidischer Ring, A ∈ M(n, R) eine quadratische Matrix über R und Z, S ∈ (M(n, R))* *über R invertierbare n × n-Matrizen. Dann haben (bis auf Assoziiertheit) A und ZAS dieselben Invariantenteiler. Jede über R invertierbare Matrix besitzt nur Einheiten als Invariantenteiler.*

2.9 Übungsaufgaben

Aufgabe 2.1 Lösen Sie die folgenden linearen Gleichungssysteme durch das Gauß'sche Eliminationsverfahren. Bringen Sie die linearen Gleichungssysteme zuvor in Matrix-Vektor-Schreibweise.

a) $\begin{aligned} x_1 + 2x_2 - 3 &= 0 \\ 3x_1 + 6x_3 &= 6 + x_2 \\ 5x_1 - x_2 + 9x_3 &= 10 \end{aligned}$

b) $\begin{aligned} x_1 + x_2 + x_3 + 2x_4 &= 1 \\ x_1 + 2x_2 + 2x_3 + 4x_4 &= 2 \\ x_1 + x_2 + 2x_3 + 4x_4 &= 0 \\ x_1 + x_2 + x_3 + 4x_4 &= 2 \end{aligned}$

c) $\begin{aligned} 2(x_1 + x_2) &= -x_3 \\ 3x_1 + 2x_2 + x_3 &= -2x_2 \\ 7x_1 + 2(4x_2 + x_3) &= 0 \end{aligned}$

Aufgabe 2.2 Die Lösungsmenge eines homogenen linearen Gleichungssystems ist ein Teilraum, während die Lösungsmenge eines inhomogenen linearen Gleichungssystems einen affinen Teilraum darstellt. In dieser Aufgabe soll insbesondere die Ableseregel zur Bestimmung dieser Räume trainiert werden.

a) Bestimmen Sie die (affinen) Lösungsräume folgender linearer Gleichungssysteme über dem Körper $\mathbb{R}$:

$$\begin{pmatrix} 4 & 3 & 3 & 10 & 9 & 7 & 0 \\ 2 & 3 & 2 & 5 & 7 & 4 & 0 \\ 2 & 2 & 3 & 9 & 8 & 5 & 0 \\ 1 & 1 & 1 & 3 & 3 & 2 & 0 \end{pmatrix} \mathbf{x} = \mathbf{0}, \quad \begin{pmatrix} 2 & 1 & 2 & 5 & 4 \\ 1 & 3 & 6 & 10 & 2 \\ 1 & 2 & 4 & 7 & 2 \end{pmatrix} \mathbf{x} = \begin{pmatrix} 5 \\ 0 \\ 1 \end{pmatrix}.$$

b) Bestimmen Sie die Lösungsmenge des linearen Gleichungssystems

$$\begin{pmatrix} 1 & 2 & 1 & 1 \\ 2 & 0 & 0 & 1 \\ 1 & 1 & 2 & 0 \end{pmatrix} \mathbf{x} = \begin{pmatrix} 2 \\ 1 \\ 2 \end{pmatrix}$$

über dem Körper $\mathbb{Z}_3$.

c) Lösen Sie das lineare Gleichungssystem

$$\begin{pmatrix} 2t(1-t) & -2t^2 & -t \\ 2(t-1) & t & 1 \\ t-1 & 0 & 1 \end{pmatrix} \mathbf{x} = \begin{pmatrix} -2t^4 - t^3 - 2t^2 - t \\ t^3 + t^2 + 2t + 2 \\ t^2 + 2t + 2 \end{pmatrix}$$

über dem Quotientenkörper von $\mathbb{R}[t]$.

Aufgabe 2.3 Verifizieren Sie die Blockmultiplikationsregel des Matrixprodukts, Satz 2.11, an einem Beispiel.

Aufgabe 2.4 Es seien $A, B \in \mathrm{M}(n, \mathbb{K})$ quadratische Matrizen über einem Körper $\mathbb{K}$ der Form

$$A = \begin{pmatrix} 0 & * & \cdots & * \\ 0 & 0 & \ddots & \vdots \\ \vdots & \ddots & \ddots & * \\ 0 & \cdots & 0 & 0 \end{pmatrix}, \qquad B = \begin{pmatrix} d_1 & * & \cdots & * \\ 0 & d_2 & \ddots & \vdots \\ \vdots & \ddots & \ddots & * \\ 0 & \cdots & 0 & d_n \end{pmatrix}$$

mit $d_1, \ldots, d_n \neq 0$. Zeigen Sie

$$A \cdot B = 0_{n \times n} \Longrightarrow A = 0_{n \times n}.$$

Aufgabe 2.5 Zeigen Sie: Das Produkt zweier oberer (bzw. unterer) Dreiecksmatrizen ist wieder eine obere (bzw. untere) Dreiecksmatrix. Die Inverse einer regulären oberen (bzw. unteren) Dreiecksmatrix ist ebenfalls eine obere (bzw. untere) Dreiecksmatrix.

Aufgabe 2.6 Zeigen Sie: Für jede obere (bzw. untere) Dreiecksmatrix $A \in \mathrm{M}(n, \mathbb{K})$ und $\mathbb{N} \ni p > 0$ gilt:

$$(A^p)_{ii} = a_{ii}^p, \quad \text{für alle} \quad 1 \leq i \leq n.$$

Aufgabe 2.7 Invertieren Sie die folgenden regulären Matrizen

$$A = \begin{pmatrix} 1 & 0 & 1 \\ 0 & 1 & 0 \\ 1 & 0 & 2 \end{pmatrix}, \qquad B = \begin{pmatrix} 1 & 0 & i \\ 0 & i & 0 \\ i & 0 & 1 \end{pmatrix}$$

über $\mathbb{R}$ bzw. $\mathbb{C}$. Hierbei ist $i \in \mathbb{C}$ die imaginäre Einheit.

Aufgabe 2.8 Zeigen Sie: Sind $A \in \mathrm{M}(m \times n, \mathbb{K})$ und $B \in \mathrm{M}(n \times p, \mathbb{K})$ zwei Matrizen, so gilt für die Transponierte des Produkts

$$(A \cdot B)^T = B^T \cdot A^T \in \mathrm{M}(p \times m, \mathbb{R}).$$

Aufgabe 2.9 Zeigen Sie: Für zwei gleichformatige symmetrische Matrizen A und B gilt $AB = (BA)^T$.

Aufgabe 2.10 Zeigen Sie, dass für eine reguläre Matrix A Transponieren und Invertieren miteinander vertauschbar sind, d. h., dass $(A^{-1})^T = (A^T)^{-1}$ gilt.

Aufgabe 2.11 Das Produkt symmetrischer Matrizen muss nicht symmetrisch sein. Konstruieren Sie ein Beispiel hierzu.

Aufgabe 2.12 Mit dieser Aufgabe soll die Darstellung von elementaren Zeilen- und Spaltenumformungen mithilfe von Umformungsmatrizen geübt werden.

a) Bestimmen Sie für die Matrix

$$A = \begin{pmatrix} 4 & 2 & 0 & 1 \\ 5 & 3 & 0 & 1 \\ 2 & -2 & 1 & -2 \\ 3 & 2 & 0 & 1 \end{pmatrix}$$

eine Zeilenumformungsmatrix $Z \in \mathrm{GL}(4,\mathbb{R})$ mit $ZA =$ obere Dreiecksmatrix.

b) Bestimmen Sie für die Matrix

$$B = \begin{pmatrix} 3 & 3 & 3 & 4 \\ 0 & 1 & 0 & 0 \\ 0 & 0 & 1 & 0 \\ 2 & 1 & 2 & 3 \end{pmatrix}$$

eine Spaltenumformungsmatrix $S \in \mathrm{GL}(4,\mathbb{R})$ mit $BS =$ untere Dreiecksmatrix.

Aufgabe 2.13 Bestimmen Sie für die Matrix

$$A = \begin{pmatrix} 2 & 2 & 2 & 1 \\ 2 & 2 & 3 & 2 \\ 1 & 3 & 4 & 4 \\ 1 & 2 & 2 & 2 \end{pmatrix}$$

eine Permutation P, eine linke Dreiecksmatrix L mit Einsen auf der Hauptdiagonalen und eine obere Dreiecksmatrix U, sodass $PA = LU$ gilt.

Aufgabe 2.14 Warum ist die Determinante einer quadratischen Matrix aus ganzen Zahlen ebenfalls ganzzahlig?

Aufgabe 2.15 Aus welchem Grund ist die Inverse einer regulären Matrix A, die aus ganzen Zahlen besteht und für deren Determinante $\det A = \pm 1$ gilt, ebenfalls eine ganzzahlige Matrix?

Aufgabe 2.16 Zeigen Sie: Ist $A \in \mathrm{M}(n, \mathbb{K})$ eine reguläre obere (bzw. untere) Dreiecksmatrix, so ist A^{-1} ebenfalls eine reguläre obere (bzw. untere) Dreiecksmatrix mit Diagonalkomponenten $\frac{1}{a_{11}}, \ldots, \frac{1}{a_{nn}}$.

Aufgabe 2.17 Beweisen Sie die nützliche Kästchenformel zur Berechnung der Determinanten (vgl. Satz 2.72): Es seien $M_1 \in \mathrm{M}(n_1, \mathbb{K})$, $M_2 \in \mathrm{M}(n_2, \mathbb{K})$, $\ldots$, $M_p \in \mathrm{M}(n_p, \mathbb{K})$ quadratische Matrizen. Dann gilt

$$
\det \begin{pmatrix} \boxed{M_1} & * & \cdots & * \\ 0 & \boxed{M_2} & \ddots & \vdots \\ \vdots & \ddots & \ddots & * \\ 0 & \cdots & 0 & \boxed{M_p} \end{pmatrix} = \prod_{k=1}^{p} \det M_k.
$$

Aufgabe 2.18 Zeigen Sie: Für jede $n \times n$-Matrix A gilt $\det A = \det(S^{-1}AS)$ mit jeder regulären $n \times n$-Matrix S.

Aufgabe 2.19 Es sei $A \in \mathrm{M}(n, \mathbb{K}[x])$ eine quadratische Polynommatrix über dem Polynomring $\mathbb{K}[x]$. Warum gilt

$$A \text{ invertierbar} \iff \deg \det A = 0 \text{ (also } \det A \in \mathbb{K} \setminus \{0\})?$$

Aufgabe 2.20 Es sei $A \in \mathrm{M}(n, \mathbb{Z})$ eine nicht über $\mathbb{Z}$ invertierbare ganzzahlige $n \times n$-Matrix und $\mathbf{b} \in \mathbb{Z}^n$ ein Vektor aus ganzen Zahlen. Unter welchen Umständen besitzt das lineare Gleichungssystem $A\mathbf{x} = \mathbf{b}$ dennoch eine eindeutige ganzzahlige Lösung $\mathbf{x} \in \mathbb{Z}^n$? Finden Sie ein Beispiel hierzu.

Aufgabe 2.21 Bestimmen Sie die Invariantenteiler d_1, d_2, $d_3 \in \mathbb{Q}[x]$ der Matrix

$$
M = \begin{pmatrix} x-1 & -1 & 0 \\ 0 & x-1 & 0 \\ 0 & 0 & x-2 \end{pmatrix} \in \mathrm{M}(3, \mathbb{Q}[x])
$$

über $\mathbb{Q}[x]$. Geben Sie dabei eine Zerlegung der Art

$$ZMS = \begin{pmatrix} d_1 & 0 & 0 \\ 0 & d_2 & 0 \\ 0 & 0 & d_3 \end{pmatrix}$$

an mit $d_1|d_2$ und $d_2|d_3$ sowie invertierbaren Matrizen $Z, S \in (\mathrm{M}(3, \mathbb{Q}[x]))^*$.

Aufgabe 2.22 Es seien $A \in \mathrm{M}(n \times m, \mathbb{K})$ und $B \in \mathrm{M}(m \times n, \mathbb{K})$. Für diese Matrizen sind sowohl AB als auch BA definiert. Im Allgemeinen stimmen beide Produkte nicht überein, sind sogar für $m \neq n$ von unterschiedlichem Format. Gilt dann aber zumindest $\mathrm{Rang}(AB) = \mathrm{Rang}(BA)$?

Aufgabe 2.23 Die $n \times n$-Matrix

$$V(x_1, x_2, \ldots, x_n) := \begin{pmatrix} 1 & x_1 & x_1^2 & \cdots & x_1^{n-1} \\ 1 & x_2 & x_2^2 & \cdots & x_2^{n-1} \\ \vdots & \vdots & \vdots & & \vdots \\ 1 & x_n & x_n^2 & \cdots & x_n^{n-1} \end{pmatrix} \in \mathrm{M}(n, \mathbb{K}[x_1, x_2, \ldots, x_n])$$

wird als Vandermonde-Matrix bezeichnet. Berechnen Sie $\det V(x_1, x_2, \ldots, x_n)$ durch geschicktes Ausnutzen der Determinantenregeln.

Unter welcher Bedingung ist die Vandermonde-Matrix durch Einsetzen von $x_1, \ldots, x_n \in \mathbb{K}$ im Sinne einer Matrix aus $\mathrm{M}(n, \mathbb{K})$ invertierbar?

Aufgabe 2.24 Zeigen Sie, dass die LU-Zerlegung einer regulären Matrix A nach Satz 2.45 eindeutig ist. Zeigen Sie zunächst, dass aus $A = LU$ die Regularität von U folgt. Betrachten Sie dann zwei LU-Zerlegungen $L_1 U_1 = A = L_2 U_2$. Wie ergibt sich hieraus $L_2^{-1} L_1 = U_2 U_1^{-1}$? Welche spezielle Matrixform ergibt sich links und welche rechts in dieser Gleichung? Was folgt daraus?

Kapitel 3
Erzeugung von Vektorräumen

In diesem Kapitel untersuchen wir den Aufbau von Vektorräumen. Wir werden feststellen, dass es für jeden Vektorraum V einen Satz von Vektoren gibt, der es ermöglicht, jeden weiteren Vektor als Linearkombination dieser Vektoren darzustellen. Solche Vektorsätze werden auch als Erzeugendensysteme von V bezeichnet. Trivialerweise bilden alle Vektoren von V zusammen ein Erzeugendensystem von V. Interessant ist aber die Frage, nach einem Satz von Vektoren, der ein minimales Erzeugendensystem von V darstellt. Derartige Vektorsätze werden als Basis bezeichnet. Ein zentrales Resultat der linearen Algebra ist, dass jeder Vektorraum über eine Basis verfügt.

3.1 Lineare Erzeugnisse, Basis und Dimension

Für die weiteren Betrachtungen benötigen wir einen wichtigen Begriff der linearen Algebra, den wir bereits früher (vgl. Definition 1.60) betrachtet haben.

Definition 3.1 (Linearkombination) *Es seien* $\mathbf{u}_1, \dots, \mathbf{u}_n$ *Vektoren eines* $\mathbb{K}$-*Vektorraums* V *und* $\lambda_1, \dots, \lambda_n \in \mathbb{K}$ *ein Satz von Skalaren gleicher Anzahl. Die Vielfachensumme*

$$\lambda_1 \mathbf{u}_1 + \cdots + \lambda_n \mathbf{u}_n \tag{3.1}$$

heißt Linearkombination der Vektoren $\mathbf{u}_1, \dots, \mathbf{u}_n$ *und stellt einen Vektor aus V dar. Eine triviale Linearkombination ist eine Linearkombination der Art (3.1), bei der alle* $\lambda_i = 0$ *sind* $(1 \leq i \leq n)$, *wodurch dann der Nullvektor* $\mathbf{0} \in V$ *entsteht. Dementsprechend ist für eine nicht-triviale Linearkombination der obigen Art mindestens für ein* $i \in \{1, \dots, n\}$ *ein Vorfaktor* $\lambda_i \neq 0$.

Ist in dieser Definition $n = 1$, so ergibt sich die Linearkombination $\mathbf{v} = \lambda_1 \mathbf{u}_1$ mit $\lambda_1 \in \mathbb{K}$ einfach nur als Vielfaches des Vektors $\mathbf{u}_1$. Für $n \geq 2$ können wir dann bei der Linearkombination (3.1) auch von einer Vielfachensumme aus den Vektoren $\mathbf{u}_1, \dots, \mathbf{u}_n$ sprechen. Mit Linearkombinationen können wir aus einem endlichen Bestand von Vektoren weitere Vektoren generieren. Die Menge aller Vektoren, die sich auf diese Weise ergibt, erhält nun einen eigenen Begriff.

Definition 3.2 (Lineares Erzeugnis) *Für Vektoren $\mathbf{u}_1, \ldots, \mathbf{u}_n$ eines $\mathbb{K}$-Vektorraums V heißt die Menge aller Linearkombinationen*

$$\langle \mathbf{u}_1, \ldots, \mathbf{u}_n \rangle := \left\{ \mathbf{v} = \sum_{i=1}^{n} \lambda_i \mathbf{u}_i : \lambda_1, \ldots, \lambda_n \in \mathbb{K} \right\} \tag{3.2}$$

lineares Erzeugnis oder lineare Hülle aus den Vektoren $\mathbf{u}_1, \ldots, \mathbf{u}_n$.

Beispiele:

(i) Für eine $m \times n$-Matrix A über einem Körper $\mathbb{K}$ ist die Lösungsmenge des homogenen linearen Gleichungssystems $A\mathbf{x} = \mathbf{0}$ das lineare Erzeugnis der $n - \text{Rang}\,A$ Vektoren, die sich aus dem Zieltableau mit der Ableseregel entnehmen lassen. Wir hatten in Kap. 2 bereits von der Schreibweise mit den spitzen Klammern Gebrauch gemacht, ohne dabei vom linearen Erzeugnis zu sprechen.

(ii) Für den $\mathbb{R}$-Vektorraum $V = C^0(\mathbb{R})$ der auf $\mathbb{R}$ stetigen Funktionen ist für die Funktionen $\mathbf{u}_1 = 1$, $\mathbf{u}_2 = x$, $\mathbf{u}_3 = x^2$, $\mathbf{u}_4 = x^3 \in V$ ihr lineares Erzeugnis

$$\langle \mathbf{u}_1, \mathbf{u}_2, \mathbf{u}_3, \mathbf{u}_4 \rangle = \{ p(x) = \lambda_1 \cdot 1 + \lambda_2 \cdot x + \lambda_3 \cdot x^2 + \lambda_4 \cdot x^3 : \lambda_1, \lambda_2, \lambda_3, \lambda_4 \in \mathbb{R} \}$$

die Menge aller Polynome maximal dritten Grades mit reellen Koeffizienten.

(iii) Für $V = \mathbb{R}^3$ betrachten wir

$$\mathbf{u}_1 = \begin{pmatrix} 1 \\ 1 \\ 3 \end{pmatrix}, \mathbf{u}_2 = \begin{pmatrix} 1 \\ 1 \\ 0 \end{pmatrix}, \mathbf{u}_3 = \begin{pmatrix} 3 \\ 3 \\ 3 \end{pmatrix} \in V.$$

Für das lineare Erzeugnis aus $\mathbf{u}_1$, $\mathbf{u}_2$ und $\mathbf{u}_3$ gilt

$$\langle \mathbf{u}_1, \mathbf{u}_2, \mathbf{u}_3 \rangle = \left\{ \mathbf{v} = \lambda_1 \begin{pmatrix} 1 \\ 1 \\ 3 \end{pmatrix} + \lambda_2 \begin{pmatrix} 1 \\ 1 \\ 0 \end{pmatrix} + \lambda_3 \begin{pmatrix} 3 \\ 3 \\ 3 \end{pmatrix} : \lambda_1, \lambda_2, \lambda_3 \in \mathbb{R} \right\}$$

$$= \left\{ \mathbf{v} = \lambda_1 \begin{pmatrix} 1 \\ 1 \\ 3 \end{pmatrix} + \lambda_2 \begin{pmatrix} 1 \\ 1 \\ 0 \end{pmatrix} : \lambda_1, \lambda_2 \in \mathbb{R} \right\}$$

$$= \langle \mathbf{u}_1, \mathbf{u}_2 \rangle.$$

Aus welchem Grund kann hier auf den Vektor $\mathbf{u}_3$ verzichtet werden, ohne die Menge aller Linearkombinationen zu verkleinern? Der Grund besteht darin, dass $\mathbf{u}_3$ bereits eine Linearkombination aus $\mathbf{u}_1$ und $\mathbf{u}_2$ ist:

$$\mathbf{u}_3 = 1 \cdot \mathbf{u}_1 + 2 \cdot \mathbf{u}_2.$$

Damit kann *jede* Linearkombination aus diesen drei Vektoren bereits als Linearkombination aus $\mathbf{u}_1$ und $\mathbf{u}_2$ dargestellt werden:

$$\mathbf{v} = \lambda_1\mathbf{u}_1 + \lambda_2\mathbf{u}_2 + \lambda_3\mathbf{u}_3$$
$$= \lambda_1\mathbf{u}_1 + \lambda_2\mathbf{u}_2 + \lambda_3(1\cdot\mathbf{u}_1 + 2\cdot\mathbf{u}_2)$$
$$= (\lambda_1 + \lambda_3)\mathbf{u}_1 + (\lambda_2 + 2\lambda_3)\mathbf{u}_2.$$

Der Vektor $\mathbf{u}_3$ bringt daher keine neuen Informationen für das lineare Erzeugnis und kann somit weggelassen werden. Allerdings können wir nun auf keinen weiteren Vektor der verbleibenden zwei Vektoren $\mathbf{u}_1$ und $\mathbf{u}_2$ verzichten, ohne das lineare Erzeugnis zu verkleinern, denn aus $\mathbf{u}_1$ können wir nicht $\mathbf{u}_2$ generieren. Daher gilt

$$\langle\mathbf{u}_1,\mathbf{u}_2\rangle \neq \langle\mathbf{u}_1\rangle = \{\mathbf{v} = \lambda\mathbf{u}_1 : \lambda \in \mathbb{K}\},$$
$$\langle\mathbf{u}_1,\mathbf{u}_2\rangle \neq \langle\mathbf{u}_2\rangle = \{\mathbf{v} = \lambda\mathbf{u}_2 : \lambda \in \mathbb{K}\}.$$

Diese Beobachtung wollen wir als erste Erkenntnis festhalten.

Satz 3.3 *Offenbar kann genau dann bei dem linearen Erzeugnis aus einem Vektorsystem* $\mathbf{u}_1,\dots,\mathbf{u}_n$ *auf einen Vektor* $\mathbf{u}_k$ *verzichtet werden, ohne das lineare Erzeugnis zu verkleinern, wenn dieser Vektor eine Linearkombination der übrigen Vektoren ist. Folgendes ist also äquivalent:*

(i) Der Vektor $\mathbf{u}_k$ *ist Linearkombination der übrigen Vektoren*

$$\mathbf{u}_k = \sum_{\substack{i=1\\i\neq k}}^{n} \lambda_i\mathbf{u}_i. \tag{3.3}$$

(ii) Das lineare Erzeugnis ändert sich nicht bei Verzicht auf $\mathbf{u}_k$:

$$\langle\mathbf{u}_1,\dots,\mathbf{u}_n\rangle = \langle\mathbf{u}_1,\dots,\mathbf{u}_{k-1},\mathbf{u}_{k+1},\dots,\mathbf{u}_n\rangle.$$

Beweis. Es sei $\mathbf{u}_k$ eine Linearkombination der übrigen $n-1$ Vektoren:

$$\mathbf{u}_k = \sum_{i\neq k} \lambda_i\mathbf{u}_i.$$

Für einen beliebigen Vektor $\mathbf{v} \in \langle\mathbf{u}_1,\dots,\mathbf{u}_n\rangle$ gilt

$$\mathbf{v} = \sum_{i\neq k}\mu_i\mathbf{u}_i + \mu_k\mathbf{u}_k = \sum_{i\neq k}\mu_i\mathbf{u}_i + \mu_k\sum_{i\neq k}\lambda_i\mathbf{u}_i = \sum_{i\neq k}\mu_i\mathbf{u}_i + \sum_{i\neq k}\mu_k\lambda_i\mathbf{u}_i$$
$$= \sum_{i\neq k}(\mu_i + \mu_k\lambda_i)\mathbf{u}_i \in \langle\mathbf{u}_1,\dots,\mathbf{u}_{k-1},\mathbf{u}_{k+1},\dots,\mathbf{u}_n\rangle.$$

Es gilt somit

$$\langle\mathbf{u}_1,\dots,\mathbf{u}_n\rangle \subset \langle\mathbf{u}_1,\dots,\mathbf{u}_{k-1},\mathbf{u}_{k+1},\dots,\mathbf{u}_n\rangle.$$

Die umgekehrte Teilmengenbeziehung ist klar.

Dass $\mathbf{u}_k$ als Linearkombination der übrigen $n-1$ Vektoren dargestellt werden kann, ist aber auch notwendig für den Verzicht auf diesen Vektor, denn in der Situation

$$\langle\mathbf{u}_1,\dots,\mathbf{u}_n\rangle = \langle\mathbf{u}_1,\dots,\mathbf{u}_{k-1},\mathbf{u}_{k+1},\dots,\mathbf{u}_n\rangle$$

gilt für jeden Vektor aus $\langle \mathbf{u}_1, \ldots, \mathbf{u}_n \rangle$, dass er sich als Linearkombination der übrigen Vektoren

$$\mathbf{u}_1, \ldots, \mathbf{u}_{k-1}, \mathbf{u}_{k+1}, \ldots, \mathbf{u}_n$$

notieren lässt, so also auch speziell für $\mathbf{u}_k$. Wir können also auf den Vektor $\mathbf{u}_k$ genau dann verzichten, ohne das lineare Erzeugnis zu ändern, wenn er Linearkombination der übrigen $n-1$ Vektoren ist. $\square$

Dies ist beispielsweise immer der Fall, wenn $\mathbf{u}_k = \mathbf{0}$ ist. Denn der Nullvektor aus V ist aus jedem beliebigen Satz von Vektoren aus V linear kombinierbar, indem alle $\lambda_i = 0$ gewählt werden, was einer trivialen Linearkombination entspricht. Nehmen wir nun einmal an, dass der Vektor $\mathbf{u}_k \neq \mathbf{0}$ ist. Bei der obigen Linearkombination (3.3) handelt es sich dann um eine nicht-triviale Linearkombination. Es gibt also für mindestens ein $i \neq k$ einen nicht-verschwindenden Vorfaktor $\lambda_i \neq 0$. Wenn wir auf beiden Seiten der Gleichung (3.3) den Vektor $\mathbf{u}_k$ subtrahieren, so erhalten wir eine nicht-triviale Linearkombination des Nullvektors:

$$\mathbf{0} = \sum_{\substack{i=1 \\ i \neq k}}^{n} \lambda_i \mathbf{u}_i - \mathbf{u}_k = \sum_{i=1}^{n} \lambda_i \mathbf{u}_i,$$

wobei wir $\lambda_k = -1$ wählen. Diese Beobachtung führt nun zu folgendem wichtigen Begriff.

Definition 3.4 (Lineare Abhängigkeit und lineare Unabhängigkeit) *Es seien* $\mathbf{u}_1, \ldots, \mathbf{u}_n$ *Vektoren eines* $\mathbb{K}$-*Vektorraums* V. *Die Vektoren* $\mathbf{u}_1, \ldots, \mathbf{u}_n$ *heißen linear abhängig, wenn der Nullvektor nicht-trivial aus ihnen linear kombinierbar ist, wenn es also Skalare* $\lambda_1, \ldots, \lambda_n \in \mathbb{K}$ *gibt mit*

$$\mathbf{0} = \lambda_1 \mathbf{u}_1 + \cdots \lambda_n \mathbf{u}_n, \tag{3.4}$$

wobei mindestens ein $\lambda_k \neq 0$ *ist (* $1 \leq k \leq n$ *). Ist der Nullvektor nur trivial aus* $\mathbf{u}_1, \ldots, \mathbf{u}_n$ *linear kombinierbar, so heißen die Vektoren linear unabhängig. Dies bedeutet also, dass die Linearkombination*

$$\mathbf{0} = \lambda_1 \mathbf{u}_1 + \cdots \lambda_n \mathbf{u}_n \tag{3.5}$$

nur für $\lambda_1 = 0, \ldots, \lambda_n = 0$ *möglich ist.*

Wir kommen zu einer ersten Feststellung: Im Fall der linearen Abhängigkeit eines Vektorsystems $\mathbf{u}_1, \ldots, \mathbf{u}_n$ gibt es mindestens einen Vektor $\mathbf{u}_k$ mit $1 \leq k \leq n$, der Linearkombination der übrigen Vektoren ist, denn wegen $\lambda_k \neq 0$, können wir die Gleichung (3.4) nach $\mathbf{u}_k$ auflösen:

$$\mathbf{u}_k = \lambda_k^{-1} \sum_{i \neq k} -\lambda_i \mathbf{u}_i = \sum_{i \neq k} -\lambda_i \lambda_k^{-1} \mathbf{u}_i.$$

Das lineare Erzeugnis aus $\mathbf{u}_1, \ldots, \mathbf{u}_n$ ändert sich aufgrund von Satz 3.3 nicht, wenn $\mathbf{u}_k$ weggelassen wird:

$$\langle \mathbf{u}_1, \ldots, \mathbf{u}_n \rangle = \langle \mathbf{u}_1, \ldots, \mathbf{u}_{k-1}, \mathbf{u}_{k+1}, \ldots, \mathbf{u}_n \rangle.$$

Gilt umgekehrt

$$\langle \mathbf{u}_1, \ldots, \mathbf{u}_n \rangle = \langle \mathbf{u}_1, \ldots, \mathbf{u}_{k-1}, \mathbf{u}_{k+1}, \ldots, \mathbf{u}_n \rangle,$$

so ist aufgrund von Satz 3.3 der Vektor $\mathbf{u}_k$ Linearkombination der übrigen Vektoren $\mathbf{u}_i$, ($i \neq k$). Die Vektoren $\mathbf{u}_1, \ldots, \mathbf{u}_n$ sind also linear abhängig. Dies halten wir fest.

Satz 3.5 *Für Vektoren* $\mathbf{u}_1, \ldots, \mathbf{u}_n$ *eines Vektorraums* V *sind folgende Ausssagen äquivalent:*

(i) $\mathbf{u}_1, \ldots, \mathbf{u}_n$ *sind linear abhängig.*

(ii) *Es gibt einen Vektor* $\mathbf{u}_k$, *mit* $1 \leq k \leq n$, *der keinen Einfluss auf das lineare Erzeugnis hat, d. h.*

$$\langle \mathbf{u}_1, \ldots, \mathbf{u}_n \rangle = \langle \mathbf{u}_1, \ldots, \mathbf{u}_{k-1}, \mathbf{u}_{k+1}, \ldots, \mathbf{u}_n \rangle.$$

Anders ausgedrückt:

Für Vektoren $\mathbf{u}_1, \ldots, \mathbf{u}_n$ *eines Vektorraums* V *sind folgende Aussagen äquivalent:*

(i) $\mathbf{u}_1, \ldots, \mathbf{u}_n$ *sind linear unabhängig.*

(ii) *Für jeden Vektor* $\mathbf{u}_k$, *mit* $1 \leq k \leq n$, *wird bei seinem Weglassen das lineare Erzeugnis kleiner*

$$\langle \mathbf{u}_1, \ldots, \mathbf{u}_{k-1}, \mathbf{u}_{k+1}, \ldots, \mathbf{u}_n \rangle \subsetneq \langle \mathbf{u}_1, \ldots, \mathbf{u}_n \rangle.$$

Beispiele:

(i) Die Funktionen $\sin t$, $\cos t$ sowie $\exp(\mathrm{i}t)$ können als Vektoren des Vektorraums der stetigen Funktionen $\mathbb{R} \to \mathbb{C}$ aufgefasst werden. Diese Funktionen sind über $\mathbb{C}$ linear abhängig, denn es ist beispielsweise $\exp(\mathrm{i}t) = 1 \cdot \cos t + \mathrm{i} \cdot \sin t$.

(ii) Für $V = \mathbb{R}^3$ sind die Vektoren

$$\mathbf{u}_1 = \begin{pmatrix} 1 \\ 0 \\ 1 \end{pmatrix}, \mathbf{u}_2 = \begin{pmatrix} 2 \\ 3 \\ 0 \end{pmatrix}, \mathbf{u}_3 = \begin{pmatrix} 4 \\ 3 \\ 2 \end{pmatrix} \in V$$

linear abhängig, da

$$\mathbf{0} = 2 \cdot \mathbf{u}_1 + 1 \cdot \mathbf{u}_2 - 1 \cdot \mathbf{u}_3$$

bzw.

$$\mathbf{u}_3 = 2 \cdot \mathbf{u}_1 + 1 \cdot \mathbf{u}_2$$

oder auch

$$\mathbf{u}_2 = -2 \cdot \mathbf{u}_1 + 1 \cdot \mathbf{u}_3, \quad \mathbf{u}_1 = -\tfrac{1}{2} \cdot \mathbf{u}_2 + \tfrac{1}{2} \cdot \mathbf{u}_3.$$

(iii) Die Vektoren

$$\mathbf{u}_1 = \begin{pmatrix} 1 \\ 0 \\ 1 \end{pmatrix}, \mathbf{u}_2 = \begin{pmatrix} 2 \\ 3 \\ 0 \end{pmatrix}, \mathbf{u}_3 = \begin{pmatrix} 4 \\ 0 \\ 0 \end{pmatrix} \in V$$

sind dagegen linear unabhängig. Kein Vektor ist Linearkombination der übrigen Vektoren. Der Nullvektor ist nur trivial aus diesen Vektoren kombinierbar. Woran ist dies zu erkennen? Versuchen wir einmal, den Nullvektor aus $\mathbf{u}_1$, $\mathbf{u}_2$ und $\mathbf{u}_3$ linear zu kombinieren:

$$\mathbf{0} = \lambda_1 \mathbf{u}_1 + \lambda_2 \mathbf{u}_2 + \lambda_3 \mathbf{u}_3$$

$$= \lambda_1 \begin{pmatrix} 1 \\ 0 \\ 1 \end{pmatrix} + \lambda_2 \begin{pmatrix} 2 \\ 3 \\ 0 \end{pmatrix} + \lambda_3 \begin{pmatrix} 4 \\ 0 \\ 0 \end{pmatrix}$$

$$= \begin{pmatrix} 1 & 2 & 4 \\ 0 & 3 & 0 \\ 1 & 0 & 0 \end{pmatrix} \begin{pmatrix} \lambda_1 \\ \lambda_2 \\ \lambda_3 \end{pmatrix}.$$

Um λ_1, λ_2 und λ_3 zu bestimmen, ist also das homogene lineare Gleichungssystem

$$= \begin{pmatrix} 1 & 2 & 4 \\ 0 & 3 & 0 \\ 1 & 0 & 0 \end{pmatrix} \begin{pmatrix} \lambda_1 \\ \lambda_2 \\ \lambda_3 \end{pmatrix} = \begin{pmatrix} 0 \\ 0 \\ 0 \end{pmatrix}$$

zu lösen. In diesem Fall brauchen wir allerdings keinen Gauß-Algorithmus durchzuführen, da

$$\det \begin{pmatrix} 1 & 2 & 4 \\ 0 & 3 & 0 \\ 1 & 0 & 0 \end{pmatrix} = -12 \neq 0$$

gilt. Die Matrix ist also regulär, was bedeutet, dass dieses homogene lineare Gleichungssystem nur trivial, also ausschließlich durch den Nullvektor

$$\begin{pmatrix} \lambda_1 \\ \lambda_2 \\ \lambda_3 \end{pmatrix} = \begin{pmatrix} 0 \\ 0 \\ 0 \end{pmatrix}$$

zu lösen ist. Damit ist der Nullvektor nur trivial aus den Vektoren $\mathbf{u}_1$, $\mathbf{u}_2$ und $\mathbf{u}_3$ linear kombinierbar. Die Vektoren sind also linear unabhängig.

Das letzte Beispiel zeigt, wie wir prinzipiell einen Satz von Spaltenvektoren auf lineare Abhängigkeit bzw. lineare Unabhängigkeit hin überprüfen können. Dabei haben wir den folgenden Zusammenhang zwischen Linearkombination und Matrix-Vektor-Produkt nebenbei festgestellt:

Bemerkung 3.6 *Es sei $\mathbf{u}_1, \ldots, \mathbf{u}_n \in \mathbb{K}^m$ ein Satz aus n Spaltenvektoren. Eine Linearkombination aus ihnen kann als Matrix-Vektor-Produkt dargestellt werden:*

$$\mathbf{v} = \lambda_1 \mathbf{u}_1 + \cdots + \lambda_n \mathbf{u}_n = (\mathbf{u}_1 | \cdots | \mathbf{u}_n) \begin{pmatrix} \lambda_1 \\ \vdots \\ \lambda_n \end{pmatrix} = A\boldsymbol{\lambda}. \tag{3.6}$$

Hierbei ist $A = (\mathbf{u}_1 | \cdots | \mathbf{u}_n) \in \mathrm{M}(m \times n, \mathbb{K})$ eine $m \times n$-Matrix, deren Spalten aus den Vektoren $\mathbf{u}_1, \ldots, \mathbf{u}_n$ gebildet werden, und $\boldsymbol{\lambda} = (\lambda_1, \ldots, \lambda_n)^T \in \mathbb{K}^n$ der Vektor der Vorfaktoren.

Hiermit können wir nun die folgende Feststellung treffen.

Satz 3.7 (Matrixkriterium für lineare Unabhängigkeit) *Spaltenvektoren $\mathbf{u}_1, \ldots, \mathbf{u}_n$ des Vektorraums $\mathbb{K}^m$ sind genau dann linear unabhängig, wenn das homogene lineare Glei-*

chungssystem

$$A\boldsymbol{\lambda} = (\mathbf{u}_1 | \cdots | \mathbf{u}_n)\boldsymbol{\lambda} = \mathbf{0}, \qquad (\boldsymbol{\lambda} \in \mathbb{K}^n) \tag{3.7}$$

mit $A = (\mathbf{u}_1 | \cdots | \mathbf{u}_n)$ nur die triviale Lösung $\boldsymbol{\lambda} = \mathbf{0}$ besitzt. Dies ist bekanntlich genau dann der Fall, wenn durch elementare Zeilenumformungen die $n \times n$-Einheitsmatrix im Tableau $[A]$ erzeugbar ist, wenn also Rang $A = n$ gilt.

Unser Wissen aus der Lösungstheorie linearer Gleichungssysteme liefert uns nun weitere, sich hieraus ergebende Erkenntnisse.

Folgerung 3.8 *Für Spaltenvektoren $\mathbf{u}_1, \ldots, \mathbf{u}_n \in \mathbb{K}^m$ gilt*

  (i) *im Fall $m = n$: Die Vektoren sind genau dann linear unabhängig, wenn die (quadratische) Matrix $A = (\mathbf{u}_1 | \cdots | \mathbf{u}_n)$ regulär ist;*
  (ii) *im Fall $n > m$: Die Vektoren sind linear abhängig.*

Die erste Folgerung ergibt sich direkt aus dem vorausgegangenen Satz. Für die zweite Folgerung beachten wir, dass im Fall $n > m$ die Matrix A mehr Spalten als Zeilen besitzt. Der Rang dieser Matrix ist damit kleiner als die Spaltenzahl n, denn es gilt

$$\text{Rang} A \leq \min(m, n) = m < n,$$

sodass es nicht-triviale Lösungen des homogenen linearen Gleichungssystems $A\boldsymbol{\lambda} = \mathbf{0}$ gibt. Die Spalten von A sind in diesem Fall also linear abhängig.

  Bislang haben wir das lineare Erzeugnis eines Vektorsystems noch nicht näher untersucht. Dies holen wir jetzt nach. Dabei unterstützen uns die vorausgegangenen Definitionen, Sätze und Feststellungen. Die lineare Unabhängigkeit von Vektoren zieht die Eindeutigkeit der Linearkombinationen aus ihnen nach sich, wie der folgende Satz besagt.

Satz 3.9 (Eindeutigkeit der Linearkombination bei linear unabhängigen Vektoren)
Für ein System aus n linear unabhängigen Vektoren $\mathbf{u}_1, \ldots, \mathbf{u}_n \in V$ eines $\mathbb{K}$-Vektorraums V führen verschiedene Linearkombinationen aus $\mathbf{u}_1, \ldots, \mathbf{u}_n$ zu verschiedenen Vektoren aus dem linearen Erzeugnis $\langle \mathbf{u}_1, \ldots, \mathbf{u}_n \rangle$. Oder anders ausgedrückt: Ist $\mathbf{v} \in \langle \mathbf{u}_1, \ldots, \mathbf{u}_n \rangle$ ein Vektor aus dem linearen Erzeugnis $\langle \mathbf{u}_1, \ldots, \mathbf{u}_n \rangle$, so gibt es eindeutig bestimmte Skalare $\lambda_1, \ldots, \lambda_n \in \mathbb{K}$ mit

$$\mathbf{v} = \sum_{i=1}^{n} \lambda_i \mathbf{u}_i.$$

Beweis. Es sei $\mathbf{u}_1, \ldots, \mathbf{u}_n \in V$ ein System aus n linear unabhängigen Vektoren. Angenommen, für

$$\mathbf{v} = \sum_{i=1}^{n} \lambda_i \mathbf{u}_i \in \langle \mathbf{u}_1, \ldots, \mathbf{u}_n \rangle$$

gibt es eine zweite Linearkombination

$$\mathbf{v} = \sum_{i=1}^{n} \mu_i \mathbf{u}_i$$

mit Skalaren $\mu_1, \ldots, \mu_n \in \mathbb{K}$, so gilt

$$\mathbf{0} = \mathbf{v} - \mathbf{v} = \sum_{i=1}^{n} \lambda_i \mathbf{u}_i - \sum_{i=1}^{n} \mu_i \mathbf{u}_i = \sum_{i=1}^{n} (\lambda_i - \mu_i) \mathbf{u}_i.$$

Da $\mathbf{u}_1, \ldots, \mathbf{u}_n$ linear unabhängig sind, muss die letzte Linearkombination trivial sein. Es gilt also

$$\lambda_i - \mu_i = 0 \quad \text{bzw.} \quad \lambda_i = \mu_i, \quad i = 1, \ldots, n.$$

Die zweite Linearkombination für $\mathbf{v}$ ist also mit der ersten identisch. $\square$

Hieraus ergibt sich die Möglichkeit des Koeffizientenvergleichs:

Bemerkung 3.10 (Koeffizientenvergleich) *Gilt für einen Satz linear unabhängiger Vektoren* $\mathbf{u}_1, \ldots, \mathbf{u}_n$ *eines* $\mathbb{K}$-*Vektorraums die Übereinstimmung des Resultats zweier Linearkombinationen*

$$\lambda_1 \mathbf{u}_1 + \lambda_2 \mathbf{u}_2 + \cdots + \lambda_n \mathbf{u}_n = \mu_1 \mathbf{u}_1 + \mu_2 \mathbf{u}_2 + \cdots + \mu_n \mathbf{u}_n,$$

so müssen notwendigerweise die Koeffizienten $\lambda_i, \mu_i \in \mathbb{K}$ *übereinstimmen:*

$$\lambda_1 = \mu_1, \quad \lambda_2 = \mu_2, \quad \ldots \quad \lambda_n = \mu_n.$$

Die umgekehrte Richtung gilt trivialerweise.

Das lineare Erzeugnis eines Systems aus Vektoren wollen wir jetzt noch genauer untersuchen. Zunächst stellen wir fest, dass die Addition von Vielfachen eines Vektors zu einem anderen Vektor innerhalb einer Menge von n Vektoren das lineare Erzeugnis aus ihnen unangetastet lässt.

Satz 3.11 *Für ein System* $\mathbf{u}_1, \ldots, \mathbf{u}_n$ *eines* $\mathbb{K}$-*Vektorraums* V *gilt*

$$\langle \mathbf{u}_1, \ldots, \mathbf{u}_n \rangle = \langle \mathbf{u}_1, \ldots, \mathbf{u}_{j-1}, \mathbf{u}_j + \lambda \mathbf{u}_k, \mathbf{u}_{j+1}, \ldots, \mathbf{u}_n \rangle$$

für alle $1 \leq j, k \leq n$, $j \neq k$ *und alle* $\lambda \in \mathbb{K}$. *Wir können für* $j \neq k$ *einen beliebigen Vektor* $\mathbf{u}_j$ *aus* $\mathbf{u}_1, \ldots, \mathbf{u}_n$ *ersetzen durch* $\mathbf{u}_j + \lambda \mathbf{u}_k$, *ohne das lineare Erzeugnis zu ändern.*

Beweis. Wir wählen zwei Indizes $1 \leq j, k \leq n$ mit $j \neq k$ und ein $\lambda \in \mathbb{K}$. Es sei $\mathbf{v} \in \langle \mathbf{u}_1, \ldots, \mathbf{u}_n \rangle$. Damit ist $\mathbf{v}$ eine Linearkombination der Vektoren $\mathbf{u}_1, \ldots, \mathbf{u}_n$:

$$\mathbf{v} = \sum_{i=1}^{n} \lambda_i \mathbf{u}_i.$$

Wir zerlegen nun $\mathbf{v}$ in folgender Weise

$$\mathbf{v} = \sum_{i \neq j,k}^{n} \lambda_i \mathbf{u}_i + \lambda_j \mathbf{u}_j + \lambda_k \mathbf{u}_k$$

$$= \sum_{i \neq j,k}^{n} \lambda_i \mathbf{u}_i + \lambda_j (\mathbf{u}_j + \lambda \mathbf{u}_k) + (\lambda_k - \lambda \lambda_j) \mathbf{u}_k.$$

Hieraus erkennen wir, dass $\mathbf{v}$ sich auch als Linearkombination von

$$\mathbf{u}_1, \ldots, \mathbf{u}_{j-1}, \mathbf{u}_j + \lambda \mathbf{u}_k, \mathbf{u}_{j+1}, \ldots, \mathbf{u}_n$$

darstellen lässt und daher in

$$\langle \mathbf{u}_1, \ldots, \mathbf{u}_{j-1}, \mathbf{u}_j + \lambda \mathbf{u}_k, \mathbf{u}_{j+1}, \ldots, \mathbf{u}_n \rangle$$

liegt. Ist andererseits

$$\mathbf{v} \in \langle \mathbf{u}_1, \ldots, \mathbf{u}_{j-1}, \mathbf{u}_j + \lambda \mathbf{u}_k, \mathbf{u}_{j+1}, \ldots, \mathbf{u}_n \rangle,$$

so gilt

$$\mathbf{v} = \sum_{i \neq j}^{n} \lambda_i \mathbf{u}_i + \lambda_j (\mathbf{u}_j + \lambda \mathbf{u}_k) = \sum_{i \neq j,k}^{n} \lambda_i \mathbf{u}_i + \lambda_j (\mathbf{u}_j + \lambda \mathbf{u}_k) + \lambda_k \mathbf{u}_k$$

$$= \sum_{i \neq j,k}^{n} \lambda_i \mathbf{u}_i + \lambda_j \mathbf{u}_j + (\lambda_j \lambda + \lambda_k) \mathbf{u}_k.$$

Wir können $\mathbf{v}$ also auch als Linearkombination von $\mathbf{u}_1, \ldots, \mathbf{u}_n$ darstellen. $\quad \square$

In Analogie hierzu können wir zeigen, dass die Multiplikation mit einem nicht-verschwindenden Skalar ebenfalls keinen Einfluss auf das lineare Erzeugnis hat.

Satz 3.12 *Für ein System* $\mathbf{u}_1, \ldots, \mathbf{u}_n$ *eines* $\mathbb{K}$-*Vektorraums V gilt*

$$\langle \mathbf{u}_1, \ldots, \mathbf{u}_n \rangle = \langle \mathbf{u}_1, \ldots, \mathbf{u}_{j-1}, \mu \mathbf{u}_j, \mathbf{u}_{j+1}, \ldots, \mathbf{u}_n \rangle$$

für alle $1 \leq j \leq n$ *und alle* $\mu \in \mathbb{K} \setminus \{0\}$.

Beweis. Übung.

Dass die Vertauschung von Vektoren innerhalb der spitzen Klammern eines linearen Erzeugnisses $\langle \mathbf{u}_1, \ldots, \mathbf{u}_n \rangle$ dieses ebenfalls nicht antastet, ist klar. Wir können also insgesamt das folgende Fazit ziehen.

Satz 3.13 (Invarianz linearer Erzeugnisse gegenüber elementaren Umformungen) *Es seien* $\mathbf{u}_1, \ldots, \mathbf{u}_n$ *Vektoren eines* $\mathbb{K}$-*Vektorraums V sowie* $\lambda \in \mathbb{K}$ *ein Skalar. Durch die elementaren Umformungen*

Typ I: *Addition eines* λ-*Fachen eines Vektors* $\mathbf{u}_k$ *zu einem anderen Vektor* $\mathbf{u}_j$, $(k \neq j)$
Typ II: *Vertauschung von Vektor* $\mathbf{u}_j$ *mit Vektor* $\mathbf{u}_k$
Typ III: *Multiplikation eines Vektors* $\mathbf{u}_j$ *mit einem Skalar* $\mu \neq 0$,

für $1 \leq k, j \leq n$, *ändert sich das lineare Erzeugnis* $\langle \mathbf{u}_1, \ldots, \mathbf{u}_n \rangle$ *nicht.*

Diese Umformungen entsprechen den elementaren Zeilenumformungen zur Lösung linearer Gleichungssysteme. Wir haben also die Möglichkeit, mittels elementarer Umformungen ein System aus Vektoren durch gezielte Elimination linear abhängiger Vektoren zu reduzieren, ohne das lineare Erzeugnis zu ändern.

Wir betrachten nun zwei Vektoren $\mathbf{v}, \mathbf{w} \in \langle \mathbf{u}_1, \ldots, \mathbf{u}_n \rangle$. Beide Vektoren lassen sich somit als Linearkombination von $\mathbf{u}_1, \ldots, \mathbf{u}_n$ schreiben:

$$\mathbf{v} = \sum_{i=1}^{n} \lambda_i \mathbf{u}_i, \qquad \mathbf{w} = \sum_{i=1}^{n} \mu_i \mathbf{u}_i,$$

mit Skalaren $\lambda_i, \mu_i \in \mathbb{K}$. Eine Linearkombination $\alpha \mathbf{v} + \beta \mathbf{w}$ mit $\alpha, \beta \in \mathbb{K}$ ist wegen

$$\alpha \mathbf{v} + \beta \mathbf{w} = \alpha \sum_{i=1}^{n} \lambda_i \mathbf{u}_i + \beta \sum_{i=1}^{n} \mu_i \mathbf{u}_i = \sum_{i=1}^{n} (\alpha \lambda_i + \beta \mu_i) \mathbf{u}_i$$

ebenfalls im linearen Erzeugnis von $\mathbf{u}_1, \ldots, \mathbf{u}_n$ enthalten.

Lineare Erzeugnisse sind also hinsichtlich der Vektoraddition und der skalaren Multiplikation abgeschlossen. Jedes lineare Erzeugnis $T = \langle \mathbf{u}_1, \ldots, \mathbf{u}_n \rangle$ enthält den Nullvektor, und mit jedem Vektor $\mathbf{v} \in T$ ist auch $-\mathbf{v}$ ein Vektor von T. Zudem gelten die Rechengesetze des zugrunde gelegten Vektorraums V. Lineare Erzeugnisse bilden daher für sich einen Vektorraum. Dies motiviert die folgende Definition.

Definition 3.14 (Teilraum) *Es sei V ein $\mathbb{K}$-Vektorraum und $T \subset V$ eine Teilmenge von V. Falls T bezüglich der in V gegebenen Vektoraddition und skalaren Multiplikation ebenfalls einen $\mathbb{K}$-Vektorraum bildet, so wird T als Teilraum oder Untervektorraum[1] von V bezeichnet.*

Für die folgenden Beispiele sei nun V ein $\mathbb{K}$-Vektorraum.

(i) Für $\mathbf{u}_1, \ldots, \mathbf{u}_n \in V$ ist das lineare Erzeugnis $\langle \mathbf{u}_1, \ldots, \mathbf{u}_n \rangle$ ein Teilraum von V. Hierzu gibt es die Sprechweisen: „*Die Vektoren* $\mathbf{u}_1, \ldots, \mathbf{u}_n$ *spannen einen Teilraum* $T = \langle \mathbf{u}_1, \ldots, \mathbf{u}_n \rangle$ *von V auf*" oder „*Die Vektoren* $\mathbf{u}_1, \ldots, \mathbf{u}_n$ *bilden ein Erzeugendensystem von T*". Man sagt in diesem Fall auch, dass T *endlich erzeugt* ist, da es sich bei $\mathbf{u}_1, \ldots, \mathbf{u}_n$ um eine endliche Anzahl von Vektoren handelt.

(ii) Die Menge $\{\mathbf{0}\}$, die nur aus dem Nullvektor von V besteht, ist der kleinste Teilraum von V.

(iii) Der Vektorraum V selbst ist der größte Teilraum von V.

(iv) Für eine $m \times n$-Matrix A ist die Menge aller Matrix-Vektor-Produkte $\{A\mathbf{x} : \mathbf{x} \in \mathbb{K}^n\}$ nichts anderes als das lineare Erzeugnis ihrer Spalten und somit ein Teilraum von $\mathbb{K}^m$.

(v) Lösungsmengen homogener linearer Gleichungssysteme mit n Unbekannten sind Teilräume des Vektorraums $\mathbb{K}^n$, da der Nullvektor zu ihnen gehört und auch jede Linearkombination von Vektoren aus der Lösungsmenge wiederum eine Lösung ist, sodass derartige Mengen hinsichtlich der Vektoraddition und der skalaren Multiplikation abgeschlossen sind. Ein Beispiel hierzu: Das Tableau des homogenen linearen Gleichungssystems

$$\begin{pmatrix} 1 & 0 & 2 & 0 \\ 1 & 1 & -1 & 4 \\ 2 & 0 & 4 & 0 \end{pmatrix} \begin{pmatrix} x_1 \\ x_2 \\ x_3 \\ x_4 \end{pmatrix} = \begin{pmatrix} 0 \\ 0 \\ 0 \end{pmatrix}$$

kann durch elementare Zeilenumformungen überführt werden in die Gestalt

---

[1] engl. subspace

$$\begin{bmatrix} 1 & 0 & 2 & 0 \\ 0 & 1 & -3 & 4 \\ 0 & 0 & 0 & 0 \end{bmatrix}.$$

Hieraus lesen wir die Lösungsmenge ab:

$$\left\langle \underbrace{\begin{pmatrix} -2 \\ 3 \\ 1 \\ 0 \end{pmatrix}}_{=:s_1}, \underbrace{\begin{pmatrix} 0 \\ -4 \\ 0 \\ 1 \end{pmatrix}}_{=:s_2} \right\rangle.$$

Dies ist das lineare Erzeugnis der Vektoren s_1 und s_2 und damit ein Teilraum des $\mathbb{R}^4$.

Lineare Erzeugnisse von endlich vielen Vektoren eines Vektorraums V sind Teilräume von V. Wir können diese Erkenntnis auf beliebige Teilmengen von V ausdehnen.

Bemerkung 3.15 *Ist T eine nichtleere Teilmenge eines Vektorraums V, für die jede Linearkombination mit Vektoren aus T wieder in T liegt, so ist T ein Teilraum von V. Die Umkehrung gilt trivialerweise.*

Begründung. Neben der Abgeschlossenheit bezüglich der Vektoraddition und der skalaren Multiplikation gelten die Rechengesetze des Vektorraums V auch für die Vektoren aus T. Der Nullvektor ist als triviale Linearkombination von Vektoren aus T in T enthalten. Zudem ist mit $\mathbf{v}$ auch $-\mathbf{v} = -1 \cdot \mathbf{v}$ ein Vektor aus T. $\quad\square$

Die folgende, einfach zu zeigende Aussage wird sich noch als nützlich erweisen.

Satz 3.16 (Durchschnitt von Teilräumen) *Die Schnittmenge von Teilräumen eines Vektorraums V ist ebenfalls ein Teilraum von V.*

Beweis. Übungaufgabe 3.3.

Wir betrachten nun einen endlich erzeugten Teilraum $T \subset V$ eines $\mathbb{K}$-Vektorraums V. Es gibt also ein Erzeugendensystem $\mathbf{u}_1, \dots, \mathbf{u}_r$ von T:

$$T = \langle \mathbf{u}_1, \dots, \mathbf{u}_r \rangle$$

mit Vektoren $\mathbf{u}_1, \dots, \mathbf{u}_r \in V$.

Sollten diese Vektoren linear abhängig sein, so gibt es einen Vektor unter ihnen, der eine Linearkombination der übrigen Vektoren ist, sodass wir nach Satz 3.5 auf ihn verzichten können, ohne das lineare Erzeugnis zu ändern. Gehen wir einmal davon aus, dass die Vektoren so sortiert sind, dass $\mathbf{u}_r$ der betreffende Vektor ist. Wir können nun das obige Erzeugendensystem um $\mathbf{u}_r$ reduzieren, ohne dass sich das lineare Erzeugnis ändert:

$$T = \langle \mathbf{u}_1, \dots, \mathbf{u}_r \rangle = \langle \mathbf{u}_1, \dots, \mathbf{u}_{r-1} \rangle.$$

Nun können wir die verbleibenden Vektoren ebenfalls wieder auf lineare Abhängigkeit überprüfen und so ggf. einen weiteren Vektor entfernen. Dieses Verfahren können wir fortsetzen, bis wir ein Erzeugendensystem für T erhalten, das nur noch aus linear unabhängigen Vektoren besteht. Bei entsprechender Sortierung der Vektoren erhalten wir also ein $n \in \mathbb{N}$, $n \leq r$ mit

$$T = \langle \mathbf{u}_1, \ldots, \mathbf{u}_n \rangle,$$

wobei $\mathbf{u}_1, \ldots, \mathbf{u}_n$ linear unabhängig sind. Hierbei bedeutet der Fall $n = 0$, dass $T = \{\mathbf{0}\}$ vorliegt. Wir haben also eine Möglichkeit, das Erzeugendensystem auf ein *minimales* Erzeugendensystem zu reduzieren.

Es stellt sich die Frage, ob die Zahl n eindeutig bestimmt ist. Zur Beantwortung dieser Frage benötigen wir den folgenden wichtigen Satz.

Satz 3.17 *Es seien* $\mathbf{u}_1, \ldots, \mathbf{u}_n$ *linear unabhängige Vektoren eines Vektorraums V. Für jeden weiteren Satz linear unabhängiger Vektoren* $\mathbf{v}_1, \ldots, \mathbf{v}_m \in V$ *mit*

$$\langle \mathbf{v}_1, \ldots, \mathbf{v}_m \rangle \subset \langle \mathbf{u}_1, \ldots, \mathbf{u}_n \rangle$$

gilt $m \leq n$.

Beweis. Es sei also

$$T := \langle \mathbf{u}_1, \ldots, \mathbf{u}_n \rangle \supset \langle \mathbf{v}_1, \ldots, \mathbf{v}_m \rangle.$$

Wir zeigen nun, dass $m \leq n$ gelten muss. Nehmen wir nun an, es wäre $m > n$.

Nun kann wegen

$$\langle \mathbf{u}_1, \ldots, \mathbf{u}_n \rangle = T \supset \langle \mathbf{v}_1, \ldots, \mathbf{v}_m \rangle$$

jeder Vektor $\mathbf{v}_k \in \{\mathbf{v}_1, \ldots, \mathbf{v}_m\}$ als Linearkombination von $\mathbf{u}_1, \ldots, \mathbf{u}_n$ dargestellt werden. Wir beginnen mit $\mathbf{v}_1$. Es gibt also $\lambda_1, \ldots, \lambda_n \in \mathbb{K}$ mit

$$\mathbf{v}_1 = \sum_{i=1}^{n} \lambda_i \mathbf{u}_i.$$

Da $\mathbf{v}_1$ als Vektor eines linear unabhängigen Vektorsystems nicht der Nullvektor sein kann, ist mindestens ein $\lambda_k \neq 0$. Wir haben wegen

$$\mathbf{v}_1 = \sum_{i=1}^{n} \lambda_i \mathbf{u}_i = \sum_{i \neq k}^{n} \lambda_i \mathbf{u}_i + \lambda_k \mathbf{u}_k$$

eine Darstellung des Vektors $\mathbf{u}_k$:

$$\mathbf{u}_k = \frac{1}{\lambda_k} \left(\mathbf{v}_1 - \sum_{i \neq k}^{n} \lambda_i \mathbf{u}_i \right)$$

und ersetzen im Erzeugendensystem $\mathbf{u}_1, \ldots, \mathbf{u}_n$ diesen Vektor. Es gilt somit

$$\langle \mathbf{u}_1, \ldots, \mathbf{u}_n \rangle = \langle \mathbf{u}_1, \ldots, \mathbf{u}_{k-1}, \underbrace{\frac{1}{\lambda_k} \left(\mathbf{v}_1 - \sum_{i \neq k}^{n} \lambda_i \mathbf{u}_i \right)}_{=\mathbf{u}_k}, \mathbf{u}_{k+1}, \ldots, \mathbf{u}_n \rangle$$

$$= \langle \mathbf{u}_1, \ldots, \mathbf{u}_{k-1}, \frac{1}{\lambda_k} \mathbf{v}_1 - \sum_{i \neq k}^{n} \frac{1}{\lambda_k} \lambda_i \mathbf{u}_i, \mathbf{u}_{k+1}, \ldots, \mathbf{u}_n \rangle$$

$$= \langle \mathbf{u}_1, \ldots, \mathbf{u}_{k-1}, \frac{1}{\lambda_k} \mathbf{v}_1, \mathbf{u}_{k+1}, \ldots, \mathbf{u}_n \rangle, \quad \text{nach Satz 3.11,}$$

$$= \langle \mathbf{u}_1, \ldots, \mathbf{u}_{k-1}, \mathbf{v}_1, \mathbf{u}_{k+1}, \ldots, \mathbf{u}_n \rangle, \quad \text{nach Satz 3.12.}$$

Wegen der Invarianz eines linearen Erzeugnisses unter elementaren Umformungen können wir also den Vektor $\mathbf{u}_k$ durch den Vektor $\mathbf{v}_1$ ersetzen, ohne das lineare Erzeugnis zu ändern. Es gilt also

$$\langle \mathbf{u}_1, \ldots, \mathbf{u}_n \rangle = \langle \mathbf{u}_1, \ldots, \mathbf{u}_{k-1}, \mathbf{v}_1, \mathbf{u}_{k+1}, \ldots \mathbf{u}_n \rangle$$

und daher auch

$$\langle \mathbf{v}_1, \ldots, \mathbf{v}_m \rangle \subset \langle \mathbf{u}_1, \ldots, \mathbf{u}_{k-1}, \mathbf{v}_1, \mathbf{u}_{k+1}, \ldots \mathbf{u}_n \rangle.$$

Dies bedeutet insbesondere, dass wir nun $\mathbf{v}_2$ als Linearkombination von

$$\mathbf{u}_1, \ldots, \mathbf{u}_{k-1}, \mathbf{v}_1, \mathbf{u}_{k+1}, \ldots \mathbf{u}_n$$

darstellen können. Es gibt also $\mu_1, \ldots, \mu_n \in \mathbb{K}$ mit

$$\mathbf{v}_2 = \sum_{i \neq k} \mu_i \mathbf{u}_i + \mu_k \mathbf{v}_1.$$

Wären die Skalare $\mu_i = 0$ für $i \neq k$, verschwänden also die Skalare in der ersten Summe, so gälte $\mathbf{v}_2 = \mu_k \mathbf{v}_1$, was aufgrund der vorausgesetzten linearen Unabhängigkeit des Erzeugendensystems $\mathbf{v}_1, \ldots, \mathbf{v}_m$ nicht sein kann. Es gibt daher ein μ_j für $j \neq k$ mit $\mu_j \neq 0$. Auf diese Weise ergibt sich eine Darstellung für einen weiteren Vektor $\mathbf{u}_j \neq \mathbf{u}_k$:

$$\mathbf{u}_j = \frac{1}{\mu_j} \left(\mathbf{v}_2 - \sum_{i \neq j,k}^{n} \mu_i \mathbf{u}_i - \mu_k \mathbf{v}_1 \right). \tag{3.8}$$

Wir können nun im Erzeugendensystem

$$\langle \mathbf{u}_1, \ldots, \mathbf{u}_{k-1}, \mathbf{v}_1, \mathbf{u}_{k+1}, \ldots \mathbf{u}_n \rangle$$

einen weiteren Vektor $\mathbf{u}_j$ mit $j \neq k$ auf analoge Weise gegen die rechte Seite von (3.8) austauschen und erhalten dabei aufgrund von Satz 3.11 und Satz 3.12 ein weiteres Erzeugendensystem mit

$$\langle \mathbf{u}_1, \ldots, \mathbf{u}_n \rangle = \langle \mathbf{u}_1, \ldots, \mathbf{u}_{j-1}, \mathbf{v}_2, \mathbf{u}_{j+1}, \ldots, \mathbf{u}_{k-1}, \mathbf{v}_1, \mathbf{u}_{k+1}, \ldots \mathbf{u}_n \rangle.$$

Wir können dieses Verfahren nun fortsetzen. Zweckmäßig ist es, die Vektoren neu zu ordnen, indem wir die ersetzten Vektoren an den Anfang legen und die verbleibenden ursprünglichen Vektoren neu bezeichnen. Gehen wir einmal davon aus, dass wir bereits

$l < n$ Vektoren auf diese Weise ersetzt haben. Die restlichen $n - l$ ursprünglichen Vektoren bezeichnen wir nun mit $\mathbf{y}_1, \ldots, \mathbf{y}_{n-l}$. Dann gilt

$$\langle \mathbf{u}_1, \ldots, \mathbf{u}_n \rangle = \langle \mathbf{v}_1, \ldots, \mathbf{v}_l, \mathbf{y}_1, \ldots, \mathbf{y}_{n-l} \rangle \supset \langle \mathbf{v}_1, \ldots, \mathbf{v}_m \rangle$$

mit paarweise verschiedenen $\mathbf{y}_1, \ldots, \mathbf{y}_{n-l} \in \{\mathbf{u}_1, \ldots, \mathbf{u}_n\}$. Wir haben nun die Möglichkeit, den Vektor $\mathbf{v}_{l+1}$ als Linearkombination von

$$\mathbf{v}_1, \ldots, \mathbf{v}_l, \mathbf{y}_1, \ldots, \mathbf{y}_{n-l}$$

darzustellen. Es gibt also Skalare $\rho_1, \ldots, \rho_n \in \mathbb{K}$ mit

$$\mathbf{v}_{l+1} = \sum_{i=1}^{l} \rho_i \mathbf{v}_i + \sum_{i=l+1}^{n} \rho_i \mathbf{y}_{i-l}. \tag{3.9}$$

Nehmen wir an, dass in der zweiten Summe alle Skalare $\rho_{l+1}, \ldots, \rho_n = 0$ wären, dann wäre allerdings $\mathbf{v}_{l+1}$ eine Linearkombination von $\mathbf{v}_1, \ldots, \mathbf{v}_l$ im Widerspruch zur vorausgesetzten linearen Unabhängigkeit des Erzeugendensystems $\mathbf{v}_1, \ldots, \mathbf{v}_m$. Es gibt also ein $p \in \{l+1, \ldots, n\}$ mit $\rho_p \neq 0$. Aus (3.9) ergibt sich eine Darstellung für den Vektor $\mathbf{y}_p$

$$\mathbf{y}_p = \frac{1}{\rho_p} \left(\mathbf{v}_{l+1} - \sum_{i=1}^{l} \rho_i \mathbf{v}_i - \sum_{\substack{i=l+1 \\ i \neq p}}^{n} \rho_i \mathbf{y}_{i-l} \right).$$

Wie in den Ersetzungen zuvor können wir im Erzeugendensystem

$$\mathbf{v}_1, \ldots, \mathbf{v}_l, \mathbf{y}_1, \ldots, \mathbf{y}_{n-l}$$

den Vektor $\mathbf{y}_p$ durch $\mathbf{v}_{l+1}$ ersetzen, ohne das lineare Erzeugnis zu ändern. Auf diese Weise besteht also die Möglichkeit, alle Vektoren des ursprünglichen Erzeugendensystems

$$\mathbf{u}_1, \ldots, \mathbf{u}_n$$

gegen

$$\mathbf{v}_1, \ldots, \mathbf{v}_n$$

auszutauschen mit

$$T = \langle \mathbf{u}_1, \ldots, \mathbf{u}_n \rangle = \langle \mathbf{v}_1, \ldots, \mathbf{v}_n \rangle.$$

Da wir $m > n$ angenommen haben, gibt es (zumindest) noch den zusätzlichen Vektor $\mathbf{v}_{n+1}$ in $\{\mathbf{v}_1, \ldots, \mathbf{v}_m\}$. Nun gilt

$$T = \langle \mathbf{v}_1, \ldots, \mathbf{v}_n \rangle \subset \langle \mathbf{v}_1, \ldots, \mathbf{v}_n, \mathbf{v}_{n+1} \rangle \subset \langle \mathbf{v}_1, \ldots, \mathbf{v}_m \rangle \subset T,$$

und daher bleibt nur

$$\langle \mathbf{v}_1, \ldots, \mathbf{v}_n \rangle = \langle \mathbf{v}_1, \ldots, \mathbf{v}_n, \mathbf{v}_{n+1} \rangle = T.$$

Aufgrund von Satz 3.3 muss der zusätzliche Vektor $\mathbf{v}_{n+1}$ Linearkombination von $\mathbf{v}_1, \ldots, \mathbf{v}_n$ sein im Widerspruch zur vorausgesetzten linearen Unabhängigkeit des zweiten Erzeugendensystems $\mathbf{v}_1, \ldots, \mathbf{v}_m$ von T. $\square$

Folgerung 3.18 *Zwei linear unabhängige Erzeugendensysteme ein und desselben endlich erzeugten Vektorraums müssen aus einer gleichen Anzahl von Vektoren bestehen (wobei die Vektoren beider Systeme nicht identisch sein müssen). Sind also $\mathbf{u}_1, \ldots, \mathbf{u}_n \in V$ und $\mathbf{v}_1, \ldots, \mathbf{v}_m \in V$ zwei Systeme mit jeweils linear unabhängigen Vektoren eines Vektorraums V, deren lineare Erzeugnisse übereinstimmen,*

$$\langle \mathbf{u}_1, \ldots, \mathbf{u}_n \rangle = \langle \mathbf{v}_1, \ldots, \mathbf{v}_m \rangle,$$

so gilt $n = m$.

Anders ausgedrückt: Haben zwei jeweils linear unabhängige Vektorsysteme eine unterschiedliche Anzahl von Vektoren, so können deren lineare Erzeugnisse nicht gleich sein.

Beweis. Einerseits gilt

$$\langle \mathbf{v}_1, \ldots, \mathbf{v}_m \rangle \subset \langle \mathbf{u}_1, \ldots, \mathbf{u}_n \rangle,$$

woraus sich nach dem letzten Satz $m \leq n$ ergibt. Andererseits gilt hier auch

$$\langle \mathbf{u}_1, \ldots, \mathbf{u}_n \rangle \subset \langle \mathbf{v}_1, \ldots, \mathbf{v}_m \rangle,$$

was in entsprechender Weise $n \leq m$ nach sich zieht. Es bleibt nur $n = m$. $\square$

Wenn wir aus einem Satz linear abhängiger Vektoren $\mathbf{v}_1, \ldots, \mathbf{v}_r$ nach und nach Vektoren, die sich als Linearkombination der übrigen Vektoren darstellen lassen, entfernen, so gelangen wir schließlich zu einem reduzierten System verbleibender $n < r$ linear unabhängiger Vektoren

$$\mathbf{u}_1, \ldots, \mathbf{u}_n \in \{\mathbf{v}_1, \ldots, \mathbf{v}_r\},$$

das denselben Teilraum

$$T = \langle \mathbf{u}_1, \ldots, \mathbf{u}_n \rangle = \langle \mathbf{v}_1, \ldots, \mathbf{v}_r \rangle$$

aufspannt. Wir können also bei $\mathbf{u}_1, \ldots, \mathbf{u}_n$ von einem *minimalen* Erzeugendensystem für T sprechen. Entfernen wir dann weitere Vektoren, so ändern wir das lineare Erzeugnis erstmals, es entsteht ein kleinerer Teilraum von T. Aufgrund der Folgerung des letzten Satzes wissen wir, dass die Anzahl der linear unabhängigen Vektoren, die zur Erzeugung von T dienen, konstant ist und in dieser Situation mit n übereinstimmt. Wir können einem endlich erzeugten Vektorraum T nun die Anzahl der mindestens zu seiner Erzeugung notwendigen Vektoren zuordnen und wissen bereits, dass sich diese Anzahl durch Reduktion eines *beliebigen* Erzeugendensystems von T auf linear unabhängige Vektoren ergeben muss.

Definition 3.19 **(Dimension)** *Es sei V ein endlich erzeugter $\mathbb{K}$-Vektorraum. Die Anzahl n der vom Nullvektor verschiedenen Vektoren aus V, die minimal nötig sind, um V zu erzeugen, wird als Dimension von V bezeichnet:*

$$\dim V := n. \tag{3.10}$$

Ein Vektorraum heißt endlich-dimensional oder n-dimensional (mit $n < \infty$), wenn er endlich erzeugt ist. Besitzt ein Vektorraum kein endliches System aus Vektoren, das ihn erzeugt, *so wird von einem nicht endlich erzeugten Vektorraum bzw. unendlich-dimensionalen Vektorraum gesprochen* (dim $V = \infty$).

Wie können wir nun die Dimension eines endlich erzeugten Vektorraums bestimmen? Wie bereits gezeigt, kann die skizzierte schrittweise Reduktion seines Erzeugendensystems auf ein System linear unabhängiger Vektoren, die den Vektorraum gerade noch erzeugen, zur Dimensionsbestimmung verwendet werden. Gibt es die Möglichkeit, in einem n-dimensionalen Vektorraum mehr als n linear unabhängige Vektoren zu finden? Die Antwort gibt der folgende Satz.

Satz 3.20 *Es sei* $V = \langle \mathbf{u}_1, \ldots, \mathbf{u}_n \rangle$ *ein durch die linear unabhängigen Vektoren* $\mathbf{u}_1, \ldots, \mathbf{u}_n$ *erzeugter und damit n-dimensionaler Vektorraum. Ferner seien* $\mathbf{l}_1, \ldots, \mathbf{l}_n \in V$ *weitere n linear unabhängige Vektoren aus V. Dann ist das lineare Erzeugnis dieser Vektoren bereits ganz V. Es gilt also*

$$\langle \mathbf{l}_1, \ldots, \mathbf{l}_n \rangle = \langle \mathbf{u}_1, \ldots, \mathbf{u}_n \rangle = V.$$

Das Vektorsystem

$$\mathbf{l}_1, \ldots, \mathbf{l}_n, \mathbf{l}_{n+1}$$

ist für jeden weiteren Vektor $\mathbf{l}_{n+1} \in V$ *linear abhängig.*

Beweis. Wäre das Vektorsystem

$$\mathbf{l}_1, \ldots, \mathbf{l}_n, \mathbf{l}_{n+1}$$

linear unabhängig, so ergäbe sich nach Satz 3.17 wegen

$$\langle \mathbf{l}_1, \ldots, \mathbf{l}_n, \mathbf{l}_{n+1} \rangle \subset V = \langle \mathbf{u}_1, \ldots, \mathbf{u}_n \rangle$$

mit $n+1 \leq n$ ein Widerspruch. Jeder zu $\mathbf{l}_1, \ldots, \mathbf{l}_n$ hinzugefügte Vektor $\mathbf{v} \in V$ muss demnach eine Linearkombination von $\mathbf{l}_1, \ldots, \mathbf{l}_n$ sein. Daher gilt

$$V \subset \langle \mathbf{l}_1, \ldots, \mathbf{l}_n \rangle,$$

und wegen $\langle \mathbf{l}_1, \ldots, \mathbf{l}_n \rangle \subset V$ ist

$$V = \langle \mathbf{l}_1, \ldots, \mathbf{l}_n \rangle.$$

Somit kann ein n-dimensionaler Teilraum $T \subset V$ eines n-dimensionalen Vektorraums V nur mit V übereinstimmen. $\square$

Die Dimension eines endlich-dimensionalen Vektorraums V stellt eine Obergrenze für die Anzahl linear unabhängiger Vektoren innerhalb eines Systems aus Vektoren von V dar.

Bemerkung 3.21 (Unendlich-dimensionale Vektorräume) *Ein nicht endlich erzeugter Vektorraum V besitzt kein endliches Vektorsystem, das ihn erzeugt. In einem derartigen Raum ist es möglich, einen unendlichen Satz von linear unabhängigen Vektoren zu finden, denn falls für ein linear unabhängiges Vektorsystem* $\mathbf{u}_1, \ldots, \mathbf{u}_n$ *jede weitere Ergänzung um einen Vektor* $\mathbf{v} \in V$ *zu einem linear abhängigen System* $\mathbf{u}_1, \ldots, \mathbf{u}_n, \mathbf{v}$ *führen würde, so müsste, da* $\mathbf{u}_1, \ldots, \mathbf{u}_n$ *linear unabhängig sind,* $\mathbf{v}$ *eine Linearkombination dieser Vektoren sein. In dieser Situation wäre also jeder Vektor* $\mathbf{v} \in V$ *eine Linearkombination der Vektoren* $\mathbf{u}_1, \ldots, \mathbf{u}_n$*. Dann aber wäre V endlich erzeugt im Widerspruch zur Voraussetzung.*

Derartige Vektorräume gibt es tatsächlich. Der Vektorraum aller abbrechenden reellen Folgen

$$\{(a_n)_{n\in\mathbb{N}} : a_n \neq 0 \text{ für höchstens endlich viele } n \in \mathbb{N}\}$$

beispielsweise besitzt kein endliches Erzeugendensystem. Die in ihm enthaltenen Vektoren

$$\mathbf{u}_1 = (1,0,0,\ldots)$$
$$\mathbf{u}_2 = (0,1,0,\ldots)$$
$$\mathbf{u}_3 = (0,0,1,\ldots)$$
$$\vdots$$

bilden ein unendliches System linear unabhängiger Vektoren.

Wenden wir uns nun wieder endlich-dimensionalen, also endlich erzeugten Vektorräumen zu.

Satz 3.22 *Teilräume eines endlich erzeugten Vektorraums sind ebenfalls endlich erzeugt. Für einen Teilraum T eines endlich-dimensionalen Vektorraums V gilt $\dim T \leq \dim V$. Genauer gilt sogar: Für einen echten Teilraum $T \subsetneq V$ von V gilt $\dim T < \dim V$. Für den kleinsten Teilraum, den Nullvektorraum $\{\mathbf{0}\} \subset V$, gilt $\dim V = 0$. Dies ist auch der einzige nulldimensionale Teilraum von V.*

Beweis. Es gelte $V = \langle \mathbf{v}_1,\ldots,\mathbf{v}_n \rangle$ mit linear unabhängigen Vektoren $\mathbf{v}_1,\ldots,\mathbf{v}_n \in V$. Falls der Teilraum T nicht endlich erzeugt wäre, so gäbe es nach der letzten Bemerkung einen unendlichen Satz von linear unabhängigen Vektoren in ihm, nach Satz 3.20 ist allerdings die Anzahl linear unabhängiger Vektoren in V durch $n = \dim V$ beschränkt.

Da nun jeder Teilraum $T \subset V$ endlich erzeugt ist, gibt es ein minimales Erzeugendensystem linear unabhängiger Vektoren $\mathbf{l}_1,\ldots,\mathbf{l}_m$ für T. Definitionsgemäß ist $\dim T = m$. Nach Satz 3.17 gilt dabei $m \leq n$, also $\dim T \leq \dim V$. Ist $T \subsetneq V$ ein echter Teilraum, so muss $m < n$ sein, da ein $m = n$-dimensionaler Teilraum $T \subset V$ des n-dimensionalen Vektorraums V nach Satz 3.20 nur mit V übereinstimmen kann. Es gilt also $\dim T < \dim V$.

Die Dimension eines Vektorraums ist die Minimalzahl der von $\mathbf{0}$ verschiedenen benötigten Vektoren in einem (beliebigen) Erzeugendensystem für ihn. Für den einzigen Vektor $\mathbf{0}$ des Nullvektorraums gilt seine Darstellung als leere Summe. Es ist

$$\mathbf{0} = \sum_{i=1}^{0} \lambda_i \mathbf{u}_i$$

für beliebiges $\lambda_i \in \mathbb{K}$. Definitionsgemäß gilt also $\dim\{\mathbf{0}\} = \dim\langle\mathbf{0}\rangle = \dim\langle\{\}\rangle = 0$. $\square$

Wir sehen uns nun zwei Beispiele endlich-dimensionaler Vektorräume an.

(i) $V = \mathbb{R}^3$ ist ein dreidimensionaler Vektorraum: Zunächst ist das System der drei kanonischen Einheitsvektoren $\hat{\mathbf{e}}_1$, $\hat{\mathbf{e}}_2$ und $\hat{\mathbf{e}}_3$ ein minimales Erzeugendensystem, da $\mathbb{R}^3 = \langle \hat{\mathbf{e}}_1, \hat{\mathbf{e}}_2, \hat{\mathbf{e}}_3 \rangle$ und die Einheitsvektoren linear unabhängig sind. Wir können den $\mathbb{R}^3$ nicht mit weniger Vektoren erzeugen. Es gibt kein Erzeugendensystem aus einem oder zwei Vektoren, das den $\mathbb{R}^3$ aufspannt. Der Versuch, den $\mathbb{R}^3$ beispielsweise mit nur zwei Vektoren $\mathbf{v}$ und $\mathbf{w}$ zu erzeugen, führt zu einem Widerspruch (Übung).

(ii) Für den $\mathbb{Q}$-Vektorraum aller Polynome maximal dritten Grades mit rationalen Koeffizienten $V = \{p \in \mathbb{Q}[x] : \deg p \leq 3\}$ gilt $\dim V = 4$.

Wir kommen nun zu einem zentralen Begriff der linearen Algebra.

Definition 3.23 (Basis) *Eine Teilmenge $B \subset V$ von Vektoren eines Vektorraums V heißt Basis von V, wenn B ein minimales Erzeugendensystem von V bildet, d. h., es gilt $\langle B \rangle = V$, und für jede echte Teilmenge $C \subsetneq B$ folgt $\langle C \rangle \subsetneq V$. Jede Verkleinerung von B erzeugt einen kleineren Teilraum.*

Definition 3.24 *Besitzt ein Vektorraum V eine Basis, die aus unendlich vielen Vektoren besteht, so nennt man V unendlich-dimensional und schreibt $\dim V = \infty$.*

Für den Vektorraum $\mathbb{K}^n$ ist das System der n kanonischen Einheitsvektoren $\hat{\mathbf{e}}_1, \ldots, \hat{\mathbf{e}}_n$ eine Basis. Es gibt aber auch weitere Basen des $\mathbb{K}^n$, so zum Beispiel für $n > 1$ das System der Vektoren

$$\mathbf{v}_i := \sum_{k=1}^{i} \hat{\mathbf{e}}_k, \qquad i = 1, \ldots, n.$$

Satz 3.25 (Prägende Eigenschaften einer Basis) *Es sei V ein Vektorraum. Für eine Teilmenge B von Vektoren aus V sind folgende Aussagen äquivalent:*

(i) B ist eine Basis von V.

(ii) B ist ein minimales Erzeugendensystem von V.

(iii) $\langle B \rangle = V$ und falls für eine Teilmenge $C \subset B$ ebenfalls gilt $\langle C \rangle = V$, so folgt bereits $C = B$.

(iv) $\langle B \rangle = V$ und für jede echte Teilmenge $C \subsetneq B$ von B gilt $\langle C \rangle \subsetneq V$.

(v) B enthält nur linear unabhängige Vektoren und erzeugt V.

(vi) Falls V endlich-dimensional ist: $\dim\langle B \rangle = \dim V$ und $\dim\langle B \rangle = |B| =$Anzahl der Vektoren in B. (Hierbei ist die Vorbedingung $B \subset V$ entscheidend!) Kurz: $B \subset V$ besteht aus $\dim V$ linear unabhängigen Vektoren.

(vii) Jeder Vektor aus V ist eine eindeutige Linearkombination von Vektoren aus B.

Sind B und B' zwei Basen eines Vektorraums V, so ist die Dimension ihrer linearen Erzeugnisse gleich: $\dim\langle B \rangle = \dim V = \dim\langle B' \rangle$. Bei endlich erzeugten Vektorräumen $V = \langle \mathbf{b}_1, \ldots, \mathbf{b}_n \rangle$ mit n (linear unabhängigen) Basisvektoren $\mathbf{b}_1, \ldots, \mathbf{b}_n \in V$ ist zur eindeutigen Darstellung von Vektoren

$$\mathbf{v} = \lambda_1 \mathbf{b}_1 + \cdots + \lambda_n \mathbf{b}_n, \quad \text{mit} \quad \lambda_1, \ldots, \lambda_n \in \mathbb{K}$$

aus V die Reihenfolge der Basisvektoren $\mathbf{b}_1, \ldots, \mathbf{b}_n$ von Bedeutung. Es ist daher zweckmäßig, die aus diesen Vektoren bestehende Basis B nicht einfach nur als Menge, sondern als n-Tupel von Vektoren aus V darzustellen:

$$B = (\mathbf{b}_1, \ldots, \mathbf{b}_n) \in V^n.$$

Wir wollen diese Schreibweise für Basen endlich erzeugter Vektorräume künftig anwenden.

Wir betrachten nun einige Beispiele für Basen endlich erzeugter Vektorräume. Eine Basis des $\mathbb{K}$-Vektorraums $V = \mathbb{K}^n$ der Spaltenvektoren mit n Komponenten aus $\mathbb{K}$ ist beispielsweise die *kanonische* Basis bestehend aus den n Einheitsvektoren

$$\hat{\mathbf{e}}_1 = \begin{pmatrix} 1 \\ 0 \\ 0 \\ \vdots \\ 0 \end{pmatrix}, \quad \hat{\mathbf{e}}_2 = \begin{pmatrix} 0 \\ 1 \\ 0 \\ \vdots \\ 0 \end{pmatrix}, \quad \ldots, \quad \hat{\mathbf{e}}_n = \begin{pmatrix} 0 \\ 0 \\ \vdots \\ 0 \\ 1 \end{pmatrix}.$$

Hierbei ist die in den Spaltenvektoren auftretende 1 das Einselement des Körpers $\mathbb{K}$. Die kanonische Basis des $\mathbb{R}^3$ ist $E = (\hat{\mathbf{e}}_1, \hat{\mathbf{e}}_2, \hat{\mathbf{e}}_3)$ mit

$$\hat{\mathbf{e}}_1 = \begin{pmatrix} 1 \\ 0 \\ 0 \end{pmatrix}, \quad \hat{\mathbf{e}}_2 = \begin{pmatrix} 0 \\ 1 \\ 0 \end{pmatrix}, \quad \hat{\mathbf{e}}_3 = \begin{pmatrix} 0 \\ 0 \\ 1 \end{pmatrix}.$$

Eine weitere Basis des $\mathbb{R}^3$ ist beispielsweise $B = (\mathbf{b}_1, \mathbf{b}_2, \mathbf{b}_3)$ mit

$$\mathbf{b}_1 = \begin{pmatrix} 2 \\ 0 \\ 1 \end{pmatrix}, \quad \mathbf{b}_2 = \begin{pmatrix} 1 \\ 1 \\ 0 \end{pmatrix}, \quad \mathbf{b}_3 = \begin{pmatrix} 1 \\ 0 \\ 1 \end{pmatrix}.$$

Für den dreidimensionalen $\mathbb{R}$-Vektorraum der reellen Polynome maximal zweiten Grades in der Variablen x,

$$W = \{p \in \mathbb{R}[x] : \deg p \leq 2\} = \{a_2 x^2 + a_1 x + a_0 : a_0, a_1, a_2 \in \mathbb{R}\},$$

liegt es nahe, mit $B = (\mathbf{b}_1 = x^2, \mathbf{b}_2 = x, \mathbf{b}_3 = 1)$ eine Basis zu wählen. Nach Satz 3.25 ist aber auch

$$B' = (\mathbf{b}'_1, \mathbf{b}'_2, \mathbf{b}'_3) \quad \text{mit} \quad \mathbf{b}'_1 = 1 + x, \mathbf{b}'_2 = x^2, \mathbf{b}'_1 = 1 + x^2$$

eine Basis von W, da $\mathbf{b}'_1, \mathbf{b}'_2, \mathbf{b}'_3 \in W$ und dabei linear unabhängig sind, und $\dim W = 3 = |B'|$ gilt.

Für einen Körper $\mathbb{K}$ kann der Polynomring $\mathbb{K}[x]$ als unendlich-dimensionaler $\mathbb{K}$-Vektorraum aufgefasst werden. Jedes Polynom aus $\mathbb{K}[x]$ ist eine formale Linearkombination der Basisvektoren $1 = x^0, x = x^1, x^2, x^3, \ldots$ (vgl. hierzu auch Übungsaufgabe 3.12).

Die Menge $\mathbb{C}$ der komplexen Zahlen kann als $\mathbb{R}$-Vektorraum aufgefasst werden. Eine Basis von $\mathbb{C}$ ist dabei $B = (1, i)$. Jede komplexe Zahl $z = a + bi$ mit $a, b \in \mathbb{R}$ ist eine formale Linearkombination aus 1 und i.

Sind V und W zwei endlich-dimensionale $\mathbb{K}$-Vektorräume mit Basen $B = (\mathbf{b}_1, \ldots, \mathbf{b}_n)$ von V sowie $C = (\mathbf{c}_1, \ldots, \mathbf{c}_m)$ von W, so besitzt das direkte Produkt $V \times W$ (vgl. Übungsaufgabe 1.15) die Basis $(\mathbf{b}_1, \mathbf{0}), \ldots, (\mathbf{b}_n, \mathbf{0}), (\mathbf{0}, \mathbf{c}_1), \ldots, (\mathbf{0}, \mathbf{c}_m)$. Insbesondere gilt dabei die Dimensionsformel für das direkte Produkt

$$\dim V \times W = \dim V + \dim W. \tag{3.11}$$

Der folgende Satz ist grundlegend für die lineare Algebra.

Satz 3.26 (Existenz einer Basis) *Jeder Vektorraum besitzt eine Basis.*

Für endlich erzeugte Vektorräume ist dieser Satz trivial. Um nämlich aus dem Erzeugendensystem eines endlich-dimensionalen Vektorraums V eine Basis zu gewinnen, reduziert man dieses Erzeugendensystem, bis nur noch linear unabhängige Vektoren übrig bleiben. Auf einen Beweis dieses wichtigen Satzes für unendlich-dimensionale Vektorräume müssen wir hier verzichten, da dieses Vorhaben vertiefte Kenntnisse der Mengenlehre erfordert.

Für ein System $\mathbf{u}_1, \ldots \mathbf{u}_r$ aus r linear unabhängigen Vektoren eines endlich-erzeugten Vektorraums V der Dimension $n > r$ gibt es einen Vektor aus V, der zu allen r Vektoren des Vektorsystems linear unabhängig ist, da sonst der komplette Vektorraum V bereits aus $\mathbf{u}_1, \ldots \mathbf{u}_r$ erzeugbar wäre im Widerspruch zu $r < n$. Wir können dieses Vektorsystem maximal mit $n - r$ Vektoren auffüllen, sodass die lineare Unabhängigkeit erhalten bleibt. Wir erhalten damit eine Basis von V, da jeder n-dimensionale Teilraum von V bereits mit V übereinstimmen muss.

Satz 3.27 (Basisergänzungssatz) *Jeder Satz $\mathbf{u}_1, \ldots \mathbf{u}_r$ von linear unabhängen Vektoren eines endlich erzeugten Vektorraums V der Dimension $n > r$ kann zu einer Basis von V ergänzt werden. Es gibt also Vektoren $\mathbf{u}_{r+1}, \ldots, \mathbf{u}_n \in V$, sodass $B = (\mathbf{u}_1, \ldots, \mathbf{u}_n)$ eine Basis von V ist.*

Wir wenden uns jetzt wieder Spaltenvektorräumen und Matrizen zu. Wird eine $m \times n$-Matrix A als Abbildung $\mathbf{x} \mapsto A\mathbf{x}$ von $\mathbb{K}^n \to \mathbb{K}^m$ aufgefasst, so erhält die Wertemenge nun eine spezielle Bezeichnung.

Definition 3.28 (Bild einer Matrix) *Es sei $A \in \mathrm{M}(m \times n, \mathbb{K})$. Als Bild der Matrix A wird die Menge aller Matrix-Vektor-Produkte $A\mathbf{x}$ für $\mathbf{x} \in \mathbb{K}^n$ bezeichnet:*

$$\operatorname{Bild} A := \{A\mathbf{x} : \mathbf{x} \in \mathbb{K}^n\}. \tag{3.12}$$

Aus der Definition des Matrix-Vektor-Produkts folgt unmittelbar:

Bemerkung 3.29 *Das Bild einer Matrix ist das lineare Erzeugnis ihrer Spalten.*

Es sei A eine $m \times n$-Matrix über $\mathbb{K}$. Zudem sei $Z \in \mathrm{GL}(m, \mathbb{K})$ eine reguläre Matrix. Das Bild von A ist als lineares Erzeugnis der Spalten von A insbesondere ein Vektorraum und besitzt daher eine Basis $(\mathbf{b}_1, \ldots, \mathbf{b}_r)$ mit $\mathbf{b}_1, \ldots, \mathbf{b}_r \in \mathbb{K}^m$. Da diese Vektoren Bildvektoren von A sind, gibt es $\mathbf{x}_1, \ldots, \mathbf{x}_r \in \mathbb{K}^n$ mit

$$A\mathbf{x}_k = \mathbf{b}_k \qquad k = 1, \ldots, r.$$

Die Vektoren

$$Z\mathbf{b}_k, \qquad k = 1, \ldots, r$$

liegen wegen $Z\mathbf{b}_k = Z(A\mathbf{x}_k) = (ZA)\mathbf{x}_k$ im Bild von ZA, das als lineares Erzeugnis der Spalten von ZA ebenso einen Vektorraum darstellt. Wir zeigen nun, dass die Vektoren $Z\mathbf{b}_1, \ldots, Z\mathbf{b}_r$ eine Basis von $\operatorname{Bild}(ZA)$ ergeben. Wenn wir zunächst das homogene lineare Gleichungssystem

$$(Z\mathbf{b}_1|\cdots|Z\mathbf{b}_r)\mathbf{y} = \mathbf{0}, \qquad \mathbf{y} \in \mathbb{K}^r$$

betrachten, so ergibt sich nach Durchmultiplikation mit Z^{-1} von links das homogene lineare Gleichungssystem

$$(\mathbf{b}_1|\cdots|\mathbf{b}_r)\mathbf{y} = \mathbf{0}, \qquad \mathbf{y} \in \mathbb{K}^r,$$

was bedingt durch die lineare Unabhängigkeit von $\mathbf{b}_1,\ldots,\mathbf{b}_r$ nur trivial durch $\mathbf{y} = \mathbf{0}$ gelöst wird. Daher sind auch $Z\mathbf{b}_1,\ldots,Z\mathbf{b}_r$ linear unabhängig. Wir haben es also bei den Vektoren $Z\mathbf{b}_1,\ldots,Z\mathbf{b}_r$ mit r linear unabhängigen Vektoren aus Bild(ZA) zu tun. Andererseits ist jeder Vektor $\mathbf{v} \in$ Bild(ZA) von der Gestalt $\mathbf{v} = ZA\mathbf{w}$ mit $A\mathbf{w} \in$ Bild$A = \langle \mathbf{b}_1,\ldots,\mathbf{b}_r \rangle$. Somit ist $\mathbf{v} = ZA\mathbf{w} = Z(\lambda_1\mathbf{b}_1 + \cdots + \lambda_r\mathbf{b}_r) = \lambda_1 Z\mathbf{b}_1 + \cdots + \lambda_r Z\mathbf{b}_r$ mit $\lambda_1,\ldots,\lambda_r \in \mathbb{K}$ eine Linearkombination von $Z\mathbf{b}_1,\ldots,Z\mathbf{b}_r$. Die Vektoren $Z\mathbf{b}_1,\ldots,Z\mathbf{b}_r$ bilden daher eine Basis von Bild(ZA). Insbesondere gilt

$$\dim \text{Bild}(ZA) = \dim \text{Bild}A.$$

Die Räume Bild$A$ und Bild(AS) sind für jede reguläre Matrix $S \in$ GL$(n,\mathbb{K})$ sogar identisch, denn es gibt für $\mathbf{b} \in$ Bild$A$ ein $\mathbf{x} \in \mathbb{K}^n$ mit

$$\mathbf{b} = A\mathbf{x}.$$

Mit $\mathbf{v} = S^{-1}\mathbf{x} \in \mathbb{K}^n$ folgt

$$AS\mathbf{v} = ASS^{-1}\mathbf{x} = A\mathbf{x} = \mathbf{b}.$$

Der Vektor $\mathbf{b}$ liegt also auch in Bild(AS). Ein Vektor $\boldsymbol{\beta} \in$ Bild(AS) liegt aber auch in Bild$A$, denn es gilt für $\boldsymbol{\beta} \in$ Bild(AS)

$$\boldsymbol{\beta} = AS\mathbf{y}$$

mit einem $\mathbf{y} \in \mathbb{K}^n$. Mit $\mathbf{w} = S\mathbf{y}$ folgt

$$A\mathbf{w} = AS\mathbf{y} = \boldsymbol{\beta}.$$

Damit folgt Bild$(AS) =$ Bild$A$. Dies kann formal auch viel einfacher gezeigt werden: Es gilt

$$\text{Bild}A = A\mathbb{K}^n = AS\underbrace{S^{-1}\mathbb{K}^n}_{=\mathbb{K}^n} = AS\mathbb{K}^n = \text{Bild}(AS), \tag{3.13}$$

da

$$S^{-1}\mathbb{K}^n = \{S^{-1}\mathbf{x} : \mathbf{x} \in \mathbb{K}^n\} = \text{Bild}S^{-1} = \mathbb{K}^n,$$

denn S^{-1} ist regulär, sodass jedes $\mathbf{b} \in \mathbb{K}^n$ als $S^{-1}\mathbf{x}$ darstellbar und daher ein Bildvektor von S^{-1} ist. Da nun diese Räume identisch sind, gilt insbesondere

$$\dim \text{Bild}(AS) = \dim \text{Bild}A.$$

Wir fassen diese Ergebnisse zusammen.

Satz 3.30 *Es sei $A \in$ M$(m \times n, \mathbb{K})$ eine Matrix. Für zwei beliebige reguläre Matrizen $Z \in$ GL$(m, \mathbb{K})$ und $S \in$ GL$(n, \mathbb{K})$ gilt dann*

$$\dim \text{Bild}(ZAS) = \dim \text{Bild}A. \tag{3.14}$$

Lösungsmengen homogener linearer Gleichungssysteme erhalten nun auch eine Bezeichnung.

Definition 3.31 (Kern einer Matrix) *Es sei $A \in M(m \times n, \mathbb{K})$. Als Kern[2] der Matrix A wird die Lösungsmenge des homogenen linearen Gleichungssystems $A\mathbf{x} = \mathbf{0}$ bezeichnet:*

$$\text{Kern}\, A := \{\mathbf{x} \in \mathbb{K}^n : A\mathbf{x} = \mathbf{0}\}. \tag{3.15}$$

Jede Linearkombination zweier Vektoren aus dem Bild einer Matrix ist wieder Bestandteil des Bildes. Das Gleiche gilt für den Kern. Wir können sogar präziser formulieren:

Satz 3.32 *Es sei $A \in M(m \times n, \mathbb{K})$. Es gilt:*

(i) Bild A ist ein Teilraum des $\mathbb{K}^m$,
(ii) Kern A ist ein Teilraum des $\mathbb{K}^n$.

Das Bild einer Matrix A wird auch als Spaltenraum[3] von A bezeichnet.

Die Zeilen einer Matrix A entsprechen den Spalten von A^T. Das lineare Erzeugnis der Zeilen von A sind also die Transponierten der Vektoren des Spaltenraums von A^T. Es kann somit als Teilraum des $\mathbb{K}^n$ aufgefasst werden.

Definition 3.33 (Zeilenraum einer Matrix) *Für eine Matrix $A \in M(m \times n, \mathbb{K})$ ist der Zeilenraum definiert durch die Transponierten von Bild A^T. Er ist ein Teilraum des $\mathbb{K}^n$.*

Zusätzlich definiert der Kern von A^T einen Teilraum von $\mathbb{K}^m$.

Definition 3.34 (Linkskern einer Matrix) *Für eine Matrix $A \in M(m \times n, \mathbb{K})$ ist der Linkskern definiert durch Kern A^T und damit ein Teilraum des $\mathbb{K}^m$.*

Spaltenraum, Zeilenraum, Kern und Linkskern einer Matrix A werden als die vier Fundamentalräume einer Matrix bezeichnet.

Aufgrund der Definition des Rangs einer Matrix in Kap. 2, wissen wir, dass sich der Rang einer Matrix A unter elementaren Zeilenumformungen mit eventuellen Spaltenvertauschungen nicht ändert. Diese Umformungen entsprechen elementaren Spaltenumformungen mit eventuellen Zeilenvertauschungen an der transponierten Matrix A^T. Wenn wir nun umgekehrt an der Matrix A elementare Spaltenumformungen und eventuelle Zeilenvertauschungen durchführen, so entsprechen diesen Operationen elementare Zeilenumformungen mit eventuellen Spaltenvertauschungen an A^T, die den Rang von A^T damit nicht ändern. Gibt es einen Zusammenhang zwischen dem Rang von A^T mit dem von A? Nach Satz 2.41 existiert eine geeignete Zeilenumformungsmatrix $Z \in GL(m, \mathbb{K})$ sowie eine geeignete Spaltenumformungsmatrix $S \in GL(n, \mathbb{K})$ mit

$$ZAS = \underbrace{\begin{pmatrix} E_r & 0 \\ 0 & 0 \end{pmatrix}}_{m \times n},$$

sodass $r = \text{Rang}\, A$ ist. Andererseits gilt nach Satz 3.30

---

[2] engl.: kernel, nullspace
[3] engl.: column space

$$\dim \operatorname{Bild} A = \dim \operatorname{Bild}(ZAS) = \dim \operatorname{Bild} \begin{pmatrix} E_r & 0 \\ 0 & 0 \end{pmatrix} = \dim\langle \hat{\mathbf{e}}_1, \ldots, \hat{\mathbf{e}}_r \rangle = r.$$

Rang und Bilddimension einer Matrix sind also identisch. Wir halten fest:

Satz 3.35 (Zusammenhang zwischen Rang und Bilddimension einer Matrix) *Für jede Matrix* $A \in \mathrm{M}(m \times n, \mathbb{K})$ *gilt*

$$\operatorname{Rang} A = \dim \operatorname{Bild} A. \tag{3.16}$$

Mit dieser Erkenntnis können wir nun auch das Folgende festhalten.

Satz 3.36 (Invarianz des Rangs unter Multiplikation mit regulären Matrizen) *Es sei* $A \in \mathrm{M}(m \times n, \mathbb{K})$ *eine Matrix. Für zwei beliebige reguläre Matrizen* $Z \in \mathrm{GL}(m, \mathbb{K})$ *und* $S \in \mathrm{GL}(n, \mathbb{K})$ *gilt dann*

$$\operatorname{Rang}(ZAS) = \operatorname{Rang} A. \tag{3.17}$$

Beweis. Es gilt

$$\operatorname{Rang}(ZAS) \overset{\text{Satz 3.35}}{=} \dim \operatorname{Bild}(ZAS) \overset{\text{Satz 3.30}}{=} \dim \operatorname{Bild} A \overset{\text{Satz 3.35}}{=} \operatorname{Rang} A.$$

Hierbei ist die Regularität von Z und S entscheidend. $\quad\square$
   Damit folgt insbesondere

Bemerkung 3.37 *Der Rang einer Matrix ist invariant unter Multiplikation mit einer regulären Matrix. Es gilt also für* $A \in \mathrm{M}(m \times n, \mathbb{K})$ *und* $S \in \mathrm{GL}(m, \mathbb{K})$ *sowie* $T \in \mathrm{GL}(n, \mathbb{K})$

$$\operatorname{Rang}(SA) = \operatorname{Rang} A = \operatorname{Rang}(AT). \tag{3.18}$$

Insbesondere ist der Rang einer Matrix also invariant unter Zeilen- und Spaltenumformungen der Typen I, II und III.

Kommen wir zurück zu der Frage nach einem Zusammenhang zwischen $\operatorname{Rang} A$ und $\operatorname{Rang} A^T$. Es gibt nach Satz 2.41 zwei reguläre Matrizen $Z \in \mathrm{GL}(m, \mathbb{K})$ und $S \in \mathrm{GL}(n, \mathbb{K})$ mit

$$ZAS = \begin{pmatrix} E_r & 0 \\ 0 & 0 \end{pmatrix}$$

bzw. nach A aufgelöst

$$A = Z^{-1} \begin{pmatrix} E_r & 0 \\ 0 & 0 \end{pmatrix} S^{-1}.$$

Damit berechnen wir nun den Rang der transponierten Matrix und beachten die Vertauschungsregel für die Transponierte von Matrixprodukten sowie die Vertauschbarkeit von Invertieren und Transponieren:

$$\text{Rang}(A^T) = \text{Rang}\left(Z^{-1}\begin{pmatrix} E_r & 0 \\ 0 & 0 \end{pmatrix}S^{-1}\right)^T$$

$$= \text{Rang}\left((S^T)^{-1}\begin{pmatrix} E_r & 0 \\ 0 & 0 \end{pmatrix}^T (Z^T)^{-1}\right)$$

$$= \text{Rang}\left(\begin{pmatrix} E_r & 0 \\ 0 & 0 \end{pmatrix}^T\right)$$

$$= \text{Rang}\begin{pmatrix} E_r & 0 \\ 0 & 0 \end{pmatrix} = \text{Rang}\left(Z^{-1}\begin{pmatrix} E_r & 0 \\ 0 & 0 \end{pmatrix}S^{-1}\right) = \text{Rang}\, A.$$

Hierbei haben wir uns die Invarianz des Rangs unter Multiplikation mit regulären Matrizen nach Satz 3.36 zunutze gemacht. Dieses Resultat halten wir fest.

Satz 3.38 (**„Zeilenrang=Spaltenrang"**) *Der Rang einer Matrix A ist invariant unter Transponieren. Es gilt also*

$$\text{Rang}\, A = \text{Rang}(A^T). \tag{3.19}$$

Der Rang einer Matrix A kann also durch elementare Zeilenumformungen sowohl an A als auch an A^T bestimmt werden. Den Zeilenumformungen an A^T entsprechen Spaltenumformungen an A. Somit kann der Rang von A auch durch elementare Spaltenumformungen an A ermittelt werden. Auch Kombinationen aus elementaren Zeilen- und Spaltenumformungen sind zur Rangbestimmung zulässig. Kurz: Der Rang einer Matrix ist invariant unter elementaren Zeilen- und Spaltenumformungen.

Wir haben bereits erkannt, dass aufgrund der Symmetrieeigenschaft der Determinante die Regularität einer Matrix A äquivalent mit der Regularität von A^T ist, vgl. (2.59). Diese Äquivalenz ergibt sich nun ein weiteres Mal aus $\text{Rang}\, A = \text{Rang}(A^T)$.

Gibt es für $Z_1 \in \text{GL}(m, \mathbb{K})$ und $S_1 \in \text{GL}(n, \mathbb{K})$ eine Faktorisierung der Art

$$Z_1 A S_1 = \begin{pmatrix} E_r & 0 \\ 0 & 0 \end{pmatrix},$$

so ist r eindeutig bestimmt mit $r = \text{Rang}\, A$. Denn wenn wir annehmen, dass es eine weitere Faktorisierung von A der Art

$$Z_2 A S_2 = \begin{pmatrix} E_s & 0 \\ 0 & 0 \end{pmatrix}$$

gibt mit regulären Matrizen Z_2 und S_2, so folgt aufgrund der Invarianz des Rangs unter Multiplikation mit regulären Matrizen

$$r = \text{Rang}\begin{pmatrix} E_r & 0 \\ 0 & 0 \end{pmatrix} = \text{Rang}\left(Z_1^{-1}\begin{pmatrix} E_r & 0 \\ 0 & 0 \end{pmatrix}S_1^{-1}\right)$$

$$= \text{Rang}\, A$$

$$= \text{Rang}\left(Z_2^{-1}\begin{pmatrix} E_s & 0 \\ 0 & 0 \end{pmatrix}S_2^{-1}\right) = \text{Rang}\begin{pmatrix} E_s & 0 \\ 0 & 0 \end{pmatrix} = s.$$

Es ist also $r = s$ und damit auch $r = \mathrm{Rang}\,A$, da Z_1, S_1 auch so gewählt werden können wie in Satz 2.41.

Wie der Kern einer Matrix berechnet wird, ist uns bereits seit den Anfängen von Kap. 2 bekannt. Hierzu führen wir elementare Zeilenumformungen durch und lesen die Lösungsmenge von $A\mathbf{x} = \mathbf{0}$, also den Kern, aus dem Endtableau ab. Die hierbei konstruierten Vektoren sind linear unabhängig und bilden eine Basis des Kerns. Dies gilt auch, wenn innerhalb des Lösungstableaus Spaltenvertauschungen durchgeführt wurden, denn sie entsprechen lediglich einem Umnummerieren der Variablen. Nach deren Rückgängigmachen liefert uns daher die Ableseregel stets eine Kernbasis.

Wie können wir das Bild einer Matrix berechnen? Dieses ist ja nichts anderes als das lineare Erzeugnis ihrer Spalten. Jedoch sind diese Spalten nicht unbedingt eine Basis des Bildes, denn sie können linear abhängig sein. Die Bestimmung einer Basis des Bildes kann aber sinnvoll sein, da mithilfe der Basis das Bild leichter charakterisiert werden kann. Wir wissen bereits, dass $\dim\mathrm{Bild}\,A = r = \mathrm{Rang}\,A$ gilt. Eine Basis des Bildes besteht also aus r Vektoren. Gesucht sind also r Basisvektoren $\mathbf{b}_1, \ldots, \mathbf{b}_r$ mit

$$\langle \mathbf{b}_1, \ldots, \mathbf{b}_r \rangle = \mathrm{Bild}\,A.$$

Wir zeigen zunächst den folgenden Sachverhalt.

Satz 3.39 *Für eine $m \times n$-Matrix $A \in \mathrm{M}(m \times n, \mathbb{K})$ gilt*

$$\mathrm{Bild}\,A = \mathrm{Bild}(AS), \qquad \mathrm{Kern}\,A = \mathrm{Kern}(ZA) \tag{3.20}$$

für alle $Z \in \mathrm{GL}(m, \mathbb{K})$ und $S \in \mathrm{GL}(n, \mathbb{K})$. Das Bild einer Matrix ist invariant unter Rechtsmultiplikation mit einer regulären Matrix, während der Kern invariant ist unter Linksmultiplikation mit einer regulären Matrix.

Beweis. Dass $\mathrm{Bild}\,A = \mathrm{Bild}(AS)$ ist, haben wir mit (3.13) bereits gezeigt. Darüber hinaus gilt

$$\mathrm{Kern}\,A = \{\mathbf{x} \in \mathbb{K}^n : A\mathbf{x} = \mathbf{0}\} = \{\mathbf{x} \in \mathbb{K}^n : ZA\mathbf{x} = \mathbf{0}\} = \mathrm{Kern}(ZA).$$

Hierbei ist die Regularität von Z entscheidend, da dann

$$
\begin{aligned}
& A\mathbf{x} = \mathbf{0} \quad | Z\cdot \\
\Rightarrow\ & ZA\mathbf{x} = \mathbf{0} \quad | Z^{-1}\cdot \\
\Rightarrow\ & A\mathbf{x} = \mathbf{0},
\end{aligned}
$$

sodass $A\mathbf{x} = \mathbf{0} \iff ZA\mathbf{x} = \mathbf{0}$ gilt. □

Wir können jede elementare Zeilen- bzw. Spaltenumformung an einer Matrix A als Links- bzw. Rechtsmultiplikation mit Umformungsmatrizen darstellen. Zusammen mit dem letzten Satz folgt hieraus unmittelbar:

Satz 3.40 (Verhalten von Bild und Kern bei elementaren Umformungen)

(i) *Das Bild einer Matrix ist invariant unter elementaren Spaltenumformungen. Das Bild einer Matrix ändert sich im Allgemeinen unter elementaren Zeilenumformungen (nicht jedoch die Dimension des Bildes).*

(ii) Der Kern einer Matrix ist invariant unter elementaren Zeilenumformungen. Der Kern einer Matrix ändert sich im Allgemeinen unter elementaren Spaltenumformungen (nicht jedoch die Dimension des Kerns).

Dies liefert uns nun eine Möglichkeit, das Bild einer Matrix zu bestimmen, oder genauer, eine möglichst einfache Form einer Basis des Bildes einer Matrix zu bestimmen.

Es sei A eine $m \times n$-Matrix. Damit ist A^T eine $n \times m$-Matrix. Durch eventuelle Spaltenvertauschungen und elementare Zeilenumformungen kann A^T überführt werden in die $n \times m$-Matrix

$$\begin{pmatrix} E_r & * \\ 0 & 0 \end{pmatrix},$$

wobei $r = \operatorname{Rang} A^T = \operatorname{Rang} A$ ist. Es gibt also ein Produkt von Permutationsmatrizen Π und ein Produkt von Zeilenumformungsmatrizen $Z \in \operatorname{GL}(n, \mathbb{K})$, sodass die Matrix A^T faktorisiert werden kann in

$$Z A^T \Pi = \begin{pmatrix} E_r & * \\ 0 & 0 \end{pmatrix}.$$

Durch Transponieren dieser Gleichung erhalten wir

$$\Pi^T A Z^T = \begin{pmatrix} E_r & * \\ 0 & 0 \end{pmatrix}^T.$$

Mit $S := Z^T \in \operatorname{GL}(n, \mathbb{K})$ und $P := \Pi^T$ folgt nun

$$PAS = \begin{pmatrix} E_r & * \\ 0 & 0 \end{pmatrix}^T = \begin{pmatrix} E_r & 0 \\ * & 0 \end{pmatrix}.$$

Es gilt nun $\operatorname{Bild}(AS) = \operatorname{Bild} A$. Die Linksmultiplikation mit der Permutationsmatrix P ergibt Zeilenvertauschungen, die in der Regel das Bild ändern. Dies berücksichtigen wir:

$$\begin{aligned} \operatorname{Bild} A = \operatorname{Bild}(AS) &= \operatorname{Bild}(P^{-1} PAS) \\ &= \{ P^{-1} \mathbf{v} : \mathbf{v} \in \operatorname{Bild}(PAS) \} \\ &= P^{-1} \{ \mathbf{v} : \mathbf{v} \in \operatorname{Bild}(PAS) \} \\ &= P^{-1} \operatorname{Bild}(PAS) \\ &= P^{-1} \operatorname{Bild} \begin{pmatrix} E_r & 0 \\ * & 0 \end{pmatrix}. \end{aligned}$$

In dieser Matrix können wir getrost die letzten $n - r$ Spalten streichen, da sie als Nullspalten keinen Beitrag zum Bild, also dem linearen Erzeugnis der Spalten, liefern. Damit gilt

$$\operatorname{Bild} A = P^{-1} \operatorname{Bild} \begin{pmatrix} E_r \\ * \end{pmatrix}.$$

Wir haben in Kap. 2 gezeigt, dass Permutationsmatrizen orthogonal sind. Es gilt also $P^{-1} = P^T$, woraus sich schließlich

$$\text{Bild}\, A = P^T \,\text{Bild} \begin{pmatrix} E_r \\ * \end{pmatrix}$$

ergibt. Wir betrachten nun ein Beispiel. Uns interessiert das Bild der Matrix

$$A = \begin{pmatrix} 2 & 2 & 2 & 0 \\ 1 & 3 & 0 & 1 \\ 1 & 1 & 1 & 0 \end{pmatrix}.$$

Durch Subtraktion der letzten Spalte von den ersten Spalte und ihres Dreifachen von der zweiten Spalte ändert sich das Bild dieser Matrix nicht. Es entstehen dann drei identische Spalten, sodass sich nach Subtraktion der ersten Spalte die mittleren beiden eliminieren lassen:

$$\text{Bild}\, A = \text{Bild} \begin{pmatrix} 2 & 2 & 2 & 0 \\ 1 & 3 & 0 & 1 \\ 1 & 1 & 1 & 0 \end{pmatrix} = \text{Bild} \begin{pmatrix} 2 & 2 & 2 & 0 \\ 0 & 0 & 0 & 1 \\ 1 & 1 & 1 & 0 \end{pmatrix} = \text{Bild} \begin{pmatrix} 2 & 0 & 0 & 0 \\ 0 & 0 & 0 & 1 \\ 1 & 0 & 0 & 0 \end{pmatrix}.$$

Zeilenvertauschungen ändern in der Regel das Bild. Wir können aber eine Vertauschung der ersten und letzten Zeile durch die Permutationsmatrix

$$P^T = P_{13}^T = P_{13} = \begin{pmatrix} 0 & 0 & 1 \\ 0 & 1 & 0 \\ 1 & 0 & 0 \end{pmatrix}$$

wieder rückgängig machen. Es folgt somit

$$\text{Bild}\, A = P^T \,\text{Bild} \begin{pmatrix} 1 & 0 & 0 & 0 \\ 0 & 0 & 0 & 1 \\ 2 & 0 & 0 & 0 \end{pmatrix} = P^T \,\text{Bild} \begin{pmatrix} 1 & 0 \\ 0 & 1 \\ 2 & 0 \end{pmatrix} = P^T \left\langle \begin{pmatrix} 1 \\ 0 \\ 2 \end{pmatrix}, \begin{pmatrix} 0 \\ 1 \\ 0 \end{pmatrix} \right\rangle.$$

Im Zusammenhang mit dem Multiplizieren einer Matrix von links und von rechts mit regulären Matrizen hat sich ein Begriff etabliert.

Definition 3.41 (Äquivalente Matrizen) *Es seien $A, B \in \mathrm{M}(m \times n, \mathbb{K})$ zwei $m \times n$-Matrizen über einem Körper $\mathbb{K}$. Die Matrix A heißt äquivalent[4] zur Matrix B, symbolisch $A \sim B$, falls es eine reguläre $m \times m$-Matrix $R \in \mathrm{GL}(m, \mathbb{K})$ und eine reguläre $n \times n$-Matrix $C \in \mathrm{GL}(n, \mathbb{K})$ gibt, mit*

$$B = RAC. \tag{3.21}$$

Mithilfe dieser Definition können wir ein früheres Resultat, nämlich Satz 2.41, auch anders formulieren und dabei etwas präzisieren.

Satz 3.42 (Normalform äquivalenter $m \times n$-Matrizen bzw. der ZAS-Zerlegung) *Es sei $A \in \mathrm{M}(m \times n, \mathbb{K})$ eine $m \times n$-Matrix über einem Körper $\mathbb{K}$. Dann gibt es eine reguläre $m \times m$-Matrix $Z \in \mathrm{GL}(m, \mathbb{K})$ sowie eine reguläre Matrix $n \times n$-Matrix $S \in \mathrm{GL}(n, \mathbb{K})$ mit*

$$ZAS = \left(\frac{E_r \,|\, 0_{r \times n-r}}{0_{m-r \times n}} \right). \tag{3.22}$$

---

[4] engl.: equivalent

Anders ausgedrückt: Für jede m × n-Matrix A gilt

$$A \sim \left(\frac{E_r | 0_{r \times n-r}}{0_{m-r \times n}} \right) =: N_r.$$

Hierbei ist die Zahl r = Rang A als das Format der erzeugbaren Einheitsmatrix eindeutig bestimmt. Wir können daher N_r als Normalform äquivalenter Matrizen betrachten.

Sind zwei gleichformatige Matrizen $A, B \in M(m \times n, \mathbb{K})$ äquivalent zueinander, so haben sie dieselbe Normalform $N_r = ZAS$, wie die folgende Argumentation sehr schnell zeigt:

$$A \sim B \iff B = RAC = R(Z^{-1} N_r S^{-1})C = (RZ^{-1}) N_r (S^{-1}C).$$

Wegen der Regularität von R und C folgt $(ZR^{-1})B(C^{-1}S) = N_r$. Diesen Sachverhalt können wir noch prägnanter formulieren:

$$A \sim B \iff \text{Rang } A = \text{Rang } B.$$

Formatgleiche Matrizen über einem Körper $\mathbb{K}$ sind also genau dann äquivalent, wenn sie denselben Rang haben.

Wir können zwei derartige Matrizen Z und S aus der $n \times n$- bzw. $m \times m$-Einheitsmatrix gewinnen, indem wir dieselben Zeilenumformungen an E_m und dieselben Spaltenumformungen an E_n durchführen, die wir an A vollziehen, um die obige Normalform zu erzeugen. Liegt umgekehrt die obige ZAS-Zerlegung vor, so können wir aufgrund von Satz 2.79 stets Z als Produkt von Zeilen- und S als Produkt von Spaltenumformungsmatrizen interpretieren.

Satz 3.43 *Jede reguläre Matrix kann faktorisiert werden in ein Produkt von Zeilenumformungsmatrizen (bzw. Spaltenumformungsmatrizen).*

Beweis. Die Aussage folgt direkt aus Satz 2.79, da mit dem Körper $\mathbb{K}$ auch ein euklidischer Ring vorliegt. □

Wir haben uns zu Beginn dieses Abschnitts die Frage gestellt, ob die Dimensionsbestimmung von endlich erzeugten Vektorräumen per Reduktionsverfahren möglich ist. Wir konnten zeigen, dass die schrittweise Eliminierung linear abhängiger Vektoren aus einem Erzeugendensystem immer zur selben Anzahl verbleibender linear unabhängiger Vektoren führt. Dieses Ergebnis wurde durch Folgerung 3.18 bereits für abstrakte Vektoren nachgewiesen und wird nun durch Satz 3.42 für Spaltenvektoren bestätigt. Das Reduktionsverfahren zur Eliminierung von linear unabhängigen Spaltenvektoren aus einem System von n Spaltenvektoren $\mathbf{u}_1, \dots, \mathbf{u}_n$ führt stets zur selben Anzahl $r \leq n$ verbleibender linear unabhängiger Vektoren aufgrund der erzielbaren Normalform N_r nach Satz 3.42.

Wir können den Äquivalenzbegriff für Matrizen über $\mathbb{K}$ auf Matrizen über Integritätsringen ausdehnen. Hierzu gehören im Speziellen auch Matrizen, deren Komponenten aus Polynomen aus $\mathbb{K}[x]$ bestehen. Quadratische Matrizen über einem Polynomring $\mathbb{K}[x]$ werden insbesondere in Kap. 7 eine wichtige Rolle spielen.

Definition 3.44 (Äquivalente Matrizen über Integritätsringen) *Es seien $A, B \in M(m \times n, R)$ zwei $m \times n$-Matrizen über einem Integritätsring R. Die Matrix A heißt äquivalent zur*

Matrix B, symbolisch A ∼ B, falls es eine invertierbare m × m-Matrix M ∈ (M(m,R))* und eine invertierbare n × n-Matrix N ∈ (M(n,R))* gibt, mit

$$B = MAN. \tag{3.23}$$

Der Invariantenteilersatz 2.81 besagt, dass jede quadratische Matrix $A \in M(n,R)$ über einem euklidischen Ring R in eine Diagonalmatrix, deren Diagonalkomponenten die Invariantenteiler von A darstellen, überführt werden kann. Wir formulieren nun dieses Ergebnis in Analogie zu Satz 3.42.

Satz 3.45 (Smith-Normalform äquivalenter n × n-Matrizen) *Es sei $A \in M(n,R)$ eine quadratische Matrix über einem euklidischen Ring R. Dann gibt es invertierbare Matrizen $Z, S \in (M(n,R))^*$, mit denen wir A in Smith-Normalform überführen können:*

$$ZAS = \begin{pmatrix} d_1 & 0 & \cdots & 0 \\ 0 & d_2 & \ddots & \vdots \\ \vdots & \ddots & \ddots & 0 \\ 0 & \cdots & 0 & d_n \end{pmatrix} =: D \in M(n,R). \tag{3.24}$$

Hierbei sind $d_1, d_2, \ldots, d_n \in R$ die Invariantenteiler von A, d. h., es gelten die Teilbarkeitsbeziehungen

$$d_i | d_{i+1}, \qquad i = 1, \ldots, n - 1, \tag{3.25}$$

wobei $d_1, d_2, \ldots, d_n$ bis auf Multiplikation mit Einheiten eindeutig bestimmt sind. Zudem können die unteren Diagonalkomponenten d_k für $k = r + 1, \ldots, n$ durchaus identisch 0 sein. Die beiden Matrizen A und D sind also äquivalent im Sinne der vorausgegangenen Definition: $A \sim D$.

Wenn umgekehrt eine Diagonalisierung der Art (3.24) mit den Teilbarkeitsbeziehungen (3.25) vorliegt, so müssen $d_1, d_2, \ldots, d_n$ die (bis auf Assoziiertheit) eindeutig bestimmten Invariantenteiler von A sein, da aufgrund von Satz 2.82 die Links- oder Rechtsmultiplikation mit einer über R invertierbaren Matrix nicht die Invariantenteiler beeinflusst.

Um zwei invertierbare Matrizen Z und S zu bestimmen, mit denen sich die Zerlegung (3.24) ergibt, können wir durch das beim Invariantenteilersatz beschriebene Verfahren allein durch Zeilen- und Spaltenumformungen des Typs I und II aus A die o. g. Diagonalmatrix D mit den Teilbarkeitsbedingungen (3.25) erzeugen. Elementare Umformungen des Typs III, also die Multiplikation einer Zeile bzw. Spalte mit einem Element aus R^*, sind für die Berechnung der Invariantenteiler nicht sinnvoll, obwohl grundsätzlich erlaubt. Eine Matrix A mit nicht-verschwindenden Invariantenteilern in der Smith-Normalform besitzt vollen Rang, wenn wir sie als Matrix über dem Quotientenkörper $Q(R)$ auffassen. Über $Q(R)$ wäre sie dann invertierbar, was aber nicht ihre Invertierbarkeit über R nach sich zieht. Ein voller Rang ist also für die Frage der Invertierbarkeit über R kein hinreichendes Kriterium. Allerdings haben wir den Rang auch nur für Matrizen über Körpern eingeführt.

Wir haben erkannt, dass zwei gleichformatige Matrizen über einem Körper genau dann äquivalent sind, wenn sie den gleichen Rang haben. Dagegen sind zwei $n \times n$-Matrizen über einem euklidischen Ring genau dann äquivalent, wenn sie (bis auf Assoziiertheit) dieselben Invariantenteiler besitzen.

Satz 3.46 *Es seien $A, B \in M(n, R)$ zwei quadratische Matrizen über einem eukldischen Ring R. Dann gilt*

$$A \sim B \iff A \text{ und } B \text{ haben dieselben Invariantenteiler.} \tag{3.26}$$

Beweis. Übungsaufgabe 3.6. Zu beachten ist, dass die Assoziativität des Matrixprodukts, die auch für Matrizen über Integritätsringen gilt, hierbei eine wichtige Rolle spielt.

Welchen Zusammenhang gibt es zwischen der Kern- und Bilddimension einer Matrix? Wir gehen der Einfachheit halber nun von einer $m \times n$-Matrix A über $\mathbb{K}$ mit $r = \text{Rang} A$ aus, bei der ohne zusätzliche Spaltenvertauschungen das Gauß-Verfahren zu folgendem Endtableau führt:

$$\begin{bmatrix} 1 & & 0 & v_{1,r+1} & \cdots & v_{1n} \\ & \ddots & & \vdots & & \vdots \\ 0 & & 1 & v_{r,r+1} & \cdots & v_{rn} \\ \hline 0 \cdots & & & & \cdots & 0 \\ \vdots & & & & & \vdots \\ 0 \cdots & & & & \cdots & 0 \end{bmatrix}.$$

$$\leftarrow r \rightarrow \mid \leftarrow n-r \rightarrow$$

Hieraus lesen wir den Kern ab:

$$\text{Kern} A = \left\langle \begin{pmatrix} -v_{1,r+1} \\ \vdots \\ -v_{r,r+1} \\ 1 \\ 0 \\ \vdots \\ 0 \end{pmatrix}, \ldots, \begin{pmatrix} -v_{1,n} \\ \vdots \\ -v_{r,n} \\ 0 \\ \vdots \\ 0 \\ 1 \end{pmatrix} \right\rangle.$$

Durch die Ableseregel wird sichergestellt, dass diese Spaltenvektoren linear unabhängig sind. Sie bilden eine Basis des Kerns. Es handelt sich dabei um insgesamt $n - r = n - \text{Rang} A$ Vektoren. Daher gilt

$$\dim \text{Kern} A = n - \text{Rang} A.$$

Zusammen mit $\text{Rang} A = \dim \text{Bild} A$ ergibt sich nun das folgende wichtige Resultat.

Satz 3.47 (Dimensionsformel) *Für jede Matrix $A \in M(m \times n, \mathbb{K})$ gilt*

$$\dim \text{Bild} A + \dim \text{Kern} A = n. \tag{3.27}$$

Bilddimension und Kerndimension ergeben also in Summe die Spaltenzahl. Da $\text{Rang} A = \dim \text{Bild} A$ *bedeutet dies*

$$\dim \text{Kern} A = n - \text{Rang} A. \tag{3.28}$$

Diese Formel wird sich noch als sehr nützlich erweisen. Wir können den aus dem Endtableau abgelesenen Kern auch als Bild einer $n \times (n-r)$-Matrix K darstellen:

$$\operatorname{Kern}A = \left\langle \begin{pmatrix} -v_{1,r+1} \\ \vdots \\ -v_{r,r+1} \\ 1 \\ 0 \\ \vdots \\ 0 \end{pmatrix}, \ldots, \begin{pmatrix} -v_{1,n} \\ \vdots \\ -v_{r,n} \\ 0 \\ \vdots \\ 0 \\ 1 \end{pmatrix} \right\rangle = \operatorname{Bild} \underbrace{\begin{pmatrix} -v_{1,r+1} & \cdots & -v_{1,n} \\ \vdots & & \vdots \\ -v_{r,r+1} & \cdots & -v_{r,n} \\ 1 & & 0 \\ & \ddots & \\ 0 & & 1 \end{pmatrix}}_{=:K}$$

Sollten zur Bestimmung des Kerns einer Matrix nach dem Gauß-Verfahren zusätzliche Spaltenvertauschungen notwendig sein, so müssen wir sie in umgekehrter Reihenfolge wieder rückgängig machen. Die hierzu erforderlichen Spaltenpermutationen werden dabei durch ein Produkt $P = P_1 \cdots P_l$ von Transpositionsmatrizen P_i repräsentiert. Das Rückgängigmachen der Spaltenvertauschungen bedeutet das entsprechende Umnummerieren der Variablen, was durch Zeilenvertauschungen der Vektoren des direkt aus dem spaltenvertauschten Endtableau abgelesenen Kerns bewirkt wird (vgl. Abschn. 2.4). Da die einzelnen Transpositionen in umgekehrter Reihenfolge rückgängig zu machen sind, ergibt die korrigierende Linksmultiplikation letztlich wieder dieselbe Matrix P:

$$\operatorname{Kern}A = \operatorname{Bild}(P_1 \cdots P_l K) = \operatorname{Bild}(PK).$$

3.2 Standardisierung der Lösung inhomogener linearer Gleichungssysteme

Wir nehmen nun die vorausgegangene Überlegung zum Anlass, eine Methode zu entwickeln, die es uns erlaubt, neben Zeilenumformungen auch Spaltenumformungen zur Lösung linearer Gleichungssysteme heranzuziehen, um die Lösungsmenge auf möglichst effektive Weise zu ermitteln.

Die Faktorisierung einer singulären $n \times n$-Matrix A nach Satz 2.39 besagt, dass wir A mit einer regulären Zeilenumformungsmatrix $Z \in \operatorname{GL}(n, \mathbb{K})$ und einem Produkt $P = P_1 \cdots P_l$ von Transpositionsmatrizen P_i in die Form

$$ZAP = \left(\frac{E_r \,|\, C}{0 \cdots 0} \right) = N_{r,C} \tag{3.29}$$

faktorisieren können. Hierbei ist $r = \operatorname{Rang}A = \operatorname{Rang}N_{r,C}$. Welchen Nutzen hat dies für (inhomogene) lineare Gleichungssysteme? Wenn wir aus dem Zieltableau

$$
N_{r,C} = \begin{bmatrix}
1 & 0 & \cdots & 0 & c_{11} & \cdots & c_{1,n-r} \\
0 & 1 & \ddots & 0 & c_{21} & & c_{2,n-r} \\
\vdots & \ddots & \ddots & \vdots & \vdots & & \vdots \\
0 & \cdots & 0 & 1 & c_{r,1} & \cdots & c_{r,n-r} \\
0 & \cdots & & & & \cdots & 0 \\
\vdots & & & & & & \vdots \\
0 & \cdots & & & & \cdots & 0
\end{bmatrix}
$$

des homogenen linearen Gleichungssystems $A\mathbf{x} = \mathbf{0}$ den Kern *dieser* spaltenpermutierten Matrix mithilfe der Ableseregel ermitteln:

$$
\operatorname{Kern} N_{r,C} = \left\langle \begin{pmatrix} -c_{11} \\ -c_{21} \\ \vdots \\ -c_{r,1} \\ 1 \\ 0 \\ \vdots \\ 0 \end{pmatrix}, \ldots, \begin{pmatrix} -c_{12} \\ -c_{22} \\ \vdots \\ -c_{r,2} \\ 0 \\ \vdots \\ 0 \\ 1 \end{pmatrix} \right\rangle,
$$

dann müssen wir die l Spaltenvertauschungen in umgekehrter Reihenfolge wieder als Zeilenvertauschung in den Komponenten der Lösungsvektoren rückgängig machen. Aufgrund der Assoziativität des Matrixprodukts ist es dabei unerheblich, wann im Laufe des Verfahrens die Vertauschungen durchgeführt wurden. Die letzte Spaltenvertauschung P_l muss dann als erste Zeilenvertauschung, also durch Linksmultiplikation an die Kernvektoren wieder rückgängig gemacht werden, gefolgt von P_{l-1} etc., sodass insgesamt für den Kern von A gilt:

$$
\operatorname{Kern} A = P_1 P_2 \cdots P_l \operatorname{Kern} N_{r,C} = P \operatorname{Kern} N_{r,C} = P \operatorname{Kern}(ZAP).
$$

Liegt durch elementare Zeilenumformungen und Spaltenvertauschungen die ZAP-Faktorisierung (3.29) von A vor, so müssen wir für inhomogene lineare Gleichungssysteme der Art

$$
A\mathbf{x} = \mathbf{b}, \qquad \mathbf{b} \in \mathbb{K}^n
$$

die einmal erfolgten elementaren Umformungen an A nicht jedes Mal wieder durchführen. Es reicht stattdessen, die gespeicherten Umformungen im Tableau des inhomogenen Systems $A\mathbf{x} = \mathbf{b}$ am Vektor $\mathbf{b}$ der rechten Seite durchzuführen:

$$
[A|\mathbf{b}] \xrightarrow{Z,P} [ZAP|Z\mathbf{b}] = [N_{r,C}|Z\mathbf{b}].
$$

Im Fall der Lösbarkeit ergibt sich rechts ein Vektor $Z\mathbf{b}$, der von den links stehenden Spalten in $N_{r,C}$ linear abhängig ist, was daran zu erkennen ist, dass alle Nullzeilen im linken Teil des Tableaus auch rechts im Vektor $Z\mathbf{b}$ Nullen aufweisen. Die Lösungsmenge des spaltenvertauschten Systems besteht aus dem Stützvektor $Z\mathbf{b}$, zu dem der Kern von $N_{r,C}$ addiert wird:

$$Z\mathbf{b} + \text{Kern}\, ZAP = Z\mathbf{b} + \text{Kern}\, N_{r,C}.$$

Das oben beschriebene Verfahren zur Korrektur der Spaltenvertauschungen müssen wir nun auch auf diese Lösungsvektoren anwenden. Es folgt somit für die Lösungsmenge L des inhomogenen linearen Gleichungssystems im Fall der Lösbarkeit

$$L = PZ\mathbf{b} + P\,\text{Kern}\, ZAP = PZ\mathbf{b} + P\,\text{Kern}\, N_{r,C}.$$

Das folgende Beispiel demonstriert dieses Verfahren. Wir betrachten für die singuläre 4×4-Matrix

$$A = \begin{pmatrix} 0 & 1 & 2 & -1 \\ 0 & 0 & 0 & 1 \\ 0 & 1 & 2 & 0 \\ 0 & 0 & 0 & 0 \end{pmatrix}$$

die linearen Gleichungssysteme

$$A\mathbf{x} = \mathbf{0}, \quad A\mathbf{x} = \begin{pmatrix} 1 \\ 2 \\ 3 \\ 0 \end{pmatrix} =: \mathbf{b}_1, \quad A\mathbf{x} = \begin{pmatrix} 5 \\ -1 \\ 4 \\ 0 \end{pmatrix} =: \mathbf{b}_2, \quad A\mathbf{x} = \begin{pmatrix} -1 \\ 2 \\ 2 \\ 0 \end{pmatrix} =: \mathbf{b}_3. \quad (3.30)$$

Wir bestimmen nun eine geeignete Zeilenumformungsmatrix als Produkt von Elementar-matrizen, indem wir dem Korrespondenzprinzip von Satz 2.40 folgend dieselben Zeilen-umformungen an der Einheitsmatrix E_4 durchführen. Hierzu schreiben wir zweckmäßi-gerweise die 4×4-Einheitsmatrix zusammen mit A in eine erweiterte Tableaumatrix:

$$[A|E_4] = \begin{bmatrix} 0 & 1 & 2 & -1 & | & 1 & 0 & 0 & 0 \\ 0 & 0 & 0 & 1 & | & 0 & 1 & 0 & 0 \\ 0 & 1 & 2 & 0 & | & 0 & 0 & 1 & 0 \\ 0 & 0 & 0 & 0 & | & 0 & 0 & 0 & 1 \end{bmatrix}.$$

Wir eliminieren die mittleren beiden Einträge der dritten Zeile von A, indem die erste Zeile von der dritten Zeile subtrahiert wird:

$$\begin{bmatrix} 0 & 1 & 2 & -1 & | & 1 & 0 & 0 & 0 \\ 0 & 0 & 0 & 1 & | & 0 & 1 & 0 & 0 \\ 0 & 0 & 0 & 1 & | & -1 & 0 & 1 & 0 \\ 0 & 0 & 0 & 0 & | & 0 & 0 & 0 & 1 \end{bmatrix}.$$

Nun subtrahieren wir die zweite Zeile von der dritten Zeile:

$$\begin{bmatrix} 0 & 1 & 2 & -1 & | & 1 & 0 & 0 & 0 \\ 0 & 0 & 0 & 1 & | & 0 & 1 & 0 & 0 \\ 0 & 0 & 0 & 0 & | & -1 & -1 & 1 & 0 \\ 0 & 0 & 0 & 0 & | & 0 & 0 & 0 & 1 \end{bmatrix}.$$

Im letzten Schritt eliminieren wir die -1 in der ersten Zeile von A durch Addition der zweiten Zeile zur ersten Zeile:

$$\left[\begin{array}{cccc|cccc} 0 & 1 & 2 & 0 & 1 & 1 & 0 & 0 \\ 0 & 0 & 0 & 1 & 0 & 1 & 0 & 0 \\ 0 & 0 & 0 & 0 & -1 & -1 & 1 & 0 \\ 0 & 0 & 0 & 0 & 0 & 0 & 0 & 1 \end{array}\right].$$

Wir erhalten eine Zeilenumformungsmatrix Z, die wir im rechten Teil der entsprechend umgeformten Einheitsmatrix ablesen können:

$$Z = \begin{pmatrix} 1 & 1 & 0 & 0 \\ 0 & 1 & 0 & 0 \\ -1 & -1 & 1 & 0 \\ 0 & 0 & 0 & 1 \end{pmatrix}.$$

Damit gilt nun

$$ZA = \begin{pmatrix} 1 & 1 & 0 & 0 \\ 0 & 1 & 0 & 0 \\ -1 & -1 & 1 & 0 \\ 0 & 0 & 0 & 1 \end{pmatrix} \begin{pmatrix} 0 & 1 & 2 & -1 \\ 0 & 0 & 0 & 1 \\ 0 & 1 & 2 & 0 \\ 0 & 0 & 0 & 0 \end{pmatrix} = \begin{pmatrix} 0 & 1 & 2 & 0 \\ 0 & 0 & 0 & 1 \\ 0 & 0 & 0 & 0 \\ 0 & 0 & 0 & 0 \end{pmatrix}.$$

Wenn wir nun in dieser umgeformten Matrix zunächst die Spalten 1 und 2 und im Anschluss daran die Spalten 2 und 4 tauschen und dies an der 4×4-Einheitsmatrix ebenfalls durchführen,

$$\left[\begin{array}{cccc} 0 & 1 & 2 & 0 \\ 0 & 0 & 0 & 1 \\ 0 & 0 & 0 & 0 \\ 0 & 0 & 0 & 0 \\ \hline 1 & 0 & 0 & 0 \\ 0 & 1 & 0 & 0 \\ 0 & 0 & 1 & 0 \\ 0 & 0 & 0 & 1 \end{array}\right] \rightarrow \left[\begin{array}{cccc} 1 & 0 & 2 & 0 \\ 0 & 0 & 0 & 1 \\ 0 & 0 & 0 & 0 \\ 0 & 0 & 0 & 0 \\ \hline 0 & 1 & 0 & 0 \\ 1 & 0 & 0 & 0 \\ 0 & 0 & 1 & 0 \\ 0 & 0 & 0 & 1 \end{array}\right] \rightarrow \left[\begin{array}{cccc} 1 & 0 & 2 & 0 \\ 0 & 1 & 0 & 0 \\ 0 & 0 & 0 & 0 \\ 0 & 0 & 0 & 0 \\ \hline 0 & 0 & 0 & 1 \\ 1 & 0 & 0 & 0 \\ 0 & 0 & 1 & 0 \\ 0 & 1 & 0 & 0 \end{array}\right],$$

so können wir die Spaltenpermutationsmatrix P direkt im unteren Teil dieses Tableaus ablesen:

$$P = \begin{pmatrix} 0 & 0 & 0 & 1 \\ 1 & 0 & 0 & 0 \\ 0 & 0 & 1 & 0 \\ 0 & 1 & 0 & 0 \end{pmatrix}.$$

Damit gilt nun

$$ZAP = \begin{pmatrix} 0 & 1 & 2 & 0 \\ 0 & 0 & 0 & 1 \\ 0 & 0 & 0 & 0 \\ 0 & 0 & 0 & 0 \end{pmatrix} \begin{pmatrix} 0 & 0 & 0 & 1 \\ 1 & 0 & 0 & 0 \\ 0 & 0 & 1 & 0 \\ 0 & 1 & 0 & 0 \end{pmatrix} = \begin{pmatrix} 1 & 0 & 2 & 0 \\ 0 & 1 & 0 & 0 \\ 0 & 0 & 0 & 0 \\ 0 & 0 & 0 & 0 \end{pmatrix} = N_{2,C}$$

mit

$$C = \begin{pmatrix} 2 & 0 \\ 0 & 0 \end{pmatrix}.$$

Trotz dieser etwas aufwendig erscheinenden Vorarbeit lohnt sich das Resultat, denn wir können nun die obigen linearen Gleichungssysteme einfach dadurch lösen, dass wir die in Z gespeicherten Umformungen nun auf die verschiedenen rechten Seiten in (3.30) anwenden. Wir erhalten zunächst als Lösungsmenge des homogenen linearen Gleichungssystems $A\mathbf{x}_0 = \mathbf{0}$ den Kern von A

$$\mathrm{Kern}\,A = P\,\mathrm{Kern}(ZAP) = P\,\mathrm{Kern}\,N_{r,C} = \begin{pmatrix} 0 & 0 & 0 & 1 \\ 1 & 0 & 0 & 0 \\ 0 & 0 & 1 & 0 \\ 0 & 1 & 0 & 0 \end{pmatrix} \cdot \left\langle \begin{pmatrix} -2 \\ 0 \\ 1 \\ 0 \end{pmatrix}, \begin{pmatrix} 0 \\ 0 \\ 0 \\ 1 \end{pmatrix} \right\rangle$$

$$= \left\langle \begin{pmatrix} 0 \\ -2 \\ 1 \\ 0 \end{pmatrix}, \begin{pmatrix} 1 \\ 0 \\ 0 \\ 0 \end{pmatrix} \right\rangle.$$

Sind nun die übrigen drei linearen Gleichungssysteme in (3.30) lösbar? Die Antwort liefert das Produkt $Z\mathbf{b}_i$ für $i = 1, 2, 3$, denn durch dieses Matrix-Vektor-Produkt können wir die lineare Abhängigkeit des Vektors $Z\mathbf{b}_i$ von den Spalten von $N_{2,C}$ überprüfen. Es gilt nun

$$Z\mathbf{b}_1 = \begin{pmatrix} 3 \\ 2 \\ 0 \\ 0 \end{pmatrix}, \quad Z\mathbf{b}_2 = \begin{pmatrix} 4 \\ -1 \\ 0 \\ 0 \end{pmatrix}, \quad Z\mathbf{b}_3 = \begin{pmatrix} 1 \\ 2 \\ 1 \\ 0 \end{pmatrix}.$$

Der Vergleich mit der linken Tableauseite

$$N_{r,C} = \begin{pmatrix} 1 & 0 & 2 & 0 \\ 0 & 1 & 0 & 0 \\ 0 & 0 & 0 & 0 \\ 0 & 0 & 0 & 0 \end{pmatrix}$$

zeigt, dass lediglich der letzte Vektor $Z\mathbf{b}_3$ linear unabhängig ist von den Spalten von $N_{r,C}$, sodass nur das lineare Gleichungssystem $A\mathbf{x}_3 = \mathbf{b}_3$ keine Lösung besitzt.

Mit dem Kern von A können wir nun auch die übrigen drei linearen Gleichungssysteme von (3.30) lösen. Es gilt somit für die Lösungsmenge L_1 von $A\mathbf{x} = \mathbf{b}_1$

$$L_1 = PZ\mathbf{b}_1 + \mathrm{Kern}\,A = \begin{pmatrix} 0 & 0 & 0 & 1 \\ 1 & 1 & 0 & 0 \\ -1 & -1 & 1 & 0 \\ 0 & 1 & 0 & 0 \end{pmatrix} \begin{pmatrix} 1 \\ 2 \\ 3 \\ 0 \end{pmatrix} + \mathrm{Kern}\,A = \begin{pmatrix} 0 \\ 3 \\ 0 \\ 2 \end{pmatrix} + \mathrm{Kern}\,A$$

sowie für die Lösungsmenge L_2 von $A\mathbf{x} = \mathbf{b}_2$

$$L_2 = PZ\mathbf{b}_2 + \operatorname{Kern} A = \begin{pmatrix} 0 & 0 & 0 & 1 \\ 1 & 1 & 0 & 0 \\ -1 & -1 & 1 & 0 \\ 0 & 1 & 0 & 0 \end{pmatrix} \begin{pmatrix} 5 \\ -1 \\ 4 \\ 0 \end{pmatrix} + \operatorname{Kern} A = \begin{pmatrix} 0 \\ 4 \\ 0 \\ -1 \end{pmatrix} + \operatorname{Kern} A.$$

Bislang haben wir durch diese Methode den Umgang mit Spaltenvertauschungen beim Lösungsverfahren formalisiert. Mit folgender Überlegung können wir neben Spaltenpermutationen auch elementare Spaltenumformungen der Typen I und III zur Lösung linearer Gleichungssysteme hinzuziehen.

Eine $m \times n$-Matrix A mit $m \leq n$ kann mithilfe einer regulären $m \times m$ Matrix Z und einer regulären $n \times n$-Matrix S nach Satz 3.42 in eine maximal reduzierte Normalform

$$ZAS = \left(\frac{E_r | 0_{r \times n-r}}{0_{m-r \times n}} \right)$$

überführt werden. Hierbei können Z und S als Produkt von elementaren Umformungsmatrizen der Typen I-III aus E_m bzw. E_n bestimmt werden.

Wir betrachten nun einen Lösungsvektor $\mathbf{v}$ des linearen Gleichungssystems $A\mathbf{x} = \mathbf{b}$ mit $\mathbf{b} \in \mathbb{K}^m$. Es gilt nun

$$A\mathbf{v} = \mathbf{b} \iff ZA\mathbf{v} = Z\mathbf{b} \iff ZA(SS^{-1}\mathbf{v}) = Z\mathbf{b}.$$

Mit $\mathbf{w} := S^{-1}\mathbf{v}$ gilt nun

$$ZAS\mathbf{w} = Z\mathbf{b}.$$

Umgekehrt: Jeder Lösungsvektor $\mathbf{w}$ des linearen Gleichungssystems $ZAS\mathbf{x} = Z\mathbf{b}$ definiert einen Lösungsvektor $\mathbf{v} = S\mathbf{w}$ des ursprünglichen, nicht spaltenmodifizierten Systems $A\mathbf{x} = \mathbf{b}$. Mit $r = \operatorname{Rang} A$ muss dann das Produkt $Z\mathbf{b}$ ab der $r+1$-ten Komponente nur noch aus Nullen bestehen, ansonsten wäre das lineare Gleichungssystem nicht lösbar. Wir können daher die aus dem sehr einfachen Tableau des zeilen- und spaltenreduzierten Systems

$$[ZAS \,|\, Z\mathbf{b}] = \begin{bmatrix} E_r & 0 \cdots 0 & | \\ 0 & 0 \cdots 0 & Z\mathbf{b} \\ \vdots & \vdots & | \end{bmatrix}$$

abgelesene Lösungsmenge

$$\begin{pmatrix} Z\mathbf{b} \\ 0_{n-m} \end{pmatrix} + \langle \hat{\mathbf{e}}_{r+1}, \hat{\mathbf{e}}_{r+2}, \ldots, \hat{\mathbf{e}}_n \rangle$$

umrechnen in die Lösungsmenge L des ursprünglichen Systems durch Linksmultiplikation mit S:

$$L = S \begin{pmatrix} Z\mathbf{b} \\ 0_{n-m} \end{pmatrix} + \langle S\hat{\mathbf{e}}_{r+1}, S\hat{\mathbf{e}}_{r+2}, \ldots, S\hat{\mathbf{e}}_n \rangle = S \begin{pmatrix} Z\mathbf{b} \\ 0_{n-m} \end{pmatrix} + \langle \mathbf{s}_{r+1}, \mathbf{s}_{r+2}, \ldots, \mathbf{s}_n \rangle.$$

In dem linearen Erzeugnis treten nur noch die letzten $n - r$ Spalten von S auf. Wir betrachten hierzu ein Beispiel. Das Tableau des linearen Gleichungssystems

$$\underbrace{\begin{pmatrix} 8 & 3 & 2 & 2 \\ 3 & 1 & 1 & 1 \\ 5 & 2 & 1 & 1 \end{pmatrix}}_{=:A} \mathbf{x} = \underbrace{\begin{pmatrix} 5 \\ 2 \\ 3 \end{pmatrix}}_{=:\mathbf{b}}$$

lautet

$$\begin{bmatrix} 8 & 3 & 2 & 2 & | & 5 \\ 3 & 1 & 1 & 1 & | & 2 \\ 5 & 2 & 1 & 1 & | & 3 \end{bmatrix} .$$

Wir speichern geeignete Zeilen- und Spaltenumformungen als fortlaufende Umformungen der Einheitsmatrizen E_3 und E_4 und erhalten hieraus beispielsweise

$$Z = \begin{pmatrix} 1 & -2 & 0 \\ -1 & 3 & 0 \\ -1 & 1 & 1 \end{pmatrix}, \quad S = \begin{pmatrix} 0 & 0 & 1 & 0 \\ 1 & 0 & -2 & 0 \\ 0 & 1 & -1 & -1 \\ 0 & 0 & 0 & 1 \end{pmatrix},$$

sodass

$$ZAS = \begin{pmatrix} 1 & 0 & 0 & 0 \\ 0 & 1 & 0 & 0 \\ 0 & 0 & 0 & 0 \end{pmatrix}, \quad Z\mathbf{b} = \begin{pmatrix} 1 \\ 1 \\ 0 \end{pmatrix}$$

gilt. Da die dritte Komponente von $Z\mathbf{b}$ den Wert 0 hat, ist an dieser Stelle die Lösbarkeit von $A\mathbf{x} = \mathbf{b}$ klar. Das Tableau $[A \,|\, \mathbf{b}]$ ist also per elementarer Zeilen- und Spaltenumformungen aller drei Typen überführbar in die einfachst mögliche Form:

$$[A \,|\, \mathbf{b}] = \begin{bmatrix} 8 & 3 & 2 & 2 & | & 5 \\ 3 & 1 & 1 & 1 & | & 2 \\ 5 & 2 & 1 & 1 & | & 3 \end{bmatrix} \rightarrow \begin{bmatrix} 1 & 0 & 0 & 0 & | & 1 \\ 0 & 1 & 0 & 0 & | & 1 \\ 0 & 0 & 0 & 0 & | & 0 \end{bmatrix} = [ZAS \,|\, Z\mathbf{b}].$$

Hieraus lesen wir die Lösungsmenge des spaltenumgeformten Systems ab:

$$\begin{pmatrix} Z\mathbf{b} \\ 0 \end{pmatrix} + \langle \hat{\mathbf{e}}_3, \hat{\mathbf{e}}_4 \rangle = \begin{pmatrix} 1 \\ 1 \\ 0 \\ 0 \end{pmatrix} + \left\langle \begin{pmatrix} 0 \\ 0 \\ 1 \\ 0 \end{pmatrix}, \begin{pmatrix} 0 \\ 0 \\ 0 \\ 1 \end{pmatrix} \right\rangle .$$

Durch Linksmultiplikation mit S erhalten wir hieraus schließlich die Lösungsmenge des ursprünglichen Systems:

$$S \begin{pmatrix} Z\mathbf{b} \\ 0 \end{pmatrix} + \langle S\hat{\mathbf{e}}_3, S\hat{\mathbf{e}}_4 \rangle = \begin{pmatrix} 0 \\ 1 \\ 1 \\ 0 \end{pmatrix} + \left\langle \begin{pmatrix} 1 \\ -2 \\ -1 \\ 0 \end{pmatrix}, \begin{pmatrix} 0 \\ 0 \\ -1 \\ 1 \end{pmatrix} \right\rangle .$$

3.3 Basiswahl und Koordinatenvektoren

Ein $\mathbb{K}$-Vektorraum ist nicht notwendig eine Menge von Zeilen- oder Spaltenvektoren, also der Raum $\mathbb{K}^n$. Wir haben den Vektorraum als Menge definiert, für deren Elemente, die Vektoren, eine Addition und eine skalare Multiplikation erklärt sind, sodass gewisse Rechengesetze (Vektorraumaxiome) gelten. Hierbei wurden keine näheren Angaben über die Ausgestaltung der Vektoren sowie die Definition der Addition und der skalaren Multiplikation gemacht. Betrachten wir einmal als Beispiel die folgende Menge differenzierbarer Funktionen:

$$V = \{\lambda_1 e^{-t} + \lambda_2 e^t : \lambda_1, \lambda_2 \in \mathbb{R}\}.$$

Diese Menge beinhaltet unendlich viele Funktionen, deren Gemeinsamkeit darin besteht, dass sie sich als Linearkombination aus den Funktionen e^{-t} und e^t darstellen lassen. Wir können diese Menge auch mithilfe der Kurzschreibweise unter Verwendung der spitzen Klammern ($\langle \cdots \rangle$) als lineares Erzeugnis der beiden Funktionen e^{-t} und e^t darstellen:

$$V = \langle e^{-t}, e^t \rangle.$$

Elemente dieser Menge sind beispielsweise die Funktionen e^{-t} und e^t selbst oder $5e^{-t} + 2e^t$, $3e^{-t} - e^t$, $\sinh t = \frac{1}{2}(e^t - e^{-t})$ und $\cosh t = \frac{1}{2}(e^t + e^{-t})$. Die Funktion e^{2t} ist dagegen kein Element dieser Menge.

Wir können nun für die Elemente dieser Menge eine Addition definieren, indem wir die übliche Addition zweier Funktionen hierfür nutzen: Für zwei Funktionen $f, g \in V$ gibt es die Darstellung

$$f(t) = \lambda_1 e^{-t} + \lambda_2 e^t, \quad g(t) = \mu_1 e^{-t} + \mu_2 e^t, \quad \lambda_1, \lambda_2, \mu_1, \mu_2 \in \mathbb{R}.$$

Wir definieren die Summe dieser beiden Funktionen als

$$(f+g)(t) := f(t) + g(t) = (\lambda_1 + \mu_1)e^{-t} + (\lambda_2 + \mu_2)e^t.$$

Die Summenfunktion ist ebenfalls eine Linearkombination aus e^{-t} und e^t und daher ein Element von V. Darüber hinaus definieren wir eine skalare Multiplikation für eine Funktion $f \in V$ mit

$$f(t) = \lambda_1 e^{-t} + \lambda_2 e^t, \quad \lambda_1, \lambda_2 \in \mathbb{R}$$

und einen Skalar $\alpha \in \mathbb{R}$ durch

$$(\alpha f)(t) := \alpha \lambda_1 e^{-t} + \alpha \lambda_2 e^{-t}.$$

Wir erhalten wieder eine Funktion, die eine Linearkombination aus e^{-t} und e^t ist und somit ebenfalls zu V gehört.

Nun können wir zeigen, dass bezüglich dieser Addition und dieser skalaren Multiplikation V ein $\mathbb{R}$-Vektorraum ist. Wir können dann die Elemente von V in diesem Sinne als Vektoren auffassen. Dabei stellt die konstante Funktion $f(t) := 0$ als triviale Linearkombination aus e^{-t} und e^t den Nullvektor dar. Wir wissen bereits, dass jeder Vektorraum eine Basis besitzt. Aus den beiden Funktionen e^{-t} und e^t kann der Nullvektor nur trivial kombiniert werden. Sie sind damit linear unabhängig und bilden aufgrund der Definition von V eine Basis. Damit ist V ein zweidimensionaler Vektorraum über $\mathbb{R}$. Wir können nun aber auch jedes Element $f = \lambda_1 e^{-t} + \lambda_2 e^t \in V$ allein durch die Angabe der beiden reellen Multiplikatoren λ_1 und λ_2 eindeutig identifizieren. Diese beiden Multiplikatoren bilden ein Paar aus dem $\mathbb{R}^2$ und können somit als Zeilen- oder Spaltenvektor mit zwei Komponenten aufgefasst werden. Hierdurch ergibt sich eine eindeutige Zuordnung von f zu einem Vektor $\boldsymbol{\lambda} = (\lambda_1, \lambda_2) \in \mathbb{R}^2$. Der Funktion $f(t) = \sinh(t) = \frac{1}{2}(e^t - e^{-t})$ entspricht dann eindeutig der Vektor $\boldsymbol{\lambda} = (-\frac{1}{2}, \frac{1}{2}) \in \mathbb{R}^2$.

Nach Festlegung einer Basis B von V ist es nun möglich, jeden Vektor aus V mit den beiden Multiplikatoren zu identifizieren, die in seiner Linearkombination verwendet werden müssen, um ihn mit Vektoren aus B darzustellen. Wir können daher den gesamten Vektorraum V mit dem Vektorraum $\mathbb{R}^2$ identifizieren. Wir müssen dabei nur die Basisvektoren von V kennen und wissen, in welcher Reihenfolge sie in der Linearkombination stehen. Mit der Wahl der Basis $B = (e^{-t}, e^t)$ entspricht in umgekehrter Betrachtung dem Vektor $(\frac{1}{2}, \frac{1}{2}) \in \mathbb{R}^2$ die Funktion $\frac{1}{2}e^{-t} + \frac{1}{2}e^t = \cosh t$. Wir wollen nun dieses Prinzip verallgemeinern. Gegeben sei ein K-Vektorraum V. Es sei $B \subset V$ eine Basis von V, also eine Menge von Basisvektoren, die V erzeugt und dabei minimal ist:

$$\langle B \rangle = V, \qquad \langle B \setminus \{\mathbf{b}\} \rangle \subsetneq V, \quad \text{für alle } \mathbf{b} \in B.$$

Da wir einen abstrakten, nicht näher beschriebenen Vektorraum betrachten, können wir zunächst nicht davon ausgehen, dass es sich bei den Vektoren aus V und damit bei den Basisvektoren um Zeilen- oder Spaltenvektoren aus dem $\mathbb{K}^n$ handelt. Der Vektorraum V wurde zunächst auch nicht einmal als endlich-dimensional vorausgesetzt. Es könnten beispielsweise auch Funktionen oder andere Objekte sein, aus denen V besteht. Damit kann die Basis B, also die Menge der Basisvektoren, im Allgemeinen auch nicht als Matrix aufgefasst werden. Die Basis B ist also zunächst eine Menge von linear unabhängigen Vektoren, die V erzeugen. Jeder Vektor aus $\mathbf{v} \in V$ kann also nach Satz 3.25 als *eindeutige* Linearkombination von Vektoren aus B dargestellt werden:

$$\mathbf{v} = \sum_{\mathbf{b} \in B} a_{B,\mathbf{b}}(\mathbf{v}) \cdot \mathbf{b}. \tag{3.31}$$

Diese Summe ist endlich, d. h., die zu den Basisvektoren $\mathbf{b}$ gehörenden eindeutig bestimmten Vorfaktoren $a_{B,\mathbf{b}}(\mathbf{v}) \in \mathbb{K}$ sind ungleich 0 nur für endlich viele $\mathbf{b} \in B$, da Linearkombinationen definitionsgemäß endliche Summen sind. Jeder Vorfaktor $a_{B,\mathbf{b}}(\mathbf{v})$ hängt vom Vektor $\mathbf{v}$, der gewählten Basis B und dem Summanden $\mathbf{b}$ ab, für den er zuständig ist. Wählt man speziell mit $\mathbf{v} = \boldsymbol{\beta}$ einen Basisvektor $\boldsymbol{\beta} \in B$ zur Darstellung aus, so sind die Vorfaktoren $a_{B,\mathbf{b}}(\boldsymbol{\beta})$ wegen der Eindeutigkeit der Linearkombination bei Basisvektoren sehr einfach zu bestimmen:

$$\boldsymbol{\beta} = \sum_{\mathbf{b} \in B} a_{B,\mathbf{b}}(\boldsymbol{\beta}) \cdot \mathbf{b}, \quad \text{mit} \quad a_{B,\mathbf{b}}(\boldsymbol{\beta}) = \begin{cases} 1, & \text{für } \mathbf{b} = \boldsymbol{\beta} \\ 0, & \text{für } \mathbf{b} \neq \boldsymbol{\beta} \end{cases}. \tag{3.32}$$

Im Fall eines endlich-dimensionalen Vektorraums V der Dimension n mit den Basisvektoren $\mathbf{b}_1, \ldots, \mathbf{b}_n$ kann der gesamte Vektorraum V mit dem Vektorraum $\mathbb{K}^n$ der n-Tupel über $\mathbb{K}$ identifiziert werden. Jeder Vektor hat nämlich die eindeutige Darstellung als Linearkombination der Basisvektoren:

$$\mathbf{v} = \sum_{k=1}^{n} a_k \cdot \mathbf{b}_k, \quad \text{mit } a_k \in \mathbb{K} \text{ für } k = 1, \dots, n, \tag{3.33}$$

wobei für jeden Basisvektor $\mathbf{b}_k$ der Vorfaktor a_k vom Vektor $\mathbf{v}$ bestimmt wird. Hier gilt also für die Basisvorfaktoren zur Darstellung von $\mathbf{v}$ gemäß (3.31)

$$a_k = a_{B,\mathbf{b}_k}(\mathbf{v}).$$

Wir haben somit für jeden Basisvektor $\mathbf{b}_k$ einen Koeffizienten a_k. Dem Vektor $\mathbf{v}$ weisen wir in diesem Sinne also n Koeffizienten $a_1, \dots a_n \in \mathbb{K}$ zu. Nun formalisieren wir diesen Sachverhalt, indem wir diese n Koeffizienten zu einem Spaltenvektor

$$\mathbf{a} = \begin{pmatrix} a_1 \\ \vdots \\ a_n \end{pmatrix} \in \mathbb{K}^n$$

zusammenfassen. Die Abbildung, die den Vektor $\mathbf{v}$ diesen Spaltenvektor zuordnet ist maßgeblich durch die zuvor festgelegte Basis B bestimmt.

Definition 3.48 (Koordinatenabbildung und Koordinatenvektor) *Es sei V ein Vektorraum über $\mathbb{K}$ der Dimension $n < \infty$ (d. h. endlich-dimensional) mit der Basis $B = (\mathbf{b}_1, \dots, \mathbf{b}_n)$. Mithilfe der Koordinatenabbildung*

$$c_B : V \to \mathbb{K}^n$$

$$\mathbf{v} \mapsto c_B(\mathbf{v}) = \begin{pmatrix} a_1 \\ \vdots \\ a_n \end{pmatrix} = \mathbf{a} \tag{3.34}$$

wird jedem Vektor $\mathbf{v}$ aus V der Spaltenvektor

$$\begin{pmatrix} a_1 \\ \vdots \\ a_n \end{pmatrix} = \mathbf{a} \in \mathbb{K}^n$$

mit

$$\mathbf{v} = \sum_{k=1}^{n} a_k \cdot \mathbf{b}_k$$

eindeutig zugeordnet. Da es sich bei B um eine Basis von V handelt, sind die Koordinaten a_k innerhalb dieser Linearkombination eindeutig, sodass die Koordinatenabbildung wohldefiniert ist. Wir bezeichnen den Spaltenvektor $\mathbf{a} = c_B(\mathbf{v})$ als Koordinatenvektor[5] von $\mathbf{v}$ bezüglich der Basis B. Insbesondere gilt für die Koordinatenvektoren der Basisvektoren $\mathbf{b}_1, \dots, \mathbf{b}_n$:

---

[5] Statt $c_B(\mathbf{v})$ ist auch die Scheibweise $_B\mathbf{v}$ üblich.

$$c_B(\mathbf{b}_j) = \hat{\mathbf{e}}_j, \qquad j = 1, \ldots, n.$$

Umgekehrt können wir jedem n-Tupel $\mathbf{a} = (a_1, \ldots, a_n) \in \mathbb{K}^n$ eindeutig einen Vektor $\mathbf{v} = \sum_{k=1}^{n} a_k \cdot \mathbf{b}_k$ zuordnen. Auf diese Weise können wir den zunächst nur abstrakt vorgegebenen n-dimensionalen Vektorraum V, nachdem wir eine Basis $B = (\mathbf{b}_1, \ldots, \mathbf{b}_n)$ festgelegt haben, mit dem Vektorraum $\mathbb{K}^n$ der Zeilen- oder Spaltenvektoren identifizieren. Es wird sich herausstellen, dass beide Vektorräume hinsichtlich ihrer linear-algebraischen Eigenschaften strukturgleich sind. Man sagt dann, dass V isomorph zu $\mathbb{K}$ ist, symbolisch $V \cong \mathbb{K}^n$. Den Begriff der Isomorphie von Vektorräumen definieren wir nun im Detail.

Definition 3.49 (Isomorphie von Vektorräumen) *Es seien V und W zwei Vektorräume über $\mathbb{K}$. Falls es eine bijektive Abbildung*

$$\begin{aligned} \varphi : V &\to W \\ \mathbf{v} &\mapsto \mathbf{w} = \varphi(\mathbf{v}) \end{aligned} \tag{3.35}$$

gibt, mit der Linearitätseigenschaft

$$\varphi(\mathbf{v}_1 + \mathbf{v}_2) = \varphi(\mathbf{v}_1) + \varphi(\mathbf{v}_2), \quad \varphi(\lambda \mathbf{v}) = \lambda \varphi(\mathbf{v}) \tag{3.36}$$

für alle $\mathbf{v}_1, \mathbf{v}_2, \mathbf{v} \in V$ und $\lambda \in \mathbb{K}$, so heißt V isomorph zu W, symbolisch

$$V \cong W.$$

Die Abbildung φ wird als Vektorraumisomorphismus von V nach W bezeichnet.

Da φ bijektiv, also injektiv und surjektiv ist (vgl. Definition 1.28), gibt es die Umkehrabbildung $\varphi^{-1} : W \to V$. Für $\mathbf{w}_1, \mathbf{w}_2 \in W$ gibt es $\mathbf{v}_1$ und $\mathbf{v}_2$ mit $\varphi(\mathbf{v}_1) = \mathbf{w}_1$ und $\varphi(\mathbf{v}_2) = \mathbf{w}_2$. Nun folgt aus (3.36)

$$\begin{aligned} & \varphi(\mathbf{v}_1 + \mathbf{v}_2) = \varphi(\mathbf{v}_1) + \varphi(\mathbf{v}_2) \\ \Longleftrightarrow \quad & \varphi(\varphi^{-1}(\mathbf{w}_1) + \varphi^{-1}(\mathbf{w}_2)) = \mathbf{w}_1 + \mathbf{w}_2, \qquad | \varphi^{-1}(\cdots) \\ \Longleftrightarrow \quad & \varphi^{-1}(\mathbf{w}_1) + \varphi^{-1}(\mathbf{w}_2) = \varphi^{-1}(\mathbf{w}_1 + \mathbf{w}_2) \end{aligned}$$

und (Übung)

$$\varphi^{-1}(\lambda \mathbf{w}) = \lambda \varphi^{-1}(\mathbf{w})$$

für alle $\mathbf{w} \in W$, $\lambda \in \mathbb{K}$. Die Linearitätseigenschaft gilt in entsprechender Weise auch für die Umkehrabbildung. Die Umkehrabbildung ist damit ebenfalls ein Vektorraumisomorphismus. Trivialerweise ist die Identität id_V ein Vektorraumisomorphismus. Werden mehrere Vektorraumisomorphismen

$$V_1 \xrightarrow{\varphi_1} V_2 \xrightarrow{\varphi_2} V_3 \xrightarrow{\varphi_3} \cdots \xrightarrow{\varphi_k} V_{k+1}$$

hintereinander ausgeführt, so kann leicht gezeigt werden, dass die zusammengesetzte Abbildung $\psi := \varphi_k \circ \varphi_{k-1} \circ \cdots \circ \varphi_1$ einen Vektorraumisomorphismus

$$\begin{aligned} \psi : V_1 &\to V_{k+1} \\ \mathbf{v} &\mapsto \mathbf{w} = \psi(\mathbf{v}) = \varphi_k(\varphi_{k-1}(\ldots \varphi_2(\varphi_1(\mathbf{v})) \ldots)) \end{aligned}$$

von V_1 nach V_{k+1} darstellt. Somit gilt auch $V_1 \cong V_{k+1}$. Die Isomorphie von Vektorräumen ist daher eine Äquivalenzrelation, d. h., es gelten die drei Bedingungen:

(i) Reflexivität: $V \cong V$. Jeder Vektorraum ist zu sich selbst isomorph.
(ii) Symmetrie: $V \cong W \Longrightarrow W \cong V$. Ist V isomorph zu W, so ist auch W isomorph zu V.
(iii) Transitivität: $V \cong W \cong X \Longrightarrow V \cong X$. Sind V und X jeweils isomorph zu W, so sind auch V und X zueinander isomorph.

Ist $B = (\mathbf{b}_1, \ldots, \mathbf{b}_n)$ eine Basis eines endlich-dimensionalen Vektorraums V, so bildet ein Vektorraumisomorphismus $\varphi : V \to W$ die Basis B auf eine Basis $(\varphi(\mathbf{b}_1), \ldots, \varphi(\mathbf{b}_n))$ von W ab (Übung).

Die Isomorphie zwischen dem endlich-dimensionalen $\mathbb{K}$-Vektorraum V und dem Vektorraum $\mathbb{K}^n$ folgt aus der Eigenschaft, dass die Koordinatenabbildung $c_B : V \to \mathbb{K}^n$ bijektiv ist und die Linearitätseigenschaft (3.36) erfüllt.

Satz 3.50 *Es sei V ein endlich-dimensionaler $\mathbb{K}$-Vektorraum der Dimension n und $B = (\mathbf{b}_1, \ldots, \mathbf{b}_n)$ eine Basis von V. Die Koordinatenabbildung*

$$c_B : V \to \mathbb{K}^n$$

$$\mathbf{v} \mapsto c_B(\mathbf{v}) = \begin{pmatrix} a_1 \\ \vdots \\ a_n \end{pmatrix} = \mathbf{a} \tag{3.37}$$

ist ein Vektorraumisomorphismus. Es gilt also

$$V \cong \mathbb{K}^n. \tag{3.38}$$

Beweis. Zunächst zur Surjektivität: Wir weisen nach, dass jeder Vektor aus $\mathbb{K}^n$ durch c_B getroffen wird. Es sei $\mathbf{a} = (a_1, \ldots, a_n) \in \mathbb{K}^n$. Für den Vektor

$$\mathbf{v} = \sum_{k=1}^{n} a_k \mathbf{b}_k \in V$$

lauten seine Koordinaten bezüglich der Basis B

$$c_B(\mathbf{v}) = \begin{pmatrix} a_1 \\ \vdots \\ a_n \end{pmatrix} = \mathbf{a} \in \mathbb{K}^n.$$

Wir haben mit $\mathbf{v}$ einen Vektor gefunden, der durch die Koordinatenabbildung auf $\mathbf{a}$ abgebildet wird. Nun zur Injektivität: Wir zeigen, dass zwei unterschiedliche Vektoren von V unterschiedliche Koordinatenvektoren aus $\mathbb{K}^n$ haben. Es seien also $\mathbf{v}$ und $\mathbf{w}$ zwei Vektoren aus V mit $\mathbf{v} \neq \mathbf{w}$. Mit der Basis B haben beide Vektoren jeweils eine eindeutige Darstellung als Linearkombination der Basisvektoren

$$\mathbf{v} = \sum_{k=1}^{n} a_k \mathbf{b}_k, \qquad \mathbf{w} = \sum_{k=1}^{n} \alpha_k \mathbf{b}_k$$

mit eindeutig bestimmten Skalaren $a_1, \ldots, a_n$ und $\alpha_1, \ldots, \alpha_n$ aus $\mathbb{K}$. Gälte nun $a_k = \alpha_k$ für alle $k = 1, \ldots, n$, so wären beide Linearkombinationen identisch, woraus $\mathbf{v} = \mathbf{w}$ folgen würde im Widerspruch zur Voraussetzung. Somit gibt es mindestens einen Index $1 \leq j \leq n$ mit $a_j \neq \alpha_j$. Damit gilt

$$c_B(\mathbf{v}) = \begin{pmatrix} a_1 \\ \vdots \\ a_n \end{pmatrix} \neq \begin{pmatrix} \alpha_1 \\ \vdots \\ \alpha_n \end{pmatrix} = c_B(\mathbf{w}).$$

Die Koordinatenabbildung ist also injektiv. Zur Linearitätseigenschaft: Es seien $\mathbf{v}, \mathbf{w} \in V$ und $\lambda \in \mathbb{K}$. Wir betrachten erneut die Darstellung beider Vektoren als Linearkombination der Basisvektoren

$$\mathbf{v} = \sum_{k=1}^{n} a_k \mathbf{b}_k, \qquad \mathbf{w} = \sum_{k=1}^{n} \alpha_k \mathbf{b}_k$$

mit eindeutig bestimmten Skalaren $a_1, \ldots, a_n$ und $\alpha_1, \ldots, \alpha_n$ aus $\mathbb{K}$. Für den Vektor

$$\mathbf{x} = \mathbf{v} + \mathbf{w} = \left(\sum_{k=1}^{n} a_k \mathbf{b}_k \right) + \left(\sum_{k=1}^{n} \alpha_k \mathbf{b}_k \right) = \sum_{k=1}^{n} (a_k + \alpha_k) \mathbf{b}_k$$

lautet der Koordinatenvektor bezüglich der Basis B

$$c_B(\mathbf{x}) = \begin{pmatrix} a_1 + \alpha_1 \\ \vdots \\ a_n + \alpha_n \end{pmatrix} = \begin{pmatrix} a_1 \\ \vdots \\ a_n \end{pmatrix} + \begin{pmatrix} \alpha_1 \\ \vdots \\ \alpha_n \end{pmatrix} = c_B(\mathbf{v}) + c_B(\mathbf{w}),$$

woraus sich der erste Teil der Linearitätseigenschaft ergibt:

$$c_B(\mathbf{v} + \mathbf{w}) = c_B(\mathbf{x}) = c_B(\mathbf{v}) + c_B(\mathbf{w}).$$

Für den Vektor

$$\mathbf{y} = \lambda \mathbf{v} = \lambda \sum_{k=1}^{n} a_k \mathbf{b}_k = \sum_{k=1}^{n} (\lambda a_k) \mathbf{b}_k$$

lautet der Koordinatenvektor bezüglich B

$$c_B(\mathbf{y}) = \begin{pmatrix} \lambda a_1 \\ \vdots \\ \lambda a_n \end{pmatrix} = \lambda \begin{pmatrix} a_1 \\ \vdots \\ a_n \end{pmatrix} = \lambda c_B(\mathbf{v}),$$

woraus sich der zweite Teil der Linearitätseigenschaft ergibt:

$$c_B(\lambda \mathbf{v}) = c_B(\mathbf{y}) = \lambda c_B(\mathbf{v}).$$

Damit stellt die Koordinatenabbildung einen Vektorraumisomorphismus von V nach $\mathbb{K}^n$ dar. $\square$

Wir kommen zu einem wichtigen Resultat.

Satz 3.51 *Zwei endlich-dimensionale $\mathbb{K}$-Vektorräume V und W sind genau dann isomorph, wenn ihre Dimensionen übereinstimmen:*

$$V \cong W \iff \dim V = \dim W. \tag{3.39}$$

Beweis. Ist $V \cong W$, so existiert ein Vektorraumisomorphismus φ von V nach W. Mit $n = \dim V$ und einer Basis $B = (\mathbf{b}_1, \ldots, \mathbf{b}_n)$ von V liegt durch die Bildvektoren $\varphi(B) = (\varphi(\mathbf{b}_1), \ldots, \varphi(\mathbf{b}_n))$ auch eine Basis von W aus n Vektoren vor, sodass beide Räume identische Dimension haben. Die Umkehrung folgt aus der Symmetrie und der Transitivität der Isomorphie, da wir beide Vektorräume, nachdem jeweils Basen gewählt wurden, mithilfe der jeweiligen Koordinatenabbildung mit dem Vektorraum $\mathbb{K}^n$, $n = \dim V = \dim W$ identifizieren können. $\square$

Vektorraumisomorphismen gehören zu den sogenannten linearen Abbildungen, die wir im Kap. 4 detailliert untersuchen werden. Als bijektive Abbildung ist c_B umkehrbar. Die Inverse der Koordinatenabbildung (3.34) ist einfach die Linearkombination der Basisvektoren mit den Koordinaten als Multiplikatoren:

$$c_B^{-1} : \mathbb{K}^n \to V$$

$$\mathbf{a} = \begin{pmatrix} a_1 \\ \vdots \\ a_n \end{pmatrix} \mapsto \mathbf{v} = \sum_{k=1}^{n} a_k \mathbf{b}_k. \tag{3.40}$$

Wir bezeichnen diese Abbildung auch als *Basisisomorphismus*. Diese Abbildung berechnet also aus dem Spaltenvektor $\mathbf{a} \in \mathbb{K}^n$ mithilfe der Basis $B = (\mathbf{b}_1, \ldots, \mathbf{b}_n)$ einen Vektor $\mathbf{v} \in V$. Der Basisisomorphismus erfüllt wie die Koordinatenabbildung eine analoge Linearitätseigenschaft:

$$c_B^{-1}(\mathbf{a} + \mathbf{a}') = \sum_{k=1}^{n} (a_k + a_k')\mathbf{b}_k = \sum_{k=1}^{n} a_k\mathbf{b}_k + \sum_{k=1}^{n} a_k'\mathbf{b}_k = c_B^{-1}(\mathbf{a}) + c_B^{-1}(\mathbf{a}'),$$

$$c_B^{-1}(\lambda \mathbf{a}) = \sum_{k=1}^{n} (\lambda a_k)\mathbf{b}_k = \lambda \sum_{k=1}^{n} a_k\mathbf{b}_k = \lambda c_B^{-1}(\mathbf{a})$$

für alle $\mathbf{a}, \mathbf{a}' \in \mathbb{K}^n$, $\lambda \in \mathbb{K}$. Wir betrachten nun einige Beispiele für zwei- oder dreidimensionale $\mathbb{R}$-Vektorräume nebst Koordinatenabbildungen bzw. Basisisomorphismen.

(i) Wir fassen $V = \langle e^{-t}, e^t \rangle$ als $\mathbb{R}$-Vektorraum auf mit Basis $B = (\mathbf{b}_1 = e^{-t}, \mathbf{b}_2 = e^t)$. Es ist $\sinh t = -\frac{1}{2}\mathbf{b}_1 + \frac{1}{2}\mathbf{b}_2$. Daher ist der Koordinatenvektor von $\sinh t \in V$ der Spaltenvektor

$$c_B(\sinh t) = \begin{pmatrix} -\frac{1}{2} \\ \frac{1}{2} \end{pmatrix} \in \mathbb{R}^2.$$

Dem kanonischen Einheitsvektor $\hat{\mathbf{e}}_1 \in \mathbb{R}^2$ Vektor entspricht der Funktionsvektor

$$c_B^{-1}(\hat{\mathbf{e}}_1) = 1 \cdot \mathbf{b}_1 + 0 \cdot \mathbf{b}_2 = e^{-t} \in V.$$

(ii) Für $V = \mathbb{C} = \langle 1, \mathrm{i} \rangle$ mit Basis $B = (1, \mathrm{i})$ ist beispielsweise $c_B(3 + 4\mathrm{i}) = (3, 4)^T \in \mathbb{R}^2$.

(iii) Für $V = \mathbb{R}^2$ mit Basis $B = (\hat{\mathbf{e}}_1, \hat{\mathbf{e}}_2)$ ist jeder Vektor ist sein eigener Koordinatenvektor bzgl. der kanonischen Basis.

(iv) Der Raum $V = \mathbb{R}[x]_{\leq 2}$ aller reellen Polynome maximal zweiten Grades besitzt beispielsweise die Basis $B = (x^2, x, 1)$. Es handelt sich um einen dreidimensionalen $\mathbb{R}$-Vektorraum. Hier ist für $(x - 1)^2 \in V$ der Koordinatenvektor bezüglich B der Spaltenvektor

$$c_B((x-1)^2) = c_B(x^2 - 2x + 1) = \begin{pmatrix} 1 \\ -2 \\ 1 \end{pmatrix}.$$

Da die ersten drei Vektorräume jeweils zweidimensionale Vektorräume über $\mathbb{R}$ sind, ist jeder von ihnen isomorph zu $\mathbb{R}^2$. Insbesondere sind sie somit untereinander isomorph. Der Polynomraum des letzten Beispiels ist isomorph zum $\mathbb{R}^3$.

Unendlich-dimensionale $\mathbb{K}$-Vektorräume können wir nicht mit einem Vektorraum der Form $\mathbb{K}^n$ identifizieren. Dennoch kann es auch in derartigen Fällen Möglichkeiten geben, Vektoren mithilfe von abzählbaren Basen zu entwickeln. Wir betrachten als Beispiel den $\mathbb{R}$-Vektorraum

$$\mathbb{R}^{(\mathbb{N})} := \{(a_n)_{n \in \mathbb{N}} \quad \text{Folge in } \mathbb{R} : a_n \neq 0 \quad \text{nur für endlich viele } n \in \mathbb{N}\}$$

der Menge aller „abbrechenden" reellen Folgen, d. h. deren Folgenglieder fast alle gleich 0 sind. Man überzeugt sich, dass diese Menge bezüglich der gliedweisen Addition und gliedweisen skalaren Multiplikation einen Vektorraum über $\mathbb{R}$ bildet. Für diesen unendlich-dimensionalen Vektorraum ist die unendliche Menge der Folgen, deren Folgenglieder nur für einen Index den Wert 1 haben und sonst den Wert 0,

$$\mathbf{b}_i = (a_n^i)_{n \in \mathbb{N}}, \quad \text{definiert durch} \quad a_n^i = \begin{cases} 1, & \text{für } n = i - 1 \\ 0, & \text{für } n \neq i - 1 \end{cases}, \quad i = 1, 2, \ldots,$$

im Detail

$$\mathbf{b}_1 = (1, 0, 0, \ldots), \quad \mathbf{b}_2 = (0, 1, 0, \ldots), \quad \mathbf{b}_1 = (0, 0, 1, \ldots), \quad \ldots,$$

eine Basis B. Eine beliebige Folge $\mathbf{v} = (a_0, a_1, \ldots, a_m, 0, \ldots) \in \mathbb{R}^{(\mathbb{N})}$ können wir nun mithilfe dieser Basis darstellen:

$$\mathbf{v} = \sum_{\mathbf{b}_i \in B} a_{\mathbf{b}_i}(\mathbf{v}) \cdot \mathbf{b}_i = \sum_{i \geq 1} a_{i-1} \cdot \mathbf{b}_i = \sum_{i=1}^{m+1} a_{i-1} \cdot \mathbf{b}_i.$$

Hier ist also $a_{\mathbf{b}_i}(\mathbf{v}) = a_{i-1}$ und damit das $(i-1)$-te Folgenglied der Folge $\mathbf{v}$.

Die o. g. Basisvektoren $\mathbf{b}_i$ stellen allerdings *keine* Basis für den Vektorraum *aller* reellen Folgen

$$\mathbb{R}^{\mathbb{N}} := \{(a_n)_{n \in \mathbb{N}} \quad \text{Folge in } \mathbb{R}\}$$

dar. Dies liegt daran, dass wir im Zusammenhang mit dem Basisbegriff zwar Basen aus unendlich vielen Vektoren zulassen, aber verlangt haben, dass sich jeder Vektor *endlich* aus diesen Basisvektoren erzeugen lässt. Mit der o. g. Basis könnten wir aber eine nichtabbrechende Folge quasi nur als unendliche Linearkombination aus den Basisvektoren darstellen. Würden wir unendliche Linearkombinationen zulassen, so führte dies auf unendliche Reihen, sodass Konvergenzbetrachtungen mit einbezogen werden müssten.

Im Fall eines *endlich-dimensionalen* $\mathbb{K}$-Vektorraums V der Dimension n mit den Basisvektoren $\mathbf{b}_1, \ldots, \mathbf{b}_n \in V$ lautet die Darstellung (3.32) eines Basisvektors $\mathbf{b}_i$:

$$\mathbf{b}_i = \sum_{k=1}^{n} a_k \mathbf{b}_k, \quad \text{mit} \quad a_k = \delta_{ik} := \begin{cases} 1, & i = k \\ 0, & i \neq k \end{cases},$$

da es aufgrund der eindeutigen Darstellung keine weitere Linearkombination zur Darstellung von $\mathbf{b}_i$ aus diesen Basisvektoren geben kann. Somit wird bei endlich-dimensionalen Vektorräumen der Basisvektor $\mathbf{b}_i$ über die Koordinatenabbildung mit dem i-ten Einheitsvektor des $\mathbb{K}^n$ identifiziert:

$$c_B(\mathbf{b}_i) = \hat{\mathbf{e}}_i, \quad \text{für} \quad i = 1, \ldots n.$$

Wenn wir also einen endlich-dimensionalen $\mathbb{K}$-Vektorraum V der Dimension n untersuchen, so können wir stattdessen auch den $\mathbb{K}^n$ betrachten, sobald wir eine Basis aus V ausgewählt haben, da V isomorph zu $\mathbb{K}^n$ ist. Der ursprünglichen Basis $(\mathbf{b}_1, \ldots, \mathbf{b}_n)$ entspricht dann die aus den n Einheitsvektoren $\hat{\mathbf{e}}_i$ bestehende *kanonische Basis* des $\mathbb{K}^n$.

Wir beschränken uns in den folgenden Betrachtungen auf einen Spezialfall endlich-dimensionaler Vektorräume und betrachten hierzu den n-dimensionalen Spaltenvektorraum $V = \mathbb{K}^n$. Die Darstellung von Vektoren als Linearkombination vorgegebener Basisvektoren $\mathbf{b}_1, \mathbf{b}_2, \ldots, \mathbf{b}_n \in \mathbb{K}^n$ kann sehr einfach mithilfe des Matrix-Vektor-Produkts ausgedrückt werden. Hiervon haben wir schon früher Gebrauch gemacht (vgl. Bemerkung 3.6). Wir fassen zunächst alle Vektoren und damit auch die Basisvektoren als Spaltenvektoren auf. Ein beliebiger Vektor $\mathbf{v} \in \mathbb{K}^n$ kann damit als *eindeutige* Linearkombination dieser Basisvektoren mithilfe seines Koordinatenvektors $c_B(\mathbf{v}) = \mathbf{a} = (a_1, \ldots, a_n)^T$ dargestellt werden:

$$\mathbf{v} = \sum_{k=1}^{n} a_k \mathbf{b}_k, \quad \text{mit} \quad \mathbf{a} = c_B(\mathbf{v}).$$

Fasst man nun die Basisvektoren als Spalten einer $n \times n$-Matrix $B = (\mathbf{b}_1 | \ldots | \mathbf{b}_n)$ auf, so kann diese Summe mit dem Koordinatenvektor $\mathbf{a} = (a_1, a_2, \ldots, a_n)^T \in \mathbb{K}^n$ formal einfacher als Matrix-Vektor-Produkt geschrieben werden:

$$\mathbf{v} = \sum_{k=1}^{n} a_k \mathbf{b}_k = (\mathbf{b}_1 | \mathbf{b}_2 | \ldots | \mathbf{b}_n) \begin{pmatrix} a_1 \\ a_2 \\ \vdots \\ a_n \end{pmatrix} = B\mathbf{a}.$$

Da die n Vektoren $\mathbf{b}_1, \mathbf{b}_2, \ldots, \mathbf{b}_n \in \mathbb{K}^n$ eine Basis bilden, ist die Matrix B regulär. Es ergibt sich für den eindeutig bestimmten Koordinatenvektor $\mathbf{a} \in \mathbb{K}^n$:

$$c_B(\mathbf{v}) = \mathbf{a} = B^{-1}\mathbf{v}. \tag{3.41}$$

Die Koordinatenabbildung c_B ist also mithilfe der Inversen der regulären Matrix $B = (\mathbf{b}_1 | \ldots | \mathbf{b}_n) \in M(n \times n, \mathbb{K})$ darstellbar.

Wenn diese Matrix sogar *orthogonal* ist, wenn also $B^T = B^{-1}$ gilt, gestaltet sich die Berechnung des Koordinatenvektors $\mathbf{a}$ nach (3.41) zur Darstellung des Vektors $\mathbf{v}$ besonders einfach:

$$c_B(\mathbf{v}) = \mathbf{a} = B^{-1}\mathbf{v} = B^T\mathbf{v} = (\mathbf{b}_1 | \mathbf{b}_2 | \ldots | \mathbf{b}_n)^T \mathbf{v} = \begin{pmatrix} \mathbf{b}_1^T \\ \mathbf{b}_2^T \\ \vdots \\ \mathbf{b}_n^T \end{pmatrix} \mathbf{v} = \begin{pmatrix} \mathbf{b}_1^T\mathbf{v} \\ \mathbf{b}_2^T\mathbf{v} \\ \vdots \\ \mathbf{b}_n^T\mathbf{v} \end{pmatrix}.$$

Die Koeffizienten a_k ergeben sich in diesem Fall einfach als Produkt eines Zeilenvektors mit einem Spaltenvektor, oder genauer, als Produkt der transponierten Basisvektoren mit dem darzustellenden Vektor $\mathbf{v}$:

$$a_k = \mathbf{b}_k^T\mathbf{v}, \qquad k = 1, 2, \ldots, n.$$

Wir werden in Kap. 5 die Entwicklung eines Vektors mithilfe sogenannter Orthonormalbasen, die eine Verallgemeinerung der Koordinatenbestimmung dieser Art ermöglichen, im Detail studieren.

3.4 Basiswechsel bei der Darstellung von Vektoren

Wir betrachten nun wieder einen allgemeinen n-dimensionalen $\mathbb{K}$-Vektorraum V endlicher Dimension ($n < \infty$). Mit $\{\mathbf{b}_1, \ldots, \mathbf{b}_n\}$ wählen wir zunächst eine Basis von V aus. Da es bei der Entwicklung von Vektoren aus diesen Basisvektoren auf deren Reihenfolge ankommt, ist es ungünstig, die Basisvektoren nur als Menge aufzufassen. Es ist daher sinnvoll, von nun an Basisvektoren endlich-dimensionaler Vektorräume konsequent als n-Tupel

$$B = (\mathbf{b}_1, \ldots, \mathbf{b}_n) \in V^n \tag{3.42}$$

zusammenzufassen. Im Fall $V = \mathbb{K}^n$ werden wir in den kommenden Betrachtungen die Basisvektoren wieder als Spaltenvektoren auffassen. In dieser Situation ergibt das n-Tupel der Basisvektoren aus (3.42) eine reguläre $n \times n$-Matrix

$$B = (\mathbf{b}_1 | \cdots | \mathbf{b}_n) \in GL(n, \mathbb{K}).$$

Für einen beliebigen Vektor $\mathbf{v} \in V$ liefert die Koordinatenabbildung $c_B(\mathbf{v}) = \mathbf{a}$ einen eindeutigen Vektor $\mathbf{a} = (a_1, \ldots, a_n)^T \in \mathbb{K}^n$ zur Darstellung von $\mathbf{v}$ als Linearkombination der Basisvektoren

$$\mathbf{v} = \sum_{k=1}^{n} a_k \mathbf{b}_k = c_B^{-1}(\mathbf{a}).$$

Hierbei stellt $c_B^{-1} : \mathbb{K}^n \to V$ den in Abschn. 3.3 eingeführten Basisisomorphismus dar. Wenn wir nun die Basis wechseln, also von $B = (\mathbf{b}_1, \ldots, \mathbf{b}_n)$ auf eine neue Basis $B' =$

$(\mathbf{b}'_1, \ldots, \mathbf{b}'_n)$ von V übergehen, so gilt für den neuen Koordinatenvektor $\mathbf{a}' = c_{B'}(\mathbf{v}) \in \mathbb{K}^n$ der Koordinatendarstellung von $\mathbf{v}$ bezüglich der neuen Basis $\mathbf{b}'_1, \ldots, \mathbf{b}'_n$:

$$\mathbf{v} = \sum_{k=1}^{n} a_k \mathbf{b}_k = c_B^{-1}(\mathbf{a}) \overset{!}{=} c_{B'}^{-1}(\mathbf{a}') = \sum_{k=1}^{n} a'_k \mathbf{b}'_k. \tag{3.43}$$

Anschaulicher können wir uns die Situation mithilfe des folgenden Diagramms vorstellen:

$$\begin{array}{ccc} V & \overset{\mathrm{id}_V}{\longrightarrow} & V \\ c_B \downarrow & & \downarrow c_{B'} \\ \mathbb{K}^n & \overset{u}{\longrightarrow} & \mathbb{K}^n. \end{array}$$

Wir haben zwei Basen und demnach zwei Koordinatenabbildungen $c_B : V \to \mathbb{K}^n$ und $c_{B'} : V \to \mathbb{K}^n$. Wie können wir nun den darstellenden Koordinatenvektor $\mathbf{a}$ bezüglich der alten Basis $\mathbf{b}_1, \ldots, \mathbf{b}_n$ umrechnen in den darstellenden Koordinatenvektor $\mathbf{a}'$ bezüglich der neuen Basis $\mathbf{b}'_1, \ldots, \mathbf{b}'_n$? Die Umrechnungsabbildung $u : \mathbb{K}^n \to \mathbb{K}^n$, die das leistet, ist ein Vektorraumisomorphismus, also eine bijektive und lineare Abbildung, denn es gilt

$$\mathbf{v} = c_B^{-1}(\mathbf{a}) \overset{!}{=} c_{B'}^{-1}(\mathbf{a}') = c_{B'}^{-1}(u(\mathbf{a})) = c_{B'}^{-1}(u(c_B(\mathbf{v}))).$$

Anwendung der Koordinatenabbildung $c_{B'}$ auf beiden Seiten ergibt

$$c_{B'}(\mathbf{v}) = u(c_B(\mathbf{v})),$$

daher ist $u \circ c_B = c_{B'}$ bzw. $u = c_{B'} \circ c_B^{-1}$ eine bijektive Abbildung. Sie ist als Hintereinanderausführung linearer Abbildungen ebenfalls linear. Die Umrechnungsabbildung $u : \mathbb{K}^n \to \mathbb{K}^n$ ergibt sich demnach als „Umweg" über den Vektorraum V mithilfe von c_B^{-1} und $c_{B'}$. In dieser Situation wird das obige Abbildungsdiagramm auch als kommutatives Diagramm bezeichnet.

Da die Umrechnungsabbildung u vom $\mathbb{K}^n$ wieder in den $\mathbb{K}^n$ führt – man sagt, einen bijektiven Endomorphismus auf $\mathbb{K}^n$ darstellt –, wird u als Automorphismus auf $\mathbb{K}^n$ (vgl. Kap. 4) bezeichnet. Mithilfe dieses Automorphismus können wir nun die neuen Koordinaten berechnen:

$$\mathbf{a}' = u(\mathbf{a}) = (c_{B'} \circ c_B^{-1})(\mathbf{a}) = c_{B'}(c_B^{-1}(\mathbf{a})). \tag{3.44}$$

Im Fall $V = \mathbb{K}^n$ können wir die Linearkombinationen und somit den Basisisomorphismus c_B^{-1} und die Koordinatenabbildung $c_{B'}$ mithilfe von Matrizen darstellen, indem wir die Basisvektoren wieder als Spalten von Matrizen auffassen:

$$B = (\mathbf{b}_1, \ldots, \mathbf{b}_n), \quad B' = (\mathbf{b}'_1, \ldots, \mathbf{b}'_n).$$

Damit wird (3.43) zu

$$\begin{aligned} \mathbf{v} &= c_B^{-1}(\mathbf{a}) = B\mathbf{a} \\ \mathbf{v} &= c_{B'}^{-1}(\mathbf{a}') = B'\mathbf{a}' \Rightarrow \mathbf{a}' = c_{B'}(\mathbf{v}) = B'^{-1}\mathbf{v}. \end{aligned} \tag{3.45}$$

Im Spezialfall von $V = \mathbb{K}^n$ lautet somit die Umrechnung (3.44) vom alten Koordinatenvektor $\mathbf{a}$ auf den neuen Koordinatenvektor $\mathbf{a}'$ einfach

$$\mathbf{a}' = B'^{-1}B\mathbf{a} = \overline{S}\mathbf{a}, \quad \text{mit} \quad \overline{S} = B'^{-1}B. \tag{3.46}$$

In diesem Fall kann der neue Koordinatenvektor einfach per Matrix-Vektor-Produkt der Matrix $\overline{S} = B'^{-1}B$ mit dem alten Koordinatenvektor $\mathbf{a}$ berechnet werden.

Für allgemeine n-dimensionale $\mathbb{K}$-Vektorräume V ist der neue Koordinatenvektor $\mathbf{a}'$ gemäß (3.44) zu berechnen. Dies kann aber ebenfalls durch eine Matrix bewerkstelligt werden. Für die beiden Koordinatenvektoren $\mathbf{a} = c_B(\mathbf{v})$ und $\mathbf{a}' = c_{B'}(\mathbf{v})$ gilt zunächst wegen der Linearität des Basisisomorphismus

$$\mathbf{v} = \sum_{k=1}^{n} \mathbf{b}_k a_k = \sum_{k=1}^{n} c_{B'}^{-1}(c_{B'}(\mathbf{b}_k))a_k = c_{B'}^{-1}\left(\sum_{k=1}^{n} c_{B'}(\mathbf{b}_k)a_k\right).$$

Anwenden der Koordinatenabbildung $c_{B'}(\cdots)$ auf beiden Seiten ergibt

$$\underbrace{c_{B'}(\mathbf{v})}_{=\mathbf{a}'} = \sum_{k=1}^{n} c_{B'}(\mathbf{b}_k)a_k = (c_{B'}(\mathbf{b}_1)|\cdots|c_{B'}(\mathbf{b}_n))\cdot\mathbf{a}.$$

Wir stellen fest: Der Koordinatenvektor $\mathbf{a}' = c_{B'}(\mathbf{v})$ des Vektors $\mathbf{v}$ bezüglich der neuen Basis $\mathbf{b}'_1,\ldots,\mathbf{b}'_n$ ist also aus dem Koordinatenvektor $\mathbf{a} = c_B(\mathbf{v})$ von $\mathbf{v}$ bezüglich der alten Basis $\mathbf{b}_1,\ldots,\mathbf{b}_n$ einfach per Matrix-Vektor-Produkt zu berechnen:

$$\mathbf{a}' = (c_{B'}(\mathbf{b}_1)|\cdots|c_{B'}(\mathbf{b}_n))\mathbf{a}. \tag{3.47}$$

Mit der etwas suggestiven Kurzschreibweise

$$\overline{S} = c_{B'}(B) := (c_{B'}(\mathbf{b}_1)|\cdots|c_{B'}(\mathbf{b}_n)) \tag{3.48}$$

kann die Umrechnungsmatrix sehr kompakt ausgedrückt werden. Mit dieser Matrix lautet die Koordinatentransformation (3.47)

$$\mathbf{a}' = \overline{S}\cdot\mathbf{a}.$$

Für $V = \mathbb{K}^n$ sind $B = (\mathbf{b}_1|\cdots|\mathbf{b}_n)$ und $B' = (\mathbf{b}'_1|\cdots|\mathbf{b}'_n)$ als reguläre $n \times n$-Matrizen aufzufassen. Im Fall $V = \mathbb{K}^n$ gilt also

$$\overline{S} = c_{B'}(B) = (\underbrace{c_{B'}(\mathbf{b}_1)}_{=B'^{-1}\mathbf{b}_1}|\cdots|\underbrace{c_{B'}(\mathbf{b}_n)}_{B'^{-1}\mathbf{b}_n}) = B'^{-1}B,$$

was unserem früheren Ergebnis (3.46) entspricht. Wir kommen nun zu einer nützlichen Beobachtung.

Bemerkung 3.52 *Die Matrix $\overline{S} = c_{B'}(B)$ in (3.48) für den allgemeinen Vektorraum V mit den Basen B und B' ist regulär, und ihre Inverse lautet $S := \overline{S}^{-1} = c_B(B')$.*

Beweis.

$$c_{B'}(B) \cdot c_B(B') = c_{B'}(B) \cdot (c_B(\mathbf{b}_1')| \cdots |c_B(\mathbf{b}_n'))$$
$$= \underbrace{(c_{B'}(\mathbf{b}_1)| \cdots |c_{B'}(\mathbf{b}_n))}_{c_{B'}(B)} \cdot (c_B(\mathbf{b}_1')| \cdots |c_B(\mathbf{b}_n'))$$
$$= \Big(\underbrace{(c_{B'}(\mathbf{b}_1)| \cdots |c_{B'}(\mathbf{b}_n))}_{c_{B'}(B)} \cdot c_B(\mathbf{b}_1')| \cdots | \underbrace{(c_{B'}(\mathbf{b}_1)| \cdots |c_{B'}(\mathbf{b}_n))}_{c_{B'}(B)} \cdot c_B(\mathbf{b}_n') \Big).$$

Wir betrachten nun aus dieser Matrix die i-te Spalte

$$\underbrace{(c_{B'}(\mathbf{b}_1)| \cdots |c_{B'}(\mathbf{b}_n))}_{c_{B'}(B)} \cdot c_B(\mathbf{b}_i') \qquad\qquad (3.49)$$

und die einzelnen Komponenten des rechtsstehenden Vektors

$$c_B(\mathbf{b}_i') =: \begin{pmatrix} a_1 \\ \vdots \\ a_n \end{pmatrix} \in \mathbb{K}^n.$$

Die Skalare $a_1, \ldots, a_n$ sind also die Koordinaten zur Darstellung des Vektors $\mathbf{b}_i'$ bezüglich der Basis B:

$$\mathbf{b}_i' = \sum_{k=1}^n a_k \mathbf{b}_k.$$

Wir können das Matrix-Vektor-Produkt (3.49) nun als Summe schreiben:

$$(c_{B'}(\mathbf{b}_1)| \cdots |c_{B'}(\mathbf{b}_n)) \cdot c_B(\mathbf{b}_i') = (c_{B'}(\mathbf{b}_1)| \cdots |c_{B'}(\mathbf{b}_n)) \cdot \begin{pmatrix} a_1 \\ \vdots \\ a_n \end{pmatrix} = \sum_{k=1}^n a_k c_{B'}(\mathbf{b}_k).$$

Da die Koordinatenabbildung $c_{B'}$ linear ist, gilt

$$\sum_{k=1}^n a_k c_{B'}(\mathbf{b}_k) = c_{B'} \Big(\underbrace{\sum_{k=1}^n a_k \mathbf{b}_k}_{=\mathbf{b}_i'} \Big) = \hat{\mathbf{e}}_i.$$

Die i-te Spalte von $c_{B'}(B) \cdot c_B(B')$ ist also der i-te kanonische Einheitsvektor des $\mathbb{K}^n$. Damit gilt also

$$c_{B'}(B) \cdot c_B(B') = E_n,$$

bzw.

$$(c_{B'}(B))^{-1} = c_B(B').$$

Die Inverse von $c_{B'}(B)$ ergibt sich also einfach durch den Rollentausch B gegen B'. $\qquad\square$

Definition 3.53 (Übergangsmatrix) *Es sei V ein n-dimensionaler Vektorraum über* $\mathbb{K}$ *mit* $n < \infty$*. Mit* $B = (\mathbf{b}_1, \ldots, \mathbf{b}_n)$ *und* $B' = (\mathbf{b}'_1, \ldots, \mathbf{b}'_n)$ *seien zwei Basen von V bezeichnet. Die reguläre* $n \times n$*-Matrix*

$$S = c_B(B') = (c_B(\mathbf{b}'_1) | \cdots | c_B(\mathbf{b}'_n)) \tag{3.50}$$

heißt Übergangsmatrix von B nach B'. Ihre Inverse ergibt sich durch Rollentausch von B und B' und ist somit die Übergangsmatrix von B' nach B:

$$S^{-1} = c_{B'}(B) = (c_{B'}(\mathbf{b}_1) | \cdots | c_{B'}(\mathbf{b}_n)). \tag{3.51}$$

Der Koordinatenvektor $\mathbf{a}' = c_{B'}(\mathbf{v})$ *eines Vektors* $v \in V$ *bezüglich der Basis B' kann mithilfe der inversen Übergangsmatrix aus dem Koordinatenvektor* $\mathbf{a} = c_B(\mathbf{v})$ *von* $\mathbf{v}$ *bezüglich der Basis B durch*

$$\mathbf{a}' = S^{-1} \cdot \mathbf{a}, \quad bzw. \quad c_{B'}(\mathbf{v}) = c_{B'}(B) \cdot c_B(\mathbf{v}) \tag{3.52}$$

berechnet werden. Im Fall $V = \mathbb{K}^n$ *gilt*

$$S = c_B(B') = B^{-1} \cdot B', \qquad S^{-1} = c_{B'}(B) = B'^{-1} \cdot B, \tag{3.53}$$

wobei $B = (\mathbf{b}_1 | \cdots | \mathbf{b}_n)$ *und* $B' = (\mathbf{b}'_1 | \cdots | \mathbf{b}'_n)$ *als reguläre* $n \times n$*-Matrizen aufzufassen sind.*

Trivialerweise gilt für jede Basis B eines endlich-dimensionalen Vektorraums V

$$c_B(B) = E_n, \quad \text{mit} \quad n = \dim V,$$

denn der Koordinatenvektor zur Darstellung des Basisvektors $\mathbf{b}_i$ bezüglich B ist der i-te kanonische Einheitsvektor. Die Übergangsmatrix kann aber auch dazu dienen, die beiden Basen von V ineinander zu überführen. Wenn wir den i-ten Basisvektor $\mathbf{b}'_i$ der (neuen) Basis B' mithilfe der (alten) Basis B darstellen wollen, so ist der i-te Basisvektor von B'

$$\mathbf{b}'_i = \sum_{k=1}^{n} c_B(\mathbf{b}'_i)_k \cdot \mathbf{b}_k$$

eine eindeutige Linearkombination der Basisvektoren $\mathbf{b}_1, \ldots, \mathbf{b}_n$. In dieser Summe bedeutet dabei

$$c_B(\mathbf{b}'_i)_k = S_{ki}$$

die k-te Komponente des Koordinatenvektors $c_B(\mathbf{b}'_i)$. Damit repräsentiert dieser Koeffizient den Eintrag in der k-ten Zeile und der i-ten Spalte der Übergangsmatrix $S = c_B(B')$. Wir können nun mithilfe der Übergangsmatrix unsere bisherigen Ergebnisse zusammenfassen.

Satz 3.54 (Basiswechsel in endlich-dimensionalen Vektorräumen) *Es sei V ein n-dimensionaler Vektorraum über* $\mathbb{K}$ *mit* $n < \infty$*. Mit* $B = (\mathbf{b}_1, \ldots, \mathbf{b}_n)$ *und* $B' = (\mathbf{b}'_1, \ldots, \mathbf{b}'_n)$ *seien zwei Basen von V bezeichnet. Für einen Vektor* $\mathbf{v} \in V$ *sei* $\mathbf{a}$ *sein Koordinatenvektor bezüglich B und* $\mathbf{a}'$ *der entsprechende Koordinatenvektor für B'. Mit der Übergangsmatrix* $S = c_B(B')$ *gelten*

(i) Koordinatentransformation von B nach B':

$$\mathbf{a}' = S^{-1} \cdot \mathbf{a} \qquad\qquad (3.54)$$

bzw.

$$\underbrace{c_{B'}(\mathbf{v})}_{=\mathbf{a}'} = \underbrace{c_{B'}(B)}_{=S^{-1}} \cdot \underbrace{c_B(\mathbf{v})}_{=\mathbf{a}} \qquad\qquad (3.55)$$

bzw. als Abbildungsdiagramm

$$
\begin{array}{ccc}
V & \xrightarrow{\mathrm{id}_V} & V \\
c_B \downarrow & & \downarrow c_{B'} \\
\mathbb{K}^n & \xrightarrow{S^{-1}} & \mathbb{K}^n.
\end{array}
$$

(ii) Für den i-ten Basisvektor $\mathbf{b}_i'$ von B' mit $i = 1, \dots, n$ gilt

$$\mathbf{b}_i' = \sum_{k=1}^{n} c_B(\mathbf{b}_i')_k \cdot \mathbf{b}_k = \sum_{k=1}^{n} S_{ki} \cdot \mathbf{b}_k. \qquad\qquad (3.56)$$

Dabei ist $S_{ki} = c_B(\mathbf{b}_i')_k$ die Komponente in der k-ten Zeile und i-ten Spalte von S mit $1 \le k, i \le n$.

Im Fall $V = \mathbb{K}^n$ gilt für die Übergangsmatrix $S = c_B(B') = B^{-1}B'$ („Inverse der alten Basismatrix mal neue Basismatrix") und damit für die

(i) Koordinatentransformation: $\mathbf{a}' = S^{-1} \cdot \mathbf{a} = B'^{-1}B \cdot \mathbf{a}$,
(ii) Basisüberführung: $B' = B \cdot S = B \cdot c_B(B')$.

Die Koordinatentransformation des letzten Satzes kann als kurze Merkregel wie folgt notiert werden:

„Neuer Koordinatenvektor = Inverse Übergangsmatrix mal alter Koordinatenvektor".

Unterscheiden sich beispielsweise die neuen Basisvektoren um ein Vielfaches von den alten Basisvektoren, also $\mathbf{b}_i' = \lambda_i \mathbf{b}_i$, $\lambda_i \ne 0$ für $i = 1, \dots, n$, so haben die Übergangsmatrix $c_B(B')$ und ihre Inverse $(c_B(B'))^{-1} = c_{B'}(B)$ eine Diagonalstruktur:

$$c_B(B') = [c_B(\mathbf{b}_1') \mid \cdots \mid c_B(\mathbf{b}_n')] = [c_B(\lambda_1 \mathbf{b}_1) \mid \cdots \mid c_B(\lambda_n \mathbf{b}_n)]$$

$$= [\lambda_1 c_B(\mathbf{b}_1) \mid \cdots \mid \lambda_n c_B(\mathbf{b}_n)] = \begin{pmatrix} \lambda_1 & & \\ & \ddots & \\ & & \lambda_n \end{pmatrix}, \quad (c_B(B'))^{-1} = \begin{pmatrix} \lambda_1^{-1} & & \\ & \ddots & \\ & & \lambda_n^{-1} \end{pmatrix}.$$

Die Inverse kompensiert also die Streckung der Basisvektoren, indem sie die alten Koordinaten mit den Kehrwerten λ_i^{-1} multipliziert. Die neuen Koordinaten wirken so der Basisänderung entgegen. Wir bezeichnen dies als kontravariante Transformation. Wir können uns die Koordinatentransformationen in beide Richtungen mithilfe der folgenden Diagramme übersichtlicher vor Augen führen:

$$V \xrightarrow{\mathrm{id}_V} V$$
$$c_B \downarrow \qquad \downarrow c_{B'} \qquad \text{bzw.} \qquad c_{B'} \downarrow \qquad \downarrow c_B$$
$$\mathbb{K}^n \xrightarrow{S^{-1}} \mathbb{K}^n \qquad\qquad \mathbb{K}^n \xrightarrow{S} \mathbb{K}^n.$$

Diese Diagramme sind kommutativ, d. h., es gilt $S^{-1}c_B(\mathbf{v}) = c_{B'}(\mathrm{id}_V(\mathbf{v}))$ bzw. $Sc_{B'}(\mathbf{v}) = c_B(\mathrm{id}_V(\mathbf{v}))$.

Ein Beispiel macht nun diese gewonnenen Erkenntnisse greifbarer. Wir betrachten den $\mathbb{R}$-Vektorraum der ganzrationalen Funktionen auf $\mathbb{R}$, die mit Polynomen bis zum zweiten Grad dargestellt werden:

$$V = \mathbb{R}[x]_{\leq 2} := \{\mathbf{p} \in \mathbb{R}[x] : \deg p \leq 2\} = \{v_2 x^2 + v_1 x + v_0 : v_0, v_1, v_2 \in \mathbb{R}\}.$$

Hierbei handelt es sich um einen dreidimensionalen Teilraum von $\mathbb{R}[x]$. Eine Basis B von V bilden die drei Polynome bzw. Vektoren $\mathbf{b}_1 = 1$, $\mathbf{b}_2 = x$ und $\mathbf{b}_3 = x^2$. Eine weitere Basis B' ist durch $\mathbf{b}'_1 = 1+x$, $\mathbf{b}'_2 = 1$ und $\mathbf{b}'_3 = 2x^2$ gegeben. Wir vergleichen beide Darstellungen:

Vektorraum V	$\xrightarrow{\mathrm{id}_V}$	Vektorraum V
Basis $B = (\mathbf{b}_1, \mathbf{b}_2, \mathbf{b}_3)$ mit		Basis $B' = (\mathbf{b}'_1, \mathbf{b}'_2, \mathbf{b}'_3)$ mit
$\mathbf{b}_1 = 1$, $\mathbf{b}_2 = x$, $\mathbf{b}_3 = x^2$		$\mathbf{b}'_1 = 1+x$, $\mathbf{b}'_2 = 1$, $\mathbf{b}'_3 = 2x^2$

Koordinatenabbildung:
$$c_B(\mathbf{v}) = c_B(v_2 x^2 + v_1 x + v_0)$$
$$= \begin{pmatrix} v_0 \\ v_1 \\ v_2 \end{pmatrix} = \mathbf{a}$$

Vektorraum $\mathbb{R}^3$

Koordinatenabbildung:
$$c_{B'}(\mathbf{v}) = c_{B'}(v_2 x^2 + v_1 x + v_0)$$
$$= \begin{pmatrix} v_1 \\ v_0 - v_1 \\ \frac{1}{2} v_2 \end{pmatrix} = \mathbf{a}'$$

$$\xrightarrow{S^{-1} = c_{B'}(B)}$$ Vektorraum $\mathbb{R}^3$

Basisisomorphismus:
$$c_B^{-1}(\mathbf{a})$$
$$= a_1 \mathbf{b}_1 + a_2 \mathbf{b}_2 + a_3 \mathbf{b}_3$$
$$= v_0 \mathbf{b}_1 + v_1 \mathbf{b}_2 + v_2 \mathbf{b}_3$$
$$= v_0 + v_1 x + v_2 x^2 = \mathbf{v}$$

Basisisomorphismus:
$$c_{B'}^{-1}(\mathbf{a}')$$
$$= a'_1 \mathbf{b}'_1 + a'_2 \mathbf{b}'_2 + a'_3 \mathbf{b}'_3$$
$$= v_1 \mathbf{b}'_1 + (v_0 - v_1) \mathbf{b}'_2 + \tfrac{1}{2} v_2 \mathbf{b}'_3$$
$$= v_1(1+x) + (v_0 - v_1) \cdot 1 + \tfrac{1}{2} v_2 \cdot 2x^2$$
$$= v_0 + v_1 x + v_2 x^2 = \mathbf{v}$$

Beispielvektor $\mathbf{v} = 3x^2 + 2x + 1$:

$$\mathbf{a} = c_B(\mathbf{v}) = c_B(3x^2 + 2x + 1)$$
$$= \begin{pmatrix} 1 \\ 2 \\ 3 \end{pmatrix}$$

$$\mathbf{a}' = c_{B'}(\mathbf{v}) = c_{B'}(3x^2 + 2x + 1)$$
$$= \begin{pmatrix} 2 \\ -1 \\ 3/2 \end{pmatrix}$$

Die Berechnung der Übergangsmatrix $S = c_B(B')$ ergibt

$$S = (c_B(\mathbf{b}_1')|c_B(\mathbf{b}_2')|c_B(\mathbf{b}_3')) = (c_B(1+x)|c_B(1)|c_B(2x^2)) = \begin{pmatrix} 1 & 1 & 0 \\ 1 & 0 & 0 \\ 0 & 0 & 2 \end{pmatrix}.$$

Ihre Inverse S^{-1} lautet

$$S^{-1} = (c_B(B'))^{-1} = c_{B'}(B) = (c_{B'}(1)|c_{B'}(x)|c_{B'}(x^2)) = \begin{pmatrix} 0 & 1 & 0 \\ 1 & -1 & 0 \\ 0 & 0 & 1/2 \end{pmatrix}.$$

In der Tat lassen sich nun die beiden Koordinatenvektoren $\mathbf{a}$ und $\mathbf{a}'$ gegenseitig voneinander ausrechnen:

$$\mathbf{a}' = S^{-1}\mathbf{a} = \begin{pmatrix} 0 & 1 & 0 \\ 1 & -1 & 0 \\ 0 & 0 & \frac{1}{2} \end{pmatrix} \begin{pmatrix} 1 \\ 2 \\ 3 \end{pmatrix} = \begin{pmatrix} 2 \\ -1 \\ 3/2 \end{pmatrix}$$

sowie

$$\mathbf{a} = S\mathbf{a}' = \begin{pmatrix} 1 & 1 & 0 \\ 1 & 0 & 0 \\ 0 & 0 & 2 \end{pmatrix} \begin{pmatrix} 2 \\ -1 \\ 3/2 \end{pmatrix} = \begin{pmatrix} 1 \\ 2 \\ 3 \end{pmatrix}.$$

Die Komponenten der Übergangsmatrix S überführen erwartungsgemäß die alte Basis B in die neue Basis B':

$$\mathbf{b}_1' = \sum_{k=1}^{3} S_{k1}\mathbf{b}_k = 1 \cdot 1 + 1 \cdot x + 0 \cdot x^2 = 1 + x,$$

$$\mathbf{b}_2' = \sum_{k=1}^{3} S_{k2}\mathbf{b}_k = 1 \cdot 1 + 0 \cdot x + 0 \cdot x^2 = 1,$$

$$\mathbf{b}_3' = \sum_{k=1}^{3} S_{k3}\mathbf{b}_k = 0 \cdot 1 + 0 \cdot x + 2 \cdot x^2 = 2x^2.$$

Für diese Berechnungen war es erforderlich, neben der Übergangsmatrix S auch ihre Inverse S^{-1} zu bestimmen. Dies kann durch Matrixinversion oder alternativ durch Rollentausch B gegen B' nach

$$S^{-1} = (c_B(B'))^{-1} = c_{B'}(B)$$

erfolgen. Besonders einfach ist die Situation wieder im Fall einer orthogonalen Übergangsmatrix, da hier zur Inversion nur transponiert werden muss.

Auch die Wahl einer speziellen Basis B' kann gelegentlich zu einer Vereinfachung führen. Betrachten wir beispielsweise einmal direkt den Vektorraum $V = \mathbb{K}^n$. Falls es sich bei der neuen Basis B' um eine Orthonormalbasis handelt, d. h. $B'^T = B'^{-1}$, so vereinfacht sich die Koordinatentransformation. Es gilt zunächst für die Übergangsmatrix

$$S = c_B(B') = B^{-1}B'$$

und für ihre Inverse

$$S^{-1} = c_{B'}(B) = (c_B(B'))^{-1} = (B^{-1}B')^{-1} = B'^{-1}B = B'^T \cdot B.$$

Die Koordinatentransformation lautet dann

$$\mathbf{a}' = S^{-1}\mathbf{a} = B'^T B \mathbf{a}$$

bzw. auf die Einzelkoordinaten von $\mathbf{a}'$ bezogen:

$$a'_k = \mathbf{b}'^T_k \sum_{j=1}^n a_j \mathbf{b}_j = \sum_{j=1}^n a_j \mathbf{b}'^T_k \mathbf{b}_j, \qquad k = 1, \ldots, n.$$

Die Berechnung des neuen Koordinatenvektors erfordert also keine Matrixinversion. Dieser Effekt kann bei der Wahl von sogenannten Orthonormalbasen gezielt erreicht werden. Wie wir derartige Basen konstruieren, ist Gegenstand von Kap. 5.

3.5 Quotientenvektorräume

Wir haben bereits erkannt, dass es sich bei dem Kern einer $m \times n$-Matrix A mit Einträgen aus einem Körper $\mathbb{K}$ um einen Teilraum des $\mathbb{K}^n$ handelt. Die Lösungsmengen linearer Gleichungssysteme haben also Vektorraumstruktur. Trifft dies auch auf die Lösungsmengen inhomogener linearer Gleichungssysteme zu? Wenn wir für einen nicht-trivialen Vektor $\mathbf{b} \in \mathbb{K}^m$ das inhomogene lineare Gleichungssystem

$$A\mathbf{x} = \mathbf{b}$$

betrachten, so erkennen wir unmittelbar, dass der Nullvektor $\mathbf{x} = \mathbf{0}$ nicht zur Lösungsmenge gehören kann, da dann $A\mathbf{x} = \mathbf{0} \neq \mathbf{b}$ gilt. Andererseits muss der Nullvektor schon aus axiomatischen Gründen in jedem Vektorraum vorhanden sein. Somit haben hierbei nur die Lösungsmengen *homogener* linearer Gleichungssysteme Vektorraumstruktur.

Ziel der folgenden Betrachtungen ist es, in den Lösungsmengen inhomogener linearer Gleichungssysteme dennoch Struktureigenschaften erkennen zu können, die als Verallgemeinerung des Vektorraumbegriffs, den sogenannten affinen Teilraum, verstanden werden können.

Definition 3.55 (Affiner Teilraum) *Es sei $T \subset V$ ein Teilraum eines $\mathbb{K}$-Vektorraums V und $\mathbf{v} \in V$ ein beliebiger Vektor. Die Menge*

$$\mathbf{v} + T := \{\mathbf{v} + \mathbf{x} : \mathbf{x} \in V\} \tag{3.57}$$

heißt affiner Teilraum von V.

Ein affiner Teilraum ist nur dann ein Teilraum, also eine Teilmenge mit Vektorraumstruktur, wenn der Nullvektor in ihm enthalten ist. Ein affiner Teilraum $\mathbf{v} + T$ ändert sich nicht, wenn wir $\mathbf{v}$ durch einen Vektor $\mathbf{v}' := \mathbf{v} + \mathbf{t}$ mit einem beliebigen Vektor $\mathbf{t} \in T$ ersetzen.

Ein additiver Vektor $\mathbf{t}$ aus dem Teilraum T wird also gewissermaßen von T wieder „absorbiert":

$$\mathbf{v}' + T = (\mathbf{v} + \mathbf{t}) + T = \mathbf{v} + T,$$

denn jedes $\mathbf{x} \in \mathbf{v} + T$ hat eine Darstellung der Art $\mathbf{x} = \mathbf{v} + \mathbf{t}_x$ mit einem $\mathbf{t}_x \in T$. Somit ist

$$\mathbf{x} = \mathbf{v} + \mathbf{t}_x = \mathbf{v} + \mathbf{t} + \mathbf{t}_x - \mathbf{t} = \mathbf{v}' + \underbrace{\mathbf{t}_x - \mathbf{t}}_{\in T} \in \mathbf{v}' + T.$$

Die umgekehrte Inklusion erfolgt analog. Beide affine Teilräume sind also identisch. Man sagt in dieser Situation, dass die Vektoren $\mathbf{v}$ und $\mathbf{v}'$ zwei Repräsentanten ein- und desselben affinen Teilraums sind:

$$\mathbf{v} + T = \mathbf{v}' + T.$$

Sind andererseits zwei affine Teilräume identisch, so ist die Differenz ihrer Repräsentanten ein Vektor des zugrunde gelegten Teilraums T:

$$\mathbf{v} + T = \mathbf{w} + T \iff \mathbf{w} - \mathbf{v} \in T. \tag{3.58}$$

Wir betrachten nun eine wichtige Klasse affiner Teilräume. Es sei $A \in \mathrm{M}(m \times n, \mathbb{K})$ eine Matrix und $\mathbf{b} \in \mathbb{K}^m$ ein Spaltenvektor aus dem Bild von A. Die damit nichtleere Lösungsmenge des inhomogenen linearen Gleichungssystems $A\mathbf{x} = \mathbf{b}$ setzt sich, wie wir bereits gesehen haben, additiv aus einer beliebigen speziellen Lösung $\mathbf{v}_s$ des inhomogenen Systems und dem Kern der Matrix A zusammen:

$$A\mathbf{x} = \mathbf{b} \iff \mathbf{x} \in \mathbf{v}_s + \operatorname{Kern} A.$$

Hierbei kommt es, wie wir bereits wissen, nicht auf die Wahl des speziellen Lösungsvektors $\mathbf{v}_s$ an. Da nun Kerne von $m \times n$-Matrizen Teilräume des Vektorraums $\mathbb{K}^n$ sind, ist die Lösungsmenge $\mathbf{v}_s + \operatorname{Kern} A$ nach der vorausgegangenen Definition ein affiner Teilraum des $\mathbb{K}^n$. Alle speziellen Lösungen des inhomogenen Systems $A\mathbf{x} = \mathbf{b}$ sind Repräsentanten dieses affinen Teilraums.

Wenn wir nun für einen festgelegten Teilraum T eines Vektorraums V die Gesamtheit aller möglichen affinen Teilräume $\mathbf{v} + T$ mit $\mathbf{v} \in V$ betrachten, so erhalten wir eine Menge, die Vektorraumstruktur besitzt, wenn die vektorielle Addition und die skalare Multiplikation in geeigneter Weise definiert wird. Es sei nun $T \subset V$ ein Teilraum des $\mathbb{K}$-Vektorraums V. Wir definieren zu diesem Zweck für zwei affine Teilräume $\mathbf{v}_1 + T$ und $\mathbf{v}_2 + T$ mit $\mathbf{v}_1, \mathbf{v}_2 \in V$ zunächst eine Addition:

$$(\mathbf{v}_1 + T) + (\mathbf{v}_2 + T) := (\mathbf{v}_1 + \mathbf{v}_2) + T. \tag{3.59}$$

Hierbei kommt es nicht auf die Wahl der Repräsentanten an, was auch nicht sein darf, wenn diese Definition überhaupt sinnvoll („wohldefiniert") sein soll. In der Tat gilt für zwei alternative Repräsentanten $\mathbf{w}_1$ und $\mathbf{w}_2$ mit

$$\mathbf{v}_1 + T = \mathbf{w}_1 + T, \qquad \mathbf{v}_2 + T = \mathbf{w}_2 + T$$

zunächst nach (3.58)

$$\mathbf{w}_1 - \mathbf{v}_1 \in T, \qquad \mathbf{w}_2 - \mathbf{v}_2 \in T$$

und daher

$$(\mathbf{w}_1 + \mathbf{w}_2) + T = (\mathbf{w}_1 + \mathbf{w}_2) + \mathbf{v}_1 - \mathbf{v}_1 + \mathbf{v}_2 - \mathbf{v}_2 + T$$
$$= \mathbf{v}_1 + \mathbf{v}_2 + \underbrace{(\mathbf{w}_1 - \mathbf{v}_1)}_{\in T} + \underbrace{(\mathbf{w}_2 - \mathbf{v}_2)}_{\in T} + T = (\mathbf{v}_1 + \mathbf{v}_2) + T.$$

Auf ähnliche Weise kann gezeigt werden, dass für $\mathbf{v} \in V$ und $\lambda \in \mathbb{K}$ die durch

$$\lambda \cdot (\mathbf{v} + T) := \lambda \mathbf{v} + T \tag{3.60}$$

erklärte skalare Multiplikation wohldefiniert ist. Hierbei beachten wir, dass sich für $\lambda = 0$ mit dem Element $\lambda(\mathbf{v} + T) = \mathbf{0} + T = T$ ein affiner Teilraum ergibt, der die Eigenschaft

$$(\mathbf{v} + T) + (\mathbf{0} + T) = (\mathbf{v} + \mathbf{0}) + T = \mathbf{v} + T$$

besitzt und sich in dieser Addition daher additiv neutral verhält. Wenn wir nun für einen festgelegten Teilraum $T \in V$ die Menge aller affinen Teilräume, also die Menge aller Objekte der Gestalt

$$\mathbf{v} + T,$$

als Elemente betrachten wollen, so stellen wir fest, dass bezüglich der Addition (3.59) und der skalaren Multiplikation (3.60) die Rechenaxiome eines Vektorraums erfüllt sind. Der Nullvektor wird dabei repräsentiert durch den Teilraum $T = \mathbf{0} + T$ selbst. Der explizite Nachweis der Vektorraumaxiome sei als Übung empfohlen. Wir geben diesem Vektorraum nun eine Bezeichung.

Definition 3.56 (Quotientenvektorraum) *Es sei $T \subset V$ ein Teilraum eines $\mathbb{K}$-Vektorraums V. Dann besitzt die Menge aller affinen Teilräume*

$$V/T := \{\mathbf{v} + T : \mathbf{v} \in V\} \tag{3.61}$$

bezüglich der induzierten Vektoraddition und induzierten skalaren Multiplikation

$$(\mathbf{v}_1 + T) + (\mathbf{v}_2 + T) := (\mathbf{v}_1 + \mathbf{v}_2) + T, \qquad \lambda(\mathbf{v} + T) := \lambda \mathbf{v} + T \tag{3.62}$$

Vektorraumstruktur. Dieser Vektorraum wird als Quotientenvektorraum (auch Faktorraum) von V nach T bezeichnet und enthält als Elemente affine Teilräume. Der Nullvektor ist dabei ein affiner Teilraum der Art $\mathbf{0} + T = T = \mathbf{t} + T$, wobei es nicht auf die Wahl des Repräsentanten $\mathbf{t} \in T$ ankommt.

Für eine $m \times n$-Matrix A über $\mathbb{K}$ und einen Vektor $\mathbf{b} \in \mathbb{K}^n$, der im Bild von A liegt, kann die Lösungsmenge $\mathbf{x}_s + \operatorname{Kern} A$ des inhomogenen linearen Gleichungssystems $A\mathbf{x} = \mathbf{b}$ als Element des Quotientenvektorraums $\mathbb{K}^n/\operatorname{Kern} A$ aufgefasst werden. Die Unabhängigkeit von der Wahl des Repräsentanten $\mathbf{x}_s$ spiegelt sich darin wider, dass es bei der Formulierung der Lösungsmenge nicht auf die Wahl der speziellen Lösung $\mathbf{x}_s$ ankommt, denn wir wissen bereits, dass sich die Lösungsmenge von $A\mathbf{x} = \mathbf{b}$ stets aus der Summe einer (beliebigen) speziellen Lösung $\mathbf{x}_s$ und der Lösungsmenge des homogenen Systems $A\mathbf{x} = \mathbf{0}$, also dem Kern von A, ergibt.

Die Menge $V = C^1(\mathbb{R})$ der stetig-differenzierbaren Funktionen ist bezüglich der Summe von Funktionen und dem Produkt einer Funktion mit einer reellen Zahl ein $\mathbb{R}$-Vektorraum, der die Menge aller konstanten Funktionen $T = \mathbb{R}$ als Teilraum enthält. Ist nun $f : \mathbb{R} \to \mathbb{R}$ eine stetige Funktion und $F \in C^1(\mathbb{R})$ eine Stammfunktion von f, so kann die Menge aller Stammfunktionen von f als affiner Teilraum $F(x) + \mathbb{R}$ des Quotientenvektorraums $V/T = C^1(\mathbb{R})/\mathbb{R}$ aufgefasst werden.

3.6 Übungsaufgaben

Aufgabe 3.1 Reduzieren Sie das Vektorsystem

$$\mathbf{u}_1 = \begin{pmatrix} 1 \\ 2 \\ 3 \\ 1 \\ 0 \end{pmatrix}, \quad \mathbf{u}_2 = \begin{pmatrix} -1 \\ 2 \\ 4 \\ 2 \\ 3 \end{pmatrix}, \quad \mathbf{u}_3 = \begin{pmatrix} 2 \\ 4 \\ 0 \\ -1 \\ 4 \end{pmatrix}, \quad \mathbf{u}_4 = \begin{pmatrix} 2 \\ 8 \\ 7 \\ 2 \\ 7 \end{pmatrix}, \quad \mathbf{u}_5 = \begin{pmatrix} 2 \\ 0 \\ -1 \\ -1 \\ -3 \end{pmatrix}$$

zu einer Basis von $V = \langle \mathbf{u}_1, \mathbf{u}_2, \mathbf{u}_3, \mathbf{u}_4, \mathbf{u}_5 \rangle$.

Aufgabe 3.2 Bestimmen Sie den Kern, das Bild und den Rang folgender Matrizen:

$$A = \begin{pmatrix} 2 & 0 & 1 & 5 & -5 \\ 1 & 2 & 1 & 8 & -8 \\ 1 & 1 & 2 & 9 & -9 \\ 1 & 1 & 1 & 6 & -6 \end{pmatrix}, \quad B = \begin{pmatrix} 1 & 1 & 0 & 1 & -1 \\ 2 & 2 & 1 & 2 & -1 \\ 3 & 3 & 0 & 4 & -1 \\ 6 & 6 & 1 & 7 & -3 \end{pmatrix}, \quad C = \begin{pmatrix} 1 & -1 & 1 & -1 \\ -1 & 1 & 0 & 0 \\ 1 & 0 & 0 & 1 \\ -1 & 0 & 1 & 1 \end{pmatrix}$$

Aufgabe 3.3 Zeigen Sie, dass der Schnitt zweier oder mehrerer Teilräume eines Vektorraums V ebenfalls ein Teilraum von V ist.

Aufgabe 3.4 Berechnen Sie den Schnittraum der beiden reellen Vektorräume

$$V_1 := \left\langle \begin{pmatrix} -3 \\ 1 \\ -2 \end{pmatrix}, \begin{pmatrix} -2 \\ 1 \\ -1 \end{pmatrix}, \begin{pmatrix} 4 \\ 1 \\ 5 \end{pmatrix} \right\rangle, \quad V_2 := \left\langle \begin{pmatrix} 2 \\ -3 \\ 3 \end{pmatrix}, \begin{pmatrix} 1 \\ -2 \\ 2 \end{pmatrix} \right\rangle.$$

Hinweis: Wenn die drei Erzeugendenvektoren der Darstellung von V_1 sich als linear unabhängig erweisen sollten, so würde V_1 mit dem $\mathbb{R}^3$ übereinstimmen. Der Schnittraum aus

V_1 und V_2 wäre dann V_2 selbst. Eine Reduktion der obigen Darstellungen durch elementare Spaltenumformungen ist daher zunächst naheliegend.

Aufgabe 3.5 Beweisen Sie: In Ergänzung zu Satz 3.39 gilt für eine beliebige $m \times n$-Matrix A über $\mathbb{K}$, eine beliebige quadratische Matrix $T \in \mathrm{M}(m, \mathbb{K})$ sowie jede reguläre $S \in \mathrm{GL}(n, \mathbb{K})$

$$T \, \mathrm{Bild} A = \mathrm{Bild}(TA), \qquad S \, \mathrm{Kern} A = \mathrm{Kern}(AS^{-1}).$$

Aufgabe 3.6 Es seien $A, B \in \mathrm{M}(n, R)$ zwei formatgleiche, quadratische Matrizen über einem euklidischen Ring R. Zeigen Sie:

$$A \sim B \iff A \text{ und } B \text{ haben dieselben Invariantenteiler.}$$

Aufgabe 3.7 Es sei $V = \langle \mathbf{b}_1, \mathbf{b}_2 \rangle$ der von $B = (\mathbf{b}_1, \mathbf{b}_2)$ mit $\mathbf{b}_1 = \mathrm{e}^{\mathrm{i}x}$, $\mathbf{b}_2 = \mathrm{e}^{-\mathrm{i}x}$ erzeugte zweidimensionale $\mathbb{C}$-Vektorraum.

a) Bestimmen Sie die Koordinatenvektoren von $\sin, \cos \in V$ bezüglich der Basis B.
b) Zeigen Sie, dass $B' = (\mathbf{b}_1', \mathbf{b}_2')$ mit $\mathbf{b}_1' = 2\mathrm{e}^{\mathrm{i}x} + 3\mathrm{e}^{-\mathrm{i}x}$, $\mathbf{b}_2' = \mathrm{e}^{\mathrm{i}x} + 2\mathrm{e}^{-\mathrm{i}x}$ ebenfalls eine Basis von V ist.
c) Wie lautet die Übergangsmatrix $c_B(B')$ von B nach B'?
d) Berechnen Sie mithilfe der inversen Übergangsmatrix $(c_B(B'))^{-1} = c_{B'}(B)$ die Koordinatenvektoren von $\sin, \cos \in V$ bezüglich der Basis B' und verifizieren Sie das jeweilige Ergebnis durch Einsetzen der Koordinatenvektoren in den Basisisomorphismus $c_{B'}^{-1}$.

Aufgabe 3.8 Es sei A eine quadratische Matrix. Zeigen Sie:

a) Für jede natürliche Zahl k gilt: $\mathrm{Kern} A^k \subset \mathrm{Kern} A^{k+1}$ (hierbei ist $A^0 := E$).
b) Falls für ein $v \in \mathbb{N}$ gilt $\mathrm{Kern} A^v = \mathrm{Kern} A^{v+1}$, so muss auch $\mathrm{Kern} A^{v+1} = \mathrm{Kern} A^{v+2} = \mathrm{Kern} A^{v+3} = \ldots$ gelten.
c) Für alle $k \in \mathbb{N} \setminus \{0\}$ gilt: $\mathbf{v} \in \mathrm{Kern} A^k \iff A\mathbf{v} \in \mathrm{Kern} A^{k-1}$.
d) Für $\mathbf{v} \in \mathrm{Kern} A$ gilt: Ist $\mathbf{w}$ eine Lösung des LGS $A\mathbf{x} = \mathbf{v}$, so folgt: $\mathbf{w} \in \mathrm{Kern} A^2$. Finden Sie ein Beispiel mit einem nicht-trivialen Vektor $\mathbf{v} \in \mathrm{Kern} A \cap \mathrm{Bild} A$ hierzu.
e) Liegt A in Normalform $A = N_{r,*}$ vor (vgl. Satz 2.39), so ist der Schnitt aus Kern und Bild trivial, besteht also nur aus dem Nullvektor. Eine derartige Matrix kann also nicht als Beispiel für die vorausgegangene Aussage dienen.

Aufgabe 3.9 Es sei $V = (\mathbb{Z}_2)^3$ der Spaltenvektorraum über dem Restklassenkörper $\mathbb{Z}_2 = \mathbb{Z}/2\mathbb{Z}$. Geben Sie alle Vektoren seines Teilraums

$$T := \left\langle \begin{pmatrix} 1 \\ 1 \\ 0 \end{pmatrix}, \begin{pmatrix} 0 \\ 1 \\ 1 \end{pmatrix} \right\rangle$$

an. Bestimmen Sie zudem sämtliche Vektoren des Quotientenvektorraums V/T. Welche Dimension hat dieser Raum? Sind die Vektoren

$$\begin{pmatrix} 1 \\ 1 \\ 0 \end{pmatrix}, \quad \begin{pmatrix} 0 \\ 1 \\ 1 \end{pmatrix}, \quad \begin{pmatrix} 1 \\ 0 \\ 1 \end{pmatrix}$$

linear unabhängig über $\mathbb{Z}_2$?

Aufgabe 3.10 Zeigen Sie: Für jede reelle $m \times n$-Matrix A ist

(i) $\mathrm{Rang}(A^T A) = \mathrm{Rang}(A)$,
(ii) $\mathrm{Rang}(A^T A) = \mathrm{Rang}(A A^T)$.

Aufgabe 3.11 Es sei $\mathbb{K}$ ein Körper und M eine beliebige Menge. Zeigen Sie, dass die Menge

$$\mathbb{K}^{(M)} := \{f : M \to \mathbb{K} : f(m) \neq 0 \text{ nur für endlich viele } m \in M\} \tag{3.63}$$

aller abbrechenden Abbildungen von M in den Körper $\mathbb{K}$ bezüglich der Addition und der skalaren Multiplikation

$$f + g \quad \text{definiert durch} \quad (f+g)(m) := f(m) + g(m), \quad m \in M,$$
$$\lambda \cdot f \quad \text{definiert durch} \quad (\lambda \cdot f)(m) := \lambda \cdot f(m), \quad m \in M,$$

einen $\mathbb{K}$-Vektorraum bildet. Wie lautet der Nullvektor von $\mathbb{K}^{(M)}$? Wir bezeichnen $\mathbb{K}^{(M)}$ als freien Vektorraum. Für jede Abbildung $f : M \to \mathbb{K}$ wird die Menge $\{m \in M : f(m) \neq 0\}$ als Träger von f bezeichnet. Der freie Vektorraum $\mathbb{K}^{(M)}$ ist also der Raum der Abbildungen von M nach $\mathbb{K}$ mit endlichem Träger.

Aufgabe 3.12 Es sei M eine Menge und $\mathbb{K}$, wie üblich, ein Körper. Für n Elemente $m_1, \dots, m_n \in M$ mit $n \in \mathbb{N}$ definiert der formale Ausdruck

$$\lambda_1 m_1 + \lambda_2 m_2 + \cdots + \lambda_n m_n \tag{3.64}$$

mit Skalaren $\lambda_1, \dots, \lambda_n \in \mathbb{K}$ eine formale Linearkombination über $\mathbb{K}$. Hierbei soll es nicht auf die Reihenfolge der Summanden in (3.64) ankommen, sodass die Schreibweise mit dem Summenzeichen möglich wird:

$$\lambda_1 m_1 + \lambda_2 m_2 + \cdots + \lambda_n m_n = \sum_{i=1}^{n} \lambda_i m_i = \sum_{i \in \{1,\dots,n\}} \lambda_i m_i.$$

Zudem dürfen identische Elemente aus M innerhalb dieses Ausdrucks durch Ausklammerung zusammengefasst werden. Es ist also $\lambda_1 m + \lambda_2 m = (\lambda_1 + \lambda_2)m$. Wir können nun davon ausgehen, dass es innerhalb (3.64) keine mehrfach auftretenden Elemente m_i gibt. Einen Faktor $\lambda_i = 1$ dürfen wir auch formal weglassen, d.h. $1m_i = m_i$. Wir definieren nun in „natürlicher Weise" eine Addition und eine skalare Multiplikation. Es seien hierzu

$$\mathbf{v} = \lambda_1 m_1 + \lambda_2 m_2 + \cdots + \lambda_n m_n, \qquad \mathbf{w} = \mu_1 m_1' + \mu_2 m_2' + \cdots + \mu_p m_p'$$

zwei formale Linearkombinationen dieser Art. Zudem sei $\alpha \in \mathbb{K}$ ein Skalar. Die Addition, definiert durch

$$\mathbf{v} + \mathbf{w} := \lambda_1 m_1 + \lambda_2 m_2 + \cdots + \lambda_n m_n + \mu_1 m_1' + \mu_2 m_2' + \cdots + \mu_p m_p', \qquad (3.65)$$

ist dann wiederum eine formale Linearkombination von Elementen aus M. Eventuell gemeinsam auftretende Elemente aus M können wieder durch Ausklammerung zusammengefasst werden. Die skalare Multiplikation mit $\alpha \in \mathbb{K}$, definiert durch

$$\alpha \mathbf{v} := (\alpha \lambda_1) m_1 + (\alpha \lambda_2) m_2 + \cdots + (\alpha \lambda_n) m_n, \qquad (3.66)$$

stellt ebenfalls eine formale Linearkombination von Elementen $m_1, \ldots, m_n$ aus M dar. Zeigen Sie nun, dass die Menge aller formalen Linearkombinationen

$$\langle M \rangle = \{ \lambda_1 m_1 + \lambda_2 m_2 + \cdots + \lambda_n m_n : \lambda_i \in \mathbb{K}, m_i \in M, n \in \mathbb{N} \} = \langle m : m \in M \rangle$$

bezüglich der zuvor definierten Addition und skalaren Multiplikation einen $\mathbb{K}$-Vektorraum bildet. Überlegen Sie zunächst, wie der Nullvektor aussehen muss und was die spezielle Linearkombination $0 \cdot m$ für $m \in M$ ergibt. Wann könnte man zwei formale Linearkombinationen als gleich betrachten? Geben Sie ein Beispiel für einen Vektorraum formaler Linearkombinationen an.

Aufgabe 3.13 Wie lautet eine Basis des $\mathbb{K}$-Vektorraums der formalen Linearkombinationen einer Menge M?

Aufgabe 3.14 Es sei M eine Menge und $\mathbb{K}$ ein Körper. Zeigen Sie, dass der freie Vektorraum $\mathbb{K}^{(M)}$ isomorph ist zum Vektorraum $\langle M \rangle$ der formalen Linearkombinationen der Elemente aus M über $\mathbb{K}$.

Aufgabe 3.15 Es seien $A \in \mathrm{M}(m \times n, \mathbb{K})$ und $B \in \mathrm{M}(n \times p, \mathbb{K})$ zwei Matrizen. Zeigen Sie mithilfe der Normalform für äquivalente $n \times p$-Matrizen die Rangungleichung

$$\mathrm{Rang}(AB) \leq \min(\mathrm{Rang}\, A, \mathrm{Rang}\, B).$$

Aufgabe 3.16 Es seien V und W zwei $\mathbb{K}$-Vektorräume endlicher Dimension mit den Basen $B = (\mathbf{b}_1, \ldots, \mathbf{b}_n)$ von V und $C = (\mathbf{c}_1, \ldots, \mathbf{c}_m)$ von W. Wie lautet eine Basis von $V \times W$ (vgl. Aufgabe 1.15)? Welche Dimension hat das direkte Produkt $V \times W$?

Kapitel 4
Lineare Abbildungen und Bilinearformen

Eine Matrix $A \in \mathrm{M}(m \times n, \mathbb{K})$ ordnet einem Spaltenvektor $\mathbf{x} \in \mathbb{K}^n$ über das Matrix-Vektor-Produkt einen Spaltenvektor $\mathbf{y} = A\mathbf{x} \in \mathbb{K}^m$ zu. Somit vermittelt A eine Abbildung vom Vektorraum $\mathbb{K}^n$ in den Vektorraum $\mathbb{K}^m$. Hierbei gilt einerseits das Distributivgesetz $A(\mathbf{x}_1 + \mathbf{x}_2) = A\mathbf{x}_1 + A\mathbf{x}_2$ für alle $\mathbf{x}_1, \mathbf{x}_2 \in \mathbb{K}^n$, während andererseits für jeden Skalar $\lambda \in \mathbb{K}$ die Regel $A(\lambda \mathbf{x}) = \lambda(A\mathbf{x})$ gilt. Wir werden nun auch für abstrakte Vektorräume V und W Abbildungen $f : V \to W$ untersuchen, für die in entsprechender Weise diese beiden Regeln gelten. Handelt es sich dabei um endlich-dimensionale Vektorräume, so werden wir feststellen, dass wir in diesen Fällen f mithilfe einer Matrix darstellen können.

4.1 Lineare Abbildungen

In diesem Abschnitt befassen wir uns mit Abbildungen zwischen Vektorräumen, bei denen die Vektoraddition sowie die skalare Multiplikation mit der Ausführung der Abbildung vertauschbar sind. Derartige Abbildungen werden als linear bezeichnet.

Definition 4.1 (Lineare Abbildung, Vektorraumhomomorphismus) *Es seien V und W zwei $\mathbb{K}$-Vektorräume. Eine Abbildung*

$$\begin{aligned} f : V &\to W \\ \mathbf{v} &\mapsto \mathbf{w} = f(\mathbf{v}) \end{aligned} \tag{4.1}$$

heißt linear oder Vektorraumhomomorphismus, wenn für alle Skalare $\lambda \in \mathbb{K}$ und alle Vektoren $\mathbf{v}_1, \mathbf{v}_2, \mathbf{v} \in V$ gilt:

(i) Vertauschbarkeit von Vektoraddition und Abbildung:

$$f(\mathbf{v}_1 + \mathbf{v}_2) = f(\mathbf{v}_1) + f(\mathbf{v}_2), \tag{4.2}$$

(ii) Vertauschbarkeit von skalarer Multiplikation und Abbildung:

$$f(\lambda \mathbf{v}) = \lambda f(\mathbf{v}). \tag{4.3}$$

© Der/die Autor(en), exklusiv lizenziert an
Springer-Verlag GmbH, DE, ein Teil von Springer Nature 2023
L. Göllmann, *Lineare Algebra*, https://doi.org/10.1007/978-3-662-67174-0_4

Kurz: Eine lineare Abbildung respektiert Linearkombinationen:

$$f(\lambda_1 \mathbf{v}_1 + \lambda_2 \mathbf{v}_2) = \lambda_1 f(\mathbf{v}_1) + \lambda_2 f(\mathbf{v}_2) = \lambda_1 \mathbf{w}_1 + \lambda_2 \mathbf{w}_2.$$

Hierbei müssen wir beachten, dass die Addition und die skalare Multiplikation auf der linken und der rechten Seite dieser Gleichung in unterschiedlichen Vektorräumen stattfinden und daher völlig verschiedenartig definiert sein können. Aus dieser Definition ergibt sich unmittelbar, dass Vektorraumhomomorphismen von V nach W den Nullvektor aus V auf den Nullvektor aus W abbilden, denn $f(\mathbf{0}) = f(0 \cdot \mathbf{v}) = 0 \cdot f(\mathbf{v}) = \mathbf{0}$ mit $\mathbf{v} \in V$. Wenn der Zusammenhang mit Vektorräumen klar ist, können wir auch kurz die Bezeichnung *Homomorphismus* verwenden. Nun können Homomorphismen zwischen Vektorräumen injektiv, surjektiv oder auch beides, also bijektiv, oder gar nichts davon sein. Für diese und andere Spezialfälle gibt es unterschiedliche Bezeichnungen. Ein Homomorphismus $f : V \to W$ von einem Vektorraum V in einen Vektorraum W heißt

- *(Vektorraum-)Monomorphismus*, wenn f injektiv ist,
- *(Vektorraum-)Epimorphismus*, wenn f surjektiv ist,
- *(Vektorraum-)Isomorphismus*, wenn f bijektiv ist,
- *(Vektorraum-)Endomorphismus*, wenn $V = W$ gilt,
- *(Vektorraum-)Automorphismus*, wenn $V = W$ und f bijektiv ist.

Die Menge aller Vektorraumhomomorphismen von V nach W wird mit $\mathrm{Hom}(V \to W)$ oder $\mathrm{Hom}(V, W)$, die aller Vektorraumendomorphismen von V nach V mit $\mathrm{End}(V)$ und die Menge aller Vektorraumautomorphismen mit $\mathrm{Aut}(V)$ bezeichnet. Sind V, W und X Vektorräume über $\mathbb{K}$ und $f : V \to W$ sowie $g : W \to X$ lineare Abbildungen, so wird für alle $\mathbf{v} \in V$ mit

$$g \circ f : V \to X$$
$$\mathbf{v} \mapsto \mathbf{w} = g \circ f(\mathbf{v}) := g(f(\mathbf{v}))$$

die Hintereinanderausführung oder Verkettung „g nach f" definiert. Neben der Schreibweise $g \circ f$ gibt es auch die kürzere Schreibweise gf, wenn eine Verwechselung mit einer Multiplikation ausgeschlossen werden kann. Mit f und g ist auch die verkettete Abbildung $g \circ f$ linear, wie leicht gezeigt werden kann. Es gilt also $g \circ f \in \mathrm{Hom}(V \to X)$. Ist eine lineare Abbildung $f : V \to W$ bijektiv, so existiert die eindeutig bestimmte Umkehrabbildung $f^{-1} : W \to V$ mit $f \circ f^{-1} = \mathrm{id}_W$ und $f^{-1} \circ f = \mathrm{id}_V$. In diesem Fall heißt f umkehrbar oder invertierbar. Die Menge $\mathrm{Aut}(V)$ aller Automorphismen auf V bildet bezüglich der Verkettung eine Gruppe, die als Automorphismengruppe auf V bezeichnet wird. Ihr neutrales Element ist die Identität id_V auf V. Ist ein Automorphismus $f \in \mathrm{Aut}(V)$ selbstinvers, gilt also $f^{-1} = f$, so wird f als involutorisch oder als Involution bezeichnet.

Jede $m \times n$-Matrix A vermittelt über das Matrix-Vektor-Produkt eine lineare Abbildung f_A vom Vektorraum $V = \mathbb{K}^n$ in den Vektorraum $W = \mathbb{K}^m$:

$$f_A : \mathbb{K}^n \to \mathbb{K}^m$$
$$\mathbf{x} \mapsto \mathbf{y} = f(\mathbf{x}) = A\mathbf{x},$$

denn wir haben bereits früher erkannt, dass aufgrund der Distributivität des Matrixprodukts und der Multiplikativität bezüglich konstanter Faktoren die Linearitätseigenschaften für f_A erfüllt sind:

$$f_A(\mathbf{x}+\mathbf{y}) = A(\mathbf{x}+\mathbf{y}) = A\mathbf{x}+A\mathbf{y} = f_A(\mathbf{x}+\mathbf{y})$$
$$f_A(\lambda\mathbf{x}) = A(\lambda\mathbf{x}) = \lambda A\mathbf{x} = \lambda f_A(\mathbf{x}).$$

Quadratische Matrizen mit n Zeilen (und Spalten) vermitteln Endomorphismen auf $V = \mathbb{K}^n$, im Fall ihrer Regularität sogar Automorphismen. Die durch Matrizen vermittelten Homomorphismen stellen eine sehr wichtige Klasse linearer Abbildungen dar.

Um ein Beispiel für eine lineare Abbildung zwischen unendlich-dimensionalen Vektorräumen zu geben, betrachten wir die beiden Mengen $V = C^1(\mathbb{R})$ und $W = C^0(\mathbb{R})$ der stetig-differenzierbaren bzw. stetigen Funktionen auf $\mathbb{R}$. Es ist leicht nachzuweisen, dass bezüglich der üblichen punktweisen Funktionenaddition und skalaren Multiplikation

$$(\varphi_1+\varphi_2)(x) := \varphi_1(x)+\varphi_2(x), \qquad (\lambda\varphi)(x) := \lambda\varphi(x)$$

für $\varphi_1,\varphi_2,\varphi \in C^0(\mathbb{R}) \supset C^1(\mathbb{R})$ und $\lambda \in \mathbb{R}$, die Mengen V und W Vektorräume über $\mathbb{R}$ darstellen. Der Nullvektor ist dabei die konstante Funktion $\phi(x) = 0, x \in \mathbb{R}$. Wir betrachten nun den Differenzialoperator

$$\frac{\mathrm{d}}{\mathrm{d}x} : V \to W$$
$$\varphi \mapsto \frac{\mathrm{d}\varphi}{\mathrm{d}x} = \varphi'(x). \tag{4.4}$$

Einer differenzierbaren Funktion $\varphi \in C^1(\mathbb{R})$ ordnen wir durch die Abbildung $\frac{\mathrm{d}}{\mathrm{d}x}$ ihre Ableitung zu:

$$\varphi \xmapsto{\frac{\mathrm{d}}{\mathrm{d}x}} \frac{\mathrm{d}}{\mathrm{d}x}\varphi = \varphi'.$$

Der Differenzialoperator $\frac{\mathrm{d}}{\mathrm{d}x}$ vermittelt aufgrund der aus der Differenzialrechnung bekannten Summenregel und der Regel über den konstanten Faktor eine lineare Abbildung von V nach W. Es gilt nämlich für alle $\varphi_1,\varphi_2,\varphi \in V$ und $\lambda \in \mathbb{R}$

$$\frac{\mathrm{d}}{\mathrm{d}x}(\varphi_1+\varphi_2) = \frac{\mathrm{d}}{\mathrm{d}x}\varphi_1 + \frac{\mathrm{d}}{\mathrm{d}x}\varphi_2, \qquad \frac{\mathrm{d}}{\mathrm{d}x}(\lambda\varphi) = \lambda\frac{\mathrm{d}}{\mathrm{d}x}\varphi.$$

Daher handelt es sich bei $\frac{\mathrm{d}}{\mathrm{d}x}$ um einen Vektorraumhomomorphismus von $C^1(\mathbb{R})$ nach $C^0(\mathbb{R})$. Dieser Homomorphismus ist nicht injektiv, denn es gibt verschiedene Funktionen aus $C^1(\mathbb{R})$ mit derselben Ableitung.

Wir haben in Kap. 3 bereits den Begriff der Isomorphie von Vektorräumen kennengelernt. Zwei Vektorräume V und W sind demnach isomorph ($V \cong W$), wenn es einen Isomorphismus $f : V \to W$, also eine bijektive lineare Abbildung $f \in \mathrm{Hom}(V \to W)$ gibt. Für einen endlich-dimensionalen Vektorraum V mit der Basis $B = (\mathbf{b}_1,\dots,\mathbf{b}_n)$ sind die Koordinatenabbildung

$$c_B : V \to \mathbb{K}^n$$

$$\mathbf{v} \mapsto \mathbf{a} = c_B(\mathbf{v})$$

sowie deren Umkehrung, der Basisisomorphismus

$$c_B^{-1} : \mathbb{K}^n \to V$$

$$\mathbf{a} \mapsto \mathbf{v} = \sum_{k=1}^{n} a_k \, \mathbf{b}_k,$$

Isomorphismen zwischen V und $\mathbb{K}^n$.

Wir verallgemeinern nun die bei den Matrizen bekannten Begriffe des Kerns und des Bildes für lineare Abbildungen.

Definition 4.2 (Kern und Bild einer linearen Abbildung) *Es sei $f : V \to W$ eine lineare Abbildung von einem $\mathbb{K}$-Vektorraum V in einen $\mathbb{K}$-Vektorraum W. Als Kern von f wird die Menge*

$$\text{Kern} f := \{\mathbf{v} \in V \,:\, f(\mathbf{v}) = \mathbf{0}\} \tag{4.5}$$

bezeichnet. Als Bild von f wird die Menge aller Werte von f

$$\text{Bild} f := \{f(\mathbf{v}) \,:\, \mathbf{v} \in V\} \tag{4.6}$$

bezeichnet.

Die folgende Feststellung ist leicht nachzuweisen.

Satz 4.3 (Teilraumeigenschaft von Kern und Bild einer linearen Abbildung) *Es sei $f : V \to W$ eine lineare Abbildung von einem $\mathbb{K}$-Vektorraum V in einen $\mathbb{K}$-Vektorraum W. Es gilt*

(i) Kern f ist ein Teilraum von V,
(ii) Bild f ist ein Teilraum von W.

Beweis. Übung.

Injektive Homomorphismen haben als Kern den nur aus dem Nullvektor bestehenden Teilraum. Dass dies auch umgekehrt gilt, zeigt folgende Überlegung. Wir betrachten eine für zwei $\mathbb{K}$-Vektorräume V und W definierte lineare Abbildung $f : V \to W$ mit Kern $f = \{\mathbf{0}\}$. Es seien $\mathbf{x}, \mathbf{y} \in V$ zwei Vektoren, deren Bildvektoren übereinstimmen: $f(\mathbf{x}) = f(\mathbf{y})$. Es gilt nun

$$\mathbf{0} = f(\mathbf{x}) - f(\mathbf{y}) = f(\mathbf{x} - \mathbf{y}).$$

Damit gilt also $\mathbf{x} - \mathbf{y} \in \text{Kern} f = \{\mathbf{0}\}$, woraus sich direkt auch die Übereinstimmung der beiden Vektoren ergibt: $\mathbf{x} = \mathbf{y}$. Hieraus folgt definitionsgemäß die Injektivität von f.

Satz 4.4 *Es seien V und W zwei $\mathbb{K}$-Vektorräume und $f \in \text{Hom}(V \to W)$ eine lineare Abbildung. Dann gilt*

$$f \text{ ist injektiv} \iff \text{Kern} f = \{0\}. \tag{4.7}$$

Analog können wir die Definition der Surjektivität mit einer Bildeigenschaft von f charakterisieren:

$$f \text{ ist surjektiv} \iff \text{Bild} f = W. \tag{4.8}$$

Für lineare Abbildungen, die auf einem endlich-dimensionalen Vektorraum V definiert sind, ist die Summe aus Kern- und Bilddimension konstant. Ein „größerer" Kern wird durch ein „kleineres" Bild „kompensiert". Genauer gilt sogar, dass die Summe beider Dimensionen mit der Dimension von V übereinstimmt.

Satz 4.5 (Dimensionsformel für lineare Abbildungen) *Es sei $f : V \to W$ eine lineare Abbildung von einem $\mathbb{K}$-Vektorraum V mit $\dim V < \infty$ in einen $\mathbb{K}$-Vektorraum W. Dann gilt*

$$\dim V = \dim \operatorname{Kern} f + \dim \operatorname{Bild} f. \tag{4.9}$$

Insbesondere ist $\operatorname{Bild} f$ ein endlich erzeugter Teilraum von W.

Beweis. Da V endlich-dimensional ist, gibt es eine Basis $(\mathbf{v}_1, \ldots, \mathbf{v}_n)$ mit endlich vielen Vektoren aus V. Wegen

$$\operatorname{Bild} f = \{ f(\mathbf{v}) : \mathbf{v} \in V \} = \{ f \big(\sum_{k=1}^{n} \lambda_k \mathbf{v}_k \big) : \lambda_1, \ldots, \lambda_n \in \mathbb{K} \}$$

$$= \{ \sum_{k=1}^{n} \lambda_k f(\mathbf{v}_k) : \lambda_1, \ldots, \lambda_n \in \mathbb{K} \}$$

$$= \langle f(\mathbf{v}_1), \ldots, f(\mathbf{v}_n) \rangle \subset W$$

ist das Bild ein endlich erzeugter Teilraum von W. Es sei $B = (\mathbf{b}_1, \ldots, \mathbf{b}_p)$ mit $p = \dim \operatorname{Kern} f$ eine Basis von $\operatorname{Kern} f$ und $C = (\mathbf{c}_1, \ldots, \mathbf{c}_q)$ mit $q = \dim \operatorname{Bild} f$ eine Basis von $\operatorname{Bild} f$. Wir betrachten nun Vektoren aus V, deren Bilder gerade die Basisvektoren von $\operatorname{Bild} f$ ergeben, also $\mathbf{x}_1, \ldots, \mathbf{x}_q \in V$ mit

$$f(\mathbf{x}_k) = \mathbf{c}_k, \qquad k = 1, \ldots, q.$$

Wir zeigen nun, dass

$$D = (\mathbf{b}_1, \ldots, \mathbf{b}_p, \mathbf{x}_1, \ldots, \mathbf{x}_q)$$

eine Basis von V ist. Hierzu betrachten wir einen beliebigen Vektor $\mathbf{v} \in V$ und stellen seinen Bildvektor $f(\mathbf{v})$ mithilfe der Basis von $\operatorname{Bild} f$ dar. Es gibt also eindeutig bestimmte Skalare $\lambda_1, \ldots, \lambda_q \in \mathbb{K}$ mit

$$f(\mathbf{v}) = \sum_{k=1}^{q} \lambda_k \mathbf{c}_k = \sum_{k=1}^{q} \lambda_k f(\mathbf{x}_k) = f \big(\underbrace{\sum_{k=1}^{q} \lambda_k \mathbf{x}_k}_{=: \mathbf{v}'} \big).$$

Der Vektor

$$\mathbf{v}' = \sum_{k=1}^{q} \lambda_k \mathbf{x}_k$$

hat also denselben Bildvektor wie $\mathbf{v}$:

$$f(\mathbf{v}) = f(\mathbf{v}').$$

Damit erhalten wir die folgende Darstellung des Nullvektors

$$0 = f(\mathbf{v}) - f(\mathbf{v}') = f(\mathbf{v} - \mathbf{v}'),$$

woraus sich

$$\mathbf{v} - \mathbf{v}' \in \operatorname{Kern} f$$

ergibt. Diesen Differenzvektor können wir nun mit der Basis B von Kern f darstellen. Es gibt folglich eindeutig bestimmte Skalare $a_1, \dots, a_p \in \mathbb{K}$ mit

$$\mathbf{v} - \mathbf{v}' = \sum_{k=1}^{p} a_k \mathbf{b}_k.$$

Wir addieren $\mathbf{v}'$ auf beiden Seiten, und es folgt

$$\mathbf{v} = \sum_{k=1}^{p} a_k \mathbf{b}_k + \mathbf{v}' = \sum_{k=1}^{p} a_k \mathbf{b}_k + \sum_{k=1}^{q} \lambda_k \mathbf{x}_k,$$

somit kann der Vektor $\mathbf{v}$ aus den Vektoren $\mathbf{b}_1, \dots, \mathbf{b}_p, \mathbf{x}_1, \dots, \mathbf{x}_q$ linear kombiniert werden. Wir haben also mit D ein Erzeugendensystem von V. Für die Basiseigenschaft von D bleibt noch zu zeigen, dass die Vektoren $\mathbf{b}_1, \dots, \mathbf{b}_p, \mathbf{x}_1, \dots, \mathbf{x}_q$ linear unabhängig sind. Wir kombinieren hierzu den Nullvektor aus diesen Vektoren,

$$0 = \sum_{k=1}^{p} \alpha_k \mathbf{b}_k + \sum_{k=1}^{q} \beta_k \mathbf{x}_k, \tag{4.10}$$

und zeigen, dass dies nur trivial möglich ist. Wenn wir nun auf beiden Seiten der letzten Gleichung f anwenden, so ergibt sich

$$0 = f(0) = \sum_{k=1}^{p} \alpha_k f(\mathbf{b}_k) + \sum_{k=1}^{q} \beta_k f(\mathbf{x}_k) = \sum_{k=1}^{p} \alpha_k \underbrace{f(\mathbf{b}_k)}_{=0} + \sum_{k=1}^{q} \beta_k \mathbf{c}_k.$$

Da $\mathbf{b}_k \in \operatorname{Kern} f$ ist, gilt $f(\mathbf{b}_k) = 0$. Die erste Summe fällt also weg. Es folgt somit

$$0 = \sum_{k=1}^{q} \beta_k \mathbf{c}_k.$$

Da $C = (\mathbf{c}_1, \dots, \mathbf{c}_q)$ eine Basis von Bild f ist, geht dies nur, wenn alle Koeffizienten verschwinden: $\beta_k = 0$ für $k = 1, \dots, q$. In der Linearkombination (4.10) fällt also die zweite Summe weg. Es bleibt

$$0 = \sum_{k=1}^{p} \alpha_k \mathbf{b}_k.$$

Auch dies ist nur trivial möglich, da $\mathbf{b}_1, \dots, \mathbf{b}_p$ als Basisvektoren von Kern f linear unabhängig sind. Somit verschwinden die Koeffizienten auch in dieser Summe: $\alpha_k = 0$ für $k = 1, \dots, p$. Damit ist gezeigt, dass $D = (\mathbf{b}_1, \dots, \mathbf{b}_p, \mathbf{x}_1, \dots, \mathbf{x}_q)$ eine Basis von V ist. Die Anzahl der Vektoren in D stimmt also mit der Dimension von V überein:

$$\dim V = p + q = \dim \operatorname{Kern} f + \dim \operatorname{Bild} f.$$

Insbesondere ist die Summe aus Kern- und Bilddimension konstant. □

Die aus der Matrizenrechnung bekannte Dimensionsformel für eine $m \times n$-Matrix A,

$$n = \dim \operatorname{Kern} A + \dim \operatorname{Bild} A,$$

ergibt sich hier als spezielle Ausprägung der Dimensionsformel für lineare Abbildungen, indem der durch die Matrix A vermittelte Homomorphismus $f_A : \mathbb{K}^n \to \mathbb{K}^m$ betrachtet wird.

Wie bereits gesehen, vermittelt der Differenzialoperator

$$\frac{\mathrm{d}}{\mathrm{d}x} : C^1(\mathbb{R}) \to C^0(\mathbb{R})$$

$$\varphi \mapsto \frac{\mathrm{d}\varphi}{\mathrm{d}x} = \varphi'(x)$$

eine lineare Abbildung von $C^1(\mathbb{R})$ nach $C^0(\mathbb{R})$. Für den Kern dieser linearen Abbildung gilt

$$\operatorname{Kern} \frac{\mathrm{d}}{\mathrm{d}x} = \{\varphi \in C^1(\mathbb{R}) : \tfrac{\mathrm{d}}{\mathrm{d}x}\varphi = 0\} := \{\varphi \in C^1(\mathbb{R}) : \varphi \text{ ist konstant}\}.$$

Der Kern ist also die Menge der konstanten Funktionen. Wir modifizieren dieses Beispiel nun, indem wir statt $C^1(\mathbb{R})$ den Vektorraum aller reellen Polynome mit maximalem Grad 3 betrachten:

$$V = \{p \in \mathbb{R}[x] : \deg p \le 3\} = \{a_3 x^3 + a_2 x^2 + a_1 x + a_0 : a_0, a_1, a_2, a_3 \in \mathbb{R}\}.$$

Dieser vierdimensionale Vektorraum besitzt beispielsweise die Basis $B = (1, x, x^2, x^3)$. Der Kern des Differenzialoperators $\frac{\mathrm{d}}{\mathrm{d}x} : V \to C^0(\mathbb{R})$ besteht aus dem Teilraum der konstanten Polynome

$$\operatorname{Kern} \frac{\mathrm{d}}{\mathrm{d}x} = \langle 1 \rangle$$

und ist eindimensional. Welche Dimension besitzt das Bild? Nach der Dimensionsformel gilt

$$\dim \operatorname{Bild} \frac{\mathrm{d}}{\mathrm{d}x} = \dim V - \dim \operatorname{Kern} \frac{\mathrm{d}}{\mathrm{d}x} = 4 - 1 = 3,$$

und tatsächlich wird, bedingt durch die Tatsache, dass für $p = a_3 x^3 + a_2 x^2 + a_1 x + a_0 \in V$ durch Ableiten der Grad von $\frac{\mathrm{d}}{\mathrm{d}x} p = 3a_3 x^2 + 2a_2 x + a_1$ höchstens 2 ist, das Bild von $\frac{\mathrm{d}}{\mathrm{d}x}$ durch die aus drei Vektoren bestehende Basis $C = (1, 2x, 3x^2)$ erzeugt.

Eine unmittelbare Konsequenz aus der Dimensionsformel für lineare Abbildungen ist die folgende Feststellung.

Satz 4.6 *Es seien V und W zwei endlich-dimensionale Vektorräume gleicher Dimension und $f \in \operatorname{Hom}(V \to W)$ eine lineare Abbildung. Dann sind folgende Aussagen äquivalent:*

(i) f ist surjektiv.
(ii) f ist injektiv.
(iii) f ist bijektiv.

Beweis. Nehmen wir an, dass die lineare Abbildung f injektiv ist. Nach Satz 4.4 ist dies äquivalent mit $\operatorname{Kern} f = \{\mathbf{0}\}$. Dann gilt aufgrund der Dimensionsformel für lineare Abbildungen

$$\dim \text{Bild}\, f = \dim V - \dim \text{Kern}\, f = \dim V - 0 = \dim V = \dim W.$$

Das Bild ist ein Teilraum von W, dessen Dimension mit der von W identisch ist. Dann kann nur Bild $f = W$ gelten, woraus sich die Surjektivität von f ergibt. Auf ähnliche Weise folgt die Injektivität aus der Surjektivität. □

Dieser Satz hat formale Ähnlichkeit mit einer entsprechenden Feststellung für Abbildungen zwischen endlichen Mengen gleicher Elementezahl, vgl. Satz 1.29. In dem obigen Satz tritt nun die Dimension an die Stelle der Elementezahl.

Lineare Abbildungen lassen im Fall von Endomorphismen des $\mathbb{R}^2$ oder $\mathbb{R}^3$ eine geometrische Deutung zu. Betrachten wir nun zu diesem Zweck der Einfachheit halber die Ebene, also den Vektorraum $\mathbb{R}^2$. Wir können uns Vektoren des $\mathbb{R}^2$ als Punkte in einem kartesischen Koordinatensystem vorstellen. So lassen sich die Vektoren

$$\mathbf{a} = \begin{pmatrix} 0 \\ 0 \end{pmatrix}, \quad \mathbf{b} = \begin{pmatrix} 1 \\ 0 \end{pmatrix}, \quad \mathbf{c} = \begin{pmatrix} 0 \\ 1 \end{pmatrix}, \quad \mathbf{d} = \begin{pmatrix} 0 \\ -1 \end{pmatrix}$$

in ein derartiges Koordinatensystem eintragen, um beispielsweise aus diesen vier Punkten ein Gitternetz aus Dreiecken zu erzeugen (vgl. Abb. 4.1). Derartige Dreiecksnetze sind in der FEM[1]-Simulation gebräuchlich. Wir können nun diese Figur in x_1-Richtung bzw.

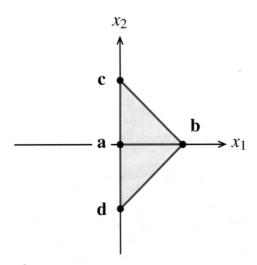

Abb. 4.1 Vier Punkte im $\mathbb{R}^2$ mit Verbindungslinien ergeben ein einfaches Netz aus zwei Dreiecken

in x_2-Richtung verzerren, indem wir die erste bzw. zweite Komponente für jeden der vier Gitterpunkte mit einem Skalar $\lambda > 0$ multiplizieren. So bewirkt die Abbildung

---

[1] FEM: Finite-Elemente-Methode: ein numerisches Verfahren zur Lösung partieller Differenzialgleichungen mit Randbedingungen, wie sie in der Physik, aber vor allem in den Ingenieurwissenschaften auftreten.

$$f_\lambda : \mathbb{R}^2 \to \mathbb{R}^2$$

$$\mathbf{x} = \begin{pmatrix} x_1 \\ x_2 \end{pmatrix} \mapsto f_\lambda(\mathbf{x}) := \begin{pmatrix} \lambda x_1 \\ x_2 \end{pmatrix}$$

für $\lambda > 1$ eine Streckung und für $0 < \lambda < 1$ eine Stauchung der x_1-Komponente. Entsprechend kann mithilfe der Abbildung

$$g_\lambda : \mathbb{R}^2 \to \mathbb{R}^2$$

$$\mathbf{x} = \begin{pmatrix} x_1 \\ x_2 \end{pmatrix} \mapsto g_\lambda(\mathbf{x}) := \begin{pmatrix} x_1 \\ \lambda x_2 \end{pmatrix}$$

die x_2-Komponente gestreckt oder gestaucht werden. Für die durch die vier Datenvektoren $\mathbf{a}, \mathbf{b}, \mathbf{c}, \mathbf{d}$ gegebene Dreiecksfigur ergeben sich im Fall $\lambda = 1.4$ entsprechend verzerrte Darstellungen, wie in Abb. 4.2 zu sehen ist. Hierbei werden die neuen Koordinaten mithilfe von f_λ und g_λ für $\lambda = 1.4$ berechnet. Für die Horizontalstreckung gilt

$$\mathbf{a}' = f_{1.4}(\mathbf{a}) = \begin{pmatrix} 0 \\ 0 \end{pmatrix}, \mathbf{b}' = f_{1.4}(\mathbf{b}) = \begin{pmatrix} 1.4 \\ 0 \end{pmatrix}, \mathbf{c}' = f_{1.4}(\mathbf{c}) = \begin{pmatrix} 0 \\ 1 \end{pmatrix}, \mathbf{d}' = f_{1.4}(\mathbf{d}) = \begin{pmatrix} 0 \\ -1 \end{pmatrix}.$$

In analoger Weise können die neuen Koordinaten der Vertikalstreckung berechnet werden:

$$\mathbf{a}' = g_{1.4}(\mathbf{a}) = \begin{pmatrix} 0 \\ 0 \end{pmatrix}, \mathbf{b}' = g_{1.4}(\mathbf{b}) = \begin{pmatrix} 1 \\ 0 \end{pmatrix}, \mathbf{c}' = g_{1.4}(\mathbf{c}) = \begin{pmatrix} 0 \\ 1.4 \end{pmatrix}, \mathbf{d}' = g_{1.4}(\mathbf{d}) = \begin{pmatrix} 0 \\ -1.4 \end{pmatrix}.$$

Wir können nun leicht rechnerisch nachweisen, dass sowohl für f_λ als auch für g_λ die beiden Linearitätseigenschaften (4.2) und (4.3) aus Definition 4.1 erfüllt sind. Andererseits können wir beide Abbildungen auch mithilfe des Matrix-Vektor-Produkts formulieren. Es gilt nämlich

$$f_\lambda(\mathbf{x}) = \begin{pmatrix} \lambda x_1 \\ x_2 \end{pmatrix} = \begin{pmatrix} \lambda & 0 \\ 0 & 1 \end{pmatrix} \begin{pmatrix} x_1 \\ x_2 \end{pmatrix} = F \cdot \mathbf{x}$$

sowie

$$g_\lambda(\mathbf{x}) = \begin{pmatrix} x_1 \\ \lambda x_2 \end{pmatrix} = \begin{pmatrix} 1 & 0 \\ 0 & \lambda \end{pmatrix} \begin{pmatrix} x_1 \\ x_2 \end{pmatrix} = G \cdot \mathbf{x}.$$

Die beiden Abbildungen können also mithilfe der 2×2-Matrizen

$$F = \begin{pmatrix} \lambda & 0 \\ 0 & 1 \end{pmatrix}, \quad G = \begin{pmatrix} 1 & 0 \\ 0 & \lambda \end{pmatrix}$$

dargestellt werden. Da wir bereits um die Linearität des Matrix-Vektor-Produkts wissen, folgt hieraus auch die Linearität der beiden Abbildungen f_λ und g_λ. Wenn wir beide Abbildungen mit identischem Wert für λ miteinander kombinieren, so wird der komplette Datenvektor mit λ multipliziert. Für $0 < \lambda < 1$ ergibt sich eine Verkleinerung der Figur, während $\lambda > 1$ eine Vergrößerung bewirkt. In der Tat ist die Nacheinanderausführung beider Abbildungen nichts anderes als die Streckung bzw. Stauchung des kompletten Vektors um den Wert λ, denn es gilt

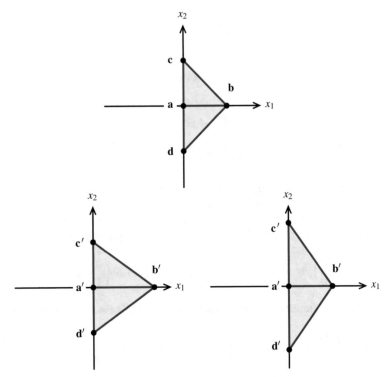

Abb. 4.2 Ursprüngliches Dreiecksgitter sowie Horizontal- bzw. Vertikalstreckung mithilfe von f_λ bzw. g_λ für $\lambda = 1.4$

$$(g_\lambda \circ f_\lambda)(\mathbf{x}) = g_\lambda(f_\lambda(\mathbf{x})) = G \cdot F \cdot \mathbf{x} = \begin{pmatrix} \lambda & 0 \\ 0 & \lambda \end{pmatrix} \mathbf{x} = \begin{pmatrix} \lambda x_1 \\ \lambda x_2 \end{pmatrix} = \lambda \begin{pmatrix} x_1 \\ x_2 \end{pmatrix}.$$

Wie können wir eine Drehung der Figur um einen Winkel φ um den Nullpunkt bewerk-stelligen? Ist dies auch mit einer linearen Abbildung möglich? Wir suchen für einen vor-gegebenen Drehwinkel φ eine Abbildung

$$d_\varphi : \mathbb{R}^2 \to \mathbb{R}^2$$

$$\mathbf{x} = \begin{pmatrix} x_1 \\ x_2 \end{pmatrix} \mapsto d_\varphi(\mathbf{x}),$$

die uns die neuen Koordinaten der verdrehten Figur liefert. Für einen Datenvektor

$$\mathbf{x} = \begin{pmatrix} x_1 \\ x_2 \end{pmatrix} \in \mathbb{R}^2$$

suchen wir den Bildvektor $d_\varphi(\mathbf{x})$ mit den verdrehten Koordinaten. Nun können wir zu-nächst $\mathbf{x}$ als Linearkombination der beiden kanonischen Basisvektoren $\hat{\mathbf{e}}_1$ und $\hat{\mathbf{e}}_2$ des $\mathbb{R}^2$ darstellen:

$$\mathbf{x} = \begin{pmatrix} x_1 \\ x_2 \end{pmatrix} = x_1\hat{\mathbf{e}}_1 + x_2\hat{\mathbf{e}}_2.$$

Mit $\hat{\mathbf{e}}_1$ und $\hat{\mathbf{e}}_2$ verdreht sich auch jedes Vielfache und die Summe dieser Vektoren in entsprechender Weise, sodass wir von der Linearität von d_φ ausgehen können. Es folgt daher

$$d_\varphi(\mathbf{x}) = d_\varphi(x_1\hat{\mathbf{e}}_1 + x_2\hat{\mathbf{e}}_2) = x_1 d_\varphi(\hat{\mathbf{e}}_1) + x_2 d_\varphi(\hat{\mathbf{e}}_2). \tag{4.11}$$

Wir müssen also nur wissen, wie die Bildvektoren $d_\varphi(\hat{\mathbf{e}}_1)$ und $d_\varphi(\hat{\mathbf{e}}_2)$ der beiden Basisvektoren $\hat{\mathbf{e}}_1$ und $\hat{\mathbf{e}}_2$ lauten, um den Bildvektor $d_\varphi(\mathbf{x})$ zu berechnen. Dazu überlegen wir elementargeometrisch, wie sich die Koordinaten der verdrehten Einheitsvektoren ergeben. Für die erste Komponente (auf der x_1-Achse abzulesen) des um φ verdrehten Einheitsvektors $\hat{\mathbf{e}}_1$ ergibt sich der Wert $\cos\varphi$, während die zweite Komponente den Wert $\sin\varphi$ hat.

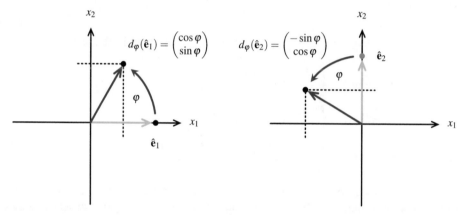

Abb. 4.3 Drehung der Einheitsvektoren $\hat{\mathbf{e}}_1, \hat{\mathbf{e}}_2 \in \mathbb{R}^2$ um den Winkel $\varphi > 0$ mithilfe von d_φ

In Abb. 4.3 ist dieser Sachverhalt dargestellt. Es folgt damit

$$d_\varphi(\hat{\mathbf{e}}_1) = \begin{pmatrix} \cos\varphi \\ \sin\varphi \end{pmatrix}.$$

Die Koordinaten des verdrehten zweiten Einheitsvektors $\hat{\mathbf{e}}_2$ lassen sich in ähnlicher Weise ermitteln. Zu beachten ist dabei, dass die x_1-Komponente negativ ist, wie Abb. 4.3 zeigt. Es folgt

$$d_\varphi(\hat{\mathbf{e}}_2) = \begin{pmatrix} -\sin\varphi \\ \cos\varphi \end{pmatrix}.$$

Damit können wir nun gemäß (4.11) den gesuchten Bildvektor berechnen:

$$d_\varphi(\mathbf{x}) = x_1 d_\varphi(\hat{\mathbf{e}}_1) + x_2 d_\varphi(\hat{\mathbf{e}}_2) = x_1 \begin{pmatrix} \cos\varphi \\ \sin\varphi \end{pmatrix} + x_2 \begin{pmatrix} -\sin\varphi \\ \cos\varphi \end{pmatrix}$$
$$= \begin{pmatrix} \cos\varphi & -\sin\varphi \\ \sin\varphi & \cos\varphi \end{pmatrix} \begin{pmatrix} x_1 \\ x_2 \end{pmatrix} = D_\varphi\mathbf{x}.$$

Die Drehung kann also mithilfe der 2×2-Drehmatrix

$$D_\varphi = \begin{pmatrix} \cos\varphi & -\sin\varphi \\ \sin\varphi & \cos\varphi \end{pmatrix}$$

als lineare Abbildung bewerkstelligt werden. Wir wollen nun die aus den vier Gitterpunkten $\mathbf{a}, \mathbf{b}, \mathbf{c}, \mathbf{d}$ bestehende Dreiecksgitterfigur um den Winkel von $\varphi = \pi/6 = 30°$ im positiven Sinne, also gegen den Uhrzeigersinn, verdrehen. Hierzu stellen wir zunächst die für diesen Drehwinkel erforderliche Drehmatrix auf:

$$D_\varphi = D_{\pi/6} = \begin{pmatrix} \cos\pi/6 & -\sin\pi/6 \\ \sin\pi/6 & \cos\pi/6 \end{pmatrix} = \begin{pmatrix} \sqrt{3}/2 & -1/2 \\ 1/2 & \sqrt{3}/2 \end{pmatrix}.$$

Die Koordinaten der Gitterpunkte der verdrehten Figur berechnen wir nun mithilfe dieser Matrix. Es gilt

$$\mathbf{a}' = D_{\pi/3}\mathbf{a} = \begin{pmatrix} \sqrt{3}/2 & -1/2 \\ 1/2 & \sqrt{3}/2 \end{pmatrix} \begin{pmatrix} 0 \\ 0 \end{pmatrix} = \begin{pmatrix} 0 \\ 0 \end{pmatrix}, \quad (\mathbf{a} \text{ ist der Drehpunkt}),$$

$$\mathbf{b}' = D_{\pi/3}\mathbf{b} = \begin{pmatrix} \sqrt{3}/2 & -1/2 \\ 1/2 & \sqrt{3}/2 \end{pmatrix} \begin{pmatrix} 1 \\ 0 \end{pmatrix} = \begin{pmatrix} \sqrt{3}/2 \\ 1/2 \end{pmatrix},$$

$$\mathbf{c}' = D_{\pi/3}\mathbf{c} = \begin{pmatrix} \sqrt{3}/2 & -1/2 \\ 1/2 & \sqrt{3}/2 \end{pmatrix} \begin{pmatrix} 0 \\ 1 \end{pmatrix} = \begin{pmatrix} -1/2 \\ \sqrt{3}/2 \end{pmatrix},$$

$$\mathbf{d}' = D_{\pi/3}\mathbf{d} = \begin{pmatrix} \sqrt{3}/2 & -1/2 \\ 1/2 & \sqrt{3}/2 \end{pmatrix} \begin{pmatrix} 0 \\ -1 \end{pmatrix} = \begin{pmatrix} 1/2 \\ -\sqrt{3}/2 \end{pmatrix}.$$

Diese neuen Punkte können wir nun in das Koordinatensystem eintragen. In Abb. 4.4 ist neben der ursprünglichen Figur das um $30°$ verdrehte Dreiecksgitter zu sehen. Dieses

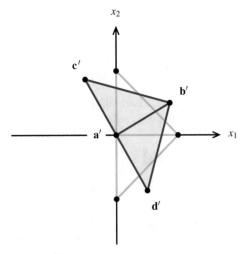

Abb. 4.4 Ursprüngliches Dreiecksgitter sowie das um $30°$ verdrehte Dreiecksgitter

Beispiel zeigt uns nun ein Prinzip auf. Allein aufgrund der Linearitätseigenschaft und der Existenz von Basisvektoren endlich-dimensionaler Vektorräume lassen sich lineare Abbildungen offenbar mithilfe von Matrizen darstellen. Dieses wichtige Prinzip werden wir in Abschn. 4.3 genauer unter die Lupe nehmen. Die Bedeutung der Matrizen in der linearen Algebra auch für Problemstellungen außerhalb linearer Gleichungssysteme wird hierdurch deutlich.

Zum Abschluss dieses Abschnitts betrachten wir ohne weitere Herleitung die Drehungen um die drei kartesischen Koordinatenachsen des $\mathbb{R}^3$.

Definition 4.7 (Euler'sche Drehmatrizen) *Die Drehungen im $\mathbb{R}^3$ um die drei Koordinatenachsen (repräsentiert durch die drei kanonischen Einheitsvektoren $\hat{\mathbf{e}}_1, \hat{\mathbf{e}}_2, \hat{\mathbf{e}}_3$) werden durch die drei Euler'schen Drehmatrizen*

$$D_{\hat{\mathbf{e}}_1,\varphi} = \begin{pmatrix} 1 & 0 & 0 \\ 0 & \cos\varphi & -\sin\varphi \\ 0 & \sin\varphi & \cos\varphi \end{pmatrix} \quad (x_1\text{-invariante Drehung}), \tag{4.12}$$

$$D_{\hat{\mathbf{e}}_2,\varphi} = \begin{pmatrix} \cos\varphi & 0 & \sin\varphi \\ 0 & 1 & 0 \\ -\sin\varphi & 0 & \cos\varphi \end{pmatrix} \quad (x_2\text{-invariante Drehung}), \tag{4.13}$$

$$D_{\hat{\mathbf{e}}_3,\varphi} = \begin{pmatrix} \cos\varphi & -\sin\varphi & 0 \\ \sin\varphi & \cos\varphi & 0 \\ 0 & 0 & 1 \end{pmatrix} \quad (x_3\text{-invariante Drehung}) \tag{4.14}$$

dargestellt. Hierbei ist $\varphi \in \mathbb{R}$ der vorgegebene Drehwinkel.

Es besteht neben den Drehungen um diese drei Hauptdrehachsen auch die Möglichkeit, um eine beliebige, durch einen Vektor des $\mathbb{R}^3$ repräsentierte Drehachse eine Drehung mithilfe einer geeigneten Matrix zu bewerkstelligen. Die folgende Formel gibt an, wie diese allgemeine Drehmatrix bestimmt werden kann.

Satz/Definition 4.8 (Drehung um eine beliebige Raumachse) *Die Drehung um die durch einen Vektor*

$$\mathbf{a} = \begin{pmatrix} a_1 \\ a_2 \\ a_3 \end{pmatrix} \in \mathbb{R}^3 \setminus \{\mathbf{0}\}$$

repräsentierte Drehachse $\langle \mathbf{a} \rangle$ um den Drehwinkel $\varphi \in \mathbb{R}$ wird durch die allgemeine Drehmatrix („Rodrigues-Tensor")

$$D_{\hat{\mathbf{a}},\varphi} := \hat{\mathbf{a}}\hat{\mathbf{a}}^T + (E_3 - \hat{\mathbf{a}}\hat{\mathbf{a}}^T)\cos\varphi + \begin{pmatrix} 0 & -\hat{a}_3 & \hat{a}_2 \\ \hat{a}_3 & 0 & -\hat{a}_1 \\ -\hat{a}_2 & \hat{a}_1 & 0 \end{pmatrix}\sin\varphi \tag{4.15}$$

mit dem normierten Achsenvektor

$$\hat{\mathbf{a}} = \begin{pmatrix} \hat{a}_1 \\ \hat{a}_2 \\ \hat{a}_3 \end{pmatrix} := \frac{1}{\sqrt{a_1^2 + a_2^2 + a_3^2}} \cdot \mathbf{a}$$

beschrieben. (Es ist $\sqrt{a_1^2 + a_2^2 + a_3^2} \neq 0$, da $\mathbf{a} \neq \mathbf{0}$ und $\mathbf{a}$ nur aus reellen Komponenten besteht.)

Für Vektoren auf den drei Hauptachsen, die also die Form $\mathbf{a} = a\hat{\mathbf{e}}_i$ mit $a > 0$, $i = 1, 2, 3$ besitzen, ergeben sich mit Formel (4.15) die drei Euler'schen Drehmatrizen (Übung).

Bemerkung 4.9 *Für $\mathbf{a} \in \mathbb{K}^m$, und $\mathbf{b} \in \mathbb{K}^n$ wird das Produkt*

$$\mathbf{a}\mathbf{b}^T = \begin{pmatrix} a_1 \\ \vdots \\ a_m \end{pmatrix} (b_1, \ldots, b_n) = \begin{pmatrix} a_1b_1 & \ldots & a_1b_n \\ \vdots & \ddots & \vdots \\ a_mb_1 & \ldots & a_mb_n \end{pmatrix} \in \mathrm{M}(m \times n, \mathbb{K})$$

als dyadisches Produkt bezeichnet. Es gilt dabei $\mathrm{Rang}(\mathbf{a}\mathbf{b}^T) \in \{0, 1\}$.

4.2 Homomorphiesatz

Der Kern eines Vektorraumhomomorphismus $f : V \to W$ ist definitionsgemäß die Menge der Urbilder $\{\mathbf{v} \in V : f(\mathbf{v}) = \mathbf{0}\}$ des Nullvektors von W. In Verallgemeinerung dieser Definition können wir die Menge der Urbilder eines beliebigen Vektors $\mathbf{w} \in W$ unter der linearen Abbildung f definieren.

Definition 4.10 (w-Faser) *Es sei $f : V \to W$ eine lineare Abbildung von einem $\mathbb{K}$-Vektorraum V in einen $\mathbb{K}$-Vektorraum W und $\mathbf{w} \in W$. Dann ist die Menge*

$$f^{-1}(\mathbf{w}) := \{\mathbf{v} \in V : f(\mathbf{v}) = \mathbf{w}\} \tag{4.16}$$

eine Teilmenge von V und wird als $\mathbf{w}$-Faser oder Faser über $\mathbf{w}$ unter f bezeichnet.

Die $\mathbf{0}$-Faser unter f ist also der Kern von f. Die Schreibweise $f^{-1}(\mathbf{w})$ bezeichnet eine Menge und soll nicht suggerieren, dass f umkehrbar und damit bijektiv ist. Ist jedoch f bijektiv, so ist diese Bezeichnung allerdings mit der Umkehrabbildung verträglich. Die $\mathbf{w}$-Faser besteht dann aus genau einem Element. Ist f nicht surjektiv, so gibt es Vektoren in $\mathbf{w} \in W$ mit leerer $\mathbf{w}$-Faser.

Die Lösungsmenge eines linearen Gleichungssystems $A\mathbf{x} = \mathbf{b}$ mit einer Matrix $A \in \mathrm{M}(m \times n, \mathbb{K})$ und einem Vektor $\mathbf{b} \in \mathbb{K}^m$ ist die $\mathbf{b}$-Faser unter der durch die Matrix A vermittelten linearen Abbildung $f_A : \mathbb{K}^n \to \mathbb{K}^m$.

Satz 4.11 (Zusammenhang zwischen w-Faser und Kern) *Es sei $f : V \to W$ eine lineare Abbildung von einem $\mathbb{K}$-Vektorraum V in einen $\mathbb{K}$-Vektorraum W und $\mathbf{w} \in \mathrm{Bild}\, f$. Dann ist die $\mathbf{w}$-Faser unter f nichtleer. Mit $\mathbf{v}_s \in f^{-1}(\mathbf{w})$, also einem Vektor, für den $f(\mathbf{v}_s) = \mathbf{w}$ gilt, kann die $\mathbf{w}$-Faser dargestellt werden als Summe aus $\mathbf{v}_s$ und dem Kern von f:*

$$f^{-1}(\mathbf{w}) = \mathbf{v}_s + \mathrm{Kern}\, f. \tag{4.17}$$

Hierbei kommt es nicht auf die spezielle Wahl von $\mathbf{v}_s \in f^{-1}(\mathbf{w})$ an. Die $\mathbf{w}$-Faser von f ergibt sich damit als Summe aus einer speziellen Lösung $\mathbf{v}_s$ der Gleichung $f(\mathbf{x}) = \mathbf{w}$ und dem Kern von f.

Beweis. Wir zeigen die Gleichheit beider Mengen, indem beide Inklusionen nachgewiesen werden. Zunächst kümmern wir uns um die Inklusion $f^{-1}(\mathbf{w}) \subset \mathbf{v}_s + \operatorname{Kern} f$. Hierzu betrachten wir einen Vektor $\mathbf{v} \in f^{-1}(\mathbf{w})$. Damit gilt $f(\mathbf{v}) = \mathbf{w}$. Der Differenzvektor $\mathbf{v} - \mathbf{v}_s$ gehört also zum Kern von f, da

$$f(\mathbf{v} - \mathbf{v}_s) = f(\mathbf{v}) - f(\mathbf{v}_s) = \mathbf{w} - \mathbf{w} = \mathbf{0}.$$

Wir haben also einen Vektor $\mathbf{v}_0 \in \operatorname{Kern} f$ mit der Darstellung $\mathbf{v}_0 = \mathbf{v} - \mathbf{v}_s$ bzw.

$$\mathbf{v} = \mathbf{v}_s + \mathbf{v}_0 \in \mathbf{v}_s + \operatorname{Kern} f.$$

Zum Nachweis der umgekehrten Inklusion $\mathbf{v}_s + \operatorname{Kern} f \subset f^{-1}(\mathbf{w})$ betrachten wir ein Element $\mathbf{v} \in \mathbf{v}_s + \operatorname{Kern} f$. Damit hat $\mathbf{v}$ eine Darstellung der Art $\mathbf{v} = \mathbf{v}_s + \mathbf{v}_0$ mit $\mathbf{v}_0 \in \operatorname{Kern} f$, sodass gilt

$$f(\mathbf{v}) = f(\mathbf{v}_s + \mathbf{v}_0) = f(\mathbf{v}_s) + \underbrace{f(\mathbf{v}_0)}_{=\mathbf{0}} = f(\mathbf{v}_s) = \mathbf{w}.$$

Daher gehört $\mathbf{v}$ zur $\mathbf{w}$-Faser unter f. □

Uns ist die Aussage des letzten Satzes bereits von den Lösungsmengen inhomogener linearer Gleichungssysteme her bekannt. Für ein mit einer Matrix A und einem Vektor $\mathbf{b}$ formuliertes lösbares lineares Gleichungssystem $A\mathbf{x} = \mathbf{b}$ setzt sich die Lösungsmenge, also die $\mathbf{b}$-Faser, additiv zusammen aus einer (beliebigen) speziellen Lösung $\mathbf{v}_s$ des inhomogenen Systems und dem Kern der Matrix A.

Besteht die $\mathbf{w}'$-Faser eines speziellen Vektors $\mathbf{w}' \in W$ nur aus einem Punkt, so muss also nach dem letzten Satz $\operatorname{Kern} f = \{\mathbf{0}\}$ der Nullvektorraum sein. Damit bestehen sämtliche nichtleere $\mathbf{w}$-Fasern nur aus einem Punkt, denn für eine beliebige nichtleere $\mathbf{w}$-Faser $f^{-1}(\mathbf{w})$ mit einem $\mathbf{v}_s \in f^{-1}(\mathbf{w})$ unter f gilt nach dem letzten Satz

$$f^{-1}(\mathbf{w}) = \mathbf{v}_s + \operatorname{Kern} f = \{\mathbf{v}_s\}.$$

Bei einelementigen $\mathbf{w}$-Fasern ist f somit ein injektiver Homomorphismus.

Aufgrund des Zusammenhangs zwischen $\mathbf{w}$-Faser und Kern gehören die $\mathbf{w}$-Fasern zu den affinen Teilräumen. Es stellt sich die Frage, ob auch affine Teilräume $\mathbf{w}$-Fasern unter bestimmten linearen Abbildungen sind. Es sei also T ein Teilraum von V. Wir benötigen einen Vektorraum W sowie eine lineare Abbildung $f : V \to W$, die T als Kern besitzt. Betrachten wir dann für $\mathbf{v} \in V$ einen affinen Teilraum $\mathbf{v} + T$, so ist nun für jeden Vektor $\mathbf{v}_s \in \mathbf{v} + T$ des affinen Teilraums die Darstellung

$$\mathbf{v} + T = \mathbf{v}_s + \operatorname{Kern} f$$

möglich. Für $\mathbf{w} := f(\mathbf{v}_s)$ ist dann $\mathbf{w}$-Faser unter f

$$f^{-1}(\mathbf{w}) = \mathbf{v}_s + \operatorname{Kern} f = \mathbf{v}_s + T = \mathbf{v} + T.$$

Wir können die Übereinstimmung $f^{-1}(\mathbf{w}) = \mathbf{v}_s + T$ auch formal begründen: Jeder Vektor $\mathbf{x} \in \mathbf{v}_s + T$ hat die Form $\mathbf{x} = \mathbf{v}_s + \mathbf{t}$ mit einem $\mathbf{t} \in T$. Damit ist

$$f(\mathbf{x}) = f(\mathbf{v}_s + \mathbf{t}) = \underbrace{f(\mathbf{v}_s)}_{=\mathbf{w}} + \underbrace{f(\mathbf{t})}_{=\mathbf{0}} = \mathbf{w},$$

also $\mathbf{x} \in f^{-1}(\mathbf{w})$. Andererseits lässt sich auch jeder Vektor $\mathbf{x} \in f^{-1}(\mathbf{w})$ schreiben als $\mathbf{v}_s + \mathbf{t}$, mit einem $\mathbf{t} \in T$. Wir wählen hierzu einfach $\mathbf{t} = \mathbf{x} - \mathbf{v}_s$. Da

$$f(\mathbf{t}) = f(\mathbf{x} - \mathbf{v}_s) = \underbrace{f(\mathbf{x})}_{=\mathbf{w}} - \underbrace{f(\mathbf{v}_s)}_{=\mathbf{w}} = \mathbf{0},$$

ist $\mathbf{t} \in T$. Die Konstruktion einer derartigen linearen Abbildung f werden wir in der nächsten Definition behandeln.

Der Kern einer linearen Abbildung $f : V \to W$ von einem $\mathbb{K}$-Vektorraum V in einen $\mathbb{K}$-Vektorraum W ist ein Teilraum von V. Daher ist der Quotientenvektorraum $V/\mathrm{Kern}\, f$ definiert. Wir wollen uns nun einen Eindruck von diesem Quotientenvektorraum verschaffen und betrachten ein Beispiel. Der Vektorraum $C^1(\mathbb{R})$ der differenzierbaren Funktionen auf $\mathbb{R}$ besitzt als Teilraum die Menge aller konstanten Funktionen $\mathbb{R}$. Der Quotientenvektorraum $C^1(\mathbb{R})/\mathbb{R}$ besteht also aus den affinen Teilräumen

$$f(x) + \mathbb{R},$$

wobei $f(x) \in C^1(\mathbb{R})$ eine differenzierbare Funktion ist. Bezüglich der induzierten Addition und skalaren Multiplikation besitzt $C^1(\mathbb{R})/\mathbb{R}$ nach der Definition 3.56 des Quotientenvektorraums die Struktur eines $\mathbb{R}$-Vektorraums. Wir können den Teilraum der auf $\mathbb{R}$ konstanten Funktionen auffassen als Kern des Differenzialoperators

$$\frac{\mathrm{d}}{\mathrm{d}x} : C^1(\mathbb{R}) \to C^0(\mathbb{R})$$

$$f \mapsto \frac{\mathrm{d}f}{\mathrm{d}x} = f'(x).$$

Hierbei ist $C^0(\mathbb{R})$ der Vektorraum aller stetigen Funktionen auf $\mathbb{R}$. Ein Ergebnis der Analysis besagt, dass jede stetige Funktion $\varphi(x) \in C^0(\mathbb{R})$ eine Stammfunktion besitzt, also eine Funktion $f(x) \in C^1(\mathbb{R})$ mit $\frac{\mathrm{d}}{\mathrm{d}x} f = \varphi$. Die Menge aller Stammfunktionen einer stetigen Funktion $\varphi(x)$ ist also die $\varphi(x)$-Faser unter $\frac{\mathrm{d}}{\mathrm{d}x}$:

$$\int \varphi(x)\,\mathrm{d}x := (\tfrac{\mathrm{d}}{\mathrm{d}x})^{-1}(\varphi(x)).$$

Der Kern von $\frac{\mathrm{d}}{\mathrm{d}x}$ ist der Teilraum $\mathbb{R}$ aller konstanten Funktionen. Mit einer beliebigen Stammfunktion $f(x)$ ist somit die Menge aller Stammfunktionen, also die $\varphi(x)$-Faser unter $\frac{\mathrm{d}}{\mathrm{d}x}$, darstellbar als affiner Teilraum

$$\int \varphi(x)\,\mathrm{d}x = f(x) + \mathbb{R}.$$

Dieser affine Teilraum ist Bestandteil der Menge aller unbestimmten Integrale und ein Element des Quotientenvektorraums von $C^1(\mathbb{R})$ nach $\mathbb{R}$:

$$\left\{ \int \varphi(x)\,\mathrm{d}x \,:\, \varphi(x) \in C^0(\mathbb{R}) \right\} = \{ f(x) + \mathbb{R} \,:\, f(x) \in C^1(\mathbb{R}) \} = C^1(\mathbb{R})/\mathbb{R}.$$

Wir können zwar zunächst jeder differenzierbaren Funktion $f(x) \in C^1(\mathbb{R})$ durch Ableiten genau eine Funktion $\varphi(x) = \frac{\mathrm{d}}{\mathrm{d}x} f(x)$ aus $C^0(\mathbb{R})$ zuweisen, aber wegen der fehlenden Eindeutigkeit von Stammfunktionen können wir nicht umgekehrt jeder stetigen Funktion $\varphi(x) \in C^0(\mathbb{R})$ genau eine Funktion $f(x) \in C^1(\mathbb{R})$ als Stammfunktion zuweisen. Der Differenzialoperator $\frac{\mathrm{d}}{\mathrm{d}x}$ ist also nur surjektiv, aber nicht injektiv. Dagegen können wir aber $\varphi(x)$ eindeutig den affinen Teilraum

$$\int \varphi(x)\,\mathrm{d}x = f(x) + \mathbb{R}$$

als Menge aller Stammfunktionen von $\varphi(x)$ zuweisen. Es ist also möglich, mit einer „induzierten" Abbildung

$$\overline{\frac{\mathrm{d}}{\mathrm{d}x}} : C^1(\mathbb{R})/\mathbb{R} \to C^0(\mathbb{R})$$

$$f(x) + \mathbb{R} \mapsto \overline{\frac{\mathrm{d}}{\mathrm{d}x}}(f(x) + \mathbb{R}) := \frac{\mathrm{d}}{\mathrm{d}x} f(x)$$

den Quotientenvektorraum $C^1(\mathbb{R})/\mathbb{R}$ bijektiv in den $C^0(\mathbb{R})$ abzubilden. Diese induzierte Abbildung ist wohldefiniert, denn zwei verschiedene Stammfunktionen f_1 und f_2 von φ als Repräsentanten zur Darstellung des unbestimmten Integrals

$$f_1(x) + \mathbb{R} = \int \varphi(x)\,\mathrm{d}x = f_2(x) + \mathbb{R}$$

führen auf denselben Bildvektor

$$\overline{\frac{\mathrm{d}}{\mathrm{d}x}}(f_1(x) + \mathbb{R}) = \frac{\mathrm{d}}{\mathrm{d}x} f_1(x) = \varphi(x) = \frac{\mathrm{d}}{\mathrm{d}x} f_2(x) = \overline{\frac{\mathrm{d}}{\mathrm{d}x}}(f_2(x) + \mathbb{R}).$$

Die induzierte Abbildung ist darüber hinaus auch linear aufgrund der Ableitungsregeln. Sie stellt also einen Isomorphismus dar. Ihre Umkehrung lautet

$$\int \cdot\,\mathrm{d}x : C^0(\mathbb{R}) \to C^1(\mathbb{R})/\mathbb{R}$$

$$\varphi(x) \mapsto \int \varphi(x)\,\mathrm{d}x.$$

Damit ist der Quotientenvektorraum isomorph zu $C^0(\mathbb{R})$

$$C^1(\mathbb{R})/\mathbb{R} \cong C^0(\mathbb{R})$$

bzw. detaillierter

$$C^1(\mathbb{R})/\mathbb{R} \quad \overset{\substack{\text{Differenziation}\\ \longrightarrow \\ \cong \\ \longleftarrow \\ \text{Integration}}}{} \quad C^0(\mathbb{R}).$$

Dieses Beispiel zeigt, welchen formalen Nutzen uns Quotientenvektorräume bringen. Wir können für eine stetige Funktion $\varphi(x)$ bei dem unbestimmten Integral $\int \varphi(x)\,dx$ nicht von *der* Stammfunktion von $\varphi(x)$ sprechen, stattdessen jedoch von *der* Stammfunktionenklasse, also der $\varphi(x)$-Faser unter dem Differenzialoperator $\frac{d}{dx}$. Diese Stammfunktionenklasse können wir mit *einer* Stammfunktion als Repräsentanten vollständig beschreiben. Wir sehen diese sogenannte Äquivalenzklasse aller Stammfunktionen von $\varphi(x)$ als Einheit an und betrachten sie als ein Element des Quotientenvektorraums $C^1(\mathbb{R})/\mathbb{R}$.

In einer vergleichbaren Art und Weise können wir die Lösungsmenge $\mathbf{v}_s + \operatorname{Kern} A$ eines inhomogenen linearen Gleichungssystems $A\mathbf{x} = \mathbf{b}$ als Äquivalenzklasse betrachten. Es gibt nicht nur eine Lösung $\mathbf{v}_s$, sondern eine Klasse von Lösungen, die durch den affinen Teilraum $\mathbf{v}_s + \operatorname{Kern} A$ des Quotientenvektorraums $\mathbb{K}^n/\operatorname{Kern} A$ gegeben ist und durch die spezielle Lösung $\mathbf{v}_s$ repräsentiert wird.

Nach den folgenden beiden Definitionen gelangen wir zu einem zentralen Resultat, das diese Beobachtungen verallgemeinert. Zuvor definieren wir für einen Teilraum T eine lineare Abbildung, die T als Kern besitzt.

Definition 4.12 (Kanonischer Epimorphismus) *Für einen Teilraum T eines $\mathbb{K}$-Vektorraums V heißt die surjektive lineare Abbildung*

$$\begin{aligned}
\rho : V &\to V/T \\
\mathbf{v} &\mapsto \mathbf{v} + T
\end{aligned} \qquad (4.18)$$

kanonischer Epimorphismus, kanonische Surjektion oder kanonische Projektion. Ihr Kern ist der Teilraum T.

Dass die Abbildung ρ linear ist, folgt aus der Definition der Addition und der skalaren Multiplikation im Quotientenvektorraum, denn für $\mathbf{v}, \mathbf{w} \in V$ und $\lambda \in K$ gilt

$$\rho(\mathbf{v} + \mathbf{w}) = (\mathbf{v} + \mathbf{w}) + T = (\mathbf{v} + T) + (\mathbf{w} + T) = \rho(\mathbf{v}) + \rho(\mathbf{w})$$

sowie

$$\rho(\lambda \mathbf{v}) = (\lambda \mathbf{v}) + T = \lambda(\mathbf{v} + T) = \lambda \rho(\mathbf{v}).$$

Die Surjektivität von ρ folgt direkt aus der Definition. Die kanonische Surjektion weist jedem Vektor $\mathbf{v}$ aus V den affinen Teilraum $\mathbf{v} + T$ zu. Mit ihrer Hilfe kann nun ein beliebiger affiner Teilraum $\mathbf{v} + T$ eines Vektorraums V als $\mathbf{w}$-Faser dargestellt werden. Mit $\mathbf{w} := \mathbf{v} + T \in V/T$ ist $\rho^{-1}(\mathbf{w}) = \{\mathbf{x} \in V : \rho(\mathbf{x}) = \mathbf{v} + T\} = \{\mathbf{v} + \mathbf{t} : \mathbf{t} \in T\} = \mathbf{v} + T$.

Betrachten wir nun eine Abbildung $f : V \to W$ von einem $\mathbb{K}$-Vektorraum V in einen $\mathbb{K}$-Vektorraum W. Zudem sei $T \subset V$ ein Teilraum von V. Im Fall $T \subset \operatorname{Kern} f$ können wir genau eine lineare Abbildung

$$\overline{f} : V/T \to W$$

konstruieren mit

$$f(\mathbf{v}) = \overline{f}(\mathbf{v} + T), \qquad \mathbf{v} \in V,$$

indem wir $\overline{f}$ durch

$$\bar{f} : V/T \to W$$
$$\mathbf{v} + T \mapsto \bar{f}(\mathbf{v} + T) := f(\mathbf{v})$$

definieren. Wir weisen dem affinen Teilraum $\mathbf{v} + T$ den Bildvektor $f(\mathbf{v})$ zu, wobei $\mathbf{v}$ irgendein beliebiger Repräsentant des affinen Teilraums $\mathbf{v} + T$ sein darf – es ergibt sich stets derselbe Bildvektor (dies ist auch aufgrund der Wohldefiniertheit von $\bar{f}$ erforderlich): Mit $\mathbf{t} \in T$ gilt nämlich für einen alternativen Repräsentanten $\mathbf{v}' = \mathbf{v} + \mathbf{t}$ von $\mathbf{v} + T$

$$\mathbf{v}' + T = (\mathbf{v} + \mathbf{t}) + T = \mathbf{v} + T.$$

Sowohl $\mathbf{v}$ als auch der alternative Repräsentant $\mathbf{v}'$ haben denselben Bildvektor, da $\mathbf{t} \in T \subset$ Kern f ist:

$$f(\mathbf{v}') = f(\mathbf{v} + \mathbf{t}) = f(\mathbf{v}) + f(\mathbf{t}) = f(\mathbf{v}).$$

Die Zuordnung eines affinen Teilraums auf den Bildvektor eines beliebigen Repräsentanten ist eindeutig und damit wohldefiniert.

Definition 4.13 (Induzierter Homomorphismus) *Es sei* $f : V \to W$ *ein Vektorraumhomomorphismus und* T *ein Teilraum von* V *mit* $T \subset$ Kern f. *Die lineare Abbildung*

$$\bar{f} : V/T \to W$$
$$\mathbf{v} + T \mapsto \bar{f}(\mathbf{v} + T) := f(\mathbf{v}) \tag{4.19}$$

heißt der von f *auf den Quotientenraum* V/T *induzierte Homomorphismus.*

Dass es sich bei $\bar{f}$ um eine lineare Abbildung handelt, ist leicht zu erkennen, denn für $\mathbf{v} + T, \mathbf{w} + T \in V/T$ und $\lambda \in K$ gilt

$$\bar{f}(\mathbf{v} + T + \mathbf{w} + T) = \bar{f}(\mathbf{v} + \mathbf{w} + T) = f(\mathbf{v} + \mathbf{w}) = f(\mathbf{v}) + f(\mathbf{w}) = \bar{f}(\mathbf{v} + T) + \bar{f}(\mathbf{w} + T)$$

sowie

$$\bar{f}(\lambda(\mathbf{v} + T)) = \bar{f}(\lambda\mathbf{v} + T) = f(\lambda\mathbf{v}) = \lambda f(\mathbf{v}) = \lambda \bar{f}(\mathbf{v} + T).$$

Wenn wir für den Vektorraum W direkt das Bild von f wählen, $W = $ Bild f, dann sind sowohl f als auch sein induzierter Homomorphismus $\bar{f}$ surjektiv. Wenn wir darüber hinaus für den Teilraum T speziell den Kern von f wählen, $T = $ Kern f, dann ist der induzierte Homomorphismus $\bar{f}$ zudem injektiv, denn für $T = $ Kern f ist der Kern von $\bar{f}$ trivial:

$$\text{Kern}\,\bar{f} = \{\mathbf{v} + T : \bar{f}(\mathbf{v} + T) = f(\mathbf{v}) = \mathbf{0}\} = \{\mathbf{v} + T : \mathbf{v} \in \text{Kern}\,f = T\} = \{\mathbf{0} + T\},$$

woraus nach Satz 4.4 die Injektivität von $\bar{f}$ folgt. Die Übereinstimmung von T mit Kern f ist für die Injektivität des induzierten Homomorphismus nicht nur hinreichend, sondern auch notwendig, denn wenn $T \subsetneq$ Kern f ist, dann gibt es ein $\mathbf{v}_0 \in$ Kern f mit $\mathbf{v}_0 \notin T$. Die beiden affinen Teilräume $\mathbf{v}_0 + T$ und $\mathbf{0} + T$ sind dann verschiedene Elemente von V/T, für die jedoch der induzierte Homomorphismus identische Werte liefert: $\bar{f}(\mathbf{v}_0 + T) = f(\mathbf{v}_0) = \mathbf{0} = f(\mathbf{0}) = \bar{f}(\mathbf{0} + T)$, was der Injektivität von $\bar{f}$ entgegensteht.

Damit liegt für $T = $ Kern f und $W = $ Bild f mit $\bar{f}$ ein Vektorraumisomorphismus vor. Wir fassen dieses wichtige Ergebnis in einem Satz zusammen.

Satz 4.14 (Homomorphiesatz) *Es sei* $f : V \to W$ *eine lineare Abbildung von einem* $\mathbb{K}$-*Vektorraum* V *in einen* $\mathbb{K}$-*Vektorraum* W. *Dann ist der von* f *auf* $V / \operatorname{Kern} f$ *induzierte Homomorphismus*

$$\overline{f} : V / \operatorname{Kern} f \to \operatorname{Bild} f$$
$$\mathbf{v} + \operatorname{Kern} f \mapsto \overline{f}(\mathbf{v} + \operatorname{Kern} f) := f(\mathbf{v}) \tag{4.20}$$

bijektiv und linear und damit ein Isomorphismus. Es gilt also

$$V / \operatorname{Kern} f \cong \operatorname{Bild} f. \tag{4.21}$$

Im Fall eines endlich-dimensionalen Vektorraums V *folgt insbesondere*

$$\dim(V / \operatorname{Kern} f) = \dim \operatorname{Bild} f.$$

Der Kern eines Vektorraumhomomorphismus $f : V \to W$ ist ein Teilraum von V. Aber auch jeder Teilraum $T \subset V$ ist Kern eines geeigneten Vektorraumhomomorphismus, beispielsweise der kanonischen Surjektion $\rho : V \to V/T$.

Ein nicht-injektiver Homomorphismus $f : V \to W$, also ein Homomorphismus mit nicht-trivialem Kern, kann also durch Übergang auf den induzierten Homomorphismus „repariert" werden. Der induzierte Homomorphismus $\overline{f} : V / \operatorname{Kern} f \to \operatorname{Bild} f$ ist dann injektiv, aber auch surjektiv, also bijektiv. Sein Kern besteht nur aus dem Nullvektor $\mathbf{0} + \operatorname{Kern} f = \operatorname{Kern} f$ des Quotientenvektorraums $V / \operatorname{Kern} f$. Wir betrachten ein einfaches Beispiel. Die 3×3-Matrix

$$A = \begin{pmatrix} 1 & 0 & 1 \\ 0 & 1 & 2 \\ 0 & 0 & 0 \end{pmatrix}$$

stellt einen Vektorraumhomomorphismus von $f_A : \mathbb{R}^3 \to \mathbb{R}^3$ dar. Ihr Kern

$$\operatorname{Kern} A = \left\langle \begin{pmatrix} -1 \\ -2 \\ 1 \end{pmatrix} \right\rangle$$

ist nicht-trivial. Die Abbildung f_A ist somit nicht injektiv, was damit einhergeht, dass A nicht invertierbar ist. Da $\dim \operatorname{Bild} A = \operatorname{Rang} A = 2 < 3$ gilt, ist f_A auch nicht surjektiv[2]. Wir wollen nun die Abbildung f_A „reparieren", indem wir sie zu einer injektiven und surjektiven Abbildung machen. Durch den Übergang auf den induzierten Homomorphismus $\overline{f}_A$ gelingt uns dies. Die induzierte Abbildung

$$\overline{f}_A : \mathbb{R}^3 / \operatorname{Kern} A \to \operatorname{Bild} A$$
$$\mathbf{x} + \left\langle \begin{pmatrix} -1 \\ -2 \\ 1 \end{pmatrix} \right\rangle \mapsto \overline{f}_A(\mathbf{x} + \operatorname{Kern} f_A) \stackrel{\text{Def.}}{=} f_A(\mathbf{x}) = A\mathbf{x}$$

---

[2] Wir hatten bereits früher erkannt, dass bei Homomorphismen zwischen Vektorräumen gleicher, endlicher Dimension die Begriffe *injektiv*, *surjektiv* und *bijektiv* äquivalent sind.

ist nach dem Homomorphiesatz injektiv und surjektiv. Die beiden Vektorräume $\mathbb{R}^3/\operatorname{Kern}A$ und $\operatorname{Bild}A$ sind durch $\overline{f}_A$ isomorph zueinander:

$$\mathbb{R}^3/\operatorname{Kern}A \cong \operatorname{Bild}A = \left\langle \begin{pmatrix} 1 \\ 0 \\ 0 \end{pmatrix}, \begin{pmatrix} 0 \\ 1 \\ 0 \end{pmatrix} \right\rangle.$$

Wenn nun insbesondere $\overline{f}_A$ injektiv ist, dann können wir jedem $\mathbf{y} \in \operatorname{Bild}A$ eindeutig ein $\overline{f}_A^{-1}(\mathbf{y}) = \mathbf{x} + \operatorname{Kern}A \in \mathbb{R}^3/\operatorname{Kern}A$ zuordnen mit

$$\overline{f}_A(\mathbf{x} + \operatorname{Kern}A) = f_A(\mathbf{x}) = A\mathbf{x} = \mathbf{y}.$$

Wie bestimmen wir aber nun $\overline{f}_A^{-1}(\mathbf{y})$? Wäre A regulär, so wäre f_A invertierbar. Durch die Inverse A^{-1} ergäbe sich dann $\mathbf{x} = A^{-1}\mathbf{y} = f_A^{-1}(\mathbf{y}) = \overline{f}_A^{-1}(\mathbf{y})$. Nun haben wir aber gerade mit A eine singuläre, also nicht-invertierbare Matrix. Für einen Bildvektor

$$\mathbf{y} \in \operatorname{Bild}A = \left\langle \begin{pmatrix} 1 \\ 0 \\ 0 \end{pmatrix}, \begin{pmatrix} 0 \\ 1 \\ 0 \end{pmatrix} \right\rangle$$

hat das inhomogene lineare Gleichungssystem $A\mathbf{x} = \mathbf{y}$ unendlich viele Lösungen, nämlich den affinen Teilraum

$$\mathbf{x}_s + \operatorname{Kern}A$$

mit einer beliebigen speziellen Lösung $\mathbf{x}_s$ von $A\mathbf{x} = \mathbf{y}$. Unabhängig von der Wahl der speziellen Lösung $\mathbf{x}_s$ ergibt sich stets dieser affine Vektorraum. Demnach ist

$$\mathbf{x}_s + \operatorname{Kern}A = \mathbf{x}_s + \left\langle \begin{pmatrix} -1 \\ -2 \\ 1 \end{pmatrix} \right\rangle$$

der eindeutige Urbildvektor von $\mathbf{y}$, wenn wir diesen affinen Teilraum nun als Vektor aus dem Quotientenvektorraum $\mathbb{R}^3/\operatorname{Kern}A$ begreifen:

$$\overline{f}_A^{-1}(\mathbf{y}) = \mathbf{x}_s + \operatorname{Kern}A = \mathbf{x}_s + \left\langle \begin{pmatrix} -1 \\ -2 \\ 1 \end{pmatrix} \right\rangle.$$

So hat beispielsweise der Vektor

$$\mathbf{y} = \begin{pmatrix} 4 \\ 5 \\ 0 \end{pmatrix} \in \operatorname{Bild}A$$

die folgende $\mathbf{y}$-Faser unter f_A, aufgefasst als Element von $\mathbb{R}^3/\operatorname{Kern}A$,

$$\overline{f}_A^{-1}(\mathbf{y}) = \begin{pmatrix} 3 \\ 3 \\ 1 \end{pmatrix} + \left\langle \begin{pmatrix} -1 \\ -2 \\ 1 \end{pmatrix} \right\rangle.$$

Dabei ist die Wahl der speziellen Lösung $(3,3,1)^T$ als Repräsentant des affinen Lösungsraums nicht wesentlich. Laut Homomorphiesatz müssen insbesondere aufgrund ihrer Isomorphie die Dimensionen der Vektorräume $\mathbb{R}^3/\operatorname{Kern}A$ und $\operatorname{Bild}A$ übereinstimmen. Zunächst gilt $\dim\operatorname{Bild}A = \operatorname{Rang}A = 2$. Demnach müsste der Quotientenvektorraum $\mathbb{R}^3/\operatorname{Kern}A$ die Dimension 2 besitzen. Er wird also von genau zwei Basisvektoren erzeugt. Der induzierte Homomorphismus $\overline{f}_A$ bildet als Isomorphismus Basen auf Basen ab. Wenn wir nun die beiden Basisvektoren

$$\hat{\mathbf{e}}_1, \hat{\mathbf{e}}_2 \in \operatorname{Bild}A = \left\langle \begin{pmatrix} 1 \\ 0 \\ 0 \end{pmatrix}, \begin{pmatrix} 0 \\ 1 \\ 0 \end{pmatrix} \right\rangle$$

von $\operatorname{Bild}A$ verwenden, so ergibt deren Faser unter $\overline{f}_A$ zwei affine Teilräume aus $\mathbb{R}^3/\operatorname{Kern}A$

$$\hat{\mathbf{e}}_1 + \operatorname{Kern}A = \begin{pmatrix} 1 \\ 0 \\ 0 \end{pmatrix} + \left\langle \begin{pmatrix} -1 \\ -2 \\ 1 \end{pmatrix} \right\rangle, \qquad \hat{\mathbf{e}}_2 + \operatorname{Kern}A = \begin{pmatrix} 0 \\ 1 \\ 0 \end{pmatrix} + \left\langle \begin{pmatrix} -1 \\ -2 \\ 1 \end{pmatrix} \right\rangle,$$

die linear unabhängig sind und $\mathbb{R}^3/\operatorname{Kern}A$ erzeugen. In der Tat kann jeder Vektor

$$\mathbf{v} + \operatorname{Kern}A = \begin{pmatrix} a \\ b \\ c \end{pmatrix} + \operatorname{Kern}A \in \mathbb{R}^3/\operatorname{Kern}A$$

aus diesen beiden affinen Teilräumen linear kombiniert werden. Die Linearkombination

$$(a+c)(\hat{\mathbf{e}}_1 + \operatorname{Kern}A) + (b+2c)(\hat{\mathbf{e}}_2 + \operatorname{Kern}A)$$

stimmt mit der Menge

$$\begin{pmatrix} a \\ b \\ c \end{pmatrix} + \operatorname{Kern}A$$

überein (Übung). Hierbei sind die Vektoraddition und die Skalarmultiplikation im Raum $\mathbb{R}^3/\operatorname{Kern}A$ zu beachten. Zudem sind die beiden affinen Teilräume, wenn sie als Vektoren des Quotientenvektorraums $\mathbb{R}^3/\operatorname{Kern}A$ betrachtet werden, linear unabhängig. Der Versuch, den Nullvektor $\mathbf{0} = \operatorname{Kern}A$ von $\mathbb{R}^3/\operatorname{Kern}A$ aus $\hat{\mathbf{e}}_1 + \operatorname{Kern}A$ und $\hat{\mathbf{e}}_1 + \operatorname{Kern}A$ linear zu kombinieren,

$$\mathbf{0} = \operatorname{Kern}A = \lambda_1(\hat{\mathbf{e}}_1 + \operatorname{Kern}A) + \lambda_2(\hat{\mathbf{e}}_2 + \operatorname{Kern}A) = \begin{pmatrix} \lambda_1 \\ \lambda_2 \\ 0 \end{pmatrix} + \operatorname{Kern}A,$$

führt auf $(\lambda_1, \lambda_2, 0)^T \in \operatorname{Kern} A = \langle (-1, -2, 1)^T \rangle$ und somit auf $\lambda_1, \lambda_2 = 0$. Die Dimension des Quotientenvektorraums $\mathbb{R}^3 / \operatorname{Kern} A$ entspricht also tatsächlich der Dimension von Bild A.

Wir betrachten für ein weiteres Beispiel den dreidimensionalen $\mathbb{R}$-Vektorraum

$$V = \langle \mathrm{e}^{-t}, \mathrm{e}^t, \mathrm{e} \rangle.$$

Für Vektoren, also Funktionen aus diesem Raum ist der Differenzialoperator $\frac{\mathrm{d}}{\mathrm{d}t} \in \operatorname{End}(V)$ eine nicht-injektive lineare Abbildung. Das Bild ist der zweidimensionale Teilraum

$$\operatorname{Bild} \tfrac{\mathrm{d}}{\mathrm{d}t} = \langle \mathrm{e}^{-t}, \mathrm{e}^t \rangle \subset V.$$

Der Kern ist die Menge aller konstanten Funktionen

$$\operatorname{Kern} \tfrac{\mathrm{d}}{\mathrm{d}t} = \langle \mathrm{e} \rangle = \mathbb{R}.$$

Wir „reparieren" diese Abbildung zu einer Bijektion durch Anwendung des Homomorphiesatzes

$$V / \operatorname{Kern} \tfrac{\mathrm{d}}{\mathrm{d}t} \cong \operatorname{Bild} \tfrac{\mathrm{d}}{\mathrm{d}t},$$

was hier im Detail

$$\langle \mathrm{e}^{-t}, \mathrm{e}^t, \mathrm{e} \rangle / \mathbb{R} \cong \langle \mathrm{e}^{-t}, \mathrm{e}^t \rangle$$

bedeutet. Der induzierte Homomorphismus

$$\overline{\tfrac{\mathrm{d}}{\mathrm{d}t}} : \langle \mathrm{e}^{-t}, \mathrm{e}^t, \mathrm{e} \rangle / \mathbb{R} \to \langle \mathrm{e}^{-t}, \mathrm{e}^t \rangle$$

$$\varphi(t) + \mathbb{R} \mapsto \overline{\tfrac{\mathrm{d}}{\mathrm{d}t}}(\varphi(t) + \mathbb{R}) := \tfrac{\mathrm{d}}{\mathrm{d}t}\varphi(t)$$

ist nunmehr bijektiv.

Mithilfe des Homomorphiesatzes und der Dimensionsformel für lineare Abbildungen können wir leicht zeigen, dass für jeden Vektorraumhomomorphismus $f : V \to W$ im Fall eines endlich-dimensionalen Vektorraums V die Formel

$$\dim V / \operatorname{Kern} f = \dim V - \dim \operatorname{Kern} f$$

gilt (vgl. Übungsaufgabe 4.1). Ist nun $T \subset V$ ein Teilraum eines endlich-dimensionalen Vektorraums V, so folgt aus diesem Sachverhalt eine Dimensionsformel für Quotientenräume:

$$\dim V / T = \dim V - \dim T.$$

4.3 Basiswahl und Koordinatenmatrix bei Homomorphismen

Wir betrachten nun ein Beispiel einer linearen Abbildung, also eines Vektorraumhomomorphismus, von $V = \mathbb{R}^3$ nach $W = \mathbb{R}^2$:

$$f : \mathbb{R}^3 \to \mathbb{R}^2$$

$$\mathbf{x} \mapsto \begin{pmatrix} x_1 + 3x_2 - x_3 \\ 2x_2 - x_1 + 6x_3 \end{pmatrix} .$$

Wenn wir für die beiden Vektorräume V und W jeweils Basen $(\mathbf{b}_1, \mathbf{b}_2, \mathbf{b}_3)$ für V und $(\mathbf{c}_1, \mathbf{c}_2)$ von W wählen, so können wir die Basisvektoren dabei als Spalten einer Matrix auffassen:

$$B = (\mathbf{b}_1 \,|\, \mathbf{b}_2 \,|\, \mathbf{b}_3) \in \mathrm{GL}(3, \mathbb{R}), \qquad C = (\mathbf{c}_1 \,|\, \mathbf{c}_2) \in \mathrm{GL}(2, \mathbb{R}).$$

Am einfachsten ist es hierbei, die kanonischen Basen für $V = \mathbb{R}^3$ und $W = \mathbb{R}^2$ zu wählen. In diesem Fall werden die beiden Matrizen B und C der Basisvektoren zu den Einheitsmatrizen $B = E_3$ und $C = E_2$. Ein Vektor $\mathbf{x} \in V = \mathbb{R}^3$ besteht dann bezüglich der Basis $B = E_3$ aus seinen Komponenten

$$\mathbf{x} = x_1 \hat{\mathbf{e}}_1 + x_2 \hat{\mathbf{e}}_2 + x_3 \hat{\mathbf{e}}_3 = E_3 \mathbf{x} = \begin{pmatrix} x_1 \\ x_2 \\ x_3 \end{pmatrix} .$$

Entsprechendes gilt für jeden Vektor $\mathbf{y} \in W = \mathbb{R}^2$. Wie wirkt sich nun die zuvor definierte lineare Abbildung auf $\mathbf{x}$ aus? Hierzu nutzen wir die Linearität von f in folgender Weise aus:

$$\begin{aligned} f(\mathbf{x}) &= f(x_1 \hat{\mathbf{e}}_1 + x_2 \hat{\mathbf{e}}_2 + x_3 \hat{\mathbf{e}}_3) \\ &= f(x_1 \hat{\mathbf{e}}_1) + f(x_2 \hat{\mathbf{e}}_2) + f(x_3 \hat{\mathbf{e}}_3) \\ &= x_1 f(\hat{\mathbf{e}}_1) + x_2 f(\hat{\mathbf{e}}_2) + x_3 f(\hat{\mathbf{e}}_3) \\ &= x_1 \begin{pmatrix} 1 \\ -1 \end{pmatrix} + x_2 \begin{pmatrix} 3 \\ 2 \end{pmatrix} + x_1 \begin{pmatrix} -1 \\ 6 \end{pmatrix} = \begin{pmatrix} 1 & 3 & -1 \\ -1 & 2 & 6 \end{pmatrix} \begin{pmatrix} x_1 \\ x_2 \\ x_3 \end{pmatrix} . \end{aligned}$$

Mit der 2×3-Matrix

$$A = \begin{pmatrix} 1 & 3 & -1 \\ -1 & 2 & 6 \end{pmatrix}$$

haben wir eine Matrix gefunden, mit der die lineare Abbildung f vermittelt wird. Wie ändert sich die Matrix, wenn wir andere Basen von V und W wählen? Hierzu betrachten wir (wieder zur einfacheren Darstellung als Spalten einer Matrix zusammengefasst) die Alternativbasen

$$B = \begin{pmatrix} 1 & 0 & 1 \\ 0 & 1 & 0 \\ 0 & 0 & 1 \end{pmatrix} , \qquad C = \begin{pmatrix} 1 & 0 \\ -1 & 1 \end{pmatrix} .$$

Die Basisvektoren von V lauten also

$$\mathbf{b}_1 = \begin{pmatrix} 1 \\ 0 \\ 0 \end{pmatrix} , \quad \mathbf{b}_2 = \begin{pmatrix} 0 \\ 1 \\ 0 \end{pmatrix} , \quad \mathbf{b}_3 = \begin{pmatrix} 1 \\ 0 \\ 1 \end{pmatrix} ,$$

während die Basisvektoren von W durch

$$\mathbf{c}_1 = \begin{pmatrix} 1 \\ -1 \end{pmatrix}, \quad \mathbf{c}_2 = \begin{pmatrix} 0 \\ 1 \end{pmatrix}$$

gegeben sind. Wir betrachten nun einen Vektor $\mathbf{v} \in V$ mit seinen Koordinaten $x_1, x_2, x_3 \in \mathbb{R}$ bezüglich der Basis B. Für den Vektor gilt also

$$\mathbf{v} = c_B^{-1}(\mathbf{x}) = x_1 \mathbf{b}_1 + x_2 \mathbf{b}_2 + x_3 \mathbf{b}_3,$$

und damit folgt aufgrund der Linearität von f analog wie zuvor bei den kanonischen Basen

$$\begin{aligned}
\mathbf{w} = f(\mathbf{v}) &= f(x_1 \mathbf{b}_1 + x_2 \mathbf{b}_2 + x_3 \mathbf{b}_3) \\
&= x_1 f(\mathbf{b}_1) + x_2 f(\mathbf{b}_2) + x_3 f(\mathbf{b}_3) \\
&= x_1 \begin{pmatrix} 1 \\ -1 \end{pmatrix} + x_2 \begin{pmatrix} 3 \\ 2 \end{pmatrix} + x_1 \begin{pmatrix} 0 \\ 5 \end{pmatrix} = \begin{pmatrix} 1 & 3 & 0 \\ -1 & 2 & 5 \end{pmatrix} \begin{pmatrix} x_1 \\ x_2 \\ x_3 \end{pmatrix}.
\end{aligned}$$

Die hierin auftretende Matrix vermittelt f bezüglich der Basis B von V und E_2 von W. Da wir aber für den Vektorraum W die Basis C gewählt haben, sollten wir den Ergebnisvektor

$$\mathbf{w} = \begin{pmatrix} 1 & 3 & 0 \\ -1 & 2 & 5 \end{pmatrix} \begin{pmatrix} x_1 \\ x_2 \\ x_3 \end{pmatrix}$$

noch mit Koordinaten bezüglich der Basis C ausdrücken. Hierzu gehen wir wie in Kap. 3 vor. Wir erhalten also den neuen Koordinatenvektor $c_C(\mathbf{w})$ beim Wechsel von E_2 zur Basis C durch Linksmultiplikation mit der inversen Übergangsmatrix

$$(c_{E_2}(C))^{-1} = (E_2^{-1} C)^{-1} = C^{-1} = \begin{pmatrix} 1 & 0 \\ -1 & 1 \end{pmatrix}^{-1} = \begin{pmatrix} 1 & 0 \\ 1 & 1 \end{pmatrix}.$$

Der Koordinatenvektor von $\mathbf{w} = f(\mathbf{x})$ hat also bezüglich der Basis C die Gestalt

$$c_C(\mathbf{w}) = C^{-1} \begin{pmatrix} 1 & 3 & 0 \\ -1 & 2 & 5 \end{pmatrix} \begin{pmatrix} x_1 \\ x_2 \\ x_3 \end{pmatrix} = \begin{pmatrix} 1 & 0 \\ 1 & 1 \end{pmatrix} \begin{pmatrix} 1 & 3 & 0 \\ -1 & 2 & 5 \end{pmatrix} \begin{pmatrix} x_1 \\ x_2 \\ x_3 \end{pmatrix} = \begin{pmatrix} 1 & 3 & 0 \\ 0 & 5 & 5 \end{pmatrix} \begin{pmatrix} x_1 \\ x_2 \\ x_3 \end{pmatrix}.$$

Die Matrix

$$A' = \begin{pmatrix} 1 & 3 & 0 \\ 0 & 5 & 5 \end{pmatrix}$$

vermittelt also die lineare Abbildung f bezüglich der Basen B von V und C von W. Gegenüber der Matrix A, welche die Abbildung f bezüglich der kanonischen Basen von V bzw. W vermittelt, ist A' schwächer besetzt, d. h., sie enthält mehr Nullen. Dies erleichtert den Umgang mit der Matrix. Es stellt sich nun die Frage, ob es möglich ist, Basen von V und W zu finden, sodass die Matrix zur Vermittlung von f besonders einfach gestaltet ist. Mit den Basen

$$\tilde{B} = \begin{pmatrix} 1 & 0 & 4 \\ 0 & 1 & -1 \\ 0 & 0 & 1 \end{pmatrix}, \qquad \tilde{C} = \begin{pmatrix} 1 & 3 \\ -1 & 2 \end{pmatrix}$$

ergibt sich eine f-vermittelnde Matrix folgender Gestalt (die detaillierte Rechnung wird als kleine Übung empfohlen):

$$\tilde{A} = \begin{pmatrix} 1 & 0 & 0 \\ 0 & 1 & 0 \end{pmatrix}.$$

Diese Matrix sieht nicht nur sehr einfach aus, wir können sogar unmittelbar den Rang und damit die Dimension des Bildes von f ablesen:

$$\dim \operatorname{Bild} f = \dim \operatorname{Bild} \tilde{A} = 2.$$

Die Vektorräume Bild f und Bild $\tilde{A}$ unterscheiden sich nur um Isomorphie und sind deshalb von identischer Dimension.

Da wir endlich-dimensionale Vektorräume durch Wahl von Basen eindeutig mit Spaltenvektoren identifizieren können, liegt es nahe zu überlegen, wie lineare Abbildungen zwischen endlich-dimensionalen Vektorräumen durch lineare Abbildungen zwischen Spaltenvektorräumen beschrieben werden können. Da eine $m \times n$-Matrix eine lineare Abbildung vom $\mathbb{K}^n$ in den $\mathbb{K}^m$ vermittelt, wollen wir nun versuchen, Homomorphismen mithilfe von Matrizen auszudrücken. Wir betrachten daher einen Homomorphismus

$$f : V \to W$$
$$\mathbf{v} \mapsto \mathbf{w} = f(\mathbf{v})$$

von einem endlich-dimensionalen $\mathbb{K}$-Vektorraum V in einen endlich-dimensionalen $\mathbb{K}$-Vektorraum W. Hierbei seien mit

$$n = \dim V, \qquad m = \dim W, \qquad n, m < \infty$$

die jeweiligen Dimensionen bezeichnet. Mit

$$B = (\mathbf{b}_1, \ldots, \mathbf{b}_n), \qquad C = (\mathbf{c}_1, \ldots, \mathbf{c}_m)$$

wählen wir nun eine Basis B von V und eine Basis C von W aus. Für einen Vektor $\mathbf{v} \in V$ und den dazu gehörenden Bildvektor $\mathbf{w} = f(\mathbf{v}) \in W$ haben wir somit jeweils eine eindeutige Darstellung als

$$\mathbf{v} = \sum_{k=1}^{n} a_k \mathbf{b}_k, \qquad \mathbf{w} = \sum_{k=1}^{m} \alpha_k \mathbf{c}_k \qquad (4.22)$$

mit

$$\mathbf{a} = (a_1, \ldots, a_n)^T = c_B(\mathbf{v}) \in \mathbb{K}^n, \qquad \boldsymbol{\alpha} = (\alpha_1, \ldots, \alpha_m)^T = c_C(\mathbf{w}) \in \mathbb{K}^m.$$

Wir stellen uns nun die Frage, ob es eine $m \times n$-Matrix M gibt, mit deren Hilfe wir den Koordinatenvektor $\boldsymbol{\alpha}$ des Bildvektors $\mathbf{w} = f(\mathbf{v})$ aus dem Koordinatenvektor $\mathbf{a}$ des Vektors $\mathbf{v}$ direkt berechnen können. Das folgende Diagramm stellt die Situation dar:

$$\begin{array}{ccc} V & \xrightarrow{f} & W \\ c_B \downarrow & & \downarrow c_C \\ \mathbb{K}^n & \xrightarrow{M=?} & \mathbb{K}^m. \end{array}$$

Für den Bildvektor $\mathbf{w} = f(\mathbf{v})$ gilt nun mit der Linearkombination für $\mathbf{w}$ aus (4.22)

$$\mathbf{w} = f(\mathbf{v}) = f\left(\sum_{k=1}^{n} a_k \mathbf{b}_k\right) = \sum_{k=1}^{n} a_k f(\mathbf{b}_k).$$

Andererseits liegt uns für diesen Vektor die Entwicklung nach den Basisvektoren von W aus (4.22) vor:

$$\mathbf{w} = \sum_{k=1}^{m} \alpha_k \mathbf{c}_k.$$

Der Koordinatenvektor $\boldsymbol{\alpha} = (\alpha_1, \ldots, \alpha_m)^T$ lautet somit

$$\boldsymbol{\alpha} = c_C(\mathbf{w}) = c_C\left(\sum_{k=1}^{n} a_k f(\mathbf{b}_k)\right) = \sum_{k=1}^{n} a_k c_C(f(\mathbf{b}_k)).$$

Die letzte Summe können wir als Matrix-Vektor-Produkt schreiben, indem wir die Spaltenvektoren $c_C(f(\mathbf{b}_k))$ zu einer Matrix zusammenfassen. Es folgt also für den Koordinatenvektor $\boldsymbol{\alpha}$

$$\boldsymbol{\alpha} = \sum_{k=1}^{n} a_k c_C(f(\mathbf{b}_k)) = \left(c_C(f(\mathbf{b}_1)) | \cdots | c_C(f(\mathbf{b}_n))\right) \cdot \mathbf{a} = M \cdot \mathbf{a}.$$

Hierin ist

$$M = \left(c_C(f(\mathbf{b}_1)) | \cdots | c_C(f(\mathbf{b}_n))\right) =: c_C(f(B))$$

eine $m \times n$-Matrix. Mit der Schreibweise

$$f(B) := (f(\mathbf{b}_1), \ldots, f(\mathbf{b}_n))$$

lautet also die gesuchte Matrix

$$M = c_C(f(B)). \tag{4.23}$$

Diese Matrix beschreibt also den Homomorphismus f als Abbildung $\mathbf{a} \mapsto \boldsymbol{\alpha}$ zwischen den Koordinatenvektoren. Sie ist ausschließlich von f und den zuvor festgelegten Basen B von V und C von W abhängig.

Im Fall $V = \mathbb{K}^n$ und $W = \mathbb{K}^m$ ist f bereits durch eine Matrix A gegeben. Es gilt dann für den Bildvektor $f(\mathbf{v})$

$$f(\mathbf{v}) = A \cdot \mathbf{v}.$$

Die Basis $B = (\mathbf{b}_1, \ldots, \mathbf{b}_n)$ wird durch f auf die $m \times n$-Matrix

$$f(B) = \left(f(\mathbf{b}_1) | \ldots | f(\mathbf{b}_n)\right) = \left(A\mathbf{b}_1 | \ldots | A\mathbf{b}_n\right) = AB$$

abgebildet.

Die Koordinatenabbildung $c_C : W = \mathbb{K}^m \to \mathbb{K}^m$ kann mithilfe der Matrix

$$C^{-1} = (\mathbf{c}_1| \cdots |\mathbf{c}_m)^{-1}$$

ausgedrückt werden, denn es gilt für den Koordinatenvektor $\boldsymbol{\alpha}$ eines Vektors $\mathbf{w} \in W = \mathbb{K}^m$ bezüglich der Basis C

$$\boldsymbol{\alpha} = c_C(\mathbf{w}) \overset{W = \mathbb{K}^m}{=} C^{-1}\mathbf{w}.$$

Die Matrix zur Darstellung von f lautet daher im Fall $V = \mathbb{K}^n$ und $W = \mathbb{K}^m$ mit den jeweiligen Basen B und C nach (4.23)

$$M = c_C(f(B)) = C^{-1}(f(B)) = C^{-1}AB.$$

Die ursprüngliche Matrix A wird also von links bzw. von rechts mit den regulären Matrizen B bzw. C^{-1} multipliziert.

Wir wollen nun unsere Beobachtungen zusammenfassen.

Satz 4.15 (Darstellung eines Homomorphismus mit einer Matrix) *Es seien V und W zwei endlich-dimensionale $\mathbb{K}$-Vektorräume mit den Dimensionen $n = \dim V$ und $m = \dim W$ und den jeweiligen Basen $B = (\mathbf{b}_1, \dots, \mathbf{b}_n)$ und $C = (\mathbf{c}_1, \dots, \mathbf{c}_m)$. Darüber hinaus sei $f : V \to W$ ein Homomorphismus. Für jeden Vektor $\mathbf{v} \in V$ wird sein Koordinatenvektor $\mathbf{a} = c_B(\mathbf{v}) \in \mathbb{K}^n$ durch die Matrix*

$$M_C^B(f) := c_C(f(B)) \in \mathrm{M}(m \times n, \mathbb{K}) \tag{4.24}$$

auf den Koordinatenvektor $\boldsymbol{\alpha} = c_C(f(\mathbf{v})) \in \mathbb{K}^m$ seines Bildvektors $f(\mathbf{v})$ abgebildet:

$$\boldsymbol{\alpha} = M_C^B(f) \cdot \mathbf{a}. \tag{4.25}$$

Die Matrix $M_C^B(f)$ heißt die den Homomorphismus f darstellende Matrix oder Koordinatenmatrix von f bezüglich der Basen B von V und C von W. Die Situation wird durch das folgende Diagramm beschrieben:

$$
\begin{array}{ccc}
V & \overset{f}{\longrightarrow} & W \\
c_B \downarrow & & \downarrow c_C \\
\mathbb{K}^n & \overset{M_C^B(f)}{\longrightarrow} & \mathbb{K}^m.
\end{array}
$$

Die Spalten der Koordinatenmatrix $M_C^B(f)$ sind die Koordinatenvektoren $c_C(\mathbf{f}(\mathbf{b}_k))$ der Bildvektoren der Basisvektoren $\mathbf{b}_k$ für $k = 1, \dots, n$.

Im Fall $V = \mathbb{K}^n$ und $W = \mathbb{K}^m$ kann f durch die Koordinatenmatrix A bezüglich der kanonischen Basen E_n von V und E_m von W bereits dargestellt werden. Hier gilt für die Koordinatenmatrix zur Darstellung von f bezüglich einer (alternativen) Basis $B = (\mathbf{b}_1| \cdots |\mathbf{b}_n)$ von V und einer (alternativen) Basis $C = (\mathbf{c}_1| \cdots |\mathbf{c}_m)$

$$M_C^B(f) = c_C(f(B)) = C^{-1} \cdot f(B) = C^{-1} \cdot A \cdot B, \qquad A = M_{E_m}^{E_n}(f). \tag{4.26}$$

Diese spezielle Situation wird durch das folgende Diagramm verdeutlicht:

$$V = \mathbb{K}^n \xrightarrow{A} W = \mathbb{K}^m$$
$$c_B \downarrow \qquad\qquad \downarrow c_C$$
$$\mathbb{K}^n \xrightarrow{C^{-1}AB} \mathbb{K}^m.$$

Die darstellende Matrix in (4.24) ist für die Berechnung von $\boldsymbol{\alpha}$ aus $\mathbf{a}$ gemäß Gleichung (4.25) eindeutig bestimmt, denn für eine $m \times n$-Matrix M mit derselben Eigenschaft

$$\boldsymbol{\alpha} = M \cdot \mathbf{a}, \quad \text{für alle} \quad \mathbf{a} \in \mathbb{K}^n$$

gilt aufgrund (4.25)

$$M \cdot \mathbf{a} = \boldsymbol{\alpha} = M_C^B(f) \cdot \mathbf{a}, \quad \text{für alle} \quad \mathbf{a} \in \mathbb{K}^n.$$

Wenn wir in dieser Gleichung speziell die kanonischen Einheitsvektoren $\hat{\mathbf{e}}_1, \ldots, \hat{\mathbf{e}}_n$ des $\mathbb{K}^n$ für $\mathbf{a}$ wählen, so ergeben sich links und rechts die Spalten von M und $M_C^B(f)$, die somit übereinstimmen.

Als Beispiel für die Anwendung dieses Satzes betrachten wir die folgenden beiden $\mathbb{R}$-Vektorräume

$$V = \langle e^t, e^{-t}, t^2, 1 \rangle, \qquad W = \langle e^t, e^{-t}, t \rangle.$$

Mit $B = (e^t, e^{-t}, e^t + 6t^2, 1)$ und $C = (e^t, \frac{1}{2}e^{-t}, 4t)$ liegen Basen von V bzw. W vor. Der Differenzialoperator

$$\tfrac{\mathrm{d}}{\mathrm{d}t} : V \to W$$
$$\varphi(t) \mapsto \tfrac{\mathrm{d}}{\mathrm{d}t}\varphi(t)$$

stellt einen Homomorphismus von V nach W dar. Wir bestimmen nun die darstellende Matrix von $\tfrac{\mathrm{d}}{\mathrm{d}t}$ bezüglich der Basen B und C. Da $\dim V = 4$ und $\dim W = 3$ ist, handelt es sich hierbei um eine 3×4-Matrix. Der letzte Satz besagt nun, dass die Spalten der gesuchten Koordinatenmatrix die Koordinatenvektoren der Bilder der Basisvektoren von V bezüglich der Basis C sind. Wir berechnen also zunächst die Bilder $f(B) := \tfrac{\mathrm{d}}{\mathrm{d}t} B$ der Basisvektoren $\mathbf{b}_1 = e^t$, $\mathbf{b}_2 = e^{-t}$, $\mathbf{b}_3 = e^t + 6t^2$, $\mathbf{b}_4 = 1$:

$$\tfrac{\mathrm{d}}{\mathrm{d}t}\mathbf{b}_1 = e^t, \quad \tfrac{\mathrm{d}}{\mathrm{d}t}\mathbf{b}_2 = -e^{-t}, \quad \tfrac{\mathrm{d}}{\mathrm{d}t}\mathbf{b}_3 = e^t + 12t, \quad \tfrac{\mathrm{d}}{\mathrm{d}t}\mathbf{b}_4 = 0.$$

Diese Bildvektoren stellen wir nun bezüglich der Basis C von W dar. Es gilt

$$c_C(e^t) = \begin{pmatrix} 1 \\ 0 \\ 0 \end{pmatrix}, \quad c_C(-e^t) = \begin{pmatrix} 0 \\ -2 \\ 0 \end{pmatrix}, \quad c_C(e^t + 12t) = \begin{pmatrix} 1 \\ 0 \\ 3 \end{pmatrix}, \quad c_C(0) = \begin{pmatrix} 0 \\ 0 \\ 0 \end{pmatrix}.$$

Die Koordinatenmatrix von $\tfrac{\mathrm{d}}{\mathrm{d}t}$ bezüglich B und C lautet also

$$M_C^B\left(\tfrac{\mathrm{d}}{\mathrm{d}t}\right) = \begin{pmatrix} 1 & 0 & 1 & 0 \\ 0 & -2 & 0 & 0 \\ 0 & 0 & 3 & 0 \end{pmatrix}.$$

Wir testen nun diese Matrix auf „Gebrauchstauglichkeit". Für die in V enthaltende Funktion $\sinh t = \frac{1}{2}(e^t - e^{-t})$ bestimmen wir – nach konventioneller Rechnung – die Ableitung

$$\frac{\mathrm{d}}{\mathrm{d}t}\sinh t = \frac{1}{2}(e^t + e^{-t}) = \cosh t.$$

Alternativ können wir uns nun die Koordinatenmatrix zur Berechnung der Ableitung von $\sinh(t)$ zunutze machen. Der Koordinatenvektor von $\sinh(t)$ bezüglich B lautet

$$\mathbf{a} = c_B(\sinh(t)) = \begin{pmatrix} 1/2 \\ -1/2 \\ 0 \\ 0 \end{pmatrix}.$$

Die Koordinatenmatrix liefert nun den Koordinatenvektor der Ableitung

$$c_C(\tfrac{\mathrm{d}}{\mathrm{d}t}\sinh t) = M_C^B\left(\tfrac{\mathrm{d}}{\mathrm{d}t}\right) \cdot \mathbf{a} = \begin{pmatrix} 1 & 0 & 1 & 0 \\ 0 & -2 & 0 & 0 \\ 0 & 0 & 3 & 0 \end{pmatrix} \cdot \begin{pmatrix} 1/2 \\ -1/2 \\ 0 \\ 0 \end{pmatrix} = \begin{pmatrix} 1/2 \\ 1 \\ 0 \end{pmatrix}.$$

Mit diesen Komponenten können wir per Basisisomorphismus die Ableitung linear aus den Basisvektoren von $C = (e^t, \frac{1}{2}e^{-t}, 4t)$ kombinieren:

$$\frac{\mathrm{d}}{\mathrm{d}t}\sinh t = c_C^{-1}\left(\begin{pmatrix} 1/2 \\ 1 \\ 0 \end{pmatrix}\right) = \frac{1}{2} \cdot e^t + 1 \cdot \frac{1}{2}e^{-t} + 0 \cdot 4t = \frac{1}{2}(e^t + e^{-t}) = \cosh t.$$

4.4 Basiswechsel und Äquivalenztransformation

Das zu Beginn des vorausgegangenen Abschnitts präsentierte Beispiel einer linearen Abbildung zeigt, dass die Koordinatenmatrix je nach Basiswahl einfacher oder komplizierter aussehen kann. In diesem Sinne bedeutet ein einfacher Aufbau eine schwach besetzte Matrix, die aus möglichst vielen Nullen besteht und deren nicht-verschwindende Einträge möglichst auf der oder zumindest in Nähe der Hauptdiagonalen liegen. Wir wollen nun untersuchen, wie sich die Koordinatenmatrix ändert, wenn wir die Basen von V und W ändern. Die Aufgabe besteht nun darin, beim Übergang von einer Basis B von V auf eine neue Basis B' und von einer Basis C von W auf eine neue Basis C' die neue Koordinatenmatrix $M_{C'}^{B'}(f)$ direkt aus der alten Koordinatenmatrix $M_C^B(f)$ zu berechnen. Wir betrachten also wieder einen Homomorphismus $f : V \to W$ von einem n-dimensionalen $\mathbb{K}$-Vektorraum V in einen m-dimensionalen $\mathbb{K}$-Vektorraum W mit $n, m < \infty$. Die Koordinatenmatrix von f in Bezug auf die Basen $B = (\mathbf{b}_1, \ldots, \mathbf{b}_n)$ und $C = (\mathbf{c}_1, \ldots, \mathbf{c}_m)$ von V bzw. W lautet

$$M_C^B(f) = c_C(f(B)) \in \mathrm{M}(m \times n, \mathbb{K}).$$

Nun betrachten wir zwei neue Basen $B' = (\mathbf{b}'_1, \ldots, \mathbf{b}'_n)$ und $C' = (\mathbf{c}'_1, \ldots, \mathbf{c}'_m)$ von V bzw. W, sodass uns mithilfe der Koordinatenabbildungen $c_{B'}$ und $c_{C'}$ jeweils eine alternative Darstellung der Vektoren von V und W zur Verfügung steht:

$$
\begin{array}{ccc}
V & \xrightarrow{\mathrm{id}_V} & V \\
c_B \downarrow & & \downarrow c_{B'} \\
\mathbb{K}^n & \xrightarrow{S^{-1}} & \mathbb{K}^n
\end{array}
\qquad \text{sowie} \qquad
\begin{array}{ccc}
W & \xrightarrow{\mathrm{id}_W} & W \\
c_C \downarrow & & \downarrow c_{C'} \\
\mathbb{K}^m & \xrightarrow{T^{-1}} & \mathbb{K}^m.
\end{array}
$$

Gemäß Satz 3.54 ist hierbei $S = c_B(B')$ die Übergangsmatrix von B nach B' und $T = c_C(C')$ die Übergangsmatrix von C nach C'. Im Fall $V = \mathbb{K}^n$ bzw. $W = \mathbb{K}^m$ gilt speziell $S = B^{-1}B'$ bzw. $T = C^{-1}C'$. Der Homomorphismus $f : V \to W$ hat nun mit den Koordinatenmatrizen $M_C^B(f)$ und $M_{C'}^{B'}(f)$ zwei Darstellungen. Zur Veranschaulichung dieser Gesamtsituation ordnen wir die beiden Abbildungsdiagramme etwas anders an, um noch Platz für die beiden Koordinatenmatrizen zu schaffen:

$$
\begin{array}{ccccccc}
V & \xrightarrow{c_B} & \mathbb{K}^n & \xrightarrow{M_C^B(f)} & \mathbb{K}^m & \xleftarrow{c_C} & W \\
\mathrm{id}_V \downarrow & & \downarrow S^{-1} & T^{-1} \downarrow & & & \downarrow \mathrm{id}_W \\
V & \xrightarrow{c_{B'}} & \mathbb{K}^n & \xrightarrow{M_{C'}^{B'}(f)} & \mathbb{K}^m & \xleftarrow{c_{C'}} & W.
\end{array}
$$

Für einen Vektor $\mathbf{v} \in V$ betrachten wir nun die Koordinaten seines Bildvektors $f(\mathbf{v})$ bezüglich der Basis C von W

$$
\boldsymbol{\alpha} = c_C(f(\mathbf{v})) = M_C^B(f) \cdot c_B(\mathbf{v}) = M_C^B(f) \cdot \mathbf{a}. \tag{4.27}
$$

Hierbei ist $\mathbf{a} = c_B(\mathbf{v})$ der Koordinatenvektor von $\mathbf{v}$ bezüglich der Basis B. Dieser Vektor kann nach dem Basiswechselsatz 3.54 mithilfe der Übergangsmatrix

$$
S = c_B(B')
$$

von B nach B' aus dem neuen Koordinatenvektor $\mathbf{a}'$ von $\mathbf{v}$ bezüglich der neuen Basis B' berechnet werden als

$$
\mathbf{a} = S \cdot \mathbf{a}' = c_B(B') \cdot \mathbf{a}'.
$$

Diese Darstellung, in (4.27) eingesetzt, ergibt

$$
\boldsymbol{\alpha} = c_C(f(\mathbf{v})) = M_C^B(f) \cdot c_B(B') \cdot \mathbf{a}'.
$$

Nun wollen wir diesen Vektor $\boldsymbol{\alpha}$ in den neuen Koordinatenvektor $\boldsymbol{\alpha}'$ bezüglich der neuen Basis C' von W überführen, was wir mit der Inversen der Übergangsmatrix $T = c_C(C')$ von C nach C',

$$
T^{-1} = (c_C(C'))^{-1},
$$

nach dem Basiswechselsatz bewerkstelligen:

$$
\boldsymbol{\alpha}' = T^{-1} \cdot \boldsymbol{\alpha} = \underbrace{(c_C(C'))^{-1} \cdot M_C^B(f) \cdot c_B(B')}_{=:M} \cdot \mathbf{a}'.
$$

Wegen der Eindeutigkeit der Koordinatenmatrix bei festgelegten Basen (vgl. Bemerkung direkt unter Satz 4.15) muss die Matrix M mit $M_{C'}^{B'}(f)$ übereinstimmen. Wir gelangen zu folgendem Fazit: Die neue Koordinatenmatrix $M_{C'}^{B'}(f) = c_{C'}(f(B'))$ zur Darstellung von f bezüglich der Basen B' von V und C' von W kann aus der alten Koordinatenmatrix $M_C^B(f)$ über

$$M_{C'}^{B'}(f) = (c_C(C'))^{-1} \cdot M_C^B(f) \cdot c_B(B') = T^{-1} \cdot M_C^B(f) \cdot S \tag{4.28}$$

berechnet werden. Da die beiden Übergangsmatrizen regulär sind, stellt diese Transformation eine Äquivalenztransformation im Sinne von Definition 3.41 dar. Wir wiederholen an dieser Stelle diese Definition in etwas anderer Form:

Definition 4.16 (Äquivalenztransformation, äquivalente Matrizen) *Es seien $A, B \in$ $\mathrm{M}(m \times n, \mathbb{K})$ zwei gleichformatige Matrizen über $\mathbb{K}$. Die Matrix A heißt äquivalent zur Matrix B, symbolisch $A \sim B$, wenn es zwei reguläre Matrizen $S \in \mathrm{GL}(n, \mathbb{K})$ und $T \in \mathrm{GL}(m, \mathbb{K})$ gibt mit*

$$B = T^{-1} \cdot A \cdot S. \tag{4.29}$$

Das Produkt $T^{-1} \cdot A \cdot S$ bezeichnen wir als Äquivalenztransformation von A. Gelegentlich ist die Erweiterung dieses Begriffs auf Matrizen über kommutativen Ringen nützlich. Hierbei ersetzen wir in der vorausgegangenen Definition den Körper $\mathbb{K}$ durch einen kommutativen Ring R mit Einselement. Die beiden Gruppen $\mathrm{GL}(n, \mathbb{K})$ und $\mathrm{GL}(m, \mathbb{K})$ werden durch die Einheitengruppen $(\mathrm{M}(n, R))^*$ und $(\mathrm{M}(m, R))^*$ der Matrizenringe $\mathrm{M}(n, R)$ bzw. $\mathrm{M}(m, R)$ ersetzt.

Die beiden Koordinatenmatrizen sind also äquivalent:

$$M_C^B(f) \sim M_{C'}^{B'}(f).$$

Wir können die beiden hierfür benötigten Übergangsmatrizen

$$S = c_B(B') \in \mathrm{GL}(n, \mathbb{K}), \qquad T = c_C(C') \in \mathrm{GL}(m, \mathbb{K})$$

auch als darstellende Matrizen der Identität auf V bzw. der Identität auf W interpretieren, indem wir bei der Identität auf V

$$\mathrm{id}_V : V \to V$$

für die Urbilder $\mathbf{v} \in V$ die Basis B' und für die Bilder $\mathrm{id}_V(\mathbf{v}) \in V$ die Basis B wählen. Die darstellende Matrix von id_V lautet dann nämlich nach (4.24)

$$M_B^{B'}(\mathrm{id}_V) = c_B(\mathrm{id}_V(B')) = c_B(B') = S,$$

während analog für die Identität auf W bei der Wahl von C' für die Urbilder $\mathbf{w} \in W$ und von C für die Bilder $\mathrm{id}_W(\mathbf{w}) \in W$ gilt

$$M_C^{C'}(\mathrm{id}_W) = c_C(\mathrm{id}_W(C')) = c_C(C') = T.$$

So gelangen wir zu folgender Darstellung von (4.28):

$$M_{C'}^{B'}(f) = (M_C^{C'}(\mathrm{id}_W))^{-1} \cdot M_C^B(f) \cdot M_B^{B'}(\mathrm{id}_V).$$

Wegen der Inversionsregel für Übergangsmatrizen $(c_C(C'))^{-1} = c_{C'}(C)$ gilt

$$(M_C^{C'}(\mathrm{id}_W))^{-1} = (c_C(C'))^{-1} = c_{C'}(C) = c_{C'}(\mathrm{id}_W(C)) = M_{C'}^C(\mathrm{id}_W),$$

woraus sich

$$M_{C'}^{B'}(f) = M_{C'}^C(\mathrm{id}_W) \cdot M_C^B(f) \cdot M_B^{B'}(\mathrm{id}_V)$$

ergibt. Diese Gleichung können wir uns als eine Art „Kürzungsregel" merken:

$$M_{C'}^{B'}(f) = M_{C'}^{\cancel{C}}(\mathrm{id}_W) \cdot M_{\cancel{C}}^{\cancel{B}}(f) \cdot M_{\cancel{B}}^{B'}(\mathrm{id}_V).$$

Besonders einfach ist diese Umrechnung im Fall $V = \mathbb{K}^n$ und $W = \mathbb{K}^m$. In diesem Fall ist bereits $f : V \to W$ durch eine $m \times n$-Matrix A gegeben. Diese Matrix kann aufgefasst werden als Koordinatenmatrix von f bezüglich der kanonischen Basen von $V = \mathbb{K}^n$ und $W = \mathbb{K}^m$. Bezüglich der alternativen Basen B von V und C von W, die wir in diesem Fall als Matrizen auffassen können, lautet die Koordinatenmatrix von f nach Satz 4.15

$$M_C^B(f) = c_C(f(B)) = C^{-1} \cdot A \cdot B.$$

Bezüglich neuer Basen B' von V und C' von W ergibt sich nun als Koordinatenmatrix nach (4.28)

$$\begin{aligned}
M_{C'}^{B'}(f) &= (c_C(C'))^{-1} \cdot M_C^B(f) \cdot c_B(B') \\
&= (C^{-1}C')^{-1} \cdot M_C^B(f) \cdot B^{-1}B' \\
&= (C^{-1}C')^{-1} \cdot (C^{-1} \cdot A \cdot B) \cdot B^{-1}B' \\
&= C'^{-1}C \cdot (C^{-1} \cdot A \cdot B) \cdot B^{-1}B' \\
&= C'^{-1} \cdot A \cdot B'.
\end{aligned}$$

Das Produkt $C'^{-1} \cdot A \cdot B'$ ergibt sich andererseits auch direkt als Koordinatenmatrix von f bezüglich B' und C' nach Satz 4.15. Die Kürzungsregel macht sich hierin durch die sich aufhebenden Produkte $C \cdot C^{-1}$ und $B \cdot B^{-1}$ bemerkbar. Wir fassen nun unsere Ergebnisse zusammen.

Satz 4.17 (Basiswechsel bei Homomorphismen endlich-dimensionaler Vektorräume)
Es sei $f : V \to W$ ein Homomorphismus von einem n-dimensionalen $\mathbb{K}$-Vektorraum V in einen m-dimensionalen $\mathbb{K}$-Vektorraum W mit $n, m < \infty$. Mit B und B' seien zwei Basen von V und mit C und C' zwei Basen von W gegeben. Die Koordinatenmatrix $M_{C'}^{B'}(f)$ von f bezüglich B' und C' kann aus der Koordinatenmatrix $M_C^B(f)$ von f bezüglich B und C über die Äquivalenztransformation

$$M_{C'}^{B'}(f) = (c_C(C'))^{-1} \cdot M_C^B(f) \cdot c_B(B') = T^{-1} \cdot M_C^B(f) \cdot S \tag{4.30}$$

berechnet werden. Hierbei sind $S = c_B(B')$ und $T = c_C(C')$ die jeweiligen Übergangsmatrizen von B nach B' bzw. von C nach C'. Die beiden Koordinatenmatrizen sind äquivalent

$$M_C^B(f) \sim M_{C'}^{B'}(f).$$

Die Äquivalenztransformation (4.30) kann mithilfe der Koordinatenmatrizen der Identitäten auf V und W formuliert werden als

$$M^{B'}_{C'}(f) = M^C_{C'}(\mathrm{id}_W) \cdot M^B_C(f) \cdot M^{B'}_B(\mathrm{id}_V). \tag{4.31}$$

Im Fall $V = \mathbb{K}^n$ und $W = \mathbb{K}^m$ ist $f : V \to W$ durch eine $m \times n$-Matrix A, der Koordinatenmatrix bezüglich der kanonischen Basen E_n von V und E_m von W, bereits gegeben. In diesem Fall lautet die Äquivalenztransformation (4.30)

$$M^{B'}_{C'}(f) = T^{-1} \cdot M^B_C(f) \cdot S = T^{-1} \cdot (C^{-1}AB) \cdot S = (CT)^{-1} \cdot A \cdot (BS) = C'^{-1}AB'. \tag{4.32}$$

Hierbei gilt für die Übergangsmatrizen $T = c_C(C') = C^{-1}C'$ und $S = c_B(B') = B^{-1}B'$.

Für eine beliebige Matrix $A \in M(m \times n, \mathbb{K})$ steht eine Äquivalenztransformation

$$A' = F^{-1} \cdot A \cdot G$$

mit regulären Matrizen $F \in GL(m, \mathbb{K})$ und $G \in GL(n, \mathbb{K})$ für einen Basiswechsel. Wie lauten aber hierbei die einzelnen Basen B, B' und C, C'? Im Vergleich mit (4.32) identifizieren wir die Matrizen F und G mit

$$F = CT = C \cdot c_C(C') = C \cdot C^{-1}C' = C', \qquad G = BS = B \cdot c_B(B') = B \cdot B^{-1}B' = B'.$$

Wir wählen hierbei also $C' = F$ und $B' = G$ sowie $B = E_n$ und $C = E_m$. Andererseits kann jede $m \times n$-Matrix A über $\mathbb{K}$ interpretiert werden als lineare Abbildung

$$f_A : \mathbb{K}^n \to \mathbb{K}^m$$
$$\mathbf{v} \mapsto f_A(\mathbf{v}) = A\mathbf{v}.$$

Die Matrix A ist dann nichts weiter als die Koordinatenmatrix von f_A bezüglich der kanonischen Basen $E_n = (\hat{\mathbf{e}}_1, \dots, \hat{\mathbf{e}}_n)$ von $\mathbb{K}^n$ sowie $E_m = (\hat{\mathbf{e}}_1, \dots, \hat{\mathbf{e}}_m)$ von $\mathbb{K}^m$:

$$M^{E_n}_{E_m}(f_A) = A.$$

Wir betrachten nun als Beispiel für einen Basiswechsel bei einem Vektorraumhomomorphismus ein weiteres Mal das Beispiel vom Beginn von Abschn. 4.3. Die Koordinatenmatrix der linearen Abbildung

$$f : \mathbb{R}^3 \to \mathbb{R}^2$$
$$\mathbf{x} \mapsto \begin{pmatrix} x_1 + 3x_2 - x_3 \\ 2x_2 - x_1 + 6x_3 \end{pmatrix}$$

lautete für die Basen

$$B = \begin{pmatrix} 1 & 0 & 1 \\ 0 & 1 & 0 \\ 0 & 0 & 1 \end{pmatrix}, \qquad C = \begin{pmatrix} 1 & 0 \\ -1 & 1 \end{pmatrix}$$

von $\mathbb{R}^3$ bzw. $\mathbb{R}^2$ nach dem Darstellungssatz 4.15

$$M_C^B(f) = C^{-1} \cdot f(B) = \begin{pmatrix} 1 & 0 \\ 1 & 1 \end{pmatrix} \cdot \begin{pmatrix} 1 & 3 & 0 \\ -1 & 2 & 5 \end{pmatrix} = \begin{pmatrix} 1 & 3 & 0 \\ 0 & 5 & 5 \end{pmatrix}.$$

Wir betrachten nun die neuen Basen

$$B' = \begin{pmatrix} 1 & -1 & 1 \\ 0 & 1 & 0 \\ 0 & -1 & 1 \end{pmatrix}, \quad C' = \begin{pmatrix} 1 & 0 \\ -1 & 5 \end{pmatrix}$$

von $\mathbb{R}^3$ bzw. $\mathbb{R}^2$. Statt nun den Darstellungssatz ein weiteres Mal zu verwenden, um die Koordinatenmatrix $M_{C'}^{B'}(f)$ von f bezüglich dieser neuen Basen zu ermitteln, nutzen wir den Basiswechselsatz 4.17. Hiernach gilt für die neue Koordinatenmatrix:

$$M_{C'}^{B'}(f) = T^{-1} \cdot M_C^B(f) \cdot S.$$

Die beiden Übergangsmatrizen ergeben sich zu

$$T = c_C(C') \Rightarrow T^{-1} = c_{C'}(C) = C'^{-1}C$$

$$= \begin{pmatrix} 1 & 0 \\ \frac{1}{5} & \frac{1}{5} \end{pmatrix} \cdot \begin{pmatrix} 1 & 0 \\ -1 & 1 \end{pmatrix} = \begin{pmatrix} 1 & 0 \\ 0 & \frac{1}{5} \end{pmatrix}$$

und

$$S = c_B(B') = B^{-1}B'$$

$$= \begin{pmatrix} 1 & 0 & -1 \\ 0 & 1 & 0 \\ 0 & 0 & 1 \end{pmatrix} \cdot \begin{pmatrix} 1 & -1 & 1 \\ 0 & 1 & 0 \\ 0 & -1 & 1 \end{pmatrix} = \begin{pmatrix} 1 & 0 & 0 \\ 0 & 1 & 0 \\ 0 & -1 & 1 \end{pmatrix}.$$

Damit können wir gemäß (4.32) die neue Koordinatenmatrix bestimmen:

$$M_{C'}^{B'}(f) = T^{-1} \cdot M_C^B(f) \cdot S$$

$$= \begin{pmatrix} 1 & 0 \\ 0 & \frac{1}{5} \end{pmatrix} \cdot \begin{pmatrix} 1 & 3 & 0 \\ 0 & 5 & 5 \end{pmatrix} \cdot \begin{pmatrix} 1 & 0 & 0 \\ 0 & 1 & 0 \\ 0 & -1 & 1 \end{pmatrix}$$

$$= \begin{pmatrix} 1 & 3 & 0 \\ 0 & 1 & 1 \end{pmatrix} \cdot \begin{pmatrix} 1 & 0 & 0 \\ 0 & 1 & 0 \\ 0 & -1 & 1 \end{pmatrix}$$

$$= \begin{pmatrix} 1 & 3 & 0 \\ 0 & 0 & 1 \end{pmatrix}.$$

Wir hätten diese Koordinatenmatrix natürlich ebenfalls erhalten, wenn wir sie gemäß der Darstellungsformel

$$M_{C'}^{B'} = C'^{-1} \cdot f(B') = C'^{-1} \cdot A \cdot B'$$

berechnet hätten. Diese Matrix ist noch schwächer besetzt als die ursprüngliche Koordinatenmatrix $M_C^B(f)$. Wir sehen nun, dass die Koordinatenmatrix einer linearen Abbildung je nach Basiswahl einfacher oder komplizierter gestaltet sein kann.

Gibt es eine einfachste Form, also eine Koordinatenmatrix, bei der sich die Einträge nur noch auf der Hauptdiagonalen befinden? Hierzu betrachten wir eine beliebige $m \times n$-Matrix A über $\mathbb{K}$, die für eine Koordinatenmatrix einer linearen Abbildung stehen soll. Wir wissen bereits, dass verschiedene Koordinatenmatrizen ein- und derselben linearen Abbildung äquivalent zueinander sind. Nach Satz 3.42 (ZAS-Zerlegung) gibt es reguläre Matrizen $Z \in GL(m, \mathbb{K})$ sowie $S \in GL(n, \mathbb{K})$ mit

$$ZAS = \left(\frac{E_r | 0_{r \times n-r}}{0_{m-r \times n}} \right) = N_r, \tag{4.33}$$

wobei $r = \operatorname{Rang} A$ ist. Diese Matrix ist äquivalent zu A und dabei in der einfachsten Art und Weise aufgebaut. Wie erhalten wir die für diese Faktorisierung notwendigen regulären Matrizen Z und S? Hierzu können wir wieder das Gauß-Verfahren heranziehen. Durch elementare Zeilen- und Spaltenumformungen können wir die Matrix A in die obige Form N_r überführen. Dabei ist Z ein Produkt geeigneter Zeilenumformungsmatrizen und S ein Produkt geeigneter Spaltenumformungsmatrizen der Typen I, II und III gemäß Satz 2.38. Diese Produktmatrizen erhalten wir aufgrund des Korrespondenzprinzips 2.40 dadurch, dass wir fortlaufend die $m \times m$-Einheitsmatrix (für die Zeilenoperationen) und die $n \times n$-Einheitsmatrix (für die Spaltenoperationen) in entsprechender Weise mit umformen. Zur Demonstration dieses Verfahrens betrachten wir die Matrix

$$A = \begin{pmatrix} 1 & 3 & -1 \\ -1 & 2 & 6 \end{pmatrix},$$

die im letzten Beispiel die lineare Abbildung $f : \mathbb{R}^3 \to \mathbb{R}^2$ bezüglich der kanonischen Basen $B = E_3$ und $C = E_2$ dargestellt hat. Um nun ein Basenpaar B' und C' zu bestimmen, bezüglich dessen die Koordinatenmatrix von f die Form (4.33) besitzt, führen wir zunächst an A Zeilen- und Spaltenumformungen durch, die wir in entsprechender Weise auch an E_2 für die Zeilenumformungen und an E_3 für die Spaltenumformungen vollziehen. Aufgrund der Assoziativität des Matrixprodukts ist es nicht nötig, zunächst alle Zeilenumformungen und anschließend alle Spaltenumformungen durchzuführen. Wir könnten dies auch in beliebigem Wechsel tun. Wir beginnen dabei beispielsweise mit der Addition der ersten Zeile zur zweiten Zeile und fahren mit weiteren Zeilenumformungen fort:

Umformung an A: entsprechende Umformung an E_2:

$$\begin{bmatrix} 1 & 3 & -1 \\ -1 & 2 & 6 \end{bmatrix} \xrightarrow{+} \begin{bmatrix} 1 & 3 & -1 \\ 0 & 5 & 5 \end{bmatrix} \qquad \begin{bmatrix} 1 & 0 \\ 0 & 1 \end{bmatrix} \xrightarrow{+} \begin{bmatrix} 1 & 0 \\ 1 & 1 \end{bmatrix}$$

$$\begin{bmatrix} 1 & 3 & -1 \\ 0 & 5 & 5 \end{bmatrix}_{\cdot\frac{1}{5}} \rightarrow \begin{bmatrix} 1 & 3 & -1 \\ 0 & 1 & 1 \end{bmatrix} \qquad \begin{bmatrix} 1 & 0 \\ 1 & 1 \end{bmatrix}_{\cdot\frac{1}{5}} \rightarrow \begin{bmatrix} 1 & 0 \\ 1/5 & 1/5 \end{bmatrix}$$

$$\begin{bmatrix} 1 & 3 & -1 \\ 0 & 1 & 1 \end{bmatrix}_{\cdot(-3)} \rightarrow \begin{bmatrix} 1 & 0 & -4 \\ 0 & 1 & 1 \end{bmatrix} \qquad \begin{bmatrix} 1 & 0 \\ 1/5 & 1/5 \end{bmatrix}_{\cdot(-3)} \rightarrow \begin{bmatrix} 2/5 & -3/5 \\ 1/5 & 1/5 \end{bmatrix}.$$

Da wir *fortlaufend* diese Operationen an E_2 durchgeführt haben, ist das Endresultat

$$Z = \begin{pmatrix} 2/5 & -3/5 \\ 1/5 & 1/5 \end{pmatrix}$$

bereits das *Produkt* der einzelnen Zeilenumformungsmatrizen. Damit haben wir zunächst

$$ZA = \begin{pmatrix} 2/5 & -3/5 \\ 1/5 & 1/5 \end{pmatrix} \cdot \begin{pmatrix} 1 & 3 & -1 \\ -1 & 2 & 6 \end{pmatrix} = \begin{pmatrix} 1 & 0 & -4 \\ 0 & 1 & 1 \end{pmatrix}.$$

Die letzte Spalte in dieser Matrix können wir nun durch zwei Spaltenumformungen eliminieren. Diese Spalteneliminationen vollziehen wir auch an E_3. Wir starten mit der Addition des Vierfachen der ersten Spalte und subtrahieren anschließend die zweite Spalte von der letzten Spalte:

Umformung an ZA: entsprechende Umformung an E_3:

$$\begin{bmatrix} 1 & 0 & -4 \\ 0 & 1 & 1 \end{bmatrix} \rightarrow \begin{bmatrix} 1 & 0 & 0 \\ 0 & 1 & 1 \end{bmatrix} \qquad \begin{bmatrix} 1 & 0 & 0 \\ 0 & 1 & 0 \\ 0 & 0 & 1 \end{bmatrix} \rightarrow \begin{bmatrix} 1 & 0 & 4 \\ 0 & 1 & 0 \\ 0 & 0 & 1 \end{bmatrix}$$

$$\cdot 4 \qquad\qquad\qquad \cdot 4$$

$$\begin{bmatrix} 1 & 0 & 0 \\ 0 & 1 & 1 \end{bmatrix} \rightarrow \begin{bmatrix} 1 & 0 & 0 \\ 0 & 1 & 0 \end{bmatrix} \qquad \begin{bmatrix} 1 & 0 & 4 \\ 0 & 1 & 0 \\ 0 & 0 & 1 \end{bmatrix} \rightarrow \begin{bmatrix} 1 & 0 & 4 \\ 0 & 1 & -1 \\ 0 & 0 & 1 \end{bmatrix}$$

$$\cdot(-1) \qquad\qquad\qquad \cdot(-1)$$

Das Produkt der einzelnen Spaltenumformungsmatrizen lautet also

$$S = \begin{pmatrix} 1 & 0 & 4 \\ 0 & 1 & -1 \\ 0 & 0 & 1 \end{pmatrix}.$$

Mit diesen Matrizen haben wir eine Faktorisierung der Normalform von A gefunden:

$$ZAS = \begin{pmatrix} 2/5 & -3/5 \\ 1/5 & 1/5 \end{pmatrix} \cdot \begin{pmatrix} 1 & 3 & -1 \\ -1 & 2 & 6 \end{pmatrix} \cdot \begin{pmatrix} 1 & 0 & 4 \\ 0 & 1 & -1 \\ 0 & 0 & 1 \end{pmatrix} = \begin{pmatrix} 1 & 0 & 0 \\ 0 & 1 & 0 \end{pmatrix} =: N_2.$$

Diese Matrix stellt f bezüglich neuer Basen B' von V und C' von W dar. Nach dem Basiswechselsatz 4.17 sind die beiden Koordinatenmatrizen $A = M_C^B(f)$ und $N_2 = M_{C'}^{B'}(f)$ äquivalent zueinander. Nach (4.30) gilt

$$N_2 = M_{C'}^{B'}(f) = \underbrace{(c_C(C'))^{-1}}_{=Z} M_C^B(f) \underbrace{c_B(B')}_{=S}.$$

Mit

$$Z^{-1} = \begin{pmatrix} 1 & 3 \\ -1 & 2 \end{pmatrix} = c_C(C'), \qquad S = \begin{pmatrix} 1 & 0 & 4 \\ 0 & 1 & -1 \\ 0 & 0 & 1 \end{pmatrix} = c_B(B')$$

lassen sich die gesuchten Basisvektoren aus den Spalten von Z^{-1} und S sehr leicht bestimmen, denn die Spalten dieser Matrizen enthalten gerade die Koordinatenvektoren der gesuchten Basisvektoren von B' und C' bezüglich der Basen $B = E_3$ und $C = E_2$:

$$B' = c_B^{-1}(S) = BS = E_3 S = S, \qquad C' = c_C^{-1}(Z^{-1}) = CZ^{-1} = E_2 Z^{-1} = Z^{-1}.$$

Bezüglich der neuen Basisvektoren

$$\mathbf{b}'_1 = \begin{pmatrix} 1 \\ 0 \\ 0 \end{pmatrix}, \quad \mathbf{b}'_2 = \begin{pmatrix} 0 \\ 1 \\ 0 \end{pmatrix}, \quad \mathbf{b}'_3 = \begin{pmatrix} 4 \\ -1 \\ 1 \end{pmatrix}$$

von $\mathbb{R}^3$, die sich aus den Spalten von S ergeben, und der Basisvektoren

$$\mathbf{c}'_1 = \begin{pmatrix} 1 \\ -1 \end{pmatrix}, \quad \mathbf{c}'_2 = \begin{pmatrix} 3 \\ 2 \end{pmatrix}$$

von $\mathbb{R}^2$, die sich aus den Spalten von Z^{-1} ergeben, lautet die Koordinatenmatrix der linearen Abbildung f

$$M_{C'}^{B'}(f) = \begin{pmatrix} 1 & 0 & 0 \\ 0 & 1 & 0 \end{pmatrix}.$$

Wir erkennen an dieser Normalform unmittelbar, dass das Bild von f zweidimensional ist. Denn es gilt die Isomorphie

$$\text{Bild} f \cong \text{Bild} \begin{pmatrix} 1 & 0 & 0 \\ 0 & 1 & 0 \end{pmatrix}.$$

Da diese Matrix vom Rang 2 ist und die Bilddimension einer Matrix mit ihrem Rang übereinstimmt, ist demnach $\dim \text{Bild} f = 2$. Für eine lineare Abbildung $f : V \to W$ zwischen zwei endlich-dimensionalen $\mathbb{K}$-Vektorräumen besteht also eine gleichwertige Darstellung mittels einer Koordinatenmatrix A, die eine entsprechende lineare Abbildung von $\mathbb{K}^{\dim V} \to \mathbb{K}^{\dim W}$ vermittelt. Das Bild dieser Matrix ist isomorph zum Bild von f. Insbesondere ist $\dim \text{Bild} A = \dim \text{Bild} f$, unabhängig von der Basiswahl in V und W, also unabhängig von der f darstellenden Matrix. Da die Bilddimension dieser Matrix mit dem Rang von A übereinstimmt, liegt es nahe, den Rang der linearen Abbildung f als Rang einer beliebigen f darstellenden Matrix zu definieren. Alternativ können wir den Rang einer linearen Abbildung f einfach nur als Dimension des Bildes von f definieren, wodurch die Definition etwas weiter gefasst wird.

Definition 4.18 (Rang einer linearen Abbildung) *Es seien V und W zwei $\mathbb{K}$-Vektorräume. Der Rang von f ist die Dimension des Bildes von f:*

$$\text{Rang} f := \dim \text{Bild} f. \tag{4.34}$$

Im Fall $\dim V, \dim W < \infty$ gilt $\text{Rang} f = \text{Rang} A$ für jede f darstellende Matrix $A \in \text{M}(\dim V \times \dim W, \mathbb{K})$.

Wie wir gesehen haben, können wir gezielt Basen B' und C' so bestimmen, dass die Koordinatenmatrix $M_{C'}^{B'}(f)$ einer linearen Abbildung $f : V \to W$ mit $n = \dim V$, $m = \dim W$ und $n, m < \infty$ eine minimal besetzte Gestalt

$$N = \left(\frac{E_r | 0_{r \times n - r}}{0_{m-r \times n}} \right)$$

besitzt. Ausgehend von einer Koordinatenmatrix $M_C^B(f)$ können wir durch die Beziehung

$$N = M_{C'}^{B'}(f) = \underbrace{(c_C(C'))^{-1}}_{=Z} M_C^B(f) \underbrace{c_B(B')}_{=S}$$

die beiden Übergangsmatrizen $c_C(C')) = Z^{-1}$ und $c_B(B') = S$ mit der inversen Zeilenumformungsmatrix Z bzw. mit der Spaltenumformungsmatrix S einer ZAS-Zerlegung von $M_C^B(f)$ identifizieren. Die gesuchten Basen B' und C' ergeben sich dann aus den Basisisomorphismen

$$\mathbf{c}'_i = c_C^{-1}(\boldsymbol{\alpha}_i), \quad \text{mit } \boldsymbol{\alpha}_i = i\text{-te Spalte von } Z^{-1}, \quad i = 1, \ldots, m = \dim W,$$
$$\mathbf{b}'_i = c_B^{-1}(\mathbf{s}_i), \quad \text{mit } \mathbf{s}_i = i\text{-te Spalte von } S, \quad i = 1, \ldots, n = \dim V.$$

Zur Bestimmung der Basisvektoren von C' muss also die Zeilenumformungsmatrix Z invertiert werden. Um dies zu vermeiden oder zumindest möglichst einfach zu gestalten, sind wir gut beraten, ausschließlich oder so weit wie möglich im Rahmen der ZAS-Zerlegung von $M_C^B(f)$ in Spaltenumformungen zu investieren. Im besten Fall reichen ausschließlich Spaltenumformungen aus, sodass mit $Z = E_m$ folgt

$$c_C(C') = Z^{-1} = E_m \Rightarrow C' = C,$$

während sich die gesuchte Basis B' aus den Spaltenumformungen durch $S = c_B(B')$ ergibt. Es gibt aber auch Situationen, in denen ausschließlich mit Zeilenumformungen argumentiert werden kann. Ist beispielsweise $\dim V = n = \dim W$ und dabei zusätzlich die in diesem Fall quadratische Koordinatenmatrix $M_C^B(f)$ regulär, so gilt mit $Z = (M_C^B(f))^{-1}$ und $S = E_n$

die ZAS-Zerlegung

$$Z \cdot M_C^B(f) \cdot S = E_n = N.$$

Wegen $c_C(C') = Z^{-1} = M_C^B(f)$ enthält bereits die Koordinatenmatrix $M_C^B(f)$ spaltenweise die Koordinatenvektoren der gesuchten Basisvektoren von C' bezüglich C. Hier gilt dann $B' = B$, während sich C' aus den Spalten von $M_C^B(f)$ ergibt, indem diese Spalten in den Basisisomorphismus c_C^{-1} eingesetzt werden. Eine explizite ZAS-Zerlegung von $M_C^B(f)$ mit elementaren Umformungen ist in dieser Situation daher nicht erforderlich. Außerdem ergeben sich in dieser Situation für die neuen Basisvektoren aus C' einfach die Bilder der Basisvektoren, also $C' = f(B') = f(B)$, da mit $c_C(f(\mathbf{b}_k))$ als k-ter Spalte von $M_C^B(f)$

$$\mathbf{c}_k' = c_C^{-1}(c_C(f(\mathbf{b}_k))) = f(\mathbf{b}_k), \qquad k = 1, \ldots, \dim W = n,$$

folgt (vgl. hierzu Übungsaufgabe 4.4). Wir können dies aber auch viel einfacher erkennen. Da f in dieser Situation eine bijektive Abbildung ist, werden Basisvektoren auf Basisvektoren abgebildet. Wenn die Bilder dieser Basisvektoren selbst als Basis von W ausgewählt werden, dann sind deren Koordinatenvektoren im $\mathbb{K}^n$ die kanonischen Einheitsvektoren. Die Koordinatenmatrix muss dann in Normalform vorliegen, was in diesem Fall die $n \times n$-Einheitsmatrix ist.

Sind V und W zwei endlich-dimensionale $\mathbb{K}$-Vektorräume identischer Dimension und $f : V \to W$ ein injektiver (und damit auch surjektiver) Homomorphismus, dann gilt mit jeder Basis B von V und jeder Basis C von W für die Koordinatenmatrix von f bzw. f^{-1} der offensichtliche Zusammenhang

$$(M_C^B(f))^{-1} = M_B^C(f^{-1}).$$

Der formale Nachweis wird als Übung empfohlen.

4.5 Vektorraumendomorphismen

Wir konzentrieren uns nun auf Vektorraumhomomorphismen, die wieder zurück in denselben Raum führen. Mit einem Endomorphismus $f \in \mathrm{End}(V)$ auf einem endlich-dimensionalen $\mathbb{K}$-Vektorraum V liegt uns somit eine lineare Abbildung $f : V \to W$ vor mit $V = W$. Wie bei jedem Homomorphismus können wir sowohl für den vor dem Abbildungspfeil stehenden Raum V eine Basis B als auch für den nach dem Pfeil stehenden Vektorraum W eine Basis C zur Darstellung dieser Abbildung als Koordinatenmatrix bezüglich dieser Basen wählen. Da aber $V = W$ ist, liegt es nahe, beide Räume mit derselben Basis zu beschreiben, also $B = C$ zu wählen. Für die Koordinatenmatrix $M_B^B(f)$ von f bezüglich dieser Basis ist es praktikabel, die Schreibweise

$$M_B(f) := M_B^B(f) \tag{4.35}$$

zu verwenden. Diese Koordinatenmatrix ist eine $n \times n$-Matrix, also quadratisch.

4.6 Basiswahl und Koordinatenmatrix bei Endomorphismen

Wie formulieren zunächst den Darstellungssatz 4.15 für Vektorraumhomomorphismen aus Abschn. 4.3 speziell für Vektorraum*endo*morphismen.

Satz 4.19 (Darstellung eines Endomorphismus mit einer Matrix) *Es sei V ein endlich-dimensionaler $\mathbb{K}$-Vektorraum der Dimension n mit der Basis $B = (\mathbf{b}_1, \ldots, \mathbf{b}_n)$. Darüber hinaus sei $f : V \to V$ ein Endomorphismus. Für jeden Vektor $\mathbf{v} \in V$ wird sein Koordinatenvektor $\mathbf{a} = c_B(\mathbf{v}) \in \mathbb{K}^n$ durch die quadratische Matrix*

$$M_B(f) = M_B^B(f) = c_B(f(B)) \in \mathrm{M}(n, \mathbb{K}) \tag{4.36}$$

auf den Koordinatenvektor $\boldsymbol{\alpha} = c_B(f(\mathbf{v})) \in \mathbb{K}^n$ seines Bildvektors $f(\mathbf{v})$ abgebildet:

$$\boldsymbol{\alpha} = M_B(f) \cdot \mathbf{a}. \tag{4.37}$$

Die Matrix $M_B(f)$ heißt die den Endomorphismus f darstellende Matrix oder Koordinatenmatrix von f bezüglich der Basis B von V. Die Situation wird durch das folgende Diagramm beschrieben:

$$
\begin{array}{ccc}
V & \xrightarrow{\ f\ } & V \\
c_B \downarrow & & \downarrow c_B \\
\mathbb{K}^n & \xrightarrow{M_B(f)} & \mathbb{K}^n.
\end{array}
$$

Die Spalten der Koordinatenmatrix $M_B(f)$ sind die Koordinatenvektoren $c_B(f(\mathbf{b}_k))$ der Bildvektoren der Basisvektoren $\mathbf{b}_k$ für $k = 1, \ldots, n$.

Im Fall $V = \mathbb{K}^n$ kann f durch die Koordinatenmatrix A bezüglich der kanonischen Basis E_n von V dargestellt werden. Hier gilt für die Koordinatenmatrix zur Darstellung von f bezüglich einer (alternativen) Basis $B = (\mathbf{b}_1 | \cdots | \mathbf{b}_n)$ von V

$$M_B(f) = c_B(f(B)) = B^{-1} \cdot f(B) = B^{-1} \cdot A \cdot B, \qquad A = M_{E_n}(f). \tag{4.38}$$

Diese spezielle Situation zeigt das folgende Diagramm:

$$
\begin{array}{ccc}
V = \mathbb{K}^n & \xrightarrow{\ A\ } & V = \mathbb{K}^n \\
c_B \downarrow & & \downarrow c_B \\
\mathbb{K}^n & \xrightarrow{B^{-1}AB} & \mathbb{K}^n.
\end{array}
$$

Die in diesem Diagramm aufgeführte Äquivalenzbeziehung

$$B^{-1}AB \sim A$$

mit einer regulären Matrix B wird ab jetzt eine zentrale Rolle spielen und bekommt nun einen speziellen Begriff.

4.7 Basiswechsel und Ähnlichkeitstransformation

Definition 4.20 (Ähnlichkeitstransformation, ähnliche Matrizen) *Mit* $A, B \in M(n, \mathbb{K})$
seien zwei formatgleiche, quadratische Matrizen über $\mathbb{K}$ *gegeben. Die Matrix A heißt ähnlich*[3] *zur Matrix B, symbolisch* $A \approx B$, *falls es eine reguläre Matrix* $S \in GL(n, \mathbb{K})$ *gibt,*
mit

$$B = S^{-1} \cdot A \cdot S. \tag{4.39}$$

Das Produkt $S^{-1} \cdot A \cdot S$ *wird als eine Ähnlichkeitstransformation*[4] *von A bezeichnet. Wie*
bei der Äquivalenz von Matrizen können wir auch den Ähnlichkeitsbegriff auf Matrizen
über kommutativen Ringen ausdehnen. Hierbei ersetzen wir in der vorausgegangenen De-
finition den Körper $\mathbb{K}$ *durch einen kommutativen Ring R mit Einselement und die Gruppe*
$GL(n, \mathbb{K})$ *durch die Einheitengruppe* $(M(n, R))^*$ *des Matrizenrings* $M(n, R)$.

Eine 1×1-Matrix, also ein Skalar, ist ausschließlich zu sich selbst ähnlich, da in dieser
Situation aufgrund der Kommutativität in $\mathbb{K}$ gilt $s^{-1} \cdot a \cdot s = a \cdot s^{-1} \cdot s = a \cdot 1 = a$. Die
Ähnlichkeit von Matrizen gehört, wie beispielsweise auch die Äquivalenz von Matrizen,
zu den Äquivalenzrelationen, d. h., es gelten folgende Eigenschaften:

(i)   Es gilt $A \approx A$ (Reflexivität).
(ii) Aus $A \approx B$ folgt $B \approx A$ (Symmetrie).
(iii) Aus $A \approx B$ und $B \approx C$ folgt $A \approx C$ *(Transitivität)*.

Für äquivalente Matrizen gelten diese Eigenschaften in entsprechender Weise.
    Beweis. Übung.
    Ähnliche Matrizen teilen sich viele Eigenschaften, wie wir noch sehen werden. Nütz-
lich ist die folgende Aussage, die die Frage beantwortet, wie sich die Kerne bzw. Bilder
zweier ähnlicher Matrizen voneinander unterscheiden:

Satz 4.21 (Kerne und Bilder ähnlicher Matrizen) *Es seien A und B zwei zueinander*
ähnliche $n \times n$-*Matrizen über* $\mathbb{K}$ *mit* $B = S^{-1}AS$. *Es gilt*

$$\text{Kern}\, A = S\,\text{Kern}\, B = \text{Kern}(BS^{-1}) \quad bzw. \quad S^{-1}\,\text{Kern}\, A = \text{Kern}\, B,$$
$$\text{Bild}\, A = S\,\text{Bild}\, B = \text{Bild}(SB) \quad bzw. \quad S^{-1}\,\text{Bild}\, A = \text{Bild}\, B \tag{4.40}$$

bzw. allgemeiner sogar für jede Matrixpotenz

$$\text{Kern}(A^k) = S\,\text{Kern}(B^k) = \text{Kern}(B^k S^{-1}),$$
$$\text{Bild}(A^k) = S\,\text{Bild}(B^k) = \text{Bild}(SB^k) \tag{4.41}$$

für alle $k \in \mathbb{N}$. *Hierbei ist die nullte Potenz als Einheitsmatrix definiert:* $A^0 := E_n =: B^0$.

Beweis. Übungsaufgabe 4.5.
    Eine Matrixfaktorisierung in Form einer Ähnlichkeitstransformation mit dem Ziel, eine
möglichst einfache Matrix zu generieren, ist ein weitaus schwierigeres Problem als eine

---

[3] engl.: similar

[4] engl.: similarity transform(ation)

entsprechende Faktorisierung per Äquivalenztransformation, die mithilfe von Zeilen- und Spaltenumformungen zu einer einfachen Normalform führt. Wir werden dieses Problem an dieser Stelle noch nicht angehen. Eine Normalform unter Ähnlichkeitstransformationen ist eine sogenannte Jordan'sche-Normalform, die wir in Kap. 7 behandeln werden.

Wir formulieren nun den Basiswechsel von B nach B' nach Satz 4.17 speziell für einen Endomorphismus $f \in \text{End}(V)$ auf einem endlich-dimensionalen Vektorraum V.

Satz 4.22 (Basiswechsel bei Endomorphismen endlich-dimensionaler Vektorräume)
Es sei $f : V \to V$ ein Endomorphismus auf einem n-dimensionalen $\mathbb{K}$-Vektorraum V mit $n < \infty$. Mit B und B' seien zwei Basen von V gegeben. Die Koordinatenmatrix $M_{B'}(f)$ von f bezüglich B' kann aus der Koordinatenmatrix $M_B(f)$ von f bezüglich B über die Ähnlichkeitstransformation

$$M_{B'}(f) = (c_B(B'))^{-1} \cdot M_B(f) \cdot c_B(B') = S^{-1} \cdot M_B(f) \cdot S \qquad (4.42)$$

berechnet werden. Hierbei ist $S = c_B(B')$ die Übergangsmatrix von B nach B'. Die beiden Koordinatenmatrizen sind ähnlich

$$M_B(f) \approx M_{B'}(f).$$

Im Fall $V = \mathbb{K}^n$ ist $f : V \to V$ durch eine $n \times n$-Matrix A, der Koordinatenmatrix bezüglich der kanonischen Basis E_n von V, bereits gegeben. In diesem Fall lautet die Ähnlichkeitstransformation (4.42)

$$M_{B'}(f) = S^{-1} \cdot M_B(f) \cdot S = S^{-1} \cdot (B^{-1}AB) \cdot S = (BS)^{-1} \cdot A \cdot (BS) = B'^{-1}AB'. \qquad (4.43)$$

Hierbei gilt für die Übergangsmatrix $S = c_B(B') = B^{-1}B'$.

Jede Ähnlichkeitstransformation
$$A' = S^{-1} \cdot A \cdot S$$

einer quadratischen Matrix $A \in M(n, \mathbb{K})$ mit einer regulären Matrix $S \in GL(n, \mathbb{K})$ kann als Basiswechsel von E_n nach S interpretiert werden. In diesem Fall ist die neue Basis S bereits die Übergangsmatrix. Dabei wird der von der Ausgangsmatrix A vermittelte Endomorphismus $f_A \in \text{End}(\mathbb{K}^n)$ bezüglich der kanonischen Basis E_n betrachtet. Seine Koordinatenmatrix bezüglich S lautet dann bezüglich der Basis S

$$M_S(f_A) = S^{-1}f_A(S) = S^{-1} \cdot A \cdot S = A'.$$

Als Beispiel für eine Ähnlichkeitstransformation betrachten wir die 3×3-Matrix

$$A = \begin{pmatrix} -1 & 0 & -6 \\ -2 & 1 & -6 \\ 1 & 0 & 4 \end{pmatrix}.$$

Die Matrix

$$S = \begin{pmatrix} 3 & -9 & -2 \\ 2 & -5 & -2 \\ -1 & 3 & 1 \end{pmatrix}$$

besitzt die Determinante $\det S = 1$ und ist somit regulär. Ihre Inverse lautet

$$S^{-1} = \begin{pmatrix} 1 & 3 & 8 \\ 0 & 1 & 2 \\ 1 & 0 & 3 \end{pmatrix}.$$

Das Produkt $S^{-1}AS$ ist eine Ähnlichkeitstransformation von A und führt zu folgendem Ergebnis:

$$B = S^{-1} \cdot A \cdot S = \begin{pmatrix} 1 & 0 & 0 \\ 0 & 1 & 0 \\ 0 & 0 & 2 \end{pmatrix}.$$

Es gilt nun $A \approx B$, und wegen

$$A = S \cdot B \cdot S^{-1} = T^{-1} \cdot B \cdot T$$

mit der regulären Matrix $T = S^{-1}$ ist auch B ähnlich zu A. Im Zusammenhang mit Vektorraumendomorphismen können wir nun auch Folgendes formulieren: Die von A bezüglich der kanonischen Basis E_3 vermittelte lineare Abbildung f_A hat bezüglich der neuen Basis S eine Koordinatenmatrix in Diagonalform:

$$M_S(f_A) = S^{-1} \cdot A \cdot S = \begin{pmatrix} 1 & 0 & 0 \\ 0 & 1 & 0 \\ 0 & 0 & 2 \end{pmatrix}.$$

Mithilfe dieser Basis ist f_A also sehr übersichtlich mit einer schwach besetzten Matrix darstellbar. Wir erkennen anhand dieser Diagonalmatrix sofort, dass f_A bijektiv ist, also einen Automorphismus darstellt, denn wegen

$$\dim \operatorname{Kern} f_A = \dim \operatorname{Kern} M_S(f_A) = 3 - \operatorname{Rang} M_S(f_A) = 0$$

besteht der Kern von f_A nur aus dem Nullvektor, und wegen

$$\dim \operatorname{Bild} f_A = \operatorname{Rang} M_S(f_A) = 3$$

ist das Bild von f_A der gesamte Vektorraum $V = \mathbb{R}^3$. Dadurch, dass die darstellende Matrix B von f_A eine Diagonalmatrix mit den Diagonalkomponenten $1, 1, 2$ ist, können wir unmittelbar Vektoren angeben, die durch die darstellende Matrix B nicht verändert bzw. um den Faktor 2 gestreckt werden. Alle Vektoren aus dem Raum

$$V_1 := \left\langle \begin{pmatrix} 1 \\ 0 \\ 0 \end{pmatrix}, \begin{pmatrix} 0 \\ 1 \\ 0 \end{pmatrix} \right\rangle$$

werden durch $B = M_S(f_A)$ nicht verändert, während alle Vektoren aus dem Raum

$$V_2 := \left\langle \begin{pmatrix} 0 \\ 0 \\ 1 \end{pmatrix} \right\rangle$$

um den Faktor 2 gestreckt werden. Nun stellen diese Vektoren die Koordinatenvektoren bestimmter Vektoren aus dem Ausgangsraum $V = \mathbb{R}^3$ bezüglich der Basis S dar. Wenn wir nun einen Koordinatenvektor $\mathbf{x}$ aus dem Raum V_1 betrachten, so ist $\mathbf{v} = c_S^{-1}(\mathbf{x}) = S\mathbf{x}$ der Vektor, den $\mathbf{x}$ bezüglich der Basis S repräsentiert. Was passiert nun, wenn wir die Ausgangsmatrix A mit diesem Vektor $\mathbf{v}$ multiplizieren? Wir probieren es aus:

$$A \cdot \mathbf{v} = A \cdot S\mathbf{x} = S \cdot S^{-1} \cdot A \cdot S \cdot \mathbf{x}$$
$$= S \cdot M_S(f_A) \cdot \mathbf{x} = S \cdot 1 \cdot \mathbf{x} = S \cdot \mathbf{x} = \mathbf{v}.$$

So wie der Vektor $\mathbf{x}$ durch die Matrix $B = M_S(f_A)$ nicht verändert wird, so wird auch der Vektor $\mathbf{v}$ durch die Matrix A nicht angetastet. Für einen Vektor $\mathbf{y}$ aus dem Raum V_2 können wir einen vergleichbaren Effekt beobachten. Mit $\mathbf{w} = c_S^{-1}(\mathbf{y}) = S\mathbf{y}$ haben wir den Vektor, der durch $\mathbf{y}$ bezüglich der Basis S repräsentiert wird. Es gilt nun:

$$A \cdot \mathbf{w} = A \cdot S\mathbf{y} = S \cdot S^{-1} \cdot A \cdot S \cdot \mathbf{y}$$
$$= S \cdot M_S(f_A) \cdot \mathbf{y} = S \cdot 2 \cdot \mathbf{y} = 2 \cdot S \cdot \mathbf{y} = 2 \cdot \mathbf{w}.$$

Der Vektor $\mathbf{w}$ wird also durch die Ausgangsmatrix A, wie sein Repräsentant $\mathbf{y}$ durch $B = M_S(f_A)$, um den Faktor 2 gestreckt. Uns liegt mit S eine Basis vor, bezüglich der die Koordinatenmatrix von f_A diagonal ist. Die Ausgangsmatrix A ist also ähnlich zu einer Diagonalmatrix. Man nennt A daher *diagonalisierbar*.

Definition 4.23 (Diagonalisierbarkeit) *Eine quadratische Matrix $A \in \mathrm{M}(n, \mathbb{K})$ heißt diagonalisierbar, wenn sie ähnlich ist zu einer Diagonalmatrix. Sie ist also genau dann diagonalisierbar, wenn es eine reguläre Matrix $S \in \mathrm{GL}(n, \mathbb{K})$ gibt mit*

$$S^{-1} \cdot A \cdot S = \begin{pmatrix} \lambda_1 & 0 & \cdots & 0 \\ 0 & \lambda_2 & \ddots & \vdots \\ \vdots & \ddots & \ddots & 0 \\ 0 & \cdots & 0 & \lambda_n \end{pmatrix} \tag{4.44}$$

mit $\lambda_1, \ldots, \lambda_n \in \mathbb{K}$.

Dieser Begriff wäre nicht nötig, wenn jede quadratische Matrix ähnlich zu einer Diagonalmatrix wäre. Dies ist aber nicht der Fall. Unter welchen Bedingungen eine Matrix diagonalisierbar ist und wie eine entsprechende Ähnlichkeitstransformation ermittelt werden kann, ist ein zentraler Gegenstand der Eigenwerttheorie. Da nun zwei ähnliche Matrizen $A \approx A'$ ein- und denselben Endomorphismus nur unter anderen Basen darstellen, können wir wegen

$$\det(A') = \det(S^{-1}AS) = \frac{1}{\det S} \det(A) \det(S) = \det(A) \tag{4.45}$$

die Determinante eines Endomorphismus definieren.

Definition 4.24 (Determinante eines Endomorphismus) *Es sei V ein endlich-dimensionaler* $\mathbb{K}$-*Vektorraum und B eine Basis von V. Als Determinante von f ist die Determinante seiner Koordinatenmatrix definiert:*

$$\det f := \det M_B(f). \tag{4.46}$$

Hierbei kommt es nicht auf die Wahl der Basis B an.

In der Tat ist die Determinante von f auf diese Weise wohldefiniert. Eine andere Basis und damit eine andere Koordinatenmatrix von f wäre ähnlich zu $M_B(f)$, wodurch sich wegen (4.45) dennoch dieselbe Determinante ergäbe. Abschließend betrachten wir einige nützliche Erkenntnisse über den Zusammenhang von Matrixpotenzen bzw. inverser Matrix mit der Ähnlichkeitstransformation.

Satz 4.25 (Matrixpotenz und Ähnlichkeit) *Es seien A und A′ zwei $n \times n$-Matrizen über* $\mathbb{K}$. *Ist*

$$A \approx A', \quad mit \quad A' = S^{-1}AS$$

für ein $S \in \mathrm{GL}(n, \mathbb{K})$, *so gilt*

$$A^k \approx (A')^k, \quad mit \quad (A')^k = S^{-1}A^kS$$

für alle $k \in \mathbb{N}$.

Beweis. Es gilt

$$(A')^k = (S^{-1}AS)^k = \underbrace{S^{-1}AS \cdot S^{-1}AS \cdots S^{-1}AS}_{k\ \mathrm{mal}} = S^{-1}A^kS.$$

Damit ist insbesondere A^k ähnlich zu $(A')^k$. □

Bemerkung 4.26 *Für einen Endomorphismus $f \in \mathrm{End}(V)$ auf einem endlich-dimensionalen* $\mathbb{K}$-*Vektorraum V mit Basis B gilt*

$$M_B(f^k) = (M_B(f))^k,$$

für alle $k \in \mathbb{N}$. *Hierbei bedeutet*

$$f^k = \underbrace{f \circ \cdots \circ f}_{k\ mal}$$

die k-fache Hintereinanderausführung von f. Dabei ist $f^0 = \mathrm{id}_V$.

Beweis. Übung.

Auch bei der Matrixinversion vererbt sich die Ähnlichkeitseigenschaft.

Satz 4.27 (Inverse Matrix und Ähnlichkeit) *Es seien A und A′ zwei reguläre $n \times n$-Matrizen über* $\mathbb{K}$. *Ist*

$$A \approx A', \quad mit \quad A' = S^{-1}AS$$

für ein $S \in \mathrm{GL}(n, \mathbb{K})$, *so gilt*

$$A^{-1} \approx (A')^{-1}, \quad mit \quad (A')^{-1} = S^{-1}A^{-1}S$$

für alle $k \in \mathbb{N}$.

Beweis. Es gilt

$$(A')^{-1} = (S^{-1}AS)^{-1} = S^{-1}A^{-1}(S^{-1})^{-1} = S^{-1}A^{-1}S.$$

Damit ist insbesondere A^{-1} ähnlich zu $(A')^{-1}$. □

Unmittelbar einleuchtend ist, dass die Koordinatenmatrix der inversen Abbildung eines Automorphismus ist die Inverse der Koordinatenmatrix des Automorphismus ist:

Bemerkung 4.28 *Für einen Automorphismus $f \in \mathrm{Aut}(V)$ auf einem endlich-dimensionalen $\mathbb{K}$-Vektorraum V mit Basis B gilt*

$$M_B(f^{-1}) = (M_B(f))^{-1}.$$

Begründung. Es sei $\mathbf{v} \in V$ und $\mathbf{w} = f(\mathbf{v})$. Es gilt

$$c_B(\mathbf{v}) = c_B(f^{-1}(\mathbf{w})) = M_B(f^{-1}) \cdot c_B(\mathbf{w}) = M_B(f^{-1}) \cdot c_B(f(\mathbf{v})) = M_B(f^{-1}) \cdot M_B(f) \cdot c_B(\mathbf{v}).$$

Daher gilt $c_B(\mathbf{v}) = M_B(f^{-1}) \cdot M_B(f) \cdot c_B(\mathbf{v})$ für jeden Vektor $\mathbf{v} \in V$. Wenn wir diese Beziehung speziell für die Basisvektoren aus B auswerten, so folgt wegen $c_B(B) = E_n$ zunächst $E_n = M_B(f^{-1}) \cdot M_B(f)$. Nach Multiplikation dieser Gleichung mit $(M_B(f))^{-1}$ von rechts folgt $(M_B(f))^{-1} = M_B(f^{-1})$. □

4.8 Bilinearformen und quadratische Formen

Eine Abbildung

$$f : \mathbb{K} \to \mathbb{K}$$
$$x \mapsto f(x) = cx \tag{4.47}$$

mit einer Konstanten $c \in \mathbb{K}$ entspricht einem Polynom ersten Grades $f \in \mathbb{K}[x]$ mit der Nullstelle 0 oder dem Nullpolynom, falls $c = 0$ ist. Diese Abbildung ist andererseits auch als Homomorphismus vom Vektorraum $\mathbb{K}^1$ in den $\mathbb{K}^1$ interpretierbar. Mithilfe einer $1 \times n$-Matrix (Zeilenvektor)

$$C = (c_1, \dots c_n) \in \mathrm{M}(1 \times n, \mathbb{K})$$

können wir die lineare Abbildung aus (4.47) für Vektoren $\mathbf{x} \in \mathbb{K}^n$ auf folgende Weise formal verallgemeinern:

$$f : \mathbb{K}^n \to \mathbb{K}$$
$$\mathbf{x} \mapsto f(\mathbf{x}) = C \cdot \mathbf{x}.$$

Dieser durch die Matrix C vermittelte Homomorphismus $f_C : \mathbb{K}^n \to \mathbb{K}$ stellt eine sogenannte Linearform auf dem Vektorraum $\mathbb{K}^n$ dar. Wir können nun eine lineare Abbildung
dieser Art für allgemeine Vektorräume definieren.

Definition 4.29 (Linearform) *Es sei V ein $\mathbb{K}$-Vektorraum. Eine Linearform auf V ist eine
lineare Abbildung von V in den Grundkörper $\mathbb{K}$.*

Eine Linearform kann auch auf unendlich-dimensionalen Vektorräumen definiert sein, wie
das folgende Beispiel zeigt. Für den $\mathbb{R}$-Vektorraum $C^0(\mathbb{R})$ der auf $\mathbb{R}$ stetigen Funktionen
stellt der Homomorphismus

$$f : C^0(\mathbb{R}) \to \mathbb{R}$$
$$\varphi \mapsto f(\varphi) := \varphi(0)$$

eine Linearform dar. Die Abbildung f ordnet jeder stetigen, auf ganz $\mathbb{R}$ definierten Funktion φ ihrem bei 0 ausgewerteten Funktionswert zu. Wir können uns schnell davon überzeugen, dass f linear ist. Darüber hinaus sehen wir sofort, dass f surjektiv, aber nicht injektiv
ist. Die Menge aller Linearformen auf einem $\mathbb{K}$-Vektorraum erhält nun eine eigene Bezeichnung.

Definition 4.30 (Dualraum) *Es sei V ein $\mathbb{K}$-Vektorraum. Die Menge $V^* := \mathrm{Hom}(V \to \mathbb{K})$
aller Homomorphismen von V nach $\mathbb{K}$, also die Menge aller Linearformen auf V, heißt
Dualraum von V.*

Dass V^* tatsächlich Vektorraumstruktur besitzt, werden wir in Abschnitt 4.11 erkennen.
Die Linearformen aus V^* werden auch als *Kovektoren* bezeichnet.

Ziel der folgenden Überlegungen ist es, in Analogie zu (4.47) eine Verallgemeinerung
des quadratischen Ausdrucks,

$$f : \mathbb{K} \to \mathbb{K}$$
$$x \mapsto f(x) = ax^2, \tag{4.48}$$

also eines speziellen Polynoms *zweiten* Grades (sofern $a \neq 0$), für Vektoren zu finden.
Einen derartigen Ausdruck werden wir später als *quadratische Form* in geeigneter Weise
definieren. Hierzu benötigen wir zunächst den Begriff der Bilinearform.

Definition 4.31 (Bilinearform) *Es sei V ein $\mathbb{K}$-Vektorraum. Eine Abbildung*

$$\beta : V \times V \to \mathbb{K}$$
$$(\mathbf{v}, \mathbf{w}) \mapsto \beta(\mathbf{v}, \mathbf{w}) \tag{4.49}$$

*heißt Bilinearform auf V, wenn sie in jeder ihrer beiden Variablen getrennt betrachtet eine
lineare Abbildung ist:*

$$\beta(\mathbf{v}_1 + \mathbf{v}_2, \mathbf{w}) = \beta(\mathbf{v}_1, \mathbf{w}) + \beta(\mathbf{v}_2, \mathbf{w})$$
$$\beta(\mathbf{v}, \mathbf{w}_1 + \mathbf{w}_2) = \beta(\mathbf{v}, \mathbf{w}_1) + \beta(\mathbf{v}, \mathbf{w}_2) \tag{4.50}$$
$$\beta(\lambda\mathbf{v}, \mathbf{w}) = \lambda\beta(\mathbf{v}, \mathbf{w}) = \beta(\mathbf{v}, \lambda\mathbf{w})$$

für alle $\mathbf{v}, \mathbf{w}, \mathbf{v}_1, \mathbf{v}_2, \mathbf{w}_1, \mathbf{w}_2 \in V$ *und* $\lambda \in \mathbb{K}$. *Sie heißt symmetrisch, falls ihre Variablen vertauscht werden dürfen:*

$$\beta(\mathbf{v}, \mathbf{w}) = \beta(\mathbf{w}, \mathbf{v}) \tag{4.51}$$

für alle $\mathbf{v}, \mathbf{w} \in V$. *Eine symmetrische Bilinearform heißt nicht-ausgeartet, wenn aus* $\beta(\mathbf{v}, \mathbf{w}) = 0$ *für alle* $\mathbf{v} \in V$ *folgt* $\mathbf{w} = 0$. *In dieser Situation wird* β *auch als inneres Produkt bezeichnet.*

Für eine Bilinearform $\beta : V \times V \to \mathbb{K}$ sind also mit $\mathbf{v}, \mathbf{w} \in V$ sowohl

$$r_{\mathbf{v}} : V \to \mathbb{K}$$
$$\mathbf{x} \mapsto r_{\mathbf{v}}(\mathbf{x}) := \beta(\mathbf{v}, \mathbf{x})$$

als auch

$$l_{\mathbf{w}} : V \to \mathbb{K}$$
$$\mathbf{x} \mapsto l_{\mathbf{w}}(\mathbf{x}) := \beta(\mathbf{x}, \mathbf{w})$$

Linearformen auf V. Um ein Beispiel für eine Bilinearform auf einem unendlich-dimensionalen Vektorraum kennenzulernen, betrachten wir den Vektorraum $C^0([0, 1])$ der auf dem Intervall $[0, 1]$ stetigen reellen Funktionen. Die durch das Integral

$$\int_0^1 \varphi(t) \psi(t) \, dt$$

für zwei Funktionen $\varphi, \psi \in C^0([0, 1])$ definierte Abbildung

$$<\cdot, \cdot> : C^0([0, 1]) \times C^0([0, 1]) \to \mathbb{K}$$
$$(\varphi, \psi) \mapsto <\varphi, \psi> := \int_0^1 \varphi(t) \psi(t) \, dt \tag{4.52}$$

ist eine symmetrische Bilinearform auf $C^0([0, 1])$.

Ein Beispiel für eine symmetrische Bilinearform auf dem Vektorraum $\mathbb{R}^n$ aller reellen Spaltenvektoren mit n Komponenten ist das *kanonische Skalarprodukt* auf dem $\mathbb{R}^n$

$$<\cdot, \cdot> : \mathbb{R}^n \times \mathbb{R}^n \to \mathbb{R}$$
$$(\mathbf{x}, \mathbf{y}) \mapsto <\mathbf{x}, \mathbf{y}> := \mathbf{x}^T \cdot \mathbf{y} = \sum_{k=1}^n x_k y_k = x_1 y_1 + \cdots + x_n y_n. \tag{4.53}$$

Mithilfe des kanonischen Skalarprodukts sind Längenmessungen von Vektoren möglich. So ist zum Beispiel im Fall des Vektorraums $\mathbb{R}^2$ die Länge L des Vektors $\mathbf{x} = (3, 4)^T \in \mathbb{R}^2$, interpretiert als der Abstand des Punktes $\mathbf{x}$ zum Nullpunkt $\mathbf{0}$, über

$$L = \sqrt{<\mathbf{x}, \mathbf{x}>} = \sqrt{3^2 + 4^2} = \sqrt{25} = 5$$

nach dem Satz des Pythagoras berechenbar (vgl. Kap. 5). Wenn wir nun eine beliebige $n \times n$-Matrix über einen Körper $\mathbb{K}$ betrachten, so stellt

$$\beta_A : \mathbb{K}^n \times \mathbb{K}^n \to \mathbb{K}$$
$$(\mathbf{x}, \mathbf{y}) \mapsto \mathbf{x}^T \cdot A \cdot \mathbf{y}$$

eine Bilinearform dar. Falls die β_A vermittelnde Matrix A symmetrisch ist, falls also $A^T = A$ gilt, so handelt es sich bei β_A um eine symmetrische Bilinearform, denn für $\mathbf{x}, \mathbf{y} \in \mathbb{K}^n$ gilt dann

$$\beta_A(\mathbf{x}, \mathbf{y}) = \mathbf{x}^T \cdot A \cdot \mathbf{y} = \underbrace{\mathbf{x}^T \cdot A^T \cdot \mathbf{y}}_{\text{Skalar}} = (\mathbf{x}^T \cdot A^T \cdot \mathbf{y})^T = \mathbf{y}^T \cdot A \cdot \mathbf{x} = \beta_A(\mathbf{y}, \mathbf{x}).$$

Umgekehrt ist eine symmetrische Matrix auch notwendig, damit β_A eine symmetrische Bilinearform darstellt. Denn wenn für alle $\mathbf{x}, \mathbf{y} \in \mathbb{K}$ gilt

$$\beta_A(\mathbf{x}, \mathbf{y}) = \beta_A(\mathbf{y}, \mathbf{x}),$$

so gilt speziell für die kanonischen Einheitsvektoren $\hat{\mathbf{e}}_1, \ldots, \hat{\mathbf{e}}_n \in \mathbb{K}^n$:

$$\beta_A(\hat{\mathbf{e}}_i, \hat{\mathbf{e}}_j) = \beta_A(\hat{\mathbf{e}}_j, \hat{\mathbf{e}}_i), \qquad 1 \le i, j \le n.$$

Mit $A = (a_{ij})_{1 \le i, j \le n}$ gilt nun für die Komponente a_{ij} in der i-ten Zeile und j-ten Spalte von A

$$a_{ij} = \hat{\mathbf{e}}_i \cdot A \cdot \hat{\mathbf{e}}_j = \beta_A(\hat{\mathbf{e}}_i, \hat{\mathbf{e}}_j) = \beta_A(\hat{\mathbf{e}}_j, \hat{\mathbf{e}}_i) = \hat{\mathbf{e}}_j \cdot A \cdot \hat{\mathbf{e}}_i = a_{ji}$$

für $1 \le i, j \le n$. Damit ist A symmetrisch, es gilt also $A^T = A$. Wir könnten nun für den Vektorraum $\mathbb{C}^n$ aller komplexen Spaltenvektoren mit n Komponenten analog dem kanonischen Skalarprodukt gemäß (4.53) die Abbildung

$$\beta : \mathbb{C}^n \times \mathbb{C}^n \to \mathbb{C}$$
$$(\mathbf{x}, \mathbf{y}) \mapsto \mathbf{x}^T \cdot \mathbf{y} = x_1 y_1 + \cdots + x_n y_n$$

definieren. Diese Abbildung ist eine symmetrische Bilinearform auf $\mathbb{C}^n$. Allerdings gibt es hier nicht-triviale Vektoren $\mathbf{x} \in \mathbb{C}^n$ mit $\beta(\mathbf{x}, \mathbf{x}) < 0$, was beim kanonischen Skalarprodukt des $\mathbb{R}^n$ nicht möglich ist. Für $n = 2$ ist dies beispielsweise der Vektor $(i, 0)^T \in \mathbb{C}^2$. Wir werden später, basierend auf Bilinearformen, den Begriff des Skalarprodukts anhand axiomatisch geforderter Eigenschaften definieren. Ein Skalarprodukt dient dann wiederum zur Definition einer Norm, die Längenmessungen hinsichtlich bestimmter Zielsetzungen ermöglicht. Eine Länge ist aber sinnvollerweise eine nicht-negative reelle Zahl und nur für den Nullvektor identisch 0. Die hier definierte Bilinearform β kann hier keine Grundlage für Längenmessungen in $\mathbb{C}^n$ bieten. Abhilfe schafft hier die gegenüber β modifizierte Abbildung

$$\beta' : \mathbb{C}^n \times \mathbb{C}^n \to \mathbb{C}$$
$$(\mathbf{x}, \mathbf{y}) \mapsto x_1 \bar{y}_1 + \cdots + x_n \bar{y}_n,$$

die als *kanonisches Skalarprodukt auf dem* $\mathbb{C}^n$ bezeichnet wird. Für β' gilt nun in der Tat für jeden Vektor $\mathbf{x} \in \mathbb{C}^n$

$$\beta'(\mathbf{x}, \mathbf{x}) = x_1\bar{x}_1 + \cdots + x_n\bar{x}_n = |x_1|^2 + \cdots + |x_n|^2 \geq 0.$$

Die zugrunde gelegte Abbildung β' ist aber keine Bilinearform, denn es gilt beispielsweise für den Skalar $\mathrm{i} \in \mathbb{C}$ und zwei beliebige Vektoren $\mathbf{x}, \mathbf{y} \in \mathbb{C}^n$ mit $\beta'(\mathbf{x}, \mathbf{y}) \neq 0$ (beispielsweise für $\mathbf{x} = \hat{\mathbf{e}}_1 = \mathbf{y}$):

$$\beta'(\mathbf{x}, \mathrm{i}\mathbf{y}) = x_1\overline{\mathrm{i}y_1} + \cdots + x_n\overline{\mathrm{i}y_n} = -\mathrm{i}(x_1\bar{y}_1 + \cdots + x_n\bar{y}_n) = -\mathrm{i}\beta'(\mathbf{x}, \mathbf{y}) \neq \mathrm{i}\beta'(\mathbf{x}, \mathbf{y}).$$

Ein Skalar darf in der zweiten Variablen nur konjugiert extrahiert werden: $\beta'(\mathbf{x}, \lambda\mathbf{y}) = \bar{\lambda}\beta'(\mathbf{x}, \mathbf{y})$. Dies motiviert die Definition eines neuen Typs von Abbildungen.

Definition 4.32 (Sesquilinearform) *Für einen $\mathbb{C}$-Vektorraum V heißt eine Abbildung*

$$\begin{aligned} \beta : V \times V &\to \mathbb{C} \\ (\mathbf{v}, \mathbf{w}) &\mapsto \beta(\mathbf{v}, \mathbf{w}) \end{aligned} \tag{4.54}$$

eine Sesquilinearform[5] auf V, wenn sie in ihrer linken Variablen eine lineare Abbildung ist:

$$\begin{aligned} \beta(\mathbf{v}_1 + \mathbf{v}_2, \mathbf{w}) &= \beta(\mathbf{v}_1, \mathbf{w}) + \beta(\mathbf{v}_2, \mathbf{w}) \\ \beta(\lambda\mathbf{v}, \mathbf{w}) &= \lambda\beta(\mathbf{v}, \mathbf{w}) \end{aligned} \tag{4.55}$$

und in ihrer rechten Variablen semilinear ist, d. h.

$$\begin{aligned} \beta(\mathbf{v}, \mathbf{w}_1 + \mathbf{w}_2) &= \beta(\mathbf{v}, \mathbf{w}_1) + \beta(\mathbf{v}, \mathbf{w}_2) \\ \beta(\mathbf{v}, \lambda\mathbf{w}) &= \bar{\lambda}\beta(\mathbf{v}, \mathbf{w}) \end{aligned} \tag{4.56}$$

für alle $\mathbf{v}, \mathbf{w}, \mathbf{v}_1, \mathbf{v}_2, \mathbf{w}_1, \mathbf{w}_2 \in V$ und $\lambda \in \mathbb{C}$. Sie heißt hermitesch[6], falls Variablentausch zur komplexen Konjugation führt, d. h., falls sie konjugiert-symmetrisch ist:

$$\beta(\mathbf{v}, \mathbf{w}) = \overline{\beta(\mathbf{w}, \mathbf{v})} \tag{4.57}$$

für alle $\mathbf{v}, \mathbf{w} \in V$. Eine hermitesche Sesquilinearform wird auch kurz als hermitesche Form bezeichnet.

Es besteht die Möglichkeit, den Begriff der Bilinearform etwas allgemeiner zu fassen, indem für die beiden Argumente zwei unabhängige Vektorräume betrachtet werden. Die entsprechende Erweiterung von Definition 4.31 lautet dann:

Definition 4.33 (Bilinearform auf zwei Vektorräumen) *Es seien V und W zwei $\mathbb{K}$-Vektorräume. Eine Abbildung*

$$\begin{aligned} \beta : V \times W &\to \mathbb{K} \\ (\mathbf{v}, \mathbf{w}) &\mapsto \beta(\mathbf{v}, \mathbf{w}) \end{aligned} \tag{4.58}$$

heißt Bilinearform, wenn sie linear in jeder ihrer beiden Variablen ist:

---

[5] lat. für eineinhalb

[6] Charles Hermite (1822-1901), französicher Mathematiker

$$\beta(\mathbf{v}_1 + \mathbf{v}_2, \mathbf{w}) = \beta(\mathbf{v}_1, \mathbf{w}) + \beta(\mathbf{v}_2, \mathbf{w})$$
$$\beta(\mathbf{v}, \mathbf{w}_1 + \mathbf{w}_2) = \beta(\mathbf{v}, \mathbf{w}_1) + \beta(\mathbf{v}, \mathbf{w}_2) \tag{4.59}$$
$$\beta(\lambda \mathbf{v}, \mathbf{w}) = \lambda \beta(\mathbf{v}, \mathbf{w}) = \beta(\mathbf{v}, \lambda \mathbf{w})$$

für alle $\mathbf{v}, \mathbf{v}_1, \mathbf{v}_2 \in V$ *und* $\mathbf{w}, \mathbf{w}_1 \mathbf{w}_2 \in W$ *sowie* $\lambda \in \mathbb{K}$.

Eine Sesquilinearform auf einem $\mathbb{C}$-Vektorraum V ist nichts weiter als eine Bilinearform im Sinne dieser verallgemeinerten Definition, wobei sich der Vektorraum W von V nur dadurch unterscheidet, dass die skalare Multiplikation in ihm über $(\lambda, \mathbf{w}) \mapsto \overline{\lambda} \mathbf{w}$ definiert ist, statt, wie in V, über $(\lambda, \mathbf{v}) \mapsto \lambda \mathbf{v}$. Dabei wird anstelle von λ der konjugiert komplexe Skalar $\overline{\lambda}$ im Sinne der in V definierten skalaren Multiplikation mit $\mathbf{w}$ multipliziert.

4.9 Basiswahl und Strukturmatrix

Wir haben bereits gesehen, dass mit einer $n \times n$-Matrix A über $\mathbb{K}$ eine Bilinearform auf dem endlich-dimensionalen Vektorraum $\mathbb{K}^n$ per $\beta_A(\mathbf{x}, \mathbf{y}) := \mathbf{x}^T A \mathbf{y}$ definiert werden kann. Durch das Einsetzen der kanonischen Basisvektoren des $\mathbb{K}^n$ in β_A ergeben sich die Komponenten von A:

$$\beta_A(\hat{\mathbf{e}}_i, \hat{\mathbf{e}}_j) = \hat{\mathbf{e}}_i^T A \hat{\mathbf{e}}_j = a_{ij}$$

für $1 \leq i, j \leq n$. Nun betrachten wir wieder einen abstrakten $\mathbb{K}$-Vektorraum V der endlichen Dimension n. Mit $B = (\mathbf{b}_1, \ldots, \mathbf{b}_n)$ wählen wir eine Basis von V. Mithilfe der Koordinatenabbildung $c_B : V \to \mathbb{K}^n$ können wir nun zwei beliebige Vektoren $\mathbf{v}, \mathbf{w} \in V$ ihren Koordinatenvektoren $\mathbf{x} = c_B(\mathbf{v}) \in \mathbb{K}^n$ und $\mathbf{y} = c_B(\mathbf{w}) \in \mathbb{K}^n$ zuordnen, sodass für $\mathbf{v}$ und $\mathbf{w}$ die Darstellungen

$$\mathbf{v} = \sum_{i=1}^{n} x_i \mathbf{b}_i, \qquad \mathbf{w} = \sum_{j=1}^{n} y_j \mathbf{b}_j \tag{4.60}$$

existieren. Wir wollen nun versuchen, eine Bilinearform

$$\beta : V \times V \to \mathbb{K}$$
$$(\mathbf{v}, \mathbf{w}) \mapsto \beta(\mathbf{v}, \mathbf{w})$$

mithilfe einer $n \times n$-Matrix A so darzustellen, dass

$$\beta(\mathbf{v}, \mathbf{w}) = \beta_A(\mathbf{x}, \mathbf{y}) = \mathbf{x}^T \cdot A \cdot \mathbf{y}$$

gilt. Wir setzen zunächst die Darstellungen (4.60) in β ein:

$$\beta(\mathbf{v}, \mathbf{w}) = \beta \left(\sum_{i=1}^{n} x_i \mathbf{b}_i, \sum_{j=1}^{n} y_j \mathbf{b}_j \right).$$

Nun machen wir uns die Bilinearität von β zunutze. Es folgt damit aus der letzten Gleichung

$$\beta(\mathbf{v}, \mathbf{w}) = \sum_{i=1}^{n} x_i \beta\left(\mathbf{b}_i, \sum_{j=1}^{n} y_j \mathbf{b}_j\right)$$

$$= \sum_{i=1}^{n} x_i \sum_{j=1}^{n} y_j \beta(\mathbf{b}_i, \mathbf{b}_j).$$

Diese Doppelsumme können wir mithilfe einer $n \times n$-Matrix A kompakt ausdrücken:

$$\sum_{i=1}^{n} x_i \sum_{j=1}^{n} y_j \beta(\mathbf{b}_i, \mathbf{b}_j) = (x_1, x_2, \ldots, x_n) \cdot \begin{pmatrix} \beta(\mathbf{b}_1, \mathbf{b}_1) & \beta(\mathbf{b}_1, \mathbf{b}_2) & \cdots & \beta(\mathbf{b}_1, \mathbf{b}_n) \\ \beta(\mathbf{b}_2, \mathbf{b}_1) & \beta(\mathbf{b}_2, \mathbf{b}_2) & \cdots & \beta(\mathbf{b}_2, \mathbf{b}_n) \\ \vdots & & \ddots & \vdots \\ \beta(\mathbf{b}_n, \mathbf{b}_1) & \cdots & \cdots & \beta(\mathbf{b}_n, \mathbf{b}_n) \end{pmatrix} \cdot \begin{pmatrix} y_1 \\ y_2 \\ \vdots \\ y_n \end{pmatrix}.$$

Mit der Matrix

$$A = (\beta(\mathbf{b}_i, \mathbf{b}_j))_{1 \leq i, j \leq n}$$

gilt also

$$\beta(\mathbf{v}, \mathbf{w}) = \mathbf{x}^T \cdot A \cdot \mathbf{y}.$$

Wir halten dieses Resultat als Satz fest.

Satz 4.34 (Darstellung einer Bilinearform mit einer Matrix) *Es sei V ein endlich-dimensionaler $\mathbb{K}$-Vektorraum der Dimension n mit der Basis $B = (\mathbf{b}_1, \ldots, \mathbf{b}_n)$. Darüber hinaus sei*

$$\beta : V \times V \to \mathbb{K}$$
$$(\mathbf{v}, \mathbf{w}) \mapsto \beta(\mathbf{v}, \mathbf{w})$$

eine Bilinearform auf V. Für jedes Vektorenpaar $(\mathbf{v}, \mathbf{w}) \in V \times V$ kann $\beta(\mathbf{v}, \mathbf{w})$ durch die Koordinatenvektoren $\mathbf{x} = c_B(\mathbf{v}) \in \mathbb{K}^n$ und $\mathbf{y} = c_B(\mathbf{w}) \in \mathbb{K}^n$ dieser Vektoren bezüglich der Basis B dargestellt werden als

$$\beta(\mathbf{v}, \mathbf{w}) = \mathbf{x}^T \cdot A_B(\beta) \cdot \mathbf{y}, \tag{4.61}$$

wobei die $n \times n$-Matrix $A_B(\beta)$ durch

$$A_B(\beta) = (\beta(\mathbf{b}_i, \mathbf{b}_j))_{1 \leq i, j \leq n} \tag{4.62}$$

definiert ist. Diese Matrix heißt darstellende Matrix oder Strukturmatrix von β bezüglich der Basis B. Sie vermittelt eine entsprechende Bilinearform $\beta_{A_B(\beta)}$ auf dem Spaltenvektorraum $\mathbb{K}^n$, was durch das Diagramm

$$
\begin{array}{ccc}
V \times V & \xrightarrow{\beta} & \mathbb{K} \\
c_B \downarrow & & \downarrow \mathrm{id}_{\mathbb{K}} \\
\mathbb{K}^n \times \mathbb{K}^n & \xrightarrow{\beta_{A_B(\beta)}} & \mathbb{K}
\end{array}
$$

beschrieben wird. Die vorgegebene Bilinearform β ist genau dann symmetrisch, wenn ihre darstellende Matrix $A_B(\beta)$ symmetrisch ist.

Im Fall $V = \mathbb{K}^n$ kann β durch die Strukturmatrix bezüglich der kanonischen Basis E_n von $\mathbb{K}^n$ dargestellt werden:

$$M = A_{E_n}(\beta) = (\beta(\hat{\mathbf{e}}_i, \hat{\mathbf{e}}_j))_{1 \leq i,j \leq n}. \tag{4.63}$$

Es gilt dann $\beta(\mathbf{v}, \mathbf{w}) = \beta_M(\mathbf{v}, \mathbf{w}) = \mathbf{v}^T \cdot M \cdot \mathbf{w}$ für $\mathbf{v}, \mathbf{w} \in \mathbb{K}^n$. Die Bilinearform β ist damit in natürlicher Weise bereits durch eine Matrix M gegeben. Für eine (alternative) Basis $B = (\mathbf{b}_1, \ldots, \mathbf{b}_n)$ von $\mathbb{K}^n$ ist mit

$$A_B(\beta) = \beta(\mathbf{b}_i, \mathbf{b}_j)_{1 \leq i,j \leq n} = \beta_M(\mathbf{b}_i, \mathbf{b}_j)_{1 \leq i,j \leq n} = \left(\mathbf{b}_i^T \cdot M \cdot \mathbf{b}_j\right)_{1 \leq i,j \leq n}$$

die darstellende Matrix von $\beta = \beta_M$ bezüglich B gegeben. Hier gilt also

$$\begin{aligned}
\beta(\mathbf{v}, \mathbf{w}) = \beta_M(\mathbf{v}, \mathbf{w}) &= \beta_{A_B(\beta)}(c_B(\mathbf{v}), c_B(\mathbf{w})) \\
&= (c_B(\mathbf{v}))^T \cdot A_B(\beta) \cdot c_B(\mathbf{w}) \\
&= (B^{-1}\mathbf{v})^T \cdot A_B(\beta) \cdot (B^{-1}\mathbf{w}) = \mathbf{v}^T \cdot (B^{-1})^T A_B(\beta) B^{-1} \cdot \mathbf{w}.
\end{aligned}$$

Diese spezielle Situation zeigt das folgende Diagramm:

$$\begin{array}{ccc}
\mathbb{K}^n \times \mathbb{K}^n & \xrightarrow{\beta_M} & \mathbb{K} \\
c_B \downarrow & & \downarrow \mathrm{id}_{\mathbb{K}} \\
\mathbb{K}^n \times \mathbb{K}^n & \xrightarrow{\beta_{A_B(\beta)}} & \mathbb{K}
\end{array}.$$

Die darstellende Matrix in (4.62) ist für die Berechnung von $\beta(\mathbf{v}, \mathbf{w})$ aus $\mathbf{x}$ und $\mathbf{y}$ gemäß Gleichung (4.61) eindeutig bestimmt, denn für eine $n \times n$-Matrix A mit derselben Eigenschaft

$$\beta(\mathbf{v}, \mathbf{w}) = \mathbf{x}^T A \mathbf{y}, \quad \text{für alle} \quad \mathbf{x}, \mathbf{y} \in \mathbb{K}^n$$

gilt aufgrund (4.61)

$$\mathbf{x}^T A \mathbf{y} = \beta(\mathbf{v}, \mathbf{w}) = \mathbf{x}^T \cdot A_B(\beta) \cdot \mathbf{y}, \quad \text{für alle} \quad \mathbf{a} \in \mathbb{K}^n.$$

Wenn wir in dieser Gleichung speziell die kanonischen Einheitsvektoren $\mathbf{x} = \hat{\mathbf{e}}_i$ und $\mathbf{y} = \hat{\mathbf{e}}_j$ des $\mathbb{K}^n$ einsetzen, so ergeben sich links bzw. rechts für $1 \leq i, j \leq n$ die Komponenten von A bzw. $A_B(\beta)$, die somit übereinstimmen.

   Wir betrachten nun ein Beispiel für die Darstellung einer Bilinearform mit einer Matrix. Für den Vektorraum $\mathbb{R}^3$ ist mit

$$\begin{aligned}
\beta &: \mathbb{R}^3 \times \mathbb{R}^3 \to \mathbb{R} \\
(\mathbf{x}, \mathbf{y}) &\mapsto \beta(\mathbf{x}, \mathbf{y}) = x_1 y_3 - 2 x_3 y_2 - x_2 y_2 + 2 x_1 y_2 + x_2 y_1 + 3 x_1 y_1
\end{aligned}$$

eine Bilinearform auf $\mathbb{R}^3$ gegeben. Den Nachweis der Bilinearität können wir erbringen, indem wir zunächst die darstellende Matrix bezüglich der kanonischen Basis von $\mathbb{R}^3$ berechnen. Es gilt mit der Matrix

$$M = A_{E_n}(\beta) = \beta(\hat{\mathbf{e}}_i, \hat{\mathbf{e}}_j)_{1 \leq i,j \leq n} = \begin{pmatrix} \beta(\hat{\mathbf{e}}_1,\hat{\mathbf{e}}_1) & \beta(\hat{\mathbf{e}}_1,\hat{\mathbf{e}}_2) & \beta(\hat{\mathbf{e}}_1,\hat{\mathbf{e}}_3) \\ \beta(\hat{\mathbf{e}}_2,\hat{\mathbf{e}}_1) & \beta(\hat{\mathbf{e}}_2,\hat{\mathbf{e}}_2) & \beta(\hat{\mathbf{e}}_2,\hat{\mathbf{e}}_3) \\ \beta(\hat{\mathbf{e}}_3,\hat{\mathbf{e}}_1) & \beta(\hat{\mathbf{e}}_3,\hat{\mathbf{e}}_2) & \beta(\hat{\mathbf{e}}_3,\hat{\mathbf{e}}_3) \end{pmatrix} = \begin{pmatrix} 3 & 2 & 1 \\ 1 & -1 & 0 \\ 0 & -2 & 0 \end{pmatrix}$$

für die von M vermittelte Bilinearform auf $\mathbb{R}^3$:

$$\mathbf{x}^T M \mathbf{y} = (x_1, x_2, x_3) \begin{pmatrix} 3 & 2 & 1 \\ 1 & -1 & 0 \\ 0 & -2 & 0 \end{pmatrix} \begin{pmatrix} y_1 \\ y_2 \\ y_3 \end{pmatrix} = (x_1, x_2, x_3) \begin{pmatrix} 3y_1 + 2y_2 + y_3 \\ y_1 - y_2 \\ -2y_2 \end{pmatrix}$$

$$= 3x_1 y_1 + 2x_1 y_2 + x_1 y_3 + x_2 y_1 - x_2 y_2 - 2x_3 y_2.$$

Dies ist die vorgegebene Bilinearform. Wegen $M \neq M^T$ ist β nicht symmetrisch. Wir betrachten ein weiteres Beispiel. Für den zweidimensionalen $\mathbb{R}$-Vektorraum aller durch sin und cos erzeugten Funktionen

$$V = \langle \sin, \cos \rangle$$

ist

$$< \cdot, \cdot >: V \times V \to \mathbb{R}$$

$$(\varphi, \psi) \mapsto \int_0^\pi \varphi(t) \psi(t) \, dt$$

eine symmetrische Bilinearform. Wir betrachten die Basis

$$B = (2\cos, -\sin).$$

Die darstellende Matrix von $< \cdot, \cdot >$ bezüglich B lautet

$$A_B(< \cdot, \cdot >) = \begin{pmatrix} < 2\cos, 2\cos > & < 2\cos, -\sin > \\ < -\sin, 2\cos > & < -\sin, -\sin > \end{pmatrix}$$

$$= \begin{pmatrix} \int_0^\pi 4\cos^2 t \, dt & \int_0^\pi -2(\cos t)(\sin t) \, dt \\ \int_0^\pi -2(\sin t)(\cos t) \, dt & \int_0^\pi \sin^2 t \, dt \end{pmatrix}$$

$$= \begin{pmatrix} 2\pi & 0 \\ 0 & \pi/2 \end{pmatrix}.$$

Wir testen nun die „Gebrauchstauglichkeit" dieser darstellenden Matrix anhand der Vektoren $\varphi = \cos + \sin$ und $\psi = -\cos$. Für diese Vektoren lautet der Wert der Bilinearform

$$< \varphi, \psi > = \int_0^\pi (\cos t + \sin t)(-\cos t) \, dt$$

$$= \int_\pi^0 \cos^2 t \, dt + \int_\pi^0 \sin t \, \cos t \, dt$$

$$= \tfrac{1}{2}[t + \sin t \, \cos t]_\pi^0 + \tfrac{1}{2}[\sin^2 t]_\pi^0 = -\frac{\pi}{2}.$$

Die Koordinatenvektoren von φ und ψ bezüglich B lauten

$$\mathbf{x} = c_B(\varphi) = \begin{pmatrix} 1/2 \\ -1 \end{pmatrix}, \qquad \mathbf{y} = c_B(\psi) = \begin{pmatrix} -1/2 \\ 0 \end{pmatrix}.$$

Nun berechnen wir zum Vergleich den Wert der Bilinearform mithilfe der Strukturmatrix. Es gilt

$$\mathbf{x}^T \cdot A_B(< \cdot, \cdot >) \cdot \mathbf{y} = (\tfrac{1}{2}, -1) \cdot \begin{pmatrix} 2\pi & 0 \\ 0 & \pi/2 \end{pmatrix} \cdot \begin{pmatrix} -1/2 \\ 0 \end{pmatrix} = -\frac{\pi}{2}.$$

Wir haben den Wert $< \varphi, \psi >$ nun ohne Integration berechnet. Allerdings musste die Integration bei der Bestimmung der darstellenden Matrix zuvor investiert werden. Für weitere Funktionenpaare aus V reicht aber dann die darstellende Matrix aus, um den Wert der Bilinearform zu berechnen. In vielen Anwendungen, beispielsweise aus der Physik, werden komplexe Vektorräume zugrunde gelegt, sodass Sesquilinearformen eine zentrale Rolle spielen. Auch hier besteht die Möglichkeit der Matrix-Darstellung.

Bemerkung 4.35 (Darstellung einer Sesquilinearform mit einer Matrix) *Eine Sesquilinearform $\beta : V \times V \to \mathbb{C}$ auf einen $\mathbb{C}$-Vektorraum V kann im endlich-dimensionalen Fall $\dim V = n < \infty$ ebenfalls durch eine Matrix dargestellt werden. Hierzu sei $B = (\mathbf{b}_1, \ldots, \mathbf{b}_n)$ eine Basis von V. Für jedes Vektorenpaar $(\mathbf{v}, \mathbf{w}) \in V \times V$ kann die gegebene Sesquilinearform durch die Koordinatenvektoren $\mathbf{x} = c_B(\mathbf{v}) \in \mathbb{C}^n$ und $\mathbf{y} = c_B(\mathbf{w}) \in \mathbb{C}^n$, ähnlich wie im Fall von Bilinearformen, dargestellt werden als*

$$\beta(\mathbf{v}, \mathbf{w}) = \mathbf{x}^T \cdot A_B(\beta) \cdot \overline{\mathbf{y}}, \tag{4.64}$$

wobei die $n \times n$-Matrix $A_B(\beta)$ durch

$$A_B(\beta) = (\beta(\mathbf{b}_i, \mathbf{b}_j))_{1 \le i, j \le n} \tag{4.65}$$

definiert ist. Zu beachten ist, dass in (4.64), im Unterschied zu Bilinearformen, der konjugiert komplexe Koordinatenvektor $\overline{\mathbf{y}}$ zu verwenden ist.

Eine Bilinearform ist genau dann symmetrisch, wenn ihre darstellende Matrix symmetrisch ist. Für Sesquilinearformen können wir einen ähnlichen Sachverhalt feststellen. Dazu benötigen wir allerdings eine spezielle Eigenschaft komplexer Matrizen.

Definition 4.36 (Hermitesche Matrix) *Eine komplexe $n \times n$-Matrix $A \in \mathrm{M}(n, \mathbb{C})$ heißt hermitesch, falls sie mit ihrer konjugiert-transponierten Matrix übereinstimmt, d. h., falls*

$$A^* := \bar{A}^T = A \tag{4.66}$$

gilt. Die Matrix $A^* = \bar{A}^T$ wird als die zu A adjungierte Matrix bezeichnet. Statt der Schreibweise A^* existiert auch die Bezeichnung A^H. Eine hermitesche Matrix wird häufig auch als selbstadjungierte Matrix bezeichnet.

In Analogie zur Äquivalenz zwischen symmetrischer Bilinearform und Symmetrie ihrer Strukturmatrix gilt im Fall einer Sesquilinearform β mit darstellender Matrix A:

$$\beta \text{ ist hermitesch} \iff A^* = A.$$

Auf dem Begriff der symmetrischen Bilinearform basiert der Begriff der quadratischen Form. Hierzu werden in einer Bilinearform $\beta(\mathbf{v}, \mathbf{w})$ identische Vektoren $\mathbf{v} = \mathbf{w}$ eingesetzt.

Definition 4.37 (Quadratische Form) *Es sei $\beta : V \times V \to \mathbb{K}$ eine symmetrische Bilinearform. Die Abbildung*

$$
\begin{aligned}
q : V &\to \mathbb{K} \\
\mathbf{v} &\mapsto q(\mathbf{v}) := \beta(\mathbf{v}, \mathbf{v})
\end{aligned}
\tag{4.67}
$$

heißt die zu β gehörende quadratische Form auf V.

Für eine quadratische Form q dieser Art gilt aufgrund der Symmetrie und der Bilinearitätseigenschaften der zugrunde gelegten Bilinearform β

$$
q(\lambda \mathbf{v}) = \lambda^2 q(\mathbf{v}), \qquad q(\mathbf{v} + \mathbf{w}) = q(\mathbf{v}) + 2\beta(\mathbf{v}, \mathbf{w}) + q(\mathbf{w}),
\tag{4.68}
$$

für $\mathbf{v}, \mathbf{w} \in V$ und $\lambda \in \mathbb{K}$. Hierbei ist das Element 2 zu verstehen als Summe $1 + 1$ des Einselementes von $\mathbb{K}$ mit sich selbst. Gilt $2 = 1 + 1 \neq 0$, also $\operatorname{char} \mathbb{K} \neq 2$, so ist eine der quadratischen Form q zugrunde gelegte symmetrische Bilinearform β nach (4.68) durch

$$
\beta(\mathbf{v}, \mathbf{w}) = \tfrac{1}{2}(q(\mathbf{v} + \mathbf{w}) - q(\mathbf{v}) - q(\mathbf{w})),
$$

für alle $\mathbf{v}, \mathbf{w} \in V$ gegeben. Es bleibt die Frage, ob es neben β eine weitere symmetrische Bilinearform β' geben kann mit derselben zugehörenden quadratischen Form

$$
\beta'(\mathbf{v}, \mathbf{v}) = q'(\mathbf{v}) \overset{!}{=} q(\mathbf{v}) = \beta(\mathbf{v}, \mathbf{v})
$$

für alle $\mathbf{v} \in V$. Nun gilt für β' ebenfalls

$$
q'(\mathbf{v} + \mathbf{w}) = q'(\mathbf{v}) + 2\beta'(\mathbf{v}, \mathbf{w}) + q'(\mathbf{w})
$$

für alle $\mathbf{v}, \mathbf{w} \in V$. Da nun $q'(\mathbf{v}) = q(\mathbf{v}), q'(\mathbf{w}) = q(\mathbf{w})$ und $q'(\mathbf{v} + \mathbf{w}) = q(\mathbf{v} + \mathbf{w})$ gelten soll, folgt

$$
\begin{aligned}
q'(\mathbf{v} + \mathbf{w}) &= q'(\mathbf{v}) + 2\beta'(\mathbf{v}, \mathbf{w}) + q'(\mathbf{w}) = q(\mathbf{v}) + 2\beta'(\mathbf{v}, \mathbf{w}) + q(\mathbf{w}) \\
&\parallel \\
q(\mathbf{v} + \mathbf{w}) &= \quad q(\mathbf{v}) + 2\beta(\mathbf{v}, \mathbf{w}) + q(\mathbf{w})
\end{aligned}
$$

und somit

$$
q(\mathbf{v}) + 2\beta'(\mathbf{v}, \mathbf{w}) + q(\mathbf{w}) = q(\mathbf{v}) + 2\beta(\mathbf{v}, \mathbf{w}) + q(\mathbf{w}).
$$

Dies ergibt unter der Voraussetzung $\operatorname{char} \mathbb{K} \neq 2$ die Eindeutigkeit von β,

$$
\beta'(\mathbf{v}, \mathbf{w}) = \beta(\mathbf{v}, \mathbf{w}),
$$

für alle $\mathbf{v}, \mathbf{w} \in V$.

Linearformen und quadratische Formen treten beispielsweise bei der mehrdimensionalen Taylor-Approximation einer zweimal stetig-differenzierbaren Funktion auf. Hierzu sei

$$f : \mathbb{R}^n \to \mathbb{R}$$

$$\mathbf{x} \mapsto f(\mathbf{x}) = f(x_1, \dots, x_n)$$

ein zweimal stetig-differenzierbares skalares Feld. Das Taylor-Polynom um einen Punkt $\mathbf{x}_0 \in \mathbb{R}$ von f zweiter Ordnung ist

$$T_{f,2,\mathbf{x}_0} = f(\mathbf{x}_0) + (\nabla f)|_{\mathbf{x}_0} \cdot (\mathbf{x} - \mathbf{x}_0) + \tfrac{1}{2}(\mathbf{x} - \mathbf{x}_0)^T \cdot (\nabla^T \nabla f)|_{\mathbf{x}_0} \cdot (\mathbf{x} - \mathbf{x}_0).$$

Hierbei ist

$$(\nabla f)|_{\mathbf{x}_0} = (\tfrac{\partial f}{\partial x_1}, \dots, \tfrac{\partial f}{\partial x_n})|_{\mathbf{x}_0}$$

der als Zeilenvektor notierte Gradient von f, ausgewertet im Punkt $\mathbf{x}_0$, und

$$(\nabla^T \nabla f)|_{\mathbf{x}_0} = \begin{pmatrix} \frac{\partial^2 f}{\partial x_1^2} & \cdots & \frac{\partial^2 f}{\partial x_1 \partial x_n} \\ \vdots & \ddots & \vdots \\ \frac{\partial^2 f}{\partial x_n \partial x_1} & \cdots & \frac{\partial^2 f}{\partial x_n^2} \end{pmatrix}\Bigg|_{\mathbf{x}_0}$$

die Hesse-Matrix von f, ausgewertet im Punkt $\mathbf{x}_0$. Aufgrund der zweimaligen stetigen Differenzierbarkeit von f ist die Hesse-Matrix symmetrisch. Der zweite Summand im Taylor-Polynom

$$(\nabla f)|_{\mathbf{x}_0} \cdot (\mathbf{x} - \mathbf{x}_0)$$

stellt eine Linearform $\mathbb{R}^n \to \mathbb{R}$ dar, während der dritte Summand

$$\tfrac{1}{2}(\mathbf{x} - \mathbf{x}_0)^T \cdot (\nabla^T \nabla f)|_{\mathbf{x}_0} \cdot (\mathbf{x} - \mathbf{x}_0)$$

eine quadratische Form $\mathbb{R}^n \to \mathbb{R}$ repräsentiert. Die zugrunde gelegte symmetrische Bilinearform wird dabei von der mit dem Faktor $\tfrac{1}{2}$ multiplizierten Hesse-Matrix vermittelt. Wir fassen zunächst unsere Beobachtungen zusammen.

Satz 4.38 (Polarisierungsformel) *Es sei $q : V \to \mathbb{K}$ eine quadratische Form auf einem $\mathbb{K}$-Vektorraum V mit* char $\mathbb{K} \neq 2$. *Dann ist für* $\mathbf{v}, \mathbf{w} \in V$ *durch die Polarisierungsformel*

$$\beta(\mathbf{v}, \mathbf{w}) = \tfrac{1}{2}(q(\mathbf{v} + \mathbf{w}) - q(\mathbf{v}) - q(\mathbf{w})) \tag{4.69}$$

die symmetrische Bilinearform gegeben, der die quadratische Form q zugeordnet ist. Hierbei steht $2 = 1 + 1$ für das zweifache Aufsummieren des Einselementes aus $\mathbb{K}$, sodass für die Existenz seines inversen Elementes $\tfrac{1}{2}$ die Bedingung char $\mathbb{K} \neq 2$ *vorausgesetzt werden muss. Wenn V endlich-dimensional ist und mit $B = (\mathbf{b}_1, \dots, \mathbf{b}_n)$ eine Basis von V vorliegt, so kann q durch die Strukturmatrix $A_B(\beta)$ von β bezüglich B ausgedrückt werden. Es gilt dann für $\mathbf{v} \in V$ mit dem Koordinatenvektor $\mathbf{x} = c_B(\mathbf{v})$ bezüglich B:*

$$q(\mathbf{v}) = \beta(\mathbf{v}, \mathbf{v}) = \mathbf{x}^T \cdot A_B(\beta) \cdot \mathbf{x}. \tag{4.70}$$

Für $\mathbf{v}, \mathbf{w} \in V$ *und* $\lambda \in \mathbb{K}$ *gilt*

$$q(\lambda \mathbf{v}) = \lambda^2 q(\mathbf{v}), \qquad q(\mathbf{v} + \mathbf{w}) = q(\mathbf{v}) + 2\beta(\mathbf{v}, \mathbf{w}) + q(\mathbf{w}). \tag{4.71}$$

Als Beispiel für die Darstellung einer quadratischen Form mithilfe einer Matrix betrachten wir die auf $\mathbb{R}^2$ durch

$$q(\mathbf{x}) = x_1^2 - x_1 x_2$$

definierte Abbildung. Sie ist in der Tat eine quadratische Form, wie der folgende Ansatz zur Darstellung mithilfe einer Matrix zeigt. Wir betrachten die kanonische Basis E_2 von $\mathbb{R}^2$. Die zugeordnete symmetrische Bilinearform lautet

$$\beta(\mathbf{x}, \mathbf{y}) = \tfrac{1}{2}(q(\mathbf{x}+\mathbf{y}) - q(\mathbf{x}) - q(\mathbf{y}))$$
$$= \tfrac{1}{2}((x_1+y_1)^2 - (x_1+y_1)(x_2+y_2) - (x_1^2 - x_1 x_2) - (y_1^2 - y_1 y_2)).$$

Die Bilinearitäseigenschaften von β müssten wir streng genommen noch nachweisen. Die weitere Rechnung wird dies allerdings nach sich ziehen. Für die darstellende Matrix bezüglich der kanonischen Basis von $\mathbb{R}^2$ ergibt sich

$$A_{E_2}(\beta) = \begin{pmatrix} \beta(\hat{\mathbf{e}}_1, \hat{\mathbf{e}}_1) & \beta(\hat{\mathbf{e}}_1, \hat{\mathbf{e}}_2) \\ \beta(\hat{\mathbf{e}}_2, \hat{\mathbf{e}}_1) & \beta(\hat{\mathbf{e}}_2, \hat{\mathbf{e}}_2) \end{pmatrix} = \begin{pmatrix} 1 & -\frac{1}{2} \\ -\frac{1}{2} & 0 \end{pmatrix}.$$

In der Tat lässt sich nun für $\mathbf{x} = c_{E_2}(\mathbf{x})$ die Abbildung q mithilfe dieser Matrix ausdrücken. Es gilt nämlich

$$\mathbf{x}^T \cdot A_{E_2}(\beta) \cdot \mathbf{x} = (x_1, x_2) \cdot \begin{pmatrix} 1 & -\frac{1}{2} \\ -\frac{1}{2} & 0 \end{pmatrix} \cdot \begin{pmatrix} x_1 \\ x_2 \end{pmatrix}$$
$$= (x_1, x_2) \cdot \begin{pmatrix} x_1 - \frac{1}{2} x_2 \\ -\frac{1}{2} x_1 \end{pmatrix}$$
$$= x_1^2 - \tfrac{1}{2} x_2 x_1 - \tfrac{1}{2} x_2 x_1 = x_1^2 - x_1 x_2 = q(\mathbf{x}).$$

Durch die Matrixdarstellung ist nun auch klar, dass es sich bei q tatsächlich um eine quadratische Form handelt.

4.10 Basiswechsel und Kongruenztransformation

In Analogie zum Basiswechsel bei Vektorraumhomomorphismen wollen wir nun untersuchen, wie sich die Strukturmatrix einer Bilinearform beim Übergang von einer Basis B zu einer Basis B' im Fall eines endlich-dimensionalen Vektorraums ändert. Es sei also β eine Bilinearform auf einem $\mathbb{K}$-Vektorraum V mit $\dim V = n < \infty$. Zudem seien $B = (\mathbf{b}_1, \ldots, \mathbf{b}_n)$ und $B' = (\mathbf{b}'_1, \ldots, \mathbf{b}'_n)$ Basen von V. Die Strukturmatrizen von β bezüglich B und B' lauten

$$A_B(\beta) = \beta(\mathbf{b}_i, \mathbf{b}_j)_{1 \leq i,j \leq n}, \qquad A_{B'}(\beta) = \beta(\mathbf{b}'_i, \mathbf{b}'_j)_{1 \leq i,j \leq n}.$$

Es seien nun $\mathbf{v}$ und $\mathbf{w}$ zwei Vektoren aus V mit den zugehörigen Koordinatenvektoren $\mathbf{x} = c_B(\mathbf{v})$, $\mathbf{x}' = c_{B'}(\mathbf{v})$, $\mathbf{y} = c_B(\mathbf{w})$, $\mathbf{y}' = c_{B'}(\mathbf{w})$ bezüglich B und B'. Es gilt dann

$$\beta(\mathbf{v}, \mathbf{w}) = \mathbf{x}^T \cdot A_B(\beta) \cdot \mathbf{y} = \mathbf{x}'^T \cdot A_{B'}(\beta) \cdot \mathbf{y}'.$$

Mithilfe der Übergangsmatrix $S = c_B(B')$ können wir den Vektor $\mathbf{x}$ aus dem Vektor $\mathbf{x}'$ sowie den Vektor $\mathbf{y}$ aus dem Vektor $\mathbf{y}'$ berechnen als

$$\mathbf{x} = S\mathbf{x}', \qquad \mathbf{y} = S\mathbf{y}'.$$

Damit gilt

$$\beta(\mathbf{v}, \mathbf{w}) = \mathbf{x}^T \cdot A_B(\beta) \cdot \mathbf{y} = (S\mathbf{x}')^T \cdot A_B(\beta) \cdot (S\mathbf{y}') = \mathbf{x}'^T \cdot \left(S^T \cdot A_B(\beta) \cdot S\right) \cdot \mathbf{y}'.$$

Andererseits gilt auch

$$\beta(\mathbf{v}, \mathbf{w}) = \mathbf{x}'^T \cdot A_{B'}(\beta) \cdot \mathbf{y}'.$$

Damit folgt

$$\beta(\mathbf{v}, \mathbf{w}) = \mathbf{x}'^T \cdot \left(S^T \cdot A_B(\beta) \cdot S\right) \cdot \mathbf{y}' = \mathbf{x}'^T \cdot A_{B'}(\beta) \cdot \mathbf{y}'. \tag{4.72}$$

Wenn wir hierin nun für $\mathbf{v} = \mathbf{b}'_i$ und für $\mathbf{w} = \mathbf{b}'_j$ die Basisvektoren aus B' einsetzen, folgt wegen

$$\mathbf{x}' = c_{B'}(\mathbf{b}'_i) = \hat{\mathbf{e}}_i, \qquad \mathbf{y}' = c_{B'}(\mathbf{b}'_j) = \hat{\mathbf{e}}_j$$

die Übereinstimmung der beiden mittleren Matrizen in (4.72):

$$\beta(\mathbf{b}'_i, \mathbf{b}'_j) = \hat{\mathbf{e}}_i^T \cdot \left(S^T \cdot A_B(\beta) \cdot S\right) \cdot \hat{\mathbf{e}}_j = \hat{\mathbf{e}}_i^T \cdot A_{B'}(\beta) \cdot \hat{\mathbf{e}}_j$$

für $1 \leq i, j \leq n$, bzw.

$$S^T \cdot A_B(\beta) \cdot S = A_{B'}(\beta).$$

Die Strukturmatrix von β bezüglich B' ergibt sich demnach als Produkt aus der transponierten Übergangsmatrix mit der Strukturmatrix von β bezüglich B und der Übergangsmatrix. Eine derartige Transformation wird als Kongruenztransformation bezeichnet.

Definition 4.39 (Kongruenztransformation, kongruente Matrizen) *Es seien $A, B \in$ M$(n, \mathbb{K})$ zwei formatgleiche, quadratische Matrizen über $\mathbb{K}$. Die Matrix A heißt kongruent[7] zur Matrix B, symbolisch $A \simeq B$, falls es eine reguläre Matrix $S \in \mathrm{GL}(n, \mathbb{K})$ gibt, mit*

$$B = S^T \cdot A \cdot S. \tag{4.73}$$

Das Produkt $S^T \cdot A \cdot S$ wird als eine Kongruenztransformation[8] von A bezeichnet.

Die Kongruenz von Matrizen ist eine Äquivalenzrelation (Übung). Für die Symmetrie ist dabei die Vertauschbarkeit von Transponieren und Invertieren entscheidend. Der Basiswechsel bewirkt also eine Kongruenztransformation der Strukturmatrix. Wir halten dieses Ergebnis nun als Satz fest.

Satz 4.40 (Basiswechsel bei Bilinearformen endlich-dimensionaler Vektorräume) *Es sei V ein endlich-dimensionaler $\mathbb{K}$-Vektorraum der Dimension n und*

$$\beta : V \times V \to \mathbb{K}$$
$$(\mathbf{v}, \mathbf{w}) \mapsto \beta(\mathbf{v}, \mathbf{w})$$

---

[7] engl.: congruent

[8] engl.: congruent transform(ation)

eine Bilinearform auf V. Die Strukturmatrix $A_{B'}(\beta)$ bezüglich einer Basis $B' = (\mathbf{b}'_1, \ldots \mathbf{b}'_n)$ kann aus der Strukturmatrix $A_B(\beta)$ von β bezüglich der $B = (\mathbf{b}_1, \ldots \mathbf{b}_n)$ über die Kongruenztransformation

$$A_{B'}(\beta) = (c_B(B'))^T \cdot A_B(\beta) \cdot c_B(B') = S^T \cdot A_B(\beta) \cdot S \tag{4.74}$$

berechnet werden. Hierbei ist $S = c_B(B')$ die Übergangsmatrix von B nach B'. Die beiden Strukturmatrizen sind kongruent

$$A_B(\beta) \simeq A_{B'}(\beta).$$

Im Fall $V = \mathbb{K}^n$ ist $\beta : V \times V \to \mathbb{K}$ durch eine $n \times n$-Matrix M, der Strukturmatrix bezüglich der kanonischen Basis E_n von V, bereits gegeben. In diesem Fall lautet die Kongruenztransformation (4.74)

$$A_{B'}(\beta) = S^T \cdot A_B(\beta) \cdot S = S^T \cdot (\mathbf{b}_i^T M \mathbf{b}_j)_{1 \le i,j \le n} \cdot S. \tag{4.75}$$

Hierbei gilt für die Übergangsmatrix $S = c_B(B') = B^{-1}B'$.

Sind zwei Matrizen $A, B \in M(n, \mathbb{K})$ mittels einer regulären Matrix $S \in GL(n, \mathbb{K})$ kongruent zueinander,

$$A \simeq B,$$

so kann die entsprechende Kongruenztransformation

$$B = S^T \cdot A \cdot S$$

als Basiswechsel von E_n nach S interpretiert werden. Mit A wird eine Bilinearform

$$\beta_A : \mathbb{K}^n \times \mathbb{K}^n \to \mathbb{K}$$
$$(\mathbf{x}, \mathbf{y}) \mapsto \mathbf{x}^T \cdot A \cdot \mathbf{y}$$

auf $\mathbb{K}^n$ bezüglich der kanonischen Basis vermittelt. Ihre Strukturmatrix bezüglich einer neuen Basis S lautet dann

$$A_S(\beta_A) = S^T \cdot A \cdot S = B.$$

Als Beispiel zur Demonstration des Basiswechsels diene folgende auf $\mathbb{R}^2$ definierte, nicht symmetrische Bilinearform:

$$\beta : \mathbb{R}^2 \times \mathbb{R}^2 \to \mathbb{R}$$
$$(\mathbf{x}, \mathbf{y}) \mapsto 3x_1 y_1 - 2x_2 y_1 + x_1 y_2.$$

Den Nachweis der Bilinearität ersparen wir uns an dieser Stelle. In Bezug auf die Basis

$$B = (\mathbf{b}_1, \mathbf{b}_2), \quad \text{mit} \quad \mathbf{b}_1 = \begin{pmatrix} 1 \\ 1 \end{pmatrix}, \quad \mathbf{b}_2 = \begin{pmatrix} 0 \\ 1 \end{pmatrix}$$

von $\mathbb{R}^2$ besitzt β die Strukturmatrix

$$A_B(\beta) = \begin{pmatrix} \beta(\mathbf{b}_1,\mathbf{b}_1) & \beta(\mathbf{b}_1,\mathbf{b}_2) \\ \beta(\mathbf{b}_2,\mathbf{b}_1) & \beta(\mathbf{b}_2,\mathbf{b}_2) \end{pmatrix} = \begin{pmatrix} 2 & 1 \\ -2 & 0 \end{pmatrix}.$$

Diese Matrix ist nicht symmetrisch, woraus sich bestätigt, dass auch β nicht symmetrisch ist. Wir betrachten nun die Basis

$$B' = (\mathbf{b}_1',\mathbf{b}_2'), \quad \text{mit} \quad \mathbf{b}_1' = \begin{pmatrix} 1 \\ 0 \end{pmatrix}, \quad \mathbf{b}_2' = \begin{pmatrix} 1 \\ 2 \end{pmatrix}.$$

Die Übergangsmatrix von S nach S' lautet

$$S = c_B(B') \overset{V=\mathbb{R}^2}{=} B^{-1}B' = \begin{pmatrix} 1 & 0 \\ 1 & 1 \end{pmatrix}^{-1} \cdot \begin{pmatrix} 1 & 1 \\ 0 & 2 \end{pmatrix} = \begin{pmatrix} 1 & 0 \\ -1 & 1 \end{pmatrix} \cdot \begin{pmatrix} 1 & 1 \\ 0 & 2 \end{pmatrix} = \begin{pmatrix} 1 & 1 \\ -1 & 1 \end{pmatrix}.$$

Nach dem Basiswechselsatz für Bilinearformen für den Spezialfall $V = \mathbb{R}^2$ kann die Strukturmatrix $A_{B'}(\beta)$ bezüglich der neuen Basis B' aus der Strukturmatrix $A_B(\beta)$ bezüglich der alten Basis B durch Kongruenztransformation nach (4.75) ermittelt werden. Es gilt somit

$$A_{B'}(\beta) = S^T \cdot A_B(\beta) \cdot S = \begin{pmatrix} 1 & 1 \\ -1 & 1 \end{pmatrix}^T \cdot \begin{pmatrix} 2 & 1 \\ -2 & 0 \end{pmatrix} \cdot \begin{pmatrix} 1 & 1 \\ -1 & 1 \end{pmatrix}$$

$$= \begin{pmatrix} 1 & -1 \\ 1 & 1 \end{pmatrix} \cdot \begin{pmatrix} 2 & 1 \\ -2 & 0 \end{pmatrix} \cdot \begin{pmatrix} 1 & 1 \\ -1 & 1 \end{pmatrix}$$

$$= \begin{pmatrix} 1 & -1 \\ 1 & 1 \end{pmatrix} \cdot \begin{pmatrix} 1 & 3 \\ -2 & -2 \end{pmatrix} = \begin{pmatrix} 3 & 5 \\ -1 & 1 \end{pmatrix}.$$

Zum Vergleich bestimmen wir die Strukturmatrix von β bezüglich B' nun direkt. Es gilt

$$A_{B'}(\beta) = \begin{pmatrix} \beta(\mathbf{b}_1',\mathbf{b}_1') & \beta(\mathbf{b}_1',\mathbf{b}_2') \\ \beta(\mathbf{b}_2',\mathbf{b}_1') & \beta(\mathbf{b}_2',\mathbf{b}_2') \end{pmatrix} = \begin{pmatrix} 3 & 5 \\ -1 & 1 \end{pmatrix}.$$

Nun ergibt sich, ähnlich wie bei Homomorphismen, wieder die Frage, wie durch eine geeignete Kongruenztransformation $S^T A S$ eine besonders einfache, d. h. schwach besetzte Matrix aus A erzeugt werden kann. Ideal wäre eine Diagonalmatrix, denn wenn wir eine Basis von V so bestimmen könnten, dass die Strukturmatrix der durch A vermittelten Bilinearform bezüglich dieser Basis eine Diagonalmatrix ist, dann tauchen in der Darstellung von $\beta(\mathbf{v},\mathbf{w})$ keine gemischten Summanden auf. Dies zeigt folgende Überlegung. Es seien $\mathbf{v}$ und $\mathbf{w}$ Vektoren eines endlich-dimensionalen Vektorraums V. Ihre Koordinatenvektoren bezüglich einer Basis B lauten $\mathbf{x} = c_B(\mathbf{v})$ und $\mathbf{y} = c_B(\mathbf{w})$. Zudem sei β eine Bilinearfom auf V, deren Strukturmatrix bezüglich B diagonal ist:

$$A_B(\beta) = \begin{pmatrix} d_1 & 0 & \cdots & 0 \\ 0 & d_2 & \ddots & \vdots \\ \vdots & \ddots & \ddots & 0 \\ 0 & \cdots & 0 & d_n \end{pmatrix},$$

dann gilt

$$\beta(\mathbf{v}, \mathbf{w}) = \mathbf{x}^T \cdot A_B(\beta) \cdot \mathbf{y}$$

$$= (x_1, x_2, \ldots, x_n) \cdot \begin{pmatrix} \lambda_1 & 0 & \cdots & 0 \\ 0 & \lambda_2 & \ddots & \vdots \\ \vdots & \ddots & \ddots & 0 \\ 0 & \cdots & 0 & \lambda_n \end{pmatrix} \cdot \begin{pmatrix} y_1 \\ y_2 \\ \vdots \\ y_n \end{pmatrix} = \sum_{k=1}^{n} \lambda_k x_k y_k.$$

In dieser Summe treten nur noch Produkte mit identischem Index k auf. Summanden mit unterschiedlichen Indizes hätten nur eine Chance aufzutreten, wenn die Strukturmatrix außerhalb ihrer Hauptdiagonalen von 0 verschiedene Einträge besäße. Wie können wir nun gezielt eine Basis bestimmen, sodass die Strukturmatrix diagonal ist? Wir beschränken unsere Betrachtungen nun auf *symmetrische* Bilinearformen und damit auf symmetrische Matrizen. Gegeben sei nun eine symmetrische Matrix A über $\mathbb{K}$. Es gilt also $A = A^T$. Die Matrix besitzt also den Aufbau $A = (a_{ij})_{1 \le i,j \le n}$ mit $a_{ij} = a_{ji}$ für $1 \le i, j \le n$, und daher gilt

$$A = \begin{pmatrix} a_{11} & a_{21} & \cdots & a_{n1} \\ a_{21} & a_{22} & \cdots & a_{n2} \\ \vdots & \vdots & \ddots & \vdots \\ a_{n1} & a_{n2} & \cdots & a_{nn} \end{pmatrix}.$$

Wir können nun durch elementare Zeilenumformungen das untere Dreieck dieser Matrix eliminieren. Da die Matrix symmetrisch ist, stimmen die Einträge des unteren Dreiecks mit den jeweils korrespondierenden Einträgen des oberen Dreiecks überein. Durch Spaltenumformungen lässt sich das obere Dreieck eliminieren, Wir betrachten den Anfang dieses skizzierten Verfahrens etwas genauer. Zunächst nehmen wir an, dass das linke obere Element a_{11} von A ungleich 0 ist. Sollte dies nicht der Fall sein, so ist entweder die gesamte erste Spalte und damit auch die erste Zeile bereits vollständig eliminiert, oder es gibt eine Zeile $k > 1$ mit $a_{k1} \ne 0$. Diese Zeile addieren wir auf die erste Zeile, um danach sofort die k-te Spalte auf die erste Spalte zu addieren, sodass wir wieder eine symmetrische Matrix erhalten. Beide Umformungen lassen sich durch Umformungsmatrizen bewerkstelligen, die transponiert zueinander sind, sodass die resultierende Matrix kongruent zu A ist. Es kann gezeigt werden, dass wir auf diese Weise für char$\mathbb{K} \ne 2$ ein Element links oben erhalten können, das von 0 verschieden ist und uns somit weitere Eliminationen ermöglicht. Ist jedoch char$\mathbb{K} = 2$, so kann es Matrizen geben, für die dieses Verfahren scheitert. Ein Beispiel ist $\mathbb{K} = \mathbb{Z}_2$ mit

$$A = \begin{pmatrix} 0 & 1 \\ 1 & 0 \end{pmatrix}.$$

Diese Matrix hat auf der Hauptdiagonalen nur Nullen. Es ist nicht möglich, ein von 0 verschiedenes Element links oben durch analog ausgeführte Zeilen- und Spaltenumformungen über $\mathbb{Z}_2$ zu erzeugen. Gehen wir also nun davon aus, dass char$\mathbb{K} \ne 2$ und $a_{11} \ne 0$ ist. Wir addieren nun das $-a_{k1}/a_{11}$-Fache der ersten Zeile zur k-ten Zeile für $k = 2, \ldots n$, um unterhalb von a_{11} alle Einträge zu eliminieren:

$$\begin{bmatrix} a_{11} & a_{21} & \cdots & a_{n1} \\ a_{21} & a_{22} & \cdots & a_{n2} \\ \vdots & \vdots & \ddots & \vdots \\ a_{n1} & a_{n2} & \cdots & a_{nn} \end{bmatrix} \to \begin{bmatrix} a_{11} & a_{21} & \cdots & a_{n1} \\ 0 & * & \cdots & * \\ \vdots & \vdots & \ddots & \vdots \\ 0 & * & \cdots & * \end{bmatrix}.$$

Wenn wir nun diesen Zeilenumformungen die korrespondierenden Spaltenumformungen folgen lassen, so lassen sich die Einträge rechts von a_{11} in der obersten Zeile ebenfalls eliminieren:

$$\begin{bmatrix} a_{11} & a_{21} & \cdots & a_{n1} \\ 0 & * & \cdots & * \\ \vdots & \vdots & \ddots & \vdots \\ 0 & * & \cdots & * \end{bmatrix} \to \begin{bmatrix} a_{11} & 0 & \cdots & 0 \\ 0 & * & \cdots & * \\ \vdots & \vdots & \ddots & \vdots \\ 0 & * & \cdots & * \end{bmatrix}.$$

Sämtliche Matrizen, die als Zwischenergebnis nach einem derartigen Zeilen-Spalten-Umformungspaar auftreten, sind symmetrisch und kongruent zur Ausgangsmatrix A. Denn wir können eine Zeilenumformung durch eine Zeilenumformungsmatrix $Z \in \mathrm{GL}(n, \mathbb{K})$ bewirken, indem sie von links an A heranmultipliziert wird:

$$A \to ZA.$$

Die diesen Zeilenumformungen entsprechenden Spaltenumformungen werden durch eine Spaltenumformungsmatrix $S = Z^T$ bewirkt, indem $S = Z^T$ von rechts an ZA heranmultipliziert wird:

$$A \to ZA \to ZAS = ZAZ^T = S^T AS.$$

Dieses Umformungspaar ist also nichts anderes als eine Kongruenztransformation. Die entstandene Matrix $S^T AS$ ist kongruent zu A und wegen $(S^T AS)^T = S^T A^T S = S^T AS$ symmetrisch. Wir erhalten damit eine Sequenz paarweiser Umformungen, die A in eine Diagonalmatrix D überführen:

$$A \to S_1^T AS_1 \to S_2^T(S_1^T AS_1)S_2 \to \cdots \to S_q^T(S_{q-1}^T \cdots (S_2^T(S_1^T AS_1)S_2) \cdots S_{q-1})S_q = D.$$

Mit der regulären Matrix $S := S_1 S_2 \cdots S_q$ folgt aufgrund der Assoziativität des Matrixprodukts

$$A \simeq D = S_q^T(S_{q-1}^T \cdots (S_2^T(S_1^T AS_1)S_2) \cdots S_{q-1})S_q = (S_1 S_2 \cdots S_q)^T A(S_1 S_2 \cdots S_q) = S^T AS.$$

Für D gilt

$$D = \begin{pmatrix} d_1 & 0 & \cdots & 0 \\ 0 & d_2 & \ddots & \vdots \\ \vdots & \ddots & \ddots & 0 \\ 0 & \cdots & 0 & d_n \end{pmatrix}.$$

Da der Rang einer Matrix invariant ist unter Multiplikation mit regulären Matrizen von links und von rechts, gilt $\mathrm{Rang}\, D = \mathrm{Rang}\, A =: r$. Damit sind $n - r$ Diagonalkomponenten von D gleich 0. Wir können also eine Diagonalform folgender Gestalt durch dieses

Verfahren erreichen:

$$
D = \begin{pmatrix}
d_1 & 0 & \cdots & & & \cdots & 0 \\
0 & d_2 & \ddots & & & & \vdots \\
\vdots & \ddots & \ddots & & & & \\
& & & d_r & & & \\
& & & & 0 & & \\
\vdots & & & & & \ddots & \vdots \\
0 & \cdots & & & & \cdots & 0
\end{pmatrix}.
$$

Hierbei sind die verbleibenden Diagonalkomponenten $d_1, \ldots, d_r \neq 0$. Nun müssen wir die weitere Vereinfachung davon abhängig machen, welcher Körper zugrunde gelegt wird. Für $\mathbb{K} = \mathbb{R}$ können wir D in der Weise gestalten, dass die ersten p Diagonalkomponenten positiv und die übrigen $s = r - p$ nicht-verschwindenden Diagonalkomponenten negativ sind. Mit der regulären und symmetrischen Diagonalmatrix

$$
\Lambda = \begin{pmatrix}
\frac{1}{\sqrt{d_1}} & 0 & \cdots & & & & & \cdots & 0 \\
0 & \ddots & \ddots & & & & & & \vdots \\
\vdots & \ddots & \frac{1}{\sqrt{d_p}} & & & & & & \\
& & & \frac{1}{\sqrt{|d_{p+1}|}} & & & & & \\
& & & & \ddots & & & & \\
& & & & & \frac{1}{\sqrt{|d_{p+s}|}} & & & \\
& & & & & & 1 & & \\
\vdots & & & & & & & \ddots & \vdots \\
0 & \cdots & & & & & & \cdots & 1
\end{pmatrix}
\tag{4.76}
$$

folgt dann

$$
(S\Lambda)^T A (S\Lambda) = \Lambda (S^T A S) \Lambda = \Lambda^T D \Lambda = \begin{pmatrix} E_p & 0 & 0 \\ 0 & -E_s & 0 \\ 0 & 0 & 0 \end{pmatrix}, \qquad r = \mathrm{Rang}\, A = p + s.
$$

Mit der ebenfalls regulären Matrix $\Sigma = S\Lambda$ ergibt sich daher

$$
\Sigma^T A \Sigma = \begin{pmatrix} E_p & 0 & 0 \\ 0 & -E_s & 0 \\ 0 & 0 & 0 \end{pmatrix}, \qquad \mathrm{Rang}\, A = p + s.
\tag{4.77}
$$

Die Matrix A ist damit kongruent zu einer Diagonalmatrix, deren Diagonale p-mal die Zahl 1, $s = r - p$-mal die Zahl -1 und $n - r$-mal die Zahl 0 enthält. Wenn wir die von A vermittelte symmetrische Bilinearform β_A auf $\mathbb{R}^n$ betrachten, so ist die Diagonalmatrix in (4.77) die Strukturmatrix von β_A bezüglich der durch Σ gegebenen Basis des $\mathbb{R}^n$. Dieses wichtige Ergebnis halten wir nun fest.

Satz 4.41 (Sylvester'scher Trägheitssatz) *Es sei* $A \in \mathrm{M}(n, \mathbb{R})$ *eine symmetrische Matrix über* $\mathbb{R}$. *Dann gibt es eine reguläre Matrix* $S \in \mathrm{GL}(n, \mathbb{R})$ *mit*

$$S^T A S = \begin{pmatrix} E_p & 0 & 0 \\ 0 & -E_s & 0 \\ 0 & 0 & 0_q \end{pmatrix}. \tag{4.78}$$

Hierbei steht $0_q = 0_{q \times q}$ *für einen* $q \times q$-*Block aus lauter Nullen. Die Zahlen* p, s *und* q *sind eindeutig bestimmt.*[9] *Das Tripel* (p, s, q) *heißt Signatur der Matrix* A. *Dabei ist* Rang $A = p + s$.

In der Tat kann gezeigt werden, dass das Tripel (p, s, q) eindeutig bestimmt ist und damit die Wohldefiniertheit der Signatur gewährleistet ist. Bei $r = p + s$ kann es sich nur um den Rang von A handeln, da der Rang invariant unter elementaren Zeilen- und Spaltenumformungen ist. Keine weiteren korrespondierenden Zeilen- und Spaltenumformungen wären im Stande, beispielsweise die -1 auf der $p + 1$-ten Diagonalkomponente der Matrix in (4.78) in eine positive Zahl zu überführen, ohne dabei die Diagonalstruktur zu verletzen bzw. eine der übrigen Diagonalkomponenten zu ändern (vgl. Übungsaufgabe 4.6).

Gelegentlich ist es bei den kombinierten Zeilen- und Spaltenumformungen im Laufe einer derartigen Diagonalisierung nützlich, Diagonalkomponenten zu vertauschen. Dies gelingt uns mit einer Permutationsmatrix, oder genauer, mit einer Transpositionsmatrix.

Bemerkung 4.42 *Wenn bei einer symmetrischen* $n \times n$-*Matrix eine kongruente Zeilen-Spaltenvertauschungskombination mit einer Transpositionsmatrix* P_{ij} *gemäß*

$$A \to P_{ij}^T A P_{ij} = P_{ij} A P_{ij}$$

durchgeführt wird, so bewirkt dies (u. a.), dass die Diagonalkomponente a_{ii} *mit der Diagonalkomponente* a_{jj} *vertauscht wird.*

Um die einzelnen Schritte bei der Diagonalisierung einer reell-symmetrischen Matrix im Sinne einer Kongruenztransformation zu studieren und die hierbei möglichen Effekte im Detail zu beobachten, betrachten wir nun ein Beispiel. Bei der Matrix

$$A = \begin{pmatrix} 4 & 0 & 0 & 2 \\ 0 & -2 & -1 & 0 \\ 0 & -1 & 1 & 0 \\ 2 & 0 & 0 & 1 \end{pmatrix}$$

handelt es sich um eine symmetrische Matrix über $\mathbb{R}$. Wir wollen nun diese Matrix in die Normalform (4.78) des Sylvester'schen Trägheitssatzes überführen. Gesucht ist also eine reguläre Matrix $S \in \mathrm{GL}(n, \mathbb{R})$, sodass die Faktorisierung

$$S^T A S = \begin{pmatrix} E_p & 0 & 0 \\ 0 & -E_s & 0 \\ 0 & 0 & 0_q \end{pmatrix}$$

---

[9] Dieser Satz (engl.: Sylvester's law of inertia) wurde nach dem englischen Mathematiker James Joseph Sylvester (1814-1897) benannt. Er gilt als der Begründer des Matrixbegriffs.

ermöglicht wird. Dies können wir nun mithilfe korrespondierender Zeilen- und Spaltenumformungen durchführen. Die hierzu notwendigen Zeilen- und Spaltenumformungsmatrizen erhalten wir wieder durch das Korrespondenzprinzip nach Satz 2.40, indem wir diese Umformungen an der $n \times n$-Einheitsmatrix durchführen. Dabei reicht es aus, sich auf
die entsprechenden Spaltenumformungen zu beschränken, denn die resultierende Spaltenumformungsmatrix S liefert mit S^T die entsprechende Zeilenumformungsmatrix. Wir
beginnen das Verfahren, indem wir die erste Zeile halbieren und, korrespondierend hierzu,
anschließend die erste Spalte halbieren. Diese Spaltenumformung führen wir ebenfalls an
der 4×4-Einheitsmatrix durch:

$$
\begin{bmatrix} 4 & 0 & 0 & 2 \\ 0 & -2 & -1 & 0 \\ 0 & -1 & 1 & 0 \\ 2 & 0 & 0 & 1 \end{bmatrix} \rightarrow \begin{bmatrix} 2 & 0 & 0 & 1 \\ 0 & -2 & -1 & 0 \\ 0 & -1 & 1 & 0 \\ 2 & 0 & 0 & 1 \end{bmatrix} \rightarrow \begin{bmatrix} 1 & 0 & 0 & 1 \\ 0 & -2 & -1 & 0 \\ 0 & -1 & 1 & 0 \\ 1 & 0 & 0 & 1 \end{bmatrix}. \tag{4.79}
$$

Das Halbieren der ersten Spalte von E_4 ergibt

$$
\begin{bmatrix} 1 & 0 & 0 & 0 \\ 0 & 1 & 0 & 0 \\ 0 & 0 & 1 & 0 \\ 0 & 0 & 0 & 1 \end{bmatrix} \rightarrow \begin{bmatrix} \frac{1}{2} & 0 & 0 & 0 \\ 0 & 1 & 0 & 0 \\ 0 & 0 & 1 & 0 \\ 0 & 0 & 0 & 1 \end{bmatrix}. \tag{4.80}
$$

Nun subtrahieren wir in der Ergebnismatrix aus (4.79) die erste Zeile von der letzten Zeile
und anschließend die erste Spalte von der letzten Spalte:

$$
\begin{bmatrix} 1 & 0 & 0 & 1 \\ 0 & -2 & -1 & 0 \\ 0 & -1 & 1 & 0 \\ 1 & 0 & 0 & 1 \end{bmatrix} \rightarrow \begin{bmatrix} 1 & 0 & 0 & 1 \\ 0 & -2 & -1 & 0 \\ 0 & -1 & 1 & 0 \\ 0 & 0 & 0 & 0 \end{bmatrix} \rightarrow \begin{bmatrix} 1 & 0 & 0 & 0 \\ 0 & -2 & -1 & 0 \\ 0 & -1 & 1 & 0 \\ 0 & 0 & 0 & 0 \end{bmatrix}. \tag{4.81}
$$

Diese Spaltenumformung führen wir nun auch für die mittlerweile modifizierte Einheitsmatrix aus (4.80) durch:

$$
\begin{bmatrix} \frac{1}{2} & 0 & 0 & 0 \\ 0 & 1 & 0 & 0 \\ 0 & 0 & 1 & 0 \\ 0 & 0 & 0 & 1 \end{bmatrix} \rightarrow \begin{bmatrix} \frac{1}{2} & 0 & 0 & -\frac{1}{2} \\ 0 & 1 & 0 & 0 \\ 0 & 0 & 1 & 0 \\ 0 & 0 & 0 & 1 \end{bmatrix}. \tag{4.82}
$$

In der Ergebnismatrix von (4.81) könnten wir nun mit dem Diagonalelement -2 die darun-
ter und rechts daneben stehende -1 eliminieren. Um Brüche zu vermeiden, wäre es jedoch
günstiger, wenn wir durch Tausch der Diagonalkomponenten das Diagonalelement 1 in der
dritten Zeile bzw. Spalte mit dem Diagonalelement -2 tauschen. Dies gelingt durch den
Tausch der zweiten Zeile mit der dritten Zeile und dem korrespondierenden Spaltentausch
der zweiten Spalte mit der dritten Spalte:

$$
\begin{bmatrix} 1 & 0 & 0 & 0 \\ 0 & -2 & -1 & 0 \\ 0 & -1 & \boxed{1} & 0 \\ 0 & 0 & 0 & 0 \end{bmatrix} \rightarrow \begin{bmatrix} 1 & 0 & 0 & 0 \\ 0 & -1 & \boxed{1} & 0 \\ 0 & -2 & -1 & 0 \\ 0 & 0 & 0 & 0 \end{bmatrix} \rightarrow \begin{bmatrix} 1 & 0 & 0 & 0 \\ 0 & \boxed{1} & -1 & 0 \\ 0 & -1 & -2 & 0 \\ 0 & 0 & 0 & 0 \end{bmatrix}. \tag{4.83}
$$

Dieser Spaltentausch $2 \leftrightarrow 3$ lautet für die Spaltenumformungsmatrix in (4.82)

$$
\begin{bmatrix} \frac{1}{2} & 0 & 0 & -\frac{1}{2} \\ 0 & 1 & 0 & 0 \\ 0 & 0 & 1 & 0 \\ 0 & 0 & 0 & 1 \end{bmatrix} \rightarrow \begin{bmatrix} \frac{1}{2} & 0 & 0 & -\frac{1}{2} \\ 0 & 0 & 1 & 0 \\ 0 & 1 & 0 & 0 \\ 0 & 0 & 0 & 1 \end{bmatrix}. \tag{4.84}
$$

In der Ergebnismatrix aus (4.83) eliminieren wir nun noch die beiden Nichtdiagonalelemente mit dem Wert -1 durch Addition der zweiten Zeile zur dritten Zeile und in korrespondierender Weise durch Addition der zweiten Spalte zur dritten Spalte:

$$
\begin{bmatrix} 1 & 0 & 0 & 0 \\ 0 & 1 & -1 & 0 \\ 0 & -1 & -2 & 0 \\ 0 & 0 & 0 & 0 \end{bmatrix} \rightarrow \begin{bmatrix} 1 & 0 & 0 & 0 \\ 0 & 1 & -1 & 0 \\ 0 & 0 & -3 & 0 \\ 0 & 0 & 0 & 0 \end{bmatrix} \rightarrow \begin{bmatrix} 1 & 0 & 0 & 0 \\ 0 & 1 & 0 & 0 \\ 0 & 0 & -3 & 0 \\ 0 & 0 & 0 & 0 \end{bmatrix} =: D. \tag{4.85}
$$

Nun liegt bereits mit D eine Diagonalmatrix vor, die zu A kongruent ist. Diese Spaltenumformung führen wir auch bei der Ergebnismatrix aus (4.84) durch:

$$
\begin{bmatrix} \frac{1}{2} & 0 & 0 & -\frac{1}{2} \\ 0 & 0 & 1 & 0 \\ 0 & 1 & 0 & 0 \\ 0 & 0 & 0 & 1 \end{bmatrix} \rightarrow \begin{bmatrix} \frac{1}{2} & 0 & 0 & -\frac{1}{2} \\ 0 & 0 & 1 & 0 \\ 0 & 1 & 1 & 0 \\ 0 & 0 & 0 & 1 \end{bmatrix} =: T. \tag{4.86}
$$

Mit dieser regulären Matrix T folgt nun

$$
T^T A T = D = \begin{bmatrix} 1 & 0 & 0 & 0 \\ 0 & 1 & 0 & 0 \\ 0 & 0 & -3 & 0 \\ 0 & 0 & 0 & 0 \end{bmatrix}.
$$

Um nun die Form des Sylvester'schen Trägheitssatzes hieraus zu gewinnen, müssen wir die -3 durch eine Zeilenumformung des Typs III mit der korrespondierenden Spaltenumformung in -1 überführen. Wir multiplizieren also die dritte Zeile von D mit $1/\sqrt{3}$ und im Anschluss daran die dritte Spalte mit diesem Wert. Diese Spaltenumformung führen wir an der Einheitsmatrix durch und gelangen somit zu einer Spaltenumformungsmatrix

$$
\Lambda = \begin{bmatrix} 1 & 0 & 0 & 0 \\ 0 & 1 & 0 & 0 \\ 0 & 0 & 1/\sqrt{3} & 0 \\ 0 & 0 & 0 & 1 \end{bmatrix}.
$$

Nun gilt

$$\Lambda^T D\Lambda = \Lambda D\Lambda = \begin{bmatrix} 1 & 0 & 0 & 0 \\ 0 & 1 & 0 & 0 \\ 0 & 0 & -1 & 0 \\ 0 & 0 & 0 & 0 \end{bmatrix}$$

bzw.

$$(T\Lambda)^T A(T\Lambda) = \Lambda^T T^T AT\Lambda = \Lambda^T D\Lambda = \begin{bmatrix} 1 & 0 & 0 & 0 \\ 0 & 1 & 0 & 0 \\ 0 & 0 & -1 & 0 \\ 0 & 0 & 0 & 0 \end{bmatrix}.$$

Mit der regulären Matrix

$$S = T\Lambda = \begin{bmatrix} \frac{1}{2} & 0 & 0 & -\frac{1}{2} \\ 0 & 0 & 1 & 0 \\ 0 & 1 & 1 & 0 \\ 0 & 0 & 0 & 1 \end{bmatrix} \cdot \begin{bmatrix} 1 & 0 & 0 & 0 \\ 0 & 1 & 0 & 0 \\ 0 & 0 & 1/\sqrt{3} & 0 \\ 0 & 0 & 0 & 1 \end{bmatrix} = \begin{bmatrix} \frac{1}{2} & 0 & 0 & -\frac{1}{2} \\ 0 & 0 & 1/\sqrt{3} & 0 \\ 0 & 1 & 1/\sqrt{3} & 0 \\ 0 & 0 & 0 & 1 \end{bmatrix}$$

folgt die Faktorisierung

$$S^T AS = \begin{bmatrix} 1 & 0 & 0 & 0 \\ 0 & 1 & 0 & 0 \\ 0 & 0 & -1 & 0 \\ 0 & 0 & 0 & 0 \end{bmatrix}.$$

Die von A vermittelte symmetrische Bilinearform β_A auf $\mathbb{R}^4$ hat also bezüglich der Basis S die einfache Strukturmatrix

$$A_S(\beta) = \begin{bmatrix} 1 & 0 & 0 & 0 \\ 0 & 1 & 0 & 0 \\ 0 & 0 & -1 & 0 \\ 0 & 0 & 0 & 0 \end{bmatrix}.$$

Was können wir nun an dieser sehr einfachen Strukturmatrix ablesen? Zunächst erkennen wir unmittelbar, dass Rang $A = 3$ ist. Es gibt also Vektoren $\mathbf{v} \neq \mathbf{0}$, die durch A auf den Nullvektor abgebildet werden:

$$A\mathbf{v} = \mathbf{0}.$$

Wenn wir von links diese Gleichung mit $\mathbf{v}^T$ multiplizieren, so erhalten wir mit q_A als der von A vermittelten quadratischen Form auf $\mathbb{R}^4$

$$q_A(\mathbf{v}) = \mathbf{v}^T \cdot A\mathbf{v} = 0.$$

Es gibt demnach nicht-triviale Vektoren $\mathbf{v} \in \mathbb{R}^4$ mit $q_A(\mathbf{v}) = 0$. Weiterhin können wir Vektoren $\mathbf{v}, \mathbf{w} \in \mathbb{R}^4$ finden, mit $q_A(\mathbf{v}) > 0$ und $q_A(\mathbf{w}) < 0$. Wenn wir die Strukturmatrix der q_A zugrunde liegenden Bilinearform β bezüglich der Basis S betrachten

$$A_S(\beta) = \begin{bmatrix} 1 & 0 & 0 & 0 \\ 0 & 1 & 0 & 0 \\ 0 & 0 & -1 & 0 \\ 0 & 0 & 0 & 0 \end{bmatrix} =: M,$$

so erkennen wir, dass für

$$\mathbf{x} \in \left\langle \begin{pmatrix} 1 \\ 0 \\ 0 \\ 0 \end{pmatrix}, \begin{pmatrix} 0 \\ 1 \\ 0 \\ 0 \end{pmatrix} \right\rangle \setminus \{\mathbf{0}\}$$

die quadratische Form

$$q_M(\mathbf{x}) := \mathbf{x}^T \cdot M \cdot \mathbf{x} > 0$$

positive Werte liefert und damit auch für $q_A(\mathbf{v})$ mit $\mathbf{v} = S\mathbf{x}$.

Die Umkehrung gilt aber nicht, denn es ist beispielsweise

$$\mathbf{y} = \begin{pmatrix} 1 \\ 1 \\ 1 \\ 1 \end{pmatrix} \notin \left\langle \begin{pmatrix} 1 \\ 0 \\ 0 \\ 0 \end{pmatrix}, \begin{pmatrix} 0 \\ 1 \\ 0 \\ 0 \end{pmatrix} \right\rangle \setminus \{\mathbf{0}\}$$

aber es gilt dennoch $\mathbf{y}^T \cdot M \cdot \mathbf{y} = 1 > 0$.

Es sei nun β eine symmetrische Bilinearform auf $\mathbb{R}^n$ und $M = A_S(\beta)$ die Strukturmatrix von β bezüglich einer Basis $S \subset \mathbb{R}^n$. Für die zu β gehörende quadratische Form q auf $\mathbb{R}^n$ gilt nun offenbar

$$q(\mathbf{v}) = 0 \iff c_S(\mathbf{v})^T \cdot M \cdot c_S(\mathbf{v}) = 0$$

$$q(\mathbf{v}) > 0 \iff c_S(\mathbf{v})^T \cdot M \cdot c_S(\mathbf{v}) > 0$$

$$q(\mathbf{v}) < 0 \iff c_S(\mathbf{v})^T \cdot M \cdot c_S(\mathbf{v}) < 0$$

für alle $\mathbf{v} \in \mathbb{R}^n$.

Quadratische Formen auf endlich-dimensionalen $\mathbb{R}$-Vektorräumen bzw. ihre zugrunde gelegten symmetrischen Bilinearformen lassen sich nun nach dem Vorzeichen ihrer Werte charakterisieren. Dies führt zur Definition der folgenden Begriffe.

Definition 4.43 (Definitheit) *Es sei V ein endlich-dimensionaler $\mathbb{R}$-Vektorraum. Eine quadratische Form q bzw. eine symmetrische Bilinearform β auf V heißt*

(i) *positiv definit, wenn für alle $\mathbf{v} \in V, \mathbf{v} \neq \mathbf{0}$ gilt $q(\mathbf{v}) > 0$ bzw. $\beta(\mathbf{v}, \mathbf{v}) > 0$,*

(ii) *negativ definit, wenn für alle $\mathbf{v} \in V, \mathbf{v} \neq \mathbf{0}$ gilt $q(\mathbf{v}) < 0$ bzw. $\beta(\mathbf{v}, \mathbf{v}) < 0$,*

(iii) *positiv semidefinit, wenn für alle $\mathbf{v} \in V$ gilt $q(\mathbf{v}) \geq 0$ bzw. $\beta(\mathbf{v}, \mathbf{v}) \geq 0$,*

(iv) *negativ semidefinit, wenn für alle $\mathbf{v} \in V$ gilt $q(\mathbf{v}) \leq 0$ bzw. $\beta(\mathbf{v}, \mathbf{v}) \leq 0$,*

(v) *indefinit, wenn q bzw. β weder positiv noch negativ semidefinit (und damit erst recht nicht positiv oder negativ definit) ist.*

Eine symmetrische Matrix $A \in M(n, \mathbb{R})$ über $\mathbb{R}$ heißt

(i) *positiv definit, wenn für alle $\mathbf{x} \in \mathbb{R}^n, \mathbf{x} \neq \mathbf{0}$ gilt $\mathbf{x}^T A \mathbf{x} > 0$,*

   (ii) *negativ definit, wenn für alle* $\mathbf{x} \in \mathbb{R}^n, \mathbf{x} \neq \mathbf{0}$ *gilt* $\mathbf{x}^T A \mathbf{x} < 0$,
  (iii) *positiv semidefinit, wenn für alle* $\mathbf{x} \in \mathbb{R}^n$ *gilt* $\mathbf{x}^T A \mathbf{x} \geq 0$,
  (iv) *negativ semidefinit, wenn für alle* $\mathbf{x} \in \mathbb{R}^n$ *gilt* $\mathbf{x}^T A \mathbf{x} \leq 0$,
   (v) *indefinit, wenn A weder positiv noch negativ semidefinit (und damit erst recht nicht positiv oder negativ definit) ist.*

Die Definitheit einer quadratischen Form q auf einem endlich-dimensionalen $\mathbb{R}$-Vektorraum ist äquivalent zur entsprechenden Definitheit der Strukturmatrix ihrer zugrunde gelegten symmetrischen Bilinearform unabhängig von der Basiswahl. Die Definitheit einer symmetrischen Matrix über $\mathbb{R}$ ist äquivalent zur entsprechenden Definitheit der von ihr vermittelten quadratischen Form q_A.

Die Definitheitsbegriffe lassen sich analog für hermitesche Formen definieren. So heißt etwa eine hermitesche Form β auf einem $\mathbb{C}$-Vektorraum V positiv definit, wenn für alle $\mathbf{v} \in V, \mathbf{v} \neq \mathbf{0}$ gilt $\beta(\mathbf{v}, \mathbf{v}) > 0$.

Sind zwei symmetrische Matrizen A und A' über $\mathbb{R}$ kongruent zueinander, gilt also

$$A' = T^T A T$$

mit einer regulären Matrix T, so stellen A und A' dieselbe quadratische Form bezüglich unterschiedlicher Basen dar. Daher ändert sich die Definitheit nicht unter Kongruenztransformationen. Wir können dies noch präzisieren. Beide Matrizen sind nach dem Sylvester'schen Trägheitssatz kongruent zu einer Matrix in der Normalformgestalt (4.78):

$$A \simeq \begin{pmatrix} E_p & 0 & 0 \\ 0 & -E_s & 0 \\ 0 & 0 & 0_q \end{pmatrix} \simeq A'.$$

Das Tripel (p, s, q) ist dabei eindeutig bestimmt. Diese Normalform ist demnach wie die Matrizen A und A' genau dann positiv definit, wenn $s = 0$ und $q = 0$ gilt, wenn also die Normalform die Einheitsmatrix ist. Entsprechendes gilt für die übrigen Definitheitsarten.

Satz 4.44 (Invarianz der Definitheit unter Kongruenztransformation) *Es sei $A \in$ $\mathrm{M}(n, \mathbb{R})$ eine symmetrische Matrix über $\mathbb{R}$. Dann ändert sich die Definitheit von A nicht unter einer Kongruenztransformation. Die Matrix $A' = T^T A T$ mit einer beliebigen regulären Matrix $T \in \mathrm{GL}(n, \mathbb{R})$ zeigt also das gleiche Definitheitsverhalten wie A. Aufgrund des Sylvester'schen Trägheitssatzes sind A und A' kongruent zur Normalform*

$$A \simeq \begin{pmatrix} E_p & 0 & 0 \\ 0 & -E_s & 0 \\ 0 & 0 & 0_q \end{pmatrix}. \tag{4.87}$$

Damit gilt

   (i) *A ist genau dann positiv definit, wenn $s, q = 0$.*
  (ii) *A ist genau dann negativ definit, wenn $p, q = 0$.*
 (iii) *A ist genau dann positiv semidefinit, wenn $s = 0$.*
 (iv) *A ist genau dann negativ semidefinit, wenn $p = 0$.*
  (v) *A ist genau dann indefinit, wenn $p, s \neq 0$.*

Die Matrix

$$A = \begin{pmatrix} 4 & 0 & 0 & 2 \\ 0 & -2 & -1 & 0 \\ 0 & -1 & 1 & 0 \\ 2 & 0 & 0 & 1 \end{pmatrix}$$

des letzten Beispiels ist indefinit, denn sie ist kongruent zu

$$\begin{bmatrix} 1 & 0 & 0 & 0 \\ 0 & 1 & 0 & 0 \\ 0 & 0 & -1 & 0 \\ 0 & 0 & 0 & 0 \end{bmatrix}.$$

Es gibt also zwei Vektoren $\mathbf{x}, \mathbf{y} \in \mathbb{R}^4$ mit $\mathbf{x}^T A \mathbf{x} > 0$ und $\mathbf{y}^T A \mathbf{y} < 0$. So ist beispielsweise

$$\mathbf{x} = \begin{pmatrix} 1 \\ 0 \\ 1 \\ 0 \end{pmatrix}$$

ein Vektor mit

$$\mathbf{x}^T A \mathbf{x} = (1,0,1,0) \begin{pmatrix} 4 & 0 & 0 & 2 \\ 0 & -2 & -1 & 0 \\ 0 & -1 & 1 & 0 \\ 2 & 0 & 0 & 1 \end{pmatrix} \begin{pmatrix} 1 \\ 0 \\ 1 \\ 0 \end{pmatrix} = (1,0,1,0) \begin{pmatrix} 4 \\ -1 \\ 1 \\ 2 \end{pmatrix} = 5 > 0.$$

Mit

$$\mathbf{y} = \begin{pmatrix} 0 \\ 1 \\ 1 \\ 0 \end{pmatrix}$$

erhalten wir dagegen einen Vektor mit

$$\mathbf{x}^T A \mathbf{x} = (0,1,1,0) \begin{pmatrix} 4 & 0 & 0 & 2 \\ 0 & -2 & -1 & 0 \\ 0 & -1 & 1 & 0 \\ 2 & 0 & 0 & 1 \end{pmatrix} \begin{pmatrix} 0 \\ 1 \\ 1 \\ 0 \end{pmatrix} = (0,1,1,0) \begin{pmatrix} 0 \\ -3 \\ 0 \\ 0 \end{pmatrix} = -3 < 0.$$

Auch hieran erkennen wir, dass A weder positiv noch negativ semidefinit ist und daher definitionsgemäß indefinit sein muss. Reelle Diagonalmatrizen lassen ihr Definitheitsverhalten unmittelbar erkennen. Es kommt dann nur noch auf das Vorzeichen der Diagonalkomponenten an.

Satz 4.45 (Definitheitsverhalten einer Diagonalmatrix) *Es sei*

$$
A = \begin{pmatrix} d_1 & 0 & \cdots & 0 \\ 0 & d_2 & \ddots & \vdots \\ \vdots & \ddots & \ddots & 0 \\ 0 & \cdots & 0 & d_n \end{pmatrix}
$$

eine Diagonalmatrix mit Diagonalkomponenten $d_1, \ldots, d_n \in \mathbb{R}$. Genau dann ist A positiv (bzw. negativ) definit, wenn alle Diagonalkomponenten positiv, also $d_i > 0$ (bzw. negativ, $d_i < 0$) für $i = 1, \ldots, n$, sind. Die Matrix A ist genau dann positiv (bzw. negativ) semidefinit, wenn alle Diagonalkomponenten $d_i \geq 0$ (bzw. $d_i \leq 0$) für $i = 1, \ldots, n$ sind. Nur dann, wenn vorzeichenverschiedene Diagonalkomponenten existieren, ist A indefinit.

Beweis. Wir können sofort die zu A kongruente Normalform nach dem Sylvester'schen Trägheitssatz angeben, indem wir durch kongruente Zeilen-Spaltenvertauschungen die Diagonalkomponenten nach Vorzeichen sortieren, um dann die Matrix gemäß (4.76) kongruent in die Normalform zu überführen. Hieraus ergeben sich dann die Aussagen. $\square$

Das Definitheitsverhalten einer Matrix hat eine große Bedeutung für die nichtlineare Optimierung. Ein zweimal stetig differenzierbares skalares Feld

$$
f : \mathbb{R}^n \to \mathbb{R}
$$
$$
\mathbf{x} \mapsto f(\mathbf{x}) = f(x_1, \ldots, x_n)
$$

besitzt eine symmetrische Hesse-Matrix. Die notwendige Bedingung für eine lokale Extremalstelle $\mathbf{x}_0$ von f ist, dass der Gradient von f in $\mathbf{x}_0$ verschwindet:

$$
(\nabla f)(\mathbf{x}_0) = \left(\frac{\partial f(\mathbf{x})}{\partial x_1}, \ldots, \frac{\partial f(\mathbf{x})}{\partial x_1} \right) \Big|_{\mathbf{x} = \mathbf{x}_0} = \mathbf{0}.
$$

Hinreichend für eine lokale Extremalstelle ist nun die strenge Definitheit der Hesse-Matrix

$$
(\nabla^T \nabla f)(\mathbf{x}) = \begin{pmatrix} \frac{\partial^2 f(\mathbf{x})}{\partial^2 x_1} & \frac{\partial^2 f(\mathbf{x})}{\partial x_1 \partial x_2} & \cdots & \frac{\partial^2 f(\mathbf{x})}{\partial x_1 \partial x_n} \\ \frac{\partial^2 f(\mathbf{x})}{\partial x_2 \partial x_1} & \frac{\partial^2 f(\mathbf{x})}{\partial^2 x_2} & \cdots & \frac{\partial^2 f(\mathbf{x})}{\partial x_2 \partial x_n} \\ \vdots & & \ddots & \vdots \\ \frac{\partial^2 f(\mathbf{x})}{\partial x_n \partial x_1} & \cdots & \frac{\partial^2 f(\mathbf{x})}{\partial x_n \partial x_{n-1}} & \frac{\partial^2 f(\mathbf{x})}{\partial^2 x_n} \end{pmatrix}
$$

in $\mathbf{x} = \mathbf{x}_0$. Dabei liegt im Fall der positiven Definitheit ein lokales Minimum und im Fall der negativen Definitheit ein lokales Maximum von f in $\mathbf{x}_0$ vor. Im Fall der Indefinitheit liegt in $\mathbf{x}_0$ ein Sattelpunkt von f vor. Diese hinreichenden Bedingungen sind aber nicht notwendig. So hat beispielsweise die auf ganz $\mathbb{R}^2$ definierte Funktion $f(x_1, x_2) = x_1^2 + x_2^4$ in $\mathbf{x}_0 = \mathbf{0}$ sogar ein globales Minimum. In der Tat verschwindet nur hier der Gradient

$$(\nabla f)(\mathbf{x}) = (2x_1, 4x_2^3).$$

Die Hesse-Matrix

$$(\nabla^T \nabla f)(\mathbf{x}) = \begin{pmatrix} 2 & 0 \\ 0 & 12x_2^2 \end{pmatrix}$$

ist aber in $\mathbf{x}_0 = \mathbf{0}$ nur positiv semidefinit:

$$(\nabla^T \nabla f)(\mathbf{x}) = \begin{pmatrix} 2 & 0 \\ 0 & 0 \end{pmatrix}, \tag{4.88}$$

da es sich um eine Diagonalmatrix handelt, deren Diagonalkomponenten nur „≥ 0" sind. Wir können jedoch auch bei semidefiniter Hesse-Matrix noch eine, wenn auch abgeschwächte Aussage zur Extremaleigenschaft treffen. Wenn nämlich die Hesse-Matrix positiv (bzw. negativ) semidefinit in einer Umgebung von $\mathbf{x}_0$ bleibt, so liegt in $\mathbf{x}_0$ ein schwaches lokales Minimum (bzw. Maximum) von f vor. Hierbei bedeutet *schwaches* lokales Maximum (bzw. Minimum), dass es eine (offene) Umgebung $U \subset \mathbb{R}^n$ von $\mathbf{x}_0$, also eine wenn auch noch so kleine $\mathbf{x}_0$ enthaltende zusammenhängende Menge $U \subset \mathbb{R}^n$ gibt mit

$$f(\mathbf{x}_0) \leq f(\mathbf{x}) \quad \text{bzw.} \quad f(\mathbf{x}_0) \geq f(\mathbf{x})$$

für alle $\mathbf{x} \in U$. Die Hesse-Matrix (4.88) des letzten Beispiels ist positiv semidefinit sogar in jeder Umgebung von $\mathbf{x}_0 = \mathbf{0}$.

4.11 Homomorphismenräume

Lineare Abbildungen können in „natürlicher" Weise addiert und mit Skalaren multipliziert werden. Sie bilden dabei selbst einen Vektorraum.

Satz 4.46 (Homomorphismenraum) *Für zwei $\mathbb{K}$-Vektorräume V und W stellt die Menge* $\mathrm{Hom}(V \to W)$ *hinsichtlich der für $f, g \in \mathrm{Hom}(V \to W)$ und $\lambda \in \mathbb{K}$ erklärten Addition und skalaren Multiplikation*

$$\begin{aligned} f+g, & \quad \textit{definiert durch} \quad (f+g)(\mathbf{v}) := f(\mathbf{v}) + g(\mathbf{v}), \quad \mathbf{v} \in V, \\ \lambda \cdot f, & \quad \textit{definiert durch} \quad (\lambda \cdot f)(\mathbf{v}) := \lambda \cdot f(\mathbf{v}), \quad \mathbf{v} \in V \end{aligned} \tag{4.89}$$

einen $\mathbb{K}$-Vektorraum dar. Der Nullvektor in $\mathrm{Hom}(V \to W)$ ist die Nullabbildung $f(\mathbf{v}) = \mathbf{0}$ für alle $\mathbf{v} \in V$.

Beweis. Übungsaufgabe 4.18. Im Fall von Spaltenvektorräumen $V = \mathbb{K}^n$ und $W = \mathbb{K}^m$ können wir die linearen Abbildungen von V nach W als $m \times n$-Matrizen mit Einträgen aus $\mathbb{K}$ auffassen. Für lineare Abbildungen $f_A, f_B \in \mathrm{Hom}(\mathbb{K}^n \to \mathbb{K}^m)$ mit $f_A(\mathbf{x}) = A\mathbf{x}$, $f_B(\mathbf{x}) = B\mathbf{x}, (A, B \in \mathrm{M}(m \times n, \mathbb{K}), \mathbf{x} \in \mathbb{K}^n)$ sind dann Addition und skalare Multiplikation gemäß (4.89) als Matrixsumme und komponentenweises Produkt von Skalar und Matrix gegeben:

$$(f_A + f_B)(\mathbf{x}) = f_A(\mathbf{x}) + f_B(\mathbf{x}) = A\mathbf{x} + B\mathbf{x} = (A+B)\mathbf{x}, \quad \lambda \cdot f_A(\mathbf{x}) = A(\lambda \mathbf{x}) = (\lambda A)\mathbf{x}.$$

Auch im Fall allgemeiner endlich-dimensionaler $\mathbb{K}$-Vektorräume können wir die Homomorphismen von V nach W mit den $m \times n$-Matrizen über $\mathbb{K}$ identifizieren.

Satz 4.47 *Sind V und W endlich-dimensionale $\mathbb{K}$-Vektorräume mit $n = \dim V$ und $m = \dim W$, so ist $\mathrm{Hom}(V \to W) \cong \mathrm{M}(m \times n, \mathbb{K})$.*

(Vgl. Übungsaufgaben (4.19) und (4.20).)

Eine Matrix $A \in (m \times n, \mathbb{K})$, die Basisvektoren $\mathbf{b}_1, \ldots, \mathbf{b}_n \in \mathbb{K}^n$ auf einen Satz von Bildvektoren $\mathbf{w}_i = A\mathbf{b}_i \in \mathbb{K}^m$ für $i = 1, \ldots, n$ abbildet, ist eindeutig durch die Matrix $A = [\mathbf{w}_1 \mid \cdots \mid \mathbf{w}_n] \cdot B^{-1}$ bestimmt, denn wir können diese n Einzelgleichungen auch blockweise notieren in der Form

$$[\mathbf{w}_1 \mid \cdots \mid \mathbf{w}_n] = A \cdot B.$$

Die Rechtsmultiplikation mit B^{-1} liefert dann die Matrix A. Sie hängt nur von der Basis B und den Bildvektoren $\mathbf{w}_i$ ab. Diesen Sachverhalt können wir verallgemeinern.

Satz 4.48 (Eindeutigkeit einer linearen Abbildung) *Jeder Vektorraumhomomorphismus $f \in \mathrm{Hom}(V \to W)$ ist durch die Bilder einer Basis von V eindeutig bestimmt.*

Beweis. Übungsaufgabe 4.13. Umgekehrt können wir auch durch Vorgabe der Basisbilder eine lineare Abbildung prägen (vgl. Übungsaufgabe 4.14).

Da jeder Vektorraum eine Basis besitzt, muss auch der Vektorraum $\mathrm{Hom}(V \to W)$ aller linearen Abbildungen von V nach W aus Satz 4.46 über eine Basis verfügen. Wie könnte eine Basis von $\mathrm{Hom}(V \to W)$ im Fall endlich-dimensionaler Vektorräume aussehen? Der folgende Satz liefert ein Verfahren zur Konstruktion einer solchen Basis.

Satz 4.49 *Es seien V und W zwei $\mathbb{K}$-Vektorräume endlicher Dimension mit den Basen $B = (\mathbf{b}_1, \ldots, \mathbf{b}_n)$ von V und $C = (\mathbf{c}_1, \ldots, \mathbf{c}_m)$ von W. Die $m \cdot n$ Homomorphismen $f_{ij} \in \mathrm{Hom}(V \to W)$, geprägt durch*

$$f_{ij}(\mathbf{b}_l) := \begin{cases} \mathbf{c}_i, \, l = j \\ \mathbf{0}, \, l \neq j \end{cases}, \qquad l, j = 1, \ldots, n, \quad i = 1, \ldots, m, \tag{4.90}$$

sind eine Basis von $\mathrm{Hom}(V \to W)$. Hierbei bildet f_{ij} nur $\mathbf{b}_j$ auf $\mathbf{c}_i$ ab und ergibt für alle anderen Basisvektoren von B den Nullvektor aus W.

Beweis. Übungsaufgabe 4.21.

Bemerkung 4.50 *Ist $h \in \mathrm{Hom}(V \to W)$ ein Homomorphismus, $B = (\mathbf{b}_1, \ldots, \mathbf{b}_n)$ eine Basis des Raums V und $C = (\mathbf{c}_1, \ldots, \mathbf{c}_m)$ eine Basis des Raums W, so kann h auf folgende Weise aus der Basis $(f_{ij} : j = 1, \ldots, n, i = 1, \ldots, m)$ von $\mathrm{Hom}(V \to W)$ linear kombiniert werden:*

$$h = \sum_{i=1}^{m} \sum_{j=1}^{n} c_C(h(\mathbf{b}_j))_i \cdot f_{ij}. \tag{4.91}$$

Hierbei ist $c_C(h(\mathbf{b}_j))_i$ die Komponente in Zeile i und Spalte j der Koordinatenmatrix $M_C^B(h)$ von h. Durch Einsetzen des Basisvektors $\mathbf{b}_k$ in die Linearkombination auf der rechten Seite der letzten Gleichung kann dies leicht bestätigt werden. Es ergibt sich dann unter Ausnutzen von (4.90)

$$\sum_{i=1}^{m} \sum_{j=1}^{n} c_C(h(\mathbf{b}_j))_i \cdot f_{ij}(\mathbf{b}_k) = \sum_{i=1}^{m} c_C(h(\mathbf{b}_k))_i \cdot \mathbf{c}_i = c_C^{-1}(c_C(h(\mathbf{b}_k))) = h(\mathbf{b}_k).$$

Ausgewertet in jedem Basisvektor $\mathbf{b}_k$, $k = 1, \dots, n$ *stimmt die Linearkombination (4.91) der* f_{ij} *mit dem Bildvektor* $h(\mathbf{b}_k)$ *überein. Hierdurch ist die Linearkombination nach Satz 4.48 eindeutig als h bestimmt. Wir können also die Komponenten* $c_C(h(\mathbf{b}_k))_i$ *der Koordinatenmatrix* $M_C^B(h)$ *als Koordinaten des Homomorphismus h bzgl. der Basis* $(f_{ij} : j = 1, \dots, n, i = 1, \dots, m)$ *auffassen.*

Da wir einen Körper $\mathbb{K}$ auch als Vektorraum betrachten können, ist nach Satz 4.46 die Menge aller Linearformen auf einem $\mathbb{K}$-Vektorraum V, also nach Definition 4.30 der Dualraum $V^* = \mathrm{Hom}(V \to \mathbb{K})$, ebenfalls ein $\mathbb{K}$-Vektorraum. Wie jeder Vektorraum verfügt auch der Dualraum V^* über eine Basis. Ist V ein endlich-dimensionaler Vektorraum mit Basis $B = (\mathbf{b}_1, \dots, \mathbf{b}_n)$, so liefert uns die Prägevorschrift (4.90) aus Satz 4.49 eine Methode zur Konstruktion einer Basis von V^* aus der Basis B von V. Hierbei können wir für den Vektorraum $\mathbb{K}$ von der Basis $C = (1)$ ausgehen, denn der Körper verfügt in jedem Fall über ein Einselement. Wir bezeichnen die auf diese Weise gewonnene Basis des Dualraums als die zu $B = (\mathbf{b}_1, \dots, \mathbf{b}_n)$ *duale Basis* oder kurz *Dualbasis* und verwenden für deren Vektoren die Schreibweise $\mathbf{b}_1^*, \dots, \mathbf{b}_n^*$ (vgl. Übungsaufgabe 4.22). Jede Linearform $\mathbf{v}^* \in V^*$ kann zudem durch ihre Koordinatenmatrix bezüglich einer Basis $B = (\mathbf{b}_1, \dots, \mathbf{b}_n)$ von V und der Basis 1 von $\mathbb{K}$ dargestellt werden. Diese Koordinatenmatrix ist dann ein Zeilenvektor mit n Komponenten aus $\mathbb{K}$:

$$\mathbf{z}^T = M_1^B(\mathbf{v}^*) = c_1(\mathbf{v}^*(B)) = (\mathbf{v}^*(\mathbf{b}_1), \dots, \mathbf{v}^*(\mathbf{b}_n)).$$

Aufgrund von Bemerkung 4.50 sind die Komponenten dieses Zeilenvektors als Koordinaten von $\mathbf{v}^*$ bzgl. der Dualbasis auffassbar. Nach einem Wechsel von B auf eine neue Basis B' ändert sich dieser Zeilenvektor gemäß Satz 4.17 nach (4.30)

$$M_1^{B'}(\mathbf{v}^*) = (c_1(1))^{-1} \cdot M_1^B(\mathbf{v}^*) \cdot c_B(B') = \mathbf{z}^T \cdot c_B(B').$$

Im Vergleich zu den Koordinatenänderungen für Vektoren aus V beim Wechsel von B auf B' fällt auf, dass sich die Koordinaten der Vektoren des Dualraums mit der Übergangsmatrix $c_B(B')$ ändern, während zur Bestimmung der neuen Koordinaten eines Vektors $\mathbf{v} \in V$ nach Satz 3.54 die Inverse der Übergangsmatrix verwendet werden muss:

$$c_{B'}(\mathbf{v}) = (c_B(B'))^{-1} \cdot c_B(\mathbf{v}).$$

Die Koordinaten eines Vektors von V ändern sich also *entgegen* der Basistransformation (kontravariant), während sich die Koordinaten eines Vektors aus dem Dualraum V^* *mit* der Basistransformation (kovariant) ändern.

In Übungsaufgabe 4.22 soll überlegt werden, wie für einen $\mathbb{K}$-Vektorraum V mit Basis $B = (\mathbf{b}_1, \dots, \mathbf{b}_n)$ eine Basis seines Dualraums V^* bestimmt werden kann. Es liegt nahe, hierbei an die zu B duale Basis $B^* := (\mathbf{b}_1^*, \dots, \mathbf{b}_n^*)$ zu denken. Unter Berücksichtigung von Satz 4.49 ergibt sich die folgende Definition.

Definition 4.51 (Duale Basis) *Es sei* $B = (\mathbf{b}_1, \ldots, \mathbf{b}_n)$ *Basis eines* $\mathbb{K}$*-Vektorraums V. Die durch*

$$\mathbf{b}_j^*(\mathbf{b}_l) = \delta_{jl} := \begin{cases} 1, \, l = j \\ 0, \, l \neq j \end{cases}, \qquad j = 1, \ldots, n \qquad (4.92)$$

geprägten Linearformen $\mathbf{b}_1^*, \ldots, \mathbf{b}_n^* \in V^* = \text{Hom}(V \to \mathbb{K})$ *bilden die zu B duale Basis. Jede Linearform und damit jeder Kovektor* $\mathbf{v}^*$ *des Dualraums* V^* *kann aus diesen Basis-Kovektoren linear kombiniert werden. Insbesondere sind V und sein Dualraum* V^* *im endlich-dimensionalen Fall zueinander isomorph.*

Das Symbol δ_{jl} wird als *Kronecker-Delta* bezeichnet.

Wir betrachten ein Beispiel. Der Vektorraum $V = \mathbb{R}[x]_{\leq 2}$ der reellen Polynome maximal zweiten Grades in der Variablen x besitzt beispielsweise die Basis $B = (\mathbf{b}_1, \mathbf{b}_2, \mathbf{b}_3)$ mit $\mathbf{b}_1 = x^2, \mathbf{b}_2 = x, \mathbf{b}_3 = 1$. Sein Dualraum $V^* = \text{Hom}(\mathbb{R}[x]_{\leq 2} \to \mathbb{R})$ ist die Menge aller Linearformen auf $\mathbb{R}[x]_{\leq 2}$. Die speziellen Linearformen

$$\begin{array}{ccc} \mathbf{b}_1^* : \mathbb{R}[x]_{\leq 2} \to \mathbb{R} & \mathbf{b}_2^* : \mathbb{R}[x]_{\leq 2} \to \mathbb{R} & \mathbf{b}_3^* : \mathbb{R}[x]_{\leq 2} \to \mathbb{R} \\ p(x) \mapsto \frac{1}{2} \cdot \frac{d^2}{dx^2} p(x)\big|_{x=0}, & p(x) \mapsto \frac{d}{dx} p(x)\big|_{x=0}, & p(x) \mapsto p(0) \end{array}$$

haben die prägende Eigenschaft der zu B dualen Basis:

$$\begin{array}{lll} \mathbf{b}_1^*(\mathbf{b}_1) = \frac{1}{2} \cdot \frac{d^2}{dx^2} x^2\big|_{x=0} = 1, & \mathbf{b}_1^*(\mathbf{b}_2) = \frac{1}{2} \cdot \frac{d^2}{dx^2} x\big|_{x=0} = 0, & \mathbf{b}_1^*(\mathbf{b}_3) = \frac{1}{2} \cdot \frac{d^2}{dx^2} 1\big|_{x=0} = 0, \\ \mathbf{b}_2^*(\mathbf{b}_1) = \frac{d}{dx} x^2\big|_{x=0} = 0, & \mathbf{b}_2^*(\mathbf{b}_2) = \frac{d}{dx} x\big|_{x=0} = 1, & \mathbf{b}_2^*(\mathbf{b}_3) = \frac{d}{dx} 1\big|_{x=0} = 0, \\ \mathbf{b}_3^*(\mathbf{b}_1) = x^2|_{x=0} = 0, & \mathbf{b}_3^*(\mathbf{b}_2) = x|_{x=0} = 0, & \mathbf{b}_3^*(\mathbf{b}_3) = 1|_{x=0} = 1. \end{array}$$

Sind $\mathbf{b}_1, \ldots, \mathbf{b}_n \in \mathbb{R}^n$ Spaltenvektoren einer Orthonormalbasis B des $\mathbb{R}^n$, so lautet die zu B duale Basis $B^* = (\mathbf{b}_1^T, \ldots, \mathbf{b}_n^T)$, denn in diesem Fall gilt $B^T B = E_n$. Die Vektoren der dualen Basis entstehen aus den Basisvektoren $\mathbf{b}_i$ durch Transponieren und sind somit Zeilenvektoren, die wir als $1 \times n$-Matrizen interpretieren können und Linearformen aus dem Dualraum von $\mathbb{R}^n$ repräsentieren. Es sei $B = (\mathbf{s}_1, \ldots, \mathbf{s}_n)$ eine beliebige Basis aus Spaltenvektoren von $V = \mathbb{K}^n$. Wie ergeben sich dann die Vektoren der zu B dualen Basis des Dualraums V^* (Übung)?

Es seien nun V und W zwei $\mathbb{K}$-Vektorräume mit Basen $B = (\mathbf{b}_1, \ldots, \mathbf{b}_n)$ von V und $C = (\mathbf{c}_1, \ldots, \mathbf{c}_m)$ von W. Nach Satz 4.49 können wir jeden Homomorphismus $h \in \text{Hom}(V \to W)$ aus den in (4.90) geprägten Homomorphismen

$$f_{ij}(\mathbf{b}_l) := \begin{cases} \mathbf{c}_i, \, l = j \\ \mathbf{0}, \, l \neq j \end{cases} = \delta_{jl} \mathbf{c}_i, \qquad j = 1, \ldots, n, \quad i = 1, \ldots, m$$

eindeutig linear kombinieren. Es ist also

$$h(\cdot) = \sum_{i=1}^{m} \sum_{j=1}^{n} a_{ij} \cdot f_{ij}(\cdot)$$

mit eindeutig bestimmten $a_{ij} \in \mathbb{K}$. Wegen der Eigenschaft $\mathbf{b}_j^*(\mathbf{b}_l) = \delta_{jl}$ der zu B dualen Basis $B^* = (\mathbf{b}_1^*, \ldots, \mathbf{b}_n^*)$ ist $f_{ij}(\mathbf{b}_l) = \delta_{jl} \mathbf{c}_i = \mathbf{b}_j^*(\mathbf{b}_l) \mathbf{c}_i$ für $l = 1, \ldots, n$. Stimmen zwei lineare

Abbildungen für alle Basisvektoren überein, so sind beide Abbildungen identisch. Es ist demnach $f_{ij} = \mathbf{b}_j^*(\cdot)\mathbf{c}_i$. Wir erhalten damit

$$h(\cdot) = \sum_{i=1}^{m} \sum_{j=1}^{n} a_{ij} \cdot \mathbf{b}_j^*(\cdot)\mathbf{c}_i. \tag{4.93}$$

Dies ist eine Linearkombination von Objekten der Gestalt $\mathbf{b}_j^*(\cdot)\mathbf{c}_i$, die aus Linearformen der dualen Basis $\mathbf{b}_j^* \in V^*$ und den Basisvektoren $\mathbf{c}_i \in W$ bestehen. Dabei ist $\mathbf{b}_j^*(\cdot)\mathbf{c}_i$ ein Produkt aus einem Skalar $\mathbf{b}_j^*(\cdot)$ mit dem Vektor $\mathbf{c}_i$ innerhalb der skalaren Multiplikation in W. Nach Bemerkung 4.50 sind die Vorfaktoren a_{ij} gerade die Komponenten der Koordinatenmatrix $M_C^B(h)$. Ein Beispiel soll diese Zerlegung illustrieren. Der Homomorphismus

$$\tfrac{\mathrm{d}}{\mathrm{d}x} \in \mathrm{Hom}(\mathbb{R}[x]_{\leq 2} \to \mathbb{R}[x]_{\leq 1}),$$

definiert durch $p(x) \mapsto \tfrac{\mathrm{d}}{\mathrm{d}x}p(x)$, besitzt als Koordinatenmatrix bezüglich der Basen $B = (x^2, x, 1)$ und $C = (x, 1)$ die 2×3-Matrix

$$M_C^B(\tfrac{\mathrm{d}}{\mathrm{d}x}) = c_C(\tfrac{\mathrm{d}}{\mathrm{d}x}B) = (c_C(\tfrac{\mathrm{d}x^2}{\mathrm{d}x}) \,|\, c_C(\tfrac{\mathrm{d}x}{\mathrm{d}x}) \,|\, c_C(\tfrac{\mathrm{d}1}{\mathrm{d}x})) = \begin{pmatrix} 2 & 0 & 0 \\ 0 & 1 & 0 \end{pmatrix}.$$

Die Komponenten a_{ij} dieser Matrix sind die Koordinaten bezüglich der Basisvektoren $f_{ij} = \mathbf{b}_j^*(\cdot)\mathbf{c}_i$. Es ist damit

$$\tfrac{\mathrm{d}}{\mathrm{d}x} = a_{11}f_{11} + a_{22}f_{22} = 2\mathbf{b}_1^*(\cdot)\mathbf{c}_1 + \mathbf{b}_2^*(\cdot)\mathbf{c}_2$$
$$= 2 \cdot \tfrac{1}{2} \cdot \tfrac{\mathrm{d}^2}{\mathrm{d}x^2}\Big|_{x=0} \cdot x + \tfrac{\mathrm{d}}{\mathrm{d}x}\Big|_{x=0} \cdot 1 = \tfrac{\mathrm{d}^2}{\mathrm{d}x^2}\Big|_{x=0} \cdot x + \tfrac{\mathrm{d}}{\mathrm{d}x}\Big|_{x=0}.$$

Wir testen diese Zerlegung anhand eines Polynoms $ax^2 + bx + c$ mit $a, b, c \in \mathbb{R}$:

$$\tfrac{\mathrm{d}^2}{\mathrm{d}x^2}(ax^2 + bx + c)\Big|_{x=0} \cdot x + \tfrac{\mathrm{d}}{\mathrm{d}x}(ax^2 + bx + c)\Big|_{x=0} = 2ax + b$$

und erhalten mit der Ableitung von $ax^2 + bx + c$ das erwartete Ergebnis.

Die Dualbasis kann dazu verwendet werden, für einen gegebenen Vektor aus V seinen Koordinatenvektor zu bestimmen.

Satz 4.52 (Koordinatenabbildung und Dualbasis) *Es sei V ein n-dimensionaler $\mathbb{K}$-Vektorraum und $B = (\mathbf{b}_1, \dots, \mathbf{b}_n)$ eine Basis von V. Dann kann mithilfe der zu B dualen Basis $B^* = (\mathbf{b}_1^*, \dots, \mathbf{b}_n^*)$ die Koordinatenabbildung $c_B : V \to \mathbb{K}^n$ als*

$$c_B(\mathbf{v}) = \begin{pmatrix} \mathbf{b}_1^*(\mathbf{v}) \\ \vdots \\ \mathbf{b}_n^*(\mathbf{v}) \end{pmatrix}. \tag{4.94}$$

dargestellt werden.

Beweis. Übungsaufgabe 4.25.

4.12 Übungsaufgaben

Aufgabe 4.1 Es sei V ein endlich-dimensionaler $\mathbb{K}$-Vektorraum und W ein $\mathbb{K}$-Vektorraum. Zeigen Sie, dass für einen beliebigen Homomorphismus $f : V \to W$ gilt:

$$\dim V / \operatorname{Kern} f = \dim V - \dim \operatorname{Kern} f.$$

Aufgabe 4.2 Es seien $V = \langle e^{3t} + t^2, t^2, 1 \rangle$ und $W = \langle e^{3t}, t \rangle$ zwei $\mathbb{R}$-Vektorräume. Betrachten Sie die lineare Abbildung

$$f : V \to W$$
$$\varphi \mapsto f(\varphi) = \frac{d\varphi}{dt}.$$

a) Bestimmen Sie die Koordinatenmatrix von f bezüglich der Basen $B = (e^{3t} + t^2, t^2, 1)$ von V und $C = (e^{3t}, t)$ von W.
b) Berechnen Sie die Ableitung von $4e^{3t} + 2$ mithilfe der unter a) berechneten Koordinatenmatrix.
c) Bestimmen Sie Bild f und Rang $f = \dim \operatorname{Bild} f$.
d) Wie lautet der Kern von f sowie dessen Dimension?
e) Bestimmen Sie neue Basen B' und C' von V bzw. W, sodass die hierzu gehörende Koordinatenmatrix von f in Normalform vorliegt mit Einsen auf der Hauptdiagonalen und Nullen an den sonstigen Stellen.

Aufgabe 4.3 Gegeben seien die $\mathbb{R}$-Vektorräume

$$V = \{ p \in \mathbb{R}[x] : \deg p \leq 2 \}, \qquad W = \{ p \in \mathbb{R}[x] : \deg p \leq 1 \}$$

sowie die Abbildung

$$\mathrm{TP} : V \to W$$
$$p \mapsto \mathrm{TP}(p) = p(1) + p'(1)(x - 1),$$

die einem Polynom $p \in V$ sein Taylor-Polynom erster Ordnung um den Entwicklungspunkt $x_0 = 1$ zuweist. Des Weiteren seien $B = (x^2, x, 1)$ und $B' = (x^2 + x + 1, x + 1, 1)$ sowie $C = (1, x)$ und $C' = (1, x - 1)$ Basen von V bzw. W.

a) Zeigen Sie, dass TP linear ist.
b) Berechnen Sie unter Zuhilfenahme der Übergangsmatrizen die Koordinatenmatrix von TP bezüglich B' und C' aus der Koordinatenmatrix von TP bezüglich B und C.
c) Bestimmen Sie bezüglich beider Basenpaare das obige Taylor-Polynom von $(x - 1)^2$.
d) Bei welchen Polynomen $p \in V$ gilt $\mathrm{TP}(p) = 0$? (Berechnen Sie Kern TP mithilfe einer der unter Teil b) bestimmten Koordinatenmatrizen oder schließen Sie aus der Kerndimension von TP auf den Kern von TP).

e) Bestimmen Sie neue Basen B'' und C'' von V bzw. W, sodass die hierzu gehörende Koordinatenmatrix von TP in Normalform vorliegt. (Führen Sie eine ZAS-Zerlegung an einer der beiden unter b) bestimmten Koordinatenmatrizen durch. Beachten Sie den Vorteil von reinen Spaltenumformungen bei dieser Aufgabe.)

Aufgabe 4.4 Gegeben seien die beiden $\mathbb{R}$-Vektorräume

$$V = \langle x, x^2 \rangle, \qquad W = \langle x^2, x^3 \rangle.$$

Betrachten Sie die lineare Abbildung

$$I : V \to W$$

$$\varphi \mapsto I(\varphi) = \int_0^x \varphi(t)\,dt.$$

a) In welchem Verhältnis steht $\phi := I(\varphi) \in W$ zu $\varphi \in V$? Bestimmen Sie die Koordinatenmatrix von I bezüglich der Basen $B = (x, x(x+1))$ von V und $C = \left(x^3, x^2\right)$ von W.
b) Berechnen Sie $I((x-1)^2 - 1)$ mithilfe der unter a) berechneten Koordinatenmatrix.
c) Welchen Rang besitzt I?
d) Wie lautet der Kern von I sowie dessen Dimension? Ist I injektiv, surjektiv oder gar bijektiv?
e) Bestimmen Sie weitere Basen B' von V und C' von W, sodass die hierzu gehörende Koordinatenmatrix von I in Normalform vorliegt, also einfachste Gestalt besitzt. Eine explizite ZAS-Zerlegung ist hierzu nicht erforderlich.

Aufgabe 4.5 Beweisen Sie Satz 4.21: Für zwei zueinander ähnliche Matrizen $A, B \in M(n, \mathbb{K})$ mit $B = S^{-1}AS$ gilt:

$$\text{Kern}(A^k) = S\,\text{Kern}(B^k),$$

$$\text{Bild}(A^k) = S\,\text{Bild}(B^k)$$

für alle $k \in \mathbb{N}$, hierbei ist die nullte Potenz als Einheitsmatrix definiert: $A^0 := E_n =: B^0$.

Aufgabe 4.6 Zum Sylvester'schen Trägheitssatz 4.41: Zeigen Sie: Gilt für eine symmetrische Matrix $A \in M(n, \mathbb{R})$

$$\begin{pmatrix} E_p & 0 & 0 \\ 0 & -E_s & 0 \\ 0 & 0 & 0_q \end{pmatrix} \simeq A \simeq \begin{pmatrix} E_{p'} & 0 & 0 \\ 0 & -E_{s'} & 0 \\ 0 & 0 & 0_q \end{pmatrix},$$

so folgt $p' = p$ und damit $s' = s$.

Aufgabe 4.7 Es sei B eine $m \times n$-Matrix über $\mathbb{R}$. Zeigen Sie, dass die Matrix $B^T B$ symmetrisch und positiv semidefinit und im Fall der Regularität von B sogar sogar positiv definit ist.

Aufgabe 4.8 Es sei A eine symmetrische $n \times n$-Matrix über $\mathbb{R}$ und $V \subset \mathbb{R}^n$ ein Teilraum des $\mathbb{R}^n$ mit der Basis(matrix) $B = (\mathbf{b}_1 | \ldots | \mathbf{b}_m)$. Zeigen Sie die Äquivalenz

$$\mathbf{v}^T A \mathbf{v} > 0 \quad \text{für alle } \mathbf{v} \in V \setminus \{\mathbf{0}\} \iff B^T A B \quad \text{positiv definit.}$$

Aufgabe 4.9 Warum gilt für jede hermitesche Form $\beta : V \times V \to \mathbb{C}$ auf einem $\mathbb{C}$-Vektorraum V die Eigenschaft $\beta(\mathbf{v}, \mathbf{v}) \in \mathbb{R}$ für alle $\mathbf{v} \in V$?

Aufgabe 4.10 Es sei $A \in M(n, \mathbb{R})$ eine symmetrische Matrix. Berechnen Sie den Gradienten und die Hesse-Matrix der quadratischen Form

$$q : \mathbb{R}^n \to \mathbb{R}$$
$$\mathbf{x} \mapsto q(\mathbf{x}) = \mathbf{x}^T \cdot A \cdot \mathbf{x}.$$

Aufgabe 4.11 (Dimensionsformel für Vektorraumsummen) Zeigen Sie: Sind V_1 und V_2 Teilräume eines endlich-dimensionalen Vektorraums V, so gilt

$$\dim(V_1 + V_2) = \dim V_1 + \dim V_2 - \dim(V_1 \cap V_2). \tag{4.95}$$

Hinweis: Betrachten Sie das direkte Produkt $V_1 \times V_2$ (vgl. Aufgabe 1.15) und den Homomorphismus $f : V_1 \times V_2 \to V_1 + V_2$ definiert durch $f(\mathbf{v}_1, \mathbf{v}_2) := \mathbf{v}_1 + \mathbf{v}_2$ sowie die Dimensionsformel für lineare Abbildungen.

Aufgabe 4.12 Es seien V_1 und V_2 endlich-dimensionale Teilräume eines gemeinsamen Vektorraums. Zeigen Sie

$$\dim(V_1 \oplus V_2) = \dim V_1 + \dim V_2. \tag{4.96}$$

Aufgabe 4.13 Zeigen Sie: Jeder Vektorraumhomomorphismus $f \in \mathrm{Hom}(V \to W)$ ist durch die Bilder einer Basis von V eindeutig bestimmt.

Aufgabe 4.14 (Prägen einer linearen Abbildung) Es sei V ein endlich-dimensionaler $\mathbb{K}$-Vektorraum und W ein weiterer, nicht notwendig endlich-dimensionaler Vektorraum über $\mathbb{K}$ sowie $B = (\mathbf{b}_1, \ldots, \mathbf{b}_n)$ eine Basis von V. Zudem seien $\mathbf{w}_1, \ldots, \mathbf{w}_n \in W$ beliebige Vektoren aus W. Zeigen Sie, dass es dann eine eindeutig bestimmte lineare Abbildung $f \in \mathrm{Hom}(V \to W)$ gibt, mit $f(\mathbf{b}_i) = \mathbf{w}_i$ für alle $i \in \{1, \ldots, n\}$. Warum ist die Basiseigenschaft von B hierbei wichtig? Warum reicht es nicht aus, wenn B lediglich ein Erzeugendensystem von V ist?

Aufgabe 4.15 (Universelle Eigenschaft einer Basis) Warum können wir die Aussage aus Aufgabe 4.14 auch wie folgt formulieren?

Es sei V ein endlich-dimensionaler $\mathbb{K}$-Vektorraum und W ein weiterer Vektorraum über $\mathbb{K}$ sowie $B = (\mathbf{b}_1, \ldots, \mathbf{b}_n)$ eine Basis von V. Für die Indexmenge $I := \{1, \ldots, n\}$ bezeichne $p : I \to V, i \mapsto \mathbf{b}_i$ die Zuordnung des Index zum entsprechenden Basisvektor. Dann gibt es zu jeder Abbildung $q : I \to W$ genau einen Homomorphismus $f : V \to W$ mit $q = f \circ p$.

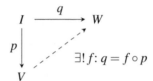

Für die lineare Abbildung f gilt also $q(i) = f(p(i))$ für alle $i = 1, \ldots, n$.

Aufgabe 4.16 Es gelten die Bezeichnungen und Voraussetzungen wie in Aufgabe 4.14. Zudem seien $\mathbf{w}_1, \ldots \mathbf{w}_n$ linear unabhängig. Zeigen Sie, dass die lineare Abbildung $f : V \to$ Bild f dann ein Isomorphismus ist.

Aufgabe 4.17 Es seien V und W endlich-dimensionale $\mathbb{K}$-Vektorräume mit $\dim V >$ $\dim W$. Warum kann es keinen injektiven Homomorphismus $f : V \to W$ und keinen surjektiven Homomorphismus $g : W \to V$ geben?

Aufgabe 4.18 (Homomorphismenraum) Zeigen Sie, dass für zwei $\mathbb{K}$-Vektorräume V und W die Menge $\mathrm{Hom}(V \to W)$ aller linearen Abbildungen von V nach W im Hinblick auf die Verknüpfungen

$$f + g \quad \text{definiert durch} \quad (f+g)(\mathbf{v}) := f(\mathbf{v}) + g(\mathbf{v}), \quad \mathbf{v} \in V \qquad (4.97)$$

$$\lambda \cdot f \quad \text{definiert durch} \quad (\lambda \cdot f)(\mathbf{v}) := \lambda \cdot f(\mathbf{v}), \quad a \in \mathbb{K}, \mathbf{v} \in V \qquad (4.98)$$

einen $\mathbb{K}$-Vektorraum darstellt. In welchem Verhältnis steht $\mathrm{Hom}(V \to W)$ zur Menge $W^V := \{\varphi : V \to W\}$ aller Abbildungen von V nach W, wenn wir für jedes $\varphi \in W^V$ in analoger Weise durch (4.97) und (4.98) zwei Verknüpfungen definieren? Geben Sie hierfür ein einfaches Beispiel mit $\mathrm{Hom}(V \to W) \subsetneq W^V$ an.

Aufgabe 4.19 Zeigen Sie: Sind V und W endlich-dimensionale $\mathbb{K}$-Vektorräume, so ist $\mathrm{Hom}(V \to W) \cong \mathrm{M}(m \times n, \mathbb{K})$. Geben Sie einen Isomorphismus

$$\mathrm{Hom}(V \to W) \to \mathrm{M}(m \times n, \mathbb{K})$$

an.

Aufgabe 4.20 Zeigen Sie: Sind V und W endlich-dimensionale $\mathbb{K}$-Vektorräume, so ist $\mathrm{Hom}(V \to W)$ ebenfalls endlich-dimensional, und es gilt

$$\dim \mathrm{Hom}(V \to W) = (\dim V)(\dim W).$$

Aufgabe 4.21 Es seien V und W zwei $\mathbb{K}$-Vektorräume endlicher Dimension mit den Basen $B = (\mathbf{b}_1, \ldots, \mathbf{b}_n)$ von V und $C = (\mathbf{c}_1, \ldots, \mathbf{c}_m)$ von W. Zeigen Sie, dass die mn Homomorphismen $f_{ij} \in \mathrm{Hom}(V \to W)$ geprägt durch

$$f_{ij}(\mathbf{b}_l) := \begin{cases} \mathbf{c}_i, & l = j \\ \mathbf{0}, & l \neq j \end{cases}, \qquad j = 1, \ldots, n, \quad i = 1, \ldots, m$$

eine Basis von $\mathrm{Hom}(V \to W)$ bilden.

Aufgabe 4.22 (Dualbasis) Es sei V ein $\mathbb{K}$-Vektorraum endlicher Dimension und $B = (\mathbf{b}_1, \ldots, \mathbf{b}_n)$ eine Basis von V. Bestimmen Sie eine Basis seines Dualraums $V^* = \mathrm{Hom}(V \to \mathbb{K})$.

Aufgabe 4.23 (Universelle Eigenschaft des Quotientenraums) Es sei V ein $\mathbb{K}$-Vektorraum und $T \subset V$ ein Teilraum von V. Zeigen Sie, dass der Quotientenvektorraum V/T folgende *universelle Eigenschaft* besitzt: Für jeden $\mathbb{K}$-Vektorraum W und jeden Homomorphismus $f \in \mathrm{Hom}(V \to W)$ mit $T \subset \mathrm{Kern} f$ gibt es genau eine lineare Abbildung $\overline{f} \in \mathrm{Hom}(V/T \to W)$ mit $f = \overline{f} \circ \rho$.

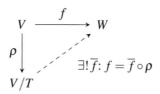

Hierbei bezeichnet ρ die kanonische Projektion von V auf V/T.

Aufgabe 4.24 Es sei V ein $\mathbb{K}$-Vektorraum und $T \subset V$ ein Teilraum von V. Zeigen Sie, dass auch eine Umkehrung der Aussage von Aufgabe 4.23 gilt:

Sei Q ein $\mathbb{K}$-Vektorraum und $p \in \mathrm{Hom}(V \to Q)$ eine lineare Abbildung mit $T \subset \mathrm{Kern} p$ und folgender Eigenschaft: Für jeden $\mathbb{K}$-Vektorraum W und jeden Homomorphismus $f : V \to W$ mit $T \subset \mathrm{Kern} f$ gibt es genau einen Homomorphismus $\varphi : Q \to W$ mit $f = \varphi \circ p$. Das folgende Diagramm veranschaulicht diese Eigenschaft.

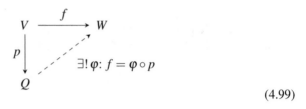

$$\exists! \, \varphi \colon f = \varphi \circ p$$

(4.99)

Dann ist Q isomorph zum Quotientenraum V/T.

Aufgabe 4.25 Es sei V ein n-dimensionaler $\mathbb{K}$-Vektorraum und $B = (\mathbf{b}_1, \ldots, \mathbf{b}_n)$ eine Basis von V. Zeigen Sie, dass mithilfe der zu B dualen Basis $B^* = (\mathbf{b}_1^*, \ldots, \mathbf{b}_n^*)$ die Koordinatenabbildung $c_B \colon V \to \mathbb{K}^n$ darstellbar ist als

$$c_B(\mathbf{v}) = \begin{pmatrix} \mathbf{b}_1^*(\mathbf{v}) \\ \vdots \\ \mathbf{b}_n^*(\mathbf{v}) \end{pmatrix}.$$

Kapitel 5
Produkte in Vektorräumen

In jedem Vektorraum sind eine Addition und eine skalare Multiplikation definiert. Bislang haben wir uns nicht mit der Frage beschäftigt, ob es sinnvoll sein kann, auch eine Art Multiplikation zweier Vektoren zu definieren. Wir können eine Bilinearform $\beta : V \times V \to \mathbb{K}$ als ein Produkt zweier Vektoren aus V auffassen, allerdings ist das Ergebnis für $V \neq \mathbb{K}$ kein Element aus V, also kein Vektor, sondern ein Skalar. Ist $\mathbb{K} = \mathbb{R}$ bzw. $\mathbb{K} = \mathbb{C}$ und β eine positiv definite symmetrische Bilinearform bzw. eine positiv definite hermitesche Sesquilinearform, so wird β als Skalarprodukt auf V bezeichnet. Mithilfe von Skalarprodukten können wir auf sehr einfache Weise Koordinatenvektoren von Vektoren endlichdimensionaler Vektorräume bezüglich bestimmter Basen, den Orthogonalbasen, ermitteln. Im Fall der Vektorräume $\mathbb{R}^2$ und $\mathbb{R}^3$ ergibt sich durch das kanonische Skalarprodukt eine Möglichkeit, Abstände und Winkel zu berechnen.

5.1 Skalarprodukt

Wir haben für zwei Spaltenvektoren $\mathbf{x}, \mathbf{y} \in \mathbb{R}^n$ bereits mehrmals einen Ausdruck der Form

$$\mathbf{x}^T \cdot \mathbf{y} = (x_1, \ldots, x_n) \cdot \begin{pmatrix} y_1 \\ \vdots \\ y_n \end{pmatrix} = \sum_{k=1}^{n} x_k y_k$$

verwendet. Eine $1 \times n$-Matrix wird also mit einer $n \times 1$-Matrix multipliziert, und als Ergebnis erhalten wir eine 1×1-Matrix, also einen Skalar. Hierbei handelt es sich um eine symmetrische Bilinearform auf $\mathbb{R}^n$, die durch die Einheitsmatrix E_n vermittelt wird.

Definition 5.1 (Kanonisches Skalarprodukt) *Die symmetrische Bilinearform*

$$\langle \cdot, \cdot \rangle : \mathbb{R}^n \times \mathbb{R}^n \to \mathbb{R}$$

$$(\mathbf{x}, \mathbf{y}) \mapsto \mathbf{x}^T \cdot \mathbf{y} = \sum_{k=1}^{n} x_k y_k \tag{5.1}$$

heißt kanonisches Skalarprodukt[1] auf $\mathbb{R}^n$. Bei Betrachtung komplexer Vektoren wird der zweite Vektor konjugiert. Die hermitesche Sesquilinearform

$$\langle \cdot, \cdot \rangle : \mathbb{C}^n \times \mathbb{C}^n \to \mathbb{C}$$

$$(\mathbf{x}, \mathbf{y}) \mapsto \mathbf{x}^T \cdot \overline{\mathbf{y}} = \sum_{k=1}^{n} x_k \overline{y}_k \tag{5.2}$$

heißt kanonisches Skalarprodukt auf $\mathbb{C}^n$. Hierbei ist

$$\overline{\mathbf{y}} := \begin{pmatrix} \overline{y}_1 \\ \vdots \\ \overline{y}_n \end{pmatrix}$$

der zu $\mathbf{y}$ konjugiert komplexe Vektor.

Da die Strukturmatrix des kanonischen Skalarprodukts bezüglich der kanonischen Basis E_n die Einheitsmatrix ist, ist die zum Skalarprodukt gehörende quadratische Form

$$q_{E_n} : \mathbb{R}^n \to \mathbb{R}$$

$$\mathbf{x} \mapsto \langle \mathbf{x}, \mathbf{x} \rangle = \mathbf{x}^T \cdot \mathbf{x} = \sum_{k=1}^{n} x_k^2$$

positiv definit. Der Sinn und Zweck des kanonischen Skalarprodukts ergibt sich aus der Aufgabenstellung, Vektoren aus den geometrisch veranschaulichbaren Räumen $\mathbb{R}^n$ für $n = 1, 2, 3$ eine Länge zuzuordnen. Wenn wir beispielsweise den $\mathbb{R}^2$ betrachten, so können wir die kanonischen Basisvektoren $\hat{\mathbf{e}}_1$ und $\hat{\mathbf{e}}_2$ als Einheitsvektoren auf den Achsen eines rechtwinkligen (kartesischen) Koordinatensystems auffassen, vgl. Abb. 5.1.

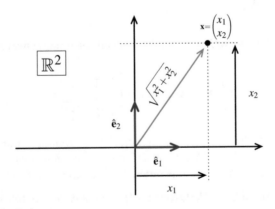

Abb. 5.1 Zum Satz des Pythagoras

---

[1] Die Notation $\langle \cdot, \cdot \rangle$ ist nicht zu verwechseln mit der Schreibweise für lineare Erzeugnisse.

Welche Länge L hat nun der Vektorpfeil $\mathbf{x} = \begin{pmatrix} x_1 \\ x_2 \end{pmatrix}$? Nach dem Satz des Pythagoras gilt $x_1^2 + x_2^2 = L^2$ und daher

$$L = \sqrt{x_1^2 + x_2^2} = \sqrt{\langle \mathbf{x}, \mathbf{x} \rangle}.$$

Das kanonische Skalarprodukt auf $\mathbb{R}^2$ kann also zur Längenberechnung von Vektoren verwendet werden. Für $\mathbb{R}^3$ gilt dies analog, denn ein Vektor

$$\mathbf{x} = \begin{pmatrix} x_1 \\ x_2 \\ x_3 \end{pmatrix} \in \mathbb{R}^3$$

kann zerlegt werden in die Summe aus einem Vektor in Achsenrichtung des dritten kanonischen Basisvektors sowie einem nur in der $\hat{\mathbf{e}}_1$-$\hat{\mathbf{e}}_2$-Ebene liegenden Vektor:

$$\mathbf{x} = \begin{pmatrix} x_1 \\ x_2 \\ x_3 \end{pmatrix} = \underbrace{\begin{pmatrix} x_1 \\ x_2 \\ 0 \end{pmatrix}}_{=:\mathbf{a}} + \underbrace{\begin{pmatrix} 0 \\ 0 \\ x_3 \end{pmatrix}}_{=:\mathbf{b}}.$$

Die beiden Vektoren $\mathbf{a}$ und $\mathbf{b}$ stehen im dreidimensionalen kartesischen Koordinatensystem senkrecht aufeinander und können somit als Katheten der Länge L_a bzw. L_b eines rechtwinkligen Dreiecks aufgefasst werden, dessen Hypothenuse durch den Summenvektor $\mathbf{x}$ gebildet wird. Nach Pythagoras gilt für die Länge L dieser Hypothenuse, also für die Länge von $\mathbf{x}$:

$$L_a^2 + L_b^2 = L^2.$$

Für die Längen der Kathetenvektoren $\mathbf{a}$ und $\mathbf{b}$ gilt dabei $L_a^2 = x_1^2 + x_2^2$ und $L_b^2 = x_3^2$, und somit folgt für die Länge L des Vektors $\mathbf{x}$

$$L = \sqrt{L_a^2 + L_b^2} = \sqrt{x_1^2 + x_2^2 + x_3^2} = \sqrt{\langle \mathbf{x}, \mathbf{x} \rangle}.$$

Nun definieren wir das Skalarprodukt auf einem $\mathbb{R}$-Vektorraum rein axiomatisch über prägende Eigenschaften.

Definition 5.2 (Skalarprodukt auf einem $\mathbb{R}$-Vektorraum) *Es sei V ein $\mathbb{R}$-Vektorraum. Jede positiv definite symmetrische Bilinearform*

$$\begin{aligned} \langle \cdot, \cdot \rangle : V \times V &\to \mathbb{R} \\ (\mathbf{x}, \mathbf{y}) &\mapsto \langle \mathbf{x}, \mathbf{y} \rangle \end{aligned} \tag{5.3}$$

heißt Skalarprodukt auf dem reellen Vektorraum V. Das Skalarprodukt besitzt demnach die folgenden Eigenschaften für $\mathbf{v}, \mathbf{v}', \mathbf{w}, \mathbf{w}' \in V$ und $\lambda \in \mathbb{R}$:

(i) Symmetrie: $\langle \mathbf{v}, \mathbf{w} \rangle = \langle \mathbf{w}, \mathbf{v} \rangle$,
(ii) Bilinearität: $\langle \mathbf{v} + \mathbf{v}', \mathbf{w} \rangle = \langle \mathbf{v}, \mathbf{w} \rangle + \langle \mathbf{v}', \mathbf{w} \rangle$ sowie $\langle \lambda \mathbf{v}, \mathbf{w} \rangle = \lambda \langle \mathbf{v}, \mathbf{w} \rangle$. Hieraus folgt wegen der Symmetrie $\langle \mathbf{v}, \lambda \mathbf{w} \rangle = \lambda \langle \mathbf{v}, \mathbf{w} \rangle$ sowie $\langle \mathbf{v}, \mathbf{w} + \mathbf{w}' \rangle = \langle \mathbf{v}, \mathbf{w} \rangle + \langle \mathbf{v}, \mathbf{w}' \rangle$,
(iii) positive Definitheit: $\langle \mathbf{v}, \mathbf{v} \rangle > 0$ für $\mathbf{v} \neq 0$.

Ein Beispiel für ein Skalarprodukt auf $\mathbb{R}^n$ ist also die durch eine beliebige positiv definite, reelle $n \times n$-Matrix A vermittelte symmetrische Bilinearform $\mathbf{x}^T A \mathbf{y}$. Für den Vektorraum $C^0([a,b])$ der stetigen Funktionen auf einem Intervall $[a,b] \in \mathbb{R}$ mit $a < b$ betrachten wir die durch das Integral

$$\langle \cdot, \cdot \rangle : C^0([a,b]) \to \mathbb{R}$$

$$(f,g) \mapsto \int_a^b f(t)g(t)\,\mathrm{d}t$$

definierte Abbildung. Aufgrund der Linearität des Integrals sowie der Eigenschaft

$$\langle f,f \rangle = \int_a^b (f(t))^2\,\mathrm{d}t > 0, \quad \text{für} \quad 0 \neq f \in C^0([a,b])$$

ist $\langle \cdot, \cdot \rangle$ ein Skalarprodukt auf $C^0([a,b])$. Die Kombination aus einem $\mathbb{R}$-Vektorraum und einem auf ihm definierten Skalarprodukt wird für die weiteren Betrachtungen eine zentrale Rolle spielen.

Definition 5.3 (Euklidischer Raum) *Ein euklidischer Raum[2] ist ein Paar $(V, \langle \cdot, \cdot \rangle)$ bestehend aus einem $\mathbb{R}$-Vektorraum V und einem Skalarprodukt $\langle \cdot, \cdot \rangle$ auf V.*

So bildet beispielsweise der Vektorraum $\mathbb{R}^n$ zusammen mit dem kanonischen Skalarprodukt $\mathbf{x}^T \mathbf{y}$ einen euklidischen Raum. Ebenso ist der Vektorraum $C^0([a,b])$ zusammen mit dem Skalarprodukt $\int_a^b f(t)g(t)\,\mathrm{d}t$ ein euklidischer Raum. Jede positiv definite symmetrische Bilinearform auf einem reellen Vektorraum heißt also Skalarprodukt. Für Vektorräume über $\mathbb{C}$ stellt dagegen jede positiv definite hermitesche Sesquilinearform ein Skalarprodukt dar:

Definition 5.4 (Skalarprodukt auf einem $\mathbb{C}$-Vektorraum) *Es sei V ein $\mathbb{C}$-Vektorraum. Jede positiv definite hermitesche Form*

$$\langle \cdot, \cdot \rangle : V \times V \to \mathbb{C}$$
$$(\mathbf{x}, \mathbf{y}) \mapsto \langle \mathbf{x}, \mathbf{y} \rangle \tag{5.4}$$

heißt Skalarprodukt auf dem komplexen Vektorraum V. Das Skalarprodukt besitzt demnach die folgenden Eigenschaften für $\mathbf{v}, \mathbf{v}', \mathbf{w}, \mathbf{w}' \in V$ und $\lambda \in \mathbb{R}$:

  (i)   *konjugierte Symmetrie: $\langle \mathbf{v}, \mathbf{w} \rangle = \overline{\langle \mathbf{w}, \mathbf{v} \rangle}$,*
  (ii) *Sesquilinearität: $\langle \mathbf{v} + \mathbf{v}', \mathbf{w} \rangle = \langle \mathbf{v}, \mathbf{w} \rangle + \langle \mathbf{v}', \mathbf{w} \rangle$ sowie $\langle \lambda \mathbf{v}, \mathbf{w} \rangle = \lambda \langle \mathbf{v}, \mathbf{w} \rangle$. Hieraus folgt wegen der konjugierten Symmetrie die Semilinearität im rechten Argument: $\langle \mathbf{v}, \mathbf{w} + \mathbf{w}' \rangle = \langle \mathbf{v}, \mathbf{w} \rangle + \langle \mathbf{v}, \mathbf{w}' \rangle$ sowie $\langle \mathbf{v}, \lambda \mathbf{w} \rangle = \overline{\lambda} \langle \mathbf{v}, \mathbf{w} \rangle$,*
  (iii) *positive Definitheit: $\langle \mathbf{v}, \mathbf{v} \rangle > 0$ für $\mathbf{v} \neq 0$. Insbesondere ist $\langle \mathbf{v}, \mathbf{v} \rangle$ reell.*

In der Quantenmechanik wird sehr intensiv von Skalarprodukten auf $\mathbb{C}$-Vektorräumen Gebrauch gemacht. Hier ist es allerdings üblich, dass die Sesquilinearität ausgehend vom rechten statt vom linken Argument gefordert wird. Wir lassen diese Alternative zu und nutzen dabei in solchen Fällen die in der Quantenmechanik übliche Schreibweise $\langle \mathbf{v} | \mathbf{w} \rangle$ für

---

[2] engl.: Euclidean space

das Skalarprodukt. Die Sesquilinearitätsbedingung (ii) lautet dann für jedes $\lambda \in \mathbb{C}$ und alle Vektoren $\mathbf{v}$, $\mathbf{v}'$, $\mathbf{w}$ und $\mathbf{w}'$ des betrachteten komplexen Vektorraums

$$\langle \mathbf{v} | \mathbf{w} + \mathbf{w}' \rangle = \langle \mathbf{v} | \mathbf{w} \rangle + \langle \mathbf{v} | \mathbf{w}' \rangle, \quad \langle \mathbf{v} | \lambda \mathbf{w} \rangle = \lambda \langle \mathbf{v} | \mathbf{w} \rangle.$$

Wegen der konjugierten Symmetrie folgt hier nun die Semilinearität im linken Argument

$$\langle \mathbf{v} + \mathbf{v}' | \mathbf{w} \rangle = \langle \mathbf{v} | \mathbf{w} \rangle + \langle \mathbf{v}' | \mathbf{w} \rangle, \quad \langle \lambda \mathbf{v} | \mathbf{w} \rangle = \overline{\lambda} \langle \mathbf{v} | \mathbf{w} \rangle.$$

In Analogie zum euklidischen Raum erhält die Kombination aus einem komplexen Vektorraum und einem auf ihm definierten Skalarprodukt eine spezielle Bezeichnung.

Definition 5.5 (Unitärer Raum) *Ein unitärer Raum[3] ist ein Paar $(V, \langle \cdot, \cdot \rangle)$ bestehend aus einem $\mathbb{C}$-Vektorraum V und einem Skalarprodukt, also einer positiv definiten hermiteschen Form $\langle \cdot, \cdot \rangle$ auf V.*

Ein euklidischer oder unitärer Vektorraum wird als Prä-Hilbert-Raum bezeichnet.

5.2 Norm, Metrik, Länge und Winkel

Wir haben bereits das kanonische Skalarprodukt in seiner Funktion für die Längenberechnung kennengelernt. Den Längenbegriff wollen wir nun mit dem Begriff der euklidischen Norm verallgemeinern auf beliebige $\mathbb{R}$-Vektorräume.

Definition 5.6 (Euklidische Norm) *Es sei $(V, \langle \cdot, \cdot \rangle)$ ein euklidischer (bzw. unitärer) Raum. Dann heißt die Abbildung*

$$\| \cdot \| : V \to \mathbb{R}$$
$$\mathbf{v} \mapsto \| \mathbf{v} \| := \sqrt{\langle \mathbf{v}, \mathbf{v} \rangle} \tag{5.5}$$

euklidische Norm auf V. Sie besitzt für $\mathbf{v}, \mathbf{w} \in V$ und $\lambda \in \mathbb{R}$ (bzw. $\lambda \in \mathbb{C}$) folgende Eigenschaften:

(i) $\| \mathbf{v} \| > 0$ *für* $\mathbf{v} \neq \mathbf{0}$,
(ii) $\| \lambda \mathbf{v} \| = |\lambda| \| \mathbf{v} \|$,
(iii) $\| \mathbf{v} + \mathbf{w} \| \leq \| \mathbf{v} \| + \| \mathbf{w} \|$ *(Dreiecksungleichung).*

Die ersten beiden Eigenschaften folgen direkt aus der Definition, denn aufgrund der positiven Definitheit des Skalarprodukts ist die Wurzel aus $\langle \mathbf{x}, \mathbf{x} \rangle$ definiert und verschwindet nur für $\mathbf{x} = \mathbf{0}$, woraus sich die erste Eigenschaft ergibt. Für einen beliebigen reellen Skalar λ gilt

$$\langle \lambda \mathbf{x}, \lambda \mathbf{x} \rangle = \lambda^2 \langle \mathbf{x}, \mathbf{x} \rangle.$$

Hieraus ergibt sich die zweite Eigenschaft. Die dritte Eigenschaft können wir durch eine Abschätzung zeigen. Es gilt im Fall eines euklidischen Raums

---

[3] engl.: unitary space, inner product space

$$
\begin{aligned}
\|\mathbf{x}+\mathbf{y}\|^2 &= \langle \mathbf{x}+\mathbf{y}, \mathbf{x}+\mathbf{y} \rangle \\
&= \langle \mathbf{x}, \mathbf{x}+\mathbf{y} \rangle + \langle \mathbf{y}, \mathbf{x}+\mathbf{y} \rangle \\
&= \langle \mathbf{x}, \mathbf{x} \rangle + \langle \mathbf{x}, \mathbf{y} \rangle + \langle \mathbf{y}, \mathbf{x} \rangle + \langle \mathbf{y}, \mathbf{y} \rangle \\
&= \langle \mathbf{x}, \mathbf{x} \rangle + 2\langle \mathbf{x}, \mathbf{y} \rangle + \langle \mathbf{y}, \mathbf{y} \rangle \leq \langle \mathbf{x}, \mathbf{x} \rangle + 2\|\mathbf{x}\|\|\mathbf{y}\| + \langle \mathbf{y}, \mathbf{y} \rangle \\
&= \|\mathbf{x}\|^2 + 2\|\mathbf{x}\|\|\mathbf{y}\| + \|\mathbf{y}\|^2 \\
&= (\|\mathbf{x}\| + \|\mathbf{y}\|)^2.
\end{aligned}
$$

Hierbei haben wir von der Cauchy-Schwarz'schen Ungleichung in der Form $\langle \mathbf{x}, \mathbf{y} \rangle \leq \|\mathbf{x}\|\|\mathbf{y}\|$ Gebrauch gemacht. Im Fall eines unitären Raums gehen ähnlich vor, beachten aber dabei, dass $\langle \mathbf{x}, \mathbf{y} \rangle + \langle \mathbf{y}, \mathbf{x} \rangle = \langle \mathbf{x}, \mathbf{y} \rangle + \overline{\langle \mathbf{x}, \mathbf{y} \rangle} = 2\,\mathrm{Re}(\langle \mathbf{x}, \mathbf{y} \rangle) \leq 2|\langle \mathbf{x}, \mathbf{y} \rangle|$ gilt.

Satz 5.7 (Cauchy-Schwarz'sche Ungleichung) *Es sei* $(V, \langle \cdot, \cdot \rangle)$ *ein euklidischer (bzw. unitärer) Raum. Für zwei beliebige Vektoren* $\mathbf{x}, \mathbf{y} \in V$ *gilt*

$$
|\langle \mathbf{x}, \mathbf{y} \rangle| \leq \|\mathbf{x}\|\|\mathbf{y}\| \tag{5.6}
$$

bzw. für $\|\mathbf{x}\|, \|\mathbf{y}\| \neq 0$:

$$
-1 \leq \frac{\langle \mathbf{x}, \mathbf{y} \rangle}{\|\mathbf{x}\|\|\mathbf{y}\|} \leq 1. \tag{5.7}
$$

Hierbei ist $\| \cdot \|$ *die auf dem Skalarprodukt* $\langle \cdot, \cdot \rangle$ *basierende euklidische Norm auf* V.

Beweis. Übungsaufgabe 5.3.

Die bereits angesprochene Längenmessung von Vektoren aus den geometrisch veranschaulichbaren Räumen $\mathbb{R}^n$ für $n = 1, 2, 3$ ist ein Beispiel für eine euklidische Norm. In diesen Fällen basiert sie auf dem kanonischen Skalarprodukt. Für $\mathbf{x} \in \mathbb{R}^n$ mit $n = 1, 2, 3$ ist

$$
\|\mathbf{x}\| = \sqrt{\mathbf{x}^T \mathbf{x}} = \sqrt{\sum_{k=1}^{n} x_k^2}.
$$

Der etwas pathologische Spezialfall $n = 1$ führt dabei für $x \in \mathbb{R}^1$ auf den gewöhnlichen Absolutbetrag einer reellen Zahl:

$$
\|x\| = \sqrt{x^2} = |x|.
$$

Im allgemeinen Fall $V = \mathbb{R}^n$ fehlt uns zwar für $n > 3$ die geometrische Vorstellung, dennoch können wir in Erweiterung des geometrischen Längenbegriffs auch hier eine „Länge" definieren.

Definition 5.8 (2-Norm) *Für den euklidischen Raum* $(\mathbb{R}^n, \langle \cdot, \cdot \rangle)$ *mit dem kanonischen Skalarprodukt*

$$
\langle \mathbf{x}, \mathbf{y} \rangle := \mathbf{x}^T \mathbf{y}
$$

heißt die euklidische Norm

$$
\|\mathbf{x}\| = \sqrt{\mathbf{x}^T \mathbf{x}} = \sqrt{\sum_{k=1}^{n} x_k^2} =: \|\mathbf{x}\|_2 \tag{5.8}
$$

auch 2-Norm auf $\mathbb{R}^n$. *Wenn die Unterscheidung zu anderen Normen notwendig ist, wird sie mit* $\|\cdot\|_2$ *bezeichnet.*

In der Physik werden Vektoren oftmals mit Pfeilen ($\vec{r}$) gekennzeichnet, um sie von Skalaren zu unterscheiden. Es ist dann üblich, statt der Schreibweise mit den Doppelbalken $\|\vec{r}\|_2$ einfach nur den Vektorpfeil wegzulassen, wenn der Betrag eines Vektors gemeint ist:

$$r := \|\vec{r}\|_2.$$

Der Begriff der Norm auf einem Vektorraum kann noch allgemeiner über axiomatisch geforderte Eigenschaften definiert werden.

Definition 5.9 (Norm und normierter Raum) *Eine Norm* $\|\cdot\|$ *auf einem Vektorraum V über* $\mathbb{K} = \mathbb{R}$ *oder* $\mathbb{K} = \mathbb{C}$ *ist eine Abbildung* $\|\cdot\| : V \to \mathbb{R}$ *mit den Eigenschaften*

(i) $\|\mathbf{x}\| \geq 0$ *und* $\|\mathbf{x}\| = 0 \iff \mathbf{x} = \mathbf{0}$,
(ii) $\|\lambda \cdot \mathbf{x}\| = |\lambda| \cdot \|\mathbf{x}\|$,
(iii) $\|\mathbf{x} + \mathbf{y}\| \leq \|\mathbf{x}\| + \|\mathbf{y}\|$ *(Dreiecksungleichung)*

für alle $\mathbf{x}, \mathbf{y} \in V$ *und* $\lambda \in \mathbb{K}$. *Das Paar* $(V, \|\cdot\|)$ *bestehend aus dem Vektorraum V und der Norm* $\|\cdot\|$ *wird auch als normierter Raum bezeichnet.*

So ist beispielsweise die auf $V = \mathbb{R}^n$ für $p \geq 1$ definierte Abbildung

$$\|\mathbf{x}\|_p := \left(\sum_{k=1}^{n} |x_k|^p \right)^{1/p} \tag{5.9}$$

eine Norm auf $\mathbb{R}^n$. Diese Norm wird als p-Norm des $\mathbb{R}^n$ bezeichnet. Die 2-Norm ist demnach eine spezielle p-Norm. Für $p \to \infty$ ergibt sich aus der p-Norm die Maximums-Norm oder Unendlich-Norm

$$\|\mathbf{x}\|_\infty := \max_{1 \leq i \leq n} |x_i|. \tag{5.10}$$

Wir können dies für $\mathbf{x} \neq \mathbf{0}$ durch Grenzwertbestimmung zeigen. Wegen $\mathbf{x} \neq \mathbf{0}$ ist $m := \max\{|x_i| : 1 \leq i \leq n\} > 0$. Daher gilt $0 < |x_k|/m \leq 1$ für $k = 1, \ldots, n$, wobei das Verhältnis $|x_i|/m$ den Wert 1 auch für ein i annimmt. Wenn alle Komponenten in $\mathbf{x}$ identisch sind, gilt sogar $|x_k|/m = 1$ für $k = 1, \ldots, n$. Daher ist

$$\sum_{k=1}^{n} \left(\frac{|x_k|}{m} \right)^p \in [1, n].$$

Der Grenzübergang $p \to \infty$ ergibt für die p-te Wurzel dieses Ausdrucks

$$\left(\sum_{k=1}^{n} \left(\frac{|x_k|}{m} \right)^p \right)^{1/p} = \exp\left(\frac{\ln\left(\sum_{k=1}^{n} \left(\frac{|x_k|}{m} \right)^p \right)}{p} \right) \xrightarrow{p \to \infty} 1,$$

da $\ln\left(\sum_{k=1}^{n} \left(\frac{|x_k|}{m} \right)^p \right)$ bezüglich p beschränkt ist. Somit gilt für die p-Norm

$$\|\mathbf{x}\|_p = \left(\sum_{k=1}^n |x_k|^p \right)^{1/p} = \left(m^p \sum_{k=1}^n \left(\frac{|x_k|}{m} \right)^p \right)^{1/p} = m \left(\sum_{k=1}^n \left(\frac{|x_k|}{m} \right)^p \right)^{1/p} \overset{p \to \infty}{\to} m.$$

Im Spezialfall $p = 1$ erhalten wir mit der 1-Norm

$$\|\mathbf{x}\|_1 := \sum_{k=1}^n |x_k| \tag{5.11}$$

die Summe der Komponentenbeträge von $\mathbf{x}$. Die 1-Norm wird gelegentlich als *Manhattan-Norm* bezeichnet. Der Name erklärt sich dadurch, dass die Straßenentfernungen zwischen zwei Orten in Manhattan bedingt durch den rechtwinkligen Stadtplan nicht mit der Länge der direkten Verbindung zwischen den Orten übereinstimmt. Die zurückzulegende Weglänge ergibt sich dann durch die Summe der einzelnen Weglängen der Ost-West- und Nord-Süd-Verbindungen. Diese Norm ist beispielsweise für die Berechnung des Fahrpreises bei Taxifahrten maßgeblich. Die Länge der direkten Verbindung entspricht dagegen der 2-Norm.

Wenn wir einen nicht-trivialen Vektor $\mathbf{v} \neq \mathbf{0}$ eines normierten Raums $(V, \|\cdot\|)$ mit dem Kehrwert seiner Norm multiplizieren, so erhalten wir einen Vektor

$$\mathbf{w} := \frac{1}{\|\mathbf{v}\|} \cdot \mathbf{v},$$

der die Norm 1 besitzt:

$$\|\mathbf{w}\| = \left\| \frac{1}{\|\mathbf{v}\|} \cdot \mathbf{v} \right\| = \left| \frac{1}{\|\mathbf{v}\|} \right| \|\mathbf{v}\| = \frac{1}{\|\mathbf{v}\|} \|\mathbf{v}\| = 1.$$

Dies motiviert zu folgender Definition.

Definition 5.10 (Einheitsvektor, normierter Vektor) *Innerhalb eines normierten Vektorraums $(V, \|\cdot\|)$ heißt ein Vektor $\mathbf{w} \in V$ normiert oder Einheitsvektor, wenn er die Norm 1 besitzt:*

$$\|\mathbf{w}\| = 1. \tag{5.12}$$

Für einen beliebigen nicht-trivialen Vektor $\mathbf{v} \neq \mathbf{0}$ heißt der normierte Vektor

$$\hat{\mathbf{e}}_v := \frac{1}{\|\mathbf{v}\|} \cdot \mathbf{v} \tag{5.13}$$

Einheitsvektor in Richtung (des Vektors) $\mathbf{v}$. Wir verwenden zusätzlich die etwas kürzere Schreibweise $\hat{\mathbf{v}} := \hat{\mathbf{e}}_v$ für den normierten Vektor von $\mathbf{v}$, indem wir das ˆ-Symbol aufsetzen.

Die 2-Norm eines Vektors ist für die geometrisch veranschaulichbaren Vektorräume $\mathbb{R}^2$ und $\mathbb{R}^3$ nichts anderes als dessen Länge. Ein Einheitsvektor in diesen Räumen hat also die Länge 1 und kann dabei in jede durch einen beliebigen Vektor $\mathbf{v} \neq \mathbf{0}$ vorgegebene Richtung zeigen. Die kanonischen Einheitsvektoren sind spezielle Einheitsvektoren und zeigen dabei in die Richtung der zwei bzw. drei kartesischen Koordinatenachsen.

Wir können die 2-Norm des $\mathbb{R}^n$ verwenden, um Abstände zwischen Vektoren zu berechnen. Die Länge und damit der Betrag $\|\mathbf{x} - \mathbf{y}\|_2$ der Differenz zweier Vektoren kann als Abstand zwischen $\mathbf{x}$ und $\mathbf{y}$ aufgefasst werden. Für die geometrischen Vektorräume $\mathbb{R}^n$ mit $n = 1, 2, 3$ ist dies anschaulich klar. Für höher-dimensionale Räume definieren wir den Abstand auf diese Weise.

Definition 5.11 (Euklidische Metrik) *Für zwei Vektoren* $\mathbf{x}, \mathbf{y} \in \mathbb{R}^n$ *heißt*

$$d(\mathbf{x}, \mathbf{y}) = \|\mathbf{x} - \mathbf{y}\|_2 = \sqrt{\sum_{k=1}^{n} (x_k - y_k)^2} \tag{5.14}$$

der euklidische Abstand zwischen $\mathbf{x}$ *und* $\mathbf{y}$. *Die Abbildung* $d(\cdot, \cdot)$ *wird auch als euklidische Metrik auf* $\mathbb{R}^n$ *bezeichnet.*

Auch den Metrikbegriff können wir allgemeiner durch axiomatisch geforderte Eigenschaften definieren.

Definition 5.12 (Metrik und metrischer Raum) *Es sei* V *ein beliebiger Vektorraum. Eine Abbildung*

$$d(\cdot, \cdot) : V \times V \to \mathbb{R}$$
$$(\mathbf{x}, \mathbf{y}) \mapsto d(\mathbf{x}, \mathbf{y}) \tag{5.15}$$

heißt Metrik auf V, *wenn für alle* $\mathbf{x}, \mathbf{y}, \mathbf{z} \in V$ *folgende Eigenschaften erfüllt sind:*

(i) $d(\mathbf{x}, \mathbf{y}) \geq 0$ *und* $d(\mathbf{x}, \mathbf{y}) = 0 \iff \mathbf{x} = \mathbf{y}$,
(ii) $d(\mathbf{x}, \mathbf{y}) = d(\mathbf{y}, \mathbf{x})$ *(Symmetrie),*
(iii) $d(\mathbf{x}, \mathbf{y}) \leq d(\mathbf{x}, \mathbf{z}) + d(\mathbf{z}, \mathbf{y})$ *(Dreiecksungleichung).*

Das Paar (V, d) *wird als metrischer Raum bezeichnet.*

Jede Norm $\| \cdot \|$ auf einem Vektorraum V kann eine Metrik $d(\cdot, \cdot)$ auf V über die Definition

$$d(\mathbf{x}, \mathbf{y}) := \|\mathbf{x} - \mathbf{y}\|$$

induzieren (Übung). Im Fall $V = \mathbb{R}^n$ induziert das kanonische Skalarprodukt $\langle \mathbf{x}, \mathbf{y} \rangle = \mathbf{x}^T \mathbf{y}$ die euklidische Norm $\|\mathbf{x}\|_2 = \sqrt{\langle \mathbf{x}, \mathbf{x} \rangle}$, die wiederum die euklidische Metrik

$$d(\mathbf{x}, \mathbf{y}) = \|\mathbf{x} - \mathbf{y}\|_2 = \sqrt{\langle \mathbf{x} - \mathbf{y}, \mathbf{x} - \mathbf{y} \rangle} = \sqrt{(\mathbf{x} - \mathbf{y})^T (\mathbf{x} - \mathbf{y})} = \sqrt{\sum_{k=1}^{n} (x_k - y_k)^2}$$

induziert. Metriken, also Abstandsmessungen, werden in der Analysis für Konvergenzbegriffe verwendet und spielen somit eine wichtige Rolle für den Grenzwertbegriff.

In der Physik, vor allem in der Quantenmechanik, sowie in der Funktionalanalysis dienen euklidische bzw. unitäre Räume, also Prä-Hilbert-Räume, zur Definition des Hilbert-Raums. Hierunter versteht man einen euklidischen oder unitären Vektorraum $(H, \langle \cdot, \cdot \rangle)$ bzw. $(H, \langle \cdot | \cdot \rangle)$, der im Hinblick auf die durch das Skalarprodukt induzierte euklidische Norm $\| \cdot \|$ vollständig ist. In einem Hilbert-Raum gilt also das Vollständigkeitsaxiom, d. h., jede Cauchy-Folge konvergiert in H. Ein Hilbert-Raum ist demnach ein vollständiger Prä-Hilbert-Raum. So sind beispielsweise die Vektorräume $\mathbb{R}^n$ und $\mathbb{C}^n$ bezüglich ihrer kanonischen Skalarprodukte $\langle \mathbf{x}, \mathbf{y} \rangle = \mathbf{x}^T \mathbf{y}$ bzw. $\langle \mathbf{x}, \mathbf{y} \rangle = \mathbf{x}^T \overline{\mathbf{y}}$ Hilbert-Räume. In der Quantenmechanik ist es üblich, dass das Skalarprodukt $\langle \cdot | \cdot \rangle$ bei den dort betrachteten Hilbert-Räumen im linken statt im rechten Argument semilinear ist: $\langle \lambda \mathbf{v} | \mathbf{w} \rangle = \overline{\lambda} \langle \mathbf{v} | \mathbf{w} \rangle$ (vgl. Def. 5.4).

Der in der folgenden Definition erklärte Begriff der Orthogonalität zweier Vektoren aus dem $\mathbb{R}^n$ hat neben einer geometrischen Interpretation eine zentrale Bedeutung für die in folgenden Kap.6 behandelte Spektraltheorie.

Definition 5.13 (Orthogonalität) *Zwei Vektoren* $\mathbf{u}, \mathbf{v}$ *eines euklidischen oder unitären Vektorraums* $(V, \langle \cdot, \cdot \rangle)$ *heißen orthogonal (zueinander), wenn das Skalarprodukt beider Vektoren verschwindet:*

$$\mathbf{u} \text{ orthogonal zu } \mathbf{v} : \iff \langle \mathbf{u}, \mathbf{v} \rangle = 0. \tag{5.16}$$

Im euklidischen Vektorraum $\mathbb{R}^n$ heißen zwei Spaltenvektoren $\mathbf{x}, \mathbf{y} \in \mathbb{R}^n$ orthogonal (zueinander), wenn das kanonische Skalarprodukt auf $\mathbb{R}^n$ beider Vektoren verschwindet:

$$\mathbf{x} \text{ orthogonal zu } \mathbf{y} : \iff \mathbf{x}^T \mathbf{y} = 0. \tag{5.17}$$

Im unitären Vektorraum $\mathbb{C}^n$ heißen zwei Spaltenvektoren $\mathbf{x}, \mathbf{y} \in \mathbb{R}^n$ orthogonal (zueinander), wenn das kanonische Skalarprodukt auf $\mathbb{C}^n$ beider Vektoren verschwindet:

$$\mathbf{x} \text{ orthogonal zu } \mathbf{y} : \iff \mathbf{x}^T \overline{\mathbf{y}} = 0. \tag{5.18}$$

Der Nullvektor eines euklidischen Vektorraums ist unabhängig von der Ausgestaltung des Skalarprodukts orthogonal zu allen weiteren Vektoren des Raums.

Im $\mathbb{R}^n$ sind beispielsweise Paare verschiedener kanonischer Einheitsvektoren zueinander orthogonal:

$$\langle \hat{\mathbf{e}}_i, \hat{\mathbf{e}}_j \rangle = 0 \iff i \neq j.$$

Wenn wir nun für einen beliebigen Vektor $\mathbf{y}$ eines n-dimensionalen euklidischen Vektorraums V die Menge aller Vektoren $\mathbf{x} \in V$ bestimmen wollen, die zu $\mathbf{y}$ orthogonal sind, so führt dies auf eine Kernbestimmung. Die gesuchte Menge ist der Kern der Linearform

$$\langle \mathbf{y}, \cdot \rangle : V \to \mathbb{R}$$
$$\mathbf{x} \mapsto \langle \mathbf{y}, \mathbf{x} \rangle,$$

die ein Element des Dualraums $\mathrm{Hom}(V \to \mathbb{R})$ von V darstellt. Für den euklidischen Vektorraum $\mathbb{R}^n$ mit dem kanonischen Skalarprodukt $\langle \mathbf{y}, \mathbf{x} \rangle = \mathbf{y}^T \mathbf{x}$ führt dies auf ein lineares Gleichungssystem

$$\langle \mathbf{y}, \mathbf{x} \rangle = \mathbf{y}^T \mathbf{x} = 0$$

mit einer Gleichung und n Variablen.

Die Koeffizientenmatrix ist die durch den Zeilenvektor $\mathbf{y}^T$ gegebene $1 \times n$-Matrix. Die gesuchte Lösungsmenge ist somit der Kern von $\mathbf{y}^T$ und wird als orthogonales Komplement von $\mathbf{y}$ bezeichnet.

Definition 5.14 (Orthogonales Komplement) *Es sei* $(V, \langle \cdot, \cdot \rangle)$ *ein euklidischer oder unitärer Vektorraum. Das orthogonale Komplement eines Vektors* $\mathbf{y} \in V$ *bezüglich* V *ist die Menge aller zu* $\mathbf{y}$ *orthogonalen Vektoren von* V. *Diese Menge ist der durch* Kern$\langle \mathbf{y}, \cdot \rangle$ *gegebene Teilraum von* V. *Hierbei repräsentiert die spezielle Linearform* $\langle \mathbf{y}, \cdot \rangle$ *ein Element* *des Dualraums von V. Im Fall $V = \mathbb{R}^n$ ist bezüglich des kanonischen Skalarprodukts das orthogonale Komplement eines Vektors $\mathbf{y} \in \mathbb{R}^n$ der Kern der $1 \times n$-Matrix $\mathbf{y}^T$.*

Wenn wir einmal davon ausgehen, dass $\mathbf{y} \neq \mathbf{0}$ ein nicht-trivialer Vektor ist, so gilt nach der Dimensionsformel für lineare Abbildungen für die Dimension des Kerns von $\langle \mathbf{y}, \cdot \rangle$

$$\dim \mathrm{Kern} \langle \mathbf{y}, \cdot \rangle = n - \dim \mathrm{Bild} \langle \mathbf{y}, \cdot \rangle = n - \dim \mathbb{R} = n - 1.$$

Das orthogonale Komplement von $\mathbf{y} \in V$ ist also ein $n - 1$-dimensionaler Teilraum von V. Für jeden nicht-trivialen Vektor $\mathbf{y}' \in \langle \mathbf{y} \rangle$, also jeden Vektor

$$\mathbf{y}' = \lambda \mathbf{y}, \qquad \lambda \in \mathbb{R}, \quad \lambda \neq 0,$$

der in dem von $\mathbf{y}$ erzeugten Teilraum liegt, gilt, sofern $\mathbf{y} \neq \mathbf{0}$ ist:

$$\langle \mathbf{y}, \mathbf{y}' \rangle = \langle \mathbf{y}, \lambda \mathbf{y} \rangle = \overline{\lambda} \langle \mathbf{y}, \mathbf{y} \rangle = \overline{\lambda} \|\mathbf{y}\|^2 \neq 0.$$

Aus diesem Grunde ist jeder nicht-triviale Vektor aus dem orthogonalen Komplement von $\mathbf{y} \neq \mathbf{0}$ linear unabhängig von $\mathbf{y}$, denn wäre ein Vektor $\mathbf{x} \in \mathrm{Kern} \langle \mathbf{y}, \cdot \rangle$ linear abhängig von $\mathbf{y}$, so müsste das Skalarprodukt $\langle \mathbf{y}, \mathbf{x} \rangle$ wegen der obigen Überlegung ungleich 0 sein, was der Orthogonalität definitionsgemäß widerspräche. Da das orthogonale Komplement zu $\mathbf{y} \neq \mathbf{0}$ ein $n - 1$-dimensionaler Teilraum ist, bildet eine Basis $\mathbf{b}_1, \dots, \mathbf{b}_{n-1}$ des orthogonalen Komplements $\mathrm{Kern} \langle \mathbf{y}, \cdot \rangle$ zusammen mit dem hiervon linear unabhängigen Vektor $\mathbf{y}$ einen n-dimensionalen Teilraum von V. Dieser Teilraum muss somit bereits aus Dimensionsgründen V selbst sein.

Satz 5.15 *Für einen nicht-trivialen Vektor $\mathbf{y}$ eines n-dimensionalen euklidischen oder unitären Vektorraums V bildet jede Basis $\mathbf{b}_1, \dots, \mathbf{b}_{n-1}$ seines orthogonalen Komplementes $\mathrm{Kern} \langle \mathbf{y}, \cdot \rangle$ zusammen mit $\mathbf{y}$ eine Basis von V.*

Wir können diese Argumentation nun auch auf das orthogonale Komplement $U_{n-1} := \mathrm{Kern} \langle \mathbf{y}, \cdot \rangle$ anwenden, wobei wir nun den euklidischen bzw. unitären Raum $(U_{n-1}, \langle \cdot, \cdot \rangle)$ betrachten. Hierbei handelt es sich um einen $n - 1$-dimensionalen Vektorraum. Wir wählen dazu einen beliebigen nicht-trivialen Vektor $\mathbf{y}_{n-1} \in U_{n-1}$ aus und betrachten sein orthogonales Komplement U_{n-2} bezüglich U_{n-1}. Dies ist somit ein $n - 2$-dimensionaler Teilraum von U_{n-1}. Aus diesem Teilraum wählen wir ebenfalls einen beliebigen Vektor $\mathbf{y}_{n-2}$ aus und betrachten sein orthogonales Komplement bezüglich U_{n-2}. Das Verfahren setzen wir so fort. Auf diese Art und Weise können wir nun insgesamt $n - 1$ Teilräume $U_{n-1}, U_{n-2}, \dots, U_1$ absteigender Dimension bestimmen, die zusammen mit $U_n := V$ folgende Eigenschaften besitzen:

$$\dim U_k = k, \quad U_k \subset U_{k+1}, \quad k = 1, \dots, n-1.$$

Zudem gelten für die Vektoren $\mathbf{y}_n := \mathbf{y}, \mathbf{y}_{n-1}, \dots, \mathbf{y}_1$ die Orthogonalitätseigenschaften

$$\langle \mathbf{y}_{k+1}, \mathbf{y}_k \rangle = 0, \qquad k = 1, \dots n-1.$$

Da $U_1 \subset U_2 \subset \cdots \subset U_n$ gilt, gilt sogar

$$\langle \mathbf{y}_i, \mathbf{y}_j \rangle = 0, \quad \text{für} \quad i \neq j.$$

Darüber hinaus sind $\mathbf{y}_1, \ldots, \mathbf{y}_n$ linear unabhängig und bilden eine Basis von V. Diese Beobachtung halten wir als Satz fest.

Satz 5.16 (Existenz einer Orthogonalbasis bzw. Orthonormalbasis) *Es sei* $\mathbf{y}_n \in V$ *ein beliebiger nicht-trivialer Vektor eines n-dimensionalen euklidischen oder unitären Vektorraums V mit* $n \geq 1$. *Dann gibt es linear unabhängige Vektoren* $\mathbf{y}_{n-1}, \ldots, \mathbf{y}_1 \in V$, *die zusammen mit* $\mathbf{y}_n$ *eine Basis von V bilden, sodass*

$$\langle \mathbf{y}_i, \mathbf{y}_j \rangle = 0 \quad \text{für} \quad i \neq j.$$

Man sagt, dass die paarweise orthogonal zueinander stehenden Vektoren $\mathbf{y}_1, \ldots, \mathbf{y}_n$ *eine Orthogonalbasis von V bilden. Wenn wir nun insbesondere diese n nicht-trivialen Vektoren mithilfe der euklidischen Norm* $\|\mathbf{x}\| := \sqrt{\langle \mathbf{x}, \mathbf{x} \rangle}$ *zu Einheitsvektoren*

$$\hat{\mathbf{y}}_1 = \frac{\mathbf{y}_1}{\|\mathbf{y}_1\|}, \ldots, \hat{\mathbf{y}}_n = \frac{\mathbf{y}_n}{\|\mathbf{y}_n\|}$$

umskalieren, so bilden die Vektoren $\hat{\mathbf{y}}_1, \ldots, \hat{\mathbf{y}}_n$ *sogar eine Orthonormalbasis von V, d. h., es gilt*

$$\langle \hat{\mathbf{y}}_i, \hat{\mathbf{y}}_j \rangle = 0, \quad \text{für} \quad i \neq j \quad \text{und} \quad \langle \hat{\mathbf{y}}_i, \hat{\mathbf{y}}_i \rangle = 1, \quad \text{für} \quad 1 \leq i \leq n.$$

Die Orthogonalisierung eines gegebenen Systems linear unabhängiger Vektoren kann dabei mit dem Verfahren nach Gram[4]-Schmidt[5] durchgeführt werden.

Satz 5.17 (Orthogonalisierungsverfahren nach Gram-Schmidt) *Gegeben seien r linear unabhängige Vektoren* $\mathbf{y}_1, \ldots, \mathbf{y}_r$ *eines euklidischen oder unitären Vektorraums V. Die durch*

$$\mathbf{v}_i := \mathbf{y}_i - \sum_{j=1}^{i-1} \frac{\overline{\langle \mathbf{v}_j, \mathbf{y}_i \rangle}}{\langle \mathbf{v}_j, \mathbf{v}_j \rangle} \mathbf{v}_j = \mathbf{y}_i - \sum_{j=1}^{i-1} \frac{\langle \mathbf{y}_i, \mathbf{v}_j \rangle}{\|\mathbf{v}_j\|^2} \mathbf{v}_j, \qquad i = 1, \ldots, r \qquad (5.19)$$

iterativ berechneten Vektoren sind paarweise orthogonal. Für euklidische Räume kann die komplexe Konjugation weggelassen werden. Ist das Skalarprodukt im linken statt im rechten Argument semilinear, gilt also $\langle \lambda \mathbf{v} | \mathbf{w} \rangle = \overline{\lambda} \langle \mathbf{v} | \mathbf{w} \rangle$, *so lautet (5.19)*

$$\mathbf{v}_i := \mathbf{y}_i - \sum_{j=1}^{i-1} \frac{\langle \mathbf{v}_j | \mathbf{y}_i \rangle}{\langle \mathbf{v}_j | \mathbf{v}_j \rangle} \mathbf{v}_j = \mathbf{y}_i - \sum_{j=1}^{i-1} \frac{\langle \mathbf{v}_j | \mathbf{y}_i \rangle}{\|\mathbf{v}_j\|^2} \mathbf{v}_j, \qquad i = 1, \ldots, r.$$

Das lineare Erzeugnis der orthogonalisierten Vektoren stimmt mit dem der ursprünglichen Vektoren überein, d. h., es gilt dabei

$$\langle \mathbf{v}_1, \ldots, \mathbf{v}_r \rangle = \langle \mathbf{y}_1, \ldots \mathbf{y}_r \rangle \subset V. \qquad (5.20)$$

Beweis. Nach (5.19) ist $\mathbf{v}_1 = \mathbf{y}_1$. Für den zweiten neuen Vektor gilt nach (5.19)

---

[4] Jørgen Pedersen Gram (1850-1916), dänischer Mathematiker
[5] Erhard Schmidt (1876-1959), deutscher Mathematiker

$$\mathbf{v}_2 = \mathbf{y}_2 - \frac{\overline{\langle \mathbf{v}_1, \mathbf{y}_2 \rangle}}{\|\mathbf{v}_1\|^2} \mathbf{v}_1.$$

Wir bilden nun das Skalarprodukt dieses Vektors mit $\mathbf{v}_1$:

$$\langle \mathbf{v}_1, \mathbf{v}_2 \rangle = \langle \mathbf{v}_1, \mathbf{y}_2 - \frac{\overline{\langle \mathbf{v}_1, \mathbf{y}_2 \rangle}}{\|\mathbf{v}_1\|^2} \mathbf{v}_1 \rangle = \langle \mathbf{v}_1, \mathbf{y}_2 \rangle - \langle \mathbf{v}_1, \frac{\overline{\langle \mathbf{v}_1, \mathbf{y}_2 \rangle}}{\|\mathbf{v}_1\|^2} \mathbf{v}_1 \rangle$$

$$= \langle \mathbf{v}_1, \mathbf{y}_2 \rangle - \frac{\overline{\overline{\langle \mathbf{v}_1, \mathbf{y}_2 \rangle}}}{\|\mathbf{v}_1\|^2} \langle \mathbf{v}_1, \mathbf{v}_1 \rangle = \langle \mathbf{v}_1, \mathbf{y}_2 \rangle - \langle \mathbf{v}_1, \mathbf{y}_2 \rangle = 0.$$

Die beiden Vektoren $\mathbf{v}_1$ und $\mathbf{v}_2$ sind also orthogonal zueinander. Gehen wir nun davon aus, dass wir bereits $s < r$ orthogonale Vektoren nach (5.19) konstruiert haben. Wir zeigen nun, dass der ebenfalls nach (5.19) definierte Vektor

$$\mathbf{v}_{s+1} = \mathbf{y}_{s+1} - \sum_{j=1}^{s} \frac{\overline{\langle \mathbf{v}_j, \mathbf{y}_{s+1} \rangle}}{\|\mathbf{v}_j\|^2} \mathbf{v}_j$$

orthogonal zu allen Vektoren $\mathbf{v}_1, \ldots, \mathbf{v}_s$ ist. Dazu sei $k \in \{1, \ldots s\}$. Wir bilden nun das Skalarprodukt aus $\mathbf{v}_k$ mit dem Vektor $\mathbf{v}_{s+1}$:

$$\langle \mathbf{v}_k, \mathbf{v}_{s+1} \rangle = \langle \mathbf{v}_k, \mathbf{y}_{s+1} - \sum_{j=1}^{s} \frac{\overline{\langle \mathbf{v}_j, \mathbf{y}_{s+1} \rangle}}{\|\mathbf{v}_j\|^2} \mathbf{v}_j \rangle = \langle \mathbf{v}_k, \mathbf{y}_{s+1} \rangle - \langle \mathbf{v}_k, \sum_{j=1}^{s} \frac{\overline{\langle \mathbf{v}_j, \mathbf{y}_{s+1} \rangle}}{\|\mathbf{v}_j\|^2} \mathbf{v}_j \rangle$$

$$= \langle \mathbf{v}_k, \mathbf{y}_{s+1} \rangle - \sum_{j=1}^{s} \langle \mathbf{v}_k, \frac{\overline{\langle \mathbf{v}_j, \mathbf{y}_{s+1} \rangle}}{\|\mathbf{v}_j\|^2} \mathbf{v}_j \rangle = \langle \mathbf{v}_k, \mathbf{y}_{s+1} \rangle - \sum_{j=1}^{s} \frac{\langle \mathbf{v}_j, \mathbf{y}_{s+1} \rangle}{\|\mathbf{v}_j\|^2} \langle \mathbf{v}_k, \mathbf{v}_j \rangle.$$

In der letzten Summe ist wegen der Orthogonalität $\langle \mathbf{v}_k, \mathbf{v}_j \rangle = 0$ für $j \neq k$. Damit bleibt nur der Summand für $j = k$ übrig. Es folgt

$$\langle \mathbf{v}_k, \mathbf{v}_{s+1} \rangle = \langle \mathbf{v}_k, \mathbf{y}_{s+1} \rangle - \frac{\langle \mathbf{v}_k, \mathbf{y}_{s+1} \rangle}{\|\mathbf{v}_k\|^2} \langle \mathbf{v}_k, \mathbf{v}_k \rangle = \langle \mathbf{v}_k, \mathbf{y}_{s+1} \rangle - \langle \mathbf{v}_k, \mathbf{y}_{s+1} \rangle = 0.$$

Der Vektor $\mathbf{v}_{r+1}$ ist also orthogonal zu jedem Vektor $\mathbf{v}_k$ für $k = 1, \ldots, r$. $\quad\square$

Nach Normierung von n orthogonalisierten Vektoren auf Einheitsvektoren kann das Gram-Schmidt-Verfahren auch zur Bestimmung von Orthonormalbasen von V verwendet werden.

Wir betrachten ein Beispiel. Der Vektorraum $\mathbb{R}[x]$ der reellen Polynome bildet zusammen mit dem durch

$$\langle p, q \rangle := \int_0^1 p(x) q(x) \, dx$$

für $p, q \in \mathbb{R}[x]$ definierten Skalarprodukt einen euklidischen Vektorraum. Hierin sind die Polynome

$$y_1(x) = x^2 + 2x + 1, \quad y_2(x) = x + 1, \quad y_3(x) = 1$$

linear unabhängig und erzeugen den Teilraum T der reellen Polynome maximal zweiten Grades. Es gilt dabei

$$\langle y_1, y_2 \rangle = \int_0^1 (x^2 + 2x + 1)(x+1)\, dx = \frac{1}{2} \int_0^1 (x^2 + 2x + 1)(2x + 2)\, dx$$

$$= \frac{1}{2} \int_0^1 (x^2 + 2x + 1)\, d(x^2 + 2x + 1) = \frac{1}{4}[(x^2 + 2x + 1)^2]_0^1 = \frac{15}{4} \neq 0$$

$$\langle y_1, y_3 \rangle = \cdots = \frac{7}{3} \neq 0$$

$$\langle y_2, y_3 \rangle = \cdots = \frac{3}{2} \neq 0.$$

Die Polynome bilden daher keine Orthogonalbasis von T. Um ausgehend von y_1 eine Orthogonalbasis nach dem Verfahren von Gram-Schmidt zu bestimmen, beginnen wir mit dem Polynom

$$v_1 := y_1 = x^2 + 2x + 1 \in T.$$

Dieses Polynom dient nun dazu, ein zu v_1 orthogonales Polynom $v_2 \in T$ gemäß (5.19) zu definieren:

$$v_2 := y_2 - \frac{\langle v_1, y_2 \rangle}{\langle v_1, v_1 \rangle} v_1 = x + 1 - \frac{15 \cdot 5}{4 \cdot 31}(x^2 + 2x + 1) = \cdots = -\frac{75}{124}x^2 - \frac{13}{62}x + \frac{49}{124}.$$

Mithilfe von v_1 und v_2 definieren wir ebenfalls nach (5.19) das zu v_1 und v_2 orthogonale Polynom $v_3 \in T$ als

$$v_3 := y_3 - \frac{\langle v_1, y_3 \rangle}{\langle v_1, v_1 \rangle} v_1 - \frac{\langle v_2, y_3 \rangle}{\langle v_2, v_2 \rangle} v_2$$

$$= 1 - \frac{7 \cdot 5}{3 \cdot 31}(x^2 + 2x + 1) - \frac{11 \cdot 1488}{124 \cdot 97}\left(-\frac{75}{124}x^2 - \frac{13}{62}x + \frac{49}{124}\right) = \cdots = \frac{130}{291}x^2 - \frac{136}{291}x + \frac{25}{291}.$$

Hiermit gilt nun in der Tat

$$\langle v_1, v_2 \rangle = \int_0^1 (x^2 + 2x + 1)\left(-\frac{75}{124}x^2 - \frac{13}{62}x + \frac{49}{124}\right) dx = \cdots = 0,$$

$$\langle v_1, v_3 \rangle = \int_0^1 \left(-\frac{75}{124}x^2 - \frac{13}{62}x + \frac{49}{124}\right)\left(\frac{130}{291}x^2 - \frac{136}{291}x + \frac{25}{291}\right) dx = \cdots = 0,$$

$$\langle v_2, v_3 \rangle = \int_0^1 (x^2 + 2x + 1)\left(\frac{130}{291}x^2 - \frac{136}{291}x + \frac{25}{291}\right) dx = \cdots = 0.$$

Damit bilden v_1, v_2, v_3 eine Orthogonalbasis von T. Durch Normierung auf Einheitsvektoren können wir aus diesen Polynomen eine Orthonormalbasis $\hat{v}_1, \hat{v}_2, \hat{v}_3$ von T machen:

$$\hat{v}_1 = \frac{1}{\sqrt{\langle v_1, v_1 \rangle}} v_1 = \sqrt{\frac{5}{31}} v_1 = \sqrt{\frac{5}{31}}x^2 + 2\sqrt{\frac{5}{31}}x + \sqrt{\frac{5}{31}},$$

$$\hat{v}_2 = \frac{1}{\sqrt{\langle v_2, v_2 \rangle}} v_2 = \sqrt{\frac{1488}{97}} v_2 = -\frac{75\sqrt{93}}{31\sqrt{97}}x^2 - \frac{26\sqrt{93}}{31\sqrt{97}}x + \frac{49\sqrt{93}}{31\sqrt{97}},$$

$$\hat{v}_3 = \frac{1}{\sqrt{\langle v_3, v_3 \rangle}} v_3 = \sqrt{873} v_3 = \frac{130}{\sqrt{97}}x^2 - \frac{136}{\sqrt{97}}x + \frac{25}{\sqrt{97}}.$$

Diese drei Polynome bilden nun eine Orthonormalbasis von T. Es gilt, wie Nachrechnen zeigt, in der Tat

$$\langle \hat{v}_i, \hat{v}_i \rangle = 1, \quad i = 1,2,3, \qquad \langle \hat{v}_i, \hat{v}_j \rangle = 0, \quad i \neq j, \quad i,j = 1,2,3.$$

Wir betrachten nun wieder den Spezialfall $V = \mathbb{R}^n$ mit dem kanonischen Skalarprodukt. Ausgehend von einem beliebigen nicht-trivialen Vektor $\mathbf{y} = \mathbf{b}_n \in \mathbb{R}^n$ können wir eine Orthogonalbasis $B = (\mathbf{b}_1 | \ldots | \mathbf{b}_n)$ nach dem zuvor skizzierten Verfahren konstruieren. Wegen der paarweisen Orthogonalität der Basisvektoren gilt

$$B^T B = (\mathbf{b}_i^T \mathbf{b}_j)_{1 \leq i,j \leq n} = (\langle \mathbf{b}_i, \mathbf{b}_j \rangle)_{1 \leq i,j \leq n} = \begin{pmatrix} \|\mathbf{b}_1\|^2 & 0 & \cdots & 0 \\ 0 & \|\mathbf{b}_2\|^2 & \ddots & \vdots \\ \vdots & \ddots & \ddots & 0 \\ 0 & \cdots & 0 & \|\mathbf{b}_n\|^2 \end{pmatrix}.$$

Da B eine Basis ist, ist B regulär. Für die Inverse von B gilt also

$$B^{-1} = \begin{pmatrix} \|\mathbf{b}_1\|^{-2} & 0 & \cdots & 0 \\ 0 & \|\mathbf{b}_2\|^{-2} & \ddots & \vdots \\ \vdots & \ddots & \ddots & 0 \\ 0 & \cdots & 0 & \|\mathbf{b}_n\|^{-2} \end{pmatrix} \cdot B^T.$$

Es sei nun $\mathbf{x} \in \mathbb{R}^n$ ein beliebiger nicht-trivialer Vektor. Da B eine Basis des $\mathbb{R}^n$ ist, können wir nun $\mathbf{x}$ mithilfe der Basis B darstellen. Für den Koordinatenvektor $\boldsymbol{\xi}$ von $\mathbf{x}$ bezüglich B gilt

$$\boldsymbol{\xi} = c_B(\mathbf{x}) = B^{-1} \mathbf{x}$$

$$= \begin{pmatrix} \|\mathbf{b}_1\|^{-2} & 0 & \cdots & 0 \\ 0 & \|\mathbf{b}_2\|^{-2} & \ddots & \vdots \\ \vdots & \ddots & \ddots & 0 \\ 0 & \cdots & 0 & \|\mathbf{b}_n\|^{-2} \end{pmatrix} \cdot B^T \cdot \mathbf{x} = \begin{pmatrix} \mathbf{b}_1^T / \|\mathbf{b}_1\|^2 \\ \mathbf{b}_2^T / \|\mathbf{b}_2\|^2 \\ \vdots \\ \mathbf{b}_n^T / \|\mathbf{b}_n\|^2 \end{pmatrix} \cdot \mathbf{x}.$$

Wir betrachten nun die letzte Komponente von $\boldsymbol{\xi}$:

$$\xi_n = \frac{\mathbf{b}_n^T}{\|\mathbf{b}_n\|^2} \cdot \mathbf{x} = \frac{\langle \mathbf{b}_n, \mathbf{x} \rangle}{\|\mathbf{b}_n\|^2}$$

Hieraus ergibt sich folgende Interpretation des kanonischen Skalarprodukts: Für einen beliebigen nicht-trivialen Vektor $\mathbf{b}_n \in \mathbb{R}^n$ ist das Skalarprodukt

$$\langle \mathbf{b}_n, \mathbf{x} \rangle = \xi_n \cdot \|\mathbf{b}_n\|^2 \tag{5.21}$$

der Faktor ξ_n für den Vektor $\mathbf{b}_n$ innerhalb der Darstellung von $\mathbf{x}$ bezüglich einer Basis $B = (\mathbf{b}_1 | \cdots | \mathbf{b}_n)$ multipliziert mit dem Längenquadrat $\|\mathbf{b}_n\|^2$ von $\mathbf{b}_n$. Es gilt somit

$$\mathbf{x} = \sum_{k=1}^{n} \xi_i \mathbf{b}_i = \sum_{k=1}^{n-1} \xi_i \mathbf{b}_i + \xi_n \mathbf{b}_n = \sum_{k=1}^{n-1} \xi_i \mathbf{b}_i + \underbrace{\frac{\langle \mathbf{b}_n, \mathbf{x} \rangle}{\|\mathbf{b}_n\|^2} \mathbf{b}_n}_{=\mathbf{p}=\xi_n \mathbf{b}_n}. \tag{5.22}$$

Im Fall der geometrischen Räume $\mathbb{R}^2$ und $\mathbb{R}^3$, also für $n \in \{2,3\}$, ist der letzte Summand $\mathbf{p}$ der Vektor, der sich durch orthogonale Projektion von $\mathbf{x}$ auf $\mathbf{y} := \mathbf{b}_n$ ergibt. Aus der geometrischen Veranschaulichung (Abb. 5.2) ergibt sich mithilfe des Einheitsvektors $\hat{\mathbf{e}}_y = \mathbf{y}/\|\mathbf{y}\|$ in $\mathbf{y}$-Richtung für diesen Vektor

$$\mathbf{p} = \|\mathbf{x}\| \cos \sphericalangle(\mathbf{x}, \mathbf{y}) \hat{\mathbf{e}}_y = \|\mathbf{x}\| \cos \sphericalangle(\mathbf{x}, \mathbf{y}) \frac{\mathbf{y}}{\|\mathbf{y}\|}.$$

Der Faktor ξ_n in der Linearkombination (5.22) ergibt sich also hier auch alternativ als

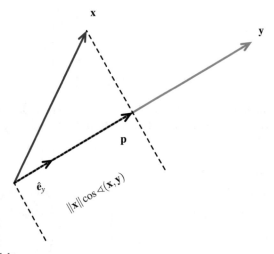

Abb. 5.2 Skalarprodukt

$$\xi_n = \frac{\|\mathbf{x}\| \cos \sphericalangle(\mathbf{x}, \mathbf{y})}{\|\mathbf{y}\|}.$$

Eingesetzt in (5.21) mit $\mathbf{b}_n = \mathbf{y}$ ergibt sich für die Räume $\mathbb{R}^2$ und $\mathbb{R}^3$ eine alternative Berechnung des Skalarprodukts:

$$\langle \mathbf{x}, \mathbf{y} \rangle = \|\mathbf{x}\| \cdot \|\mathbf{y}\| \cdot \cos \sphericalangle(\mathbf{x}, \mathbf{y}). \tag{5.23}$$

Diese Formel erlaubt nun Winkelberechnungen zwischen Vektoren des $\mathbb{R}^2$ bzw. des $\mathbb{R}^3$.

Satz 5.18 *Es seien $\mathbf{x}, \mathbf{y} \in \mathbb{R}^n$ ($n = 2,3$) mit $\mathbf{x}, \mathbf{y} \neq \mathbf{0}$. Für den Einschlusswinkel $\sphericalangle(\mathbf{x}, \mathbf{y})$ zwischen $\mathbf{x}$ und $\mathbf{y}$ gilt*

$$\cos \sphericalangle(\mathbf{x}, \mathbf{y}) = \frac{\langle \mathbf{x}, \mathbf{y} \rangle}{\|\mathbf{x}\| \cdot \|\mathbf{y}\|}. \tag{5.24}$$

Wegen $-1 \leq \cos \sphericalangle(\mathbf{x}, \mathbf{y}) \leq 1$ ergibt sich hieraus die Cauchy-Schwarz'sche Ungleichung für das kanonische Skalarprodukt und die 2-Norm des $\mathbb{R}^2$ bzw. $\mathbb{R}^3$. Die Winkelformel (5.24) ergibt nun ein einfaches Kriterium darüber, ob zwei Vektoren des $\mathbb{R}^2$ oder $\mathbb{R}^3$ senkrecht aufeinander stehen bzw. wie sie zueinander orientiert sind.

Folgerung 5.19 *Für zwei Vektoren* $\mathbf{x}$ *und* $\mathbf{y}$ *des* $\mathbb{R}^2$ *oder des* $\mathbb{R}^3$ *gilt:*

(i) $\mathbf{x}$ *und* $\mathbf{y}$ *stehen im geometrischen Sinne senkrecht aufeinander, wenn ihr kanonisches Skalarprodukt verschwindet:*

$$\mathbf{x} \perp \mathbf{y} \iff \langle \mathbf{x}, \mathbf{y} \rangle = \mathbf{x}^T \mathbf{y} = 0. \tag{5.25}$$

(ii) *Der Einschlusswinkel zwischen* $\mathbf{x}$ *und* $\mathbf{y}$ *ist kleiner als* $90°$, *wenn ihr kanonisches Skalarprodukt positiv ist:*

$$\sphericalangle(\mathbf{x}, \mathbf{y}) < \tfrac{\pi}{2} \iff \langle \mathbf{x}, \mathbf{y} \rangle = \mathbf{x}^T \mathbf{y} > 0. \tag{5.26}$$

(iii) *Der Einschlusswinkel zwischen* $\mathbf{x}$ *und* $\mathbf{y}$ *ist größer als* $90°$, *wenn ihr kanonisches Skalarprodukt negativ ist:*

$$\sphericalangle(\mathbf{x}, \mathbf{y}) > \tfrac{\pi}{2} \iff \langle \mathbf{x}, \mathbf{y} \rangle = \mathbf{x}^T \mathbf{y} < 0. \tag{5.27}$$

(iv) *Für den Vektor* $\mathbf{p}$, *der die Projektion des Vektors* $\mathbf{x}$ *auf den Vektor* $\mathbf{y}$ *darstellt (vgl. Abb. 5.2), gilt*

$$\mathbf{p} = \|\mathbf{x}\| \cos \sphericalangle(\mathbf{x}, \mathbf{y}) \frac{\mathbf{y}}{\|\mathbf{y}\|} = \frac{\langle \mathbf{x}, \mathbf{y} \rangle}{\|\mathbf{y}\|^2} \mathbf{y} = \frac{\langle \mathbf{x}, \mathbf{y} \rangle}{\langle \mathbf{y}, \mathbf{y} \rangle} \mathbf{y}.$$

Jeder endlich-dimensionale euklidische oder unitäre Vektorraum $V \neq \{\mathbf{0}\}$ besitzt nach Satz 5.16 eine Orthogonalbasis $\mathbf{b}_1, \ldots \mathbf{b}_n$. Wir können aus dieser Orthogonalbasis (OGB) eine Orthonormalbasis (ONB) machen, indem wir jeden Basisvektor $\mathbf{b}_i$ normieren, also mit dem Kehrwert seiner Norm $\|\mathbf{b}_i\|$ multiplizieren. Damit ist $\boldsymbol{\beta}_1, \ldots, \boldsymbol{\beta}_n$ mit

$$\boldsymbol{\beta}_i := \frac{1}{\|\mathbf{b}_i\|} \cdot \mathbf{b}_i, \qquad i = 1, \ldots, n$$

eine nur aus Vektoren der Norm 1 bestehende OGB, und damit eine ONB, von V. Eine ONB hat gravierende Vorteile bei der Berechnung von Koordinatenvektoren zur Darstellung von Vektoren euklidischer bzw. unitärer Räume mithilfe von Vektoren des $\mathbb{R}^n$ bzw. $\mathbb{C}^n$.

5.3 Orthogonale Entwicklung

Den Vorteil von orthogonalen Matrizen bei der Darstellung von Vektoren haben wir bereits kennengelernt. Es sei $B = (\mathbf{b}_1, \ldots, \mathbf{b}_n)$ eine Basis des Vektorraums $\mathbb{K}^n$. Ein Vektor $\mathbf{v} \in \mathbb{K}^n$ kann als *eindeutige* Linearkombination dieser Basisvektoren mithilfe seines Koordinatenvektors $c_B(\mathbf{v}) = \mathbf{a} = (a_1, \ldots, a_n)$ dargestellt werden:

$$\mathbf{v} = \sum_{i=1}^{n} a_i \, \mathbf{b}_i, \qquad \text{mit} \qquad \mathbf{a} = c_B(\mathbf{v}).$$

Diese Linearkombination können wir, wie bereits öfter geschehen, als Matrix-Vektor-Produkt schreiben, indem wir die Basisvektoren als Spalten der $n \times n$-Basismatrix $B = (\mathbf{b}_1 | \ldots | \mathbf{b}_n) \in \mathrm{GL}(n, \mathbb{K})$ auffassen:

$$\mathbf{v} = \sum_{k=1}^{n} a_k \, \mathbf{b}_k = (\mathbf{b}_1 | \mathbf{b}_2 | \ldots | \mathbf{b}_n) \begin{pmatrix} a_1 \\ a_2 \\ \vdots \\ a_n \end{pmatrix} = B\mathbf{a}.$$

Der Koordinatenvektor von $\mathbf{v}$ bezüglich B lautet $c_B(\mathbf{v}) = \mathbf{a} = B^{-1}\mathbf{v}$. Wir haben bereits früher gesehen, dass im Fall einer *orthogonalen* Matrix B die Berechnung des Koordinatenvektors besonders einfach ist:

$$c_B(\mathbf{v}) = \mathbf{a} = B^{-1}\mathbf{v} = B^T\mathbf{v} = (\mathbf{b}_1 | \mathbf{b}_2 | \ldots | \mathbf{b}_n)^T \mathbf{v} = \begin{pmatrix} \mathbf{b}_1^T \\ \mathbf{b}_2^T \\ \vdots \\ \mathbf{b}_n^T \end{pmatrix} \mathbf{v} = \begin{pmatrix} \mathbf{b}_1^T\mathbf{v} \\ \mathbf{b}_2^T\mathbf{v} \\ \vdots \\ \mathbf{b}_n^T\mathbf{v} \end{pmatrix}.$$

Die Koeffizienten a_k ergeben sich in diesem Fall einfach als Skalarprodukt

$$a_k = \mathbf{b}_k^T\mathbf{v} = \langle \mathbf{b}_k, \mathbf{v} \rangle, \quad k = 1, 2, \ldots, n.$$

Die Verwendung einer orthogonalen Matrix bzw. einer Orthonormalbasis gestaltet die Berechnung von Koordinatenvektoren recht einfach. Diesen Sachverhalt können wir nun auf abstrakte euklidische oder unitäre Vektorräume endlicher Dimension verallgemeinern. Dass derartige Vektorräume über eine Orthonormalbasis verfügen, ist die Aussage von Satz 5.16.

Satz 5.20 (Orthogonale Entwicklung) *Es sei $(V, \langle \cdot, \cdot \rangle)$ ein endlich-dimensionaler euklidischer oder unitärer Vektorraum. Zudem sei $B = (\mathbf{b}_1, \ldots, \mathbf{b}_n)$ eine Orthonormalbasis von V. Dann gilt für jeden Vektor $\mathbf{v} \in V$*

$$\mathbf{v} = \sum_{i=1}^{n} \langle \mathbf{v}, \mathbf{b}_i \rangle \mathbf{b}_i = \sum_{i=1}^{n} \mathbf{b}_i \overline{\langle \mathbf{b}_i, \mathbf{v} \rangle}. \tag{5.28}$$

Anders ausgedrückt: Der Koordinatenvektor von $\mathbf{v}$ bezüglich der Orthonormalbasis B ist

$$c_B(\mathbf{v}) = \begin{pmatrix} \langle \mathbf{v}, \mathbf{b}_1 \rangle \\ \vdots \\ \langle \mathbf{v}, \mathbf{b}_n \rangle \end{pmatrix}. \tag{5.29}$$

Sollte $B = (\mathbf{b}_1, \ldots, \mathbf{b}_n)$ nur eine Orthogonalbasis von V sein, so folgt wegen der noch erforderlichen Normierung

$$\mathbf{v} = \sum_{i=1}^{n} \frac{\langle \mathbf{v}, \mathbf{b}_i \rangle}{\langle \mathbf{b}_i, \mathbf{b}_i \rangle} \mathbf{b}_i = \sum_{i=1}^{n} \mathbf{b}_i \frac{\overline{\langle \mathbf{b}_i, \mathbf{v} \rangle}}{\langle \mathbf{b}_i, \mathbf{b}_i \rangle}. \tag{5.30}$$

In der Quantenmechanik ist das Skalarprodukt des betrachteten Hilbert-Raums $(\mathcal{H}, \langle \cdot | \cdot \rangle)$ *semilinear im linken Argument (vgl. Def. 5.4). Im endlich-dimensionalen Fall lautet dann (5.28) in dieser Notation*

$$\mathbf{v} = \sum_{i=1}^{n} \overline{\langle \mathbf{v} | \mathbf{b}_i \rangle} \, \mathbf{b}_i = \sum_{i=1}^{n} \mathbf{b}_i \, \langle \mathbf{b}_i | \mathbf{v} \rangle. \tag{5.31}$$

Beweis. Es gilt mit dem Koordinatenvektor $\mathbf{c} = (c_1, \ldots, c_n)^T = c_B(\mathbf{v}) \in \mathbb{K}^n$:

$$\mathbf{v} = \sum_{i=1}^{n} c_i \mathbf{b}_i.$$

Wir bilden nun das Skalarprodukt aus $\mathbf{v}$ mit dem Basisvektor $\mathbf{b}_j$ und erhalten wegen $\langle \mathbf{b}_i, \mathbf{b}_j \rangle = \delta_{ij}$

$$\langle \mathbf{v}, \mathbf{b}_j \rangle = \langle \sum_{i=1}^{n} c_i \mathbf{b}_i, \mathbf{b}_j \rangle = \sum_{i=1}^{n} c_i \langle \mathbf{b}_i, \mathbf{b}_j \rangle = c_j.$$

Es ist also $c_j = \langle \mathbf{v}, \mathbf{b}_j \rangle$ für $j = 1, \ldots, n$. Bei dem Skalarprodukt in der Notation $\langle \cdot | \cdot \rangle$ gehen wir von der Semilinearität im linken Argument aus. In dieser Situation ist wegen $\langle \mathbf{b}_j | \mathbf{b}_i \rangle = \delta_{ji}$

$$\langle \mathbf{b}_j | \mathbf{v} \rangle = \overline{\langle \mathbf{v} | \mathbf{b}_j \rangle} = \overline{\langle \sum_{i=1}^{n} c_i \mathbf{b}_i | \mathbf{b}_j \rangle} = \overline{\sum_{i=1}^{n} \overline{c_i} \langle \mathbf{b}_i | \mathbf{b}_j \rangle} = \sum_{i=1}^{n} c_i \overline{\langle \mathbf{b}_i | \mathbf{b}_j \rangle} = \sum_{i=1}^{n} c_i \langle \mathbf{b}_j | \mathbf{b}_i \rangle = c_j.$$

Hier gilt somit $c_j = \langle \mathbf{b}_j | \mathbf{v} \rangle$ für $j = 1, \ldots, n$. $\square$

Hilfreich ist folgende Merkregel: *Bei der Entwicklung eines Vektors* $\mathbf{v}$ *eines unitären Raums nach einer Orthonormalbasis muss zur Bestimmung der Koordinaten* c_j *der jeweils betrachtete Basisvektor immer in dem Argument des vorliegenden Skalarprodukts stehen, für das die Semilinearität gilt:*

$$c_j = \langle \mathbf{v}, \mathbf{b}_j \rangle \text{ (Semilinearität rechts) bzw. } c_j = \langle \mathbf{b}_j | \mathbf{v} \rangle \text{ (Semilinearität links).}$$

Vergleichen wir (5.29) mit der Aussage (4.94) von Satz 4.52, so erhalten wir nun zwei Möglichkeiten zur Bestimmung von Koordinatenvektoren. Durch die Gleichung (4.94) sind für jeden Vektor $\mathbf{v} \in V$ die Komponenten seines Koordinatenvektors $c_B(\mathbf{v})$ mithilfe der zu B dualen Basis B^* bestimmbar. Die Komponenten von $c_B(\mathbf{v})$ lassen sich aber im Fall einer Orthonormalbasis B auch durch die Skalarprodukte $\langle \mathbf{v}, \mathbf{b}_i \rangle$ bzw. $\langle \mathbf{b}_i | \mathbf{v} \rangle$ gemäß (5.29) bestimmen. In Satz 4.52 wird zwar kein Skalarprodukt und damit keine Orthonormalbasis vorausgesetzt. Stattdessen wird aber die duale Basis benötigt. Liegt jedoch ein euklidischer oder unitärer Vektorraum vor, so stehen Skalarprodukt und Dualbasis einer Orthonormalbasis also in einem Zusammenhang. Es ist

$$\langle \mathbf{v}, \mathbf{b}_i \rangle \overset{(5.29)}{=} c_B(\mathbf{v})_i \overset{(4.94)}{=} \mathbf{b}_i^*(\mathbf{v})$$

für jeden Vektor $\mathbf{v} \in V$. Die Linearformen, welche die zu B duale Basis des Vektorraums $(V, \langle \cdot, \cdot \rangle)$ ausmachen, sind als Skalarprodukte $\langle \cdot, \mathbf{b}_i \rangle \in V^*$ für $i = 1, \ldots, n$. darstellbar. Diese Aussage wird im *Darstellungssatz von Fréchet*[6]-*Riesz*[7] (vgl. Abschn. 5.6 und Übungsaufgabe 5.10) präzisiert.

Wir betrachten nun ein Beispiel zur orthogonalen Projektion. Es sei $V = \{p \in \mathbb{R}[x] : \deg p \leq 2\}$ der Vektorraum der reellen Polynome maximal zweiten Grades. Die drei Legendre-Polynome[8]

$$p_0(x) := 1, \quad p_1(x) := x, \quad p_2(x) := \tfrac{3}{2}x^2 - \tfrac{1}{2} \in V$$

bilden eine Orthogonalbasis auf dem euklidischen Vektorraum $(V, \langle \cdot, \cdot \rangle)$ mit dem Skalarprodukt

$$\langle p, q \rangle := \int_{-1}^{1} p(x) q(x) \, \mathrm{d}x.$$

Im Detail gilt also (Übung)

$$\langle p_i, p_j \rangle = 0, \qquad i \neq j$$

sowie

$$\|p_0\| = \sqrt{\langle 1, 1 \rangle} = \left(\int_{-1}^{1} \mathrm{d}x \right)^{1/2} = \sqrt{2},$$

$$\|p_1\| = \sqrt{\langle x, x \rangle} = \left(\int_{-1}^{1} x^2 \, \mathrm{d}x \right)^{1/2} = \frac{\sqrt{2}}{\sqrt{3}},$$

$$\|p_2\| = \sqrt{\langle \tfrac{3}{2}x^2 - \tfrac{1}{2}, \tfrac{3}{2}x^2 - \tfrac{1}{2} \rangle} = \left(\tfrac{1}{4} \int_{-1}^{1} (3x^2 - 1)^2 \, \mathrm{d}x \right)^{1/2} = \frac{\sqrt{2}}{\sqrt{5}}.$$

Durch Normierung dieser drei linear unabhängigen Polynome erhalten wir eine Orthonormalbasis $B = (\hat{p}_0, \hat{p}_1, \hat{p}_2)$ von V mit

$$\hat{p}_0(x) := \frac{p_0}{\|p_0\|} = \frac{1}{\sqrt{2}}, \quad \hat{p}_1(x) := \frac{p_1}{\|p_1\|} = \frac{\sqrt{3}}{\sqrt{2}}x, \quad \hat{p}_2(x) := \frac{p_2}{\|p_2\|} = \frac{\sqrt{5}}{2\sqrt{2}}(3x^2 - 1) \in V,$$

es gilt also

$$\langle \hat{p}_i, \hat{p}_j \rangle = \begin{cases} 1, & i = j \\ 0, & i \neq j \end{cases}$$

für $i, j = 1, 2, 3$. Ein entscheidender Vorteil einer solchen Orthonormalbasis ist nun die einfache Entwicklung von Polynomen aus V als Linearkombination dieser Basisfunktionen nach dem letzten Satz. Für ein beliebiges Polynom $p \in V$ gilt

$$p = \lambda_0 \hat{p}_0 + \lambda_1 \hat{p}_1 + \lambda_2 \hat{p}_2$$

mit eindeutig bestimmten $\lambda_0, \lambda_1, \lambda_2 \in \mathbb{R}$. Hierbei ist

---

[6] Maurice René Fréchet (1878-1973), französischer Mathematiker

[7] Frigyes Riesz (1880-1956), ungarischer Mathematiker

[8] Adrien-Marie Legendre (1752-1833), französischer Mathematiker

$$\boldsymbol{\lambda} = (\lambda_0, \lambda_1, \lambda_2)^T = c_B(p) \in \mathbb{R}^3$$

der Koordinatenvektor von p bezüglich B. Die Komponenten dieses Koordinatenvektors berechnen wir nach dem vorausgegangenen Satz über die Skalarprodukte

$$\lambda_i = \langle p, \hat{p}_i \rangle, \qquad i = 0, 1, 2.$$

Es gilt daher für die Darstellung von p als Basisisomorphismus

$$p = \hat{p}_0 \cdot \langle p, \hat{p}_0 \rangle + \hat{p}_1 \cdot \langle p, \hat{p}_1 \rangle + \hat{p}_2 \cdot \langle p, \hat{p}_2 \rangle.$$

Wenn wir beispielsweise das Polynom $x^2 + 2x + 1 \in V$ mit den Funktionen p_0, p_2, p_2 orthogonal entwickeln wollen, so berechnen wir zunächst die Skalarprodukte

$$\langle p, \hat{p}_0 \rangle = \int_{-1}^{1} \tfrac{1}{\sqrt{2}}(x^2 + 2x + 1)\,\mathrm{d}x = \cdots = \tfrac{\sqrt{2}^5}{3},$$

$$\langle p, \hat{p}_1 \rangle = \int_{-1}^{1} \tfrac{\sqrt{3}}{\sqrt{2}}(x^2 + 2x + 1)x\,\mathrm{d}x = \cdots = \tfrac{\sqrt{2}^3}{\sqrt{3}},$$

$$\langle p, \hat{p}_2 \rangle = \int_{-1}^{1} \tfrac{\sqrt{5}}{2\sqrt{2}}(x + 2x + 1)(3x^2 - 1)\,\mathrm{d}x = \cdots = \tfrac{\sqrt{2}^3}{3\sqrt{5}}.$$

Für den Koordinatenvektor von p bezüglich B haben wir also

$$\boldsymbol{\lambda} = c_B(p) = \begin{pmatrix} \frac{\sqrt{2}^5}{3} \\ \frac{\sqrt{2}^3}{\sqrt{3}} \\ \frac{\sqrt{2}^3}{3\sqrt{5}} \end{pmatrix} \in \mathbb{R}^3.$$

Hiermit können wir p orthogonal nach p_0, p_1 und p_2 entwickeln:

$$p(x) = \tfrac{\sqrt{2}^5}{3}\hat{p}_0 + \tfrac{\sqrt{2}^3}{\sqrt{3}}\hat{p}_1 + \tfrac{\sqrt{2}^3}{3\sqrt{5}}\hat{p}_2.$$

Wir überzeugen uns durch Nachrechnen:

$$\tfrac{\sqrt{2}^5}{3}\hat{p}_0 + \tfrac{\sqrt{2}^3}{\sqrt{3}}\hat{p}_1 + \tfrac{\sqrt{2}^3}{3\sqrt{5}}\hat{p}_2 = \tfrac{\sqrt{2}^5}{3}\tfrac{1}{\sqrt{2}} + \tfrac{\sqrt{2}^3}{\sqrt{3}}\tfrac{\sqrt{3}}{\sqrt{2}}x + \tfrac{\sqrt{2}^3}{3\sqrt{5}}\tfrac{\sqrt{5}}{\sqrt{2}^2}(3x^2 - 1)$$

$$= \tfrac{4}{3} + 2x + \tfrac{1}{3}(3x^2 - 1) = 1 + 2x + x^2 = p(x).$$

Wir können nun Überlegungen anstellen, wie sich im Fall unendlich-dimensionaler Vektorräume dieser Sachverhalt darstellt. Hierzu betrachten wir ein Beispiel aus der Quantenmechanik. Gegeben sei ein Hilbert-Raum $\mathscr{H}$ mit dem Skalarprodukt

$$\langle f | g \rangle := \int \overline{f(\mathbf{x})} g(\mathbf{x})\,\mathrm{d}^3 x.$$

Wir beachten dabei die Semilinearität im linken Argument. Zudem sei $B \subset \mathscr{H}$ eine Orthonormalbasis. Die Vektoren aus B sind somit orthonormiert, d. h., es gilt für alle $b, b' \in B$

$$\langle b|b'\rangle = \begin{cases} 1, & \text{falls} \quad b = b' \\ 0, & \text{falls} \quad b \neq b' \end{cases}.$$

In der Dirac-Notation[9] wird der Sachverhalt sehr übersichtlich. Hierbei werden die Vektoren als sogenannte *ket*-Vektoren $|g\rangle \in \mathcal{H}$ oder kurz $|\rangle \in \mathcal{H}$ notiert. Das Skalarprodukt $\langle f|g\rangle$ wird dann als formales Produkt (bra-ket) der sogenannten *bra*-Vektoren $\langle f|$ aus dem Dualraum von $\mathcal{H}$ der Linearformen $\mathcal{H} \to \mathbb{C}$ und den ket-Vektoren $|g\rangle \in \mathcal{H}$ geschrieben:

$$\langle f||g\rangle = \langle f|g\rangle.$$

Die Entwicklung eines beliebigen ket-Vektors $|\rangle \in \mathcal{H}$ mithilfe einer diskreten Orthonormalbasis, deren Vektoren $|k\rangle \in \mathcal{H}$ mit $k \in \mathbb{N}$ indiziert werden, lautet dann in formaler Analogie zu (5.31)

$$|\rangle = \sum_{k \in \mathbb{N}} |k\rangle\langle k|\rangle,$$

mit

$$\langle k|k'\rangle = \delta_{k,k'} := \begin{cases} 1, & \text{falls} \quad k = k' \\ 0, & \text{falls} \quad k \neq k' \end{cases}.$$

Im Fall absolut quadratintegrabler Funktionen wird diese Summe bei orthonormalen, durch $\mathbf{x} \in \mathbb{R}^3$ indizierten Basisvektoren der Form $|\mathbf{x}\rangle$ zum Integral

$$|\rangle = \int |\mathbf{x}\rangle\langle \mathbf{x}|\rangle \, \mathrm{d}^3 x$$

mit

$$\langle \mathbf{x}|\mathbf{x}'\rangle = \delta^3(\mathbf{x} - \mathbf{x}') = \begin{cases} 1, & \text{falls} \quad \mathbf{x} = \mathbf{x}' \\ 0, & \text{falls} \quad \mathbf{x} \neq \mathbf{x}' \end{cases}.$$

Wir verlassen aber mit diesen quantenmechanischen Betrachtungen das Feld der Linearen Algebra so wie wir sie kennengelernt haben. Die Entwicklung der ket-Vektoren in diesen Darstellungen ist zwar formal ähnlich zur orthogonalen Entwicklung gemäß Satz 5.20. Wir haben es aber hier mit Reihenentwicklungen bzw. Integralen zu tun und nicht mit (endlichen) Linearkombinationen.

Auch beim Wechsel von einer Basis B zu einer Orthonormalbasis B' ergeben sich bei der Koordinatentransformation rechentechnische Vorteile. Wir betrachten wieder eine Basis $B = (\mathbf{b}_1, \ldots, \mathbf{b}_n)$ des Vektorraums $\mathbb{R}^n$. Wir führen nun einen Basiswechsel auf eine Orthonormalbasis B' durch, die wir beispielsweise durch das Verfahren von Gram-Schmidt aus B gewonnen oder mithilfe anderer Verfahren[10] bestimmt haben.

Da in diesem Fall B und B' als reguläre Matrizen aufgefasst werden können, ergibt sich die Übergangsmatrix durch

$$S = c_B(B') = B^{-1}B'.$$

Für ihre Inverse gilt wegen $B'^{-1} = B'^T$:

---

[10] wie beispielsweise durch die in Kap. 6 behandelten Eigenvektoren reell-symmetrischer bzw. normaler Matrizen

$$S^{-1} = c_{B'}(B) = (c_B(B'))^{-1} = (B^{-1}B')^{-1} = B'^{-1}B = B'^T B.$$

Die Koordinatentransformation lautet dann

$$\mathbf{a}' = S^{-1}\mathbf{a} = B'^T B\mathbf{a},$$

was für die Koordinaten von $\mathbf{a}'$ mit dem kanonischen Skalarprodukt des $\mathbb{R}^n$ bedeutet:

$$a'_k = \mathbf{b}'^T_k \sum_{j=1}^n a_j \mathbf{b}_j = \sum_{j=1}^n a_j \mathbf{b}'^T_k \mathbf{b}_j = \sum_{j=1}^n \langle \mathbf{b}'_k, \mathbf{b}_j \rangle a_j, \qquad k = 1, \ldots, n.$$

Auch hier lassen sich die Berechnungen wieder auf Skalarprodukte zurückführen. Explizite Inversionen sind nicht erforderlich. Für unendlich-dimensionale Vektorräume können wir formal ähnlich vorgehen. Wir betrachten wieder das Beispiel aus der Quantenmechanik. Für die in Dirac-Notation angegebenen Vektoren lautet dieser Zusammenhang beim Wechsel von einer Orthonormalbasis $|\mathbf{x}\rangle$ (Ortsdarstellung) zu einer anderen Orthonormalbasis $|\mathbf{p}\rangle$ (Impulsdarstellung):

$$\langle \mathbf{p}| \rangle = \int \langle \mathbf{p}|\mathbf{x} \rangle \langle \mathbf{x}| \rangle \, d^3x$$

bzw. umgekehrt

$$\langle \mathbf{x}| \rangle = \int \langle \mathbf{x}|\mathbf{p} \rangle \langle \mathbf{p}| \rangle \, d^3p.$$

Orthonormalbasen lassen sich mithilfe von Eigenvektoren finden (vgl. Kap. 6). Im Fall der vorausgegangenen beiden Darstellungen für die Umrechnung von Orts- in Impulsdarstellung und umgekehrt nutzt man Impuls-Eigenfunktionen $|\mathbf{p}\rangle$ bzw. Orts-Eigenfunktionen $|\mathbf{x}\rangle$ als Orthonormalbasis mit

$$\langle \mathbf{x}|\mathbf{p} \rangle = \frac{1}{(2\pi\hbar)^{3/2}} \exp(i\mathbf{p} \cdot \mathbf{x}/\hbar).$$

Hieraus wird ein Vorteil der Wahl von Orthonormalbasen deutlich: Wir ersparen uns irgendwelche Inversionen. Die Berechnung der Koordinaten erfolgt einfach durch Skalarprodukte.

Wenn wir innerhalb der Linearkombination (5.28) der orthogonalen Entwicklung eines Vektors $\mathbf{v}$ auf einige Summanden verzichten, gelangen wir zu einem Vektor, der eine Projektion von $\mathbf{v}$ auf den durch die verbleibenden Basisvektoren erzeugten Teilraum von $\mathbf{v}$ darstellt. Wir definieren dies nun präzise.

Definition 5.21 (Orthogonale Projektion) *Es sei $(V, \langle \cdot, \cdot \rangle)$ ein n-dimensionaler euklidischer oder unitärer Vektorraum und $T \subset V$ ein Teilraum von V der Dimension $k \leq n$. Zudem sei $B = (\mathbf{b}_1, \ldots, \mathbf{b}_k)$ eine Orthonormalbasis von T. Dann heißt für jeden Vektor $\mathbf{v} \in V$ der durch den Endomorphismus*

$$P_T : V \to V$$

$$\mathbf{v} \mapsto P_T(\mathbf{v}) := \sum_{i=1}^{k} \langle \mathbf{v}, \mathbf{b}_i \rangle \mathbf{b}_i \qquad (5.32)$$

gegebene Bildvektor $P_T(\mathbf{v})$ die orthogonale Projektion des Vektors $\mathbf{v}$ auf den Teilraum T.

Im Zusammenhang mit dem in der Quantenmechanik üblichen Skalarprodukt $\langle \cdot | \cdot \rangle$ beachten wir wegen der Semilinearität im linken Argument, dass in diesem Fall (5.32)

$$P_T(|\mathbf{v}\rangle) = \sum_{i=1}^{k} |\mathbf{b}_i\rangle \langle \mathbf{b}_i | \mathbf{v}\rangle$$

lautet. Damit ist

$$P_T = \sum_{i=1}^{k} |\mathbf{b}_i\rangle \langle \mathbf{b}_i|$$

ein sogenannter Projektionsoperator, der Vektoren auf den Teilraum T projiziert. Für jede Orthonormalbasis $B = (\mathbf{b}_1, \dots, \mathbf{b}_n)$ von V gilt dabei

$$P_T = \sum_{i=1}^{n} |\mathbf{b}_i\rangle \langle \mathbf{b}_i| = \mathrm{id}_V .$$

Wir betrachten ein anschauliches Beispiel. Für $V = \mathbb{R}^3$ mit dem kanonischen Skalarprodukt ist durch

$$\mathbf{b}_1 = \begin{pmatrix} -1/\sqrt{2} \\ 0 \\ 1/\sqrt{2} \end{pmatrix}, \qquad \mathbf{b}_2 = \begin{pmatrix} 0 \\ 1 \\ 0 \end{pmatrix}$$

eine Orthonormalbasis des durch diese beiden Vektoren erzeugten Teilraums T gegeben. Dieser zweidimensionale Teilraum stellt anschaulich die um $45°$ um die x_2-Achse verdrehte x_2-x_3-Ebene dar. Für jeden Vektor

$$\mathbf{v} = \begin{pmatrix} x \\ y \\ z \end{pmatrix} \in V$$

ist der Vektor

$$P_T(\mathbf{v}) = \langle \mathbf{v}, \mathbf{b}_1 \rangle \mathbf{b}_1 + \langle \mathbf{v}, \mathbf{b}_2 \rangle \mathbf{b}_2 = (x, y, z) \begin{pmatrix} -1/\sqrt{2} \\ 0 \\ 1/\sqrt{2} \end{pmatrix} \mathbf{b}_1 + (x, y, z) \begin{pmatrix} 0 \\ 1 \\ 0 \end{pmatrix} \mathbf{b}_2$$

$$= \tfrac{1}{\sqrt{2}}(z - x)\mathbf{b}_1 + y\mathbf{b}_2 = \frac{1}{2} \begin{pmatrix} x - z \\ 2y \\ z - x \end{pmatrix} \in T \qquad (5.33)$$

die orthogonale Projektion von $\mathbf{v}$ auf die durch $\mathbf{b}_1$ und $\mathbf{b}_2$ aufgespannte Ebene T. Ist beispielsweise

$$\mathbf{v} = \begin{pmatrix} 1 \\ 1 \\ 0 \end{pmatrix},$$

so ist

$$P_T(\mathbf{v}) = \frac{1}{2} \begin{pmatrix} 1 \\ 2 \\ -1 \end{pmatrix} = \begin{pmatrix} 1/2 \\ 1 \\ -1/2 \end{pmatrix}$$

der durch orthogonale Projektion auf T resultierende „Schattenwurf" des Vektors $\mathbf{v}$. Jeder Vektor, der senkrecht zur Ebene T steht, hat die Form

$$\mathbf{s} = \begin{pmatrix} d \\ 0 \\ d \end{pmatrix}, \qquad d \in \mathbb{R}.$$

Sein Schattenwurf auf T ist anschaulich nur noch punktförmig und liegt im Ursprung des Koordinatensystems. In der Tat ist die orthogonale Projektion von $\mathbf{s}$,

$$P_T(\mathbf{s}) = \frac{1}{2} \begin{pmatrix} d - d \\ 0 \\ d - d \end{pmatrix} = \mathbf{0},$$

der Nullvektor. Wir können die Projektion P_T mithilfe ihrer Koordinatenmatrix

$$A := M_{E_3}(P_T) = \begin{pmatrix} 1/2 & 0 & -1/2 \\ 0 & 1 & 0 \\ -1/2 & 0 & 1/2 \end{pmatrix} \tag{5.34}$$

bezüglich der kanonischen Basis $E_3 = (\hat{\mathbf{e}}_1 \,|\, \hat{\mathbf{e}}_2 \,|\, \hat{\mathbf{e}}_3)$ des $\mathbb{R}^3$ darstellen. Eine zweifache Anwendung der Projektion ist dann durch A^2 gegeben. Es fällt nun auf, dass

$$A^2 = \begin{pmatrix} 1/2 & 0 & -1/2 \\ 0 & 1 & 0 \\ -1/2 & 0 & 1/2 \end{pmatrix} \begin{pmatrix} 1/2 & 0 & -1/2 \\ 0 & 1 & 0 \\ -1/2 & 0 & 1/2 \end{pmatrix} = \begin{pmatrix} 1/2 & 0 & -1/2 \\ 0 & 1 & 0 \\ -1/2 & 0 & 1/2 \end{pmatrix} = A$$

ist. Eine quadratische Matrix, deren Produkt mit sich selbst wieder die Matrix ergibt, heißt *idempotent*. Die Koordinatenmatrix der Projektion ist also idempotent. Anschaulich ist dies auch klar, da eine weitere bzw. mehrfache Projektion eines Vektors $\mathbf{v}$ auf die Ebene T den bereits geworfenen Schatten $P_T(\mathbf{v}) = A\mathbf{v}$ nicht mehr verändern kann. Zudem ist

$$\operatorname{Kern} P_T = \operatorname{Kern} A = \left\langle \begin{pmatrix} 1 \\ 0 \\ 1 \end{pmatrix} \right\rangle$$

die Projektionsrichtung und

$$\mathrm{Bild}\, P_T = \mathrm{Bild}\, A = \left\langle \begin{pmatrix} 1/2 \\ 0 \\ -1/2 \end{pmatrix}, \begin{pmatrix} 0 \\ 1 \\ 0 \end{pmatrix}, \begin{pmatrix} -1/2 \\ 0 \\ 1/2 \end{pmatrix}, \right\rangle = \left\langle \begin{pmatrix} 1/2 \\ 0 \\ -1/2 \end{pmatrix}, \begin{pmatrix} 0 \\ 1 \\ 0 \end{pmatrix} \right\rangle = T$$

die Projektionsebene. Die darstellende Matrix A gewinnen wir alternativ auch über den Projektionsoperator:

$$A = \mathbf{b}_1 \cdot \mathbf{b}_1^T + \mathbf{b}_2 \cdot \mathbf{b}_2^T = \begin{pmatrix} -1/\sqrt{2} \\ 0 \\ 1/\sqrt{2} \end{pmatrix} (-1/\sqrt{2}, 0, 1/\sqrt{2}) + \begin{pmatrix} 0 \\ 1 \\ 0 \end{pmatrix} (0,\ 1,\ 0)$$

$$= \begin{pmatrix} 1/2 & 0 & -1/2 \\ 0 & 0 & 0 \\ -1/2 & 0 & 1/2 \end{pmatrix} + \begin{pmatrix} 0 & 0 & 0 \\ 0 & 1 & 0 \\ 0 & 0 & 0 \end{pmatrix} = \begin{pmatrix} 1/2 & 0 & -1/2 \\ 0 & 1 & 0 \\ -1/2 & 0 & 1/2 \end{pmatrix}.$$

Im Fall eines euklidischen oder unitären Vektorraums $(V, \langle \cdot, \cdot \rangle)$ endlicher Dimension ist die Bestimmung des Skalarprodukts und der hieraus sich ergebenden Vektornorm $\| \cdot \| := \sqrt{\langle \cdot, \cdot \rangle}$ sehr einfach anhand der Koordinaten bzgl. einer Orthonormalbasis möglich. Ist $B = (\mathbf{b}_1, \ldots, \mathbf{b}_n)$ eine Orthonormalbasis von V und sind $\mathbf{v}, \mathbf{w} \in V$ mit Koodinatenvektoren $\mathbf{x} = c_B(\mathbf{v})$ bzw. $\mathbf{y} = c_B(\mathbf{w})$, so gilt nach Satz 4.34 bzw. nach Bem. 4.35

$$\langle \mathbf{v}, \mathbf{w} \rangle = \mathbf{x}^T \cdot A_B(\langle \cdot, \cdot \rangle) \cdot \overline{\mathbf{y}}.$$

Für die Strukturmatrix $A_B(\langle \cdot, \cdot \rangle)$ gilt dabei

$$A_B(\langle \cdot, \cdot \rangle) = (\langle \mathbf{b}_i, \mathbf{b}_j \rangle)_{1 \le i, j \le n} = E_n,$$

da mit B eine Orthogonalbasis vorliegt. Es folgt also für das Skalarprodukt

$$\langle \mathbf{v}, \mathbf{w} \rangle = \mathbf{x}^T \cdot E_n \cdot \overline{\mathbf{y}} = \mathbf{x}^T \cdot \overline{\mathbf{y}}. \tag{5.35}$$

Mit $\mathbf{w} = \mathbf{v}$ folgt nun speziell

$$\| \mathbf{v} \| = \sqrt{\langle \mathbf{v}, \mathbf{v} \rangle} = \sqrt{\mathbf{x}^T \cdot \overline{\mathbf{x}}} = \sqrt{\sum_{i=1}^{n} x_i \overline{x}_i} = \sqrt{\sum_{i=1}^{n} |x_i|^2} = \| \mathbf{x} \|_2. \tag{5.36}$$

5.4 Vektorprodukt

Das Skalarprodukt zweier Vektoren führt im Ergebnis auf einen Skalar aus dem Grundkörper. Kann auf sinnvolle Weise auch das Produkt zweier Vektoren so definiert werden, dass sich wieder ein Vektor als Ergebnis ergibt? In der Physik hat der Vektorraum $\mathbb{R}^3$ etwa als Ortsraum eine zentrale Bedeutung. Eine wichtige Aufgabenstellung in vielen physikalischen Zusammenhängen besteht darin, für zwei gegebene Vektoren $\mathbf{x}, \mathbf{y} \in \mathbb{R}^3$ einen auf beiden Vektoren senkrecht stehenden Vektor $\mathbf{z}$ anzugeben. Wir suchen zu diesem Zweck einen Vektor

$$\mathbf{z} = \begin{pmatrix} z_1 \\ z_2 \\ z_3 \end{pmatrix} \in \mathbb{R}^3$$

mit

$$\langle \mathbf{x}, \mathbf{z} \rangle = \mathbf{x}^T \mathbf{z} = 0, \qquad \langle \mathbf{y}, \mathbf{z} \rangle = \mathbf{y}^T \mathbf{z} = 0.$$

Diese Aufgabe führt damit zu einem homogenen linearen Gleichungssystem in den Variablen z_1, z_2, z_3,

$$\left. \begin{cases} x_1 z_1 + x_2 z_2 + x_3 z_3 = 0 \\ y_1 z_1 + y_2 z_2 + y_3 z_3 = 0 \end{cases} \right\},$$

dessen Tableau die Gestalt

$$\begin{bmatrix} x_1 & x_2 & x_3 \\ y_1 & y_2 & y_3 \end{bmatrix}$$

besitzt. Sind beide Vektoren trivial, d. h. $\mathbf{x} = \mathbf{y} = \mathbf{0}$, so ist der Kern der obigen Tableaumatrix ganz $\mathbb{R}^n$. Ist nur ein Vektor trivial, beispielsweise $\mathbf{y} = \mathbf{0}$, oder ist ein Vektor linear abhängig vom anderen Vektor, $\mathbf{y} = \alpha \mathbf{x}$ mit $\alpha \in \mathbb{R}$, so hat die obige Tableaumatrix den Rang 1. Der Kern und damit der Raum aller zu $\mathbf{x}$ senkrechten Vektoren, also das orthogonale Komplement zu $\mathbf{x}$, ist dann zweidimensional. Ist beispielsweise $x_1 \neq 0$, so lautet dieser Raum

$$\left\langle \begin{pmatrix} -x_2/x_1 \\ 1 \\ 0 \end{pmatrix}, \begin{pmatrix} -x_3/x_1 \\ 0 \\ 1 \end{pmatrix} \right\rangle.$$

Gehen wir nun davon aus, dass $\mathbf{x}$ und $\mathbf{y}$ linear unabhängig sind. Sie spannen damit einen zweidimensionalen Teilraum, also eine Ebene des $\mathbb{R}^3$ auf. Der Raum aller zu $\mathbf{x}$ und $\mathbf{y}$ senkrecht stehenden Vektoren ist damit eindimensional. Wenn wir ohne Einschränkung davon ausgehen, dass im obigen Tableau zur Lösung keine Spaltenvertauschungen notwendig sind, so ist der Block

$$\begin{bmatrix} x_1 & x_2 \\ y_1 & y_2 \end{bmatrix}$$

regulär. Sein Inverses ist

$$\begin{bmatrix} x_1 & x_2 \\ y_1 & y_2 \end{bmatrix}^{-1} = \frac{1}{x_1 y_2 - y_1 x_2} \begin{pmatrix} y_2 & -x_2 \\ -y_1 & x_1 \end{pmatrix}.$$

Wenn wir also von links diese Matrix an das Tableau heranmultiplizieren, so ändert sich der Kern nicht und wir erhalten das Zieltableau

$$\frac{1}{d} \begin{bmatrix} y_2 & -x_2 \\ -y_1 & x_1 \end{bmatrix} \begin{bmatrix} x_1 & x_2 & x_3 \\ y_1 & y_2 & y_3 \end{bmatrix} = \begin{bmatrix} 1 & 0 & (y_2 x_3 - x_2 y_3)/d \\ 0 & 1 & (-y_1 x_3 + x_1 y_3)/d \end{bmatrix}, \quad d = x_1 y_2 - y_1 x_2.$$

Der gesuchte Teilraum aller zu $\mathbf{x}$ und $\mathbf{y}$ senkrecht stehenden Vektoren des $\mathbb{R}^3$ lautet somit

$$\left\langle \begin{pmatrix} -(y_2 x_3 - x_2 y_3)/d \\ -(-y_1 x_3 + x_1 y_3)/d \\ 1 \end{pmatrix} \right\rangle.$$

Eine spezielle Lösung aus diesem Raum lautet

$$\begin{pmatrix} -(y_2 x_3 - x_2 y_3) \\ -(-y_1 x_3 + x_1 y_3) \\ d \end{pmatrix} = \begin{pmatrix} x_2 y_3 - y_2 x_3 \\ x_3 y_1 - x_1 y_3 \\ x_1 y_2 - y_1 x_2 \end{pmatrix} =: \mathbf{z}.$$

Dieser Vektor steht senkrecht auf $\mathbf{x}$ und $\mathbf{y}$.

Definition 5.22 (Vektorprodukt) *Die Abbildung*

$$\cdot \times \cdot : \mathbb{R}^3 \times \mathbb{R}^3 \to \mathbb{R}^3$$

$$(\mathbf{x}, \mathbf{y}) \mapsto \mathbf{x} \times \mathbf{y} := \begin{pmatrix} x_2 y_3 - x_3 y_2 \\ x_3 y_1 - x_1 y_3 \\ x_1 y_2 - x_2 y_1 \end{pmatrix} \tag{5.37}$$

heißt Vektorprodukt des $\mathbb{R}^3$.

Für das Vektorprodukt gibt es eine Merkregel:

$$\mathbf{x} \times \mathbf{y} = \det \begin{pmatrix} \hat{\mathbf{e}}_1 & x_1 & y_1 \\ \hat{\mathbf{e}}_2 & x_2 & y_2 \\ \hat{\mathbf{e}}_3 & x_3 & y_3 \end{pmatrix}.$$

Diese Pseudodeterminante (immerhin bestehen die Komponenten der ersten Spalte nicht aus Zahlen, sondern aus den drei kanonischen Einheitsvektoren!) kann mit der Sarrus-Regel oder besser mit Entwicklung nach der ersten Spalte berechnet werden:

$$\mathbf{x} \times \mathbf{y} = \det \begin{pmatrix} \hat{\mathbf{e}}_1 & x_1 & y_1 \\ \hat{\mathbf{e}}_2 & x_2 & y_2 \\ \hat{\mathbf{e}}_3 & x_3 & y_3 \end{pmatrix} = \hat{\mathbf{e}}_1 \det \begin{pmatrix} x_2 & y_2 \\ x_3 & y_3 \end{pmatrix} - \hat{\mathbf{e}}_2 \det \begin{pmatrix} x_1 & y_1 \\ x_3 & y_3 \end{pmatrix} + \hat{\mathbf{e}}_3 \det \begin{pmatrix} x_1 & y_1 \\ x_2 & y_2 \end{pmatrix}.$$

Das Vektorprodukt ist antikommutativ, d. h. ein Vertauschen der Faktoren bewirkt einen Vorzeichenwechsel:

$$\mathbf{y} \times \mathbf{x} = -\mathbf{x} \times \mathbf{y}.$$

Es ist in beiden Faktoren linear:

$$(\mathbf{x}_1 + \mathbf{x}_2) \times \mathbf{y} = \mathbf{x}_1 \times \mathbf{y} + \mathbf{x}_2 \times \mathbf{y}, \quad \mathbf{x} \times (\mathbf{y}_1 + \mathbf{y}_2) = \mathbf{x} \times \mathbf{y}_1 + \mathbf{x} \times \mathbf{y}_2,$$
$$\lambda (\mathbf{x} \times \mathbf{y}) = (\lambda \mathbf{x}) \times \mathbf{y} = \mathbf{x} \times \lambda \mathbf{y}$$

für alle $\mathbf{x}, \mathbf{x}_1, \mathbf{x}_2, \mathbf{y}, \mathbf{y}_1, \mathbf{y}_2 \in \mathbb{R}^3$, $\lambda \in \mathbb{R}$. Zudem ist $\mathbf{x} \times \mathbf{y} \neq \mathbf{0}$ genau dann, wenn beide Faktoren $\mathbf{x}$ und $\mathbf{y}$ linear unabhängig sind, denn im Fall der linearen Abhängigkeit beider Vektoren ist $\mathbf{x} = \mathbf{0}$, woraus sofort $\mathbf{x} \times \mathbf{y} = \mathbf{0}$ folgt, oder es gibt ein $\lambda \in \mathbb{R}$ mit $\mathbf{y} = \lambda \mathbf{x}$. Damit gilt nun aufgrund der Antikommutativität

$$\mathbf{x} \times \mathbf{y} = \mathbf{x} \times (\lambda \mathbf{x}) = \lambda (\mathbf{x} \times \mathbf{x}) = -\lambda (\mathbf{x} \times \mathbf{x}).$$

Dies ist nur möglich, wenn $\mathbf{0} = \lambda(\mathbf{x} \times \mathbf{x}) = \mathbf{x} \times \mathbf{y}$ gilt. Ist $\mathbf{x} \times \mathbf{y} = \mathbf{0}$, so kann mittels (5.37) gezeigt werden, dass $\mathbf{y}$ ein Vielfaches von $\mathbf{x}$ ist (Übung). Das Vektorprodukt ist nicht assoziativ. Es gilt jedoch für alle $\mathbf{x}, \mathbf{y}, \mathbf{z} \in \mathbb{R}^3$ die Jacobi-Identität

$$\mathbf{x} \times (\mathbf{y} \times \mathbf{z}) + \mathbf{y} \times (\mathbf{z} \times \mathbf{x}) + \mathbf{z} \times (\mathbf{x} \times \mathbf{y}) = \mathbf{0}.$$

Die drei Summanden unterscheiden sich hierbei durch zyklische Vertauschung der Faktoren. Die Bedeutung des Vektorprodukts für die Physik bzw. für die technische Mechanik oder die Elektrotechnik ergibt sich aus der geometrischen Interpretation.

Satz 5.23 (Geometrische Interpretation des Vektorprodukts) *Gegeben seien* $\mathbf{x}, \mathbf{y} \in \mathbb{R}^3$. *Dann gilt:*

(i) *Wenn* $\mathbf{x}$ *und* $\mathbf{y}$ *linear unabhängig sind, so steht der Ergebnisvektor* $\mathbf{z} = \mathbf{x} \times \mathbf{y}$ *des Vektorprodukts senkrecht auf der von* $\mathbf{x}$ *und* $\mathbf{y}$ *aufgespannten Ebene.*

(ii) *Wenn* $\mathbf{x}$ *und* $\mathbf{y}$ *linear unabhängig sind, so zeigt der Ergebnisvektor* $\mathbf{z} = \mathbf{x} \times \mathbf{y}$ *des Vektorprodukts in die Richtung senkrecht zu* $\mathbf{x}$ *und* $\mathbf{y}$, *die sich ergibt, wenn* $\mathbf{x}$ *im Sinne einer Rechtsschraube auf kürzestem Wege nach* $\mathbf{y}$ *gedreht wird, vgl. Abb. 5.3. Speziell gilt hierbei für die drei kanonischen Einheitsvektoren* $\hat{\mathbf{e}}_1, \hat{\mathbf{e}}_1, \hat{\mathbf{e}}_3$ *des* $\mathbb{R}^3$

$$\hat{\mathbf{e}}_i = \hat{\mathbf{e}}_j \times \hat{\mathbf{e}}_k, \quad \textit{für } (i, j, k) \textit{ zyklisch,}$$

also für $(i, j, k) \in \{(1, 2, 3), (2, 3, 1), (3, 1, 2)\}$. *Man sagt, die drei kanonischen Einheitsvektoren bilden ein Rechtssystem („Rechte-Hand-Regel").*

(iii) *Der Betrag des Vektorprodukts* $\|\mathbf{z}\| = \|\mathbf{x} \times \mathbf{y}\|$ *entspricht dem Flächeninhalt* P *des durch* $\mathbf{x}$ *und* $\mathbf{y}$ *aufgespannten Parallelogramms, vgl. Abb. 5.3. Es gilt daher*

$$P = \|\mathbf{x} \times \mathbf{y}\| = \|\mathbf{x}\| \cdot \|\mathbf{y}\| \cdot \sin \sphericalangle (\mathbf{x}, \mathbf{y}). \tag{5.38}$$

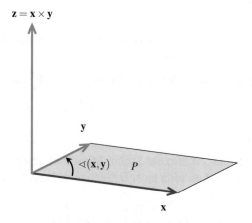

Abb. 5.3 Zur geometrischen Interpretation des Vektorprodukts

Wir betrachten ein Beispiel aus der Mechanik zur Anwendung des Vektorprodukts. An einem Hebelarm, der an einer Drehachse verankert und durch einen Vektor $\mathbf{r} \in \mathbb{R}^3$ repräsentiert wird, wirke eine Kraft $\mathbf{F} \in \mathbb{R}^3$ tangential, vgl. Abb. 5.4. Das Drehmoment $\mathbf{M} \in \mathbb{R}^3$ ist definiert durch

$$\mathbf{M} = \mathbf{r} \times \mathbf{F}.$$

Es zeigt in Richtung der Drehachse und hat den Betrag $M = \|\mathbf{M}\| = \|\mathbf{r}\|\|\mathbf{F}\|$, da $\mathbf{F}$ und $\mathbf{r}$ senkrecht zueinander sind. In analoger Weise ist der Drehimpuls $\mathbf{L}$ und die Bahngeschwindigkeit $\mathbf{v}$ der Kreisbewegung eines Punktes mit Abstand $\|\mathbf{r}\|$ zur Drehachse definiert;

$$\mathbf{L} = \mathbf{r} \times \mathbf{p}, \qquad \mathbf{v} = \boldsymbol{\omega} \times \mathbf{r},$$

hierbei sind $\mathbf{p}$ der Bahnimpuls bei $\mathbf{r}$ und $\boldsymbol{\omega}$ die Winkelgeschwindigkeit.

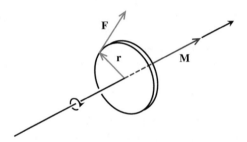

Abb. 5.4 Drehmoment $\mathbf{M} = \mathbf{r} \times \mathbf{F}$

5.5 Spatprodukt

Eine Mischform aus dem Skalarprodukt und dem Vektorprodukt ist das durch drei Faktoren aus dem $\mathbb{R}^3$ definierte Spatprodukt.

Definition 5.24 (Spatprodukt) *Für drei Vektoren* $\mathbf{x}, \mathbf{y}, \mathbf{z} \in \mathbb{R}^3$ *ist durch*

$$[\mathbf{x}, \mathbf{y}, \mathbf{z}] := (\mathbf{x} \times \mathbf{y})^T \cdot \mathbf{z} \tag{5.39}$$

das Spatprodukt definiert.

Der Wert des Spatprodukts ist also ein Skalar. Mit der Merkregel für das Vektorprodukt können wir nun diesen Wert mithilfe einer Determinante berechnen:

$$[\mathbf{x}, \mathbf{y}, \mathbf{z}] := (\mathbf{x} \times \mathbf{y})^T \cdot \mathbf{z} = \det \begin{pmatrix} \hat{\mathbf{e}}_1 \ x_1 \ y_1 \\ \hat{\mathbf{e}}_2 \ x_2 \ y_2 \\ \hat{\mathbf{e}}_3 \ x_3 \ y_3 \end{pmatrix}^T \cdot \mathbf{z} = \det \begin{pmatrix} z_1 \ x_1 \ y_1 \\ z_2 \ x_2 \ y_2 \\ z_3 \ x_3 \ y_3 \end{pmatrix} = \det \begin{pmatrix} x_1 \ y_1 \ z_1 \\ x_2 \ y_2 \ z_2 \\ x_3 \ y_3 \ z_3 \end{pmatrix}.$$

Für die letzte Darstellung waren zwei Spaltenvertauschungen notwendig. Die Auswirkungen dieser beiden Spaltentauschungen auf das Vorzeichen der Determinante heben sich also gegenseitig auf. Für das Spatprodukt gelten zwei leicht nachweisbare Rechenregeln.

Satz 5.25 (Eigenschaften des Spatprodukts) *Für alle* $\mathbf{x}, \mathbf{y}, \mathbf{z} \in \mathbb{R}^3$ *gilt*

  (i) Invarianz gegenüber zyklischer Vertauschung der Faktoren:

$$[\mathbf{x}, \mathbf{y}, \mathbf{z}] = [\mathbf{y}, \mathbf{z}, \mathbf{x}] = [\mathbf{z}, \mathbf{x}, \mathbf{y}], \tag{5.40}$$

  (ii) Vorzeichenwechsel bei antizyklischer Vertauschung der Faktoren:

$$[\mathbf{x}, \mathbf{y}, \mathbf{z}] = -[\mathbf{z}, \mathbf{y}, \mathbf{x}]. \tag{5.41}$$

Das Spatprodukt hat eine geometrische Bedeutung.

Satz 5.26 (Geometrische Interpretation des Spatprodukts) *Der Betrag des Spatprodukts dreier Vektoren* $\mathbf{x}, \mathbf{y}, \mathbf{z} \in \mathbb{R}^3$ *entspricht dem Volumen des durch diese Vektoren aufgespannten Parallelepipeds (=Spat). Diese Situation wird in Abb. 5.5 illustriert.*

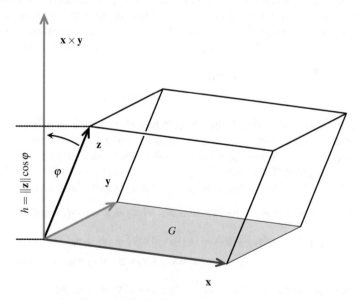

Abb. 5.5 Zur geometrischen Interpretation des Spatprodukts

$$V = G \cdot h = | \underbrace{\|\mathbf{x} \times \mathbf{y}\| \cdot \|\mathbf{z}\| \cdot \cos \varphi}_{\substack{\text{Skalarprodukt aus} \\ \mathbf{x} \times \mathbf{y} \text{ und } \mathbf{z}}} | = |(\mathbf{x} \times \mathbf{y})^T \cdot \mathbf{z}| = |[\mathbf{x}, \mathbf{y}, \mathbf{z}]| \tag{5.42}$$

mit

$$\varphi = \sphericalangle (\mathbf{x} \times \mathbf{y}, \mathbf{z}).$$

Der Betrag der Determinante einer 3×3-Matrix ist also interpretierbar als das Volumen des durch ihre Spalten- aber auch Zeilenvektoren aufgespannten Spats.

5.6 Tensorprodukt und multilineare Abbildungen

In den vorausgegangenen Abschnitten haben wir mit dem Skalarprodukt auf einem $\mathbb{R}$- oder $\mathbb{C}$-Vektorraum, dem Vektorprodukt $\mathbb{R}^3 \times \mathbb{R}^3 \to \mathbb{R}^3$, $(\mathbf{x}, \mathbf{y}) \mapsto \mathbf{x} \times \mathbf{y}$ und dem Spatprodukt $\mathbb{R}^3 \times \mathbb{R}^3 \times \mathbb{R}^3 \to \mathbb{R}$, $(\mathbf{x}, \mathbf{y}, \mathbf{z}) \mapsto [\mathbf{x}, \mathbf{y}, \mathbf{z}] = \det(\mathbf{x} \,|\, \mathbf{y} \,|\, \mathbf{z})$ unterschiedliche Produkte in Vektorräumen untersucht. Auch das für $\mathbf{a}, \mathbf{b} \in \mathbb{R}^n$ definierte dyadische Produkt

$$\mathbf{ab}^T = \begin{pmatrix} a_1 \\ \vdots \\ a_n \end{pmatrix} (b_1, \ldots, b_n) = \begin{pmatrix} a_1 b_1 & \ldots & a_1 b_n \\ \vdots & \ddots & \vdots \\ a_n b_1 & \ldots & a_n b_n \end{pmatrix}$$

können wir als Produkt betrachten.

Augenscheinlich haben diese Produkte nichts gemeinsam. Dennoch gibt es ein formales Merkmal, das bei allen Produkten auftritt. Es handelt sich um die Bilinearität in den Faktoren. Für zunächst zwei $\mathbb{K}$-Vektorräume V und W können wir ein derartiges Produkt $\cdot * \cdot$ als bilineare Abbildung β in einen weiteren $\mathbb{K}$-Vektorraum X auffassen:

$$\begin{aligned} \beta : V \times W &\to X \\ (\mathbf{v}, \mathbf{w}) &\mapsto \beta(\mathbf{v}, \mathbf{w}) := \mathbf{v} * \mathbf{w}. \end{aligned} \tag{5.43}$$

Die Bilinearität besagt, dass diese Abbildung in beiden Variablen jeweils eine lineare Abbildung darstellt. Hierzu wird jeweils eine Variable fixiert, während die andere Variable aus dem entsprechenden Vektorraum frei gewählt wird. Es sind also für zuvor festgelegte Vektoren $\mathbf{v} \in V$ und $\mathbf{w} \in W$ sowohl $\beta(\cdot, \mathbf{w}) : V \to X$ als auch $\beta(\mathbf{v}, \cdot) : W \to X$ Vektorraumhomomorphismen. Wir können Bilinearität auch auf folgende Weise charakterisieren:

- vollständige Ausmultiplizierbarkeit: Für alle $\mathbf{v}_1, \mathbf{v}_2 \in V$ und $\mathbf{w}_1, \mathbf{w}_2 \in W$ gilt

$$\begin{aligned} (\mathbf{v}_1 + \mathbf{v}_2) * (\mathbf{w}_1 + \mathbf{w}_2) &= (\mathbf{v}_1 + \mathbf{v}_2) * \mathbf{w}_1 + (\mathbf{v}_1 + \mathbf{v}_2) * \mathbf{w}_2 \\ &= \mathbf{v}_1 * \mathbf{w}_1 + \mathbf{v}_2 * \mathbf{w}_1 + \mathbf{v}_1 * \mathbf{w}_2 + \mathbf{v}_2 * \mathbf{w}_2. \end{aligned}$$

- frei verschiebbare Skalare: Für alle $\lambda \in \mathbb{K}$ und $\mathbf{v} \in V$, $\mathbf{w} \in W$ gilt

$$\lambda \cdot (\mathbf{v} * \mathbf{w}) = (\lambda \cdot \mathbf{v}) * \mathbf{w} = \mathbf{v} * (\lambda \cdot \mathbf{w}) = (\mathbf{v} * \mathbf{w}) \cdot \lambda.$$

Wir sollten dabei beachten, dass die hier auftretenden Vektoradditionen und Skalarmultiplikationen in den Räumen V, W und X unabhängig voneinander definiert sind. Der Einfachheit halber unterscheiden wir aber die Verknüpfungen nicht durch unterschiedliche Symbole. Aus der Bilinearität ergibt sich die sogenannte Absorptionseigenschaft des Nullvektors

$$\mathbf{0} * \mathbf{w} = \mathbf{v} * \mathbf{0} = \mathbf{0}$$

für alle $\mathbf{v} \in V$ und $\mathbf{w} \in W$. Als Produkte von Vektoren sind im Hinblick auf die Bilineari-
tätseigenschaft auch die folgenden Abbildungen interpretierbar:

(i) das kanonische Skalarprodukt des $\mathbb{R}^n$ mit $V = W = \mathbb{R}^n$ und $X = \mathbb{R}$,
(ii) die 2×2-Determinante als Bilinearform über die Spalten einer 2×2-Matrix: $\det_2$:
  $\mathbb{R}^2 \times \mathbb{R}^2 \to \mathbb{R}$, die als eine Art Produkt der beiden Spaltenvektoren der Matrix betrachtet werden kann ($V, W = \mathbb{R}^2$, $X = \mathbb{R}$),
(iii) das Produkt eines Polynoms maximal zweiten Grades in x mit einem Polynom ma-
  ximal ersten Grades in y, also die Abbildung $\cdot : \mathbb{R}[x]_{\leq 2} \times \mathbb{R}[y]_{\leq 1} \to \mathbb{R}[x, y]$ definiert
  durch $(p(x), q(y)) \mapsto p(x) \cdot q(y)$.

Ziel der nun folgenden Betrachtungen ist es, ein gemeinsames formales Konzept für die
Konstruktion derartiger Produktstrukturen zu gewinnen. Hierzu wollen wir versuchen, eine
bilineare Abbildung

$$\beta : V \times W \to X$$
$$(\mathbf{v}, \mathbf{w}) \mapsto \beta(\mathbf{v}, \mathbf{w}) = \mathbf{x}, \tag{5.44}$$

also eine Abbildung mit den Eigenschaften

$$\beta(\mathbf{v}_1 + \mathbf{v}_2, \mathbf{w}) = \beta(\mathbf{v}_1, \mathbf{w}) + \beta(\mathbf{v}_2, \mathbf{w}), \quad \beta(\mathbf{v}, \mathbf{w}_1 + \mathbf{w}_2) = \beta(\mathbf{v}, \mathbf{w}_1) + \beta(\mathbf{v}, \mathbf{w}_2)$$
$$\beta(\lambda \mathbf{v}, \mathbf{w}) = \lambda \beta(\mathbf{v}, \mathbf{w}) = \beta(\mathbf{v}, \lambda \mathbf{w}),$$

als lineare Abbildung $\beta_\otimes : T \to X$ auf einem noch geeignet zu definierenden $\mathbb{K}$-Vektorraum
T darzustellen. Im Fall $X = \mathbb{K}$ sprechen wir nach Definition 4.33 bei β auch von einer Bilinear*form*. Wir beschränken uns nun auf endlich-dimensionale $\mathbb{K}$-Vektorräume. Es sei also
$B = (\mathbf{b}_1, \ldots, \mathbf{b}_n)$ eine Basis von V und $C = (\mathbf{c}_1, \ldots, \mathbf{c}_m)$ eine Basis von W. Der Vektorraum

$$T_C^B := \langle \{ \mathbf{b}_1 \otimes \mathbf{c}_1, \mathbf{b}_1 \otimes \mathbf{c}_2, \ldots, \mathbf{b}_n \otimes \mathbf{c}_m \} \rangle = \langle \mathbf{b}_i \otimes \mathbf{c}_j : i = 1, \ldots, n, \ j = 1, \ldots, m \rangle \tag{5.45}$$

aller formalen Linearkombinationen der mit den $n \cdot m$ Symbolen $\mathbf{b}_i \otimes \mathbf{c}_j$ notierten Paare ist
ein $n \cdot m$-dimensionaler $\mathbb{K}$-Vektorraum, für den die formalen Ausdrücke $\mathbf{b}_i \otimes \mathbf{c}_j$ eine Basis
bilden (vgl. Übungsaufgaben 3.12 und 3.13). Wir ordnen nun jedem Paar $(\mathbf{v}, \mathbf{w}) \in V \times W$
eine formale Linearkombination aus diesem Raum mithilfe der bilinearen Abbildung

$$\tau_C^B : V \times W \to T_C^B$$
$$(\mathbf{v}, \mathbf{w}) \mapsto \tau_C^B(\mathbf{v}, \mathbf{w}) := \sum_{i=1}^n \sum_{j=1}^m c_B(\mathbf{v})_i c_C(\mathbf{w})_j \mathbf{b}_i \otimes \mathbf{c}_j \tag{5.46}$$

zu. Hierbei ist $c_B(\mathbf{v})_i$ die i-te Koordinate zur Darstellung von $\mathbf{v}$ mit B und $c_C(\mathbf{w})_j$ die j-te
Koordinate zur Darstellung von $\mathbf{w}$ mit C. In der Tat ist τ_C^B eine bilineare Abbildung, wie
folgende Rechnung zeigt. Es gilt

$$\tau_C^B(\mathbf{v}_1 + \mathbf{v}_2, \mathbf{w}) = \sum_{i=1}^n \sum_{j=1}^m c_B(\mathbf{v}_1 + \mathbf{v}_2)_i c_C(\mathbf{w})_j \mathbf{b}_i \otimes \mathbf{c}_j$$

$$= \sum_{i=1}^{n} \sum_{j=1}^{m} (c_B(\mathbf{v}_1) + c_B(\mathbf{v}_2))_i c_C(\mathbf{w})_j \, \mathbf{b}_i \otimes \mathbf{c}_j$$

$$= \sum_{i=1}^{n} \sum_{j=1}^{m} (c_B(\mathbf{v}_1)_i + c_B(\mathbf{v}_2)_i) c_C(\mathbf{w})_j \, \mathbf{b}_i \otimes \mathbf{c}_j$$

$$= \sum_{i=1}^{n} \sum_{j=1}^{m} c_B(\mathbf{v}_1)_i c_C(\mathbf{w})_j \, \mathbf{b}_i \otimes \mathbf{c}_j + \sum_{i=1}^{n} \sum_{j=1}^{m} c_B(\mathbf{v}_2)_i c_C(\mathbf{w})_j \, \mathbf{b}_i \otimes \mathbf{c}_j$$

$$= \tau_C^B(\mathbf{v}_1, \mathbf{w}) + \tau_C^B(\mathbf{v}_2, \mathbf{w}).$$

Auf ähnliche Art zeigen wir $\tau(\mathbf{v}, \mathbf{w}_1 + \mathbf{w}_2) = \tau(\mathbf{v}, \mathbf{w}_1) + \tau(\mathbf{v}, \mathbf{w}_2)$. Für $\lambda \in \mathbb{K}$ ist

$$\lambda \tau_C^B(\mathbf{v}, \mathbf{w}) = \lambda \sum_{i=1}^{n} \sum_{j=1}^{m} c_B(\mathbf{v})_i c_C(\mathbf{w})_j \, \mathbf{b}_i \otimes \mathbf{c}_j = \sum_{i=1}^{n} \sum_{j=1}^{m} (\lambda c_B(\mathbf{v}))_i c_C(\mathbf{w})_j \, \mathbf{b}_i \otimes \mathbf{c}_j = \tau_C^B(\lambda \mathbf{v}, \mathbf{w}).$$

In analoger Weise ergibt sich $\lambda \tau_C^B(\mathbf{v}, \mathbf{w}) = \tau_C^B(\mathbf{v}, \lambda \mathbf{w})$. Für Paare von Basisvektoren gilt

$$\tau_C^B(\mathbf{b}_k, \mathbf{c}_l) = \mathbf{b}_k \otimes \mathbf{c}_l.$$

Die Wahl alternativer Basen B' und C' führt dabei zu einem zu T_C^B isomorphen Raum $T_{C'}^{B'}$, allein schon deswegen, weil beide Räume identische Dimension $n \cdot m$ haben. Wir bezeichnen einen solchen Vektorraum als *Tensorprodukt* der Räume V und W und schreiben hierfür $V \otimes W$. Mithilfe des Tensorprodukts gelingt es uns nun, jede bilineare Abbildung $\beta : V \times W \to X$ im Fall endlich-dimensionaler Räume als lineare Abbildung darzustellen, indem wir zu diesem Zweck einen Homomorphismus $\beta_\otimes : V \otimes W \to X$ durch Vorgabe der Basisbilder

$$\beta_\otimes(\mathbf{b}_i \otimes \mathbf{c}_j) := \beta(\mathbf{b}_i, \mathbf{c}_j)$$

gemäß Satz 4.48 prägen. Wir halten dieses Ergebnis in Form einer universellen Eigenschaft fest.

Satz/Definition 5.27 (Tensorprodukt von Vektorräumen) *Es seien V und W zwei $\mathbb{K}$-Vektorräume endlicher Dimension. Dann gibt es einen $\mathbb{K}$-Vektorraum $V \otimes W$ zusammen mit einer bilinearen Abbildung $\tau : V \times W \to V \otimes W$, sodass für jede bilineare Abbildung $\beta : V \times W \to X$ in einen $\mathbb{K}$-Vektorraum X mit einer eindeutig bestimmten linearen Abbildung $\beta_\otimes : V \otimes W \to X$ gilt $\beta = \beta_\otimes \circ \tau$. Diese Situation wird mit dem kommutativen Diagramm*

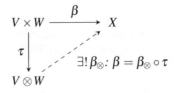

veranschaulicht. Der Raum $V \otimes W$ heißt Tensorprodukt von V und W. Die Elemente von $V \otimes W$ werden als Tensoren bezeichnet.

Jeder Vektor aus dem Tensorprodukt von V und W ist eine Linearkombination von Tensoren der Art $\mathbf{b}_i \otimes \mathbf{c}_j$. Sind

$$\mathbf{v} = \sum_{i=1}^{n} \lambda_i \mathbf{b}_i \in V, \quad \mathbf{w} = \sum_{j=1}^{m} \mu_j \mathbf{c}_j \in W$$

mit $\lambda_i, \mu_j \in \mathbb{K}$ zwei Vektoren aus V bzw. W, so ist definitionsgemäß

$$\sum_{i=1}^{n} \sum_{j=1}^{m} \lambda_i \mu_j \mathbf{b}_i \otimes \mathbf{c}_j = \sum_{i=1}^{n} \sum_{j=1}^{m} \lambda_i \mu_j \tau_C^B(\mathbf{b}_i, \mathbf{c}_j)$$

$$= \sum_{i=1}^{n} \lambda_i \tau_C^B \left(\mathbf{b}_i, \sum_{j=1}^{m} \mu_j \mathbf{c}_j \right)$$

$$= \tau_C^B \left(\sum_{i=1}^{n} \lambda_i \mathbf{b}_i, \sum_{j=1}^{m} \mu_j \mathbf{c}_j \right) = \tau_C^B(\mathbf{v}, \mathbf{w}) =: \mathbf{v} \otimes \mathbf{w}.$$

Nicht jeder Tensor aus $V \otimes W$ ist aber in der Form $\mathbf{v} \otimes \mathbf{w}$ als sogenannter *elementarer Tensor* darstellbar. Beispielsweise können wir im Fall mindestens zweidimensionaler Räume die Summe $\mathbf{b}_1 \otimes \mathbf{c}_1 + \mathbf{b}_2 \otimes \mathbf{c}_2$ von zwei unterschiedlichen Basisvektoren nicht weiter zusammenfassen. Dagegen sind $\mathbf{b}_1 \otimes \mathbf{c}_1 + \mathbf{b}_2 \otimes \mathbf{c}_1 = (\mathbf{b}_1 + \mathbf{b}_2) \otimes \mathbf{c}_1$ und $\mathbf{b}_1 \otimes \mathbf{c}_1 + \mathbf{b}_1 \otimes \mathbf{c}_2 = \mathbf{b}_1 \otimes (\mathbf{c}_1 + \mathbf{c}_2)$, aber auch

$$\mathbf{b}_1 \otimes \mathbf{c}_1 + \mathbf{b}_1 \otimes \mathbf{c}_2 + \mathbf{b}_2 \otimes \mathbf{c}_1 + \mathbf{b}_2 \otimes \mathbf{c}_2 = (\mathbf{b}_1 + \mathbf{b}_2) \otimes (\mathbf{c}_1 + \mathbf{c}_2)$$

Beispiele für elementare Tensoren. Ein Tensor $\mathbf{t} \in V \otimes W$ mit

$$\mathbf{t} = \sum_{i=1}^{n} \sum_{j=1}^{m} a_{ij} \mathbf{b}_i \otimes \mathbf{c}_j, \quad a_{ij} \in \mathbb{K}, \quad i = 1, \ldots, n, \quad j = 1, \ldots, m,$$

ist genau dann elementar, wenn sich die Vorfaktoren a_{ij} multiplikativ trennen lassen in $a_{ij} = \lambda_i \mu_j$ mit $\lambda_i, \mu_j \in \mathbb{K}$, denn

$$\mathbf{t} = \sum_{i=1}^{n} \sum_{j=1}^{m} a_{ij} \mathbf{b}_i \otimes \mathbf{c}_j = \sum_{i=1}^{n} \sum_{j=1}^{m} \lambda_i \mu_j \mathbf{b}_i \otimes \mathbf{c}_j = \left(\sum_{i=1}^{n} \lambda_i \mathbf{b}_i \right) \otimes \left(\sum_{j=1}^{m} \mu_j \mathbf{c}_j \right).$$

Im Allgemeinen ist also die Abbildung

$$\tau : V \times W \to V \otimes W$$

$$(\mathbf{v}, \mathbf{w}) \mapsto \mathbf{v} \otimes \mathbf{w} = \tau_C^B(\mathbf{v}, \mathbf{w})$$

nicht surjektiv. Sind für $V \neq \{\mathbf{0}\}$ und $W \neq \{\mathbf{0}\}$ beide Vektoren $\mathbf{v} \neq \mathbf{0}$ und $\mathbf{w} \neq \mathbf{0}$ nichttrivial, so gilt zwar $(\mathbf{v}, \mathbf{0}) \neq (\mathbf{0}, \mathbf{w})$, ihre zugeordneten Tensoren

$$\tau(\mathbf{v}, \mathbf{0}) = \mathbf{v} \otimes \mathbf{0} = \mathbf{0} = \mathbf{0} \otimes \mathbf{w} = \tau(\mathbf{0}, \mathbf{w})$$

stimmen aber überein. Damit ist im Allgemeinen τ auch nicht injektiv. Wir sollten hierbei beachten, dass τ kein Homomorphismus ist.

Da ein Tensorprodukt von V und W bis auf Isomorphie eindeutig bestimmt ist, setzen wir in Satz/Definition 5.27 einfach $\mathbf{v} \otimes \mathbf{w} := \tau(\mathbf{v}, \mathbf{w})$ und lassen dabei die Wahl der Basen in beiden Räumen unberücksichtigt. Grundsätzlich kann ein Tensorprodukt $V \times W$ auch unabhängig von Basen mithilfe eines Quotientenvektorraums konstruiert werden. Hierzu betrachten wir zunächst den Vektorraum aller formalen Linearkombinationen

$$\langle (\mathbf{v}, \mathbf{w}) : \mathbf{v} \in V, \mathbf{w} \in W \rangle = \langle V \times W \rangle$$

über alle möglichen Paare $(\mathbf{v}, \mathbf{w}) \in V \times W$. Nun betrachten wir den hierzu gehörenden Teilraum

$$T := \big\langle (\mathbf{v}_1 + \mathbf{v}_2, \mathbf{w}) - (\mathbf{v}_1, \mathbf{w}) - (\mathbf{v}_2, \mathbf{w}), \ (\mathbf{v}, \mathbf{w}_1 + \mathbf{w}_2) - (\mathbf{v}, \mathbf{w}_1) - (\mathbf{v}, \mathbf{w}_2),$$
$$(\lambda \mathbf{v}, \mathbf{w}) - \lambda (\mathbf{v}, \mathbf{w}), (\mathbf{v}, \lambda \mathbf{w}) - \lambda (\mathbf{v}, \mathbf{w}) : \mathbf{v}, \mathbf{v}_1, \mathbf{v}_2 \in V, \mathbf{w}, \mathbf{w}_1, \mathbf{w}_2 \in W, \lambda \in \mathbb{K} \big\rangle,$$

der von allen Linearkombinationen aus Elementen der Art

$$(\mathbf{v}_1 + \mathbf{v}_2, \mathbf{w}) - (\mathbf{v}_1, \mathbf{w}) - (\mathbf{v}_2, \mathbf{w}), \quad (\mathbf{v}, \mathbf{w}_1 + \mathbf{w}_2) - (\mathbf{v}, \mathbf{w}_1) - (\mathbf{v}, \mathbf{w}_2),$$
$$(\lambda \mathbf{v}, \mathbf{w}) - \lambda (\mathbf{v}, \mathbf{w}), \quad (\mathbf{v}, \lambda \mathbf{w}) - \lambda (\mathbf{v}, \mathbf{w})$$

aufgespannt wird. Dann erfüllt der Quotientenraum $\langle V \times W \rangle / T$ die universelle Eigenschaft eines Tensorprodukts aus Satz/Definition 5.27, sodass wir das Tensorprodukt auch als

$$V \otimes W := \langle V \times W \rangle / T$$

definieren können. Entscheidend ist hierbei, dass der Raum T den Nullvektor innerhalb $\langle V \times W \rangle / T$ darstellt. Die Abbildung $\tau : V \times W \to \langle V \times W \rangle / T$, definiert durch $\tau(\mathbf{v}, \mathbf{w}) := (\mathbf{v}, \mathbf{w}) + T$, ist damit bilinear, denn es ist

$$\tau(\mathbf{v}_1 + \mathbf{v}_2, \mathbf{w}) = (\mathbf{v}_1 + \mathbf{v}_2, \mathbf{w}) + T = (\mathbf{v}_1 + \mathbf{v}_2, \mathbf{w}) + \underbrace{(\mathbf{v}_1, \mathbf{w}) + (\mathbf{v}_2, \mathbf{w}) - (\mathbf{v}_1 + \mathbf{v}_2, \mathbf{w})}_{\in T} + T$$
$$= (\mathbf{v}_1, \mathbf{w}) + (\mathbf{v}_2, \mathbf{w}) + T = \tau(\mathbf{v}_1, \mathbf{w}) + \tau(\mathbf{v}_2, \mathbf{w})$$

sowie für $\lambda \neq 0$

$$\tau(\lambda \mathbf{v}, \mathbf{w}) = (\lambda \mathbf{v}, \mathbf{w}) + T = (\lambda \mathbf{v}, \mathbf{w}) + \underbrace{\lambda (\mathbf{v}, \mathbf{w}) - (\lambda \mathbf{v}, \mathbf{w})}_{\in T} + T$$
$$= \lambda (\mathbf{v}, \mathbf{w}) + T \overset{\lambda \neq 0}{=} \lambda (\mathbf{v}, \mathbf{w}) + \lambda T = \lambda \tau(\mathbf{v}, \mathbf{w}).$$

Der Fall $\lambda = 0$ ist trivial: $\tau(0 \cdot \mathbf{v}, \mathbf{w}) = \tau(0, \mathbf{w}) = \tau(\mathbf{v} - \mathbf{v}, \mathbf{w}) = \tau(\mathbf{v}, \mathbf{w}) - \tau(\mathbf{v}, \mathbf{w}) = \mathbf{0} = 0 \cdot \tau(\mathbf{v}, \mathbf{w})$. Für das zweite Argument folgt die Linearität analog.

Da die Abbildung $\tau : V \times W \to V \otimes W$ aus Satz/Definition 5.27 bilinear ist, gelten für alle $\mathbf{v}, \mathbf{v}_1, \mathbf{v}_2 \in V$ und $\mathbf{w}, \mathbf{w}_1, \mathbf{w}_2 \in W$ sowie $\lambda \in \mathbb{K}$ die Regeln

$$(\mathbf{v}_1 + \mathbf{v}_2) \otimes \mathbf{w} = \mathbf{v}_1 \otimes \mathbf{w} + \mathbf{v}_2 \otimes \mathbf{w}, \qquad \mathbf{v} \otimes (\mathbf{w}_1 + \mathbf{w}_2) = \mathbf{v} \otimes \mathbf{w}_1 + \mathbf{v} \otimes \mathbf{w}_2$$

$$\lambda(\mathbf{v} \otimes \mathbf{w}) = (\lambda \mathbf{v}) \otimes \mathbf{w}, \qquad \lambda(\mathbf{v} \otimes \mathbf{w}) = \mathbf{v} \otimes (\lambda \mathbf{w}).$$

Für das Vektorpaar $(\mathbf{v}, \mathbf{w}) \in V \times W$ ist der Bildvektor seines zugewiesenen Tensors $\mathbf{v} \otimes \mathbf{w}$ unter der „tensorierten" linearen Abbildung $\beta_\otimes$ aufgrund der Prägung von $\beta_\otimes$ durch $\beta_\otimes(\mathbf{b}_i \otimes \mathbf{c}_j) = \beta(\mathbf{b}_i, \mathbf{c}_j)$ nun nichts weiter als

$$\beta_\otimes(\mathbf{v} \otimes \mathbf{w}) = \beta_\otimes\left(\sum_{i=1}^{n}\sum_{j=1}^{m} \lambda_i \mu_j \mathbf{b}_i \otimes \mathbf{c}_j\right) = \sum_{i=1}^{n}\sum_{j=1}^{m} \lambda_i \mu_j \beta_\otimes(\mathbf{b}_i \otimes \mathbf{c}_j)$$

$$= \sum_{i=1}^{n}\sum_{j=1}^{m} \lambda_i \mu_j \beta(\mathbf{b}_i, \mathbf{c}_j) = \sum_{i=1}^{n} \lambda_i \beta\left(\mathbf{b}_i, \sum_{j=1}^{m} \mu_j \mathbf{c}_j\right)$$

$$= \beta\left(\sum_{i=1}^{n} \lambda_i \mathbf{b}_i, \sum_{j=1}^{m} \mu_j \mathbf{c}_j\right) = \beta(\mathbf{v}, \mathbf{w}).$$

Wir könnten uns fragen, warum wir nicht einfach den Vektorraum des direkten Produkts $V \times W$ (vgl. Übungsaufgabe 1.15) als Grundlage zur Konstruktion einer linearen Abbildung nach X verwenden, um β darzustellen. Sollte β nicht gerade die Nullabbildung sein, so gibt es ein Paar $(\mathbf{v}, \mathbf{w}) \in V \times W$ mit $\beta(\mathbf{v}, \mathbf{w}) \neq 0$. Allerdings ist wegen der komponentenweisen Vektoraddition und skalaren Multiplikation im direkten Produkt $V \times W$ die Zerlegung

$$(\mathbf{v}, \mathbf{w}) = (\mathbf{v}, \mathbf{0}) + (\mathbf{0}, \mathbf{w})$$

möglich. Eine lineare Abbildung $\overline{\beta}: V \times W \to X$, die die Werte von β darstellt, hätte aber zur Folge, dass

$$\overline{\beta}((\mathbf{v}, \mathbf{w})) = \overline{\beta}((\mathbf{v}, \mathbf{0}) + (\mathbf{0}, \mathbf{w})) = \overline{\beta}((\mathbf{v}, \mathbf{0})) + \overline{\beta}((\mathbf{0}, \mathbf{w})) = \underbrace{\beta(\mathbf{v}, \mathbf{0})}_{=0} + \underbrace{\beta(\mathbf{0}, \mathbf{w})}_{=0} = \mathbf{0}$$

gilt, was nicht mit $\beta(\mathbf{v}, \mathbf{w}) \neq \mathbf{0}$ übereinstimmen würde.

Aufgrund von Satz 4.47 ist $\mathrm{Hom}(V \to W) \cong M(\dim W \times \dim V, \mathbb{K})$. Daher ist

$$\dim(V \otimes W) = (\dim V) \cdot (\dim W) = \dim \mathrm{Hom}(V \to W),$$

sodass

$$V \otimes W \cong \mathrm{Hom}(V \to W) \cong M(\dim W \times \dim V, \mathbb{K})$$

gilt.

Damit ein $\mathbb{K}$-Vektorraum U ein Tensorprodukt der endlich-dimensionalen $\mathbb{K}$-Vektorräume V und W ist, reicht die Bedingung $\dim U = (\dim V)(\dim W)$ oder anders ausgedrückt $U \cong M(\dim W \times \dim V, \mathbb{K})$ jedoch nicht aus. Sonst wäre ja auch das direkte Produkt $U = V \times W$, das im Fall $\dim V = 2 = \dim W$ nach (3.11) von der Dimension $\dim V \times W = \dim V + \dim W = 4 = (\dim V)(\dim W)$ ist, ein Tensorprodukt. Entscheidend ist auch, dass eine bilineare Abbildung $\tau: (\mathbf{v}, \mathbf{w}) \mapsto \mathbf{u} \in U$ vorliegt und die Vektoren $\tau(\mathbf{b}_i, \mathbf{c}_j)$ linear unabhängig in U sind. Mit der Konstruktion des Raums T_C^B nach (5.45) und der Abbildung τ_C^B nach (5.46) ist ein derartiger Raum und eine derartige bilineare Abbildung stets gegeben.

Wenn uns allerdings ein $\mathbb{K}$-Vektorraum U mit $\dim U = (\dim V)(\dim W)$ zusammen mit einer derartigen bilinearen Abbildung $\tau : V \times W \to U$ vorliegt, dann erfüllt U die universelle Eigenschaft aus Satz/Definition 5.27 und ist dabei insbesondere isomorph zu T_C^B. Dies ist häufig bei Produktbildungen der Fall, wie die ersten beiden der folgenden Beispiele zeigen.

(i) Für $V = \mathbb{R}^3 = W$ ist mit den kanonischen Basen $B = (\hat{\mathbf{e}}_1, \hat{\mathbf{e}}_2, \hat{\mathbf{e}}_3) = C$ das Tensorprodukt

$$V \otimes W = \mathbb{R}^3 \otimes \mathbb{R}^3 = \langle \hat{\mathbf{e}}_i \otimes \hat{\mathbf{e}}_j : i,j = 1,2,3 \rangle \cong M(3 \times 3, \mathbb{R}) = \langle \hat{\mathbf{e}}_i \hat{\mathbf{e}}_j^T : i,j = 1,2,3 \rangle$$

im Prinzip das lineare Erzeugnis der neun dyadischen Produkte

$$\hat{\mathbf{e}}_1 \hat{\mathbf{e}}_1^T = \begin{pmatrix} 1 & 0 & 0 \\ 0 & 0 & 0 \\ 0 & 0 & 0 \end{pmatrix}, \hat{\mathbf{e}}_1 \hat{\mathbf{e}}_2^T = \begin{pmatrix} 0 & 1 & 0 \\ 0 & 0 & 0 \\ 0 & 0 & 0 \end{pmatrix}, \hat{\mathbf{e}}_1 \hat{\mathbf{e}}_3^T = \begin{pmatrix} 0 & 0 & 1 \\ 0 & 0 & 0 \\ 0 & 0 & 0 \end{pmatrix},$$

$$\hat{\mathbf{e}}_2 \hat{\mathbf{e}}_1^T = \begin{pmatrix} 0 & 0 & 0 \\ 1 & 0 & 0 \\ 0 & 0 & 0 \end{pmatrix}, \hat{\mathbf{e}}_2 \hat{\mathbf{e}}_2^T = \begin{pmatrix} 0 & 0 & 0 \\ 0 & 1 & 0 \\ 0 & 0 & 0 \end{pmatrix}, \hat{\mathbf{e}}_2 \hat{\mathbf{e}}_3^T = \begin{pmatrix} 0 & 0 & 0 \\ 0 & 0 & 1 \\ 0 & 0 & 0 \end{pmatrix},$$

$$\hat{\mathbf{e}}_3 \hat{\mathbf{e}}_1^T = \begin{pmatrix} 0 & 0 & 0 \\ 0 & 0 & 0 \\ 1 & 0 & 0 \end{pmatrix}, \hat{\mathbf{e}}_3 \hat{\mathbf{e}}_2^T = \begin{pmatrix} 0 & 0 & 0 \\ 0 & 0 & 0 \\ 0 & 1 & 0 \end{pmatrix}, \hat{\mathbf{e}}_3 \hat{\mathbf{e}}_3^T = \begin{pmatrix} 0 & 0 & 0 \\ 0 & 0 & 0 \\ 0 & 0 & 1 \end{pmatrix}.$$

Das dyadische Produkt ist bilinear, zudem sind diese Bildvektoren linear unabhängig. Sie erzeugen den 9-dimensionalen Raum $M(3 \times 3, \mathbb{R})$.

(ii) Für die Polynomräume

$$\mathbb{K}[x]_{\leq 2} := \{ p \in \mathbb{K}[x] : \deg p \leq 2 \}, \qquad \mathbb{K}[y]_{\leq 1} := \{ q \in \mathbb{K}[y] : \deg q \leq 1 \}$$

ist das Tensorprodukt $\mathbb{K}[x]_{\leq 2} \otimes \mathbb{K}[y]_{\leq 1}$ isomorph ist zum Teilraum

$$T := \left\{ r(x,y) = \sum_{i=0}^{2} \sum_{j=0}^{1} a_{ij} x^i y^j : a_{ij} \in \mathbb{K} \right\} \subset \mathbb{K}[x,y]$$

aller Polynome in zwei Variablen und kann daher mit T identifiziert werden. Wie lautet die Dimension von T, und welche Vektoren bilden eine Basis dieses Raums? Zunächst ist

$$\dim \mathbb{K}[x]_{\leq 2} \otimes \mathbb{K}[y]_{\leq 1} = \dim \mathbb{K}[x]_{\leq 2} \cdot \dim \mathbb{K}[y]_{\leq 1} = 3 \cdot 2 = 6.$$

Der Vektorraum

$$T = \left\{ r(x,y) = \sum_{i=0}^{2} \sum_{j=0}^{1} a_{ij} x^i y^j : a_{ij} \in \mathbb{K} \right\}$$

besitzt die aus den 6 Vektoren (Monome) bestehende Basis

$$x^0 y^0, \quad x^0 y^1, \quad x^1 y^0, \quad x^1 y^1, \quad x^2 y^0, \quad x^2 y^1$$

und ist daher ebenfalls 6-dimensional. Die Abbildung $\cdot : \mathbb{K}[x]_{\leq 2} \times \mathbb{K}[x]_{\leq 1} \to T$, $(p(x), q(y)) \mapsto p(x) \cdot q(y)$ ist bilinear, die Bildvektoren $p(x^i) \cdot q(y^j) = x^i y^j$ für $i = 0, 1, 2$ und $j = 0, 1$ sind die obigen linear unabhängigen Monome.

Daher kann T mit dem Tensorprodukt $\mathbb{K}[x]_{\leq 2} \otimes \mathbb{K}[y]_{\leq 1}$ identifiziert werden. Die lineare Abbildung

$$\cdot_\otimes : \mathbb{K}[x]_{\leq 2} \otimes \mathbb{K}[y]_{\leq 1} \to T$$
$$p \otimes q \mapsto \cdot_\otimes(p \otimes q) := p(x) \cdot q(y)$$

ist bijektiv und daher ein Isomorphismus.

(iii) Die Komplexifizierung reeller Vektorräume ergibt weitere Beispiele für Tensorprodukte. Wir betrachten beispielsweise $V = \langle \sin t, \cos t \rangle_\mathbb{R}$ als $\mathbb{R}$-Vektorraum mit der Basis $(\sin t, \cos t)$. Dieser Vektorraum enthält aber nicht die imaginäre Exponentialfunktion $\exp(it)$, da hier nur reelle Skalare zugrunde gelegt werden. Wir machen nun aus V einen $\mathbb{C}$-Vektorraum durch Komplexifizierung und betrachten dazu das Tensorprodukt der beiden $\mathbb{R}$-Vektorräume V und $\mathbb{C} = \langle 1, i \rangle_\mathbb{R}$, also

$$W := V \otimes \mathbb{C} = \langle \sin t, \cos t \rangle_\mathbb{R} \otimes \mathbb{C} = \langle \sin t, \cos t \rangle_\mathbb{R} \otimes \langle 1, i \rangle_\mathbb{R}$$
$$= \langle \sin t \otimes 1, \cos t \otimes 1, \sin t \otimes i, \cos t \otimes i \rangle_\mathbb{R} \cong \langle \sin t, \cos t, i \sin t, i \cos t \rangle_\mathbb{R}.$$

Es gilt damit

$$\exp(it) = \sin t \otimes i + \cos t \otimes 1 \in W.$$

In diesem Raum ist also $\exp(it)$ ein nicht-elementarer Tensor, während beispielsweise $\sin t \otimes i$ und $\cos t \otimes 1$ elementare Tensoren sind. Vorsicht: W ist ein $\mathbb{R}$-Vektorraum der Dimension $2 \cdot 2 = 4$, während der $\mathbb{C}$-Vektorraum $\langle \sin, \cos \rangle_\mathbb{C}$ zweidimensional ist.

(iv) Als weiteres Beispiel komplexifizieren wir den Vektorraum $V = \mathbb{R}^2$ mit der kanonischen Basis $\hat{\mathbf{e}}_1, \hat{\mathbf{e}}_2$. Die Komplexifizierung von V ist damit das Tensorprodukt

$$V \otimes \mathbb{C} = \langle \hat{\mathbf{e}}_1 \otimes 1, \hat{\mathbf{e}}_2 \otimes 1, \hat{\mathbf{e}}_1 \otimes i, \hat{\mathbf{e}}_2 \otimes i \rangle_\mathbb{R}.$$

Auch hier müssen wir formal diesen Raum als vierdimensionalen $\mathbb{R}$-Vektorraum unterscheiden vom zweidimensionalen $\mathbb{C}$-Vektorraum $\mathbb{C}^2$.

Wir betrachten nun einige Beispiele bilinearer Abbildungen, die durch das Tensorprodukt linearisiert werden.

(i) Das Vektorprodukt des $\mathbb{R}^3$:

$$\cdot \times \cdot : \mathbb{R}^3 \times \mathbb{R}^3 \to \mathbb{R}^3$$
$$(\mathbf{x}, \mathbf{y}) \mapsto \mathbf{x} \times \mathbf{y}$$

ist bilinear. Um nun die tensorierte lineare Abbildung $\times_\otimes : \mathbb{R}^3 \otimes \mathbb{R}^3 \to \mathbb{R}^3$ zu prägen, betrachten wir die Bilder der Basisvektoren unter $\cdot \times \cdot$,

$$\hat{\mathbf{e}}_1 \times \hat{\mathbf{e}}_1 = \mathbf{0}, \qquad \hat{\mathbf{e}}_1 \times \mathbf{e}_2 = \hat{\mathbf{e}}_3, \qquad \hat{\mathbf{e}}_1 \times \hat{\mathbf{e}}_3 = -\hat{\mathbf{e}}_2,$$
$$\hat{\mathbf{e}}_2 \times \hat{\mathbf{e}}_1 = -\hat{\mathbf{e}}_3, \qquad \hat{\mathbf{e}}_2 \times \hat{\mathbf{e}}_2 = \mathbf{0}, \qquad \hat{\mathbf{e}}_2 \times \hat{\mathbf{e}}_3 = \hat{\mathbf{e}}_1,$$
$$\hat{\mathbf{e}}_3 \times \hat{\mathbf{e}}_1 = \hat{\mathbf{e}}_2, \qquad \hat{\mathbf{e}}_3 \times \hat{\mathbf{e}}_2 = -\hat{\mathbf{e}}_1, \qquad \hat{\mathbf{e}}_3 \times \hat{\mathbf{e}}_3 = \mathbf{0},$$

und prägen somit $\times_\otimes$ durch $\times_\otimes(\hat{\mathbf{e}}_i \otimes \hat{\mathbf{e}}_j) := \hat{\mathbf{e}}_i \times \hat{\mathbf{e}}_j$ für $i,j = 1,2,3$. Nun können wir für jeden Tensor $\mathbf{t} \in \mathbb{R}^3 \otimes \mathbb{R}^3$ des Tensorprodukts den Bildvektor berechnen:

$$\mathbf{t} = \sum_{i,j=1}^{3} t_{ij}\hat{\mathbf{e}}_i \otimes \hat{\mathbf{e}}_j \mapsto \times_\otimes(\mathbf{t}) = \times_\otimes\left(\sum_{i,j=1}^{3} t_{ij}\hat{\mathbf{e}}_i \otimes \hat{\mathbf{e}}_j\right) = \sum_{i,j=1}^{3} t_{ij} \times_\otimes (\hat{\mathbf{e}}_i \otimes \hat{\mathbf{e}}_j)$$
$$= t_{12}\hat{\mathbf{e}}_3 - t_{13}\hat{\mathbf{e}}_2 - t_{21}\hat{\mathbf{e}}_3 + t_{23}\hat{\mathbf{e}}_1 + t_{31}\hat{\mathbf{e}}_2 - t_{32}\hat{\mathbf{e}}_1$$
$$= \begin{pmatrix} t_{23} - t_{32} \\ -t_{13} + t_{31} \\ t_{12} - t_{21} \end{pmatrix}.$$

Speziell für elementare Tensoren ist mit den Koordinatenvektoren von $\mathbf{x},\mathbf{y} \in \mathbb{R}^3$ bezüglich E_3,

$$c_{E_3}(\mathbf{x}) = \begin{pmatrix} x_1 \\ x_2 \\ x_3 \end{pmatrix}, \quad c_{E_3}(\mathbf{y}) = \begin{pmatrix} y_1 \\ y_2 \\ y_3 \end{pmatrix},$$

der jeweilige Koeffizient von $\mathbf{t} = \mathbf{x} \otimes \mathbf{y}$ nach (5.46) gegeben durch

$$t_{ij} = x_i y_j, \qquad i,j = 1,2,3. \tag{5.47}$$

Es folgt daher speziell für elementare Tensoren

$$\mathbf{t} = \sum_{i,j} t_{ij}\hat{\mathbf{e}}_i \otimes \hat{\mathbf{e}}_j \mapsto \times_\otimes(\mathbf{t}) = \begin{pmatrix} x_2 y_3 - x_3 y_2 \\ -x_1 y_3 + x_3 y_1 \\ x_1 y_2 - x_2 y_1 \end{pmatrix} = \begin{pmatrix} x_2 y_3 - x_3 y_2 \\ x_3 y_1 - x_1 y_3 \\ x_1 y_2 - x_2 y_1 \end{pmatrix}.$$

Hierin erkennen wir nun das Vektorprodukt des $\mathbb{R}^3$ wieder: $\times_\otimes(\mathbf{t}) = \times_\otimes(\mathbf{x} \otimes \mathbf{y}) = \mathbf{x} \times \mathbf{y}$.

Für $\mathbf{x},\mathbf{y} \in \mathbb{R}^3$ lautet der dem Faktorenpaar $(\mathbf{x},\mathbf{y})$ zugeordnete elementare Tensor $\mathbf{t} = \mathbf{x} \otimes \mathbf{y}$. Er hat nach (5.47) die Koordinaten (bzgl. der kanonischen Basen) $t_{ij} = x_i y_j$ mit $i,j = 1,2,3$. Zunächst gilt für die k-te Komponente von $\times_\otimes(\hat{\mathbf{e}}_i \otimes \hat{\mathbf{e}}_j)$

$$\times_\otimes(\hat{\mathbf{e}}_i \otimes \hat{\mathbf{e}}_j)_k = \varepsilon_{ijk} := \text{sign}\begin{pmatrix} 1 & 2 & 3 \\ i & j & k \end{pmatrix} = \begin{cases} 1, & i,j,k \text{ zyklisch} \\ -1, & i,j,k \text{ antizyklisch} \\ 0, & \text{sonst, d. h. bei Indexdopplungen} \end{cases}$$

Das dreifach indizierte Objekt ε_{ijk} wird auch als Levi-Civita-Symbol bezeichnet. Nun berechnet sich die k-te Komponente des Vektorprodukts aus $\mathbf{x}$ und $\mathbf{y}$ auch wie folgt:

$$(\mathbf{x} \times \mathbf{y})_k = \times_\otimes(\mathbf{t})_k$$

$$= \times_{\otimes} \left(\sum_{i,j} t_{ij} \hat{\mathbf{e}}_i \otimes \hat{\mathbf{e}}_j \right)_k = \sum_{i,j} t_{ij} \times_{\otimes} (\hat{\mathbf{e}}_i \otimes \hat{\mathbf{e}}_j)_k = \sum_{i,j} t_{ij} \varepsilon_{ijk} = \sum_{i,j} x_i y_j \varepsilon_{ijk}.$$

(ii) Die Determinante einer 2×2-Matrix können wir als bilineare Abbildung

$$\det_2 : \mathbb{R}^2 \times \mathbb{R}^2 \to \mathbb{R}^1$$

der Matrixspalten auffassen und prägen nun die lineare Abbildung auf dem Tensorprodukt

$$\det_{2,\otimes} : \mathbb{R}^2 \otimes \mathbb{R}^2 \to \mathbb{R}^1$$

durch Zuordnung der Tensoren

$$\det_{2,\otimes}(\hat{\mathbf{e}}_1 \otimes \hat{\mathbf{e}}_1) := \det_2(\hat{\mathbf{e}}_1, \hat{\mathbf{e}}_1) = 0, \qquad \det_{2,\otimes}(\hat{\mathbf{e}}_1 \otimes \hat{\mathbf{e}}_2) := \det_2(\hat{\mathbf{e}}_1, \hat{\mathbf{e}}_2) = 1$$
$$\det_{2,\otimes}(\hat{\mathbf{e}}_2 \otimes \hat{\mathbf{e}}_1) := \det_2(\hat{\mathbf{e}}_2, \hat{\mathbf{e}}_1) = -1, \qquad \det_{2,\otimes}(\hat{\mathbf{e}}_2 \otimes \hat{\mathbf{e}}_2) := \det_2(\hat{\mathbf{e}}_2, \hat{\mathbf{e}}_2) = 0.$$

Bei Wahl der kanonischen Basis ergibt sich nun für $\mathbf{x}, \mathbf{y} \in \mathbb{R}^2$ mit den Koordinatenvektoren

$$c_{E_3}(\mathbf{x}) = \begin{pmatrix} x_1 \\ x_2 \end{pmatrix}, \quad c_{E_3}(\mathbf{y}) = \begin{pmatrix} y_1 \\ y_2 \end{pmatrix}$$

die Determinante als lineare Abbildung des elementaren Tensors

$$\mathbf{x} \otimes \mathbf{y} = \sum_{i,j=1}^{2} x_i y_j \hat{\mathbf{e}}_i \otimes \hat{\mathbf{e}}_j$$

durch Anwendung von $\det_{2,\otimes}$:

$$\det_2(\mathbf{x}, \mathbf{y}) = \det_{2,\otimes}(\mathbf{x} \otimes \mathbf{y}) = \sum_{i,j=1}^{2} x_i y_j \det_{2,\otimes}(\hat{\mathbf{e}}_i \otimes \hat{\mathbf{e}}_j)$$
$$= x_1 y_1 \cdot 0 + x_1 y_2 \cdot 1 + x_2 y_1 \cdot (-1) + x_2 y_2 \cdot 0 = x_1 y_2 - x_2 y_1.$$

Dies entspricht der Formel für die 2×2-Determinante.

(iii) Für $V = \mathbb{K}^n$ betrachten wir nun das dyadische Produkt als bilineare Abbildung

$$\beta : V \times V \to \mathrm{M}(n, \mathbb{K})$$
$$(\mathbf{x}, \mathbf{y}) \mapsto \beta(\mathbf{x}, \mathbf{y}) := \mathbf{x}\mathbf{y}^T.$$

Das Tensorprodukt $\mathbb{K}^n \otimes \mathbb{K}^n$ kann mit den $n \times n$-Matrizen über $\mathbb{K}$ identifiziert werden. Das tensorierte dyadische Produkt ist dabei ein Isomorphismus $\mathbb{K}^n \otimes \mathbb{K}^n \to \mathrm{M}(n, \mathbb{K})$.

Die 2×2-Determinante und das Vektorprodukt des $\mathbb{R}^3$ haben die Eigenschaft, dass bei Übereinsimmung ihrer beiden Argumente die Null bzw. der Nullvektor als Ergebnis in Erscheinung tritt. Wir bezeichnen eine bilineare Abbildung $\beta : V \times V \to X$ als *alternierend*, falls $\beta(\mathbf{v}, \mathbf{v}) = \mathbf{0}$ für alle $\mathbf{v} \in V$ gilt. Ist β alternierend, so ist

$$\beta(\mathbf{v},\mathbf{w}) + \beta(\mathbf{w},\mathbf{v}) = \beta(\mathbf{v}+\mathbf{w},\mathbf{w}+\mathbf{v}) = \mathbf{0},$$

woraus $\beta(\mathbf{v},\mathbf{w}) = -\beta(\mathbf{w},\mathbf{v})$ für alle $\mathbf{v},\mathbf{w} \in V$ folgt. Im Fall $\operatorname{char}\mathbb{K} \neq 2$ folgt auch die Umkehrung, da aus $\mathbf{0} = \beta(\mathbf{v},\mathbf{w}) + \beta(\mathbf{w},\mathbf{v})$ für $\mathbf{w} = \mathbf{v}$ folgt

$$\mathbf{0} = \beta(\mathbf{v},\mathbf{v}) + \beta(\mathbf{v},\mathbf{v}) = \underbrace{(1+1)}_{\neq 0}\beta(\mathbf{v},\mathbf{v}).$$

Für $2 \leq \dim V < \infty$ ist der von allen Tensoren der Form $\mathbf{v} \otimes \mathbf{v} \in V \otimes V$ erzeugte Vektorraum $T = \langle \mathbf{v} \otimes \mathbf{v} : \mathbf{v} \in V \rangle$ ein Teilraum des Tensorprodukts $V \otimes V$. Den Vektorraum

$$V \wedge V := V \otimes V / T$$

bezeichnen wir als *äußeres Produkt*. Vektoren dieses Raums notieren wir mit $\mathbf{v} \wedge \mathbf{w} := \mathbf{v} \otimes \mathbf{w} + T$. Hierbei gilt die Regel $\mathbf{v} \wedge \mathbf{w} = -\mathbf{w} \wedge \mathbf{v}$. Zudem kann gezeigt werden, dass $\dim(V \wedge V) = \binom{\dim V}{2}$ gilt.

Wie wir bereits gesehen haben, können wir im Fall von Spaltenvektoren das Tensorprodukt $\mathbb{K}^n \otimes \mathbb{K}^n$ mithilfe des dyadischen Produkts als Vektorraum aller $n \times n$-Matrizen über $\mathbb{K}$ auffassen. Dieser Raum wird von den elementaren Tensoren $\hat{\mathbf{e}}_i \hat{\mathbf{e}}_j^T$, $1 \leq i,j \leq n$ erzeugt. Die Tensoren werden auf diese Weise konkretisiert, sodass wir eine handliche Vorstellung über sie erhalten. Aber auch im Fall abstrakter endlich-dimensionaler $\mathbb{K}$-Vektorräume V und W gibt es eine Möglichkeit, sich die Tensoren des Tensorprodukts $V \otimes W$ über reine formale Linearkombinationen hinaus konkreter als Homomorphismen vorzustellen. Zu diesem Verständnis sind die folgenden Begriffe sehr nützlich.

Definition 5.28 (Bidualraum und Paarung) *Der Dualraum $V^{**} = (V^*)^*$ des Dualraums eines $\mathbb{K}$-Vektorraums V wird als Bidualraum von V bezeichnet. Die Elemente des Bidualraums machen aus Linearformen über die Paarung $\mathbf{v}^*(\mathbf{w})$ Skalare. Hierbei wird $\mathbf{w} \in V$ als Linearform $\mathbf{w}^{**}$ aus V^{**} verstanden, indem*

$$\cdot(\mathbf{w}) : V^* \to \mathbb{K}$$
$$\mathbf{v}^* \mapsto \mathbf{v}^*(\mathbf{w}) = \mathbf{w}^{**}(\mathbf{v}^*)$$

definiert wird. Es handelt sich also um einen Einsetzhomomorphismus, der einen fixierten Vektor $\mathbf{w} \in V$ in eine aus V^* frei gewählte Linearform $\mathbf{v}^*$ einsetzt.

Bei einer Linearform $\mathbf{v}^*(\cdot) \in V^*$ wird in den Input-Slot $\cdot$ ein Vektor aus V eingesetzt, während der Input-Slot $\cdot$ bei einer Linearform $\cdot(\mathbf{w}) \in V^{**}$ für einen Kovektor aus V^* vorgesehen ist. Im endlich-dimensionalen Fall gilt die Isomorphie $V^{**} \cong V$.

Eine Paarung ist bei Skalarprodukten mithilfe der $\langle \cdot, \cdot \rangle$-Schreibweise besonders elegant darstellbar. Jede Abbildung $\langle \cdot, \mathbf{v} \rangle$ ist Element des Dualraums V^*. Es kann für Hilbert-Räume gezeigt werden, dass auch umgekehrt jede Linearform $l(\cdot) \in V^*$ sich mithilfe des Skalarprodukts von V darstellen lässt: $l(\cdot) = \langle \cdot, \mathbf{v} \rangle$ mit einem $\mathbf{v} \in V$. Dies ist die Aussage des Darstellungssatzes von Fréchet-Riesz, dessen Gültigkeit für endlich-dimensionale euklidische bzw. unitäre Vektorräume im Rahmen von Übungsaufgabe 5.10 nachgewiesen werden soll.

Für zwei $\mathbb{K}$-Vektorräume V und W mit Basen $B = (\mathbf{b}_1, \ldots, \mathbf{b}_n)$ von V und $C = (\mathbf{c}_1, \ldots, \mathbf{c}_m)$ von W ist das Produkt aus einer Linearform $f \in V^*$ und einem Vektor $\mathbf{w} \in W$ eine bilineare Abbildung

$$\beta : V^* \times W \to \mathrm{Hom}(V \to W)$$
$$(f, \mathbf{w}) \mapsto f(\cdot) \cdot \mathbf{w}.$$

Hier wird ein Paar aus einer Linearform f und einem Vektor $\mathbf{w}$ zu einem Homomorphismus $f(\cdot) \cdot \mathbf{w} : V \to W$. Der freie Input-Slot dieser so entstandenen linearen Abbildung wird hier durch den in den Klammern stehenden Punkt $(\cdot)$ symbolisiert. Dieses Produkt kennen wir aus der Zerlegung eines Homomorphismus $h \in \mathrm{Hom}(V \to W)$ mithilfe der zu B dualen Basis $B^* = (\mathbf{b}_1^*, \ldots, \mathbf{b}_n^*)$ gemäß (4.93)

$$h(\cdot) = \sum_{i=1}^{m} \sum_{j=1}^{n} a_{ij} \cdot \mathbf{b}_j^*(\cdot) \mathbf{c}_i. \tag{5.48}$$

Dabei bilden die $m \cdot n$ Homomorphismen $\mathbf{b}_j^*(\cdot) \mathbf{c}_i$ eine Basis von $\mathrm{Hom}(V \to W)$, während die Vorfaktoren a_{ij} gerade die Komponenten der Koordinatenmatrix $M_C^B(h)$ sind. Wir betrachten nun die tensorierte Abbildung

$$\beta_\otimes : V^* \otimes W \to \mathrm{Hom}(V \to W)$$
$$f \otimes \mathbf{w} \mapsto f(\cdot) \cdot \mathbf{w}.$$

Sie bildet die Basisvektoren $\mathbf{b}_j^*(\cdot) \otimes \mathbf{c}_i$ des Tensorprodukts $V^* \otimes W$ auf die Basisvektoren von $\mathrm{Hom}(V \to W)$ ab,

$$\beta_\otimes(\mathbf{b}_j^*(\cdot) \otimes \mathbf{c}_i) = \mathbf{b}_j^*(\cdot) \mathbf{c}_i,$$

und ist daher ein Isomorphismus. Das Diagramm

$$
\begin{array}{ccc}
V^* \times W & \xrightarrow{\;\;\beta\;\;} & \mathrm{Hom}(V \to W) \\[4pt]
{\scriptstyle\otimes}\big\downarrow & \nearrow & \\[4pt]
V^* \otimes W & \beta_\otimes \text{ (bijektiv)} &
\end{array}
$$

zeigt die vorliegende Situation. Es gilt also

$$V^* \otimes W \cong \mathrm{Hom}(V \to W).$$

Wir betrachten nun zusätzlich die zu C duale Basis $C^* = (\mathbf{c}_1^*, \ldots, \mathbf{c}_m^*)$ von W^*. Das Tensorprodukt $V \otimes W$ besitzt definitionsgemäß die Basis $T = (\mathbf{b}_i \otimes \mathbf{c}_j : i = 1, \ldots, n, j = 1, \ldots, m)$. Die Vektoren $(\mathbf{b}_i \otimes \mathbf{c}_j)^*$ der zu T dualen Basis seines Dualraums $(V \otimes W)^*$ haben dann die Eigenschaft

$$(\mathbf{b}_i \otimes \mathbf{c}_j)^*(\mathbf{b}_k \otimes \mathbf{c}_l) = \begin{cases} 1, & (i,j) = (k,l) \\ 0, & (i,j) \neq (k,l) \end{cases} = \delta_{ik}\delta_{jl} \tag{5.49}$$

für $i, k = 1, \ldots, n$, $j, l = 1, \ldots, m$. Für zwei Linearformen $f \in V^*$ und $g \in W^*$ ist durch

$$m_{fg} : V \times W \to \mathbb{K}$$
$$(\mathbf{v}, \mathbf{w}) \mapsto m_{fg}[\mathbf{v}, \mathbf{w}] := f(\mathbf{v})g(\mathbf{w})$$

eine bilineare Abbildung definiert. Nach Übergang auf das Tensorprodukt $V \otimes W$, wie im Diagramm

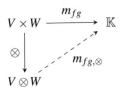

gezeigt, erhalten wir hieraus eine lineare Abbildung $m_{fg,\otimes} : V \otimes W \to \mathbb{K}$ mit

$$m_{fg,\otimes}[\mathbf{v} \otimes \mathbf{w}] = f(\mathbf{v})g(\mathbf{w}).$$

Diese Abbildung ist eine Linearform auf dem Raum $V \otimes W$ und damit ein Element seines Dualraums $(V \otimes W)^*$. Wir können also auf diesem Weg einem Paar $(f, g) \in V^* \times W^*$ eine Linearform aus $(V \otimes W)^*$ zuweisen:

$$z : V^* \times W^* \to (V \otimes W)^*$$
$$(f, g) \mapsto z(f, g) := m_{fg,\otimes}[\cdot] = f(\cdot)g(\cdot\cdot).$$

Für $f, f_1, f_2 \in V^*$, $g, g_1, g_2 \in W^*$, $\lambda \in \mathbb{K}$ gilt dabei

$$z(f_1 + f_2, g) = m_{(f_f+f_2)g,\otimes}[\cdot] = (f_1(\cdot) + f_2(\cdot))g(\cdot\cdot) = f_1(\cdot)g(\cdot\cdot) + f_2(\cdot)g(\cdot\cdot)$$
$$= m_{f_1g,\otimes}[\cdot] + m_{f_2g,\otimes}[\cdot] = z(f_1, g) + z(f_2, g)$$
$$z(f, g_1 + g_2) = \ldots = z(f, g_1) + z(f, g_2)$$
$$z(\lambda f, g) = m_{\lambda fg,\otimes}[\cdot] = (\lambda f(\cdot))g(\cdot\cdot) = \lambda(f(\cdot)g(\cdot\cdot)) = \lambda m_{fg,\otimes}[\cdot] = \lambda z(f, g)$$
$$z(f, \lambda g) = \ldots = \lambda z(f, g).$$

Damit ist z eine bilineare Abbildung, deren tensorierte Version

$$z_\otimes : V^* \otimes W^* \to (V \otimes W)^*$$
$$f \otimes g \mapsto z_\otimes(f \otimes g) := m_{fg,\otimes}[\cdot] = f(\cdot)g(\cdot\cdot)$$

eine lineare Abbildung darstellt, wie im Diagramm

veranschaulicht wird. Wir setzen jetzt in $z_\otimes$ einen Basisvektor $\mathbf{b}_i^* \otimes \mathbf{c}_j^*$ des Tensorprodukts $V^* \otimes W^*$ ein und erhalten mit

$$z_\otimes(\mathbf{b}_i^* \otimes \mathbf{c}_j^*) = \mathbf{b}_i^*(\cdot)\mathbf{c}_j^*(\cdot\cdot)$$

eine Linearform auf $V \otimes W$. Wenn wir diese Linearform in den Basisvektoren $\mathbf{b}_k \otimes \mathbf{c}_l$ von $V \otimes W$ auswerten, erhalten wir

$$z_\otimes(\mathbf{b}_i^* \otimes \mathbf{c}_j^*)(\mathbf{b}_k \otimes \mathbf{c}_l) = \mathbf{b}_i^*(\mathbf{b}_k)\mathbf{c}_j^*(\mathbf{c}_l) = \delta_{ik}\delta_{jl} \overset{(5.49)}{=} (\mathbf{b}_i \otimes \mathbf{c}_j)^*(\mathbf{b}_k \otimes \mathbf{c}_l),$$

womit gezeigt ist, dass $z_\otimes$ einen Basisvektor $\mathbf{b}_i^* \otimes \mathbf{c}_j^*$ von $V^* \otimes W^*$ auf einen Basisvektor $(\mathbf{b}_i \otimes \mathbf{c}_j)^*$ der Dualbasis des Dualraums von $V \otimes W$ abbildet. Es handelt sich bei $z_\otimes$ also um einen Isomorphismus. Damit gilt

$$V^* \otimes W^* \cong (V \otimes W)^*.$$

Eine Bilinearform $\beta : V \times V \to \mathbb{K}$ können wir wegen dieser Isomorphie aus den Produkten von zwei Linearformen der Dualbasis gemäß

$$\beta(\cdot,\cdot\cdot) = \sum_{i=1}^n \sum_{j=1}^n m_{ij}\mathbf{b}_i^*(\cdot)\mathbf{b}_j^*(\cdot\cdot) \tag{5.50}$$

linear kombinieren:

$$
\begin{array}{ccc}
V \times V & \xrightarrow{\ \beta\ } & \mathbb{K} \\
{\scriptstyle \otimes}\big\downarrow & \nearrow & \\
V \otimes V & \beta_\otimes \in (V \otimes V)^* \cong V^* \otimes V^*. &
\end{array}
$$

Mit $(\cdot)$ und $(\cdot\cdot)$ werden die beiden freien vektoriellen Input-Slots in (5.50) verdeutlicht. Die Strukturmatrix $A_B(\beta)$ ergibt gerade die Vorfaktoren m_{ij} (Übung). Ein Beispiel soll dies illustrieren. Für den Raum $V = \mathbb{R}[x]_{\leq 1}$ der reellen Polynome maximal ersten Grades in der Variablen x betrachten wir die Bilinearform

$$\beta : \mathbb{R}[x]_{\leq 1} \times \mathbb{R}[x]_{\leq 1} \to \mathbb{R}$$
$$(p(x),q(x)) \mapsto p(1)q(2).$$

Mit $\mathbf{b}_1 = x$ und $\mathbf{b}_2 = 1$ liegt eine Basis $B = (\mathbf{b}_1,\mathbf{b}_2)$ von $V = \mathbb{R}[x]_{\leq 1}$ vor. Die zugehörige duale Basis wird durch die beiden Kovektoren (Linearformen)

$$\mathbf{b}_1^*(p) := \tfrac{\mathrm{d}}{\mathrm{d}x}p(x)|_{x=0} = p'(0), \qquad \mathbf{b}_2^*(p) := p(0)$$

gebildet, denn es gilt

$$\mathbf{b}_1^*(\mathbf{b}_1) = 1, \quad \mathbf{b}_1^*(\mathbf{b}_2) = 0, \quad \mathbf{b}_2^*(\mathbf{b}_1) = 0, \quad \mathbf{b}_2^*(\mathbf{b}_2) = 1.$$

Die Strukturmatrix von β bezüglich B ist

$$A_B(\beta) = (\beta(\mathbf{b}_i, \mathbf{b}_j))_{1 \le i,j \le 2} = \begin{pmatrix} 2 & 1 \\ 2 & 1 \end{pmatrix}.$$

Die Komponenten dieser Matrix verwenden wir nun, um β als Linearkombination der Produkte $\mathbf{b}_i^*(\cdot)\mathbf{b}_j^*(\cdots)$ zu schreiben:

$$\beta(\cdot, \cdots) = 2\mathbf{b}_1^*(\cdot)\mathbf{b}_1^*(\cdots) + 2\mathbf{b}_2^*(\cdot)\mathbf{b}_1^*(\cdots) + \mathbf{b}_1^*(\cdot)\mathbf{b}_2^*(\cdots) + \mathbf{b}_2^*(\cdot)\mathbf{b}_2^*(\cdots)$$
$$= 2\tfrac{d}{dx}(\cdot)|_{x=0}\tfrac{d}{dx}(\cdots)|_{x=0} + 2(\cdot)|_{x=0}\tfrac{d}{dx}(\cdots)|_{x=0} + \tfrac{d}{dx}(\cdot)|_{x=0}(\cdots)|_{x=0} + (\cdot)|_{x=0}(\cdots)|_{x=0}.$$

In der Tat ergibt sich für zwei Polynome $p(x) = ax + b, q(x) = cx + d \in V$ nach Einsetzen in die Input-Slots der rechtsstehenden Linearkombination

$$2\tfrac{d}{dx}(ax+b)|_{x=0}\tfrac{d}{dx}(cx+d)|_{x=0} + 2(ax+b)|_{x=0}\tfrac{d}{dx}(cx+d)|_{x=0}$$
$$+ \tfrac{d}{dx}(ax+b)|_{x=0}(cx+d)|_{x=0} + (ax+b)|_{x=0}(cx+d)|_{x=0}$$
$$= 2ac + 2bc + ad + bd = (a+b)(2c+d) = p(1)q(2) = \beta(p,q).$$

Es seien nun wieder V und W zwei endlich-dimensionale $\mathbb{K}$-Vektorräume mit den Basen B und C. Was können wir den beiden *kanonischen Isomorphien*

$$V^* \otimes W \cong \operatorname{Hom}(V \to W), \qquad V^* \otimes W^* \cong (V \otimes W)^*$$

sonst noch entnehmen? Eine lineare Abbildung $h \in \operatorname{Hom}(V \to W)$ kann dargestellt werden durch ihre Koordinatenmatrix $M_C^B(h) \in M(m \times n, \mathbb{K})$. Diese Matrix ist eine lineare Abbildung aus $\operatorname{Hom}(\mathbb{K}^n \to \mathbb{K}^m)$. Bei einem Basiswechsel von B nach B' und C nach C' transformieren sich die Koordinaten dieser Koordinatenmatrix nach Satz 4.17 durch die Äquivalenztransformation

$$M_{C'}^{B'}(h) = (c_C(C'))^{-1} \cdot M_C^B(h) \cdot c_B(B').$$

Hierbei ist $c_B(B')$ die Übergangsmatrix von B nach B' und $c_C(C')$ die Übergangsmatrix von C nach C'. Die Koordinaten wechseln kovariant, also *mit* dem Basiswechsel von B nach B' und kontravariant, d. h. *entgegen* dem Basiswechsel von C nach C'. Dies spiegelt sich in der Isomorphie $\operatorname{Hom}(\mathbb{K}^n \to \mathbb{K}^m) \cong (\mathbb{K}^n)^* \otimes \mathbb{K}^m$ bzw. $\operatorname{Hom}(V \to W) \cong V^* \otimes W$ wider. Hierbei sorgt der beteiligte Dualraum V^* im Tensorprodukt $V^* \otimes W$ für den vektoriellen Input-Slot von h innerhalb der Zerlegung (5.48).

Wenn wir für den Spezialfall $W = V$ eine Bilinearform $\beta : V \times V \to \mathbb{K}$ betrachten, so vermittelt die Strukturmatrix $A_B(\beta) \in M(n \times n, \mathbb{K})$ eine Linearform auf $\mathbb{K}^n \otimes \mathbb{K}^n$. Wir haben es also mit einer linearen Abbildung aus $(\mathbb{K}^n \otimes \mathbb{K}^n)^*$ zu tun. Für die Strukturmatrix verläuft der Basiswechsel von B nach B' nach Satz 4.40 gemäß der Kongruenztransformation

$$A_{B'}(\beta) = (c_B(B'))^T \cdot A_B(\beta) \cdot c_B(B').$$

Die Übergangsmatrix wird hierbei nicht invertiert. Der Basiswechsel erfolgt also ausschließlich kovariant, was sich in der Isomorphie $(\mathbb{K}^n \otimes \mathbb{K}^n)^* \cong (\mathbb{K}^n)^* \otimes (\mathbb{K}^n)^*$ bzw.

$(V \otimes V)^* \cong V^* \otimes V^*$ niederschlägt. Durch das doppelte Auftreten des Dualraums V^* im Tensorprodukt $V^* \otimes V^*$ ergeben sich zwei vektorielle Input-Slots für β, wie wir sie in der Zerlegung (5.50) erkennen können. Die Strukturmatrix ist zudem die Koordinatenmatrix der tensorierten Abbildung $\beta_\otimes : V \otimes V \to \mathbb{K}$ bzgl. der Basis $(\mathbf{b}_i \otimes \mathbf{b}_j : i, j = 1, \ldots, n)$ des Tensorprodukts $V \otimes V$ und der Basis 1 von $\mathbb{K}$.

Die Tensorrechnung gilt als sehr abstrakt und kann in der Tat verwirrend sein. Dies liegt u. a. auch daran, dass mit Tensoren einerseits „tensorfizierte" Vektorpaare gemeint sind, so wie wir sie eingeführt haben, andererseits kommt aufgrund der kanonischen Isomorphismen den Tensoren jetzt selbst die Bedeutung von Abbildungen zu. So steht das Tensorprodukt

$$V \otimes W \cong V^{**} \otimes W \cong \mathrm{Hom}(V^* \to W)$$

für einen Homomorphismenraum und korrespondiert wegen

$$V \otimes W \cong V^{**} \otimes W^{**} \cong (V^* \otimes W^*)^* = \mathrm{Hom}(V^* \otimes W^* \to \mathbb{K})$$

mit der Menge aller Bilinearformen der Art $V^* \times W^* \to \mathbb{K}$. Wenn wir $V \otimes W$ als Homomorphismenraum $\mathrm{Hom}(V^* \to W)$ betrachten, so steht ein entsprechender Tensor

$$\sum_i \sum_j m_{ij} \mathbf{b}_j(\cdot)\, \mathbf{c}_i$$

für eine lineare Abbildung $V^* \to W$. Der freie Input-Slot $(\cdot)$ bildet einen Kovektor aus V^*, also eine Linearform, über die Paarung mit den $\mathbf{b}_j$ auf einen Vektor aus W ab, was durch die Skalarmultiplikation mit den $\mathbf{c}_i$ (Output-Slot) bewerkstelligt wird.

Lesen wir dagegen $V \otimes W$ als Menge der Bilinearformen $V^* \times W^* \to \mathbb{K}$, so steht ein entsprechender Tensor

$$\sum_i \sum_j m_{ij} \mathbf{b}_j(\cdot)\, \mathbf{c}_i(\cdot\cdot)$$

für eine Bilinearform mit zwei kovektoriellen Input-Slots $(\cdot)$ und $(\cdot\cdot)$, die zwei Linearformen $(\mathbf{v}^*, \mathbf{w}^*) \in V^* \times W^*$ per Paarung mit den $\mathbf{b}_j$ (für $\mathbf{v}^*$) und $\mathbf{c}_i$ (für $\mathbf{w}^*$) auf einen Skalar aus $\mathbb{K}$ abbildet. In diesem Fall gibt es einen skalaren Output-Slot.

Die Kernidee des Tensorprodukts, eine bilineare Abbildung in eine lineare Abbildung zu überführen, können wir auch auf multilineare Abbildungen ausdehnen.

Definition 5.29 (Multilineare Abbildung) *Für mehrere $\mathbb{K}$-Vektorräume $V_1, \ldots, V_s$ und X heißt eine Abbildung*

$$\mu : V_1 \times \cdots \times V_s \to X$$
$$(\mathbf{v}_1, \ldots, \mathbf{v}_s) \mapsto \mu(\mathbf{v}_1, \ldots, \mathbf{v}_s)$$

multilinear oder s-linear, wenn μ in jeder Position p eine lineare Abbildung

$$\mu(\mathbf{v}_1, \ldots, \mathbf{v}_{p-1}, \cdot, \mathbf{v}_{p+1}, \ldots, \mathbf{v}_s) \in \mathrm{Hom}(V_p \to X)$$

darstellt. Dabei sind $\mathbf{v}_i \in V$, $i \in \{1, \ldots, s\}$, $i \neq p$ fixierte Vektoren. Im Fall $X = \mathbb{K}$ wird μ auch als Multilinearform bezeichnet.

Wir können das mehrfache Tensorprodukt, dessen Konzept analog dem zweifachen Tensorprodukt folgt, dazu nutzen, um μ in eine lineare Abbildung

$$\mu_\otimes : V_1 \otimes \cdots \otimes V_s \to X$$
$$\mathbf{v}_1 \otimes \cdots \otimes \mathbf{v}_s \mapsto \mu_\otimes(\mathbf{v}_1 \otimes \cdots \otimes \mathbf{v}_s) = \mu(\mathbf{v}_1, \ldots, \mathbf{v}_s)$$

zu überführen. Damit können wir Aspekte der *multilinearen Algebra* als Bestandteil der linearen Algebra betrachten.

Hierzu ist es nützlich, einige Rechenregeln für das Tensorprodukt aufzulisten. Die erste Regel des folgenden Satzes haben wir bereits gezeigt. Auf die Beweise für die übrigen Regeln verzichten wir.

Satz 5.30 (Eigenschaften des Tensorprodukts) *Es seien* V, V_1, V_2, V_3 *Vektorräume über* $\mathbb{K}$. *Es gelten*

(i) *kanonische Isomorphien*

$$\mathrm{Hom}(V_1 \to V_2) \cong V_1^* \otimes V_2, \qquad \mathrm{Hom}(V_1 \otimes V_2 \to \mathbb{K}) = (V_1 \otimes V_2)^* \cong V_1^* \otimes V_2^*,$$

(ii) *Assoziativität*

$$V_1 \otimes (V_2 \otimes V_3) \cong (V_1 \otimes V_2) \otimes V_3 =: V_1 \otimes V_2 \otimes V_3,$$

(iii) *Kommutativität*

$$V_1 \otimes V_2 \cong V_2 \otimes V_1,$$

(iv) *Neutralität des zugrunde gelegten Körpers*

$$\mathbb{K} \otimes V \cong V, \qquad V \otimes \mathbb{K} \cong V.$$

Aufgrund der Rechenregeln für das Tensorprodukt, insbesondere wegen der Assoziativität, folgt nun für einen Satz von mindestens $m = 3$ endlich-dimensionalen $\mathbb{K}$-Vektorräumen $V_1, \ldots, V_m$ und jeden Index $2 \le k \le m - 1$

$$\mathrm{Hom}(V_1^* \otimes \cdots \otimes V_k^* \to V_{k+1} \otimes \cdots \otimes V_m) \cong \mathrm{Hom}((V_1 \otimes \cdots \otimes V_k)^* \to V_{k+1} \otimes \cdots \otimes V_m)$$
$$\cong (V_1 \otimes \cdots \otimes V_k) \otimes V_{k+1} \otimes \cdots \otimes V_m$$
$$\cong V_1 \otimes \cdots \otimes V_k \otimes V_{k+1} \otimes \cdots \otimes V_m$$
$$\cong (V_1 \otimes \cdots \otimes V_{k-1}) \otimes (V_k \otimes V_{k+1} \otimes \cdots \otimes V_m)$$
$$\cong \mathrm{Hom}(V_1^* \otimes \cdots \otimes V_{k-1}^* \to V_k \otimes V_{k+1} \otimes \cdots \otimes V_m).$$

Ein Faktor vor oder hinter dem Abbildungspfeil kann diesen also überspringen, wenn er dabei dualisiert wird. Wegen der endlichen Dimensionalität führt eine doppelte Dualisierung zur Isomorphie $V^{**} \cong V$. Wir identifizieren also den Bidualraum V^{**} mit V. Aufgrund der kanonischen Isomorphien und der Neutralität von $\mathbb{K}$ können wir diese „Springregel" ausdehnen auf $k = 1$ und $k = m$ für $m \ge 2$, denn es gilt

$$\mathrm{Hom}(V_1^* \to V_2 \otimes \cdots \otimes V_m) \cong V_1 \otimes \cdots \otimes V_m$$
$$\cong \mathbb{K} \otimes V_1 \otimes \cdots \otimes V_m$$
$$\cong \mathrm{Hom}(\mathbb{K} \to V_1 \otimes V_2 \otimes \cdots \otimes V_m)$$

und

$$\mathrm{Hom}(V_1^* \otimes \cdots \otimes V_m^* \to \mathbb{K}) \cong \mathrm{Hom}((V_1^* \otimes \cdots \otimes V_{m-1}^*) \otimes V_m^* \to \mathbb{K})$$
$$\cong V_1 \otimes \cdots \otimes V_m$$
$$\cong \mathrm{Hom}(V_1^* \otimes \cdots \otimes V_{m-1}^* \to V_m).$$

Mit $m = 2$ Faktoren folgt hieraus

$$\mathrm{Hom}(V_1^* \to V_2) \cong \mathrm{Hom}(\mathbb{K} \to V_1 \otimes V_2), \quad \mathrm{Hom}(V_1^* \otimes V_2^* \to \mathbb{K}) \cong \mathrm{Hom}(V_1^* \to V_2).$$

Diese Springregel funktioniert aber auch mit nur einem „Faktor":

$$\mathrm{Hom}(V \to \mathbb{K}) = V^* \cong \mathbb{K} \otimes V^* \cong \mathbb{K}^* \otimes V^* \cong \mathrm{Hom}(\mathbb{K} \to V^*),$$
$$\mathrm{Hom}(V^* \to \mathbb{K}) \cong V \cong \mathbb{K} \otimes V \cong \mathbb{K}^* \otimes V \cong \mathrm{Hom}(\mathbb{K} \to V).$$

Ein Tensor aus dem Tensorprodukt $V_1 \otimes \cdots \otimes V_m$ steht mit beliebigem $k \in \{1, \ldots, m\}$ also für einen Homomorphismus

$$V_1^* \otimes \cdots \otimes V_k^* \to V_{k+1} \otimes \cdots \otimes V_m,$$

bzw. einer k-linearen Abbildung

$$V_1^* \times \cdots \times V_k^* \to V_{k+1} \otimes \cdots \otimes V_m$$

und speziell betrachtet im Fall $k = m$ für eine Linearform

$$V_1^* \otimes \cdots \otimes V_m^* \to \mathbb{K}.$$

Wir können damit einen Tensor auf unterschiedliche Weise betrachten. Insbesondere können wir jeden Tensor aus $V_1 \otimes \cdots \otimes V_m$ als Linearform sehen, der mit einer Multilinearform, also einer m-linearen Abbildung

$$V_1^* \times \cdots \times V_m^* \to \mathbb{K},$$

korrespondiert.

In der Physik und den Ingenieurwissenschaften tritt oftmals der folgende Spezialfall eines Tensorprodukts auf:

$$\underbrace{V^* \otimes \cdots \otimes V^*}_{r \text{ mal}} \otimes \underbrace{V \otimes \cdots \otimes V}_{s \text{ mal}}.$$

Hierbei ist V ein endlich-dimensionaler $\mathbb{K}$-Vektorraum der Dimension n mit Basis $B = (\mathbf{b}_1, \ldots, \mathbf{b}_n)$. Die Vektoren der zugehörigen dualen Basis von V^* werden nun mit hochgestellten Indizes, ohne $*$ durchnummeriert: $B^* = (\mathbf{b}^1, \ldots, \mathbf{b}^n)$. Ein Tensor Λ aus diesem Raum ist dann folgende formale Linearkombination:

$$\Lambda = \sum_{\substack{1 \le i_1, \ldots, i_s \le n \\ 1 \le j_1, \ldots, j_r \le n}} m^{i_1, \ldots, i_s}_{j_1, \ldots, j_r} \mathbf{b}^{j_1} \otimes \cdots \otimes \mathbf{b}^{j_r} \otimes \mathbf{b}_{i_1} \otimes \cdots \otimes \mathbf{b}_{i_s}.$$

Wir bezeichnen Λ als *r-fach kovarianten* und *s-fach kontravarianten Tensor $r + s$-ter Stufe,* kurz (s, r)-Tensor oder $\binom{s}{r}$-Tensor. Um Schreibarbeit einzusparen, wird oftmals auf das Summenzeichen verzichtet.

Definition 5.31 (Einstein'sche Summationskonvention) *Tritt in einem Ausdruck ein Index doppelt auf, so wird über ihn summiert. Die einfach auftretenden Indizes bleiben bestehen und indizieren das Ergebnis.*

Mit dieser Konvention ist die obige Linearkombination durch

$$\Lambda = m^{i_1, \ldots, i_s}_{j_1, \ldots, j_r} \mathbf{b}^{j_1} \otimes \cdots \otimes \mathbf{b}^{j_r} \otimes \mathbf{b}_{i_1} \otimes \cdots \otimes \mathbf{b}_{i_s}$$

gegeben.

Die durch den (s, r)-Tensor

$$\sum_{\substack{1 \le i_1, \ldots, i_s \le n \\ 1 \le j_1, \ldots, j_r \le n}} m^{i_1, \ldots, i_s}_{j_1, \ldots, j_r} \mathbf{b}^{j_1} \otimes \cdots \otimes \mathbf{b}^{j_r} \otimes \mathbf{b}_{i_1} \otimes \cdots \otimes \mathbf{b}_{i_s}$$

verkörperte multilineare Abbildung

$$\mu : \underbrace{V \times \cdots \times V}_{r \text{ mal}} \to \underbrace{(V \otimes \cdots \otimes V)}_{s \text{ mal}}$$

oder in tensorierter Form

$$\mu_\otimes : \underbrace{(V \otimes \cdots \otimes V)}_{r \text{ mal}} \to \underbrace{(V \otimes \cdots \otimes V)}_{s \text{ mal}},$$

also

$$\mu_\otimes \in \text{Hom}((\underbrace{V \otimes \cdots \otimes V}_{r \text{ mal}}) \to \underbrace{(V \otimes \cdots \otimes V)}_{s \text{ mal}})) \cong \underbrace{(V \otimes \cdots \otimes V)}_{r \text{ mal}}^* \otimes \underbrace{(V \otimes \cdots \otimes V)}_{s \text{ mal}}$$

$$\cong \underbrace{V^* \otimes \cdots \otimes V^*}_{r \text{ mal}} \otimes \underbrace{(V \otimes \cdots \otimes V)}_{s \text{ mal}},$$

ergibt sich aufgrund der Assoziativität des Tensorprodukts durch die folgende Linearkombination von r Basisvektoren $\mathbf{b}_{j_1}, \ldots, \mathbf{b}_{j_r}$ mit s dualen Basis-Kovektoren $\mathbf{b}^{i_1}, \ldots, \mathbf{b}^{i_s}$ als

$$\mu(\cdot_1, \cdots, \cdot_r) = \sum_{\substack{1 \le i_1, \ldots, i_s \le n \\ 1 \le j_1, \ldots, j_r \le n}} m^{i_1, \ldots, i_s}_{j_1, \ldots, j_r} \mathbf{b}^{j_1}(\cdot_1) \cdots \mathbf{b}^{j_r}(\cdot_r) \mathbf{b}_{i_1} \otimes \cdots \otimes \mathbf{b}_{i_s}. \tag{5.51}$$

In dieser Betrachtungsweise ist μ eine multilineare Abbildung mit r vektoriellen Input-Slots $\cdot_1, \cdot_2, \ldots \cdot_r$, die durch die r beteiligten Linearformen (Kovektoren) $\mathbf{b}^{j_1}(\cdot_1) \cdots \mathbf{b}^{j_r}(\cdot_r)$ realisiert werden. Dabei ergibt sich ein vektorieller Output-Slot in Form eines s-fach kontravarianten $(s,0)$-Tensors, der durch die Tensoren $\mathbf{b}_{i_1} \otimes \cdots \otimes \mathbf{b}_{i_s}$ zustande kommt. Im Fall $s = 0$ ist der Output ein Skalar, und es ergibt sich für μ eine Multilinearform.

Wir können den obigen Tensor

$$\sum_{\substack{1 \le i_1,\ldots,i_s \le n \\ 1 \le j_1 \ldots,j_r \le n}} m^{i_1,\ldots,i_s}_{j_1,\ldots,j_r} \mathbf{b}^{j_1} \otimes \cdots \otimes \mathbf{b}^{j_r} \otimes \mathbf{b}_{i_1} \otimes \cdots \otimes \mathbf{b}_{i_s}$$

aber auch mit r kontravarianten und s-kovarianten Input-Slots betrachten und erhalten die Multilinearform

$$\nu : \underbrace{(V \times \cdots \times V)}_{r \text{ mal}} \times \underbrace{(V^* \times \cdots \times V^*)}_{s \text{ mal}} \to \mathbb{K},$$

definiert durch

$$\nu(\cdot_1, \cdots, \cdot_{r+s}) = \sum_{\substack{1 \le i_1,\ldots,i_s \le n \\ 1 \le j_1 \ldots,j_r \le n}} m^{i_1,\ldots,i_s}_{j_1,\ldots,j_r} \mathbf{b}^{j_1}(\cdot_1) \cdots \mathbf{b}^{j_r}(\cdot_r) \mathbf{b}_{i_1}(\cdot_{r+1}) \cdots \mathbf{b}_{i_s}(\cdot_{r+s}). \qquad (5.52)$$

Dabei beachten wir, dass die s Abbildungen $\mathbf{b}_{i_1}(\cdot_{r+1}), \ldots, \mathbf{b}_{i_s}(\cdot_{r+s})$ Kovektoren auf Skalare per Paarung mit Vektoren abbilden. Letztlich ergeben sich unterschiedliche Betrachtungsweisen, je nachdem welche der Faktoren wir als Input-Vektoren auswählen. Wegen der kanonischen Isomorphien kann der Tensor also für unterschiedliche multilineare Abbildungen stehen. Nach Satz 4.52 können wir die Koordinatenabbildung $c_B(\cdot) : V \to \mathbb{K}^n$ mithilfe der zu B dualen Basis $B^* = (\mathbf{b}^1, \ldots, \mathbf{b}^n)$ darstellen durch

$$c_B(\mathbf{v}) = \begin{pmatrix} c_B(\mathbf{v})^1 \\ \vdots \\ c_B(\mathbf{v})^n \end{pmatrix} = \begin{pmatrix} \mathbf{b}^1(\mathbf{v}) \\ \vdots \\ \mathbf{b}^n(\mathbf{v}) \end{pmatrix}.$$

Dies ermöglicht nun die Berechung einer multilinearen Abbildung direkt aus den Tensorkoordinaten und den Koordinaten der Inputvektoren. So folgt beispielsweise für die multilineare Abbildung μ aus (5.51) wegen $\mathbf{b}^{j_1}(\cdot_1) = c_B(\cdot_1)^{j_1}, \ldots, \mathbf{b}^{j_r}(\cdot_r) = c_B(\cdot_r)^{j_r}$

$$\mu(\cdot_1, \cdots, \cdot_r) = \sum_{\substack{1 \le i_1,\ldots,i_s \le n \\ 1 \le j_1 \ldots,j_r \le n}} m^{i_1,\ldots,i_s}_{j_1,\ldots,j_r} \mathbf{b}^{j_1}(\cdot_1) \cdots \mathbf{b}^{j_r}(\cdot_r) \mathbf{b}_{i_1} \otimes \cdots \otimes \mathbf{b}_{i_s}$$

$$= \sum_{\substack{1 \le i_1,\ldots,i_s \le n \\ 1 \le j_1 \ldots,j_r \le n}} m^{i_1,\ldots,i_s}_{j_1,\ldots,j_r} c_B(\cdot_1)^{j_1} \cdots c_B(\cdot_r)^{j_r} \mathbf{b}_{i_1} \otimes \cdots \otimes \mathbf{b}_{i_s}.$$

Die Vorfaktoren $m^{i_1,\ldots,i_s}_{j_1,\ldots,j_r} c_B(\cdot_1)^{j_1} \cdots c_B(\cdot_r)^{j_r}$ sind also die Koordinaten des Ergebnisvektors bezüglich der aus den Tensoren $\mathbf{b}_{i_1} \otimes \cdots \otimes \mathbf{b}_{i_s}$ gebildeten Basis des s-fachen Tensorprodukts $V \otimes \cdots \otimes V$, das im Fall $s = 0$ zum Grundkörper $\mathbb{K}$ wird und den Fall einer Multilinearform für μ verkörpert.

In analoger Weise folgt für die Multilinearform ν aus (5.52)

$$v(\cdot_1, \cdots, \cdot_{r+s}) = \sum_{\substack{1 \leq i_1, \ldots, i_s \leq n \\ 1 \leq j_1 \ldots, j_r \leq n}} m^{i_1, \ldots, i_s}_{j_1, \ldots, j_r} c_B(\cdot_1)^{j_1} \cdots c_B(\cdot_r)^{j_r} c_{B^*}(\cdot_{r+1})^{i_1} \cdots c_{B^*}(\cdot_{r+s})^{i_s}.$$

Bei einem Basiswechsel von B nach $\overline{B}$ mit Übergangsmatrix $T = c_B(\overline{B})$ bzw. $\overline{T} = c_{\overline{B}}(B) = (c_B(\overline{B}))^{-1} = T^{-1}$ gilt die folgende Transformationsformel unter Verwendung der Einstein'schen Summationskonvention für die Koordinaten:

$$\overline{m}^{i_1, \ldots, i_s}_{j_1, \ldots, j_r} = \overline{t}^{i_1}_{k_1} \cdots \overline{t}^{i_s}_{k_s} \cdot t^{l_1}_{j_1} \cdots t^{l_r}_{j_r} \cdot m^{k_1, \ldots, k_s}_{l_1, \ldots, l_r}. \tag{5.53}$$

Dabei bezeichnen bei den Übergangsmatrizen

$$T = (t^i_j)_{\substack{1 \leq i \leq n \\ 1 \leq j \leq n}}, \qquad \overline{T} = (\overline{t}^i_j)_{\substack{1 \leq i \leq n \\ 1 \leq j \leq n}}$$

die hochgestellten Indizes die Zeilennummer und die tiefgestellten Indizes die Spaltennummer.

Wir betrachten nun beispielsweise mit $M = M_B(f)$ die Koordinatenmatrix eines Endomorphismus $f \in \mathrm{Hom}(V \to V) \cong V^* \otimes V$ bzgl. der Basis B. Der Homomorphismus f stellt also einen einfach ko- und einfach kontravarianten Tensor zweiter Stufe dar ($s = r = 1$). Wir haben für seine Koordinaten also nur zwei Indizes $i = i_1$ und $j = j_1$. Beim Übergang auf eine neue Basis $\overline{B}$ ergibt die obige Formel (5.53) unter Beachtung der Summationskonvention für die Einträge der Koordinatenmatrix $\overline{M} = M_{\overline{B}}(f)$ von f bzgl. $\overline{B}$ zunächst

$$\overline{m}^i_j = \overline{t}^i_k t^l_j m^k_l = \overline{t}^i_k m^k_l t^l_j = \overline{t}^i_k (MT)_{kj} = (\overline{T}MT)_{ij}.$$

Wir vergleichen diese Darstellung mit unserer gewohnten Ähnlichkeitstransformation

$$\overline{M} = M_{\overline{B}}(f) = (c_B(\overline{B}))^{-1} M_B(f) c_B(\overline{B}) = \overline{T}MT$$

und erhalten erwartungsgemäß dasselbe Ergebnis in Matrixdarstellung.

Ist $\beta : V \times V \to \mathbb{K}$ eine Bilinearform, so wird $\beta_\otimes \in (V \otimes V)^* \cong V^* \otimes V^*$ durch einen zweifach kovarianten $(0,2)$-Tensor zweiter Stufe dargestellt ($s = 0$, $r = 2$). Hier liegen zwei kovariante Indizes, j_1 und j_2, vor, jedoch keine kontravarianten Indizes. Die Koordinaten ihrer Strukturmatrix $M = A_B(\beta)$ bzgl. B ändern sich beim Übergang auf $\overline{B}$ gemäß (5.53) unter Beachtung der Summationskonvention in folgender Weise:

$$\overline{m}_{j_1 j_2} = t^{l_1}_{j_1} t^{l_2}_{j_2} m_{l_1 l_2} = t^{l_1}_{j_1} m_{l_1 l_2} t^{l_2}_{j_2} = t^{l_1}_{j_1} (MT)_{l_1 j_2} = T^T_{j_1 l_1} (MT)_{l_1 j_2} = (T^T MT)_{j_1 j_2}.$$

Auch hier liefert der Vergleich mit der gewohnten Kongruenztransformation

$$\overline{M} = A_{\overline{B}}(\beta) = (c_B(\overline{B}))^T A_B(\beta) c_B(\overline{B}) = T^T MT$$

dasselbe Resultat in Matrixform. Die Formel (5.53) verallgemeinert die Koordinatentransformation auf ko- und kontravariante (s,r)-Tensoren beliebiger Stufe. Leider steht die komfortable Matrixdarstellung für Tensoren höherer als zweiter Stufe nicht zur Verfügung. Die Einstein'sche Summationskonvention erleichtert allerdings den Umgang mit den vielen Indizes bei der Koordinatentransformation.

Ein $(0,0)$-Tensor ist ein Tensor der Stufe 0 und stellt einen Skalar auf $\mathbb{K}$ dar. Es gibt zwei Tensortypen erster Stufe. Dabei bildet ein Tensor vom Typ $(0,1)$ einen Vektor auf einen Skalar ab und ist somit eine Linearform. Ein $(1,0)$-Tensor bildet eine Linearform auf einen Skalar ab. Er ist somit ein Element aus dem Dualraum V^{**} des Dualraums V^{*}, also dem Bidualraum. Wie gesehen, ist ein $(1,1)$-Tensor ein Tensor zweiter Stufe und repräsentiert eine lineare Abbildung $f \in \mathrm{Hom}(V \to V)$, während ein Tensor vom Typ $(0,2)$ ein Tensor zweiter Stufe ist, der eine Bilinearform $V \times V \to \mathbb{K}$ darstellt. Ein $(2,0)$-Tensor kann als Tensor zweiter Stufe, der eine Bilinearform $V^{*} \times V^{*} \to \mathbb{K}$ repräsentiert, aufgefasst werden.

Wir können Tensoren bzw. ihre Koordinatendarstellungen auf verschiedene Weise miteinander verknüpfen. Die Summationskonvention macht dabei diese Verknüpfungen sehr übersichtlich. Die Koordinaten zweier (s,r)-Tensoren werden komponentenweise addiert:

$$a^{i_1,\ldots,i_s}_{j_1,\ldots,j_r} + b^{i_1,\ldots,i_s}_{j_1,\ldots,j_r} = c^{i_1,\ldots,i_s}_{j_1,\ldots,j_r}.$$

Der Ergebnistensor ist ebenfalls ein (s,r)-Tensor. Das Produkt zweier Tensoren

$$a^{i_1,\ldots,i_{s_a}}_{j_1,\ldots,j_{r_a}} b^{k_1,\ldots,k_{s_b}}_{l_1,\ldots,l_{r_b}} = c^{i_1,\ldots,i_{s_a},k_1,\ldots,k_{s_b}}_{j_1,\ldots,j_{r_a},l_1,\ldots,l_{r_b}}.$$

ergibt bei Verwendung verschiedener Indizes einen Ergebnistensor höherer Stufe des Typs $(s_a + s_b, r_a + r_b)$. Tritt innerhalb eines Produkts von Tensoren ein Oberindex des einen Faktors mit gleicher Bezeichnung als Unterindex des anderen Faktors auf, so wird gemäß Summationskonvention über diesen Index summiert. Der betreffende Index erscheint nicht mehr im Ergebnis. Die Stufe reduziert sich entsprechend. Wir bezeichnen dies als *Überschiebung*. Wird innerhalb der Koordinaten eines (s,r)-Tensors mit $s, r \geq 1$ ein Ober- und Unterindex mit identischer Bezeichnung verwendet, so wird der Konvention entsprechend über diesen Index summiert. Der betreffende Index tritt dann im Ergebnistensor nicht mehr auf. Es entsteht ein Tensor, der um zwei Stufen reduziert ist. Diesen Vorgang bezeichnen wir als *Verjüngung*. Das Matrix-Vektor-Produkt

$$A\mathbf{b} = \mathbf{c}, \quad \text{notiert als} \quad a^i_j b^j = c^i,$$

und das Matrixprodukt

$$AB = C, \quad \text{notiert als} \quad a^i_k b^k_j = c^i_j,$$

sind Beispiele für eine Überschiebung. Ein Beispiel für eine doppelte Überschiebung ist eine durch eine quadratische Matrix A vermittelte Bilinearform. Hierzu indizieren wir die Komponenten von A als zweifach kovariant:

$$\mathbf{v}^T A\mathbf{w}, \quad \text{notiert als} \quad a_{ij} v^i w^j = z.$$

Das Ergebnis ist ein Tensor nullter Stufe, also ein Skalar. Die sogenannte Spur a^i_i einer Matrix (a^i_j), also die Summe ihrer Diagonalkomponenten, entspricht einer Verjüngung.

Da das Tensorkonzept sehr abstrakt ist, sollten wir dies zum Abschluss mit einem Beispiel illustrieren. Wir betrachten wieder den Raum $V = \mathbb{R}[x]_{\leq 1}$ der reellen Polynome maximal ersten Grades in der Variablen x. Dieser Raum besitzt die Basisvektoren $\mathbf{b}_1 = x$ und $\mathbf{b}_2 = 1$ mit der Dualbasis

$$\mathbf{b}^1(p) := \tfrac{\mathrm{d}}{\mathrm{d}x}p(x)|_{x=0} = p'(0), \qquad \mathbf{b}^2(p) := (p(x))|_{x=0} = p(0).$$

Der Operator

$$\Omega : V \times V \to V$$
$$(p,q) \mapsto q \cdot \tfrac{\mathrm{d}}{\mathrm{d}x}p$$

ist eine bilineare Abbildung, deren tensorierte Version zunächst

$$\Omega_\otimes : V \otimes V \to V$$
$$p \otimes q \mapsto q \cdot \tfrac{\mathrm{d}}{\mathrm{d}x}p$$

lautet. Sie ist ein Element aus $\mathrm{Hom}(V \otimes V \to V)$. Wegen der Isomorphien

$$\mathrm{Hom}(V \otimes V \to V) \quad \cong \quad (V \otimes V)^* \otimes V \quad \cong \quad V^* \otimes V^* \otimes V$$

entspricht unter Beachtung der Summationskonvention der Operator Ω einem $(1,2)$-Tensor

$$m^i_{j_1 j_2} \mathbf{b}^{j_1} \otimes \mathbf{b}^{j_2} \otimes \mathbf{b}_i$$

dritter Stufe. Dieser Tensor ist zweifach ko- und einfach kontravariant. Es gibt zwei vektorielle Input-Slots ($r = 2$) und einen vektoriellen Output-Slot ($s = 1$). Wir können also Ω als Linearkombination aus Termen der Art $\mathbf{b}^{j_1}(\cdot)\mathbf{b}^{j_2}(\cdot\cdot)\mathbf{b}_i$ darstellen:

$$\Omega(\cdot,\cdot\cdot) = m^i_{j_1 j_2}\mathbf{b}^{j_1}(\cdot)\mathbf{b}^{j_2}(\cdot\cdot)\mathbf{b}_i.$$

Um die acht Koordinaten $m^i_{j_1 j_2}$ zu erhalten, bestimmen wir die Bilder $\Omega_\otimes(\mathbf{b}_i \otimes \mathbf{b}_j) = \Omega(\mathbf{b}_i, \mathbf{b}_j)$ der Basisvektoren:

$$\Omega(\mathbf{b}_1, \mathbf{b}_1) = \Omega(x,x) = x = 1 \cdot \mathbf{b}_1 + 0 \cdot \mathbf{b}_2, \quad \Omega(\mathbf{b}_1, \mathbf{b}_2) = \Omega(x,1) = 1 = 0 \cdot \mathbf{b}_1 + 1 \cdot \mathbf{b}_2,$$
$$\Omega(\mathbf{b}_2, \mathbf{b}_1) = \Omega(1,x) = 0 = 0 \cdot \mathbf{b}_1 + 0 \cdot \mathbf{b}_2, \quad \Omega(\mathbf{b}_2, \mathbf{b}_2) = \Omega(1,1) = 0 = 0 \cdot \mathbf{b}_1 + 0 \cdot \mathbf{b}_2$$

und betrachten ihre Koordinaten bzgl. $\mathbf{b}_1$ und $\mathbf{b}_2$. Damit folgt

$$\begin{array}{llll} m^1_{11} = 1, & m^2_{11} = 0, & m^1_{12} = 0, & m^2_{12} = 1, \\ m^1_{21} = 0, & m^2_{21} = 0, & m^1_{22} = 0, & m^2_{22} = 0. \end{array}$$

Bis auf $m^1_{11} = 1$ und $m^2_{12} = 1$ sind alle übrigen Koordinaten gleich null. Die Linearkombination zur Darstellung von Ω lautet damit

$$\Omega(\cdot,\cdot\cdot) = m^1_{11}\mathbf{b}^1(\cdot)\mathbf{b}^1(\cdot\cdot)\mathbf{b}_1 + m^2_{12}\mathbf{b}^1(\cdot)\mathbf{b}^2(\cdot\cdot)\mathbf{b}_2$$
$$= \mathbf{b}^1(\cdot)\mathbf{b}^1(\cdot\cdot)\mathbf{b}_1 + \mathbf{b}^1(\cdot)\mathbf{b}^2(\cdot\cdot)\mathbf{b}_2$$
$$= \tfrac{\mathrm{d}}{\mathrm{d}x}(\cdot)|_{x=0}\tfrac{\mathrm{d}}{\mathrm{d}x}(\cdot\cdot)|_{x=0} \cdot x + \tfrac{\mathrm{d}}{\mathrm{d}x}(\cdot)|_{x=0}(\cdot\cdot)|_{x=0} \cdot 1$$

Wir testen diese Zerlegung anhand zweier Polynome $p(x) = ax + b$, $q(x) = cx + d$ aus $\mathbb{R}[x]_{\leq 1}$. In die obige Linearkombination eingesetzt ergibt sich das Bildpolynom

$$\tfrac{d}{dx}(ax+b)|_{x=0}\tfrac{d}{dx}(cx+d)|_{x=0} \cdot x + \tfrac{d}{dx}(ax+b)|_{x=0}(cx+d)|_{x=0} \cdot 1 = acx + ad.$$

Dies ist in der Tat das erwartete Ergebnis, denn wenn wir Ω in p und q direkt auswerten, ergibt sich ebenfalls

$$\Omega(p,q) = q(x) \cdot p'(x) = (cx+d)a = acx + ad.$$

Nun führen wir zum Abschluss noch einen Basiswechsel durch. Wir betrachten dabei die neuen Basisvektoren $\overline{\mathbf{b}}_1 = 1 + x$, $\overline{\mathbf{b}}_2 = -x$. Die Linearformen der dualen Basis sind die beiden Einsetzformen

$$\overline{\mathbf{b}}^1(p) := p(x)|_{x=0} = p(0), \qquad \overline{\mathbf{b}}^2(p) := p(x)|_{x=-1} = p(-1),$$

denn es ist
$$\overline{\mathbf{b}}^1(\overline{\mathbf{b}}_1) = 1, \quad \overline{\mathbf{b}}^1(\overline{\mathbf{b}}_2) = 0, \quad \overline{\mathbf{b}}^2(\overline{\mathbf{b}}_1) = 0, \quad \overline{\mathbf{b}}^2(\overline{\mathbf{b}}_2) = 1.$$

Die Übergangsmatrix lautet

$$T = c_B(\overline{B}) = (c_B(\overline{\mathbf{b}}_1) \,|\, c_B(\overline{\mathbf{b}}_2)) = \begin{pmatrix} 1 & -1 \\ 1 & 0 \end{pmatrix} = (t^i_j).$$

Ihre Inverse lautet

$$\overline{T} = c_{\overline{B}}(B) = \begin{pmatrix} 0 & 1 \\ -1 & 1 \end{pmatrix} = (\bar{t}^i_j).$$

Nach der Transformationsformel (5.53) lauten nun die neuen Tensorkoordinaten von Ω in der durch $\overline{\mathbf{b}}_1$ und $\overline{\mathbf{b}}_2$ gegebenen Basis von V:

$$\overline{m}^i_{j_1 j_2} = \bar{t}^i_k t^{l_1}_{j_1} t^{l_2}_{j_2} m^k_{l_1 l_2}.$$

Unter Beachtung der Summationskonvention ergeben sich acht Summanden für jede neue Koordinate:

$$\overline{m}^i_{j_1 j_2} = \bar{t}^i_1 t^{l_1}_{j_1} t^{l_2}_{j_2} m^1_{l_1 l_2} + \bar{t}^i_2 t^{l_1}_{j_1} t^{l_2}_{j_2} m^2_{l_1 l_2} = \bar{t}^i_1 t^1_{j_1} t^{l_2}_{j_2} m^1_{1 l_2} + \bar{t}^i_1 t^2_{j_1} t^{l_2}_{j_2} m^1_{2 l_2} + \bar{t}^i_2 t^1_{j_1} t^{l_2}_{j_2} m^2_{1 l_2} + \bar{t}^i_2 t^2_{j_1} t^{l_2}_{j_2} m^2_{2 l_2}$$

$$= \bar{t}^i_1 t^1_{j_1} t^1_{j_2} m^1_{11} + \bar{t}^i_1 t^2_{j_1} t^1_{j_2} m^1_{21} + \bar{t}^i_2 t^1_{j_1} t^1_{j_2} m^2_{11} + \bar{t}^i_2 t^2_{j_1} t^1_{j_2} m^2_{21}$$

$$+ \bar{t}^i_1 t^1_{j_1} t^2_{j_2} m^1_{12} + \bar{t}^i_1 t^2_{j_1} t^2_{j_2} m^1_{22} + \bar{t}^i_2 t^1_{j_1} t^2_{j_2} m^2_{12} + \bar{t}^i_2 t^2_{j_1} t^2_{j_2} m^2_{22}.$$

Wenn wir zunächst die Werte der alten Koordinaten einsetzen, vereinfacht sich diese Summe sehr stark, da nur zwei der alten Koordinaten ungleich null sind:

$$\overline{m}^i_{j_1 j_2} = \bar{t}^i_1 t^1_{j_1} t^1_{j_2} m^1_{11} + \bar{t}^i_2 t^1_{j_1} t^2_{j_2} m^2_{12} = \bar{t}^i_1 t^1_{j_1} t^1_{j_2} + \bar{t}^i_2 t^1_{j_1} t^2_{j_2}.$$

Nach Einsetzen aller Daten aus T und $\overline{T}$ erhalten wir schließlich die neuen Tensorkoordinaten

$$\overline{m}_{11}^1 = 1, \qquad \overline{m}_{11}^2 = 0, \qquad \overline{m}_{12}^1 = 0, \qquad \overline{m}_{12}^2 = 1$$
$$\overline{m}_{21}^1 = -1, \qquad \overline{m}_{21}^2 = 0, \qquad \overline{m}_{22}^1 = 0, \qquad \overline{m}_{22}^2 = -1.$$

Mit diesen neuen Koordinaten stellen wir nun Ω als Linearkombination aus Termen der Form $\overline{\mathbf{b}}^{j_1}(\cdot)\overline{\mathbf{b}}^{j_2}(\cdots)\overline{\mathbf{b}}_i$ dar:

$$\begin{aligned}
\Omega(\cdot,\cdots) &= \overline{m}_{11}^1 \overline{\mathbf{b}}^1(\cdot)\overline{\mathbf{b}}^1(\cdots)\overline{\mathbf{b}}_1 + \overline{m}_{12}^2 \overline{\mathbf{b}}^1(\cdot)\overline{\mathbf{b}}^2(\cdots)\overline{\mathbf{b}}_2 + \overline{m}_{21}^1 \overline{\mathbf{b}}^2(\cdot)\overline{\mathbf{b}}^1(\cdots)\overline{\mathbf{b}}_1 + \overline{m}_{22}^2 \overline{\mathbf{b}}^2(\cdot)\overline{\mathbf{b}}^2(\cdots)\overline{\mathbf{b}}_2 \\
&= \overline{\mathbf{b}}^1(\cdot)\overline{\mathbf{b}}^1(\cdots)\overline{\mathbf{b}}_1 + \overline{\mathbf{b}}^1(\cdot)\overline{\mathbf{b}}^2(\cdots)\overline{\mathbf{b}}_2 - \overline{\mathbf{b}}^2(\cdot)\overline{\mathbf{b}}^1(\cdots)\overline{\mathbf{b}}_1 - \overline{\mathbf{b}}^2(\cdot)\overline{\mathbf{b}}^2(\cdots)\overline{\mathbf{b}}_2 \\
&= (\cdot)|_{x=0}(\cdots)|_{x=0} \cdot (1+x) + (\cdot)|_{x=0}(\cdots)|_{x=-1} \cdot (-x) \\
&\quad - (\cdot)|_{x=-1}(\cdots)|_{x=0} \cdot (1+x) - (\cdot)|_{x=-1}(\cdots)|_{x=-1} \cdot (-x).
\end{aligned}$$

Wir testen auch diese Zerlegung anhand zweier Polynome $p(x) = ax+b$, $q(x) = cx+d$ aus $\mathbb{R}[x]_{\leq 1}$. In die obige Linearkombination eingesetzt ergibt sich das Bildpolynom

$$\begin{aligned}
(ax+b)&|_{x=0}(cx+d)|_{x=0} \cdot (1+x) + (ax+b)|_{x=0}(cx+d)|_{x=-1} \cdot (-x) \\
&- (ax+b)|_{x=-1}(cx+d)|_{x=0} \cdot (1+x) - (ax+b)|_{x=-1}(cx+d)|_{x=-1} \cdot (-x) \\
&= bd(1+x) + b(d-c)(-x) - (b-a)d(1+x) - (b-a)(d-c)(-x) \\
&= acx + ad,
\end{aligned}$$

das somit wieder dem erwarteten Ergebnis entspricht.

Wir können das Bildpolynom $\Omega(p,q)$ auch unter Verwendung der Tensorkoordinaten und der Koordinaten der Inputvektoren berechnen. Wenn wir die Koordinaten von p und q beispielsweise in der Basis $B = (x,1)$ verwenden, also

$$c_B(p) = \begin{pmatrix} a \\ b \end{pmatrix}, \qquad c_B(q) = \begin{pmatrix} c \\ d \end{pmatrix},$$

so sind mit den Tensorkoordinaten $m_{j_1 j_2}^i$ die Koordinaten des Bildpolynoms bzgl. B bestimmbar:

$$z^i := m_{j_1 j_2}^i c_B(p)^{j_1} c_B(q)^{j_2} = m_{11}^i \underbrace{c_B(p)^1}_{=a} \underbrace{c_B(q)^1}_{=c} + m_{12}^i \underbrace{c_B(p)^1}_{=a} \underbrace{c_B(q)^2}_{=d} = m_{11}^i ac + m_{12}^i ad.$$

Es ergeben sich die beiden Koordinaten

$$z^1 = m_{11}^1 ac + m_{12}^1 ad = ac, \qquad z^2 = m_{11}^2 ac + m_{12}^2 ad = ad.$$

Mit diesen Koordinaten bestimmen wir durch Einsetzen in den Basisisomorphismus bzgl. $\mathbf{b}_1 = 1 + x$ und $\mathbf{b}_2 = 1$ nun den Bildvektor

$$\Omega(p,q) = z^1 \mathbf{b}_1 + z^2 \mathbf{b}_2 = acx + ad.$$

5.7 Übungsaufgaben

Aufgabe 5.1 Gegeben seien die folgenden drei räumlichen Vektoren

$$\mathbf{a} = \begin{pmatrix} \sqrt{2} \\ \sqrt{2} \\ 2 \end{pmatrix}, \qquad \mathbf{b} = \begin{pmatrix} -1 \\ 1 \\ \sqrt{2} \end{pmatrix}, \qquad \mathbf{c} = \begin{pmatrix} 1 \\ 2 \\ 0 \end{pmatrix}.$$

a) Welchen Winkel schließen die Vektoren $\mathbf{a}$ und $\mathbf{b}$ ein?
b) Welchen Winkel schließen die Vektoren $\mathbf{b}$ und $\mathbf{c}$ ein?
c) Konstruieren Sie einen Vektor in der x-y-Ebene, der um $45°$ im positiven Sinne vom Vektor $\mathbf{c}$ verdreht ist.

Aufgabe 5.2 Es seien

$$\mathbf{x} = \begin{pmatrix} 1 \\ 2 \\ 3 \end{pmatrix}, \qquad \mathbf{y} = \begin{pmatrix} -1 \\ 5 \\ 4 \end{pmatrix}, \qquad \mathbf{z} = \begin{pmatrix} 0 \\ -1 \\ 1 \end{pmatrix}.$$

a) Berechnen Sie das Vektorprodukt $\mathbf{x} \times \mathbf{y}$.
b) Berechnen Sie das doppelte Vektorprodukt $\mathbf{x} \times (\mathbf{y} \times \mathbf{z})$.
c) Zeigen Sie durch Rechnung, dass der unter a) berechnete Vektor sowohl senkrecht auf $\mathbf{x}$ als auch senkrecht auf $\mathbf{y}$ steht.
d) Berechnen Sie das Volumen des durch die drei Vektoren $\mathbf{x}$, $\mathbf{y}$ und $\mathbf{z}$ aufgespannten Spats.

Aufgabe 5.3 Beweisen Sie die Cauchy-Schwarz'sche Ungleichung (vgl. Satz 5.7): Für zwei Vektoren $\mathbf{x}, \mathbf{y} \in V$ eines euklidischen (bzw. unitären) Raums $(V, \langle \cdot, \cdot \rangle)$ gilt:

$$|\langle \mathbf{x}, \mathbf{y} \rangle| \leq \|\mathbf{x}\| \|\mathbf{y}\|.$$

Nutzen Sie dabei den Ansatz: $0 \leq \|\mathbf{x} - \mathbf{p}\|^2$, wobei $\mathbf{p}$ die (abstrakte) Projektion des Vektors $\mathbf{x}$ auf den Vektor $\mathbf{y}$ für $\mathbf{y} \neq \mathbf{0}$ darstellt:

$$\mathbf{p} = \frac{\langle \mathbf{x}, \mathbf{y} \rangle}{\langle \mathbf{y}, \mathbf{y} \rangle} \mathbf{y} = \frac{\langle \mathbf{x}, \mathbf{y} \rangle}{\|\mathbf{y}\|^2} \mathbf{y}.$$

Hierbei ist $\| \cdot \|$ die auf dem Skalarprodukt $\langle \cdot, \cdot \rangle$ basierende euklidische Norm auf V, definiert durch $\|\mathbf{v}\| = \sqrt{\langle \mathbf{v}, \mathbf{v} \rangle}$ für $\mathbf{v} \in V$.

Aufgabe 5.4 Welche Gestalt haben folgende, durch die Normen $\| \cdot \|_1$, $\| \cdot \|_2$, und $\| \cdot \|_\infty$ definierte Teilmengen des $\mathbb{R}^2$?

$$M_1 = \{\mathbf{x} \in \mathbb{R}^2 : \|\mathbf{x}\|_1 \leq 1\},$$
$$M_2 = \{\mathbf{x} \in \mathbb{R}^2 : \|\mathbf{x}\|_2 \leq 1\},$$
$$M_\infty = \{\mathbf{x} \in \mathbb{R}^2 : \|\mathbf{x}\|_\infty \leq 1\}.$$

Wie verändert sich qualitativ die Gestalt von $M_p := \{\mathbf{x} \in \mathbb{R}^2 : \|\mathbf{x}\|_p \leq 1\}$ für wachsendes $p \in \mathbb{N}$?

Aufgabe 5.5 Es sei $(V, \langle \cdot, \cdot, \rangle)$ ein euklidischer oder unitärer Vektorraum. Zeigen Sie, dass bezüglich des Skalarprodukts nur der Nullvektor orthogonal zu allen Vektoren aus V ist.

Aufgabe 5.6 Die Abbildung

$$\|\mathbf{x}\|_p := \left(\sum_{k=1}^n |x_k|^p \right)^{1/p} \tag{5.54}$$

ist für reelle $p \geq 1$ eine Norm auf $\mathbb{R}^n$. Warum ist diese Abbildung etwa für $p = \frac{1}{2}$ keine Norm des $\mathbb{R}^n$?

Aufgabe 5.7 (Induzierte Matrixnorm) Es sei $A \in \mathrm{M}(m \times n, \mathbb{K})$ eine $m \times n$-Matrix über $\mathbb{K} = \mathbb{R}$ oder $\mathbb{K} = \mathbb{C}$. Wie üblich bezeichne $\|.\|_p$ für $p \in \mathbb{N} \setminus \{0\}$ oder $p = \infty$ die p-Norm des $\mathbb{K}^m$ bzw. $\mathbb{K}^n$. Zeigen Sie, dass durch die von $\| \cdot \|_p$ induzierte Matrixnorm

$$\|A\|_p := \max \left\{ \frac{\|A\mathbf{x}\|_p}{\|\mathbf{x}\|_p} : \mathbf{x} \in \mathbb{K}^n, \mathbf{x} \neq \mathbf{0} \right\}$$

eine Norm auf den Matrizenraum $\mathrm{M}(m \times n, \mathbb{K})$ definiert wird. Zeigen Sie zuvor, dass es ausreicht, sich gemäß

$$\|A\|_p = \max \left\{ \|A\mathbf{x}\|_p : \mathbf{x} \in \mathbb{K}^n, \|\mathbf{x}\|_p = 1 \right\}$$

auf Einheitsvektoren zu beschränken.

Aufgabe 5.8 Betrachten Sie die Determinante einer 2×2-Matrix als Bilinearform der Art $\det_2 : \mathbb{K}^2 \times \mathbb{K}^2 \to \mathbb{K}$. Diese Multilinearform besitzt zwei vektorielle Input-Slots und kann daher als Tensor aus $(\mathbb{K}^2)^* \otimes (\mathbb{K}^2)^*$ dargestellt werden. Wie lauten die Komponenten dieses Tensors bzgl. der kanonischen Basis $B = (\hat{\mathbf{e}}_1, \hat{\mathbf{e}}_2)$? Stellen Sie $\det_2$ als Linearkombination aus Termen der Art $\hat{\mathbf{e}}^{j_1}(\cdot)\hat{\mathbf{e}}^{j_2}(\cdot\cdot)$ dar und zeigen Sie, dass sich hierbei die bekannte Darstellung der 2×2-Determinante ergibt.

Aufgabe 5.9 Es sei $V = \mathbb{R}[x]_{\leq 1}$ der Vektorraum der reellen Polynome maximal ersten Grades in der Variablen x. Wie betrachten die durch $\mathbf{b}_1 = x + 1$ und $\mathbf{b}_2 = 1$ definierte Basis $B = (\mathbf{b}_1, \mathbf{b}_2)$ von V.

    a) Zeigen Sie, dass durch $\mathbf{b}^1(\cdot) := \frac{\mathrm{d}}{\mathrm{d}x}(\cdot), \mathbf{b}^2(\cdot) := (\cdot)|_{x=-1} \in V^*$ die zu B duale Basis gegeben ist.

b) Bestimmen Sie den $(1,1)$-Tensor zweiter Stufe aus $V^* \otimes V$, der den Endomorphismus

$$\Phi : V \to V$$

$$p \mapsto x \cdot \frac{\mathrm{d}p}{\mathrm{d}x}$$

repräsentiert.

c) Verifizieren Sie die tensorielle Darstellung von Φ anhand des allgemeinen Polynoms $ax + b \in V$.

Aufgabe 5.10 Beweisen Sie den folgenden Satz. Hinweis: Vergleichen Sie die Beziehung (4.94) von Satz 4.52 mit (5.29) aus Satz 5.20.

Satz 5.32 (Darstellungssatz von Fréchet-Riesz für endlich-dimensionale Räume) *Es sei $(V, \langle \cdot, \cdot \rangle)$ bzw. $(V, \langle \cdot | \cdot \rangle)$ ein endlich-dimensionaler euklidischer oder unitärer Vektorraum. Dann ist jede Linearform $l(\cdot) \in V^*$ mithilfe des Skalarprodukts von V darstellbar: Es gibt einen eindeutig bestimmten Vektor $\mathbf{v} \in V$ mit*

$$l(\cdot) = \langle \cdot, \mathbf{v} \rangle \qquad bzw. \qquad l(\cdot) = \langle \mathbf{v} | \cdot \rangle.$$

Aufgabe 5.11 Wenden Sie den Darstellungssatz von Fréchet-Riesz auf das folgende Beispiel an.

Gegeben sei der $\mathbb{C}$-Vektorraum $\mathbb{C}[x]_{\leq 1}$ aller Polynome maximal ersten Grades in der Variablen x mit komplexen Koeffizienten sowie die Abbildung

$$\langle \cdot, \cdot \rangle : \mathbb{C}[x]_{\leq 1} \times \mathbb{C}[x]_{\leq 1} \to \mathbb{C}$$

$$(p, q) \mapsto p(0)\overline{q(0)} + p'(0)\overline{q'(0)}.$$

Hierbei werde für $p = a + bx$ bzw. $q = c + dx$ mit $p' = b$ und $q' = d$ jeweils die formale Ableitung bezeichnet.

Zeigen Sie zunächst, dass nach Def. 5.4 diese Abbildung ein Skalarprodukt auf $\mathbb{C}[x]_{\leq 1}$ und $B = (1, x)$ eine hierzu passende Orthonormalbasis ist. Stellen Sie nun die Linearform $m(\cdot) \in (\mathbb{C}[x]_{\leq 1})^*$, definiert durch $m(p) := p(\mathrm{i})$, mithilfe des Skalarprodukts als $m(\cdot) = \langle \cdot, r \rangle$ dar. Definieren Sie hierzu ein nach dem Darstellungssatz von Fréchet-Riesz geeignetes Polynom $r \in \mathbb{C}[x]_{\leq 1}$. Verifizieren Sie Ihr Ergebnis, indem Sie für $p = a + bx$ zeigen, dass in der Tat $m(p) = \langle p, r \rangle$ für alle $a, b \in \mathbb{C}$ gilt.

Aufgabe 5.12 Es sei $(V, \langle \cdot, \cdot \rangle)$ ein endlich-dimensionaler euklidischer Raum. Zeigen Sie dass der *musikalische Homomorphismus*

$$\cdot^{\flat} : V \to V^*$$

$$\mathbf{v} \mapsto \mathbf{v}^{\flat} := \langle \cdot, \mathbf{v} \rangle$$

ein Isomorphismus ist. Wodurch ist die Umkehrabbildung $\cdot^\sharp : V^* \to V$ definiert und weshalb stellt sie ebenfalls einen musikalischen Homomorphismus dar? Wie könnte hierzu ein Skalarprodukt $\langle \cdot, \cdot \rangle^* : V^* \times V^* \to \mathbb{R}$ auf V^* geeignet definiert werden?

Aufgabe 5.13 Es sei $(\mathcal{H}, \langle \cdot | \cdot \rangle)$ ein (endlich-dimensionaler) Hilbert-Raum mit Orthonormalbasis $B = (|i\rangle : i = 1, 2, \ldots, n)$. Zeigen Sie, dass für jeden normierten Zustand $|\psi\rangle \in \mathcal{H}$, also für jeden Zustand

$$|\psi\rangle = \sum_{i=1}^{n} c_i |i\rangle \qquad \text{mit} \qquad \langle \psi | \psi \rangle = 1,$$

sein Koordinatenvektor bzgl. B

$$c_B(|\psi\rangle) = (c_1, c_2, \ldots, c_n)^T$$

einen, hinsichtlich der „2-Norm" normierten Vektor darstellt, d. h. es gilt dann ebenfalls

$$\|c_B(|\psi\rangle)\|_2^2 := \sum_{i=1}^{n} |c_i|^2 = 1.$$

Zeigen Sie, dass auch umgekehrt gilt: Sind $c_i \in \mathbb{C}$, $i = 1, \ldots, n$ komplexe Koeffizienten mit der Eigenschaft

$$\sum_{i=1}^{n} |c_i|^2 = 1,$$

so ist der hieraus linear kombinierte Zustand

$$|\psi\rangle := \sum_{i=1}^{n} c_i |i\rangle$$

bzgl. des in $\mathcal{H}$ vorliegenden Skalarprodukts normiert.

Aufgabe 5.14 (Kronecker-Produkt) Gegeben seien zwei Matrizen

$$A = (a_{ij}) \in \mathrm{M}(m \times n, \mathbb{K}), \qquad B \in \mathrm{M}(p \times q, \mathbb{K}).$$

Das Kronecker-Produkt $A \otimes B$ dieser beiden Matrizen ist definiert als $mp \times nq$-Matrix

$$A \otimes B := (a_{ij}B) = \begin{pmatrix} a_{11}B & a_{12}B & \cdots & a_{1n}B \\ a_{21}B & a_{22}B & \cdots & a_{2n}B \\ \vdots & \vdots & & \vdots \\ a_{m1}B & a_{m2}B & \cdots & a_{mn}B \end{pmatrix} \in \mathrm{M}(mp \times nq, \mathbb{K}).$$

Fasst man Spaltenvektoren als einspaltige Matrizen auf, so ergibt das Kronecker-Produkt zweier Spaltenvektoren $\mathbf{x}, \mathbf{y} \in \mathbb{K}^n$ einen Spaltenvektor mit n^2 Komponenten. Zeigen Sie, dass das Kronecker-Produkt hier ein Tensorprodukt $\mathbb{K}^n \otimes \mathbb{K}^n$ des Vektorraums $\mathbb{K}^n$ mit sich selbst verkörpert. Welche Verwandtschaft besteht hierbei zum dyadischen Produkt?

Berechnen Sie das Kronecker-Produkt $A \otimes B$ für die reellen Matrizen

$$A = \begin{pmatrix} 1 & 2 & 0 \\ 3 & 0 & 1 \end{pmatrix}, \qquad B = \begin{pmatrix} 3 & 2 \\ 1 & 0 \end{pmatrix}$$

Ist das Kronecker-Produkt kommutativ?

Kapitel 6
Eigenwerte und Eigenvektoren

In Kap. 2 haben wir ein Fundamentalproblem der linearen Algebra behandelt. Ausgehend von der Lösbarkeit linearer Gleichungssysteme und dem Gauß-Algorithmus haben wir die Theorie um die regulären und singulären Matrizen aufgebaut. In diesem Kapitel beschäftigen wir uns mit einem weiteren Fundamentalproblem der linearen Algebra. Es sei hierzu V ein endlich-dimensionaler $\mathbb{K}$-Vektorraum und $f \in \mathrm{End}(V)$ ein Endomorphismus auf V. Ziel ist die Bestimmung einer Basis B von V, bezüglich der die Koordinatenmatrix $M_B(f)$ von f eine möglichst einfache, d. h. schwach besetzte Form hat. Im günstigsten Fall erwarten wir eine Diagonalmatrix. Es stellt sich aber die Frage, unter welchen Bedingungen dieses Ziel erreichbar ist und wie wir zu einer derartigen Basis gelangen.

6.1 Eigenwertprobleme und charakteristisches Polynom

Wir beginnen mit der Betrachtung sehr einfacher Endomorphismen.

Definition 6.1 (Homothetie) *Es sei V ein n-dimensionaler $\mathbb{K}$-Vektorraum mit $n < \infty$ und $\lambda \in \mathbb{K}$ ein Skalar. Die lineare Abbildung*

$$
\begin{aligned}
f_\lambda : V &\to V \\
\mathbf{v} &\mapsto \lambda \cdot \mathbf{v}
\end{aligned}
\tag{6.1}
$$

heißt Homothetie auf V.

Die Linearität einer Homothetie ist offensichtlich. Für $\lambda = 1$ stellt sie die Identität auf V dar. Im Fall des Vektorraums $\mathbb{R}^n$ für $n = 1, 2, 3$ bewirkt sie für $\lambda > 1$ eine Streckung, für $0 < \lambda < 1$ eine Stauchung des Vektors $\mathbf{v}$. Für negatives λ bewirkt f_λ eine Richtungsumkehr von $\mathbf{v}$. Die Homothetie f_λ ist genau dann bijektiv, also insbesondere invertierbar, wenn $\lambda \neq 0$ ist. In diesem Fall ist $f_{1/\lambda}$ ihre Umkehrabbildung.

Es sei nun $B = (\mathbf{b}_1, \dots, \mathbf{b}_n)$ eine beliebige Basis von V. Die Koordinatenmatrix $M_B(f_\lambda)$ lautet nach dem Darstellungssatz für Endomorphismen (Satz 4.19)

$$M_B(f_\lambda) = c_B(f(B)) = (c_B(f(\mathbf{b}_1))|\cdots|c_B(f(\mathbf{b}_n))) = (c_B(\lambda\mathbf{b}_1)|\cdots|c_B(\lambda\mathbf{b}_n))$$
$$= (\lambda c_B(\mathbf{b}_1)|\cdots|\lambda c_B(\mathbf{b}_n)) = (\lambda\hat{\mathbf{e}}_1|\cdots|\lambda\hat{\mathbf{e}}_n)$$
$$= \begin{pmatrix} \lambda & 0 & \cdots & 0 \\ 0 & \lambda & \ddots & \vdots \\ \vdots & \ddots & \ddots & 0 \\ 0 & \cdots & 0 & \lambda \end{pmatrix}.$$

Sie hat also Diagonalgestalt mit dem Faktor λ auf der Hauptdiagonalen und ist insofern schwach besetzt und von besonders einfachem Aufbau. Wir wissen bereits, dass im allgemeinen Fall ein Endomorphismus je nach Basiswahl unter Umständen stark besetzte Koordinatenmatrizen haben kann. Wenn es jedoch Vektoren gibt, die unter einem Endomorphismus f auf ein Vielfaches abgebildet werden, d. h.

$$f(\mathbf{v}) = \lambda \cdot \mathbf{v}$$

mit einem $\lambda \in \mathbb{K}$, so verhält sich zumindest für den Vektor $\mathbf{v}$ der Endomorphismus f wie eine Homothetie. Für den Koordinatenvektor $\mathbf{x} = c_B(\mathbf{v}) \in \mathbb{K}^n$ von $\mathbf{v}$ bezüglich der Basis B kann die Koordinatenmatrix $M_B(f)$ von f, wie immer sie auch aussieht, durch eine einfache Diagonalmatrix ersetzt werden:

$$M_B(f) \cdot \mathbf{x} = \begin{pmatrix} \lambda & 0 & \cdots & 0 \\ 0 & \lambda & \ddots & \vdots \\ \vdots & \ddots & \ddots & 0 \\ 0 & \cdots & 0 & \lambda \end{pmatrix} \cdot \mathbf{x}.$$

Vektoren mit dieser Eigenschaft werden als Eigenvektoren bezeichnet.

Definition 6.2 (Eigenvektor) *Es sei V ein $\mathbb{K}$-Vektorraum und $f \in \mathrm{End}(V)$ ein Endomorphismus auf V. Ein nicht-trivialer Vektor $\mathbf{v} \neq \mathbf{0}$ heißt Eigenvektor[1] von f, wenn es einen Skalar $\lambda \in \mathbb{K}$ gibt mit*

$$f(\mathbf{v}) = \lambda \cdot \mathbf{v}. \tag{6.2}$$

Im Fall $V = \mathbb{K}^n$ ist f durch eine Matrix $A \in \mathrm{M}(n, \mathbb{K})$ gegeben. In entsprechender Weise heißt dann ein Spaltenvektor $\mathbf{v} \in \mathbb{K}^n$, $\mathbf{v} \neq \mathbf{0}$ Eigenvektor von A, wenn die Gleichung

$$A \cdot \mathbf{v} = \lambda \cdot \mathbf{v} \tag{6.3}$$

mit einem Skalar $\lambda \in \mathbb{K}$ erfüllt ist.

Für den Nullvektor $\mathbf{v} = \mathbf{0}$ ist die Gleichung (6.2) bzw. (6.3) trivialerweise immer erfüllt, daher werden nur nicht-triviale Vektoren, die solchen Gleichungen genügen, als Eigenvektoren bezeichnet. Der Skalar $\lambda \in \mathbb{K}$ in der letzten Definition darf dagegen durchaus auch 0 sein und wird als Eigenwert bezeichnet.

---

[1] engl.: eigenvector

Definition 6.3 (Eigenwert) *Es sei V ein $\mathbb{K}$-Vektorraum und $f \in \text{End}(V)$ ein Endomorphismus auf V. Ein Skalar $\lambda \in \mathbb{K}$ heißt Eigenwert[2] von f, wenn es einen Eigenvektor von f zu λ gibt, wenn es also einen Vektor $\mathbf{v} \neq \mathbf{0}$ gibt mit*

$$f(\mathbf{v}) = \lambda \cdot \mathbf{v}. \tag{6.4}$$

Im Fall $V = \mathbb{K}^n$ ist f durch eine Matrix $A \in \text{M}(n, \mathbb{K})$ gegeben. In entsprechender Weise heißt dann ein Skalar $\lambda \in \mathbb{K}$ Eigenwert von A, wenn es einen Spaltenvektor $\mathbf{v} \neq \mathbf{0}$ gibt, mit

$$A \cdot \mathbf{v} = \lambda \cdot \mathbf{v}. \tag{6.5}$$

Die Gleichung (6.4) bzw. (6.5) wird als *Eigenwertgleichung* bezeichnet.

Es sei nun $f \in \text{End}(V)$ ein Endomorphismus auf einem endlich-dimensionalen $\mathbb{K}$-Vektorraum V. Zudem seien $\mathbf{v}_1, \ldots, \mathbf{v}_m \in V$ Eigenvektoren von f mit den jeweils zugehörigen Eigenwerten $\lambda_1, \ldots, \lambda_m \in \mathbb{K}$. Wenn es uns nun gelingt, einen Vektor $\mathbf{x} \in V$ als Linearkombination

$$\mathbf{x} = \sum_{k=1}^{m} \alpha_k \mathbf{v}_k, \qquad \alpha_1, \ldots, \alpha_m \in \mathbb{K},$$

aus diesen m Eigenvektoren darzustellen, so lässt sich der Bildvektor $f(\mathbf{x})$ zwar nicht unbedingt als Homothetie, jedoch als Linearkombination aus m Bildvektoren von Homothetien wiedergeben:

$$f(\mathbf{x}) = f\left(\sum_{k=1}^{m} \alpha_k \mathbf{v}_k\right) = \sum_{k=1}^{m} \alpha_k f(\mathbf{v}_k) = \sum_{k=1}^{m} \alpha_k \lambda_k \mathbf{v}_k.$$

Wenn mit $B = (\mathbf{b}_1, \ldots, \mathbf{b}_n)$ eine Basis von V vorliegt, die nur aus Eigenvektoren $\mathbf{b}_k$ zum jeweiligen Eigenwert λ_k für $k = 1, \ldots, n$ besteht, dann können wir zunächst, wie üblich, den Endomorphismus f durch die Koordinatenmatrix $A = M_B(f)$ von f bezüglich B darstellen, indem wir durch diese Basiswahl V mit dem $\mathbb{K}^n$ identifizieren:

$$
\begin{array}{ccc}
V & \xrightarrow{\;f\;} & V \\
c_B \downarrow & & \downarrow c_B \\
\mathbb{K}^n & \xrightarrow{M_B(f)} & \mathbb{K}^n.
\end{array}
$$

Die Koordinatenmatrix wirkt dann auf die Koordinatenvektoren $\mathbf{x} = c_B(\mathbf{v})$ und lautet nach dem Darstellungssatz für Endomorphismen:

$$
\begin{aligned}
M_B(f) &= c_B(f(B)) = (c_B(f(\mathbf{b}_1))|\cdots|c_B(f(\mathbf{b}_n))) = (c_B(\lambda_1\mathbf{b}_1)|\cdots|c_B(\lambda_n\mathbf{b}_n)) \\
&= (\lambda_1 c_B(\mathbf{b}_1)|\cdots|\lambda_n c_B(\mathbf{b}_n)) = (\lambda_1\hat{\mathbf{e}}_1|\cdots|\lambda_n\hat{\mathbf{e}}_n) \\
&= \begin{pmatrix} \lambda_1 & 0 & \cdots & 0 \\ 0 & \lambda_2 & \ddots & \vdots \\ \vdots & \ddots & \ddots & 0 \\ 0 & \cdots & 0 & \lambda_n \end{pmatrix}.
\end{aligned}
$$

---

[2] engl.: eigenvalue

Die Koordinatenmatrix von f bezüglich einer Basis aus Eigenvektoren von f besitzt somit Diagonalgestalt. Diese Erkenntnis formulieren wir nun als erstes Ergebnis.

Satz 6.4 *Es sei V ein n-dimensionaler $\mathbb{K}$-Vektorraum mit $n < \infty$ und $f \in \mathrm{End}(V)$ ein Endomorphismus auf V. Besitzt V eine Basis aus Eigenvektoren $B = (\mathbf{b}_1, \ldots, \mathbf{b}_n)$, so hat die Koordinatenmatrix von f bezüglich B Diagonalgestalt und es gilt*

$$M_B(f) = \begin{pmatrix} \lambda_1 & 0 & \cdots & 0 \\ 0 & \lambda_2 & \ddots & \vdots \\ \vdots & \ddots & \ddots & 0 \\ 0 & \cdots & 0 & \lambda_n \end{pmatrix}, \tag{6.6}$$

wobei $\lambda_1, \ldots, \lambda_n \in \mathbb{K}$ die Eigenwerte von f sind. Dabei ist $\mathbf{b}_k$ Eigenvektor zu λ_k für $k = 1, \ldots, n$. Ist f bereits durch eine $n \times n$-Matrix A gegeben, so kann die Basis $B = (\mathbf{b}_1 | \ldots | \mathbf{b}_n)$ als reguläre Matrix aufgefasst werden. Es gilt dann speziell

$$M_B(f) = c_B(AB) = B^{-1}AB = \begin{pmatrix} \lambda_1 & 0 & \cdots & 0 \\ 0 & \lambda_2 & \ddots & \vdots \\ \vdots & \ddots & \ddots & 0 \\ 0 & \cdots & 0 & \lambda_n \end{pmatrix}. \tag{6.7}$$

Die Matrix A ist damit ähnlich zu einer Diagonalmatrix und wird somit gemäß Definition 4.23 als diagonalisierbar bezeichnet.

Ist $\mathbf{v}$ ein Eigenvektor von f zum Eigenwert λ, so ist auch jeder Vielfachenvektor $\alpha\mathbf{v}$ ein Eigenvektor von f zu λ, da

$$f(\alpha\mathbf{v}) = \alpha f(\mathbf{v}) = \alpha\lambda\mathbf{v} = \lambda \cdot \alpha\mathbf{v}.$$

Wenn mit $\mathbf{v}$ und $\mathbf{w}$ zwei Eigenvektoren zu ein und demselben Eigenwert λ von f vorliegen, dann ist sogar jede Linearkombination aus $\mathbf{v}$ und $\mathbf{w}$ ein Eigenvektor zu λ, denn es gilt

$$f(\alpha\mathbf{v} + \beta\mathbf{w}) = \alpha f(\mathbf{v}) + \beta f(\mathbf{w}) = \alpha\lambda\mathbf{v} + \beta\lambda\mathbf{w} = \lambda \cdot (\alpha\mathbf{v} + \beta\mathbf{w}).$$

Die Menge aller Eigenvektoren zu ein und demselben Eigenwert λ von f hat demzufolge Vektorraumstruktur, wenn man den Nullvektor in diese Menge mit aufnimmt. Dies hätten wir auch schneller sehen können. Denn zur Bestimmung der Lösungsmenge der Eigenwertgleichung

$$f(\mathbf{v}) = \lambda \cdot \mathbf{v}$$

berechnen wir die Menge

$$\{\mathbf{v} \in V : f(\mathbf{v}) - \lambda \cdot \mathbf{v} = \mathbf{0}\} = \mathrm{Kern}(f - \lambda\,\mathrm{id}_V),$$

die als Kern der linearen Abbildung $f - \lambda\,\mathrm{id}_V$ Vektorraumstruktur besitzt. Dies motiviert die Definition des Eigenraums.

Definition 6.5 (Eigenraum) *Es sei V ein $\mathbb{K}$-Vektorraum und $f \in \text{End}(V)$ ein Endomorphismus auf V sowie $\lambda \in \mathbb{K}$ ein Eigenwert von f. Die Lösungsmenge der Eigenwertgleichung $f(\mathbf{v}) = \lambda \cdot \mathbf{v}$ ist ein Teilraum von V und gegeben durch*

$$V_{f,\lambda} := \text{Kern}(f - \lambda \, \text{id}_V) \tag{6.8}$$

und heißt Eigenraum[3] zum Eigenwert λ von f. Im Fall $V = \mathbb{K}^n$ ist f durch eine $n \times n$-Matrix A über $\mathbb{K}$ gegeben. In diesem Fall ist der Eigenraum zum Eigenwert λ von A definiert durch

$$V_{A,\lambda} := \text{Kern}(A - \lambda E). \tag{6.9}$$

In der Tat gilt für eine $n \times n$-Matrix A über $\mathbb{K}$

$$\mathbf{x} \in \text{Kern}(A - \lambda E) \iff (A - \lambda E)\mathbf{x} = \mathbf{0}$$
$$\iff A\mathbf{x} - \lambda \mathbf{x} = \mathbf{0}$$
$$\iff A\mathbf{x} = \lambda \mathbf{x}.$$

Nun haben wir also eine Möglichkeit, bei vorgegebenem Eigenwert den zugehörigen Eigenraum mittels Kernbestimmung zu berechnen. Hierbei fallen sofort zwei Eigenschaften auf:

(i) Der Eigenraum $V_{f,\lambda}$ bzw. $V_{A,\lambda}$ ist mindestens eindimensional, da sonst λ kein Eigenwert wäre.

(ii) Es gilt $V_{f,\lambda} = \text{Kern}(f - \lambda \, \text{id}_V) = \text{Kern}(\lambda \, \text{id}_V - f)$ bzw. $V_{A,\lambda} = \text{Kern}(A - \lambda E) = \text{Kern}(\lambda E - A)$.

Nun bleibt die Frage, wie die Menge aller Eigenwerte eines Endomorphismus bzw. einer Matrix bestimmt werden kann. Ausgangspunkt ist auch hier wieder die Eigenwertgleichung

$$f(\mathbf{v}) = \lambda \mathbf{v} \iff \lambda \mathbf{v} - f(\mathbf{v}) = \mathbf{0} \iff (f - \lambda \, \text{id}_V)(\mathbf{v}) = \mathbf{0}.$$

Damit ein nicht-trivialer Vektor $\mathbf{v}$ existiert, der diese Gleichung lösen kann, muss also $\lambda \in \mathbb{K}$ so bestimmt werden, dass $\text{Kern}(f - \lambda \, \text{id}_V) \neq \{\mathbf{0}\}$ ist. Wir gehen von einem endlichdimensionalen Vektorraum V aus und wählen nun eine beliebige Basis B. Dann können wir diesen Sachverhalt mithilfe der Koordinatenmatrix von $f - \lambda \, \text{id}_V$ bezüglich B untersuchen:

$$\text{Kern}(f - \lambda \, \text{id}_V) \neq \{\mathbf{0}\} \iff M_B(f - \lambda \, \text{id}_V) \text{ ist singulär.}$$

Wir berechnen nun diese Koordinatenmatrix. Es gilt aufgrund der Linearität der Koordinatenabbildung c_B:

$$M_B(f - \lambda \, \text{id}_V) = c_B((f - \lambda \, \text{id}_V)(B))$$
$$= c_B(f(B) - \lambda B) = c_B(f(B)) - \lambda c_B(B) = M_B(f) - \lambda E.$$

Die Abbildung $f - \lambda \, \text{id}_V$ hat also genau dann nicht-triviale Kernvektoren, wenn die Koordinatenmatrix

---

[3] engl.: eigenspace

$$M_B(f - \lambda \, \mathrm{id}_V) = M_B(f) - \lambda E$$

singulär ist. Hierbei kommt es nicht auf die Wahl der Basis B an. Wir können daher die Menge aller Eigenwerte λ von f mithilfe einer Koordinatenmatrix $M_B(f)$ von f bestimmen. In der Tat läuft auch im Spezialfall $V = \mathbb{K}^n$ die nicht-triviale Lösbarkeit der Eigenwertgleichung auf die Singularitätsforderung für die Matrix $A - \lambda E$ bzw. $\lambda E - A$ hinaus. Die Eigenwertgleichung kann nämlich umgeformt werden gemäß

$$A\mathbf{x} = \lambda \mathbf{x} \iff \lambda \mathbf{x} - A\mathbf{x} = \mathbf{0} \iff \lambda E\mathbf{x} - A\mathbf{x} = \mathbf{0} \iff (\lambda E - A)\mathbf{x} = \mathbf{0}.$$

Damit es eine (und somit unendliche viele) nicht-triviale Lösung(en) dieses homogenen linearen Gleichungssystems gibt, muss

$$\lambda E - A$$

singulär sein. Dies ist genau dann der Fall, wenn die Determinante der Matrix $\lambda E - A$ verschwindet. Diese Matrix ist abhängig vom Parameter λ, den wir nun so bestimmen, dass $\det(\lambda E - A) = 0$ gilt.

Definition 6.6 (Charakteristisches Polynom einer Matrix) *Für eine quadratische Matrix $A \in \mathrm{M}(n, \mathbb{K})$ ist die Determinante*

$$\chi_A(x) = \det(xE - A) \in \mathbb{K}[x] \tag{6.10}$$

ein normiertes Polynom n-ten Grades in der Variablen x mit Koeffizienten aus $\mathbb{K}$. Es dient zur Bestimmung der Eigenwerte von A. Die Nullstellen von χ_A in $\mathbb{K}$ sind die Eigenwerte von A in $\mathbb{K}$. Dieses Polynom wird als charakteristisches Polynom von A in der Variablen x bezeichnet. Die Gleichung

$$\chi_A(x) = \det(xE - A) = 0$$

wird als charakteristische Gleichung, die Matrix

$$xE - A \in \mathrm{M}(n, \mathbb{K}[x])$$

als charakteristische Matrix von A bezeichnet.

Bei χ_A handelt es sich in der Tat um ein Polynom n-ten Grades, dessen Leitkoeffizient gleich 1 ist (Übung). Aus dieser Definition folgt unmittelbar:

(i) Eine $n \times n$-Matrix hat höchstens n verschiedene Eigenwerte.

(ii) Die Nullstellen des charakteristischen Polynoms χ_A einer $n \times n$-Matrix A stimmen überein mit den Nullstellen von

$$(-1)^n \chi_A = (-1)^n \det(xE - A) = \det(-(xE - A)) = \det(A - xE).$$

Daher wird gelegentlich auch $\det(A - xE)$ als charakteristisches Polynom definiert. Für die Eigenwertbestimmung ist dies unerheblich.

(iii) Ist $A \in \mathrm{M}(n, \mathbb{K})$ eine Dreiecksmatrix mit den Diagonalkomponenten $d_1, \ldots, d_n$, so sind dies bereits die Eigenwerte von A.

(iv) Das charakteristische Polynom χ_A ist die Determinante der charakteristischen Matrix $xE - A \in M(n, \mathbb{K}[x])$. Hierbei handelt es sich um eine Matrix über dem Polynomring $\mathbb{K}[x]$. Da $\mathbb{K}[x]$ ein Integritätsring ist, gelten die Rechenregeln für Determinanten über Integritätsringen nach Satz 2.78.

Offensichtlich stimmen die Eigenwerte eines Endomorphismus f auf einem endlich-dimensionalen $\mathbb{K}$-Vektorraum V überein mit den Eigenwerten seiner Koordinatenmatrix $M_B(f)$ bezüglich einer beliebigen Basis B von V. Wir halten dies im folgenden Satz fest und zeigen diesen Sachverhalt noch auf etwas andere Weise.

Satz 6.7 *Es sei V ein endlich-dimensionaler Vektorraum mit Basis B und $f \in \text{End}(V)$ ein Endomorphismus auf V. Dann stimmen die Eigenwerte von f mit den Eigenwerten seiner Koordinatenmatrix $M_B(f)$ bezüglich der Basis B überein. Insbesondere haben sämtliche Koordinatenmatrizen von f bezüglich verschiedener Basen stets dieselben Eigenwerte.*

Beweis. Es sei $\lambda \in \mathbb{K}$ ein Eigenwert von f. Dann gibt es definitionsgemäß einen nicht-trivialen Vektor $\mathbf{v} \in V$ mit

$$f(\mathbf{v}) = \lambda \mathbf{v}.$$

Auf diese Gleichung wenden wir beidseitig die Koordinatenabbildung $c_B(\cdot)$ an. Es folgt hieraus aufgrund der Linearität von c_B

$$c_B(f(\mathbf{v})) = c_B(\lambda \mathbf{v}) = \lambda c_B(\mathbf{v}). \tag{6.11}$$

Da aufgrund der Bedeutung der Koordinatenmatrix

$$c_B(f(\mathbf{v})) = M_B(f) \cdot c_B(\mathbf{v})$$

gilt, folgt aus (6.11)

$$M_B(f) \cdot c_B(\mathbf{v}) = \lambda c_B(\mathbf{v}).$$

Sein ebenfalls nicht-trivialer Koordinatenvektor $c_B(\mathbf{v}) \in \mathbb{K}^n$ ist also Eigenvektor von $M_B(f)$ zu λ. Die umgekehrte Argumentation folgt in analoger Weise durch Verwendung des Basisisomorphismus c_B^{-1}. Wir haben somit folgende Äquivalenz mit einem nicht-trivialen Vektor $\mathbf{v} \in V$:

$$\lambda \text{ Eigenwert von } f \iff f(\mathbf{v}) = \lambda \mathbf{v}$$
$$\iff M_B(f) \cdot c_B(\mathbf{v}) = \lambda c_B(\mathbf{v}) \iff \lambda \text{ Eigenwert von } M_B(f).$$

Insbesondere folgt, dass unabhängig von der Basis B jede Koordinatenmatrix von f dieselben Eigenwerte besitzt. $\square$

Zusätzlich macht die vorausgegangene Argumentation deutlich, dass $\mathbf{v} \in V$ genau dann ein Eigenvektor zum Eigenwert λ von f ist, wenn sein Koordinatenvektor $c_B(\mathbf{v})$ ein Eigenvektor zum Eigenwert λ der entsprechenden Koordinatenmatrix $M_B(f)$ ist. Zudem gilt

$$V_{f,\lambda} \cong V_{M_B(f),\lambda} \quad \text{mit} \quad V_{f,\lambda} = c_B^{-1}(V_{M_B(f),\lambda}) = c_B^{-1}(\text{Kern}(M_B(f) - \lambda E_n)).$$

Die Eigenwerte eines Endomorphismus auf einem endlich-dimensionalen Vektorraum sind also die Eigenwerte seiner Koordinatenmatrix bezüglich einer beliebigen Basis. Bei einem

Basiswechsel ändert sich die Koordinatenmatrix durch eine Ähnlichkeitstransformation. Daher können sich also Eigenwerte bei Ähnlichkeitstransformationen nicht ändern. Diesen Sachverhalt können wir auch alternativ durch eine direkte Rechnung ein weiteres Mal nachvollziehen, denn falls für eine reguläre Matrix S die Beziehung

$$A \approx B, \quad \text{mit} \quad B = S^{-1}AS,$$

gilt, so folgt für das charakteristische Polynom von B

$$
\begin{aligned}
\chi_B(x) &= \det(xE - B) \\
&= \det(xE - S^{-1}AS) = \det(xS^{-1}ES - S^{-1}AS) = \det(S^{-1}(xE - A)S) \\
&= \det(S^{-1})\det(xE - A)\det S = \det(xE - A) = \chi_A(x).
\end{aligned}
$$

Das charakteristische Polynom und damit die Eigenwerte einer Matrix ändern sich also nicht bei einer Ähnlichkeitstransformation. Ähnliche Matrizen haben also dieselben Eigenwerte. Ist insbesondere eine Matrix A diagonalisierbar, gibt es also eine reguläre Matrix S mit

$$
S^{-1} \cdot A \cdot S = \begin{pmatrix} \lambda_1 & 0 & \cdots & 0 \\ 0 & \lambda_2 & \ddots & \vdots \\ \vdots & \ddots & \ddots & 0 \\ 0 & \cdots & 0 & \lambda_n \end{pmatrix}, \qquad \lambda_1, \ldots, \lambda_n \in \mathbb{K},
$$

so müssen die Eigenwerte dieser Diagonalmatrix – das sind gerade ihre Diagonalkomponenten – auch die Eigenwerte von A sein.

Aus der Sicht von Koordinatenmatrizen bei Endomorphismen entspricht eine Ähnlichkeitstransformation gerade einem Basiswechsel. Wegen der Invarianz von χ_A gegenüber Ähnlichkeitstransformation können wir nun das charakteristische Polynom eines Endomorphismus definieren.

Definition 6.8 (Charakteristisches Polynom eines Endomorphismus) *Es sei V ein endlich-dimensionaler $\mathbb{K}$-Vektorraum mit einer Basis B und $f \in \mathrm{End}(V)$ ein Endomorphismus auf V. Das charakteristische Polynom von f ist definiert als das charakteristische Polynom der Koordinatenmatrix von f bezüglich B:*

$$\chi_f(x) := \det(xE_n - M_B(f)). \tag{6.12}$$

Dabei kommt es nicht auf die Wahl der Basis B an.

Wir betrachten nun einige Beispiele.

(i) Es sei $V = C^\infty(\mathbb{R})$ der $\mathbb{R}$-Vektorraum der beliebig oft stetig differenzierbaren Funktionen auf $\mathbb{R}$ und $\frac{d}{dt} : V \to V$ der Differenzialoperator, der jeder Funktion $\varphi(t) \in C^\infty(\mathbb{R})$ ihre Ableitung $\frac{d}{dt}\varphi(t)$ zuweist. Wir wissen bereits durch frühere Beispiele, dass $\frac{d}{dt}$ eine lineare Abbildung ist. Da die Ableitung in diesem Fall ebenfalls beliebig oft stetig differenzierbar ist, liegt mit $\frac{d}{dt}$ sogar ein Endomorphismus auf $V = C^\infty(\mathbb{R})$ vor. In diesem Fall ist jeder Wert $\lambda \in \mathbb{R}$ ein Eigenwert von $\frac{d}{dt}$. Beispielsweise ist die

Funktion $e^{\lambda t} \in V$ ein nicht-trivialer Eigenvektor für $\lambda \in \mathbb{R}$, denn es gilt die Eigenwertgleichung

$$\frac{d}{dt} e^{\lambda t} = \lambda \cdot e^{\lambda t}.$$

Es gilt sogar für den zu $\lambda \in \mathbb{R}$ gehörenden Eigenraum

$$V_{\frac{d}{dt}, \lambda} = \langle e^{\lambda t} \rangle,$$

denn die Eigenwertgleichung

$$\frac{d}{dt} \varphi(t) = \lambda \cdot \varphi(t)$$

ist eine gewöhnliche Differenzialgleichung erster Ordnung, deren Lösungsmenge

$$\{ \alpha \cdot e^{\lambda t} : \alpha \in \mathbb{R} \} = \langle e^{\lambda t} \rangle$$

lautet. Dieser Eigenraum ist eindimensional. Der hier zugrunde gelegte Vektorraum $V = C^{\infty}(\mathbb{R})$ ist allerdings unendlich-dimensional. Eine Darstellung von $\frac{d}{dt}$ mit einer Koordinatenmatrix ist somit nicht möglich.

(ii) Wir betrachten den zweidimensionalen $\mathbb{C}$-Vektorraum $V = \langle \sin t, \cos t \rangle$. Die Koordinatenmatrix des Differenzialoperators $\frac{d}{dt} \in \text{End}(V)$ bezüglich der Basis $B = (\sin t, \cos t)$ von V lautet

$$M_B\left(\frac{d}{dt}\right) = c_B\left(\frac{d}{dt} B\right) = \left(c_B\left(\frac{d}{dt} \sin t\right) \middle| c_B\left(\frac{d}{dt} \cos t\right)\right) = (c_B(\cos t) | c_B(-\sin t))$$

$$= \begin{pmatrix} 0 & -1 \\ 1 & 0 \end{pmatrix} =: A.$$

Welche Eigenwerte besitzt diese Matrix und damit der Differenzialoperator? Wir bestimmen mit dem charakteristischen Polynom

$$\chi_A(x) = \det(xE_2 - A) = \det\begin{pmatrix} x & 1 \\ -1 & x \end{pmatrix} = x^2 + 1$$

die Eigenwerte, indem wir dessen Nullstellen berechnen. Die beiden Nullstellen in $\mathbb{C}$ sind $\lambda_1 = i$ und $\lambda_2 = -i$. Es gibt in diesem Beispiel also keine reellen Eigenwerte. Wie lauten nun die zugehörigen Eigenräume? Hierzu berechnen wir gemäß Definition des Eigenraums

$$V_{A, \lambda_1} = \text{Kern}(A - \lambda_1 E_2) = \text{Kern}(A - iE_2)$$

$$= \text{Kern}\begin{pmatrix} -i & -1 \\ 1 & -i \end{pmatrix} = \text{Kern}\begin{pmatrix} 1 & -i \\ -i & -1 \end{pmatrix} = \text{Kern}\begin{pmatrix} 1 & -i \\ 0 & 0 \end{pmatrix} = \left\langle \begin{pmatrix} i \\ 1 \end{pmatrix} \right\rangle$$

sowie

$$V_{A,\lambda_2} = \text{Kern}(A - \lambda_2 E_2) = \text{Kern}(A + iE_2)$$

$$= \text{Kern}\begin{pmatrix} i & -1 \\ 1 & i \end{pmatrix} = \text{Kern}\begin{pmatrix} 1 & i \\ i & -1 \end{pmatrix} = \text{Kern}\begin{pmatrix} 1 & i \\ 0 & 0 \end{pmatrix} = \left\langle \begin{pmatrix} -i \\ 1 \end{pmatrix} \right\rangle.$$

Diese Eigenräume beinhalten die Koordinatenvektoren der Eigenvektoren bezüglich der Basis B. Um die zugehörigen Funktionen aus V, die sogenannten Eigenfunktionen, zu bestimmen, müssen wir diese Eigenräume noch im zugrunde gelegten Vektorraum V darstellen. Wir setzen hierzu die Koordinatenvektoren in den Basisisomorphismus c_B^{-1} ein und erhalten als Eigenräume die Funktionenräume

$$V_{\frac{d}{dt},\lambda_1} = \left\langle c_B^{-1}\left(\begin{pmatrix} i \\ 1 \end{pmatrix}\right) \right\rangle = \langle i \cdot \sin t + 1 \cdot \cos t \rangle = \langle e^{it} \rangle$$

sowie

$$V_{\frac{d}{dt},\lambda_2} = \left\langle c_B^{-1}\left(\begin{pmatrix} -i \\ 1 \end{pmatrix}\right) \right\rangle = \langle -i \cdot \sin t + 1 \cdot \cos t \rangle = \langle e^{-it} \rangle.$$

(iii) Wir berechnen die Eigenwerte und die zugehörigen Eigenräume der reellen 3×3-Matrix

$$A = \begin{pmatrix} 6 & 6 & 12 \\ -2 & -1 & -6 \\ 0 & 0 & 2 \end{pmatrix}.$$

Der erste Schritt besteht darin, das charakteristische Polynom dieser Matrix zu bestimmen. Hierzu entwickeln wir die Determinante der charakteristischen Matrix $xE_3 - A$ nach der dritten Zeile:

$$\chi_A(x) = \det(xE_3 - A)$$

$$= \det\begin{pmatrix} x-6 & -6 & -12 \\ 2 & x+1 & 6 \\ 0 & 0 & x-2 \end{pmatrix} = (x-2)\det\begin{pmatrix} x-6 & -6 \\ 2 & x+1 \end{pmatrix}$$

$$= (x-2)((x-6)(x+1) + 12) = (x-2)(x^2 - 5x + 6)$$

$$= (x-2)(x-2)(x-3).$$

Das charakteristische Polynom hat also eine doppelte Nullstelle $\lambda_1 = 2$ und eine einfache Nullstelle $\lambda_2 = 3$. Wir berechnen nun die zugehörigen Eigenräume. Es gilt

$$V_{A,\lambda_1} = \text{Kern}(A - \lambda_1 E_3) = \text{Kern}(A - 2E_3)$$

$$= \text{Kern}\begin{pmatrix} 4 & 6 & 12 \\ -2 & -3 & -6 \\ 0 & 0 & 0 \end{pmatrix} = \text{Kern}\begin{pmatrix} 4 & 6 & 12 \\ 0 & 0 & 0 \\ 0 & 0 & 0 \end{pmatrix} = \text{Kern}\left(1 \ \tfrac{3}{2} \ 3\right)$$

$$= \left\langle \begin{pmatrix} -\tfrac{3}{2} \\ 1 \\ 0 \end{pmatrix}, \begin{pmatrix} -3 \\ 0 \\ 1 \end{pmatrix} \right\rangle.$$

Jeder Vektor $\mathbf{v}$ aus diesem Raum muss also die Eigenwertgleichung $A\mathbf{v} = 2\mathbf{v}$ lösen. Wir überprüfen diesen Sachverhalt mit den beiden Basisvektoren von $V_{A,2}$. Für den ersten Basisvektor gilt

$$\begin{pmatrix} 6 & 6 & 12 \\ -2 & -1 & -6 \\ 0 & 0 & 2 \end{pmatrix} \begin{pmatrix} -\frac{3}{2} \\ 1 \\ 0 \end{pmatrix} = \begin{pmatrix} -3 \\ 2 \\ 0 \end{pmatrix} = 2 \cdot \begin{pmatrix} -\frac{3}{2} \\ 1 \\ 0 \end{pmatrix}$$

und entsprechend für den zweiten Basisvektor

$$\begin{pmatrix} 6 & 6 & 12 \\ -2 & -1 & -6 \\ 0 & 0 & 2 \end{pmatrix} \begin{pmatrix} -3 \\ 0 \\ 1 \end{pmatrix} = \begin{pmatrix} -6 \\ 0 \\ 2 \end{pmatrix} = 2 \cdot \begin{pmatrix} -3 \\ 0 \\ 1 \end{pmatrix}.$$

Es bleibt noch die Berechnung des Eigenraums zu $\lambda_2 = 3$:

$$V_{A,\lambda_2} = \mathrm{Kern}(A - \lambda_2 E_3) = \mathrm{Kern}(A - 3E_3)$$

$$= \mathrm{Kern} \begin{pmatrix} 3 & 6 & 12 \\ -2 & -4 & -6 \\ 0 & 0 & -1 \end{pmatrix} = \mathrm{Kern} \begin{pmatrix} 1 & 2 & 4 \\ 0 & 0 & 2 \\ 0 & 0 & -1 \end{pmatrix} = \mathrm{Kern} \begin{pmatrix} 1 & 2 & 4 \\ 0 & 0 & 1 \end{pmatrix}.$$

Nach dem Tausch der zweiten und dritten Spalte folgt:

$$\mathrm{Kern} \begin{pmatrix} 1 & 4 & 2 \\ 0 & 1 & 0 \end{pmatrix} = \mathrm{Kern} \begin{pmatrix} 1 & 0 & 2 \\ 0 & 1 & 0 \end{pmatrix} = \left\langle \begin{pmatrix} -2 \\ 0 \\ 1 \end{pmatrix} \right\rangle.$$

Nach Rückgängigmachen des durch den Spaltentausch bewirkten Variablentausches folgt für den zweiten Eigenraum:

$$V_{A,3} = \left\langle \begin{pmatrix} -2 \\ 1 \\ 0 \end{pmatrix} \right\rangle.$$

Auch hier muss sich die entsprechende Eigenwertgleichung anhand des Basisvektors von $V_{A,3}$ verifizieren lassen. Es gilt

$$\begin{pmatrix} 6 & 6 & 12 \\ -2 & -1 & -6 \\ 0 & 0 & 2 \end{pmatrix} \begin{pmatrix} -2 \\ 1 \\ 0 \end{pmatrix} = \begin{pmatrix} -6 \\ 3 \\ 0 \end{pmatrix} = 3 \cdot \begin{pmatrix} -2 \\ 1 \\ 0 \end{pmatrix}.$$

Es scheint zunächst nicht weiter verwunderlich zu sein, dass der erste Eigenraum $V_{A,2}$ zweidimensional ist, während der zweite Eigenraum $V_{A,3}$ nur eindimensional ist, schließlich handelt es sich bei dem Eigenwert $\lambda_1 = 2$ um eine zweifache Nullstelle des charakteristischen Polynoms. Es wird sich aber im nächsten Beispiel herausstellen, dass dies nicht immer der Fall ist. Die Vielfachheit des Eigenwertes im charakteristischen Polynom ist nur eine Obergrenze für die Dimension des zugehörigen Eigenraums. Wenn wir die Basisvektoren

$$\mathbf{s}_1 = \begin{pmatrix} -\frac{3}{2} \\ 1 \\ 0 \end{pmatrix}, \quad \mathbf{s}_2 = \begin{pmatrix} -3 \\ 0 \\ 1 \end{pmatrix}, \quad \mathbf{s}_3 = \begin{pmatrix} -2 \\ 1 \\ 0 \end{pmatrix}$$

der beiden Eigenräume $V_{A,2}$ und $V_{A,3}$ näher betrachten, so stellen wir zunächst fest, dass sie linear unabhängig sind, denn $\mathbf{s}_1$ und $\mathbf{s}_2$ sind aufgrund ihrer Konstruktion als Basisvektoren eines Kerns linear unabhängig, und wäre $\mathbf{s}_3$ eine Linearkombination von $\mathbf{s}_1$ und $\mathbf{s}_2$, so müsste $\mathbf{s}_3$ ein Eigenvektor zu $\lambda_1 = 2$ sein. Diese drei Vektoren stellen somit eine Basis aus Eigenvektoren der Matrix A des $\mathbb{R}^3$ dar. Nach Satz 6.4 muss der durch A vermittelte Endomorphismus auf dem $\mathbb{R}^3$ bezüglich der Basis

$$S = (\mathbf{s}_1|\mathbf{s}_2|\mathbf{s}_3) = \begin{pmatrix} -\frac{3}{2} & -3 & -2 \\ 1 & 0 & 1 \\ 0 & 1 & 0 \end{pmatrix}$$

Diagonalgestalt besitzen, sodass auf der Diagonalen die Eigenwerte $\lambda_1 = 2$ und $\lambda_2 = 3$ liegen. Bei diesem Basiswechsel ist die neue Koordinatenmatrix durch die Ähnlichkeitstransformation $S^{-1}AS$ gegeben. In der Tat ergibt

$$S^{-1}AS = \begin{pmatrix} 2 & 4 & 6 \\ 0 & 0 & 1 \\ -2 & -3 & -6 \end{pmatrix} \begin{pmatrix} 6 & 6 & 12 \\ -2 & -1 & -6 \\ 0 & 0 & 2 \end{pmatrix} \begin{pmatrix} -\frac{3}{2} & -3 & -2 \\ 1 & 0 & 1 \\ 0 & 1 & 0 \end{pmatrix} = \begin{pmatrix} 2 & 0 & 0 \\ 0 & 2 & 0 \\ 0 & 0 & 3 \end{pmatrix}$$

die erwartete Diagonalmatrix mit den Eigenwerten von A. Durch eine andere Reihenfolge der Eigenvektoren in S können wir die Reihenfolge der Eigenwerte in der rechtsstehenden Eigenwertdiagonalmatrix beeinflussen. Durch eine Ähnlichkeitstransformation von A kann aber keine Diagonalmatrix entstehen, die andere Diagonalelemente als die Eigenwerte von A besitzt, da einerseits ähnliche Matrizen identische Eigenwerte besitzen und andererseits die Eigenwerte einer Diagonalmatrix bereits ihre Eigenwerte sind. So gibt es beispielsweise keine reguläre 3×3-Matrix T mit

$$T^{-1}AT = \begin{pmatrix} 2 & 0 & 0 \\ 0 & 1 & 0 \\ 0 & 0 & 3 \end{pmatrix},$$

da 1 kein Eigenwert von A ist.

(iv) Um die Eigenwerte der 3×3-Matrix

$$B = \begin{pmatrix} 1 & 0 & 0 \\ 3 & -1 & 6 \\ 1 & -1 & 4 \end{pmatrix}$$

zu bestimmen, berechnen wir zunächst ihr charakteristisches Polynom. Es gilt

$$\chi_B(x) = \det(xE_3 - B)$$

$$= \det \begin{pmatrix} x-1 & 0 & 0 \\ -3 & x+1 & -6 \\ -1 & 1 & x-4 \end{pmatrix} = (x-1)\det \begin{pmatrix} x+1 & -6 \\ 1 & x-4 \end{pmatrix}$$

$$= (x-1)((x+1)(x-4)+6) = (x-1)(x^2-3x+2)$$

$$= (x-1)(x-1)(x-2).$$

Es gibt also zwei Nullstellen: $\lambda_1 = 1$ (doppelt) und $\lambda_2 = 2$ (einfach). Wir berechnen nun die zugehörigen Eigenräume. Es gilt

$$V_{B,\lambda_1} = \mathrm{Kern}(B - \lambda_1 E_3) = \mathrm{Kern}(B - E_3)$$

$$= \mathrm{Kern} \begin{pmatrix} 0 & 0 & 0 \\ 3 & -2 & 6 \\ 1 & -1 & 3 \end{pmatrix} = \mathrm{Kern} \begin{pmatrix} 1 & -1 & 3 \\ 3 & -2 & 6 \\ 0 & 0 & 0 \end{pmatrix} = \mathrm{Kern} \begin{pmatrix} 1 & -1 & 3 \\ 0 & 1 & -3 \end{pmatrix}$$

$$= \mathrm{Kern} \begin{pmatrix} 1 & 0 & 0 \\ 0 & 1 & -3 \end{pmatrix} = \left\langle \begin{pmatrix} 0 \\ 3 \\ 1 \end{pmatrix} \right\rangle.$$

Obwohl mit $\lambda_1 = 1$ eine doppelte Nullstelle des charakteristischen Polynoms vorliegt, ist der Eigenraum nicht zweidimensional wie im vorangegangenen Beispiel, sondern in diesem Fall nur eindimensional. Offenbar zieht eine mehrfache Nullstelle beim charakteristischen Polynom nicht unbedingt eine entsprechend hohe Dimension des zugehörigen Eigenraums nach sich. Ein Eigenraum muss aber mindestens eindimensional sein, so auch der Eigenraum zu λ_2:

$$V_{B,\lambda_2} = \mathrm{Kern}(B - \lambda_2 E_3) = \mathrm{Kern}(B - 2E_3)$$

$$= \mathrm{Kern} \begin{pmatrix} -1 & 0 & 0 \\ 3 & -3 & 6 \\ 1 & -1 & 2 \end{pmatrix} = \mathrm{Kern} \begin{pmatrix} -1 & 0 & 0 \\ 0 & -3 & 6 \\ 0 & -1 & 2 \end{pmatrix} = \mathrm{Kern} \begin{pmatrix} 1 & 0 & 0 \\ 0 & 1 & -2 \end{pmatrix}$$

$$= \left\langle \begin{pmatrix} 0 \\ 2 \\ 1 \end{pmatrix} \right\rangle.$$

Eine $n \times n$-Matrix bzw. ein Endomorphismus auf einem n-dimensionalen Vektorraum kann höchstens n verschiedene Eigenwerte besitzen. Die Eigenwerte charakterisieren dabei eine Matrix bzw. einen Endomorphismus auf besondere Weise. Es liegt nahe, die Menge aller Eigenwerte mit einem Begriff zu versehen.

Definition 6.9 (Spektrum eines Endomorphismus bzw. einer Matrix) *Die Menge aller Eigenwerte eines Endomorphismus f auf einem endlich-dimensionalen $\mathbb{K}$-Vektorraum V im Körper $\mathbb{K}$ wird mit Spektrum von f, kurz $\mathrm{Spec}\, f$, bezeichnet. Entsprechend bezeichnet $\mathrm{Spec}\, A$, das Spektrum der Matrix A, die Menge aller Eigenwerte einer quadratischen Matrix $A \in \mathrm{M}(n, \mathbb{K})$ im Körper $\mathbb{K}$. Insbesondere sind die Eigenwerte von f identisch mit den Eigenwerten jeder Koordinatenmatrix von f. Es gilt also für jede Basis B von V*

$$\mathrm{Spec}\, f = \mathrm{Spec}\, M_B(f). \tag{6.13}$$

Eine quadratische Matrix A ist genau dann singulär, wenn $0 \in \operatorname{Spec} A$ ist, denn es gilt

$$0 \in \operatorname{Spec} A \iff 0 \text{ ist Eigenwert von } A \iff A - 0E_n = A \text{ ist singulär.}$$

Eine grundlegende Eigenschaft von Eigenvektoren zu unterschiedlichen Eigenwerten eines Endomorphismus ist deren lineare Unabhängigkeit.

Satz 6.10 (Lineare Unabhängigkeit von Eigenvektoren zu verschiedenen Eigenwerten) *Es sei V ein $\mathbb{K}$-Vektorraum und f ein Endomorphismus auf V. Für paarweise verschiedene Eigenwerte $\lambda_1, \ldots, \lambda_m \in \operatorname{Spec} f$ ist jedes System aus entsprechenden Eigenvektoren $\mathbf{v}_k \in V_{f,\lambda_k}$, $k = 1, \ldots, m$ linear unabhängig.*

Beweis. Für $m = 1$ ist die Aussage klar, da der Eigenvektor $\mathbf{v}_1 \neq \mathbf{0}$ ist. Wir zeigen die Behauptung induktiv für $m \geq 2$. Es seien also λ_1 und λ_2 zwei verschiedene Eigenwerte von f sowie $\mathbf{v}_1 \in V_{f,\lambda_1}$ und $\mathbf{v}_2 \in V_{f,\lambda_2}$ mit $\mathbf{v}_1 \neq \mathbf{0} \neq \mathbf{v}_2$ zwei entsprechende Eigenvektoren. Nehmen wir an, dass beide Vektoren linear abhängig wären, also $\mathbf{v}_2 = \alpha \mathbf{v}_1$ mit einem $\alpha \in \mathbb{K}$, dann müsste aufgrund der Eigenwertgleichung für $\mathbf{v}_2$ gelten

$$\lambda_2 \mathbf{v}_2 = f(\mathbf{v}_2) = f(\alpha \mathbf{v}_1) = \alpha f(\mathbf{v}_1) = \alpha \lambda_1 \mathbf{v}_1 = \lambda_1 \alpha \mathbf{v}_1 = \lambda_1 \mathbf{v}_2,$$

woraus nach Subtraktion der rechten von der linken Seite folgt:

$$(\lambda_2 - \lambda_1)\mathbf{v}_2 = \mathbf{0}.$$

Da $\mathbf{v}_2 \neq \mathbf{0}$ ist, bleibt nur $\lambda_2 = \lambda_1$ im Widerspruch zur Voraussetzung. Die Induktionsvoraussetzung ist nun die lineare Unabhängigkeit der Vektoren $\mathbf{v}_1, \ldots, \mathbf{v}_{m-1}$ für ein $m \geq 3$. Der Versuch, den Nullvektor gemäß

$$\mathbf{0} = \sum_{k=1}^{m} \mu_k \mathbf{v}_k \tag{6.14}$$

mit $\mu_k \in \mathbb{K}$, $k = 1, \ldots, m$ linear zu kombinieren, führt nach Einsetzen beider Seiten in $f - \lambda_m \operatorname{id}_V$ zu

$$\begin{aligned}
\mathbf{0} &= \sum_{k=1}^{m-1} \mu_k (f(\mathbf{v}_k) - \lambda_m \mathbf{v}_k) + \mu_m (f(\mathbf{v}_m) - \lambda_m \mathbf{v}_m) \\
&= \sum_{k=1}^{m-1} \mu_k (\lambda_k \mathbf{v}_k - \lambda_m \mathbf{v}_k) + \mu_m (\lambda_m \mathbf{v}_m - \lambda_m \mathbf{v}_m) \\
&= \sum_{k=1}^{m-1} \mu_k (\lambda_k - \lambda_m) \mathbf{v}_k.
\end{aligned}$$

Da $\mathbf{v}_1, \ldots, \mathbf{v}_{m-1}$ linear unabhängig sind, folgt für die Vorfaktoren in der letzten Summe

$$\mu_k(\lambda_k - \lambda_m) = 0, \qquad k = 1, \ldots, m-1.$$

Die Eigenwerte sind paarweise verschieden. Es gilt also $\lambda_k - \lambda_m \neq 0$. Daher bleibt nur

$$\mu_k = 0, \qquad k = 1, \ldots, m-1.$$

Eingesetzt in den Ansatz (6.14) bleibt

$$\mathbf{0} = \mu_m \mathbf{v}_m.$$

Wegen $\mathbf{v}_m \neq \mathbf{0}$ folgt auch $\mu_m = 0$. Der Nullvektor ist also nur trivial aus den Eigenvektoren $\mathbf{v}_1, \ldots, \mathbf{v}_m$ linear kombinierbar. $\square$

Da die Koordinatenmatrizen eines Endomorphismus f auf einem endlich-dimensionalen Vektorraum V bezüglich unterschiedlicher Basen aufgrund des Basiswechselsatzes 4.22 für Endomorphismen ähnlich zueinander sind, können wir den Begriff der Diagonalisierbarkeit nun auch auf Endomorphismen ausdehnen.

Definition 6.11 (Diagonalisierbarkeit eines Endomorphismus) *Ein Endomorphismus f auf einen endlich-dimensionalen Vektorraum V heißt diagonalisierbar, wenn es eine Basis B von V gibt, sodass die Koordinatenmatrix von f bezüglich B Diagonalgestalt besitzt:*

$$M_B(f) = \begin{pmatrix} \lambda_1 & 0 & \cdots & 0 \\ 0 & \lambda_2 & \ddots & \vdots \\ \vdots & \ddots & \ddots & 0 \\ 0 & \cdots & 0 & \lambda_n \end{pmatrix}. \tag{6.15}$$

Dieser Diagonalisierbarkeitsbegriff ist kompatibel mit dem Diagonalisierbarkeitsbegriff für quadratische Matrizen gemäß Definition 4.23. Eine $n \times n$-Matrix A ist danach diagonalisierbar, wenn sie ähnlich ist zu einer Diagonalmatrix, wenn es also eine reguläre Matrix $S \in \mathrm{GL}(n, \mathbb{K})$ gibt mit

$$S^{-1} \cdot A \cdot S = \begin{pmatrix} \lambda_1 & 0 & \cdots & 0 \\ 0 & \lambda_2 & \ddots & \vdots \\ \vdots & \ddots & \ddots & 0 \\ 0 & \cdots & 0 & \lambda_n \end{pmatrix},$$

wobei $\lambda_1, \ldots, \lambda_n \in \mathbb{K}$ sind. Diese Ähnlichkeitstransformation entspricht einem Basiswechsel bei der Darstellung des durch A vermittelten Endomorphismus f_A auf $\mathbb{K}^n$ von der kanonischen Basis zur Basis S. Anders ausgedrückt: Die Koordinatenmatrix von f_A, definiert durch $f_A(\mathbf{x}) := A\mathbf{x}$, bezüglich der Basis S ist

$$M_S(f_A) = c_S(f_A(S)) = c_S(AS) = S^{-1}AS = \begin{pmatrix} \lambda_1 & 0 & \cdots & 0 \\ 0 & \lambda_2 & \ddots & \vdots \\ \vdots & \ddots & \ddots & 0 \\ 0 & \cdots & 0 & \lambda_n \end{pmatrix}$$

und hat somit Diagonalgestalt. Der Endomorphismus f_A ist also gemäß Definition 6.11 diagonalisierbar. Wir können daher die Diagonalisierbarkeit einer quadratischen Matrix auch dadurch definieren, dass der von ihr vermittelte Endomorphismus f_A auf $\mathbb{K}^n$ diagonalisierbar ist. Zusammen mit Satz 6.4 können wir nun den folgenden Sachverhalt feststellen.

Satz 6.12 *Ein Endomorphismus f auf einem endlich-dimensionalen Vektorraum V ist genau dann diagonalisierbar, wenn es eine Basis von V aus Eigenvektoren von f gibt. Speziell für Matrizen formuliert: Eine $n \times n$-Matrix A ist genau dann diagonalisierbar, wenn es eine Basis von $\mathbb{K}^n$ aus Eigenvektoren von A gibt.*

Beweis. Es sei $n = \dim V$. Wenn es eine Basis von V aus Eigenvektoren von f gibt, so ist f aufgrund von Satz 6.4 diagonalisierbar.

Dass die Existenz einer Basis aus Eigenvektoren von f aber auch notwendig für die Diagonalisierbarkeit von f ist, zeigt folgende Überlegung. Wenn f diagonalisierbar ist, dann gibt es eine Basis B von V, bezüglich der die Koordinatenmatrix $M_B(f)$ von f Diagonalgestalt

$$
M_B(f) = \begin{pmatrix} \lambda_1 & 0 & \cdots & 0 \\ 0 & \lambda_2 & \ddots & \vdots \\ \vdots & \ddots & \ddots & 0 \\ 0 & \cdots & 0 & \lambda_n \end{pmatrix}
$$

besitzt. Die Eigenwerte $\lambda_1, \ldots, \lambda_n$ dieser Matrix stimmen mit den Eigenwerten von f überein. Für die Koordinatenvektoren $c_B(\mathbf{b}_1) = \hat{\mathbf{e}}_1, \ldots, c_B(\mathbf{b}_n) = \hat{\mathbf{e}}_n \in \mathbb{K}^n$ der Basisvektoren bezüglich B gilt

$$
M_B(f) \cdot c_B(\mathbf{b}_k) = M_B(f) \cdot \hat{\mathbf{e}}_k = \lambda_k \hat{\mathbf{e}}_k, \qquad k = 1, \ldots, n.
$$

Da $M_B(f)$ die Koordinatenmatrix von f bezüglich B ist, ergibt der Basisisomorphismus c_B^{-1} angewandt auf die letzten n Gleichungen

$$
f(\mathbf{b}_k) = c_B^{-1}(M_B(f) \cdot c_B(\mathbf{b}_k)) = c_B^{-1}(\lambda_k \hat{\mathbf{e}}_k) = \lambda_k c_B^{-1}(\hat{\mathbf{e}}_k) = \lambda_k \mathbf{b}_k
$$

jeweils eine Eigenwertgleichung für $k = 1, \ldots, n$. Wir haben also mit $B = \mathbf{b}_1, \ldots, \mathbf{b}_n$ eine Basis von V aus Eigenvektoren von f. $\square$

Hieraus folgt zwar auch die entsprechende Aussage für Matrizen. Wir wollen die Implikation „*Matrix A ist diagonalisierbar $\Rightarrow$ Es gibt eine Basis aus Eigenvektoren von A*" aber dennoch explizit zeigen, um zu verdeutlichen, welche formalen Vorteile die Matrizendarstellung von Endomorphismen besitzt. Wenn also A diagonalisierbar ist, so ist definitionsgemäß A ähnlich zu einer Diagonalmatrix. Es gibt also eine reguläre $n \times n$-Matrix $B = (\mathbf{b}_1 | \cdots | \mathbf{b}_n)$ mit

$$
B^{-1}AB = \begin{pmatrix} \lambda_1 & 0 & \cdots & 0 \\ 0 & \lambda_2 & \ddots & \vdots \\ \vdots & \ddots & \ddots & 0 \\ 0 & \cdots & 0 & \lambda_n \end{pmatrix}
$$

bzw.

$$
AB = B \begin{pmatrix} \lambda_1 & 0 & \cdots & 0 \\ 0 & \lambda_2 & \ddots & \vdots \\ \vdots & \ddots & \ddots & 0 \\ 0 & \cdots & 0 & \lambda_n \end{pmatrix}.
$$

Spaltenweise betrachtet lautet diese Matrix-Gleichung

$$A\mathbf{b}_k = \lambda_k \mathbf{b}_k, \qquad k = 1, \ldots, n.$$

Wir erhalten somit n Eigenwertgleichungen mit $\mathbf{b}_k \neq \mathbf{0}$. Die Spalten der Basis B sind also in der Tat Eigenvektoren von A.

Das letzte Beispiel hat gezeigt, dass die Vielfachheit eines Eigenwertes als Nullstelle im charakteristischen Polynom nicht unbedingt der Dimension seines zugehörigen Eigenraums entsprechen muss. Allerdings muss ein Eigenraum zumindest eindimensional sein. Zur weiteren Untersuchung des Zusammenhangs zwischen der algebraischen Vielfachheit und der Eigenraumdimension unterscheiden wir nun konsequent diese beiden Begriffe.

Definition 6.13 (Algebraische und geometrische Ordnung eines Eigenwertes) *Es sei λ ein Eigenwert eines Endomorphismus f auf einem endlich-dimensionalen $\mathbb{K}$-Vektorraum der Dimension n oder Eigenwert einer $n \times n$-Matrix A über $\mathbb{K}$. Als algebraische Ordnung $\mathrm{alg}(\lambda)$ wird die Vielfachheit der Nullstelle λ im charakteristischen Polynom χ von f bzw. A bezeichnet. Es gibt also ein Polynom $p \in \mathbb{K}[x]$ mit $\deg p = n - \mathrm{alg}(\lambda)$, $p(\lambda) \neq 0$, sodass $(x - \lambda)^{\mathrm{alg}(\lambda)}$ von χ abdividiert werden kann:*

$$\chi(x) = (x - \lambda)^{\mathrm{alg}(\lambda)} \cdot p(x). \tag{6.16}$$

Als geometrische Ordnung $\mathrm{geo}(\lambda)$ von λ wird die Dimension des Eigenraums $V_{f,\lambda} = \mathrm{Kern}(f - \lambda\,\mathrm{id}_V)$ bzw. $V_{A,\lambda} = \mathrm{Kern}(A - \lambda E_n)$ bezeichnet:

$$\mathrm{geo}(\lambda) := \dim \mathrm{Kern}(f - \lambda\,\mathrm{id}_V) \quad bzw. \quad \mathrm{geo}(\lambda) = \dim \mathrm{Kern}(A - \lambda E_n). \tag{6.17}$$

Neben den Bezeichnungen „algebraische" bzw. „geometrische Ordnung" sind auch die Begriffe „algebraische" bzw. „geometrische Vielfachheit" gebräuchlich. Um die Zugehörigkeit zum Endomorphismus f oder zur Matrix A hervorzuheben, bezeichnen wir die algebraische Ordnung auch mit $\mathrm{alg}_f(\lambda)$ bzw. $\mathrm{alg}_A(\lambda)$. Ist aus dem Zusammenhang heraus klar, welcher Endomorphismus bzw. welche Matrix gemeint ist, so verwenden wir die etwas kürzeren Schreibweisen $\mathrm{alg}(\lambda)$ und $\mathrm{geo}(\lambda)$. Dabei wird oftmals auch noch das Klammerpaar weggelassen.

Der folgende Satz besagt, dass die algebraische Ordnung eines Eigenwertes lediglich die Obergrenze für seine geometrische Ordnung darstellt.

Satz 6.14 *Es sei V ein endlich-dimensionaler $\mathbb{K}$-Vektorraum der Dimension n und $f \in \mathrm{End}(V)$ ein Endomorphismus auf V bzw. A eine $n \times n$-Matrix über $\mathbb{K}$. Es gilt*

$$1 \leq \mathrm{geo}(\lambda) \leq \mathrm{alg}(\lambda) \leq n \tag{6.18}$$

für alle $\lambda \in \mathrm{Spec}\, f$ bzw. $\lambda \in \mathrm{Spec}\, A$.

Beweis. Es sei $\lambda \in \mathrm{Spec}\, f$ ein Eigenwert von f. Die $n \times n$-Matrix $A := M_B(f)$ bezeichne seine Koordinatenmatrix bezüglich einer Basis B von V. Da Eigenräume mindestens eindimensional sind, gilt für die geometrische Ordnung von λ

$$\mathrm{geo}(\lambda) \geq 1.$$

Nehmen wir nun einmal an, die geometrische Ordnung von λ wäre größer als die algebraische Ordnung von λ:

$$p := \mathrm{geo}(\lambda) > \mathrm{alg}(\lambda).$$

Es gilt $p = \dim V_{f,\lambda} = \dim V_{A,\lambda}$. Falls $p = n$ ist, so liegt mit $\mathbf{s}_1, \ldots, \mathbf{s}_p$ eine Basis des $\mathbb{K}^n$ aus Eigenvektoren von A vor. Dann aber wäre A ähnlich zur Diagonalmatrix λE_n. Das charakteristische Polynom von A entspräche dem von E_n, sodass $\chi_A(x) = (x - \lambda)^n$ gälte. Der Eigenwert λ wäre n-fache Nullstelle von χ_A. In dieser Situation ergibt sich also ein Widerspruch: $n = \mathrm{alg}(\lambda) < p = n$. Ist dagegen $p < n$, so gibt es p linear unabhängige Eigenvektoren $\mathbf{s}_1, \ldots, \mathbf{s}_p \in \mathbb{K}^n$ der Matrix A zum Eigenwert λ. Nach dem Basisergänzungssatz können wir diesen p Vektoren weitere $n - p$ linear unabhängige Vektoren $\mathbf{v}_{p+1}, \ldots, \mathbf{v}_n \in \mathbb{K}^n$ hinzufügen, die zu allen $\mathbf{s}_k$ linear unabhängig sind. Wir erhalten dann mit $(\mathbf{s}_1, \ldots, \mathbf{s}_p, \mathbf{v}_{p+1}, \ldots, \mathbf{v}_n)$ eine Basis des $\mathbb{K}^n$. Wir betrachten nun die reguläre $n \times n$-Matrix

$$S = (\mathbf{s}_1 | \cdots | \mathbf{s}_p | \mathbf{v}_{p+1} | \cdots | \mathbf{v}_n)$$

und die zu A ähnliche Matrix

$$
\begin{aligned}
M = S^{-1}AS &= S^{-1}(A\mathbf{s}_1 | \cdots | A\mathbf{s}_p | A\mathbf{v}_{p+1} | \cdots | A\mathbf{v}_n) \\
&= S^{-1}(\lambda\mathbf{s}_1 | \cdots | \lambda\mathbf{s}_p | A\mathbf{v}_{p+1} | \cdots | A\mathbf{v}_n) \\
&= (\lambda\hat{\mathbf{e}}_1 | \cdots | \lambda\hat{\mathbf{e}}_p | S^{-1}A\mathbf{v}_{p+1} | \cdots | S^{-1}A\mathbf{v}_n) \\
&= \begin{pmatrix}
\lambda & 0 & \cdots & 0 & * & \cdots & * \\
0 & \lambda & \ddots & \vdots & \vdots & & \vdots \\
\vdots & \ddots & \ddots & 0 & \vdots & & \vdots \\
0 & \cdots & 0 & \lambda & * & \cdots & * \\
0 & \cdots & \cdots & 0 & m_{p+1,p+1} & \cdots & m_{p+1,n} \\
\vdots & & & \vdots & \vdots & & \vdots \\
0 & \cdots & \cdots & 0 & m_{n,p+1} & \cdots & m_{nn}
\end{pmatrix}.
\end{aligned}
$$

Da $A \approx M$ ist, sind die charakteristischen Polynome von A und M identisch und es gilt aufgrund der Kästchenformel für Determinanten über Integritätsringen aus Satz 2.78

$$\chi_A(x) = \chi_M(x) = (x - \lambda)^p \cdot \det\begin{pmatrix}
x - m_{p+1,p+1} & \cdots & -m_{p+1,n} \\
\vdots & & \vdots \\
-m_{n,p+1} & \cdots & x - m_{nn}
\end{pmatrix}.$$

Hieraus ergibt sich jedoch $\mathrm{alg}(\lambda) \geq p$ im Widerspruch zur Annahme. $\quad\square$

Wir widmen uns nun der Frage, unter welchen Bedingungen ein Endomorphismus bzw. eine quadratische Matrix diagonalisierbar ist. Wir wissen bereits, dass dies unmittelbar mit der Frage nach der Existenz einer Basis aus Eigenvektoren zusammenhängt. Wenn wir von einem Endomorphismus f auf einem endlich-dimensionalen $\mathbb{K}$-Vektorraum V der Dimension n ausgehen, so ist die Existenz von n linear unabhängigen Eigenvektoren offenbar daran geknüpft, dass für jeden Eigenwert von f die geometrische Ordnung mit der algebraischen Ordnung von f übereinstimmt, wenn wir zusätzlich voraussetzen, dass alle Nullstellen des charakteristischen Polynoms im zugrunde gelegten Körper $\mathbb{K}$ liegen.

Satz 6.15 *Es sei f ein Endomorphismus auf einem endlich-dimensionalen $\mathbb{K}$-Vektorraum V mit $n = \dim V$. Genau dann ist f diagonalisierbar, wenn das charakteristische Polynom von f vollständig über $\mathbb{K}$ in Linearfaktoren zerfällt und für jeden Eigenwert von f die algebraische Ordnung mit der geometrischen Ordnung übereinstimmt:*

$$\mathrm{alg}(\lambda) = \mathrm{geo}(\lambda), \quad \text{für alle} \quad \lambda \in \mathrm{Spec}\, f. \tag{6.19}$$

Beweis. Wenn χ_f vollständig über $\mathbb{K}$ in Linearfaktoren zerfällt, so ist

$$\sum_{\lambda \in \mathrm{Spec}\, f} \mathrm{alg}(\lambda) = n.$$

Mit $\mathrm{alg}(\lambda) = \mathrm{geo}(\lambda)$ für jeden Eigenwert $\lambda \in \mathrm{Spec}\, f$ ist dann

$$\sum_{\lambda \in \mathrm{Spec}\, f} \dim V_{f,\lambda} = \sum_{\lambda \in \mathrm{Spec}\, f} \mathrm{geo}(\lambda) = \sum_{\lambda \in \mathrm{Spec}\, f} \mathrm{alg}(\lambda) = n.$$

Die Summe aller Eigenraumdimensionen ist somit die Dimension des zugrunde gelegten Vektorraums V. Da Vektoren unterschiedlicher Eigenräume linear unabhängig sind, können wir n linear unabhängige Eigenvektoren von f und somit eine Basis von V aus Eigenvektoren von f bestimmen, woraus die Diagonalisierbarkeit von f folgt. Umgekehrt folgt aus der Diagonalisierbarkeit von f nach Satz 6.12 die Existenz einer Basis aus Eigenvektoren von f. Die Summe der Eigenraumdimensionen muss daher $n = \dim V$ betragen. Da für jeden Eigenwert $\lambda \in \mathrm{Spec}\, f$ die Ungleichung $\dim V_{f,\lambda} \leq \mathrm{alg}\,\lambda$ gilt, bleibt nur deren Übereinstimmung $\dim V_{f,\lambda} = \mathrm{alg}\,\lambda$ zudem muss

$$\sum_{\lambda \in \mathrm{Spec}\, f} \mathrm{alg}(\lambda) = n$$

gelten, und damit χ_f vollständig über $\mathbb{K}$ in Linearfaktoren zerfallen. $\square$

Wann stimmt die algebraische Ordnung mit der geometrischen Ordnung für jeden Eigenwert von f überein? Für einen wichtigen Spezialfall ist dies trivialerweise garantiert, nämlich dann, wenn das charakteristische Polynom χ_f vollständig in Linearfaktoren über $\mathbb{K}$ zerfällt und dabei nur einfache Nullstellen besitzt, denn in dieser Situation gilt nach (6.18) für jeden Eigenwert $\lambda \in \mathrm{Spec}\, f$ die Ungleichung $1 \leq \mathrm{geo}(\lambda) \leq \mathrm{alg}(\lambda) = 1$. Dann bleibt nur $\mathrm{geo}(\lambda) = 1 = \mathrm{alg}(\lambda)$ für alle $\lambda \in \mathrm{Spec}\, f$. Eine derartige Situation ist also hinreichend für die Diagonalisierbarkeit von f.

Satz 6.16 *Es sei V ein $\mathbb{K}$-Vektorraum endlicher Dimension n. Ist das charakteristische Polynom eines Endomorphismus $f \in \mathrm{End}(V)$ vollständig über $\mathbb{K}$ in Linearfaktoren zerlegbar und hat nur einfache Nullstellen, so ist f diagonalisierbar. Insbesondere ist in dieser Situation jeder Eigenraum von f eindimensional.*

Zerfällt ein charakteristisches Polynom über $\mathbb{K}$ vollständig in Linearfaktoren, so bedeutet dies, dass sämtliche Nullstellen von χ_f in $\mathbb{K}$ liegen. Es gilt dann in diesem Fall für das charakteristische Polynom von f

$$\chi_f(x) = \prod_{\lambda \in \mathrm{Spec}\, f} = (x - \lambda)^{\mathrm{alg}(\lambda)},$$

denn das charakteristische Polynom ist normiert, sein Leitkoeffizient ist also gleich 1. Zum Abschluss dieses Abschnitts fassen wir unsere Erkenntnisse zusammen.

Satz 6.17 (Diagonalisierbarkeitskriterien) *Es seien V ein endlich-dimensionaler $\mathbb{K}$-Vektorraum mit $n = \dim V$ und $f \in \mathrm{End}(V)$ ein Endomorphismus. Dann sind die folgenden Aussagen äquivalent.*

(i) *f ist diagonalisierbar.*

(ii) *Es gibt eine Basis B von V, bezüglich der die Koordinatenmatrix $M_B(f)$ Diagonalgestalt hat.*

(iii) *Es gibt eine Basis $B = (\mathbf{b}_1, \ldots, \mathbf{b}_n)$ von V, die aus Eigenvektoren von f besteht. Es gilt also*

$$f(\mathbf{b}_k) = \lambda_k \mathbf{b}_k, \qquad k = 1, \ldots, n.$$

Hierbei sind $\lambda_1, \ldots, \lambda_n \in \mathbb{K}$ alle Eigenwerte von f.

(iv) *Das charakteristische Polynom χ_f zerfällt über $\mathbb{K}$ in Linearfaktoren. Für jeden Eigenwert von f stimmt die algebraische Ordnung mit seiner geometrischen Ordnung überein:*

$$\mathrm{alg}(\lambda) = \mathrm{geo}(\lambda), \quad \text{für alle} \quad \lambda \in \mathrm{Spec}(f).$$

(v) *Für alle $\lambda \in \mathrm{Spec}(f)$ gilt $\dim \mathrm{Bild}(f - \lambda\, \mathrm{id}_V) = n - \mathrm{geo}(\lambda) = n - \mathrm{alg}(\lambda)$.*

Wir können in entsprechender Weise diese Aussagen für Matrizen formulieren: Für eine $n \times n$-Matrix A über $\mathbb{K}$ sind folgende Aussagen äquivalent.

(i) *A ist diagonalisierbar.*

(ii) *A ist ähnlich zu einer Diagonalmatrix.*

(iii) *Es gibt eine Basis $B = (\mathbf{b}_1, \ldots, \mathbf{b}_n)$ von $\mathbb{K}^n$, die aus Eigenvektoren von A besteht. Es gilt also*

$$A\mathbf{b}_k = \lambda_k \mathbf{b}_k, \qquad k = 1, \ldots, n.$$

Hierbei sind $\lambda_1, \ldots, \lambda_n \in \mathbb{K}$ alle Eigenwerte von A. Diese n Gleichungen können wir auch zu einer Matrixgleichung zusammenfassen, indem wir die Vektoren $\mathbf{b}_1, \ldots, \mathbf{b}_n$ zur Matrix $B = (\mathbf{b}_1 | \ldots | \mathbf{b}_n)$ zusammenstellen:

$$AB = B\Lambda \quad \text{bzw.} \quad B^{-1}AB = \Lambda.$$

Hierbei ist

$$\Lambda = (\lambda_1 \hat{\mathbf{e}}_1 | \ldots | \lambda_n \hat{\mathbf{e}}_n) = \begin{pmatrix} \lambda_1 & 0 & \cdots & 0 \\ 0 & \lambda_2 & \ddots & \vdots \\ \vdots & \ddots & \ddots & 0 \\ 0 & \cdots & 0 & \lambda_n \end{pmatrix}$$

eine Diagonalmatrix aus den Eigenwerten von A.

(iv) *Das charakteristische Polynom χ_A zerfällt über $\mathbb{K}$ in Linearfaktoren. Für jeden Eigenwert von A stimmt die algebraische Ordnung mit seiner geometrischen Ordnung überein:*

$$\text{alg}(\lambda) = \text{geo}(\lambda), \quad \textit{für alle} \quad \lambda \in \text{Spec}(A).$$

(v) Für alle $\lambda \in \text{Spec}(A)$ *gilt* $\text{Rang}(A - \lambda E_n) = n - \text{geo}(\lambda) = n - \text{alg}(\lambda).$

Als Beispiel betrachten wir ein weiteres Mal den durch den Differenzialoperator

$$\tfrac{\mathrm{d}}{\mathrm{d}t} : \langle \sin t, \cos t \rangle \to \langle \sin t, \cos t \rangle$$

gegebenen Endomorphismus auf dem $\mathbb{C}$-Vektorraum $V = \langle \sin t, \cos t \rangle$. Die Koordinaten-matrix bezüglich der Basis $B = (\sin t, \cos t)$ lautet (vgl. früheres Beispiel)

$$M_B(\tfrac{\mathrm{d}}{\mathrm{d}t}) = \begin{pmatrix} 0 & -1 \\ 1 & 0 \end{pmatrix} =: A.$$

Es gilt $\text{Spec}\, A = \{\mathrm{i}, -\mathrm{i}\}$. Wir haben also zwei verschiedene Eigenwerte mit einfacher al-gebraischer Vielfachheit. Die Matrix A ist daher diagonalisierbar. Für die Eigenräume von A hatten wir berechnet:

$$V_{A,\mathrm{i}} = \left\langle \begin{pmatrix} \mathrm{i} \\ 1 \end{pmatrix} \right\rangle, \qquad V_{A,-\mathrm{i}} = \left\langle \begin{pmatrix} -\mathrm{i} \\ 1 \end{pmatrix} \right\rangle.$$

Damit ist beispielsweise

$$S = \begin{pmatrix} \mathrm{i} & -\mathrm{i} \\ 1 & 1 \end{pmatrix} \in \text{GL}(2, \mathbb{C})$$

eine reguläre Matrix mit

$$S^{-1}AS = \begin{pmatrix} \mathrm{i} & 0 \\ 0 & -\mathrm{i} \end{pmatrix} =: \Lambda.$$

Nach dem Basiswechselsatz für Endomorphismen, Satz 4.22, gilt für eine Basis B' von V, bezüglich der die Koordinatenmatrix gerade die Diagonalmatrix Λ ist,

$$\Lambda = M_{B'}(\tfrac{\mathrm{d}}{\mathrm{d}t}) = \underbrace{(c_B(B'))^{-1}}_{=S^{-1}} \cdot \underbrace{M_B(\tfrac{\mathrm{d}}{\mathrm{d}t})}_{=A} \cdot \underbrace{c_B(B')}_{=S}.$$

Wir setzen $c_B(B') = S$. Spaltenweise gelesen ergeben sich für die gesuchten Basisvektoren $\mathbf{b}'_1$ und $\mathbf{b}'_2$:

$$c_B(\mathbf{b}'_1) = \begin{pmatrix} \mathrm{i} \\ 1 \end{pmatrix} \;\Rightarrow\; \mathbf{b}'_1 = c_B^{-1}\left(\begin{pmatrix} \mathrm{i} \\ 1 \end{pmatrix}\right) = \mathrm{i} \cdot \sin t + 1 \cdot \cos t = \mathrm{e}^{\mathrm{i}t},$$

$$c_B(\mathbf{b}'_2) = \begin{pmatrix} -\mathrm{i} \\ 1 \end{pmatrix} \;\Rightarrow\; \mathbf{b}'_2 = c_B^{-1}\left(\begin{pmatrix} -\mathrm{i} \\ 1 \end{pmatrix}\right) = -\mathrm{i} \cdot \sin t + 1 \cdot \cos t = \mathrm{e}^{-\mathrm{i}t}.$$

Die Koordinatenmatrix von $\tfrac{\mathrm{d}}{\mathrm{d}t}$ bezüglich B' lautet dann in der Tat

$$M_{B'}(\tfrac{\mathrm{d}}{\mathrm{d}t}) = \left(c_{B'}(\mathrm{i}\mathrm{e}^{\mathrm{i}t}) \,|\, c_{B'}(-\mathrm{i}\mathrm{e}^{-\mathrm{i}t})\right) = \begin{pmatrix} \mathrm{i} & 0 \\ 0 & -\mathrm{i} \end{pmatrix}.$$

Zum Abschluss betrachten wir ein Beispiel für einen nicht diagonalisierbaren Endomorphismus. Es sei

$$V = \{p \in \mathbb{R}[x] : \deg p \leq 1\}$$

der $\mathbb{R}$-Vektorraum aller reellen Polynome maximal ersten Grades in der Variablen x. Mit $B = (1, x)$ liegt eine Basis von V vor. Wir betrachten den linearen Operator

$$\phi : V \to V$$
$$p \mapsto 2p + \tfrac{\mathrm{d}}{\mathrm{d}t} p.$$

Die Koordinatenmatrix von ϕ bezüglich B lautet

$$M_B(\phi) = c_B(\phi(B)) = \big(c_B(\phi(1)) \,|\, c_B(\phi(x))\big) = \big(c_B(2) \,|\, c_B(\phi(2x+1))\big) = \begin{pmatrix} 2 & 1 \\ 0 & 2 \end{pmatrix}.$$

Diese Matrix hat nur den Eigenwert $\lambda = 2$ mit zweifacher algebraischer Vielfachheit. Der zugehörige Eigenraum ist allerdings eindimensional:

$$\dim V_{\phi, \lambda} = \dim \mathrm{Kern}(M_B(\phi) - 2E_2) = 2 - \mathrm{Rang}(M_B(\phi) - 2E_2) = 2 - \mathrm{Rang} \begin{pmatrix} 0 & 1 \\ 0 & 0 \end{pmatrix} = 1.$$

Es gibt daher keine Basis des $\mathbb{R}^2$ aus Eigenvektoren von $M_B(\phi)$ und damit auch keine Basis von V aus Eigenvektoren von ϕ, sodass $M_B(\phi)$ bzw. ϕ nicht diagonalisierbar ist.

Im Fall der geometrisch veranschaulichbaren Vektorräume $\mathbb{R}^2$ und $\mathbb{R}^3$ lassen Eigenwerte von Endomorphismen auch weitergehende geometrische Interpretationen zu. Wir greifen hierzu ein Beispiel aus Kap. 5 wieder auf. Den Endomorphismus

$$P_T : \mathbb{R}^3 \to \mathbb{R}^3$$

$$\mathbf{v} \mapsto P_T(\mathbf{v}) = \frac{1}{2} \begin{pmatrix} x - z \\ 2y \\ z - x \end{pmatrix}$$

haben wir gezielt als orthogonale Projektion auf die Ebene

$$T = \left\langle \begin{pmatrix} -1/\sqrt{2} \\ 0 \\ 1/\sqrt{2} \end{pmatrix}, \begin{pmatrix} 0 \\ 1 \\ 0 \end{pmatrix} \right\rangle = \left\langle \begin{pmatrix} -1 \\ 0 \\ 1 \end{pmatrix}, \begin{pmatrix} 0 \\ 1 \\ 0 \end{pmatrix} \right\rangle$$

gemäß (5.32) bzw. (5.33) aus einer Orthonormalbasis von T konstruiert. Seine Koordinatenmatrix bezüglich der kanonischen Basis lautet nach (5.34)

$$A := M_{E_3}(P_T) = \begin{pmatrix} 1/2 & 0 & -1/2 \\ 0 & 1 & 0 \\ -1/2 & 0 & 1/2 \end{pmatrix}.$$

Jeder Vektor $\mathbf{s} \in \mathbb{R}^3$, der senkrecht auf der Ebene T steht, ist von der Form

$$\mathbf{s} = \begin{pmatrix} d \\ 0 \\ d \end{pmatrix}, \qquad d \in \mathbb{R}.$$

Seinen Bildvektor $P_T(\mathbf{s}) = \mathbf{0}$ können wir, bedingt durch die senkrechte Projektion, als punktförmigen Schatten von $\mathbf{s}$ auf der Ebene T interpretieren. Jeder Vektor $\mathbf{v}$ aus der Projektionsebene T, also jede Linearkombination

$$\mathbf{v} = \alpha \begin{pmatrix} -1 \\ 0 \\ 1 \end{pmatrix} + \beta \begin{pmatrix} 0 \\ 1 \\ 0 \end{pmatrix}, \qquad \alpha, \beta \in \mathbb{R},$$

wird dagegen durch P_T der Anschauung nach nicht verändert, was wir auch leicht rechnerisch bestätigen können:

$$\begin{aligned}
P_T(\mathbf{v}) &= A\mathbf{v} \\
&= A \left(\alpha \begin{pmatrix} -1 \\ 0 \\ 1 \end{pmatrix} + \beta \begin{pmatrix} 0 \\ 1 \\ 0 \end{pmatrix} \right) \\
&= \alpha \begin{pmatrix} 1/2 & 0 & -1/2 \\ 0 & 1 & 0 \\ -1/2 & 0 & 1/2 \end{pmatrix} \begin{pmatrix} -1 \\ 0 \\ 1 \end{pmatrix} + \beta \begin{pmatrix} 1/2 & 0 & -1/2 \\ 0 & 1 & 0 \\ -1/2 & 0 & 1/2 \end{pmatrix} \begin{pmatrix} 0 \\ 1 \\ 0 \end{pmatrix} \\
&= \alpha \begin{pmatrix} -1 \\ 0 \\ 1 \end{pmatrix} + \beta \begin{pmatrix} 0 \\ 1 \\ 0 \end{pmatrix} = \mathbf{v}.
\end{aligned}$$

Interessant ist nun ein Blick auf die Eigenwerte und Eigenräume von A. Für das charakteristische Polynom von A gilt

$$\begin{aligned}
\chi_A(x) &= \det \begin{pmatrix} x - 1/2 & 0 & 1/2 \\ 0 & x-1 & 0 \\ 1/2 & 0 & x - 1/2 \end{pmatrix} \\
&= (x-1)((x - 1/2)^2 - 1/4) = (x-1)(x^2 - x) = (x-1)^2 x.
\end{aligned}$$

Wir erhalten die doppelte Nullstelle $\lambda_1 = 1$ und die einfache Nullstelle $\lambda_2 = 0$. Dass A singulär ist mit eindimensionalem Kern, entspricht genau unserer Anschauung der durch A beschriebenen Projektion. Der Eigenraum zu $\lambda_2 = 0$ ist geometrisch gesehen exakt die Gerade, auf der $\mathbf{s}$ liegt. Diese Gerade steht senkrecht auf der Ebene T. Der Eigenraum zu $\lambda_1 = 1$ beinhaltet alle Vektoren, die durch A nicht verändert werden. Es muss sich bei V_{A,λ_1} also um die Ebene T handeln. Tatsächlich ergibt die weitere Rechnung:

$$\begin{aligned}
V_{A,\lambda_1} &= \operatorname{Kern}(A - E) \\
&= \operatorname{Kern} \begin{pmatrix} -1/2 & 0 & -1/2 \\ 0 & 0 & 0 \\ -1/2 & 0 & -1/2 \end{pmatrix} = \operatorname{Kern} \begin{pmatrix} 1 & 0 & 1 \end{pmatrix} = \left\langle \begin{pmatrix} 0 \\ 1 \\ 0 \end{pmatrix}, \begin{pmatrix} -1 \\ 0 \\ 1 \end{pmatrix} \right\rangle = T,
\end{aligned}$$

$$V_{A,\lambda_2} = \operatorname{Kern} A$$

$$= \operatorname{Kern} \begin{pmatrix} 1/2 & 0 & -1/2 \\ 0 & 1 & 0 \\ -1/2 & 0 & 1/2 \end{pmatrix} = \operatorname{Kern} \begin{pmatrix} 1 & 0 & -1 \\ 0 & 1 & 0 \end{pmatrix} = \left\langle \begin{pmatrix} 1 \\ 0 \\ 1 \end{pmatrix} \right\rangle \ni \mathbf{s}.$$

6.2 Adjungierte Endomorphismen

Es sei $(V, \langle \cdot, \cdot \rangle)$ ein euklidischer oder unitärer Vektorraum und $f \in \operatorname{End}(V)$ ein Endomorphismus auf V. Wenn wir das Skalarprodukt $\langle \mathbf{v}, f(\mathbf{w}) \rangle$ betrachten, so ist die Frage interessant, ob es eine Möglichkeit gibt, die auf den rechten Vektor $\mathbf{w}$ wirkende Abbildung f in irgendeiner Form auf den linken Faktor $\mathbf{v}$ zu übertragen, ohne dass sich das Skalarprodukt ändert. Im Allgemeinen können wir nicht einfach davon ausgehen, dass wir f in unveränderter Form nach links verschieben können, dass also schlichtweg $\langle \mathbf{v}, f(\mathbf{w}) \rangle = \langle f(\mathbf{v}), \mathbf{w} \rangle$ gilt.

Um uns nun eine Vorstellung zu machen, wie dies gelingen könnte, betrachten wir ein handliches Beispiel und konzentrieren uns zunächst auf den Vektorraum $V = \mathbb{R}^n$ mit dem kanonischen Skalarprodukt

$$\langle \mathbf{x}, \mathbf{y} \rangle = \mathbf{x}^T \mathbf{y}.$$

Wenn wir hier für eine Matrix $A \in \operatorname{M}(n, \mathbb{R})$ eine Matrix $B \in \operatorname{M}(n, \mathbb{R})$ suchen, sodass für alle $\mathbf{x}, \mathbf{y} \in \mathbb{R}^n$ die Beziehung

$$\langle \mathbf{x}, A\mathbf{y} \rangle = \langle B\mathbf{x}, \mathbf{y} \rangle$$

gelten soll, dann folgt aus diesem Ansatz für alle $\mathbf{x}, \mathbf{y} \in \mathbb{R}^n$

$$\mathbf{x}^T (A\mathbf{y}) = (B\mathbf{x})^T \mathbf{y}.$$

Nun ist einerseits wegen der Assoziativität des Matrixprodukts $\mathbf{x}^T (A\mathbf{y}) = \mathbf{x}^T A\mathbf{y}$ eine Klammer im linken Term nicht erforderlich und andererseits $(B\mathbf{x})^T \mathbf{y} = \mathbf{x}^T B^T \mathbf{y}$, sodass

$$\mathbf{x}^T A\mathbf{y} = \mathbf{x}^T B^T \mathbf{y} \tag{6.20}$$

für alle $\mathbf{x}, \mathbf{y} \in \mathbb{R}^n$ aus dem obigen Ansatz folgt. Mit $B = A^T$, also der Transponierten von A, ist dieser Sachverhalt auf jeden Fall erfüllt. Aber ist dies auch die einzige Matrix, die dies leistet? Wenn wir nun speziell die kanonischen Einheitsvektoren $\mathbf{x} = \hat{\mathbf{e}}_i$ und $\mathbf{y} = \hat{\mathbf{e}}_j$ auswählen, dann folgt aus der Beziehung (6.20)

$$a_{ij} = \hat{\mathbf{e}}_i^T A \hat{\mathbf{e}}_j \overset{(6.20)}{=} \hat{\mathbf{e}}_i^T B^T \hat{\mathbf{e}}_j = b_{ji}, \qquad 1 \le i, j \le n.$$

Bei einem Endomorphismus auf $\mathbb{R}^n$, im Prinzip also bei einer Matrix $A \in \operatorname{M}(n, \mathbb{R})$, ist notwendigerweise $B = A^T$ die eindeutig bestimmte Matrix, die $\langle \mathbf{y}, A\mathbf{x} \rangle = \langle B\mathbf{y}, \mathbf{x} \rangle$ für alle $\mathbf{x}, \mathbf{y} \in \mathbb{R}^n$ leistet. Wie sieht dieser Sachverhalt aber bei einem Endomorphismus $f \in \operatorname{End}(V)$ auf einem nicht näher konkretisierten euklidischen oder unitären Vektorraum V aus? Sollte es ein $g \in \operatorname{End}(V)$ geben, sodass $\langle \mathbf{v}, f(\mathbf{w}) \rangle = \langle g(\mathbf{v}), \mathbf{w} \rangle$ für alle $\mathbf{v}, \mathbf{w} \in V$ gilt, so ist g eindeutig bestimmt. Denn gäbe es einen weiteren Endomorphismus $g' \in \operatorname{End}(V)$ mit

$\langle \mathbf{v}, f(\mathbf{w}) \rangle = \langle g'(\mathbf{v}), \mathbf{w} \rangle$ für alle $\mathbf{v}, \mathbf{w} \in V$, so wäre

$$\langle g(\mathbf{v}) - g'(\mathbf{v}), \mathbf{w} \rangle = \langle g(\mathbf{v}), \mathbf{w} \rangle - \langle g'(\mathbf{v}), \mathbf{w} \rangle = \langle \mathbf{v}, f(\mathbf{w}) \rangle - \langle \mathbf{v}, f(\mathbf{w}) \rangle = 0$$

für alle $\mathbf{v}, \mathbf{w} \in V$. Mit der Wahl von $\mathbf{w} = g(\mathbf{v}) - g'(\mathbf{v})$ folgte dann

$$\langle g(\mathbf{v}) - g'(\mathbf{v}), g(\mathbf{v}) - g'(\mathbf{v}) \rangle = 0$$

für jedes $\mathbf{v} \in V$. Dies ist aber nur möglich, wenn $g(\mathbf{v}) - g'(\mathbf{v}) = 0$, woraus sich für jedes $\mathbf{v} \in V$ die Übereinstimmung beider Endomorphismen $g(\mathbf{v}) = g'(\mathbf{v})$ ergibt. Wir können also im Fall der Existenz dem Endomorphismus f eindeutig diesen Endomorphismus g zuweisen.

Definition 6.18 (Adjungierter Endomorphismus) *Es sei $f \in \mathrm{End}(V)$ ein Endomorphismus auf einem euklidischen (bzw. unitären Vektorraum) $(V, \langle \cdot, \cdot \rangle)$. Gibt es eine Abbildung $f^T \in \mathrm{End}(V)$ (bzw. $f^* \in \mathrm{End}(V)$), sodass für alle $\mathbf{v}, \mathbf{w} \in V$ gilt*

$$\langle \mathbf{v}, f(\mathbf{w}) \rangle = \langle f^T(\mathbf{v}), \mathbf{w} \rangle \quad (bzw. \ \langle \mathbf{v}, f(\mathbf{w}) \rangle = \langle f^*(\mathbf{v}), \mathbf{w} \rangle), \tag{6.21}$$

so ist sie eindeutig bestimmt und wird als der zu f adjungierte Endomorphismus bezeichnet.

Wie sieht es nun mit der Existenz des zu f adjungierten Endomorphismus aus? Wie wir bereits gesehen haben, repräsentiert im Fall des Vektorraums $\mathbb{R}^n$ die Transponierte einer $n \times n$-Matrix A den adjungierten Endomorphismus zu der von A vermittelten linearen Abbildung. Wir können diese Überlegung in analoger Weise auf den unitären Vektorraum $\mathbb{C}^n$ ausdehnen und beachten dabei, dass das kanonische Skalarprodukt hier durch $\langle \mathbf{x}, \mathbf{y} \rangle = \mathbf{x}^T \bar{\mathbf{y}}$ gegeben ist. Hierdurch bedingt repräsentiert die adjungierte Matrix $A^* = \bar{A}^T$ den adjungierten Endomorphismus zu der von A vermittelten linearen Abbildung. Jeder euklidische oder unitäre Vektorraum V endlicher Dimension n besitzt nach Satz 5.16 eine Orthonormalbasis $S = (\mathbf{s}_1, \ldots, \mathbf{s}_n)$. Wir haben nun die Möglichkeit, das Skalarprodukt $\langle \cdot, \cdot \rangle$ in V mithilfe der Strukturmatrix

$$A_S(\langle \cdot, \cdot \rangle) = (\langle \mathbf{s}_i, \mathbf{s}_j \rangle)_{1 \le i, j \le n}$$

bezüglich der Basis S nach dem Darstellungssatz 4.34 bzw. 4.35 auszudrücken. Da S eine Orthonormalbasis ist, gilt

$$\langle \mathbf{s}_i, \mathbf{s}_j \rangle = \begin{cases} 1, & i = j \\ 0, & i \ne j \end{cases}.$$

Damit ist die Strukturmatrix identisch mit der $n \times n$-Einheitsmatrix: $A_S(\langle \cdot, \cdot \rangle) = E_n$. Die Folge ist, dass wir nun mit den Koordinatenvektoren der Vektoren aus V das Skalarprodukt $\langle \cdot, \cdot \rangle$ durch das kanonische Skalarprodukt des $\mathbb{R}^n$ bzw $\mathbb{C}^n$ darstellen können. Es gilt also für alle $\mathbf{v}, \mathbf{w} \in V$ im Fall eines euklidischen Vektorraums

$$\langle \mathbf{v}, \mathbf{w} \rangle = \mathbf{x}^T A_S(\langle \cdot, \cdot \rangle) \mathbf{y} = \mathbf{x}^T \mathbf{y}$$

bzw. im Fall eines unitären Vektorraums

$$\langle \mathbf{v}, \mathbf{w} \rangle = \mathbf{x}^T A_S(\langle \cdot, \cdot \rangle) \overline{\mathbf{y}} = \mathbf{x}^T \overline{\mathbf{y}}$$

mit den Koordinatenvektoren $\mathbf{x} = c_S(\mathbf{v}) \in \mathbb{R}^n$ und $\mathbf{y} = c_S(\mathbf{w}) \in \mathbb{R}^n$. Ist nun $f \in \mathrm{End}(V)$ ein Endomorphismus auf V mit Adjungierter f^T, so gilt nun mit den Koordinatenmatrizen $M_S(f)$ von f und $M_S(f^T)$ von f^T bezüglich S im Fall eines euklidischen Vektorraums

$$\langle f^T(\mathbf{v}), \mathbf{w} \rangle = \langle \mathbf{v}, f(\mathbf{w}) \rangle$$
$$\|\qquad\qquad\qquad\|$$
$$\Longleftrightarrow \quad (M_S(f^T)\mathbf{x})^T \mathbf{y} = \mathbf{x}^T (M_S(f)\mathbf{y})$$
$$\|\qquad\qquad\qquad\|$$
$$\Longleftrightarrow \mathbf{x}^T (M_S(f^T))^T \mathbf{y} = \mathbf{x}^T M_S(f)\mathbf{y},$$

was für alle $\mathbf{x}, \mathbf{y} \in \mathbb{R}^n$ genau dann der Fall ist, wenn die Transponierte der Koordinatenmatrix von f^T mit der Koordinatenmatrix von f übereinstimmt (man wähle nur die Basisvektoren $\mathbf{v} = \mathbf{s}_i$ und $\mathbf{w} = \mathbf{s}_j$ bzw. die kanonischen Basisvektoren $\mathbf{x} = \hat{\mathbf{e}}_i$ und $\mathbf{y} = \hat{\mathbf{e}}_j$). Anders ausgedrückt: $M_S(f^T) = (M_S(f))^T$. Im Fall eines unitären Vektorraums können wir ähnlich argumentieren: Ist $f \in \mathrm{End}(V)$ ein Endomorphismus auf V mit Adjungierter f^*, so gilt mit den Koordinatenmatrizen $M_S(f)$ von f und $M_S(f^*)$ von f^*

$$\langle f^*(\mathbf{v}), \mathbf{w} \rangle = \langle \mathbf{v}, f(\mathbf{w}) \rangle$$
$$\|\qquad\qquad\qquad\|$$
$$\Longleftrightarrow \quad (M_S(f^*)\mathbf{x})^T \overline{\mathbf{y}} = \mathbf{x}^T \overline{M_S(f)\mathbf{y}}$$
$$\|\qquad\qquad\qquad\|$$
$$\Longleftrightarrow \mathbf{x}^T (M_S(f^*))^T \overline{\mathbf{y}} = \mathbf{x}^T \overline{M_S(f)}\,\overline{\mathbf{y}}.$$

Hier folgt nun durch Einsetzen der Basisvektoren $(M_S(f^*))^T = \overline{M_S(f)}$ bzw. $M_S(f^*) = \overline{M_S(f)}^T = (M_S(f))^*$. Die Koordinatenmatrizen sind also zueinander transponiert bzw. adjungiert.

Satz 6.19 (Koordinatenmatrix des adjungierten Endomorphismus) *Ist V ein endlich-dimensionaler euklidischer (bzw. unitärer Vektorraum) der Dimension n und $f \in \mathrm{End}(V)$ ein Endomorphismus auf V. Dann existiert sein adjungierter Endomorphismus f^T (bzw. f^*). Für die Koordinatenmatrizen bezüglich einer (nach Satz 5.16 existierenden!) Orthonormalbasis $S = (\mathbf{s}_1, \ldots, \mathbf{s}_n)$ gilt der Zusammenhang*

$$M_S(f^T) = (M_S(f))^T \quad (bzw.\ M_S(f^*) = (M_S(f))^*). \tag{6.22}$$

Die Koordinatenmatrix des adjungierten Endomorphismus bezüglich einer Orthonormalbasis ist also die transponierte (bzw. adjungierte) Koordinatenmatrix des ursprünglichen Endomorphismus bezüglich dieser Basis.

Im Fall eines endlich-dimensionalen euklidischen bzw. unitären Vektorraums V können wir den zu f adjungierten Endomorphismus in der Tat explizit konstruieren. Wir führen dies im Fall eines unitären Vektorraums durch. Für euklidische Vektorräume kann analog argumentiert werden. Die dem letzten Satz vorausgegangene Überlegung zeigt

$$f^*(\mathbf{v}) = c_S^{-1}(M_S(f^*)c_S(\mathbf{v})) = c_S^{-1}((M_S(f))^* c_S(\mathbf{v})). \tag{6.23}$$

Übersichtlicher wird dies durch das Diagramm

$$
\begin{array}{ccc}
V & \xrightarrow{\;f^*\;} & V \\[2pt]
c_S \downarrow & & \uparrow c_S^{-1} \\[2pt]
\mathbb{C}^n & \xrightarrow[\;M_S(f^*)=(M_S(f))^*\;]{} & \mathbb{C}^n
\end{array}
$$

illustriert. Da mit S eine Orthonormalbasis von V vorliegt, kann zudem die Berechnung der Koordinatenabbildung hierbei einfach nach Satz 5.20 mithilfe des in V definierten Skalarprodukts erfolgen:

$$
c_S(\mathbf{v}) = \begin{pmatrix} \langle \mathbf{v}, \mathbf{s}_1 \rangle \\ \vdots \\ \langle \mathbf{v}, \mathbf{s}_n \rangle \end{pmatrix} \in \mathbb{C}^n.
$$

Zum Abschluss dieses Abschnitts betrachten wir als Beispiel den zweidimensionalen $\mathbb{R}$-Vektorraum

$$
V = \{ p \in \mathbb{R}[t] : \deg p \le 1 \}
$$

der Polynome maximal ersten Grades mit reellen Koeffizienten. Er stellt zusammen mit dem Skalarprodukt

$$
\langle p, q \rangle := \int_{-1}^{1} p(t) q(t) \, \mathrm{d}t
$$

einen euklidischen Vektorraum dar. Die beiden linear unabhängigen Polynome

$$
s_1(t) = \frac{1}{\sqrt{2}}, \quad s_2(t) = \frac{\sqrt{3}}{\sqrt{2}} t
$$

ergeben eine Orthonormalbasis von V, denn es gilt

$$
\langle s_2(t), s_1(t) \rangle = \langle s_1(t), s_2(t) \rangle = \int_{-1}^{1} \tfrac{\sqrt{3}}{2} t \, \mathrm{d}t = 0
$$

sowie

$$
\langle s_1(t), s_1(t) \rangle = \int_{-1}^{1} \tfrac{1}{2} \mathrm{d}t = \tfrac{1}{2} \big[t \big]_{-1}^{1} = 1
$$

$$
\langle s_2(t), s_2(t) \rangle = \int_{-1}^{1} \tfrac{3}{2} t^2 \mathrm{d}t = \tfrac{3}{2} \big[\tfrac{1}{3} t^3 \big]_{-1}^{1} = 1.
$$

Jedes Polynom $q \in V$ hat die Gestalt $q = at + b$ mit $a, b \in \mathbb{R}$. Die Koordinatenabbildung $c_S : V \to \mathbb{R}^2$ lautet

$$
c_S(q) = \begin{pmatrix} \sqrt{2}\,b \\ \frac{\sqrt{2}}{\sqrt{3}} a \end{pmatrix}.
$$

Der Differenzialoperator

$$
\begin{array}{ccc}
V & \xrightarrow{\;\frac{\mathrm{d}}{\mathrm{d}t}\;} & V \\[2pt]
q = at + b & \mapsto & \frac{\mathrm{d}}{\mathrm{d}t} q = a
\end{array}
$$

ist ein (nicht injektiver) Endomorphismus auf V. Seine Koordinatenmatrix bezüglich der Orthonormalbasis $S = (\mathbf{s}_1, \mathbf{s}_2)$ lautet

$$M_S(\tfrac{\mathrm{d}}{\mathrm{d}t}) = \left(c_S(\tfrac{\mathrm{d}}{\mathrm{d}t}\mathbf{s}_1) \mid c_S(\tfrac{\mathrm{d}}{\mathrm{d}t}\mathbf{s}_2)\right) = \left(c_S(0) \mid c_S(\tfrac{\sqrt{3}}{\sqrt{2}})\right) = \begin{pmatrix} 0 & \sqrt{3} \\ 0 & 0 \end{pmatrix}.$$

Der adjungierte Endomorphismus $(\tfrac{\mathrm{d}}{\mathrm{d}t})^* = (\tfrac{\mathrm{d}}{\mathrm{d}t})^T$ ist also durch die Matrix

$$M_S((\tfrac{\mathrm{d}}{\mathrm{d}t})^*) = (M_S(\tfrac{\mathrm{d}}{\mathrm{d}t}))^* = (M_S(\tfrac{\mathrm{d}}{\mathrm{d}t}))^T = \begin{pmatrix} 0 & 0 \\ \sqrt{3} & 0 \end{pmatrix}$$

gegeben. Für $p = \alpha t + \beta \in V$ mit $\alpha, \beta \in \mathbb{R}$ lautet er also nach (6.23)

$$(\tfrac{\mathrm{d}}{\mathrm{d}t})^T(p) = c_S^{-1}\left((M_S(\tfrac{\mathrm{d}}{\mathrm{d}t}))^T c_S(p)\right) = c_S^{-1}\left(\begin{pmatrix} 0 & 0 \\ \sqrt{3} & 0 \end{pmatrix} \begin{pmatrix} \sqrt{2}\beta \\ \tfrac{\sqrt{2}}{\sqrt{3}}\alpha \end{pmatrix}\right)$$

$$= c_S^{-1}\left(\begin{pmatrix} 0 \\ \sqrt{3}\sqrt{2}\beta \end{pmatrix}\right) = \sqrt{3}\sqrt{2}\beta \cdot \mathbf{s}_2 = 3\beta t.$$

Der adjungierte Endomorphismus $(\tfrac{\mathrm{d}}{\mathrm{d}t})^T$ unterscheidet sich also deutlich von $\tfrac{\mathrm{d}}{\mathrm{d}t}$. Wir testen nun die adjungierte Abbildung, indem wir die beiden Skalarprodukte $\langle p, \tfrac{\mathrm{d}}{\mathrm{d}t}q \rangle$ und $\langle (\tfrac{\mathrm{d}}{\mathrm{d}t})^T p, q \rangle$ berechnen. Es gilt zunächst

$$\langle p, \tfrac{\mathrm{d}}{\mathrm{d}t}q \rangle = \int_{-1}^{1} (\alpha t + \beta)\, a\, \mathrm{d}t = a\left[\tfrac{1}{2}\alpha t^2 + \beta t\right]_{-1}^{1} = 2a\beta.$$

Mit der adjungierten Abbildung folgt

$$\langle (\tfrac{\mathrm{d}}{\mathrm{d}t})^T p, q \rangle = \int_{-1}^{1} 3\beta t\,(at + b)\, \mathrm{d}t = 3\beta \int_{-1}^{1} (at^2 + bt)\, \mathrm{d}t = 3\beta\left[\tfrac{1}{3}at^3 + \tfrac{1}{2}bt^2\right]_{-1}^{1} = 2a\beta.$$

Beide Skalarprodukte stimmen erwartungsgemäß überein. Nützlich sind die folgenden, sehr leicht nachweisbaren Eigenschaften für adjungierte Endomorphismen.

Bemerkung 6.20 *Es sei* $(V, \langle \cdot, \cdot \rangle)$ *ein euklidischer bzw. unitärer Vektorraum sowie* $\lambda \in \mathbb{R}$ *bzw.* $\lambda \in \mathbb{C}$ *ein Skalar. Falls für zwei Endomorphismen* $f, g \in \mathrm{End}(V)$ *die jeweiligen Adjungierten* f^T, g^T *bzw.* f^*, g^* *existieren, dann existieren auch die Adjungierten von* $f + g$ *definiert durch* $(f + g)(\mathbf{v}) := f(\mathbf{v}) + g(\mathbf{v})$ *sowie von* λf *definiert durch* $(\lambda f)(\mathbf{v}) := \lambda f(\mathbf{v})$ *für alle* $\mathbf{v} \in V$, *und es gilt:*

(i) $(f + g)^T = f^T + g^T$ *bzw.* $(f + g)^* = f^* + g^*$,
(ii) $(\lambda f)^T = \lambda f^T$ *bzw.* $(\lambda f)^* = \overline{\lambda} f^*$.

In der letzten Bemerkung haben wir den Vektorraum V nicht als endlich-dimensional vorausgesetzt. Daher konnten wir zunächst nicht von der Existenz der Adjungierten von f und g ausgehen und mussten deren Existenz voraussetzen. In der Tat kann es passieren, dass es im Fall unendlich-dimensionaler euklidischer oder unitärer Vektorräume für gewisse Endomorphismen keine Adjungierten gibt. Existieren für zwei Endomorphismen

$f, g \in \text{End}(V)$ auf einem euklidischen bzw. unitären Vektorraum V ihre jeweiligen Adjungierten f^T und g^T bzw. f^* und g^*, so gibt es auch für die Hintereinanderausführung $fg := f \circ g \in \text{End}(V)$ einen adjungierten Endomorphismus, denn es gilt für alle $\mathbf{x}, \mathbf{y} \in V$

$$\langle \mathbf{x}, (fg)(\mathbf{y}) \rangle = \langle \mathbf{x}, f(g(\mathbf{y})) \rangle = \langle f^*(\mathbf{x}), g(\mathbf{y}) \rangle = \langle g^*(f^*(\mathbf{x})), \mathbf{y} \rangle = \langle (g^*f^*)(\mathbf{x})), \mathbf{y} \rangle.$$

Wegen der Eindeutigkeit der Adjungierten ist dann

$$(fg)^* = g^*f^* \quad \text{bzw.} \quad (fg)^T = g^Tf^T. \tag{6.24}$$

Falls nun f und f^* bijektiv sind, ist

$$\langle \mathbf{x}, f^{-1}(\mathbf{y}) \rangle = \langle f^*((f^*)^{-1}(\mathbf{x})), f^{-1}(\mathbf{y}) \rangle = \langle (f^*)^{-1}(\mathbf{x}), f(f^{-1}(\mathbf{y})) \rangle = \langle (f^*)^{-1}(\mathbf{x}), \mathbf{y} \rangle.$$

Die Inverse f^{-1} besitzt ebenfalls eine Adjungierte. Sie lautet dabei aufgrund ihrer Eindeutigkeit

$$(f^{-1})^* = (f^*)^{-1} \quad \text{bzw.} \quad (f^{-1})^T = (f^T)^{-1}. \tag{6.25}$$

Mit der Adjungierten existiert auch die Adjungierte der Adjungierten:

Satz 6.21 *Es sei* $(V, \langle \cdot, \cdot \rangle)$ *ein euklidischer bzw. unitärer Vektorraum und* $f \in \text{End}(V)$ *ein Endomorphismus auf* V, *zu dem die Adjungierte* f^T *bzw.* $f^* \in \text{End}(V)$ *existiert. Dann ist* $f = (f^T)^T$ *bzw.* $f = (f^*)^*$ *die Adjungierte von* f^T *bzw.* f^*.

Beweis. Wir zeigen diesen Sachverhalt nur für den Fall eines unitären Raums V. Im Fall eines euklidischen Vektorraums können wir analog argumentieren. Es ist

$$\langle \mathbf{x}, f^*(\mathbf{y}) \rangle = \overline{\langle f^*(\mathbf{y}), \mathbf{x} \rangle} = \overline{\langle \mathbf{y}, f(\mathbf{x}) \rangle} = \langle f(\mathbf{x}), \mathbf{y} \rangle.$$

Auch hier ergibt die Eindeutigkeit der Adjungierten: $(f^*)^* = f$. $\quad \square$

6.3 Selbstadjungierte Endomorphismen und Spektralsatz

Das vorausgegangene Beispiel zeigt, dass sich der adjungierte Endomorphismus f^* durchaus deutlich von f unterscheiden kann. Eine besondere Betrachtung verdienen Endomorphismen euklidischer bzw. unitärer Vektorräume, die dagegen mit ihren Adjungierten übereinstimmen.

Definition 6.22 (Selbstadjungierter Endomorphismus) *Es sei* $(V, \langle \cdot, \cdot \rangle)$ *ein euklidischer bzw. unitärer Vektorraum. Ein Endomorphismus* $f \in \text{End}(V)$ *heißt selbstadjungiert, wenn*

$$\langle f(\mathbf{v}), \mathbf{w} \rangle = \langle \mathbf{v}, f(\mathbf{w}) \rangle \tag{6.26}$$

für alle $\mathbf{v}, \mathbf{w} \in V$ *gilt. In diesem Fall existiert der adjungierte Endomorphismus und stimmt mit* f *überein:* $f^T = f$ *bzw.* $f^* = f$.

Ist der zugrunde gelegte Vektorraum dabei endlich-dimensional, so lässt sich jeder selbst-adjungierte Endomorphismus mit einer symmetrischen bzw. hermiteschen Matrix darstel-len. Präziser formuliert:

Satz 6.23 *Es sei* $(V, \langle \cdot, \cdot \rangle)$ *ein euklidischer bzw. unitärer Vektorraum endlicher Dimension* $n = \dim V$ *und* $f \in \mathrm{End}(V)$ *ein Endomorphismus auf V. Aufgrund von Satz 5.16 besitzt V eine Orthonormalbasis* $S = (\mathbf{s}_1, \dots, \mathbf{s}_n)$. *Es gilt nun: Genau dann ist f selbstadjungiert, wenn seine Koordinatenmatrix* $M_S(f)$ *symmetrisch, also* $M_S(f) = (M_S(f))^T$, *bzw. hermi-tesch, d. h.* $M_S(f) = (M_S(f))^*$, *ist.*

Beweis. Es reicht, die Aussage für den Fall eines unitären Vektorraums zu zeigen. Ist f selbstadjungiert, so gilt $f^* = f$ und ihre jeweiligen Koordinatenmatrizen bezüglich S stim-men ebenfalls überein. Nach Satz 6.19 gilt daher $(M_S(f))^* = M_S(f^*) = M_S(f)$. Die Koor-dinatenmatrix ist also hermitesch. Ist umgekehrt bezüglich S die Koordinatenmatrix von f hermitesch, so gilt für den adjungierten Endomorphismus

$$f^*(\mathbf{v}) = c_S^{-1}((M_S(f))^* c_S(\mathbf{v})) = c_S^{-1}(M_S(f) c_S(\mathbf{v})) = f(\mathbf{v}),$$

denn $M_S(f) c_S(\mathbf{v})$ ist der Bildvektor von $\mathbf{v}$ unter f bezüglich der Basis S. □

Aus der letzten Definition folgt speziell: Ein matrix-vermittelter Endomorphismus auf $\mathbb{R}^n$ ist also genau dann selbstadjungiert, wenn die vermittelnde reelle Matrix symmetrisch ist.

Wir betrachten nun eine symmetrische Matrix über $\mathbb{R}$. Es sei also $A \in \mathrm{M}(n, \mathbb{R})$ mit $A^T = A$. Das charakteristische Polynom von A zerfällt aufgrund des Fundamentalsatzes der Algebra vollständig über $\mathbb{C}$ in Linearfaktoren. Es gibt also n Eigenwerte $\lambda_1, \dots, \lambda_n \in \mathbb{C}$. Diese Eigenwerte müssen dabei nicht verschieden sein. Da jedoch das charakteristische Polynom von A nur reelle Koeffizienten besitzt, bilden die Eigenwerte konjugierte Paare. Für jeden Eigenwert $\lambda \in \mathrm{Spec} A$ ist also auch sein konjugiert komplexer Wert $\overline{\lambda}$ ein Eigen-wert von A. Es sei nun $\lambda \in \mathbb{C}$ ein (evtl. nicht-reeller) Eigenwert von A. Es gibt dann einen nicht-trivialen Vektor $\mathbf{x} \in \mathbb{C}^n$, sodass die Eigenwertgleichung

$$A\mathbf{x} = \lambda \mathbf{x}$$

erfüllt ist. Das Transponieren dieser Gleichung führt wegen $A^T = A$ zu

$$\mathbf{x}^T A = \lambda \mathbf{x}^T.$$

Die komplexe Konjugation dieser Gleichung führt wegen $\overline{A} = A$ zu

$$\overline{\mathbf{x}}^T A = \overline{\lambda} \, \overline{\mathbf{x}}^T.$$

Wenn wir nun diese Gleichung von rechts mit $\mathbf{x}$ multiplizieren, so erhalten wir

$$\overline{\mathbf{x}}^T A \mathbf{x} = \overline{\lambda} \, \overline{\mathbf{x}}^T \mathbf{x}.$$

Es folgt aufgrund der Eigenwertgleichung $A\mathbf{x} = \lambda \mathbf{x}$

$$\overline{\mathbf{x}}^T \lambda \mathbf{x} = \overline{\lambda} \, \overline{\mathbf{x}}^T \mathbf{x}$$

bzw.

$$\lambda \bar{\mathbf{x}}^T \mathbf{x} = \overline{\lambda}\, \bar{\mathbf{x}}^T \mathbf{x}.$$

Da wegen $\mathbf{x} \neq 0$

$$\bar{\mathbf{x}}^T \mathbf{x} = \sum_{k=1}^{n} \bar{x}_k x_k = \sum_{k=1}^{n} \bar{x}_k x_k = \sum_{k=1}^{n} |x_k|^2 \neq 0$$

gilt, folgt $\lambda = \overline{\lambda}$, was nur sein kann, wenn $\lambda \in \mathbb{R}$ ist. Die n Eigenwerte $\lambda_1, \ldots, \lambda_n \in \mathbb{C}$ einer reellen, symmetrischen Matrix sind also alle reell. Außerdem zerfällt das charakteristische Polynom von A in dieser Situation vollständig über $\mathbb{R}$ in Linearfaktoren.

Satz 6.24 *Sämtliche Eigenwerte einer symmetrischen Matrix mit reellen Koeffizienten sind reell.*

Aufgrund von Satz 6.23 ist die Koordinatenmatrix eines selbstadjungierten Endomorphismus auf einem endlich-dimensionalen euklidischen $\mathbb{R}$-Vektorraum bezüglich einer Orthonormalbasis symmetrisch. In der Konsequenz ergibt sich die folgende Erkenntnis.

Folgerung 6.25 *Sämtliche Eigenwerte eines selbstadjungierten Endomorphismus auf einem endlich-dimensionalen euklidischen Vektorraum sind reell.*

Wir können die vorausgegangenen Überlegungen in ähnlicher Weise auch für hermitesche Matrizen anstellen.

Satz 6.26 *Sämtliche Eigenwerte einer hermiteschen Matrix sind reell.*

Als Beispiel betrachten wir die hermitesche 2×2-Matrix

$$A = \begin{pmatrix} 1 & 1+\mathrm{i} \\ 1-\mathrm{i} & 2 \end{pmatrix} \in \mathrm{M}(2, \mathbb{C}).$$

Es gilt $A^* = A$. Das charakteristische Polynom von A lautet

$$\chi_A(x) = \det \begin{pmatrix} x-1 & -(1+\mathrm{i}) \\ -(1-\mathrm{i}) & x-2 \end{pmatrix}$$

$$= (x-1)(x-2) - (1-\mathrm{i})(1+\mathrm{i}) = (x-1)(x-2) - 2 = x^2 - 3x = x(x-3).$$

Es gilt also $\operatorname{Spec} A = \{0, 3\} \subset \mathbb{R}$. Grundsätzlich können wir reell-symmetrische Matrizen als spezielle hermitesche Matrizen betrachten.

Was gilt nun für die Eigenvektoren reell-symmetrischer Matrizen bzw. selbstadjungierter Endomorphismen? Hierzu betrachten wir einen selbstadjungierten Endomorphismus f auf einem euklidischen Vektorraum V der Dimension $n < \infty$. Wenn zwei Eigenvektoren aus unterschiedlichen Eigenräumen $\mathbf{v}_1 \in V_{f, \lambda_1}$ und $\mathbf{v}_2 \in V_{f, \lambda_2}$ mit $\lambda_1, \lambda_2 \in \operatorname{Spec}(f) \in \mathbb{R}$, $\lambda_1 \neq \lambda_2$ vorliegen, so stellen wir fest, dass aufgrund der Selbstadjungiertheit von f gilt

$$\lambda_1 \langle \mathbf{v}_1, \mathbf{v}_2 \rangle = \langle \lambda_1 \mathbf{v}_1, \mathbf{v}_2 \rangle = \langle f(\mathbf{v}_1), \mathbf{v}_2 \rangle = \langle \mathbf{v}_1, f(\mathbf{v}_2) \rangle = \langle \mathbf{v}_1, \lambda_2 \mathbf{v}_2 \rangle = \langle \mathbf{v}_1, \mathbf{v}_2 \rangle \lambda_2,$$

woraus sich

$$(\lambda_1 - \lambda_2) \langle \mathbf{v}_1, \mathbf{v}_2 \rangle = 0$$

ergibt. Wegen $\lambda_1 \neq \lambda_2$ folgt $\langle \mathbf{v}_1, \mathbf{v}_2 \rangle = 0$. Dieses Ergebnis halten wir nun fest.

Satz 6.27 *Eigenvektoren aus unterschiedlichen Eigenräumen eines selbstadjungierten Endomorphismus auf einem euklidischen Vektorraum $(V, \langle \cdot, \cdot \rangle)$ sind zueinander orthogonal (bezüglich $\langle \cdot, \cdot \rangle$). Hieraus folgt speziell für Eigenvektoren $\mathbf{x}, \mathbf{y}$ aus unterschiedlichen Eigenräumen einer symmetrischen Matrix über $\mathbb{R}$ ihre Orthogonalität bezüglich des kanonischen Skalarprodukts:* $\mathbf{x}^T \mathbf{y} = 0$.

Dass es bei einem selbstadjungierten Endomorphismus f auf einem endlich-dimensionalen euklidischen Vektorraum $(V, \langle \cdot, \cdot \rangle)$ sogar eine Orthogonal*basis* aus Eigenvektoren von f gibt, macht die folgende Überlegung deutlich. Für eindimensionale Vektorräume (also $n = 1$) ist dies trivial bzw. es ist dort nichts zu zeigen. Betrachten wir diesen Fall als den Induktionsanfang. Es sei nun $\lambda \in \operatorname{Spec} f$ ein Eigenwert. Nach der letzten Folgerung ist $\lambda \in \mathbb{R}$. Es gibt einen nicht-trivialen Vektor $\mathbf{v}_1 \in V$ mit

$$f(\mathbf{v}_1) = \lambda \mathbf{v}_1.$$

Nun gilt für jeden Vektor $\mathbf{v} \in \operatorname{Kern} \langle \mathbf{v}_1, \cdot \rangle$, dem orthogonalen Komplement von $\mathbf{v}_1$ gemäß Definition 5.14, aufgrund der Selbstadjungiertheit von f

$$\langle \mathbf{v}_1, f(\mathbf{v}) \rangle = \langle f(\mathbf{v}_1), \mathbf{v} \rangle = \langle \lambda \mathbf{v}_1, \mathbf{v} \rangle = \lambda \langle \mathbf{v}_1, \mathbf{v} \rangle = 0.$$

Damit gehört der Bildvektor $f(\mathbf{v})$ ebenfalls zum orthogonalen Komplement von $\mathbf{v}_1$. Es ist demnach

$$f(\operatorname{Kern} \langle \mathbf{v}_1, \cdot \rangle) \subset \operatorname{Kern} \langle \mathbf{v}_1, \cdot \rangle.$$

Das orthogonale Komplement $U := \operatorname{Kern} \langle \mathbf{v}_1, \cdot \rangle$ ist ein $n - 1$-dimensionaler Teilraum von V (vgl. Bemerkungen nach Definition 5.14). Die Einschränkung von f auf das orthogonale Komplement U

$$f_U : U \to U$$
$$\mathbf{v} \mapsto f(\mathbf{v})$$

ist also ein selbstadjungierter *Endo*morphismus auf dem $n - 1$-dimensionalen Vektorraum U. Nach Induktionsvoraussetzung besitzt dieser Vektorraum eine Orthogonalbasis und damit auch eine Orthonormalbasis aus $n - 1$ Eigenvektoren

$$\mathbf{s}_2, \ldots, \mathbf{s}_n$$

von f_U, die somit auch Eigenvektoren von f darstellen. Zusammen mit $\mathbf{v}_1$ bilden diese Vektoren eine Orthogonalbasis von V

$$B = (\mathbf{v}_1, \mathbf{s}_2, \ldots, \mathbf{s}_n),$$

die aus Eigenvektoren von f besteht. □

Wir können nun diese Orthogonalbasis B zu einer Orthonormalbasis machen, indem wir den Basisvektor $\mathbf{v}_1$ mithilfe der euklidischen Norm auf die Länge 1 skalieren:

$$\mathbf{s}_1 := \frac{\mathbf{v}_1}{\|\mathbf{v}_1\|}.$$

Diese Vektoren sind ebenfalls Eigenvektoren von f. Wir erhalten also mit

$$S = (s_1, s_2, \ldots, s_n)$$

eine Orthonormalbasis von V aus Eigenvektoren von f. Insbesondere stellen wir nun aufgrund von Satz 6.12 fest, dass f auch diagonalisierbar ist.

Wir fassen nun all diese Erkenntnisse zusammen und erhalten ein wichtiges Resultat.

Satz 6.28 (Spektralsatz/Hauptachsentransformation) *Es sei* $(V, \langle \cdot, \cdot \rangle)$ *ein endlich-dimensionaler euklidischer* $\mathbb{R}$-*Vektorraum der Dimension n und* $f \in \mathrm{End}(V)$ *ein selbstadjungierter Endomorphismus. Dann gibt es eine Orthonormalbasis S von V aus Eigenvektoren von* f. *Der Endomorphismus* f *ist diagonalisierbar, seine Koordinatenmatrix bezüglich S ist die Diagonalmatrix seiner Eigenwerte*

$$M_S(f) = \begin{pmatrix} \lambda_1 & 0 & \cdots & 0 \\ 0 & \lambda_2 & \ddots & \vdots \\ \vdots & \ddots & \ddots & 0 \\ 0 & \cdots & 0 & \lambda_n \end{pmatrix} \tag{6.27}$$

mit $\lambda_1, \ldots, \lambda_n \in \mathrm{Spec}(f) \subset \mathbb{R}$. *Sämtliche Eigenwerte von* f *sind reell, und das charakteristische Polynom zerfällt vollständig über* $\mathbb{R}$ *in Linearfaktoren. Insbesondere stimmt die algebraische Ordnung mit der geometrischen Ordnung für jeden Eigenwert von* f *überein. In einer speziellen Version für Matrizen lautet die Aussage: Es sei A eine symmetrische* $n \times n -$ *Matrix über* $\mathbb{R}$. *Dann gibt es eine orthogonale Matrix* $S \in \mathrm{O}(n, \mathbb{R})$ *mit*

$$S^{-1}AS = \begin{pmatrix} \lambda_1 & 0 & \cdots & 0 \\ 0 & \lambda_2 & \ddots & \vdots \\ \vdots & \ddots & \ddots & 0 \\ 0 & \cdots & 0 & \lambda_n \end{pmatrix} = S^T AS, \quad (da\ S^T = S^{-1}), \tag{6.28}$$

hierbei sind $\lambda_1, \ldots \lambda_n \in \mathbb{R}$ *die Eigenwerte von A. Insbesondere folgt, dass jede reelle symmetrische Matrix diagonalisierbar ist. Die Matrix A ist also sowohl ähnlich als auch kongruent zur Diagonalmatrix*

$$\Lambda := \begin{pmatrix} \lambda_1 & 0 & \cdots & 0 \\ 0 & \lambda_2 & \ddots & \vdots \\ \vdots & \ddots & \ddots & 0 \\ 0 & \cdots & 0 & \lambda_n \end{pmatrix}.$$

Es gilt also

$$A \approx S^{-1}AS = \Lambda = S^T AS \cong A,$$
$$S\Lambda S^{-1} = A = S\Lambda S^T. \tag{6.29}$$

Eine reelle und symmetrische $n \times n$-Matrix A vermittelt sowohl einen Endomorphismus f_A als auch eine quadratische Form q_A auf $\mathbb{R}^n$:

$$f_A : \mathbb{R}^n \to \mathbb{R}^n, \qquad\qquad q_A : \mathbb{R}^n \times \mathbb{R}^n \to \mathbb{R}$$
$$\mathbf{x} \mapsto f_A(\mathbf{x}) := A\mathbf{x} \qquad\qquad (\mathbf{x}, \mathbf{x}) \mapsto q_A(\mathbf{x}) := \mathbf{x}^T A \mathbf{x}.$$

Der Spektralsatz besagt nun, dass es eine Basis S des $\mathbb{R}^n$ gibt, sodass die Koordinatenmatrix von f_A bezüglich S und die Strukturmatrix von q_A bezüglich S identisch sind und mit der Eigenwert-Diagonalmatrix Λ übereinstimmen:

$$M_S(f) = \Lambda = A_S(q_A).$$

Symmetrische Matrizen mit reellen Komponenten spielen eine wichtige Rolle in vielen Anwendungen. Beispielsweise ist die Hesse-Matrix eines zweimal stetig-differenzierbaren skalaren Feldes $f : \mathbb{R}^n \to \mathbb{R}$

$$\operatorname{Hess} f(\mathbf{x}) = \nabla^T \nabla f = \begin{pmatrix} \frac{\partial^2 f}{\partial x_1^2} & \cdots & \frac{\partial^2 f}{\partial x_1 \partial x_n} \\ \vdots & \ddots & \vdots \\ \frac{\partial^2 f}{\partial x_n \partial x_1} & \cdots & \frac{\partial^2 f}{\partial x_n^2} \end{pmatrix}$$

in jedem $\mathbf{x}_0 \in \mathbb{R}^n$ eine symmetrische Matrix. Sie dient beispielsweise dazu, ein derartiges Feld durch ein quadratisches Taylor-Polynom um einen Punkt $\mathbf{x}_0$ zu approximieren:

$$f(\mathbf{x}) \approx f(\mathbf{x}_0) + (\nabla f)(\mathbf{x}_0)(\mathbf{x} - \mathbf{x}_0) + (\mathbf{x} - \mathbf{x}_0)^T \cdot \tfrac{1}{2} \operatorname{Hess} f(\mathbf{x}_0) \cdot (\mathbf{x} - \mathbf{x}_0).$$

Bei dem letzten Summanden handelt es sich um eine von $\frac{1}{2} \operatorname{Hess} f(\mathbf{x}_0)$ vermittelte quadratische Form auf $\mathbb{R}^n$.

Ein weiteres Einsatzgebiet für die Hesse-Matrix ist die Optimierung. Als symmetrische und reelle Matrix qualifiziert ihre Definitheit mögliche Extremalstellen als lokale Minimalstellen, Maximalstellen oder Sattelpunktstellen von f.

Nun ist die Definitheit einer quadratischen Form äquivalent zur Definitheit ihrer Strukturmatrix. Die Definitheit von Matrizen ist darüber hinaus invariant unter Kongruenztransformationen. Aufgrund des Spektralsatzes ist eine reell-symmetrische Matrix A kongruent zur Eigenwert-Diagonalmatrix Λ. Wir können daher die Definitheit von A anhand der Definitheit von Λ und damit an den Eigenwerten $\lambda_1, \ldots, \lambda_n$ von A ablesen:

Satz 6.29 (Definitheit und Eigenwerte) *Es sei $A \in \mathrm{M}(n, \mathbb{R})$ eine symmetrische Matrix über $\mathbb{R}$. Aufgrund des Spektralsatzes hat A nur reelle Eigenwerte, d. h. $\operatorname{Spec} A \subset \mathbb{R}$. Die Definitheit von A kann anhand ihrer Eigenwerte in folgender Weise abgelesen werden:*

(i) *A ist positiv definit $\iff$ alle Eigenwerte von A sind positiv: $\lambda > 0$ für alle $\lambda \in$ Spec A.*

(ii) *A ist negativ definit $\iff$ alle Eigenwerte von A sind negativ: $\lambda < 0$ für alle $\lambda \in$ Spec A.*

(iii) *A ist positiv semidefinit $\iff$ alle Eigenwerte von A sind nicht-negativ: $\lambda \geq 0$ für alle $\lambda \in$ Spec A.*

(iv) A ist negativ semidefinit $\iff$ alle Eigenwerte von A sind nicht-positiv: $\lambda \leq 0$ für alle $\lambda \in \mathrm{Spec}\, A$.

(v) A ist indefinit $\iff$ Es gibt (mindestens) zwei vorzeichenverschiedene Eigenwerte $\lambda_1, \lambda_2 \in \mathrm{Spec}\, A$, also zwei Eigenwerte, deren Produkt negativ ist: $\lambda_1 \lambda_2 < 0$.

Wegen des Sylvester'schen Trägheitssatzes ist A kongruent zu einer Normalform

$$A \simeq \begin{pmatrix} E_p & 0 & 0 \\ 0 & -E_s & 0 \\ 0 & 0 & 0_q \end{pmatrix}.$$

Aufgrund des Spektralsatzes ist A darüber hinaus kongruent zur Eigenwert-Diagonalmatrix Λ. Demzufolge ist p die Anzahl der positiven Eigenwerte, s die Anzahl der negativen Eigenwerte und q die algebraische und geometrische Ordnung des Eigenwertes 0, sofern $0 \in \mathrm{Spec}\, A$ bzw. A singulär ist.

Orthogonale $n \times n$-Matrizen bilden eine Untergruppe der regulären $n \times n$-Matrizen. Die symmetrischen $n \times n$-Matrizen über $\mathbb{R}$ bilden keine Gruppe, da sie einerseits nicht notwendigerweise invertierbar sein müssen, andererseits ist die Menge dieser Matrizen, selbst im Fall der Regularität, bezüglich des Matrixprodukts für $n \geq 2$ auch nicht abgeschlossen.

Bemerkung 6.30 *Ein Produkt symmetrischer Matrizen muss nicht symmetrisch sein. Die Symmetrieeigenschaft einer Matrix kann unter einer Ähnlichkeitstransformation verlorengehen.*

Beweis. Gegenbeispiele sind leicht konstruierbar. Beispielsweise gilt

$$\begin{pmatrix} 0 & 1 \\ 1 & 2 \end{pmatrix} \cdot \begin{pmatrix} 2 & 0 \\ 0 & 1 \end{pmatrix} = \begin{pmatrix} 0 & 1 \\ 2 & 2 \end{pmatrix}.$$

Die Symmetrie kann auch schon deswegen nicht im Allgemeinen unter Ähnlichkeitstransformation erhalten bleiben, weil es sonst keine nicht-symmetrischen Matrizen gäbe, die diagonalisierbar sind. Wie wir wissen, gibt es durchaus diagonalisierbare nicht-symmetrische Matrizen. Für eine derartige Matrix A gibt es also eine Ähnlichkeitstransformation mit $B^{-1}AB = \Lambda$, wobei Λ die Eigenwertdiagonalmatrix ist. Nun ist Λ als Diagonalmatrix symmetrisch. Wäre Symmetrie eine Invariante unter Ähnlichkeitstransformation, so müsste die zu Λ ähnliche Matrix A auch symmetrisch sein.

Wir wollen nun anhand einer symmetrischen 4×4-Matrix über $\mathbb{R}$ das komplette Programm von der Eigenwert- und Eigenraumberechnung über die Definitheitscharakterisierung bis zur Bestimmung einer Orthonormalbasis aus Eigenvektoren durchexerzieren. Hierzu betrachten wir die reell-symmetrische 4×4-Matrix

$$A = \begin{pmatrix} -1 & 0 & 3 & 0 \\ 0 & -1 & 0 & 3 \\ 3 & 0 & -1 & 0 \\ 0 & 3 & 0 & -1 \end{pmatrix}.$$

Zur Berechnung des charakteristischen Polynoms χ_A, bietet es sich an, in der charakteristischen Matrix

$$xE_4 - A = \begin{pmatrix} x+1 & 0 & -3 & 0 \\ 0 & x+1 & 0 & -3 \\ -3 & 0 & x+1 & 0 \\ 0 & -3 & 0 & x+1 \end{pmatrix}$$

zunächst die mittleren beiden Zeilen zu vertauschen und anschließend die mittleren beiden Spalten, um eine Blockdiagonalmatrix zu erhalten. Zeilen- bzw. Spaltenvertauschungen wirken sich (auch bei Matrizen über dem Integritätsring $\mathbb{R}[x]$) nur auf das Vorzeichen der Determinante aus und somit nicht auf die Nullstellen von χ_A. Da wir sogar *zwei* Einzelvertauschungen durchführen, ändert sich nicht einmal das Vorzeichen von χ_A. Das charakteristische Polynom von A lautet also

$$\chi_A(x) = \det \begin{pmatrix} x+1 & 0 & -3 & 0 \\ 0 & x+1 & 0 & -3 \\ -3 & 0 & x+1 & 0 \\ 0 & -3 & 0 & x+1 \end{pmatrix} = \det \begin{pmatrix} x+1 & -3 & 0 & 0 \\ -3 & x+1 & 0 & 0 \\ 0 & 0 & x+1 & -3 \\ 0 & 0 & -3 & x+1 \end{pmatrix}$$

$$= ((x+1)^2 - 9)((x+1)^2 - 9)$$

$$= (x+1-3)^2(x+1+3)^2 = (x-2)^2(x+4)^2,$$

wobei wir uns die Kästchenformel für Determinanten von Blocktrigonalmatrizen (vgl. Satz 2.78) zunutze gemacht haben. Wir erhalten zwei Eigenwerte mit algebraischer Ordnung 2:

$$\lambda_1 = 2, \qquad \lambda_2 = -4.$$

Da es sich um vorzeichenverschiedene Eigenwerte handelt, ist die Matrix indefinit. Aufgrund der Diagonalisierbarkeit von A müssen die beiden zugehörigen Eigenräume jeweils zweidimensional sein, denn die geometrische Ordnung stimmt in diesem Fall mit der algebraischen Ordnung bei beiden Eigenwerten überein. Wir berechnen den Eigenraum zu $\lambda_1 = 2$:

$$V_{A,2} = \text{Kern}(A - 2E) = \text{Kern} \begin{pmatrix} -3 & 0 & 3 & 0 \\ 0 & -3 & 0 & 3 \\ 3 & 0 & -3 & 0 \\ 0 & 3 & 0 & -3 \end{pmatrix}$$

$$= \text{Kern} \begin{pmatrix} 1 & 0 & -1 & 0 \\ 0 & 1 & 0 & -1 \end{pmatrix} = \left\langle \begin{pmatrix} 1 \\ 0 \\ 1 \\ 0 \end{pmatrix}, \begin{pmatrix} 0 \\ 1 \\ 0 \\ 1 \end{pmatrix} \right\rangle.$$

Für den Eigenraum zu $\lambda_1 = -4$ berechnen wir:

$$V_{A,-4} = \mathrm{Kern}(A + 4E) = \mathrm{Kern} \begin{pmatrix} 3 & 0 & 3 & 0 \\ 0 & 3 & 0 & 3 \\ 3 & 0 & 3 & 0 \\ 0 & 3 & 0 & 3 \end{pmatrix}$$

$$= \mathrm{Kern} \begin{pmatrix} 1 & 0 & 1 & 0 \\ 0 & 1 & 0 & 1 \end{pmatrix} = \left\langle \begin{pmatrix} -1 \\ 0 \\ 1 \\ 0 \end{pmatrix}, \begin{pmatrix} 0 \\ -1 \\ 0 \\ 1 \end{pmatrix} \right\rangle .$$

Alle Eigenvektoren aus $V_{A,2}$ sind orthogonal zu allen Eigenvektoren aus $V_{A,-4}$. Wir wählen nun jeweils aus $V_{A,2}$ zwei orthogonale Eigenvektoren und aus $V_{A,-4}$ zwei orthogonale Eigenvektoren aus. In diesem Beispiel sind bereits die beiden $V_{A,2}$ erzeugenden Vektoren

$$\begin{pmatrix} 1 \\ 0 \\ 1 \\ 0 \end{pmatrix}, \begin{pmatrix} 0 \\ 1 \\ 0 \\ 1 \end{pmatrix}$$

und die beiden $V_{A,-4}$ erzeugenden Vektoren

$$\begin{pmatrix} -1 \\ 0 \\ 1 \\ 0 \end{pmatrix}, \begin{pmatrix} 0 \\ -1 \\ 0 \\ 1 \end{pmatrix}$$

zueinander orthogonal. Sollten die aus der jeweiligen Kernberechnung sich ergebenden Basisvektoren nicht orthogonal zueinander sein, so müssen wir sie innerhalb ihres jeweiligen Eigenraums erst orthogonalisieren, beispielsweise mit dem Orthogonalisierungsverfahren von Gram-Schmidt. Dass es Orthogonalbasen in jedem endlich-dimensionalen euklidischen oder unitären Raum geben muss, hatten wir bereits früher in Satz 5.16 formuliert. Mit den obigen vier Vektoren erhalten wir also zunächst eine Orthogonalbasis des $\mathbb{R}^4$ aus Eigenvektoren von A und stellen sie zu einer regulären 4×4-Matrix zusammen:

$$B = \begin{pmatrix} 1 & 0 & -1 & 0 \\ 0 & 1 & 0 & -1 \\ 1 & 0 & 1 & 0 \\ 0 & 1 & 0 & 1 \end{pmatrix} .$$

Diese vier Vektoren sind orthogonal zueinander. Somit ergibt $B^T B$ eine Diagonalmatrix:

$$B^T B = \begin{pmatrix} 1 & 0 & 1 & 0 \\ 0 & 1 & 0 & 1 \\ -1 & 0 & 1 & 0 \\ 0 & -1 & 0 & 1 \end{pmatrix} \begin{pmatrix} 1 & 0 & -1 & 0 \\ 0 & 1 & 0 & -1 \\ 1 & 0 & 1 & 0 \\ 0 & 1 & 0 & 1 \end{pmatrix} = \begin{pmatrix} 2 & 0 & 0 & 0 \\ 0 & 2 & 0 & 0 \\ 0 & 0 & 2 & 0 \\ 0 & 0 & 0 & 2 \end{pmatrix} .$$

Wir können aus den Spalten von B eine Orthonormalbasis des $\mathbb{R}^4$ machen, indem wir diese Spalten normieren, also durch ihre jeweilige Länge dividieren. In diesem Beispiel sind die

Längen aller vier Vektoren identisch. Sie betragen dabei jeweils $\sqrt{2}$. Wir erhalten nach Normierung die Matrix

$$S = \begin{pmatrix} \frac{1}{\sqrt{2}} & 0 & -\frac{1}{\sqrt{2}} & 0 \\ 0 & \frac{1}{\sqrt{2}} & 0 & -\frac{1}{\sqrt{2}} \\ \frac{1}{\sqrt{2}} & 0 & \frac{1}{\sqrt{2}} & 0 \\ 0 & \frac{1}{\sqrt{2}} & 0 & \frac{1}{\sqrt{2}} \end{pmatrix} = B \cdot \frac{1}{\sqrt{2}}.$$

Damit gilt

$$S^T S = B^T B (\tfrac{1}{\sqrt{2}})^2 = E_4.$$

Bei der Matrix S handelt es sich also in der Tat um eine orthogonale Matrix[4], es gilt also $S^{-1} = S^T$. Abschließend wollen wir die Hauptachsentransformation $S^{-1}AS = \Lambda = S^T AS$ noch verifizieren. Es gilt

$$S^{-1}AS = S^T AS = (B \cdot \tfrac{1}{\sqrt{2}})^T A (B \cdot \tfrac{1}{\sqrt{2}}) = \tfrac{1}{2} B^T AB$$

$$= \frac{1}{2} \begin{pmatrix} 1 & 0 & 1 & 0 \\ 0 & 1 & 0 & 1 \\ -1 & 0 & 1 & 0 \\ 0 & -1 & 0 & 1 \end{pmatrix} \begin{pmatrix} -1 & 0 & 3 & 0 \\ 0 & -1 & 0 & 3 \\ 3 & 0 & -1 & 0 \\ 0 & 3 & 0 & -1 \end{pmatrix} \begin{pmatrix} 1 & 0 & -1 & 0 \\ 0 & 1 & 0 & -1 \\ 1 & 0 & 1 & 0 \\ 0 & 1 & 0 & 1 \end{pmatrix}$$

$$= \frac{1}{2} \begin{pmatrix} 1 & 0 & 1 & 0 \\ 0 & 1 & 0 & 1 \\ -1 & 0 & 1 & 0 \\ 0 & -1 & 0 & 1 \end{pmatrix} \begin{pmatrix} 2 & 0 & 4 & 0 \\ 0 & 2 & 0 & 4 \\ 2 & 0 & -4 & 0 \\ 0 & 2 & 0 & -4 \end{pmatrix}$$

$$= \frac{1}{2} \begin{pmatrix} 4 & 0 & 0 & 0 \\ 0 & 4 & 0 & 0 \\ 0 & 0 & -8 & 0 \\ 0 & 0 & 0 & -8 \end{pmatrix} = \begin{pmatrix} 2 & 0 & 0 & 0 \\ 0 & 2 & 0 & 0 \\ 0 & 0 & -4 & 0 \\ 0 & 0 & 0 & -4 \end{pmatrix} = \Lambda.$$

Wir betrachten ein weiteres Beispiel. Die Matrix

$$A = \begin{pmatrix} 2 & -1 & 1 \\ -1 & 2 & 1 \\ 1 & 1 & 2 \end{pmatrix}$$

ist reell-symmetrisch. Sie ist also über $\mathbb{R}$ diagonalisierbar. Zunächst berechnen wir ihre Eigenwerte. Das charakteristische Polynom von A ändert sich nicht durch Typ-I-Umformungen an der charakteristischen Matrix $xE - A$, sodass wir zur Determinantenberechnung diese Matrix vereinfachen können, indem wir die letzte Zeile zur zweiten und zur ersten Zeile addieren:

---

[4] S müsste eigentlich ortho*normale* Matrix heißen, allerdings hat sich diese Bezeichnung nicht durchgesetzt.

$$\chi_A(x) = \det \begin{pmatrix} x-2 & 1 & -1 \\ 1 & x-2 & -1 \\ -1 & -1 & x-2 \end{pmatrix} = \det \begin{pmatrix} x-2 & 1 & -1 \\ 0 & x-3 & x-3 \\ -1 & -1 & x-2 \end{pmatrix}$$

$$= \det \begin{pmatrix} x-3 & 0 & x-3 \\ 0 & x-3 & x-3 \\ -1 & -1 & x-2 \end{pmatrix}.$$

Wir entwickeln die Determinante nun nach der dritten Spalte, denn die Determinanten der Streichungsmatrizen sind hier leicht bestimmbar. Es folgt

$$\chi_A(x) = (x-3)\det \begin{pmatrix} 0 & x-3 \\ -1 & -1 \end{pmatrix} - (x-3)\det \begin{pmatrix} x-3 & 0 \\ -1 & -1 \end{pmatrix}$$

$$+ (x-2)\det \begin{pmatrix} x-3 & 0 \\ 0 & x-3 \end{pmatrix}$$

$$= (x-3) \cdot \big((x-3) + (x-3) + (x-3)(x-2)\big)$$

$$= (x-3)^2(1+1+x-2) = (x-3)^2 x.$$

Wir haben also den algebraisch einfachen Eigenwert 0 und den algebraisch doppelten Eigenwert 3. Da A diagonalisierbar ist, erwarten wir die entsprechenden geometrischen Vielfachheiten. Es gilt für den Eigenraum zum Eigenwert 0

$$V_{A,0} = \operatorname{Kern} A = \operatorname{Kern} \begin{pmatrix} 2 & -1 & 1 \\ -1 & 2 & 1 \\ 1 & 1 & 2 \end{pmatrix} = \operatorname{Kern} \begin{pmatrix} 1 & 1 & 2 \\ -1 & 2 & 1 \\ 2 & -1 & 1 \end{pmatrix} = \operatorname{Kern} \begin{pmatrix} 1 & 1 & 2 \\ 0 & 3 & 3 \\ 0 & -3 & -3 \end{pmatrix}$$

$$= \operatorname{Kern} \begin{pmatrix} 1 & 1 & 2 \\ 0 & 1 & 1 \end{pmatrix} = \operatorname{Kern} \begin{pmatrix} 1 & 0 & 1 \\ 0 & 1 & 1 \end{pmatrix} = \left\langle \begin{pmatrix} -1 \\ -1 \\ 1 \end{pmatrix} \right\rangle.$$

Für den Eigenraum zum Eigenwert 3 gilt

$$V_{A,3} = \operatorname{Kern}(A - 3E_3) = \operatorname{Kern} \begin{pmatrix} -1 & -1 & 1 \\ -1 & -1 & 1 \\ 1 & 1 & -1 \end{pmatrix} = \operatorname{Kern} \begin{pmatrix} 1 & 1 & -1 \end{pmatrix} = \left\langle \begin{pmatrix} -1 \\ 1 \\ 0 \end{pmatrix}, \begin{pmatrix} 1 \\ 0 \\ 1 \end{pmatrix} \right\rangle.$$

Wie erwartet, erhalten wir einen zweidimensionalen Raum. Alle Vektoren aus $V_{A,0}$ sind orthogonal zu allen Vektoren aus $V_{A,3}$. Die beiden durch die Kernberechnung von $A - 3E_3$ ermittelten Basisvektoren von $V_{A,3}$,

$$\begin{pmatrix} -1 \\ 1 \\ 0 \end{pmatrix} \quad \text{und} \quad \begin{pmatrix} 1 \\ 0 \\ 1 \end{pmatrix},$$

sind jedoch nicht orthogonal. Wir müssen nun orthogonale Vektoren aus $V_{A,3}$ bestimmen. Dazu betrachten wir beispielsweise den Eigenvektor

$$\mathbf{b}_2 := \begin{pmatrix} -1 \\ 1 \\ 0 \end{pmatrix}$$

und bestimmen einen zu $\mathbf{b}_2$ orthogonalen Vektor $\mathbf{b}_3 \in V_{A,3}$. Ein derartiger Vektor ist als Eigenvektor zu 3 eine Linearkombination beider Basisvektoren von $V_{A,3}$. Wir können also ansetzen

$$\mathbf{b}_3 = \alpha \begin{pmatrix} -1 \\ 1 \\ 0 \end{pmatrix} + \beta \begin{pmatrix} 1 \\ 0 \\ 1 \end{pmatrix} = \begin{pmatrix} -\alpha + \beta \\ \alpha \\ \beta \end{pmatrix}.$$

Dieser Vektor soll nicht-trivial sein und orthogonal zu $\mathbf{b}_2$. Wir fordern also

$$\mathbf{b}_2^T \begin{pmatrix} -\alpha + \beta \\ \alpha \\ \beta \end{pmatrix} = (-1, 1, 0) \cdot \begin{pmatrix} -\alpha + \beta \\ \alpha \\ \beta \end{pmatrix} = \alpha - \beta + \alpha \overset{!}{=} 0.$$

Dies führt auf das homogene lineare Gleichungssystem $2\alpha - \beta = 0$. Eine nicht-triviale Lösung ergibt sich beispielsweise durch die Wahl von $\beta = 2$, woraus sich $\alpha = 1$ ergibt. Ein zu $\mathbf{b}_2$ orthogonaler Eigenvektor aus $V_{A,3}$ ist also beispielsweise

$$\mathbf{b}_3 = \begin{pmatrix} 1 \\ 1 \\ 2 \end{pmatrix}.$$

Alternativ hätten wir auch durch das Orthogonalisierungsverfahren von Gram-Schmidt den Vektor $\frac{1}{2}\mathbf{b}_3$ aus $\mathbf{b}_2$ erhalten (Übung). Als Eigenvektoren aus $V_{A,3}$ sind $\mathbf{b}_2$ und $\mathbf{b}_3$ orthogonal zu

$$\mathbf{b}_1 := \begin{pmatrix} -1 \\ -1 \\ 1 \end{pmatrix} \in V_{A,0}.$$

Wir erhalten mit $B = (\mathbf{b}_1, \mathbf{b}_2, \mathbf{b}_3)$ eine Orthogonalbasis des $\mathbb{R}^3$ aus Eigenvektoren von A und können sie als Spalten einer entsprechenden Matrix zusammenstellen:

$$B = (\mathbf{b}_1 \,|\, \mathbf{b}_2 \,|\, \mathbf{b}_3) = \begin{pmatrix} -1 & -1 & 1 \\ -1 & 1 & 1 \\ 1 & 0 & 2 \end{pmatrix}.$$

In der Tat ist

$$B^T B = \begin{pmatrix} -1 & -1 & 1 \\ -1 & 1 & 0 \\ 1 & 1 & 2 \end{pmatrix} \begin{pmatrix} -1 & -1 & 1 \\ -1 & 1 & 1 \\ 1 & 0 & 2 \end{pmatrix} = \begin{pmatrix} 3 & 0 & 0 \\ 0 & 2 & 0 \\ 0 & 0 & 6 \end{pmatrix}$$

eine Diagonalmatrix. Nun machen wir aus B eine Orthonormalbasis, indem wir die Spalten $\mathbf{b}_1, \mathbf{b}_2, \mathbf{b}_3$ normieren, also jeweils durch ihre euklidische Länge dividieren. Wir erhalten mit den Vektoren

$$\frac{\mathbf{b}_1}{\sqrt{3}} = \begin{pmatrix} -1/\sqrt{3} \\ -1/\sqrt{3} \\ 1/\sqrt{3} \end{pmatrix}, \quad \frac{\mathbf{b}_2}{\sqrt{2}} = \begin{pmatrix} -1/\sqrt{2} \\ 1/\sqrt{2} \\ 0 \end{pmatrix}, \quad \frac{\mathbf{b}_3}{\sqrt{6}} = \begin{pmatrix} 1/\sqrt{6} \\ 1/\sqrt{6} \\ 2/\sqrt{6} \end{pmatrix}$$

eine Orthonormalbasis des $\mathbb{R}^3$ aus Eigenvektoren von A. Die Matrix

$$S = \begin{pmatrix} -1/\sqrt{3} & -1/\sqrt{2} & 1/\sqrt{6} \\ -1/\sqrt{3} & 1/\sqrt{2} & 1/\sqrt{6} \\ 1/\sqrt{3} & 0 & 2/\sqrt{6} \end{pmatrix}$$

hat die Eigenschaft

$$S^T S = E_3$$

sowie

$$S^T A S = S^{-1} A S = \begin{pmatrix} 0 & 0 & 0 \\ 0 & 3 & 0 \\ 0 & 0 & 3 \end{pmatrix}.$$

Wir können die Voraussetzungen des Spektralsatzes abschwächen, indem wir Endomorphismen euklidischer oder unitärer Vektorräume betrachten, die mit ihrem adjungierten Endomorphismus vertauschbar sind.

Definition 6.31 (Normaler Endomorphismus bzw. normale Matrix) *Es sei* $(V, \langle \cdot, \cdot \rangle)$ *ein euklidischer oder unitärer Vektorraum. Ein Endomorphismus* $f \in \mathrm{End}(V)$, *für den die Adjungierte* f^T *bzw.* f^* *existiert, heißt* normal, *wenn er mit seiner Adjungierten vertauschbar ist, d. h., wenn*

$$f f^T = f^T f \quad \text{bzw.} \quad f f^* = f^* f \tag{6.30}$$

gilt. Hierbei ist das Produkt von Endomorphismen als Hintereinanderausführung zu verstehen. Es ist also beispielsweise $f f^T (\mathbf{v}) := f(f^T(\mathbf{v}))$ *für alle* $\mathbf{v} \in V$. *Eine Matrix* $A \in \mathrm{M}(n, \mathbb{C})$ *heißt* normal, *wenn sie mit ihrer adjungierten Matrix* A^* *vertauschbar ist:*

$$A A^* = A^* A. \tag{6.31}$$

Selbstadjungierte Endomorphismen sind stets normal, denn es gilt wegen $f = f^*$

$$f^* f = f^* f^* = f f = f f^*.$$

Die Umkehrung gilt im Allgemeinen nicht. Im endlich-dimensionalen Fall kann anhand der Koordinatenmatrix von f bezüglich einer Orthonormalbasis überprüft werden, ob f normal ist oder nicht.

Bemerkung 6.32 *Ist* f *ein Endomorphismus auf einem endlich-dimensionalen euklidischen oder unitären Vektorraum* $(V, \langle \cdot, \cdot \rangle)$, *so gilt*

$$f^* f = f f^* \iff M_S(f)^* \cdot M_S(f) = M_S(f) \cdot M_S(f)^* \tag{6.32}$$

für jede Orthonormalbasis S *von* V. *Der Endomorphismus ist also genau dann normal, wenn seine Koordinatenmatrix bzgl.* S *mit ihrer Adjungierten vertauschbar ist.*

Wir erkennen dies recht zügig an folgender Überlegung: Für jede Orthonormalbasis $S = (\mathbf{s}_1,\ldots,\mathbf{s}_n)$ von V ist nach Satz 6.19 die Koordinatenmatrix von f^* die Adjungierte der Koordinatenmatrix von f

$$M_S(f^*) = (M_S(f))^*.$$

Es gelte nun für alle $\mathbf{v} \in V$

$$f^*(f(\mathbf{v})) = f(f^*(\mathbf{v}))$$
$$\| \qquad\qquad \|$$
$$\Longrightarrow c_S^{-1}(M_S(f^*)M_S(f) \cdot c_S(\mathbf{v})) = c_S^{-1}(M_S(f)M_S(f^*) \cdot c_S(\mathbf{v}))$$
$$\Longrightarrow \qquad M_S(f^*)M_S(f) \cdot c_S(\mathbf{v}) = M_S(f)M_S(f^*) \cdot c_S(\mathbf{v})$$
$$\| \qquad\qquad \|$$
$$\Longrightarrow \qquad M_S(f)^*M_S(f) \cdot c_S(\mathbf{v}) = M_S(f)M_S(f)^* \cdot c_S(\mathbf{v}).$$

Wenn wir die letzte Beziehung speziell für die Basisvektoren $\mathbf{s}_1,\ldots,\mathbf{s}_n$ auswerten, folgt wegen $c_S(\mathbf{s}_i) = \hat{\mathbf{e}}_i$

$$M_S(f)^*M_S(f) \cdot \hat{\mathbf{e}}_i = M_S(f)M_S(f)^* \cdot \hat{\mathbf{e}}_i, \quad i = 1,\ldots,n.$$

Damit ist $M_S(f)^*M_S(f) = M_S(f)M_S(f)^*$. Sind umgekehrt die Koordinatenmatrizen $M_S(f)$ und $M_S(f^*)$ vertauschbar, so ist

$$f(f^*(\mathbf{v})) = c_S^{-1}(M_S(f)M_S(f^*) \cdot c_S(\mathbf{v}))$$
$$= c_S^{-1}(M_S(f^*)M_S(f) \cdot c_S(\mathbf{v})) = f^*(f(\mathbf{v}))$$

für alle $\mathbf{v} \in V$. $\quad\square$

Für die weitere Untersuchung normaler Endomorphismen sind folgende Überlegungen hilfreich. Für zwei komplexe Matrizen $A \in \mathrm{M}(n \times m, \mathbb{C})$ und $B \in \mathrm{M}(m \times n, \mathbb{C})$ ist die konjugiert Komplexe der Produktmatrix

$$\overline{AB} = (\overline{\sum_{k=1}^{n} a_{ik}b_{kj}})_{\substack{1 \leq i \leq m \\ 1 \leq j \leq p}} = (\sum_{k=1}^{n} \overline{a_{ik}}\,\overline{b_{kj}})_{\substack{1 \leq i \leq m \\ 1 \leq j \leq p}} = \overline{A} \cdot \overline{B}$$

identisch mit dem Produkt der zu A und B konjugiert komplexen Matrizen $\overline{A}$ und $\overline{B}$. Für eine normale Matrix $A \in \mathrm{M}(n, \mathbb{C})$ ist daher

$$A^*A = AA^* \iff \overline{A}^T A = A\overline{A}^T \iff \overline{\overline{A}^T A} = \overline{A\overline{A}^T} \iff A^T\overline{A} = \overline{A}A^T.$$

Ein normaler Endomorphismus f auf einem endlich-dimensionalen euklidischen bzw. unitären Vektorraum V hat eine besondere Eigenschaft hinsichtlich seiner Eigenräume. Ist nämlich $\lambda \in \mathrm{Spec}\, f$ ein Eigenwert von f und $\mathbf{v} \in V_{f,\lambda}$, $\mathbf{v} \neq \mathbf{0}$ ein entsprechender Eigenvektor, so gilt mit einer Orthonormalbasis S von V, der Koordinatenmatrix $A = M_S(f)$ und dem Koordinatenvektor $\mathbf{x} = c_S(\mathbf{v})$ zunächst $f(\mathbf{v}) - \lambda\mathbf{v} = \mathbf{0}$ und damit auch $A\mathbf{x} - \lambda\mathbf{x} = \mathbf{0}$. Somit verschwindet auch das kanonische Skalarprodukt

$$0 = \langle A\mathbf{x} - \lambda\mathbf{x}, A\mathbf{x} - \lambda\mathbf{x} \rangle = (A\mathbf{x} - \lambda\mathbf{x})^T \cdot \overline{(A\mathbf{x} - \lambda\mathbf{x})}.$$

Es gilt daher nach Ausmultiplizieren des Skalarprodukts

$$\begin{aligned}
0 &= (A\mathbf{x})^T \cdot \overline{A\mathbf{x}} - \overline{\lambda}(A\mathbf{x})^T \cdot \overline{\mathbf{x}} - \lambda \mathbf{x}^T \cdot \overline{A\mathbf{x}} + \lambda\overline{\lambda}\mathbf{x}^T \cdot \overline{\mathbf{x}} \\
&= \mathbf{x}^T A^T \cdot \overline{A}\overline{\mathbf{x}} - \overline{\lambda}\mathbf{x}^T A^T \cdot \overline{\mathbf{x}} - \lambda \mathbf{x}^T \cdot \overline{A\mathbf{x}} + \lambda\overline{\lambda}\mathbf{x}^T \cdot \overline{\mathbf{x}} \\
&= \mathbf{x}^T (A^T\overline{A} - \overline{\lambda}A^T - \lambda\overline{A} + \lambda\overline{\lambda}E_n)\overline{\mathbf{x}}.
\end{aligned}$$

Da nun f normal ist, gilt für seine Koordinatenmatrix $A^*A = AA^*$, was laut obiger Überlegung gleichbedeutend ist mit $A^T\overline{A} = \overline{A}A^T$. Daher folgt

$$0 = \mathbf{x}^T (\overline{A}A^T - \overline{\lambda}A^T - \lambda\overline{A} + \lambda\overline{\lambda}E_n)\overline{\mathbf{x}}.$$

Nun ist $\overline{A} = (A^*)^T$ und $A^T = \overline{A^*}$. Es folgt daher

$$\begin{aligned}
0 &= \mathbf{x}^T ((A^*)^T\overline{A^*} - \overline{\lambda}\,\overline{A^*} - \overline{\lambda}(A^*)^T + \overline{\lambda}\,\overline{\overline{\lambda}}E_n)\overline{\mathbf{x}} \\
&= \dots = (A^*\mathbf{x} - \overline{\lambda}\mathbf{x})^T \cdot \overline{(A^*\mathbf{x} - \overline{\lambda}\mathbf{x})} \\
&= \langle A^*\mathbf{x} - \overline{\lambda}\mathbf{x}, A^*\mathbf{x} - \overline{\lambda}\mathbf{x} \rangle.
\end{aligned}$$

Es ist also das kanonische Skalarprodukt $\langle A^*\mathbf{x} - \overline{\lambda}\mathbf{x}, A^*\mathbf{x} - \overline{\lambda}\mathbf{x} \rangle = 0$, was genau dann der Fall ist, wenn bereits $A^*\mathbf{x} - \overline{\lambda}\mathbf{x} = \mathbf{0}$ ist. Nun ist $A^* = (M_S(f))^* = M_S(f^*)$ die Koordinatenmatrix von f^*. Es gilt also die Eigenwertgleichung $f^*(\mathbf{v}) = \overline{\lambda}\mathbf{v}$. Wir fassen diese Beobachtung in einem Satz zusammen:

Satz 6.33 *Es sei f ein normaler Endomorphismus auf einem endlich-dimensionalen unitären Vektorraum $(V, \langle \cdot, \cdot \rangle)$. Für jeden Eigenwert λ von f ist $\overline{\lambda}$ ein Eigenwert von f^*. Es gilt also*

$$\operatorname{Spec} f^* = \{\overline{\lambda} : \lambda \in \operatorname{Spec} f\}. \tag{6.33}$$

Für den zum Eigenwert $\overline{\lambda}$ von f^* zugehörigen Eigenraum gilt

$$V_{f^*,\overline{\lambda}} = V_{f,\lambda}. \tag{6.34}$$

Ist eine $n \times n$-Matrix hermitesch, gilt also $A = A^*$, so ist sie auch normal. Die Umkehrung gilt jedoch nicht. So ist beispielsweise

$$A = \begin{pmatrix} i & 0 \\ 0 & 2 \end{pmatrix}$$

eine normale Matrix, da

$$AA^* = \begin{pmatrix} i & 0 \\ 0 & 2 \end{pmatrix}\begin{pmatrix} -i & 0 \\ 0 & 2 \end{pmatrix} = \begin{pmatrix} 1 & 0 \\ 0 & 4 \end{pmatrix} = \begin{pmatrix} -i & 0 \\ 0 & 2 \end{pmatrix}\begin{pmatrix} i & 0 \\ 0 & 2 \end{pmatrix} = A^*A$$

gilt. Jedoch entspricht A nicht ihrer Adjungierten

$$A^* = \begin{pmatrix} -i & 0 \\ 0 & 2 \end{pmatrix}.$$

Die beiden kanonischen Einheitsvektoren

$$\hat{\mathbf{e}}_1 = \begin{pmatrix} 1 \\ 0 \end{pmatrix}, \quad \hat{\mathbf{e}}_2 = \begin{pmatrix} 0 \\ 1 \end{pmatrix}$$

des unitären Vektorraums $\mathbb{C}^2$ mit seinem kanonischen Skalarprodukt bilden eine Orthonormalbasis aus Eigenvektoren von A, denn es ist

$$\langle \hat{\mathbf{e}}_i, \hat{\mathbf{e}}_j \rangle = \hat{\mathbf{e}}_i^T \cdot \overline{\hat{\mathbf{e}}_j} = \begin{cases} 1, & i = j \\ 0, & i \neq j \end{cases}$$

und

$$A\hat{\mathbf{e}}_1 = \mathrm{i} \cdot \hat{\mathbf{e}}_1, \quad A\hat{\mathbf{e}}_2 = 2 \cdot \hat{\mathbf{e}}_2.$$

Im Fall eines euklidischen bzw. unitären Vektorraums $(V, \langle \cdot, \cdot, \rangle)$ endlicher Dimension mit Orthonormalbasis S ist ein Endomorphismus $f \in \mathrm{End}(V)$ genau dann normal, wenn seine Koordinatenmatrix $M_S(f)$ normal ist. Im Gegensatz zu hermiteschen Matrizen brauchen die Eigenwerte einer normalen Matrix nicht mehr reell zu sein, wie das letzte Beispiel gezeigt hat. Wir können allerdings für normale Matrizen bzw. für normale Endomorphismen unitärer Vektorräume eine verallgemeinerte Form des Spektralsatzes zeigen. Hierzu benötigen wir eine Verallgemeinerung des Begriffs der orthogonalen Matrix. Eine reguläre $n \times n$-Matrix $A \in \mathrm{GL}(n, \mathbb{R})$ ist genau dann orthogonal, wenn ihre Transponierte mit ihrer Inversen übereinstimmt. Im Fall $\mathbb{K} = \mathbb{C}$ definieren wir entsprechend:

Definition 6.34 (**Unitäre Matrix**) *Eine reguläre $n \times n$-Matrix $A \in \mathrm{GL}(n, \mathbb{C})$ heißt unitär[5], wenn ihre Adjungierte mit ihrer Inversen übereinstimmt, d. h., wenn*

$$A^{-1} = A^* = \overline{A}^T \tag{6.35}$$

gilt.

Beispielsweise liegt mit der Matrix

$$\begin{pmatrix} \mathrm{i} & 0 \\ 0 & 1 \end{pmatrix}$$

eine unitäre Matrix vor, wie leicht zu sehen ist. Eine orthogonale Matrix $A \in \mathrm{M}(n, \mathbb{R})$ ist also der reelle Spezialfall einer unitären Matrix, da die komplexe Konjugation die Matrixkomponenten von A nicht ändert. Wir kommen nun zu einer Erweiterung des Spektralsatzes für unitäre Vektorräume endlicher Dimension.

Satz 6.35 (**Spektralsatz für unitäre Vektorräume**) *Es sei $(V, \langle \cdot, \cdot \rangle)$ ein endlich-dimensionaler unitärer Vektorraum der Dimension n und $f \in \mathrm{End}(V)$ ein normaler Endomorphismus. Dann gibt es eine Orthonormalbasis S von V aus Eigenvektoren von f. In einer speziellen Version für Matrizen lautet die Aussage: Es sei $A \in \mathrm{M}(n, \mathbb{C})$ eine normale $n \times n$-Matrix. Dann gibt es eine unitäre Matrix $S \in \mathrm{GL}(n, \mathbb{C})$ mit*

---

[5] engl.: unitary matrix

$$S^{-1}AS = \begin{pmatrix} \lambda_1 & 0 & \cdots & 0 \\ 0 & \lambda_2 & \ddots & \vdots \\ \vdots & \ddots & \ddots & 0 \\ 0 & \cdots & 0 & \lambda_n \end{pmatrix} = S^*AS, \quad (da\ S^* = S^{-1}), \tag{6.36}$$

wobei $\lambda_1, \ldots \lambda_n \in \mathbb{C}$ *die Eigenwerte von A sind.*

Beweis: Wie im Fall des Spektralsatzes für selbstadjungierte Endomorphismen auf euklidischen Vektorräumen gehen wir induktiv vor. Auch hier ist die Aussage für Vektorräume der Dimension $n = 1$ klar. Es sei nun $\lambda \in \mathrm{Spec}\, f$ ein Eigenwert von f und $\mathbf{v}_1 \neq \mathbf{0}$ ein zugehöriger Eigenvektor. Nach Satz 6.33 ist, da f normal ist, $\overline{\lambda}$ ein Eigenwert von f^* und $\mathbf{v}_1$ zudem ein Eigenvektor zu $\overline{\lambda}$ des adjungierten Endomorphismus f^*. Für jeden Vektor $\mathbf{v}$ aus dem orthogonalen Komplement Kern$\langle \mathbf{v}_1, \cdot \rangle$ ist zunächst

$$\langle \mathbf{v}_1, f(\mathbf{v}) \rangle = \langle f^*(\mathbf{v}_1), \mathbf{v} \rangle = \langle \overline{\lambda} \mathbf{v}_1, \mathbf{v} \rangle = \overline{\lambda} \langle \mathbf{v}_1, \mathbf{v} \rangle = 0.$$

Daher gehört der Bildvektor $f(\mathbf{v})$ auch zum orthogonalen Komplement von $\mathbf{v}_1$. Es ist also

$$f(\mathrm{Kern}\langle \mathbf{v}_1, \cdot \rangle) \subset \mathrm{Kern}\langle \mathbf{v}_1, \cdot \rangle.$$

Die Einschränkung von f auf das orthogonale Komplement $U := \mathrm{Kern}\langle \mathbf{v}_1, \cdot \rangle$ ist also ein normaler Endomorphismus. Wichtig ist aber auch, dass seine Adjungierte f^* auf U eingeschränkt ebenfalls einen Endomorphismus darstellt, damit wir die Induktionsvoraussetzung auf die Einschränkung von f auf U anwenden können. Wegen

$$\langle \mathbf{v}_1, f^*(\mathbf{v})) \rangle = \langle f(\mathbf{v}_1), \mathbf{v}) \rangle = \langle \lambda \mathbf{v}_1, \mathbf{v} \rangle = \lambda \langle \mathbf{v}_1, \mathbf{v} \rangle = 0$$

liegt der Bildvektor $f^*(\mathbf{v})$ ebenfalls im orthogonalen Komplement zu $\mathbf{v}_1$. Auch hier gilt

$$f^*(\mathrm{Kern}\langle \mathbf{v}_1, \cdot \rangle) \subset \mathrm{Kern}\langle \mathbf{v}_1, \cdot \rangle.$$

Mit $f_U : U \to U, \mathbf{v} \mapsto f(\mathbf{v})$ liegt also ein normaler Endomorphismus des $n - 1$-dimensionalen Vektorraums U vor. Somit besitzt U nach der Induktionsvoraussetzung eine Orthonormalbasis $(\mathbf{s}_2, \ldots, \mathbf{s}_n)$. Durch Normierung von $\mathbf{v}_1$ auf die Länge 1

$$\mathbf{s}_1 := \frac{\mathbf{v}_1}{\|\mathbf{v}_1\|} = \frac{\mathbf{v}_1}{\sqrt{\langle \mathbf{v}_1, \mathbf{v}_1 \rangle}}$$

können wir sie zu einer Orthonormalbasis $S = (\mathbf{s}_1, \mathbf{s}_2, \ldots, \mathbf{s}_n)$ von V ergänzen. Ist im Speziellen $f : \mathbb{C}^n \to \mathbb{C}^n$ durch eine normale Matrix $A \in \mathrm{M}(n, \mathbb{C})$ gegeben, also $f(\mathbf{x}) = A\mathbf{x}$, so stellt diese Orthonormalbasis eine Matrix $(\mathbf{s}_1 \,|\, \mathbf{s}_2 \,|\, \ldots \,|\, \mathbf{s}_n) \in \mathrm{GL}(n, \mathbb{C})$ dar, für deren Spalten

$$\langle \mathbf{s}_i, \mathbf{s}_j \rangle = \mathbf{s}_i^T \overline{\mathbf{s}_j} = \begin{cases} 1, & i = j \\ 0, & i \neq j \end{cases}$$

gilt. Wir können dies auch kompakter ausdrücken: $S^T \overline{S} = E_n$ bzw. nach komplexer Konjugation: $\overline{S^T \overline{S}} = \overline{S}^* S = E_n$. Wegen der Eindeutigkeit der inversen Matrix ist dies gleichbedeutend mit $S^* = S^{-1}$. Die Basismatrix S ist also unitär. Zudem gilt

$$AS = A(\mathbf{s}_1 | \mathbf{s}_2 | \dots | \mathbf{s}_n) = (A\mathbf{s}_1 | A\mathbf{s}_2 | \dots | A\mathbf{s}_n) = (\lambda_1 \mathbf{s}_1 | \lambda_2 \mathbf{s}_2 | \dots | \lambda_n \mathbf{s}_n).$$

Nach Multiplikation dieser Gleichung von links mit S^* folgt

$$S^*AS = S^*(\lambda_1 \mathbf{s}_1 | \lambda_2 \mathbf{s}_2 | \dots | \lambda_n \mathbf{s}_n)$$

$$= (\lambda_1 S^* \mathbf{s}_1 | \lambda_2 S^* \mathbf{s}_2 | \dots | \lambda_n S^* \mathbf{s}_n) = (\lambda_1 \hat{\mathbf{e}}_1 | \dots | \lambda_n \hat{\mathbf{e}}_n) = \begin{pmatrix} \lambda_1 & 0 & \cdots & 0 \\ 0 & \lambda_2 & \ddots & \vdots \\ \vdots & \ddots & \ddots & 0 \\ 0 & \cdots & 0 & \lambda_n \end{pmatrix}.$$

Es ergibt sich eine Diagonalmatrix mit den Eigenwerten von A. $\square$

Wir betrachten nun abschließend ein Beispiel. Die komplexe 2×2-Matrix

$$A = \begin{pmatrix} i & 1 \\ -1 & i \end{pmatrix}$$

ist normal, denn es gilt

$$A^*A = \begin{pmatrix} -i & -1 \\ 1 & -i \end{pmatrix} \begin{pmatrix} i & 1 \\ -1 & i \end{pmatrix} = \begin{pmatrix} 2 & -2i \\ 2i & 2 \end{pmatrix} = \begin{pmatrix} i & 1 \\ -1 & i \end{pmatrix} \begin{pmatrix} -i & -1 \\ 1 & -i \end{pmatrix} = AA^*.$$

Das charakteristische Polynom lautet

$$\chi_A(x) = \det(xE - A) = \det \begin{pmatrix} x - i & -1 \\ 1 & x - i \end{pmatrix} = x^2 - 2ix = x(x - 2i).$$

Damit besitzt A zwei verschiedene Eigenwerte: $\lambda_1 = 0$ und $\lambda_2 = 2i$ und ist diagonalisierbar. Wir bestimmen die beiden zugehörigen Eigenräume. Da beide Eigenräume eindimensional sind, reicht es aus, nur noch jeweils eine Zeile aus $A - \lambda_1 E$ bzw. $A - \lambda_2 E$ zu betrachten:

$$V_{A,\lambda_1} = \text{Kern}(A - \lambda_1 E) = \text{Kern}(-1, i) = \text{Kern}(1, -i) = \left\langle \begin{pmatrix} i \\ 1 \end{pmatrix} \right\rangle,$$

$$V_{A,\lambda_2} = \text{Kern}(A - \lambda_2 E) = \text{Kern}(-1, -i) = \text{Kern}(1, i) = \left\langle \begin{pmatrix} -i \\ 1 \end{pmatrix} \right\rangle.$$

Betrachten wir die beiden Eigenvektoren

$$\mathbf{v}_1 := \begin{pmatrix} i \\ 1 \end{pmatrix}, \qquad \mathbf{v}_2 = \begin{pmatrix} -i \\ 1 \end{pmatrix},$$

so stellen wir fest, dass aus ihrem kanonischen Skalarprodukt in $\mathbb{C}$,

$$\langle \mathbf{v}_1, \mathbf{v}_2 \rangle = \mathbf{v}_1^T \cdot \overline{\mathbf{v}_2} = i^2 + 1 = 0,$$

die Orthogonalität dieser beiden Vektoren folgt. Nach ihrer Normierung durch Definition von

$$\mathbf{s}_1 := \frac{\mathbf{v}_1}{\sqrt{\langle \mathbf{v}_1, \mathbf{v}_1 \rangle}} = \frac{\mathbf{v}_1}{\sqrt{2}} = \frac{1}{\sqrt{2}} \begin{pmatrix} i \\ 1 \end{pmatrix}, \qquad \mathbf{s}_2 := \frac{\mathbf{v}_2}{\sqrt{\langle \mathbf{v}_2, \mathbf{v}_2 \rangle}} = \frac{\mathbf{v}_2}{\sqrt{2}} = \frac{1}{\sqrt{2}} \begin{pmatrix} -i \\ 1 \end{pmatrix}$$

liegt uns mit

$$S = (\mathbf{s}_1 \,|\, \mathbf{s}_2) = \frac{1}{\sqrt{2}} \begin{pmatrix} i & -i \\ 1 & 1 \end{pmatrix}$$

eine unitäre Basismatrix vor. Es gilt also $S^*S = E$ und

$$\begin{aligned}
S^*AS &= \frac{1}{\sqrt{2}} \begin{pmatrix} -i & 1 \\ i & 1 \end{pmatrix} \cdot \begin{pmatrix} i & 1 \\ -1 & i \end{pmatrix} \cdot \frac{1}{\sqrt{2}} \begin{pmatrix} i & -i \\ 1 & 1 \end{pmatrix} \\
&= \frac{1}{2} \begin{pmatrix} -i & 1 \\ i & 1 \end{pmatrix} \begin{pmatrix} 0 & 2 \\ 0 & 2i \end{pmatrix} = \begin{pmatrix} 0 & 0 \\ 0 & 2i \end{pmatrix} = \begin{pmatrix} \lambda_1 & 0 \\ 0 & \lambda_2 \end{pmatrix}.
\end{aligned}$$

6.4 Positiv definite Matrizen

In Abschn. 6.3 haben wir uns mit einer sehr wichtigen Klasse diagonalisierbarer Matrizen, den reell-symmetrischen Matrizen, beschäftigt. In diesem Abschnitt betrachten wir nun aus dieser Klasse speziell die positiv definiten Matrizen. In der nicht-linearen Optimierung spielt das Definitheitsverhalten von Hesse-Matrizen eine bedeutende Rolle. Bei der Betrachtung beschränkter Optimierungsprobleme ist es nützlich, den Definitheitsbegriff zu verallgemeinern, indem wir ihn auf Teilräume abschwächen.

Definition 6.36 (Definitheit auf Teilräumen) *Es sei A eine symmetrische $n \times n$-Matrix über $\mathbb{R}$ und $V \subset \mathbb{R}^n$ ein Teilraum. Dann heißt A positiv definit (bzw. positiv semidefinit) auf V, wenn $\mathbf{v}^T A \mathbf{v} > 0$ für alle $\mathbf{v} \in V \setminus \{\mathbf{0}\}$ (bzw. $\mathbf{v}^T A \mathbf{v} \geq 0$ für alle $\mathbf{v} \in V$). In entsprechender Weise wird die negative (Semi-)Definitheit von A auf V definiert.*

Ist A positiv oder negativ (semi)-definit, so ist sie es auch auf jedem Teilraum von $\mathbb{R}^n$. Zur Überprüfung der Definitheit von A auf einem Teilraum, ohne dass die entsprechende Definitheit von A im strengen Sinne, also auf ganz $\mathbb{R}^n$, vorliegt, ist das folgende Kriterium nützlich.

Satz/Definition 6.37 (Projizierte Matrix) *Es sei A eine symmetrische $n \times n$-Matrix über $\mathbb{R}$ und $V \subset \mathbb{R}^n$ ein m-dimensionaler Teilraum des $\mathbb{R}^n$ mit der Basis(matrix) $B = (\mathbf{b}_1 \,|\, \ldots \,|\, \mathbf{b}_m)$. Dann gilt*

$$A \text{ positiv (semi-)definit auf } V \iff B^T AB \text{ positiv (semi-)definit (auf } \mathbb{R}^m) \tag{6.37}$$

bzw.

$$A \text{ negativ (semi-)definit auf } V \iff B^T AB \text{ negativ (semi-)definit (auf } \mathbb{R}^m). \tag{6.38}$$

Die symmetrische $m \times m$-Matrix $B^T AB$ heißt die bezüglich V projizierte oder reduzierte Matrix von A. Das Definitheitsverhalten von A auf V richtet sich also nach dem entsprechenden Definitheitsverhalten der kleineren Matrix $B^T AB$ (auf ganz $\mathbb{R}^m$).

Beweis. Übungsaufgabe 4.8. Wir betrachten ein einfaches Beispiel. Die Matrix

$$A = \begin{pmatrix} -1 & 0 & 0 \\ 0 & 0 & 0 \\ 0 & 0 & 1 \end{pmatrix} \in M(2, \mathbb{R})$$

ist indefinit. Wir erkennen unmittelbar, dass A

- auf $\langle \hat{e}_3 \rangle$ positiv definit,
- auf $\langle \hat{e}_1 \rangle$ negativ definit,
- auf $\langle \hat{e}_2, \hat{e}_3 \rangle$ positiv semidefinit,
- auf $\langle \hat{e}_1, \hat{e}_2 \rangle$ negativ semidefinit

ist. Dies können wir nun auch anhand der jeweils projizierten Matrizen feststellen. So ist beispielsweise die bezüglich $\langle \hat{e}_3 \rangle$ projizierte Matrix von A

$$(0, 0, 1) A \begin{pmatrix} 0 \\ 0 \\ 1 \end{pmatrix} = 1 > 0$$

positiv definit, während die bezüglich $\langle \hat{e}_1, \hat{e}_2 \rangle$ projizierte Matrix von A

$$\begin{pmatrix} 1 & 0 & 0 \\ 0 & 1 & 0 \end{pmatrix} A \begin{pmatrix} 1 & 0 \\ 0 & 1 \\ 0 & 0 \end{pmatrix} = \begin{pmatrix} -1 & 0 \\ 0 & 0 \end{pmatrix}$$

negativ semidefinit ist.

Ist $A \in M(n, \mathbb{R})$ eine positiv definite Matrix, so kann gezeigt werden, dass alle führenden Hauptabschnittsmatrizen von A regulär sind. Damit kann A in eindeutiger Weise durch LU-Zerlegung in eine obere Dreiecksmatrix U, deren Diagonalkomponenten $u_{ii} \neq 0$ sind, gebracht werden. Es gibt also eine untere Dreiecksmatrix $L \in GL(n, \mathbb{R})$ mit $l_{ii} = 1$ und $A = LU$ bzw. $L^{-1}A = U$. Da A symmetrisch ist, führen die zu L^{-1} analogen Spaltenumformungen, die durch Rechtsmultiplikation mit $(L^{-1})^T$ bewerkstelligt werden, schließlich zu einer Diagonalmatrix:

$$L^{-1}A(L^{-1})^T = \begin{pmatrix} d_1 & & \\ & \ddots & \\ & & d_n \end{pmatrix} =: D.$$

Dabei stimmen die Diagonalkomponenten von D mit denen von U überein: $d_i = u_i$. Umgestellt nach A ergibt die letzte Gleichung

$$A = LDL^T.$$

Da A kongruent zu D ist und es sich bei A um eine positiv definite Matrix handelt, sind die Diagonalkomponenten d_i positiv. Mit der Diagonalmatrix

$$\sqrt{D} := \begin{pmatrix} \sqrt{d_1} & & \\ & \ddots & \\ & & \sqrt{d_n} \end{pmatrix}$$

folgt also

$$A = LDL^T = L\sqrt{D}\sqrt{D}L^T = L\sqrt{D}(L\sqrt{D})^T.$$

Die reguläre Matrix $\Delta := L\sqrt{D} \in \mathrm{GL}(n,\mathbb{R})$ ist ebenfalls eine untere Dreiecksmatrix, und es gilt $A = \Delta\Delta^T$.

Satz/Definition 6.38 (Cholesky-Zerlegung einer positiv definiten Matrix) *Jede positiv definite Matrix $A \in \mathrm{M}(n,\mathbb{R})$ kann mit einer unteren Dreiecksmatrix $\Delta \in \mathrm{GL}(n,\mathbb{R})$ in eindeutiger Weise in*

$$A = \Delta\Delta^T$$

faktorisiert werden. Diese Darstellung wird als Cholesky[6]-Zerlegung von A bezeichnet.

Wir können nun die Cholesky-Zerlegung einer positiv definiten Matrix mittels LU-Zerlegung nach dem zuvor beschriebenen Verfahren durchführen. Beispielsweise ist die symmetrische Matrix

$$A = \begin{pmatrix} 1 & 1 & 1 \\ 1 & 4 & -1 \\ 1 & -1 & 3 \end{pmatrix}$$

positiv definit. Wir können dies mit gekoppelten Zeilen- und Spaltenumformungen zeigen, indem wir zunächst die LU-Zerlegung durchführen:

$$A = \begin{pmatrix} 1 & 1 & 1 \\ 1 & 4 & -1 \\ 1 & -1 & 3 \end{pmatrix} \to \begin{pmatrix} 1 & 1 & 1 \\ 0 & 3 & -2 \\ 0 & -2 & 2 \end{pmatrix} \cdot 2/3 \to \begin{pmatrix} 1 & 1 & 1 \\ 0 & 3 & -2 \\ 0 & 0 & 2/3 \end{pmatrix} =: U.$$

Diese Umformungen werden nach den Regeln der LU-Zerlegung durch die Inverse der unteren Dreiecksmatrix

$$L = \begin{pmatrix} 1 & 0 & 0 \\ 1 & 1 & 0 \\ 1 & -2/3 & 1 \end{pmatrix}$$

bewerkstelligt. Es ist also $A = LU$ bzw. $L^{-1}A = U$. Zudem kann A nun aufgrund der Symmetrie durch die analogen Spaltenumformungen schließlich in eine Diagonalmatrix D überführt werden. Durch Rechtsmultiplikation mit $(L^{-1})^T$ gilt $L^{-1}A(L^{-1})^T = D$. Die Diagonalmatrix D besitzt dabei dieselben Diagonalkomponenten wie U:

$$D = \begin{pmatrix} 1 & 0 & 0 \\ 0 & 3 & 0 \\ 0 & 0 & 2/3 \end{pmatrix}.$$

Mit

---

[6] André-Louis Cholesky (1875-1918), französischer Mathematiker

$$\Delta = L\sqrt{D} = \begin{pmatrix} 1 & 0 & 0 \\ 1 & \sqrt{3} & 0 \\ 1 & -2/\sqrt{3} & \sqrt{2}/\sqrt{3} \end{pmatrix}$$

gilt nun

$$\Delta\Delta^T = \begin{pmatrix} 1 & 0 & 0 \\ 1 & \sqrt{3} & 0 \\ 1 & -2/\sqrt{3} & \sqrt{2}/\sqrt{3} \end{pmatrix} \begin{pmatrix} 1 & 1 & 1 \\ 0 & \sqrt{3} & -2/\sqrt{3} \\ 0 & 0 & \sqrt{2}/\sqrt{3} \end{pmatrix} = \begin{pmatrix} 1 & 1 & 1 \\ 1 & 4 & -1 \\ 1 & -1 & 3 \end{pmatrix} = A.$$

Die Cholesky-Zerlegung einer positiv definiten Matrix $A \in \mathrm{GL}(n, \mathbb{R})$ kann aber auch rekursiv sehr effizient bestimmt werden. Hierzu betrachten wir für die untere Dreiecksmatrix $\Delta = (t_{ij})_{1 \le i,j \le n}$ den Ansatz $A = \Delta\Delta^T$ komponentenweise

$$a_{ij} = \sum_{k=1}^{n} t_{ik} t_{jk}.$$

Aufgrund der unteren Dreiecksgestalt von Δ ergibt sich aus diesem Ansatz

$$t_{ii} = \sqrt{a_{ii} - \sum_{k=1}^{i-1} t_{ik}^2}$$

sowie für $i > j$

$$t_{ij} = \frac{1}{t_{jj}} \left(a_{ij} - \sum_{k=1}^{j-1} t_{ik} t_{jk} \right).$$

Für die übrigen Komponenten, also für $i \le j$, ist $t_{ij} = 0$.

Für die Matrix A des vorausgegangenen Beispiels ergibt dieses Verfahren

$$t_{11} = \sqrt{1} = 1$$
$$\Rightarrow t_{21} = \tfrac{1}{1}(1-0) = 1 \Rightarrow t_{22} = \sqrt{4-1} = \sqrt{3}$$
$$\Rightarrow t_{31} = \tfrac{1}{1}(1-0) = 1 \Rightarrow t_{32} = \frac{1}{\sqrt{3}}(-1 - 1 \cdot 1) = -\frac{2}{\sqrt{3}} \Rightarrow t_{33} = \sqrt{3 - (1 + \tfrac{4}{3})} = \frac{\sqrt{2}}{\sqrt{3}}$$

sehr viel schneller die Komponenten des unteren Dreiecks der obigen Matrix Δ.

Die Cholesky-Zerlegung spielt eine große Rolle in der numerischen linearen Algebra. Sie zeichnet sich dadurch aus, dass sie numerisch sehr stabil ist. Liegt von einer positiv definiten Matrix A ihre Cholesky-Zerlegung $A = \Delta\Delta^T$ vor, so ist es möglich, das lineare Gleichungssystem $A\mathbf{x} = \mathbf{b}$ zu lösen:

$$A\mathbf{x} = \mathbf{b} \iff \Delta\Delta^T\mathbf{x} = \mathbf{b}.$$

Mit der Substitution $\mathbf{y} = \Delta^T\mathbf{x}$ liegt ein lineares Gleichungssystem $G\mathbf{y} = \mathbf{b}$ mit einer regulären unteren Dreiecksmatrix vor $G = \Delta$ vor, das wir durch Vorwärtseinsetzen lösen können:

$$y_i = \frac{1}{g_{ii}} \left(b_i - \sum_{k=1}^{i-1} g_{ik} y_k \right), \quad i = 1, \ldots, n.$$

Da $\Delta^T \mathbf{x} = \mathbf{y}$ ist und Δ^T eine reguläre obere Dreiecksstruktur besitzt, kann durch Rückwärtseinsetzen

$$x_i = \frac{1}{g_{ii}} \left(y_i - \sum_{k=i+1}^{n} g_{ki} x_k \right), \quad i = n, \ldots, 1$$

schließlich der gesuchte Lösungsvektor $\mathbf{x}$ hieraus gewonnen werden.

Positiv definite Matrizen haben also gewisse rechentechnische Vorteile. Wenn wir auf diese Voraussetzung verzichten und mit $B \in \mathrm{GL}(n, \mathbb{R})$ lediglich eine reguläre Matrix vorliegen haben, so können wir zeigen, dass die Matrix $B^T B$ positiv definit ist (vgl. Übungsaufgabe 4.7). Ein lineares Gleichungssystem $B\mathbf{x} = \mathbf{b}$ führt nach Linksmultiplikation mit B^T zu $B^T B \mathbf{x} = B^T \mathbf{b}$. Da in diesem Gleichungssystem die Koeffizientenmatrix $B^T B$ positiv definit ist, kann die Cholesky-Zerlegung von $B^T B$ zur Lösung verwendet werden.

6.5 Orthogonale und unitäre Endomorphismen bzw. Matrizen

Wir betrachten nun Endomorphismen auf einem euklidischen oder unitären Vektorraum, die keine Auswirkungen auf das Skalarprodukt des Vektorraums besitzen.

Definition 6.39 (Orthogonaler/unitärer Endomorphismus, Isometrie) *Ein Endomorphismus $f \in \mathrm{End}(V)$ auf einem euklidischen bzw. unitären Vektorraum $(V, \langle \cdot, \cdot \rangle)$ heißt orthogonal bzw. unitär, wenn das Skalarprodukt invariant unter Anwendung von f ist, d. h., wenn für alle $\mathbf{v}, \mathbf{w}$ gilt:*

$$\langle f(\mathbf{v}), f(\mathbf{w}) \rangle = \langle \mathbf{v}, \mathbf{w} \rangle. \tag{6.39}$$

Eine orthogonaler bzw. unitärer Endomorphismus auf V wird auch als Isometrie auf V bezeichnet.

Wir erkennen unmittelbar, dass orthogonale bzw. unitäre Endomorphismen die auf dem zugrunde gelegten Skalarprodukt basierende Norm

$$\|\mathbf{v}\| := \sqrt{\langle \mathbf{v}, \mathbf{v} \rangle}, \quad \text{für} \quad \mathbf{v} \in V$$

unangetastet lassen. Es gilt also $\|f(\mathbf{v})\| = \|\mathbf{v}\|$ für alle $\mathbf{v} \in V$. Im Fall $V = \mathbb{R}^2$ oder $V = \mathbb{R}^3$ mit dem kanonischen Skalarprodukt

$$\langle \mathbf{x}, \mathbf{y} \rangle := \mathbf{x}^T \cdot \mathbf{y}, \quad \text{für} \quad \mathbf{x}, \mathbf{y} \in V$$

haben orthogonale Endomorphismen darüber hinaus auch keinen Einfluss auf den Einschlusswinkel zwischen zwei Vektoren. Jeder orthogonale bzw. unitäre Endomorphismus f ist darüber hinaus injektiv, denn gäbe es einen nicht-trivialen Vektor $\mathbf{x} \neq \mathbf{0}$ mit $f(\mathbf{x}) = \mathbf{0}$, so ergäbe sich ein Widerspruch

$$0 \neq \langle \mathbf{x}, \mathbf{x} \rangle = \langle f(\mathbf{x}), f(\mathbf{x}) \rangle = \langle \mathbf{0}, \mathbf{0} \rangle = 0.$$

Da bei Endomorphismen auf endlich-dimensionalen Vektorräumen Injektivität mit Surjektivität und daher mit Bijektivität einhergeht, sind orthogonale bzw. unitäre Endomorphismen auf endlich-dimensionalen Vektorräumen stets Automorphismen. Wenn also nun für einen unitären Vektorraum V endlicher Dimension mit f ein unitärer Endomorphismus auf V vorliegt, dann existiert zunächst nach Satz 6.19 seine Adjungierte f^* und es gilt aufgrund der Bijektivität von f

$$\langle \mathbf{x}, f(\mathbf{y}) \rangle \overset{f \text{ bijektiv}}{=} \langle f(f^{-1}(\mathbf{x})), f(\mathbf{y}) \rangle \overset{f \text{ unitär}}{=} \langle f^{-1}(\mathbf{x}), \mathbf{y} \rangle$$

für alle $\mathbf{x}, \mathbf{y} \in V$. Da der adjungierte Endomorphismus im Fall seiner Existenz eindeutig bestimmt ist, bleibt nur $f^* = f^{-1}$. Gilt dagegen $f^* = f^{-1}$, so ist $\langle f(\mathbf{x}), f(\mathbf{y}) \rangle = \langle \mathbf{x}, f^*(f(\mathbf{y})) \rangle = \langle \mathbf{x}, f^{-1}(f(\mathbf{y})) \rangle = \langle \mathbf{x}, \mathbf{y} \rangle$. Diese Argumentationen können für f^T genauso geführt werden, falls V ein endlich-dimensionaler euklidischer Vektorraum ist. Orthogonale bzw. unitäre Endomorphismen zeichnen sich also durch eine prägende Eigenschaft aus.

Satz 6.40 *Ist $f \in \mathrm{End}(V)$ ein Endomorphismus auf einem endlich-dimensionalen euklidischen bzw. unitären Vektorraum $(V, \langle \cdot, \cdot \rangle)$, so gilt mit den jeweils adjungierten Endomorphismen f^T bzw. f^**

$$f \text{ orthogonal bzw. unitär} \iff f^T f = \mathrm{id}_V = f f^T \text{ bzw. } f^* f = \mathrm{id}_V = f f^*. \tag{6.40}$$

Hierin erkennen wir die formale Übereinstimmung orthogonaler bzw. unitärer Endomorphismen mit orthogonalen bzw. unitären Matrizen. Gilt in derartigen Vektorräumen die Isometrieeigenschaft auch für die Inverse einer Isometrie f? Wir nutzen zum Nachweis einfach die uns bekannten Eigenschaften von f und seiner Adjungierten f^* und gehen dabei wieder von einem unitären Raum V endlicher Dimension aus. Für alle $\mathbf{x}, \mathbf{y} \in V$ gilt

$$\langle f^{-1}(\mathbf{x}), f^{-1}(\mathbf{y}) \rangle = \langle f^*(\mathbf{x}), f^{-1}(\mathbf{y}) \rangle = \langle \mathbf{x}, f(f^{-1}(\mathbf{y})) \rangle = \langle \mathbf{x}, \mathbf{y} \rangle.$$

Mit f ist also auch f^{-1} unitär (bzw. orthogonal). Ist $B = (\mathbf{b}_1, \dots, \mathbf{b}_n)$ eine Orthonormalbasis von $(V, \langle \cdot, \cdot \rangle)$ und $f \in \mathrm{End}(V)$ ein Endomorphismus auf V, so ist f genau dann unitär, wenn die Koordinatenmatrix $M_B(f)$ unitär ist (vgl. Übungsaufgabe 6.20) .

Schließlich können wir noch eine Aussage über die Eigenwerte von Isometrien abgeben:

Satz 6.41 *Für jeden Eigenwert λ einer Isometrie f auf einem euklidischen bzw. unitären Vektorraum gilt $|\lambda| = 1$. Alle Eigenwerte von f liegen also auf dem Einheitskreis $\mathbb{E}$ in $\mathbb{C}$. Als mögliche reelle Eigenwerte einer Isometrie kommen demnach allenfalls -1 oder 1 infrage.*

Beweis. Übungsaufgabe 6.14.

Wir erkennen sofort, dass orthogonale bzw. unitäre Endomorphismen normal sind. Entsprechendes gilt für orthogonale bzw. unitäre Matrizen. Wir haben bereits an früherer Stelle die orthogonale Gruppe $\mathrm{O}(n, \mathbb{K})$ als Gruppe der orthogonalen $n \times n$-Matrizen über dem Körper $\mathbb{K}$ definiert. So ist also $\mathrm{O}(n, \mathbb{R})$ eine Untergruppe von $\mathrm{GL}(n, \mathbb{R})$. Wir wollen uns nun einige Eigenschaften unitärer Matrizen näher ansehen. Es sei also $A \in \mathrm{M}(n, \mathbb{C})$ eine unitäre Matrix. Für die Determinante von $A^* A$ gilt nun

$$1 = \det(A^{-1}A) = \det(A^*A) = (\det(\overline{A}^T))(\det A)$$
$$= (\det\overline{A})(\det A) = (\overline{\det A})(\det A) = |\det A|^2.$$

Hierbei haben wir uns die Vertauschbarkeit von komplexer Konjugation und Determinantenbildung zunutze gemacht (vgl. Satz 2.75). Die Determinante unitärer Matrizen über $\mathbb{C}$ liegt also auf dem Einheitskreis in $\mathbb{C}$. Für den Spezialfall orthogonaler Matrizen, also für den reellen Fall, bedeutet dies entsprechend: Orthogonale Matrizen über $\mathbb{R}$ haben die Determinante ± 1.

Dass die Adjungierte einer regulären Matrix $A \in \mathrm{GL}(n,\mathbb{C})$ ebenfalls regulär ist, ist anhand ihrer Determinante $\det(A^*) = \overline{\det A} \neq 0$ schnell zu erkennen (vgl. Übungsaufgabe 6.11). Wie beim Transponieren gilt auch beim Adjungieren eine Vertauschungsregel:

$$(AB)^* = \overline{AB}^T = \left(\overline{\left(\sum_{k=1}^{n} a_{ik}b_{kj} \right)_{1 \leq i,j \leq n}} \right)^T$$
$$= \left(\sum_{k=1}^{n} \overline{a_{ik}b_{kj}} \right)^T_{1 \leq i,j \leq n}$$
$$= \left(\sum_{k=1}^{n} \overline{a_{ik}}\,\overline{b_{kj}} \right)^T_{1 \leq i,j \leq n} = (\overline{A} \cdot \overline{B})^T = \overline{B}^T \overline{A}^T = B^*A^*.$$

Hieraus ergibt sich die Vertauschbarkeit von Adjungieren und Invertieren einer regulären Matrix $A \in \mathrm{GL}(n,\mathbb{C})$, denn es ist $E_n = E_n^* = (AA^{-1})^* = (A^{-1})^*A^*$. Nach Rechtsmultiplikation mit $(A^*)^{-1}$ erhalten wir

$$(A^*)^{-1} = (A^{-1})^*.$$

Sind A und B zwei unitäre Matrizen, so ist, wie im Fall orthogonaler Matrizen, auch deren Produkt eine unitäre Matrix, denn es gilt

$$(AB)^*(AB) = B^*A^*AB = B^*B = E_n.$$

Die Inverse einer unitären Matrix A ist ebenfalls wieder unitär, da

$$(A^{-1})^*A^{-1} = (A^{-1})^*A^* = (AA^{-1})^* = E_n^* = E_n$$

ergibt.

Definition 6.42 (Orthogonale Gruppe und unitäre Gruppe) *Als orthogonale Gruppe (vom Grad n) wird die Untergruppe* $\mathrm{O}(n,\mathbb{R})$ *der orthogonalen Matrizen über* $\mathbb{R}$ *bezeichnet:*

$$\mathrm{O}(n) := \{A \in \mathrm{GL}(n,\mathbb{R}) : A^{-1} = A^T\} = \mathrm{O}(n,\mathbb{R}).$$

Als unitäre Gruppe (vom Grad n) wird die Untergruppe der unitären Matrizen über $\mathbb{C}$ *bezeichnet:*

$$\mathrm{U}(n) := \{A \in \mathrm{GL}(n,\mathbb{C}) : A^{-1} = A^*\}.$$

So wie die spezielle lineare Gruppe $SL(n, \mathbb{K})$ als Menge der $n \times n$-Matrizen mit Determinante 1 eine Untergruppe der linearen Gruppe $GL(n, \mathbb{K})$ darstellt, bildet die spezielle orthogonale bzw. spezielle unitäre Gruppe jeweils eine Untergruppe der orthogonalen bzw. unitären Gruppe.

Definition 6.43 (Spezielle orthogonale Gruppe und spezielle unitäre Gruppe) *Als spezielle orthogonale Gruppe (vom Grad n) wird die Untergruppe der orthogonalen Matrizen über* $\mathbb{R}$ *mit Determinante 1 bezeichnet:*

$$SO(n) := \{A \in O(n) : \det A = 1\}.$$

Als spezielle unitäre Gruppe (vom Grad n) wird die Untergruppe der unitären Matrizen über $\mathbb{R}$ *bezeichnet:*

$$SU(n) := \{A \in U(n) : \det A = 1\}.$$

Ein bedeutendes Beispiel für Isometrien sind die Euler'schen Drehmatrizen aus Definition 4.7. Anschaulich ist klar, dass eine Drehung weder die Länge von Vektoren noch den Winkel zwischen zwei Vektoren ändert. Die Euler'schen Drehmatrizen sind in der Tat orthogonal. Ihre jeweilige Inversion, also die rückwärtige Drehung, kann einfach durch Transponieren erfolgen. Wir illustrieren dies einmal am Beispiel der Drehmatrix

$$D_{\hat{e}_2, \varphi} = \begin{pmatrix} \cos\varphi & 0 & \sin\varphi \\ 0 & 1 & 0 \\ -\sin\varphi & 0 & \cos\varphi \end{pmatrix}.$$

Durch den Austausch des Drehwinkels φ gegen $-\varphi$ kann die Drehung invertiert werden. Es gilt demnach

$$(D_{\hat{e}_2, \varphi})^{-1} = D_{\hat{e}_2, -\varphi} = \begin{pmatrix} \cos(-\varphi) & 0 & \sin(-\varphi) \\ 0 & 1 & 0 \\ -\sin(-\varphi) & 0 & \cos(-\varphi) \end{pmatrix} = \begin{pmatrix} \cos\varphi & 0 & -\sin\varphi \\ 0 & 1 & 0 \\ \sin\varphi & 0 & \cos\varphi \end{pmatrix} = (D_{\hat{e}_2, \varphi})^T.$$

Für die Determinante von $D_{\hat{e}_2, \varphi}$ gilt erwartungsgemäß

$$\det D_{\hat{e}_2, \varphi} = \cos^2\varphi + \sin^2\varphi = 1 \in \{-1, 1\}.$$

Ihr charakteristisches Polynom ist

$$\begin{aligned} \chi_{D_{\hat{e}_2, \varphi}}(x) &= \det \begin{pmatrix} x - \cos\varphi & 0 & -\sin\varphi \\ 0 & x-1 & 0 \\ \sin\varphi & 0 & x - \cos\varphi \end{pmatrix} \\ &= (x-1)((x - \cos\varphi)^2 + \sin^2\varphi) \\ &= (x-1)(x^2 - 2x\cos(\varphi) + 1) \\ &= (x-1)(x^2 - x(e^{i\varphi} + e^{-i\varphi}) + 1) \\ &= (x-1)(x - e^{i\varphi})(x - e^{-i\varphi}). \end{aligned}$$

Die Eigenwerte sind 1, $e^{i\varphi}$ und $e^{-i\varphi}$ und liegen alle auf dem Einheitskreis $\mathbb{E}$.

Neben den Drehungen sind auch Spiegelungen Isometrien des $\mathbb{R}^3$. Beispielsweise ist durch die Matrix

$$S = \begin{pmatrix} 1 & 0 & 0 \\ 0 & -1 & 0 \\ 0 & 0 & 1 \end{pmatrix}$$

eine Spiegelung eines Vektors $\mathbf{x} = (x_1, x_2, x_3)^T \in \mathbb{R}^3$ an der x_1-x_3-Ebene gegeben. Diese Abbildung ist nicht nur orthogonal, sondern auch involutorisch, es gilt also $S^{-1} = S$. Dies entspricht auch der Anschauung, da eine zweifache Spiegelung einen Vektor nicht ändert. Entsprechend unserer Erwartung gilt $\det S = -1 \in \{-1, 1\}$.

Eine Spiegelung an einer durch zwei linear unabhängige Vektoren $\mathbf{a}, \mathbf{b} \in \mathbb{R}^3$ aufgespannten Ebene $T = \langle \mathbf{a}, \mathbf{b} \rangle$ im $\mathbb{R}^3$ kann durch eine Householder[7]-Transformation bewerkstelligt werden. Hierzu wird ein auf T senkrecht stehender Vektor, etwa $\mathbf{v} = \mathbf{a} \times \mathbf{b}$, benötigt. Ein derartiger Vektor wird auch als Normalenvektor der durch T gegebenen Fläche bezeichnet. Wird dieser Vektor bezüglich der 2-Norm normiert, also durch $\hat{\mathbf{v}} := \mathbf{v}/\|\mathbf{v}\|$ auf die Länge 1 skaliert, so ist von einem *Normaleneinheitsvektor* die Rede. Die Matrix, die einen Vektor $\mathbf{x} \in \mathbb{R}^3$ an der Ebene T spiegelt, lautet dann

$$H = E_3 - 2\hat{\mathbf{v}}\hat{\mathbf{v}}^T = E_3 - \frac{2}{\mathbf{v}^T\mathbf{v}}\mathbf{v}\mathbf{v}^T,$$

dabei ist H symmetrisch und orthogonal und somit selbstinvers (vgl. Übungsaufgabe 6.15). Beispielsweise ergibt die Wahl von $\hat{\mathbf{v}} = \hat{\mathbf{e}}_2$ mit

$$H = E_3 - 2\hat{\mathbf{e}}_2\hat{\mathbf{e}}_2^T = E_3 - 2\begin{pmatrix} 0 \\ 1 \\ 0 \end{pmatrix}(0, 1, 0) = \begin{pmatrix} 1 & 0 & 0 \\ 0 & -1 & 0 \\ 0 & 0 & 1 \end{pmatrix}$$

die obige Spiegelung an der x_1-x_3-Ebene.

Wir haben nun eine Vielzahl von Begriffen und Sätzen im Zusammenhang mit euklidischen bzw. unitären Vektorräumen, also Prä-Hilbert-Räumen, behandelt. Wir können dabei den Fall eines euklidischen Vektorraums als reellen Spezialfall eines unitären Vektorraums auffassen. Sinnvoll ist es dennoch, alle eingeführten Begriffe im Rahmen einer Gegenüberstellung (vgl. Tabelle 6.1) zwischen euklidischem und unitärem Fall übersichtlich darzustellen.

---

[7] Alston Scott Householder (1904-1993), amerikanischer Mathematiker

Tabelle 6.1 Gegenüberstellung euklidischer und unitärer Vektorraum

euklidischer Vektorraum $(V, \langle \cdot, \cdot \rangle)$	unitärer Vektorraum $(V, \langle \cdot, \cdot \rangle)$
Grundkörper: $\mathbb{R}$	Grundkörper: $\mathbb{C}$
$\langle \cdot, \cdot \rangle$ ist eine positiv definite symmetrische Bilinearform.	$\langle \cdot, \cdot \rangle$ ist eine positiv definite hermitesche Sesquilinearform.
transponierte Matrix: A^T	adjungierte Matrix: A^*
symmetrische Matrix: $A^T = A$	hermitesche Matrix: $A^* = A$
orthogonaler Endomorphismus: $f^T f = \mathrm{id}_V$	unitärer Endomorphismus: $f^* f = \mathrm{id}_V$
orthogonale Matrix: $A^{-1} = A^T$	unitäre Matrix: $A^{-1} = A^*$
orthogonale Gruppe: $O(n)$	unitäre Gruppe: $U(n)$
Spektralsatz setzt $f \in \mathrm{End}\,V$ selbstadjungiert $(f^T = f)$ bzw. $A \in \mathrm{M}(n, \mathbb{R})$ symmetrisch $(A^T = A)$ voraus.	Spektralsatz setzt $f \in \mathrm{End}\,V$ normal $(f^* f = f f^*)$ bzw. $A \in \mathrm{M}(n, \mathbb{C})$ normal $(A^* A = AA^*)$ voraus.

6.6 Übungsaufgaben

Aufgabe 6.1 Berechnen Sie die Eigenwerte und Eigenräume der reellen 4×4-Matrix

$$A = \begin{pmatrix} 1 & 2 & 0 & 0 \\ 2 & 1 & 0 & 0 \\ 0 & 0 & 2 & 1 \\ 0 & 0 & 1 & 2 \end{pmatrix}.$$

Geben Sie auch jeweils die algebraische und geometrische Ordnung der Eigenwerte an. Bestimmen Sie einen Vektor $\mathbf{v} \neq \mathbf{0}$, der durch Multiplikation mit A nicht verändert wird.

Aufgabe 6.2 Gegeben sei die reelle 4×4-Matrix

$$A = \begin{pmatrix} -1 & 3 & 3 & 0 \\ -6 & 8 & 6 & 0 \\ 0 & 0 & 2 & 0 \\ -4 & 3 & 3 & 3 \end{pmatrix}.$$

a) Berechnen Sie die Eigenwerte und Eigenräume von A. Geben Sie auch jeweils die algebraische und geometrische Ordnung der Eigenwerte an.
b) Warum ist A diagonalisierbar?
c) Bestimmen Sie eine reguläre Matrix S bestehend aus nicht-negativen Komponenten sowie eine geeignete Diagonalmatrix Λ, sodass $S^{-1}AS = \Lambda$ gilt.

Aufgabe 6.3 Es sei A eine $n \times n$-Matrix über $\mathbb{K}$. Zeigen Sie

a) $\operatorname{Spec} A = \operatorname{Spec} A^T$, wobei auch die algebraischen und geometrischen Ordnungen der Eigenwerte bei A und A^T übereinstimmen.
b) Im Allgemeinen sind dagegen die Eigenräume von A und A^T verschieden. Finden Sie ein entsprechendes Beispiel.
c) Ist A regulär, so gilt $\operatorname{Spec}(A^{-1}) = \{\frac{1}{\lambda} : \lambda \in \operatorname{Spec} A\}$.
d) Ist A regulär, so gilt $V_{A,\lambda} = V_{A^{-1},\lambda^{-1}}$ für jeden Eigenwert $\lambda \in \operatorname{Spec} A$.
e) Hat A obere oder untere Dreiecksgestalt, so sind die Diagonalkomponenten von A die Eigenwerte von A.
f) Ist A diagonalisierbar, so gilt: A ist selbstinvers $\iff \operatorname{Spec} A \subset \{-1, 1\}$.

Aufgabe 6.4 Es sei A eine quadratische Matrix. Zeigen Sie: Ist $\lambda \in \operatorname{Spec} A$, so ist $\lambda^2 \in \operatorname{Spec} A^2$.

Aufgabe 6.5 Eine quadratische Matrix $A \in M(n, \mathbb{K})$ heißt idempotent, falls $A^2 = A$ gilt. Zeigen Sie:

a) Eine nicht mit E_n übereinstimmende idempotente Matrix muss singulär sein.
b) Für jede idempotente Matrix $A \in M(n, \mathbb{K})$ ist $\operatorname{Spec} A \subset \{0, 1\}$.
c) Jede idempotente Matrix ist diagonalisierbar.

Aufgabe 6.6 Es seien A, B zwei quadratische Matrizen. Zeigen Sie:

$$A \approx B \implies A^2 \approx B^2.$$

Die Umkehrung gilt im Allgemeinen nicht.

Aufgabe 6.7 Zeigen Sie für $\lambda_1, \ldots, \lambda_n, \mu_1, \ldots, \mu_n \in \mathbb{K}$ und eine beliebige Permutation π der Indexmenge $\{1, \ldots, n\}$:

$$(\lambda_1, \ldots, \lambda_n) = (\mu_{\pi(1)}, \ldots, \mu_{\pi(n)}) \Rightarrow \begin{pmatrix} \lambda_1 & & \\ & \ddots & \\ & & \lambda_n \end{pmatrix} \approx \begin{pmatrix} \mu_1 & & \\ & \ddots & \\ & & \mu_n \end{pmatrix}$$

bzw. etwas prägnanter formuliert: *Unterscheiden sich zwei Diagonalmatrizen nur um eine Permutation ihrer Diagonalkomponenten, so sind sie ähnlich zueinander.*

Aufgabe 6.8 Es sei Λ eine $n \times n$-Diagonalmatrix mit den Diagonalkomponenten

$$\lambda_1, \lambda_2, \ldots, \lambda_n \in \mathbb{Z}$$

und $S \in \mathrm{GL}(n, \mathbb{R})$ eine ganzzahlige Matrix mit $\det S = 1$. Warum ist dann $S^{-1}\Lambda S$ ebenfalls ganzzahlig, und warum gilt $\mathrm{Spec}(S^{-1}\Lambda S) = \{\lambda_1, \lambda_2, \ldots, \lambda_n\}$?

Aufgabe 6.9 Zeigen Sie mithilfe der Diagonalisierung einer geeigneten 2×2-Matrix, dass für die rekursiv definierte Fibonacci-Folge

$$a_0 := 0$$
$$a_1 := 1$$
$$a_n := a_{n-1} + a_{n-2}, \qquad n \geq 2$$

die Formel

$$a_n = \frac{1}{\sqrt{5}} \left(\left(\frac{1+\sqrt{5}}{2} \right)^n - \left(\frac{1-\sqrt{5}}{2} \right)^n \right)$$

gilt.

Aufgabe 6.10 Betrachten Sie den Operator $\Phi \in \mathrm{End}\, Y$, definiert durch

$$\Phi[f] := \frac{\mathrm{d}}{\mathrm{d}t}(t \cdot f) = f + t \cdot \frac{\mathrm{d}f}{\mathrm{d}t}$$

auf dem durch die Funktionen $\mathbf{b}_1 = t^2$, $\mathbf{b}_2 = t^2 + t$ und $\mathbf{b}_3 = t^2 + t + 1$ erzeugten $\mathbb{R}$-Vektorraum Y.

a) Bestimmen Sie die Koordinatenmatrix des Endomorphismus Φ bezüglich der Basis $B = (\mathbf{b}_1, \mathbf{b}_2, \mathbf{b}_3)$.

b) Bestimmen Sie sämtliche Eigenwerte und Eigenfunktionen des Operators Φ als Teilräume von V.

c) Warum gibt es von 0 verschiedene Funktionen, die invariant unter Φ sind, für die also $\Phi[f] = f$ gilt?

d) Warum ist Φ diagonalisierbar, und wie lautet eine Basis B' von Y bezüglich der die Koordinatenmatrix von Φ Diagonalgestalt besitzt?

Aufgabe 6.11 Warum gilt $\mathrm{Rang}(A^*) = \mathrm{Rang}\, A$ sowie $\det(A^*) = \overline{\det A}$ für jede komplexe $n \times n$-Matrix A?

Aufgabe 6.12 Es seien A, B zwei reell-symmetrische Matrizen. Zeigen Sie: Sind A und B positiv semidefinit, so gilt: $A \approx B \iff A^2 \approx B^2$ (vgl. hierzu Aufgabe 6.6).

Aufgabe 6.13 Zeigen Sie: Ist A eine reguläre, symmetrische Matrix über $\mathbb{R}$, für die es einen Vektor $\mathbf{x} \neq 0$ gibt mit $\mathbf{x}^T A \mathbf{x} = 0$ (isotroper Vektor), so ist A indefinit.

Aufgabe 6.14 Beweisen Sie Satz 6.41: Für jeden Eigenwert λ einer Isometrie f auf einem euklidischen bzw. unitären Vektorraum gilt $|\lambda| = 1$.

Aufgabe 6.15 Es sei $T = \langle \mathbf{a}, \mathbf{b} \rangle$ eine durch zwei linear unabhängige Vektoren $\mathbf{a}, \mathbf{b} \in \mathbb{R}^3$

aufgespannte Ebene und $\hat{\mathbf{v}}$ ein Normaleneinheitsvektor von T. Zeigen Sie, dass die Householder-Transformation

$$H = E_3 - 2\hat{\mathbf{v}}\hat{\mathbf{v}}^T$$

symmetrisch, orthogonal und selbstinvers ist. Warum wird ein Vektor $\mathbf{x} \in \mathbb{R}^3$ durch H an der Ebene T gespiegelt?

Aufgabe 6.16 Untersuchen Sie die reell-symmetrischen Matrizen

$$A = \begin{pmatrix} 1 & -1 & 2 \\ -1 & 0 & 1 \\ 2 & 1 & 2 \end{pmatrix}, \qquad\qquad B = \begin{pmatrix} 1 & 0 & 0 & 1 \\ 0 & 1 & -2 & 0 \\ 0 & -2 & 8 & 0 \\ 1 & 0 & 0 & 2 \end{pmatrix},$$

$$C = -B = \begin{pmatrix} -1 & 0 & 0 & -1 \\ 0 & -1 & 2 & 0 \\ 0 & 2 & -8 & 0 \\ -1 & 0 & 0 & -2 \end{pmatrix}, \qquad D = \begin{pmatrix} -1 & 1 & 0 & 0 \\ 1 & -1 & 0 & 0 \\ 0 & 0 & -3 & 0 \\ 0 & 0 & 0 & -4 \end{pmatrix}$$

auf ihr Definitheitsverhalten. Denken Sie zuvor über die Definition dieser Begriffe nach. Welche Definitheitskriterien kennen Sie?

Aufgabe 6.17 Bestimmen Sie für die reell-symmetrische Matrix

$$A = \begin{pmatrix} -2 & 2 & 0 & 0 \\ 2 & -2 & 0 & 0 \\ 0 & 0 & 5 & 1 \\ 0 & 0 & 1 & 5 \end{pmatrix}$$

eine orthogonale Matrix S, sodass

$$S^T A S = \Lambda$$

gilt, wobei Λ eine Diagonalmatrix ist, deren Diagonale somit aus den Eigenwerten von A besteht.

Aufgabe 6.18 Es sei A eine $m \times n$-Matrix mit reellen Komponenten.

a) Warum sind $A^T A$ und AA^T diagonalisierbar und haben dabei reelle Eigenwerte?
b) Zeigen Sie, dass für $A \in \mathrm{GL}(n, \mathbb{R})$ die Matrizen $A^T A$ und AA^T identische Eigenwerte haben, die zudem alle positiv sind.
c) Warum gilt $\mathrm{Spec}(A^T A) = \mathrm{Spec}(AA^T)$ auch für jede singuläre Matrix $A \in \mathrm{M}(n, \mathbb{R})$? Was folgt für die Vorzeichen der Eigenwerte in diesem Fall?

Aufgabe 6.19 (Singulärwertzerlegung) Es sei $A \in \mathrm{M}(m \times n, \mathbb{R})$ eine Matrix mit $m \geq n$, die also eher höher als breiter ist („Porträt-Format"). Der Einfachheit halber gelte dabei $\mathrm{Rang}\, A = n$. Es kann leicht gezeigt werden, dass $A^T A$ eine wegen $\mathrm{Rang}\, A = n$ positiv definite $n \times n$-Matrix ist. Es sei

$$\Lambda = \begin{pmatrix} \lambda_1 & & & \\ & \lambda_2 & & \\ & & \ddots & \\ & & & \lambda_n \end{pmatrix} \in \mathrm{GL}(n, \mathbb{R}), \qquad \lambda_1 \geq \lambda_2 \geq \cdots \geq \lambda_n > 0$$

die Eigenwertdiagonalmatrix, bei der die Eigenwerte λ_i von $A^T A$ der Größe nach absteigend angeordnet werden. Zeigen Sie, dass mit einer orthogonalen Matrix V aus Eigenvektoren von $A^T A$ und einer orthogonalen Matrix der Form

$$U = \left(AV\sqrt{\Lambda^{-1}} \,\middle|\, * \cdots * \right) \in \mathrm{O}(m, \mathbb{R})$$

die sogenannte Singulärwertzerlegung (engl.: Singular Value Decomposition (SVD)),

$$A = USV^T, \quad \text{mit} \quad S := \begin{pmatrix} \sqrt{\Lambda} \\ 0_{m-n \times n} \end{pmatrix} \in \mathrm{M}(m \times n, \mathbb{R}) \tag{6.41}$$

von A ermöglicht wird, wobei wir folgenden die Kurzschreibweisen nutzen:

$$\sqrt{\Lambda} = \begin{pmatrix} \sqrt{\lambda_1} & & \\ & \ddots & \\ & & \sqrt{\lambda_n} \end{pmatrix}, \qquad \sqrt{\Lambda^{-1}} = \begin{pmatrix} 1/\sqrt{\lambda_1} & & \\ & \ddots & \\ & & 1/\sqrt{\lambda_n} \end{pmatrix}.$$

Die Quadratwurzeln

$$\sigma_i = \sqrt{\lambda_i}, \qquad i = 1, \ldots, \mathrm{Rang}\, A$$

der (positiven) Eigenwerte von $A^T A$ werden auch als Singulärwerte von A bezeichnet.

Aufgabe 6.20 Zeigen Sie: Ist $f \in \mathrm{End}(V)$ ein Endomorphismus auf einem endlichdimensionalen euklidischen bzw. unitären Vektorraum $(V, \langle \cdot, \cdot \rangle)$ und $B = (\mathbf{b}_1, \ldots, \mathbf{b}_n)$ eine Orthonormalbasis von V, so gilt

$$f \text{ ist unitär} \quad \Longleftrightarrow \quad M_B(f) \text{ ist unitär.}$$

Beachten Sie hierbei, dass B eine Orthonormalbasis ist, sodass sich das Skalarprodukt $\langle \cdot, \cdot \rangle$ mithilfe des kanonischen Skalarprodukts der Koordinatenvektoren bzgl. B direkt berechnen lässt, vgl. Ende von Abschn. 5.3).

Aufgabe 6.21 In der Quanteninformatik werden neben den zwei Zuständen 0 und 1 für ein klassisches Ein-Bit-Register auch überlagerte Zustände betrachtet. Hierzu wird für ein Ein-Bit-Quantenregister (Qubit) zunächst ein zweidimensionaler Hilbert-Raum $(\mathcal{H}, \langle \cdot | \cdot \rangle)$ betrachtet, der von den zwei orthonormalen Basis-Zuständen $|0\rangle$ und $|1\rangle$ erzeugt wird. Dieser Hilbert-Raum besteht also aus Linearkombinationen $|x\rangle = \alpha_1 |0\rangle + \alpha_2 |1\rangle \in \mathcal{H}$ mit komplexen Koeffizienten $\alpha_1, \alpha_2 \in \mathbb{C}$. Für das Ein-Qubit-Register beschränken wir uns allerdings auf normierte Zustände, also Linearkombinationen $|x\rangle$ mit $\||x\rangle\| := \sqrt{\langle x | x \rangle} = 1$. Dies ist (vgl. Übungsaufgabe 5.13) gleichbedeutend mit $\alpha_1^2 + \alpha_2^2 = 1$. Das sogenannte Hadamard-Gatter überlagert nun beide Basiszustände. Es ist der durch

$$H|0\rangle := \frac{1}{\sqrt{2}}(|0\rangle + |1\rangle), \qquad H|1\rangle := \frac{1}{\sqrt{2}}(|0\rangle - |1\rangle).$$

definierte Endomorphismus $H : \mathscr{H} \to \mathscr{H}$.

a) Wie lautet die Koordinatenmatrix $M := M_B(H)$ des Hadamard-Gatters $H : \mathscr{H} \to \mathscr{H}$ bezüglich der Orthonormalbasis $B = (|0\rangle, |1\rangle)$? Zeigen Sie, dass H eine involutorische und unitäre Transfomation ist.

b) Für ein Zwei-Bit-Quantenregister betrachten wir nun das Tensorprodukt $\mathscr{H} \otimes \mathscr{H}$. Dieser Raum wird erzeugt durch die vier Produktzustände

$$|00\rangle := |0\rangle \otimes |0\rangle, \quad |01\rangle := |0\rangle \otimes |1\rangle, \quad |10\rangle := |1\rangle \otimes |0\rangle, \quad |11\rangle := |1\rangle \otimes |1\rangle. \quad (6.42)$$

Analog zur isomorphen Darstellung von $\mathscr{H}$ durch $\mathbb{C}^2$ mithilfe der Basis B ist der Produktraum $\mathscr{H} \otimes \mathscr{H}$ durch das lineare Erzeugnis der Kronecker-Produkte $\hat{\mathbf{e}}_i \otimes \hat{\mathbf{e}}_j$ der kanonischen Basisvektoren $\hat{\mathbf{e}}_1 = \binom{1}{0}, \hat{\mathbf{e}}_2 = \binom{0}{1} \in \mathbb{C}^2$ isomorph darstellbar. Die über das Kronecker-Produkt definierte Matrix $M_2 := M \otimes M$ stellt nun einen Endomorphismus $H_2 : \mathscr{H} \otimes \mathscr{H} \to \mathscr{H} \otimes \mathscr{H}$ dar. Berechnen Sie M_2. Wie wirkt nun H_2 auf die Basiszustände $|00\rangle, |01\rangle, |10\rangle, |11\rangle$ des Produktraums $(\mathscr{H} \otimes \mathscr{H})$?

c) Das Tensorprodukt $\mathscr{H} \otimes \mathscr{H}$ ist zusammen mit dem über $\langle ij|kl\rangle := \langle i|k\rangle \cdot \langle j|l\rangle$, $i, j, k, l \in \{0, 1\}$ geprägten Skalarprodukt ein Hilbert-Raum. Warum bilden die vier Vektoren aus (6.42) eine Orthonormalbasis von $\mathscr{H} \otimes \mathscr{H}$?

d) Zeigen Sie anhand von M_2, dass H_2 involutorisch und unitär ist.

e) Zeigen Sie

$$H_2(|a\rangle \otimes |b\rangle) = H|a\rangle \otimes H|b\rangle =: (H \otimes H)(|a\rangle \otimes |b\rangle).$$

Kapitel 7
Trigonalisierung und Normalformen

Wenn ein Endomorphismus auf einem endlich-dimensionalen Vektorraum nicht diagonalisierbar ist, so fehlt eine Basis aus Eigenvektoren. In diesem Kapitel werden wir Methoden entwickeln, mit denen wir in derartigen Fällen eine Basis bestimmen können, bezüglich der die Koordinatenmatrix des betreffenden Endomorphismus eine Gestalt besitzt, die einer Diagonalmatrix möglichst nahekommt. Wir sprechen dabei von *schwach besetzten* Matrizen, in welchen sich möglichst viele Nullen befinden. Dies können einerseits Dreiecksmatrizen sein oder andererseits Blockdiagonalmatrizen, in denen sich die von Null verschiedenen Einträge blockweise um die Hauptdiagonale gruppieren.

7.1 Trigonalisierung durch f-invariante Teilräume

Wir werden zunächst versuchen, für einen Endomorphismus f auf einem endlich-dimensionalen $\mathbb{K}$-Vektorraum V eine Basis zu finden, bezüglich der die Koordinatenmatrix von f die Gestalt einer oberen Dreiecksmatrix hat. Eine bedeutende Rolle spielen hierbei Teilräume von V, auf denen die Einschränkung von f einen Endomorphismus bildet.

Definition 7.1 (*f-invarianter Teilraum*) *Es sei f ein Endomorphismus auf einem Vektorraum V. Ein Teilraum $T \subset V$ heißt f-invariant, wenn für jeden Vektor $\mathbf{v} \in T$ gilt $f(\mathbf{v}) \in T$.*

Beispiele für f-invariante Teilräume sind die Eigenräume eines Endomorphismus. Denn es gilt für jeden Eigenvektor $\mathbf{v} \in V_{f,\lambda}$ zum Eigenwert λ

$$f(\mathbf{v}) = \lambda \mathbf{v} \in V_{f,\lambda}.$$

Damit gilt

$$f(V_{f,\lambda}) \subset V_{f,\lambda}.$$

Falls zudem noch $\lambda \neq 0$ ist, gilt sogar $f(V_{f,\lambda}) = V_{f,\lambda}$, denn für jeden Vektor $\mathbf{v} \in V_{f,\lambda}$ hat man mit

$$\mathbf{w} := \tfrac{1}{\lambda} \mathbf{v} \in V_{f,\lambda}$$

L. Göllmann, *Lineare Algebra*, https://doi.org/10.1007/978-3-662-67174-0_7

einen Vektor mit $f(\mathbf{w}) = \mathbf{v}$. Jeder Vektor aus $V_{f,\lambda}$ ist dann im Bild von f enthalten. Für einen Eigenraum $V_{f,\lambda}$ mit nicht-verschwindendem Eigenwert $\lambda \neq 0$ ist die Einschränkung

$$f_{V_{f,\lambda}} : V_{f,\lambda} \to V_{f,\lambda}$$
$$\mathbf{v} \mapsto f(\mathbf{v})$$

also ein Isomorphismus. Unmittelbar klar sind die folgenden Kriterien für die f-Invarianz eines Teilraums.

Satz 7.2 *Es sei f ein Endomorphismus auf einem Vektorraum V und $T \subset V$ ein Teilraum von V. Dann sind folgende Aussagen äquivalent:*

(i) T ist f-invariant.
(ii) $f(T) \subset T$.
(iii) Die Einschränkung $f_T : T \to T, \mathbf{x} \mapsto f(\mathbf{x})$ ist ein Endomorphismus auf V.

Trivialerweise gibt es mit $\{\mathbf{0}\}$ und V stets zwei f-invariante Teilräume für alle $f \in \mathrm{End}(V)$.

Betrachten wir nun einen endlich-dimensionalen $\mathbb{K}$-Vektorraum V der Dimension n sowie eine Kette von f-invarianten Teilräumen $T_k \subset V$

$$T_1 \subset T_2 \subset \cdots \subset T_n$$

mit steigender Dimension

$$\dim T_1 = 1, \quad \dim T_2 = 2, \quad \cdots \quad \dim T_n = n.$$

Wir können nun eine Basis $B = (\mathbf{b}_1, \ldots, \mathbf{b}_n)$ von V in der Weise wählen, dass

$$\langle \mathbf{b}_1, \ldots, \mathbf{b}_k \rangle = T_k, \qquad k = 1, \ldots, n.$$

Für einen Vektor $\mathbf{v}_k \in T_k$ gilt dann $f(\mathbf{v}_k) \in T_k$, womit $f(\mathbf{v}_k)$ eine eindeutige Darstellung als Linearkombination der Basisvektoren $\mathbf{b}_1, \ldots, \mathbf{b}_k$ hat. Es gibt daher eindeutig bestimmte Skalare $\lambda_{1k}, \ldots, \lambda_{kk} \in \mathbb{K}$, sodass

$$f(\mathbf{v}_k) = \sum_{i=1}^{k} \mathbf{b}_i \lambda_{ik}, \qquad k = 1, \ldots, n.$$

Dies gilt dann auch speziell für die Bilder $f(\mathbf{b}_k)$ der Basisvektoren. Wie lautet nun die Koordinatenmatrix von f bezüglich B? Es gilt

$$
\begin{aligned}
M_B(f) = c_B(f(B)) &= \Big(c_B(f(\mathbf{b}_1)) \,\Big|\, c_B(f(\mathbf{b}_2)) \,\Big|\, \cdots \,\Big|\, c_B(f(\mathbf{b}_n)) \Big) \\
&= \Big(c_B(\mathbf{b}_1 \lambda_{11}) \,\Big|\, c_B(\mathbf{b}_1 \lambda_{12} + \mathbf{b}_2 \lambda_{22}) \,\Big|\, \cdots \,\Big|\, c_B\big(\sum_{i=1}^n \mathbf{b}_i \lambda_{in}\big) \Big) \\
&= \Big(c_B(\mathbf{b}_1) \lambda_{11} \,\Big|\, c_B(\mathbf{b}_1)\lambda_{12} + c_B(\mathbf{b}_2)\lambda_{22} \,\Big|\, \cdots \,\Big|\, \sum_{i=1}^n c_B(\mathbf{b}_i)\lambda_{in} \Big) \\
&= \Big(\hat{\mathbf{e}}_1 \lambda_{11} \,\Big|\, \hat{\mathbf{e}}_1 \lambda_{12} + \hat{\mathbf{e}}_2 \lambda_{22} \,\Big|\, \cdots \,\Big|\, \sum_{i=1}^n \hat{\mathbf{e}}_i \lambda_{in} \Big) \\
&= \begin{pmatrix} \lambda_{11} & \lambda_{12} & \cdots & \lambda_{1n} \\ 0 & \lambda_{22} & \cdots & \lambda_{2n} \\ \vdots & \ddots & \ddots & \vdots \\ 0 & \cdots & 0 & \lambda_{nn} \end{pmatrix}.
\end{aligned}
$$

Wenn nun umgekehrt eine Basis $B = (\mathbf{b}_1, \dots, \mathbf{b}_n)$ von V vorliegt, bezüglich der die Koordinatenmatrix von f obere Dreiecksgestalt besitzt,

$$
M_B(f) = \begin{pmatrix} a_{11} & a_{12} & \cdots & a_{1n} \\ 0 & a_{22} & \cdots & a_{n2} \\ \vdots & \ddots & \ddots & \vdots \\ 0 & \cdots & 0 & a_{nn} \end{pmatrix},
$$

dann liegt für $k = 1, \dots, n$ mit

$$
T_k = \langle \mathbf{b}_1, \dots, \mathbf{b}_k \rangle
$$

ein f-invarianter Teilraum vor. Ist nämlich $\mathbf{v} \in T_k$, so gilt für seinen Koordinatenvektor $c_B(\mathbf{v})$ bezüglich B

$$
c_B(\mathbf{v}) = \begin{pmatrix} x_1 \\ \vdots \\ x_k \\ 0 \\ \vdots \\ 0 \end{pmatrix}.
$$

Der Bildvektor $f(\mathbf{v})$ lautet in der Darstellung bezüglich B

$$
M_B(f) \cdot c_B(\mathbf{v}) = \begin{pmatrix} a_{11} & a_{12} & \cdots & a_{1k} & \cdots & a_{1n} \\ 0 & a_{22} & \cdots & a_{2k} & \cdots & a_{n2} \\ \vdots & \ddots & & & & \vdots \\ 0 & \cdots & 0 & a_{kk} & \cdots & a_{kn} \\ \vdots & & & & \ddots & \vdots \\ 0 & \cdots & & & \cdots & 0 \; a_{nn} \end{pmatrix} \begin{pmatrix} x_1 \\ x_2 \\ \vdots \\ x_k \\ 0 \\ \vdots \\ 0 \end{pmatrix} = \begin{pmatrix} \sum_{i=1}^k a_{1i}x_i \\ \sum_{i=2}^k a_{2i}x_i \\ \vdots \\ a_{kk}x_k \\ 0 \\ \vdots \\ 0 \end{pmatrix} =: \mathbf{y}.
$$

Dieser Bildvektor entspricht in V dem Vektor

$$f(\mathbf{v}) = c_B^{-1}(\mathbf{y}) = \sum_{i=1}^{k} \mathbf{b}_i y_i \in T_k.$$

Diese Beobachtung halten wir fest.

Satz 7.3 (Kriterium für Trigonalisierbarkeit) *Es sei f ein Endomorphismus auf einem endlich-dimensionalen $\mathbb{K}$-Vektorraum V der Dimension n. Genau dann gibt es eine Basis B von V, bezüglich der die Koordinatenmatrix $M_B(f)$ obere Dreiecksgestalt hat, wenn es f-invariante Teilräume $T_1, \ldots, T_n$ von V gibt mit*

$$T_k \subset T_{k+1}, \quad k = 1, \ldots, n-1 \qquad sowie \qquad \dim T_k = k, \quad k = 1, \ldots, n. \tag{7.1}$$

In dieser Situation wird f bzw. eine $n \times n$-Matrix A als trigonalisierbar bezeichnet.

Dementsprechend ist eine $n \times n$-Matrix A trigonalisierbar, wenn es eine reguläre Matrix $S \in \mathrm{GL}(n, \mathbb{K})$ gibt mit

$$S^{-1}AS = \begin{pmatrix} \lambda_1 & * & \cdots & * \\ 0 & \lambda_2 & \cdots & \vdots \\ \vdots & \ddots & \ddots & * \\ 0 & \cdots & 0 & \lambda_n \end{pmatrix} = \Delta.$$

Hierbei sind die Eigenwerte von A bzw. von Δ durch die Diagonalkomponenten $\lambda_1, \ldots, \lambda_n$ der oberen Dreiecksmatrix Δ gegeben, da beide Matrizen ähnlich zueinander sind. Zudem ist

$$\chi_A(x) = \chi_\Delta(x) = \prod_{k=1}^{n} (x - \lambda_k).$$

Notwendig für die Trigonalisierbarkeit einer Matrix $A \in \mathrm{M}(n, \mathbb{K})$ ist, dass sämtliche Eigenwerte in $\mathbb{K}$ liegen, dass also das charakteristische Polynom von A über $\mathbb{K}$ vollständig in Linearfaktoren zerfällt. Diese Bedingung ist sogar hinreichend für die Trigonalisierbarkeit.

Satz 7.4 (Trigonalisierungssatz) *Es sei f ein Endomorphismus auf einem endlich-dimensionalen $\mathbb{K}$-Vektorraum V der Dimension n. Genau dann ist f trigonalisierbar, wenn das charakteristische Polynom vollständig in Linearfaktoren über $\mathbb{K}$ zerfällt, wenn es also $\lambda_1, \ldots, \lambda_n \in \mathbb{K}$ gibt, mit*

$$\chi_f(x) = \prod_{k=1}^{n} (x - \lambda_k). \tag{7.2}$$

(Bemerkung: Hierbei brauchen die Eigenwerte $\lambda_1, \ldots, \lambda_n$ nicht paarweise verschieden zu sein, d. h., der Fall $\mathrm{alg}\,\lambda_k \geq 2$ für irgendwelche $k \in \{1, \ldots, n\}$ ist laut Voraussetzung inbegriffen.)

Beweis. Für $n = 1$ ist die Aussage trivial. Sei also $n \geq 2$. Ist f trigonalisierbar, dann gibt es definitionsgemäß eine Basis $B = (\mathbf{b}_1, \ldots, \mathbf{b}_n)$ von V, bezüglich der die Koordinatenmatrix von f obere Dreiecksgestalt besitzt:

$$M_B(f) = \begin{pmatrix} \lambda_1 & * & \cdots & * \\ 0 & \lambda_2 & \ddots & \vdots \\ \vdots & \ddots & \ddots & * \\ 0 & \cdots & 0 & \lambda_n \end{pmatrix} \in M(n, \mathbb{K}).$$

Das charakteristische Polynom eines Endomorphismus auf einem endlich-dimensionalen Vektorraum ist definiert als das charakteristische Polynom seiner Koordinatenmatrix, wobei es nicht auf die Wahl der Basis B ankommt. Es gilt also

$$\chi_f(x) = \det(xE_n - M_B(f)) = \prod_{k=1}^{n}(x - \lambda_k),$$

mit $\lambda_k \in \mathbb{K}$, da die Komponenten der obigen Matrix aus $\mathbb{K}$ stammen. Zerfällt umgekehrt das charakteristische Polynom von f vollständig über $\mathbb{K}$ in Linearfaktoren, so können wir f-invariante Teilräume $T_1, \ldots, T_n$ konstruieren mit

$$T_{k-1} \subset T_k, \quad \dim T_k = k, \qquad k = 2, \ldots, n$$

und dabei Schritt für Schritt eine Basis von V aufbauen, bezüglich der die Koordinatenmatrix von f obere Dreiecksgestalt besitzt. Hierzu betrachten wir zunächst einen Eigenvektor, beispielsweise $\mathbf{v}_1$ zum Eigenwert $\lambda_1 \in \mathbb{K}$ von f. Wir ergänzen nun diesen Eigenvektor um $n-1$ weitere Vektoren $\mathbf{b}_{12}, \ldots, \mathbf{b}_{1n} \in V$ zu einer Basis $B_1 = (\mathbf{v}_1, \mathbf{b}_{12}, \ldots, \mathbf{b}_{1n})$ von V. Der Vektorraum

$$V_1 = \langle \mathbf{v}_1 \rangle \subset V_{f,\lambda_1}$$

ist f-invariant, da für $\mathbf{v} \in \langle \mathbf{v}_1 \rangle$ als Eigenvektor zu λ_1 gilt:

$$f(\mathbf{v}) = \lambda_1 \mathbf{v} \in \langle \mathbf{v}_1 \rangle = V_1.$$

Für die Koordinatenmatrix von f bezüglich B_1 gilt nun

$$\begin{aligned} M_{B_1}(f) &= c_{B_1}(f(B_1)) \\ &= \big(c_{B_1}(f(\mathbf{v}_1)) \,|\, c_{B_1}(f(\mathbf{b}_{12})) \,|\, \cdots \,|\, c_{B_1}((f(\mathbf{b}_{1n})))\big) \\ &= \big(\lambda_1 \underbrace{c_{B_1}(\mathbf{v}_1)}_{=\hat{\mathbf{e}}_1} \,|\, c_{B_1}(f(\mathbf{b}_{12})) \,|\, \cdots \,|\, c_{B_1}(f(\mathbf{b}_{1n}))\big) \\ &= \begin{pmatrix} \lambda_1 & m_{12} & \cdots & m_{1n} \\ 0 & m_{22} & \cdots & m_{2n} \\ 0 & \vdots & \ddots & \ddots \\ 0 & m_{n2} & \cdots & m_{nn} \end{pmatrix}. \end{aligned}$$

Diese Matrix stellt den Endomorphismus f als lineare Abbildung $\mathbb{K}^n \to \mathbb{K}^n$ bezüglich B_1 dar. Sie besitzt den Eigenvektor $\hat{\mathbf{e}}_1 = c_B(\mathbf{v}_1)$ zu Eigenwert λ_1. Ihr charakteristisches Polynom ist identisch mit dem von f. Daher muss das charakteristische Polynom der $n-1 \times n-1$-Untermatrix

$$C_1 := \begin{pmatrix} m_{22} & \cdots & m_{2n} \\ \vdots & \ddots & \ddots \\ m_{n2} & \cdots & m_{nn} \end{pmatrix}$$

lauten

$$\chi_{C_1}(x) = \prod_{k=2}^{n}(x - \lambda_k).$$

Für $n = 2$ wären wir fertig. Es sei also ab nun $n \geq 3$. Die Matrix C_1 hat also die Eigenwerte $\lambda_2, \ldots, \lambda_n$. Es gibt daher einen Eigenvektor $\mathbf{0} \neq \mathbf{w}_2' \in \mathbb{K}^{n-1}$ mit $C_1 \mathbf{w}_2' = \lambda_2 \mathbf{w}_2'$. Wir ergänzen diesen Vektor nun zu einem vom Eigenvektor $\hat{\mathbf{e}}_1 \in \mathbb{K}^n$ linear unabhängigen Vektor

$$\mathbf{w}_2 := \begin{pmatrix} 0 \\ \mathbf{w}_2' \end{pmatrix} =: (w_2^1, w_2^2, \ldots, w_2^n)^T.$$

Dieser Vektor ist in der Tat vom Eigenvektor $\hat{\mathbf{e}}_1$ der Matrix $M_{B_1}(f)$ linear unabhängig, da sein unterer Teil $\mathbf{w}_2' \neq \mathbf{0}$ ist. Den beiden Vektoren $\hat{\mathbf{e}}_1$ und $\mathbf{w}_2$ können wir die ebenfalls linear unabhängigen Vektoren

$$\mathbf{v}_1 = c_{B_1}^{-1}(\hat{\mathbf{e}}_1), \qquad \mathbf{v}_2 = c_{B_1}^{-1}(\mathbf{w}_2)$$

zuordnen. Das lineare Erzeugnis von $\mathbf{v}_1$ und $\mathbf{v}_2$ ist f-invariant, denn es gilt

$$\begin{aligned}
f(\alpha_1 \mathbf{v}_1 + \alpha_2 \mathbf{v}_2) &= c_{B_1}^{-1}\left(M_{B_1}(f)(\alpha_1 c_{B_1}(\mathbf{v}_1) + \alpha_2 c_{B_1}(\mathbf{v}_2))\right) \\
&= c_{B_1}^{-1}\left(M_{B_1}(f)(\alpha_1 \hat{\mathbf{e}}_1 + \alpha_2 \mathbf{w}_2)\right) \\
&= c_{B_1}^{-1}\left(\alpha_1 M_{B_1}(f)\hat{\mathbf{e}}_1 + \alpha_2 M_{B_1}(f)\mathbf{w}_2\right) \\
&= c_{B_1}^{-1}\left(\alpha_1 \lambda_1 \hat{\mathbf{e}}_1 + \begin{pmatrix} \alpha_2 \sum_{k=2}^{n} m_{1k} w_2^k \\ \alpha_2 C \mathbf{w}_2' \end{pmatrix}\right) \\
&= c_{B_1}^{-1}\left(\left(\alpha_1 \lambda_1 + \alpha_2 \sum_{k=2}^{n} m_{1k} w_2^k\right)\hat{\mathbf{e}}_1 + \begin{pmatrix} 0 \\ \alpha_2 \lambda_2 \mathbf{w}_2' \end{pmatrix}\right) \\
&= c_{B_1}^{-1}\left(\left(\alpha_1 \lambda_1 + \alpha_2 \sum_{k=2}^{n} m_{1k} w_2^k\right)\hat{\mathbf{e}}_1 + \alpha_2 \lambda_2 \mathbf{w}_2\right) \\
&= \left(\alpha_1 \lambda_1 + \alpha_2 \sum_{k=2}^{n} m_{1k} w_2^k\right)\mathbf{v}_1 + \alpha_2 \lambda_2 \mathbf{v}_2 \in \langle \mathbf{v}_1, \mathbf{v}_2 \rangle.
\end{aligned}$$

Wir ergänzen nun die beiden Vektoren $\hat{\mathbf{e}}_1$ und $\mathbf{w}_2$ um weitere linear unabhängige Vektoren $\mathbf{w}_3, \ldots, \mathbf{w}_n \in \mathbb{K}^n$, sodass mit

$$S_2 = (\hat{\mathbf{e}}_1, \mathbf{w}_2, \underbrace{\mathbf{w}_3, \ldots, \mathbf{w}_n}_{\text{Ergänzung}})$$

eine reguläre $n \times n$-Matrix über $\mathbb{K}$ vorliegt. Wenn wir nun die Koordinatenmatrix $M_{B_1}(f)$ mit dieser Matrix ähnlichkeitstransformieren, so erhalten wir wegen

$$M_{B_1}(f)\mathbf{w}_2 = \begin{pmatrix} \sum_{k=2}^{n} m_{1k} w_2^k \\ \lambda_2 \mathbf{w}_2' \end{pmatrix} = \sum_{k=2}^{n} m_{1k} w_2^k \cdot \hat{\mathbf{e}}_1 + \lambda_2 \mathbf{w}_2$$

und

$$S_2^{-1} M_{B_1}(f)\mathbf{w}_2 = \sum_{k=2}^{n} m_{1k} w_2^k \underbrace{S_2^{-1} \hat{\mathbf{e}}_1}_{=\hat{\mathbf{e}}_1} + \lambda_2 \underbrace{S_2^{-1} \mathbf{w}_2}_{=\hat{\mathbf{e}}_2}$$

eine Matrix der Gestalt

$$
\begin{aligned}
S_2^{-1} M_{B_1}(f) S_2 &= S_2^{-1} M_{B_1}(f) \left(\hat{\mathbf{e}}_1 \,\middle|\, \mathbf{w}_2 \,\middle|\, \cdots \,\middle|\, \mathbf{w}_n \right) \\
&= S_2^{-1} \left(M_{B_1}(f)\hat{\mathbf{e}}_1 \,\middle|\, M_{B_1}(f)\mathbf{w}_2 \,\middle|\, \cdots \,\middle|\, M_{B_1}(f)\mathbf{w}_n \right) \\
&= \begin{pmatrix}
\lambda_1 & m_{12}^{(2)} & m_{13}^{(2)} & \cdots & m_{1n}^{(2)} \\
0 & \lambda_2 & m_{23}^{(2)} & \cdots & m_{2n}^{(2)} \\
0 & 0 & m_{33}^{(2)} & \cdots & m_{3n}^{(2)} \\
\vdots & \vdots & \vdots & \cdots & \vdots \\
0 & 0 & m_{n3}^{(2)} & \cdots & m_{nn}^{(2)}
\end{pmatrix}.
\end{aligned}
$$

Dies ist die Koordinatenmatrix der von $M_{B_1}(f)$ vermittelten Abbildung bezüglich S_2 und damit die Koordinatenmatrix von f bezüglich der Basis

$$B_2 := (\mathbf{v}_1, \mathbf{v}_2, \underbrace{\mathbf{b}_{23}, \ldots, \mathbf{b}_{2n}}_{\text{Ergänzung}})$$

mit $\mathbf{b}_{23} = c_{B_1}^{-1}(\mathbf{w}_3), \ldots, \mathbf{b}_{2n} = c_{B_1}^{-1}(\mathbf{w}_n)$. Dies können wir anhand der Kürzungsregel für Basiswechsel sehr gut erkennen:

$$
\begin{aligned}
M_{B_2}(f) &= M_{B_2}^{B_2}(f) \\
&= M_{B_2}^{B_1}(\mathrm{id}_V) M_{B_1}^{B_1}(f) M_{B_1}^{B_2}(\mathrm{id}_V) \\
&= (c_{B_1}(B_2))^{-1} M_{B_1}(f) c_{B_1}(B_2) \\
&= \left(c_{B_1}(\mathbf{v}_1) \,\middle|\, c_{B_1}(\mathbf{v}_2) \,\middle|\, \cdots \,\middle|\, c_{B_1}(\mathbf{b}_{2n}) \right)^{-1} M_{B_1}(f) \left(c_{B_1}(\mathbf{v}_1) \,\middle|\, c_{B_1}(\mathbf{v}_2) \,\middle|\, \cdots \,\middle|\, c_{B_1}(\mathbf{b}_{2n}) \right) \\
&= \left(\hat{\mathbf{e}}_1 \,\middle|\, \mathbf{w}_2 \,\middle|\, \cdots \,\middle|\, c_{B_1}(\mathbf{b}_{2n}) \right)^{-1} M_{B_1}(f) \left(\hat{\mathbf{e}}_1 \,\middle|\, \mathbf{w}_2 \,\middle|\, \cdots \,\middle|\, c_{B_1}(\mathbf{b}_{2n}) \right) \\
&= \begin{pmatrix}
\lambda_1 & m_{12}^{(2)} & m_{13}^{(2)} & \cdots & m_{1n}^{(2)} \\
0 & \lambda_2 & m_{23}^{(2)} & \cdots & m_{2n}^{(2)} \\
0 & 0 & m_{33}^{(2)} & \cdots & m_{3n}^{(2)} \\
\vdots & \vdots & \vdots & \cdots & \vdots \\
0 & 0 & m_{n3}^{(2)} & \cdots & m_{nn}^{(2)}
\end{pmatrix}.
\end{aligned}
$$

Nun betrachten wir die $n - 2 \times n - 2$-Untermatrix

$$\begin{pmatrix} m_{33}^{(2)} & \cdots & m_{3n}^{(2)} \\ \vdots & \cdots & \vdots \\ m_{n3}^{(2)} & \cdots & m_{nn}^{(2)} \end{pmatrix}.$$

Diese Matrix muss nun den Eigenwert λ_3 besitzen und damit einen Eigenvektor $\mathbf{0} \neq \mathbf{w}_3' \in \mathbb{K}^{n-2}$ zu λ_3. Wir definieren

$$\mathbf{w}_3 := \begin{pmatrix} 0 \\ 0 \\ \mathbf{w}_3' \end{pmatrix} =: (w_3^1, w_3^2, w_3^3, \ldots, w_3^n)^T$$

und erhalten einen zu $\hat{\mathbf{e}}_1 = c_{B_2}(\mathbf{v}_1)$ und $\hat{\mathbf{e}}_2 = c_{B_2}(\mathbf{v}_2)$ linear unabhängigen Vektor. Den linear unabhängigen Vektoren $\hat{\mathbf{e}}_1$, $\hat{\mathbf{e}}_2$ und $\mathbf{w}_3$ entsprechen nun die ebenfalls linear unabhängigen Vektoren

$$\mathbf{v}_1 = c_{B_2}^{-1}(\hat{\mathbf{e}}_1), \quad \mathbf{v}_2 = c_{B_2}^{-1}(\hat{\mathbf{e}}_2), \quad \mathbf{v}_3 := c_{B_2}^{-1}(\mathbf{w}_3).$$

Diese Vektoren erzeugen einen f-invarianten Teilraum von V. Denn es gilt

$$\begin{aligned}
&c_{B_2}(f(\alpha_1 \mathbf{v}_1 + \alpha_2 \mathbf{v}_2 + \alpha_3 \mathbf{v}_3)) \\
&= M_{B_2}(f)(\alpha_1 c_{B_2}(\mathbf{v}_1) + \alpha_2 c_{B_2}(\mathbf{v}_2) + \alpha_3 c_{B_2}(\mathbf{v}_3)) \\
&= M_{B_2}(f)(\alpha_1 \hat{\mathbf{e}}_1 + \alpha_2 \hat{\mathbf{e}}_2 + \alpha_3 \mathbf{w}_3) \\
&= \alpha_1 M_{B_2}(f)\hat{\mathbf{e}}_1 + \alpha_2 M_{B_2}(f)\hat{\mathbf{e}}_2 + \alpha_3 M_{B_2}(f)\mathbf{w}_3 \\
&= (\alpha_1 \lambda_1 + \alpha_2 m_{12}^{(2)})\hat{\mathbf{e}}_1 + \alpha_2 \lambda_2 \hat{\mathbf{e}}_2 + \begin{pmatrix} \alpha_3 p_1 \\ \alpha_3 p_2 \\ \alpha_3 \lambda_3 \mathbf{w}_3' \end{pmatrix} \\
&= (\alpha_1 \lambda_1 + \alpha_2 m_{12}^{(2)} + \alpha_3 p_1)\hat{\mathbf{e}}_1 + (\alpha_2 \lambda_2 + \alpha_3 p_2)\hat{\mathbf{e}}_2 + \begin{pmatrix} 0 \\ 0 \\ \alpha_3 \lambda_3 \mathbf{w}_3' \end{pmatrix} \\
&= (\alpha_1 \lambda_1 + \alpha_2 m_{12}^{(2)} + \alpha_3 p_1)\hat{\mathbf{e}}_1 + (\alpha_2 \lambda_2 + \alpha_3 p_2)\hat{\mathbf{e}}_2 + \alpha_3 \lambda_3 \mathbf{w}_3,
\end{aligned}$$

mit den Skalaren $p_1 = \sum_{k=3}^n m_{1k}^{(2)} w_3^k$ und $p_2 = \sum_{k=3}^n m_{2k}^{(2)} w_3^k$. Der Basisisomorphismus ergibt somit

$$\begin{aligned}
f(\alpha_1 \mathbf{v}_1 + \alpha_2 \mathbf{v}_2 + \alpha_3 \mathbf{v}_3) &= c_{B_2}^{-1}((\alpha_1 \lambda_1 + \alpha_2 m_{12}^{(2)} + \alpha_3 p_1)\hat{\mathbf{e}}_1 + (\alpha_2 \lambda_2 + \alpha_3 p_2)\hat{\mathbf{e}}_2 + \alpha_3 \lambda_3 \mathbf{w}_3) \\
&= (\alpha_1 \lambda_1 + \alpha_2 m_{12}^{(2)} + \alpha_3 p_1)\mathbf{v}_1 + (\alpha_2 \lambda_2 + \alpha_3 p_2)\mathbf{v}_2 + \alpha_3 \lambda_3 \mathbf{v}_3 \\
&\in \langle \mathbf{v}_1, \mathbf{v}_2, \mathbf{v}_3 \rangle.
\end{aligned}$$

Dieses Schema können wir nun in entsprechender Weise weiter fortführen. Wir konstruieren auf diese Weise eine Sequenz von f-invarianten Teilräumen, die jeweils um eine Dimension ansteigen.

Schließlich erhalten wir spätestens mit

$$B_n = (\mathbf{v}_1, \mathbf{v}_2, \ldots, \mathbf{v}_{n-1}, \mathbf{b}_{n-1,n})$$

eine Basis von V, bezüglich der die Koordinatenmatrix von f Trigonalstruktur besitzt. □
Ein Beispiel soll dieses Trigonalisierungsverfahren illustrieren. Wir betrachten die 4×4-Matrix

$$A = \begin{pmatrix} 2 & 0 & 1 & 1 \\ 3 & 1 & 1 & 3 \\ 1 & 0 & 2 & 1 \\ 1 & 0 & -1 & 2 \end{pmatrix}.$$

Wir können das charakteristische Polynom von A vollständig in Linearfaktoren über $\mathbb{R}$ zerlegen (Übung):

$$\chi_A(x) = \det(xE_4 - A) = (x-3)(x-2)(x-1)^2.$$

Die Eigenwerte lauten also $\lambda_1 = 3$, $\lambda_2 = 2$, $\lambda_3 = 1$ und $\lambda_4 = 1$. Ein Eigenvektor zu $\lambda_1 = 3$ lautet beispielsweise

$$\mathbf{v}_1 = \begin{pmatrix} 1 \\ 2 \\ 1 \\ 0 \end{pmatrix}.$$

Wir ergänzen nun diesen Vektor zu einer Basis des $\mathbb{R}^4$, indem wir weitere linear unabhängige Vektoren hinzufügen, beispielsweise

$$\mathbf{b}_{12} = \begin{pmatrix} 1 \\ 1 \\ 0 \\ 1 \end{pmatrix}, \quad \mathbf{b}_{13} = \begin{pmatrix} 1 \\ 0 \\ 1 \\ 1 \end{pmatrix}, \quad \mathbf{b}_{14} = \begin{pmatrix} 1 \\ 0 \\ 0 \\ 1 \end{pmatrix}.$$

Der Vektor $\mathbf{v}_1$ bildet zusammen mit diesen drei Vektoren eine Basis des $\mathbb{R}^4$, denn die aus diesen vier Vektoren zusammengestellte Matrix

$$B_1 = (\mathbf{v}_1 \mid \mathbf{b}_{12} \mid \mathbf{b}_{13} \mid \mathbf{b}_{14}) = \begin{pmatrix} 1 & 1 & 1 & 1 \\ 2 & 1 & 0 & 0 \\ 1 & 0 & 1 & 0 \\ 0 & 1 & 1 & 1 \end{pmatrix}$$

ist regulär. Ihre Inverse können wir mit geringem Aufwand berechnen als

$$B_1^{-1} = \begin{pmatrix} 1 & 0 & 0 & -1 \\ -2 & 1 & 0 & 2 \\ -1 & 0 & 1 & 1 \\ 3 & -1 & -1 & -2 \end{pmatrix}.$$

Die Koordinatenmatrix des von A vermittelten Endomorphismus $f = f_A$ bzgl. B_1 lautet

$$M_{B_1}(f) = B_1^{-1}AB_1 = \begin{pmatrix} 3 & 0 & 2 & 0 \\ 0 & 7 & 3 & 6 \\ 0 & 2 & 2 & 2 \\ 0 & -6 & -3 & -5 \end{pmatrix}.$$

Der 3×3-Unterblock dieser Matrix

$$C_1 = \begin{pmatrix} 7 & 3 & 6 \\ 2 & 2 & 2 \\ -6 & -3 & -5 \end{pmatrix}$$

besitzt die restlichen Eigenwerte von A. Nun wollen wir diesen Unterblock bzw. die Matrix $M_{B_1}(f)$ mithilfe des Eigenwertes $\lambda_2 = 2$ streng nach dem Verfahren weiter trigonalisieren. Hierzu betrachten wir den Eigenvektor

$$\mathbf{w}_2' = \begin{pmatrix} 3 \\ 1 \\ -3 \end{pmatrix}$$

zu $\lambda_2 = 2$ von C_1. Wir setzen

$$\mathbf{w}_2 = \begin{pmatrix} 0 \\ \mathbf{w}_2' \end{pmatrix} = \begin{pmatrix} 0 \\ 3 \\ 1 \\ -3 \end{pmatrix}.$$

Wir könnten nun $\hat{\mathbf{e}}_1$ und $\mathbf{w}_2$ um zwei Vektoren zu einem System von vier linear unabhängigen Vektoren ergänzen, um nach Anwendung des Basisisomorphismus $c_{B_1}^{-1}$ aus diesen Vektoren eine Basis des $\mathbb{R}^4$ zu erhalten. Alternativ bietet es sich für den nächsten Schritt an, direkt die Vektoren $\mathbf{v}_1 = c_{B_1}^{-1}(\hat{\mathbf{e}}_1)$ und $\mathbf{v}_2 := c_{B_1}^{-1}(\mathbf{w}_2)$ zu einer Basis des $\mathbb{R}^4$ zu ergänzen. Der Vektor $\mathbf{v}_2$ wird nun dem Verfahren entsprechend definiert als

$$\mathbf{v}_2 = c_{B_1}^{-1}(\mathbf{w}_2) = B_1\mathbf{w}_2 = \begin{pmatrix} 1 \\ 3 \\ 1 \\ 1 \end{pmatrix}.$$

Wir ergänzen die Vektoren $\mathbf{v}_1$ und $\mathbf{v}_2$ zu einer Basis, indem wir zwei weitere zu diesen Vektoren und untereinander linear unabhängige Vektoren beliebig definieren, beispielsweise

$$\mathbf{b}_{23} = \begin{pmatrix} 0 \\ 0 \\ 1 \\ 1 \end{pmatrix}, \quad \mathbf{b}_{24} = \begin{pmatrix} 0 \\ 0 \\ 0 \\ 1 \end{pmatrix}.$$

Die aus allen vier Vektoren zusammengestellte 4×4-Matrix

$$B_2 = (\mathbf{v}_1 \,|\, \mathbf{v}_2 \,|\, \mathbf{b}_{23} \,|\, \mathbf{b}_{24}) = \begin{pmatrix} 1 & 1 & 0 & 0 \\ 2 & 3 & 0 & 0 \\ 1 & 1 & 1 & 0 \\ 0 & 1 & 1 & 1 \end{pmatrix}$$

ist regulär, für ihre Inverse berechnen wir

$$B_2^{-1} = \begin{pmatrix} 3 & -1 & 0 & 0 \\ -2 & 1 & 0 & 0 \\ -1 & 0 & 1 & 0 \\ 3 & -1 & -1 & 1 \end{pmatrix}.$$

Damit lautet die Koordinatenmatrix von f bezüglich B_3

$$M_{B_2}(f) = B_2^{-1} A B_2 = \begin{pmatrix} 3 & 2 & 2 & 0 \\ 0 & 2 & 0 & 1 \\ 0 & 0 & 1 & 0 \\ 0 & 0 & 0 & 1 \end{pmatrix}.$$

Hierbei handelt es sich bereits um eine obere Dreiecksmatrix. Das Verfahren kann also hier gestoppt werden. Mit den Vektoren aus der Matrix B_2 liegt also eine Basis des $\mathbb{R}^4$ vor, bezüglich der die Koordinatenmatrix des von A vermittelten Endomorphismus Trigonal-struktur besitzt.

Bei der Basisergänzung haben wir die zusätzlichen Basisvektoren willkürlich ausge-wählt. Die Trigonalform von A sähe sicher anders aus bei einer anderen Wahl der Ergän-zungsvektoren. Allen Trigonalformen gemeinsam ist jedoch, dass auf der Hauptdiagona-len die Eigenwerte von A stehen müssen. Wir praktizieren dieses Verfahren ein zweites Mal, gehen aber bei der Auswahl der Basisergänzungsvektoren viel pragmatischer vor. Wir starten wieder mit dem Eigenvektor zu $\lambda_1 = 3$:

$$\mathbf{v}_1 = \begin{pmatrix} 1 \\ 2 \\ 1 \\ 0 \end{pmatrix}.$$

Da die Einheitsvektoren $\hat{\mathbf{e}}_2, \hat{\mathbf{e}}_3, \hat{\mathbf{e}}_4$ von $\mathbf{v}_1$ linear unabhängig sind, können wir $\mathbf{v}_1$ mithilfe dieser Vektoren zu einer Basis des $\mathbb{R}^4$ ergänzen:

$$B_1 = (\mathbf{v}_1 \,|\, \hat{\mathbf{e}}_2 \,|\, \hat{\mathbf{e}}_3 \,|\, \hat{\mathbf{e}}_4).$$

Die sich aus den Spalten dieser Basis zusammensetzende Matrix B_1 ist in diesem Beispiel als Frobenius-Matrix leicht zu invertieren. Es gilt

$$B_1^{-1} = \begin{pmatrix} 1 & 0 & 0 & 0 \\ 2 & 1 & 0 & 0 \\ 1 & 0 & 1 & 0 \\ 0 & 0 & 0 & 1 \end{pmatrix}^{-1} = \begin{pmatrix} 1 & 0 & 0 & 0 \\ -2 & 1 & 0 & 0 \\ -1 & 0 & 1 & 0 \\ 0 & 0 & 0 & 1 \end{pmatrix}.$$

Die Koordinatenmatrix des von A vermittelten Endomorphismus $f = f_A$ lautet

$$M_{B_1}(f) = B_1^{-1}AB_1 = \begin{pmatrix} 3 & 0 & 1 & 1 \\ 0 & 1 & -1 & 1 \\ 0 & 0 & 1 & 0 \\ 0 & 0 & -1 & 2 \end{pmatrix}.$$

Der 3×3-Unterblock dieser Matrix

$$C_1 = \begin{pmatrix} 1 & -1 & 1 \\ 0 & 1 & 0 \\ 0 & -1 & 2 \end{pmatrix}$$

besitzt die restlichen Eigenwerte von A. Er liegt bezüglich der ersten Spalte schon in einer vortrigonalisierten Form vor. Wir behalten daher den zweiten Basisvektor in B_1, also den Vektor $\mathbf{e}_3 =: \mathbf{v}_2$, bei. Es gilt also $B_2 = B_1$. Nun kümmern wir uns nur noch um den 2×2-Unterblock

$$C_2 = \begin{pmatrix} 1 & 0 \\ -1 & 2 \end{pmatrix}.$$

Da der Eigenwert 1 links oben innerhalb des Blocks C_1 bereits vorliegt, bleiben für den Unterblock C_2 nur die beiden übrigen Eigenwerte 1 und 2, was auch sofort durch die Dreiecksstruktur von C_2 erkennbar ist. Ein Eigenvektor zum Eigenwert 1 von C_2 ist beispielsweise der Vektor

$$\mathbf{w}_3' = \begin{pmatrix} 1 \\ 1 \end{pmatrix}.$$

Wir setzen nun

$$\mathbf{w}_3 = \begin{pmatrix} 0 \\ 0 \\ \mathbf{w}_3' \end{pmatrix} = \begin{pmatrix} 0 \\ 0 \\ 1 \\ 1 \end{pmatrix}.$$

Der neue Basisvektor wird jetzt definiert als

$$\mathbf{v}_3 = c_{B_2}^{-1}(\mathbf{w}_3) = c_{B_1}^{-1}(\mathbf{w}_3) = B_1\mathbf{w}_3 = \begin{pmatrix} 0 \\ 0 \\ 1 \\ 1 \end{pmatrix}.$$

Nach Ergänzen von $\hat{\mathbf{e}}_4$ erhalten wir eine neue Basis

$$B_3 = (\mathbf{v}_1 \,|\, \mathbf{v}_2 \,|\, \mathbf{v}_3 \,|\, \hat{\mathbf{e}}_4) = \begin{pmatrix} 1 & 0 & 0 & 0 \\ 2 & 1 & 0 & 0 \\ 1 & 0 & 1 & 0 \\ 0 & 0 & 1 & 1 \end{pmatrix}.$$

Diese Basismatrix ist nicht schwer zu invertieren. Mit ihrer Inversen

$$B_3^{-1} = \begin{pmatrix} 1 & 0 & 0 & 0 \\ -2 & 1 & 0 & 0 \\ -1 & 0 & 1 & 0 \\ 1 & 0 & -1 & 1 \end{pmatrix}$$

folgt nun für die Koordinatenmatrix von f bezüglich B_2

$$M_{B_3}(f) = B_3^{-1}AB_3 = \begin{pmatrix} 3 & 0 & 2 & 1 \\ 0 & 1 & 0 & 1 \\ 0 & 0 & 1 & 0 \\ 0 & 0 & 0 & 2 \end{pmatrix}.$$

Es gibt also je nach Basiswahl verschiedene Möglichkeiten, eine quadratische Matrix zu trigonalisieren. Die hierbei entstehenden oberen Dreiecksmatrizen sind in der Regel unterschiedlich. Allerdings haben sämtliche trigonalisierte Darstellungen eines Endomorphismus f auf ihrer Hauptdiagonalen die Eigenwerte von f stehen. Es bleibt somit die Frage nach einer Normalform für die Trigonalisierung. Wie können wir eine Basis bestimmen, sodass die trigonalisierte Form eine Dreiecksmatrix mit möglichst einfacher Gestalt, also mit möglichst sparsamer Besetzung des oberen Dreiecks darstellt? Diese Frage beantworten wir in Abschn. 7.2.

Für jede komplexe $n \times n$-Matrix A und damit speziell auch für jede reelle $n \times n$-Matrix A zerfällt das charakteristische Polynom über $\mathbb{C}$ vollständig in Linearfaktoren aufgrund des Fundamentalsatzes der Algebra. Die Eigenwerte müssen zwar nicht reell sein, es gibt aber wegen des Trigonalisierungssatzes eine reguläre Matrix $S \in \mathrm{GL}(n, \mathbb{C})$ mit

$$S^{-1}AS = \begin{pmatrix} \lambda_1 & * & \cdots & * \\ 0 & \lambda_2 & \ddots & \vdots \\ \vdots & \ddots & \ddots & * \\ 0 & \cdots & 0 & \lambda_n \end{pmatrix}, \qquad \{\lambda_1, \ldots, \lambda_n\} = \mathrm{Spec}\, A \subset \mathbb{C}.$$

Folgerung 7.5 *Jede $n \times n$-Matrix über den Körpern $\mathbb{Q}$, $\mathbb{R}$ oder $\mathbb{C}$ ist über $\mathbb{C}$ trigonalisierbar.*

In der Algebra wird gezeigt, dass es für jeden Körper K einen algebraisch abgeschlossenen Körper L gibt mit $K \subset L$.

Folgerung 7.6 *Es sei A eine $n \times n$-Matrix über einem Körper K. Dann gibt es einen algebraisch abgeschlossenen Körper $L \supset K$, sodass A über L trigonalisierbar ist.*

Für eine fest vorgegebene $n \times n$-Matrix A über einem Körper K ist zur Trigonalisierung ein algebraisch abgeschlossener Körper $L \supset K$ allerdings nicht unbedingt eine Voraussetzung. Es reicht aus, wenn das charakteristische Polynom von A über L vollständig in Linearfaktoren zerfällt. Hierzu bietet sich für L der Zerfällungskörper[1] von χ_A als minimaler Erweiterungskörper von K an, um A über L zu trigonalisieren.

---

[1] Zerfällungskörper eines nicht-konstanten Polynoms sind bis auf Isomorphie eindeutig bestimmt.

Sollte eine quadratische Matrix nicht diagonalisierbar sein, das charakteristische Polynom dennoch vollständig über dem zugrunde gelegten Körper zerfallen, so besteht also noch die Möglichkeit der Trigonalisierung. Da in dieser Situation keine Basis aus Eigenvektoren existiert, liegt es nahe, ein System aus linear unabhängigen Eigenvektoren durch zusätzliche Vektoren zu einer Basis zu ergänzen, sodass wir die Matrix in obere Dreiecksgestalt überführen können.

7.2 Hauptvektoren und Jordan'sche Normalform

Ideal wäre es, wenn wir dabei der Diagonalgestalt möglichst nahekommen könnten. Wir suchen also zu den Eigenvektoren zusätzliche geeignete Vektoren, um eine Basis des zugrunde liegenden Vektorraums zu erhalten, sodass die Koordinatenmatrix eine möglichst schwach besetzte Dreiecksmatrix darstellt. Das Ziel der nun folgenden Überlegungen ist die Konstruktion einer derartigen Basis, sodass als darstellende Matrix eine sogenannte Jordan'sche[2] Normalform entsteht. Diese Normalform ist dadurch gekennzeichnet, dass auf der Hauptdiagonalen die Eigenwerte zu finden sind und direkt oberhalb der Hauptdiagonalen allenfalls noch Einsen auftreten können. Der Rest dieser Matrix besteht nur noch aus Nullen. Auf diese Weise erhalten wir eine minimalistische Darstellung des zugrunde gelegten Endomorphismus.

Die Vektoren, die dabei als Ersatz für fehlende Eigenvektoren dienen, bezeichnen wir als Hauptvektoren. Welche genauen Eigenschaften müssen diese Hauptvektoren besitzen? Betrachten wir zunächst den Fall einer diagonalisierbaren $n \times n$-Matrix A. Hier gibt es eine Basis B aus Eigenvektoren. Es sei nun $\mathbf{v}_1$ ein Eigenvektor zum Eigenwert λ von A, den wir innerhalb der Basismatrix B als i-ten Spaltenvektor verwenden. Wir haben bereits früher erkannt, dass als Folge der Eigenwertgleichung $A\mathbf{v}_1 = \lambda \mathbf{v}_1$ der Eigenwert λ bei Basistransformation mit B auf der Diagonalen der sich ergebenden Matrix landet. Es gilt nämlich

$$AB = A(\cdots |\mathbf{v}_1| \cdots) = (\cdots |A\mathbf{v}_1| \cdots) = (\cdots |\lambda \mathbf{v}_1| \cdots),$$
$$\uparrow$$
$$i\text{-te Spalte}$$

worauf sich nach Durchmultiplikation mit B^{-1} von links die Matrix

$$B^{-1}AB = (\cdots |\lambda B^{-1}\mathbf{v}_1| \cdots) = (\cdots |\lambda \hat{\mathbf{e}}_i| \cdots)$$
$$\uparrow$$
$$i\text{-te Spalte}$$

ergibt. Die Eigenwerte erscheinen somit auf der Hauptdiagonalen dieser Matrix, und es entsteht hierdurch die entsprechende Eigenwertdiagonalmatrix bei der Darstellung von A mit B. Dies ist immer möglich, wenn beispielsweise alle n Eigenwerte paarweise verschieden sind, also von einfacher algebraischer Vielfachheit sind oder allgemeiner, wenn die

---

[2] Camille Jordan (1838-1922), französischer Mathematiker

geometrische Ordnung mit der algebraischen Ordnung für jeden Eigenwert übereinstimmt. Sollte jedoch zu einem Eigenwert λ keine seiner algebraischen Vielfachheit $\text{alg}(\lambda) \geq 2$ entsprechende Anzahl linear unabhängiger Eigenvektoren existieren, so wäre A nicht diagonalisierbar. Wir versuchen dann, der Diagonalform möglichst nahezukommen. In einer derartigen Situation soll die Superdiagonale, also die Diagonale oberhalb der Hauptdiagonalen, an der entsprechenden Stelle oberhalb des zweiten Auftauchens von λ mit einer Eins besetzt werden:

$$B^{-1}AB = \begin{pmatrix} \ddots & & & \\ & \lambda & 1 & \\ & & \lambda & \\ & & & \ddots \end{pmatrix}.$$

Dies wäre dann keine Diagonalmatrix mehr, sondern eine obere Dreiecksmatrix mit minimalistischer Besetzung. Ausgangspunkt ist also nicht mehr die Eigenwertgleichung $A\mathbf{v}_1 = \lambda \mathbf{v}_1$. Wir suchen stattdessen einen Basisvektor $\mathbf{v}_2$ mit der Ersatzgleichung

$$A\mathbf{v}_2 = \lambda \mathbf{v}_2 + 1 \cdot \mathbf{v}_1.$$

Nehmen wir nun an, wir haben mit einem derartigen Vektor $\mathbf{v}_2$ einen Ersatzvektor gefunden, den wir als $i+1$-ten Spaltenvektor in die Basis B aufnehmen, während die i-te Spalte wie zuvor durch den Eigenvektor $\mathbf{v}_1$ gegeben ist. In Analogie zur obigen Rechnung folgt dann

$$AB = A(\cdots |\mathbf{v}_2| \cdots) = (\cdots |A\mathbf{v}_2| \cdots) = (\cdots |1 \cdot \mathbf{v}_1 + \lambda \mathbf{v}_2| \cdots).$$
$$\uparrow$$
$$i+1\text{-te Spalte}$$

Nach Durchmultiplikation mit B^{-1} von links ergibt sich nun als Ersatz für die Diagonalform in der Tat

$$B^{-1}AB = (\cdots |B^{-1}(1 \cdot \mathbf{v}_1 + \lambda \mathbf{v}_2)| \cdots) = (\cdots |B^{-1}\mathbf{v}_1 + \lambda B^{-1}\mathbf{v}_2| \cdots)$$
$$\uparrow$$
$$i+1\text{-te Spalte} \qquad = (\cdots |\hat{\mathbf{e}}_i + \lambda \hat{\mathbf{e}}_{i+1}| \cdots)$$

$$= \begin{pmatrix} \ddots & & & \\ & \lambda & 1 & \\ & & \lambda & \\ & & & \ddots \end{pmatrix}.$$
$$\uparrow$$
$$i+1\text{-te Spalte}$$

Wir ersetzen also die Eigenwertgleichung

$$A\mathbf{v}_1 = \lambda \mathbf{v}_1$$

durch

$$A\mathbf{v}_2 = \lambda\mathbf{v}_2 + 1\cdot\mathbf{v}_1, \tag{7.3}$$

was gleichbedeutend ist mit dem inhomogenen linearen Gleichungssystem

$$(A - \lambda E)\mathbf{v}_2 = \mathbf{v}_1.$$

Da $\mathbf{v}_1$ Eigenvektor ist zu λ, folgt hieraus

$$(A - \lambda E)^2\mathbf{v}_2 = (A - \lambda E)\mathbf{v}_1 = \mathbf{0}$$

und somit

$$\mathbf{v}_2 \in \mathrm{Kern}(A - \lambda E)^2, \quad\text{aber}\quad (A - \lambda E)\mathbf{v}_2 = \mathbf{v}_1 \neq \mathbf{0},$$

also

$$\mathbf{v}_2 \in \mathrm{Kern}(A - \lambda E)^2, \quad \mathbf{v}_2 \notin \mathrm{Kern}(A - \lambda E)^1.$$

Dies motiviert die Definition des Hauptvektors k-ter Stufe.

Definition 7.7 (Hauptvektor k-ter Stufe) *Es sei $A \in \mathrm{M}(n,\mathbb{K})$ und $\lambda \in \mathbb{K}$ ein Eigenwert von A. Für $k \geq 1$ wird als Hauptvektor k-ter Stufe zum Eigenwert λ ein Vektor $\mathbf{v} \in \mathbb{K}^n$ bezeichnet mit*

$$(A - \lambda E_n)^{k-1}\mathbf{v} \neq 0, \qquad (A - \lambda E_n)^k\mathbf{v} = 0. \tag{7.4}$$

Hierbei wird $(A - \lambda E_n)^0 := E_n$ gesetzt. Hauptvektoren erster Stufe sind also Eigenvektoren. Für einen Hauptvektor $\mathbf{v}$ der Stufe k gilt demnach

$$\mathbf{v} \notin \mathrm{Kern}(A - \lambda E_n)^{k-1}, \qquad \mathbf{v} \in \mathrm{Kern}(A - \lambda E_n)^k. \tag{7.5}$$

Der Kern von $(A - \lambda E_n)^{k-1}$ ist im Kern von $(A - \lambda E_n)^k$ enthalten. Es gibt also genau dann einen Hauptvektor k-ter Stufe, wenn der Kern von $(A - \lambda E_n)^k$ größer ist als der Kern von $(A - \lambda E_n)^{k-1}$, wenn also

$$\mathrm{Kern}(A - \lambda E_n)^{k-1} \subsetneq \mathrm{Kern}(A - \lambda E_n)^k$$

für $k \geq 1$ gilt. Dabei ist wegen der Existenz eines Eigenvektors zu λ und damit eines Hauptvektors erster Stufe diese Inklusion für $k = 1$ wegen

$$\mathrm{Kern}(A - \lambda E_n)^0 = \mathrm{Kern}\, E_n = \{\mathbf{0}\} \subsetneq V_{A,\lambda} = \mathrm{Kern}(A - \lambda E_n)^1$$

trivialerweise erfüllt. Ein Hauptvektor k-ter Stufe ist ein durch den Kern von $(A - \lambda E_n)^k$ gegenüber dem Kern von $(A - \lambda E_n)^{k-1}$ neu hinzugekommener Vektor. Die Menge aller Hauptvektoren k-ter Stufe ist also die Menge

$$\mathrm{Kern}(A - \lambda E_n)^k \setminus \mathrm{Kern}(A - \lambda E_n)^{k-1}, \qquad k \geq 1.$$

Diese Menge ist kein Vektorraum, da beispielsweise schon der Nullvektor nicht in dieser Menge liegt. Wie können prinzipiell Hauptvektoren k-ter Stufe, sofern sie überhaupt existieren, berechnet werden? Zunächst könnten wir den Kern von $(A - \lambda E_n)^k$ berechnen und diesem Kern nur solche Vektoren entnehmen, die nicht in $\mathrm{Kern}(A - \lambda E_n)^{k-1}$ liegen, sich also nicht als Linearkombination von Basisvektoren dieses Kerns schreiben lassen.

Satz 7.8 *Ist* $\mathbf{v} \in \mathbb{K}^n$ *ein Hauptvektor k-ter Stufe zu einem Eigenwert* $\lambda \in \mathbb{K}$ *einer Matrix* $A \in \mathrm{M}(n, \mathbb{K})$ *mit* $k \geq 2$*, so ist*

$$\mathbf{w} := (A - \lambda E_n)\mathbf{v}$$

ein Hauptvektor $k - 1$*-ter Stufe zu* λ*. Allgemein folgt hieraus:*

$$\mathbf{w}_{k-i} := (A - \lambda E_n)^i \mathbf{v} \tag{7.6}$$

ist ein Hauptvektor $k - i$*-ter Stufe für* $i = 1, \ldots, k - 1$*. Speziell gilt:*

$$\mathbf{w}_1 = (A - \lambda E_n)^{k-1} \mathbf{v}$$

ist ein Eigenvektor zu λ*.*

Beweis. Es gilt mit $\mathbf{w} = (A - \lambda E_n)\mathbf{v}$

$$\mathbf{0} \neq (A - \lambda E_n)^{k-1}\mathbf{v} = (A - \lambda E_n)^{k-2}\mathbf{w}, \qquad \mathbf{0} = (A - \lambda E_n)^k \mathbf{v} = (A - \lambda E_n)^{k-1}\mathbf{w}.$$

Definitionsgemäß ist $\mathbf{w}$ damit ein Hauptvektor $k - 1$-ter Stufe von λ. $\square$

Was passiert, wenn wir die Matrix A mit einem Hauptvektor $\mathbf{v}_k$ der Stufe $k \geq 2$ multiplizieren? Es ergibt sich eine formal der Ersatzgleichung (7.3), die zunächst nur für Hauptvektoren zweiter Stufe konzipiert wurde, sehr ähnliche Beziehung:

$$A\mathbf{v}_k = \lambda \mathbf{v}_k + \underbrace{(A - \lambda E_n)\mathbf{v}_k}_{=: \mathbf{v}_{k-1}} = \lambda \mathbf{v}_k + 1 \cdot \mathbf{v}_{k-1}, \quad k \geq 2. \tag{7.7}$$

Nach dem vorausgegangenen Satz ist $\mathbf{v}_{k-1} := (A - \lambda E_n)\mathbf{v}_k$ ein Hauptvektor $k - 1$-ter Stufe. In der Ersatzgleichung (7.3) war dies ein Eigenvektor. Nehmen wir nun an, uns liegt ein Hauptvektor l-ter Stufe zum Eigenwert λ von A vor mit $l \geq 2$:

$$\mathbf{v}_k \in \mathrm{Kern}(A - \lambda E_n)^l, \qquad \mathbf{v} \notin \mathrm{Kern}(A - \lambda E_n)^{l-1}.$$

Wir erhalten nach dem letzten Satz ausgehend von diesem Vektor ein System von weiteren $l - 1$ Hauptvektoren fortlaufender Stufe zum Eigenwert λ von A:

$$\mathbf{v}_{k-1} := (A - \lambda E_n)\mathbf{v}_k, \qquad k = l, l - 1, \ldots, 2.$$

Hierbei ist wegen $\mathrm{Kern}(A - \lambda E_n)^0 = \mathrm{Kern}\, E_n = \{\mathbf{0}\}$ der Vektor $\mathbf{v}_1 \in \mathrm{Kern}(A - \lambda E_n)^1$ nicht der Nullvektor und ein Eigenvektor von A zu λ. Konstruktionsbedingt sind die auf diese Weise entstehenden Hauptvektoren linear unabhängig, wie ein formaler Nachweis später noch zeigen wird. Wir definieren nun zunächst l Basisvektoren aus diesen Hauptvektoren fortlaufender Stufe zum selben Eigenwert λ von A,

$$\mathbf{b}_l := \mathbf{v}_l,$$
$$\mathbf{b}_k := \mathbf{v}_k = (A - \lambda E_n)\mathbf{v}_{k+1}, \qquad k = l - 1, \ldots, 1,$$

und ergänzen diese Vektoren zu einer Basis, sodass wir eine Basismatrix

$$B = (\mathbf{b}_1 \mid \cdots \mid \mathbf{b}_k \mid \cdots \mid \mathbf{b}_l \mid * \mid \cdots \mid *)$$

erhalten. Wir bilden nun zunächst das Produkt

$$
\begin{aligned}
AB &= A \cdot (\mathbf{b}_1 \mid \cdots \mid \mathbf{b}_k \mid \cdots \mid \mathbf{b}_l \mid * \mid \cdots \mid *)\\
&= (A\mathbf{b}_1 \mid \cdots \mid A\mathbf{b}_k \mid \cdots \mid A\mathbf{b}_l \mid * \mid \cdots \mid *)\\
&= (A\mathbf{v}_1 \mid \cdots \mid A\mathbf{v}_k \mid \cdots \mid A\mathbf{v}_l \mid * \mid \cdots \mid *)\\
&= (\lambda\mathbf{v}_1 \mid \cdots \mid \lambda\mathbf{v}_k + \mathbf{v}_{k-1} \mid \cdots \mid \lambda\mathbf{v}_l + \mathbf{v}_{l-1} \mid * \mid \cdots \mid *), \quad \text{wg. (7.7)}\\
&= (\lambda\mathbf{b}_1 \mid \cdots \mid \lambda\mathbf{b}_k + \mathbf{b}_{k-1} \mid \cdots \mid \lambda\mathbf{b}_l + \mathbf{b}_{l-1} \mid * \mid \cdots \mid *).
\end{aligned}
$$

Nun multiplizieren wir mit B^{-1} von links und erhalten schließlich mit

$$
\begin{aligned}
B^{-1}AB &= B^{-1} \cdot (\lambda\mathbf{b}_1 \mid \cdots \mid \lambda\mathbf{b}_k + \mathbf{b}_{k-1} \mid \cdots \mid \lambda\mathbf{b}_l + \mathbf{b}_{l-1} \mid * \mid \cdots \mid *)\\
&= (\lambda B^{-1}\mathbf{b}_1 \mid \cdots \mid \lambda B^{-1}\mathbf{b}_k + B^{-1}\mathbf{b}_{k-1} \mid \cdots \mid \lambda B^{-1}\mathbf{b}_l + B^{-1}\mathbf{b}_{l-1} \mid * \mid \cdots \mid *)\\
&= (\lambda\hat{\mathbf{e}}_1 \mid \cdots \mid \lambda\hat{\mathbf{e}}_k + \hat{\mathbf{e}}_{k-1} \mid \cdots \mid \lambda\hat{\mathbf{e}}_l + \hat{\mathbf{e}}_{l-1} \mid * \mid \cdots \mid *)
\end{aligned}
$$

$$
= \begin{pmatrix}
\lambda & 1 & 0 & \cdots & 0 & * & \cdots & * \\
0 & \lambda & 1 & \ddots & \vdots & \vdots & & \vdots \\
\vdots & \ddots & \lambda & \ddots & 0 & & & \\
 & & \ddots & \ddots & 1 & \vdots & & \vdots \\
0 & \cdots & \cdots & 0 & \lambda & * & \cdots & * \\
0 & \cdots & & \cdots & 0 & * & \cdots & * \\
\vdots & & & & \vdots & \vdots & & \vdots \\
0 & \cdots & & \cdots & 0 & * & \cdots & *
\end{pmatrix}
$$

eine Matrix, die im linken oberen Bereich eine einfach aufgebaute obere $l \times l$-Dreiecks-matrix $J_{\lambda,l}$ beinhaltet, auf deren Hauptdiagonale sich ausschließlich der Eigenwert λ insgesamt l-mal befindet, während direkt oberhalb der Hauptdiagonalen, also auf der Super-diagonalen, das Einselement $l-1$-mal auftritt. Wird diese schwach besetzte obere Drei-ecksmatrix mit einem Spaltenvektor $\mathbf{x} \in \mathbb{K}^l$ multipliziert, so sind die Komponenten des Ergebnisvektors

$$
J_{\lambda,l}\mathbf{x} = \begin{pmatrix}
\lambda x_1 + x_2 \\
\lambda x_2 + x_3 \\
\vdots \\
\lambda x_{l-1} + x_l \\
\lambda x_l
\end{pmatrix}
$$

nur schwach miteinander gekoppelt. Dieser spezielle Typ einer oberen Dreiecksmatrix wird für die Entwicklung der Jordan'schen Normalform einer quadratischen Matrix eine zentrale Rolle spielen und motiviert daher eine Definition.

Definition 7.9 (Jordan-Block) *Für ein $\lambda \in \mathbb{K}$ wird die spezielle $r \times r$-Trigonalmatrix*

$$J_{\lambda,r} := \begin{pmatrix} \lambda & 1 & 0 & \cdots & 0 \\ 0 & \lambda & 1 & \ddots & \vdots \\ \vdots & \ddots & \ddots & \ddots & 0 \\ \vdots & & & \ddots & \lambda & 1 \\ 0 & \cdots & \cdots & 0 & \lambda \end{pmatrix} \in \mathrm{M}(r,\mathbb{K}) \tag{7.8}$$

als Jordan-Matrix oder Jordan-Block bezeichnet.

Wir erkennen sofort, dass ein Jordan-Block $J_{\lambda,r}$ den Skalar λ als einzigen Eigenwert mit der algebraischen Vielfachheit r besitzt. Da für den Jordan-Block $J_{\lambda,r}$

$$\mathrm{Rang}(J_{\lambda,r} - \lambda E_r) = r - 1$$

ist, gilt für die geometrische Ordnung von λ

$$\mathrm{geo}_{J_{\lambda,r}}(\lambda) = \dim V_{J_{\lambda,r},\lambda} = \dim \mathrm{Kern}(J_{\lambda,r} - \lambda E_r) = 1.$$

Ziel ist nun, für eine beliebige trigonalisierbare Matrix $A \in \mathrm{M}(n,\mathbb{K})$ eine Basis B des $\mathbb{K}^n$ zu bestimmen, sodass die Ähnlichkeitstransformation $B^{-1}AB$ zu einer Trigonalmatrix bestehend aus $p \leq n$ Jordan-Blöcken

$$B^{-1}AB = \begin{pmatrix} \boxed{J_1} & 0 & \cdots & 0 \\ 0 & \boxed{J_2} & \ddots & \vdots \\ \vdots & \ddots & \ddots & 0 \\ 0 & \cdots & 0 & \boxed{J_p} \end{pmatrix} \tag{7.9}$$

führt. Dabei entsprechen die Diagonalelemente der Jordan-Blöcke den Eigenwerten von A. Dieses Ziel werden wir in den folgenden Betrachtungen mithilfe von gezielt konstruierten Hauptvektoren fortlaufender Stufe erreichen. Dazu betrachten wir zunächst einige prinzipielle Eigenschaften von Hauptvektoren. Da für einen Hauptvektor $\mathbf{v}$ der Stufe k

$$(A - \lambda E_n)^k \mathbf{v} = \mathbf{0}$$

gilt, folgt nach Multiplikation dieser Gleichung mit $(A - \lambda E_n)$ von links

$$(A - \lambda E_n)^{k+1} \mathbf{v} = \mathbf{0}.$$

Dieses Prinzip können wir fortsetzen.

Bemerkung 7.10 *Es gelten die Bezeichnungen der vorausgegangenen Definition. Es sei* $\mathbf{v}$ *ein Hauptvektor k-ter Stufe, dann gilt*

$$\mathbf{v} \in \mathrm{Kern}(A - \lambda E_n)^l, \qquad l \geq k. \tag{7.10}$$

Speziell folgt also für einen Eigenvektor $\mathbf{v}$, also für einen Hauptvektor erster Stufe

$$\mathbf{v} \in \mathrm{Kern}(A - \lambda E_n)^k, \qquad k \geq 1.$$

Es sei nun $\mathbf{x} \in \mathrm{Kern}(A - \lambda E_n)^k$ mit $k \geq 1$. Dann gilt zunächst

$$(A - \lambda E_n)^k \mathbf{x} = \mathbf{0}.$$

Nach Linksmultiplikation dieser Gleichung mit $A - \lambda E_n$ folgt

$$(A - \lambda E_n)^{k+1} \mathbf{x} = \mathbf{0}.$$

Die Kerne bilden also eine aufsteigende Kette von Teilräumen, beginnend mit dem Eigenraum zu λ,

$$V_{A,\lambda} = \mathrm{Kern}(A - \lambda E_n) \subset \mathrm{Kern}(A - \lambda E_n)^2 \subset \cdots \subset \mathbb{K}^n, \qquad k \geq 1.$$

Da wir mit $\mathbb{K}^n$ einen endlich-dimensionalen Vektorraum zugrunde gelegt haben, muss diese Kette irgendwann stationär werden, d. h., es gibt ein $1 \leq \mu \leq n$ mit

$$\mathrm{Kern}(A - \lambda E_n)^\mu = \mathrm{Kern}(A - \lambda E_n)^{\mu+1}.$$

Eine weitere wichtige Eigenschaft von Hauptvektoren fortlaufender Stufe zu einem Eigenwert λ ist, dass sie voneinander linear unabhängig sind.

Satz 7.11 (Lineare Unabhängigkeit von Hauptvektoren fortlaufender Stufe) *Es sei* $A \in \mathrm{M}(n, \mathbb{K})$ *eine Matrix mit Eigenwert* $\lambda \in \mathbb{K}$. *Zudem seien mit*

$$\mathbf{v}_k \in \mathbb{K}^n, \qquad k = 1 \ldots, l$$

Hauptvektoren zum Eigenwert λ *fortlaufender Stufe* k *für* $k = 1, \ldots l$ *gegeben. Dann sind* $\mathbf{v}_1, \ldots, \mathbf{v}_l$ *linear unabhängig.*

Beweis. Wir zeigen die Behauptung induktiv. Der Eigenvektor $\mathbf{v}_1 \in V_{A,\lambda}$ und der Hauptvektor $\mathbf{v}_2$ zweiter Stufe sind linear unabhängig, denn wäre $\mathbf{v}_2 = \alpha \mathbf{v}_1$ mit $\alpha \in \mathbb{K}$, also von $\mathbf{v}_1$ linear abhängig, so wäre $\mathbf{v}_2$ auch ein Eigenvektor zu λ, also

$$\mathbf{v}_2 \in V_{A,\lambda} = \mathrm{Kern}(A - \lambda E_n)^1.$$

Dies steht im Widerspruch zur Definition eines Hauptvektors zweiter Stufe. Nehmen wir nun an, dass mit $\mathbf{v}_1, \ldots, \mathbf{v}_{l-1}$ eine Sequenz von $l - 1 \geq 1$ linear unabhängigen Hauptvektoren fortlaufender Stufe k, für $k = 1, \ldots, l - 1$ zur Verfügung steht, dann kann ein Hauptvektor $\mathbf{v}_l$ der Stufe l nicht Linearkombination von $\mathbf{v}_1, \ldots, \mathbf{v}_{l-1}$ sein. Denn wäre

$$\mathbf{v}_l = \sum_{k=1}^{l-1} \alpha_k \mathbf{v}_k$$

mit $\alpha_k \in \mathbb{K}$, so folgte nach Linksmultiplikation mit $(A - \lambda E_n)^{l-1}$

$$(A - \lambda E_n)^{l-1}\mathbf{v}_l = (A - \lambda E_n)^{l-1} \sum_{k=1}^{l-1} \alpha_k \mathbf{v}_k = \sum_{k=1}^{l-1} \alpha_k (A - \lambda E_n)^{l-1}\mathbf{v}_k = \mathbf{0},$$

da innerhalb der Summe $k \leq l - 1$ ist. Die Gleichung $(A - \lambda E_n)^{l-1}\mathbf{v}_l = \mathbf{0}$ steht aber im Widerspruch zur Definition von $\mathbf{v}_l$ als Hauptvektor l-ter Stufe. $\square$

Die sich aus einem Hauptvektor k-ter Stufe ergebende Sequenz von Hauptvektoren fortlaufender Stufe (7.6) aus Satz 7.8 ergibt somit ein System linear unabhängiger Hauptvektoren.

Folgerung 7.12 *Ist* $\mathbf{v} \in \mathbb{K}^n$ *ein Hauptvektor k-ter Stufe zu einem Eigenwert* $\lambda \in \mathbb{K}$ *einer Matrix* $A \in \mathrm{M}(n, \mathbb{K})$ *mit* $k \geq 2$*, so ergeben*

$$\mathbf{w}_{k-i} := (A - \lambda E_n)^i \mathbf{v} \tag{7.11}$$

für $i = 0, \ldots, k - 1$ *ein System linear unabhängiger Hauptvektoren fortlaufender Stufe.*

Für die weiteren Betrachtungen sind einige Zwischenüberlegungen nützlich. Zunächst gilt für das Quadrat $(A + B)^2$ zweier gleichformatiger quadratischer Matrizen A und B im Allgemeinen nicht die binomische Formel, denn es ist

$$(A + B)^2 = (A + B)A + (A + B)B = A^2 + BA + AB + B^2.$$

Da in der Regel A mit B nicht kommutiert, also nicht $AB = BA$ gilt, ist die Vertauschbarkeit von A und B die entscheidende Voraussetzung, um den Ausdruck $A^2 + 2AB + B^2$ zu erhalten, wie wir ihn von der binomischen Formel kennen. Wir können diese Erkenntnis ausdehnen auf den binomischen Lehrsatz.

Satz 7.13 (Binomischer Lehrsatz für kommutative Matrizen) *Es seien A und B zwei $n \times n$-Matrizen über* $\mathbb{K}$*, die miteinander kommutieren, d. h., es gelte $AB = BA$. Dann gilt für jedes* $\nu \in \mathbb{N}$ *die verallgemeinerte binomische Formel*

$$(A + B)^\nu = \sum_{k=0}^{\nu} \binom{\nu}{k} A^k B^{\nu-k} = \sum_{k=0}^{\nu} \binom{\nu}{k} A^{\nu-k} B^k. \tag{7.12}$$

Hierbei ist $(A + B)^0 = A^0 = B^0 := E_n$*. Der Binomialkoeffizient* $\binom{\nu}{k}$ *steht dabei für das* $\binom{\nu}{k}$*-fache Aufsummieren des Einselementes aus* $\mathbb{K}$*.*

Beweis. Übungsaufgabe 7.2. Bei endlicher Charakteristik des zugrunde gelegten Körpers $\mathbb{K}$ kann es passieren, dass einige der in (7.12) auftretenden Binomialkoeffizienten verschwinden. So kann beispielsweise gezeigt werden, dass im Fall $\mathrm{char}\,\mathbb{K} = p$ mit einer Primzahl p die Beziehung

$$(A + B)^p = A^p + B^p$$

gilt.

Wir benötigen die Aussage des binomischen Lehrsatzes für die Summe aus einer Matrix $A \in \mathrm{M}(n, \mathbb{K})$ und der $n \times n$-Matrix $-\lambda E_n$, wobei $\lambda \in \mathbb{K}$ ein Skalar ist. Diese beiden Matrizen sind vertauschbar, daher gilt für $\nu \in \mathbb{N}$

$$(A - \lambda E_n)^\nu = \sum_{k=0}^{\nu} \binom{\nu}{k} A^k (-\lambda E_n)^{\nu-k} = \sum_{k=0}^{\nu} \binom{\nu}{k} (-\lambda)^{\nu-k} A^k$$

$$= A^\nu - \lambda \nu A^{\nu-1} + \binom{\nu}{2} \lambda^2 A^{\nu-2} - \cdots + (-\lambda)^{\nu-1} \nu A + (-\lambda)^\nu E_n. \tag{7.13}$$

Sehr einfach zu zeigen ist das folgende Ähnlichkeitskriterium für Matrizen.

Satz 7.14 *Es seien A und A' zwei $n \times n$-Matrizen über $\mathbb{K}$. Dann gilt für jeden Skalar $\lambda \in \mathbb{K}$*

$$A \approx A' \iff A - \lambda E_n \approx A' - \lambda E_n. \tag{7.14}$$

Beweis. Wenn A ähnlich zu A' ist, dann gibt es eine reguläre Matrix $B \in \mathrm{GL}(n, \mathbb{K})$ mit $B^{-1}AB = A'$. Diese Gleichung formen wir äquivalent um:

$$B^{-1}AB = A' \iff B^{-1}AB - \lambda E_n = A' - \lambda E_n$$

$$\|$$

$$\iff B^{-1}AB - \lambda B^{-1}B = A' - \lambda E_n$$

$$\|$$

$$\iff B^{-1}(A - \lambda E_n)B = A' - \lambda E_n \iff A - \lambda E_n \approx A' - \lambda E_n.$$

Die Ähnlichkeit von A und A' überträgt sich also auf $A - \lambda E_n$ und $A' - \lambda E_n$ für jedes $\lambda \in \mathbb{K}$, wobei hierzu dieselbe Transformationsmatrix B dient. $\square$

Bei der Anwendung dieses Satzes ist zu beachten, dass es sich bei den Matrizen $A - \lambda E_n$ und $A - \lambda E_n$ für $\lambda \in \mathbb{K}$ *nicht* um die beiden charakteristischen Matrizen von A und A' handelt. Charakteristische Matrizen beinhalten auf ihren Hauptdiagonalen Linearfaktoren. Ihre Komponenten müssen wir also als Polynome aus dem Polynomring $\mathbb{K}[x]$ betrachten und nicht als Elemente des Körpers $\mathbb{K}$.

Definition 7.15 (Hauptraum) *Für eine Matrix $A \in \mathrm{M}(n, \mathbb{K})$ mit dem Eigenwert $\lambda \in \mathbb{K}$ heißt der Teilraum*

$$H_{A,\lambda} := \mathrm{Kern} \left[(A - \lambda E_n)^{\mathrm{alg}(\lambda)} \right] \tag{7.15}$$

Hauptraum zum Eigenwert λ von A. Für Eigenwerte mit algebraischer Vielfachheit 1 ist der zugehörige Hauptraum mit dem Eigenraum identisch. Die von $\mathbf{0}$ verschiedenen Vektoren heißen Hauptvektoren. Die Hauptvektoren k-ter Stufe für $k = 1, \ldots, \mathrm{alg}(\lambda)$ gehören zum Hauptraum $H_{A,\lambda}$.

Die algebraische Ordnung eines Eigenwertes stellt eine Obergrenze für die Stufe eines Hauptvektors dar (s. Übungsaufgabe 7.1). Für einen Hauptvektor $\mathbf{v} \in H_{A,\lambda}$ aus dem Hauptraum zum Eigenwert λ von A gilt nun aufgrund (7.13) mit $\nu = \mathrm{alg}(\lambda)$

$$(A - \lambda E_n)^{\mathrm{alg}(\lambda)} A\mathbf{v} = \left(\sum_{k=0}^{\nu} \binom{\nu}{k} (-\lambda)^{\nu-k} A^k \right) A\mathbf{v} = \left(\sum_{k=0}^{\nu} \binom{\nu}{k} (-\lambda)^{\nu-k} A^{k+1} \right) \mathbf{v}$$

$$= A \left(\sum_{k=0}^{\nu} \binom{\nu}{k} (-\lambda)^{\nu-k} A^k \right) \mathbf{v} = A \underbrace{(A - \lambda E_n)^{\mathrm{alg}(\lambda)} \mathbf{v}}_{=\mathbf{0}} = \mathbf{0}.$$

Es gilt also $A\mathbf{v} \in \mathrm{Kern}(A - \lambda E_n)^{\mathrm{alg}\lambda} = H_{A,\lambda}$. Der Bildvektor $A\mathbf{v}$ eines Hauptvektors $\mathbf{v}$ ist also wieder ein Hauptvektor desselben Hauptraums.

Satz 7.16 *Es sei* $\lambda \in \mathbb{K}$ *Eigenwert einer Matrix* $A \in \mathrm{M}(n, \mathbb{K})$. *Der Hauptraum* $H_{A,\lambda}$ *ist* A-*invariant, d. h., es gilt*

$$A \cdot H_{A,\lambda} \subset H_{A,\lambda}. \tag{7.16}$$

Es sei nun $\mathbf{v} \in H_{A,\lambda}$, $\mathbf{v} \neq \mathbf{0}$ ein nicht-trivialer Vektor aus dem Hauptraum zum Eigenwert λ von A. Definitionsgemäß gilt dann

$$(A - \lambda E_n)^{\mathrm{alg}(\lambda)} \mathbf{v} = \mathbf{0}.$$

Ein beliebiger Vektor $\mathbf{v} \in H_{A,\lambda}$, $\mathbf{v} \neq \mathbf{0}$ aus dem Hauptraum zum Eigenwert λ ist ein Hauptvektor höchstens der Stufe $\mathrm{alg}(\lambda)$. Wegen

$$(A - \lambda E_n)^0 \mathbf{v} = E_n \mathbf{v} \neq \mathbf{0}$$

ist $\mathbf{v}$ mindestens ein Hauptvektor erster Stufe, also ein Eigenvektor. Hauptvektoren k-ter Stufe sind wiederum Vektoren des Hauptraums $H_{A,\lambda}$. Der Hauptraum $H_{A,\lambda}$ besteht also exakt aus allen Hauptvektoren sämtlicher Stufen zum Eigenwert λ und dem Nullvektor. Wir halten dies in etwas anderer Form fest:

Satz 7.17 *Für eine quadratische Matrix* A *mit Eigenwert* λ *ist jede nicht-triviale Linearkombination von linear unabhängigen Vektoren aus dem Hauptraum* $H_{A,\lambda}$ *ein Hauptvektor einer bestimmten Stufe zum Eigenwert* λ.

Wir haben mit Satz 7.11 bereits die lineare Unabhängigkeit von Hauptvektoren unterschiedlicher Stufe zu ein und demselben Eigenwert erkannt. Wie im Spezialfall der Eigenvektoren sind aber auch Hauptvektoren zu verschiedenen Eigenwerten linear unabhängig.

Satz 7.18 (Lineare Unabhängigkeit von Hauptvektoren zu verschiedenen Eigenwerten) *Es seien* $A \in \mathrm{M}(n, \mathbb{K})$ *eine Matrix und* $\lambda_1, \ldots, \lambda_m \in \mathrm{Spec}A$ *paarweise verschiedene Eigenwerte von* A. *Mit* $\mathbf{v}_k$ *liege ein Hauptvektor zum Eigenwert* λ_k *von* A *für* $k = 1, \ldots, m$ *vor. Dann ist das Hauptvektorensystem* $\mathbf{v}_1, \ldots, \mathbf{v}_m$ *linear unabhängig.*

Beweis. Der Beweis nutzt eine ähnliche Argumentation wie der Beweis von Satz 6.10, wo die entsprechende Aussage speziell für Eigenvektoren zu unterschiedlichen Eigenwerten gezeigt wird. Dieser Satz verallgemeinert nun diese Aussage auf Hauptvektoren. Auch hier zeigen wir die Behauptung induktiv und beginnen mit zwei Hauptvektoren. Es sei also $\mathbf{v}_1 \in H_{A,\lambda_1}$ ein Hauptvektor zu λ_1 und $\mathbf{v}_2 \in H_{A,\lambda_2}$ ein Hauptvektor zu $\lambda_2 \neq \lambda_1$. Wir versuchen nun, den Nullvektor aus $\mathbf{v}_1$ und $\mathbf{v}_2$ mit $\mu_1, \mu_2 \in \mathbb{K}$ linear zu kombinieren:

$$\mathbf{0} = \mu_1 \mathbf{v}_1 + \mu_2 \mathbf{v}_2. \tag{7.17}$$

Da $\mathbf{v}_2 \in H_{A,\lambda_2}$, gibt es ein $l \in \mathbb{N}$ mit

$$(A - \lambda_2 E_n)^{l-1} \mathbf{v}_2 \neq \mathbf{0},$$
$$(A - \lambda_2 E_n)^{l} \mathbf{v}_2 = \mathbf{0}.$$

Wir multiplizieren beide Seiten von (7.17) mit $(A - \lambda_2 E_n)^l$ von links und erhalten

$$
\begin{aligned}
\mathbf{0} &= \mu_1 (A - \lambda_2 E_n)^l \mathbf{v}_1 + \mu_2 \underbrace{(A - \lambda_2 E_n)^l \mathbf{v}_2}_{= \mathbf{0}} \\
&= \mu_1 (A - \lambda_2 E_n)^l \mathbf{v}_1 = \mu_1 (A - \lambda_1 E_n + (\lambda_1 - \lambda_2) E_n)^l \mathbf{v}_1 \\
&= \mu_1 \sum_{i=0}^{l} \binom{l}{i} (\lambda_1 - \lambda_2)^{l-i} \underbrace{(A - \lambda_1 E_n)^i \mathbf{v}_1}_{=: \mathbf{w}_{l-i}}, \quad \text{nach Satz 7.13} \\
&= \mu_1 \sum_{i=0}^{l} \binom{l}{i} (\lambda_1 - \lambda_2)^{l-i} \mathbf{w}_{l-i}.
\end{aligned}
$$

Hierbei ist

$$
\mathbf{w}_{l-i} = (A - \lambda_1 E_n)^i \mathbf{v}_1
$$

nach Folgerung 7.12 für $i = 0, \ldots, k-1$ ein Hauptvektor $k-i$-ter Stufe zu λ_1, wobei mit k die Stufe des Hauptvektors $\mathbf{v}_1$ gegeben ist. Sollte $k > l$ gelten, so ist in der obigen Summe $\mathbf{w}_{l-i} \neq \mathbf{0}$, ist hingegen $k \leq l$, verschwindet für $i \geq k$ der jeweilige Summand. Entscheidend ist aber, dass die obige Summe eine Linearkombination von Hauptvektoren $\mathbf{w}_{l-i}$ fortlaufender Stufe zum Eigenwert λ_1 ist. Nach Folgerung 7.12 sind diese Hauptvektoren linear unabhängig. Die Linearkombination

$$
\sum_{i=0}^{l} \binom{l}{i} \mu_1 (\lambda_1 - \lambda_2)^{l-i} \mathbf{w}_{l-i}
$$

kann also nur dann den Nullvektor ergeben, wenn sie trivial ist, wenn also die Vorfaktoren $\binom{l}{i} \mu_1 (\lambda_1 - \lambda_2)^{l-i} = 0$ sind. Insbesondere folgt für $i = 0$ auch $\mu_1 (\lambda_1 - \lambda_2)^l = 0$. Da $\lambda_1 \neq \lambda_2$ ist, bleibt nur $\mu_1 = 0$. In den Ansatz (7.17) eingesetzt, ergibt sich

$$
\mathbf{0} = \mu_2 \mathbf{v}_2,
$$

und somit folgt $\mu_2 = 0$, da $\mathbf{v}_2 \neq \mathbf{0}$. Fazit: Der Nullvektor ist nur trivial aus zwei Hauptvektoren zu unterschiedlichen Eigenwerten linear kombinierbar. Dass der Nullvektor aus m Hauptvektoren zu unterschiedlichen Eigenwerten ebenfalls nur trivial linear kombinierbar ist, folgt nun induktiv. Es gibt ein $l \in \mathbb{N}$ mit $(A - \lambda_m)^{l-1} \mathbf{v}_m \neq \mathbf{0}$ und $(A - \lambda_m)^l \mathbf{v}_m = \mathbf{0}$. Der Versuch, den Nullvektor gemäß

$$
\mathbf{0} = \sum_{k=1}^{m} \mu_k \mathbf{v}_k \tag{7.18}
$$

mit $\mu_k \in \mathbb{K}$, $k = 1, \ldots, m$ linear zu kombinieren, führt nach Linksmultiplikation mit der Matrix $(A - \lambda_m E_n)^l$ zu

$$
\begin{aligned}
\mathbf{0} &= \sum_{k=1}^{m} \mu_k (A - \lambda_m E_n)^l \mathbf{v}_k = \sum_{k=1}^{m-1} \mu_k (A - \lambda_m E_n)^l \mathbf{v}_k \\
&= \sum_{k=1}^{m-1} \mu_k (A - \lambda_k E_n + (\lambda_k - \lambda_m) E_n)^l \mathbf{v}_k
\end{aligned}
$$

$$= \sum_{k=1}^{m-1} \mu_k \sum_{i=0}^{l} \binom{l}{i} (\lambda_k - \lambda_m)^{l-i} \underbrace{(A - \lambda_k E_n)^i \mathbf{v}_k}_{=:\mathbf{w}_{l-i}^{(k)}}$$

$$= \sum_{k=1}^{m-1} \mu_k \underbrace{\sum_{i=0}^{l} \binom{l}{i} (\lambda_k - \lambda_m)^{l-i} \mathbf{w}_{l-i}^{(k)}}_{:=\mathbf{x}_k}.$$

Die nicht-trivialen Vektoren der $\mathbf{w}_{l-i}^{(k)}$ in dieser Summe sind Hauptvektoren fortlaufender Stufe zum Eigenwert λ_k und daher linear unabhängig. Wegen $\lambda_k \neq \lambda_m$ folgt somit

$$\mathbf{x}_k = \sum_{i=0}^{l} \binom{l}{i} (\lambda_k - \lambda_m)^{l-i} \mathbf{w}_{l-i}^{(k)} \neq \mathbf{0}, \qquad k = 0, \dots, m-1.$$

Zudem ist $\mathbf{x}_k \in H_{A,\lambda_k}$, da $\mathbf{w}_{l-i}^{(k)} \in H_{A,\lambda_k}$ für $i = 1, \dots, m-1$. Mit $\mathbf{x}_k$ liegt also ein Hauptvektor zum Eigenwert λ_k für $k = 1, \dots, m-1$ vor. Nach Induktionsvoraussetzung sind $\mathbf{x}_1, \dots, \mathbf{x}_{m-1}$ linear unabhängig. Der Nullvektor ist nur trivial aus ihnen linear kombinierbar, woraus $\mu_1, \dots, \mu_{m-1} = 0$ folgt. Nach (7.18) gilt daher $\mu_m \mathbf{v}_m = \mathbf{0}$. Wegen $\mathbf{v}_m \neq \mathbf{0}$ bleibt nur $\mu_m = 0$. $\square$

Satz 7.19 *Es sei $A \in M(n, \mathbb{K})$ eine Matrix mit nur einem Eigenwert $\lambda \in \mathbb{K}$ und $\mathrm{alg}(\lambda) = n$. Dann ist die Matrix $M := A - \lambda E_n$ nilpotent, d. h., es gibt eine natürliche Zahl k mit*

$$M^k = (A - \lambda E_n)^k = 0_{n \times n}, \tag{7.19}$$

hierbei stehe $0_{n \times n}$ für die $n \times n$-Nullmatrix.

Beweis. Da $\chi_A(x) = (x - \lambda)^n$ vollständig über $\mathbb{K}$ zerfällt (es besteht ja nur aus Linearfaktoren), ist A nach Satz 7.4 trigonalisierbar. Es gibt also eine reguläre Matrix $S \in \mathrm{GL}(n, \mathbb{K})$ mit

$$S^{-1} A S = \begin{pmatrix} \lambda & * & \cdots & * \\ 0 & \lambda & \ddots & \vdots \\ \vdots & \ddots & \ddots & * \\ 0 & \cdots & 0 & \lambda \end{pmatrix} = \Delta.$$

Die Matrix $\Delta - \lambda E_n$ ist nilpotent, wie folgende Rechnung zeigt:

$$\Delta - \lambda E_n = \begin{pmatrix} 0 & * & * & \cdots & * \\ 0 & 0 & * & \ddots & \vdots \\ \vdots & & \ddots & \ddots & * \\ & & & \ddots & * \\ 0 & \cdots & & \cdots & 0 \end{pmatrix} \Rightarrow (\Delta - \lambda E_n)^2 = \begin{pmatrix} 0 & 0 & * & \cdots & * \\ 0 & 0 & 0 & \ddots & \vdots \\ \vdots & & \ddots & \ddots & * \\ & & & \ddots & 0 \\ 0 & \cdots & & \cdots & 0 \end{pmatrix}.$$

Die Potenz Δ^2 ergibt eine obere Dreiecksmatrix, bei welcher in der Superdiagonalen direkt oberhalb der Hauptdiagonalen nun ebenfalls nur noch Nullen stehen. Das obere Dreieck ist also entsprechend schwächer besetzt und weiter rechts oben platziert. Bei weiterer Potenzierung setzt sich dieser Effekt entsprechend fort. Man erhält schließlich

$$(\Delta - \lambda E_n)^{n-1} = \begin{pmatrix} 0 & \cdots & 0 & * \\ 0 & \cdots & 0 & 0 \\ \vdots & & \vdots & \vdots \\ 0 & \cdots & 0 & 0 \end{pmatrix}$$

und nach n-facher Potenzierung

$$(\Delta - \lambda E_n)^{n} = \begin{pmatrix} 0 & \cdots & 0 & 0 \\ 0 & \cdots & 0 & 0 \\ \vdots & & \vdots & \vdots \\ 0 & \cdots & 0 & 0 \end{pmatrix} = 0_{n \times n}.$$

Spätestens nach n-facher Potenzierung ist die Nullmatrix erreicht, evtl. auch schon früher, je nach Besetzungszustand von Δ. Es sei nun $\mu = \min\{k \in \mathbb{K} : (\Delta - \lambda E_n)^k = 0_{n \times n}\}$. Wir berechnen jetzt die entsprechende Potenz für $M = A - \lambda E_n$:

$$M^{\mu} = (A - \lambda E_n)^{\mu} = (S\Delta S^{-1} - \lambda SS^{-1})^{\mu} = (S(\Delta - \lambda E_n)S^{-1})^{\mu} = S\underbrace{(\Delta - \lambda E_n)^{\mu}}_{=0_{n \times n}}S^{-1} = 0_{n \times n}.$$

Mit Δ ist also auch $M = A - \lambda E_n$ nilpotent. $\square$

Der Minimalexponent ν zur Nilpotenz von $\Delta - \lambda E_n$ (also $(\Delta - \lambda E_n)^{\nu-1} \neq 0_{n \times n} = (\Delta - \lambda E_n)^{\nu}$) ist ebenfalls minimal für die Nilpotenz von $M = A - \lambda E_n$, denn wenn wir annehmen, es gäbe ein $k < \nu$ mit $M^k = 0_{n \times n}$, so gälte auch für diesen Exponenten

$$(\Delta - \lambda E_n)^k = (S^{-1}AS - \lambda E_n)^k = \cdots = S^{-1}(A - \lambda E_n)^k S = S^{-1}M^k S = 0_{n \times n}$$

im Widerspruch zur Minimalität von ν bezüglich der Nilpotenz von $\Delta - \lambda E_n$. In Erweiterung des letzten Satzes können wir für den Fall mehrerer Eigenwerte das folgende Resultat formulieren.

Satz 7.20 *Es sei $A \in M(n, \mathbb{K})$ und $\mathrm{Spec}\, A = \{\lambda_1, \ldots, \lambda_m\}$ mit paarweise verschiedenen Eigenwerten $\lambda_1, \cdots, \lambda_m \in \mathbb{K}$ und $m \leq n$ sowie $\mathrm{alg}(\lambda_1) + \cdots + \mathrm{alg}(\lambda_m) = n$. Dann gibt es Exponenten $\nu_k \leq \mathrm{alg}\, \lambda_k$, $k = 1, \ldots, m$, sodass mit $M_k := A - \lambda_k E_n$ für $k = 1, \ldots, m$ gilt:*

$$M_1^{\nu_1} \cdot M_2^{\nu_2} \cdots M_m^{\nu_m} = (A - \lambda_1 E_n)^{\nu_1} \cdot (A - \lambda_2 E_n)^{\nu_2} \cdots (A - \lambda_m E_n)^{\nu_m} = 0_{n \times n}. \tag{7.20}$$

Zudem gilt mit $\mu_k := \mathrm{alg}\, \lambda_k$ für $k = 1, \ldots, m$:

$$M_1^{\mu_1} \cdot M_2^{\mu_2} \cdots M_m^{\mu_m} = (A - \lambda_1 E_n)^{\mu_1} \cdot (A - \lambda_2 E_n)^{\mu_2} \cdots (A - \lambda_m E_n)^{\mu_m} = 0_{n \times n}. \tag{7.21}$$

Hierbei kommt es nicht auf die Reihenfolge der Matrizen M_k an.

Beweis. Wir gehen ähnlich vor wie beim Beweis von Satz 7.19, der einen Spezialfall mit $m = 1$ darstellt. Wegen $\mathrm{alg}(\lambda_1) + \cdots + \mathrm{alg}(\lambda_m) = n$ existiert nach dem Trigonalisierungssatz 7.4 eine reguläre Matrix $S \in \mathrm{GL}(n, \mathbb{K})$, sodass

$$
S^{-1}AS = \begin{pmatrix} \boxed{T_{\lambda_1,\mu_1}} & * & \cdots & * \\ 0 & \boxed{T_{\lambda_2,\mu_2}} & \ddots & \vdots \\ \vdots & & \ddots & * \\ 0 & \cdots & 0 & \boxed{T_{\lambda_m,\mu_m}} \end{pmatrix} = \Delta.
$$

Dabei steht

$$
T_{\lambda_k,\mu_k} = \begin{bmatrix} \lambda_k & * & \cdots & * \\ 0 & \lambda_k & \ddots & \vdots \\ \vdots & & \ddots & * \\ 0 & \cdots & 0 & \lambda_k \end{bmatrix}
$$

mit $\mu_k := \mathrm{alg}\,\lambda_k$ für eine $\mu_k \times \mu_k$-Blocktrigonalmatrix, auf deren Hauptdiagonalen nur der Wert λ_k insgesamt μ_k-mal vorkommt. Es folgt zunächst $A = S\Delta S^{-1}$. Für die Matrizen $M_k = A - \lambda_k E_n$ haben wir die jeweilige Zerlegung

$$
M_k = A - \lambda_k E_n = S(\Delta - \lambda_k E_n)S^{-1}.
$$

Wir betrachten nun die zu M_k ähnliche obere Dreiecksmatrix

$$
\Delta - \lambda_k E_n =
$$

$$
\begin{pmatrix} \boxed{T_{\lambda_1-\lambda_k,\mu_1}} & \cdots & * & * & * & \cdots & * \\ 0 & \ddots & * & * & * & \cdots & * \\ 0 & \ddots & \boxed{T_{\lambda_{k-1}-\lambda_k,\mu_{k-1}}} & * & * & \cdots & * \\ 0 & \cdots & 0 & \boxed{T_{0,\mu_k}} & * & \cdots & * \\ 0 & \cdots & 0 & 0 & \boxed{T_{\lambda_{k+1}-\lambda_k,\mu_{k+1}}} & \ddots & * \\ 0 & \cdots & 0 & 0 & 0 & \ddots & * \\ 0 & \cdots & 0 & 0 & 0 & \cdots & \boxed{T_{\lambda_m-\lambda_k,\mu_m}} \end{pmatrix}.
$$

Diese Matrix besitzt auf der Hauptdiagonalen von Spalte $\mu_1 + \cdots + \mu_{k-1} + 1$ bis zur Spalte $\mu_1 + \cdots + \mu_k$ lauter Nullen. Der hierin auftretende $\mu_k \times \mu_k$-Block

$$
T_{0,\mu_k} = T_{\lambda_k-\lambda_k,\mu_k} = \begin{bmatrix} 0 & * & \cdots & * \\ 0 & 0 & \ddots & \vdots \\ \vdots & \ddots & \ddots & * \\ 0 & \cdots & 0 & 0 \end{bmatrix} = T_{\lambda_k,\mu_k} - \lambda_k E_k
$$

ist nilpotent und spätestens nach μ_k-facher Potenzierung mit der $\mu_k \times \mu_k$-Nullmatrix identisch. Wie aber verhält sich die Matrix $\Delta - \lambda_k E_n$ beim Potenzieren? Es gilt nach der Blockmultiplikationsregel (vgl. Satz 2.11) für die μ_k-te Potenz

$$(\Delta - \lambda_k E_n)^{\mu_k} =$$

$$\begin{pmatrix}
\boxed{T_{(\lambda_1-\lambda_k)^{\mu_k},\mu_1}} & \cdots & * & * & * & \cdots & * \\
0 & \ddots & * & * & * & \cdots & * \\
0 & \ddots & \boxed{T_{(\lambda_{k-1}-\lambda_k)^{\mu_k},\mu_{k-1}}} & * & * & \cdots & * \\
0 & \cdots & 0 & \boxed{0_{\mu_k \times \mu_k}} & * & \cdots & * \\
0 & \cdots & 0 & 0 & \boxed{T_{(\lambda_{k+1}-\lambda_k)^{\mu_k},\mu_{k+1}}} & \ddots & * \\
0 & \cdots & 0 & 0 & 0 & \ddots & * \\
0 & \cdots & 0 & 0 & 0 & \cdots & \boxed{T_{(\lambda_m-\lambda_k)^{\mu_k},\mu_m}}
\end{pmatrix}.$$

$$(7.22)$$

Damit gilt beispielsweise

$$(\Delta - \lambda_1 E_n)^{\mu_1} \cdot (\Delta - \lambda_2 E_n)^{\mu_2} =$$

$$\begin{pmatrix}
\boxed{0_{\mu_1 \times \mu_1}} & * & * & \cdots & * \\
0 & \boxed{T_{(\lambda_2-\lambda_1)^{\mu_1},\mu_2}} & * & & * \\
\vdots & 0 & \ddots & & \vdots \\
0 & \cdots & & \ddots & * \\
0 & 0 & \cdots & 0 & *
\end{pmatrix}
\begin{pmatrix}
\boxed{T_{(\lambda_1-\lambda_2)^{\mu_2},\mu_1}} & * & * & \cdots & * \\
0 & \boxed{0_{\mu_2 \times \mu_2}} & * & & * \\
\vdots & 0 & \ddots & & \vdots \\
0 & \cdots & & \ddots & * \\
0 & 0 & \cdots & 0 & *
\end{pmatrix}$$

$$= \begin{pmatrix}
\boxed{0_{\mu_1 \times \mu_1}} & 0 & * & \cdots & * \\
0 & \boxed{0_{\mu_2 \times \mu_2}} & * & & * \\
\vdots & 0 & \ddots & & \vdots \\
0 & \vdots & & \ddots & * \\
0 & 0 & \cdots & 0 & *
\end{pmatrix}$$

Wir können nun diese Gleichung fortlaufend von rechts mit allen noch verbleibenden Potenzen $(\Delta - \lambda_k E_n)^{\mu_k}$ durchmultiplizieren und erhalten schließlich

$$(\Delta - \lambda_1 E_n)^{\mu_1} \cdot (\Delta - \lambda_2 E_n)^{\mu_2} \cdots (\Delta - \lambda_m E_n)^{\mu_m} = 0_{\sum_{k=1}^m \mu_k \times \sum_{k=1}^m \mu_k} = 0_{n \times n}. \qquad (7.23)$$

Wir betrachten nun für die Matrizen $M_k = A - \lambda_k E_n = S(\Delta - \lambda_k E_n)S^{-1}$ das Produkt

$$M_1^{\mu_1} \cdot M_2^{\mu_2} \cdots M_m^{\mu_m} = [S(\Delta - \lambda_1 E_n)S^{-1}]^{\mu_1} \cdot [S(\Delta - \lambda_2 E_n)S^{-1}]^{\mu_2} \cdots [S(\Delta - \lambda_m E_n)S^{-1})^{\mu_m}$$
$$= S(\Delta - \lambda_1 E_n)^{\mu_1} S^{-1} \cdot S(\Delta - \lambda_2 E_n)^{\mu_2} S^{-1} \cdots S(\Delta - \lambda_m E_n)^{\mu_m} S^{-1}$$
$$= S(\Delta - \lambda_1 E_n)^{\mu_1} (\Delta - \lambda_2 E_n)^{\mu_2} \cdots (\Delta - \lambda_m E_n)^{\mu_m} S^{-1}$$
$$= 0_{n \times n}.$$

Je nach Besetzungszustand der Matrix $\Delta - \lambda_k E_n$ kann es unter Umständen auch einen kleineren Exponenten $\nu_k < \mu_k$ geben, für den bereits

$$(T_{0,\mu_k})^{\nu_k} = (T_{\lambda_k,\mu_k} - \lambda_k E_k)^{\nu_k} = 0_{\mu_k \times \mu_k} \tag{7.24}$$

gilt. Wie bereits erwähnt, ist diese $\mu_k \times \mu_k$-Nullmatrix auch notwendig für die Annullierung der Produktmatrix in (7.23). Für Exponenten $\nu_k \leq \mu_k$ für $k \in \{1, \ldots m\}$ mit (7.24) gilt also ebenfalls

$$(\Delta - \lambda_1 E_n)^{\nu_1} \cdot (\Delta - \lambda_2 E_n)^{\nu_2} \cdots (\Delta - \lambda_m E_n)^{\nu_m} = 0_{n \times n},$$

sodass wir wegen $M_k = S(\Delta - \lambda_k E_n)S^{-1}$ nach analoger Rechnung wie oben auch hier mit

$$M_1^{\nu_1} \cdot M_2^{\nu_2} \cdots M_m^{\nu_m} = S(\Delta - \lambda_1 E_n)^{\nu_1} \cdot (\Delta - \lambda_2 E_n)^{\nu_2} \cdots (\Delta - \lambda_m E_n)^{\nu_m} S^{-1} = 0_{n \times n}.$$

die $n \times n$-Nullmatrix erhalten. $\square$

Ist dabei jeder einzelne Exponent ν_k minimal gewählt in dem Sinne, dass

$$(T_{0,\mu_k})^{\nu_k - 1} = (T_{\lambda_k,\mu_k} - \lambda_k E_k)^{\nu_k - 1} \neq 0_{n \times n},$$

so sind diese Exponenten auch minimal für

$$(\Delta - \lambda_1 E_n)^{\nu_1} \cdot (\Delta - \lambda_2 E_n)^{\nu_2} \cdots (\Delta - \lambda_m E_n)^{\nu_m} = 0_{n \times n}$$

und damit auch minimal für die Gleichung

$$M_1^{\nu_1} \cdot M_2^{\nu_2} \cdots M_m^{\nu_m} = 0_{n \times n}.$$

Die einzelnen Matrizen M_k können dabei im Gegensatz zur Situation mit nur einem einzigen Eigenwert hier nicht mehr nilpotent sein, denn wenn für irgendein $j \in \{1, \ldots, n\}$ die Matrix M_j nilpotent wäre, wenn also $M_j^{\mu} = 0_{n \times n}$ mit einem $\mu \in \mathbb{N}$ gälte, dann gäbe es bereits wegen

$$\dim \mathrm{Kern}(A - \lambda_j E_n)^{\mu} = \dim \mathrm{Kern} M_j^{\mu} = \dim \mathrm{Kern} 0_{n \times n} = n$$

einen Satz aus n linear unabhängigen Hauptvektoren zum Eigenwert λ_j. Da Hauptvektoren zu verschiedenen Eigenwerten aber linear unabhängig sind, könnte es keine weiteren linear unabhängigen Hauptvektoren mehr geben, also auch nicht Eigenvektoren zu weiteren Eigenwerten im Widerpruch zur vorausgesetzten Existenz verschiedener Eigenwerte. Zwar sind die einzelnen Matrizen M_k nun nicht nilpotent, aber zumindest ab irgendeiner Potenz rangstabil, wie folgender Satz aussagt.

Satz 7.21 *Es sei $A \in M(n, \mathbb{K})$ eine trigonalisierbare Matrix und $\operatorname{Spec} A = \{\lambda_1, \dots, \lambda_m\}$ mit paarweise verschiedenen Eigenwerten $\lambda_1, \cdots, \lambda_m$ und $1 < m \leq n$. Dann gibt es Exponenten $v_1, \cdots, v_m \in \mathbb{N}$, sodass mit $M_k := A - \lambda_k E_n$ für $k = 1, \dots, m$ gilt*

$$\operatorname{Rang} M_k^v = \operatorname{Rang} M_k^{v_k} > 0, \quad \textit{für alle} \quad v \geq v_k.$$

Wird der jeweilige Exponent $v_k \geq 1$ dabei so gewählt, dass

$$\operatorname{Rang} M_k^{v_k - 1} > \operatorname{Rang} M_k^{v_k} = \operatorname{Rang} M_k^{v_k + 1},$$

so nimmt der Rang der Matrixpotenzen M_k^v zunächst ab, bevor er sich ab der Potenz $M_k^{v_k}$ stabilisiert und danach nicht weiter abnimmt,

$$\operatorname{Rang} M_k > \operatorname{Rang} M_k^2 > \dots > \operatorname{Rang} M_k^{v_k} = \operatorname{Rang} M_k^{v_k + 1} = \operatorname{Rang} M_k^{v_k + 2} = \dots,$$

dabei ist der Minimalexponent v_k nach oben durch die algebraische Ordnung von λ_k beschränkt. Es gilt also

$$1 \leq v_k \leq \operatorname{alg} \lambda_k =: \mu_k.$$

Der Rang wird also spätestens mit der μ_k-ten Potenz von M_k stabil. Zudem gilt bereits für den Minimalexponenten v_k

$$\operatorname{Kern} M_k^{v_k - 1} \subsetneq \operatorname{Kern} M_k^{v_k} = \operatorname{Kern} M_k^{\mu_k}.$$

Beweis. Dass die Matrixpotenzen M_k^v für hinreichend großes v rangstabil werden müssen, ist klar, denn schließlich gilt $\operatorname{Kern} M_k^v \subset \operatorname{Kern} M_k^{v+1}$ für $v \in \mathbb{N}$ oder anders formuliert

$$\dim \operatorname{Kern} M_k^v \leq \dim \operatorname{Kern} M_k^{v+1}, \qquad v \in \mathbb{N},$$

was gleichbedeutend ist mit

$$\operatorname{Rang} M_k^v = n - \dim \operatorname{Kern} M_k^v \geq n - \dim \operatorname{Kern} M_k^{v+1} = \operatorname{Rang} M_k^{v+1}, \qquad v \in \mathbb{N}.$$

Der Rang nimmt also durch das Potenzieren allenfalls ab, kann aber nicht kleiner als 0 werden. Zudem folgt aus

$$\operatorname{Kern} M_k^v = \operatorname{Kern} M_k^{v+1}$$

die endgültige Stabilisierung des Kerns und damit des Rangs auch für höhere Potenzen

$$\operatorname{Kern} M_k^v = \operatorname{Kern} M_k^{v+1} = \operatorname{Kern} M_k^{v+2} = \dots,$$

denn für $\mathbf{x} \in \operatorname{Kern} M_k^{v+2}$ gilt

$$\mathbf{0} = M_k^{v+2} \mathbf{x} = M_k^{v+1}(M_k \mathbf{x}) \Rightarrow M_k \mathbf{x} \in \operatorname{Kern} M_k^{v+1} = \operatorname{Kern} M_k^v.$$

Also gilt auch $\mathbf{0} = M_k^v(M_k \mathbf{x}) = M_k^{v+1} \mathbf{x}$, woraus $\mathbf{x} \in \operatorname{Kern} M_k^{v+1}$ folgt. Die Kerne der Potenzen M_k^j bleiben damit für $j \geq v$ stabil und werden nicht irgendwann wieder größer. Damit bleibt auch der Rang der Potenzen M_k^j für $j \geq \nu$ stabil und wird nicht irgendwann wieder kleiner.

Wir berechnen nun den Rang der Matrix $M_k^{\mu_k}$. Der Darstellung (7.22) entnehmen wir

$$
\begin{aligned}
\text{Rang}\, M_k^{\mu_k} &= \text{Rang}[S(\Delta - \lambda_k E_n)S^{-1}]^{\mu_k} \\
&= \text{Rang}\, S(\Delta - \lambda_k E_n)^{\mu_k} S^{-1} \\
&= \text{Rang}(\Delta - \lambda_k E_n)^{\mu_k} \\
&= \sum_{j=1}^{k-1} \mu_j + \text{Rang}\, 0_{\mu_k \times \mu_k} + \sum_{j=k+1}^{m} \mu_j = n - \mu_k,
\end{aligned}
\tag{7.25}
$$

denn die Eigenwerte $\lambda_1, \ldots, \lambda_m$ sind paarweise verschieden, wodurch die übrigen Diagonalkomponenten in $(\Delta - \lambda_k E_n)^{\mu_k}$ nicht verschwinden. Der Rang kann durch noch höhere Potenzen der Matrix $\Delta - \lambda_k E_n$ nicht weiter sinken. Höhere Matrixpotenzen M_k^j für $j > \mu_k$ haben damit denselben Rang wie $M_k^{\mu_k}$. Daher ist die algebraische Ordnung μ_k eine Obergrenze für den Minimalexponenten ν_k, ab dem die Matrix M^{ν_k} rangstabil ist. $\quad\square$

Da nun

$$
\dim \text{Kern}\, M_k^{\nu_k} = \dim \text{Kern}\, M_k^{\mu_k} = n - \text{Rang}\, M_k^{\mu_k} \overset{(7.25)}{=} \mu_k
$$

ist, existieren μ_k linear unabhängige Hauptvektoren zum Eigenwert λ_k, die zu fortlaufenden Stufen $1, \ldots, \nu_k$ gehören, da der Kern von $M_k^{\mu_k}$ die Kerne aller niedrigeren Potenzen $M_k, \ldots, M_k^{\mu_k - 1}$ umfasst.

Wenn wir so für jeden Eigenwert λ_k für $j = 1, \ldots, m$ argumentieren, wird deutlich, dass wegen $\mu_1 + \cdots + \mu_m = n$ eine Basis des $\mathbb{K}^n$ gefunden werden kann, die aus Hauptvektoren von A besteht. Damit ergibt sich nun ein Verfahren zur Bestimmung von μ_k linear unabhängigen Hauptvektoren fortlaufender Stufe, das mit allen m Eigenwerten von A durchgeführt werden kann. Auf diese Weise ist es möglich, eine Basis des $\mathbb{K}^n$ bestehend aus Hauptvektoren fortlaufender Stufe zu ermitteln. Dieses Verfahren bezeichnen wir als *Hauptraumzerlegung* von $\mathbb{K}^n$:

Wir führen für jeden Eigenwert $\lambda := \lambda_k$ mit algebraischer Ordnung $\mu := \mu_k = \text{alg}\, \lambda_k$, $k = 1, \ldots, m$ die folgenden Schritte durch: Es sei $M := M_k = A - \lambda_k E_n$. Wir berechnen die Kerne der Potenzen von M bis (maximal) zum Exponenten μ. Es sei also $\nu \leq \mu$ der Minimalexponent, für den die Rangstabilität eintritt, d. h. für den

$$
\text{Rang}\, M^{\nu-1} > \text{Rang}\, M^{\nu} = \text{Rang}\, M^{\nu+1} = \text{Rang}\, M^{\mu}
$$

gilt. Damit gilt bereits

$$
\text{Kern}\, M^{\nu} = \text{Kern}\, M^{\mu}.
$$

Die Kerne der Matrixpotenzen M^j für $j = 1, \ldots, \nu$ werden stets größer:

$$H_1 = \operatorname{Kern} M = \langle \mathbf{y}_{11}, \ldots \mathbf{y}_{1,b_1} \rangle = V_{A,\lambda}, \qquad \text{mit } b_1 = \operatorname{geo} \lambda = n - \operatorname{Rang} M$$
$$\cap$$
$$H_2 = \operatorname{Kern} M^2 = \langle \mathbf{y}_{21}, \ldots \mathbf{y}_{2,b_2} \rangle, \qquad \text{mit } b_2 = n - \operatorname{Rang} M^2$$
$$\cap$$
$$\vdots$$
$$\cap$$
$$H_{v-1} = \operatorname{Kern} M^{v-1} = \langle \mathbf{y}_{v-1,1}, \ldots \mathbf{y}_{v-1,b_{v-1}} \rangle, \text{ mit } b_{v-1} = n - \operatorname{Rang} M^{v-1}$$
$$\cap$$
$$H_v = \operatorname{Kern} M^v = \langle \mathbf{y}_{v,1}, \ldots \mathbf{y}_{v,b_v} \rangle = H_{A,\lambda}, \quad \text{mit } b_v = n - \operatorname{Rang} M^v$$
$$= n - \operatorname{Rang} M^{\mu}$$
$$\overset{(7.25)}{=} n - (n - \mu) = \mu = \operatorname{alg} \lambda.$$

Die Kerndimensionen $b_j = \dim \operatorname{Kern} M^j$, $j = 1, \ldots, v$ sind dabei strikt aufsteigend:

$$\operatorname{geo} \lambda = b_1 < \ldots < b_v = \mu = \operatorname{alg} \lambda.$$

Jeder Raum H_j enthält dabei Hauptvektoren bis zur Stufe j, sodass der maximale Kern H_v sämtliche Hauptvektoren zu λ bis zur maximal möglichen Stufe v enthält. Die Menge der Basisvektoren

$$B = \{\mathbf{y}_{v,1}, \ldots \mathbf{y}_{v,b_v}\}$$

von H_v muss aber nicht die Basisvektoren der übrigen Kerne $H_1, \ldots, H_{v-1}$ beinhalten. Es kann sich dabei um völlig andere Vektoren handeln, mit denen sich allerdings Hauptvektoren jeder Stufe $1, \ldots, v$ linear kombinieren lassen. Wir sollten also versuchen, diese Basisvektoren durch Hauptvektoren fortlaufender Stufe zu ersetzen. Da aber auch die Vektoren von $H_1, \ldots, H_{v-1}$ in H_v enthalten sind, können wir durch gezieltes Umarrangieren der Basis von H_v mittels elementarer Spaltenumformungen an B ohne Änderung des linearen Erzeugnisses Hauptvektoren fortlaufender Stufe erzeugen. Wir beginnen dazu mit dem Raum H_1, der die Hauptvektoren zur Stufe 1, also die Eigenvektoren zum Eigenwert λ enthält. Es ist im Allgemeinen nicht zu erwarten, dass bei Bestimmung einer Basis von H_2 diese bereits aus zusätzlichen Hauptvektoren zweiter Stufe und den Vektoren der Eigenraumbasis besteht, obwohl H_2 den Raum H_1 umfasst. Mit einer Basis von H_2 sind allerdings die Eigenvektoren und die Hauptvektoren zweiter Stufe erzeugbar. Hauptvektoren dritter und höherer Stufe liegen nicht in H_2. Daher lassen sich derartige Hauptvektoren nicht mit einer Basis von H_2 generieren. Die Basisvektoren $\mathbf{y}_{21}, \ldots \mathbf{y}_{2,b_2}$ des linearen Erzeugnisses

$$\langle \mathbf{y}_{21}, \ldots \mathbf{y}_{2,b_2} \rangle = H_2$$

können nun ohne Änderung des erzeugten Raums H_2 durch elementare Spaltenumformungen gezielt zur Erzeugung der Basisvektoren $\mathbf{y}_{11}, \ldots \mathbf{y}_{1,b_1}$ des Eigenraums H_1 verändert werden, da $H_1 \subset H_2$. Nun gilt für jede Stufe $j = 1, \ldots, v-1$

$$\operatorname{Kern} M^j \subsetneqq \operatorname{Kern} M^{j+1},$$

daher ist jeder zu λ gehörende Hauptvektor j-ter Stufe und geringer in $\operatorname{Kern} M^j$ enthalten. Durch elementare Spaltenumformungen können wir nun schrittweise die Basisvektoren

$\mathbf{y}_{ji}$ der oben angegebenen Kerne umarrangieren, um die Basisvektoren des jeweils vorausgegangenen Kerns zu erzeugen. Auf diese Weise ersetzen wir die Basisvektoren des Kerns H_j nach und nach durch Hauptvektoren fortlaufender Stufe von Stufe 1 bis zur Stufe j:

$$\mathbf{w}_{11}, \dots, \mathbf{w}_{1,b_1} : \quad \text{Hauptvektoren 1-ter Stufe,}$$
$$\mathbf{w}_{21}, \dots, \mathbf{w}_{2,b_2-b_1} : \quad \text{Hauptvektoren 2-ter Stufe,}$$
$$\vdots \qquad \vdots$$
$$\mathbf{w}_{v,1}, \dots, \mathbf{w}_{v,b_v-b_{v-1}} : \quad \text{Hauptvektoren } v\text{-ter Stufe.}$$

Mit diesen neuen Basisvektoren können wir nun die einzelnen Kerne der M-Potenzen aufbauend beschreiben:

$$\begin{aligned}
H_1 &= V_{A,\lambda} = \langle \mathbf{w}_{11}, \dots \mathbf{w}_{1,b_1} \rangle, \\
H_2 &= \operatorname{Kern} M^2 = \langle \mathbf{w}_{11}, \dots \mathbf{w}_{1,b_1}, \mathbf{w}_{21}, \dots, \mathbf{w}_{2,b_2-b_1} \rangle, \quad \text{mit} \quad b_1 < b_2 < n, \\
&\vdots \qquad \vdots \\
H_v &= \operatorname{Kern} M^v = \langle \mathbf{w}_{11}, \dots \mathbf{w}_{1,b_1}, \mathbf{w}_{21}, \dots, \mathbf{w}_{2,b_2-b_1}, \dots \dots, \mathbf{w}_{v,1}, \dots, \mathbf{w}_{v,b_v-b_{v-1}} \rangle.
\end{aligned} \qquad (7.26)$$

Hilfreich sind in den folgenden Betrachtungen die Summe sowie die direkte Summe von Teilräumen.

Bemerkung 7.22 *Es seien $V_1, \dots, V_l$ Teilräume eines gemeinsamen Vektorraums V. Dann ist die Summe von $V_1, \dots, V_l$, definiert durch*

$$V_1 + \dots + V_l := \{ \mathbf{v} = \mathbf{v}_1 + \dots + \mathbf{v}_l : \mathbf{v}_1 \in V_1, \dots, \mathbf{v}_l \in V_l \},$$

ebenfalls ein Teilraum von V.

Beweis: Übung. Hat dabei jeder beteiligte Vektorraum eine triviale Schnittmenge mit der Summe der übrigen Vektorräume, so definiert dies die direkte Summe von Teilräumen.

Definition 7.23 **(Direkte Summe)** *Es seien $V_1, \dots, V_l$ Teilräume eines gemeinsamen Vektorraums V mit*

$$V_i \cap \sum_{k \neq i} V_k = \{\mathbf{0}\}, \quad \text{für jedes} \quad i \in \{1, \dots, l\},$$

dann wird der Vektorraum

$$\bigoplus_{k=1}^{l} V_k := V_1 \oplus \dots \oplus V_l := V_1 + \dots + V_l$$

als direkte Summe von $V_1, \dots, V_l$ bezeichnet.

Satz 7.24 *Es seien $V_1, \dots, V_l$ Teilräume eines gemeinsamen Vektorraums V. Genau dann ist die Summe dieser Teilräume eine direkte Summe*

$$\sum_{k=1}^{l} V_k = \bigoplus_{k=1}^{l} V_k,$$

wenn jeder Vektor $\mathbf{v} \in \mathbf{V}_1 + \cdots + \mathbf{V}_l$ *in eindeutiger Weise als Summe von Vektoren* $\mathbf{v}_k \in V_k$
für $k = 1, \ldots, l$ *darstellbar ist, d. h., wenn*

$$\mathbf{v} = \sum_{k=1}^{l} \mathbf{v}_k$$

gilt, wobei die Vektoren $\mathbf{v}_k \in V_k$ *für* $k = 1, \ldots, l$ *eindeutig bestimmt sind.*

Beweis: Zu zeigen ist: Der Vektor $\mathbf{v} = \sum \mathbf{v}_k$ ist genau dann eindeutig aus $\mathbf{v}_k \in V_k$ zusammengesetzt, wenn $\sum V_k = \bigoplus V_k$, wenn also die Summe der Teilräume direkt ist. Gehen wir zunächst davon aus, dass $\sum V_k = \bigoplus V_k$ gilt. Unter der Annahme, dass es zwei verschiedene Darstellungen für $\mathbf{v}$, d. h. $\mathbf{v} = \sum \mathbf{v}_k = \sum \mathbf{w}_k$ mit $\mathbf{v}_k \in V_k$ und $\mathbf{w}_k \in V_k$, gäbe, folgt für (mindestens) ein $i \in \{1, \ldots, l\}$, dass $\mathbf{v}_i \neq \mathbf{w}_i$ gelten müsste. Wir bilden die Differenz dieser beiden Darstellungen

$$\mathbf{0} = \mathbf{v} - \mathbf{v} = \sum_{k=1}^{l} \mathbf{v}_k - \sum_{k=1}^{l} \mathbf{w}_k = \mathbf{v}_i - \mathbf{w}_i + \sum_{k \neq i} (\mathbf{v}_k - \mathbf{w}_k).$$

Für den nicht-trivialen Differenzvektor $\mathbf{v}_i - \mathbf{w}_i \in \bigoplus V_k$ gilt dann

$$\mathbf{0} \neq \mathbf{v}_i - \mathbf{w}_i = \sum_{k \neq i} (\mathbf{w}_k - \mathbf{v}_k) \in \sum_{k \neq i} V_k.$$

Andererseits ist $\mathbf{v}_i - \mathbf{w}_i \in V_i$, und es gilt somit

$$V_i \cap \sum_{k \neq i} V_k \neq \{\mathbf{0}\}.$$

Dann wäre die Summe aus den Teilräumen $V_1, \ldots, V_l$ definitionsgemäß keine direkte Summe, im Widerspruch zur Voraussetzung. Hat umgekehrt jeder Vektor $\mathbf{v} \in \sum V_k$ eine eindeutige Darstellung als Summe einzelner Vektoren $\mathbf{v}_k \in V_k$, d. h. gilt

$$\mathbf{v} = \sum_{k=1}^{l} \mathbf{v}_k,$$

mit eindeutig bestimmten $\mathbf{v}_k \in V_k$, so gilt speziell für einen beliebigen Vektor

$$\mathbf{w} \in V_i \cap \sum_{k \neq i} V_k$$

wegen $\mathbf{w} \in \sum_{k \neq i} V_k$ die Darstellung mit Vektoren $\mathbf{v}_k \in V_k$, $k \neq i$

$$\mathbf{w} = \sum_{k \neq i} \mathbf{v}_k = \mathbf{0} + \sum_{k \neq i} \mathbf{v}_k.$$

Andererseits gilt wegen $\mathbf{w} \in V_i$ auch die Darstellung

$$\mathbf{w} = \mathbf{v}_i + \sum_{k \neq i} \mathbf{0}.$$

Wir haben also für $\mathbf{w}$ zwei Darstellungen

$$\mathbf{0} + \sum_{k \neq i} \mathbf{v}_k = \mathbf{w} = \mathbf{v}_i + \sum_{k \neq i} \mathbf{0}$$

Da die Darstellung eindeutig sein soll, bleibt nur die Möglichkeit, dass $\mathbf{v}_k = \mathbf{0}$ gilt für alle $k = 1 \ldots, l$. Damit haben wir $\mathbf{w} = \mathbf{0}$. Der Schnitt ist also trivial: $V_i \cap \sum_{k \neq i} V_k = \{\mathbf{0}\}$ für alle $i = 1, \ldots, l$, womit sich eine direkte Summe $\sum V_k = \bigoplus V_k$ ergibt. $\square$

Die an einer direkten Summe beteiligten Vektorräume $V_1, \ldots, V_l$ haben bis auf den Null-vektor paarweise keine gemeinsamen Vektoren. Denn gäbe es einen gemeinsamen nicht-trivialen Vektor $\mathbf{w} \in V_i$ mit $\mathbf{w} \in V_j$ für ein Indexpaar $i \neq j$, so wäre

$$\mathbf{w} \in V_j \subset \sum_{k \neq i} V_k,$$

woraus wegen $\mathbf{w} \in V_i$ auch

$$\mathbf{0} \neq \mathbf{w} \in V_i \cap \sum_{k \neq i} V_k$$

folgen würde, im Widerspruch zur vorausgesetzten direkten Summe. $\square$

Bemerkung 7.25 *Für eine direkte Summe $V_1 \oplus \cdots \oplus V_l$ von Teilräumen V_k eines gemein-samen Vektorraums V gilt $V_i \cap V_j = \{\mathbf{0}\}$ für $i \neq j$.*

Die Umkehrung gilt dagegen nicht, wie folgendes Beispiel zeigt. Die Vektorräume

$$V_1 = \left\langle \begin{pmatrix} 0 \\ 1 \\ 1 \end{pmatrix} \right\rangle, V_2 = \left\langle \begin{pmatrix} 0 \\ -1 \\ 1 \end{pmatrix} \right\rangle, V_3 = \left\langle \begin{pmatrix} 1 \\ 0 \\ 0 \end{pmatrix}, \begin{pmatrix} 0 \\ 0 \\ 1 \end{pmatrix} \right\rangle \subset \mathbb{R}^3$$

haben paarweise einen trivialen Schnitt. Es gilt jedoch

$$V_3 \cap (V_1 + V_2) = \left\langle \begin{pmatrix} 0 \\ 0 \\ 1 \end{pmatrix} \right\rangle \neq \{\mathbf{0}\}.$$

Wir können nun die Kerne der Matrixpotenzen M^j aus (7.26) als direkte Summe darstellen. Es gilt damit für alle Stufen $j = 1, \ldots, v$

$$\begin{aligned} H_j &= \operatorname{Kern} M^j \\ &= \underbrace{\langle \mathbf{w}_{11}, \ldots, \mathbf{w}_{1,b_1} \rangle}_{=:L_1} \oplus \underbrace{\langle \mathbf{w}_{21}, \ldots, \mathbf{w}_{2,b_2-b_1} \rangle}_{=:L_2} \oplus \cdots \oplus \underbrace{\langle \mathbf{w}_{j,1}, \ldots, \mathbf{w}_{j,b_j-b_{j-1}} \rangle}_{=:L_j} \\ &= L_1 \oplus L_2 \oplus \cdots \oplus L_j, \end{aligned}$$

denn jeder Vektor aus $\mathbf{v} \in H_j$ ist zunächst eine eindeutige Linearkombination der Basis-vektoren $\mathbf{w}_{11}, \ldots \mathbf{w}_{1,b_1}, \mathbf{w}_{21}, \ldots, \mathbf{w}_{2,b_2-b_1}, \cdots \ldots, \mathbf{w}_{j,1}, \ldots, \mathbf{w}_{j,b_j-b_{j-1}}$.

Es gibt also für $\mathbf{v} \in H_\nu$ eine eindeutige Darstellung

$$\mathbf{v} = \sum_{j=1}^{\nu} (\alpha_{j,1}\mathbf{w}_{j,1} + \ldots + \alpha_{j,b_j-b_{j-1}}\mathbf{w}_{j,b_j-b_{j-1}}), \quad \alpha_{j,i} \in \mathbb{K}, \quad b_0 := 0,$$

in der die ν Vektoren

$$\alpha_{j,1}\mathbf{w}_{j,1} + \ldots + \alpha_{j,b_j-b_{j-1}}\mathbf{w}_{j,b_j-b_{j-1}} \in L_j, \quad j = 1,\ldots,\nu$$

ebenfalls eindeutig bestimmt sind und jeweils aus L_j stammen. Speziell gilt für den größten Kern

$$H_\nu = \operatorname{Kern} M^\nu = \underbrace{\langle \mathbf{w}_{1,1},\ldots,\mathbf{w}_{1,b_1} \rangle}_{=L_1} \oplus \underbrace{\langle \mathbf{w}_{21},\ldots,\mathbf{w}_{2,b_2-b_1} \rangle}_{=L_2} \oplus \cdots \oplus \underbrace{\langle \mathbf{w}_{\nu,1},\ldots,\mathbf{w}_{\nu,b_\nu-b_{\nu-1}} \rangle}_{=L_\nu}$$

$$= L_1 \oplus L_2 \oplus \cdots \oplus L_\nu.$$

Mit den Bezeichnungen

$$\beta_1 := b_1 = \dim L_1 = \operatorname{geo}\lambda, \qquad \beta_j := \dim L_j = b_j - b_{j-1}, \quad j = 2,\ldots,\nu$$

gilt für die beteiligten Teilräume $L_1,\ldots,L_\nu$

$$L_j := \langle \mathbf{w}_{j,1},\ldots\mathbf{w}_{j,\beta_j} \rangle, \qquad j = 1,\ldots,\nu.$$

Zudem ist

$$\beta_1 + \beta_2 + \cdots \beta_\nu = b_1 + (b_2 - b_1) + (b_3 - b_2) + \cdots + (b_\nu - b_{\nu-1}) = b_\nu = \mu.$$

Jeder nicht-triviale Vektor aus $\mathbf{v} \in L_j$ ist dabei ein Hauptvektor j-ter Stufe, denn es gilt für jede Stufe $j = 1,\ldots,\nu$ mit einer beliebigen nicht-trivialen Linearkombination $\mathbf{v}$ der Basisvektoren $\mathbf{w}_{j,1},\ldots\mathbf{w}_{j,\beta_j}$ von L_j

$$\mathbf{v} = \sum_{i=1}^{\beta_j} \alpha_i\mathbf{w}_{j,i} \in L_j, \qquad \boldsymbol{\alpha} \in \mathbb{K}^{\beta_j}, \quad \boldsymbol{\alpha} \neq \mathbf{0}$$

die Bedingung

$$M^j\mathbf{v} = \sum_{i=1}^{\beta_j} \alpha_i \underbrace{M^j\mathbf{w}_{j,i}}_{=\mathbf{0}} = \mathbf{0},$$

aber auch

$$M^{j-1}\mathbf{v} \neq \mathbf{0},$$

denn die Annahme des Gegenteils würde bedeuten, dass

$$\mathbf{v} = \sum_{i=1}^{\beta_j} \alpha_i\mathbf{w}_{j,i} \in \operatorname{Kern} M^{j-1} = L_1 \oplus \ldots \oplus L_{j-1}.$$

Wir hätten damit einen Vektor $\mathbf{v} \neq \mathbf{0}$ mit $\mathbf{v} \in L_j$, der ebenfalls in $L_1 \oplus \ldots \oplus L_{j-1}$ liegt und somit also eine alternative Darstellung besitzt. Da aber $\mathbf{v}$ als Vektor von $\operatorname{Kern} M_j = L_1 \oplus L_2 \oplus \cdots \oplus L_j$ sich nur in eindeutiger Weise als Summe aus Vektoren von $L_1, \ldots, L_j$ darstellen lässt, ergibt sich ein Widerspruch. Damit ist also jeder Vektor $\mathbf{v} \in L_j$ ein Hauptvektor j-ter Stufe zu λ. Die Umkehrung gilt aber nicht. Die Menge

$$\operatorname{Kern} M^j \setminus \operatorname{Kern} M^{j-1}$$

aller Hauptvektoren der Stufe j zum Eigenwert λ ist nicht einmal ein Vektorraum. Ein Hauptvektor der Stufe j muss nicht notwendigerweise eine Linearkombination zweier Hauptvektoren gleicher Stufe sein. Beispielsweise gelten mit einem Hauptvektor $\mathbf{v}$ der Stufe j und einem Hauptvektor $\mathbf{w}$ der Stufe $j-1$ für den Summenvektor $\mathbf{v} + \mathbf{w}$ wegen

$$M^j \mathbf{v} = \mathbf{0}, \quad M^{j-1} \mathbf{v} \neq \mathbf{0}, \quad M^{j-1} \mathbf{w} = \mathbf{0}, \quad M^{j-2} \mathbf{w} \neq \mathbf{0}$$

die Bedingungen

$$M^j(\mathbf{v} + \mathbf{w}) = M^j \mathbf{v} + M M^{j-1} \mathbf{w} = \mathbf{0}, \qquad M^{j-1}(\mathbf{v} + \mathbf{w}) = M^{j-1} \mathbf{v} + M^{j-1} \mathbf{w} = M^{j-1} \mathbf{v} \neq \mathbf{0}.$$

Damit ist $\mathbf{v} + \mathbf{w}$ ebenfalls ein Hauptvektor der Stufe j. Ein Hauptvektor der Stufe j muss also nicht notwendig in L_j liegen.

Wir haben nun eine Basis von $H_\nu = \operatorname{Kern} M^\nu$ bestehend aus Hauptvektoren fortlaufender Stufe. Zur Bestimmung einer Hauptvektorenbasis, die eine Basis für die gewünschte Normalform (7.9) darstellt, müssen wir aus diesen Hauptvektoren ausgehend von einem Startvektor $\mathbf{v}_{\nu,l}$ noch Hauptvektoren $\mathbf{v}_{j,l}$ fortlaufender Stufe j generieren, die im Fall $\nu \geq 2$ gemäß (7.11) der Rekursionsbedingung

$$\mathbf{v}_{j-1,l} = M^{\nu-j+1} \mathbf{v}_{\nu,l} = M \mathbf{v}_{j,l}, \qquad j = \nu, \ldots, 2 \tag{7.27}$$

aus Folgerung 7.12 genügen. Dabei ist l ein Index zur Nummerierung von linear unabhängigen Hauptvektoren innerhalb derselben Stufe. Wir beginnen die Hauptvektorrekursion mit einem Basisvektor aus L_ν und definieren zunächst

$$\mathbf{v}_{\nu,1} := \mathbf{w}_{\nu,1}.$$

Nun bilden wir rekursiv die Jordan-Kette, definiert durch die Vektoren

$$\mathbf{v}_{\nu-1,1} := M \mathbf{v}_{\nu,1},$$
$$\mathbf{v}_{\nu-2,1} := M \mathbf{v}_{\nu-1,1} = M^2 \mathbf{v}_{\nu,1},$$
$$\mathbf{v}_{11} := M \mathbf{v}_{2,1} = M^{\nu-1} \mathbf{v}_{\nu,1}.$$

Diese Jordan-Kette starten wir beginnend mit jedem der β_ν Basisvektoren aus L_ν:

$$\mathbf{v}_{v,l} := \mathbf{w}_{v,l},$$

$$\mathbf{v}_{v-1,l} := M\mathbf{v}_{v,l},$$

$$\mathbf{v}_{v-2,l} := M\mathbf{v}_{v-1,l} = M^2\mathbf{v}_{v,l},$$

$$\mathbf{v}_{1l} := M\mathbf{v}_{2,l} = M^{v-1}\mathbf{v}_{v,l}$$

für $l = 1, \ldots, \beta_v$. Dies ergibt zunächst $v \cdot \beta_l$ Hauptvektoren. Der Index l nummeriert damit insbesondere die Jordan-Ketten. Wir führen dieses Verfahren nun fort mit einem zu allen bisherigen Vektoren $\mathbf{v}_{j,l}$ linear unabhängigen Startvektor $\mathbf{v}_{s,l'} \in L_s$ mit der höchstmöglichen Stufe $s < v$ und Kettenindex $l' > l$ und erhalten nach obigem Schema weitere Ketten. Dieses Verfahren führen wir fort, bis wir $\mu = \text{alg}\,\lambda$ linear unabhängige Hauptvektoren fortlaufender Stufe vorliegen haben. Dass innerhalb jeder einzelnen Jordan-Kette die Vektoren linear unabhängig sind, hatten wir früher schon gezeigt, da Hauptvektoren unterschiedlicher Stufe stets linear unabhängig sind. Dass aber auch die Hauptvektoren zwischen den Ketten voneinander linear unabhängig sind, macht uns folgende Überlegung klar: Nehmen wir an, dass für einen Satz linear unabhängiger Vektoren $\mathbf{v}_{j,1}, \ldots, \mathbf{v}_{j,b} \in L_j$ identischer Stufe $j > 1$ aus diesen Jordan-Ketten die sich hieraus rekursiv ergebenden Vektoren

$$\mathbf{v}_{j-1,1} = M\mathbf{v}_{j,1}, \ldots, \mathbf{v}_{j-1,b} = M\mathbf{v}_{j,b}$$

linear abhängig wären, dann gäbe es eine nicht-triviale Linearkombination

$$\mathbf{0} = \sum_{i=1}^{b} \alpha_i \mathbf{v}_{j-1,i} = \sum_{i=1}^{b} \alpha_i M\mathbf{v}_{j,i} = M\sum_{i=1}^{b} \alpha_i \mathbf{v}_{j,i}.$$

Damit wäre die nicht-triviale Linearkombination

$$\underbrace{\sum_{i=1}^{b} \alpha_i \mathbf{v}_{j,i}}_{\neq \mathbf{0}} \in \text{Kern}\,M = V_{A,\lambda} = L_1$$

ein Eigenvektor von A. Die Vektoren $\mathbf{v}_{j,i}$, $i = 1, \ldots, b$ sind aber aus dem Teilraum L_j mit $j > 1$, und damit gilt für diese nicht-triviale Linearkombination auch

$$\underbrace{\sum_{i=1}^{b} \alpha_i \mathbf{v}_{j,i}}_{\neq \mathbf{0}} \in L_j.$$

Da $L_1 \cap L_j = \{\mathbf{0}\}$, ergibt sich ein Widerspruch. Wenn wir die Ketten also bei den Basisvektoren

$$\mathbf{v}_{v,l} := \mathbf{w}_{v,l} \in L_v, \qquad l = 1, \ldots, \beta_v$$

starten, so sind also die Vektoren der Stufe $v - 1$

$$\mathbf{v}_{v-1,l} := M\mathbf{w}_{v-1,l}, \qquad l = 1, \ldots, \beta_v$$

linear unabhängig und zudem aus $L_{\nu-1}$, wodurch sich, diese Argumentation wiederholt angewendet, nach und nach die lineare Unabhängigkeit der entsprechend definierten Hauptvektoren

$$\mathbf{v}_{\nu-i,l} := M\mathbf{w}_{\nu-i,l}, \qquad l = 1, \ldots, \beta_\nu$$

auch niedriger Stufen $i = 2, \ldots, \nu - 1$ ergibt. Eine Folge dieser Erkenntnis ist, dass die Dimension des Raums L_j nicht größer sein kann als die Dimension von L_{j-1} für $j = \nu, \ldots, 2$. Es gilt also

$$\beta_{j-1} \geq \beta_j, \qquad j = 2, \ldots, \nu,$$

denn für β_j linear unabhängige Vektoren $\mathbf{v}_1, \ldots, \mathbf{v}_{\beta_j} \in L_j$ müssen nach der vorausgegangenen Erkenntnis auch β_j linear unabhängige Vektoren $M\mathbf{v}_1, \ldots, M\mathbf{v}_{\beta_j} \in L_{j-1}$ existieren, woraus $\dim L_{j-1} \geq \dim L_j$ folgt.

Wir erhalten nun auf diese Weise für den Eigenwert λ insgesamt

- β_ν Hauptvektorketten absteigender Stufe von $\nu, \ldots, 1$ mit jeweils ν Vektoren:

$$\mathbf{v}_{\nu,l} := \mathbf{w}_{\nu,l}, \quad \mathbf{v}_{\nu-1,l} := M\mathbf{v}_{\nu,l}, \quad \mathbf{v}_{\nu-2,l} := M\mathbf{v}_{\nu-1,l}, \quad \ldots, \quad \mathbf{v}_{1,l} := M\mathbf{v}_{2,l}$$

für $l = 1, \ldots, \beta_\nu$. Dies ergibt zunächst $\beta_\nu \cdot \nu$ linear unabhängige Hauptvektoren.

- $\beta_{\nu-1} - \beta_\nu \geq 0$ Hauptvektorketten absteigender Stufe von $\nu - 1, \ldots, 1$ mit jeweils $\nu - 1$ Vektoren, indem wir zu den vorausgegangenen β_ν Hauptvektoren $\nu - 1$-ter Stufe noch $\beta_{\nu-1} - \beta_\nu$ linear unabhängige Hauptvektoren der Stufe $\nu - 1$ wählen: $\mathbf{v}_{\nu-1,l} \in L_{\nu-1}$ für $l = \beta_\nu + 1, \ldots, \beta_{\nu-1}$. Diese Vektoren dienen dazu, rekursiv weitere Hauptvektoren mit absteigender Stufe zu definieren:

$$\mathbf{v}_{\nu-1-j,l} = M\mathbf{v}_{\nu-j,l}, \qquad j = 1, \ldots, \nu - 2$$

für $l = \beta_\nu + 1, \ldots, \beta_{\nu-1}$. Es ergeben sich somit $(\beta_{\nu-1} - \beta_\nu) \cdot (\nu - 1)$ weitere, zu den bisherigen Hauptvektoren linear unabhängige Hauptvektoren.

- $\beta_{\nu-2} - \beta_\nu - (\beta_{\nu-1} - \beta_\nu) = \beta_{\nu-2} - \beta_{\nu-1} \geq 0$ Hauptvektorketten absteigender Stufe von $\nu - 2, \ldots, 1$ mit jeweils $\nu - 2$ Vektoren, indem wir zu den vorausgegangenen $\beta_\nu + (\beta_{\nu-1} - \beta_\nu) = \beta_{\nu-1}$ Hauptvektoren $\nu - 2$-ter Stufe noch $\beta_{\nu-2} - \beta_{\nu-1}$ linear unabhängige Hauptvektoren der Stufe $\nu - 2$ wählen: $\mathbf{v}_{\nu-2,l} \in L_{\nu-2}$ für $l = \beta_{\nu-1} + 1, \ldots, \beta_{\nu-2}$. Diese Vektoren dienen dazu, rekursiv weitere Hauptvektoren mit absteigender Stufe zu definieren:

$$\mathbf{v}_{\nu-2-j,l} = M\mathbf{v}_{\nu-1-j,l}, \qquad j = 1, \ldots, \nu - 3$$

für $l = \beta_{\nu-1} + 1, \ldots, \beta_{\nu-2}$. Es ergeben sich somit $(\beta_{\nu-2} - \beta_{\nu-1}) \cdot (\nu - 2)$ weitere, zu den bisherigen Hauptvektoren linear unabhängige Hauptvektoren.

- Dieses Verfahren wird nun in entsprechender Weise fortgesetzt. Wir gelangen schließlich zu

- $\beta_1 - \beta_2 \geq 0$ Hauptvektoren erster Stufe (Eigenvektoren). Hierbei handelt es sich um verbleibende $\beta_1 - \beta_2$ linear unabhängige Eigenvektoren $\mathbf{v}_{1,l} \in L_1$ für $l = \beta_2 + 1, \ldots, \beta_1$.

Insgesamt ergeben sich auf diese Weise

$$\beta_\nu \cdot \nu + (\beta_{\nu-1} - \beta_\nu) \cdot (\nu - 1) + (\beta_{\nu-2} - \beta_{\nu-1}) \cdot (\nu - 2) + \cdots + (\beta_1 - \beta_2) \cdot 1$$
$$= \beta_\nu(\nu - (\nu - 1)) + \beta_{\nu-1}((\nu - 1) - (\nu - 2)) + \cdots + \beta_2(2 - 1) + \beta_1$$
$$= \beta_\nu + \beta_{\nu-1} + \beta_{\nu-2} + \cdots + \beta_2 + \beta_1$$
$$= b_\nu - b_{\nu-1} + b_{\nu-1} - b_{\nu-2} + \cdots + b_2 - b_1 + b_1$$
$$= b_\nu = \dim \operatorname{Kern} M^\nu = n - \operatorname{Rang} M^\nu \overset{(7.25)}{=} \mu = \operatorname{alg}(\lambda)$$

linear unabhängige Hauptvektoren, die eine Basis des Hauptraums $\operatorname{Kern} M^\nu = \operatorname{Kern} M^\mu = \operatorname{Kern}(A - \lambda E)^{\operatorname{alg}\lambda}$ darstellen. Wir können also den Hauptraum in eine direkte Summe von Vektorräumen zerlegen, die ausgehend von einem Startvektor $\mathbf{v}_{k,l} \in L_k$ durch Hauptvektoren der Form

$$M^i \mathbf{v}_{k,l}, \qquad i = 0, \ldots, k - 1$$

erzeugt werden. Ein derartiger Vektorraum

$$W = \langle \mathbf{v}_{k,l}, M\mathbf{v}_{k,l}, M^2\mathbf{v}_{k,l}, \ldots, M^{k-1}\mathbf{v}_{k,l} \rangle \tag{7.28}$$

heißt M-zyklisch. Der Startvektor $\mathbf{v}_{k,l} \in W$ wird als M-zyklischer Vektor von W bezeichnet. Wir sehen uns noch einmal an, was passiert, wenn wir Vektoren einer derartigen Hauptvektorkette, die bei einer bestimmten Stufe $k \in \{1, \ldots, \nu\}$ startet, mit der Matrix A multiplizieren. Hierzu stellen wir ausgehend von einem Startvektor $\mathbf{v}_{k,l} \in L_k$ alle weiteren, rekursiv definierten Hauptvektoren absteigender Stufe

$$\mathbf{v}_{k-1,l} = M\mathbf{v}_{k,l} \in L_{k-1}, \quad \mathbf{v}_{k-2,l} = M\mathbf{v}_{k-1,l} \in L_{k-2}, \quad \ldots \quad \mathbf{v}_{1,l} = M\mathbf{v}_{2,l} \in L_1 = V_{A,\lambda}$$

in aufsteigender Stufe in eine $n \times n$-Matrix, wobei der erste Vektor $\mathbf{v}_{1,l}$ in eine Spalte $i \in \{1, \ldots, n-k+1\}$ gesetzt wird:

$$B = (\cdots \,|\, \mathbf{v}_{1,l} \,|\, \mathbf{v}_{2,l} \,|\, \cdots \,|\, \mathbf{v}_{k-1,l} \,|\, \mathbf{v}_{k,l} \,|\, \cdots).$$
$$\qquad\quad \uparrow \qquad\qquad\qquad\qquad\qquad \uparrow$$
$$\qquad i\text{-te Spalte} \qquad k+i-1\text{-te Spalte}$$

Die übrigen Spalten dieser Matrix füllen wir dabei mit weiteren $n - k$ linear unabhängigen Vektoren auf, sodass wir eine reguläre Matrix erhalten. Unter Beachtung von $M = A - \lambda E$ berechnen wir nun das Produkt

$$AB = A(\cdots \,|\, \mathbf{v}_{1,l} \,|\, \mathbf{v}_{2,l} \,|\, \cdots \,|\, \mathbf{v}_{k-1,l} \,|\, \mathbf{v}_{k,l} \,|\, \cdots)$$
$$= (\cdots \,|\, A\mathbf{v}_{1,l} \,|\, A\mathbf{v}_{2,l} \,|\, \cdots \,|\, A\mathbf{v}_{k-1,l} \,|\, A\mathbf{v}_{k,l} \,|\, \cdots)$$
$$= (\cdots \,|\, A\mathbf{v}_{1,l} \,|\, \lambda\mathbf{v}_{2,l} + M\mathbf{v}_{2,l} \,|\, \cdots \,|\, \lambda\mathbf{v}_{k-1,l} + M\mathbf{v}_{k-1,l} \,|\, \lambda\mathbf{v}_{k,l} + M\mathbf{v}_{k,l} \,|\, \cdots)$$
$$= (\cdots \,|\, \lambda\mathbf{v}_{1,l} \,|\, \lambda\mathbf{v}_{2,l} + \mathbf{v}_{1,l} \,|\, \cdots \,|\, \lambda\mathbf{v}_{k-1,l} + \mathbf{v}_{k-2,l} \,|\, \lambda\mathbf{v}_{k,l} + \mathbf{v}_{k-1,l} \,|\, \cdots).$$

Nach Multiplikation dieser Gleichung von links mit B^{-1} ergibt sich

$$B^{-1}AB = (\cdots \mid \lambda B^{-1}\mathbf{v}_{1,l} \mid \lambda B^{-1}\mathbf{v}_{2,l} + B^{-1}\mathbf{v}_{1,l} \mid \cdots \mid \lambda B^{-1}\mathbf{v}_{k,l} + B^{-1}\mathbf{v}_{k-1,l} \mid \cdots)$$

$$= (\cdots \mid \lambda \hat{\mathbf{e}}_i \mid \lambda \hat{\mathbf{e}}_{i+1} + \hat{\mathbf{e}}_i \mid \cdots \mid \lambda \hat{\mathbf{e}}_{k+i-1} + \hat{\mathbf{e}}_{k+i-2} \mid \cdots)$$

$$= \begin{pmatrix} *\cdots* & 0 & \cdots & \cdots & 0 & *\cdots* \\ \vdots & \vdots & \vdots & & \vdots & \vdots \\ *\cdots* & 0 & \cdots & \cdots & 0 & *\cdots* \\ *\cdots* & \lambda & 1 & \cdots & 0 & *\cdots* \\ \vdots & \vdots & 0 & \lambda & \ddots & \vdots & \vdots \\ \vdots & & \ddots & \ddots & 1 \\ \vdots & \vdots & 0 & \cdots & \cdots & \lambda & \vdots & \vdots \\ *\cdots* & 0 & \cdots & \cdots & 0 & *\cdots* \\ \vdots & \vdots & \vdots & & \vdots & \vdots \\ *\cdots* & 0 & \cdots & \cdots & 0 & *\cdots* \end{pmatrix} = \begin{pmatrix} * & 0 & * \\ * & \boxed{J_{\lambda,k}} & * \\ * & 0 & * \end{pmatrix}.$$

Hierbei ist $J_{\lambda,k} \in \mathrm{M}(k,\mathbb{K})$ ein $k \times k$-Jordan-Block mit Eigenwert λ, dessen linkes oberes Element in Zeile i und Spalte i positioniert ist. Wenn wir nun alle Hauptvektorketten ihrer Länge nach auf diese Weise in die Matrix B eintragen, so erhalten wir eine reguläre Matrix B mit

$$B^{-1}AB = \begin{pmatrix} \ddots \\ & \boxed{J_{\lambda,\nu}} \\ & & \boxed{J_{\lambda,\nu}} \\ & & & \ddots \\ & & & & \boxed{J_{\lambda,\nu-1}} \\ & & & & & \boxed{J_{\lambda,\nu-1}} \\ & & & & & & \ddots \\ & & & & & & & \boxed{J_{\lambda,1}} \end{pmatrix}. \tag{7.29}$$

Hierin tritt der Jordan-Block $J_{\lambda,j}$ jeweils $\beta_j - \beta_{j+1} = b_j - b_{j-1} - (b_{j+1} - b_j) = 2b_j - b_{j-1} - b_{j+1}$-mal für $j = \nu - 1, \ldots, 1$ auf, wobei $b_j := \dim \mathrm{Kern}\, M^j$ ist. Der größte Jordan-Block $J_{\lambda,\nu}$ erscheint β_ν-mal. Es gibt somit $\sum_{j=1}^{\nu-1} (\beta_j - \beta_{j+1}) + \beta_\nu = \beta_1 = \mathrm{geo}\,\lambda$ Jordan-Blöcke zum Eigenwert λ. Wir stellen insbesondere fest:

Bemerkung 7.26 *Es gelten die bisherigen Bezeichnungen. Einer durch den Startvektor $\mathbf{v}_{k,l} \in L_k$, rekursiv definierten Hauptvektorkette $\mathbf{v}_{k-j,l} := M\mathbf{v}_{k-j+1,l} = M^j\mathbf{v}_{k,l}$ für $1 \leq j \leq k - 1$ entspricht ein $k \times k$-Jordan-Block in Darstellung (7.29). Für $k = 1$ besteht die Kette nur aus dem Startvektor $\mathbf{v}_{1,l}$, also einem Eigenvektor. Sie entspricht dann einem 1×1-Jordan-Block $J_{\lambda,1} = \lambda$.*

Dieses Verfahren führen wir nun mit jedem einzelnen Eigenwert λ_i der Matrix A für $i = 1 \ldots, m$ durch. Wir erhalten insgesamt $\mu_1 + \cdots + \mu_m = n$ linear unabhängige Hauptvektoren, die damit eine Basis des $\mathbb{K}^n$ bilden. Durch die Möglichkeit, gezielt Hauptvektorketten für die unterschiedlichen Jordan-Blöcke zu definieren, können wir die Matrix A

durch Ähnlichkeitstransformation in eine obere Dreiecksmatrix mit minimaler Besetzung überführen. Wir erhalten daher ein zentrales Resultat der linearen Algebra.

Satz 7.27 (Faktorisierung einer Matrix in eine Jordan'sche Normalform) *Es sei A eine $n \times n$-Matrix über $\mathbb{K}$. Das charakteristische Polynom von A zerfalle über $\mathbb{K}$ vollständig in Linearfaktoren (d. h. A habe nur Eigenwerte in $\mathbb{K}$ und die Summe ihrer algebraischen Vielfachheiten ergebe n). Zudem sei $\mathrm{Spec}(A) = \{\lambda_1, \ldots, \lambda_m\}$. Dann gibt es eine reguläre Matrix $B \in \mathrm{GL}(n, \mathbb{K})$ mit*

$$
B^{-1}AB = \begin{pmatrix} \boxed{J_{\lambda_1, v_1}} & 0 & \cdots & & \cdots & 0 \\ 0 & \ddots & \ddots & & & \vdots \\ \vdots & \ddots & \boxed{J_{\lambda_1, \eta_1}} & \ddots & & \\ & & \ddots & \boxed{J_{\lambda_2, v_2}} & \ddots & \vdots \\ \vdots & & & \ddots & \ddots & 0 \\ 0 & \cdots & & \cdots & 0 & \boxed{J_{\lambda_m, \eta_m}} \end{pmatrix} =: J. \tag{7.30}
$$

Diese nur aus Jordan-Blöcken bestehende Trigonalmatrix J wird als Jordan'sche Normalform von A bezeichnet. Sie ist bis auf die Reihenfolge der Jordan-Blöcke eindeutig bestimmt. Dabei entspricht die Anzahl der Jordan-Blöcke zum Eigenwert λ_i der geometrischen Ordnung $\mathrm{geo}\,\lambda_i = \dim V_{A,\lambda_i} = \dim \mathrm{Kern}(A - \lambda_i E_n)$ des Eigenwertes λ_i. Das Format des größten Jordan-Blocks zum Eigenwert λ_i ist dabei der Minimalexponent v_i, ab dem der Rang der Matrixpotenz von $M_i = A - \lambda_i E_n$ stabilisiert wird:

$$
v_i = \min\{v \in \mathbb{N} : \mathrm{Rang}\, M_i^{v+1} = \mathrm{Rang}\, M_i^{v}\}.
$$

Mit $\beta_j := \dim \mathrm{Kern}\, M_i^j - \dim \mathrm{Kern}\, M_i^{j-1}$ für $j = 1, \ldots, v_i$ und $\beta_{v_i+1} := 0$ ist hierbei

$$
\beta_j - \beta_{j+1} = 2 \dim \mathrm{Kern}\, M_i^j - \dim \mathrm{Kern}\, M_i^{j-1} - \dim \mathrm{Kern}\, M_i^{j+1}, \qquad (j = v_i, \ldots, 1)
$$

die Anzahl der $j \times j$-Jordan-Blöcke $J_{\lambda_i, j}$ zum Eigenwert λ_i. Für das Format η_i des kleinsten auftretenden Jordan-Blocks zum Eigenwert λ_i gilt: $\eta_i = \min\{j : \beta_j - \beta_{j+1} \neq 0, j = 1, \ldots, v_i - 1\}$. Jede quadratische Matrix $A \in \mathrm{M}(n, K)$ über einem Körper K ist also ähnlich zu einer Jordan'schen Normalform $J \in \mathrm{M}(n, L)$, wobei $L \supset K$ den Zerfällungskörper des charakteristischen Polynoms von A darstellt.

Die zur Jordan'schen Normalform der Gestalt (7.30) führende Hauptvektorenbasis kann dabei mit dem beschriebenen Verfahren gewonnen werden. Die Hauptvektoren zu jedem Jordan-Block werden dabei mit aufsteigender Stufe für alle Eigenwerte in die Matrix B eingetragen. Werden die Hauptvektoren in absteigender Stufe in die Matrix B eingetragen, so ergibt sich eine Normalform mit Einsen unterhalb der Hauptdiagonalen, wie man leicht zeigen kann. Statt einer Jordan'schen Normalform J der Gestalt (7.30) erhalten wir dann die transponierte Form $B^{-1}AB = J^T$. Gelegentlich wird auch diese Gestalt als Jordan'sche Normalform bezeichnet. Um das beschriebene Verfahren anhand eines Beispiels zu illustrieren, betrachten wir zunächst den Spezialfall einer $n \times n$-Matrix mit nur einem einzigen

Eigenwert λ der algebraischen Ordnung n. Die 6×6-Matrix

$$A = \begin{pmatrix} 5 & 1 & 0 & -1 & 0 & -1 \\ -1 & 3 & 1 & 1 & 0 & 1 \\ 0 & 0 & 4 & 0 & 0 & 0 \\ 0 & 0 & 0 & 3 & 0 & -1 \\ 0 & 0 & 0 & 0 & 4 & 0 \\ 0 & 0 & 0 & 1 & 0 & 5 \end{pmatrix}$$

besitzt das charakteristische Polynom $\chi_A(x) = (x-4)^6$ (Übung). Somit hat sie nur einen einzigen Eigenwert $\lambda := 4$ mit $\mu := \text{alg}(\lambda) = 6$. Zur Berechnung der Hauptvektoren definieren wir zunächst

$$M := A - \lambda E_6 = A - 4E_6 = \begin{pmatrix} 1 & 1 & 0 & -1 & 0 & -1 \\ -1 & -1 & 1 & 1 & 0 & 1 \\ 0 & 0 & 0 & 0 & 0 & 0 \\ 0 & 0 & 0 & -1 & 0 & -1 \\ 0 & 0 & 0 & 0 & 0 & 0 \\ 0 & 0 & 0 & 1 & 0 & 1 \end{pmatrix}.$$

Für den einzigen Eigenraum von A gilt

$$V_{A,4} = \text{Kern}\, M = \text{Kern} \begin{pmatrix} 1 & 1 & 0 & -1 & 0 & -1 \\ -1 & -1 & 1 & 1 & 0 & 1 \\ 0 & 0 & 0 & 0 & 0 & 0 \\ 0 & 0 & 0 & -1 & 0 & -1 \\ 0 & 0 & 0 & 0 & 0 & 0 \\ 0 & 0 & 0 & 1 & 0 & 1 \end{pmatrix}$$

$$= \text{Kern} \begin{pmatrix} 1 & 1 & 0 & -1 & 0 & -1 \\ 0 & 0 & 1 & 0 & 0 & 0 \\ 0 & 0 & 0 & 1 & 0 & 1 \end{pmatrix}$$

$$= \text{Kern} \begin{pmatrix} 1 & 1 & 0 & 0 & 0 & 0 \\ 0 & 0 & 1 & 0 & 0 & 0 \\ 0 & 0 & 0 & 1 & 0 & 1 \end{pmatrix} = \left\langle \begin{pmatrix} 1 \\ -1 \\ 0 \\ 0 \\ 0 \\ 0 \end{pmatrix}, \begin{pmatrix} 0 \\ 0 \\ 0 \\ 0 \\ 1 \\ 0 \end{pmatrix}, \begin{pmatrix} 0 \\ 0 \\ 0 \\ -1 \\ 0 \\ 1 \end{pmatrix} \right\rangle.$$

Damit folgt $\text{geo}(4) = 3$. Es gibt also drei Jordan-Blöcke mit folgenden möglichen Formatverteilungen (ohne Berücksichtigung der Reihenfolge der Jordan-Blöcke):

$$\begin{array}{ccc} 2 \times 2 & 2 \times 2 & 2 \times 2 \\ \text{oder } 3 \times 3 & 2 \times 2 & 1 \times 1 \\ \text{oder } 4 \times 4 & 1 \times 1 & 1 \times 1. \end{array}$$

Die maximale Länge einer Jordan-Kette bestimmen wir nun durch den minimalen Exponenten $\nu \in \mathbb{N}$ mit $M^\nu = 0_{6 \times 6}$. Es gilt

$$M^2 = \begin{pmatrix} 0 & 0 & 1 & 0 & 0 & 0 \\ 0 & 0 & -1 & 0 & 0 & 0 \\ 0 & 0 & 0 & 0 & 0 & 0 \\ 0 & 0 & 0 & 0 & 0 & 0 \\ 0 & 0 & 0 & 0 & 0 & 0 \\ 0 & 0 & 0 & 0 & 0 & 0 \end{pmatrix}, \qquad M^3 = \begin{pmatrix} 0 & 0 & 0 & 0 & 0 & 0 \\ 0 & 0 & 0 & 0 & 0 & 0 \\ 0 & 0 & 0 & 0 & 0 & 0 \\ 0 & 0 & 0 & 0 & 0 & 0 \\ 0 & 0 & 0 & 0 & 0 & 0 \\ 0 & 0 & 0 & 0 & 0 & 0 \end{pmatrix} = 0_{6\times6}.$$

Damit gibt es Hauptvektoren bis zur Ordnung $\nu = 3$. Wir erhalten damit als größten Jordan-Block eine 3×3-Matrix, womit bei insgesamt drei Jordan-Blöcken nur noch die Möglichkeit

$$3 \times 3 \quad 2 \times 2 \quad 1 \times 1$$

für eine Jordan'sche Normalform von A in Betracht kommt. Um nun eine Basis aus Hauptvektoren fortlaufender Stufe zu ermitteln, berechnen wir

$$\text{Kern}\, M^2 = \text{Kern} \begin{pmatrix} 0 & 0 & 1 & 0 & 0 & 0 \\ 0 & 0 & -1 & 0 & 0 & 0 \\ 0 & 0 & 0 & 0 & 0 & 0 \\ 0 & 0 & 0 & 0 & 0 & 0 \\ 0 & 0 & 0 & 0 & 0 & 0 \\ 0 & 0 & 0 & 0 & 0 & 0 \end{pmatrix} = \text{Kern}\, \begin{pmatrix} 0 & 0 & 1 & 0 & 0 & 0 \end{pmatrix}$$

$$= \left\langle \begin{pmatrix} 1 \\ 0 \\ 0 \\ 0 \\ 0 \\ 0 \end{pmatrix}, \begin{pmatrix} 0 \\ 1 \\ 0 \\ 0 \\ 0 \\ 0 \end{pmatrix}, \begin{pmatrix} 0 \\ 0 \\ 0 \\ 1 \\ 0 \\ 0 \end{pmatrix}, \begin{pmatrix} 0 \\ 0 \\ 0 \\ 0 \\ 1 \\ 0 \end{pmatrix}, \begin{pmatrix} 0 \\ 0 \\ 0 \\ 0 \\ 0 \\ 1 \end{pmatrix} \right\rangle.$$

Da dieser Kern auch den Eigenraum enthält, erzeugen wir durch elementare Spaltenumformungen die zuvor berechneten Eigenvektoren aus diesen Vektoren, sodass wir eine alternative Darstellung dieses Kerns erhalten, in der die Eigenvektoren explizit auftreten. Der vierte Vektor ($\hat{\mathbf{e}}_5$) ist bereits der zweite Eigenvektor. Der erste Eigenvektor kann durch die Subtraktion des zweiten Vektors ($\hat{\mathbf{e}}_2$) vom ersten Vektor ($\hat{\mathbf{e}}_1$) erzeugt werden. Der dritte Eigenvektor entsteht durch Subtraktion des dritten Vektors ($\hat{\mathbf{e}}_4$) vom fünften Vektor ($\hat{\mathbf{e}}_6$). Diese Spaltenumformungen haben keinen Einfluss auf das lineare Erzeugnis. Es folgt

$$\text{Kern}\, M^2 = \left\langle \begin{pmatrix} 1 \\ -1 \\ 0 \\ 0 \\ 0 \\ 0 \end{pmatrix}, \begin{pmatrix} 0 \\ 1 \\ 0 \\ 0 \\ 0 \\ 0 \end{pmatrix}, \begin{pmatrix} 0 \\ 0 \\ 0 \\ 1 \\ 0 \\ 0 \end{pmatrix}, \begin{pmatrix} 0 \\ 0 \\ 0 \\ 0 \\ 1 \\ 0 \end{pmatrix}, \begin{pmatrix} 0 \\ 0 \\ 0 \\ -1 \\ 0 \\ 1 \end{pmatrix} \right\rangle.$$

Der zweite und der dritte Vektor in dieser Darstellung sind keine Eigenvektoren, sondern Hauptvektoren zweiter Stufe. Da M^3 die Nullmatrix ist, gilt

$$\operatorname{Kern} M^3 = \mathbb{R}^6 = \left\langle \begin{pmatrix} 1 \\ 0 \\ 0 \\ 0 \\ 0 \\ 0 \end{pmatrix}, \begin{pmatrix} 0 \\ 1 \\ 0 \\ 0 \\ 0 \\ 0 \end{pmatrix}, \begin{pmatrix} 0 \\ 0 \\ 1 \\ 0 \\ 0 \\ 0 \end{pmatrix}, \begin{pmatrix} 0 \\ 0 \\ 0 \\ 1 \\ 0 \\ 0 \end{pmatrix}, \begin{pmatrix} 0 \\ 0 \\ 0 \\ 0 \\ 1 \\ 0 \end{pmatrix}, \begin{pmatrix} 0 \\ 0 \\ 0 \\ 0 \\ 0 \\ 1 \end{pmatrix} \right\rangle .$$

Auch hier können wir die Vektoren dieses linearen Erzeugnisses durch Spaltenumformungen wieder so umarrangieren, dass wir die Eigenvektoren, aber auch die Hauptvektoren zweiter Stufe von $\operatorname{Kern} M^2$ in der Darstellung erhalten. Es folgt

$$\operatorname{Kern} M^3 = \mathbb{R}^6 = \left\langle \begin{pmatrix} 1 \\ -1 \\ 0 \\ 0 \\ 0 \\ 0 \end{pmatrix}, \begin{pmatrix} 0 \\ 1 \\ 0 \\ 0 \\ 0 \\ 0 \end{pmatrix}, \begin{pmatrix} 0 \\ 0 \\ 1 \\ 0 \\ 0 \\ 0 \end{pmatrix}, \begin{pmatrix} 0 \\ 0 \\ 0 \\ 1 \\ 0 \\ 0 \end{pmatrix}, \begin{pmatrix} 0 \\ 0 \\ 0 \\ 0 \\ 1 \\ 0 \end{pmatrix}, \begin{pmatrix} 0 \\ 0 \\ 0 \\ -1 \\ 0 \\ 1 \end{pmatrix} \right\rangle .$$

Damit können wir $\mathbb{R}^6$ als direkte Summe von drei Vektorräumen darstellen, die jeweils ausschließlich Hauptvektoren zur Stufe 1, also Eigenvektoren, zur Stufe 2 und zur Stufe 3 sind:

$$\mathbb{R}^6 = \underbrace{\left\langle \begin{pmatrix} 1 \\ -1 \\ 0 \\ 0 \\ 0 \\ 0 \end{pmatrix}, \begin{pmatrix} 0 \\ 0 \\ 0 \\ 0 \\ 1 \\ 0 \end{pmatrix}, \begin{pmatrix} 0 \\ 0 \\ 0 \\ -1 \\ 0 \\ 1 \end{pmatrix} \right\rangle}_{=:L_1} \oplus \underbrace{\left\langle \begin{pmatrix} 0 \\ 1 \\ 0 \\ 0 \\ 0 \\ 0 \end{pmatrix}, \begin{pmatrix} 0 \\ 0 \\ 0 \\ 1 \\ 0 \\ 0 \end{pmatrix} \right\rangle}_{=:L_2} \oplus \underbrace{\left\langle \begin{pmatrix} 0 \\ 0 \\ 1 \\ 0 \\ 0 \\ 0 \end{pmatrix} \right\rangle}_{=:L_3} .$$

In dieser Darstellung sind also

$$\begin{pmatrix} 1 \\ -1 \\ 0 \\ 0 \\ 0 \\ 0 \end{pmatrix}, \begin{pmatrix} 0 \\ 0 \\ 0 \\ 0 \\ 1 \\ 0 \end{pmatrix}, \begin{pmatrix} 0 \\ 0 \\ 0 \\ -1 \\ 0 \\ 1 \end{pmatrix}$$

Eigenvektoren, also Hauptvektoren erster Stufe,

$$\begin{pmatrix} 0 \\ 1 \\ 0 \\ 0 \\ 0 \\ 0 \end{pmatrix}, \begin{pmatrix} 0 \\ 0 \\ 0 \\ 1 \\ 0 \\ 0 \end{pmatrix}$$

Hauptvektoren zweiter Stufe und der Vektor

$$\begin{pmatrix} 0 \\ 0 \\ 1 \\ 0 \\ 0 \\ 0 \end{pmatrix}$$

ein Hauptvektor dritter Stufe. Es gilt zudem

$$\beta_1 = \dim L_1 = \mathrm{geo}(4) = 3, \qquad \beta_2 = \dim L_2 = 2, \qquad \beta_\nu = \beta_3 = \dim L_3 = 1.$$

Wir haben mit diesen 6 Hauptvektoren bereits eine Basis aus Hauptvektoren fortlaufender Stufe. Allerdings benötigen wir für eine Jordan'sche Normalform noch die Rekursionsbedingung gemäß (7.27). Wir beginnen mit dem Hauptvektor dritter Stufe, also der höchsten auftretenden Stufe, unsere Rekursion für den ersten Jordan-Block. Dies ist dann der Block mit dem Format 3×3. Hierzu wählen wir aus L_3 beispielsweise

$$\mathbf{v}_{31} := \begin{pmatrix} 0 \\ 0 \\ 1 \\ 0 \\ 0 \\ 0 \end{pmatrix}.$$

Nun berechnen wir aufbauend auf diesen Vektor einen Hauptvektor zweiter Stufe durch

$$\mathbf{v}_{21} := M\mathbf{v}_{31} = \begin{pmatrix} 0 \\ 1 \\ 0 \\ 0 \\ 0 \\ 0 \end{pmatrix}$$

und hierauf aufbauend einen Hauptvektor erster Stufe, also einen Eigenvektor

$$\mathbf{v}_{11} := M\mathbf{v}_{21} = \begin{pmatrix} 1 \\ -1 \\ 0 \\ 0 \\ 0 \\ 0 \end{pmatrix}.$$

Für den zweiten Jordan-Block mit dem Format 2×2, also der nächst kleineren Stufe, starten wir mit einem zu $\mathbf{v}_{21}$ linear unabhängigen Hauptvektor zweiter Stufe aus L_2, also beispielsweise direkt mit dem Vektor

$$\mathbf{v}_{22} := \begin{pmatrix} 0 \\ 0 \\ 0 \\ 1 \\ 0 \\ 0 \end{pmatrix},$$

womit sich rekursiv durch

$$\mathbf{v}_{12} := M\mathbf{v}_{22} = \begin{pmatrix} -1 \\ 1 \\ 0 \\ -1 \\ 0 \\ 1 \end{pmatrix}$$

ein Hauptvektor erster Stufe bzw. ein Eigenvektor ergibt. Dieser Eigenvektor ist linear unabhängig zu $\mathbf{v}_{11}$. Schließlich wählen wir für den verbleibenden 1×1-Jordan-Block einen zu $\mathbf{v}_{11}$ und $\mathbf{v}_{12}$ linear unabhängigen Eigenvektor aus L_1. Dies ist beispielsweise bereits der verbleibende Eigenvektor in der obigen Darstellung von $V_{A,4} = L_1$:

$$\mathbf{v}_{13} := \begin{pmatrix} 0 \\ 0 \\ 0 \\ 0 \\ 1 \\ 0 \end{pmatrix}.$$

Wir haben nun eine Basis aus Hauptvektoren fortlaufender Stufe gefunden, mit denen die Rekursionsbedingung (7.27) erfüllt ist:

$$B = (\mathbf{v}_{11}, \mathbf{v}_{21}, \mathbf{v}_{31}, \mathbf{v}_{12}, \mathbf{v}_{22}, \mathbf{v}_{13}) = \begin{pmatrix} 1 & 0 & 0 & -1 & 0 & 0 \\ -1 & 1 & 0 & 1 & 0 & 0 \\ 0 & 0 & 1 & 0 & 0 & 0 \\ 0 & 0 & 0 & -1 & 1 & 0 \\ 0 & 0 & 0 & 0 & 0 & 1 \\ 0 & 0 & 1 & 1 & 0 & 0 \end{pmatrix}.$$

Diese Matrix ist regulär, und es gilt

$$B^{-1} = \begin{pmatrix} 1 & 0 & 0 & 0 & 0 & 1 \\ 1 & 1 & 0 & 0 & 0 & 0 \\ 0 & 0 & 1 & 0 & 0 & 0 \\ 0 & 0 & 0 & 0 & 0 & 1 \\ 0 & 0 & 0 & 1 & 0 & 1 \\ 0 & 0 & 0 & 0 & 1 & 0 \end{pmatrix},$$

Erwartungsgemäß ergibt die Ähnlichkeitstransformation

$$B^{-1}AB = \begin{pmatrix} 1&0&0&0&0&1 \\ 1&1&0&0&0&0 \\ 0&0&1&0&0&0 \\ 0&0&0&0&0&1 \\ 0&0&0&1&0&1 \\ 0&0&0&0&1&0 \end{pmatrix} \begin{pmatrix} 5&1&0&-1&0&-1 \\ -1&3&1&1&0&1 \\ 0&0&4&0&0&0 \\ 0&0&0&3&0&-1 \\ 0&0&0&0&4&0 \\ 0&0&0&1&0&5 \end{pmatrix} \begin{pmatrix} 1&0&0&-1&0&0 \\ -1&1&0&1&0&0 \\ 0&0&1&0&0&0 \\ 0&0&0&-1&1&0 \\ 0&0&0&0&0&1 \\ 0&0&0&1&0&0 \end{pmatrix}$$

$$= \begin{pmatrix} 1&0&0&0&0&1 \\ 1&1&0&0&0&0 \\ 0&0&1&0&0&0 \\ 0&0&0&0&0&1 \\ 0&0&0&1&0&1 \\ 0&0&0&0&1&0 \end{pmatrix} \begin{pmatrix} 4&1&0&-4&-1&0 \\ -4&3&1&4&1&0 \\ 0&0&4&0&0&0 \\ 0&0&0&-4&3&0 \\ 0&0&0&0&0&4 \\ 0&0&0&4&1&0 \end{pmatrix}$$

$$= \begin{pmatrix} 4&1&0&0&0&0 \\ 0&4&1&0&0&0 \\ 0&0&4&0&0&0 \\ 0&0&0&4&1&0 \\ 0&0&0&0&4&0 \\ 0&0&0&0&0&4 \end{pmatrix} = \begin{pmatrix} \boxed{\begin{matrix}4&1&0\\0&4&1\\0&0&4\end{matrix}} & & \\ & \boxed{\begin{matrix}4&1\\0&4\end{matrix}} & \\ & & \boxed{4} \end{pmatrix} = \begin{pmatrix} \boxed{J_{4,3}} & & \\ & \boxed{J_{4,2}} & \\ & & \boxed{J_{4,1}} \end{pmatrix}$$

nun die gewünschte Normalform.

Dieses Verfahren kann auch verwendet werden, falls mehr als nur ein Eigenwert vorliegt. Wir betrachten zu diesem Zweck das folgende Beispiel. Die Matrix

$$A = \begin{pmatrix} 2&4&0&0&1&0 \\ 1&4&0&0&0&-1 \\ 0&-4&2&0&-1&0 \\ -3&-15&1&1&-3&1 \\ -3&-13&0&-1&-1&0 \\ 2&11&-1&0&2&0 \end{pmatrix}$$

besitzt das charakteristische Polynom (Übung)

$$\chi_A(x) = \det(xE_6 - A) = \ldots = (x-1)^4(x-2)^2.$$

Es liegen also genau die zwei Eigenwerte $\lambda_1 = 1$ und $\lambda_2 = 2$ mit den algebraischen Ordnungen $\mu_1 = \text{alg}\,\lambda_1 = 4$ und $\mu_2 = \text{alg}\,\lambda_2 = 2$ vor. Wir definieren nun zunächst für den Eigenwert $\lambda_1 = 1$:

$$M_1 := A - \lambda_1 E = \begin{pmatrix} 1&4&0&0&1&0 \\ 1&3&0&0&0&-1 \\ 0&-4&1&0&-1&0 \\ -3&-15&1&0&-3&1 \\ -3&-13&0&-1&-2&0 \\ 2&11&-1&0&2&-1 \end{pmatrix}$$

und berechnen den zugehörigen Eigenraum (Übung) als

$$V_{A,\lambda_1} = \operatorname{Kern} M_1 = \ldots = \operatorname{Kern} \begin{pmatrix} 1 & 0 & 0 & 0 & -3 & -4 \\ 0 & 1 & 0 & 0 & 1 & 1 \\ 0 & 0 & 1 & 0 & 3 & 4 \\ 0 & 0 & 0 & 1 & -2 & -1 \end{pmatrix} = \left\langle \begin{pmatrix} 3 \\ -1 \\ -3 \\ 2 \\ 1 \\ 0 \end{pmatrix}, \begin{pmatrix} 4 \\ -1 \\ -4 \\ 1 \\ 0 \\ 1 \end{pmatrix} \right\rangle.$$

Nach Satz 7.21 werden die Potenzen von M_1 (unter zunächst abfallendem Rang der Matrizen M_1^k) für steigenden Exponenten k rangstabil. Hierzu beginnen wir mit

$$M_1^2 = \begin{pmatrix} 2 & 3 & 0 & -1 & -1 & -4 \\ 2 & 2 & 1 & 0 & -1 & -2 \\ -1 & -3 & 1 & 1 & 1 & 4 \\ -7 & -11 & 0 & 3 & 4 & 14 \\ -7 & -10 & -1 & 2 & 4 & 12 \\ 5 & 8 & 0 & -2 & -3 & -10 \end{pmatrix}.$$

Wir berechnen nun den Kern von M_1^2 als

$$\operatorname{Kern} M_1^2 = \ldots = \operatorname{Kern} \begin{pmatrix} 1 & 0 & 0 & -2 & 1 & -2 \\ 0 & 1 & 0 & 1 & -1 & 0 \\ 0 & 0 & 1 & 2 & -1 & 2 \end{pmatrix} = \left\langle \begin{pmatrix} 2 \\ -1 \\ -2 \\ 1 \\ 0 \\ 0 \end{pmatrix}, \begin{pmatrix} -1 \\ 1 \\ 1 \\ 0 \\ 1 \\ 0 \end{pmatrix}, \begin{pmatrix} 2 \\ 0 \\ -2 \\ 0 \\ 0 \\ 1 \end{pmatrix} \right\rangle.$$

In dieser Darstellung ergibt sich – ohne Änderung des linearen Erzeugnisses – durch Addition des Zweifachen des ersten Vektors auf den zweiten Vektor der erste Eigenvektor, während die Addition des ersten Vektors auf den dritten Vektor den zweiten Eigenvektor ergibt. Damit lautet eine alternative Darstellung des Kerns

$$\operatorname{Kern} M_1^2 = \left\langle \begin{pmatrix} 2 \\ -1 \\ -2 \\ 1 \\ 0 \\ 0 \end{pmatrix}, \begin{pmatrix} 3 \\ -1 \\ -3 \\ 2 \\ 1 \\ 0 \end{pmatrix}, \begin{pmatrix} 4 \\ -1 \\ -4 \\ 1 \\ 0 \\ 1 \end{pmatrix} \right\rangle.$$

Nun berechnen wir den Kern der nächsten Potenz von M_1. Es gilt zunächst

$$M_1^3 = \begin{pmatrix} 3 & 1 & 3 & 1 & -1 & 0 \\ 3 & 1 & 3 & 1 & -1 & 0 \\ -2 & -1 & -2 & -1 & 1 & 0 \\ -11 & -4 & -11 & -4 & 4 & 0 \\ -11 & -4 & -11 & -4 & 4 & 0 \\ 8 & 3 & 8 & 3 & -3 & 0 \end{pmatrix}.$$

Diese Matrix hat den Rang 2, wie der Kern zeigt:

$$\operatorname{Kern} M_1^3 = \ldots = \operatorname{Kern} \begin{pmatrix} 1 & 0 & 1 & 0 & 0 & 0 \\ 0 & 1 & 0 & 1 & -1 & 0 \end{pmatrix} = \left\langle \begin{pmatrix} -1 \\ 0 \\ 1 \\ 0 \\ 0 \\ 0 \end{pmatrix}, \begin{pmatrix} 0 \\ -1 \\ 0 \\ 1 \\ 0 \\ 0 \end{pmatrix}, \begin{pmatrix} 0 \\ 1 \\ 0 \\ 0 \\ 1 \\ 0 \end{pmatrix}, \begin{pmatrix} 0 \\ 0 \\ 0 \\ 0 \\ 0 \\ 1 \end{pmatrix} \right\rangle.$$

Auch hier können wir durch elementare Spaltenumformungen, ohne Änderung des linearen Erzeugnisses, die Eigenvektoren und den Hauptvektor zweiter Stufe aus den vorausgegangenen Berechnungen wieder erzeugen. Der Hauptvektor zweiter Stufe ergibt sich durch zweifache Subtraktion des ersten Vektors vom zweiten Vektor:

$$\operatorname{Kern} M_1^3 = \left\langle \begin{pmatrix} -1 \\ 0 \\ 1 \\ 0 \\ 0 \\ 0 \end{pmatrix}, \begin{pmatrix} 2 \\ -1 \\ -2 \\ 1 \\ 0 \\ 0 \end{pmatrix}, \begin{pmatrix} 0 \\ 1 \\ 0 \\ 0 \\ 1 \\ 0 \end{pmatrix}, \begin{pmatrix} 0 \\ 0 \\ 0 \\ 0 \\ 0 \\ 1 \end{pmatrix} \right\rangle.$$

Addiert man den ersten Vektor und das Zweifache des zweiten Vektors der Basis in dieser Kerndarstellung zum dritten Vektor, so wird der erste Eigenvektor wieder erzeugt:

$$\operatorname{Kern} M_1^3 = \left\langle \begin{pmatrix} -1 \\ 0 \\ 1 \\ 0 \\ 0 \\ 0 \end{pmatrix}, \begin{pmatrix} 2 \\ -1 \\ -2 \\ 1 \\ 0 \\ 0 \end{pmatrix}, \begin{pmatrix} 3 \\ -1 \\ -3 \\ 2 \\ 1 \\ 0 \end{pmatrix}, \begin{pmatrix} 0 \\ 0 \\ 0 \\ 0 \\ 0 \\ 1 \end{pmatrix} \right\rangle.$$

Schließlich können wir auch den letzten Vektor durch den zweiten Eigenvektor ersetzen, da sich letzterer aus der Addition des (-2)-Fachen des ersten Vektors und Addition des zweiten Vektors auf den letzten Vektor ergibt:

$$\operatorname{Kern} M_1^3 = \left\langle \begin{pmatrix} -1 \\ 0 \\ 1 \\ 0 \\ 0 \\ 0 \end{pmatrix}, \begin{pmatrix} 2 \\ -1 \\ -2 \\ 1 \\ 0 \\ 0 \end{pmatrix}, \begin{pmatrix} 3 \\ -1 \\ -3 \\ 2 \\ 1 \\ 0 \end{pmatrix}, \begin{pmatrix} 4 \\ -1 \\ -4 \\ 1 \\ 0 \\ 1 \end{pmatrix} \right\rangle.$$

Eine weitere Matrixpotenz vermindert nun den Rang nicht weiter, denn wir berechnen

$$M_1^4 = \begin{pmatrix} 4 & 1 & 4 & 1 & -1 & 0 \\ 4 & 1 & 4 & 1 & -1 & 0 \\ -3 & -1 & -3 & -1 & 1 & 0 \\ -15 & -4 & -15 & -4 & 4 & 0 \\ -15 & -4 & -15 & -4 & 4 & 0 \\ 11 & 3 & 11 & 3 & -3 & 0 \end{pmatrix}.$$

Diese Matrix hat nur zwei linear unabhängige Spalten, womit $\text{Rang}\,M_1^4 = \text{Rang}\,M_1^3 = 2$ gilt. Der Minimalexponent ist also $v_1 = 3$. Es gilt damit die Zerlegung

$$\text{Kern}\,M_1^3 = \left\langle \begin{pmatrix} 3 \\ -1 \\ -3 \\ 2 \\ 1 \\ 0 \end{pmatrix}, \begin{pmatrix} 4 \\ -1 \\ -4 \\ 1 \\ 0 \\ 1 \end{pmatrix} \right\rangle \oplus \left\langle \begin{pmatrix} 2 \\ -1 \\ -2 \\ 1 \\ 0 \\ 0 \end{pmatrix} \right\rangle \oplus \left\langle \begin{pmatrix} -1 \\ 0 \\ 1 \\ 0 \\ 0 \\ 0 \end{pmatrix} \right\rangle.$$

Dieser Darstellung des Kerns von M_1^3 als direkte Summe von Vektorräumen mit Hauptvektoren der Stufen 1 bis 3 entnehmen wir nun die beiden Eigenvektoren als Hauptvektoren erster Stufe:

$$\begin{pmatrix} 3 \\ -1 \\ -3 \\ 2 \\ 1 \\ 0 \end{pmatrix}, \begin{pmatrix} 4 \\ -1 \\ -4 \\ 1 \\ 0 \\ 1 \end{pmatrix},$$

einen Hauptvektor zweiter Stufe

$$\begin{pmatrix} 2 \\ -1 \\ -2 \\ 1 \\ 0 \\ 0 \end{pmatrix}$$

sowie einen Hauptvektor dritter Stufe

$$\begin{pmatrix} -1 \\ 0 \\ 1 \\ 0 \\ 0 \\ 0 \end{pmatrix}.$$

Um die Rekursionsbedingung (7.27) zu erfüllen, starten wir mit dem Hauptvektor dritter Stufe und definieren zunächst

$$\mathbf{v}_{31} = \begin{pmatrix} -1 \\ 0 \\ 1 \\ 0 \\ 0 \\ 0 \end{pmatrix}.$$

Hieraus ergibt sich gemäß Rekursionsvorschrift zunächst ein Hauptvektor zweiter Stufe

$$\mathbf{v}_{21} = M_1 \mathbf{v}_{31} = \begin{pmatrix} -1 \\ -1 \\ 1 \\ 4 \\ 3 \\ -3 \end{pmatrix},$$

mit dessen Hilfe sich, gemäß Rekursionsvorschrift, ein Hauptvektor erster Stufe, also ein Eigenvektor ergibt:

$$\mathbf{v}_{11} = M_1 \mathbf{v}_{21} = \begin{pmatrix} -2 \\ -1 \\ 2 \\ 7 \\ 6 \\ -5 \end{pmatrix}.$$

Die Vektor-Kette $\mathbf{v}_{31}, \mathbf{v}_{21}, \mathbf{v}_{11}$ ist einem 3×3-Jordan-Block zugeordnet. Da mit dem Eigenwert $\lambda_1 = 1$ ein algebraisch vierfacher Eigenwert vorliegt ($\mu_1 = \text{alg}\,\lambda_1 = 4$), kann der verbleibende Jordan-Block zum Eigenwert λ_1 nur eine 1×1-Matrix, also der Skalar $\lambda_1 = 1$ sein. Diesem Block ordnen wir dann einen verbleibenden Hauptvektor erster Stufe, etwa

$$\mathbf{v}_{12} = \begin{pmatrix} 4 \\ -1 \\ -4 \\ 1 \\ 0 \\ 1 \end{pmatrix},$$

zu. Wir haben nun mit den Vektoren $\mathbf{v}_{31}, \mathbf{v}_{21}, \mathbf{v}_{11}$ und $\mathbf{v}_{12}$ den Teil einer Hauptvektorenbasis, der alle Jordan-Blöcke zum Eigenwert $\lambda_1 = 1$ erzeugt.

Eine entsprechende Rechnung führen wir nun für den zweiten Eigenwert $\lambda_2 = 2$ durch. Mit

$$M_2 := A - \lambda_2 E = \begin{pmatrix} 0 & 4 & 0 & 0 & 1 & 0 \\ 1 & 2 & 0 & 0 & 0 & -1 \\ 0 & -4 & 0 & 0 & -1 & 0 \\ -3 & -15 & 1 & -1 & -3 & 1 \\ -3 & -13 & 0 & -1 & -3 & 0 \\ 2 & 11 & -1 & 0 & 2 & -2 \end{pmatrix}$$

berechnen wir den zugehörigen Eigenraum als

$$V_{A,\lambda_1} = \operatorname{Kern} M_1 = \ldots = \operatorname{Kern} \begin{pmatrix} 1 & 0 & 0 & 0 & 0 & -1/3 \\ 0 & 1 & 0 & 0 & 0 & -1/3 \\ 0 & 0 & 1 & 0 & 0 & 1/3 \\ 0 & 0 & 0 & 1 & 0 & 4/3 \\ 0 & 0 & 0 & 0 & 1 & 4/3 \end{pmatrix} = \left\langle \begin{pmatrix} 1/3 \\ 1/3 \\ -1/3 \\ -4/3 \\ -4/3 \\ 1 \end{pmatrix} \right\rangle = \left\langle \begin{pmatrix} 1 \\ 1 \\ -1 \\ -4 \\ -4 \\ 3 \end{pmatrix} \right\rangle.$$

Für die geometrische Ordnung von $\lambda_2 = 2$ gilt also geo $\lambda_2 = 1$. Wir benötigen also neben einem Eigenvektor noch einen Hauptvektor zweiter Stufe. Dazu berechnen wir den Kern von M_2^2. Zunächst ist

$$M_2^2 = \begin{pmatrix} 1 & -5 & 0 & -1 & -3 & -4 \\ 0 & -3 & 1 & 0 & -1 & 0 \\ -1 & 5 & 0 & 1 & 3 & 4 \\ -1 & 19 & -2 & 4 & 10 & 12 \\ -1 & 16 & -1 & 4 & 9 & 12 \\ 1 & -14 & 2 & -2 & -7 & -7 \end{pmatrix}$$

und damit

$$\operatorname{Kern} M_2^2 = \ldots = \operatorname{Kern} \begin{pmatrix} 1 & 0 & 0 & 0 & 1 & 1 \\ 0 & 1 & 0 & 0 & 1 & 1 \\ 0 & 0 & 1 & 0 & 2 & 3 \\ 0 & 0 & 0 & 1 & -1 & 0 \end{pmatrix} = \left\langle \begin{pmatrix} -1 \\ -1 \\ -2 \\ 1 \\ 1 \\ 0 \end{pmatrix}, \begin{pmatrix} -1 \\ -1 \\ -3 \\ 0 \\ 0 \\ 1 \end{pmatrix} \right\rangle.$$

Wir können den zweiten Vektor durch den oben berechneten Eigenvektor ersetzen, denn dieser ergibt sich aus Addition des (-4)-Fachen des ersten Vektors auf das Dreifache des zweiten Vektors. Es folgt also

$$\operatorname{Kern} M_2^2 = \left\langle \begin{pmatrix} -1 \\ -1 \\ -2 \\ 1 \\ 1 \\ 0 \end{pmatrix}, \begin{pmatrix} 1 \\ 1 \\ -1 \\ -4 \\ -4 \\ 3 \end{pmatrix} \right\rangle.$$

Eine weitere Matrixpotenz vermindert den Rang aber nun nicht weiter, denn es ist $\mu_2 = \operatorname{alg}(\lambda_2) = 2$. In der Tat gilt Rang $M_2^3 = $ Rang $M_2^2 = 4$ und somit für den Minimalexponenten $v_2 = 2$. Damit lautet die Zerlegung von Kern M_2^2 als direkte Summe von Vektorräumen mit Hauptvektoren der Stufe 1 und 2:

$$\operatorname{Kern} M_2^2 = \left\langle \begin{pmatrix} 1 \\ 1 \\ -1 \\ -4 \\ -4 \\ 3 \end{pmatrix} \right\rangle \oplus \left\langle \begin{pmatrix} -1 \\ -1 \\ -2 \\ 1 \\ 1 \\ 0 \end{pmatrix} \right\rangle.$$

Für den Eigenwert $\lambda_2 = 2$ erhalten wir in dieser Darstellung mit

$$\begin{pmatrix} 1 \\ 1 \\ -1 \\ -4 \\ -4 \\ 3 \end{pmatrix}$$

einen Eigenvektor und mit

$$\begin{pmatrix} -1 \\ -1 \\ -2 \\ 1 \\ 1 \\ 0 \end{pmatrix}$$

einen Hauptvektor zweiter Stufe.

Um eine Hauptvektorkette zu erhalten, welche die Rekursionsbedingung (7.27) erfüllt, starten wir mit dem Hauptvektor zweiter Stufe

$$\mathbf{w}_2 = \begin{pmatrix} -1 \\ -1 \\ -2 \\ 1 \\ 1 \\ 0 \end{pmatrix}.$$

Durch Linksmultiplikation mit M_2 erhalten wir einen Hauptvektor erster Stufe

$$\mathbf{w}_1 = M_2 \mathbf{w}_2 = \begin{pmatrix} -3 \\ -3 \\ 3 \\ 12 \\ 12 \\ -9 \end{pmatrix}.$$

Diese beiden Hauptvektoren bilden eine Jordan-Kette zum Eigenwert $\lambda_2 = 2$. Insgesamt erhalten wir mit

$$B = (\mathbf{v}_{11}, \mathbf{v}_{21}, \mathbf{v}_{31}, \mathbf{v}_{12}, \mathbf{w}_1, \mathbf{w}_2) = \begin{pmatrix} -2 & -1 & -1 & 4 & -3 & -1 \\ -1 & -1 & 0 & -1 & -3 & -1 \\ 2 & 1 & 1 & -4 & 3 & -2 \\ 7 & 4 & 0 & 1 & 12 & 1 \\ 6 & 3 & 0 & 0 & 12 & 1 \\ -5 & -3 & 0 & 1 & -9 & 0 \end{pmatrix}$$

eine Basis aus Hauptvektoren, welche die Rekursionsbedingung (7.27) erfüllen. Diese Matrix ist regulär, und es gilt

$$B^{-1} = \begin{pmatrix} -1/6 & 7/6 & -1/6 & 2/3 & 0 & 1/2 \\ 0 & -1 & 0 & 0 & -1 & -1 \\ 0 & -1 & 1 & 1 & 0 & 2 \\ 1/6 & -1/6 & 1/6 & 1/3 & 0 & 1/2 \\ 1/9 & -1/3 & 1/9 & -1/3 & 1/3 & 0 \\ -1/3 & 0 & -1/3 & 0 & 0 & 0 \end{pmatrix}.$$

Auch in diesem Beispiel ergibt die Ähnlichkeitstransformation erwartungsgemäß

$$B^{-1}AB = B^{-1} \begin{pmatrix} 2 & 4 & 0 & 0 & 1 & 0 \\ 1 & 4 & 0 & 0 & 0 & -1 \\ 0 & -4 & 2 & 0 & -1 & 0 \\ -3 & -15 & 1 & 1 & -3 & 1 \\ -3 & -13 & 0 & -1 & -1 & 0 \\ 2 & 11 & -1 & 0 & 2 & 0 \end{pmatrix} \begin{pmatrix} -2 & -1 & -1 & 4 & -3 & -1 \\ -1 & -1 & 0 & -1 & -3 & -1 \\ 2 & 1 & 1 & -4 & 3 & -2 \\ 7 & 4 & 0 & 1 & 12 & 1 \\ 6 & 3 & 0 & 0 & 12 & 1 \\ -5 & -3 & 0 & 1 & -9 & 0 \end{pmatrix}$$

$$= \begin{pmatrix} -1/6 & 7/6 & -1/6 & 2/3 & 0 & 1/2 \\ 0 & -1 & 0 & 0 & -1 & -1 \\ 0 & -1 & 1 & 1 & 0 & 2 \\ 1/6 & -1/6 & 1/6 & 1/3 & 0 & 1/2 \\ 1/9 & -1/3 & 1/9 & -1/3 & 1/3 & 0 \\ -1/3 & 0 & -1/3 & 0 & 0 & 0 \end{pmatrix} \begin{pmatrix} -2 & -3 & -2 & 4 & -6 & -5 \\ -1 & -2 & -1 & -1 & -6 & -5 \\ 2 & 3 & 2 & -4 & 6 & -1 \\ 7 & 11 & 4 & 1 & 24 & 14 \\ 6 & 9 & 3 & 0 & 24 & 14 \\ -5 & -8 & -3 & 1 & -18 & -9 \end{pmatrix}$$

$$= \begin{pmatrix} 1 & 1 & 0 & 0 & 0 & 0 \\ 0 & 1 & 1 & 0 & 0 & 0 \\ 0 & 0 & 1 & 0 & 0 & 0 \\ 0 & 0 & 0 & 1 & 0 & 0 \\ 0 & 0 & 0 & 0 & 2 & 1 \\ 0 & 0 & 0 & 0 & 0 & 2 \end{pmatrix} = \left(\begin{array}{c} \boxed{\begin{matrix} 1 & 1 & 0 \\ 0 & 1 & 1 \\ 0 & 0 & 1 \end{matrix}} \\ \boxed{1} \\ \boxed{\begin{matrix} 2 & 1 \\ 0 & 2 \end{matrix}} \end{array} \right) = \begin{pmatrix} J_{1,3} & 0 & 0 \\ 0 & J_{1,1} & 0 \\ 0 & 0 & J_{2,2} \end{pmatrix},$$

also die entsprechende Normalform. Zudem lässt sich der Vektorraum $V = \mathbb{R}^6$ als direkte Summe von M-zyklischen Teilräumen des $\mathbb{R}^6$ darstellen:

$$\mathbb{R}^6 = \langle M_1^0 \mathbf{v}_{31}, M_1^1 \mathbf{v}_{31}, M_1^2 \mathbf{v}_{31} \rangle \oplus \langle \mathbf{v}_{12} \rangle \oplus \langle M_2^0 \mathbf{w}_2, M_2^1 \mathbf{w}_2 \rangle.$$

Durch Anwendung des binomischen Lehrsatzes für kommutative Matrizen ist der folgende Sachverhalt leicht nachweisbar.

Satz 7.28 (*A*-**zyklische Zerlegung**) *Es sei $A \in M(n, \mathbb{K})$ eine quadratische Matrix, deren charakteristisches Polynom vollständig über $\mathbb{K}$ in Linearfaktoren zerfällt. Dann gibt es A-zyklische Teilräume $V_1, \ldots, V_k \subset \mathbb{K}^n$, d. h.*

$$V_i = \langle A^0 \mathbf{v}_i, A^1 \mathbf{v}_i, \ldots, A^{r_i} \mathbf{v}_i \rangle, \quad \text{mit einem } \mathbf{v}_i \in V_i \text{ für } i=1, \ldots, k,$$

sodass

$$\mathbb{K}^n = V_1 \oplus V_2 \oplus \cdots \oplus V_k. \tag{7.31}$$

Beweis. Übungsaufgabe 7.6.

Das charakteristische Polynom spielt bei der Bestimmung der Eigenwerte eine zentrale Rolle. Wir werden in den folgenden Überlegungen sehen, dass sich die Bedeutung dieses Polynoms nicht hierin erschöpft. Zuvor benötigen wir einige Vorbereitungen.

Satz 7.29 *Es sei $p \in \mathbb{K}[x]$ ein normiertes Polynom m-ten Grades der Form*

$$p(x) = x^m + a_{m-1} x^{m-1} + \cdots + a_1 x + a_0,$$

das vollständig über $\mathbb{K}$ in Linearfaktoren zerfällt:

$$q(x) = (x - \lambda_1) \cdots (x - \lambda_m),$$

mit den Nullstellen $\lambda_1, \ldots, \lambda_m$ in $\mathbb{K}$. Wenn wir für den Platzhalter x eine quadratische Matrix $A \in M(n, \mathbb{K})$ oder einen Endomorphismus f auf einem $\mathbb{K}$-Vektorraum in die ausmultiplizierte Form $q(x)$ einsetzen, so soll dies im folgenden Sinne geschehen:

$$q(A) := (A - \lambda_1 E_n) \cdots (A - \lambda_m E_n) \quad \text{bzw.} \quad q(f) := (f - \lambda_1 \text{id}) \cdots (f - \lambda_m \text{id}). \tag{7.32}$$

Die Linearfaktoren werden im Sinne eines Matrixprodukts miteinander multipliziert. In der verallgemeinerten Variante mit dem Endomorphismus f ist das Produkt als Hintereinanderausführung der einzelnen Endomorphismen $f - \lambda_k \text{id}$ zu interpretieren. Dann kommt es in beiden Varianten nicht auf die Reihenfolge der Faktoren in (7.32) an. Zudem ist es, wie beim Einsetzen von Skalaren für x, unerheblich, ob die ausmultiplizierte oder die faktorisierte Version beim Einsetzen von A bzw. f für x verwendet wird. Es gilt also:

$$q(A) := (A - \lambda_1 E_n) \cdots (A - \lambda_m E_n) = A^m + a_{m-1} A^{m-1} + \cdots + a_1 A + a_0 E_n = p(A),$$

$$q(f) := (f - \lambda_1 \text{id}) \cdots (f - \lambda_m \text{id}) = f^m + a_{m-1} f^{m-1} + \cdots + a_1 f + a_0 \text{id} = p(f).$$

Hierbei ist zu beachten, dass der letzte Summand das Produkt des Koeffizienten a_0 mit der Einheitsmatrix E_n bzw. mit der Identität id ist, entsprechend der Konvention $X^0 = E_n$ bzw. $f^0 = \text{id}$.

Beweis. Übungsaufgabe 7.3.

Für den Spezialfall eines Polynoms, das in Form einer Linearfaktorpotenz der Art $(x - \lambda_k)^l$ vorliegt, folgt dies bereits aus dem binomischen Lehrsatz für kommutative Matrizen (Satz 7.13). Für ein beliebiges normiertes Polynom kann dieser Sachverhalt sehr leicht induktiv über den Grad n nachgewiesen werden.

Die Reihenfolge von Polynomauswertung und Ähnlichkeitstransformation ist unerheblich:

Satz 7.30 *Es sei* $p \in \mathbb{K}[x]$ *ein Polynom m-ten Grades der Form*

$$p(x) = a_m x^m + a_{m-1} x^{m-1} + \cdots + a_1 \lambda + a_0. \tag{7.33}$$

Für jede quadratische Matrix $A \in \mathrm{M}(n, \mathbb{K})$ *und jede reguläre Matrix* $B \in \mathrm{GL}(n, \mathbb{K})$ *gilt*

$$p(B^{-1}AB) = B^{-1}(a_m A^m + a_{m-1} A^{m-1} + \cdots + a_1 A + a_0 E_n)B = B^{-1}p(A)B. \tag{7.34}$$

Die Polynomauswertung ist also mit der Ähnlichkeitstransformation vertauschbar oder anders ausgedrückt: Ist A' *eine zu A ähnliche Matrix, so ist auch* $p(A')$ *ähnlich zu* $p(A)$*.*

Beweis. Der Nachweis erfolgt durch einfaches Nachrechnen. Wegen

$$(B^{-1}AB)^k = \underbrace{(B^{-1}AB) \cdot (B^{-1}AB) \cdot \cdots \cdot (B^{-1}AB)}_{k \text{ mal}} = B^{-1}A^k B$$

gilt

$$\begin{aligned}
p(B^{-1}AB) &= a_m(B^{-1}AB)^m + a_{m-1}(B^{-1}AB)^{m-1} + \cdots + a_1(B^{-1}AB) + a_0 E_n \\
&= a_m B^{-1}A^m B + a_{m-1}B^{-1}A^{m-1}B + \cdots + a_1 B^{-1}AB + a_0 B^{-1}B \\
&= B^{-1}(a_m A^m + a_{m-1}A^{m-1} + \cdots + a_1 A + a_0 E_n)B = B^{-1}p(A)B.
\end{aligned}$$

Insbesondere ist $p(A) \approx p(B^{-1}AB)$. $\square$

Aus diesem Satz ergibt sich eine wichtige Konsequenz.

Folgerung 7.31 *Gilt für eine* $n \times n$*-Matrix A über* $\mathbb{K}$ *und ein Polynom* $p \in \mathbb{K}[x]$ *die Annullierung* $p(A) = 0_{n \times n}$*, so gilt dies auch für jede zu A ähnliche Matrix* $A' = B^{-1}AB$*, mit* $B \in \mathrm{GL}(n, \mathbb{K})$*:*

$$p(A) = 0_{n \times n} \iff p(A') = 0_{n \times n}. \tag{7.35}$$

Satz 7.32 (Satz von Cayley-Hamilton) *Jede* $n \times n$*-Matrix A über* $\mathbb{K}$ *genügt ihrer eigenen charakteristischen Gleichung. Für das charakteristische Polynom*

$$\begin{aligned}
\chi_A(x) &= \prod_{\lambda \in \mathrm{Spec}A} (x - \lambda)^{\mathrm{alg}\,\lambda} = (x - \lambda_1)^{\mathrm{alg}\,\lambda_1} \cdots (x - \lambda_m)^{\mathrm{alg}\,\lambda_m}, \quad (\lambda_i \neq \lambda_j \text{ für } i \neq j) \\
&= x^n + a_{n-1}x^{n-1} + \cdots + a_0 x^0 \in \mathbb{K}[x]
\end{aligned}$$

von A gilt also

$$\chi_A(A) = A^n + a_{n-1}A^{n-1} + \cdots + a_0 E_n = 0_{n \times n}. \tag{7.36}$$

Allgemeiner: Jeder Endomorphismus auf einem endlich-dimensionalen Vektorraum genügt seiner eigenen charakteristischen Gleichung.

Beweis. Auf den ersten Blick wäre es naheliegend, die Matrix A in die charakteristische Gleichung der Form

$$\chi_A(x) = \det(xE_n - A) = 0$$

für x einzusetzen. Allerdings gibt es hier zwei formale Probleme. Zunächst ist mit dem Produkt xE_n formal das Produkt eines *Skalars* mit einer Matrix gemeint. Jede Komponente von E_n wird dabei mit x multipliziert. Die Matrixmultiplikation ist jedoch für $n > 1$ anders definiert. Des Weiteren ist in der letzten Gleichung rechts die $0 \in \mathbb{K}$ als skalare Null aufzufassen und nicht als Nullmatrix. Ohne tiefergehende formale Detailbetrachtungen können wir den Beweis mit diesem Ansatz nicht führen.[3] Stattdessen betrachten wir die Matrizen $M_k := A - \lambda_k E_n$ sowie die algebraischen Ordnungen $\mu_k := \mathrm{alg}\, \lambda_k$ für $k = 1, \ldots, m$. Es gilt nun nach Satz 7.20

$$(A - \lambda_1 E_n)^{\mu_1} \cdot (A - \lambda_2 E_n)^{\mu_2} \cdots (A - \lambda_m E_n)^{\mu_m} = 0_{n \times n}. \tag{7.37}$$

Hierbei kommt es nicht auf die Reihenfolge der Matrizen M_k an. Für die faktorisierte Form des charakteristischen Polynoms gilt also

$$\chi_A(A) = \prod_{\lambda \in \mathrm{Spec}\, A} (A - \lambda E_n)^{\mathrm{alg}\, \lambda} = (A - \lambda_1 E_n)^{\mu_1} \cdots (A - \lambda_m E_n)^{\mu_m} = 0_{n \times n}, \tag{7.38}$$

wobei beim Einsetzen von A an der Stelle von x beachtet werden muss, dass die Linearfaktoren $(x - \lambda_k)$ dann als $x - \lambda_k E_n$ interpretiert werden. Die Eigenwerte $\lambda_1, \ldots, \lambda_m$ stammen dabei aus dem Zerfällungskörper $L \supset K$ von χ_A. Liegt nun $\chi_A(x) = x^n + a_{n-1}x^{n-1} + \cdots + a_0 x^0 \in \mathbb{K}[x]$ in ausmultiplizierter Form vor, so folgt aus (7.38)

$$\chi_A(A) = A^n + a_{n-1}A^{n-1} + \cdots + a_0 E_n = 0_{n \times n}.$$

Da dieser Sachverhalt wegen Folgerung 7.31 auch für alle zu A ähnlichen Matrizen erfüllt ist, gilt dies auch für eine beliebige Koordinatenmatrix eines Endomorphismus f auf einem $\mathbb{K}$-Vektorraum V. $\square$

Wir betrachten ein Beispiel zur Demonstration der Gültigkeit des Satzes von Cayley-Hamilton[4] für einen Endomorphismus. Der Operator $\Phi \in \mathrm{End}\, Y$, definiert durch

$$\Phi[f] := t \cdot \frac{\mathrm{d}f}{\mathrm{d}t},$$

ist ein Endomorphismus auf dem durch $\mathbf{b}_1 = (t+1)^2$, $\mathbf{b}_2 = 2(t+1)$ und $\mathbf{b}_3 = 2$ erzeugten $\mathbb{R}$-Vektorraum Y, wie leicht nachgewiesen werden kann. Die Eigenwertgleichung

$$\Phi[f] = \lambda f, \qquad \lambda \in \mathbb{R}, \quad f \in Y, f \neq \mathbf{0}$$

ist aus analytischer Sicht eine lineare Differenzialgleichung erster Ordnung. Wir können diese Differenzialgleichung lösen, indem wir die Eigenwerte und Eigenräume von Φ anhand der Koordinatenmatrix $M_B(\Phi)$ bezüglich der Basis $B = (\mathbf{b}_1, \mathbf{b}_2, \mathbf{b}_3)$ bestimmen. Hierzu berechnen wir

---

[3] Bei Betrachtung von Matrizen über Ringen kann dieser Ansatz dennoch zielführend sein. Einen auf diesem Ansatz basierenden Beweis findet man beispielsweise bei Fischer [3].

[4] Arthur Cayley (1821-1895), britischer Mathematiker, William Rowan Hamilton (1805-1865), irischer Mathematiker

$$\Phi[\mathbf{b}_1] = t \cdot \tfrac{\mathrm{d}}{\mathrm{d}t}(t+1)^2 = 2t^2 + 2t = 2\mathbf{b}_1 - \mathbf{b}_2$$
$$\Phi[\mathbf{b}_2] = t \cdot \tfrac{\mathrm{d}}{\mathrm{d}t}2(t+1) = 2t = \mathbf{b}_2 - \mathbf{b}_3$$
$$\Phi[\mathbf{b}_3] = t \cdot \tfrac{\mathrm{d}}{\mathrm{d}t}2 = 0$$

sowie

$$c_B(\Phi[\mathbf{b}_1]) = c_B(2t^2 + 2t) = (2, -1, 0)^T$$
$$c_B(\Phi[\mathbf{b}_2]) = c_B(2t) = (0, 1, -1)^T$$
$$c_B(\Phi[\mathbf{b}_3]) = c_B(0) = (0, 0, 0)^T,$$

woraus sich die Koordinatenmatrix von Φ ergibt

$$M_B(\Phi) = (c_B(\Phi[\mathbf{b}_1]) \mid c_B(\Phi[\mathbf{b}_2]) \mid c_B(\Phi[\mathbf{b}_3])) = \begin{pmatrix} 2 & 0 & 0 \\ -1 & 1 & 0 \\ 0 & -1 & 0 \end{pmatrix} =: A.$$

Das charakteristische Polynom dieser Matrix und damit des Endomorphismus Φ lautet

$$\chi_\Phi(x) = \chi_A(x) = \det(xE_3 - A) = \det \begin{pmatrix} x-2 & 0 & 0 \\ 1 & x-1 & 0 \\ 0 & 1 & x \end{pmatrix} = (x-2)(x-1)x = x^3 - 3x^2 + 2x.$$

Die Eigenwerte sind demnach $\lambda_1 = 2$, $\lambda_2 = 1$ und $\lambda_3 = 0$. Wir überprüfen nun, ob Φ tatsächlich der charakteristischen Gleichung genügt. Es gilt mit jedem

$$f = \alpha_1 \mathbf{b}_1 + \alpha_2 \mathbf{b}_2 + \alpha_3 \mathbf{b}_3 = \alpha_1 t^2 + 2(\alpha_1 + \alpha_2)t + \alpha_1 + 2(\alpha_2 + \alpha_3) \in Y.$$

Damit folgt

$$\chi(\Phi) = \Phi^3[f] - 3\phi^2[f] + 2\phi[f] = t \cdot \tfrac{\mathrm{d}}{\mathrm{d}t}(t \cdot \tfrac{\mathrm{d}}{\mathrm{d}t}(t \cdot \tfrac{\mathrm{d}}{\mathrm{d}t}f)) - 3t \cdot \tfrac{\mathrm{d}}{\mathrm{d}t}(t \cdot \tfrac{\mathrm{d}}{\mathrm{d}t}f) + 2t \cdot \tfrac{\mathrm{d}}{\mathrm{d}t}f$$
$$= 8t^2\alpha_1 + 2(\alpha_1 + \alpha_2)t - 3(4t^2\alpha_1 + 2(\alpha_1 + \alpha_2)t) + 2(2t^2\alpha_1 + 2(\alpha_1 + \alpha_2)t) = 0.$$

Der Operator $\chi(\Phi)$ ergibt also für jedes $f \in Y$ die Nullfunktion und wirkt daher wie der Nulloperator aus $\mathrm{End}\, Y$. Abschließend berechnen wir die Eigenräume von Φ anhand der Eigenräume der Koordinatenmatrix A:

$$V_{A,\lambda_1} = \mathrm{Kern}(A - 2E_3) = \mathrm{Kern} \begin{pmatrix} 0 & 0 & 0 \\ -1 & -1 & 0 \\ 0 & -1 & -2 \end{pmatrix} = \mathrm{Kern} \begin{pmatrix} 1 & 0 & -2 \\ 0 & 1 & 2 \end{pmatrix}$$

$$= \left\langle \begin{pmatrix} 2 \\ -2 \\ 1 \end{pmatrix} \right\rangle \cong V_{\Phi,2} = \langle 2\mathbf{b}_1 - 2\mathbf{b}_2 + 1\mathbf{b}_3 \rangle = \langle 2t^2 \rangle = \langle t^2 \rangle \subset Y.$$

In der Tat, die Anwendung des Operators Φ auf t^2 ergibt die Operator-Eigenwertgleichung

$$\Phi[t^2] = t \cdot \tfrac{\mathrm{d}}{\mathrm{d}t}(t^2) = t \cdot (2t) = 2 \cdot t^2.$$

In ähnlicher Weise berechnen wir die Lösungen der Eigenwertgleichung $\Phi[f] = 1 \cdot f$ sowie die von $\Phi[f] = 0 \cdot f$, also den Kern von Φ, als

$$V_{\Phi,1} = \langle t \rangle, \qquad V_{\Phi,0} = \text{Kern } \Phi = \langle 1 \rangle = \mathbb{R}.$$

Wesentlich im Beweis des Satzes von Cayley-Hamilton war die Aussage nach Satz 7.20, wonach die Produktmatrix der Potenzen $(A - \lambda_k E_n)^{\mu_k}$ mit $\mu_k = \text{alg}\,\lambda_k$ gemäß (7.37) die Nullmatrix ergibt:

$$(A - \lambda_1 E_n)^{\mu_1} \cdot (A - \lambda_2 E_n)^{\mu_2} \cdots (A - \lambda_m E_n)^{\mu_m} = 0_{n \times n}.$$

Hierbei ist die Reihenfolge der paarweise verschiedenen Eigenwerte λ_k, und damit die Reihenfolge der Matrixfaktoren $(A - \lambda_k E_n)^{\mu_k}$ unerheblich. Es sei nun J eine Jordan'sche Normalform von A. Die Matrix $J - \lambda_k E_n$ besitzt Nullen auf ihrer Diagonalen genau dort, wo J auf der Diagonalen den Eigenwert λ_k trägt. Nach Satz 7.27 das Format des größten Jordan-Blocks zum Eigenwert λ_k der Minimalindex ν_k ab dem die Rangstabilisierung der Potenz $(A - \lambda_k E_n)^\nu$ eintritt:

$$\nu_k = \min\{\nu \in \mathbb{N} : \text{Rang}(A - \lambda_k E_n)^{\nu+1} = \text{Rang}(A - \lambda_k E_n)^\nu\}.$$

Gleichzeitig ist das Format des größten Jordan-Blocks zum Eigenwert λ_k auch der Minimalexponent, der bestimmt, wann in der Matrixpotenz $(J - \lambda E_n)^\nu$ erstmalig genau μ_k Nullspalten auftreten. Wie im Beweis von Satz 7.20 folgt nun die Annullierung bereits für diese Minimalexponenten

$$\mu(J) := (J - \lambda_1 E_n)^{\nu_1} \cdot (J - \lambda_2 E_n)^{\nu_2} \cdots (J - \lambda_m E_n)^{\nu_m} = 0_{n \times n}.$$

Da $A \approx J$ ist dies nach Folgerung 7.31 mit der entprechenden Bedingung für A äquivalent:

$$\mu(A) = (A - \lambda_1 E_n)^{\nu_1} \cdot (A - \lambda_2 E_n)^{\nu_2} \cdots (A - \lambda_m E_n)^{\nu_m} = 0_{n \times n}.$$

Uns liegt damit ein Annullierungspolynom für A mit minimalem Grad vor.

Satz/Definition 7.33 (Minimalpolynom) *Es sei A eine $n \times n$-Matrix mit Koeffizienten aus $\mathbb{K}$, deren charakteristisches Polynom vollständig über $\mathbb{K}$ in Linearfaktoren zerfalle. Es gelte $\text{Spec}(A) = \{\lambda_1, \ldots, \lambda_m\}$, wobei $\lambda_i \neq \lambda_j$ für $i \neq j$ sei. Mit den Minimalexponenten*

$$\nu_k = \min\{\nu \in \mathbb{N} : \text{Rang}(A - \lambda_k E_n)^{\nu+1} = \text{Rang}(A - \lambda_k E_n)^\nu\}$$

gilt für das Polynom

$$\mu_A(x) := (x - \lambda_1)^{\nu_1} \cdots (x - \lambda_m)^{\nu_m} \in \mathbb{K}[x] \tag{7.39}$$

die Annullierungsbedingung $\mu_A(A) = 0_{n \times n}$. Dieses normierte Polynom teilt das charakteristische Polynom von A und wird als Minimalpolynom von A bezeichnet. Der Exponent ν_k, also die algebraische Vielfachheit ν_k der Nullstelle λ_k in μ_A, entspricht dem Format des größten Jordan-Blocks zum Eigenwert λ_k in einer Jordan'schen Normalform von A. Das Minimalpolynom ist invariant gegenüber Ähnlichkeitstransformation von A. Ist A Koor-

dinatenmatrix eines Endomorphismus f auf einem endlich-dimensionalen $\mathbb{K}$-Vektorraum V bzgl. einer beliebigen Basis von V, so bezeichnet $\mu_f := \mu_A$ das Minimalpolynom des Endomorphismus f.

Mithilfe des Minimalpolynoms können wir nun ein Diagonalisierbarkeitskriterium formulieren.

Satz 7.34 *Eine quadratische Matrix über $\mathbb{K}$ (bzw. ein Endomorphismus eines n-dimensionalen $\mathbb{K}$-Vektorraums) ist genau dann diagonalisierbar, wenn das charakteristische Polynom vollständig über $\mathbb{K}$ in Linearfaktoren zerfällt und das Minimalpolynom nur einfache Nullstellen besitzt.*

Beweis. Es sei $A \in \mathrm{M}(n, \mathbb{K})$ mit paarweise verschiedenen Eigenwerten $\lambda_1, \ldots, \lambda_m$. Nach der Definition des Minimalpolynoms ist das Format des größten Jordan-Blocks zum Eigenwert λ_k die algebraische Ordnung v_k der Nullstelle λ_k im Minimalpolynom μ_A. Wenn μ_A nur einfache Nullstellen besitzt und mit χ_A vollständig in Linearfaktoren zerfällt, alle Eigenwerte also in $\mathbb{K}$ liegen, dann ist jeder Jordan-Block eine 1×1-Matrix über $\mathbb{K}$ und umgekehrt. Eine Matrix mit einer Jordan'schen Normalform, die nur aus 1×1-Jordan-Blöcken besteht, ist eine Diagonalmatrix und umgekehrt. $\quad\Box$

Mithilfe der Aussage des Satzes von Cayley-Hamilton ergibt sich ein Verfahren zur Inversion von Matrizen. Hierzu sei $A \in \mathrm{GL}(n, \mathbb{K})$ eine reguläre $n \times n$-Matrix A über einem Körper $\mathbb{K}$. Mit $\chi_A, \mu_A \in \mathbb{K}[x]$ sei das charakteristische bzw. das Minimalpolynom von A bezeichnet. Es gelte

$$\chi_A(x) = x^n + a_{n-1}x^{n-1} + \cdots + a_1 x + a_0$$
$$\mu_A(x) = x^p + b_{p-1}x^{p-1} + \cdots + b_1 x + b_0,$$

mit $p \leq n$. Nach dem Satz von Cayley-Hamilton gilt für beide Polynome

$$A^n + a_{n-1}A^{n-1} + \cdots + a_1 A + a_0 E_n = 0_{n \times n}$$
$$A^p + b_{p-1}A^{p-1} + \cdots + b_1 A + b_0 E_n = 0_{n \times n}.$$

Da A regulär ist, kann 0 kein Eigenwert sein, also auch weder Nullstelle von χ_A noch von μ_A, woraus $a_0 \neq 0 \neq b_0$ folgt. Wir multiplizieren beide Gleichungen von rechts mit A^{-1} durch und erhalten

$$A^{n-1} + a_{n-1}A^{n-2} + \cdots + a_1 E_n + a_0 A^{-1} = 0_{n \times n},$$
$$A^{p-1} + b_{p-1}A^{p-2} + \cdots + b_1 E_n + b_0 A^{-1} = 0_{n \times n}.$$

Beide Gleichungen können wir nun nach A^{-1} auflösen:

$$A^{-1} = -\frac{1}{a_0}(A^{n-1} + a_{n-1}A^{n-2} + \cdots + a_1 E_n)$$

$$A^{-1} = -\frac{1}{b_0}(A^{p-1} + b_{p-1}A^{p-2} + \cdots + b_1 E_n).$$

Wenn uns das Minimalpolynom vorliegt, dann ist der Aufwand zur Inversion unter Verwendung von μ_A entsprechend geringer als bei der Inversion mit dem charakteristischen

Polynom χ_A. Wir sehen uns ein Beispiel an. Das charakteristische Polynom der Matrix

$$A = \begin{pmatrix} 2 & 1 & 1 \\ 1 & 2 & 0 \\ -1 & -1 & 1 \end{pmatrix} \in M(3, \mathbb{R})$$

lautet

$$\chi_A(x) = (x-1)(x-2)^2 = x^3 - 5x^2 + 8x - 4.$$

Da beide Eigenwerte $\lambda_1 = 1$, $\lambda_2 = 2$ von Null verschieden sind, ist A regulär. Nach der vorausgegangenen Überlegung gilt nun für die Inverse von A

$$A^{-1} = -\frac{1}{-4}(A^2 - 5A + 8E_3)$$

$$= \frac{1}{4}\left(\begin{pmatrix} 4 & 3 & 3 \\ 4 & 5 & 1 \\ -4 & -4 & 0 \end{pmatrix} - 5 \cdot \begin{pmatrix} 2 & 1 & 1 \\ 1 & 2 & 0 \\ -1 & -1 & 1 \end{pmatrix} + \begin{pmatrix} 8 & 0 & 0 \\ 0 & 8 & 0 \\ 0 & 0 & 8 \end{pmatrix}\right) = \frac{1}{4}\begin{pmatrix} 2 & -2 & -2 \\ -1 & 3 & 1 \\ 1 & 1 & 3 \end{pmatrix}.$$

In diesem Fall stimmt das Minimalpolynom von A mit dem charakteristischen Polynom überein. Denn es gilt für die Minimalexponenten ν_1 und ν_2 bis zur Rangstabilität der Matrixpotenzen von $M_1 = A - \lambda_1 E_3$ und $M_2 = A - \lambda_2 E_3$:

$$\nu_1 = 1, \qquad \nu_2 = 2,$$

da $\mathrm{alg}\,\lambda_1 = 1$ und

$$\mathrm{Rang}\,M_2^1 = \mathrm{Rang}\,M_2 = \mathrm{Rang}(A - \lambda_2 E_3) = \mathrm{Rang}\begin{pmatrix} 0 & 1 & 1 \\ 1 & 0 & 0 \\ -1 & -1 & -1 \end{pmatrix} = 2 >$$

$$\mathrm{Rang}\,M_2^2 = \mathrm{Rang}\,M_2^{\mathrm{alg}\,\lambda_2} = \mathrm{Rang}((A - \lambda_2 E_3)^2) = \mathrm{Rang}\begin{pmatrix} 0 & -1 & -1 \\ 0 & 1 & 1 \\ 0 & 0 & 0 \end{pmatrix} = 1.$$

Eine quadratische Matrix ist genau dann diagonalisierbar, wenn ihre Jordan'sche Normalform keine Einsen mehr außerhalb der Diagonalen besitzt, wenn also für jeden Eigenwert die geometrische Vielfachheit mit seiner algebraischen Vielfachheit übereinstimmt. Da die geometrische Ordnung die Anzahl der Jordan-Blöcke zum jeweiligen Eigenwert ist, kann in dieser Situation die Jordan'sche Normalform nur noch aus 1×1-Jordan-Blöcken bestehen. Die Matrix A des letzten Beispiels ist nicht diagonalisierbar.

Nach Satz 7.27 können wir eine Jordan'sche Normalform für eine quadratische Matrix auch ohne explizite Berechnung von Hauptvektoren bestimmen. Wenn die Jordan'sche Normalform dann vorliegt, so kann die hierzu passende Hauptvektorenbasis auch nachträglich ermittelt werden. Ist A eine quadratische Matrix, deren charakteristisches Polynom vollständig in Linearfaktoren über $\mathbb{K}$ zerfällt, so bestimmen wir direkt anhand der Anzahl ihrer Jordan-Blöcke bestimmter Formate eine Jordan'sche Normalform. Die Größe der einzelnen Jordan-Blöcke liefert uns die Länge der Jordan-Ketten zur rekursiven Bestimmung von Hauptvektoren. Wir betrachten hierzu ein Beispiel. Für die reelle 5×5-

Matrix

$$A = \begin{pmatrix} 1 & 2 & 2 & 0 & 2 \\ -1 & 1 & 0 & 0 & 1 \\ 0 & 1 & 3 & 0 & 0 \\ 0 & -1 & -1 & 2 & 0 \\ -1 & 1 & 1 & 0 & 4 \end{pmatrix}$$

ist das charakteristische Polynom χ_A mit maßgeblicher Hilfe von zuvor durchgeführten elementaren Zeilen- sowie Spaltenumformungen des Typs I an der charakteristischen Matrix $xE - A$ faktorisierbar:

$$\chi_A(x) = \det(xE - A) = \det \begin{pmatrix} x-1 & -2 & -2 & 0 & -2 \\ 1 & x-1 & 0 & 0 & -1 \\ 0 & -1 & x-3 & 0 & 0 \\ 0 & 1 & 1 & x-2 & 0 \\ 1 & -1 & -1 & 0 & x-4 \end{pmatrix}$$

$$= (x-2)\det \begin{pmatrix} x-1 & -2 & -2 & -2 \\ 1 & x-1 & 0 & -1 \\ 0 & -1 & x-3 & 0 \\ 1 & -1 & -1 & x-4 \end{pmatrix}$$

$$= (x-2)\det \begin{pmatrix} x-1 & -2 & -2 & x-3 \\ 1 & x-1 & 0 & 0 \\ 0 & -1 & x-3 & 0 \\ 0 & -x & -1 & x-3 \end{pmatrix}$$

$$= (x-2)\det \begin{pmatrix} x-1 & x-2 & -1 & 0 \\ 1 & x-1 & 0 & 0 \\ 0 & -1 & x-3 & 0 \\ 0 & -x & -1 & x-3 \end{pmatrix}$$

$$= (x-2)(x-3)\det \begin{pmatrix} x-1 & x-2 & -1 \\ 1 & x-1 & 0 \\ 0 & -1 & x-3 \end{pmatrix}$$

$$= (x-2)(x-3)\det \begin{pmatrix} x-2 & 0 & -1 \\ 1 & x-1 & 0 \\ 0 & -x+2 & x-3 \end{pmatrix}$$

$$= (x-2)(x-3)\big((x-2)(x-1)(x-3) + (x-2)\big)$$
$$= (x-2)^2(x-3)\big((x-1)(x-3) + 1\big)$$
$$= (x-2)^2(x-3)\big(x^2 - 4x + 4\big) = (x-2)^4(x-3).$$

Das charakteristische Polynom von A zerfällt vollständig in reelle Linearfaktoren. Die beiden Eigenwerte lauten $\lambda_1 = 2$ mit $\mu_1 = \mathrm{alg}(\lambda_1) = 4$ und $\lambda_2 = 3$ mit $\mu_2 = \mathrm{alg}(\lambda_2) = 1$.

Damit muss $\mathrm{geo}(\lambda_2) = 1$ gelten. Für die beiden Eigenräume gilt

$$V_{A,\lambda_1} = \mathrm{Kern}(A - 2E) = \mathrm{Kern}\begin{pmatrix} -1 & 2 & 2 & 0 & 2 \\ -1 & -1 & 0 & 0 & 1 \\ 0 & 1 & 1 & 0 & 0 \\ 0 & -1 & -1 & 0 & 0 \\ -1 & 1 & 1 & 0 & 2 \end{pmatrix} = \ldots = \left\langle \begin{pmatrix} 0 \\ 0 \\ 0 \\ 1 \\ 0 \end{pmatrix}, \begin{pmatrix} 2 \\ -1 \\ 1 \\ 0 \\ 1 \end{pmatrix} \right\rangle$$

sowie

$$V_{A,\lambda_2} = \mathrm{Kern}(A - 3E) = \mathrm{Kern}\begin{pmatrix} -2 & 2 & 2 & 0 & 2 \\ -1 & -2 & 0 & 0 & 1 \\ 0 & 1 & 0 & 0 & 0 \\ 0 & -1 & -1 & -1 & 0 \\ -1 & 1 & 1 & 0 & 1 \end{pmatrix} = \ldots = \left\langle \begin{pmatrix} 1 \\ 0 \\ 0 \\ 0 \\ 1 \end{pmatrix} \right\rangle.$$

Insbesondere gilt $\mathrm{geo}(\lambda_1) = 2$. Nach Satz 7.27 ergibt dies also zwei Jordan-Blöcke zum Eigenwert $\lambda_1 = 2$ und einen Jordan-Block zum Eigenwert $\lambda_2 = 3$. Für eine Jordan'sche Normalform von A bleiben daher nur folgende Möglichkeiten für die Formataufteilung der Jordan-Blöcke zum Eigenwert $\lambda_1 = 2$:

$$2 \times 2 \quad 2 \times 2$$
$$\text{oder } 3 \times 3 \quad 1 \times 1,$$

während genau ein Jordan-Block des Formats 1×1 für den Eigenwert $\lambda_2 = 3$ auftritt. Das Format des größten Jordan-Blocks zum Eigenwert λ_1 ist der Minimalexponent, der die Rangstabilität von $(A - \lambda_1 E)^k$ einleitet. Gleichzeitig ist dies die Vielfachheit der Nullstelle λ_1 im Minimalpolynom von A, sodass wir anstelle der Rangberechnung von $(A - 2E)^2$ und $(A - 2E)^3$ auch testen können, ob durch

$$(x-2)^2(x-3) \quad \text{oder} \quad (x-2)^3(x-3)$$

das Minimalpolynom von A gegeben ist. Dazu beginnen wir zweckmäßigerweise mit der ersten möglichen Variante und setzen die Matrix A in dieses Polynom ein:[5]

$$(A - 2E)^2(A - 3E) = \begin{pmatrix} -3 & 0 & 2 & 0 & 4 \\ 1 & 0 & -1 & 0 & -1 \\ -1 & 0 & 1 & 0 & 1 \\ 1 & 0 & -1 & 0 & -1 \\ -2 & 0 & 1 & 0 & 3 \end{pmatrix} \begin{pmatrix} -2 & 2 & 2 & 0 & 2 \\ -1 & -2 & 0 & 0 & 1 \\ 0 & 1 & 0 & 0 & 0 \\ 0 & -1 & -1 & -1 & 0 \\ -1 & 1 & 1 & 0 & 1 \end{pmatrix} = \begin{pmatrix} 2 & 0 & -2 & 0 & -2 \\ -1 & 0 & 1 & 0 & 1 \\ 1 & 0 & -1 & 0 & -1 \\ -1 & 0 & 1 & 0 & 1 \\ 1 & 0 & -1 & 0 & -1 \end{pmatrix}.$$

Für unseren Zweck hätte es bereits gereicht, nur die Komponente links oben im Endergebnis zu bestimmen, um festzustellen, dass der Minimalexponent $\nu_1 > 2$ ist. Das Minimalpolynom von A muss also $\mu_A(x) = (x-2)^3(x-3)$ lauten. In der Tat ergibt eine Multiplikation der letzten Matrix mit $(A - 2E)$ von links die 5×5-Nullmatrix. Wir haben daher mit

---

[5] Hier ist es ratsam, eine Software zur Berechnung der Matrixprodukte zu verwenden.

$$J = \begin{pmatrix} 2 & 1 & 0 & 0 & 0 \\ 0 & 2 & 1 & 0 & 0 \\ 0 & 0 & 2 & 0 & 0 \\ 0 & 0 & 0 & 2 & 0 \\ 0 & 0 & 0 & 0 & 3 \end{pmatrix}$$

eine Jordan'sche Normalform von A. Gesucht ist eine hierzu passende Hauptvektorenbasis B, die wir wieder als Basismatrix betrachten, mit der $B^{-1}AB = J$ gilt. Nach der bisherigen Methode müssten wir zu diesem Zweck Kerne von Matrixpotenzen der Art $(A - 2E)^k$ berechnen. Wir wissen zwar bereits an dieser Stelle, dass dies nur bis zum Exponenten $k = 3$ nötig ist, es entsteht aber durch die Zerlegung des Hauptraums $H_{A,2}$ in eine direkte Summe von Teilräumen mit Hauptvektoren fortlaufender Stufe und der sich anschließenden Hauptvektorrekursion ein gewisser Aufwand. Wir könnten alternativ auch versuchen, ausgehend von einem Eigenvektor $\mathbf{v}_{11} \in V_{A,2}$ durch Lösen des linearen Gleichungssystems $(A - 2E)\mathbf{x} = \mathbf{v}_{11}$ einen Hauptvektor zweiter Stufe $\mathbf{v}_{21}$ zu bestimmen, der wiederum durch Lösen von $(A - 2E)\mathbf{x} = \mathbf{v}_{21}$ einen Hauptvektor dritter Stufe $\mathbf{v}_{31}$ liefert. Das Problem bei dieser umgekehrten Rekursion ist aber, dass wir nicht davon ausgehen können, dass die beiden Basisvektoren

$$\begin{pmatrix} 0 \\ 0 \\ 0 \\ 1 \\ 0 \end{pmatrix}, \quad \begin{pmatrix} 2 \\ -1 \\ 1 \\ 0 \\ 1 \end{pmatrix}$$

des Kerns von $A - 2E$ jeweils genau einem der beiden Jordan-Blöcke zum Eigenwert $\lambda_1 = 2$ zugeordnet werden können. Das Gauß-Verfahren unterscheidet bei der Kernberechnung nicht zwischen Jordan-Blöcken. So müssen wir zunächst davon ausgehen, dass diese beiden per Gauß-Verfahren und Ableseregel bestimmten Basisvektoren des Eigenraums hybride Linearkombinationen sind aus den Hauptvektoren erster Stufe, die bestimmten Jordan-Blöcken zugewiesen sind. Da dieser Effekt bei eindimensionalen Eigenräumen nicht auftreten kann, ist die umgekehrte Hauptvektorrekursion durch fortlaufendes Lösen von linearen Gleichungssystemen der Art $(A - \lambda E)\mathbf{x} = \mathbf{v}_k$ zur Bestimmung einer Hauptvektorkette $\mathbf{v}_1, \ldots, \mathbf{v}_\nu$ ausgehend von einem beliebigen Basisvektor $\mathbf{v}_1 \in V_{A,\lambda}$ ein gutes Alternativverfahren in Situationen, in denen zu einem Eigenwert genau ein Jordan-Block auftritt. Wir wollen dennoch versuchen, auch in dem vorliegenden Fall über diese Methode eine Hauptvektorkette zu bestimmen. Hierzu müssen wir allerdings zuvor die errechnete Basis von $V_{A,2}$ dehybridisieren mit dem Ziel, einen Eigenvektor eindeutig dem 1×1-Jordan-Block und den anderen Eigenvektor eindeutig dem 3×3-Jordan-Block zuzuordnen. Da wir nun stets mit derselben Koeffizientenmatrix $A - 2E$ für unterschiedliche rechte Seiten lineare Gleichungssysteme lösen müssen, ist es zweckmäßig, die hierzu notwendigen Zeilenumformungen und gegebenenfalls Spaltenvertauschungen in entsprechenden Umformungsmatrizen zu speichern. Um den Eigenraum, also den Kern von $A - 2E$ zu bestimmen, sind ausschließlich Zeilenumformungen notwendig. Die Umformungsmatrix lautet (Übung)

$$
Z = \begin{pmatrix} -1 & 0 & 2 & 0 & 0 \\ 1 & -1 & -2 & 0 & 0 \\ -1 & 1 & 3 & 0 & 0 \\ 0 & 0 & 1 & 1 & 0 \\ -1 & 0 & 1 & 0 & 1 \end{pmatrix}.
$$

Damit gilt nun

$$
Z(A - 2E) = \begin{pmatrix} 1 & 0 & 0 & 0 & -2 \\ 0 & 1 & 0 & 0 & 1 \\ 0 & 0 & 1 & 0 & -1 \\ 0 & 0 & 0 & 0 & 0 \\ 0 & 0 & 0 & 0 & 0 \end{pmatrix},
$$

woraus sich die beiden bereits oben angegebenen Basisvektoren ablesen lassen, da der Kern dieser Matrix mit dem Kern von $A - 2E$ übereinstimmt. Wir wissen bereits, dass es einen 1×1-Jordan-Block für $\lambda_1 = 2$ gibt. Daher müssen wir einen Eigenvektor $\mathbf{v}_{12} \in V_{A,2}$ bestimmen, der zu einer Hauptvektorkette mit nur einem Vektor führt, für den also das lineare Gleichungssystem $(A - 2E)\mathbf{x} = \mathbf{v}_{12}$ nicht lösbar ist. Wir erkennen, dass dies bereits für den Vektor

$$
\mathbf{v}_{12} = \begin{pmatrix} 0 \\ 0 \\ 0 \\ 1 \\ 0 \end{pmatrix}
$$

der Fall ist, denn das Lösungstableau von $(A - 2E)\mathbf{x} = \mathbf{v}_{12}$ führt mit den durch Z verkörperten Zeilenumformungen zu

$$
[A - 2E \,|\, \mathbf{v}_{12}] \to [Z(A - 2E) \,|\, Z\mathbf{v}_{12}] = \begin{bmatrix} 1 & 0 & 0 & 0 & -2 & 0 \\ 0 & 1 & 0 & 0 & 1 & 0 \\ 0 & 0 & 1 & 0 & -1 & 0 \\ 0 & 0 & 0 & 0 & 0 & 1 \\ 0 & 0 & 0 & 0 & 0 & 0 \end{bmatrix}.
$$

Dieses Gleichungssystem ist also nicht lösbar. Mit dem zweiten Basisvektor

$$
\mathbf{v} = \begin{pmatrix} 2 \\ -1 \\ 1 \\ 0 \\ 1 \end{pmatrix}
$$

erleben wir aber leider dasselbe:

$$[A - 2E \,|\, \mathbf{v}] \to [Z(A - 2E) \,|\, Z\mathbf{v}] = \begin{bmatrix} 1 & 0 & 0 & 0 & -2 & | & 0 \\ 0 & 1 & 0 & 0 & 1 & | & 1 \\ 0 & 0 & 1 & 0 & -1 & | & 0 \\ 0 & 0 & 0 & 0 & 0 & | & 1 \\ 0 & 0 & 0 & 0 & 0 & | & 0 \end{bmatrix}.$$

Es ist also erforderlich, die berechnete Basis von $V_{A,2}$ geeignet zu dehybridisieren. Wir suchen also einen Eigenvektor aus V_{A,λ_1}, für den das entsprechende lineare Gleichungssystem lösbar ist. Hierzu setzen wir mit einer Linearkombination aus beiden Basisvektoren an:

$$\mathbf{v}_{11} = \alpha \begin{pmatrix} 2 \\ -1 \\ 1 \\ 0 \\ 1 \end{pmatrix} + \beta \begin{pmatrix} 0 \\ 0 \\ 0 \\ 1 \\ 0 \end{pmatrix} = \begin{pmatrix} 2\alpha \\ -\alpha \\ \alpha \\ \beta \\ \alpha \end{pmatrix}.$$

Das Tableau von $(A - 2E)\mathbf{x} = \mathbf{v}_{11}$ ergibt dann mit den entsprechenden Umformungen

$$[A - 2E \,|\, \mathbf{v}_{11}] \to [Z(A - 2E) \,|\, Z\mathbf{v}_{11}] = \begin{bmatrix} 1 & 0 & 0 & 0 & -2 & | & 0 \\ 0 & 1 & 0 & 0 & 1 & | & \alpha \\ 0 & 0 & 1 & 0 & -1 & | & 0 \\ 0 & 0 & 0 & 0 & 0 & | & \alpha + \beta \\ 0 & 0 & 0 & 0 & 0 & | & 0 \end{bmatrix}.$$

Nicht-triviale Lösungen gibt es genau dann, wenn $\alpha = -\beta$ ist. Wählen wir beispielsweise $\alpha = 1$ und $\beta = -1$. Wir erhalten damit einen Hauptvektor erster Stufe, mit dem eine umgekehrte Rekursion zur Bestimmung von Hauptvektoren zweiter Stufe ermöglicht wird:

$$\mathbf{v}_{11} = \begin{pmatrix} 2 \\ -1 \\ 1 \\ 0 \\ 1 \end{pmatrix} - \begin{pmatrix} 0 \\ 0 \\ 0 \\ 1 \\ 0 \end{pmatrix} = \begin{pmatrix} 2 \\ -1 \\ 1 \\ -1 \\ 1 \end{pmatrix}.$$

Zudem gibt es eine alternative Darstellung des Eigenraums

$$V_{A,2} = \mathrm{Kern}(A - 2E) = \langle \mathbf{v}_{11}, \mathbf{v}_{12} \rangle = \left\langle \begin{pmatrix} 2 \\ -1 \\ 1 \\ -1 \\ 1 \end{pmatrix}, \begin{pmatrix} 0 \\ 0 \\ 0 \\ 1 \\ 0 \end{pmatrix} \right\rangle$$

mit einer dehybridisierten Basis $(\mathbf{v}_{11}, \mathbf{v}_{12})$. Um nun einen Hauptvektor zweiter Stufe zu bestimmen, reicht es bereits, den Stützvektor $Z\mathbf{v}_{11}$ des affinen Lösungsraums von $(A - 2E)\mathbf{x} = \mathbf{v}_{11}$, also den Stützvektor der Menge

$$Z\mathbf{v}_{11} + \langle \mathbf{v}_{11}, \mathbf{v}_{12} \rangle$$

zu betrachten. Alternativ könnten wir auch ein Vielfaches des Vektors $\mathbf{v}_{11}$ zu $Z\mathbf{v}_{11}$ hinzuaddieren, nicht jedoch ein Vielfaches von $\mathbf{v}_{12}$, da dieser Vektor zu einem anderen Jordan-
Block gehört und das Gleichungssystem der Folgestufe dann unlösbar wäre. Wir wählen

$$\mathbf{v}_{21} := Z\mathbf{v}_{11} = \begin{pmatrix} 0 \\ 1 \\ 0 \\ 0 \\ 0 \end{pmatrix}.$$

In analoger Weise fahren wir fort mit der Bestimmung eines Hauptvektors dritter Stufe.
Als Lösung des linearen Gleichungssystems $(A - 2E)\mathbf{x} = \mathbf{v}_{21}$ wählen wir beispielsweise
einfach nur den Stützvektor

$$\mathbf{v}_{31} := Z\mathbf{v}_{21} = \begin{pmatrix} 0 \\ -1 \\ 1 \\ 0 \\ 0 \end{pmatrix}.$$

Hier könnten wir sogar einen beliebigen Vektor aus $\langle \mathbf{v}_{11}, \mathbf{v}_{12} \rangle$ hinzuaddieren, um einen alternativen Hauptvektor dritter Stufe des ersten Jordan-Blocks zu erhalten, denn es ist keine
vierte Stufe zu berücksichtigen. Für den verbleibenden 1×1-Jordan-Block zum Eigenwert
$\lambda_2 = 3$ wählen wir einfach den Basisvektor des zuvor bereits bestimmten Eigenraums

$$\mathbf{w} := \begin{pmatrix} 1 \\ 0 \\ 0 \\ 0 \\ 1 \end{pmatrix}.$$

Wir stellen die berechneten Hauptvektoren zu einer Basis zusammen und erhalten damit
eine Transformationsmatrix

$$B = (\mathbf{v}_{11} \,|\, \mathbf{v}_{21} \,|\, \mathbf{v}_{31} \,|\, \mathbf{v}_{12} \,|\, \mathbf{w}) = \begin{pmatrix} 2 & 0 & 0 & 0 & 1 \\ -1 & 1 & -1 & 0 & 0 \\ 1 & 0 & 1 & 0 & 0 \\ -1 & 0 & 0 & 1 & 0 \\ 1 & 0 & 0 & 0 & 1 \end{pmatrix},$$

für die in der Tat

$$B^{-1}AB = \begin{pmatrix} 1 & 0 & 0 & 0 & -1 \\ 0 & 1 & 1 & 0 & 0 \\ -1 & 0 & 1 & 0 & 1 \\ 1 & 0 & 0 & 1 & -1 \\ -1 & 0 & 0 & 0 & 2 \end{pmatrix} \begin{pmatrix} 1 & 2 & 2 & 0 & 2 \\ -1 & 1 & 0 & 0 & 1 \\ 0 & 1 & 3 & 0 & 0 \\ 0 & -1 & -1 & 2 & 0 \\ -1 & 1 & 1 & 0 & 4 \end{pmatrix} \begin{pmatrix} 2 & 0 & 0 & 0 & 1 \\ -1 & 1 & -1 & 0 & 0 \\ 1 & 0 & 1 & 0 & 0 \\ -1 & 0 & 0 & 1 & 0 \\ 1 & 0 & 0 & 0 & 1 \end{pmatrix} = \begin{pmatrix} 2 & 1 & 0 & 0 & 0 \\ 0 & 2 & 1 & 0 & 0 \\ 0 & 0 & 2 & 0 & 0 \\ 0 & 0 & 0 & 2 & 0 \\ 0 & 0 & 0 & 0 & 3 \end{pmatrix} = J$$

gilt.

7.3 Transformation durch invers gekoppelte Umformungen

In einigen Fällen können wir für eine quadratische Matrix A eine Jordan'sche Normalform J zusammen mit der entsprechenden Ähnlichkeitstransformation $S^{-1}AS = J$ durch invers gekoppelte Zeilen- und Spaltenumformungen im Direktverfahren bestimmen. Hierzu versuchen wir, die Matrix A schrittweise in die Gestalt einer Jordan'schen Normalform zu überführen. Dabei ist es entscheidend, dass wir mit diesen Umformungen ausschließlich Ähnlichkeitstransformationen durchführen. Dies kann dadurch bewerkstelligt werden, dass wir einer Zeilenumformung jeweils die hierzu inverse Spaltenumformung folgen lassen und umgekehrt. Im Detail erhalten wir durch diese paarweise invers gekoppelten Umformungen eine Sequenz ähnlicher Matrizen:

$$A \approx U_1 A U_1^{-1} \approx U_2 U_1 A U_1^{-1} U_2^{-1} \approx (U_k \cdots U_2 U_1) A (U_1^{-1} U_2^{-1} \cdots U_k^{-1}) = J.$$

Hierbei steht jede Matrix $U_i \in \mathrm{GL}(n, \mathbb{K})$ für eine elementare Umformungsmatrix des Typs I, II oder III. Wir erinnern uns daran, dass Zeilenumformungen durch Linksmultiplikation und Spaltenumformungen durch Rechtsmultiplikation dargestellt werden. Mit $T = U_k \cdots U_2 U_1$ bzw. $T^{-1} = (U_k \cdots U_2 U_1)^{-1} = U_1^{-1} U_2^{-1} \cdots U_k^{-1}$ gilt dann insgesamt $TAT^{-1} = J$, während mit $S = T^{-1} = U_1^{-1} U_2^{-1} \cdots U_k^{-1}$ die Jordan-Zerlegung $S^{-1}AS = J$ ermöglicht wird. Wir betrachten hierzu ein Beispiel. Die reelle 3×3-Matrix

$$A = \begin{pmatrix} 9 & 4 & 2 \\ -2 & 3 & -1 \\ -4 & -4 & 3 \end{pmatrix}$$

besitzt das charakteristische Polynom

$$\chi_A(x) = \det(xE - A) = \det \begin{pmatrix} x-9 & -4 & -2 \\ 2 & x-3 & 1 \\ 4 & 4 & x-3 \end{pmatrix}$$

$$= \det \begin{pmatrix} x-9 & -4 & -2 \\ 2 & x-3 & 1 \\ 0 & -2(x-5) & x-5 \end{pmatrix} = \det \begin{pmatrix} x-9 & -8 & -2 \\ 2 & x-1 & 1 \\ 0 & 0 & x-5 \end{pmatrix}$$

$$= (x-5)((x-9)(x-1)+16) = (x-5)((x^2-10x+25) = (x-5)^3.$$

Wir bestimmen nun die geometrische Ordnung des einzigen Eigenwertes $\lambda = 5$:

$$\mathrm{geo}(5) = \dim \mathrm{Kern}(A - 5E)$$

$$= 3 - \mathrm{Rang}(A - 5E) = 3 - \mathrm{Rang} \begin{pmatrix} 4 & 4 & 2 \\ -2 & -2 & -1 \\ -4 & -4 & -2 \end{pmatrix} = 3 - 1 = 2.$$

Wegen $\mathrm{geo}(5) = 2 < \mathrm{alg}(5) = 3$ ist A nicht diagonalisierbar. Es treten genau zwei Jordan-Blöcke zum Eigenwert 5 auf. Damit ist

$$J = \begin{pmatrix} 5 & 0 & 0 \\ 0 & 5 & 1 \\ 0 & 0 & 5 \end{pmatrix}$$

eine Jordan'sche Normalform von A. Wir werden nun versuchen, durch invers gekoppelte Zeilen- und Spaltenumformungen A in J zu überführen. Wir starten, indem wir in A durch Addition der letzten Zeile auf die erste Zeile das Element 5 links oben in J erzeugen. Nach dem Korrespondenzprinzip (Satz 2.40) wird diese Umformung bewerkstelligt durch Linksmultiplikation mit der Typ-I-Umformungsmatrix $E_{13}(1)$. Damit eine zu A ähnliche Matrix entsteht, müssen wir noch von rechts mit der inversen Umformungsmatrix $(E_{13}(1))^{-1} = E_{13}(-1)$ multiplizieren. Dies bedeutet, dass wir nun im Gegenzug die erste Spalte von der letzten Spalte zu subtrahieren haben, also die zur Zeilenumformung korrespondierende inverse Spaltenumformung durchführen müssen:

$$A = \begin{pmatrix} 9 & 4 & 2 \\ -2 & 3 & -1 \\ -4 & -4 & 3 \end{pmatrix} \rightarrow \begin{pmatrix} 5 & 0 & 5 \\ -2 & 3 & -1 \\ -4 & -4 & 3 \end{pmatrix} \rightarrow \begin{pmatrix} 5 & 0 & 0 \\ -2 & 3 & 1 \\ -4 & -4 & 7 \end{pmatrix} \approx A.$$

Die nun entstandene Matrix $E_{13}(1)AE_{13}(-1)$ ist ähnlich zu A. Ihre erste Zeile stimmt bereits mit der ersten Zeile von J überein. Im nächsten Schritt könnten wir auch mit einer Spaltenumformung gefolgt von der entsprechenden inversen Zeilenumformung das Verfahren fortsetzen. Wenn wir das 2-Fache der letzten Spalte zur ersten und zur zweiten Spalte addieren, erhalten wir bereits die zweite Zeile von J. Im Gegenzug müssen wir dann das -2-Fache der ersten Zeile und das -2-Fache der zweiten Zeile auf die letzte Zeile addieren:

$$\begin{pmatrix} 5 & 0 & 0 \\ -2 & 3 & 1 \\ -4 & -4 & 7 \end{pmatrix} \rightarrow \begin{pmatrix} 5 & 0 & 0 \\ 0 & 5 & 1 \\ 10 & 10 & 7 \end{pmatrix} \rightarrow \begin{pmatrix} 5 & 0 & 0 \\ 0 & 5 & 1 \\ 0 & 0 & 5 \end{pmatrix} = J \approx A.$$

Um nun die Transformationsmatrix für die Ähnlichkeitstransformation $TAT^{-1} = J$ bzw. $S^{-1}AS = J$ zu bestimmen, könnten wir sämtliche Zeilenumformungsmatrizen von links beginnend mit der letzten Zeilenumformung bis zur ersten Zeilenumformung miteinander multiplizieren, was im Ergebnis die Matrix T liefert. Die Matrix $S = T^{-1}$ ist dann das Produkt aller Spaltenumformungsmatrizen beginnend mit der ersten Spaltenumformungsmatrix. Es ist aber nicht nötig, hierzu die einzelnen Umformungsmatrizen aufzustellen und miteinander zu multiplizieren. Stattdessen führen wir nun einfach sämtliche Zeilenumformungen in analoger Weise an der Einheitsmatrix E_3 durch, um T zu erhalten. Wenn uns die Matrix S interessiert, dann können wir, statt T zu invertieren, einfach in entsprechender Weise sämtliche Spaltenumformungen an der Einheitsmatrix E_3 durchführen. Für die Zeilenumformungen erhalten wir

$$\begin{pmatrix} 1 & 0 & 0 \\ 0 & 1 & 0 \\ 0 & 0 & 1 \end{pmatrix} \to \begin{pmatrix} 1 & 0 & 1 \\ 0 & 1 & 0 \\ 0 & 0 & 1 \end{pmatrix} \begin{matrix} \cdot(-2) \\ \cdot(-2) \end{matrix} \to \begin{pmatrix} 1 & 0 & 1 \\ 0 & 1 & 0 \\ -2 & -2 & -1 \end{pmatrix} = T.$$

Die Spaltenumformungen ergeben

$$\begin{pmatrix} 1 & 0 & 0 \\ 0 & 1 & 0 \\ 0 & 0 & 1 \end{pmatrix} \to \begin{pmatrix} 1 & 0 & -1 \\ 0 & 1 & 0 \\ 0 & 0 & 1 \end{pmatrix} \to \begin{pmatrix} -1 & -2 & -1 \\ 0 & 1 & 0 \\ 2 & 2 & 1 \end{pmatrix} = S.$$

In der Tat gilt $TS = E$ und damit $T^{-1} = S$. Interessanter ist allerdings, dass aufgrund

$$AS = \begin{pmatrix} 9 & 4 & 2 \\ -2 & 3 & -1 \\ -4 & -4 & 3 \end{pmatrix} \begin{pmatrix} -1 & -2 & -1 \\ 0 & 1 & 0 \\ 2 & 2 & 1 \end{pmatrix} = \begin{pmatrix} -5 & -10 & -7 \\ 0 & 5 & 1 \\ 10 & 10 & 7 \end{pmatrix}$$

$$= \begin{pmatrix} -1 & -2 & -1 \\ 0 & 1 & 0 \\ 2 & 2 & 1 \end{pmatrix} \begin{pmatrix} 5 & 0 & 0 \\ 0 & 5 & 1 \\ 0 & 0 & 5 \end{pmatrix} = SJ$$

die Ähnlichkeitstransformation $S^{-1}AS = J$ gegeben ist. Dieses Verfahren erscheint sehr attraktiv, da wir uns die mühselige Bestimmung von Hauptvektorbasen über Rekursionen ersparen können. Allerdings verlangt diese Methode zwingend, dass wir mit dem Produkt aller Zeilenumformungen die Inverse des Produkts der Spaltenumformungen erhalten. Wir haben dies durch paarweise inverse Kopplung der jeweiligen Umformungen erreicht, was jedoch unsere Freiheiten bei der Umformung von A in Richtung Jordan'scher Normalform stark einschränkt. Wenn wir dagegen keine Kopplungen dieser Art durchführen, so müssten wir auf andere Weise sicherstellen, dass das Produkt aller Zeilenumformungen die Inverse des Produkts aller Spaltenumformungen ergibt. Die Kopplungsmethode führt bei der Matrix

$$A = \begin{pmatrix} 2 & -1 & 1 \\ -1 & 2 & -1 \\ 2 & 2 & 3 \end{pmatrix}$$

bereits zu Schwierigkeiten. Wir werden in Abschn. 7.4 erkennen, dass wir durch elementare Umformungen auch ohne Kopplungsbedingung die charakteristische Matrix $xE - A$ in die charakteristische Matrix $xE - J$ einer Jordan'schen Normalform J von A überführen können, um auf diese Weise eine Ähnlichkeitstransformation zur Trigonalisierung von A zu erhalten.

7.4 Zusammenhang mit Invariantenteilern

Einer Matrix $A \in \mathrm{M}(n, \mathbb{K})$ können wir ihr charakteristisches Polynom $\chi_A = \det(xE_n - A) \in \mathbb{K}[x]$ zuordnen. Hierbei handelt es sich um ein normiertes Polynom vom Grad $\deg p = n$.

Umgekehrt ist es aber auch möglich, für jedes normierte Polynom $p \in \mathbb{K}[x]$ des Grades $\deg p = n \geq 1$ eine Matrix $A \in \mathrm{M}(n, \mathbb{K})$ zu konstruieren, die p als charakteristisches Polynom besitzt, für die also $\chi_A = \det(xE_n - A) = p$ gilt. Zerfällt p über $\mathbb{K}$ vollständig in Linearfaktoren, gilt also

$$p(x) = (x - \lambda_1)(x - \lambda_2) \cdots (x - \lambda_n),$$

mit (nicht notwendig paarweise verschiedenen) Nullstellen $\lambda_k \in \mathbb{K}$, so ist jede beliebige Dreiecksmatrix

$$A = \begin{pmatrix} \lambda_1 & * & \cdots & * \\ 0 & \lambda_2 & \ddots & \vdots \\ \vdots & \ddots & \ddots & * \\ 0 & \cdots & \cdots & \lambda_n \end{pmatrix}$$

eine derartige Matrix. Jede quadratische Matrix hat nur ein charakteristisches Polynom. Ein normiertes Polynom hat aber für $\deg p = n \geq 2$ mehr als nur eine Matrix, deren charakteristisches Polynom mit p übereinstimmt. Umgekehrt besteht also keine Eindeutigkeit. Liegt das Polynom in der Form

$$p(x) = x^n + a_{n-1}x^{n-1} + \cdots + a_1x + a_0$$

vor, so können wir auch ohne Nullstellenberechnung eine Matrix B für p konstruieren mit $\chi_B = p$, wie folgende Feststellung zeigt.

Satz/Definition 7.35 (Begleitmatrix eines normierten Polynoms) *Es sei*

$$p(x) = x^n + a_{n-1}x^{n-1} + \cdots + a_1x + a_0 \in \mathbb{K}[x] \tag{7.40}$$

ein nicht-konstantes normiertes Polynom mit Koeffizienten $a_k \in \mathbb{K}$. Dann stimmt das charakteristische Polynom der $n \times n$-Matrix

$$B_p := \begin{pmatrix} 0 & 1 & \cdots & 0 \\ \vdots & \ddots & \ddots & \vdots \\ 0 & 0 & \cdots & 1 \\ -a_0 & -a_1 & \cdots & -a_{n-1} \end{pmatrix} \in \mathrm{M}(n, \mathbb{K}) \tag{7.41}$$

mit p überein: $\chi_{B_p} = p$. Diese Matrix wird als Begleitmatrix des Polynoms p bezeichnet.

Beweis. Übungsaufgabe 7.7. Wenn nun $\lambda \in \mathbb{K}$ oder aus einem Erweiterungskörper von $\mathbb{K}$ ein Eigenwert von B_p ist, so muss die Matrix

$$B_p - \lambda E_n = \begin{pmatrix} -\lambda & 1 & 0 & \cdots & 0 \\ 0 & -\lambda & 1 & \ddots & \vdots \\ \vdots & & \ddots & \ddots & 0 \\ 0 & 0 & \cdots & -\lambda & 1 \\ -a_0 & -a_1 & \cdots & -a_{n-2} & -a_{n-1}-\lambda \end{pmatrix}$$

singulär sein. Es gilt also $\text{Rang}(B_p - \lambda E_n) \leq n - 1$. Da zudem die ersten n Zeilen von $B_p - \lambda E_n$ (unabhängig von λ) linear unabhängig sind, folgt $\text{Rang}(B_p - \lambda E_n) = n - 1$, woraus wiederum folgt, dass $\text{geo}\,\lambda = 1$ gilt. Der Eigenraum $V_{B_p,\lambda}$ ist damit für jeden Eigenwert $\lambda \in \text{Spec}\,B_p$ eindimensional. Damit besitzt eine Jordan'sche Normalform von B_p für jeden Eigenwert λ genau einen Jordan-Block $J_{\lambda,\mu}$, wobei μ die algebraische Ordnung von λ darstellt. Eine Jordan'sche Normalform von B_p hat also die Gestalt

$$
J = \begin{pmatrix} J_{\lambda_1,\mu_1} & 0 & \cdots & 0 \\ 0 & J_{\lambda_2,\mu_2} & \ddots & \vdots \\ \vdots & \ddots & \ddots & 0 \\ 0 & \cdots & \cdots & J_{\lambda_m,\mu_m} \end{pmatrix},
$$

wobei $\lambda_1, \ldots, \lambda_m$ die paarweise verschiedenen Eigenwerte von B_p sind mit den zugehörigen algebraischen Ordnungen $\mu_1, \ldots, \mu_m$, deren Summe $\mu_1 + \cdots + \mu_m = n$ ergibt. Da sämtliche Eigenräume von B_p eindimensional sind, können wir für jeden Eigenwert $\lambda \in \{\lambda_1, \ldots, \lambda_m\}$ der algebraischen Ordnung μ ausgehend von einem Eigenvektor $\mathbf{v}_1 \in V_{B_p,\lambda}$ eine Hauptvektorkette durch fortlaufendes Lösen der inhomogenen linearen Gleichungssysteme $(B_p - \lambda E_n)\mathbf{v}_{k+1} = \mathbf{v}_k$ für $k = 1, \ldots, \mu - 1$ ermitteln. Zur Bestimmung des Eigenraums $V_{B_p,\lambda}$ zum Eigenwert λ könnten wir, wie üblich, durch elementare Umformungen den Kern von $B_p - \lambda E_n$ bestimmen, was bedingt durch die einfache Struktur von B_p mit nicht viel Aufwand verbunden wäre. Es geht aber in diesem Fall noch schneller. Wir wissen, dass der Eigenraum eindimensional ist. Die Bestimmung eines Eigenvektors $\mathbf{v} \in V_{B_p,\lambda}$ reicht dann wegen $V_{B_p,\lambda} = \langle \mathbf{v} \rangle$ bereits aus. Die entsprechende Eigenwertgleichung hierzu lautet im Detail

$$
\begin{pmatrix} 0 & 1 & 0 & \cdots & 0 \\ 0 & 0 & 1 & \ddots & \vdots \\ \vdots & & \ddots & \ddots & 0 \\ 0 & 0 & \cdots & 0 & 1 \\ -a_0 & -a_1 & \cdots & -a_{n-2} & -a_{n-1} \end{pmatrix} \begin{pmatrix} v_1 \\ v_2 \\ \vdots \\ v_{n-1} \\ v_n \end{pmatrix} \overset{!}{=} \lambda \begin{pmatrix} v_1 \\ v_2 \\ \vdots \\ v_{n-1} \\ v_n \end{pmatrix}.
$$

Es ergeben sich die $n - 1$ gekoppelten Gleichungen $v_i \overset{!}{=} \lambda v_{i-1}$ für $i = 2, \ldots, n$ bzw. $v_i = \lambda^{i-1} v_1$ für $i = 2, \ldots, n$ sowie in der letzten Komponente wegen $p(\lambda) = 0$ eine Gleichung

$$
\sum_{k=0}^{n-1} -a_k v_{k+1} = \sum_{k=0}^{n-1} -a_k \lambda^k v_1 = \left(\sum_{k=0}^{n-1} -a_k \lambda^k \right) v_1 = \Big(\underbrace{\sum_{k=0}^{n-1} -a_k \lambda^k - \lambda^n}_{=-p(\lambda)} + \lambda^n \Big) v_1
$$

$$
= (-\underbrace{p(\lambda)}_{=0} + \lambda^n) v_1 = \lambda^n v_1 \overset{!}{=} \lambda v_n = \lambda \cdot \lambda^{n-1} v_1,
$$

die für alle $v_1 \in \mathbb{K}$ erfüllt ist. Mit $v_1 := 1$ ist daher beispielsweise

$$
\mathbf{v} = \begin{pmatrix} 1 \\ \lambda \\ \lambda^2 \\ \vdots \\ \lambda^{n-1} \end{pmatrix}
$$

ein Eigenvektor zum Eigenwert λ von B_p mit $V_{B_p,\lambda} = \langle \mathbf{v} \rangle$. Im Spezialfall $\lambda = 0$ muss wegen $p(\lambda) = p(0) = 0$ der Koeffizient $a_0 = 0$ betragen. Die erste Spalte von $B_p - \lambda E_n$ ist dann eine Nullspalte, woraus sich bereits $\hat{\mathbf{e}}_1$ als Eigenvektor ergibt. Dies ist aber verträglich mit dem o. g. Eigenvektor $\mathbf{v}$. Sämtliche Eigenräume sind eindimensional. Nur wenn für jedes $\lambda \in \operatorname{Spec} B_p$ die algebraische Ordnung $\mu = \operatorname{alg}(\lambda) = 1$, ist B_p diagonalisierbar. Ansonsten gibt es keine Basis aus Eigenvektoren von B_p. Um eine Ähnlichkeitstransformation $S^{-1} B_p S = J$ zu bestimmen, benötigen wir daher Hauptvektoren. Die Berechnung einer Basis aus Hauptvektoren ist dann wegen der Eindimensionalität der Eigenräume mit einem sukzessiven Lösen der inhomogenen linearen Gleichungssysteme

$$
(B_p - \lambda E_n)\mathbf{v}_j \overset{!}{=} \mathbf{v}_{j-1} \tag{7.42}
$$

ausgehend vom Eigenvektor $\mathbf{v}_1 := \mathbf{v}$ für jede Stufe $j = 2, \ldots \mu$ und jeden Eigenwert $\lambda \in \operatorname{Spec} B_p$ möglich. Wir erhalten dann für jeden Eigenwert λ einen Satz von μ linear unabhängigen Hauptvektoren fortlaufender Stufe, die der Rekursionsbedingung (7.42) genügen. Auf diese Weise können wir eine Basis aus Hauptvektoren von B_p bestimmen, die zur Zerlegung von B_p in eine Jordan'sche Normalform führt. Das Tableau zur Bestimmung eines Hauptvektors zweiter Stufe lautet dann ausgehend vom obigen Eigenvektor $\mathbf{v}_1 = \mathbf{v}$

$$
[B_p - \lambda E_n \,|\, \mathbf{v}_1] = \left[\begin{array}{ccccc|c}
-\lambda & 1 & 0 & \cdots & 0 & 1 \\
0 & -\lambda & 1 & \ddots & \vdots & \lambda \\
\vdots & & \ddots & \ddots & 0 & \vdots \\
0 & 0 & \cdots & -\lambda & 1 & \lambda^{n-2} \\
-a_0 & -a_1 & \cdots & -a_{n-2} & -a_{n-1}-\lambda & \lambda^{n-1}
\end{array} \right].
$$

Für $\mu = \operatorname{alg}(\lambda) > 1$ muss das lineare Gleichungssystem lösbar sein. Die letzte Tableauzeile muss demnach eliminierbar sein, sodass sie gestrichen werden kann. Uns liegt somit letztlich das reduzierte Tableau

$$
[R_\lambda \,|\, \mathbf{v}_1'] := \left[\begin{array}{ccccc|c}
-\lambda & 1 & 0 & \cdots & 0 & 1 \\
0 & -\lambda & 1 & \ddots & \vdots & \lambda \\
\vdots & & \ddots & \ddots & 0 & \vdots \\
0 & 0 & \cdots & -\lambda & 1 & \lambda^{n-2}
\end{array} \right]
$$

vor. Für $\mu = \operatorname{alg}(\lambda) = 1$ gibt es keinen Hauptvektor zweiter Stufe. Er wird aber dann auch nicht benötigt. Wir betrachten nun den Fall $\mu > 1$ im Detail. Im Fall $\lambda = 0$ besteht wegen $a_0 = 0$ die erste Spalte nur aus Nullen. Zudem ist in diesem Fall $\mathbf{v}_1 = \mathbf{v} = \hat{\mathbf{e}}_1$ die letzte Tableauspalte. Eine Lösung dieses Gleichungssystems ist dann beispielsweise der Vektor

$$\mathbf{v}_2 = \begin{pmatrix} 1 \\ 1 \\ 0 \\ \vdots \\ 0 \end{pmatrix}.$$

Für einen Hauptvektor dritter Stufe lösen wir im Fall $\mu > 2$ das Gleichungssystem $(B_p - 0E_n)\mathbf{v}_3 = \mathbf{v}_2$, das beispielsweise durch

$$\mathbf{v}_3 = \begin{pmatrix} 1 \\ 1 \\ 1 \\ 0 \\ \vdots \end{pmatrix}$$

gelöst wird. Dieses Verfahren können wir entsprechend fortsetzen für Hauptvektoren höherer Stufe.

Im Fall $\lambda \neq 0$ bewirkt die Linksmultiplikation mit der regulären $n-1 \times n-1$-Matrix

$$Z = \begin{pmatrix} -\lambda^{-1} & -\lambda^{-2} & \cdots & -\lambda^{-n+1} \\ 0 & -\lambda^{-1} & \ddots & -\lambda^{-n+2} \\ \vdots & & \ddots & \ddots & \vdots \\ 0 & 0 & \cdots & -\lambda^{-1} \end{pmatrix}$$

eine Überführung des reduzierten Tableaus $[R_\lambda \,|\, \mathbf{v}_1']$ in das $n-1$-zeilige Tableau

$$Z[R_\lambda \,|\, \mathbf{v}_1'] = [ZR_\lambda \,|\, Z\mathbf{v}_1'] = \begin{bmatrix} 1 & 0 & \cdots & 0 & 0 & -\lambda^{-n+1} & -(n-1)\lambda^{-1} \\ 0 & 1 & \ddots & 0 & 0 & -\lambda^{-n+2} & -(n-2)\lambda^0 \\ \vdots & \ddots & \ddots & \ddots & \vdots & \vdots & \vdots \\ 0 & \cdots & \cdots & 1 & 0 & -\lambda^{-2} & -2\lambda^{n-4} \\ 0 & \cdots & \cdots & 0 & 1 & -\lambda^{-1} & -\lambda^{n-3} \end{bmatrix}.$$

Hierbei steht für $k \in \mathbb{N}$ der Vorfaktor k in den Produkten $-k\lambda^j$ der letzten Spalte für das k-fache Aufaddieren des Einselementes aus $\mathbb{K}$. Wir lesen den Stützvektor als Lösung, also als Hauptvektor zweiter Stufe, aus diesem Tableau ab, wobei wir wegen der Zeilenreduktion eine Null als unterste Komponente ergänzen müssen:

$$\mathbf{v}_2 = \begin{pmatrix} -(n-1)\lambda^{-1} \\ -(n-2) \\ \vdots \\ -2\lambda^{n-4} \\ -\lambda^{n-3} \\ 0 \end{pmatrix}.$$

Dieses Schema können wir nun fortsetzen, indem wir zur Lösung des linearen Gleichungssystems $(B_p - \lambda E_n)\mathbf{v}_3 = \mathbf{v}_2$ die Zeilenumformungsmatrix Z von links an die letzte Spalte $\mathbf{v}_2'$ des reduzierten Tableaus $[R_\lambda \,|\, \mathbf{v}_2']$ multiplizieren, wobei $\mathbf{v}_2'$ der um die letzte Komponente reduzierte Vektor $\mathbf{v}_2$ ist. Uns interessiert aus dem so entstehenden Tableau $[ZR_\lambda \,|\, Z\mathbf{v}_2']$ nur der letzte Spaltenvektor $Z\mathbf{v}_2'$, den wir unten mit einer Null ergänzen.

Wir erhalten auf diese Weise nach und nach Hauptvektoren fortlaufender Stufe. Die Lösbarkeit der jeweiligen Gleichungssysteme ist dabei bis zur Stufe $\mu - 1$ gegeben. Die hierbei nacheinander durchgeführte Linksmultiplikation von Z auf einen jeweils zuletzt bestimmten Tableauvektor $\mathbf{v}_{j-1}'$ ist nichts anderes als die Linksmultiplikation der $j-1$-fachen Matrixpotenz von Z auf den ersten Tableau-Vektor $\mathbf{v}_1'$:

$$
\mathbf{v}_j' = Z\mathbf{v}_{j-1}' = \ldots = Z^{j-1}\mathbf{v}_1' = \begin{pmatrix} -\lambda^{-1} & -\lambda^{-2} & \cdots & -\lambda^{-n+1} \\ 0 & -\lambda^{-1} & \ddots & -\lambda^{-n+2} \\ \vdots & & \ddots & \vdots \\ 0 & 0 & \cdots & -\lambda^{-1} \end{pmatrix}^{j-1} \begin{pmatrix} 1 \\ \lambda \\ \lambda^2 \\ \vdots \\ \lambda^{n-2} \end{pmatrix}
$$

$$
= (-1)^{j-1} \begin{pmatrix} \lambda^{-1} & \lambda^{-2} & \cdots & \lambda^{-n+1} \\ 0 & \lambda^{-1} & \ddots & \lambda^{-n+2} \\ \vdots & & \ddots & \vdots \\ 0 & 0 & \cdots & \lambda^{-1} \end{pmatrix}^{j-1} \begin{pmatrix} 1 \\ \lambda \\ \lambda^2 \\ \vdots \\ \lambda^{n-2} \end{pmatrix}.
$$

Die erste Zeile der hierin auftretenden Matrixpotenz

$$
\begin{pmatrix} \lambda^{-1} & \lambda^{-2} & \cdots & \lambda^{-n+1} \\ 0 & \lambda^{-1} & \ddots & \lambda^{-n+2} \\ \vdots & & \ddots & \vdots \\ 0 & 0 & \cdots & \lambda^{-1} \end{pmatrix}^{j-1}
$$

lautet

$$
\left(\lambda^{-(j-1)}, c_2 \lambda^{-j}, \cdots, c_{n-1} \lambda^{-(j-1+(n-2))} \right)
$$

mit positiven Zahlen $c_2, \ldots, c_{n-1} \in \mathbb{N}$, die für das c_j-fache Aufaddieren des Einselements von $\mathbb{K}$ stehen. Daher kann für $\lambda \neq 0$ die erste Komponente von $\mathbf{v}_j'$ zumindest für Körper mit $\operatorname{char}\mathbb{K} = 0$ nicht verschwinden:

$$
v_{j1}' = (-1)^{j-1} \cdot \left(\lambda^{-(j-1)}, c_2 \lambda^{-j}, \cdots, c_{n-1} \lambda^{-(j+n-3)} \right) \cdot \begin{pmatrix} 1 \\ \lambda \\ \lambda^2 \\ \vdots \\ \lambda^{n-2} \end{pmatrix}
$$

$$
= (-1)^{j-1} \cdot \left(\lambda^{-(j-1)} + c_2 \lambda^{-(j-1)} + \cdots + c_{n-1} \lambda^{-(j-1)} \right)
$$

$$= (-1)^{j-1} \cdot \lambda^{-(j-1)} \cdot \underbrace{(1 + c_2 + \cdots + c_{n-1}) \cdot 1}_{\neq\, 0,\ \text{für char}\,\mathbb{K} = 0}.$$

Wir fassen unsere Beobachtungen zusammen.

Satz 7.36 (Jordan'sche Normalform einer Begleitmatrix) *Es sei* $p(x) = x^n + a_{n-1}x^{n-1} + \cdots + a_1 x + a_0 \in \mathbb{K}[x]$, $\deg p \geq 1$ *ein nicht-konstantes normiertes Polynom und* $L \supset \mathbb{K}$ *sein Zerfällungskörper. Zudem sei* $N_p = \{\lambda \in L : p(\lambda) = 0\} \subset L$ *die Nullstellenmenge von* p.

Dann besitzt die Begleitmatrix $B_p \in \mathrm{M}(n, \mathbb{K})$ *ausschließlich eindimensionale Eigenräume der Form*

$$V_{B_p, \lambda} = \left\langle \begin{pmatrix} 1 \\ \lambda \\ \lambda^2 \\ \vdots \\ \lambda^{n-1} \end{pmatrix} \right\rangle \quad \text{für alle} \quad \lambda \in N_p = \operatorname{Spec} B_p. \tag{7.43}$$

Jede Jordan'sche Normalform von B_p *hat die Gestalt*

$$J = \begin{pmatrix} J_{\lambda_1, \mu_1} & 0 & \cdots & 0 \\ 0 & J_{\lambda_2, \mu_2} & \ddots & \vdots \\ \vdots & \ddots & \ddots & 0 \\ 0 & \cdots & 0 & J_{\lambda_m, \mu_m} \end{pmatrix} \in \mathrm{M}(n, L), \quad n = \mu_1 + \cdots + \mu_m, \tag{7.44}$$

wobei $\lambda_1, \ldots, \lambda_m \in L$ *die paarweise verschiedenen Nullstellen von* p *mit den zugehörigen algebraischen Ordnungen* $\mu_k := \operatorname{alg} \lambda_k$ *für* $k = 1, \ldots, m$ *sind. Für* $k = 1, \ldots, m$ *bilden Vektoren mit*

$$\mathbf{v}_1^k \in V_{B_p, \lambda_k}, \quad (B_p - \lambda_k E_m)\mathbf{v}_j^k = \mathbf{v}_{j-1}^k, \quad \text{für } j = 2, \ldots, \mu_k \tag{7.45}$$

einen Satz aus μ_k *Hauptvektoren fortlaufender Stufe zum Eigenwert* λ_k, *sodass mit*

$$S := (\mathbf{v}_1^1 \,|\, \cdots \,|\, \mathbf{v}_{\mu_1}^1 \,|\, \mathbf{v}_1^2 \,|\, \cdots \,|\, \mathbf{v}_{\mu_2}^2 \,|\, \cdots \,|\, \mathbf{v}_1^m \,|\, \cdots \,|\, \mathbf{v}_{\mu_m}^m) \in \mathrm{GL}(n, L) \tag{7.46}$$

eine Basis(matrix) aus Hauptvektoren von B_p *vorliegt mit* $S^{-1} B_p S = J$. *Zur Bestimmung einer Kette von Hauptvektoren laufender Stufe zum Eigenwert* $\lambda = \lambda_k \neq 0$ *können nacheinander die Vektoren*

$$\mathbf{w}_j = \begin{pmatrix} -\lambda^{-1} & -\lambda^{-2} & \cdots & -\lambda^{-n+1} \\ 0 & -\lambda^{-1} & \ddots & -\lambda^{-n+2} \\ \vdots & \ddots & \ddots & \vdots \\ 0 & 0 & \cdots & -\lambda^{-1} \end{pmatrix}^{j-1} \begin{pmatrix} 1 \\ \lambda \\ \lambda^2 \\ \vdots \\ \lambda^{n-2} \end{pmatrix} \tag{7.47}$$

für $j = 1, \ldots, \mu_k$ *bestimmt werden. Damit bilden*

$$\mathbf{v}_j^k := \begin{pmatrix} \mathbf{w}_j \\ 0 \end{pmatrix}, \qquad j = 1, \ldots, \mu_k \tag{7.48}$$

einen Satz linear unabhängiger Hauptvektoren fortlaufender Stufe zum Eigenwert λ_k. Im Fall $\lambda_k = 0$ stellen

$$\mathbf{v}_j^k = (\underbrace{1, \ldots, 1}_{j \, mal}, 0, \ldots, 0)^T, \qquad j = 1, \ldots, \mu_k \tag{7.49}$$

einen Satz linear unabhängiger Hauptvektoren fortlaufender Stufe dar. Für die wie in (7.46) aus allen Hauptvektoren zusammengestellte Matrix S gilt dann $S^{-1} B_p S = J$. Unabhängig vom Eigenwert ist im Fall $\operatorname{char} \mathbb{K} = 0$ die oberste Komponente in jedem dieser Hauptvektoren stets ungleich Null, sodass dann die erste Zeile von S keine Null enthält.

Wir sehen uns ein Beispiel an. Das Polynom

$$p(x) = x^4 + x^3 - 3x^2 - 5x - 2 = (x-2)^1 (x+1)^3$$

besitzt die Nullstellen $\lambda_1 = 2$ mit $\mu_1 = \operatorname{alg} \lambda_1 = 1$ und $\lambda_2 = -1$ mit $\mu_2 = \operatorname{alg} \lambda_2 = 3$. Seine Begleitmatrix lautet

$$B_p = \begin{pmatrix} 0 & 1 & 0 & 0 \\ 0 & 0 & 1 & 0 \\ 0 & 0 & 0 & 1 \\ 2 & 5 & 3 & -1 \end{pmatrix}.$$

Für den Eigenraum zum Eigenwert $\lambda_1 = 2$ gilt nach dem letzten Satz

$$V_{B_p, 2} = \langle \mathbf{v}_1^1 \rangle \quad \text{mit} \quad \mathbf{v}_1^1 = \begin{pmatrix} 1 \\ 2 \\ 4 \\ 8 \end{pmatrix}.$$

Für den Eigenwert $\lambda_2 = -1$ gilt

$$V_{B_p, -1} = \langle \mathbf{v}_1^2 \rangle \quad \text{mit} \quad \mathbf{v}_1^2 = \begin{pmatrix} 1 \\ -1 \\ 1 \\ -1 \end{pmatrix}.$$

Mit

$$J = \begin{pmatrix} 2 & 0 & 0 & 0 \\ 0 & -1 & 1 & 0 \\ 0 & 0 & -1 & 1 \\ 0 & 0 & 0 & -1 \end{pmatrix}$$

liegt nach dem vorausgegangenen Satz eine Jordan'sche Normalform von B_p vor. Um nun eine Transformationsmatrix $S \in \operatorname{GL}(4, \mathbb{R})$ mit $S^{-1} B_p S = J$ zu bestimmen, benötigen wir für den Eigenwert $\lambda_2 = -1$ noch zwei Hauptvektoren. Die Zeilenumformungsmatrix Z des letzten Satzes lautet für $\lambda_2 = -1$:

$$Z = \begin{pmatrix} -\lambda_2^{-1} & -\lambda_2^{-2} & -\lambda_2^{-3} \\ 0 & -\lambda_2^{-1} & -\lambda_2^{-2} \\ 0 & 0 & -\lambda_2^{-1} \end{pmatrix} = \begin{pmatrix} 1 & -1 & 1 \\ 0 & 1 & -1 \\ 0 & 0 & 1 \end{pmatrix}.$$

Wir berechnen nun

$$\mathbf{w}_2 = \begin{pmatrix} 1 & -1 & 1 \\ 0 & 1 & -1 \\ 0 & 0 & 1 \end{pmatrix} \begin{pmatrix} 1 \\ -1 \\ 1 \end{pmatrix} = \begin{pmatrix} 3 \\ -2 \\ 1 \end{pmatrix}$$

sowie

$$\mathbf{w}_3 = \begin{pmatrix} 1 & -1 & 1 \\ 0 & 1 & -1 \\ 0 & 0 & 1 \end{pmatrix}^2 \begin{pmatrix} 1 \\ -1 \\ 1 \end{pmatrix} = \begin{pmatrix} 1 & -1 & 1 \\ 0 & 1 & -1 \\ 0 & 0 & 1 \end{pmatrix} \begin{pmatrix} 3 \\ -2 \\ 1 \end{pmatrix} = \begin{pmatrix} 6 \\ -3 \\ 1 \end{pmatrix},$$

sodass uns mit

$$S = \begin{pmatrix} 1 & 1 & 3 & 6 \\ 2 & -1 & -2 & -3 \\ 4 & 1 & 1 & 1 \\ 8 & -1 & 0 & 0 \end{pmatrix}$$

eine entsprechende Matrix vorliegt, mit der (zugegebenermaßen nach etwas Rechnung) bestätigt werden kann, dass

$$S^{-1}B_p S = \frac{1}{27} \begin{pmatrix} 1 & 3 & 3 & 1 \\ 8 & 24 & 24 & -19 \\ -30 & -63 & -9 & 24 \\ 18 & 27 & 0 & -9 \end{pmatrix} \begin{pmatrix} 0 & 1 & 0 & 0 \\ 0 & 0 & 1 & 0 \\ 0 & 0 & 0 & 1 \\ 2 & 5 & 3 & -1 \end{pmatrix} \begin{pmatrix} 1 & 1 & 3 & 6 \\ 2 & -1 & -2 & -3 \\ 4 & 1 & 1 & 1 \\ 8 & -1 & 0 & 0 \end{pmatrix}$$

$$= \begin{pmatrix} 2 & 0 & 0 & 0 \\ 0 & -1 & 1 & 0 \\ 0 & 0 & -1 & 1 \\ 0 & 0 & 0 & -1 \end{pmatrix} = J$$

gilt. Eine Folge von Satz 7.36 ist, dass ein Jordan-Block $J_{\lambda,\nu}$ ähnlich ist zur Begleitmatrix der Linearfaktorpotenz $(x - \lambda)^\nu$.

Satz 7.37 (Begleitmatrix und Jordan'sche Normalform einer Linearfaktorpotenz) *Es sei $\lambda \in \mathbb{K}$ und $\nu \geq 1$ eine natürliche Zahl. Dann gilt*

$$B_{(x-\lambda)^\nu} = \begin{pmatrix} 0 & 1 & \cdots & 0 \\ \vdots & \ddots & \ddots & \vdots \\ 0 & 0 & \cdots & 1 \\ -a_0 & -a_1 & \cdots & -a_{\nu-1} \end{pmatrix} \approx \begin{pmatrix} \lambda & 1 & \cdots & 0 \\ 0 & \ddots & \ddots & \vdots \\ \vdots & \ddots & \ddots & 1 \\ 0 & \cdots & 0 & \lambda \end{pmatrix} = J_{\lambda,\nu}. \qquad (7.50)$$

Hierbei sind nach dem binomischen Lehrsatz

$$a_k = \binom{\nu}{k}(-\lambda)^{\nu-k}, \qquad k = 0, \dots, \nu$$

die Koeffizienten von $(x - \lambda)^{\nu}$. *Der Binomialkoeffizient* $\binom{\nu}{k}$ *steht dabei für das* $\binom{\nu}{k}$-*fache Aufsummieren des Einselementes aus* $\mathbb{K}$.

Wenn wir nun für beliebig gewählte, also nicht notwendig paarweise verschiedene Skalare $\lambda_1, \ldots, \lambda_m$ mehrere Jordan-Blöcke J_{λ_k,μ_k} für $k = 1, \ldots, m$ zu einer Blockdiagonalmatrix der Gestalt

$$J := \begin{pmatrix} J_{\lambda_1,\mu_1} & 0 & \cdots & 0 \\ 0 & J_{\lambda_2,\mu_2} & \ddots & \vdots \\ \vdots & \ddots & \ddots & 0 \\ 0 & \cdots & 0 & J_{\lambda_m,\mu_m} \end{pmatrix}$$

zusammenstellen, dann ist nach dem vorausgegangenen Satz jeder einzelne dieser Blöcke ähnlich zu einer Begleitmatrix

$$J_{\lambda_k,\mu_k} \approx B_{(x-\lambda_k)^{\mu_k}}, \qquad k = 1, \ldots, m.$$

Es gibt also m reguläre Matrizen $S_k \in \mathrm{GL}(\mu_k, L)$ mit

$$J_{\lambda_k,\mu_k} = S_k^{-1} B_{(x-\lambda_k)^{\mu_k}} S_k, \qquad k = 1, \ldots, m.$$

Wenn wir diese m Matrizen zu einer Diagonalmatrix blockweise zusammenfassen, entsteht aufgrund der Blockmultiplikationsregel eine $n \times n$-Matrix

$$S = \begin{pmatrix} S_1 & & & \\ & S_2 & & \\ & & \ddots & \\ & & & S_m \end{pmatrix}$$

mit $n = \mu_1 + \cdots + \mu_m$, sodass

$$\begin{pmatrix} S_1 & & & \\ & S_2 & & \\ & & \ddots & \\ & & & S_m \end{pmatrix} \begin{pmatrix} S_1^{-1} & & & \\ & S_2^{-1} & & \\ & & \ddots & \\ & & & S_m^{-1} \end{pmatrix} = E_n$$

ergibt, woraus die Regularität von S mit

$$S^{-1} = \begin{pmatrix} S_1^{-1} & & & \\ & S_2^{-1} & & \\ & & \ddots & \\ & & & S_m^{-1} \end{pmatrix}$$

folgt. Zudem gilt

$$
\begin{aligned}
SJS^{-1} &= \begin{pmatrix} S_1 & & & \\ & S_2 & & \\ & & \ddots & \\ & & & S_m \end{pmatrix} \begin{pmatrix} J_{\lambda_1,\mu_1} & 0 & \cdots & 0 \\ 0 & J_{\lambda_2,\mu_2} & \ddots & \vdots \\ \vdots & \ddots & \ddots & 0 \\ 0 & \cdots & 0 & J_{\lambda_m,\mu_m} \end{pmatrix} \begin{pmatrix} S_1^{-1} & & & \\ & S_2^{-1} & & \\ & & \ddots & \\ & & & S_m^{-1} \end{pmatrix} \\
&= \begin{pmatrix} S_1 J_{\lambda_1,\mu_1} S_1^{-1} & 0 & \cdots & 0 \\ 0 & S_2 J_{\lambda_2,\mu_2} S_2 - 1 & \ddots & \vdots \\ \vdots & \ddots & \ddots & 0 \\ 0 & \cdots & 0 & S_m J_{\lambda_m,\mu_m} S_m^{-1} \end{pmatrix} \\
&= \begin{pmatrix} B_{(x-\lambda_1)^{\mu_1}} & 0 & \cdots & 0 \\ 0 & B_{(x-\lambda_2)^{\mu_2}} & \ddots & \vdots \\ \vdots & \ddots & \ddots & 0 \\ 0 & \cdots & 0 & B_{(x-\lambda_m)^{\mu_m}} \end{pmatrix}.
\end{aligned}
$$

Diese Matrix wird als Weierstraß-Normalform von J bzw. von jeder zu J ähnlichen Matrix A bezeichnet. Genau genommen handelt es sich um die Weierstraß-Normalform auf Grundlage des Körpers, in dem das charakteristische Polynom von A vollständig zerfällt. Wir werden später eine allgemeinere Version der Weierstraß-Normalform von A für den Fall definieren, dass das charakteristische Polynom χ_A von A nicht vollständig über $\mathbb{K}$ zerfällt. In dieser Version treten an die Stelle der Begleitmatrizen der Linearfaktorpotenzen $(x-\lambda_k)^{\mu_k}$ Begleitmatrizen von Potenzen der über $\mathbb{K}$ irreduziblen Faktoren von χ_A. Da die Begleitmatrix eines Linearfaktors $x-a$ die 1×1-Matrix (a) ist und eine diagonalisierbare Matrix nur 1×1-Jordan-Blöcke enthält, können wir sofort feststellen:

Folgerung 7.38 *Ist $A \in \mathrm{M}(n,\mathbb{K})$ diagonalisierbar, so stimmt bei Festlegung der Reihenfolge der Eigenwerte die Weierstraß-Normalform von A mit der Jordan'schen Normalform überein.*

Mithilfe der Weierstraß-Normalform ergibt sich nach Satz 7.36 ein Zusammenhang zwischen der Begleitmatrix eines Polynoms und den Begleitmatrizen seiner Linearfaktorpotenzen über seinem Zerfällungskörper.

Satz 7.39 *Es sei $p \in \mathbb{K}[x]$, $\deg p \geq 1$ ein nicht-konstantes normiertes Polynom mit den paarweise verschiedenen Nullstellen $\lambda_1,\ldots,\lambda_m \in L$ seines Zerfällungskörpers L und den zugehörigen algebraischen Ordnungen $\mu_1,\ldots,\mu_m$. Dann gilt*

$$
B_p \overset{\text{Satz 7.36}}{\approx} \begin{pmatrix} J_{\lambda_1,\mu_1} & 0 & \cdots & 0 \\ 0 & J_{\lambda_2,\mu_2} & \ddots & \vdots \\ \vdots & \ddots & \ddots & 0 \\ 0 & \cdots & 0 & J_{\lambda_m,\mu_m} \end{pmatrix} \approx \begin{pmatrix} B_{(x-\lambda_1)^{\mu_1}} & 0 & \cdots & 0 \\ 0 & B_{(x-\lambda_2)^{\mu_2}} & \ddots & \vdots \\ \vdots & \ddots & \ddots & 0 \\ 0 & \cdots & 0 & B_{(x-\lambda_m)^{\mu_m}} \end{pmatrix}. \quad (7.51)
$$

Etwas prägnanter formuliert: Es gilt

$$B_{(x-\lambda_1)^{\mu_1}\cdots(x-\lambda_m)^{\mu_m}} \approx \begin{pmatrix} B_{(x-\lambda_1)^{\mu_1}} & 0 & \cdots & 0 \\ 0 & B_{(x-\lambda_2)^{\mu_2}} & \ddots & \vdots \\ \vdots & & \ddots & 0 \\ 0 & \cdots & 0 & B_{(x-\lambda_m)^{\mu_m}} \end{pmatrix} \qquad (7.52)$$

für paarweise verschiedene $\lambda_1, \ldots, \lambda_m$.

Für eine Matrix $A \in \mathrm{M}(n, \mathbb{K})$ gehört ihre charakteristische Matrix $xE - A \in \mathrm{M}(n, \mathbb{K}[x])$ zu den Polynommatrizen. Im Folgenden wollen wir charakteristische Matrizen genauer untersuchen, um zu tiefergreifenden Erkenntnissen über die Ähnlichkeit von Matrizen und zu weiteren Normalformen zu gelangen. Als hilfreich wird sich hierbei der Invariantenteilersatz erweisen, da mit der charakteristischen Matrix $xE - A$ eine Matrix über dem euklidischen Ring $\mathbb{K}[x]$ vorliegt. Wir betrachten zunächst ein weiteres Mal die Begleitmatrix B_p eines normierten nicht-konstanten Polynoms

$$p(x) = x^n + a_{n-1}x^{n-1} + \cdots + a_1 x + a_0 \in \mathbb{K}[x].$$

Die charakteristische Matrix der Begleitmatrix von p,

$$xE - B_p := \begin{pmatrix} x & -1 & 0 & \cdots & & 0 \\ 0 & x & -1 & \ddots & & \vdots \\ \vdots & & \ddots & \ddots & & 0 \\ 0 & 0 & \cdots & x & & -1 \\ a_0 & a_1 & \cdots & a_{n-2} & x+a_{n-1} \end{pmatrix} \in \mathrm{M}(n, \mathbb{K}[x]),$$

ist eine Polynommatrix über dem euklidischen Ring $\mathbb{K}[x]$. Nach dem Invariantenteilersatz, Satz 2.81 bzw. Satz 3.45, können wir diese Matrix durch elementare Umformungen des Typs I oder II in die Smith-Normalform überführen. Wir vertauschen die ersten beiden Spalten. Anschließend eliminieren wir innerhalb der ersten Zeile und Spalte:

$$\begin{pmatrix} -1 & x & 0 & \cdots & & 0 \\ x & 0 & -1 & \ddots & & \vdots \\ \vdots & \vdots & \ddots & \ddots & & 0 \\ 0 & 0 & \cdots & x & & -1 \\ a_1 & a_0 & \cdots & a_{n-2} & x+a_{n-1} \end{pmatrix} \sim \begin{pmatrix} -1 & 0 & 0 & \cdots & & 0 \\ 0 & x^2 & -1 & \ddots & & \vdots \\ \vdots & \vdots & x & \ddots & & 0 \\ 0 & 0 & \cdots & x & & -1 \\ 0 & a_0+a_1 x & \cdots & a_{n-2} & x+a_{n-1} \end{pmatrix}.$$

Im nächsten Schritt vertauschen wir nun die zweite und dritte Spalte der letzten Matrix und eliminieren innerhalb der zweiten Spalte das x und den Wert a_1. Wir fahren in dieser Weise fort:

$$\begin{pmatrix} -1 & 0 & 0 & \cdots & 0 \\ 0 & -1 & x^2 & \ddots & \vdots \\ \vdots & x & \vdots & \ddots & 0 \\ 0 & \vdots & 0 & x & -1 \\ 0 & a_2 & a_0+a_1x & \cdots & x+a_{n-1} \end{pmatrix} \sim \begin{pmatrix} -1 & 0 & 0 & \cdots \\ 0 & -1 & 0 & \ddots \\ \vdots & 0 & x^3 & \ddots \\ 0 & \vdots & & \\ 0 & 0 & a_0+a_1x+a_2x^2 & \cdots \end{pmatrix}.$$

Schließlich erhalten wir

$$\begin{pmatrix} -1 & 0 & \cdots & & 0 \\ 0 & -1 & \ddots & & \vdots \\ \vdots & \ddots & & 0 \\ 0 & \cdots & x^{n-1} & -1 \\ 0 & \cdots & \sum_{k=0}^{n-2} a_k x^k & x+a_{n-1} \end{pmatrix} \sim \begin{pmatrix} -1 & 0 & \cdots & & 0 \\ 0 & -1 & \ddots & & \vdots \\ \vdots & \ddots & & 0 \\ 0 & \cdots & & -1 & x^{n-1} \\ 0 & \cdots & x+a_{n-1} & \sum_{k=0}^{n-2} a_k x^k \end{pmatrix} \sim \begin{pmatrix} -1 & 0 & 0 & \cdots & & 0 \\ 0 & -1 & 0 & \ddots & & \vdots \\ \vdots & \vdots & \ddots & \ddots & & 0 \\ 0 & 0 & \cdots & -1 & 0 \\ 0 & 0 & \cdots & 0 & \sum_{k=0}^{n-1} a_k x^k + x^n \end{pmatrix}.$$

Bei der letzten Matrix handelt es sich um die Smith-Normalform von $xE - B_p$, deren Invariantenteiler sich nun als $-1, \ldots, -1, p(x)$ bzw. $1, \ldots, 1, p(x)$ ablesen lassen, da es auf Assoziiertheit nicht ankommt. Wir kommen damit zu folgendem Resultat.

Satz 7.40 *Für die charakteristische Matrix einer Begleitmatrix eines normierten und nicht-konstanten Polynoms n-ten Grades $p(x) \in \mathbb{K}[x]$ gilt*

$$xE - B_p := \begin{pmatrix} x & -1 & 0 & \cdots & 0 \\ 0 & x & -1 & \ddots & \vdots \\ \vdots & & \ddots & \ddots & 0 \\ 0 & 0 & \cdots & x & -1 \\ a_0 & a_1 & \cdots & a_{n-2} & x+a_{n-1} \end{pmatrix} \sim \begin{pmatrix} 1 & 0 & 0 & \cdots & 0 \\ 0 & 1 & 0 & \ddots & \vdots \\ \vdots & & \ddots & \ddots & 0 \\ 0 & 0 & \cdots & 1 & 0 \\ 0 & 0 & \cdots & 0 & p(x) \end{pmatrix} \tag{7.53}$$

mit den Invariantenteilern $1, \ldots, 1, p(x)$.

Wenn wir nun die charakteristischen Matrizen $xE_{n_k} - B_{p_k}$ der Begleitmatrizen von m normierten Polynomen $p_k \in \mathbb{K}[x]$ der Grade $n_k = \deg p_k \geq 1$ für $k = 1, \ldots, m$ zu einer Blockdiagonalmatrix zusammenstellen, so können wir diesen Satz blockweise anwenden und erhalten ein weiteres Ergebnis.

Satz 7.41 *Für normierte Polynome $p_k \in \mathbb{K}[x]$ mit $n_k = \deg p_k \geq 1$, $k = 1, \ldots, m$ gilt mit $n = n_1 + \cdots + n_m$*

$$\underbrace{\begin{pmatrix} xE_{n_1} - B_{p_1} & 0 & \cdots & 0 \\ 0 & xE_{n_2} - B_{p_2} & \ddots & \vdots \\ \vdots & & \ddots & 0 \\ 0 & \cdots & 0 & xE_{n_m} - B_{p_m} \end{pmatrix}}_{=:B(x)} \sim \underbrace{\begin{pmatrix} E_{n-m} & & & \\ & p_1(x) & & \\ & & \ddots & \\ & & & p_m(x) \end{pmatrix}}_{=:S(x)}. \tag{7.54}$$

Gilt im Fall $m \geq 2$ zudem $p_k | p_{k+1}$ für $k = 1, \ldots, m-1$, so ist $S(x)$ bereits die Smith-Normalform von $B(x)$. Sind $p_1, \ldots, p_m$ paarweise teilerfremd, so sind die Invariantenteiler von $S(x)$ die Elemente

$$\underbrace{1, \ldots, 1}_{n \text{ mal}}, p(x), \quad mit \quad p(x) = p_1(x) \cdots p_m(x),$$

sodass erst mit

$$T(x) := \begin{pmatrix} E_{n-1} & \\ & p(x) \end{pmatrix} = \begin{pmatrix} E_{n-1} & \\ & p_1(x) \cdots p_m(x) \end{pmatrix}$$

die Smith-Normalform von $S(x)$ und damit auch von $B(x)$ vorliegt. Im Fall paarweise teilerfremder $p_1, \ldots, p_m$ gilt demnach $B(x) \sim S(x) \sim \mathrm{SNF}(S(x)) = T(x) \sim xE - B_p$, und somit

$$xE - B_{p_1 \cdots p_m} \sim \begin{pmatrix} xE_{n_1} - B_{p_1} & & \\ & \ddots & \\ & & xE_{n_m} - B_{p_m} \end{pmatrix} = xE - \begin{pmatrix} B_{p_1} & & \\ & \ddots & \\ & & B_{p_m} \end{pmatrix}. \qquad (7.55)$$

Beweis. Es seien $p_1, \ldots, p_m \in \mathbb{K}[x]$ normierte Polynome. Jeder einzelne Block $xE_{n_k} - B_{p_k}$ der Matrix $B(x)$ in (7.54) ist aufgrund von Satz 7.40 (ring-)äquivalent zu einer Smith-Normalform der Gestalt

$$\begin{pmatrix} E_{n_k - 1} & \\ 0 & p_k(x) \end{pmatrix} =: S_k(x).$$

Es gibt also invertierbare Polynommatrizen $M_k(x), N_k(x) \in (\mathrm{M}(n_k, \mathbb{K}[x]))^*$ mit

$$M_k(x)(xE_{n_k} - B_{p_k})N_k(x) = S_k(x)$$

und damit nach der Blockmultiplikationsregel

$$\begin{pmatrix} M_1(x) & & \\ & \ddots & \\ & & M_m(x) \end{pmatrix} \begin{pmatrix} xE_{n_1} - B_{p_1} & & \\ & \ddots & \\ & & xE_{n_m} - B_{p_m} \end{pmatrix} \begin{pmatrix} N_1(x) & & \\ & \ddots & \\ & & N_m(x) \end{pmatrix}$$

$$= \begin{pmatrix} M_1(x)(xE_{n_1} - B_{p_1})N_1(x) & & \\ & \ddots & \\ & & M_m(x)(xE_{n_m} - B_{p_m})N_m(x) \end{pmatrix} = \begin{pmatrix} S_1(x) & & \\ & \ddots & \\ & & S_m(x) \end{pmatrix}.$$

Die letzte Matrix hat Diagonalgestalt. Auf der Diagonalen stehen von links oben nach rechts unten

$$\underbrace{1, \ldots, 1, p_1(x)}_{\text{Diagonale v. } S_1}, \underbrace{1, \ldots, 1, p_2(x)}_{\text{Diagonale v. } S_2}, 1, \ldots \ldots, \underbrace{1, \ldots, 1, p_m(x)}_{\text{Diagonale v. } S_m}.$$

Durch Zeilen- und Spaltenpermutationen können wir diese Diagonalelemente so arrangieren, dass schließlich aus der letzten Matrix die hierzu äquivalente Gestalt

$$\begin{pmatrix} E_{n-m} & & & \\ & p_1(x) & & \\ & & \ddots & \\ & & & p_m(x) \end{pmatrix}$$

wird, die im Fall $p_k | p_{k+1}$ für $k = 1, \ldots, m-1$ eine Smith-Normalform darstellt. Sollten $p_1, \ldots, p_m$ paarweise teilerfremd sein, so ist deren größter gemeinsamer Teiler gleich 1 mit der Folge, dass sich durch elementare Umformungen die Smith-Normalform

$$\begin{pmatrix} E_{n-1} & \\ & p(x) \end{pmatrix}, \qquad p(x) = p_1(x) \cdots p_m(x)$$

ergibt, die laut Satz 7.40 über $\mathbb{K}[x]$ äquivalent ist zu $xE - B_p = xE - B_{p_1 \cdots p_m}$. $\square$

Sind zwei $n \times n$-Matrizen $A, B \in \mathrm{M}(n, \mathbb{K})$ ähnlich über $\mathbb{K}$, so sind ihre charakteristischen Matrizen $xE - A, xE - B \in \mathrm{M}(n, \mathbb{K}[x])$ äquivalent über $\mathbb{K}[x]$, denn aus $S^{-1}AS = B$ mit $S \in \mathrm{GL}(n, \mathbb{K})$ folgt zunächst

$$S^{-1}(xE - A)S = xS^{-1}S - S^{-1}AS = xE - B.$$

Da $S \in \mathrm{GL}(n, \mathbb{K}) \subset (\mathrm{M}(n, \mathbb{K}[x]))^*$ auch als invertierbare[6] Polynommatrix aufgefasst werden kann, folgt aus dieser Gleichung die (Ring-)Äquivalenz von $xE - A$ und $xE - B$ über $\mathbb{K}[x]$. Sind umgekehrt beide charakteristischen Matrizen (ring-)äquivalent über $\mathbb{K}[x]$, so kann gezeigt werden, dass A und B ähnlich über $\mathbb{K}$ sind. Dieser Nachweis ist aber bedeutend anspruchsvoller. Der nun folgende Ähnlichkeitsnachweis geht auf einen entsprechenden Beweis, der in Lorenz [9] beschrieben wird, zurück. Der Nachweis ist konstruktiv, da er eine Ähnlichkeitstransformation $B = S^{-1}AS$, insbesondere die hierzu erforderliche Transformationsmatrix S liefert. Es sei also

$$xE - A \overset{\mathbb{K}[x]}{\sim} xE - B,$$

wobei wir mit $\overset{\mathbb{K}[x]}{\sim}$ die (Ring-)Äquivalenz beider charakteristischen Matrizen über $\mathbb{K}[x]$ andeuten. Damit gibt es invertierbare Matrizen $M(x), N(x) \in (\mathrm{M}(n, \mathbb{K}))^*$ mit

$$M(x)(xE - A)N^{-1}(x) = xE - B \quad \text{bzw.} \quad M(x)(xE - A) = (xE - B)N(x). \qquad (7.56)$$

Wir werden nun anstreben, aus der letzten Gleichung eine Ähnlichkeitsbeziehung zwischen A und B herzustellen, indem wir eine geeignete Transformationsmatrix $T \in \mathrm{GL}(n, \mathbb{K})$ konstruieren mit $T^{-1}BT = A$. Da sowohl $N(x)$ als auch $M(x)$ aus Polynomen bestehen, können wir beide Matrizen in folgender Weise nach den Potenzen der Form x^k zerlegen:

---

[6] Es ist tatsächlich sogar $\mathrm{GL}(n, \mathbb{K}) \subsetneq (\mathrm{M}(n, \mathbb{K}[x]))^*$ eine echte Teilmenge der invertierbaren $n \times n$-Polynommatrizen über $\mathbb{K}$. So ist beispielsweise

$$A = \begin{pmatrix} 1 & x \\ 0 & 1 \end{pmatrix} \in (\mathrm{M}(n, \mathbb{K}[x]))^* \quad \text{mit} \quad A^{-1} = \begin{pmatrix} 1 & -x \\ 0 & 1 \end{pmatrix}, \quad A \notin \mathrm{GL}(n, \mathbb{K}).$$

$$M(x) = \sum_{k=0}^{p} M_k x^k, \qquad N(x) = \sum_{k=0}^{q} N_k x^k,$$

wobei die Vorfaktoren Matrizen mit Elementen aus $\mathbb{K}$ sind, d. h. $M_k, N_k \in \mathrm{M}(n, \mathbb{K})$, mit $M_p, N_q \neq 0_{n \times n}$. Setzen wir diese Zerlegungen nun in (7.56) ein, so ergibt sich

$$\left(\sum_{k=0}^{p} M_k x^k \right) (xE - A) = (xE - B) \left(\sum_{k=0}^{q} N_k x^k \right).$$

Nach Ausmultiplizieren beider Seiten erhalten wir hieraus

$$\sum_{k=0}^{p} M_k x^{k+1} - \sum_{k=0}^{p} M_k A x^k = \sum_{k=0}^{q} N_k x^{k+1} - \sum_{k=0}^{q} B N_k x^k$$

und nach Indexverschiebung

$$\sum_{k=1}^{p+1} M_{k-1} x^k - \sum_{k=0}^{p} M_k A x^k = \sum_{k=1}^{q+1} N_{k-1} x^k - \sum_{k=0}^{q} B N_k x^k.$$

Die höchste auftretende Potenz links besitzt der Summand $M_p x^{p+1}$ und rechts der Summand $N_q x^{q+1}$, woraus aus Gradgründen zunächst $p = q$ folgt, da weder M_p noch M_q verschwinden. Es ergibt sich

$$\sum_{k=1}^{p+1} M_{k-1} x^k - \sum_{k=0}^{p} M_k A x^k = \sum_{k=1}^{p+1} N_{k-1} x^k - \sum_{k=0}^{p} B N_k x^k.$$

Nun liefert ein Koeffizientenvergleich

$$M_p = N_p,$$
$$M_{k-1} - M_k A = N_{k-1} - B N_k, \quad k = 1, \ldots, p,$$
$$M_0 A = B N_0.$$

Multiplizieren wir die mittleren Gleichungen, $M_{k-1} - M_k A = N_{k-1} - B N_k$, mit B^k für jedes k von links durch und summieren über $k = 1, \ldots, p$, so erhalten wir

$$\sum_{k=1}^{p} B^k M_{k-1} - \sum_{k=1}^{p} B^k M_k A = \sum_{k=1}^{p} B^k N_{k-1} - \sum_{k=1}^{p} B^{k+1} N_k.$$

Da $M_p = N_p$ und $M_0 A = B N_0$ gilt, können wir nun links $B^{p+1} M_p + B^0 M_0 A$ und rechts den hiermit übereinstimmenden Term $B^{p+1} N_p + B^1 N_0$ addieren, indem wir beide Terme in die Summe aufnehmen:

$$\sum_{k=1}^{p+1} B^k M_{k-1} - \sum_{k=0}^{p} B^k M_k A = \sum_{k=1}^{p+1} B^k N_{k-1} - \sum_{k=0}^{p} B^{k+1} N_k = \sum_{k=0}^{p} B^{k+1} N_k - \sum_{k=0}^{p} B^{k+1} N_k = 0.$$

Damit bleibt

$$\sum_{k=1}^{p+1} B^k M_{k-1} - \sum_{k=0}^{p} B^k M_k A = 0 \quad \text{bzw.} \quad \sum_{k=1}^{p+1} B^k M_{k-1} = \sum_{k=0}^{p} B^k M_k A.$$

Durch Ausklammern von B auf der linken und A auf der rechten Seite erhalten wir nach Indexverschiebung in der linken Summe

$$B \left(\sum_{k=0}^{p} B^k M_k \right) = \left(\sum_{k=0}^{p} B^k M_k \right) A. \tag{7.57}$$

Sofern wir die Regularität der Matrix

$$T := \sum_{k=0}^{p} B^k M_k \in M(n, \mathbb{K}) \tag{7.58}$$

zeigen können, folgt aus (7.57) die Ähnlichkeitstransformation $T^{-1} B T = A$ und damit die Ähnlichkeit von A und B. Die Regularität von T folgt aus der Invertierbarkeit der Polynommatrix $M(x)$. Es gibt zunächst eine eindeutig bestimmte Polynommatrix $M(x)^{-1} \in (M(n, \mathbb{K}[x]))^*$ mit $M(x)(M(x))^{-1} = E_n$. Wenn wir nun $(M(x))^{-1}$ ebenfalls in Potenzen der Form x^k zerlegen,

$$(M(x))^{-1} = \sum_{k=0}^{r} W_k x^k, \qquad W_k \in M(n, \mathbb{K}), \quad k = 0, \dots, r, \quad W_r \neq 0_{n \times n},$$

so folgt zunächst aus $M(x)(M(x))^{-1} = E_n$ die Gleichung

$$E_n = \left(\sum_{k=0}^{p} M_k x^k \right) \left(\sum_{k=0}^{r} W_k x^k \right) = \sum_{(j,k) \neq (0,0)} M_j W_k x^{j+k} + M_0 W_0.$$

Durch Koeffizientenvergleich ergibt sich

$$M_j W_k = 0_{n \times n}, \quad \text{für} \quad (j,k) \neq (0,0), \qquad M_0 W_0 = E.$$

Wegen $TA = BT$ gilt auch $TA^j = BTA^{j-1} = \dots = B^j T$ für $j = 1, \dots, p$. Unter Verwendung dieser Eigenschaft berechnen wir nun

$$T \sum_{j=0}^{r} A^j W_j = \sum_{j=0}^{r} TA^j W_j = \sum_{j=1}^{r} TA^j W_j + TA^0 W_0 = \sum_{j=1}^{r} B^j T W_j + TA^0 W_0$$

$$= \sum_{j=1}^{r} B^j \sum_{k=0}^{p} B^k \underbrace{M_k W_j}_{=0} + \sum_{k=0}^{p} B^k M_k A^0 W_0$$

$$= \sum_{k=0}^{p} B^k M_k W_0 = \sum_{k=1}^{p} B^k \underbrace{M_k W_0}_{=0_{n \times n}} + \underbrace{B^0 M_0 W_0}_{=M_0 W_0 = E} = E.$$

Damit ist T regulär, wobei

$$T^{-1} = \sum_{j=0}^{r} A^j W_j$$

gilt. □

Wir können nun einen sehr wichtigen Satz formulieren.

Satz 7.42 (Ähnlichkeitskriterium von Frobenius) *Es seien $A, B \in \mathrm{M}(n, \mathbb{K})$. Genau dann sind A und B ähnlich zueinander, wenn ihre charakteristischen Matrizen äquivalent zueinander sind im Sinne der Äquivalenz über dem Ring $\mathbb{K}[x]$:*

$$A \overset{\mathbb{K}}{\approx} B \iff xE - A \overset{\mathbb{K}[x]}{\sim} xE - B. \tag{7.59}$$

Dabei bezeichne $\overset{\mathbb{K}}{\approx}$ die Ähnlichkeit über $\mathbb{K}$ und $\overset{\mathbb{K}[x]}{\sim}$ die Äquivalenz über $\mathbb{K}[x]$.

Als erste Anwendung betrachten wir noch einmal die Aussage (7.55) aus Satz 7.41: Für paarweise teilerfremde normierte Polynome $p_1, \dots, p_m \in \mathbb{K}[x]$ gilt

$$xE - B_{p_1(x) \cdots p_m(x)} \sim xE - \begin{pmatrix} B_{p_1} & & \\ & \ddots & \\ & & B_{p_m} \end{pmatrix}.$$

Dies ergibt zusammen mit dem letzten Satz eine Verallgemeinerung von (7.52).

Satz 7.43 *Für paarweise teilerfremde normierte Polynome $p_1, \dots, p_m \in \mathbb{K}[x]$ ist die Begleitmatrix ihres Produkts ähnlich zur Blockdiagonalmatrix aus den Begleitmatrizen ihrer Faktoren:*

$$B_{p_1(x) \cdots p_m(x)} \approx \begin{pmatrix} B_{p_1} & & \\ & \ddots & \\ & & B_{p_m} \end{pmatrix}. \tag{7.60}$$

Mithilfe des Ähnlichkeitskriteriums von Frobenius können wir nun in analoger Weise eine Aussage hinsichtlich der Ähnlichkeit einer quadratischen Matrix zu einer speziellen Blockdiagonalmatrix gewinnen. Hierzu sei A eine $n \times n$-Matrix über $\mathbb{K}$. Mit $p_1(x), \dots, p_m(x)$ seien die von 1 verschiedenen, also nicht-konstanten Invariantenteiler ihrer charakteristischen Matrix $xE - A$ bezeichnet. Dann lautet die Smith-Normalform von $xE - A$

$$\mathrm{SNF}(xE - A) = \begin{pmatrix} E_{n-m} & & & \\ & p_1(x) & & \\ & & \ddots & \\ & & & p_m(x) \end{pmatrix} \quad \text{mit} \quad p_k | p_{k+1}, \quad k = 1, \dots, m-1.$$

Nach Satz 7.41 ist diese Matrix (ring-)äquivalent zur Matrix

$$
B(x) = \begin{pmatrix} xE_{n_1} - B_{p_1} & 0 & \cdots & 0 \\ 0 & xE_{n_2} - B_{p_2} & \ddots & \vdots \\ \vdots & & \ddots & 0 \\ 0 & \cdots & 0 & xE_{n_m} - B_{p_m} \end{pmatrix} = xE - \begin{pmatrix} B_{p_1} & 0 & \cdots & 0 \\ 0 & B_{p_2} & \ddots & \vdots \\ \vdots & \ddots & \ddots & 0 \\ 0 & \cdots & 0 & B_{p_m} \end{pmatrix}.
$$

Zusammenfassend haben wir also die Äquivalenz $xE - A \sim \mathrm{SNF}(xE - A) \sim B(x)$. Nach Satz 7.42 folgt nun aus

$$
xE - A \sim xE - \begin{pmatrix} B_{p_1} & 0 & \cdots & 0 \\ 0 & B_{p_2} & \ddots & \vdots \\ \vdots & \ddots & \ddots & 0 \\ 0 & \cdots & 0 & B_{p_m} \end{pmatrix}
$$

die Ähnlichkeitsbeziehung

$$
A \approx \begin{pmatrix} B_{p_1} & 0 & \cdots & 0 \\ 0 & B_{p_2} & \ddots & \vdots \\ \vdots & \ddots & \ddots & 0 \\ 0 & \cdots & 0 & B_{p_m} \end{pmatrix}.
$$

Diese Matrix ist als Blockdiagonalmatrix aus Begleitmatrizen schwach besetzt, enthält demnach viele Nullen und hat somit in der Regel einen einfacheren Aufbau als A. Wir haben letztlich eine neue Normalform vorliegen.

Satz/Definition 7.44 (Faktorisierung einer Matrix in Frobenius-Normalform) *Jede Matrix $A \in \mathrm{M}(n, \mathbb{K})$ ist ähnlich zur Blockdiagonalmatrix aus den Begleitmatrizen der nicht-konstanten Invariantenteiler von $xE - A$. Im Detail: Mit den nicht-konstanten Invariantenteilern $p_1(x), \ldots, p_m(x) \in \mathbb{K}[x]$ mit $p_k | p_{k+1}$ für $k = 1, \ldots, m - 1$ gilt*

$$
A \approx \begin{pmatrix} B_{p_1} & 0 & \cdots & 0 \\ 0 & B_{p_2} & \ddots & \vdots \\ \vdots & \ddots & \ddots & 0 \\ 0 & \cdots & 0 & B_{p_m} \end{pmatrix} =: \mathrm{FNF}(A). \tag{7.61}
$$

Die rechte Matrix $\mathrm{FNF}(A)$ wird als Frobenius-Normalform von A bezeichnet. Es gibt also eine Faktorisierung $S^{-1}AS = \mathrm{FNF}(A)$ mit einer regulären Matrix $S \in \mathrm{GL}(n, \mathbb{K})$.

Im Gegensatz zur Jordan'schen Normalform benötigen wir keinen vollständigen Zerfall des charakteristischen Polynoms von A über $\mathbb{K}$ bzw. keinen Zerfällungskörper. Nun können wir noch einen Schritt weiter gehen. Jedes Invariantenteiler-Polynom $p_k(x)$ von $xE - A$ des vorausgegangenen Satzes können wir in Potenzen seiner über $\mathbb{K}[x]$ irreduziblen und paarweise teilerfremden Teiler $q_{k1}, q_{k2}, \ldots, q_{k,j_k}$ zerlegen:

$$
p_k(x) = q_{k1}^{v_{k1}} \cdot q_{k2}^{v_{k2}} \cdots q_{k,j_k}^{v_{k,j_k}}.
$$

Da auch diese Potenzen paarweise teilerfremde Faktoren darstellen, ist nach Satz 7.43 die $\deg p_k \times \deg p_k$-Begleitmatrix B_{p_k} ähnlich zur Blockdiagonalmatrix aus den Begleitmatrizen dieser einzelnen Polynompotenzen:

$$
B_{p_k} \approx \begin{pmatrix} B_{q_{k1}^{v_{k1}}} & & \\ & \ddots & \\ & & B_{q_{k,j_k}^{v_{k,j_k}}} \end{pmatrix} \quad \text{bzw.} \quad T_{p_k}^{-1} B_{p_k} T_{p_k} = \begin{pmatrix} B_{q_{k1}^{v_{k1}}} & & \\ & \ddots & \\ & & B_{q_{k,j_k}^{v_{k,j_k}}} \end{pmatrix}
$$

mit $T_{p_k} \in \mathrm{GL}(\deg p_k, \mathbb{K})$. Es gibt also für jedes Invariantenteiler-Polynom $p_k(x)$ eine reguläre Matrix $T_{p_k} \in \mathrm{GL}(\deg p_k, \mathbb{K})$, die eine Ähnlichkeitstransformation dieser Art bewirkt. Wenn wir nun diese m Matrizen zu einer Blockdiagonalmatrix zusammenstellen, so erhalten wir eine reguläre $n = \deg p_1 + \cdots \deg p_m$-Matrix

$$
T = \begin{pmatrix} T_{p_1} & & \\ & \ddots & \\ & & T_{p_m} \end{pmatrix} \in \mathrm{GL}(n, \mathbb{K}),
$$

mit welcher wir die Frobenius-Normalform von A weiter zerlegen können. Dies formulieren wir nun detailliert.

Satz/Definition 7.45 (Faktorisierung einer Matrix in Weierstraß-Normalform) *Es seien $A \in \mathrm{M}(n, \mathbb{K})$ eine quadratische Matrix und $p_1(x), \ldots, p_m(x) \in \mathbb{K}[x]$ die nicht-konstanten Invariantenteiler von $xE - A$ mit $p_k | p_{k+1}$ für $k = 1, \ldots, m-1$. Durch Zerlegung der Invariantenteiler-Polynome $p_k(x)$ in Potenzen ihrer über $\mathbb{K}$ irreduziblen Teiler, $p_k = p_{k1} \cdot p_{k2} \cdots p_{k,j_k}$ mit $p_{ki} = q_{ki}^{v_{ki}}$ kann eine Ähnlichkeitsbeziehung der Art*

$$
A \approx \begin{pmatrix} B_{p_{11}} & 0 & \cdots & 0 \\ 0 & B_{p_{12}} & \ddots & \vdots \\ \vdots & \ddots & \ddots & 0 \\ 0 & \cdots & 0 & B_{p_{m,j_m}} \end{pmatrix} =: \mathrm{WNF}_{\mathbb{K}}(A) \tag{7.62}
$$

gewonnen werden. Die rechte Matrix $\mathrm{WNF}_{\mathbb{K}}(A)$ heißt Weierstraß-Normalform von A, während die Polynome p_{kj} als Elementarteiler von A bezeichnet werden. Es gibt also eine Faktorisierung $S^{-1}AS = \mathrm{WNF}_{\mathbb{K}}(A)$ mit einer regulären Matrix $S \in \mathrm{GL}(n, \mathbb{K})$. Die Weierstraß-Normalform wird maßgeblich vom zugrunde gelegten Körper $\mathbb{K}$ bestimmt. Sollte das charakteristische Polynom $\chi_A = p_1 p_2 \cdots p_m$ über $\mathbb{K}$ vollständig in Linearfaktoren zerfallen, so handelt es sich bei den Teilerpotenzen p_{ki} um Linearfaktorpotenzen.

Abschließend stellen wir eine Verbindung zur Jordan'schen Normalform her. Für den Fall, dass das charakteristische Polynom χ_A über $\mathbb{K}$ vollständig in Linearfaktoren zerfällt, bestehen die Begleitmatrizen $B_{p_{ki}}$ innerhalb der Weierstraß-Normalform in (7.62) aus Begleitmatrizen von Linearfaktorpotenzen der Art $B_{(x-\lambda)^v}$, wobei $\lambda \in \mathrm{Spec}\,A$ als Nullstelle von p_k und damit als Nullstelle von χ_A ein Eigenwert von A ist. Nach Satz 7.37 ist nun jede einzelne Begleitmatrix wieder ähnlich zu einem Jordan-Block: $B_{(x-\lambda)^v} \approx J_{\lambda,v}$. Analog zu den bisherigen Argumentationen können wir wieder durch blockweises Zusammenstellen der Ähnlichkeitstransformationen für die einzelnen Begleitmatrizen innerhalb von $\mathrm{WNF}_{\mathbb{K}}(A)$ eine Ähnlichkeitstransformation konstruieren, die hier zu einer Blockdiagonalmatrix J aus Jordan-Blöcken führt. Wegen $p_i|p_{i+1}$ ist jede Nullstelle λ von p_i auch Nullstelle von p_{i+1} Die Matrix J stimmt damit bis auf die Reihenfolge der Jordan-Blöcke mit jeder Jordan'schen Normalform von A überein.

Die vielen Normalformen können etwas verwirrend wirken. Dies liegt u. a. daran, dass teilweise mit charakteristischen Matrizen, also Polynommatrizen über $\mathbb{K}[x]$, und teilweise mit Matrizen über $\mathbb{K}$ hantiert wird. Die folgende schematische Darstellung soll daher noch einmal einen Überblick über alle Zusammenhänge verschaffen, um die behandelten Argumentationen leichter nachvollziehbar zu machen.

Für $p(x) = p_1(x) \cdots p_m(x)$ mit $p_1, \dots, p_m$ teilerfremd:

$$xE - B_p \overset{\text{Satz 7.40}}{\sim} \begin{pmatrix} E_{n-1} & \\ & p(x) \end{pmatrix} \overset{\text{Satz 7.41}}{\underset{(7.55)}{\sim}} \begin{pmatrix} xE_{n_1} - B_{p_1} & & \\ & \ddots & \\ & & xE_{n_m} - B_{p_m} \end{pmatrix}$$

$\Downarrow$

$$xE - B_p \sim xE - \begin{pmatrix} B_{p_1} & \\ & \ddots \\ & & B_{p_m} \end{pmatrix} \overset{\text{Satz 7.42}}{\Longleftrightarrow} B_p \approx \begin{pmatrix} B_{p_1} & \\ & \ddots \\ & & B_{p_m} \end{pmatrix} \text{Satz 7.43}$$

Für $A \in M(n, \mathbb{K})$ mit $p_1, \dots, p_m$ als nicht-konstante Invariantenteiler von $xE - A$, d. h. $p_i|p_{i+1}, i = 1, \dots, m-1$:

$$xE - A \sim \mathrm{SNF}(xE - A) = \begin{pmatrix} 1 & & & & \\ & \ddots & & & \\ & & 1 & & \\ & & & p_1 & \\ & & & & \ddots \\ & & & & & p_m \end{pmatrix} \overset{\text{Satz 7.41}}{\underset{(7.54)}{\sim}} \begin{pmatrix} xE_{n_1} - B_{p_1} & & \\ & \ddots & \\ & & xE_{n_m} - B_{p_m} \end{pmatrix}$$

$\Downarrow$

$$xE - A \sim xE - \begin{pmatrix} B_{p_1} & \\ & \ddots \\ & & B_{p_m} \end{pmatrix} \overset{\text{Satz 7.42}}{\Longleftrightarrow} A \approx \begin{pmatrix} B_{p_1} & \\ & \ddots \\ & & B_{p_m} \end{pmatrix} = \mathrm{FNF}(A) \text{Satz/Def. 7.44}$$

Für die nicht-konstanten Invariantenteiler p_k von A mit $p_k = q_{k1}^{v_{k1}} \cdots q_{k,j_k}^{v_{k,j_k}}$, wobei $q_{k1}, \dots, q_{kj}$ paarweise teilerfremd und $p_{ki} = q_{ki}^{v_{ki}}$:

$$A \approx \mathrm{FNF}(A) \overset{\text{Satz 7.43}}{\approx} \begin{pmatrix} B_{p_{11}} & \\ & \ddots \\ & & B_{p_{m,j_m}} \end{pmatrix} = \mathrm{WNF}(A) \overset{\text{Satz 7.37}}{\underset{\substack{\uparrow \\ \text{falls } p_{ki} = (x - \lambda)^v}}{\approx}} J \quad \text{(Jordan'sche Normalform)}$$

mit $\mathrm{Satz/Def.\ 7.45}$ unterhalb $B_{p_{m,j_m}}$.

Zur Illustration der Zerlegung einer Matrix in die unterschiedlichen Normalformen betrachten wir als Beispiel die reelle 4×4-Matrix

$$A = \begin{pmatrix} 0 & 1 & 0 & 0 \\ 0 & -1 & 1 & 0 \\ 0 & -1 & 1 & 1 \\ -1 & 4 & -2 & 2 \end{pmatrix},$$

deren charakteristisches Polynom

$$\chi_A(x) = x^4 - 2x^3 + 2x^2 - 2x + 1 = (x^2 + 1)(x - 1)^2$$

lautet. Wir bestimmen nun die Smith-Normalform und damit die Invariantenteiler von $xE - A$:

$$xE - A = \begin{pmatrix} x & -1 & 0 & 0 \\ 0 & x+1 & -1 & 0 \\ 0 & 1 & x-1 & -1 \\ 1 & -4 & 2 & x-2 \end{pmatrix} \sim \begin{pmatrix} x & -1 & 0 & 0 \\ 0 & x & -1 & 0 \\ 0 & x & x-1 & -1 \\ 1 & -2 & 2 & x-2 \end{pmatrix} \sim \begin{pmatrix} x & -1 & 0 & 0 \\ 0 & x & -1 & 0 \\ 0 & 0 & x & -1 \\ 1 & -2 & 2 & x-2 \end{pmatrix}.$$

In der letzten Matrix erkennen wir die charakteristische Matrix der Begleitmatrix des Polynoms χ_A wieder, sodass wir nach Satz 7.40 sofort die Invariantenteiler von $xE - A$ angeben können. Es sind dies $1, 1, 1, \chi_A(x)$, wobei mit $\chi_A(x) = x^4 - 2x^3 + 2x^2 - 2x + 1$ der einzige nicht-konstante Invariantenteiler von $xE - A$ vorliegt. Damit lautet die Frobenius-Normalform von A nach Satz/Def. 7.44:

$$\text{FNF}(A) = (B_{\chi_A}) = \begin{pmatrix} 0 & 1 & 0 & 0 \\ 0 & 0 & 1 & 0 \\ 0 & 0 & 0 & 1 \\ -1 & 2 & -2 & 2 \end{pmatrix}.$$

Über dem Körper $\mathbb{R}$ lautet die Zerlegung des einzigen nicht-konstanten Invariantenteilers χ_A in Potenzen irreduzibler Polynome $\chi_A(x) = (x^2 + 1)^1 (x - 1)^2$. Die Weierstraß-Normalform von A über $\mathbb{R}$ ist dann

$$\text{WNF}_{\mathbb{R}}(A) = \begin{pmatrix} B_{(x^2+1)^1} & \\ & B_{(x-1)^2} \end{pmatrix} = \begin{pmatrix} 0 & 1 & 0 & 0 \\ -1 & 0 & 0 & 0 \\ 0 & 0 & 0 & 1 \\ 0 & 0 & -1 & 2 \end{pmatrix}.$$

Über dem Körper $\mathbb{C}$ zerfällt χ_A vollständig in die Faktorisierung $(x - \mathrm{i})^1 (x + \mathrm{i})^1 (x - 1)^2$. Die Weierstraß-Normalform von A über $\mathbb{C}$ lautet dann

$$\text{WNF}_{\mathbb{C}}(A) = \begin{pmatrix} B_{(x-\mathrm{i})^1} & & \\ & B_{(x+\mathrm{i})^1} & \\ & & B_{(x-1)^2} \end{pmatrix} = \begin{pmatrix} \mathrm{i} & 0 & 0 & 0 \\ 0 & -\mathrm{i} & 0 & 0 \\ 0 & 0 & 0 & 1 \\ 0 & 0 & -1 & 2 \end{pmatrix}.$$

Nun gilt schließlich nach Satz 7.37 für die drei Blockbegleitmatrizen

$$B_{(x-i)^1} \approx J_{i,1}, \quad B_{(x+i)^1} \approx J_{-i,1}, \quad B_{(x-1)^2} \approx J_{1,2}.$$

Womit sich

$$J = \begin{pmatrix} J_{i,1} & & \\ & J_{-i,1} & \\ & & J_{1,2} \end{pmatrix} = \begin{pmatrix} i & 0 & 0 & 0 \\ 0 & -i & 0 & 0 \\ 0 & 0 & 1 & 1 \\ 0 & 0 & 0 & 1 \end{pmatrix}$$

als Jordan'sche Normalform von A ergibt. In der Tat stellen wir durch Berechnung der geometrischen Ordnung des Eigenwertes $\lambda = 1$ fest:

$$\text{geo } 1 = 4 - \text{Rang}(A - E) = 4 - \text{Rang} \begin{pmatrix} -1 & 1 & 0 & 0 \\ 0 & -2 & 1 & 0 \\ 0 & -1 & 0 & 1 \\ -1 & 4 & -2 & 1 \end{pmatrix} = 4 - \text{Rang} \begin{pmatrix} -1 & 1 & 0 & 0 \\ 0 & -1 & 0 & 1 \\ 0 & -2 & 1 & 0 \\ 0 & 3 & -2 & 1 \end{pmatrix}$$

$$= 4 - \text{Rang} \begin{pmatrix} -1 & 1 & 0 & 0 \\ 0 & -1 & 0 & 1 \\ 0 & 0 & 1 & -2 \\ 0 & 0 & -2 & 4 \end{pmatrix} = 4 - 3 = 1,$$

dass es nur einen Jordan-Block für $\lambda = 1$ gibt.

Für die Begleitmatrix B_p eines Polynoms $p \in \mathbb{K}[x]$ gilt $\text{FNF}(B_p) = B_p$. Dies ergibt sich wie im vorangegangenen Beispiel unmittelbar aus Satz 7.40 und Satz/Def. 7.44.

Sind zwei Matrizen ähnlich zueinander, so stimmen ihre Frobenius-Normalformen überein, denn aus $A \approx B$ folgt nach dem Ähnlichkeitskriterium von Frobenius die Äquivalenz $xE - A \sim xE - B$. Matrizen, die über einem Ring äquivalent zueinander sind, haben nach Satz 3.46 dieselben Invariantenteiler. Somit sind auch die nicht-konstanten Invariantenteiler von $xE - A$ und $xE - B$ identisch. Nach Satz/Def. 7.44 ergibt sich damit $\text{FNF}(A) = \text{FNF}(B)$. Wenn umgekehrt die Frobenius-Normalformen zweier Matrizen übereinstimmen, also $\text{FNF}(A) = \text{FNF}(B)$ gilt, so ist wegen $A \approx \text{FNF}(A) = \text{FNF}(B) \approx B$ auch $A \approx B$. Ist $\text{WNF}(A) = \text{WNF}(B)$, so ist folgt wegen $A \approx \text{WNF}(A) = \text{WNF}(B) \approx B$ ebenso $A \approx B$ und damit wieder $\text{FNF}(A) = \text{FNF}(B)$. Wir haben also

$$A \approx B \iff \text{FNF}(A) = \text{FNF}(B) \impliedby \text{WNF}(A) = \text{WNF}(B).$$

Ist $A \approx B$, so unterscheiden sich aber $\text{WNF}(A)$ und $\text{WNF}(B)$ höchstens um die Reihenfolge ihrer Diagonalblöcke.

Ist nun, wie im letzten Beispiel, eine Matrix $A \in M(n, \mathbb{K})$ ähnlich zur Begleitmatrix B_{χ_A} ihres charakteristischen Polynoms, so stimmt auch ihre Frobenius-Normalform mit der von B_{χ_A} überein. Es gilt in dieser Situation also $\text{FNF}(A) = \text{FNF}(B_{\chi_A}) = B_{\chi_A}$.

Nicht jede quadratische Matrix ist ähnlich zur Begleitmatrix ihres charakteristischen Polynoms. Die Smith-Normalform der charakteristischen Matrix von

$$A = \begin{pmatrix} 1 & 0 & 2 & 1 \\ 0 & 1 & 0 & 2 \\ 0 & 0 & 2 & 1 \\ 0 & 0 & 0 & 2 \end{pmatrix}$$

lautet (Übung)

$$\mathrm{SNF}(xE - A) = \begin{pmatrix} 1 & 0 & 0 & 0 \\ 0 & 1 & 0 & 0 \\ 0 & 0 & x-1 & 0 \\ 0 & 0 & 0 & x^3 - 5x^2 + 8x - 4 \end{pmatrix}.$$

Das charakteristische Polynom von A ist

$$\chi_A(x) = (x-1)^2(x-2)^2 = (x-1) \cdot (x^3 - 5x^2 + 8x - 4) = x^4 - 6x^3 + 13x^2 - 12x + 4.$$

Die Begleitmatrix A ist

$$B_{\chi_A} = \begin{pmatrix} 0 & 1 & 0 & 0 \\ 0 & 0 & 1 & 0 \\ 0 & 0 & 0 & 1 \\ -4 & 12 & -13 & 6 \end{pmatrix}.$$

Für die Smith-Normalform von $xE - B_{\chi_A}$ gilt also nach Satz 7.40

$$\mathrm{SNF}(xE - B_{\chi_A}) = \begin{pmatrix} 1 & 0 & 0 & 0 \\ 0 & 1 & 0 & 0 \\ 0 & 0 & 1 & 0 \\ 0 & 0 & 0 & x^4 - 6x^3 + 13x^2 - 12x + 4 \end{pmatrix}.$$

Somit haben $\mathrm{SNF}(xE - B_{\chi_A})$ und $\mathrm{SNF}(xE - A)$ unterschiedliche Invariantenteiler. Sie sind daher nicht (ring-)äquivalent über $\mathbb{R}[x]$. Nach dem Ähnlichkeitskriterium von Frobenius ist daher A nicht ähnlich zu B_{χ_A}. Die Frobenius-Normalform von A besteht nach Satz/Def. 7.44 nun aus zwei Begleitmatrizen, denn es liegen mit $p_1(x) = x - 1$ und $p_2(x) = x^3 - 5x^2 + 8x - 4$ die beiden die nicht-konstanten Invariantenteiler von $xE - A$ vor:

$$\mathrm{FNF}(A) = \begin{pmatrix} B_{p_1} & \\ & B_{p_2} \end{pmatrix} = \begin{pmatrix} B_{x-1} & \\ & B_{x^3 - 5x^2 + 8x - 4} \end{pmatrix} = \begin{pmatrix} 1 & 0 & 0 & 0 \\ 0 & 0 & 1 & 0 \\ 0 & 0 & 0 & 1 \\ 0 & 4 & -8 & 5 \end{pmatrix}.$$

Wegen $p_1(x) = x - 1$ und $p_2(x) = (x-1)^1(x-2)^2$ folgt für die Weierstraß-Normalform von A nach Satz/Def. 7.45

$$\mathrm{WNF}(A) = \begin{pmatrix} B_{(x-1)^1} & & \\ & B_{(x-1)^1} & \\ & & B_{(x-2)^2} \end{pmatrix} = \begin{pmatrix} 1 & 0 & 0 & 0 \\ 0 & 1 & 0 & 0 \\ 0 & 0 & 0 & 1 \\ 0 & 0 & -4 & 4 \end{pmatrix}.$$

Jede dieser drei Begleitmatrizen innerhalb WNF(A) ist nach Satz 7.37 ähnlich zu einem Jordan-Block. Eine Jordan'sche Normalform von A lautet also

$$J = \begin{pmatrix} J_{1,1} & & \\ & J_{1,1} & \\ & & J_{2,2} \end{pmatrix} = \begin{pmatrix} 1 & 0 & 0 & 0 \\ 0 & 1 & 0 & 0 \\ 0 & 0 & 2 & 1 \\ 0 & 0 & 0 & 2 \end{pmatrix}.$$

Sind zwei quadratische Matrizen A und B über $\mathbb{K}$ ähnlich zueinander, dann sind, wie wir bereits wissen, insbesondere ihre charakteristischen Matrizen über $\mathbb{K}[x]$ zueinander äquivalent. Es gibt also zwei invertierbare Matrizen $M(x), N(x) \in (\mathrm{M}(n, \mathbb{K}[x]))^*$ mit

$$M(x)(xE - A)N(x) = xE - B.$$

Hierbei können wir sogar konstante Matrizen $M, N \in (\mathrm{M}(n, \mathbb{K}))^*$ finden, mit denen diese Äquivalenzbeziehung ermöglicht wird, denn aufgrund der vorausgesetzten Ähnlichkeit von A und B gibt es eine Matrix $S \in \mathrm{GL}(n, \mathbb{K})$ mit $S^{-1}AS = B$. Wir haben bereits früher gesehen, dass mit $M = S^{-1}$ und $N = S$ die Beziehung

$$M(xE - A)N = S^{-1}(xE - A)S = xE - S^{-1}AS = xE - B$$

erfüllt ist. Aufgrund des Ähnlichkeitskriteriums von Frobenius (Satz 7.42) gilt umgekehrt im Fall der Äquivalenz zweier charakteristischer Matrizen $xE - A$ und $xE - B$ die Ähnlichkeitsbeziehung $A \approx B$. Wegen der vorausgegangenen Überlegung können wir somit auch bei einer gegebenen Äquivalenzbeziehung $xE - A \sim xE - B$ von der Existenz konstanter Matrizen $M, N \in (\mathrm{M}(n, \mathbb{K}))^*$ ausgehen, mit denen $M(xE - A)N = xE - B$ gilt. Notwendig ist aber dann auch, dass $M^{-1} = N$ gilt, da

$$xE - B = M(xE - A)N = xMN - MAN$$

durch Koeffizientenvergleich $MN = E$ nach sich zieht. In der Herleitung des Ähnlichkeitskriteriums von Frobenius wurde bei gegebener Äquivalenz zweier charakteristischer Matrizen, $xE - A \sim xE - B$, eine Matrix $T \in \mathrm{GL}(n, \mathbb{K})$ angegeben, die aus den Zeilenumformungen der Äquivalenzbeziehung

$$M(x)(xE - A)N(x) = xE - B,$$

also aus der Matrix $M(x)$ und der Matrix B konstruiert wurde. Hierzu haben wir die Matrix $M(x)$ in eine Summe aus Potenzen der Form x^k zerlegt:

$$M(x) = \sum_{k=0}^{p} M_k x^k, \quad \text{mit} \quad M_k \in \mathrm{M}(n, \mathbb{K}).$$

Aus den Matrixkoeffizienten M_k haben wir nach (7.58) mit

$$T := \sum_{k=0}^{p} B^k M_k \in \mathrm{M}(n, \mathbb{K})$$

eine Matrix gewonnen, für die $T^{-1}BT = A$ gilt. Werden nur elementare Umformungen über $\mathbb{K}$ statt allgemein über $\mathbb{K}[x]$ durchgeführt, so enthalten die Umformungsmatrizen $M(x) = M$ und $N(x) = N$ nur konstante Polynome. Insgesamt gilt also in dieser Situation

$$M^{-1} = N \in \mathrm{GL}(n, \mathbb{K}) \subset (\mathrm{M}(n, \mathbb{K}[x]))^*$$

und

$$M(xE - A)N = xE - B, \quad MAM^{-1} = B, \quad N^{-1}AN = B.$$

Dies gibt uns nun die Möglichkeit, bei gegebener Jordan'scher Normalform J einer Matrix A eine Transformationsmatrix T mit $TAT^{-1} = J$ a posteriori zu bestimmen: Wir überführen die charakteristische Matrix $xE - A$ durch elementare Umformungen über $\mathbb{K}[x]$ in die charakteristische Matrix einer Jordan'schen Normalform $xE - J$. Mit den hierbei verwendeten Zeilen- und Spaltenumformungsmatrizen $M(x)$ und $N(x)$ aus $(\mathrm{M}(n, \mathbb{K}[x]))^*$ gilt dann die Äquivalenzbeziehung $M(x)(xE - A)N(x) = xE - J$ und damit die Ähnlichkeitsbeziehung $TAT^{-1} = J$. Wenn wir dabei ausschließlich elementare Umformungen über $\mathbb{K}$ durchführen, so enthalten die Umformungsmatrizen $M(x)$ und $N(x)$ nur konstante Polynome. Es ist dann nach den obigen Überlegungen $p = 0$, sodass sich für T bereits

$$T = \sum_{k=0}^{0} B^k M_k = B^0 M_0 = E_n M_0 = M \in \mathrm{GL}(n, \mathbb{K})$$

ergibt. Alles in allem folgt also mit $T = M$:

$$T^{-1} = N \in \mathrm{GL}(n, \mathbb{K}) \subset (\mathrm{M}(n, \mathbb{K}[x]))^*$$

und

$$M(xE - A)N = xE - J, \quad TAT^{-1} = J, \quad N^{-1}AN = J.$$

Wir betrachten hierzu ein Beispiel. Die reelle 3×3-Matrix

$$A = \begin{pmatrix} 2 & -1 & 1 \\ -1 & 2 & -1 \\ 2 & 2 & 3 \end{pmatrix}$$

besitzt das charakteristische Polynom

$$\chi_A(x) = \det(xE - A) = \det \begin{pmatrix} x-2 & 1 & -1 \\ 1 & x-2 & 1 \\ -2 & -2 & x-3 \end{pmatrix} +$$

$$= \det \begin{pmatrix} x-1 & x-1 & 0 \\ 1 & x-2 & 1 \\ -2 & -2 & x-3 \end{pmatrix} = \det \begin{pmatrix} x-1 & 0 & 0 \\ 1 & x-3 & 1 \\ -2 & 0 & x-3 \end{pmatrix}$$

$$= (x-1)((x-3)(x-3) - 0) = (x-1)(x-3)^2.$$

Da $\mathrm{alg}(1) = 1$, ist auch $\mathrm{geo}(1) = 1$. Wir bestimmen nun die geometrische Ordnung des zweiten Eigenwertes $\lambda = 3$:

$$\mathrm{geo}(3) = \dim \mathrm{Kern}(A - 3E)$$

$$= 3 - \mathrm{Rang}(A - 3E) = 3 - \mathrm{Rang} \begin{pmatrix} -1 & -1 & 1 \\ -1 & -1 & -1 \\ 2 & 2 & 0 \end{pmatrix} = 3 - 2 = 1.$$

Wegen $\mathrm{geo}(3) = 1 < 2 = \mathrm{alg}(3)$ ist A nicht diagonalisierbar. Für jeden Eigenwert gibt es genau einen Jordan-Block. Damit ist

$$J = \begin{pmatrix} 1 & 0 & 0 \\ 0 & 3 & 1 \\ 0 & 0 & 3 \end{pmatrix}$$

eine Jordan'sche Normalform von A. Die beiden charakteristischen Matrizen $xE - A$ und $xE - J$ sind also über $\mathbb{K}[x]$ äquivalent zueinander. Um $xE - A$ in $xE - J$ zu überführen, reichen hierzu wegen der vorausgegangenen Überlegung sogar ausschließlich elementare Umformungen über $\mathbb{K}$ aus.

$$xE - A = \begin{pmatrix} x-2 & 1 & -1 \\ 1 & x-2 & 1 \\ -2 & -2 & x-3 \end{pmatrix} \sim \begin{pmatrix} x-1 & x-1 & 0 \\ 1 & x-2 & 1 \\ -2 & -2 & x-3 \end{pmatrix}$$

$$\sim \begin{pmatrix} x-1 & 0 & 0 \\ 1 & x-3 & 1 \\ -2 & 0 & x-3 \end{pmatrix} \sim \begin{pmatrix} x-1 & 0 & 0 \\ 1 & x-3 & x-2 \\ -2 & 0 & x-3 \end{pmatrix}$$

$$\sim \begin{pmatrix} x-1 & 0 & 0 \\ 1 & -1 & x-2 \\ -2 & -x+3 & x-3 \end{pmatrix} \sim \begin{pmatrix} x-1 & 0 & 0 \\ 1 & -1 & x-3 \\ -2 & -x+3 & 0 \end{pmatrix}$$

$$\sim \begin{pmatrix} x-1 & 0 & 0 \\ 1 & x-3 & -1 \\ -2 & 0 & -x+3 \end{pmatrix} \sim \begin{pmatrix} x-1 & 0 & 0 \\ 0 & x-3 & -1 \\ -x+1 & 0 & -x+3 \end{pmatrix}$$

$$\sim \begin{pmatrix} x-1 & 0 & 0 \\ 0 & x-3 & -1 \\ 0 & 0 & -x+3 \end{pmatrix} \sim \begin{pmatrix} x-1 & 0 & 0 \\ 0 & x-3 & -1 \\ 0 & 0 & x-3 \end{pmatrix} = xE - J.$$

Wir führen nun die wenigen Zeilenumformungen in analoger Weise an der Einheitsmatrix E_3 durch, um die Zeilenumformungsmatrix $M(x)$ zu erhalten:

$$\begin{pmatrix} 1 & 0 & 0 \\ 0 & 1 & 0 \\ 0 & 0 & 1 \end{pmatrix} \to \begin{pmatrix} 1 & 1 & 0 \\ 0 & 1 & 0 \\ 0 & 0 & 1 \end{pmatrix} \to \begin{pmatrix} 1 & 1 & 0 \\ 0 & 1 & 0 \\ 1 & 1 & 1 \end{pmatrix} \to \begin{pmatrix} 1 & 1 & 0 \\ 0 & 1 & 0 \\ -1 & -1 & -1 \end{pmatrix} = M(x).$$

Da $M(x)$ konstant ist, lautet die „Zerlegung" in eine Summe aus Potenzen der Form x^k:

$$M(x) = \underbrace{\begin{pmatrix} 1 & 1 & 0 \\ 0 & 1 & 0 \\ -1 & -1 & -1 \end{pmatrix}}_{=:M_0} x^0.$$

Hieraus konstruieren wir nun mit $T = M_0$ eine Transformationsmatrix für die Ähnlichkeitstransformation $TAT^{-1} = J$. In der Tat gilt

$$TA = \begin{pmatrix} 1 & 1 & 0 \\ 0 & 1 & 0 \\ -1 & -1 & -1 \end{pmatrix} \begin{pmatrix} 2 & -1 & 1 \\ -1 & 2 & -1 \\ 2 & 2 & 3 \end{pmatrix} = \begin{pmatrix} 1 & 1 & 0 \\ -1 & 2 & -1 \\ -3 & -3 & -3 \end{pmatrix}$$

$$= \begin{pmatrix} 1 & 0 & 0 \\ 0 & 3 & 1 \\ 0 & 0 & 3 \end{pmatrix} \begin{pmatrix} 1 & 1 & 0 \\ 0 & 1 & 0 \\ -1 & -1 & -1 \end{pmatrix} = JT.$$

Mit $S = T^{-1}$ gilt dann $S^{-1}AS = J$. Im Gegensatz zum Verfahren mit invers gekoppelten Zeilen- und Spaltenumformungen, die direkt an A durchgeführt werden, haben wir hier mit unabhängigen Zeilen- und Spaltenumformungen hantiert. Da die Ähnlichkeit von A und J gleichbedeutend ist mit der (Ring-)Äquivalenz ihrer charakteristischen Matrizen $xE - A$ und $xE - J$, können wir uns diese Freiheit nehmen. In diesem Beispiel haben wir dabei mehr in Spalten- als in Zeilenumformungen investiert. Die entsprechende Spaltenumformungsmatrix $N(x)$ erhalten wir in analoger Weise, indem wir alle Spaltenumformungen an E_3 durchführen, was dann die Matrix

$$N(x) = \begin{pmatrix} 1 & -1 & 0 \\ 0 & 1 & 0 \\ -1 & 0 & -1 \end{pmatrix} =: S$$

liefert. Hierbei gilt $TS = E_3$ und damit $S = T^{-1}$. Obwohl wir die Zeilenumformungen und Spaltenumformungen nicht gekoppelt haben, ist das Produkt der Zeilenumformungsmatrizen invers zum Produkt der Spaltenumformungsmatrizen. Wir hätten bei den vorausgegangenen Spaltenumformungen auch drei Umformungen einsparen können: Die dritte und siebte Matrix unterscheiden sich nur um eine Multiplikation der dritten Spalte mit -1. Die Anzahl der Spaltenumformungen wäre dann mit der Anzahl der Zeilenumformungen identisch gewesen. Wenn wir dann zudem bei den Zeilenumformungen die Multiplikation der letzten Zeile mit -1 als zweite Zeilenumformung durchgeführt hätten, so hätten wir zum Ausgleich die Addition der ersten Zeile zur letzten Zeile durch die entsprechende Subtraktion ersetzen müssen. Bei dieser alternativen Vorgehensweise hätten wir es wieder mit invers gekoppelten Umformungen zu tun gehabt. Durch die Betrachtung der charakteristischen Matrix $xE - A$ anstelle von A brauchen wir uns allerdings weder Gedanken über die inverse Kopplung von Zeilen- und Spaltenumformungen zu machen, noch auf anderem Wege dafür zu Sorge tragen, dass die Zeilenumformungsmatrix T invers zur Spaltenumformungsmatrix S ist. Sobald wir durch elementare Umformungen an $xE - A$ auf die Matrix stoßen, die in Gestalt einer charakteristischen Matrix $xE - B$ vorliegt, garantiert uns das Ähnlichkeitskriterium von Frobenius, dass $A \approx B$ ist. Dies gilt dann insbesondere auch für eine Matrix B, die in Jordan'scher Normalform vorliegt. Wir sollten unsere Erkenntnisse als Satz festhalten.

Satz 7.46 (Bestimmung der Jordan-Faktorisierung aus der charakteristischen Matrix) *Es sei $A \in M(n, \mathbb{K})$ eine Matrix, deren charakteristisches Polynom vollständig über $\mathbb{K}$ in Linearfaktoren zerfällt. Die charakteristische Matrix $xE - A$ ist durch elementare Zeilen- und Spaltenumformungen über $\mathbb{K}$ in die charakteristische Matrix einer Jordan'schen Normalform $xE - J$ überführbar. Werden hierzu die elementaren Zeilenumformungen an der entsprechenden Einheitsmatrix $E_n \to \cdots \to T$ in analoger Weise durchgeführt, so ergibt dies die Ähnlichkeitstransformation $T^{-1}JT = A$ bzw. mit $S = T^{-1}$ die Ähnlichkeitstransformation $S^{-1}AS = J$. Hierbei entspricht S der Matrix der verwendeten elementaren Spaltenumformungen.*

7.5 Übungsaufgaben

Aufgabe 7.1 Warum stellt die algebraische Ordnung eines Eigenwertes eine Obergrenze für die Stufe eines Hauptvektors zu diesem Eigenwert dar?

Aufgabe 7.2 Beweisen Sie den binomischen Lehrsatz für kommutative Matrizen: Es seien A und B zwei $n \times n$-Matrizen über einem Körper $\mathbb{K}$, die miteinander kommutieren, d. h., es gelte $AB = BA$. Dann gilt für jedes $v \in \mathbb{N}$ die verallgemeinerte binomische Formel

$$(A + B)^v = \sum_{k=0}^{v} \binom{v}{k} A^k B^{v-k}.$$

Hierbei ist $(A + B)^0 = A^0 = B^0 := E_n$. Der Binomialkoeffizient $\binom{v}{k}$ steht dabei für das $\binom{v}{k}$-fache Aufsummieren des Einselementes aus $\mathbb{K}$. Hinweis: Es gilt für alle $v \in \mathbb{N}$:

$$\binom{v}{k} + \binom{v}{k-1} = \binom{v+1}{k}, \quad 1 \le k \le v.$$

Zeigen Sie dies zuvor durch direktes Nachrechnen.

Aufgabe 7.3 Beweisen Sie Satz 7.29: Es sei $p \in \mathbb{K}[x]$ ein normiertes Polynom m-ten Grades der Form

$$p(x) = x^m + a_{m-1}x^{m-1} + \cdots + a_1 x + a_0,$$

das vollständig über $\mathbb{K}$ in Linearfaktoren zerfällt:

$$q(x) = (x - \lambda_1) \cdots (x - \lambda_m)$$

mit den Nullstellen $\lambda_1, \ldots, \lambda_m$ in $\mathbb{K}$. Wenn wir für den Platzhalter x eine quadratische Matrix $A \in \mathrm{M}(n, \mathbb{K})$ oder einen Endomorphismus f auf einem $\mathbb{K}$-Vektorraum in die ausmultiplizierte Form $q(x)$ einsetzen, so soll dies im folgenden Sinne geschehen:

$$q(A) := (A - \lambda_1 E_n) \cdots (A - \lambda_m E_n) \quad \text{bzw.} \quad q(f) := (f - \lambda_1 \,\mathrm{id}) \cdots (f - \lambda_m \,\mathrm{id}). \quad (7.63)$$

In der verallgemeinerten Variante mit dem Endomorphismus f bedeutet dabei das Produkt die Hintereinanderausführung der einzelnen Endomorphismen $f - \lambda_k \,\mathrm{id}$. Dann kommt es in beiden Varianten nicht auf die Reihenfolge der Faktoren in (7.63) an. Zudem ist es, wie beim Einsetzen von Skalaren für x, unerheblich, ob die ausmultiplizierte oder faktorisierte Version beim Einsetzen von A bzw. f für x verwendet wird. Es gilt also:

$$q(A) := (A - \lambda_1 E_n) \cdots (A - \lambda_m E_n) = A^m + a_{m-1} A^{m-1} + \cdots + a_1 A + a_0 E_n,$$
$$q(f) := (f - \lambda_1 \,\mathrm{id}) \cdots (f - \lambda_m \,\mathrm{id}) = f^m + a_{m-1} f^{m-1} + \cdots + a_1 f + a_0 \,\mathrm{id}.$$

Aufgabe 7.4 Zeigen Sie in Ergänzung zu Aufgabe 6.4: Für jede quadratische Matrix A gilt $\mathrm{Spec}(A^2) = \{\lambda^2 : \lambda \in \mathrm{Spec}\, A\}$.

Aufgabe 7.5 Zeigen Sie: Eine $n \times n$- Matrix über $\mathbb{K}$, die mit jeder anderen $n \times n$-Matrix über $\mathbb{K}$ kommutiert, ...

(i) ist nur zu sich selbst ähnlich,
(ii) ist eine Diagonalmatrix,
(iii) hat nur einen Eigenwert, ist somit von der Form $a E_n$ mit $a \in \mathbb{K}$.

Aufgabe 7.6 Beweisen Sie Satz 7.28:
Für jede Matrix $A \in \mathrm{M}(n, \mathbb{K})$, deren charakteristisches Polynom über $\mathbb{K}$ vollständig in Linearfaktoren zerfällt, gibt es A-zyklische Teilräume $V_1, \ldots, V_k \subset \mathbb{K}^n$ mit

$$\mathbb{K}^n = V_1 \oplus V_2 \oplus \cdots \oplus V_k.$$

Aufgabe 7.7 Zeigen Sie, dass für das charakteristische Polynom der Matrix

$$B := \begin{pmatrix} 0 & 1 & \cdots & 0 \\ \vdots & \ddots & \ddots & \vdots \\ 0 & 0 & \cdots & 1 \\ -a_0 & -a_1 & \cdots & -a_{n-1} \end{pmatrix} \in \mathrm{M}(n, \mathbb{K})$$

gilt

$$\chi_B = x^n + a_{n-1} x^{n-1} + \cdots + a_1 x + a_0.$$

Aufgabe 7.8 Bestimmen Sie für die reelle Matrix

$$A = \begin{pmatrix} 2 & -1 & 0 & 0 \\ 0 & 3 & 0 & 0 \\ 1 & 1 & 4 & 1 \\ 0 & 0 & -1 & 2 \end{pmatrix}$$

die Frobenius-Normalform $\text{FNF}(A)$ und die Weierstraß-Normalform $\text{WNF}_{\mathbb{R}}(A)$. Warum ist $\text{WNF}_{\mathbb{C}}(A) = \text{WNF}_{\mathbb{R}}(A)$? Bestimmen Sie aus der Weierstraß-Normalform schließlich eine Jordan'sche Normalform von A.

Aufgabe 7.9 Bestimmen Sie für die reelle 4×4-Matrix

$$A = \begin{pmatrix} -1 & 5 & 0 & -5 \\ 5 & -1 & 0 & 5 \\ 1 & 0 & 4 & 1 \\ 5 & -5 & 0 & 9 \end{pmatrix}$$

eine Ähnlichkeitstransformation $S^{-1}AS = J$, sodass J in Jordan'scher Normalform vorliegt. Verwenden Sie hierzu das in Satz 7.46 beschriebene Verfahren, indem Sie mit elementaren Umformungen die charakteristische Matrix $xE - A$ ringäquivalent in die charakteristische Matrix $xE - J$ einer Jordan'schen Normalform J überführen.

Aufgabe 7.10 Zeigen Sie: Für jede quadratische Matrix $A \in \text{M}(n, \mathbb{K})$ mit ihren paarweise verschiedenen Eigenwerten $\lambda_1, \ldots, \lambda_m$ des Zerfällungskörpers L von χ_A und den dazugehörigen algebraischen Vielfachheiten $\mu_1, \ldots, \mu_m$ gilt

$$\det A = \prod_{k=1}^{m} \lambda_k^{\mu_k},$$

bzw.: für jede quadratische Matrix A gilt

$$\det A = \prod_{\lambda \in \text{Spec}_L A} \lambda^{\text{alg}\,\lambda}.$$

Hierbei bezeichnet $\text{Spec}_L A$ sämtliche Eigenwerte von A im Zerfällungskörper L von χ_A. Das Produkt über die Eigenwerte (mit Berücksichtigung der algebraischen Vielfachheiten) ergibt also die Determinante.

Aufgabe 7.11 Es sei $A \in \text{M}(n, \mathbb{K})$ eine quadratische Matrix, deren charakteristisches Polynom vollständig über $\mathbb{K}$ in Linearfaktoren zerfällt. Zeigen Sie, dass $A \approx A^T$ gilt. Wie lautet eine Transformationsmatrix T mit $A^T = T^{-1}AT$? Wie sieht T im Spezialfall einer diagonalisierbaren Matrix A aus?

Aufgabe 7.12 Es seien $A, B \in \text{M}(n, \mathbb{K})$ zwei quadratische Matrizen. Zeigen Sie, dass es für die Spur (Summe der Diagonalkomponenten) des Produkts aus beiden Matrizen nicht auf die Reihenfolge der Faktoren ankommt, d. h., es gilt

$$\text{Spur}(AB) = \text{Spur}(BA).$$

Aufgabe 7.13 (Spektralnorm) Es sei $A \in \mathrm{M}(m \times n, \mathbb{K})$ eine Matrix über $\mathbb{K} = \mathbb{R}$ bzw. $\mathbb{K} = \mathbb{C}$. Zeigen Sie mithilfe der Singulärwertzerlegung (vgl. Aufgabe 6.19), dass für die von der 2-Norm induzierte Matrixnorm (Spektralnorm)

$$\|A\|_2 = \max_{\lambda \in \operatorname{Spec} A^* A} \sqrt{\lambda}.$$

gilt.

Aufgabe 7.14 Es sei

$$1_{n \times n} = (1)_{1 \le i, j \le n} = \begin{pmatrix} 1 & 1 & \cdots & 1 \\ 1 & 1 & & 1 \\ \vdots & & \ddots & \vdots \\ 1 & 1 & \cdots & 1 \end{pmatrix} \in \mathrm{M}(n, \mathbb{R})$$

die reelle $n \times n$-Matrix, die nur aus der 1 besteht. Geben Sie ohne Rechnung sämtliche Eigenwerte von $1_{n \times n}$ an. Warum ist $1_{n \times n}$ diagonalisierbar? Bestimmen Sie ohne Rechnung eine Matrix V mit $V^{-1} \cdot 1_{n \times n} \cdot V = \Lambda$, wobei Λ eine Diagonalmatrix ist.

Kapitel 8
Anwendungen

In den folgenden Abschnitten werden wir die gewonnenen Erkenntnisse, insbesondere die unterschiedlichen Ansätze zur Diagonalisierung und Faktorisierung von Matrizen, auf Problemstellungen aus anderen mathematischen Disziplinen anwenden. Aus den betrachteten Aufgabenstellungen ergeben sich wiederum vielfältige Anwendungsmöglichkeiten in der Physik, den Ingenieurwissenschaften, der Betriebswirtschaftslehre und anderen Fachgebieten.

8.1 Trigonometrische Polynome und Fourier-Reihen

In diesem Abschnitt werden wir untersuchen, unter welchen Voraussetzungen und mit welchem Verfahren eine periodische Funktion durch Linearkombinationen der Funktionen

$$\cos(kx), \quad k = 0, 1, 2, \ldots, \qquad \sin(kx), \quad k = 1, 2, \ldots$$

in eine Reihendarstellung gebracht werden kann. Eine periodische Funktion $f : \mathbb{R} \to \mathbb{R}$ zeichnet sich dadurch aus, dass es ein Intervall gibt, in dem der Funktionsverlauf von f bereits vollständig beschrieben wird und sich außerhalb dieses Intervalls in gleicher Weise ständig wiederholt.

Definition 8.1 (Periodische Funktion) *Eine Funktion $f : \mathbb{R} \to \mathbb{C}$ heißt periodisch mit der Periode $p > 0$ oder kurz p-periodisch, wenn*

$$f(x) = f(x + p), \qquad \text{für alle } x \in \mathbb{R}.$$

Jede p-periodische Funktion f kann durch Umskalieren in eine 2π-periodische Funktion transformiert werden, indem wir die Funktion $g(x) := f(p \cdot \frac{x}{2\pi})$ betrachten. Es gilt nämlich

$$g(x + 2\pi) = f(p \cdot \tfrac{x+2\pi}{2\pi}) = f(p \cdot \tfrac{x}{2\pi} + p) = f(p \cdot \tfrac{x}{2\pi}) = g(x).$$

Wir können uns daher in den folgenden Betrachtungen auf 2π-periodische Funktionen beschränken. Die wichtigsten Vertreter 2π-periodischer Funktionen sind konstante Funktionen und die trigonometrischen Funktionen

$$\cos(x), \quad \cos(2x), \quad \cos(3x), \ldots$$

sowie

$$\sin(x), \quad \sin(2x), \quad \sin(3x), \ldots.$$

Jede (reelle) Linearkombination aus diesen Funktionen und der konstanten Funktion $\cos(0x) = 1$ ist ebenfalls 2π-periodisch. Zudem sind sie linear unabhängig über $\mathbb{R}$. Es ist daher beispielsweise

$$B = (\tfrac{1}{\sqrt{2}}, \cos(x), \cos(2x), \cos(3x), \ldots \sin(x), \sin(2x), \sin(3x), \ldots)$$

Basis des Vektorraums $V = \langle B \rangle$, dessen Funktionen 2π-periodisch sind. Wenn wir auf diesem Vektorraum das Skalarprodukt

$$\langle f, g \rangle := \frac{1}{\pi} \int_{-\pi}^{\pi} f(x)g(x)\, dx$$

betrachten, so können wir leicht zeigen, dass für alle $\mathbf{b}, \mathbf{b}' \in B$ gilt

$$\langle \mathbf{b}, \mathbf{b}' \rangle = \begin{cases} 1, & \mathbf{b} = \mathbf{b}' \\ 0, & \mathbf{b} \neq \mathbf{b}' \end{cases}.$$

Wir haben es also bei B mit einer Orthonormalbasis des euklidischen Vektorraums $(V, \langle \cdot, \cdot \rangle)$ zu tun. Durch die Additionstheoreme ist uns bekannt, dass für die 2π-periodische Funktion $f(x) = \sin x \cos x - 2\cos^2 x + 1$ gilt:

$$f(x) = \tfrac{1}{2} \sin(2x) - \cos(2x) \in V.$$

Es gibt also eine Möglichkeit, f als Linearkombination von Vektoren aus B darzustellen. Da mit B eine Orthonormalbasis von V vorliegt, müsste sich diese Darstellung von f auch durch orthogonale Entwicklung nach Satz 5.20 mit den Vektoren aus B ergeben. Wir verifizieren dies nun, indem wir die Koordinaten von f bezüglich B mithilfe des obigen Skalarprodukts gemäß (5.29) bestimmen:

$$\langle f, \tfrac{1}{\sqrt{2}} \rangle = \frac{1}{\pi} \int_{-\pi}^{\pi} (\sin x \cos x - 2\cos^2 x + 1) \cdot \tfrac{1}{\sqrt{2}}\, dx = \ldots = 0,$$

$$\langle f, \cos(x) \rangle = \frac{1}{\pi} \int_{-\pi}^{\pi} (\sin x \cos x - 2\cos^2 x + 1) \cdot \cos x\, dx = \ldots = 0,$$

$$\langle f, \sin(x) \rangle = \frac{1}{\pi} \int_{-\pi}^{\pi} (\sin x \cos x - 2\cos^2 x + 1) \cdot \sin x\, dx = \ldots = 0,$$

$$\langle f, \cos(2x) \rangle = \frac{1}{\pi} \int_{-\pi}^{\pi} (\sin x \cos x - 2\cos^2 x + 1) \cdot \cos(2x)\, dx = \ldots = -1,$$

$$\langle f, \sin(2x) \rangle = \frac{1}{\pi} \int_{-\pi}^{\pi} (\sin x \cos x - 2\cos^2 x + 1) \cdot \sin(2x)\, dx = \ldots = \tfrac{1}{2}.$$

Da wir bereits aufgrund der Additionstheoreme die Zerlegung von f kennen, ist zu erwarten, dass

$$\langle f, \cos(kx) \rangle = \langle f, \sin(kx) \rangle = 0, \quad \text{für alle} \quad k \geq 3$$

gilt. Die orthogonale Entwicklung bestätigt also die obige Zerlegung von f. Wie aber sieht die Situation aus, wenn uns nicht bekannt ist, ob eine 2π-periodische Funktion in V liegt? Wir können nicht erwarten, dass sich jede 2π-periodische Funktion, als (endliche) Linearkombination von Basisfunktionen aus B darstellen lässt. Da B aus unendlich vielen Basisfunktionen besteht, ist es aber naheliegend, unendliche Linearkombinationen zu betrachten. Hierbei handelt es sich aber nicht mehr um Linearkombinationen im Sinne der linearen Algebra. Stattdessen haben wir es mit unendlichen Reihen zu tun, deren Partialsummen, sogenannte trigonometrische Polynome,

$$\alpha \frac{1}{\sqrt{2}} + \sum_{k=1}^{n} (a_k \cos(kx) + b_k \sin(kx))$$

Linearkombinationen von Basisfunktionen aus B sind. Außerdem stellen sich bei der Betrachtung unendlicher Reihen Konvergenzfragen. Die Details überlassen wir an dieser Stelle jedoch der Analysis und betrachten nur das folgende, auch als Satz von Dirichlet[1] bekannte Resultat.

Satz 8.2 (Darstellung einer 2π-periodischen Funktion als Fourier-Reihe) *Es sei* $f : \mathbb{R} \to \mathbb{R}$ *eine 2π-periodische, auf dem Intervall $[-\pi, \pi]$ stückweise stetige und stückweise monotone, also mit höchstens endlich vielen isolierten Extremalstellen ausgestattete Funktion. Dann ist in jeder Stetigkeitsstelle x von f der Funktionswert $f(x)$ als konvergente Fourier-Reihe* [2]

$$f(x) = \frac{a_0}{2} + \sum_{k=1}^{\infty} (a_k \cos(kx) + b_k \sin(kx)) \tag{8.1}$$

mit Fourier-Koeffizienten

$$a_k = \langle f(x), \cos(kx) \rangle = \frac{1}{\pi} \int_{-\pi}^{\pi} f(x) \cos(kx) \, dx, \quad k = 0, 1, 2, \ldots,$$

$$b_k = \langle f(x), \sin(kx) \rangle = \frac{1}{\pi} \int_{-\pi}^{\pi} f(x) \sin(kx) \, dx, \quad k = 1, 2, 3, \ldots$$

darstellbar. Ist x dagegen eine Unstetigkeitsstelle von f, so konvergiert die Fourier-Reihe von f gegen den Mittelwert aus links- und rechtsseitigem Grenzwert von f an der Stelle x:

$$\frac{\lim_{\xi \nearrow x} f(\xi) + \lim_{\xi \searrow x} f(\xi)}{2} = \frac{a_0}{2} + \sum_{k=1}^{\infty} (a_k \cos(kx) + b_k \sin(kx)).$$

---

[1] Peter Gustav Lejeune Dirichlet (1805-1859), deutscher Mathematiker

[2] Jean Baptiste Joseph Fourier (1768-1830), französischer Mathematiker und Physiker

Da wir in dieser Darstellung mit $\cos(0x) = 1$ keine in Bezug auf das Skalarprodukt normierte Basisfunktion vorliegen haben, müssen wir den Koeffizienten a_0 noch durch $\langle 1,1 \rangle = 2$ gemäß (5.30) dividieren. In der zuvor betrachteten Orthonormalbasis B haben wir dagegen an dieser Stelle die normierte Basisfunktion $1/\sqrt{2}$ betrachtet, die sich allerdings nicht generisch aus der Sequenz $\cos(kx)$, $k \in \mathbb{N}$ ergibt.

Die in dem letzten Satz erwähnte Mittelwertsregel gilt trivialerweise auch in den Stetigkeitsstellen von f. Wir können die Fourier-Reihe auch mithilfe der komplexen Exponentialfunktion darstellen. Dazu definieren wir unter den Voraussetzungen des letzten Satzes

$$c_0 = \frac{a_0}{2} = \frac{1}{2\pi} \int_{-\pi}^{\pi} f(x)\,\mathrm{d}x,$$

$$c_k = \frac{1}{2}(a_k - \mathrm{i}b_k) = \frac{1}{2\pi} \int_{-\pi}^{\pi} f(x)\mathrm{e}^{-\mathrm{i}kx}\,\mathrm{d}x, \quad k = 1, 2, \ldots,$$

$$c_k = \frac{1}{2}(a_{-k} + \mathrm{i}b_{-k})$$

$$= \frac{1}{2}(a_k - \mathrm{i}b_k) = \frac{1}{2\pi} \int_{-\pi}^{\pi} f(x)\mathrm{e}^{-\mathrm{i}kx}\,\mathrm{d}x, \quad k = -1, -2, \ldots$$

oder zusammengefasst für $k \in \mathbb{Z}$

$$c_k = \frac{1}{2\pi} \int_{-\pi}^{\pi} f(x)\mathrm{e}^{-\mathrm{i}kx}\,\mathrm{d}x.$$

Damit gilt

$$f(x) = \sum_{k=-\infty}^{\infty} c_k \mathrm{e}^{\mathrm{i}kx}.$$

Um die Fourier-Koeffizienten einer 2π-periodischen Funktion, die den Voraussetzungen des vorausgegangenen Satzes genügt, zu bestimmen, sind Skalarprodukte zu berechnen. Für gerade oder ungerade Funktionen können wir uns aber viel Arbeit ersparen, denn es gilt folgende Regel:

(i) Ist f ungerade, gilt also $f(-x) = -f(x)$, so verschwinden die Kosinus-Koeffizienten. Genauer gilt

$$a_k = 0, \qquad\qquad\qquad\qquad\qquad k \geq 0,$$

$$b_k = \frac{2}{\pi} \int_0^{\pi} f(x)\sin(kx)\,\mathrm{d}x \qquad\qquad k \geq 1.$$

(ii) Ist f gerade, gilt also $f(-x) = f(x)$, so verschwinden die Sinus-Koeffizienten. Genauer gilt

$$a_k = \frac{2}{\pi} \int_0^{\pi} f(x)\cos(kx)\,\mathrm{d}x, \qquad\qquad k \geq 0,$$

$$b_k = 0 \qquad\qquad\qquad\qquad\qquad\qquad k \geq 1.$$

Abschließend betrachten wir zwei Beispiele für 2π-periodische Funktionen, die wir in Fourier-Reihen entwickeln werden.

Der Graph der stückweise stetigen und stückweise monotonen (nicht streng monotonen), 2π-periodischen und quadratintegrablen Funktion

$$r(x) = \begin{cases} -1, & x \in [(2k-1)\pi, 2k\pi) \\ 1, & x \in [2k\pi, (2k+1)\pi) \end{cases}$$

für $k \in \mathbb{Z}$ beschreibt eine Rechteckschwingung:

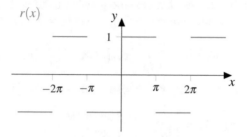

Da $r(-x) = -r(x)$ ist, handelt es sich um eine ungerade Funktion. Die Fourier-Reihe wird daher ausschließlich Sinus-Summanden enthalten. Es gilt also $a_k = 0$ für $k \geq 0$ sowie

$$b_k = \frac{2}{\pi} \int_0^\pi r(x) \sin(kx) \, dx = \frac{2}{\pi} \int_0^\pi \sin(kx) \, dx = \frac{2}{k\pi} [-\cos(kx)]_0^\pi = \frac{2}{k\pi} [\cos(kx)]_\pi^0$$

$$= \frac{2}{k\pi} (\cos(0) - \cos(k\pi)) = \begin{cases} \frac{4}{k\pi}, & k \text{ ungerade} \\ 0, & k \text{ gerade} \end{cases}$$

für $k \geq 1$. Damit lautet die Fourier-Reihe von r

$$\frac{4}{\pi} \sin(x) + \frac{4}{3\pi} \sin(3x) + \frac{4}{5\pi} \sin(5x) + \cdots = \sum_{k=0}^\infty \frac{4}{(2k+1)\pi} \sin((2k+1)x).$$

In Abb. 8.1 sind zudem die Partialsummen

$$R_n(x) := \sum_{k=0}^n \frac{4}{(2k+1)\pi} \sin((2k+1)x)$$

für $n = 0, 1, \ldots, 4$ der Fourier-Reihe dargestellt. Es fällt auf, dass in den Unstetigkeitsstellen von r bereits die Partialsummen der Fourier-Reihen die Mittelwertsregel zeigen.

Der Graph der stückweise stetigen und stückweise monotonen, 2π-periodischen und quadratintegrablen Funktion

$$d(x) = \begin{cases} -x + 2k\pi, & x \in [(2k-1)\pi, 2k\pi) \\ x - 2k\pi, & x \in [2k\pi, (2k+1)\pi) \end{cases}$$

für $k \in \mathbb{Z}$ beschreibt eine Dreieckschwingung:

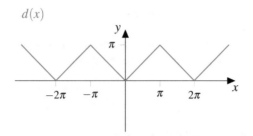

$d(x)$

Da $d(-x) = d(x)$ ist, handelt es sich um eine gerade Funktion. Die Fourier-Reihe kann daher nur Kosinus-Summanden enthalten. Es gilt also $b_k = 0$ für $k \geq 1$ sowie für $k \geq 1$:

$$
a_k = \frac{2}{\pi} \int_0^\pi d(x) \cos(kx)\, dx = \frac{2}{\pi} \int_0^\pi x \cos(kx)\, dx = \frac{2}{k^2 \pi} [kx \sin(kx) + \cos(kx)]_0^\pi
$$

$$
= \frac{2}{k^2 \pi} (k\pi \sin(k\pi) + \cos(k\pi) - k \cdot 0 \sin(k \cdot 0) - \cos(k \cdot 0))
$$

$$
= \frac{2}{k^2 \pi} (\cos(k\pi) - 1) = \begin{cases} -\frac{4}{k^2 \pi}, & k \text{ ungerade} \\ 0, & k \text{ gerade} \end{cases}.
$$

Zudem gilt für

$$
a_0 = \frac{2}{\pi} \int_0^\pi d(x)\, dx = \frac{2}{\pi} \int_0^\pi x\, dx = \frac{1}{\pi} [x^2]_0^\pi = \pi.
$$

Damit lautet die Fourier-Reihe von d

$$
\frac{\pi}{2} - \frac{4}{\pi} \cos(x) - \frac{4}{9\pi} \cos(3x) - \frac{4}{25\pi} \cos(5x) + \cdots = \frac{\pi}{2} - \sum_{k=0}^{\infty} \frac{4}{(2k+1)^2 \pi} \cos((2k+1)x).
$$

In Abb. 8.2 sind zudem die Partialsummen

$$
D_n(x) := \frac{\pi}{2} - \sum_{k=0}^{n} \frac{4}{(2k+1)^2 \pi} \cos((2k+1)x)
$$

für $n = 0, 1, \ldots, 4$ der Fourier-Reihe dargestellt.

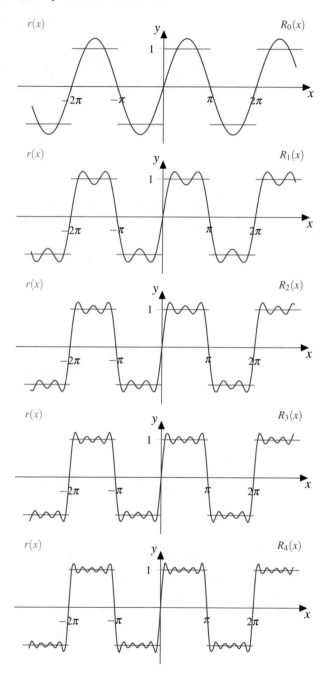

Abb. 8.1 Erste Partialsummen $R_n = \sum\limits_{k=0}^{\infty} \frac{4}{(2k+1)\pi} \sin((2k+1)x)$ der Fourier-Reihe einer Rechteckschwingung $r(x)$

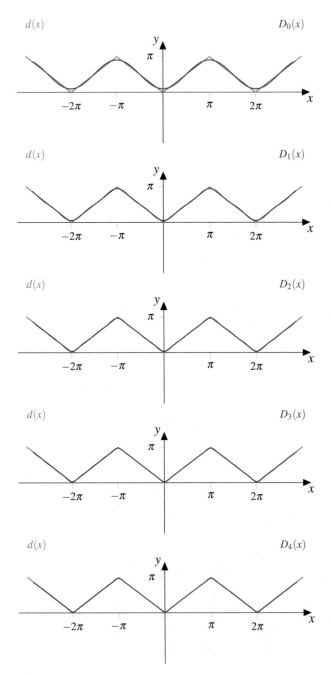

Abb. 8.2 Erste Partialsummen $D_n = \frac{\pi}{2} - \sum\limits_{k=0}^{n} \frac{4}{(2k+1)^2 \pi} \cos((2k+1)x)$ der Fourier-Reihe einer Dreieck-schwingung $d(x)$

Bei einer tiefergreifenden Betrachtung von Fourier-Reihen werden weitere Konvergenzbegriffe (Konvergenz im quadratischen Mittel) benötigt. Zudem ist es zweckmäßig, einen geeigneten Vektorraum zu identifizieren, dessen Funktionen sich im Hinblick auf bestimmte Konvergenzeigenschaften durch Fourier-Reihen darstellen lassen. Hierzu werden Funktionen betrachtet, für die sinnvollerweise das Integral

$$\langle f, f \rangle = \frac{1}{\pi} \int_{-\pi}^{\pi} (f(x))^2 \, dx$$

existiert. Ein wichtiges Ergebnis ist, dass jede 2π-periodische Funktion aus dem Hilbert-Raum der quadratintegrablen Funktionen $(\mathscr{L}^2(\mathbb{R}/2\pi), \langle \cdot, \cdot \rangle)$ durch eine Fourier-Reihe im Sinne der Konvergenz im quadratischen Mittel darstellbar ist. Für diesen Raum wird in der Regel das Skalarprodukt

$$\langle f, g \rangle = \int_{-\pi}^{\pi} f(x)g(x) \, dx$$

betrachtet. Wir können also diesen Raum mit den Basisfunktionen aus B erzeugen. Es ist dabei zunächst nicht von Bedeutung, ob das Skalarprodukt noch mit dem Faktor $1/\pi$ oder einem anderen Wert versehen wird. Der Vorfaktor hat lediglich Einfluss auf eine eventuell notwendige Normierung der Funktionen aus der Orthogonalbasis B von V.

8.2 Quadriken und mehrdimensionale quadratische Gleichungen

Mithilfe der quadratischen Ergänzung kann bekanntlich eine allgemeine Formel zur Berechnung der Lösung einer quadratischen Gleichung hergeleitet werden. Für $a \in \mathbb{R}^*$ gilt

$$ax^2 + bx + c = 0 \iff x \in \left\{ \frac{-b + \sqrt{b^2 - 4ac}}{2a}, \frac{-b - \sqrt{b^2 - 4ac}}{2a} \right\} \subset \mathbb{C}.$$

Der quadratische Ausdruck $ax^2 + bx + c \in \mathbb{R}[x]$ ist ein Polynom zweiten Grades über $\mathbb{R}$. Er besteht aus dem affin-linearen Bestandteil $bx + c$ und dem quadratischen Bestandteil ax^2. Wie könnte ein entsprechender Ausdruck im Mehrdimensionalen aussehen? An die Stelle der Variablen x tritt ein Vektor $\mathbf{x}$. Der affin-lineare Bestandteil $bx + c$ wird durch eine affin-lineare Abbildung ersetzt, während die Rolle des quadratischen Bestandteils ax^2 durch eine quadratische Form repräsentiert wird.

Definition 8.3 (Quadrik) *Als Quadrik bezeichnen wir die Nullstellenmenge des quadratischen Ausdrucks*

$$\mathbf{x}^T A \mathbf{x} + \mathbf{b}^T \mathbf{x} + c \tag{8.2}$$

mit einer symmetrischen Matrix $A \in M(n, \mathbb{R})$, einem Vektor $\mathbf{b} \in \mathbb{R}^n$ und einem Skalar $c \in \mathbb{R}$.

Ein Beispiel für einen derartigen quadratischen Ausdruck ist das mehrdimensionale Taylor-Polynom zweiter Ordnung

$$T_{f,2,\mathbf{x}_0}(\mathbf{x}) = f(\mathbf{x}_0) + (\nabla f)(\mathbf{x}_0)(\mathbf{x} - \mathbf{x}_0) + (\mathbf{x} - \mathbf{x}_0)^T \cdot \frac{1}{2} \operatorname{Hess} f(\mathbf{x}_0) \cdot (\mathbf{x} - \mathbf{x}_0)$$

eines skalaren Feldes f um den Entwicklungspunkt $\mathbf{x}_0$. In diesem Fall ist die Matrix A die mit dem Faktor $\frac{1}{2}$ multiplizierte Hesse-Matrix und der Vektor $\mathbf{b}$ der Gradient des zweimal stetig differenzierbaren skalaren Feldes f, jeweils ausgewertet in $\mathbf{x}_0$. Wir wollen uns nun um eine Lösungsformel ähnlich der a, b, c-Formel für die Lösung der quadratischen Gleichung

$$\mathbf{x}^T A \mathbf{x} + \mathbf{b}^T \mathbf{x} + c = 0$$

bemühen. Hierbei sei A eine positiv definite $n \times n$-Matrix (über $\mathbb{R}$), während $\mathbf{b} \in \mathbb{R}$ ein Spaltenvektor und $c \in \mathbb{R}$ ein Skalar ist. Betrachten wir zunächst einen Sonderfall. Die Lösungsmenge der Gleichung

$$(x - x_0)^2 = c, \qquad \text{mit } c > 0$$

besteht aus den beiden Werten $\{x_0 - \sqrt{c}, x_0 + \sqrt{c}\}$. Dieser einfachen quadratischen Gleichung entspricht mit der 2-Norm $\| \cdot \| = \| \cdot \|_2$ im Mehrdimensionalen die Gleichung

$$\|\mathbf{x} - \mathbf{x}_0\|^2 = c, \qquad (c > 0).$$

Ihre Lösungsmenge ist die Menge der Vektoren des $\mathbb{R}^n$ mit dem Abstand $\sqrt{c}$ vom Punkt $\mathbf{x}_0$. Im Gegensatz zum eindimensionalen Fall, in dem es wegen $c > 0$ genau zwei Lösungen gibt, liegt hier als Lösungsmenge eine unendliche Anzahl von Vektoren vor. Im Fall $n = 2$ hat diese Lösungsmenge die Form eines Kreises, im Fall $n = 3$ stellt diese Lösungsmenge eine Kugeloberfläche dar. Für höhere Dimensionen fehlt uns eine geometrische Veranschaulichung, wir sprechen von einer Hyperfläche oder, der Einfachheit halber, von einer Kugeloberfläche im $\mathbb{R}^n$. Wenn wir nun für $b, c \in \mathbb{R}$ die eindimensionale quadratische Gleichung

$$x^2 + bx + c = 0$$

betrachten, so ergibt die quadratische Ergänzung beider Seiten um den Summanden $\frac{b^2}{4} - c$,

$$\underbrace{x^2 + 2 \cdot \frac{b}{2}x + \frac{b^2}{4}}_{\left(x + \frac{b}{2}\right)^2} = \frac{b^2}{4} - c,$$

die Anwendbarkeit der binomischen Formel auf der linken Seite

$$\left(x + \frac{b}{2}\right)^2 = \frac{b^2}{4} - c$$

und damit die aus maximal zwei Lösungen bestehende Lösungsmenge

$$\left\{ -\frac{b}{2} \pm \sqrt{\left(\frac{b}{2}\right)^2 - c} \right\}.$$

Wir übertragen diese Idee nun in den mehrdimensionalen Fall und betrachten in formaler Analogie zum eindimensionalen Fall

$$\mathbf{x}^T\mathbf{x} + \mathbf{b}^T\mathbf{x} + c = 0. \tag{8.3}$$

Die quadratische Ergänzung um den Summanden $\frac{\mathbf{b}^T\mathbf{b}}{4} - c$ ergibt

$$\underbrace{\mathbf{x}^T\mathbf{x} + 2\frac{\mathbf{b}^T}{2}\mathbf{x} + \frac{\mathbf{b}^T\mathbf{b}}{4}}_{\left(\mathbf{x}+\frac{\mathbf{b}}{2}\right)^T\left(\mathbf{x}+\frac{\mathbf{b}}{2}\right)} = \frac{\mathbf{b}^T\mathbf{b}}{4} - c.$$

Auch hier fassen wir die linke Seite zusammen, und es folgt

$$\left\|\mathbf{x}+\frac{\mathbf{b}}{2}\right\|^2 = \left(\mathbf{x}+\frac{\mathbf{b}}{2}\right)^T\left(\mathbf{x}+\frac{\mathbf{b}}{2}\right) = \frac{\mathbf{b}^T\mathbf{b}}{4} - c.$$

Radizieren beider Seiten ergibt unter der Voraussetzung, dass die rechte Seite nicht-negativ ist:

$$\left\|\mathbf{x}+\frac{\mathbf{b}}{2}\right\| = \sqrt{\frac{\mathbf{b}^T\mathbf{b}}{4} - c}.$$

Die reelle Lösungsmenge ist demnach eine (abstrakte) Kugeloberfläche mit dem Radius

$$\sqrt{\frac{\mathbf{b}^T\mathbf{b}}{4} - c}$$

um den Punkt $-\frac{\mathbf{b}}{2}$, die wir auf folgende Weise parametrisch durch Einheitsvektoren $\hat{\mathbf{e}}_r = \mathbf{r}/\|\mathbf{r}\|$ mit $\mathbf{r} \in \mathbb{R}^n$, $\mathbf{r} \neq \mathbf{0}$ in alle Richtungen darstellen können:

$$\left\{\mathbf{x} = -\frac{\mathbf{b}}{2} + \left(\sqrt{\frac{\mathbf{b}^T\mathbf{b}}{4} - c}\right)\cdot\hat{\mathbf{e}}_r : \mathbf{r} \in \mathbb{R}^n, \mathbf{r} \neq \mathbf{0}\right\}. \tag{8.4}$$

Zum Schluss betrachten wir die allgemeine Gleichung zweiten Grades

$$ax^2 + bx + c = 0, \qquad a \neq 0,$$

deren Lösungsmenge, bestehend aus maximal zwei Elementen, durch die a,b,c-Formel berechnet wird:

$$\left\{\frac{-b+\sqrt{b^2-4ac}}{2a}, \frac{-b-\sqrt{b^2-4ac}}{2a}\right\}.$$

Durch Verwendung eines entsprechenden mehrdimensionalen quadratischen Ausdrucks übertragen wir die allgemeine quadratische Gleichung ins Mehrdimensionale:

$$\mathbf{x}^T A\mathbf{x} + \mathbf{b}^T\mathbf{x} + c = 0. \tag{8.5}$$

Hierbei spezialisieren wir uns auf eine positiv definite (und damit reguläre und symmetrische) Matrix $A \in \mathrm{GL}(n,\mathbb{R})$. Aufgrund des Spektralsatzes ist A ähnlich und kongruent zur Diagonalmatrix

$$\Lambda = \begin{pmatrix} \lambda_1 & 0 & \cdots & 0 \\ 0 & \lambda_2 & \ddots & \vdots \\ \vdots & \ddots & \ddots & 0 \\ 0 & \cdots & 0 & \lambda_n \end{pmatrix},$$

mit $\{\lambda_1, \ldots, \lambda_n\} = \operatorname{Spec} A \subset \mathbb{R}$. Nach dem Spektralsatz 6.28 gibt es eine orthogonale Matrix $S \in \mathrm{GL}(n, \mathbb{R})$, also $S^{-1} = S^T$, gibt mit

$$S^{-1} \Lambda S = S^T \Lambda S = A \quad \text{und damit} \quad A^{-1} = (S^T \Lambda S)^{-1} = S^T \Lambda^{-1} S.$$

Da A positiv definit ist, sind zudem die Eigenwerte und damit die Diagonalkomponenten $\lambda_1, \ldots, \lambda_n$ von Λ positiv. Wir bezeichnen mit $\sqrt{\Lambda}$ die Diagonalmatrix, deren Diagonalkomponenten aus $\sqrt{\lambda_1}, \ldots, \sqrt{\lambda_n}$ besteht. Die mehrdimensionale quadratische Gleichung (8.5) können wir damit umformen:

$$
\begin{aligned}
\mathbf{x}^T A \mathbf{x} + \mathbf{b}^T \mathbf{x} + c &= 0 \\
\iff \mathbf{x}^T S^T \Lambda S \mathbf{x} + \mathbf{b}^T S^T S \mathbf{x} + c &= 0 \\
\iff (S\mathbf{x})^T \Lambda (S\mathbf{x}) + (S\mathbf{b})^T (S\mathbf{x}) + c &= 0 \\
\iff (S\mathbf{x})^T \sqrt{\Lambda} \sqrt{\Lambda} (S\mathbf{x}) + (S\mathbf{b})^T (S\mathbf{x}) + c &= 0 \\
\iff (S\mathbf{x})^T \sqrt{\Lambda}^T \sqrt{\Lambda} (S\mathbf{x}) + (S\mathbf{b})^T (S\mathbf{x}) + c &= 0 \\
\iff (\sqrt{\Lambda} S\mathbf{x})^T (\sqrt{\Lambda} S\mathbf{x}) + (\sqrt{\Lambda^{-1}} S\mathbf{b})^T (\sqrt{\Lambda} S\mathbf{x}) + c &= 0.
\end{aligned}
$$

Mit $\mathbf{t} = \sqrt{\Lambda} S\mathbf{x}$ ist dies eine Gleichung

$$\mathbf{t}^T \mathbf{t} + (\sqrt{\Lambda^{-1}} S\mathbf{b})^T \mathbf{t} + c = 0$$

des zuvor behandelten Typs (8.3), und wir können für die Lösungsmenge gemäß (8.4) angeben:

$$\left\{ \mathbf{t} = -\frac{\sqrt{\Lambda^{-1}} S\mathbf{b}}{2} + \left(\sqrt{\frac{(\sqrt{\Lambda^{-1}} S\mathbf{b})^T \sqrt{\Lambda^{-1}} S\mathbf{b}}{4} - c} \right) \cdot \frac{\mathbf{r}}{\|\mathbf{r}\|} : \mathbf{r} \in \mathbb{R}^n, \mathbf{r} \neq \mathbf{0} \right\}.$$

Wegen $\mathbf{t} = \sqrt{\Lambda} S\mathbf{x}$ ist $\mathbf{x} = S^T \sqrt{\Lambda^{-1}} \mathbf{t}$, woraus sich die Lösungsmenge der n-dimensionalen quadratischen Gleichung (8.5) ergibt:

$$\left\{ \mathbf{x} = -\frac{S^T \Lambda^{-1} S\mathbf{b}}{2} + S^T \sqrt{\Lambda^{-1}} \left(\sqrt{\frac{(\sqrt{\Lambda^{-1}} S\mathbf{b})^T \sqrt{\Lambda^{-1}} S\mathbf{b}}{4} - c} \right) \cdot \frac{\mathbf{r}}{\|\mathbf{r}\|} : \mathbf{r} \in \mathbb{R}^n, \mathbf{r} \neq \mathbf{0} \right\}$$

$$= \left\{ \mathbf{x} = -\frac{S^T \Lambda^{-1} S\mathbf{b}}{2} + S^T \sqrt{\Lambda^{-1}} \left(\sqrt{\frac{\mathbf{b}^T S^T \Lambda^{-1} S\mathbf{b}}{4} - c} \right) \cdot \frac{\mathbf{r}}{\|\mathbf{r}\|} : \mathbf{r} \in \mathbb{R}^n, \mathbf{r} \neq \mathbf{0} \right\}.$$

Wegen $S^T \Lambda^{-1} S = A^{-1}$ lautet die Lösungsmenge der quadratischen Gleichung (8.5):

$$\left\{ \mathbf{x} = -\frac{A^{-1}\mathbf{b}}{2} + S^T \sqrt{\Lambda^{-1}} \left(\sqrt{\frac{\mathbf{b}^T A^{-1} \mathbf{b}}{4}} - c \right) \cdot \frac{\mathbf{r}}{\|\mathbf{r}\|} : \mathbf{r} \in \mathbb{R}^n, \mathbf{r} \neq \mathbf{0} \right\}. \qquad (8.6)$$

Sofern der Ausdruck $\mathbf{b}^T A^{-1} \mathbf{b} - 4c$ nicht negativ wird, handelt es sich um eine Teilmenge des $\mathbb{R}^n$. Ein Beispiel soll die Gebrauchstauglichkeit dieser verallgemeinerten a, b, c-Formel demonstrieren. Wir suchen die Lösungen der zweidimensionalen quadratischen Gleichung

$$3x^2 + 2xy + 3y^2 + x + y - \tfrac{31}{8} = 0, \qquad (8.7)$$

die wir in der Form

$$(y, x) \begin{pmatrix} 3 & 1 \\ 1 & 3 \end{pmatrix} \begin{pmatrix} x \\ y \end{pmatrix} + (1, 1) \begin{pmatrix} x \\ y \end{pmatrix} - \tfrac{31}{8} = 0$$

schreiben können. Wir identifizieren durch

$$A = \begin{pmatrix} 3 & 1 \\ 1 & 3 \end{pmatrix}, \quad \mathbf{b}^T = (1, 1), \quad c = -\tfrac{31}{8}, \quad \mathbf{x} = \begin{pmatrix} x \\ y \end{pmatrix}$$

diese quadratische Gleichung mit der allgemeinen Form (8.5). Für das charakteristische Polynom von A gilt:

$$\chi_A(x) = (x - 3)^2 - 1 = 0 \iff x - 3 = \pm 1 \iff x \in \{4, 2\}.$$

Die symmetrische Matrix A hat also die positiven Eigenwerte 4 und 2. Sie ist daher positiv definit. Für die zugehörigen Eigenräume gilt:

$$V_{A,4} = \text{Kern} \begin{pmatrix} -1 & 1 \\ 1 & -1 \end{pmatrix} = \text{Kern} \begin{pmatrix} 1 & -1 \\ 0 & 0 \end{pmatrix} = \left\langle \begin{pmatrix} 1 \\ 1 \end{pmatrix} \right\rangle$$

sowie

$$V_{A,2} = \text{Kern} \begin{pmatrix} 1 & 1 \\ 1 & 1 \end{pmatrix} = \text{Kern} \begin{pmatrix} 1 & 1 \\ 0 & 0 \end{pmatrix} = \left\langle \begin{pmatrix} -1 \\ 1 \end{pmatrix} \right\rangle.$$

Die Basisvektoren der beiden Eigenräume haben jeweils die Länge $\sqrt{2}$. Wir normieren die beiden Basisvektoren, um eine Orthonormalbasis zu erhalten. Die so normierten Vektoren setzen wir zu einer Matrix zusammen:

$$B = \begin{pmatrix} 1/\sqrt{2} & -1/\sqrt{2} \\ 1/\sqrt{2} & 1/\sqrt{2} \end{pmatrix}.$$

Hiermit gilt nun $B^T = B^{-1}$ und

$$B^T A B = \begin{pmatrix} 4 & 0 \\ 0 & 2 \end{pmatrix} =: \Lambda, \quad \text{und damit} \quad B\Lambda B^T = A.$$

Durch die Definition von

$$S = B^T = \begin{pmatrix} 1/\sqrt{2} & 1/\sqrt{2} \\ -1/\sqrt{2} & 1/\sqrt{2} \end{pmatrix}$$

haben wir also die notwendige Faktorisierung von A gefunden:

$$A = S^T \Lambda S.$$

Mit

$$\Lambda^{-1} = \begin{pmatrix} 1/4 & 0 \\ 0 & 1/2 \end{pmatrix}, \quad \sqrt{\Lambda^{-1}} = \begin{pmatrix} 1/2 & 0 \\ 0 & 1/\sqrt{2} \end{pmatrix}, \quad A^{-1} = \begin{pmatrix} 3/8 & -1/8 \\ -1/8 & 3/8 \end{pmatrix}$$

können wir nun für einen beliebigen Einheitsvektor $\hat{\mathbf{e}}_r = \mathbf{r}/\|\mathbf{r}\|$ mit $\mathbf{r} \in \mathbb{R}^2$, $\mathbf{r} \neq \mathbf{0}$ einen Lösungsvektor nach (8.6) konstruieren:

$$\mathbf{x} = -\frac{A^{-1}\mathbf{b}}{2} + S^T\sqrt{\Lambda^{-1}}\left(\sqrt{\frac{\mathbf{b}^T A^{-1}\mathbf{b}}{4}} - c\right) \cdot \hat{\mathbf{e}}_r$$

$$= \begin{pmatrix} -\frac{1}{8} \\ -\frac{1}{8} \end{pmatrix} + \begin{pmatrix} \frac{1}{2\sqrt{2}} & -\frac{1}{2} \\ \frac{1}{2\sqrt{2}} & \frac{1}{2} \end{pmatrix} \cdot \sqrt{\frac{1}{4}\cdot\frac{1}{2} + \frac{31}{8}} \cdot \hat{\mathbf{e}}_r = \begin{pmatrix} -\frac{1}{8} \\ -\frac{1}{8} \end{pmatrix} + \begin{pmatrix} \frac{1}{2\sqrt{2}} & -\frac{1}{2} \\ \frac{1}{2\sqrt{2}} & \frac{1}{2} \end{pmatrix} \cdot 2 \cdot \hat{\mathbf{e}}_r$$

$$= \begin{pmatrix} -\frac{1}{8} \\ -\frac{1}{8} \end{pmatrix} + \begin{pmatrix} \frac{1}{\sqrt{2}} & -1 \\ \frac{1}{\sqrt{2}} & 1 \end{pmatrix} \cdot \hat{\mathbf{e}}_r.$$

Wir wählen zur Verifikation mit $\hat{\mathbf{e}}_r = \hat{\mathbf{e}}_2$ den zweiten kanonischen Einheitsvektor des $\mathbb{R}^2$. Dies ergibt

$$\mathbf{x} = \begin{pmatrix} -\frac{1}{8} \\ -\frac{1}{8} \end{pmatrix} + \begin{pmatrix} \frac{1}{\sqrt{2}} & -1 \\ \frac{1}{\sqrt{2}} & 1 \end{pmatrix} \cdot \begin{pmatrix} 0 \\ 1 \end{pmatrix} = \begin{pmatrix} -\frac{9}{8} \\ \frac{7}{8} \end{pmatrix}.$$

Die Werte $x = -\frac{9}{8}$ und $y = \frac{7}{8}$ müssten demnach die quadratische Gleichung (8.7) lösen. In der Tat gilt

$$3x^2 + 2xy + 3y^2 + x + y - \frac{31}{8} = 3 \cdot \left(-\frac{9}{8}\right)^2 - 2 \cdot \frac{9}{8} \cdot \frac{7}{8} + 3 \cdot \left(\frac{7}{8}\right)^2 - \frac{9}{8} + \frac{7}{8} - \frac{31}{8}$$

$$= \frac{243}{64} - \frac{126}{64} + \frac{147}{64} - \frac{9}{8} + \frac{7}{8} - \frac{31}{8}$$

$$= \frac{33}{8} - \frac{9}{8} + \frac{7}{8} - \frac{31}{8} = 0.$$

Wir können durch die Wahl eines anderen Einheitsvektors für $\hat{\mathbf{e}}_r$ auf diese Weise unendlich viele Lösungen generieren. Für den skalaren Fall der quadratischen Gleichung

$$ax^2 + bx + c = 0$$

ergibt die Lösungsmenge (8.6) die bekannte a,b,c-Formel. In diesem Fall sind $A = a > 0$, $\mathbf{b} = b$ und c reelle Skalare. Die übrigen „Matrizen" zur Faktorisierung von A lauten $\Lambda = a$, $B = S = 1$. Damit ergibt sich die Lösungsmenge zu

$$\left\{\mathbf{x} = -\frac{A^{-1}\mathbf{b}}{2} + S^T\sqrt{\Lambda^{-1}}\left(\sqrt{\frac{\mathbf{b}^T A^{-1}\mathbf{b}}{4}} - c\right) \cdot \frac{\mathbf{r}}{\|\mathbf{r}\|} : \mathbf{r} \in \mathbb{R}, \mathbf{r} \neq \mathbf{0}\right\}$$

$$= \left\{\mathbf{x} = -\frac{b}{2a} + \frac{1}{\sqrt{a}}\left(\sqrt{\frac{b^2}{4a} - c}\right) \cdot (\pm 1)\right\}$$

$$= \left\{ \mathbf{x} = -\frac{b}{2a} + \frac{1}{\sqrt{a}} \left(\sqrt{\frac{b^2}{4a} - \frac{4ac}{4a}} \right) \cdot (\pm 1) \right\}$$

$$= \left\{ \mathbf{x} = -\frac{b}{2a} + \frac{1}{\sqrt{a}} \cdot \frac{1}{2\sqrt{a}} \cdot \left(\sqrt{b^2 - 4ac} \right) \cdot (\pm 1) \right\}$$

$$= \left\{ \mathbf{x} = \frac{-b \pm \sqrt{b^2 - 4ac}}{2a} \right\}.$$

8.3 Markov-Ketten

Eine wichtige Anwendung der Theorie diagonalisierbarer Matrizen bieten Markov[3]-Ketten, mit denen stochastische Prozesse beschrieben werden können. Wir betrachten hierzu ein einführendes Beispiel. Zwei Konzerne A und B teilen sich einen Markt. Hierbei haben statistische Erhebungen die folgende Abwanderungsstatistik zutage gefördert:

(i)   80 % der Kunden von Konzern A bleiben dieser Firma auch im Folgemonat treu,
(ii) 20 % der Kunden von Konzern A wechseln im Folgemonat zu Firma B,
(iii) 60 % der Kunden von Konzern B bleiben dieser Firma auch im Folgemonat treu,
(iv) 40 % der Kunden von Konzern B wechseln im Folgemonat zu Firma A.

Die Kundenabwanderung kann durch einen sogenannten Graphen sehr übersichtlich veranschaulicht werden:

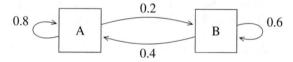

Zu Beginn der Erhebung besitzt Konzern A einen relativen Marktanteil von $100 \cdot a$ % und entsprechend Konzern B einen Anteil von $100 \cdot (1 - a)$ %, wobei $a \in [0, 1]$. Es stellen sich nun für die Geschäftsführungen beider Konzerne folgende Fragen. Welchen Marktanteil besitzt der jeweilige Konzern nach k Monaten, und welche Langzeitentwicklung hinsichtlich der Marktaufteilung ist zu erwarten, wenn die o.g. Abwanderungsquoten konstant bleiben? Wir können die Marktaufteilung beider Konzerne in einem Zustandsvektor

$$\mathbf{x} = \begin{pmatrix} x_a \\ x_b \end{pmatrix} \in \mathbb{R}^2, \qquad x_a + x_b = 1, \quad 0 \leq x_a, x_b \leq 1$$

speichern, wobei die erste Komponente x_a den relativen Marktanteil von Konzern A und x_b den entsprechenden Komplementäranteil von Konzern B beschreibt. Nach einem Monat ergibt sich mit dem Anfangszustand

$$\mathbf{x}_0 = \begin{pmatrix} a \\ 1 - a \end{pmatrix}$$

---

[3] Andrej Andrejewitsch Markov, auch in der Schreibweise Markow, (1856-1922), russischer Mathematiker

und den ermittelten Abwanderungsquoten der Zustand

$$\mathbf{x}_1 = \begin{pmatrix} 0.8a + 0.4(1-a) \\ 0.2a + 0.6(1-a) \end{pmatrix}.$$

Wir können dies als Matrix-Vektor-Produkt formulieren:

$$\mathbf{x}_1 = \underbrace{\begin{pmatrix} 8/10 & 4/10 \\ 2/10 & 6/10 \end{pmatrix}}_{=:A} \begin{pmatrix} a \\ 1-a \end{pmatrix} = A \cdot \mathbf{x}_0.$$

Dieser Vektor dient nun wiederum als Startvektor für den Übergang auf den zweiten Monat. Für die Marktaufteilung nach dem zweiten Monat ergibt sich der Vektor

$$\mathbf{x}_2 = A \cdot \mathbf{x}_1 = A^2 \mathbf{x}_0.$$

Dieses Verfahren können wir nun fortsetzen. Wir erhalten mit

$$\mathbf{x}_k = A^k \mathbf{x}_0$$

die Marktaufteilung beider Konzerne nach dem k-ten Monat. Hierbei haben wir vorausgesetzt, dass die Abwanderungsquoten stabil bleiben, sodass die Matrix A konstant bleibt. Nun ist der Aufwand zur Berechnung der k-ten Potenz von A hoch im Vergleich zur Berechnung der k-ten Potenz einer reellen Zahl. Die Eigenwerttheorie liefert uns aber ein Verfahren, bei dem wir die stark besetzte Matrix A durch eine schwach besetzte Matrix, im Idealfall also eine Diagonalmatrix, ersetzen können. Hierzu berechnen wir zunächst die Eigenwerte von A. Für das charakteristische Polynom von A gilt

$$\chi_A(x) = (x - \tfrac{8}{10})(x - \tfrac{6}{10}) - \tfrac{8}{100} = x^2 - \tfrac{14}{10}x + \tfrac{40}{100}.$$

Hieraus ergeben sich die Nullstellen

$$\lambda_1 = \frac{14 + \sqrt{36}}{20} = 1, \qquad \lambda_2 = \frac{14 - \sqrt{36}}{20} = \frac{2}{5}.$$

Nun berechnen wir die Eigenräume:

$$V_{A,\lambda_1} = \mathrm{Kern}\begin{pmatrix} -2/10 & 4/10 \\ 2/10 & -4/10 \end{pmatrix} = \mathrm{Kern}\begin{pmatrix} 1 & -2 \end{pmatrix} = \left\langle \begin{pmatrix} 2 \\ 1 \end{pmatrix} \right\rangle$$

$$V_{A,\lambda_2} = \mathrm{Kern}\begin{pmatrix} 4/10 & 4/10 \\ 2/10 & 2/10 \end{pmatrix} = \mathrm{Kern}\begin{pmatrix} 1 & 1 \end{pmatrix} = \left\langle \begin{pmatrix} -1 \\ 1 \end{pmatrix} \right\rangle.$$

Für beide Eigenwerte stimmt jeweils die geometrische Ordnung mit der algebraischen Ordnung überein. Da wir nur einfache Eigenwerte haben, war dies schon nach der Eigenwertberechnung klar. Die Matrix A ist daher diagonalisierbar, es gibt also eine Basis aus Eigenvektoren von A. Wir können nun aus beliebigen Vektoren der beiden Eigenräume eine Basis des $\mathbb{R}^2$ aus Eigenvektoren von A zusammenstellen und als reguläre 2×2-Matrix

B notieren:

$$B = \begin{pmatrix} 2 & -1 \\ 1 & 1 \end{pmatrix}, \qquad B^{-1} = \tfrac{1}{3} \begin{pmatrix} 1 & 1 \\ -1 & 2 \end{pmatrix}.$$

Die Koordinatenmatrix des von A vermittelten Endomorphismus f_A bezüglich B lautet

$$M_B(f_A) = c_B(f_A(B)) = \begin{pmatrix} \lambda_1 & 0 \\ 0 & \lambda_2 \end{pmatrix} = \begin{pmatrix} 1 & 0 \\ 0 & \tfrac{2}{5} \end{pmatrix} =: \Lambda.$$

Der Koordinatenvektor des Startvektors $\mathbf{x}_0$ bezüglich B lautet

$$c_B(\mathbf{x}_0) = B^{-1}\mathbf{x}_0 = \tfrac{1}{3} \begin{pmatrix} 1 & 1 \\ -1 & 2 \end{pmatrix} \begin{pmatrix} a \\ 1-a \end{pmatrix} = \tfrac{1}{3} \begin{pmatrix} 1 \\ 2-3a \end{pmatrix} =: \mathbf{y}_0.$$

Wir veranschaulichen uns die Situation anhand des Diagramms:

$$
\begin{array}{ccc}
\mathbf{x}_0 & \overset{f_A}{\longmapsto} & A\mathbf{x}_0 \\
c_B\downarrow & & \downarrow c_B \\
\mathbf{y}_0 & \overset{f_\Lambda}{\longmapsto} & \Lambda\mathbf{y}_0
\end{array}
\qquad \text{bzw.} \qquad
\begin{array}{ccc}
\mathbf{x}_0 & \overset{f_A^k}{\longmapsto} & A^k\mathbf{x}_0 \\
c_B\downarrow & & \downarrow c_B \\
\mathbf{y}_0 & \overset{f_\Lambda^k}{\longmapsto} & \Lambda^k\mathbf{y}_0
\end{array}.
$$

Für den Koordinatenvektor von $\mathbf{x}_k = A^k\mathbf{x}_0$ bezüglich B gilt in der Tat

$$c_B(\mathbf{x}_k) = c_B(A^k\mathbf{x}_0) = c_B(A \cdot A^{k-1}\mathbf{x}_0) = \Lambda c_B(A^{k-1}\mathbf{x}_0) = \ldots = \Lambda^k c_B(\mathbf{x}_0) = \Lambda^k \mathbf{y}_0.$$

Wir rechnen also in einem neuen Koordinatensystem mit der Basis B. Dem Vektor $\mathbf{x}_k = A^k\mathbf{x}_0$ entspricht nun der Vektor

$$\mathbf{y}_k = \Lambda^k \mathbf{y}_0 = \begin{pmatrix} \lambda_1 & 0 \\ 0 & \lambda_2 \end{pmatrix}^k \mathbf{y}_0 = \begin{pmatrix} \lambda_1^k & 0 \\ 0 & \lambda_2^k \end{pmatrix} \mathbf{y}_0 = \begin{pmatrix} 1 & 0 \\ 0 & (\tfrac{2}{5})^k \end{pmatrix} \cdot \tfrac{1}{3} \begin{pmatrix} 1 \\ 2-3a \end{pmatrix} = \tfrac{1}{3} \begin{pmatrix} 1 \\ (\tfrac{2}{5})^k(2-3a) \end{pmatrix}.$$

Durch Einsetzen in den Basisisomorphismus c_B^{-1} erhalten wir den gesuchten Vektor $\mathbf{x}_k$ im ursprünglichen Koordinatensystem

$$\mathbf{x}_k = c_B^{-1}(\mathbf{y}_k) = B\mathbf{y}_k = \begin{pmatrix} 2 & -1 \\ 1 & 1 \end{pmatrix} \cdot \tfrac{1}{3} \begin{pmatrix} 1 \\ (\tfrac{2}{5})^k(2-3a) \end{pmatrix} = \tfrac{1}{3} \begin{pmatrix} 2 - (\tfrac{2}{5})^k(2-3a) \\ 1 + (\tfrac{2}{5})^k(2-3a) \end{pmatrix}.$$

Nehmen wir an, dass zu Beginn, d.h. $k = 0$, Konzern A über 95 %, also $a = 0.95$, und Konzern B nur über 5 %, also $1 - a = 0.05$, Marktanteil verfügen. Der Startvektor lautet also

$$\mathbf{x}_0 = \begin{pmatrix} 0.95 \\ 0.05 \end{pmatrix}.$$

Nach 3 Monaten haben sich die Marktanteile wie folgt verschoben:

$$\mathbf{x}_3 = \tfrac{1}{3} \begin{pmatrix} 2 - (\tfrac{2}{5})^3(2 - 3 \cdot 0.95) \\ 1 + (\tfrac{2}{5})^3(2 - 3 \cdot 0.95) \end{pmatrix} = \begin{pmatrix} 0.6848 \\ 0.3152 \end{pmatrix}.$$

Vom ursprünglichen 95 %-igen Marktanteil von Konzern A bleiben nach 3 Monaten nur noch etwa 68 %, während Konzern B seinen Marktanteil von ursprünglichen 5 % auf knapp 32 % steigern konnte. Allerdings kann Konzern B nicht alle Anteile von Konzern A auf Dauer übernehmen. Langfristig wird sich das Verhältnis der Marktanteile stabilisieren auf

$$\lim_{k \to \infty} \mathbf{x}_k = \begin{pmatrix} 2/3 \\ 1/3 \end{pmatrix} =: \mathbf{x}_\infty,$$

da $\lambda_2^k = (2/5)^k \to 0$ für $k \to \infty$. Konzern A kann also nicht unter einen Marktanteil von $66.\overline{6}$ % fallen und Konzern B nicht über einen Marktanteil von $33.\overline{3}$ % steigen. Dieses Grenzverhältnis ist darüber hinaus unabhängig vom Anfangszustand. Selbst wenn zu Beginn Konzern A den kompletten Markt als Monopolist für sich allein gehabt hätte, d. h. $a = 1$, und Konzern B als Newcomer mit 0 % Marktanteil gestartet wäre, würde sich dieser Grenzzustand einstellen. Der Grenzzustand hat darüber hinaus die Eigenschaft, dass er durch die Matrix A nicht weiter verändert werden kann. Starten wir den Prozess mit dem Grenzzustand als Anfangszustand, d. h. mit $\mathbf{x}_0 := \mathbf{x}_\infty$, so bleibt die Zustandsfolge $(\mathbf{x}_k)_{k\in\mathbb{N}}$ wegen

$$A\mathbf{x}_\infty = \begin{pmatrix} 8/10 & 4/10 \\ 2/10 & 6/10 \end{pmatrix} \begin{pmatrix} 2/3 \\ 1/3 \end{pmatrix} = \begin{pmatrix} 2/3 \\ 1/3 \end{pmatrix} = 1 \cdot \mathbf{x}_\infty$$

konstant. Der Grenzzustand $\mathbf{x}_\infty$ wird daher auch als Gleichgewichtszustand oder als *stationärer Zustand* bezeichnet. Im Sinne der Eigenwerttheorie ist der stationäre Zustand $\mathbf{x}_\infty$ ein Eigenvektor von A zum Eigenwert $\lambda_1 = 1$, genauer handelt es sich um einen speziellen Eigenvektor aus $V_{A,1}$, dessen Komponentensumme den Wert 1 ergibt.

Den in diesem Verfahren genutzten Zusammenhang zwischen $\mathbf{x}_k = A^k \mathbf{x}_0$ und seiner Darstellung in den durch die Basis B definierten Koordinaten $\mathbf{y}_k = \Lambda^k \mathbf{y}_0$ können wir auch mit der Faktorisierung von A nachzeichnen. Die Eigenwertdiagonalmatrix Λ erhalten wir mithilfe der Eigenvektormatrix B über die Ähnlichkeitstransformation

$$B^{-1}AB = \Lambda.$$

Somit können wir A faktorisieren in

$$A = B\Lambda B^{-1}.$$

Für die Berechnung der Zustandsvektoren $\mathbf{x}_k$ ist diese Zerlegung sehr nützlich. Es ergibt sich hierdurch wieder der Zusammenhang

$$\mathbf{x}_k = A^k \mathbf{x}_0 = (B\Lambda B^{-1})^k \mathbf{x}_0 = B\Lambda \underbrace{B^{-1}B}_{=E_2} \underbrace{\Lambda B^{-1} \cdots B\Lambda B^{-1}}_{k \text{ mal}} \mathbf{x}_0$$

$$= B\Lambda^k \underbrace{B^{-1}\mathbf{x}_0}_{=c_B(\mathbf{x}_0)=\mathbf{y}_0} = c_B^{-1}(\Lambda^k \mathbf{y}_0) = c_B^{-1}(\mathbf{y}_k).$$

Wir standardisieren nun unsere Problemstellung. Es fällt zunächst auf, dass die in diesem Beispiel verwendete Matrix A ausschließlich nicht-negative reelle Komponenten besitzt und dass sich in jeder Spalte die Einträge zu 1 summieren. Eine derartige quadratische Matrix wird als Markov-Matrix bezeichnet.

Definition 8.4 (Markov-Matrix) *Eine $n \times n$-Matrix $A = (a_{ij})$ über $\mathbb{R}$ heißt Markov-Matrix, wenn ihre Komponenten nicht-negativ sind und die Summe der Komponenten in jeder Spalte 1 ergibt:*

$$a_{ij} \geq 0, \quad 1 \leq i,j \leq n, \quad \sum_{i=1}^{n} a_{ij} = 1, \quad j = 1,\ldots,n. \tag{8.8}$$

Mithilfe der 1-Norm, die für $\mathbf{x} \in \mathbb{R}^n$ durch

$$\|\mathbf{x}\|_1 := \sum_{k=1}^{n} |x_k|$$

definiert ist, können wir die Summationseigenschaft für die Spalten einer Markov-Matrix kürzer ausdrücken. Demnach ist $A \in M(n,\mathbb{R})$ eine Markov-Matrix, wenn ihre Komponenten nicht-negativ sind und für jede Spalte $\mathbf{a}_k$ von A gilt

$$\|\mathbf{a}_k\|_1 = 1, \qquad k = 1,\ldots,n.$$

Aus dieser Eigenschaft folgt, dass eine Markov-Matrix keine Einträge > 1 besitzen kann. Die charakteristischen Eigenschaften einer Markov-Matrix bleiben bei Potenzierung erhalten.

Satz 8.5 *Für eine Markov-Matrix A ist auch jede Potenz A^k mit $k \in \mathbb{N}$ eine Markov-Matrix.*

Beweis. Wir zeigen zunächst, dass ein Produkt zweier gleichformatiger Markov-Matrizen A und B wieder eine Markov-Matrix ist. Für das Produkt AB gilt

$$AB = \left(\sum_{k=1}^{n} a_{ik}b_{kj} \right)_{1 \leq i,j \leq n}.$$

Dass diese Einträge nicht-negativ sein können, ist unmittelbar klar. Wir betrachten nun die j-te Spalte von AB und summieren deren Einträge

$$\sum_{i=1}^{n} \sum_{k=1}^{n} a_{ik}b_{kj} = \sum_{k=1}^{n} \sum_{i=1}^{n} a_{ik}b_{kj} = \sum_{k=1}^{n} b_{kj} \underbrace{\sum_{i=1}^{n} a_{ik}}_{=1} = \sum_{k=1}^{n} b_{kj} = 1.$$

Das Produkt AB ist also eine Markov-Matrix. Damit ist auch jede Potenz A^k eine Markov-Matrix. $\square$

Mit diesem Satz lässt sich auch zeigen, dass das Produkt einer $n \times n$-Markov-Matrix A mit einem Spaltenvektor $\mathbf{x} \in \mathbb{R}^n$, dessen Komponenten nicht-negativ sind und sich zu 1 summieren

$$x_1,\ldots,x_n \geq 0, \qquad x_1 + \cdots + x_n = 1,$$

wieder einen Vektor dieser Art ergibt. Hierzu betrachten wir eine beliebige $n \times n$-Markov-Matrix B, deren erste Spalte durch $\mathbf{x}$ ersetzt wird. Das Matrix-Vektor-Produkt $A\mathbf{x}$ ist die erste Spalte der Markov-Matrix AB und hat daher die besagte Eigenschaft. Mit derartigen Matrixpotenzen werden Markov-Ketten formuliert.

Definition 8.6 (Markov-Kette) *Es sei A eine $n \times n$-Markov-Matrix und $\mathbf{x}_0 \in \mathbb{R}^n$ ein Start-vektor, dessen Komponenten nicht-negativ sind und für den $\|\mathbf{x}_0\|_1 = 1$ gilt, d. h. $\hat{\mathbf{e}}_i^T \mathbf{x}_0 \geq 0$ für $i = 1, \ldots, n$ und $(1, \ldots, 1)\mathbf{x}_0 = 1$. Die Vektor-Folge $(\mathbf{x}_k)_{k \in \mathbb{N}}$, definiert durch*

$$\mathbf{x}_k := A^k \mathbf{x}_0, \qquad k \in \mathbb{N}, \tag{8.9}$$

heißt Markov-Kette (dabei ist $A^0 := E_n$). Jeder Vektor $\mathbf{x}_k$ hat die Eigenschaft eines Start-vektors: Seine Komponenten sind nicht-negativ und summieren sich zu 1. Es gilt also $\|\mathbf{x}_k\|_1 = 1$.

Wir können die Eigenwerte und Eigenräume einer Markov-Matrix dazu verwenden, um die Zustände $\mathbf{x}_k$ effektiv zu berechnen und um eine Aussage über ihre langfristige Ent-wicklung abzugeben.

Satz 8.7 *Jede Markov-Matrix besitzt den Eigenwert 1.*

Beweis. Es sei A eine $n \times n$-Markov-Matrix. Wir betrachten die Matrix

$$A - 1 \cdot E_n = \begin{pmatrix} a_{11} - 1 & a_{12} & \cdots & a_{1n} \\ a_{21} & a_{22} - 1 & \ddots & \vdots \\ \vdots & \ddots & \ddots & a_{n-1,n} \\ a_{n1} & \cdots & a_{n,n-1} & a_{nn} - 1 \end{pmatrix}.$$

Wir addieren nun die Zeilen 1 bis $n - 1$ zur letzten Zeile und erhalten mit

$$\begin{pmatrix} a_{11} - 1 & \cdots & a_{1n} \\ a_{21} & \cdots & a_{2n} \\ \vdots & & \vdots \\ a_{n-1,1} & \cdots & a_{n-1,n} \\ a_{n1} + \left(\sum_{k=1}^{n-1} a_{k1}\right) - 1 & \cdots & a_{nn} - 1 + \sum_{k=1}^{n-1} a_{kn} \end{pmatrix} = \begin{pmatrix} a_{11} - 1 & a_{12} & \cdots & a_{1n} \\ a_{21} & a_{22} - 1 & \cdots & a_{2n} \\ \vdots & & & \vdots \\ a_{n-1,1} & \cdots & \cdots & a_{n-1,n} \\ 0 & \cdots & \cdots & 0 \end{pmatrix}$$

$$\underbrace{\phantom{a_{n1} + \left(\sum_{k=1}^{n-1} a_{k1}\right) - 1}}_{=1} \quad \underbrace{\phantom{a_{nn} - 1 + \sum_{k=1}^{n-1} a_{kn}}}_{=0}$$

eine Matrix mit einer Nullzeile, die somit wie $A - 1 \cdot E_n$ singulär ist, woraus folgt, dass $1 \in \operatorname{Spec} A$ ist. $\quad\square$

Insbesondere folgt aus diesem Satz, dass jede Markov-Matrix A über einen stationären Zustand $\mathbf{x}_s \neq \mathbf{0}$ verfügt, der durch A nicht verändert wird, für den also $A\mathbf{x}_s = \mathbf{x}_s$ gilt.

Bemerkung 8.8 *Eine Markov-Matrix muss nicht diagonalisierbar sein.*

Ein Beispiel für eine nicht diagonalisierbare Markov-Matrix ist

$$A = \begin{pmatrix} 1 & 0.5 & 0 \\ 0 & 0.5 & 0.5 \\ 0 & 0 & 0.5 \end{pmatrix}.$$

Diese Matrix hat neben dem einfachen Eigenwert 1 nur noch den algebraisch zweifachen Eigenwert 0.5, denn das charakteristische Polynom dieser oberen Dreiecksmatrix ist einfach nur das Produkt der Diagonalelemente ihrer charakteristischen Matrix $A - xE_3$:

$$\chi_A(x) = (x - 1)(x - 0.5)^2.$$

Die geometrische Ordnung von 0.5 lautet

$$\text{geo}(0.5) = \dim V_{A,0.5} = \dim \text{Kern}(A - 0.5E_3) = 3 - \text{Rang}(A - 0.5E_3)$$

$$= 3 - \text{Rang} \begin{pmatrix} 0.5 & 0.5 & 0 \\ 0 & 0 & 0.5 \\ 0 & 0 & 0 \end{pmatrix} = 3 - 2 = 1$$

und ist kleiner als die algebraische Ordnung von 0.5.

Während wir bereits wissen, dass $\lambda = 1$ Eigenwert jeder Markov-Matrix A ist, können wir für die restlichen möglichen Eigenwerte von A zumindest eine Abschätzung angeben, die wir sogar noch präzisieren können, falls A nur aus positiven Komponenten besteht.

Satz 8.9 *Sämtliche Eigenwerte einer $n \times n$-Markov-Matrix A liegen in der abgeschlossenen Einheitskreisscheibe von $\mathbb{C}$. Es gilt also $|\lambda| \leq 1$ für jeden (komplexen) Eigenwert $\lambda \in \text{Spec} A$.*

Beweis. Mit $\lambda \in \text{Spec} A = \text{Spec} A^T$ liegt auch ein Eigenwert von A^T vor (vgl. Übungsaufgabe 6.3). Es gibt daher einen Vektor $\mathbf{x} \neq \mathbf{0}$ mit

$$A^T \mathbf{x} = \lambda \mathbf{x}.$$

Es sei $k \in \{1, \ldots, n\}$ ein Index mit $|x_j| \leq |x_k|$ für $j = 1, \ldots, n$. Jede Komponente des Vektors $\mathbf{x}$ sei also betragsmäßig kleiner oder gleich $|x_k|$. Für die Transponierte von A gilt

$$A^T = \begin{pmatrix} a_{11} & a_{21} & \cdots & a_{n1} \\ a_{12} & a_{22} & \cdots & a_{n2} \\ \vdots & & & \vdots \\ a_{1k} & a_{2k} & \cdots & a_{nk} \\ \vdots & & & \vdots \end{pmatrix} \leftarrow k\text{-te Zeile} .$$

Damit erhalten wir folgende Abschätzung für die k-te Komponente des Vektors $\lambda \mathbf{x} = A^T \mathbf{x}$

$$|\lambda x_k| = \left| \sum_{j=1}^{n} a_{jk} x_j \right| \leq \sum_{j=1}^{n} a_{jk} |x_j| \leq \sum_{j=1}^{n} a_{jk} |x_k| = \underbrace{\left(\sum_{j=1}^{n} a_{jk} \right)}_{=1} |x_k|.$$

Da $\mathbf{x} \neq \mathbf{0}$, ist $|x_k| > 0$. Es folgt daher $|\lambda| |x_k| \leq 1 \cdot |x_k|$ und somit $|\lambda| \leq 1$. $\quad \square$

Unter etwas strengeren Voraussetzungen an A gilt eine noch präzisere Aussage.

Satz 8.10 *Ist A eine Markov-Matrix mit nicht-verschwindenden und damit positiven Komponenten*

$$a_{ij} > 0, \qquad 1 \le i, j \le n, \tag{8.10}$$

so sind sämtliche von $\lambda_p = 1$ verschiedenen komplexen Eigenwerte betragsmäßig kleiner als 1:

$$|\lambda| < 1, \quad \text{für alle } \lambda \in \operatorname{Spec} A \text{ mit } \lambda \ne 1. \tag{8.11}$$

Der Eigenwert $\lambda_p = 1$ ist also der einzige Eigenwert von A, der auf dem Rand der Einheitskreisscheibe in $\mathbb{C}$ liegt. Alle übrigen liegen dagegen in ihrem Inneren. Es gilt zudem $\operatorname{alg} \lambda_p = 1$. Der zugehörige Eigenraum $V_{A,1} = \langle \mathbf{p} \rangle$ ist daher eindimensional. Dieser Eigenraum enthält einen Eigenvektor $\mathbf{p}$ mit positiven Komponenten (und damit auch unendlich viele Eigenvektoren dieser Art). Ist zudem $\mathbf{x}_0 \in [0, \infty)^n$ mit $\|\mathbf{x}_0\|_1 = 1$ ein Startvektor für eine Markov-Kette, so ist der stationäre Zustand

$$\mathbf{x}_\infty := \lim_{k \to \infty} A^k \mathbf{x}_0 \tag{8.12}$$

der mithilfe der 1-Norm auf 1 normierte Eigenvektor des Eigenwertes 1 mit positiven Komponenten

$$\mathbf{x}_\infty = \frac{1}{\|\mathbf{p}\|_1} \mathbf{p}.$$

Dieser Satz basiert auf dem Satz von Perron[4]-Frobenius, auf den wir allerdings nicht weiter eingehen. Betrachten wir noch einmal unser Eingangsbeispiel. Die Markov-Matrix A verfügt nur über positive Komponenten. Der Eigenraum zum Eigenwert $\lambda_1 = 1$ lautet

$$V_{A,1} = \left\langle \begin{pmatrix} 2 \\ 1 \end{pmatrix} \right\rangle.$$

Wenn wir nun einen beliebigen Eigenvektor mit positiven Komponenten

$$\begin{pmatrix} 2a \\ a \end{pmatrix} \in V_{A,1}, \quad a > 0$$

aus diesem Eigenraum auswählen und ihn hinsichtlich der 1-Norm normieren:

$$\frac{1}{|2a| + |a|} \begin{pmatrix} 2a \\ a \end{pmatrix} = \frac{1}{3a} \cdot \begin{pmatrix} 2a \\ a \end{pmatrix} = \begin{pmatrix} 2/3 \\ 1/3 \end{pmatrix} = \mathbf{x}_\infty,$$

so erhalten wir unseren stationären Zustand.

Es gibt Markov-Matrizen mit $\operatorname{alg}(1) = 2 = \operatorname{geo}(1)$. Ein Beispiel ist die reell-symmetrische 3×3-Matrix

$$A = \begin{pmatrix} 2/3 & 0 & 1/3 \\ 0 & 1 & 0 \\ 1/3 & 0 & 2/3 \end{pmatrix}.$$

---

[4] Oskar Perron (1880-1975), deutscher Mathematiker

Diese Matrix hat die beiden Eigenwerte 1 und $1/3$, wobei 1 doppelter Eigenwert von A mit $\mathrm{geo}(1) = 2 = \mathrm{alg}(1)$ ist. Allerdings besitzt A auch einige Nullen als Einträge.

8.4 Systeme linearer Differenzialgleichungen und Matrixexponentialreihe

Ein Kernthema der Analysis ist die Behandlung gewöhnlicher Differenzialgleichungen. Hierbei spielen lineare Differenzialgleichungen als spezielle Ausprägung dieser Problemklasse eine große Rolle. Ein Elementarbeispiel einer linearen Differenzialgleichung erster Ordnung mit seiner skalaren Funktion $x(t)$ ist

$$\dot{x}(t) = x(t).$$

Gesucht ist also eine Funktion $x(t)$, die ihre eigene Ableitung darstellt. Wie wir wissen, ist die Exponentialfunktion

$$x(t) = x_0 \mathrm{e}^t$$

mit einer beliebigen Konstanten $x_0 \in \mathbb{R}$ Lösung dieser Differenzialgleichung. Wenn wir zusätzlich einen Anfangswert der Form

$$x(t_0) = x_0$$

vorschreiben, so lautet die einzige Lösung

$$x(t) = x_0 \mathrm{e}^{t-t_0}.$$

Existenz- und Eindeutigkeitsaussagen für derartige Anfangswertprobleme sind Gegenstand der Analysis und werden dort bewiesen. Welchen Zusammenhang gibt es aber zur linearen Algebra? Hierzu betrachten wir zunächst die allgemeine Form einer inhomogenen linearen Differenzialgleichung erster Ordnung mit Anfangswertvorgabe.

Definition 8.11 (Inhomogene lineare Differenzialgleichung erster Ordnung) *Die Differenzialgleichung der Anfangswertaufgabe*

$$\begin{aligned} \dot{x} &= a(t)x + b(t) \\ x(t_0) &= x_0 \end{aligned} \tag{8.13}$$

mit den beiden auf einem Intervall I definierten stetigen Funktionen $a, b \in C^0(I)$ wird als inhomogene lineare Differenzialgleichung erster Ordnung bezeichnet. Der Spezialfall $b(t) = 0$ für alle $t \in I$ ist hierbei inbegriffen. In dieser Situation spricht man von einer homogenen linearen Differenzialgleichung erster Ordnung.

Die Lösung kann mit vergleichsweise einfachen Mitteln der Differenzialrechnung bestimmt werden. Das analytische Verfahren zur Lösung wird als Methode der Variation der Konstanten bezeichnet.

Satz 8.12 (Variation der Konstanten) *Es seien I ein Intervall und $a, b : I \to \mathbb{R}$ zwei stetige Funktionen. Die inhomogene lineare Differenzialgleichung erster Ordnung mit Anfangswert $x(t_0) = x_0$ der Form*

$$\dot{x} = a(t)x + b(t)$$
$$x(t_0) = x_0$$

wird gelöst durch

$$x(t) = e^{G(t)} \left(x_0 + \int_{t_0}^{t} b(\tau)e^{-G(\tau)} \, d\tau \right), \qquad t \in I, \tag{8.14}$$

mit

$$G(t) = \int_{t_0}^{t} a(\tau) \, d\tau. \tag{8.15}$$

Beweis. Durch Einsetzen von t_0 in $x(t)$ folgt unmittelbar, dass $x(t)$ die Anfangswertvorgabe $x(t_0) = x_0$ erfüllt. Durch Ableiten von $x(t)$ kann zudem recht schnell gezeigt werden, dass $x(t)$ auch der Differenzialgleichung $\dot{x} = a(t)x + b(t)$ genügt (Übung). □

Liegt also eine Anfangswertaufgabe der Art (8.13) vor, so sind zu deren Lösung im Wesentlichen die beiden Integrale

$$G(t) = \int_{t_0}^{t} a(\tau) \, d\tau, \qquad \int_{t_0}^{t} b(\tau)e^{-G(\tau)} \, d\tau$$

zu bestimmen. Wir konzentrieren uns nun auf einen Spezialfall dieser Problemklasse, indem wir eine konstante Koeffizientenfunktion $a(t) = a \in \mathbb{R}$ voraussetzen. Das Anfangswertproblem

$$\dot{x} = ax + b(t)$$
$$x(t_0) = x_0$$

besitzt nach der Methode der Variation der Konstanten die Lösung

$$x(t) = e^{a(t-t_0)} \left(x_0 + \int_{t_0}^{t} b(\tau)e^{-a(\tau-t_0)} \, d\tau \right). \tag{8.16}$$

Für diesen Fall betrachten wir ein Beispiel:

$$\dot{x} - 3x = 9t$$
$$x(2) = 7.$$

Hier gilt $a = 3$, $b(t) = 9t$, $t_0 = 2$ und $x_0 = 7$. Die Lösung ergibt sich nun nach (8.16) unter Verwendung partieller Integration (Übung)

$$x(t) = 7e^{3(t-2)} - 3t + 6e^{3(t-2)} - 1 + e^{3(t-2)} = 14e^{3(t-2)} - 3t - 1.$$

Wenn nun ein Systemzustand aus mehreren Einzelfunktionen $x_1(t), \dots, x_n(t)$ besteht und daher durch eine vektorielle Funktion

$$\mathbf{x}(t) = \begin{pmatrix} x_1(t) \\ \vdots \\ x_n(t) \end{pmatrix}$$

beschrieben wird, so unterliegt der Systemzustand $x(t)$ in vielen Anwendungsfällen einem System aus n Differenzialgleichungen erster Ordnung. Wir können allerdings nicht davon ausgehen, dass die Differenzialgleichungen für die einzelnen Komponenten $x_i(t)$ unabhängig voneinander sind und sich somit auch unabhängig voneinander lösen lassen. In der Regel werden in den einzelnen Differenzialgleichungen Informationen aller Komponenten einfließen. Um auch für derartige Situationen ein Lösungsverfahren zu entwickeln, übertragen wir zunächst den skalaren Fall in die vektorielle Situation.

Definition 8.13 (Inhomogenes lineares Differenzialgleichungssystem erster Ordnung)
Das Problem

$$\dot{\mathbf{x}} = A(t)\mathbf{x} + \mathbf{b}(t) \tag{8.17}$$

mit einer auf einem Intervall I definierten Matrixfunktion $A : I \to \mathrm{M}(n, \mathbb{R})$, deren Komponenten stetig sind, und einer stetigen Kurve $\mathbf{b} : I \to \mathbb{R}^n$ wird als inhomogenes lineares Differenzialgleichungssystem erster Ordnung bezeichnet. Der Spezialfall $\mathbf{b}(t) = 0$ für alle $t \in I$ ist hierbei inbegriffen. In dieser Situation spricht man von einem homogenen linearen Differenzialgleichungssystem erster Ordnung.

Dieses Problem können wir zunächst weiter formalisieren, indem wir für die beiden $\mathbb{R}$-Vektorräume $C_n^1(I)$ der stetig-differenzierbaren Funktionen und $C_n^0(I)$ stetigen Funktionen von I nach $\mathbb{R}^n$ den linearen Operator

$$L : C_n^1(I) \to C_n^0(I)$$
$$\mathbf{x}(t) \mapsto L[\mathbf{x}(t)] := \frac{\mathrm{d}\mathbf{x}(t)}{\mathrm{d}t} - A(t)\mathbf{x}(t)$$

definieren. Aufgrund von Ableitungsregeln und der Distributivität des Matrix-Vektor-Produkts ist leicht einzusehen, dass L ein Homomorphismus ist. Sofern es Lösungen des Differenzialgleichungssystems (8.17) gibt, ist die Lösungsmenge $L^{-1}[\mathbf{b}(t)]$ also nichts weiter als die $\mathbf{b}(t)$-Faser unter L. Nun besagt Satz 4.11, dass sich diese Lösungsmenge additiv zusammensetzt aus einer beliebigen Lösung $\mathbf{x}_s \in C_n^1(I)$ des inhomogenen Systems (8.17) und dem Kern von L, also der Lösungsmenge des homogenen Systems $\dot{\mathbf{x}} = A(t)\mathbf{x}$. Sie ist damit ein Element eines Quotientenvektorraums:

$$L^{-1}[\mathbf{b}(t)] = \mathbf{x}_s(t) + \operatorname{Kern} L \in C_n^1(I) / \operatorname{Kern} L, \qquad L[\mathbf{x}_s(t)] = \mathbf{b}(t).$$

Es reicht dann, eine beliebige spezielle Lösung des inhomogenen Systems zu ermitteln, die allgemeine Lösung des homogenen Systems hinzuzuaddieren und deren Parameter auf eine Anfangswertvorgabe anzupassen. So ist beispielsweise die Funktion

$$x_s(t) = \mathrm{e}^{2t} \cdot t$$

eine spezielle Lösung der inhomogenen Differenzialgleichung

$$\dot{x}(t) = 2x(t) + e^{2t},$$

wie durch Nachrechnen mit der Produktregel sofort folgt. Die zugehörige homogene Differenzialgleichung

$$\dot{x}(t) = 2x(t)$$

besitzt den eindimensionalen Lösungsraum

$$K := \langle e^{2t} \rangle.$$

Mit einem freien Parameter $a \in \mathbb{R}$ lautet also die allgemeine Lösung der homogenen Differenzialgleichung

$$x_a(t) = ae^{2t} \in K.$$

Das Anfangswertproblem

$$\dot{x}(t) = 2x(t) + e^{2t}$$
$$x(0) = 7$$

besitzt also die Lösung

$$x(t) = x_s(t) + x_a(t) = te^{2t} + ae^{2t} \in x_s(t) + K,$$

wobei wegen $x(0) = 7$ direkt $a = 7$ folgt. Es ist also $x(t) = (7+t)e^{2t}$ die Lösung des Anfangswertproblems.

Wir betrachten nun das folgende Beispiel zweier inhomogener linearer Differenzialgleichungen erster Ordnung mit konstanten Koeffizienten:

$$\begin{aligned} \dot{x}_1 &= -5x_1 - 4x_2 \\ \dot{x}_2 &= 8x_1 + 7x_2 + t \end{aligned} \tag{8.18}$$

mit den Anfangswerten

$$x_1(0) = 0, \qquad x_2(0) = 1. \tag{8.19}$$

Es fällt auf, dass in beiden Differenzialgleichungen von (8.18) die jeweils andere Funktion mit auftritt. Dadurch können wir beide Differenzialgleichungen nicht unabhängig voneinander lösen. Wir sprechen von einem System aus zwei *gekoppelten* Differenzialgleichungen. Diese Kopplung macht sich insbesondere dadurch bemerkbar, dass in der vektoriellen Darstellung der Anfangswertaufgabe

$$\begin{aligned} \dot{\mathbf{x}} &= A\mathbf{x} + \mathbf{b}(t) \\ \mathbf{x}(0) &= \mathbf{x}_0 \end{aligned} \tag{8.20}$$

mit

$$A = \begin{pmatrix} -5 & -4 \\ 8 & 7 \end{pmatrix}, \quad \mathbf{b}(t) = \begin{pmatrix} 0 \\ t \end{pmatrix}, \quad \mathbf{x}_0 = \begin{pmatrix} 0 \\ 1 \end{pmatrix} \tag{8.21}$$

die Matrix A keine Diagonalform hat. Um die Diagonalisierbarkeit zu überprüfen, berechnen wir zunächst die Eigenwerte von A. Es gilt

$$\chi_A(x) = \det(xE - A) = (x+5)(x-7) + 32 = x^2 - 2x - 3 = (x+1)(x-3).$$

Die beiden Eigenwerte lauten $\lambda_1 = -1$ und $\lambda_2 = 3$. Da A genau zwei verschiedene Eigenwerte besitzt, ist A diagonalisierbar. Wir können eine Basis B des $\mathbb{R}^2$ bestimmen, sodass wir sämtliche Vektoren des Anfangswertproblems (8.20) und (8.21) und den durch A vermittelten Endomorphismus in einer transformierten Form darstellen können. Das folgende Schema verdeutlicht diese Basistransformation:

$$\dot{\mathbf{x}} = A\mathbf{x} + \mathbf{b}(t), \mathbf{x}(0) = \mathbf{x}_0: \qquad \mathbb{R}^2 \xrightarrow{A} \mathbb{R}^2 \qquad \mathbf{x}(t) \qquad \mathbf{b}(t) \qquad \mathbf{x}_0$$

$$c_B \downarrow \qquad \downarrow c_B \qquad \downarrow \qquad \downarrow \qquad \downarrow$$

$$\dot{\mathbf{y}} = \Lambda\mathbf{y} + \boldsymbol{\beta}(t), \mathbf{y}(0) = \mathbf{y}_0: \qquad \mathbb{R}^2 \xrightarrow{B^{-1}AB=\Lambda} \mathbb{R}^2 \qquad c_B(\mathbf{x}(t)) \quad c_B(\mathbf{b}(t)) \quad c_B(\mathbf{x}_0).$$

$$\| \qquad \| \qquad \|$$

$$\mathbf{y}(t) \qquad \boldsymbol{\beta}(t) \qquad \mathbf{y}_0$$

In dieser Darstellung ist Λ die Koordinatenmatrix des durch A vermittelten Endomorphismus auf $\mathbb{R}^2$. Wegen der Diagonalisierbarkeit von A ist mit der Wahl einer Basis B aus Eigenvektoren von A die Matrix Λ eine Diagonalmatrix mit den Eigenwerten λ_1 und λ_2 auf ihrer Diagonalen:

$$\Lambda = B^{-1}AB = \begin{pmatrix} \lambda_1 & 0 \\ 0 & \lambda_2 \end{pmatrix}.$$

In der Darstellung mit der Basis B, also im Koordinatensystem des unteren Diagrammteils, lauten die Koordinatenvektoren der beteiligten Größen

$$\mathbf{y}(t) = c_B(\mathbf{x}(t)) = B^{-1}\mathbf{x}(t), \quad \boldsymbol{\beta}(t) = c_B(\mathbf{b}(t)) = B^{-1}\mathbf{b}(t), \quad \mathbf{y}_0 = c_B(\mathbf{x}_0) = B^{-1}\mathbf{x}_0.$$

Wir können nun die ursprüngliche Anfangswertaufgabe im Koordinatensystem B formulieren:

$$\dot{\mathbf{y}} = \Lambda\mathbf{y} + \boldsymbol{\beta}(t)$$
$$\mathbf{y}(0) = \mathbf{y}_0 \tag{8.22}$$

mit

$$\Lambda = \begin{pmatrix} \lambda_1 & 0 \\ 0 & \lambda_2 \end{pmatrix}. \tag{8.23}$$

Das Differenzialgleichungssystem (8.22) lautet nun explizit

$$\begin{pmatrix} \dot{y}_1 \\ \dot{y}_2 \end{pmatrix} = \begin{pmatrix} \lambda_1 & 0 \\ 0 & \lambda_2 \end{pmatrix} \begin{pmatrix} y_1 \\ y_2 \end{pmatrix} + \begin{pmatrix} \beta_1(t) \\ \beta_2(t) \end{pmatrix}$$

bzw. komponentenweise

$$\dot{y}_1 = \lambda_1 y_1 + \beta_1(t)$$
$$\dot{y}_2 = \lambda_2 y_2 + \beta_2(t).$$

Diese beiden Differenzialgleichungen sind nun nicht mehr gekoppelt. Sie lassen sich unabhängig, also getrennt voneinander mit Mitteln der skalaren Analysis lösen. Wir berechnen nun die Eigenräume von A, um eine Basis B aus Eigenvektoren von A zu bestimmen. Es gilt für den Eigenraum zu $\lambda_1 = -1$

$$V_{A,\lambda_1} = \operatorname{Kern}(A+E) = \operatorname{Kern}\begin{pmatrix} -4 & -4 \\ 8 & 8 \end{pmatrix} = \operatorname{Kern}\begin{pmatrix} 1 & 1 \end{pmatrix} = \left\langle \begin{pmatrix} -1 \\ 1 \end{pmatrix} \right\rangle$$

sowie für den Eigenraum zu $\lambda_2 = 3$

$$V_{A,\lambda_2} = \operatorname{Kern}(A-3E) = \operatorname{Kern}\begin{pmatrix} -8 & -4 \\ 8 & 4 \end{pmatrix} = \operatorname{Kern}\begin{pmatrix} 1 & 1/2 \end{pmatrix} = \left\langle \begin{pmatrix} -1/2 \\ 1 \end{pmatrix} \right\rangle.$$

Wir entnehmen nun aus beiden Eigenräumen jeweils einen Eigenvektor und setzen beide Vektoren zu einer Basis $B = (\mathbf{b}_1, \mathbf{b}_2)$ zusammen, etwa durch die Wahl von

$$\mathbf{b}_1 = \begin{pmatrix} -1 \\ 1 \end{pmatrix} \in V_{A,\lambda_1}, \qquad \mathbf{b}_2 = \begin{pmatrix} -1 \\ 2 \end{pmatrix} \in V_{A,\lambda_2}.$$

Wie üblich notieren wir B als Matrix

$$B = \begin{pmatrix} -1 & -1 \\ 1 & 2 \end{pmatrix}.$$

Ihre Inverse lautet

$$B^{-1} = \frac{1}{\det B}\begin{pmatrix} 2 & 1 \\ -1 & -1 \end{pmatrix} = \begin{pmatrix} -2 & -1 \\ 1 & 1 \end{pmatrix}.$$

Die Ähnlichkeitstransformation $B^{-1}AB$ müsste jetzt die Eigenwertdiagonalmatrix ergeben. Rechnen wir dies einmal zur Probe nach:

$$B^{-1}AB = \begin{pmatrix} -2 & -1 \\ 1 & 1 \end{pmatrix}\begin{pmatrix} -5 & -4 \\ 8 & 7 \end{pmatrix}\begin{pmatrix} -1 & -1 \\ 1 & 2 \end{pmatrix}$$

$$= \begin{pmatrix} -2 & -1 \\ 1 & 1 \end{pmatrix}\begin{pmatrix} 1 & -3 \\ -1 & 6 \end{pmatrix} = \begin{pmatrix} -1 & 0 \\ 0 & 3 \end{pmatrix} =: \Lambda.$$

Nun können wir das System (8.20) mit der Definition von

$$\mathbf{y}(t) := c_B(\mathbf{x}(t)) = B^{-1}\mathbf{x}(t)$$

$$\boldsymbol{\beta}(t) := c_B(\mathbf{b}(t)) = B^{-1}\mathbf{b}(t) = \begin{pmatrix} -2 & -1 \\ 1 & 1 \end{pmatrix}\begin{pmatrix} 0 \\ t \end{pmatrix} = \begin{pmatrix} -t \\ t \end{pmatrix}$$

$$\mathbf{y}_0 := c_B(\mathbf{x}_0) = B^{-1}\mathbf{x}_0 = \begin{pmatrix} -2 & -1 \\ 1 & 1 \end{pmatrix}\begin{pmatrix} 0 \\ 1 \end{pmatrix} = \begin{pmatrix} -1 \\ 1 \end{pmatrix}$$

entkoppeln. Wir erhalten als korrespondierendes Anfangswertproblem nach Transformation bezüglich der Basis B

$$\dot{\mathbf{y}} = \Lambda \mathbf{y} + \boldsymbol{\beta}(t)$$
$$\mathbf{y}(0) = \mathbf{y}_0 \tag{8.24}$$

bzw. in ausführlicher Form

$$\dot{y}_1 = -y_1 - t \qquad y_1(0) = -1$$
$$\dot{y}_2 = 3y_2 + t \qquad y_2(0) = 1.$$

Jedes dieser beiden skalaren Anfangswertprobleme ist unabhängig vom jeweils anderen Anfangswertproblem für sich lösbar. Mithilfe der Methode der Variation der Konstanten in der Fassung für konstante Koeffizienten (8.16) berechnen wir die einzelnen Lösungen getrennt voneinander:

$$y_1(t) = e^{-t} \left(-1 - \int_0^t \tau e^\tau \, d\tau \right) = e^{-t} \left(-1 + \int_t^0 \tau e^\tau \, d\tau \right)$$
$$= e^{-t} \left(-1 + [\tau e^\tau]_t^0 + \int_0^t e^\tau \, d\tau \right) = e^{-t}((1-t)e^t - 2) = 1 - t - 2e^{-t}$$

$$y_2(t) = e^{3t} \left(1 + \int_0^t \tau e^{-3\tau} \, d\tau \right) = e^{3t} \left(1 - \tfrac{1}{3}[\tau e^{-3\tau}]_0^t + \tfrac{1}{3} \int_0^t e^{-3\tau} \, d\tau \right)$$
$$= e^{3t} \left(1 + \tfrac{1}{3}[\tau e^{-3\tau}]_t^0 + \tfrac{1}{9}[e^{-3\tau}]_t^0 \right) = e^{3t}(1 - \tfrac{1}{3}te^{-3t} + \tfrac{1}{9}(1 - e^{-3t}))$$
$$= \tfrac{10}{9}e^{3t} - \tfrac{1}{3}t - \tfrac{1}{9}.$$

Die Lösung lautet demnach bezüglich der Basis B

$$\mathbf{y}(t) = \begin{pmatrix} 1 - t - 2e^{-t} \\ \frac{10}{9}e^{3t} - \frac{1}{3}t - \frac{1}{9} \end{pmatrix}.$$

Da $\mathbf{y}(t) = c_B(\mathbf{x}(t))$ der Koordinatenvektor von $\mathbf{x}(t)$ bezüglich B ist, lautet die Lösung im Originalsystem

$$\mathbf{x}(t) = c_B^{-1}(\mathbf{y}(t)) = B\mathbf{y}(t) = \begin{pmatrix} -1 & -1 \\ 1 & 2 \end{pmatrix} \begin{pmatrix} 1 - t - 2e^{-t} \\ \frac{10}{9}e^{3t} - \frac{1}{3}t - \frac{1}{9} \end{pmatrix}$$
$$= \begin{pmatrix} -1 + t + 2e^{-t} - \frac{10}{9}e^{3t} + \frac{1}{3}t + \frac{1}{9} \\ 1 - t - 2e^{-t} + \frac{20}{9}e^{3t} - \frac{2}{3}t - \frac{2}{9} \end{pmatrix} = \begin{pmatrix} -\frac{8}{9} + \frac{4}{3}t + 2e^{-t} - \frac{10}{9}e^{3t} \\ \frac{7}{9} - \frac{5}{3}t - 2e^{-t} + \frac{20}{9}e^{3t} \end{pmatrix}.$$

Wir können für inhomogene lineare Differenzialgleichungssysteme erster Ordnung mit konstanten Koeffizienten diese Entkopplungsstrategie als Ansatz zur Lösung derartiger Probleme betrachten:

Entkopplung = Diagonalisierung = Ähnlichkeitstransformation mit Eigenvektorbasis.

Aus dem gekoppelten Differenzialgleichungssystem (8.17) von Def. 8.13,

$$\dot{\mathbf{x}} = A\mathbf{x} + \mathbf{b}(t), \quad \mathbf{x}(0) = \mathbf{x}_0, \tag{8.25}$$

wird im Diagonalisierbarkeitsfall durch Wechsel auf eine Basis B, die aus Eigenvektoren von $A = B\Lambda B^{-1}$ besteht, ein entkoppeltes System, das wir auch durch Linksmultiplikation von (8.25) mit B^{-1} direkt erhalten:

$$\underbrace{B^{-1}\dot{\mathbf{x}}}_{=c_B(\dot{\mathbf{x}})=\dot{\mathbf{y}}} = \Lambda \underbrace{B^{-1}\mathbf{x}}_{=c_B(\mathbf{x})=\mathbf{y}} + \underbrace{B^{-1}\mathbf{b}(t)}_{=c_B(\mathbf{b}(t))=\boldsymbol{\beta}(t)}, \qquad \underbrace{B^{-1}\mathbf{x}(0)}_{=c_B(\mathbf{x}(0))=\mathbf{y}(0)} = \underbrace{B^{-1}\mathbf{x}_0}_{=c_B(\mathbf{x}_0)=\mathbf{y}_0},$$

also

$$\dot{\mathbf{y}} = \begin{pmatrix} \lambda_1 & & 0 \\ & \ddots & \\ 0 & & \lambda_n \end{pmatrix} \mathbf{y} + \boldsymbol{\beta}(t), \quad \mathbf{y}(0) = \mathbf{y}_0.$$

Welche Optionen bleiben uns aber im Fall eines nicht diagonalisierbaren Systems? Hier können wir die Systemmatrix A zumindest trigonalisieren. Die transformierten Differenzialgleichungen sind dann zwar immer noch gekoppelt, durch die obere Dreiecksstruktur der transformierten Matrix fällt die Kopplung von Komponente i zu Komponente $i+1$ in der Regel immer schwächer aus. Die letzte Differenzialgleichung des transformierten Systems ist dabei völlig entkoppelt von den vorausgegangenen Gleichungen und somit autonom lösbar. Die Lösung können wir dann in die zweitletzte Differenzialgleichung des transformierten Systems einsetzen, um die zweitletzte Lösungskomponente zu erhalten. Dieses Rückwärtseinsetzen können wir fortführen, um schließlich sämtliche Lösungskomponenten des transformierten Systems zu erhalten. Es bietet sich an, als trigonalisierte Matrix eine Jordan'sche Normalform zu verwenden. Das transformierte System besteht dann nur noch aus Differenzialgleichungen, die in jeweils maximal zwei aufeinanderfolgenden Variablen gekoppelt sind. So besitzt beispielsweise das gekoppelte Differenzialgleichungssystem

$$\dot{x}_1 = x_1 - x_2 + t$$
$$\dot{x}_2 = x_1 + 3x_2 - t$$
$$\dot{x}_3 = x_1 - 2x_2 + \tfrac{1}{2}x_3 + 1$$

mit den Anfangswerten

$$x_1(0) = 2, \qquad x_2(0) = 1, \qquad x_3(0) = 0$$

die Matrix-Vektor-Darstellung

$$\dot{\mathbf{x}} = A\mathbf{x} + \mathbf{b}(t)$$
$$\mathbf{x}(0) = \mathbf{x}_0$$

mit

$$A = \begin{pmatrix} 1 & -1 & 0 \\ 1 & 3 & 0 \\ 1 & -2 & \tfrac{1}{2} \end{pmatrix}, \quad \mathbf{b}(t) = \begin{pmatrix} t \\ -t \\ 1 \end{pmatrix}, \quad \mathbf{x}_0 = \begin{pmatrix} 2 \\ 1 \\ 0 \end{pmatrix}.$$

Wir berechnen nun die Eigenwerte der Matrix A und bestimmen daher zunächst ihr charakteristisches Polynom:

$$\chi_A(x) = \det \begin{pmatrix} x-1 & 1 & 0 \\ -1 & x-3 & 0 \\ -1 & 2 & x-\frac{1}{2} \end{pmatrix} = (x-\tfrac{1}{2})\det \begin{pmatrix} x-1 & 1 \\ -1 & x-3 \end{pmatrix}$$

$$= (x-\tfrac{1}{2})((x-1)(x-3)+1) = (x-\tfrac{1}{2})(x-2)^2.$$

Die Eigenwerte sind also $\lambda_1 = \frac{1}{2}$ und $\lambda_2 = 2$ mit den algebraischen Ordnungen $\mu_1 = 1$ bzw. $\mu_2 = 2$. Wir berechnen die zugehörigen Eigenräume. Der Eigenraum zu λ_1 ist eindimensional. Daher erübrigen sich zur Kernbestimmung irgendwelche elementaren Umformungen. Es reicht ein Eigenvektor aus. Wir können bei Betrachtung der letzten Spalte von A einen Eigenvektor sofort angeben und wissen daher:

$$V_{A,\lambda_1} = \left\langle \begin{pmatrix} 0 \\ 0 \\ 1 \end{pmatrix} \right\rangle.$$

Der Eigenraum zu $\lambda_2 = 2$ ist nicht viel schwieriger zu bestimmen:

$$V_{A,\lambda_2} = \mathrm{Kern}(A - 2E_3) = \mathrm{Kern} \begin{pmatrix} -1 & -1 & 0 \\ 1 & 1 & 0 \\ 1 & -2 & -\frac{3}{2} \end{pmatrix} = \mathrm{Kern} \begin{pmatrix} 1 & 0 & -\frac{1}{2} \\ 0 & 1 & \frac{1}{2} \end{pmatrix} = \left\langle \begin{pmatrix} 1 \\ -1 \\ 2 \end{pmatrix} \right\rangle.$$

Da geo $\lambda_2 = 1 < 2 = \mu_2$ ist, haben wir es bei der Matrix A mit einer nicht-diagonalisierbaren Matrix zu tun. Es gilt

$$\mathrm{Kern}(A - 2E_3)^2 = \mathrm{Kern} \begin{pmatrix} 0 & 0 & 0 \\ 0 & 0 & 0 \\ -\frac{9}{2} & 0 & \frac{9}{4} \end{pmatrix} = \left\langle \begin{pmatrix} 0 \\ 1 \\ 0 \end{pmatrix}, \begin{pmatrix} 1 \\ 0 \\ 2 \end{pmatrix} \right\rangle = \left\langle \begin{pmatrix} 1 \\ -1 \\ 2 \end{pmatrix}, \begin{pmatrix} 1 \\ 0 \\ 2 \end{pmatrix} \right\rangle$$

$$= V_{A,\lambda_2} \oplus \left\langle \begin{pmatrix} 1 \\ 0 \\ 2 \end{pmatrix} \right\rangle.$$

Weiteres Potenzieren kann den Rang von $A - 2E_3$ nicht weiter absenken. Zum Eigenwert $\lambda_2 = 2$ gibt es einen Jordan-Block des Formats 2×2. Wir erhalten mit

$$\mathbf{b}_1 = \begin{pmatrix} 0 \\ 0 \\ 1 \end{pmatrix}, \quad \mathbf{b}_3 = \begin{pmatrix} 1 \\ 0 \\ 2 \end{pmatrix}, \quad \mathbf{b}_2 = (A - 2E_3)\mathbf{b}_3 = \begin{pmatrix} -1 \\ 1 \\ -2 \end{pmatrix}$$

eine Basis $B = (\mathbf{b}_1, \mathbf{b}_2, \mathbf{b}_3) \in \mathrm{GL}(3, \mathbb{R})$ aus Hauptvektoren, für die

$$B^{-1}AB = \begin{pmatrix} \frac{1}{2} & 0 & 0 \\ 0 & 2 & 1 \\ 0 & 0 & 2 \end{pmatrix} =: J$$

gilt. Hierbei sind $\mathbf{b}_1$ und $\mathbf{b}_2$ Eigenvektoren, während $\mathbf{b}_3$ ein Hauptvektor zweiter Stufe ist. Die Inverse der Basismatrix B ist mit wenig Aufwand bestimmbar und lautet

$$B^{-1} = \begin{pmatrix} 0 & -1 & 1 \\ 0 & 1 & 0 \\ 1 & -2 & 2 \end{pmatrix}^{-1} = \begin{pmatrix} -2 & 0 & 1 \\ 0 & 1 & 0 \\ 1 & 1 & 0 \end{pmatrix}.$$

Mit der Definition von

$$\mathbf{y}(t) := c_B(\mathbf{x})$$

$$\boldsymbol{\beta}(t) := c_B(\mathbf{b}(t)) = B^{-1}\mathbf{b}(t) = \begin{pmatrix} -2 & 0 & 1 \\ 0 & 1 & 0 \\ 1 & 1 & 0 \end{pmatrix} \begin{pmatrix} t \\ -t \\ 1 \end{pmatrix} = \begin{pmatrix} -2t+1 \\ -t \\ 0 \end{pmatrix}$$

$$\mathbf{y}_0 := c_B(\mathbf{x}_0) = \begin{pmatrix} -2 & 0 & 1 \\ 0 & 1 & 0 \\ 1 & 1 & 0 \end{pmatrix} \begin{pmatrix} 2 \\ 1 \\ 0 \end{pmatrix} = \begin{pmatrix} -4 \\ 1 \\ 3 \end{pmatrix}$$

trigonalisieren wir nun das System und erreichen eine schwächstmögliche Kopplung der Komponenten:

$$\dot{\mathbf{y}} = J\mathbf{y} + \boldsymbol{\beta}(t)$$
$$\mathbf{y}(0) = \mathbf{y}_0$$

bzw. im Detail

$$\begin{aligned} \dot{y}_1 &= \tfrac{1}{2}y_1 - 2t + 1, & y_1(0) &= -4 \\ \dot{y}_2 &= 2y_2 + y_3 - t, & y_2(0) &= 1 \\ \dot{y}_3 &= 2y_3, & y_3(0) &= 3. \end{aligned}$$

Wir lösen zuerst die letzte Differenzialgleichung. Es gilt

$$y_3(t) = 3e^{2t}.$$

Diese Lösung setzen wir in die zweite Differenzialgleichung ein:

$$\dot{y}_2 = 2y_2 + 3e^{2t} - t, \qquad y_2(0) = 1.$$

Durch Variation der Konstanten berechnen wir die Lösung:

$$y_2(t) = e^{2t}\left(1 + \int_0^t (3e^{2\tau} - \tau)e^{-2\tau}\,d\tau\right) = e^{2t}\left(1 + \tfrac{t}{2}e^{-2t} + \tfrac{1}{4}e^{-2t} + 3t - \tfrac{1}{4}\right)$$
$$= 3te^{2t} + \tfrac{3}{4}e^{2t} + \tfrac{t}{2} + \tfrac{1}{4}.$$

Die verbleibende, erste Differenzialgleichung ist wieder autonom lösbar. Zusammen mit dem Anfangswert $y_1(0) = -4$ ergibt sich durch Variation der Konstanten die Lösung

$$y_1(t) = e^{\frac{1}{2}t}\left(-4 + \int_0^t (-2\tau + 1)e^{-\frac{1}{2}\tau}\,d\tau\right) = e^{\frac{1}{2}t}\left(-4 + (4t+6)e^{-\frac{1}{2}t} - 6\right)$$
$$= -10e^{\frac{1}{2}t} + 4t + 6.$$

Die Lösung im B-System lautet somit

$$\mathbf{y}(t) = \begin{pmatrix} -10e^{\frac{t}{2}} + 4t + 6 \\ 3te^{2t} + \frac{3}{4}e^{2t} + \frac{t}{2} + \frac{1}{4} \\ 3e^{2t} \end{pmatrix}.$$

Im ursprünglichen Koordinatensystem ergibt sich die gesuchte Lösung durch Einsetzen in den Basisisomorphismus:

$$\mathbf{x}(t) = c_B^{-1}\mathbf{y}(t) = B\mathbf{y}(t) = \begin{pmatrix} 0 & -1 & 1 \\ 0 & 1 & 0 \\ 1 & -2 & 2 \end{pmatrix} \begin{pmatrix} -10e^{\frac{t}{2}} + 4t + 6 \\ 3te^{2t} + \frac{3}{4}e^{2t} + \frac{t}{2} + \frac{1}{4} \\ 3e^{2t} \end{pmatrix}$$

$$= \begin{pmatrix} -3te^{2t} + \frac{9}{4}e^{2t} - \frac{t}{2} - \frac{1}{4} \\ 3te^{2t} + \frac{3}{4}e^{2t} + \frac{t}{2} + \frac{1}{4} \\ -6te^{2t} + \frac{9}{2}e^{2t} - 10e^{\frac{t}{2}} + 3t + \frac{11}{2} \end{pmatrix}.$$

Wir betrachten nun einen wichtigen Spezialfall.

Definition 8.14 (Inhomogene lineare Differenzialgleichung n-ter Ordnung) *Für eine hinreichend oft auf einem Intervall $I \subset \mathbb{R}$ differenzierbare Funktion $x : I \to \mathbb{R}$, $t \mapsto x(t)$ werde mit der Kurzschreibweise*

$$x^{(j)} := \frac{d^j x}{dt^j}, \qquad j = 0, \dots, n$$

die j-fache Ableitung von x nach t bezeichnet. Dabei ist $x^{(0)} = x$. Die skalare Differenzialgleichung n-ter Ordnung

$$P[x] := x^{(n)} + a_{n-1}x^{(n-1)} + \dots + a_1\dot{x} + a_0x = b(t) \tag{8.26}$$

mit n konstanten Koeffizienten $a_k \in \mathbb{R}$, $k = 0, \dots, n-1$ und einer auf einem Intervall $I \subset \mathbb{R}$ stetigen Funktion $b(t)$ heißt inhomogene lineare Differenzialgleichung n-ter Ordnung mit konstanten Koeffizienten. Im Fall $b(t) = 0$ für alle $t \in I$ ist, analog zu linearen Gleichungssystemen, von einer homogenen linearen Differenzialgleichung mit konstanten Koeffizienten die Rede. Die Funktion $b(t)$ wird auch als Störfunktion bezeichnet.

Aufgrund der Ableitungsregeln gilt für alle Funktionen x und y aus dem $\mathbb{R}$-Vektorraum $C^n(I)$ der n-mal stetig differenzierbaren Funktion auf I sowohl $P[x+y] = P[x] + P[y]$ als auch $P[\alpha x] = \alpha P[x]$ für alle $\alpha \in \mathbb{R}$. Mit P liegt also ein linearer Differenzialoperator vor, sodass sich die Lösungsmenge $L = P^{-1}[b(t)]$ der inhomogenen Differenzialgleichung $P[x] = b(t)$ als Summe aus einer speziellen Lösung $x_s \in C^n(I)$, die auch als partikuläre Lösung bezeichnet wird, mit dem Kern von P ergibt:

$$L = x_s + \text{Kern}\,P.$$

Voraussetzung ist hierbei, dass es überhaupt eine Lösung $x_s \in C^n(I)$ mit $P[x_s(t)] = b(t)$ gibt. Die Lösungsmenge der inhomogenen Differenzialgleichung ist also ein affiner Teilraum des $C^n(I)$ und somit ein Element des Quotientenvektorraums $C^n(I)/\operatorname{Kern} P$. Durch die Definition von

$$z_j := x^{(j-1)}, \quad j = 1, \ldots, n$$

können wir wegen $\dot{z}_j := \frac{\mathrm{d}}{\mathrm{d}t} x^{(j-1)} = x^{(j)} = z_{j+1}$ für $j = 1, \ldots, n-1$ die skalare Differenzialgleichung n-ter Ordnung (8.26) in ein äquivalentes System aus n gekoppelten linearen Differenzialgleichungen erster Ordnung überführen:

$$\dot{z}_1 = z_2$$
$$\vdots$$
$$\dot{z}_{n-1} = z_n$$
$$\dot{z}_n = \frac{\mathrm{d}}{\mathrm{d}t} x^{(n-1)} = x^{(n)} = -a_{n-1} z_n - \cdots - a_1 z_2 - a_0 z_1 + b(t),$$

das in Matrix-Vektor-Schreibweise die Gestalt

$$\frac{\mathrm{d}}{\mathrm{d}t} \underbrace{\begin{pmatrix} z_1 \\ \vdots \\ z_{n-1} \\ z_n \end{pmatrix}}_{=:\mathbf{z}} = \underbrace{\begin{pmatrix} 0 & 1 & \cdots & 0 \\ \vdots & \ddots & \ddots & \vdots \\ 0 & 0 & \cdots & 1 \\ -a_0 & -a_1 & \cdots & -a_{n-1} \end{pmatrix}}_{=:A} \underbrace{\begin{pmatrix} z_1 \\ \vdots \\ z_{n-1} \\ z_n \end{pmatrix}}_{} + \underbrace{\begin{pmatrix} 0 \\ \vdots \\ 0 \\ b(t) \end{pmatrix}}_{=:\mathbf{b}(t)} \tag{8.27}$$

besitzt. Wir erkennen in A die Begleitmatrix des Polynoms n-ten Grades

$$p(x) = x^n + a_{n-1} x^{n-1} + \cdots + a_1 x + a_0 \in \mathbb{R}[x],$$

das denselben Aufbau wie der Operator P besitzt. Es seien nun $\lambda_1, \ldots, \lambda_m$ die paarweise verschiedenen Nullstellen von p in $\mathbb{C}$ mit den zugehörigen algebraischen Ordnungen $\mu_1, \ldots, \mu_m$. Wir wissen bereits, dass nach Satz 7.36 jeder Eigenraum von A nur eindimensional und somit

$$J = \begin{pmatrix} J_{\lambda_1, \mu_1} & 0 & \cdots & 0 \\ 0 & J_{\lambda_2, \mu_2} & \ddots & \vdots \\ \vdots & \ddots & \ddots & 0 \\ 0 & \cdots & 0 & J_{\lambda_m, \mu_m} \end{pmatrix}$$

eine Jordan'sche Normalform von A ist.

Wir betrachten nun die zu (8.26) gehörende homogene Differenzialgleichung

$$P[x] = x^{(n)} + a_{n-1} x^{(n-1)} + \cdots + a_1 \dot{x} + a_0 x = 0.$$

In der auf ein System von n gekoppelten Differenzialgleichungen transformierten Form (8.27) lautet sie

$$\frac{d}{dt} \begin{pmatrix} z_1 \\ \vdots \\ z_{n-1} \\ z_n \end{pmatrix} = \begin{pmatrix} 0 & 1 & \cdots & 0 \\ \vdots & \ddots & \ddots & \vdots \\ 0 & 0 & \cdots & 1 \\ -a_0 & -a_1 & \cdots & -a_{n-1} \end{pmatrix} \begin{pmatrix} z_1 \\ \vdots \\ z_{n-1} \\ z_n \end{pmatrix}. \tag{8.28}$$

Da alle Eigenräume von A nur eindimensional sind, können wir nach dem Verfahren aus Satz 7.36, ausgehend von m Eigenvektoren $\mathbf{v}_1^k \in V_{A,\lambda_k}$ für $k = 1 \ldots, m$, eine Basis

$$S := (\mathbf{v}_1^1 \mid \cdots \mid \mathbf{v}_{\mu_1}^1 \mid \mathbf{v}_1^2 \mid \cdots \mid \mathbf{v}_{\mu_2}^2 \mid \cdots \mid \mathbf{v}_1^m \mid \cdots \mid \mathbf{v}_{\mu_m}^m)$$

aus $\mu_1 + \cdots + \mu_m = n$ Hauptvektoren fortlaufender Stufe für jeden Eigenwert λ_i finden, sodass sämtliche erste Komponenten dieser Hauptvektoren ungleich Null sind. Die erste Zeile von S enthält damit keine einzige Null. Wir können nun (8.28) in die Form

$$\frac{d}{dt} \begin{pmatrix} y_1 \\ \vdots \\ y_{n-1} \\ y_n \end{pmatrix} = \begin{pmatrix} J_{\lambda_1,\mu_1} & 0 & \cdots & 0 \\ 0 & J_{\lambda_2,\mu_2} & \ddots & \vdots \\ \vdots & \ddots & \ddots & 0 \\ 0 & \cdots & 0 & J_{\lambda_m,\mu_m} \end{pmatrix} \begin{pmatrix} y_1 \\ \vdots \\ y_{n-1} \\ y_n \end{pmatrix} \tag{8.29}$$

überführen, in der allenfalls noch schwach gekoppelte Differenzialgleichungen auftreten. Wir sehen uns nun die Komponenten im Detail an und betrachten für ein $k \in \{1, \ldots, m\}$ den Eigenwert λ_k. Der zu λ_k gehörende Jordan-Block erstreckt sich innerhalb von J von Zeile und Spalte $1 + \sum_{l=1}^{k-1} \mu_l$ bis zur Zeile und Spalte $\sum_{l=1}^{k} \mu_l$. Wenn wir in (8.29) für $i := \sum_{l=1}^{k-1} \mu_l$ die Komponenten $i+1, \ldots, i+\mu_k$ betrachten, so folgt

$$\frac{d}{dt} \begin{pmatrix} y_{i+1} \\ \vdots \\ y_{i+\mu_k-1} \\ y_{i+\mu_k} \end{pmatrix} = \underbrace{\begin{pmatrix} \lambda_k & 1 & \cdots & 0 \\ 0 & \ddots & \ddots & \vdots \\ \vdots & \ddots & \lambda_k & 1 \\ 0 & \cdots & 0 & \lambda_k \end{pmatrix}}_{=J_{\lambda_k,\mu_k}} \begin{pmatrix} y_{i+1} \\ \vdots \\ y_{i+\mu_k-1} \\ y_{i+\mu_k} \end{pmatrix}.$$

Bevor wir dieses System lösen, verwenden wir der Übersicht halber neue Bezeichner, um die Menge der Indizes auf ein Minimalmaß zu reduzieren. Wir setzen hierzu $\lambda := \lambda_k$, $\mu := \mu_k$ und $f_j := y_{i+j}$ für $j = 1, \ldots, \mu_k$ und lösen

$$\frac{d}{dt} \begin{pmatrix} f_1 \\ \vdots \\ f_{\mu-1} \\ f_\mu \end{pmatrix} = \begin{pmatrix} \lambda & 1 & \cdots & 0 \\ 0 & \ddots & \ddots & \vdots \\ \vdots & \ddots & \lambda & 1 \\ 0 & \cdots & 0 & \lambda \end{pmatrix} \begin{pmatrix} f_1 \\ \vdots \\ f_{\mu-1} \\ f_\mu \end{pmatrix}.$$

Die unterste Komponente stellt die Differenzialgleichung $\frac{d}{dt} f_\mu = \lambda f_\mu$ dar, deren allgemeine Lösung $f_\mu(t) = b_\mu e^{\lambda t}$ mit einer freien Konstanten b_μ lautet. Diese Lösung setzen wir nun in die zweitunterste Differenzialgleichung ein:

$$\tfrac{\mathrm{d}}{\mathrm{d}t} f_{\mu-1} = \lambda f_{\mu-1} + b_\mu e^{\lambda t},$$

deren allgemeine Lösung durch Variation der Konstanten (setze hierzu die freien Anfangswerte $t_0 = 0$ und $f_{\mu-1}(t_0) = b_{\mu-1}$)

$$f_{\mu-1}(t) = (b_\mu t + b_{\mu-1}) e^{\lambda t}$$

mit einer Konstanten $b_{\mu-1}$ lautet. Diese Lösung können wir nun ihrerseits in die nächst höher gelegene Differenzialgleichung einsetzen:

$$\tfrac{\mathrm{d}}{\mathrm{d}t} f_{\mu-2} = \lambda f_{\mu-2} + (b_\mu t + b_{\mu-1}) e^{\lambda t}.$$

Mit einer weiteren Konstanten $b_{\mu-2}$ lautet die allgemeine Lösung

$$f_{\mu-2}(t) = (\tfrac{1}{2} b_\mu t^2 + b_{\mu-1} t + b_{\mu-2}) e^{\lambda t}.$$

Induktiv folgt für $j = 0, \ldots, \mu - 1$:

$$f_{\mu-j} = (\tfrac{1}{j!} b_\mu t^j + \cdots + b_{\mu-j+1} t + b_{\mu-j}) e^{\lambda t} = \left(\sum_{l=0}^{j} \tfrac{1}{l!} b_{\mu-j+l} t^l \right) e^{\lambda t}$$

bzw. komplementär durchindiziert für $j = 1, \ldots, \mu$:

$$f_j = \left(\sum_{l=0}^{\mu-j} \tfrac{1}{l!} b_{j+l} t^l \right) e^{\lambda t}.$$

Die Lösungen im B-System lauten damit über alle Eigenwerte λ_k für $k = 1, \ldots, m$ mit den jeweiligen freien Koeffizienten $b_{k,1}, \ldots, b_{k,\mu_k}$:

$$y_{i+j} = \left(\sum_{l=0}^{\mu_k-j} \tfrac{1}{l!} b_{k,j+l} t^l \right) e^{\lambda_k t} = \sum_{l=0}^{\mu_k-j} \tfrac{1}{l!} b_{k,j+l} \cdot t^l e^{\lambda_k t}, \quad j = 1, \ldots, \mu_k,$$

mit $i = \sum_{l=1}^{k-1} \mu_l$. Im Detail ergeben sich

für $k = 1$ mit $i = \sum_{l=1}^{0} \mu_l = 0$:

$$y_1(t) = \sum_{l=0}^{\mu_1-1} \tfrac{1}{l!} b_{1,1+l} \cdot t^l e^{\lambda_1 t} = b_{11} t^0 e^{\lambda_1 t} + \ldots + \tfrac{1}{(\mu_1-1)!} b_{1,\mu_1} t^{\mu_1-1} e^{\lambda_1 t}$$

$$\vdots$$

$$y_{\mu_1}(t) = \sum_{l=0}^{0} \tfrac{1}{l!} b_{1,\mu_1+l} \cdot t^l e^{\lambda_1 t} = b_{1,\mu_1} t^0 e^{\lambda_1 t}$$

für $k = 2$ mit $i = \sum_{l=1}^{1} \mu_l = \mu_1$:

$$y_{\mu_1+1}(t) = \sum_{l=0}^{\mu_2-1} \tfrac{1}{l!} b_{2,1+l} \cdot t^l e^{\lambda_2 t} = b_{21} t^0 e^{\lambda_2 t} + \ldots + \tfrac{1}{(\mu_2-1)!} b_{2,\mu_2} t^{\mu_2-1} e^{\lambda_2 t}$$

$$\vdots$$

$$y_{\mu_1+\mu_2}(t) = \sum_{l=0}^{0} \tfrac{1}{l!} b_{2,\mu_2+l} \cdot t^l e^{\lambda_2 t} = b_{2,\mu_2} t^0 e^{\lambda_2 t}.$$

Wir bestimmen auf diese Weise sämtliche Lösungskomponenten für $k = 1, \ldots, m$.

Diese Lösungen stellen damit beliebige Linearkombinationen der $n = \mu_1 + \cdots + \mu_m$ linear unabhängigen Funktionen

$$e^{\lambda_1 t}, te^{\lambda_1 t}, \ldots, t^{\mu_1-1} e^{\lambda_1 t}, e^{\lambda_2 t}, te^{\lambda_2 t}, \ldots, t^{\mu_2-1} e^{\lambda_2 t}, \ldots \ldots, e^{\lambda_m t}, te^{\lambda_m t}, \ldots, t^{\mu_m-1} e^{\lambda_m t}$$

dar. Nachdem wir den aus diesen Lösungen zusammengesetzten Lösungsvektor

$$\mathbf{y}(t) = (y_1(t), \ldots, y_n(t))^T$$

mithilfe des Basisisomorphismus c_S^{-1} in das ursprüngliche Koordinatensystem übertragen haben:

$$\mathbf{z}(t) = c_S^{-1}(\mathbf{y}(t)) = S\mathbf{y}(t),$$

können wir der ersten Komponente dieser Gleichung die gesuchte Lösung $x(t) = z_1(t)$ entnehmen. Diese besteht dann aber ebenfalls nur aus einer beliebigen Linearkombination der o. g. Funktionen, da die aus den Hauptvektoren bestehende Basismatrix S in der ersten Zeile keine Nullen besitzt, sodass kein freier Parameter $b_{k,j}$ verschwindet. Es ist also jede Funktion

$$x(t) \in \langle e^{\lambda_1 t}, te^{\lambda_1 t}, \ldots, t^{\mu_1-1} e^{\lambda_1 t}, e^{\lambda_2 t}, te^{\lambda_2 t}, \ldots, t^{\mu_2-1} e^{\lambda_2 t}, \ldots, e^{\lambda_m t}, te^{\lambda_m t}, \ldots, t^{\mu_m-1} e^{\lambda_m t} \rangle$$

eine Lösung der homogenen Differenzialgleichung $P[x] = 0$. Hierbei sind $\lambda_1, \ldots, \lambda_m$ die paarweise verschiedenen Nullstellen des P entsprechenden Polynoms p und $\mu_k := \text{alg}\,\lambda_k$ für $k = 1, \ldots, m$ ihre zugehörigen algebraischen Ordnungen. Durch Vorgabe zusätzlicher n Anfangswerte

$$x(t_0) = x_0',$$
$$\dot{x}(t_0) = x_1',$$
$$\vdots$$
$$x^{(n-1)}(t_0) = x_{n-1}'$$

können wir aus der Lösungsmenge, bedingt durch die $n = \mu_1 + \cdots \mu_m$ freien Parameter für eine Linearkombination aus Kern P, gezielt eine Lösung bestimmen, die diesen Anfangsbedingungen genügt. Fassen wir unser Ergebnis nun zusammen:

Satz 8.15 *Es sei* $I \subset R$ *ein Intervall. Die Lösungsmenge der linearen homogenen Differenzialgleichung n-ter Ordnung*

$$P[x] = x^{(n)} + a_{n-1} x^{(n-1)} + \cdots + a_1 \dot{x} + a_0 x = 0 \tag{8.30}$$

mit konstanten Koeffizienten $a_j \in \mathbb{R}$ *und einer Funktion* $x = x(t) \in C^n(I)$ *ist*

$$\operatorname{Kern} P = \langle e^{\lambda_1 t}, t e^{\lambda_1 t}, \ldots, t^{\mu_1 - 1} e^{\lambda_1 t}, \ldots, e^{\lambda_m t}, t e^{\lambda_m t}, \ldots, t^{\mu_m - 1} e^{\lambda_m t} \rangle. \tag{8.31}$$

Hierbei sind $\lambda_1, \ldots, \lambda_m \in \mathbb{C}$ *die Lösungen der charakteristischen Gleichung*

$$p(x) = x^n + a_{n-1} x^{n-1} + \cdots + a_1 \dot{x} + a_0 = 0 \tag{8.32}$$

und $\mu_1, \ldots, \mu_m$ *die algebraischen Ordnungen der Nullstellen von p, d. h., es gilt*

$$p(x) = (x - \lambda_1)^{\mu_1} \cdots (x - \lambda_m)^{\mu_m}.$$

Ist zudem $b(t)$ *eine stetige Störfunktion und* $x_s(t) \in C^n(I)$ *eine partikuläre Lösung mit* $P[x_s(t)] = b(t)$, *so ergibt sich die Lösungsmenge der inhomogenen Differenzialgleichung*

$$P(x) = x^n + a_{n-1} x^{n-1} + \cdots + a_1 \dot{x} + a_0 = b(t) \tag{8.33}$$

aus der Superposition von $x_s(t)$ *mit dem Lösungsraum* $\operatorname{Kern} P$ *der homogenen Differenzialgleichung (8.30):*

$$P^{-1}[b(t)] = x_s(t) + \operatorname{Kern} P \in C^n(I) / \operatorname{Kern} P.$$

Da mit $n = \dim \operatorname{Kern} P$ *für jede Lösung aus* $x_s(t) + \operatorname{Kern} P$ *ein Satz von n Parametern zur Verfügung steht, können n Anfangswerte der Form*

$$x^{(j)}(t_0) = x'_j, \qquad j = 0, \ldots, n - 1$$

für ein $t_0 \in I$ *vorgegeben werden, sodass gezielt eine Lösung aus* $x_s(t) + \operatorname{Kern} P$ *bestimmt werden kann, die diesen Anfangsbedingungen genügt.*

Wir betrachten abschließend ein Beispiel. Dem Operator P der homogenen linearen Differenzialgleichung dritter Ordnung

$$P[x(t)] = x^{(3)}(t) - 3\dot{x}(t) - 2x(t) = 0$$

ist das Polynom $p(x) = x^3 - 3x - 2 \in \mathbb{R}[x]$ zugeordnet. Dieses Polynom besitzt die Faktorisierung

$$p(x) = x^3 + 2x^2 + x - 2x^2 - 4x - 2 = (x - 2)(x^2 + 2x + 1) = (x - 2)(x + 1)^2$$

und damit die Nullstellen $\lambda_1 = 2$ mit $\mu_1 = 1$ und $\lambda_2 = -1$ mit $\mu_2 = 2$ als Lösung der charakteristischen Gleichung $p(x) = 0$. Die Lösungsmenge ist daher

$$\operatorname{Kern} P = \langle e^{2t}, e^{-t}, t e^{-t} \rangle.$$

In der Tat gilt für jede Linearkombination $x(t) = \alpha_1 e^{2t} + \alpha_2 e^{-t} + \alpha_3 t e^{-t}$:

$$
\begin{aligned}
P[x(t)] = \tfrac{d^3}{dt^3} x(t) - 3\tfrac{d}{dt} x(t) - 2x(t) &= 8\alpha_1 e^{2t} - \alpha_2 e^{-t} + 3\alpha_3 e^{-t} - \alpha_3 t e^{-t} \\
&\quad - 3(2\alpha_1 e^{2t} - \alpha_2 e^{-t} + \alpha_3 e^{-t} - \alpha_3 t e^{-t}) \\
&\quad - 2(\alpha_1 e^{2t} + \alpha_2 e^{-t} + \alpha_3 t e^{-t}) \\
&= 0.
\end{aligned}
$$

Fügen wir der Differenzialgleichung noch eine Inhomogenität zu, beispielsweise durch die Störfunktion $b(t) = t + 1$:

$$
P[x(t)] = x^{(3)}(t) - 3\dot{x}(t) - 2x(t) = t + 1,
$$

so benötigen wir nur eine partikuläre Lösung $x_s(t)$, um nun die Lösungsmenge der inhomogenen Differenzialgleichung aufzustellen. Der Ansatz $x_s(t) = c_1 t + c_0$ mit einem Polynom identischen Grades wie $b(t)$ führt dabei nach Einsetzen in die Differenzialgleichung zu folgender Beziehung:

$$
\begin{aligned}
P[x_s(t)] &= \tfrac{d^3}{dt^3} x_s(t) - 3\tfrac{d}{dt} x_s(t) - 2x_s(t) \\
&= 0 - 3c_1 - 2(c_1 t + c_0) = -2c_1 t - 3c_1 - 2c_0 \overset{!}{=} b(t) = t + 1,
\end{aligned}
$$

woraus unmittelbar nach Koeffizientenvergleich $c_1 = -\tfrac{1}{2}$ und $c_0 = \tfrac{1}{4}$ folgt, sodass mit $x_s(t) = -\tfrac{1}{2}t + \tfrac{1}{4}$ eine partikuläre Lösung vorliegt. Damit ist die Lösungsmenge der inhomogenen Differenzialgleichung $P[x] = b(t)$ der affine Teilraum

$$
x_s(t) + \operatorname{Kern} P = -\tfrac{1}{2}t + \tfrac{1}{4} + \langle e^{2t}, e^{-t}, t e^{-t} \rangle.
$$

Da $\dim \operatorname{Kern} P = 3$ ist, stehen uns drei freie Parameter zur Verfügung, um eine Lösung aus dieser Menge auf eine zusätzliche Anfangswertvorgabe mit drei Werten anzupassen. Nehmen wir an, wir fordern bis zur zweiten Ableitung von x folgende Anfangswerte für $t = t_0 := 0$

$$
x(0) = 1, \quad \dot{x}(0) = 2, \quad \ddot{x}(0) = 4,
$$

dann folgt mit einer parametrisierten Lösung

$$
x(t) = -\tfrac{1}{2}t + \tfrac{1}{4} + \alpha_1 e^{2t} + \alpha_2 e^{-t} + \alpha_3 t e^{-t}
$$

nach Ableiten von $x(t)$ bis zur zweiten Ordnung und Einsetzen der Anfangsbedingungen ein lineares Gleichungssystem aus drei Gleichungen mit drei Unbekannten:

$$
\begin{aligned}
x(0) = 1 &\iff \tfrac{1}{4} + \alpha_1 + \alpha_2 = 1 \\
\dot{x}(0) = 2 &\iff -\tfrac{1}{2} + 2\alpha_1 - \alpha_2 + \alpha_3 = 2 \\
\ddot{x}(0) = 4 &\iff 4\alpha_1 + \alpha_2 - 2\alpha_3 = 4,
\end{aligned}
$$

das in Tableauform lautet:

$$
\begin{bmatrix} 1 & 1 & 0 & 3/4 \\ 2 & -1 & 1 & 5/2 \\ 4 & 1 & -2 & 4 \end{bmatrix} \rightarrow \begin{bmatrix} 1 & 1 & 0 & 3/4 \\ 0 & -3 & 1 & 1 \\ 0 & -3 & -2 & 1 \end{bmatrix} \rightarrow \begin{bmatrix} 1 & 1 & 0 & 3/4 \\ 0 & -3 & 1 & 1 \\ 0 & 0 & 1 & 0 \end{bmatrix}
$$

$$
\rightarrow \begin{bmatrix} 1 & 1 & 0 & 3/4 \\ 0 & -3 & 0 & 1 \\ 0 & 0 & 1 & 0 \end{bmatrix} \rightarrow \begin{bmatrix} 1 & 1 & 0 & 3/4 \\ 0 & 1 & 0 & -1/3 \\ 0 & 0 & 1 & 0 \end{bmatrix} \rightarrow \begin{bmatrix} 1 & 0 & 0 & 13/12 \\ 0 & 1 & 0 & -1/3 \\ 0 & 0 & 1 & 0 \end{bmatrix}.
$$

Die Lösung der Anfangswertaufgabe

$$
P[x(t)] = x^{(3)}(t) - 3\dot{x}(t) - 2x(t) = t + 1, \qquad x(0) = 1, \quad \dot{x}(0) = 2, \quad \ddot{x}(0) = 4
$$

ist also $x(t) = -\frac{1}{2}t + \frac{1}{4} + \frac{13}{12}e^{2t} - \frac{1}{3}e^{-t}$.

Es fällt auf, dass die Exponentialfunktion eine besondere Rolle bei der Lösung linearer Differenzialgleichungen spielt. Es liegt nahe, die Entkopplungsstrategie zu verallgemeinern, um in Analogie zum skalaren Fall der Methode der Variation der Konstanten eine vektorielle Generalisierung dieser Formel zu gewinnen. Hierzu ist die folgende Definition von großer Bedeutung.

Satz/Definition 8.16 (**Matrixexponentialreihe**) *Für jede Matrix $A \in \mathrm{M}(n, \mathbb{C})$ konvergiert die Matrixexponentialreihe*

$$
\exp A := \sum_{l=0}^{\infty} \frac{A^l}{l!}. \tag{8.34}
$$

Der Konvergenznachweis ist für eine nilpotente Matrix A trivial, da die Reihe dann effektiv eine Summe mit endlicher Summandenzahl ist. Im Fall von nicht-nilpotenten Matrizen, also beispielsweise für reguläre Matrizen,[5] muss zum Konvergenzbeweis zunächst einmal die Konvergenz derartiger Matrix-Partialsummenfolgen definiert werden. Hierzu ist in jedem Fall eine Norm erforderlich. Auf diese eher analytischen Details wollen wir aber hier ebenso wenig eingehen wie auf den Beweis des folgenden Satzes.

Satz 8.17 (**Eigenschaften der Matrixexponentialreihe**) *Es seien $A, B \in \mathrm{M}(n, \mathbb{C})$ quadratische Matrizen über $\mathbb{C}$. Dann gelten folgende Rechenregeln:*

(i) $\exp(A) \in \mathrm{GL}(n, \mathbb{C})$. *In Verallgemeinerung zu $e^a \neq 0$ für alle $a \in \mathbb{C}$ folgt also: $\exp(A)$ ist regulär für alle $A \in \mathrm{M}(n, \mathbb{C})$.*

(ii) $(\exp(A))^{-1} = \exp(-A)$

(iii) $\exp(0_{n \times n}) = E_n$

(iv) $\exp(A^T) = (\exp(A))^T$ *bzw.* $\exp(A^*) = (\exp(A))^*$

(v) $S^{-1} \exp(A) S = \exp(S^{-1}AS)$

(vi) *Kommutieren A und B miteinander, d. h. gilt $AB = BA$, so gilt in Analogie zur skalaren Funktionalgleichung der Exponentialfunktion:*

$$
\exp(A + B) = \exp(A)\exp(B)
$$

(vii) *Für Blockmatrizen $L_1 \in \mathrm{M}(l_1, \mathbb{C}), \ldots, L_m \in \mathrm{M}(l_m, \mathbb{C})$ gilt*

---

[5] Eine reguläre $n \times n$-Matrix A kann nicht nilpotent sein, denn wäre für ein $k \in \mathbb{N}$ die Potenz $A^k = 0_{n \times n}$, so folgte ein Widerspruch nach Determinantenbildung: $0 = \det(A^k) = (\det A)^k \Rightarrow \det A = 0$.

$$\exp\begin{pmatrix} L_1 & 0 & \cdots & 0 \\ 0 & L_2 & \ddots & \vdots \\ \vdots & \ddots & \ddots & 0 \\ 0 & \cdots & 0 & L_m \end{pmatrix} = \begin{pmatrix} \exp(L_1) & 0 & \cdots & 0 \\ 0 & \exp(L_2) & \ddots & \vdots \\ \vdots & & \ddots & \ddots & 0 \\ 0 & & \cdots & 0 & \exp(L_m) \end{pmatrix}.$$

(viii) Speziell: Für alle $\lambda_1, \ldots, \lambda_n \in \mathbb{C}$ gilt

$$\exp\begin{pmatrix} \lambda_1 & 0 & \cdots & 0 \\ 0 & \lambda_2 & \ddots & \vdots \\ \vdots & \ddots & \ddots & 0 \\ 0 & \cdots & 0 & \lambda_n \end{pmatrix} = \begin{pmatrix} e^{\lambda_1} & 0 & \cdots & 0 \\ 0 & e^{\lambda_2} & \ddots & \vdots \\ \vdots & \ddots & \ddots & 0 \\ 0 & \cdots & 0 & e^{\lambda_n} \end{pmatrix}.$$

Es stellt sich die Frage, wie wir möglichst effizient die Matrixpotenzen A^k oder allgemeiner $(A \cdot t)^k$ für $t \in \mathbb{R}$ innerhalb der Matrixexponentialreihe $\exp(A \cdot t)$ berechnen können. Wir nutzen nun unsere Kenntnis zur Faktorisierung quadratischer Matrizen in Jordan'sche Normalformen, um diese Frage zu beantworten. Es sei also $S \in \mathrm{GL}(n, \mathbb{C})$ eine reguläre Matrix mit $S^{-1}AS = J$, wobei $J \in \mathrm{M}(n, \mathbb{C})$ eine Jordan'sche Normalform von A ist. Dann gilt $A = SJS^{-1}$ bzw. $A^k = SJ^kS^{-1}$ und $(At)^k = A^k t^k = SJ^kS^{-1}t^k = S(Jt)^kS^{-1}$. Es sei nun $\mathrm{Spec}\,A = \{\lambda_1, \ldots, \lambda_m\}$ mit paarweise verschiedenen Eigenwerten $\lambda_1, \ldots, \lambda_m \in \mathbb{C}$ von A. Wir bezeichnen mit $\mu_k = \mathrm{alg}(\lambda_k)$ für $k = 1, \ldots, m$ die entsprechenden algebraischen Ordnungen. Mit der Eigenwertdiagonalmatrix

$$\Lambda = \begin{pmatrix} \lambda_1 E_{\mu_1} & 0 & \cdots & 0 \\ 0 & \lambda_2 E_{\mu_2} & \ddots & \vdots \\ \vdots & & \ddots & \ddots & 0 \\ 0 & & \cdots & 0 & \lambda_m E_{\mu_m} \end{pmatrix}$$

ist $J = \Lambda + N$, wobei N eine nilpotente, obere Dreiecksmatrix darstellt, bei der allenfalls auf ihrer Superdiagonalen verstreut Einsen liegen können, während alle anderen Komponenten verschwinden. Im Detail betrachtet ist

$$Jt = (\Lambda + N)t = \begin{pmatrix} \lambda_1 t E_{\mu_1} + N_1 t & 0 & \cdots & 0 \\ 0 & \lambda_2 t E_{\mu_2} + N_2 t & \ddots & \vdots \\ \vdots & & \ddots & \ddots & 0 \\ 0 & & \cdots & 0 & \lambda_m t E_{\mu_m} + N_m t \end{pmatrix},$$

wobei $N_k \in \mathrm{M}(\mu_k, \mathbb{C})$ nilpotente Matrizen sind, bei denen höchstens auf ihren Superdiagonalen Einsen liegen können, während die übrigen Einträge identisch Null sind. Damit gilt nun nach der Blockmultiplikationsregel (vgl. Satz 2.11)

$$(Jt)^k = \begin{pmatrix} (\lambda_1 t E_{\mu_1} + N_1 t)^k & 0 & \cdots & 0 \\ 0 & (\lambda_2 t E_{\mu_2} + N_2 t)^k & \ddots & \vdots \\ \vdots & & \ddots & 0 \\ 0 & \cdots & 0 & (\lambda_m t E_{\mu_m} + N_m t)^k \end{pmatrix}.$$

Die Matrizen $\lambda_k t E_{\mu_k}$ und $N_k t$ kommutieren, daher gilt

$$\exp(\lambda_k t E_{\mu_k} + N_k t) = \exp(\lambda_k t E_{\mu_k}) \exp(N_k t). \tag{8.35}$$

Die $\mu_k \times \mu_k$-Matrix $N_k t$ ist aufgrund ihres Aufbaus nilpotent. Spätestens nach μ_k-facher Potenz ergibt sich die Nullmatrix. Es sei nun v_k der Minimalexponent mit $(N_k t)^{v_k} = 0_{\mu_k \times \mu_k}$. Es gilt für diesen Minimalexponenten $v_k \le \mu_k$ sowie $v_k = 1 \iff N_k t = 0_{\mu_k \times \mu_k}$ für alle $t \in \mathbb{R}$. Die Matrixexponentialreihe $\exp(N_k t)$ ist also eine endliche Summe

$$\exp(N_k t) = \sum_{l=0}^{\infty} \frac{(N_k t)^l}{l!} = \sum_{l=0}^{v_k-1} \frac{(N_k t)^l}{l!} = E_n + N_k t + \tfrac{1}{2} N_k^2 t^2 + \cdots + \tfrac{1}{(v_k-1)!} N_k^{v_k-1} t^{v_k-1}.$$

Wir sehen uns diese Potenzen etwas detaillierter an. Jede Matrix $N_k t$ ist eine Blockdiagonalmatrix, deren Diagonale sich aus Blockmatrizen der Art

$$Nt = \begin{pmatrix} 0 & t & 0 & \cdots & 0 \\ 0 & 0 & t & \ddots & \vdots \\ \vdots & & \ddots & \ddots & 0 \\ 0 & \cdots & \cdots & 0 & t \\ 0 & \cdots & \cdots & 0 & 0 \end{pmatrix} \in \mathrm{M}(v, \mathbb{C})$$

zusammensetzt. Ein derartiger Block ist nilpotent mit $(Nt)^v = 0_{v \times v}$, und es gilt

$$\exp(Nt) = \sum_{l=0}^{v-1} \frac{N_k^l t^l}{l!} = \begin{pmatrix} 1 & t & \frac{t^2}{2!} & \frac{t^3}{3!} & \cdots & \frac{t^{v-1}}{(v-1)!} \\ 0 & 1 & t & \frac{t^2}{2!} & \cdots & \frac{t^{v-2}}{(v-2)!} \\ 0 & 0 & 1 & t & \ddots & \frac{t^{v-3}}{(v-3)!} \\ \vdots & & & & \ddots & \vdots \\ 0 & \cdots & & & 1 & t \\ 0 & \cdots & & & 0 & 1 \end{pmatrix}.$$

Die Matrix $L_k := \exp(N_k t)$ ist damit eine Blockdiagonalmatrix aus Blöcken dieser Gestalt. Für den Faktor $\exp(\lambda_k t E_{\mu_k})$ in (8.35) gilt dagegen

$$\exp(\lambda_k t E_{\mu_k}) = e^{\lambda_k t} E_{\mu_k}.$$

Hiermit ergibt sich nun eine Möglichkeit zur Berechnung der Matrixexponentialreihe mit der Jordan'schen Normalform:

$$\exp(Jt) = \exp\begin{pmatrix} \lambda_1 t E_{\mu_1} + N_1 t & 0 & \cdots & 0 \\ 0 & \lambda_2 t E_{\mu_2} + N_2 t & \ddots & \vdots \\ \vdots & \ddots & \ddots & 0 \\ 0 & \cdots & 0 & \lambda_m t E_{\mu_m} + N_m t \end{pmatrix}$$

$$= \begin{pmatrix} \exp(\lambda_1 t E_{\mu_1} + N_1 t) & 0 & \cdots & 0 \\ 0 & \exp(\lambda_2 t E_{\mu_2} + N_2 t) & \ddots & \vdots \\ \vdots & \ddots & \ddots & 0 \\ 0 & \cdots & 0 & \exp(\lambda_m t E_{\mu_m} + N_m t) \end{pmatrix}$$

$$= \begin{pmatrix} e^{\lambda_1 t} E_{\mu_1} L_1 & 0 & \cdots & 0 \\ 0 & e^{\lambda_2 t} E_{\mu_2} L_2 & \ddots & \vdots \\ \vdots & \ddots & \ddots & 0 \\ 0 & \cdots & 0 & e^{\lambda_m t} E_{\mu_m} L_m \end{pmatrix} = \exp(\Lambda t) L$$

mit

$$\exp(\Lambda t) = \begin{pmatrix} e^{\lambda_1 t} E_{\mu_1} & 0 & \cdots & 0 \\ 0 & e^{\lambda_2 t} E_{\mu_2} & \ddots & \vdots \\ \vdots & \ddots & \ddots & 0 \\ 0 & \cdots & 0 & e^{\lambda_m t} E_{\mu_m} \end{pmatrix}, \quad L = \begin{pmatrix} L_1 & 0 & \cdots & 0 \\ 0 & L_2 & \ddots & \vdots \\ \vdots & \ddots & \ddots & 0 \\ 0 & \cdots & 0 & L_m \end{pmatrix}.$$

Für $At = S(Jt)S^{-1}$ haben wir also

$$\exp(At) = \exp(S(Jt)S^{-1}) = S\exp(Jt)S^{-1} = S\exp(\Lambda t)LS^{-1}.$$

Diesen Sachverhalt studieren wir nun anhand eines Beispiels. Für

$$A = \begin{pmatrix} 4 & 3 & 0 & -1 & 2 & -5 & 1 & 1 \\ 5 & 11 & 1 & -3 & 5 & -13 & 3 & 2 \\ -2 & -5 & 3 & 2 & -3 & 8 & -1 & -2 \\ 1 & 2 & 1 & 2 & 1 & -2 & 1 & 0 \\ -4 & -6 & -1 & 2 & -1 & 9 & -2 & -1 \\ 1 & 3 & 0 & -1 & 2 & -2 & 1 & 1 \\ -4 & -4 & 0 & 2 & -2 & 8 & 1 & -1 \\ -2 & -2 & 0 & 1 & -1 & 4 & -1 & 2 \end{pmatrix}$$

gilt mit

$$S = \begin{pmatrix} 1 & 0 & 0 & 0 & 0 & 0 & 0 & 0 \\ 1 & -1 & 0 & 0 & 1 & 0 & 0 & 1 \\ -1 & 0 & 0 & 0 & 0 & 1 & 0 & 0 \\ 0 & 0 & 1 & 0 & 1 & 0 & 1 & 0 \\ 0 & 1 & 0 & 1 & -1 & 0 & 0 & 0 \\ 1 & 0 & 0 & 0 & 0 & 0 & 0 & 1 \\ 0 & 1 & 0 & -1 & 0 & 0 & 1 & 1 \\ 0 & 1 & 1 & -1 & 0 & 0 & 0 & 1 \end{pmatrix}$$

und

$$S^{-1} = \begin{pmatrix} 1 & 0 & 0 & 0 & 0 & 0 & 0 & 0 \\ 2 & 3 & 0 & -1 & 2 & -5 & 1 & 1 \\ -1 & -2 & 0 & 1 & -1 & 3 & -1 & 0 \\ 0 & 1 & 0 & 0 & 1 & -1 & 0 & 0 \\ 2 & 4 & 0 & -1 & 2 & -6 & 1 & 1 \\ 1 & 0 & 1 & 0 & 0 & 0 & 0 & 0 \\ -1 & -2 & 0 & 1 & -1 & 3 & 0 & -1 \\ -1 & 0 & 0 & 0 & 0 & 1 & 0 & 0 \end{pmatrix}$$

die Faktorisierung in eine Jordan'sche Normalform

$$S^{-1}AS = J = \begin{pmatrix} 2 & 1 & 0 & 0 & 0 & 0 & 0 & 0 \\ 0 & 2 & 1 & 0 & 0 & 0 & 0 & 0 \\ 0 & 0 & 2 & 0 & 0 & 0 & 0 & 0 \\ 0 & 0 & 0 & 2 & 0 & 0 & 0 & 0 \\ 0 & 0 & 0 & 0 & 3 & 1 & 0 & 0 \\ 0 & 0 & 0 & 0 & 0 & 3 & 1 & 0 \\ 0 & 0 & 0 & 0 & 0 & 0 & 3 & 1 \\ 0 & 0 & 0 & 0 & 0 & 0 & 0 & 3 \end{pmatrix}.$$

Die Eigenwerte von A sind $\lambda_1 = 2$ und $\lambda_2 = 3$ mit ihren entsprechenden algebraischen Ordnungen $\mu_1 = 4$ und $\mu_2 = 4$. In der Jordan'schen Normalform treten die drei Jordan-Blöcke $J_{2,3}$, $J_{2,1}$ und $J_{3,4}$ auf. Mit den bisherigen Bezeichnungen ist für dieses Beispiel

$$\Lambda = \begin{pmatrix} 2 & 0 & 0 & 0 & 0 & 0 & 0 & 0 \\ 0 & 2 & 0 & 0 & 0 & 0 & 0 & 0 \\ 0 & 0 & 2 & 0 & 0 & 0 & 0 & 0 \\ 0 & 0 & 0 & 2 & 0 & 0 & 0 & 0 \\ 0 & 0 & 0 & 0 & 3 & 0 & 0 & 0 \\ 0 & 0 & 0 & 0 & 0 & 3 & 0 & 0 \\ 0 & 0 & 0 & 0 & 0 & 0 & 3 & 0 \\ 0 & 0 & 0 & 0 & 0 & 0 & 0 & 3 \end{pmatrix}, \quad N = \begin{pmatrix} 0 & 1 & 0 & 0 & 0 & 0 & 0 & 0 \\ 0 & 0 & 1 & 0 & 0 & 0 & 0 & 0 \\ 0 & 0 & 0 & 0 & 0 & 0 & 0 & 0 \\ 0 & 0 & 0 & 0 & 0 & 0 & 0 & 0 \\ 0 & 0 & 0 & 0 & 0 & 1 & 0 & 0 \\ 0 & 0 & 0 & 0 & 0 & 0 & 1 & 0 \\ 0 & 0 & 0 & 0 & 0 & 0 & 0 & 1 \\ 0 & 0 & 0 & 0 & 0 & 0 & 0 & 0 \end{pmatrix} = \begin{pmatrix} N_1 & 0 \\ 0 & N_2 \end{pmatrix},$$

wobei

$$N_1 = \begin{pmatrix} 0 & 1 & 0 & 0 \\ 0 & 0 & 1 & 0 \\ 0 & 0 & 0 & 0 \\ 0 & 0 & 0 & 0 \end{pmatrix}, \quad N_2 = \begin{pmatrix} 0 & 1 & 0 & 0 \\ 0 & 0 & 1 & 0 \\ 0 & 0 & 0 & 1 \\ 0 & 0 & 0 & 0 \end{pmatrix}.$$

Die beiden Matrizen $N_1 t$ und $N_2 t$ sind nilpotent mit den Minimalexponenten $v_1 = 3$ und $v_2 = 4$. Wir berechnen nun $\exp(A)$. Es gilt zunächst

$$\exp(N_1 t) = \sum_{l=0}^{2} \frac{N_1^l t^l}{l!} = \begin{pmatrix} 1 & t & \frac{t^2}{2} & 0 \\ 0 & 1 & t & 0 \\ 0 & 0 & 1 & 0 \\ 0 & 0 & 0 & 1 \end{pmatrix} = L_1, \quad \exp(N_2) = \sum_{l=0}^{3} \frac{N_2^l t^l}{l!} = \begin{pmatrix} 1 & t & \frac{t^2}{2} & \frac{t^3}{6} \\ 0 & 1 & t & \frac{t^2}{2} \\ 0 & 0 & 1 & t \\ 0 & 0 & 0 & 1 \end{pmatrix} = L_2.$$

Hiermit berechnen wir zunächst

$$\exp(Jt) = \exp(\Lambda t) \begin{pmatrix} L_1 & 0 \\ 0 & L_2 \end{pmatrix} = \begin{pmatrix} e^{2t} & 0 & 0 & 0 & 0 & 0 & 0 & 0 \\ 0 & e^{2t} & 0 & 0 & 0 & 0 & 0 & 0 \\ 0 & 0 & e^{2t} & 0 & 0 & 0 & 0 & 0 \\ 0 & 0 & 0 & e^{2t} & 0 & 0 & 0 & 0 \\ 0 & 0 & 0 & 0 & e^{3t} & 0 & 0 & 0 \\ 0 & 0 & 0 & 0 & 0 & e^{3t} & 0 & 0 \\ 0 & 0 & 0 & 0 & 0 & 0 & e^{3t} & 0 \\ 0 & 0 & 0 & 0 & 0 & 0 & 0 & e^{3t} \end{pmatrix} \begin{pmatrix} 1 & t & \frac{t^2}{2} & 0 & 0 & 0 & 0 & 0 \\ 0 & 1 & t & 0 & 0 & 0 & 0 & 0 \\ 0 & 0 & 1 & 0 & 0 & 0 & 0 & 0 \\ 0 & 0 & 0 & 1 & 0 & 0 & 0 & 0 \\ 0 & 0 & 0 & 0 & 1 & t & \frac{t^2}{2} & \frac{t^3}{6} \\ 0 & 0 & 0 & 0 & 0 & 1 & t & \frac{t^2}{2} \\ 0 & 0 & 0 & 0 & 0 & 0 & 1 & t \\ 0 & 0 & 0 & 0 & 0 & 0 & 0 & 1 \end{pmatrix}$$

$$= \begin{pmatrix} e^{2t} & te^{2t} & \frac{t^2 e^{2t}}{2} & 0 & 0 & 0 & 0 & 0 \\ 0 & e^{2t} & te^{2t} & 0 & 0 & 0 & 0 & 0 \\ 0 & 0 & e^{2t} & 0 & 0 & 0 & 0 & 0 \\ 0 & 0 & 0 & e^{2t} & 0 & 0 & 0 & 0 \\ 0 & 0 & 0 & 0 & e^{3t} & te^{3t} & \frac{t^2 e^{3t}}{2} & \frac{t^3 e^{3t}}{6} \\ 0 & 0 & 0 & 0 & 0 & e^{3t} & te^{3t} & \frac{t^2 e^{3t}}{2} \\ 0 & 0 & 0 & 0 & 0 & 0 & e^{3t} & te^{3t} \\ 0 & 0 & 0 & 0 & 0 & 0 & 0 & e^{3t} \end{pmatrix}.$$

Hieraus können wir schließlich die Matrixexponentialreihe $\exp(At)$ über die Ähnlichkeitstransformation $\exp(At) = \exp(S(Jt)S^{-1}) = S\exp(Jt)S^{-1}$ bestimmen, was in diesem Beispiel zu sehr langen Termen führen würde. Die Matrixexponentialreihe kann dazu verwendet werden, in Analogie zu Anfangswertproblemen mit skalaren linearen Differenzialgleichungen, ein Standardlösungsverfahren auch für vektorielle Systeme zu entwickeln. Betrachten wir ein Beispiel. Das Anfangswertproblem

$$\dot{x}(t) = ax(t), \qquad x(t_0) = x_0 \in \mathbb{R}$$

besitzt für $a \in \mathbb{R}$ die eindeutige Lösung $x(t) = x_0 e^{a(t-t_0)}$. Wir verallgemeinern nun dieses Problem und betrachten für $\mathbf{x}(t) \in \mathbb{R}^n$

$$\dot{\mathbf{x}}(t) = A\mathbf{x}(t), \qquad \mathbf{x}(t_0) = \mathbf{x}_0 \in \mathbb{R}^n$$

mit $A \in M(n,\mathbb{R})$. Wenn wir zunächst rein formal in Analogie zum skalaren Fall für die gesuchte Funktion $\mathbf{x}$

$$\mathbf{x}(t) = \exp(A(t-t_0))\mathbf{x}_0$$

ansetzen, so stellt sich die Frage, ob hiermit eine Lösung der Anfangswertaufgabe vorliegt. Die Berechnung der Lösung erfolgt dann mithilfe einer Jordan'schen Normalform von A. In jeder Komponente von $\exp(At)$ steht eine Potenzreihe, die gliedweise differenziert werden darf. Wir ziehen nun den Differenzialoperator $\frac{d}{dt}$ in die Reihe hinein und differenzieren die Matrixsummanden komponentenweise:

$$
\begin{aligned}
\dot{x}(t) &= \frac{d}{dt} \exp(A(t-t_0)) \mathbf{x}_0 = \frac{d}{dt} \left(\sum_{l=0}^{\infty} \frac{(A(t-t_0))^l}{l!} \right) \mathbf{x}_0 \\
&= \left(\sum_{l=0}^{\infty} \frac{d}{dt} \frac{A^l (t-t_0)^l}{l!} \right) \mathbf{x}_0 = \left(\sum_{l=1}^{\infty} \frac{A^l \cdot l (t-t_0)^{l-1}}{l!} \right) \mathbf{x}_0 \\
&= \left(\sum_{l=0}^{\infty} \frac{A^{l+1} \cdot (l+1)(t-t_0)^l}{(l+1)!} \right) \mathbf{x}_0 = \left(\sum_{l=0}^{\infty} \frac{A^{l+1} (t-t_0)^l}{l!} \right) \mathbf{x}_0 \\
&= A \left(\sum_{l=0}^{\infty} \frac{A^l (t-t_0)^l}{l!} \right) \mathbf{x}_0 = A \left(\sum_{l=0}^{\infty} \frac{(A(t-t_0))^l}{l!} \right) \mathbf{x}_0 \\
&= A \exp(A(t-t_0)) \mathbf{x}_0 = A\mathbf{x}(t).
\end{aligned}
$$

Zudem gilt $x(t_0) = \exp(A(t_0 - t_0))\mathbf{x}_0 = \exp(A \cdot 0)\mathbf{x}_0 = E_n \mathbf{x}_0 = \mathbf{x}_0$. Wir erweitern nun unsere formelle Übertragung des skalaren Falls auf die mehrdimensionale Situation, indem wir für die inhomogene Anfangswertaufgabe

$$
\dot{\mathbf{x}}(t) = A\mathbf{x}(t) + \mathbf{b}(t), \qquad \mathbf{x}(t_0) = \mathbf{x}_0 \in \mathbb{R}^n
$$

eine vektorielle Version der Variation der Konstanten (8.16) für die Lösung ansetzen:

$$
x(t) = \exp(A(t-t_0)) \left(\mathbf{x}_0 + \int_{t_0}^{t} \exp(A(t_0 - \tau))\mathbf{b}(\tau)\,d\tau \right). \tag{8.36}
$$

Auch hier kann nachgewiesen werden, dass diese Funktion der Anfangswertaufgabe genügt. Die Berechnung der Matrixexponentialreihen innerhalb dieser Formel kann dann mithilfe der Jordan'schen Normalform erfolgen. Zudem erkennen wir nach Ausmultiplizieren von (8.36),

$$
x(t) = \underbrace{\exp(A(t-t_0))\mathbf{x}_0}_{=:\mathbf{x}_0(t)} + \underbrace{\exp(A(t-t_0)) \int_{t_0}^{t} \exp(A(t_0 - \tau))\mathbf{b}(\tau)\,d\tau}_{=:\mathbf{x}_s(t)},
$$

dass sich die Lösung additiv zusammensetzt aus einer speziellen Lösung $\mathbf{x}_s(t)$ des inhomogenen Systems und der allgemeinen Lösung $x_0(t)$ des homogenen Systems, was eine frühere Überlegung bestätigt. Ist J eine Jordan'sche Normalform von A mit der Ähnlichkeitstransformation $S^{-1}AS$, so können wir die Lösungsformel (8.36) umschreiben zu

$$
x(t) = S \exp(J(t-t_0)) \left(S^{-1}\mathbf{x}_0 + \int_{t_0}^{t} \exp(J(t_0 - \tau))S^{-1}\mathbf{b}(\tau)\,d\tau \right). \tag{8.37}
$$

Zum Abschluss betrachten wir ein Beispiel. Das lineare inhomogene Differenzialgleichungssystem mit Anfangswertvorgabe

$$
\dot{\mathbf{x}}(t) = \underbrace{\begin{pmatrix} 2 & -1 & 1 \\ -1 & 2 & -1 \\ 2 & 2 & 3 \end{pmatrix}}_{=:A} \mathbf{x}(t) + \underbrace{\begin{pmatrix} 0 \\ 0 \\ e^{3t} \end{pmatrix}}_{=:\mathbf{b}(t)}, \qquad \mathbf{x}(0) = \underbrace{\begin{pmatrix} 1 \\ 0 \\ 0 \end{pmatrix}}_{=:\mathbf{x}_0}
$$

besteht aus drei gekoppelten linearen inhomogenen Differenzialgleichungen erster Ordnung. Für die Matrix A haben wir in Abschn. 7.4 die Zerlegung $S^{-1}AS = J$ mit der Jordan'schen Normalform

$$
J = \begin{pmatrix} 1 & 0 & 0 \\ 0 & 3 & 1 \\ 0 & 0 & 3 \end{pmatrix}
$$

und der Transformationsmatrix

$$
S = \begin{pmatrix} 1 & -1 & 0 \\ 0 & 1 & 0 \\ -1 & 0 & -1 \end{pmatrix}, \quad \text{bzw.} \quad S^{-1} = \begin{pmatrix} 1 & 1 & 0 \\ 0 & 1 & 0 \\ -1 & -1 & -1 \end{pmatrix}
$$

bestimmt. Es gilt nun

$$
\exp(Jt) = \begin{pmatrix} e^t & 0 & 0 \\ 0 & e^{3t} & 0 \\ 0 & 0 & e^{3t} \end{pmatrix} \begin{pmatrix} 1 & 0 & 0 \\ 0 & 1 & t \\ 0 & 0 & 1 \end{pmatrix} = \begin{pmatrix} e^t & 0 & 0 \\ 0 & e^{3t} & te^{3t} \\ 0 & 0 & e^{3t} \end{pmatrix}.
$$

Die Lösung durch Variation der Konstanten nach (8.37) ist somit

$$
\mathbf{x}(t) = S \begin{pmatrix} e^t & 0 & 0 \\ 0 & e^{3t} & te^{3t} \\ 0 & 0 & e^{3t} \end{pmatrix} \left(S^{-1}\mathbf{x}_0 + \int_0^t \begin{pmatrix} e^{-\tau} & 0 & 0 \\ 0 & e^{-3\tau} & -\tau e^{-3\tau} \\ 0 & 0 & e^{-3\tau} \end{pmatrix} S^{-1}\mathbf{b}(\tau)\,d\tau \right)
$$

$$
= \begin{pmatrix} e^t & -e^{3t} & -te^{3t} \\ 0 & e^{3t} & te^{3t} \\ -e^t & 0 & -e^{3t} \end{pmatrix} \left(\begin{pmatrix} 1 \\ 0 \\ -1 \end{pmatrix} + \int_0^t \begin{pmatrix} e^{-\tau} & 0 & 0 \\ 0 & e^{-3\tau} & -\tau e^{-3\tau} \\ 0 & 0 & e^{-3\tau} \end{pmatrix} \begin{pmatrix} 0 \\ 0 \\ -e^{3\tau} \end{pmatrix} d\tau \right)
$$

$$
= \begin{pmatrix} e^t + te^{3t} \\ -te^{3t} \\ e^{3t} - e^t \end{pmatrix} + \begin{pmatrix} e^t & -e^{3t} & -te^{3t} \\ 0 & e^{3t} & te^{3t} \\ -e^t & 0 & -e^{3t} \end{pmatrix} \cdot \int_0^t \begin{pmatrix} 0 \\ \tau \\ -1 \end{pmatrix} d\tau
$$

$$
= \begin{pmatrix} e^t + te^{3t} \\ -te^{3t} \\ e^{3t} - e^t \end{pmatrix} + \begin{pmatrix} e^t & -e^{3t} & -te^{3t} \\ 0 & e^{3t} & te^{3t} \\ -e^t & 0 & -e^{3t} \end{pmatrix} \cdot \begin{pmatrix} 0 \\ \frac{t^2}{2} \\ -t \end{pmatrix}
$$

$$
= \begin{pmatrix} e^t + te^{3t} \\ -te^{3t} \\ e^{3t} - e^t \end{pmatrix} + \frac{1}{2} \begin{pmatrix} t^2 e^{3t} \\ -t^2 e^{3t} \\ 2te^{3t} \end{pmatrix} = \begin{pmatrix} \frac{1}{2}t^2 e^{3t} + te^{3t} + e^t \\ -\frac{1}{2}t^2 e^{3t} - te^{3t} \\ te^{3t} + e^{3t} - e^t \end{pmatrix}.
$$

8.5 Übungsaufgaben

Aufgabe 8.1 Es sei $(V, \langle \cdot, \cdot \rangle)$ ein durch das Skalarprodukt

$$\langle f, g \rangle := \int\limits_{-\pi}^{\pi} f(x)g(x)\,dx$$

definierter euklidischer und durch die Basis $B = (\frac{1}{\sqrt{2}}, \cos(x), \cos(2x), \ldots, \cos(5x))$ erzeugter, 6-dimensionaler $\mathbb{R}$-Vektorraum. Für die 2π-periodische Funktion

$$f(x) = 4\cos(x)\cos^2\left(\tfrac{3}{2}x\right), \quad x \in \mathbb{R},$$

gilt $f \in V$. Zeigen Sie, dass B eine Orthogonalbasis von V ist, und berechnen Sie den Koordinatenvektor von f bezüglich B. Wie lautet die Fourier-Reihe von f?

Aufgabe 8.2 Zeigen Sie, dass die durch die Matrix

$$A = \begin{pmatrix} 0 & 0 & 1 \\ 0 & 1 & 0 \\ 1 & 0 & 0 \end{pmatrix}$$

definierte Markov-Kette im Allgemeinen keinen stationären Zustand besitzt. Für welche Startvektoren gibt es einen stationären Zustand?

Aufgabe 8.3 Innerhalb einer Firma gebe es drei Abteilungen: A, B und C. Am Ende jeder Woche gibt jede Abteilung die Hälfte ihres Geldbestandes zu gleichen Teilen an die anderen beiden Abteilungen ab.

a) Stellen Sie die Markov-Matrix für den gesamten Geldfluss in der Firma auf.
b) Berechnen Sie das Verhältnis der Geldbestände der drei Abteilungen nach drei Wochen und nach drei Monaten, wenn die Anfangsverteilung durch den Startvektor

$$\mathbf{x}_0 = \begin{pmatrix} 0\,\% \\ 10\,\% \\ 90\,\% \end{pmatrix}$$

gegeben ist.
c) Wie lautet die durch den stationären Zustand gegebene Grenzverteilung?

Aufgabe 8.4 Wie lautet der stationäre Zustand einer symmetrischen Markov-Matrix des Formats $n \times n$ mit positiven Komponenten?

Aufgabe 8.5 Betrachten Sie das Anfangswertproblem

$$\dot{x}_1 = x_2 \qquad x_1(0) = 1$$
$$\dot{x}_2 = 4x_1 + t, \qquad x_2(0) = 0.$$

a) Bringen Sie das Problem in die Standardform $\dot{\mathbf{x}} = A\mathbf{x} + \mathbf{b}(t)$ eines gekoppelten inhomogenen linearen Differenzialgleichungssystems erster Ordnung mit konstanten Koeffizienten.
b) Entkoppeln Sie das System durch eine geeignete Basiswahl.
c) Bestimmen Sie die Lösung $\mathbf{y}(t)$ des entkoppelten Systems.
d) Transformieren Sie die Lösung des entkoppelten Systems zurück in die Lösung $\mathbf{x}(t)$ des ursprünglichen Koordinatensystems.

Aufgabe 8.6 Betrachten Sie das homogene lineare Differenzialgleichungssystem erster Ordnung mit Anfangswert

$$\dot{\mathbf{x}} = \begin{pmatrix} 0 & 1 \\ -1 & 0 \end{pmatrix} \mathbf{x}, \qquad \mathbf{x}(0) = \begin{pmatrix} 0 \\ 2 \end{pmatrix}.$$

a) Entkoppeln Sie das System.
b) Berechnen Sie die Lösung $y(t)$ des entkoppelten Systems und die Lösung $x(t)$ des Ausgangsproblems.
c) Überprüfen Sie die Lösung durch Einsetzen in die Anfangswertaufgabe.

Aufgabe 8.7 (Lineares Ausgleichsproblem) Es sei $A \in M(m \times n, \mathbb{R})$ eine reelle $m \times n$-Matrix mit $m \geq n$ und $\mathbf{b} \in \mathbb{R}^m$ ein Vektor mit $\mathbf{b} \notin \text{Bild}\, A$. Da das lineare Gleichungssystem $A\mathbf{x} = \mathbf{b}$ keine Lösung besitzt, betrachten wir ersatzweise das lineare Ausgleichsproblem

$$\min_{\mathbf{x} \in \mathbb{R}^n} \|A\mathbf{x} - \mathbf{b}\|_2.$$

Zeigen Sie, dass jede Lösung $\mathbf{x}$ dieses Problems die Normalgleichungen

$$A^T A \mathbf{x} = A^T \mathbf{b}$$

erfüllt.

Aufgabe 8.8 Betrachten Sie das lineare Ausgleichsproblem

$$\min_{\mathbf{x} \in \mathbb{R}^n} \|A\mathbf{x} - \mathbf{b}\|_2$$

mit $A \in M(m \times n, \mathbb{R})$, $m \geq n$ und $\mathbf{b} \in \mathbb{R}^m \setminus \text{Bild}\, A$. Wie kann dieses Problem unter ausschließlicher Verwendung der Singulärwertzerlegung gelöst werden?

Aufgabe 8.9 (Pseudoinverse) Liegt für eine Matrix $A \in \mathrm{M}(m \times n, \mathbb{R})$ durch $U \in \mathrm{O}(m)$ und $V \in \mathrm{O}(n)$ eine Singulärwertzerlegung $A = USV^T$ mit

$$S = \begin{pmatrix} \sigma_1 & & & \\ & \ddots & & \\ & & \sigma_r & \\ & & & \\ & & & \end{pmatrix} \in \mathrm{M}(m \times n, \mathbb{R})$$

vor, so wird die $n \times m$-Matrix $A^+ := VTU^T$ mit

$$T = \begin{pmatrix} 1/\sigma_1 & & & \\ & \ddots & & \\ & & 1/\sigma_r & \\ & & & \\ & & & \end{pmatrix} \in \mathrm{M}(n \times m, \mathbb{R})$$

als Pseudoinverse von A bezeichnet. Zeigen Sie Folgendes:

(i) Es gilt $A^+AA^+ = A$ und $AA^+A = A$. Hinweis: Offensichtlich ist $TST = T$ und $STS = S$.

(ii) AA^+ und A^+A sind symmetrisch.

(iii) Unabhängig von der Wahl der Singulärwertzerlegung ergibt sich stets dieselbe Pseudoinverse. Sie ist daher als *die* Pseudoinverse von A wohldefiniert.

(iv) $T = S^+$ ist die Pseudoinverse von S, und es gilt $T^+ = S$.

(v) $(A^+)^+ = A$.

(vi) Ist $m \geq n$ und $\mathrm{Rang}\, A = n$, so ist $A^T A$ regulär, und es gilt $A^+ = (A^T A)^{-1} A^T$.

(vii) Ist $A \in \mathrm{GL}(n, \mathbb{R})$, so ist $A^+ = A^{-1}$.

Aufgabe 8.10 (Orthogonale Projektion ohne Orthonormalbasis) Es sei $(V, \langle \cdot, \cdot \rangle)$ ein euklidischer Vektorraum und $B = (\mathbf{b}_1, \ldots, \mathbf{b}_r)$ eine beliebige Basis eines Teilraums $U \subset V$. Zudem sei $\mathbf{x} \in V$ ein beliebiger Vektor. Zeigen Sie, dass es nur einen Vektor $\mathbf{p} \in U$ gibt, für den der Differenzvektor $\mathbf{x} - \mathbf{p}$ orthogonal ist zu jedem Basisvektor $\mathbf{b}_k$ der Basis B von U:

$$\langle \mathbf{x} - \mathbf{p}, \mathbf{b}_k \rangle = 0, \quad k = 1, \ldots, r.$$

Zeigen Sie hierbei, dass sich

$$\mathbf{p} = \sum_{k=1}^{r} \alpha_k \mathbf{b}_k,$$

mit $\boldsymbol{\alpha} = (\alpha_1, \ldots, \alpha_r)^T$ als eindeutige Lösung des linearen Gleichungssystems

$$((\langle \mathbf{b}_i, \mathbf{b}_j \rangle))_{1 \leq i, j \leq r} \cdot \boldsymbol{\alpha} = \begin{pmatrix} \langle \mathbf{x}, \mathbf{b}_1 \rangle \\ \vdots \\ \langle \mathbf{x}, \mathbf{b}_r \rangle \end{pmatrix} \tag{8.38}$$

ergibt:

$$\boldsymbol{\alpha} = \left((\langle \mathbf{b}_i, \mathbf{b}_j \rangle)_{1 \le i,j \le r} \right)^{-1} \cdot \begin{pmatrix} \langle \mathbf{x}, \mathbf{b}_1 \rangle \\ \vdots \\ \langle \mathbf{x}, \mathbf{b}_r \rangle \end{pmatrix} = \begin{pmatrix} \langle \mathbf{b}_1, \mathbf{b}_1 \rangle & \cdots & \langle \mathbf{b}_1, \mathbf{b}_r \rangle \\ \vdots & \ddots & \vdots \\ \langle \mathbf{b}_r, \mathbf{b}_1 \rangle & \cdots & \langle \mathbf{b}_r, \mathbf{b}_r \rangle \end{pmatrix}^{-1} \cdot \begin{pmatrix} \langle \mathbf{x}, \mathbf{b}_1 \rangle \\ \vdots \\ \langle \mathbf{x}, \mathbf{b}_r \rangle \end{pmatrix}.$$

Wie ergibt sich im Spezialfall einer Orthonormalbasis B hieraus die orthogonale Projektion nach Def. 5.21? In welchem Zusammenhang steht der Vektor $\boldsymbol{\alpha}$ in (8.38) zu linearen Ausgleichsproblemen?

Kapitel 9
Zusammenfassungen und Übersichten

Ein charakteristisches Merkmal der linearen Algebra ist ihr stringenter Aufbau aus Definitionen, Sätzen und Schlussfolgerungen. Es ist ausgesprochen hilfreich, wenn die wesentlichen Begriffe und vor allem die Zusammenhänge zwischen ihnen kurz, prägnant und übersichtlich dargestellt werden. In diesem Kapitel werden die wichtigsten Aussagen, Schlussfolgerungen und Äquivalenzen wiederholt und teilweise in grafischen Diagrammen wiedergegeben.

9.1 Regularität und Singularität

Die folgenden Aussagen sind für eine $n \times n$-Matrix $A \in \mathrm{M}(n, \mathbb{K})$ äquivalent:

(i) Der Kern der Matrix A ist der Nullvektorraum des $\mathbb{K}^n$: $\mathrm{Kern}\, A = \{\mathbf{0}\}$.

(ii) Der Kern der Matrix A hat die Dimension 0: $\dim \mathrm{Kern}\, A = 0$.

(iii) Das Bild der Matrix A hat die Dimension n: $\dim \mathrm{Bild}\, A = n$.

(iv) Die Matrix A hat vollen Rang: $\mathrm{Rang}\, A = n$.

(v) Die Matrix A ist regulär: $A \in \mathrm{GL}(n, \mathbb{K})$.

(vi) A ist invertierbar: Es gibt $A^{-1} \in \mathrm{GL}(n, \mathbb{K})$ mit $AA^{-1} = E_n = A^{-1}A$.

(vii) Die Determinante von A verschwindet nicht: $\det A \neq 0$.

(viii) Das homogene lineare Gleichungssystem $A\mathbf{x} = \mathbf{0}$ ist nur trivial lösbar, d. h., $\mathbf{x} = \mathbf{0}$ ist die eindeutige Lösung.

(ix) Ein inhomogenes lineares Gleichungssystem $A\mathbf{x} = \mathbf{b}$ mit $\mathbf{b} \in \mathbb{R}^n$ hat eine eindeutige Lösung: $\mathbf{x} = A^{-1}\mathbf{b}$.

(x) Die Matrix A ist durch Gauß-Algorithmus in die $n \times n$-Einheitsmatrix überführbar: $A \to E_n$.

(xi) Es gibt eine Zeilenumformungsmatrix $L \in \mathrm{GL}(n, \mathbb{K})$ sowie eine Spaltenumformungsmatrix $R \in \mathrm{GL}(n, \mathbb{K})$ mit $LAR = E_n$. Dies ist sogar mit $R = E_n$ bzw. $L = E_n$ möglich, d. h. allein mit Zeilenumformungen (bzw. Spaltenumformungen).

(xii) Wegen $LAR = E_n$ gibt es die Inverse von A: $A = L^{-1}R^{-1} = (RL)^{-1}$. Daher ist: $A^{-1} = RL$.

(xiii) Die Zeilen von A sind linear unabhängig.

(xiv) Die n Zeilen von A bilden eine Basis des $\mathbb{K}^n$.
 (xv) Das Bild der Matrix A^T ist ganz $\mathbb{K}^n$: $\operatorname{Bild} A^T = \mathbb{K}^n$.
(xvi) Die Matrix A^T hat vollen Rang: $\operatorname{Rang} A^T = n$.
(xvii) Die Matrix A^T ist regulär: $A^T \in \operatorname{GL}(n,\mathbb{K})$.
(xviii) Die Determinante von A^T verschwindet nicht: $\det A^T \neq 0$.
(xix) Die Spalten von A (= Zeilen von A^T) sind linear unabhängig.
(xx)   Die n Spalten von A bilden eine Basis des $\mathbb{K}^n$.
(xxi) Das Bild der Matrix A ist ganz $\mathbb{K}^n$. Es gilt also $\operatorname{Bild} A = \mathbb{K}^n$.
(xxii) Kein Eigenwert von A verschwindet: $0 \notin \operatorname{Spec} A$.

Die grafische Übersicht in Abb. 9.1 enthält gleichzeitig ein Beweisschema für diese Zusammenhänge. Durch Ringschlüsse sind alle Aussagen äquivalent. Dieses Implikationsschema kann analog auch in einer Version für den singulären Fall formuliert werden:

Es sei $A \in \operatorname{M}(n,\mathbb{K})$ eine $n \times n$-Matrix. Es gelten die folgenden Äquivalenzen.

  (i) Der Kern der Matrix A enthält einen nicht-trivialen Vektor: $\operatorname{Kern} A \ni \mathbf{v} \neq 0$ bzw. $\operatorname{Kern} A \supsetneq \{\mathbf{0}\}$.
 (ii) Der Kern der Matrix A hat mindestens die Dimension 1: $\dim \operatorname{Kern} A \geq 1$.
(iii) Das Bild der Matrix A hat höchstens die Dimension $n-1$: $\dim \operatorname{Bild} A \leq n-1$.
 (iv) Die Matrix A hat keinen vollen Rang: $\operatorname{Rang} A < n$ bzw. $\operatorname{Rang} A \leq n-1$.
  (v) Die Matrix A ist singulär: $A \notin \operatorname{GL}(n,\mathbb{K})$.
 (vi) A ist nicht invertierbar: Es gibt keine Matrix $I \in \operatorname{GL}(n,\mathbb{K})$, sodass $IA = E_n$ gilt.
(vii) Die Determinante von A verschwindet: $\det A = 0$.
(viii) Das homogene lineare Gleichungssystem $A\mathbf{x} = \mathbf{0}$ hat eine (im Fall $\mathbb{K} = \mathbb{Q}, \mathbb{R}, \mathbb{C}$ unendlich viele) nicht-triviale Lösung(en).
 (ix) Ein inhomogenes lineares Gleichungssystem $A\mathbf{x} = \mathbf{b}$ mit $\mathbf{b} \in \mathbb{K}^n$ hat für $\mathbb{K} = \mathbb{Q}, \mathbb{R}, \mathbb{C}$ unendlich viele Lösungen oder keine Lösung (je nachdem, ob $\mathbf{b} \in \operatorname{Bild} A$ oder nicht). Hierbei gilt: Falls $\mathbf{b} \in \operatorname{Bild} A$ und mit $\mathbf{x_s} \in \mathbb{K}^n$ eine spezielle Lösung des inhomogenen linearen Gleichungssystems bezeichnet wird, so setzt sich die gesamte Lösungsmenge des inhomogenen Systems aus der Addition der speziellen Lösung $\mathbf{x_s}$ mit der allgemeinen Lösung des homogenen Systems $\operatorname{Kern} A$ zusammen:

$$A\mathbf{x} = \mathbf{b} \iff \mathbf{x} \in \mathbf{x_s} + \operatorname{Kern} A.$$

(Trivialerweise gilt dies auch für den regulären Fall.) Man nennt eine derartige Menge einen affinen Teilraum von $\mathbb{K}^n$. Die Menge aller affinen Teilräume der Art $\mathbf{x_s} + \operatorname{Kern} A$ mit $\mathbf{x_s} \in \mathbb{K}^n$ ist der Quotientenvektorraum $\mathbb{K}^n / \operatorname{Kern} A$.

  (x) Die Matrix A ist durch Gauß-Algorithmus (Zeilenumformungen Typ I, II und III) unter eventuellen Spaltenvertauschungen, die Variablenvertauschungen entsprechen und beim Ablesen der Lösungsmenge in umgekehrter Reihenfolge rückgängig zu machen sind, in die Normalform $\left(\begin{array}{c|c} E_r & * \\ \hline 0 & \ldots\,0 \end{array}\right)$ überführbar: $A \to \left(\begin{array}{c|c} E_r & * \\ \hline 0 & \ldots\,0 \end{array}\right)$.
       Hierbei ist r eindeutig bestimmt, und es gilt $r = \operatorname{Rang} A$.
 (xi) Es gibt eine Zeilenumformungsmatrix $Z \in \operatorname{GL}(n,\mathbb{K})$ sowie eine Permutationsmatrix $P \in \operatorname{GL}(n,\mathbb{K})$ mit

$$ZAP = \left(\begin{array}{c|c} E_r & * \\ \hline 0_{m-r \times n} & \end{array}\right),$$

wobei $r = \mathrm{Rang}\, A$ ist. Hierbei ist die Matrix P als Permutationsmatrix das Produkt von Transpositionsmatrizen $P = T_1 T_2 \cdots T_k$, die den einzelnen Spaltenvertauschungen entsprechen, wobei $T_i^{-1} = T_i$ für $i = 1, \ldots, k$. Hat man $A\mathbf{x} = \mathbf{0}$, so folgt

$$Z^{-1} \left(\frac{E_r \mid *}{0_{m-r \times n}} \right) P^{-1} \mathbf{x} = 0.$$

Wegen der Regularität von Z ist dies äquivalent mit

$$\left(\frac{E_r \mid *}{0_{m-r \times n}} \right) P^{-1} \mathbf{x} = 0.$$

Liest man nun aus der Normalform den Lösungsraum ab, so bezieht sich die Darstellung dieser Menge auf den Vektor $P^{-1}\mathbf{x}$. Die inverse Permutationsmatrix $P^{-1} = T_k T_{k-1} \cdots T_1$ vertauscht also in gleicher Reihenfolge die Zeilen und damit die Variablen in $\mathbf{x}$:

$$P^{-1}\mathbf{x} \in \left\langle \underbrace{\begin{pmatrix} -* \\ 1 \\ 0 \\ \vdots \\ 0 \end{pmatrix}, \ldots, \begin{pmatrix} -* \\ 0 \\ \vdots \\ 0 \\ 1 \end{pmatrix}}_{n-r\ \text{Vektoren}} \right\rangle \quad \Longrightarrow \quad \mathbf{x} \in \left\langle P \begin{pmatrix} -* \\ 1 \\ 0 \\ \vdots \\ 0 \end{pmatrix}, \ldots, P \begin{pmatrix} -* \\ 0 \\ \vdots \\ 0 \\ 1 \end{pmatrix} \right\rangle.$$

Da $P = T_1 T_2 \cdots T_k$ jeweils von <u>links</u> mit den Basisvektoren des Kerns der Normalform multipliziert wird, entspricht dies den Transpositionen der Komponenten der Basisvektoren in umgekehrter Reihenfolge der zuvor an A durchgeführten Spaltenvertauschungen, denn T_k wird zuerst angewandt und zum Schluss T_1, wenn von links multipliziert wird.

(xii) Es gibt zwei reguläre Matrizen $Z, S \in \mathrm{GL}(n, \mathbb{K})$ mit

$$ZAS = \left(\frac{E_r \mid 0_{r \times n-r}}{0_{m-r \times n}} \right).$$

(xiii) Die Zeilen von A sind linear abhängig.

(xiv) Die n Zeilen von A bilden keine Basis des $\mathbb{K}^n$. Sie erzeugen einen echten Teilraum des $\mathbb{K}^n$.

(xv) Das Bild der Matrix A^T ist ein echter Teilraum des $\mathbb{K}^n$: $\mathrm{Bild}\, A^T \subsetneq \mathbb{K}^n$.

(xvi) Die Matrix A^T hat keinen vollen Rang: $\mathrm{Rang}\, A^T < n$.

(xvii) Die Matrix A^T ist singulär: $A^T \notin \mathrm{GL}(n, \mathbb{K})$.

(xviii) Die Determinante von A^T verschwindet: $\det A^T = 0$.

(xix) Die Spalten von A sind linear abhängig.

(xx) Die n Spalten von A bilden keine Basis des $\mathbb{K}^n$. Sie erzeugen einen echten Teilraum des $\mathbb{K}^n$.

(xxi) Das Bild der Matrix A ist ein echter Teilraum von $\mathbb{K}^n$. Es gilt also $\mathrm{Bild}\, A \subsetneq \mathbb{K}^n$.

(xxii) 0 ist Eigenwert von A. Es gilt also $0 \in \mathrm{Spec}\, A$.

Eine grafische Übersicht dieser Eigenschaften zeigt Abb. 9.2.

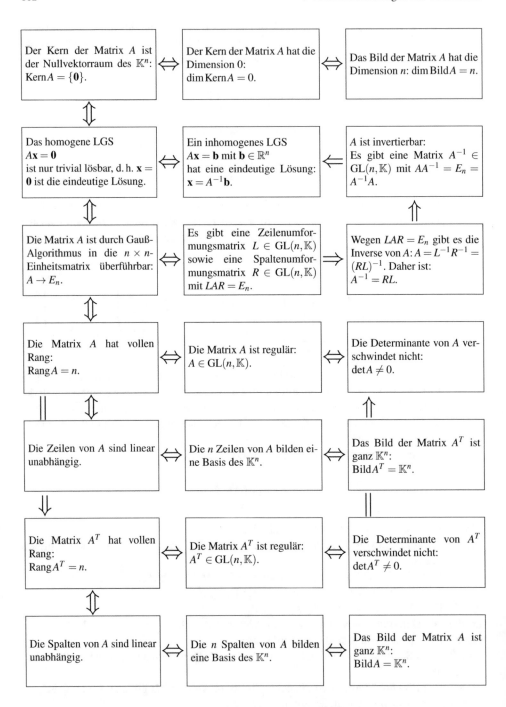

Abb. 9.1 Eigenschaften einer regulären Matrix A

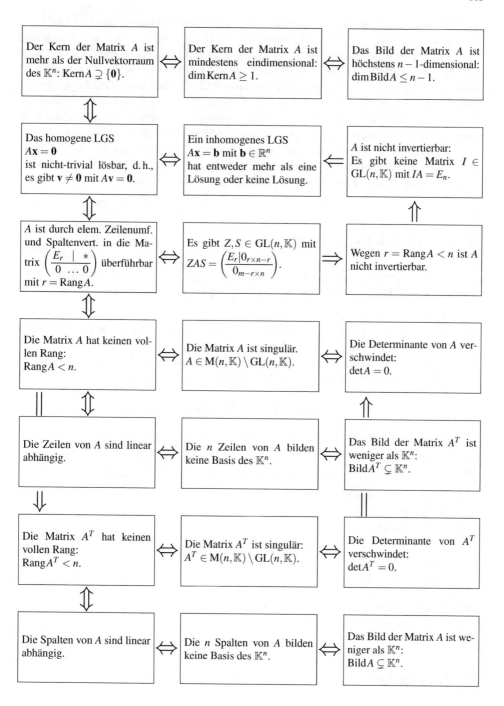

Abb. 9.2 Eigenschaften einer singulären Matrix A

Bemerkung: Liegt statt einer quadratischen Matrix eine nicht-quadratische Matrix $A \in M(m \times n, \mathbb{K})$ vor, so kann durch Ergänzung von Nullzeilen (falls $m < n$) – ohne Änderung ihres Kerns – bzw. durch Ergänzung von Nullspalten (falls $m > n$) – ohne Änderung ihres Bildes – die Matrix A in eine quadratische Matrix $\bar{A} \in M(\max(m,n), \mathbb{K})$ eingebettet werden, auf welche dann der letztgenannte singuläre Fall mit allen genannten Implikationen zutrifft. Vorsicht ist hierbei geboten bei der Untersuchung von Zeilen- oder Spaltenvektoren auf lineare Unabhängigkeit. Durch die erwähnte Ergänzung von Nullzeilen bzw. Nullspalten wird in jedem Fall ein System linear abhängiger Zeilen- bzw. Spaltenvektoren erzeugt, selbst wenn ursprünglich ein System von linear unabhängigen Zeilen bzw. Spalten vorgelegen hat. Schon aus Dimensionsgründen ändert eine Ergänzung von Nullzeilen das Bild, während eine Ergänzung von Nullspalten den Kern ändert.

9.2 Basis und lineare Unabhängigkeit

Es sei V ein endlich-dimensionaler $\mathbb{K}$-Vektorraum und $B = (\mathbf{b}_1, \ldots, \mathbf{b}_n)$ ein n-Tupel aus Vektoren von V. Dann sind die folgenden Eigenschaften für B äquivalent.

(i) *B ist eine Basis von V.*

(ii) *Das lineare Erzeugnis von B stimmt mit V überein $\langle B \rangle = \langle \mathbf{b}_1, \ldots, \mathbf{b}_n \rangle = V$, und alle Vektoren $\mathbf{b}_1, \ldots, \mathbf{b}_n$ von B sind linear unabhängig.*

(iii) *B ist ein minimales Erzeugendensystem von V. Wenn auch nur ein $\mathbf{b}_k \in B$, $k \in \{1, \ldots, n\}$ entfernt wird, so entsteht ein echter Teilraum von V:*

$$\langle B \setminus \{\mathbf{b}_k\} \rangle = \langle \mathbf{b}_1, \ldots, \mathbf{b}_{k-1}, \mathbf{b}_{k+1}, \ldots, \mathbf{b}_n \rangle \subsetneq V.$$

(iv) *Die Vektoren $\mathbf{b}_1, \ldots, \mathbf{b}_n$ sind linear unabhängig, und es gilt $n = \dim V$.*

Im Spezialfall $V = \mathbb{K}^n$ können die Spaltenvektoren $\mathbf{b}_1, \ldots, \mathbf{b}_n$ zu einer $n \times n$-Matrix $B = (\mathbf{b}_1 \mid \ldots \mid \mathbf{b}_n) \in M(n, \mathbb{K})$ zusammengestellt werden. Es sind dann äquivalent:

(i) *B ist eine Basis von V.*

(ii) *B ist regulär.*

(iii) *B ist invertierbar.*

(iv) *$\det B \neq 0$.*

(v) *$\operatorname{Rang} B = n$.*

(vi) *$\operatorname{Bild} B = V = \mathbb{K}^n$.*

(vii) *$\dim \operatorname{Bild} B = n = \dim V$.*

(viii) *$\dim \operatorname{Kern} B = 0$.*

(ix) *$\operatorname{Kern} B = \{\mathbf{0}\}$.*

9.3 Invarianten

Aufgrund des Multiplikationssatzes für Determinanten erkennen wir sofort die Gültigkeit des folgenden Satzes.

Satz 9.1 (Invarianz der Determinante unter Ähnlichkeitstransformation) *Für jede quadratische Matrix $A \in M(n, \mathbb{K})$ und jede reguläre Matrix $S \in GL(n, \mathbb{K})$ gilt*

$$\det(S^{-1}AS) = \det(A). \tag{9.1}$$

Damit folgt nun ein nützliches Ergebnis, das den Zusammenhang zwischen der Determinante und den Eigenwerten einer quadratischen Matrix verdeutlicht.

Satz 9.2 *Die Determinante einer Matrix ist das Produkt ihrer Eigenwerte (mit der jeweiligen algebraischen Vielfachheit gezählt). Präziser: Für jede quadratische Matrix $A \in M(n, \mathbb{K})$ mit ihren Eigenwerten $\lambda_1, \ldots, \lambda_m$ aus dem Zerfällungskörper L von χ_A und den dazugehörigen algebraischen Vielfachheiten $\mu_1, \ldots, \mu_m$ (wobei $m \le n$ ist) gilt*

$$\det A = \prod_{k=1}^{m} \lambda_k^{\mu_k}, \tag{9.2}$$

bzw.: für jede quadratische Matrix A gilt

$$\det A = \prod_{\lambda \in \text{Spec}_L A} \lambda^{\text{alg}\,\lambda}. \tag{9.3}$$

Hierbei bezeichnet $\text{Spec}_L A$ sämtliche Eigenwerte von A im Zerfällungskörper L von χ_A.

Beweis. Übungsaufgabe 7.10. Da für jede Matrix $A \in M(n, \mathbb{K})$ die Determinante $\det A$ in $\mathbb{K}$ liegt, folgt aus dem letzten Satz, dass das Produkt über alle im Zerfällungskörper von χ_A liegenden Eigenwerte von A unter Berücksichtigung ihrer algebraischen Ordnungen einen Skalar aus $\mathbb{K}$ ergibt:

$$\prod_{\lambda \in \text{Spec}_L A} \lambda^{\text{alg}\,\lambda} \in \mathbb{K}.$$

So ist beispielsweise die Matrix

$$A = \begin{pmatrix} 1 & -3 \\ 3 & 1 \end{pmatrix} \in M(2, \mathbb{R})$$

eine reelle Matrix mit $\det A = 10 \in \mathbb{R}$. Ihre Eigenwerte sind $\lambda_1 = 1 + 3i$, $\lambda_2 = 1 - 3i$. In der Tat gilt $\lambda_1 \lambda_2 = 1 + 9 = 10 \in \mathbb{R}$.

Definition 9.3 (Spur einer Matrix) *Es sei $A \in M(n, \mathbb{K})$ eine quadratische Matrix. Unter der Spur[1] von A wird die Summe ihrer Diagonalkomponenten verstanden:*

$$\text{Spur}\,A = \sum_{k=1}^{n} a_{kk}. \tag{9.4}$$

In der Analysis ergibt die Spur der Hesse-Matrix eines zweimal stetig differenzierbaren Skalarfeldes $f : U \to \mathbb{R}$ auf einer offenen Menge $U \subset \mathbb{R}^n$ die Anwendung des Laplace-Operators auf f:

---

[1] engl.: trace, Abk. tr A

$$\operatorname{Spur}\operatorname{Hess} f = \operatorname{Spur}(\nabla^T \nabla) = \operatorname{Spur}\begin{pmatrix} \frac{\partial^2 f}{\partial x_1^2} & \frac{\partial^2}{\partial x_1 \partial x_2} & \cdots & \frac{\partial^2}{\partial x_n \partial x_2} \\ \frac{\partial^2}{\partial x_2 \partial x_1} & \frac{\partial^2 f}{\partial x_2^2} & \cdots & \frac{\partial^2}{\partial x_n \partial x_2} \\ \vdots & \ddots & \ddots & \vdots \\ \frac{\partial^2}{\partial x_n \partial x_1} & \cdots & \cdots & \frac{\partial^2 f}{\partial x_n^2} \end{pmatrix} = \sum_{i=1}^{n} \frac{\partial^2 f}{\partial^2 x_i} = \Delta f$$

mit dem Laplace-Operator

$$\Delta = \operatorname{Spur}(\nabla^T \nabla) = \frac{\partial^2 f}{\partial x_1^2} + \frac{\partial^2 f}{\partial x_2^2} + \cdots + \frac{\partial^2 f}{\partial x_n^2}$$

und dem als Zeilenvektor notierten Nabla-Operator

$$\nabla = \left(\frac{\partial f}{\partial x_1}, \frac{\partial f}{\partial x_2}, \dots, \frac{\partial f}{\partial x_n} \right).$$

Wir betrachten nun einige sehr nützliche Eigenschaften der Spur einer Matrix.

Satz 9.4 *Für zwei gleichformatige, quadratische Matrizen $A, B \in M(n, \mathbb{K})$ gilt*

$$\operatorname{Spur}(AB) = \operatorname{Spur}(BA). \tag{9.5}$$

Beweis. Aufgabe 7.12. Hier kann mit der Definition des Matrixprodukts in Komponentendarstellung sowie mit der Definition der Spur argumentiert werden. Unmittelbar hieraus folgt:

Satz 9.5 (Invarianz der Spur unter Ähnlichkeitstransformation) *Für jede quadratische Matrix $A \in M(n, \mathbb{K})$ und jede reguläre Matrix $S \in \mathrm{GL}(n, \mathbb{K})$ gilt*

$$\operatorname{Spur}(S^{-1}AS) = \operatorname{Spur}(A). \tag{9.6}$$

Ähnliche Matrizen haben also dieselbe Spur.

Aufgrund dieser Invarianz können wir die Definition der Spur auf Endomorphismen ausdehnen.

Definition 9.6 (Spur eines Endomorphismus) *Es sei $f \in \operatorname{End}(V)$ ein Endomorphismus eines endlich-dimensionalen $\mathbb{K}$-Vektorraums V mit Basis B, so ist*

$$\operatorname{Spur} f := \operatorname{Spur}(M_B(f)) \tag{9.7}$$

als Spur des Endomorphismus f definiert.

Hierbei kommt es wegen (9.6) nicht auf die Wahl von B an, sodass die Spur von f gemäß (9.7) wohldefiniert ist. Da jede $n \times n$-Matrix A ähnlich ist zu einer Jordan'schen Normalform, folgt nun aus dem letzten Satz eine weitere, für Eigenwertberechnungen gelegentlich nützliche Eigenschaft.

Satz 9.7 *Die Spur einer Matrix ist die Summe ihrer Eigenwerte (mit der jeweiligen algebraischen Vielfachheit gezählt). Präziser: Für jede quadratische Matrix $A \in M(n, \mathbb{K})$ mit* *ihren Eigenwerten $\lambda_1, \ldots, \lambda_m$ aus dem Zerfällungskörper L von χ_A und den dazugehörigen algebraischen Vielfachheiten $\mu_1, \ldots, \mu_m$, $m \leq n$ gilt*

$$\text{Spur} A = \sum_{k=1}^{m} \mu_k \lambda_k, \tag{9.8}$$

bzw.: für jede quadratische Matrix A gilt

$$\text{Spur} A = \sum_{\lambda \in \text{Spec}_L A} \text{alg}(\lambda) \lambda. \tag{9.9}$$

Die Summe der mit den jeweiligen algebraischen Ordnungen gezählten Eigenwerte ist somit insbesondere ein Skalar aus $\mathbb{K}$. Da also einerseits die Spur einer Matrix die *Summe* und andererseits die Determinante einer Matrix das *Produkt* ihrer mit den Vielfachheiten gezählten Eigenwerte ist, können gelegentlich die Eigenwerte einer Matrix auch alternativ über diese beiden Bestimmungsgleichungen ermittelt werden. Hierzu betrachten wir das folgende Beispiel einer 3×3-Matrix:

$$A = \begin{pmatrix} 7 & 0 & -4 \\ 1 & 3 & 0 \\ 9 & 0 & -5 \end{pmatrix}.$$

Wir erkennen sofort, dass für den zweiten kanonischen Einheitsvektor $\hat{\mathbf{e}}_2$ die Eigenwertgleichung $A\hat{\mathbf{e}}_2 = 3\hat{\mathbf{e}}_2$ erfüllt ist. Damit liegt mit $\lambda_1 = 3$ bereits ein Eigenwert von A vor. Es stellt sich nun die Frage nach eventuellen weiteren Eigenwerten λ_2 und λ_3. Für die Determinante von A berechnen wir $\det A = 3$. Damit handelt es sich um eine reguläre Matrix, womit 0 kein Eigenwert von A sein kann. Da das Produkt über die Eigenwerte von A (gezählt mit den algebraischen Vielfachheiten) die Determinante von A ergibt und die Summe der Eigenwerte die Spur von A ist, liegen uns für λ_2 und λ_3 zwei Gleichungen vor:

$$3 = \det A = \lambda_1 \lambda_2 \lambda_3 = 3\lambda_2 \lambda_3, \qquad 5 = \text{Spur} A = \lambda_1 + \lambda_2 + \lambda_3 = 3 + \lambda_2 + \lambda_3,$$

woraus

$$\lambda_2 \lambda_3 = 1, \qquad \lambda_2 + \lambda_3 = 2$$

folgt. Wir haben damit zwei Gleichungen und zwei Unbekannte mit der eindeutigen Lösung $\lambda_2 = 1 = \lambda_3$. Damit liegen alle Eigenwerte von A mit ihren algebraischen Vielfachheiten vor. Für A sind dies also $\lambda_1 = 3$ mit der algebraischen Vielfachheit $\mu_1 = 1$ sowie $\lambda_2 = 1$ mit der algebraischen Vielfachheit $\mu_2 = 2$.

9.4 Zusammenstellung der Matrixfaktorisierungen und ihrer Normalformen

In diesem Abschnitt wollen wir uns eine Übersicht über alle behandelten Matrixfaktorisierungen verschaffen. Das Faktorisieren von Matrizen unter unterschiedlichen Aspekten hat rechentechnische Vorteile im Hinblick auf die folgenden Aspekte. Oftmals besteht das Ziel, durch eine Faktorisierung eine Zerlegung zu erhalten, bei der eine möglichst schwach besetzte Matrix entsteht. Eine schwach besetzte Matrix zeichnet sich dadurch aus, dass sich die Daten um die Haupdiagonale scharen oder sich im Idealfall sogar nur auf der Hauptdiagonalen befinden, während die übrigen Komponenten verschwinden. Diagonal-matrizen entkoppeln bei linearen Gleichungssystemen, linearen Abbildungen und quadra-tischen Formen die Einzelvariablen voneinander. Die durch derartige Matrizen vermittel-ten Sachverhalte werden dadurch übersichtlicher. Welche Matrixfaktorisierungen haben wir kennengelernt? Im Rückblick auf die lineare Algebra haben wir seit Einführung der li-nearen Gleichungssysteme nach und nach die folgenden Zerlegungen behandelt. Wir kon-zentrieren uns dabei nun ausschließlich auf Matrizen über Körpern.

(i) *Äquivalenztransformation:*
Zwei Matrizen $A, B \in M(m \times n, \mathbb{K})$ sind äquivalent ($A \sim B$), wenn es eine reguläre $m \times m$-Matrix $T \in GL(m, \mathbb{K})$ und eine reguläre $n \times n$-Matrix $S \in GL(n, \mathbb{K})$ gibt mit $A = T^{-1}BS$.
Das Ziel, aus einer Matrix A nun eine möglichst einfache Matrix B durch Äqui-valenztransformation zu machen, kann erreicht werden durch geeignete elemen-tare Zeilen- und Spaltenumformungen, die durch eine entsprechende Zeilenum-formungsmatrix Z und eine entsprechende Spaltenumformungsmatrix S dargestellt werden können. Für eine beliebige $m \times n$-Matrix $A \in M(m \times n, \mathbb{K})$ gibt es also eine reguläre $m \times m$-Matrix $Z \in GL(m, \mathbb{K})$ und eine eine reguläre $n \times n$-Matrix $S \in GL(n, \mathbb{K})$, sodass A in das Produkt

$$A = Z^{-1} \begin{pmatrix} E_r & 0 \\ 0 & 0 \end{pmatrix} S, \quad \text{mit} \quad r = \text{Rang}\, A \tag{9.10}$$

zerlegt werden kann. Die Matrix

$$\begin{pmatrix} E_r & 0 \\ 0 & 0 \end{pmatrix}$$

ist also äquivalent zu A und stellt dabei die Normalform, also die einfachste Form unter Äquivalenztransformation dar. Zwei Matrizen $A, B \in M(m \times n, \mathbb{K})$ sind also insbesondere auch dann äquivalent, wenn sie die gleiche Normalform haben. Oder, anders ausgedrückt, zwei formatgleiche Matrizen über einem Körper $\mathbb{K}$ sind genau dann äquivalent, wenn sie vom selben Rang sind. Der Rang einer Matrix ist also eine Invariante unter Äquivalenztransformation.
Äquivalente Matrizen, die nicht übereinstimmen, stellen dieselbe lineare Abbildung (Vektorraumhomomorphismus) $f \in \text{Hom}(V \to W)$ dar, unter Verwendung unter-schiedlicher Basen von V und W.

(ii) *Ähnlichkeitstransformation:*
Zwei quadratische Matrizen $A, B \in M(n, \mathbb{K})$ sind ähnlich ($A \approx B$), wenn es eine re-guläre Matrix $S \in GL(n, \mathbb{K})$ gibt mit $A = S^{-1}BS$.
Das Ziel, aus einer Matrix A nun eine möglichst einfache Matrix B durch Ähnlich-keitstransformation zu machen, kann erreicht werden durch die Hauptvektoren von A. Ist $L \supset \mathbb{K}$ Zerfällungskörper des charakteristischen Polynoms von A, so gibt es eine reguläre Matrix $S \in GL(n, L)$, sodass A in das Produkt

$$A = S^{-1} J S \tag{9.11}$$

zerlegt werden kann. Hierbei ist $J \in \mathrm{M}(n, L)$ eine Jordan'sche Normalform von A, deren Diagonalkomponenten die Eigenwerte von A sind. Die Spalten der Matrix S^{-1} bestehen dabei aus bestimmten Hauptvektoren von A. Für eine diagonalisierbare Matrix A ist die Jordan'sche Normalform J eine Diagonalmatrix. Die Spalten von S werden in diesem Fall aus linear unabhängigen Eigenvektoren von A gebildet. Zwei Matrizen sind genau dann ähnlich, wenn ihre charakteristischen Matrizen äquivalent sind über $\mathbb{K}[x]$ und daher dieselbe Smith-Normalform besitzen, also dieselben Invariantenteiler haben. Das charakteristische Polynom, die Eigenwerte, die Definitheit (bei reell-symmetrischen Matrizen), die Determinante, der Rang und die Spur einer quadratischen Matrix sind Invarianten unter Ähnlichkeitstransformation. Ähnliche Matrizen, die nicht übereinstimmen, stellen dieselbe lineare Abbildung (Vektorraumendomorphismus) $f \in \mathrm{End}(V)$ unter Verwendung unterschiedlicher Basen von V dar.

(iii) *Kongruenztransformation:*
Zwei quadratische Matrizen $A, B \in \mathrm{M}(n, \mathbb{K})$ heißen kongruent ($A \simeq B$), wenn es eine reguläre Matrix $S \in \mathrm{GL}(n, \mathbb{K})$ gibt mit $A = S^T B S$.
Für den wichtigen Spezialfall der symmetrischen Matrizen über $\mathbb{R}$ kann das Ziel, aus einer symmetrischen Matrix $A \in \mathrm{M}(n, \mathbb{R})$ durch Kongruenztransformation eine möglichst einfache Matrix B zu machen, durch gekoppelte Zeilen- und Spaltenumformungen erreicht werden. Für eine beliebige symmetrische Matrix $A \in \mathrm{M}(n, \mathbb{R})$ gibt es also eine reguläre Matrix $S \in \mathrm{GL}(n, \mathbb{R})$ mit

$$A = S^T \begin{pmatrix} E_p & 0 & 0 \\ 0 & -E_s & 0 \\ 0 & 0 & 0_q \end{pmatrix} S. \tag{9.12}$$

Bei diesem unter dem Namen Sylvester'scher Trägheitssatz bezeichneten Ergebnis stellt die Matrix

$$\begin{pmatrix} E_p & 0 & 0 \\ 0 & -E_s & 0 \\ 0 & 0 & 0_q \end{pmatrix}$$

eine zu A kongruente Normalform dar. Die Signatur (p, s, q) und damit die obige Normalform sind dabei eindeutig bestimmt. Es gilt zudem $\mathrm{Rang} A = p + s$, denn der Rang einer Matrix ändert sich nicht unter Links- bzw. Rechtsmultiplikation mit regulären Matrizen. Bei einer Kongruenztransformation können sich die Eigenwerte (und damit auch das charakteristische Polynom) ändern, während jedoch die Definitheit kongruenter reell-symmetrischer Matrizen identisch ist. Das Definitheitsverhalten symmetrischer Matrizen über $\mathbb{R}$, ihr Rang $r = p + s$ und damit die Regularität bzw. die Singularität sowie die Signatur sind also Invarianten unter Kongruenztransformation. Im Gegensatz zur Ähnlichkeitstransformation bleibt auch die Symmetrie unter Kongruenztransformation erhalten.
Kongruente Matrizen, die nicht übereinstimmen, stellen jedoch dieselbe Bilinearform $\beta : V \times V \to \mathbb{K}$ unter Verwendung unterschiedlicher Basen von V dar.

(iv) *Hauptachsentransformation:*

Die matrizentheoretische Aussage des Spektralsatzes besagt, dass es für eine symmetrische $n \times n$-Matrix A über $\mathbb{R}$ eine orthogonale Matrix $S \in O(n, \mathbb{R})$, also $S^{-1} = S^T$, gibt mit

$$A = S^{-1} \Lambda S = S^T \Lambda S, \qquad \Lambda = \begin{pmatrix} \lambda_1 & 0 & \cdots & 0 \\ 0 & \lambda_2 & \ddots & \vdots \\ \vdots & \ddots & \ddots & 0 \\ 0 & \cdots & 0 & \lambda_n \end{pmatrix}, \qquad \mathrm{Spec}\, A = \{\lambda_1, \dots, \lambda_n\}.$$

(9.13)

Hier ist die Diagonalmatrix Λ, deren Hauptdiagonale aus den Eigenwerten $\lambda_1, \dots, \lambda_n$ von A besteht, gleichzeitig ähnlich und kongruent zu A. Es gilt also

$$A \approx \Lambda \simeq A.$$

Zudem ist Λ eine Jordan'sche Normalform von A. Die Spalten von S sind also Eigenvektoren von A. Sämtliche Invarianten der Ähnlichkeitstransformation und der Kongruenztransformation gelten somit auch für die Hauptachsentransformation.

9.5 Eigenwerttheorie

Es sei f ein Endomorphismus auf einem endlich-dimensionalen $\mathbb{K}$-Vektorraum V der Dimension n mit Basis B bzw. A eine $n \times n$-Matrix über $\mathbb{K}$. Für einen Skalar $\lambda \in \mathbb{K}$ sind folgende Aussagen äquivalent:

(i) λ ist ein Eigenwert von f bzw. A.

(ii) $\lambda \in \mathrm{Spec}\, f$ bzw. $\lambda \in \mathrm{Spec}\, A$.

(iii) Es gibt einen Vektor $\mathbf{v} \neq \mathbf{0}$, sodass die Eigenwertgleichung

$$f(\mathbf{v}) = \lambda \mathbf{v}$$

gilt, bzw. es gibt einen Spaltenvektor $\mathbf{x} \neq \mathbf{0}$, sodass die Eigenwertgleichung

$$A\mathbf{x} = \lambda \mathbf{x}$$

gilt.

(iv) $\mathrm{Kern}(f - \lambda\, \mathrm{id}_V) \neq \{\mathbf{0}\}$ bzw. $\mathrm{Kern}(A - \lambda E_n) \neq \{\mathbf{0}\}$.

(v) $\dim \mathrm{Kern}(f - \lambda\, \mathrm{id}_V) \geq 1$ bzw. $\dim \mathrm{Kern}(A - \lambda E_n) \geq 1$.

(vi) $\mathrm{Rang}(f - \lambda\, \mathrm{id}_V) = \dim \mathrm{Bild}(f - \lambda\, \mathrm{id}_V) < n$ bzw. $\mathrm{Rang}(A - \lambda E_n) = \dim \mathrm{Bild}(A - \lambda E_n) < n$.

(vii) $f - \lambda\, \mathrm{id}_V$ ist nicht injektiv, also kein Monomorphismus bzw. $A - \lambda E_n$ ist singulär.

(viii) Das charakteristische Polynom χ_f bzw. χ_A besitzt die Nullstelle λ.

Hierbei ist $\mathrm{Kern}(f - \lambda\, \mathrm{id}_V) = \mathrm{Kern}(\lambda\, \mathrm{id}_V - f) = V_{f,\lambda}$ der Eigenraum von f bzw. $\mathrm{Kern}(A - \lambda E_n) = \mathrm{Kern}(\lambda E_n - A) = V_{A,\lambda}$ der Eigenraum von A zum Eigenwert λ.

Für einen Endomorphismus f auf einem endlich-dimensionalen $\mathbb{K}$-Vektorraum V der Dimension n bzw. für eine $n \times n$-Matrix A über $\mathbb{K}$ sind folgende Aussagen äquivalent:

(i) f bzw. A ist diagonalisierbar.

(ii) Es gibt eine Basis B von V, bezüglich der die Koordinatenmatrix $M_B(f)$ Diagonalstruktur besitzt, bzw. es gibt eine Diagonalmatrix über $\mathbb{K}$, die zu A ähnlich ist.

(iii) Es gibt eine Basis von V aus Eigenvektoren von f, bzw. es gibt eine Basis von $\mathbb{K}^n$ aus Eigenvektoren von A.

(iv) Das charakteristische Polynom von f bzw. von A ist vollständig über $\mathbb{K}$ in Linearfaktoren zerlegbar, und für jeden Eigenwert von f bzw. von A stimmt die geometrische Ordnung mit seiner algebraischen Ordnung überein, d. h., für alle $\lambda \in \operatorname{Spec} f$ bzw. für alle $\lambda \in \operatorname{Spec} A$ gilt

$$\operatorname{geo}(\lambda) = \operatorname{alg}(\lambda).$$

(v) Das charakteristische Polynom von f bzw. von A ist vollständig über $\mathbb{K}$ in Linearfaktoren zerlegbar und das Minimalpolynom von f bzw. A besitzt nur einfache Nullstellen.

(vi) In den Jordan'schen Normalformen einer Koordinatenmatrix von f bzw. in den Jordan'schen Normalformen von A treten nur 1×1-Jordan-Blöcke auf.

(vii) Alle Jordan'schen Normalformen einer Koordinatenmatrix von f bzw. sämtliche Jordan'schen Normalformen von A sind Diagonalmatrizen.

(viii) Sämtliche Hauptvektoren einer Koordinatenmatrix von f bzw. sämtliche Hauptvektoren von A sind Hauptvektoren erster Stufe, also Eigenvektoren.

Das Diagramm in Abb. 9.3 veranschaulicht die Zusammenhänge für eine $n \times n$-Matrix A. Der Einfachheit halber gehen wir davon aus, dass das charakteristische Polynom der Matrix $A \in M(n, \mathbb{K})$ bereits vollständig über $\mathbb{K}$ in Linearfaktoren zerfällt. Hinreichend, aber nicht notwendig für die Diagonalisierbarkeit sind nur einfache Nullstellen im charakteristischen Polynom oder eine symmetrische Matrix über $\mathbb{R}$. Diese hinreichenden Bedingungen sind in dem Diagramm ebenfalls mit berücksichtigt.

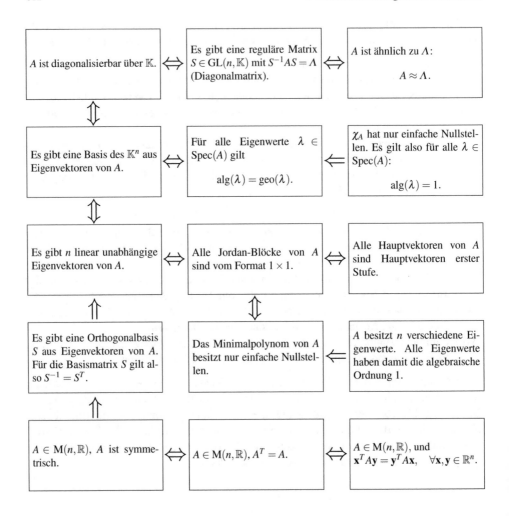

Abb. 9.3 Eigenschaften einer diagonalisierbaren Matrix $n \times n$-Matrix A

9.6 Mathematische Begriffe Deutsch – Englisch

Deutscher Begriff bzw. Sprechweise	*Englische Entsprechung*
„a durch b" ($\frac{a}{b}$)	„a over b"
„a gleich b" ($a = b$)	„a equals b"
„a hoch b" (a^b)	„a (raised) to the (power of) b"
„a quadrat" (a^2)	„a square", [a^3 „a cube"]
„f von x" ($f(x)$)	„f of x"
„m kreuz n Matrix"	„m by n matrix"
„f strich" (f')	„f prime"
ähnlich (b. quadr. Matrizen)	similar
Ähnlichkeitstransformation	similarity transform(ation)
Abbildung	map
ableiten	derive
Ableitung	derivative, [Betonung auf zweiter Silbe]
algebraische Vielfachheit (Ordnung)	algebraic multiplicity
Allquantor	universal quantifier
Betrag	absolute value, modulus
Bild (einer Matrix), Spaltenraum	column space
Determinante	determinant
Dimension	dimension
Einheitsmatrix	identity matrix
Eigenraum	eigenspace
Eigenvektor	eigenvector
Eigenwert	eigenvalue
Existenzquantor	existential quantifier
Funktion	function
Folge	sequence
ganze Zahl	integer
geometrische Vielfachheit (Ordnung)	geometric multiplicity
Gleichung	equation
Grad (eines Polynoms)	degree
Grenzwert	limit
größter gemeinsamer Teiler (ggT)	greatest common divisor (gcd)
Gruppe	group
Hauptvektor	generalized eigenvector
Integral	integral
integrieren	integrate
Jordan'sche Normalform	Jordan canonical form
Kern	kernel, nullspace
Kettenregel	chain rule
kleinstes gemeinsames Vielfaches (kgV)	least common multiple (lcm)
komplexe Zahl	complex number

konvergent	convergent
Konvergenz	convergence
Körper (algebraische Struktur)	field
Matrix, (Matrizen)	matrix, (matrices)
Nenner	denominator
Nullmatrix	zero matrix
Nullstelle	zero, root
Nullteiler	zero divisor
partielle Integration	integration by parts
Polynom	polynomial
Potenzreihe	power series
Quantor	quantifier
Rang	rank
reelle Zahl	real number
Reihe	series
Ring	ring
Skalarprodukt	scalar product, dot product, inner product
Stammfunktion	primitive, antiderivative
stetig	continuous
stetig differenzierbar	continuously differentiable
Spalten (einer Matrix)	columns
teilerfremd	coprime
Teilraum	subspace
Ungleichung	inequality
Untervektorraum	subspace
Vektor	vector
Vektorraum	(vector) space
Vielfachheit (algebraische, geometrische)	multiplicity (algebraic, geometric)
Zahl	number
Zähler	numerator
Zeilen (einer Matrix)	rows
Zeilenraum	row space

Literaturverzeichnis

1. Beutelspacher, A., *Lineare Algebra*, 8. Aufl., Springer Spektrum, Wiesbaden 2013.
2. Dobner, G., Dobner, H.-J., *Lineare Algebra für Naturwissenschaftler und Ingenieure*, 1. Aufl., Elsevier - Spektrum Akad. Verlag, München 2007.
3. Fischer, G., *Lineare Algebra*, 13. Aufl., Springer Spektrum, Wiesbaden 2014.
4. Fischer, G., *Lehrbuch der Algebra*, 2. überarb. Aufl., Springer Spektrum, Wiesbaden 2011.
5. Göllmann, L. Henig Ch., *Arbeitsbuch zur linearen Algebra*, 1. Aufl., Springer Spektrum, Heidelberg 2019.
6. Jong, Th. de, *Linare Algebra*, Pearson Higher Education, München 2013.
7. Karpfinger, Ch., Meyberg, K., *Algebra*, 3. Aufl., Springer Spektrum, Heidelberg 2013.
8. Lorenz, F., *Lineare Algebra I*, 4. Aufl., Spektrum Akad. Verlag, Heidelberg 2005.
9. Lorenz, F., *Lineare Algebra II*, 3. überarb. Aufl., 4. korrigierter Nachdruck, Spektrum Akad. Verlag, Heidelberg 2005.
10. Strang, G., *Lineare Algebra*, Springer-Lehrbuch, Berlin Heidelberg New York 2003, Englische Originalausgabe erschienen bei Wellesley-Cambridge Press, 1998.

© Der/die Herausgeber bzw. der/die Autor(en), exklusiv lizenziert an
Springer-Verlag GmbH, DE, ein Teil von Springer Nature 2023
L. Göllmann, *Lineare Algebra*, https://doi.org/10.1007/978-3-662-67174-0

Sachverzeichnis

Printed in the United States
by Baker & Taylor Publisher Services